Wilhelm Zopf

Die Pilze

In morphologischer, physiologischer, biologischer und systematischer Beziehung

Wilhelm Zopf

Die Pilze
In morphologischer, physiologischer, biologischer und systematischer Beziehung

ISBN/EAN: 9783743331617

Hergestellt in Europa, USA, Kanada, Australien, Japan

Cover: Foto ©berggeist007 / pixelio.de

Manufactured and distributed by brebook publishing software
(www.brebook.com)

Wilhelm Zopf

Die Pilze

Die Pilze

in morphologischer, physiologischer, biologischer und systematischer Beziehung

bearbeitet

von

DR. WILHELM ZOPF

ausserordentlichem Professor an der Universität Halle und Vorstand des Kryptogamischen Laboratoriums

Mit 163 Abbildungen

BRESLAU

Verlag von Eduard Trewendt

1890.

Dem Andenken

von

E. FRIES, TULASNE, DE BARY

gewidmet.

Vorwort.

Angesichts der heutigen Ergiebigkeit der literarischen Production sind periodische Zusammenfassungen von grösseren oder kleineren Forschungsgebieten ein unabweisbares Erforderniss.

Speciell betreffs der Mycologie ist schon längst eine zusammenfassende Darstellung, die möglichst alle Forschungsrichtungen berücksichtigt, sehr erwünscht wenn nicht dringend nöthig geworden, und ich bin schon aus diesem Grunde dem Wunsche des Herrn Geheimrath Schenk, eine Bearbeitung in diesem Sinne für sein »Handbuch der Botanik« zu liefern, gern entgegen gekommen.

Wir besitzen allerdings eine höchst werthvolle Zusammenfassung über Pilze, ich meine de Bary's Morphologie, allein infolge ihrer Tendenz, alle einschlägigen Fragen und Probleme möglichst eingehend und unter Voraussetzung reichster Specialkenntniss zu discutiren, ist sie im Grunde nur einer beschränkten Anzahl von Fachbotanikern in vollem Umfange verständlich, nicht aber der grossen Summe Derjenigen, die zwar das eifrige Bestreben, sich über den wissenschaftlichen Stand der jetzigen Pilzkenntniss zu orientiren, nicht aber Zeit und Vorkenntniss genug besitzen, um sich durch ein, mit überreichem wissenschaftlichen Detail belastetes und wenig übersichtlich gearbeitetes Buch hindurch zu arbeiten. Dazu kommt, dass es nicht in de Bary's Absicht lag, eine Darstellung des Standes der heutzutage so wichtigen Pilz-Physiologie zu geben, denn die beiden einzigen Kapitel: »Keimungserscheinungen und Vegetationserscheinungen« behandeln grösstentheils rein biologische Fragen. Ebensowenig sollte eine Uebersicht der wichtigsten Formen Platz greifen — kurzum das de Bary'sche Werk sollte im Grunde eine ausführliche Morphologie sein.

Auf der anderen Seite können die Lehrbücher der Botanik selbstverständlich namentlich des Morphologischen und Physiologischen nur wenig bieten; die Handbücher, die wir sonst noch besitzen, müssen ihrer Tendenz gemäss gewisse practische Gesichtspunkte im Auge behalten und auf eine strengere wissenschaftliche Darstellung und Gleichmässigkeit verzichten.

Es kam also darauf an, gewissermaassen einen Mittelweg einzuschlagen, d. h. alle Richtungen der mycologischen Forschung (Morphologie, Physiologie, Biologie und Systematik) annähernd gleichmässig und in wissenschaftlichem Sinne zu behandeln, insbesondere auch der Physiologie einen gebührenden Platz anzuweisen.

Die folgende Arbeit soll einen ersten Versuch in dieser Richtung repräsentiren. Gerade als solcher wird sie freilich vielfache Mängel und Lücken aufzuweisen haben. Doch hoffe ich, dass sie trotzdem manchem ein willkommenes Orientirungsmittel bieten und durch die zahlreichen Literaturangaben Mühe- und Zeitersparniss bringen dürfte.

In dem etwa 7½ Bogen (bei DE BARY 23 Bogen) umfassenden morphologischen Abschnitt hat zum ersten Male eine Behandlung der »Conidienstände« im Sinne der »Blüthenstände« der Phanerogamen Platz gegriffen, für die besondere Vorstudien gemacht worden waren. Auch sonst ist vieles Eigene eingeflochten.

Für die Bearbeitung des physiologischen Theiles, der 7 Bogen umfasst, ist mir, wie ich hier dankbar hervorhebe, PFEFFERS Lehrbuch der Physiologie (Leipzig 1881) von wesentlichem Nutzen gewesen, nicht nur weil daselbst alle vor 1880 bekannten, wichtigeren, die Pilze betreffenden Thatsachen in kritischer Weise berücksichtigt wurden, sondern auch wegen der zahlreichen Literaturnachweise. Das letzte Jahrzehnt hat übrigens eine Fülle neuer, das alte vielfach corrigirender Thatsachen zugefügt, die ich in möglichst übersichtlicher Weise mit den alten zu vereinigen suchte. Dass in diesem Theile auch die Flechten mehrfach berücksichtigt wurden, dürfte wohl keinen Anstoss erregen. Auch in dem physiologischen Theile sind manche neue Beobachtungen eingefügt, so namentlich in dem Kapitel über Farbstoffe.

Aehnliches gilt für den auf 4 Bogen behandelten biologischen Theil.

Bei Abfassung des systematischen und entwickelungsgeschichtlichen Abschnittes habe ich mir möglichst das »non multa sed multum« zur Richtschnur genommen und bei der Charakteristik vielfach das physiologische und biologische Moment berücksichtigt, eventuell wie bei den Saccharomyceten (Hefenpilzen) überwiegen lassen. Der Umstand, dass solche grössere oder kleinere Gruppen, welche heutzutage ein besonderes physiologisches oder morphologisches Interesse beanspruchen, in den Vordergund gestellt wurden, musste nothwendigerweise Ungleichmässigkeiten — im Sinne des Systematikers, der gern alle Glieder des Systems in gleicher Weise berücksichtigt sehen möchte — hervorrufen. Sie waren also beabsichtigt und hätten sich nur bei einem grösseren Umfang dieses Theiles in etwas ausgleichen lassen[1]).

Die Wissenschaft hat in den letzten Jahren den Verlust dreier Männer zu beklagen, welche zu den bedeutendsten auf dem hier in Betracht kommenden Gebiet gehören, ja in ihrer Weise unerreicht dastehen. Indem ich mich dankbar erinnere, wie viel ich während meiner mycologischen Studien aus ihren Werken an Wissen und Anregung geschöpft habe, widme ich ihrem Andenken diese Schrift in der Hoffnung, dass dieselbe Diesem oder Jenem zu wissenschaftlich-mycologischem Studium in etwas den Weg ebnen möchte. Wer weiter vordringen will, wird in erster Linie die Schriften dieser Männer zu studiren haben; er wird sodann die Untersuchungen O. BREFELD's über Schimmelpilze, E. CHR. HANSEN's über Hefepilze, R. HARTIG's über forstliche Parasiten und Anderer durcharbeiten müssen.

---

[1]) Zur Bestimmung von Species kann daher dieses Buch nicht geeignet sein, wem es darauf ankommt, Einzelformen zu identificiren, dem werden die Pilzbearbeitungen von WINTER und REHM (RABENHORST's Kryptogamenflora), von SCHRÖTER (Kryptogamenflora von Schlesien), von SACCARDO (*Sylloge fungorum*), unter den älteren Werken FRIES, *Systema mycologicum* und *Hymenomycetes europaei* nöthig sein. Zur ersten Orientirung über Pilzformen können WÜNSCHE, die Pilze 1877 und Schulflora I 1889, sowie KUMMER, der Führer in die Pilzkunde 1882, II Aufl., dienen.

Betreffs der practisch wichtigen Pilze empfehle ich J. KÜHN's Krankheiten der Culturgewächse, Berlin 1859; A. B. FRANK's Handbuch der Pflanzenkrankheiten, Breslau 1880; P. SORAUER's Handbuch der Pflanzenkrankheiten, Berlin 1886, II Aufl.; R. HARTIG's Lehrbuch der Baumkrankheiten, II Aufl., Berlin 1889; R. WOLFF's Krankheiten der landwirthschaftlichen Nutzpflanzen, Berlin 1888, von mir herausgegeben; JÖRGENSENS Mikroorganismen der Gährungsindustrie, II Aufl., Berlin 1889, und BAUMGARTEN, Lehrbuch der pathologischen Anatomie, Braunschweig 1890.

In dem bereits 1888 erschienen morphologischen Theil konnte die Literatur nur bis Anfang dieses Jahres benutzt werden. In Bezug auf die übrigen Abschnitte erfuhren auch später erschienene Schriften, soweit sie von Wichtigkeit waren, noch Berücksichtigung. Am Schlusse ist ein ausführliches Namen- und Sachregister beigefügt. Die Flechten sollen besonders behandelt werden.

Schliesslich bitte ich noch die Herren Dr. E. BACHMANN, Prof. Dr. BAIL, Privat-Docent Dr. BAUMERT, Prof. Dr. O. BREFELD, Dr. CH. DRUTZU, Dr. E. EIDAM, Prof. Dr. FRANK, Dr. E. CHR. HANSEN, Prof. Dr. R. HARTIG, A. JÖRGENSEN, Prof. Dr. L. KNY, Geheimrath Prof. Dr. J. KÜHN, Prof. Dr. E. LÖW, Prof. Dr. LUERSSEN, Prof. Dr. LUDWIG, Prof. Dr. REINKE, Cand. AUG. SCHULZ, Prof. Dr. L. SITENSKY, Dr. SUCHSLAND, Prof. Dr. M. WORONIN, die mir entweder gestatteten, ihre Abbildungen zu benutzen, oder mich mit Literatur, Untersuchungsmaterial, Zeichnungen und sonstiger Beihülfe unterstützten, meinen ergebensten Dank entgegenzunehmen.

Halle a. S., im Mai 1890.

Der Verfasser.

Inhaltsverzeichniss.

Seite

Abschnitt V.

Biologie.

Abschnitt VI.

[1]) Leider, trotz meiner Correktur, vom Setzer nicht auf die richtige Seite (368) gebracht.

Anhang.

Einleitung.

Der Begriff der Pilze kann einer weiteren und einer engeren Fassung unterliegen, je nachdem man das physiologische oder das morphologische Moment in den Vordergrund stellt.

Mit Betonung des ersteren wird man unter Pilzen *(Fungi, Mycetes)* verstehen alle Thallusgewächse, welche durch Mangel an Chlorophyllfarbstoffen ausgezeichnet sind, also neben den eigentlichen Pilzen, den Eumyceten EICHLER's, auch noch die Spaltpilze, die Schizomyceten NÄGELI's.[1])

Legt man aber das Hauptgewicht auf das morphologische Moment, so beschränkt sich der Begriff auf diejenigen chlorophyllosen Thalluspflanzen, welche ihr vegetatives Organ in Form eines Mycels ausbilden, also auf die Pilze im engeren oder eigentlichen Sinne (Eumyceten).

Die folgende Bearbeitung hat es mit der Klasse der eigentlichen Pilze zu thun.

Zu den Spaltpilzen, die mit den Spaltalgen die grosse Gruppe der Spaltpflanzen (Schizophyten) bilden, treten die Eumyceten dadurch in scharfen Gegensatz, dass sie im Allgemeinen aus Fäden bestehen, welche Spitzenwachsthum und echte Verzweigung aufweisen. Von den Algen unterscheiden sie sich durch den Mangel an Pigmenten, welche der Chlorophyllreihe angehören.

Die Klasse der Eumyceten umfasst zwei grosse Entwickelungsreihen, zwischen denen im Allgemeinen sowohl in vegetativer als in fructificativer Beziehung erhebliche Unterschiede bestehen: es sind dies die Algenpilze (Phycomyceten DE BARY's) und die höheren Pilze (Mycomyceten BREFELD's).

---

[1]) Früher rechnete man hierher sogar noch die Pilzthiere oder Schleimpilze (Mycetozoen DE BARY's, Myxomyceten WALLROTH's); dass sie mit Pflanzen nichts zu thun haben, vielmehr thierische Wesen darstellen, ist durch DE BARY's Forschungen längst vollkommen sicher gestellt und auch in der Bearbeitung der »Pilzthiere« in diesem Handbuch mit besonderem Nachdruck betont worden.

Man vermuthet, dass die Vorfahren der Ersteren wasserbewohnende Algen waren, die etwa ähnliche vegetative und fructificative Charaktere zeigten, wie die heute mit dem Namen der Schlauchalgen (Siphoneen) bezeichnete Algen-Familie. Gründe zu dieser Vermuthung lieferte die Thatsache, dass die Repräsentanten gewisser Familien der Phycomyceten und zwar der *Peronospora*-artigen, der *Saprolegnia*-artigen und *Chytridium*-artigen, die noch jetzt an das Wasserleben gebunden sind, in ihrem einzelligen Thallus sowohl, als in ihren Fortpflanzungsorganen frappante Analogieen mit den Siphoneen erkennen lassen. Diese Thatsache hat ihren Ausdruck darin gefunden, dass Systematiker und Morphologen die *Saprolegnia*-artigen Phycomyceten bald den Pilzen, bald den Algen zurechneten[1]) und J. Sachs in seinem Lehrbuche der Botanik die Schlauchalgen und die Algenpilze zu einer gemeinsamen Gruppe, den Coeloblasten, vereinigte; und wenn auch diese Gruppirung sich aus praktischen Gründen nicht aufrecht erhalten liess, so hat sie jedenfalls das Verdienst, die Analogieen beider Familien in bestimmter Weise betont zu haben.

Wenn man die Algenpilze in der bisherigen Begrenzung belässt, d. h. auch die Synchytrium-artigen (*Synchytrium*, *Woronina*, *Olpidiopsis*, *Rozella*, *Reesia* etc.) darunter begreift, die einen ausgesprochen-plasmodialen vegetativen Zustand besitzen, so wird sich nichts einwenden lassen gegen die in neuerer Zeit zu mehrfacher Aeusserung gelangte Ansicht von Verwandtschaftsbeziehungen zwischen Algenpilzen und Monadinen, also thierischen Organismen.[2]) Allein es erscheint mir angemessener, jene kleine Familie der *Synchytrium*-artigen Organismen — entgegen dem bisherigen Brauch — von den Chytridiaceen und den Algenpilzen überhaupt abzutrennen und zwar aus dem Grunde, weil plasmodialer Charakter den vegetativen Zuständen der Eumyceten durchaus fremd ist.

In Consequenz dieser Abtrennung würden natürlich auch verwandtschaftliche Beziehungen zwischen Algenpilzen und Monadinen nicht anzunehmen sein.

Aehnliche Verwandtschaftsbeziehungen, wie sie zwischen Phycomyceten und gewissen Algen (Siphoneen) bestehen, scheinen auch zwischen Mycomyceten und gewissen anderen Algengruppen vorhanden zu sein, speciell zwischen den Schlauchpilzen (Ascomyceten) und den Rothtangen (Florideen) und zwar mit Rücksicht auf bestimmte Formen der Fructification.

Fassen wir die Verwandtschaftsbeziehungen der Eumyceten zu den übrigen niederen Organismen zusammen, so werden wir zu sagen haben, dass jene Klasse, begrenzt wie oben, in morphologischer Richtung keine Annäherung an die Spaltpflanzen (speciell die Spaltpilze), keine Annäherung an niedere Thiere, dagegen deutliche Annäherung an gewisse Algengruppen zeigt. In physiologischer Beziehung findet eine Annäherung nur an die Spaltpilze statt, auf Grund der Aehnlichkeit der Zersetzungswirkungen im Substrat.

---

[1]) Vergl. Pringsheim, Beiträge zur Morphologie und Systematik der Algen II. Die Saprolegnieen. Pringsh. Jahrb. Bd. II, pag. 284.

[2]) Vergl. z. B. J. Klein, Vampyrella, ihre Entwickelung und systematische Stellung. Bot. Centralbl. Bd. XI., No. 5—7 (1882).

Abschnitt I.

Morphologie der Organe.

I. Vegetationsorgane.

Unter vegetativen Organen der Pilze verstehen wir diejenigen Theile, denen die Aufgabe zufällt, Nährstoffe aufzunehmen und aus ihnen die für die Fructification nöthigen plastischen Stoffe zu fabriciren. Im Gegensatz zu den fructificativen Organen, die ihr Längenwachsthum frühzeitig abschliessen, haben sie im Allgemeinen die Tendenz, möglichst fort und fort zu wachsen, zu vegetiren — daher »vegetative« Organe — und sich demgemäss möglichst in oder auf dem Substrat auszubreiten.

Wie bei den übrigen niederen Kryptogamen, den Algen und Spaltpflanzen (Schizophyten) sind auch in der Klasse der Pilze die vegetativen Theile entwickelt in Form eines Thallus, d. h. eines Körpers, der keinerlei Differenzirung in Wurzel, Stengel und Blätter zeigt, wie bei den höheren Gewächsen.

Allein dieses Thallus-Gebilde gelangt bei den Pilzen in einer besonderen Modification zur Entwickelung, die man als »Mycelialen Thallus« oder kurz als »Mycelium« bezeichnet hat.

In seiner typischen Ausbildung stellt dasselbe ein System radiärer verzweigter Fäden dar, deren Ausgangs- und Mittelpunkt die Spore bildet.

Aber von dieser typischen Ausgestaltung werden vielfach Abweichungen, oft sehr erheblicher Art, beobachtet, welche ihren Erklärungsgrund darin finden, dass die Pilzmycelien im Allgemeinen ziemlich weitgehende Befähigung besitzen, sich in ihrer Totalität oder in einzelnen Theilen sowohl verschiedenen äusseren Existenzbedingungen, als auch verschiedenen Lebensaufgaben anzupassen, entweder vorübergehend oder in dauernder Weise.

Wir werden daher sowohl das typische Mycel, als die wichtigsten Abweichungen (Wuchsformen) desselben zu betrachten haben.

1. Das typische Mycelium.

Von der Art und Weise der Entstehung dieses wichtigen Organs, und zwar zunächst bei den höheren scheidewandbildenden Pilzen (Mycomyceten Bref.) kann man sich leicht eine Anschauung verschaffen, wenn man die Sporen unseres gemeinen Brodschimmels *(Penicillium glaucum)* in eine passende Nährlösung, etwa Fruchtsaft, aussät.

Die Spore (Fig. 1, *A*) schwillt nach wenigen Stunden etwas auf und treibt ein bis mehrere fadenförmige Ausstülpungen, Keimfäden oder Keimschläuche (Fig. 1, *B C*). Letztere verlängern sich sehr bald (Fig. 1, *D*) und grenzen sich durch eine Scheidewand (Querwand oder Septum Fig. 1, *D* bei *s*) gegen die Spore ab. Darauf wachsen sie noch mehr in die Länge und inseriren abermals eine Querwand (Fig. 1, *Es*). Hierdurch wird jeder der Keimschläuche zerlegt in zwei Zellen, eine Endzelle oder Scheitelzelle *e* und in eine Binnenzelle *b*. Während nun die Binnenzellen ihr Wachsthum aufgeben, sich auch nicht durch neue Scheidewände gliedern, wächst jede der Scheitelzellen weiter, sich streckend und theilend und dabei wiederum eine Binnenzelle und eine Endzelle bildend.

Indem dieser Process sich fortsetzt, wachsen die Keimschläuche in die Länge. Das Wachsthum beruht also im Wesentlichen auf einer stetigen Verlängerung der jedesmaligen End- oder Scheitelzelle. Man sagt daher, die Keimschläuche wachsen durch Scheitelwachsthum oder Spitzenwachsthum.

Es kommt bei manchen Pilzen vor, dass auch die Binnenzellen sich strecken und theilen (oder wenigstens Querwände bilden). In solchen Fällen spricht man im Gegensatz zum Spitzenwachsthum von intercalarem Wachsthum und intercalarer Septenbildung. Doch tritt das intercalare Wachsthum gegen das Spitzenwachsthum bei normaler Ernährung in der Regel gänzlich zurück.

Während jener Wachsthumsmodus seinen Fortgang nimmt, entstehen an den Keimschläuchen Seitenzweige. Sie treten zunächst als blosse Ausstülpungen der Zellen des Keimschlauches auf (Fig. 1, *E*), entweder in unmittelbarer Nähe der Scheidewände, was bei manchen Arten sogar Regel ist, oder an beliebigen anderen Punkten, und verlängern sich ebenfalls durch Spitzenwachsthum. Jetzt nennt man jeden der Keimschläuche Mycelschlauch oder Mycelfaden, auch Mycelhyphe, seine Zweige Mycelzweige und das ganze aus der Spore hervorgegangene Fadensystem Mycelsystem oder Mycelium.

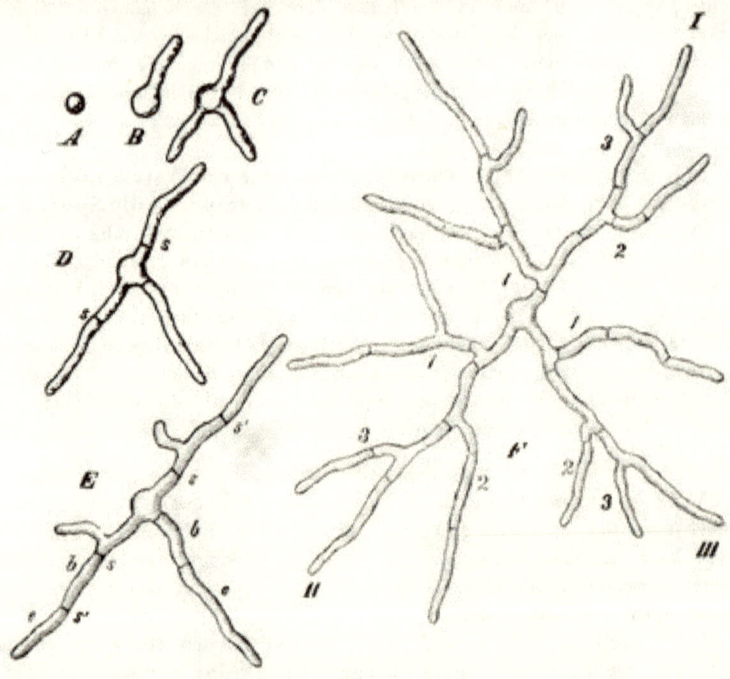

(B. 610.) Fig. 1.

Successive Stadien der Sporenkeimung und Mycelentwickelung eines echten Pilzes, des gemeinen Brotschimmels (*Penicillium glaucum*) ca. 400fach. *A* Spore vor der Keimung. *B* Dieselbe hat erst einen Keimschlauch getrieben. *C* Es sind 3 Keimschläuche gebildet. *D* Jeder Keimschlauch zeigt gegen die Spore hin eine Scheidewand (*s*). *E* Jeder Keimschlauch hat sich durch eine weitere Scheidewand (*s'*) in eine Endzelle (*e*) und eine Binnenzelle (*b*) gegliedert. *F* Die 3 Keimschläuche sind durch Spitzenwachsthum zu Mycelschläuchen (I, II, III) verlängert und jeder derselben hat bereits Seitenäste gebildet in acropetaler, durch die Zahlen 1, 2, 3 ausgedrückter Folge.

Die Mycelzweige treten meist in ganz bestimmter Succession an den Mycelfäden auf, der erste entspringt an der ältesten Binnenzelle des Schlauches, der zweite an der nächstjüngeren, der dritte an der drittjüngeren etc., also in einer Folge, welche von der Spore aus nach der Spitze des Mycelfadens hin orschreitet (acropetale oder basifugale Zweigbildung). (In Fig. 1, *F* ist diese Folge für die Mycelfäden I, II, III durch die Zahlen 1, 2, 3 angedeutet.) Aber die Zweige nehmen ausserdem (der Regel nach) eine bestimmte Stellung und Richtung zum Mycelfaden ein. Sie sind nämlich abwechselnd rechts und links inserirt (Fig. 1 *F*, 1, 2, 3) und bilden mit ihnen im Ganzen einen spitzen Winkel.

Jeder Mycelfaden (Hauptachse) mit seinen zugehörigen Seitenzweigen (Seitenachsen) bildet also ein monopodiales System (Monopodium). Das Mycel in seiner Gesammtheit ist demnach ein System von Monopodien, das zum Ausgangspunkt die Spore hat. (In Fig. 1, *F* zeigt sich das Mycel aus 3 Monopodien I. II. III. zusammengesetzt). (Gabelig verzweigte (dichotome) Mycelfäden sind niemals mit Sicherheit nachgewiesen worden und die wenigen in diesem Sinne gemachten Angaben durchaus unzuverlässig.)

Die Seitenzweige erster Ordnung können nach demselben Gesetz Seitenzweige zweiter Ordnung, diese solche dritter Ordnung u. s. f. bilden, wodurch das Mycel entsprechend grösser und complicirter wird. Man kann auf Gelatineplatten von unserem Brodschimmel Mycelien von Spannenweite erziehen welche Aeste zehnter bis zwanzigster Ordnung bilden.

Mycelien, welche den vorstehenden Charakter aufweisen, nennt man scheidewandbildende (septirte) Mycelien, und alle die Pilze, welche Mycelien von dieser Art aufweisen, scheidewandbildende oder höhere Pilze (Mycomyceten).

Aehnlich, aber doch in einem wesentlichen Punkte anders verläuft die Mycelentwickelung in der anderen grossen Pilzgruppe, den Algenpilzen *(Phycomyceten)*. Säet man z. B. eine Spore des auf Pferdemist gemeinen Kopfschimmels *(Mucor Mucedo)* auf dem Objektträger in Fruchtsaft aus, so entwickelt sie zunächst ebenfalls Keimschläuche (ähnlich der Fig. 1, *BC*). Diese wachsen auch durch Spitzenwachsthum weiter und weiter, aber man wartet vergebens auf eine Differenzirung in End- und Binnenzellen, da eine Septenbildung gänzlich unterbleibt.[1]) Das gleiche Verhalten tritt auch an

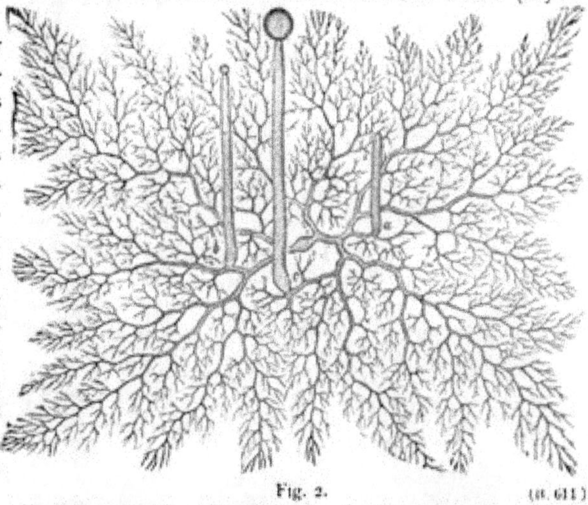

Fig. 2. (B. 611)

Mycel des gemeinen Kopfschimmels *(Mucor Mucedo)*. Von der etwa in der Mitte des Ganzen gelegenen stark aufgeschwollenen Spore sieht man einige dicke Mycelfäden abgehen, welche sich ausserordentlich reich verzweigt haben. Das ganze Mycelsystem ist anfangs völlig querwandlos, stellt also eine einzige vielfach verästelte Zelle dar. Von der Mycelebene erheben sich senkrecht in die Luft 3 dicke einfache Fruchtträger *abc*, von denen der eine bei *a* noch sehr jung ist, der andere *b* an seiner Spitze bereits zur Sporangienbildung vorschreitet, während der dritte sein grosses kugeliges Sporangium nahezu ausgebildet hat. Schwach vergrössert, nach Kny's Wandtaf. aus Reinke's Lehrbuch.

[1]) Wir werden später sehen, dass sie bei der Fructification und unter besonderen ungünstigen Ernährungsverhältnissen auch schon an den Keimschläuchen auftreten kann. Vergl. das über »Sprossmycelien« und »Gemmenbildung« Gesagte.

den Verzweigungen ein, die sich im übrigen nach denselben Regeln entwickeln, wie bei den Mycomyceten. So kommt es denn, dass wir schliesslich ein Mycel erhalten, das im Gegensatz zu dem vielzelligen Mycel des Brotschimmels eine einzige vielverzweigte grosse Zelle repräsentirt (Fig. 2).

Mit einem solchen Mycelsystem hat grosse Aehnlichkeit der Thallus der Siphoneen-artigen Algen, speciell der Vaucherien, insofern auch dieser ein querwandloses, viel verzweigtes Schlauchsystem mit monopodialem Aufbau besitzt. Der Name Algenpilze bezieht sich z. Thl. auf diese Aehnlichkeit.

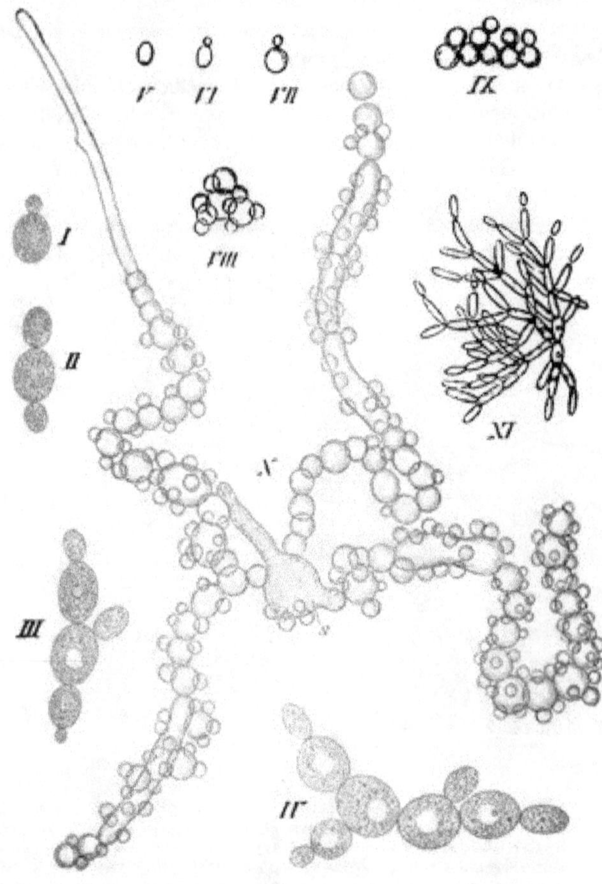

B. 612. Fig. 3.

I—IV 1020 fach. Entwickelung des Sprossmycels einer Bierhefespecies. V—IX 350 fach. Entwickelung des Sprossmycels von *Mucor racemosus* im Pflaumendecoct unter Deckglas von der Spore (V) aus. Die Sprosse sind hier sehr kurz und zwar kugelig (sogen. Kugelhefe). X 180 fach. Mycel von *Mucor racemosus*. In Folge der Cultur in verdünnter Zuckerlösung unter Deckglas hat sich aus der Spore *s* ein Mycel entwickelt mit reicher Querwand-Gliederung, die einzelnen Zellen sich tonnenartig aufgeschwollen, zum grossen Theil stark gegen einander abgerundet und haben meistens schon Sprosszellen in Form von Kugelhefe getrieben. XI ca. 800 fach. Langsprosse bildendes Sprossmycel eines Kahmhautpilzes (*Mycoderma cerevisiae*).

Wenn typische Mycelien auf einem festen Substrat vegetiren, in das sie nicht einzudringen vermögen, so werden sie sich im Wesentlichen nur in Richtung der Substratsfläche entwickeln (Flächenmycel). In einer Nährflüssigkeit dagegen, die sich in vollkommener Ruhe befindet, oder in einer sehr gleichmässigen gelatinösen Substanz, wie Nährgelatine, werden suspendirte Sporen stets je ein exakt sphärisches Mycel erzeugen (Kugelmycel). Mycelien, welche von der Wandung des Hühnereies aus ins Eiweiss hineinwachsen, nehmen die Form einer Halbkugel oder eines Halb-Ellipsoides an. Im feuchten Raume senden manche Pilze auch Mycelhyphen in die Luft (Luftmycel).— Der Aufbau des Mycels ist besonders von Brefeld genau studirt worden.

2. Sprossmycelien.

Sie entstehen in folgender Weise: Eine als Spore fungirende Zelle treibt, anstatt einen oder mehrere Keimschläuche zu bilden, an ganz eng umschriebenen Stellen ihrer Membran, welche entweder polar oder auch seitlich liegen, bruchsackartige Ausstülpungen (Fig. 3, I, II), die sich zu rundlichen oder verlängerten Zellen vergrössern und schliesslich durch eine Querwand gegen die Mutterzelle abgrenzen (Fig. 3, II). Dieser Vorgang wird im Gegensatz zur Keimschlauchbildung »Sprossbildung« oder »Sprossung« genannt, während man die so entstandenen Tochterzellen als »Sprosszellen« oder »Sprosse« bezeichnet.

Die Sprosszellen erster Ordnung können polar oder seitlich solche zweiter Ordnung treiben, diese solche dritter Ordnung etc. (Fig. 3, III, IV, XI).

Da die Elemente solcher Sprossverbände oder Sprossmycelien gewöhnlich nur durch eine ganz schmale Scheidewand von einander getrennt sind, so treten sie leicht ausser Verband, um übrigens unter gleichen Bedingungen wiederum auszusprossen.

Hinsichtlich der Form der Sprosse unterscheidet man Sprossmycelien mit Kurzsprossen — hier sind die Sprosse kugelig, (Fig. 3, V—IX) ellipsoïdisch (Fig. 8, I—IV oder (seltener) citronenförmig — und solche mit Langsprossen (Fig. 3, XI). Sprossmycelien mit kugeligen Sprossen hat man Kugelhefe genannt (Fig. 3, V—X).

Früher glaubte man, die Erzeugung von Sprossmycelien komme nur den echten Hefepilzen (Bierhefe, Weinhefe) und Kahmpilzen *(Mycoderma)* zu, bis Th. Bail[1]) 1857 nachwies, dass auch *Mucor*-artige Schimmelpilze z. B. *(Mucor racemosus)* sprossmycelartige Wuchsformen zu erzeugen im Stande sind.

Seitdem ist diese Fähigkeit auch bei anderen Pilzfamilien gefunden worden, so bei Schlauchpilzen *(Ascomyceten)*, Basidiomyceten, Brandpilzen, *(Ustilagineen)* Entomophthoreen und Hyphomyceten (Fadenpilzen), wie folgende Uebersicht zeigt:

Phycomyceten: { *Mucor racemosus, circinelloïdes, spinosus, fragilis* etc.,[2])
Pilobolus microsporus.[3])

Ascomyceten: { Hefepilze *(Saccharomyces)*,
Kahmpilze *(Mycoderma vini, Chalara* etc.,[4])
Exoasceen *(Exoascus)*,[5])
Dothidea ribesia,[6])
Fumago salicina,[7])
Bulgaria inquinans.

---

[1]) Ueber Hefe. Flora 1857, pag. 417—429 u. 433—443. Leider identificirte er diese Sprossmycelien mit denen von echten Hefepilzen, doch wird dadurch die obige wichtige Entdeckung nicht alterirt.

[2]) Bail, l. c. — Brefeld, *Mucor racemosus* und Hefe. Flora 1873. Derselbe, Ueber Gährung III. Landwirthsch. Jahrb. V. — van Tieghem, Gayon; Bainier, Sur les Zygospores des Mucorinées. Ann. sc. nat. Sér. 6, t. 19.

[3]) Zopf, Zur Kenntn. d. Infectionskrankheiten niederer Thiere u. Pflanzen. Nov. acta. Bd. 52, Heft 7.

[4]) Cienkowski, Die Pilze der Kahmhaut. Melang. biol. Acad. St. Petersburg. t. VIII. — E. Chr. Hansen, Contribution à la connaissance des organismes qui peuvent se trouver dans la bière etc. Résumé von Meddelelser fra Carlsberg Laborat. 1879.

[5]) de Bary, *Exoascus Pruni* in Beitr. z. Morphol. u. Physiol. der Pilze. Heft 1. — Sadebeck, Untersuchungen über die Pilzgattung *Exoascus.* Jahrb. d. wissensch. Anstalten zu Hamburg für 1883. — Fisch, Ueber die Pilzgattung *Ascomyces.* Bot. Zeit. 1885.

[6]) Tulasne, Selecta fung. Carpol. Bd. II., tab. 9.

[7]) Zopf, Die Conidienfrüchte von *Fumago.* Nov. act. Bd. 40, pag. 41—52.

Basidiomyceten:
- *Exobasidium Vaccinii*,[1])
- *Tremella lutescens*,[2])
- „ *frondosa*,[2])
- „ *genistae*,[2])
- „ *globulus*,[2])
- „ *encephala*,[2])
- „ *virescens*,[2])
- „ *alabastrina*.[2])

Ustilagineen: *Ustilago antherarum, Carbo, Maydis, Betonicae, flosculorum, receptaculorum, U. Kühneana, Cardui, intermedia, cruenta, olivacea, Reiliana*.[3])

Entomophthoreen: *Empusa Muscae*.[4])

Hyphomyceten:
- *Dematium pullulans*,[5])
- *Oidium albicans*.[6])
- *Torula*-Arten,[7])
- *Monilia candida*[8],)
- *Rhodomyces Kochii*.[9])

Lehrreich ist die Thatsache, dass von zwei so nahe verwandten Pilzen wie *Mucor racemosus* und *Mucor Mucedo* der erstere unter geeigneten Bedingungen stets, der letztere niemals sprossmycelartigen Wuchsformen bildet, und ferner, dass bei den Vertretern ganzer Familien, wie bei den Saprolegniaceen und Chytridiaceen soweit die Untersuchungen reichen, die in Rede stehende Mycelform niemals zur Production gelangt.

Da eine scharfe Scheidung von mycelialen und fructificativen Zuständen überhaupt nicht möglich ist, und jeder myceliale Spross unter gewissen Verhältnissen als Spore fungiren kann, so darf man keinen Anstoss nehmen, wenn das, was der eine Autor als myceliales (also vegetatives) Sprosssystem bezeichnet, der andere als fructificatives auffasst. Brefeld z. B. sieht in den Sprossmycelien der Brandpilze *(Ustilago)* Conidien-Verbände, während ich sie als Sprossmycelien auffasse.

Ferner ist zu beachten, dass eine scharfe Grenze zwischen Sprossmycelien und gewöhnlichen fädigen Mycelien nicht gezogen werden kann, da sich vielfach Uebergänge zwischen beiden finden.

Die Erzeugung von Sprossmycelien findet im Allgemeinen dann statt, wenn man die Sporen der hier in Betracht kommenden Pilze in Nährflüssigkeiten cultivirt, welche relativ geringen Nährwerth besitzen, resp. zur Beförderung

[1]) Woronin, *Exobasidium Vaccinii*. Naturf. Gesellsch. zu Freiburg 1867.

[2]) Brefeld, Untersuchungen aus dem Gesammtgeb. d. Mycologie, Bd. VII. Basidiomyceten II., tab. 7 u. 8.

[3]) Brefeld, Schimmelpilze, Heft V.

[4]) Brefeld, Unters. über die Entwickelung von *Empusa Muscae* und *Empusa radicans*. Halle 1871. pag. 40.

[5]) de Bary, Morphol. u. Physiol. der Pilze, Flechten und Mycetozoen, 1866, pag. 183, und E. Loew, Ueber *Dematium pullulans*. Pringsh. Jahrb., Bd. VI.

[6]) M. Rees, Ueber den Soorpilz. Ber. d. phys. med. Ges. Erlangen, Juli 1877 u. Januar 1878. — Plaut, Neue Beitr. z. systemat. Stellung des Soorpilzes. Leipzig 1887.

[7]) Pasteur, Etude sur la bière, und E. Chr. Hansen, Résumé du compte-rendu des travaux du laboratoire de Carlsberg. Vol. II., Lief. V., 1888, Fig. 1—3.

[8]) E. Chr. Hansen, l. c. pag. 153, Fig. 4—6.

[9]) v. Wettstein, Untersuchungen über einen neuen pflanzlichen Parasiten des menschlichen Körpers. Sitzungsber. d. Wiener Akad., Bd. 91.

gewöhnlicher Mycelbildung ungeeignet erscheinen. Solche Nährflüssigkeiten sind insbesondere mehr oder minder gährungsfähige Zuckerlösungen, verdünnte Fruchtsäfte, Bierwürze etc., worauf schon BAIL[1]) hinwies, in anderen Fällen verwendet man mit Erfolg Mistdecocte, destillirtes Wasser u. s. w. Bei manchen Gährungserregern befördert vielfach Luftabschluss die Sprossbildung.

Für die Sporen der Conidienfrüchte des Russthaues *(Fumago)* zeigte ich,[2]) dass wenn man sie in wenig nährenden zuckerhaltigen Flüssigkeiten cultivirt, Sprossmycelien mit Kurzsprossen getrieben werden, während an der Oberfläche solcher Flüssigkeiten oder auf festen Substraten, die mit ihnen getränkt sind, Sprossmycelien mit Langsprossen entstehen.

Später hat E. CHR. HANSEN[3]) die interessante Thatsache eruirt, dass auch Bier- und Weinhefe-Species in gewissen Nährflüssigkeiten (z. B. Bierwürze) Sprossmycelien mit Kurzsprossen, an der Oberfläche derselben dagegen solche mit Langsprossen produciren, wobei bereits eine grosse Annäherung an typische Mycelien zu Tage tritt.

Den Sprossmycelien äusserlich sehr ähnliche, aber auf andere Weise entstehende Formen nehmen die Mycelien mancher *Mucor*-artigen Pilze an, wenn sie sich in Zuckerlösungen untergetaucht entwickeln. Hier tritt nämlich eine sehr reiche Querwandbildung auf (die, wie wir sahen, dem gewöhnlichen *Mucor*-Mycel in der vegetativen Periode völlig fehlt) und hierauf ein tonnenförmiges Aufschwellen der einzelnen Mycelglieder, verbunden mit Abrundung an den Querwänden (Fig. 3, X), welche soweit gehen kann, dass die Zellen aus ihrem losen Verbande sich leicht isoliren. Es kommt übrigens bei *Mucor racemosus* und anderen Mucorineen vor, dass die auf obigem Wege entstandenen Mycelien früher oder später seitliche Sprossungen treiben, wodurch nachträglich Sprossmycelcharakter hervorgerufen wird (Fig. 3, X, wo fast an allen Stellen Kugelhefe-Bildung eingetreten ist). Vergl. übrigens den Abschnitt »Gemmenbildung«.

3. Saugorgane, Kletter- und Haftorgane.

Parasitische Pilze, welche ihr Mycel im Innern der Nährpflanze und zwar in den Intercellularräumen derselben entwickeln, treiben fast ohne Ausnahme von den intercellularen Hyphen aus Seitenzweige, welche die Membranen der Wirthszellen durchbohren und in deren plasmatischen Inhalt hineinwachsen, um aus diesem ihre Nahrung zu schöpfen.

Da diese Bildungen morphologisch und physiologisch eine gewisse Aehnlichkeit mit den Saugorganen (Haustorien) phanerogamischer Parasiten (z. B. der Kleeseide) aufweisen, so hat man ihnen die nämliche Bezeichnung beigelegt.

Alle Haustorienbildungen sind dadurch ausgezeichnet, dass sie in Bezug auf Gestaltung, Grösse, Verzweigung (wenn solche überhaupt vorhanden), Zartheit der Wandung etc. von den gewöhnlichen Mycelästen in mehr oder minder auffälliger Weise abweichen.

Haustorien kleinster und einfachster Art finden wir beim weissen Rost *(Cystopus-*Arten), wo sie als winzige, kurz und fein gestielte, kugelige Bläschen auftreten (Fig. 4, IV *H*). Die viel stattlicheren der *Peronospora*-Species sind entweder plump keulenförmig und höchstens spärlich verzweigt (z. B. bei der in

[1]) Ueber Hefe. Flora 1857.

[2]) Die Conidienfrüchte von Fumago. Nova Acta Bd. 40, Halle 1878.

[3]) Résumé du compte-rendu des travaux du laboratoire de Carlsberg. Vol. II, Lieferung 4. 1886.

Cruciferen lebenden *P. parasitica*), oder fadenförmig und dann mit meist mehr-

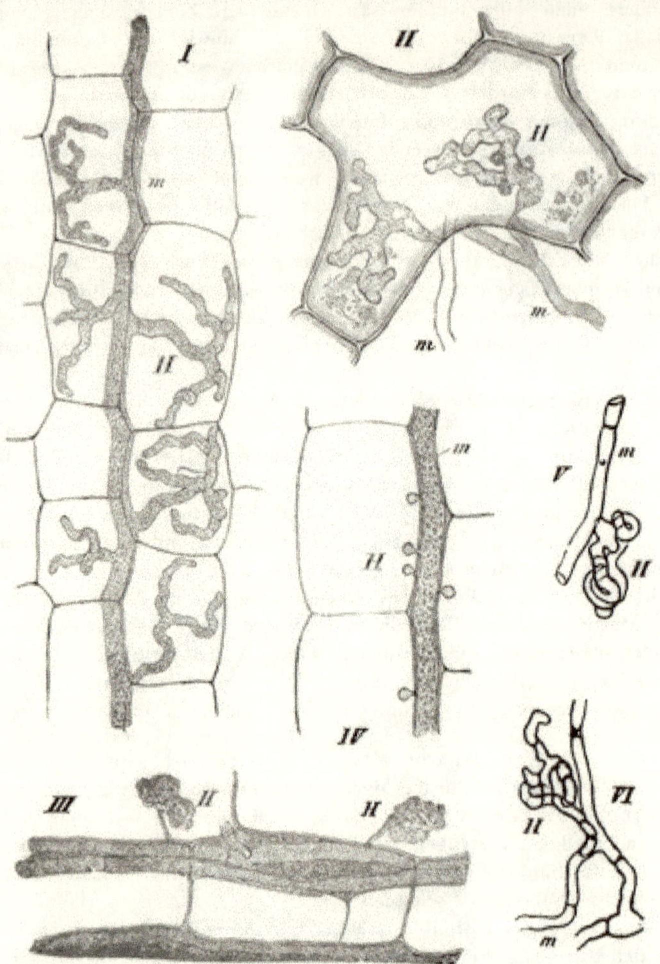

(B. 613.) Fig. 4.

I 300fach. Stück eines Längsschnittes aus dem Stengel des Waldmeisters (*Asperula odorata*) mit 2 Reihen von Parenchymzellen. Zwischen ihnen verläuft ein dicker Mycelschlauch von *Peronospora calotheca*, welcher in 6 Wirthszellen je ein verzweigtes Haustorium hineingesandt hat. Der plasmatische Inhalt dieser Wirthszellen ist bereits völlig aufgezehrt. II 450fach. Eine Zelle aus dem Schwammgewebe des Blattes von *Ranunculus Ficaria* mit 2 von verschiedenen Mycelfäden entspringenden, knorrig verzweigten stattlichen Haustorien, welche einem Rostpilz (*Uromyces Poae* RABENH.) angehören. Der Inhalt der Haustorien ist von Vacuolen durchsetzt, der der Wirthszelle schon zum grössten Theil aufgezehrt. III 450fach. Stückchen eines Längsschnittes durch das Wurzelparenchym einer Composite (*Stiftia chrysantha*) mit intercellular verlaufenden Mycelfäden von *Protomyces radicicolus* ZOPF, von denen der eine in die benachbarten Zellen 2 keuligknorrige einfache Haustorien getrieben hat. IV 350fach. Parenchymzellen aus dem Stengel von *Capsella*, mit einem intercellularen Faden von *Cystopus candidus*, der sehr kleine Haustorien in Form gestielter Köpfchen ins Innere dreier Wirthszellen getrieben. V und VI 540fach. Haustorien des Rostpilzes *Endophyllum Sempervivi* mit zusammengekrümmten, bei VI anastomosirenden Zweigen. — In allen Figuren bedeutet *m* Mycel, *H* Haustorium.

fachen Auszweigungen versehen (Fig. 4, I), die den engen Raumverhaltnissen entsprechend, gewöhnlich vielfache Krümmungen aufweisen, wie es z. B. bei der im Waldmeister schmarotzenden *P. calotheca* der Fall ist (Fig. 4, I).

In den Gruppen der Rost- und Brandpilze trifft man die Haustorien gewöhnlich ebenfalls in letzterer Form an (Fig. 4, II). Doch bildet *Melanotaenium*

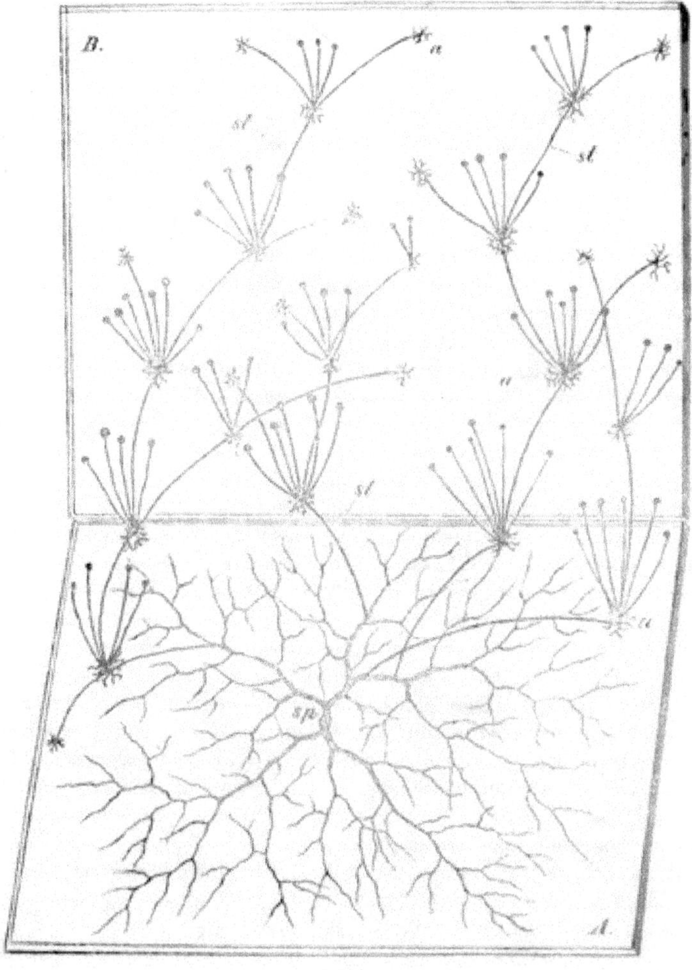

Fig. 5. (B. 611.)

Mycel und Fructification eines kletternden Pilzes *Mucor stolonifer (Rhizopus nigricans)*, halbschematisch dargestellt, ca. 10fach vergrössert. Auf der horizontal liegenden Glasplatte *A* vegetirt im Culturtropfen das aus der Spore *sp* hervorgegangene Mycel. Von diesem gehen Ausläufer- (Stolonen-) artige unverzweigte Seitenäste nach der senkrecht gestellten Platte *B*. Hier heften sie sich mit ihren Enden an, indem sie aus diesen rosettenartig angeordnete Kurzzweiglein treiben, die sich fest an die Glasplatte anschmiegen. Aus der Region, wo diese Haftapparate (Appressorien *a*) liegen, erheben sich 2 bis mehrere Sporangienträger, welche an ihrer Spitze die kugeligen Sporangien tragen. Von jeder Rosette aus nehmen dann wiederum 1—2 Stolonen ihren Ursprung, um sich in derselben Weise zu verhalten u. s. f. So entsteht ein ganzes System von Stolonen, Haftapparaten und Sporangiengruppen.

endogenum DE BARY nach WORONIN[1]) Haustorien mit zahlreichen gedrängten Kurzzweigen, so dass ein vom Pole aus gesehen maulbeerartiger Complex zu Stande kommt Bei der im Hauslauch schmarotzenden Uredinee (*Endophyllum Sempervivi*) sah ich die Haustorienäste meist knäuelartig zusammengekrümmt (Fig. 4, V) und häufig unter sich anastomosiren (Fig. 4, VI); bei der in *Hepatica triloba* schmarotzenden *Urocystis pompholygodes* zierlich spiralig gewunden. Eigenthümlich keuligknorrige Haustorien wies ich am Mycel von *Protomyces radicicolus* nach (Fig. 4, III).[2])

Innerhalb der Gruppe der Algenpilze, speciell der Mucoraceen, sowie in der Familie der Mehlthaupilze (Erysipheen) und Becherpilze kommen verschiedene Arten vor, deren Myceltheile Kletterbewegungen auszuführen im Stande sind.

Die kletternden Mycelzweige zeichnen sich vor gewöhnlichen Mycelästen zunächst dadurch aus, dass sie fast durchgängig stolonenartigen Charakter annehmen, das heisst bei möglichst ausgiebiger Verlängerung möglichst einfach, also unverzweigt bleiben. Dazu kommt als zweiter wichtiger Punkt, dass die Stolonen auf irgend einen Gegenstand hinwachsen, ihn mit der Spitze berühren und hier ein mehr oder minder complicirtes Haftorgan (Appressorium)[3]) bilden, das sich der Unterlage eng und fest anlegt; von diesem aus können bei gewissen Kletterpilzen neue Stolonen getrieben werden.

Eines der bekanntesten Beispiele für kletternde saprophytische Pilze bildet *Rhizopus nigricans (Mucor stolonifer)*. In der halb schematisirten Darstellung von Fig. 5 sieht man zunächst das typische aus der Spore *sp* entstandene Mycel. Von diesem erheben sich einzelne Stolonen *st*, um im flachen Bogen nach diesem oder jenem Punkte der Glasplatte *A*, resp. der senkrecht zu dieser gedachten Glasplatte *B* zu wachsen, diese mit ihren Spitzen zu berühren und an den Berührungsstellen je ein Appressorium *a* zu produciren. Es hat gerade bei diesem Pilze eine ganz eigenthümliche Form, insofern es ein zierliches System schlauchartiger, sich verzweigender Ausstülpungen darstellt vom Aussehen einer Rosette oder eines Fächels oder auch eines kleinen Wurzelsystems (Fig. 5, *a*, Fig. 6, I*a* und II*a*).[4])

Ist das der Glasplatte sich dicht anschmiegende Appressorium gebildet, so werden von seinem Centrum aus ein oder mehrere neue Stolonen getrieben (Fig. 5 an verschiedenen Stellen), während gleichzeitig (oder schon früher) daselbst eine Anzahl von Sporangien entstehen, die durch jenen Haftapparat zugleich vor dem Umfallen geschützt werden. Die neuen Stolonen verhalten sich wie die früheren und so kommt schliesslich ein ganzes System von Stolonen und Appressorien zu stande, der Pilz klettert an der Glasplatte, wie an jedem beliebigen anderen festen Körper immer weiter hinauf.

Diese Stolonen-, Rosetten- und Appressorien-Bildung, von DE BARY[5]) zuerst beschrieben, kommt nach VAN TIEGHEM[6]) ausser bei allen übrigen *Rhizopus*-Arten

[1]) Beitrag z. Kenntniss der Ustilagineen (in DE BARY u. WORONIN, Beiträge zur Morphol. und Physiol. d. Pilze). Reihe V. Frankfurt 1882. Tab. IV, Fig. 27.

[2]) Bei *Protomyces*-artigen Pilzen waren Haustorien bisher unbekannt; thatsächlich werden von *Pr. macrosporus* auch niemals solche Organe erzeugt, wie schon DE BARY nachwies und wie ich bestätigen kann.

[3]) Dieser Ausdruck wurde zuerst von A. B. FRANK, Ueber einige neue und weniger bekannte Pflanzenkrankheiten (Berichte der deutsch. bot. Ges. Bd. I, 1883. pag. 30) in Anwendung gebracht für die Haftorgane der Keimpflänzchen von *Fusicladium tremulae* FRANK.

[4]) Es ist daher auch wohl mit dem in so verschiedenem Sinne angewandten Namen der Rhizoïden bezeichnet worden.

[5]) Beiträge zur Morphologie. II. Zur Kenntniss der Mucorineen.

[6]) Nouvelles recherches sur les Mucorinées. Ann. sc. nat. Sér 6, tom. 1, Taf. 2. — Troisième mém. sur les Mucorinees. Daselbst tom. 4, Taf. 11 und 12.

auch bei den Absidien vor, nur mit dem Unterschiede, dass hier die Stolonen sehr energische und regelmässige Bogenkrümmungen ausführen und die Sporangienbüschel anstatt von den rosettenförmigen Appressorien, von dem höchsten Theile der Brückenbogen ihren Ursprung nehmen. Aehnlich der von *Rhizopus* ist die Stolonen- und Appressorienbildung in den Gattungen *Mortierella*[1]) *Syncephalis* und *Piptocephalis*[2]) etc. (soweit das saprophytische Mycel in Betracht kommt, beim parasitischen finden wir noch andere, sogleich zu beschreibende Haftorgane).

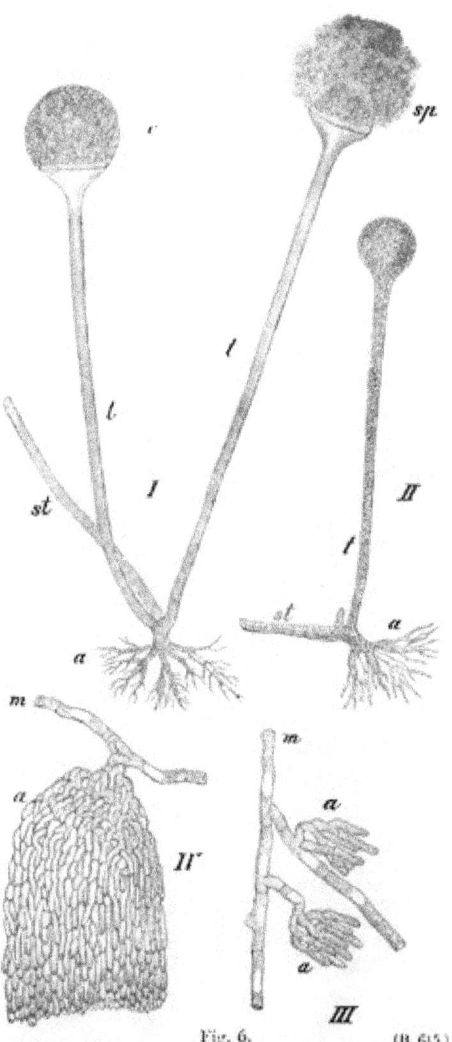

Fig. 6. (B. 615.)

I 80fach. Ein Stolo von *Mucor stolonifer (Rhizopus nigricans)*, der an seinem Ende ein rosettenförmiges Haftorgan (Appressorium *a*) getrieben und ausserdem 2 Sporangienträger *t*, die sich in die Luft erheben. Das Sporangium des linksstehenden ist noch intact, das des rechts befindlichen gesprengt, daher die Sporenmasse *sp* frei geworden. *c* Columella. II 80fach. Ein Stolo *st* desselben Pilzes, der gleichfalls ein rosettenartiges Appressorium *a* und dicht vor demselben einen jungen Sporangienträger *t* nebst Anlage eines zweiten gebildet hat. III—IV 300fach. Mycelfäden *m* von *Peziza tuberosa* mit quastenförmigen Haftorganen *a*. Bei III sind 2 in der Anlage begriffen, bei IV ist der ausgebildete Zustand dargestellt. Die letzten beiden Figuren nach BREFELD.

Eigenthümliche und zugleich stattliche, bis etwa stecknadelkopfgrosse Haftorgane bilden die Mycelien mancher Becherpilze (*Sclerotinia tuberosa* nach BREFELD's[3]) *Sc. sclerotiorum, Fuckeliana, ciboroïdes* nach DE BARY's[4]) Beobachtungen) wenn sie von dem Nährsubstrat aus auf Glasplatten etc. klettern. Sie entstehen als kurze Mycelzweige (Fig. 6, III *a*), die sich dem festen Gegenstande zuwendend sehr reich verästeln und vermöge dichten Zusammenschlusses der Aeste ein compaktes Büschel von Quastenform bilden, (Fig. 6, IV *a*) das sich der Unterlage fest anschmiegt. In Folge der Bräunung seiner Hyphen erscheint es dem blossen Auge schliesslich als schwarzer Körper.

Viel einfacher und dabei an-

---

1) VAN TIEGHEM, Rech. sur les Mucorinées. Daselbst Sér. V, tom 17. Taf. 24. — BREFELD, Schimmelpilze IV. t. 5.

2) Nouvelles recherch. etc. Taf. 3 und 4.

3) Schimmelpilze Heft IV, pag. 112, Taf. 9. Fig. 11, 15.

4) Morphologie, pag. 22, vergl. auch Bot. Zeit. 1886, pag. 410.

ders gestaltet als bei den saprophytischen Kletterpilzen erscheinen die Haftorgane bei den streng parasitischen. Hier tritt auch, soweit bekannt, stets eine Combination von Haftorganen mit Haustorien auf. Bei den *Piptocephalis*-Arten, welche auf den weitlumigen Schläuchen der *Mucor*-Mycelien und Sporangienträger schmarotzen, stellen die Appressorien Zweigenden dar, welche ohngefähr senkrecht auf den Mucorschlauch zu wachsen und mit ihrem zwiebelartig anschwellenden Ende der Wandung des letzteren sich fest anpressen (Fig. 7, I*a*). Von der Appressorialfläche aus werden nun zahlreiche äusserst feine, sich ver-

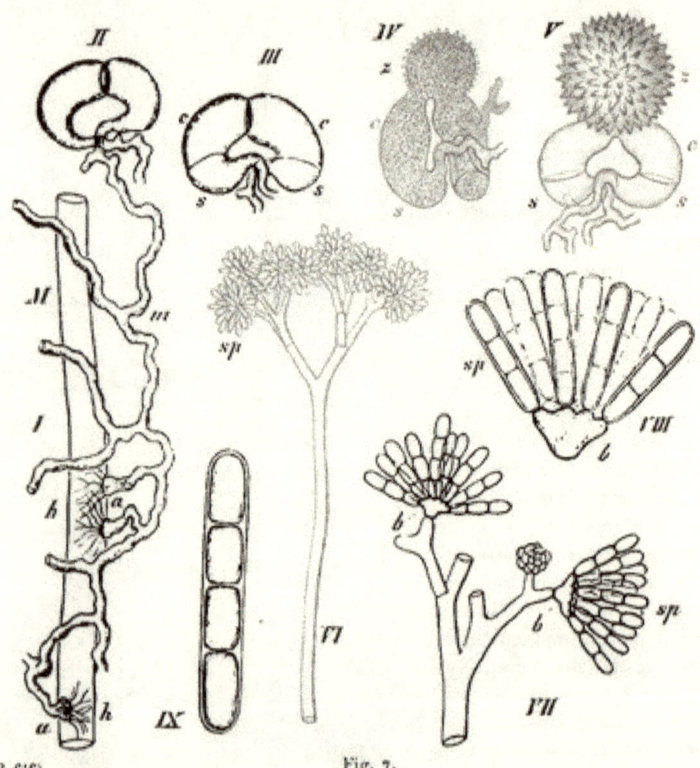

(B. 616).

Fig. 7.

Piptocephalis Freseniana DE BARY. I. Stück eines Mycelfadens von Mucor (*M*), auf welchem die Fäden *m* der *Piptocephalis* schmarotzen. Bei *a* die angeschwollenen Ansatzstellen des Mycels an dem Mucorfaden, bei *h* die zahlreichen feinfädigen Haustorien, die in das Innere des Mucormycels eingedrungen sind. II. Ein Paar keulig angeschwollener und zangenartig gekrümmter Endzweige, welche bereits mit ihren Polen sich an einander geschmiegt haben; sie stellen einen jungen Zygosporen-Apparat dar. III. In jeder Keule ist eine Querwand entstanden, welche die Keule in die Copulationszelle *c* und in den Träger (Suspensor) *s* gliedert. IV. Die Copulationszellen haben sich, in Folge von Auflösung der sie trennenden Querwand zu einer Zelle vereinigt, welche am Scheitel eine bereits ziemlich vergrösserte bauchige Ausstülpung *z*, die Anlage der Zygospore darstellend, getrieben hat. V. Reifer Zygosporenapparat, bestehend aus der mit warzigem Epispor versehenen Zygospore *z*, den zu einer Zelle vereinigten Copulationszellen *c* und den Suspensoren *s*. VI. Dichotom verzweigter Conidienträger mit kopfförmig angeordneten Conidienketten *sp*. VII. Fragmentchen eines solchen Fruchtstandes; einige Zweige sind weggeschnitten; *b* die die Conidienketten *sp* tragenden Basidien. VIII. Einzelne Basidie (*b*) mit zahlreichen cylindrischen Conidienketten *sp*. IX. Einzelne Conidienkette mit 4 Conidien. — Fig. I—V, VII nach BREFELD 630fach, Fig. VI 300fach, Fig. VIII 1000fach, Fig. IX noch stärker vergrössert.

zweigende Haustorialfäden büschelartig in das Lumen der Wirthszelle gesandt (Fig. 7, I *h*).[1])

Bei den gleichfalls auf Mucorschläuchen parasitirenden *Syncephalis*-Species sieht man die Enden der Stolonenzweige zu keulenförmigen Appressorien aufschwellen (Fig. 8, I *a*, II *a*), welche sich der Wirthsmembran, im Gegensatz zu *Piptocephalis*, mit der Breitseite anschmiegen, entweder einfach bleibend, oder

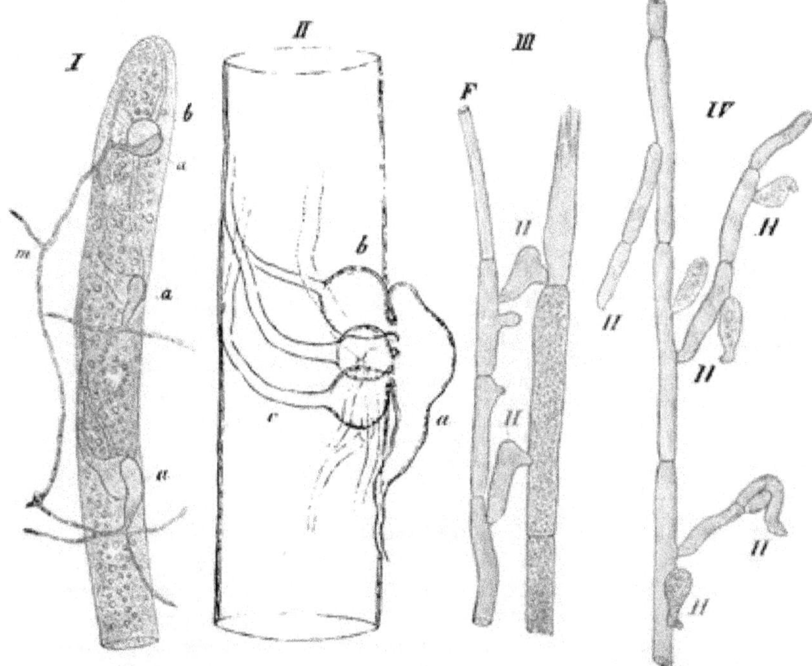

Fig. 8. (B. 617.)

I 250fach. Klettermycel einer *Syncephalis*, auf einem jungen Fruchtträger von *Pilobolus crystallinus* schmarotzend. Die dünnen Stolonen *m* haben keulig-angeschwollene Zweige *a* getrieben, die als Haftorgane (Appressorien) fungiren. Jedes derselben treibt eine grosse Haustorialblase *b* und von ihr aus gehen ein bis mehrere Haustorialschläuche. II 900fach. Stück eines alten weiten *Pilobolus*-Trägers, an welchem ein grosses Haftorgan *a* der *Syncephalis* sitzt; dasselbe hat an 4 verschiedenen Stellen je 1 Haustorialblase *b* getrieben, von der aus man 1 bis 2 Haustorialschläuche gehen sieht. III 700fach. Fadenstück *F* der in den Bechern von *Humaria carneo-sanguinea* FKL. schmarotzenden *Melanospora Didymariae* ZOPF mit 2 hakenartigen Haftorganen *H*, welche sich an die Zellen der Paraphyse *P* angeheftet haben und gleichzeitig als Haustorien fungiren. IV 700fach. Stück eines Fadensystems der *Melanospora* mit 6 Haftorganen *H*, die bei der Präparation von den Paraphysen losrissen. Alle Fig. nach der Nat.

sich durch 1 bis mehrere Querwände theilend. Von Seiten dieser Appressorien werden nun ein bis mehrere Haustorialblasen (Fig. 8, I *b* und II *b*) in den Mucorschlauch hinein getrieben, von welchen dann ein bis viele Haustorialschläuche abgehen, die den Wirthsschlauch auf längere oder kürzere Strecken durchziehen (Fig. 8, II *c*).

Es muss übrigens beachtet werden, dass bei den parasitischen *Piptocephalis*- und *Syncephalis*-Arten ausser den Appressorien, welche sich an die Wirthsschläuche

[1]) Schimmelpilze I, pag. 45.

(Mucor) anlegen, auch noch rosettenförmige nach Art der *Rhizopus*-Arten entstehen können, welche sich dem todten Substrat anschmiegen.

An den Mycelien gewisser Vertreter der kletternden Mehlthaupilze (Erysipheen) die bekanntlich auf der Oberhaut von Phanerogamen schmarotzen, finden wir Appressorien in Form buchtig erweiterter Fadenstellen (Fig. 9 und *ABx*), von wo aus je ein dünn gestieltes zu einer relativ grossen Blase aufschwellendes Haustorium in die Epidermiszelle hineingesandt wird (Fig .9, *Bh*).

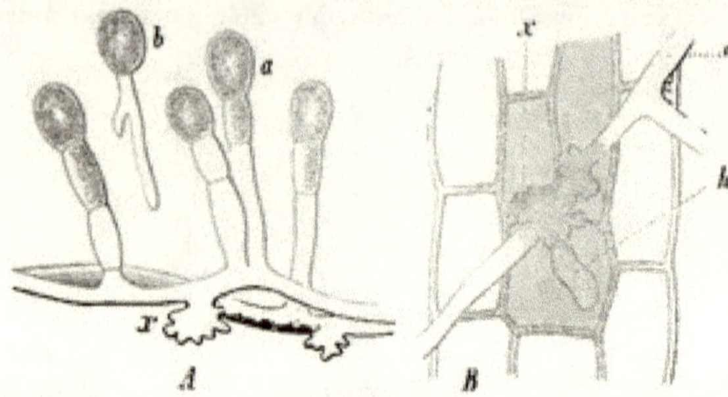

(B. 618.) Fig. 9.
Pilz der Traubenkrankheit (*Erysiphe Tuckeri* [Berk.]) 400fach. *A* Conidienträger, die aus dem Mycelium entspringen und in basipetaler Folge Conidien abschnüren. *x* Haftorgane von gelappter Form. *B* Ein Stück Epidermis einer befallenen Weinbeere. *m* Mycelfaden, in der Mitte mit einem gelappten, der Epidermis fest angeschmiegten Appressorium versehen *x*, von welchem aus ein säckchenförmiges Hausterium *h* ins Innere einer Epidermiszelle eingedrungen. Die Schraffirung bedeutet, dass die Epidermis an dieser Stelle durch die Einwirkung des Parasiten gebräunt ist. Aus Frank's Lehrbuch, *A* nach Schacht, *B* nach de Bary.

Eigenthümliche Haftorgane wurden von mir an den Mycelfäden einer *Melanospora (M. Didymariae* Zopf) aufgefunden, welche zwischen den Elementen der Schlauchschicht eines Becherpilzes *(Humaria carneo-sanguinea* Fkl. schmarotzt. Das Mycel treibt nämlich sonderbare, meist einzellige, mehr oder minder bauchige, an der Spitze gewöhnlich umgebogene Kurzzweige (Fig. 8, III. IV., bei *H*, welche sich mit ihrem Ende an die Paraphysen (III, *P*) jenes Pilzes (niemals aber an die Schläuche festheften. Da die Nahrungsaufnahme nur durch diese Haftorgane vermittelt wird, so tragen sie zugleich den Charakter von Haustorien. Der Begriff des Haustoriums, unter dem man bisher nur intracelluläre Bildungen verstand, ist demnach auch auf die genannte extracelluläre Form auszudehnen.

Hier anzuschliessen sind wohl die von Brefeld[1]) entdeckten, noch sonderbareren, Haftorgan und Haustorium ebenfalls vereinigenden Organe an den Klettermycelien von *Chaetocladium*.

Die Stolonen dieser ebenfalls Mucorineen befallenden Schmarotzer wachsen auf einen Mucorfaden resp. Träger zu, setzen sich an dessen Wandung fest und treten nun in Folge von Auflösung der Wandungen mit ihm in offene Communication. In unmittelbarer Nachbarschaft dieser Stelle entstehen nun an dem *Chaetocladium*-Faden zahlreiche kurze sackartige Aussprossungen, welche ebenfalls mit dem Mucorschlauch in offene Verbindung treten und eine Art von Knäuel (Haustorienknäuel Brefeld's) darstellen. Von diesen Aussackungen entspringen dann neue Stolonen resp. sogleich Fruchtträger.

Ueberblicken wir die verschiedenen Formen der Haftorgane, so müssen wir sagen, dass unter ihnen eine gewisse Vielgestaltigkeit herrscht und manche von ihnen zugleich der Nahrungsaufnahme dienen, also als Haustorien fungiren.

---

[1]) Schimmelpilze I, pag. 33 und IV. Taf. II.

4. Schlingenmycelien.

Bildungen dieser Art kennt man bisher nur für einen mistbewohnenden Schimmelpilz: *Arthrobotrys oligospora* FRES., zuerst durch WORONIN.[1]) Die Mycelien dieses Pilzes treiben nämlich, vorzugsweise und besonders reichlich bei mangelhafter Ernährung, Kurzzweige, welche starke Tendenz zu hakenförmiger Einkrümmung zeigen (Fig. 10, IV. V). Gewöhnlich krümmen sie sich nach ihrem Mycelfaden zu, um mit ihm zu verwachsen. So entsteht eine Schlinge oder Oese. Von dieser kann ein anderer Kurzzweig entspringen, der sich wiederum dem Mycelfaden oder der ersten Oese oder auch einer benachbarten zukrümmt, um eventuell mit einem dieser Theile zu verwachsen oder zu anastomosiren. Setzt sich dieser Prozess fort, so kommen ganze Systeme von Schlingen zu Stande (Fig. 10, IV), die unter Umständen aus ein bis mehreren Dutzend Schlingen bestehen. Es sei hier gleich erwähnt, dass diese Bil-

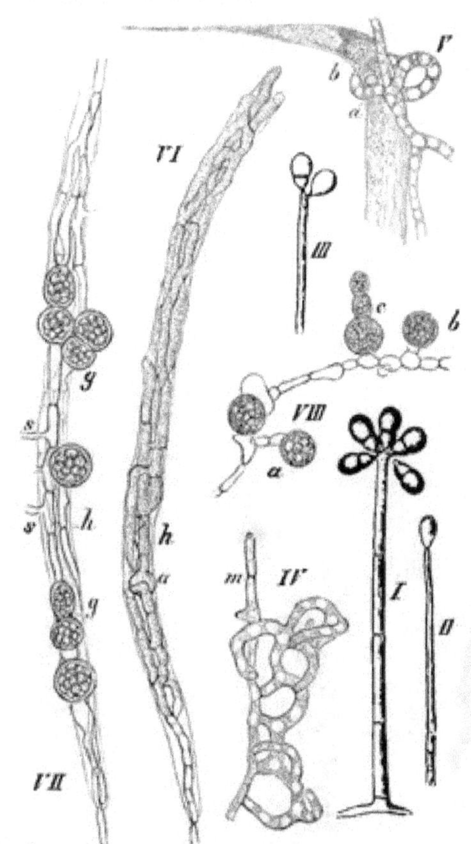

Fig. 10. (B. 619.)

Arthrobotrys oligospora FRES. I. Conidienträger mit einer terminalen und mehreren seitlichen zweizelligen Conidien (eingie sind bereits abgefallen). II. Stück eines jungen Conidienträgers mit terminaler Conidie. III. Stück eines etwas älteren Trägers, unterhalb der terminalen Conidie ist eine laterale in Bildung begriffen. IV. Mycelfaden *m* mit einem Schlingensystem, bestehend aus 9 bogenförmig gekrümmten, theils mit dem Mycelfaden, theils unter sich verwachsenen oder anastomosirenden Kurzzweigen. V. Kleines System dieser Art, in dessen einer Schlinge ich ein nur theilweis dargestelltes Mistälchen mit seinem Schwanzende gefangen. Es ist bereits ein kurzer von der Selinge *a* aus in das lebende Thier getriebener Infectionsschlauch *b* zu sehen. VI. Ein Weizenälchen *(Tylenchus tritici)*, durchzogen von einem System parallel gelagerter Mycelfaden *m* des Pilzes, welche von der Eindringstelle *a* ausgehend das Innere des Thieres vollständig aufgezehrt haben, so dass nur noch die leere Haut *h* übrig ist. VII. Ein ähnliches Bild, aber die Mycelzellen sind zum grossen Theil entleert, weil sie ihr Plasma abgegeben haben an einige wenige, die nun sehr fettreich, vergrössert, sowie mit dicker Membran versehen erscheinen und Gemmen *g* darstellen. Sie liegen zumeist im Verlaufe der Mycelfäden (intercalar). *h* Die entleerte Haut des Weizenälchens, *s* diese durchbrechende Zweige. VIII. Mycelstück aus einem bereits ausgefressenem Weizenälchen, mit Gemmen, welche bei *ab* und *c* an kurzen Seitenästen entstanden sind.

[1]) DE BARY und WORONIN, Beitr. z. Morphol. und Physiol. d. Pilze. III., p. 30, Taf. VI., Fig. 12—19.

dungen, wie ich kürzlich nachwies,[1]) als Fallen oder Schlingen dienen, in welchen sich Nematoden leicht und in grosser Anzahl fangen können, um dann von dem Pilze, der in das Innere der Thierchen eindringt und dasselbe vollständig aufzehrt, abgetödtet zu werden.

Es ist also eine ziemlich auffällige Anpassung zwischen den in Rede stehenden Schlingenmycelien und den Nematoden vorhanden, in deren Gesellschaft die *Arthrobotrys* auf Mist und anderen todten Substanzen so häufig vorkommt.

5. Sclerotien.

Unter Sclerotien (Hartmycelien) versteht man feste, scharf begrenzte, berindete, mehr oder weniger dunkel gefärbte Körper von meist knöllchenartigem Habitus, welche aus dichter Verflechtung von Mycelfäden entstehen und der Speicherung von Reservestoffen dienen. Nach einer längeren oder kürzeren Ruheperiode keimen sie zu Fruchtträgern oder Fruchtkörpern aus.

(B. 620) Fig. 11.
Mutterkornpilz (*Claviceps purpurea* TUL.), schwach vergrössert. *A* Roggenähre mit einem ausgebildeten Sclerotium *c*, dem noch ein vertrockneter Rest der Conidien-tragenden Region, das Mützchen *s* aufsitzt. *B* Ein Roggen-Fruchtknoten, in dessen unterem Theile *c* der Pilz bereits in Sclerotien-Bildung begriffen ist, während der obere *s* von dem conidientragenden Zustande des Pilzes, der sogenannten Sphacelia, occupirt ist. *p* Der einschrumpfende oberste Theil des kranken Fruchtknotens.

Man kann sich leicht eine Anschauung von solchen Gebilden verschaffen, wenn man Excremente (von Pferden, Schafen etc.) einige Zeit in einem Culturgefäss hält. In den Hohlräumen dieses Substrats entwickeln sich nach wenig Wochen kleine schwarze Knöllchen, welche zu gestielten Hüten auswachsen und der Basidiomyceten-Gattung *Coprinus* angehören. Im Frühjahr wird man aus zusammengehäuften faulenden Blättern von Weiden und Pappeln vielfach kleine kugelige, keulige oder herzförmige braune Körperchen von hornartiger Consistenz hervorwachsen sehen, welche ebenfalls Sclerotien von Basidiomyceten darstellen, aus denen später die zierlichen gestielten Fruchtkeulen von *Pistillaria*- und *Typhula*-Arten hervorsprossen. Längst bekannt sind auch die von der gewöhnlichen Form abweichenden, in Form eines Hornes ausgebildeten Sclerotien des Mutterkorns (*Claviceps purpurea* TUL., Fig. 11, *A c B* und Fig. 12, *A*), welche sich in den Fruchtknoten der Gräser, speciell des Roggens, entwickeln.

Während die von mir aufgefundenen Sclerotien von *Septosporium bifurcum* FRES., eines auf abgestorbenem Laube etc. häufigen Schimmelpilzes, nur etwa mohnsamengrosse Körperchen darstellen, können die Hartmycelien gewisser grösserer Hutpilze die Dimensionen von Kartoffelknollen erreichen.

Bei massenhafter Entwickelung von Sclerotien auf engem Raum entstehen häufig, in Folge von Verwachsung mehr oder minder grosse, oft sonderbar ge-

[1]) Zur Kenntniss der Infectionskrankheiten niederer Thiere und Pflanzen. *Nova Acta.* Bd. 52, Heft 7.

staltete Aggregate, wie dies Brefeld[1]) z. B. bei *Coprinus stercorarius* und *Peziza sclerotiorum* in künstlichen Culturen beobachtete.

Bezüglich der Entstehungsweise der Sclerotien lassen sich zwei Typen unterscheiden.

Bei Typus I (Fig. 13) entstehen die Sclerotien als meist eigenthümliche Seitensprosse des Mycels, welche reiche Verzweigung und ebenso reiche Septenbildung eingehen (Fig. 13, I). Indem die Zweige durch einander wachsen, entsteht ein lockeres Knäuel, das durch beständige Einschiebung von Aestchen höherer Ordnung in die noch vorhandenen Lücken allmählich dichter und dichter wird (Fig. 13, II). Endlich erhalten die Fadenelemente, indem sie noch zahlreicher werden und dabei mehr oder minder stark aufschwellen, so dichten Zusammenschluss, dass die Lücken mehr und mehr verschwinden, wie man besonders auch an dem Querschnitt constatiren kann (Fig. 13, III).

Dieser Typus wird eingehalten bei den Knöllchen-Sclerotien eines Schlauchpilzes, *Hypomyces ochraceus* Tul., wo ihn, so viel mir bekannt, Tulasne überhaupt zuerst gesehen und dargestellt hat,[2]) ferner bei den Knöllchen-Sclerotien.

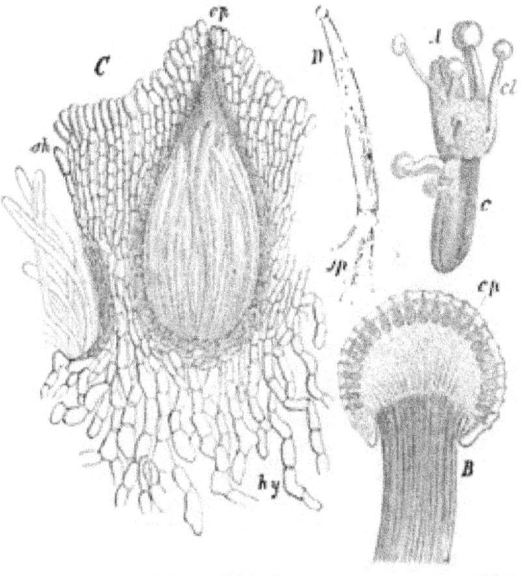

Fig. 12. (B. 621.)

Claviceps purpurea Tul. (Mutterkorn). *A* ein schwach vergrössertes Sclerotium *c*, aus welchem mehrere keulige Fruchtlager, Stromata, *cl* herausgekeimt sind, bestehend aus einem kopfförmigen und einem stielförmigen Theile. *B* Oberes Stück eines solchen Fruchtlagers im Längsschnitt. In das peripherische Gewebe des kopfförmigen Theils sind zahlreiche flaschenförmige Schlauchfrüchtchen (Perithecien *cp*) eingesenkt. *C* Stark vergrössertes Schlauchfrüchtchen *cp*, mit seinen keuligen Schläuchen im Inneren, zu beiden Seiten Theile des angrenzenden peripherischen dichten Fruchtlagergewebes *sh*; *hy* das innere lockere Gewebe des kopfförmigen Theils. *D* ein Schlauch mit einigen Sporen von Fadenform *sp*, sein unterer Theil ist weggeschnitten; stark vergrössert, nach Tulasne aus Frank's Lehrbuch.

Typus II kommt vor bei dem Mutterkorn-Sclerotium. Hier wird die Bildung dieses Körpers niemals auf einzelne, zu Kurzzweig-Systemen sich entwickelnde Myceläste localisirt, sondern das ganze, den jungen Roggen-Fruchtknoten durchziehende und zerstörende Mycelsystem ist an dem Process betheiligt in der Weise, dass alle Fäden sich reich verzweigen und schliesslich in dichten Zusammenschluss treten.

Als ein weiteres Beispiel für diesen Typus ist meine *Sclerotinia Batschiana* anzuführen, ein Becherpilz, dessen Mycel in Eicheln lebt, die beiden Cotyledonen derselben völlig durchziehend und zerstörend und hornharte schwarze Sclerotien

[1]) Schimmelpilze III., Taf. 8, Fig. 15 und IV., Taf. 9, Fig. 12.

[2]) *Selecta fungorum* carpol. III. tab. VI.

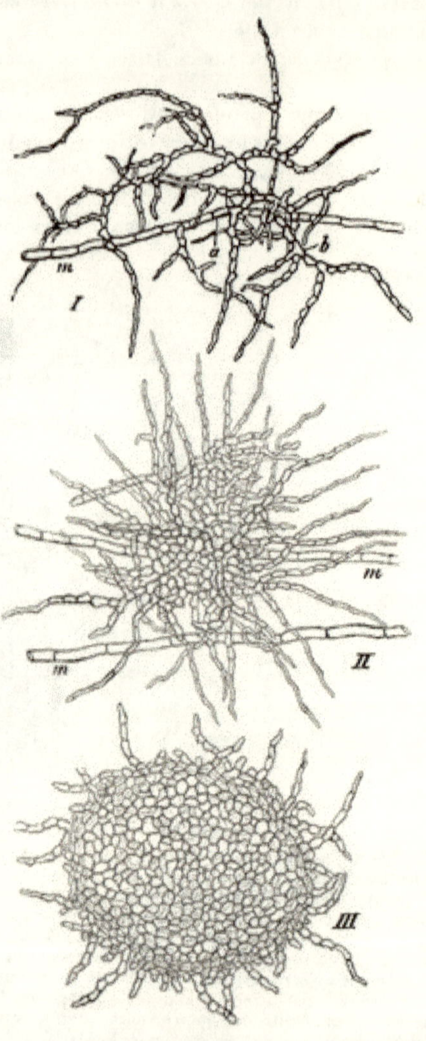

(B. 622.) Fig. 13.
Entwickelung der Sclerotien des auf faulenden Pflanzentheilen lebenden Schimmelpilzes *Septosporium bifurcum* FRES. I. Anlage eines Sclerotiums aus 2 eigenthümlich knorrig gestalteten kleinzelligen, sich verästelnden Mycelzweigen *a* und *b*. II. Etwas weiter vorgeschrittene Sclerotium-Anlage. Man kann nicht sicher erkennen, ob sie aus nur einem oder mehreren Mycelästen hervorgegangen; dagegen sieht man, wie die Verästelungen reicher und dichter geworden sind, namentlich im Centrum des Ganzen, wo infolgedessen bereits lockerer Zusammenschluss der Elemente erfolgt ist. III. In der Ausbildung begriffenes Sclerotium, im optischen Durchschnitt. Die Ausbildung ist nicht bloss im Centrum, sondern auch in der peripherischen Region eine so reiche geworden, dass die Elemente lückenlosen und festen Zusammenschluss erlangt haben. Nur die peripherischen Enden sind noch frei. Alle Fig. nach d. Nat. 170fach vergr. *m* bedeutet Mycelfaden.

bildend; welche genau die Form der Cotyledonen beibehalten,[1]) eine »Pseudomorphose« derselben darstellend, wie ja auch das Mutterkorn eine Pseudomorphose des Getreidekorns ist.

Zwischen beiden Typen der Sclerotienentwickelung existiren Uebergänge. In dieser Beziehung zu erwähnen ist *Sclerotinia sclerotiorum* (LIB.), denn hier entstehen nach DE BARY[2]) und BREFELD[3]) die Sclerotien (Fig. 14 zeigt sie im ausgebildeten Zustand) an den verschiedensten Stellen des Mycelsystems in der Weise, dass ganze Büschel reich sich verzweigender und verflechtender Mycelhyphen in die Luft wachsen. Die weitere Ausbildung erfolgt wie gewöhnlich.

An ausgebildeten Sclerotien wird man nur selten eine Differenzirung in zwei Gewebsschichten, eine peripherische,

[1]) Man findet dieses Sclerotium alljährlich häufig im Thiergarten bei Berlin und in den Königlichen Gärten zu Potsdam, auch im Harz, in Thüringen (Tautenburg) und um Halle habe ich es gesammelt.

[2]) Morphol. u. Physiol. der Pilze. 1866. pag. 35.

[3]) Schimmelpilze, Hft. IV., pag. 115, Fig. 11.

Rinde genannt (Fig. 14, IV *R*), und eine centrale, das Mark (Fig. 14, III. IV *M*) vermissen. Erstere dient als schützende Hülle, letztere als Ablagerungsstätte für Reservestoffe. Während am Gefüge des Markes der Hyphencharakter, wie es scheint, stets gewahrt bleibt (Fig. 14, IV *M*), tritt er an der Rinde meist gänzlich zurück (Fig. 14, IV *R*). Eine weitere Differenz liegt darin, dass die Membranen der Rinde meistens färbende Substanzen einlagern, so dass dieses Gewebe gelb, braun, blau, violett und vielfach ganz schwarz erscheint, während das Mark farblos (weiss) bleibt.

Die Rinde besteht entweder nur aus einer Zelllage *(Clavaria, Typhula)* oder aus mehreren *(Sclerotinia sclerotiorum*, Fig. 14, IV *R*). Bei *Coprinus stercorarius* ist sie nach BREFELD selbst wieder in 2 Schichten differenzirt: eine äussere grosszellige und eine innere kleinzellige, beide scharf gegeneinander abgesetzt. Wo die Rinde nur einzellig erscheint, erfährt sie gewöhnlich durch auffällige Verdickung der äusseren Wände ihrer Zellen die nöthige mechanische Verstärkung.

Wie BREFELD's interessante Experimente an Coprinus zeigten, kann die Rinde nach künstlicher Abschälung vom Marke aus regenerirt werden.

Die Speicherung von Reservestoffen im Mark kann in zwiefacher Weise vor sich gehen, entweder so, dass dieselben im Inhalt aufgehäuft werden, sei es als Plasma *(Coprinus)* sei es als fettes Oel (Mutterkorn) oder als Glycogen; oder aber in der Art, dass die Zellmembranen starke, gallertige Verdickungen erhalten, wie es z. B. bei den Knorpelsclerotien von *Typhula placorrhiza* und von *Selcrotinia Fuckeliana* der Fall. Die Speicherung kann endlich sowohl Membranstoff als Inhaltsstoff-Speicherung sein. z. B. bei *Typhula graminum* nach DE BARY.[1])

Die Auskeimung der Sclerotien zu Fruchtkörpern oder Fruchthyphen

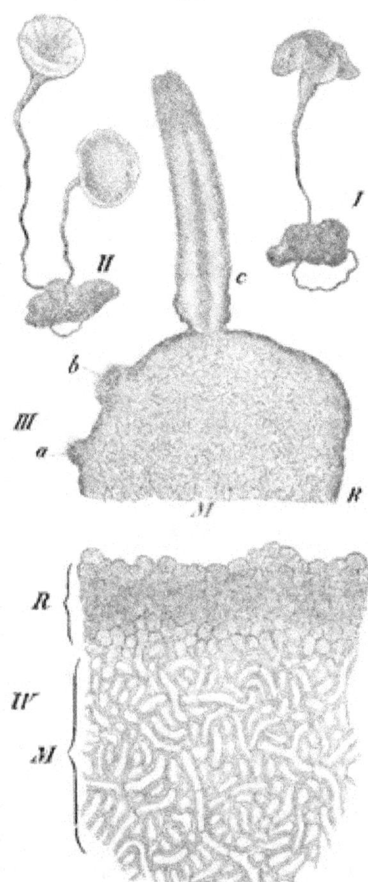

Fig. 14. (B. 623.)

I und II. Knollenformige Sclerotien von *Peziza (Sclerotinia) sclerotiorum*, welche zu Becherfrüchten ausgesprosst sind (nat. Grösse). III. 25 fach. Theil eines solchen Sclerotiums im Querschnitt. *R* Rinde. *M* Mark. Bei *a b* und *c* Aussprossungen zu Fruchtträgern in verschiedenen Altersstadien. IV. 250 fach. Stück eines Querschnitts durch das Sclerotium. *R* Die aus mehreren Schichten von isodiametrischen Zellen bestehende, in einer mittleren Zone dunkler gefärbte Rinde. *M* das Mark, dem man im Gegensatz zur Rinde die ursprüngliche Entstehungsweise (Verflechtung von Mycelfäden) auf den ersten Blick ansieht und dessen Zellhäute im Vergleich zur Rinde dicker und ungefärbt sind. Alle Fig. nach BREFELD.

[1]) Specialangaben über den Bau der verschiedensten Sclerotien würden hier zu weit führen. Reiche Angaben findet man bei DE BARY. Morphol. pag. 32—35.

geht in der Regel vom Mark aus (Fig. 14, III*c*), wobei die Rinde durchbrochen wird. Doch ist nach BREFELD[1]) bei *Coprinus* auch die Rinde zur Fruchtbildung befähigt. Der erste, der die Auskeimung von Sclerotien zu Fruchtkörpern beobachtete und damit nachwies, dass das alte Genus *Sclerotium* ein blosses Formgenus sei, war TULASNE (1853).[2])

Eigenthümlicherweise mangelt die Sclerotienbildung der grossen Gruppe der Algenpilze, soweit bekannt, vollständig. Aber auch in gewissen Familien der Eumyceten wird sie vermisst. Hierher gehören z. B. die Rostpilze, Brandpilze und Entomophthoreen. Dagegen tritt sie häufig auf bei Schlauchpilzen und Basidiomyceten.

Man hat den Begriff des Sclerotiums gelegentlich auch weiter als in vorstehendem Sinne aufgefasst, nämlich auch noch nicht ausgereifte sclerotienähnliche feste Fruchtkörper, wie die des Brotschimmels und der *Aspergillus*-Arten, darunter begriffen.

6. Mycelstränge und Mycelhäute.

So wie diejenigen höheren Pflanzen, welche kräftige Stämme entwickeln, auch starker Wurzeln bedürfen, so produciren diejenigen Pilze, welche relativ grosse Fructificationsorgane erzeugen, z. B. Hutpilze, Becherpilze — falls solche Organe nicht schon anderweitig gestützt werden — relativ kräftige myceliale Gebilde, die dergleichen Fructificationen zu tragen und zu halten im Stande sind, nämlich strangförmige und hautartige Hyphencomplexe, zwischen denen es vielfach Uebergänge giebt.

Es darf indessen nicht übersehen werden, dass gewisse Pilze mit sehr einfachen, unscheinbaren Fructificationsorganen gleichwohl derartige Fadenverbindungen bilden können.

Was zunächst die mehr strangartigen Formen betrifft, so stellen sie im einfachsten Falle Zusammenlagerungen von durchaus gleichartigen wenigen Hyphen dar, welche im Ganzen parallel und dicht zusammengeschmiegt verlaufen; wie dies z. B. der Fall ist bei *Fumago*[3]) (Fig. 15, I). Dieselben entspringen entweder unmittelbar neben einander (Fig. 15, I) und bleiben dann meist in ihrem ganzen Verlaufe zusammen, oder sie entstehen an getrennten Mycel-Punkten, um sich erst nachher zu vereinigen (Fig. 15, II). Dabei sind die Stränge entweder bandartig (d. h. die Fäden in der Fläche nebeneinander gelagert (Fig. 15, II), oder seilartig (also im Durchschnitt rundlich). Die Verbindung der Hyphen kann durch sehr verschiedene Mittel bewerkstelligt werden: entweder durch Verklebung der gallertartig aufgequollenen Hyphenwandungen (Fig. 15, I) oder durch Ausscheidung von harzartigen klebrigen Substanzen *(Chaetomium)* oder durch Querverbindungen, Anastomosen (Fig. 15, II*an*), die oft reichlich auftreten. Dabei findet häufig eine Combination solcher Verbindungsmittel statt.

Aehnliche einfache, dem blossen Auge meist nur als feine Fäden erscheinende Strangbildungen erzeugen z. B. Haarschopfpilze *(Chaetomien)*, die mistbewohnenden *Coprini*, manche Becherpilze etc.

Andererseits giebt es ausgesprochen differenzirte Stränge von Bindfaden- bis Federkielstärke. Das bekannteste Beispiel liefert der Hallimasch *(Agaricus melleus)*. Seine Stränge sind so charakteristisch gestaltet, dass man sie

---

[1]) Schimmelpilze, IV.

[2]) Ann. sc. nat. Sér. 3, tom. 20 und Sér. 4, tom. 13. — Selecta fungorum carpol. I., cap. VIII.

[3]) Die Conidienfrüchte von *Fumago*. *Nova acta*. Bd. 40, No. 7.

früher für selbständige Pilze hielt, die man wegen ihrer Aehnlichkeit mit Baumwurzeln als »Rhizomorphen« bezeichnete, bis R. HARTIG[1]) den Nachweis lieferte, dass sie in den Entwickelungsgang genannten Hutschwammes gehören.

Derselbe lebt besonders in Coniferenstämmen und sendet von deren Wurzeln aus drehrunde 1—3 Millim. dicke einfache oder verzweigte Stränge unterirdisch zu benachbarten Nährpflanzen hin, andererseits bildet er zwischen Rinde und Holz

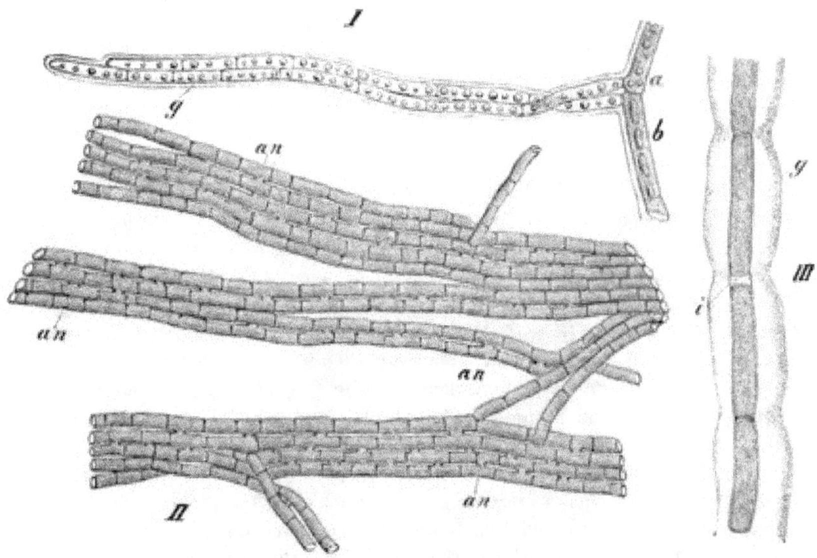

Fig. 15. (B. 624.)

Fumago salicina. I. 540fach. Sehr einfacher Mycelstrang, noch jung und kurz, bestehend aus nur 2 Mycelästen, welche dicht nebeneinander von den Mycelzellen *a* und *b* entspringen und von der gallertigen Hülle *g* ihrer Membran zusammengehalten werden. II. 350fach. Bildung bandartiger, breiterer Mycelstränge, die Hyphen sind durch äusserst zahlreiche, sehr kurze Anastomosen *an* mit einander verbunden. III. 600fach. Stück eines Mycelfadens mit mächtiger Gallertscheide *g*, entstanden durch Quellung der äusseren Membranschichten in Wasser; *i* Lücke zwischen 2 Zellen.

mehr bandartig zusammengedrückte Strangformen, welche oft Anastomosen zeigen und flächenartige Erweiterung erfahren können. So lange die Stränge von Luft und Licht abgeschlossen sind, zeigen sie bleiches Ansehen, im anderen Falle braune bis schwarze Färbung.

Die Entwickelung der Stränge hat BREFELD[2]) ab ovo verfolgt. Er erzog das Hallimasch-Mycel aus einer Spore auf dem Objektträger (Fig. 16, I), sah, wie sich in der Mitte des Mycels ein bis mehrere sclerotienartige, braun werdende Körper entwickelten (Fig. 16, I*a*) und zeigte, dass an solchen Körpern Vegetationspunkte entstehen, welche zur Bildung je eines kleinen cylindrischen Stranges führen, der später Bräunung annimmt (Fig. 16, I*b*). Die weitere Cultur in Pflaumendecoct führte zur Bildung pfundschwerer Strang- und Hautmassen, wie sie in der Natur gewöhnlich nicht vorkommen.

---

[1]) Krankheiten der Waldbäume. Berlin 1874, pag. 22 ff.

[2]) Schimmelpilze, Heft III, pag. 136 ff.

Den Bau und Aufbau der Stränge haben besonders Jos. SCHMITZ,[1]) DE BARY),[2]) HARTIG[3]) und BREFELD[4]) genauer studirt mit folgenden Hauptergebnissen: Die Stränge zeigen eine ausgesprochene Differenzirung in eine an der Luft stets braun werdende derbe Rinde und in ein farbloses feinfilziges Mark.

Auf dem Querschnitt ausgebildeter Stränge ist die Rinde aus zahlreichen Reihen dicht an einander schliessender und mit verdickten sowie gebräunten Membranen versehener Zellen zusammengesetzt. Die Weite der letzteren nimmt von innen nach aussen hin ab, die Wandverdickung zu. Das Mark besteht im Vergleich zur Rinde aus weitlumigeren, wenig dickwandigen Zellen. Im Zentrum gewahrt man einen mehr oder minder grossen Hohlraum, der durch Zerreissen der Elemente entstanden ist. Auf dem Längsschnitt ausgebildeter Stränge sieht man alle Elemente etwas gestreckt.

Axile Längsschnitte durch eine junge noch farblose Strangspitze lassen erkennen, dass das äusserste Ende derselben aus locker verflochtenen dünnen Fäden von reichem Plasmagehalt besteht (Fig. 16, IV *a*). Während deren Spitzen fort und fort wachsen, sowie neue Zweige gebildet werden, schmiegen sich die hinteren Theile der Hyphen dicht zusammen, (Fig. 16, IV *b*), ein kleinzelliges lückenloses Gewebe bildend, also ein Pseudoparenchym. Dasselbe stellt den eigentlichen Vegetationskegel des Stranges dar (Fig. 16, IV *c*), in welchem lebhafte Zellteilung stattfindet. Etwas weiter nach rückwärts sieht man die Elemente sich weiten und strecken (Fig. 16, IV *d*, *e*). In dem peripherischen Gewebe (Fig. 16, IV *f*) welches zur Rinde wird, ist Streckung und Weitung minder bedeutend, als in dem mittleren zum Marke werdenden. Hier tritt auch bald in Folge davon, dass die centralen Markzellen aus einander weichen, die Markhöhlung auf, aus (Fig. 16, IV *h*) Intercellularräumen gebildet, die sich in der Folge, also noch weiter zurück am Strange, erheblich vergrössern. Wie die Vegetationsspitze ist auch die junge Rinde *f* nach aussen bedeckt von einer Schicht dünner Fäden, die parallel der Längsachse verlaufen und Seitenzweige nach aussen senden. Die Wandungen dieser Fäden vergallerten in so starker Weise, dass ein homogenes Gallertbett entsteht, in welches die Fäden eingelagert erscheinen, während die senkrecht nach aussen hin abgehenden, ebenfalls gallertigen Zweige dasselbe durchbrechen. Schliesslich verdicken und bräunen sich die Membranen der Rinde in der Richtung von aussen nach innen, während die Gallertschicht sammt den von ihr umschlossenen dünnen Hyphen allmähliche Eintrocknung erfährt und im Alter der Stränge gänzlich verschwindet.

Minder complicirt und gewissermassen die Mitte haltend zwischen *Fumago*- oder *Coprinus*-Strängen erscheinen diejenigen von *Phallus impudicus*, welche von DE BARY[5]) näher untersucht wurden. »Ein Querschnitt durch die stärkeren Aeste lässt eine dünne, feste, weisse äussere Lage oder Rinde und einen von dieser umschlossenen dicken Cylinder von bräunlicher Farbe und gallertartigem Aussehen (Mark) unterscheiden. Die mittlere grössere Partie der Marksubstanz besteht aus einem zähen Gallertfilz, dessen Hyphen longitudinal, leicht geschlängelt verlaufen und von ungleicher Dicke sind. Der äussere Theil der Marksubstanz wird ausschliesslich von dickeren Hyphen gebildet. Die Rinde besteht aus einigen wenigen Lagen dünnwandiger Hyphen, welche in engen Schraubenwindungen

[1]) Linnaea 1843. pag. 478: Ueber den Bau der *Rhizomorpha fragilis* ROTH.

[2]) Morphologie, pag. 23 ff.

[3]) l. c.

[4]) l. c.

[5]) Morphol., pag. 24.

fest um den Markcylinder gewickelt sind, wie der Draht einer umsponnenen Seite. Man erkennt leicht, dass diese Fäden von den peripherischen Elementen des Markes als Zweige entspringen, bogig nach aussen verlaufen und dann in das Geflecht der Rinde eintreten. Sie treiben an der Oberfläche kurze abstehende Zweiglein, welche dem Strauche ein kurzhaariges Ansehen verleihen.

Bei Basidiomyceten sind Mycelstränge vielfach mit oxalsaurem Kalk besetzt.

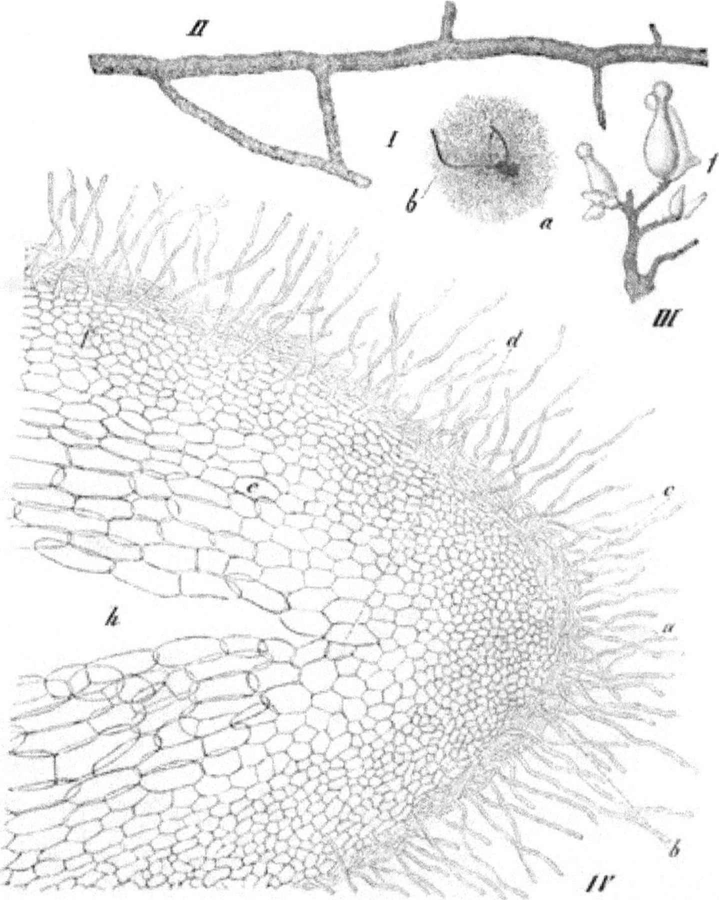

Fig. 16. (B. 625.)

I. Ein auf dem Objectträger erzogenes Mycel des Hallimasch (*Agaricus melleus*) in natürlicher Grösse. Etwa in der Mitte, bei *a*, ist ein sclerotienartiger Körper entstanden, der zu 3 kleinen Strängen ausgesprosst ist, *b* ist der längste derselben. II. Stück eines alten verzweigten Mycelstranges des Pilzes in mehr bandartiger Form, einem alten Baumstumpf entnommen, in natürlicher Grösse. III. Verzweigter Strang nach unten bandförmig, an den Enden der Aeste entspringen die jungen Fruchtkörper *f* des *Agaricus*; in natürlicher Grösse. IV. 300 fach. Längsschnitt durch die Spitze eines wachsenden Stranges; *a* abstehende peripherische Hyphen. *b* der Rinde dicht angeschmiegte locker verflochtene peripherische Hyphen. *c* Vegetationspunkt, aus sehr kleinzelligen, in lebhafter Theilung begriffenen Elementen bestehend. *d*, *e*, *h* Mark, *f* Rinde, *h* Hohlraum im Mark, durch Zerreissung desselben entstanden. Fig. I und IV nach Brefeld, III nach Hartig, II nach der Natur.

so bei *Phallus impudicus*, vielen *Agaricus*-Arten nach DE BARY, *Sphaerobolus stellatus* nach FISCHER. Schön chromrothe Mycelstränge fand ich bei *Cortinarius Bulliardi*; sehr breite (bis 6 Millim.) bei *Peziza cerea*, wenn dieselbe auf faulendem Zimmerholz wuchs, sowie bei *Xylaria Tulasnei* NITSCHKE, die auf Kaninchenkoth vegetirte.

Mycelhäute sind bloss sehr verbreiterte Stränge und weisen daher, im Wesentlichen denselben Bau wie diese auf. Sehr entwickelt sind sie beim Hallimasch und verschiedenen anderen Basidiomyceten, namentlich solchen, die faulendes Holz bewohnen. *Sphaerobolus stellatus* fand ich Hasenkothstücke mit seinen Mycelhäuten oft völlig überkleidend.

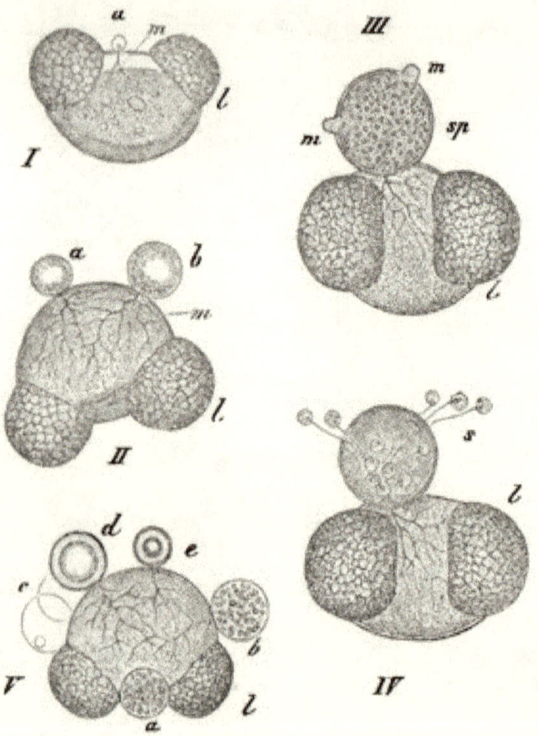

(B. 626.) Fig. 17.

Rhizophidium pollinis (A. BRAUN) ZOPF, in Pollenkörnern von Kiefern. I Pollenkorn mit einem noch sehr jungen Parasiten, der eben erst aus einem Schwärmer entstanden ist; *a* die der Pollenhaut äusserlich aufsitzende, mit stark lichtbrechendem kleinem Kern versehene Zelle, die sich später zu einem Schwärmsporangium ausbildet. Sie hat bereits einen feinen sich verzweigenden Mycelschlauch in das Pollenkorn hineingetrieben. II Pollenkorn mit zwei Individuen des Pilzes *a b*; das Mycel *m* und ebenso die beiden jungen Sporangien in der Entwickelung weiter vorgeschritten. III Pollenkorn mit einem entwickelten Parasiten, dessen grosses reifes Sporangium *sp* zahlreiche Schwärmer enthält. *m* Mündungen des Sporangiums, welche vorläufig noch durch Gallertpfröpfe verschlossen sind. IV Dasselbe Object. Die Schwärmsporen s im Ausschlüpfen aus den Mündungen begriffen, die feine Cilie nachziehend, jede mit einem stark lichtbrechenden Kern versehen. V Pollenkorn mit 4 Schwärmsporangien tragenden Pflänzchen *abc* (bei *c* sind dieselben bereits entleert) und mit 2 Dauersporen tragenden Individuen; *de* Dauersporen mit dicker Wandung und grossem Fetttropfen. Alle Figuren 350fach vergr., *l* die Luftsäcke der Pollenkörner.

7. Reducirte Mycelien.

Sie sind relativ selten, nur bei strengen Parasiten zu finden und zwar solchen, welche eine einzige Wirthszelle (Pflanzen- oder Thierzelle) bewohnen, ohne jemals über diesen Rahmen hinauszugehen. Demnach wird ein Hauptcharacter solcher Mycelien sein relativ sehr geringe Grösse (Fig. 17, II *m*) Dazu kömmt in vielen Fällen noch wenig ausgiebige Verzweigung, ja es giebt manche Beispiele, wo jegliche Zweigbildung unterbleibt, das Mycel also nur einen einfachen Schlauch oder Faden darstellt, in manchen Fällen selbst eine nicht einmal mehr gestreckte, sondern vielmehr rundliche Zelle. Beispiele für solche reducirten Mycelien bieten fast sämmtliche Repräsentanten der Familie der Chytridiaceen und alle bis jetzt bekannten Formen der Ancylisteen-Familie. Unter den Chytridiaceen finden wir theils solche, welche zwar zwerghafte, aber dabei doch noch nach gewöhnlicher Mycelart verzweigte vegetative Systeme besitzen, z. B. das in den einzelligen Pollenkörnern unserer Kiefer sich entwickelnde *Rhizophidium pollinis* A. Br. (Fig. 17) theils solche, welche einen völlig unverzweigten Mycelschlauch entwickeln *(Chytridium Olla* A. Br.); theils endlich solche, wo das vegetative Organ eine nicht mehr gestreckte, sondern bloss rundliche Zelle darstellt (gewisse Olpidien).

Aehnliche Verhältnisse treffen wir bei den Ancylisteen, einer Gruppe, die sich den Saprolegnieen, resp. den Peronosporeen anschliesst. Hier finden wir Formen, die noch ein Mycel mit gering entwickelter Zweigbildung besitzen *(Lagenidium Rabenhorstii* Zopf, *L. entophytum* Pringsheim), während *L. pygmaeum* Zopf, das ebenfalls in Pollenkörnern sich ansiedelt, im günstigsten Falle stumpfe Aussackungen bildet, die als Zweigbildung eben noch gedeutet werden können, in vielen Fällen aber auch diese nicht aufweisen.

Man hat offenbar solche Reductionserscheinungen als Anpassung an den Wirth aufzufassen. Für die Pollenparasiten oder die Parasiten der Algensporen ist es gewiss ohne weiteres klar, dass die Kleinheit und das geringe Nährmaterial der Wirthszelle eine ausgiebigere Mycelentwickelung nicht gestatten.

Abschnitt II.

Fructificationsorgane.

Sobald das Mycelsystem eine gewisse Grösse und Ausbildung erlangt und genügende Mengen plastischer Stoffe aufgespeichert hat — Momente, die gewöhnlich mit beginnender Erschöpfung des Substrats coincidiren — erfolgt an den Mycelfäden die Anlage und Ausbildung von Fructificationsorganen.

Letztere bestehen der Regel nach aus Hyphen, welche morphologisch den Werth von Mycelästen besitzen, aber, ihrer Function und dem umgebenden Medium angepasst, in der Regel durch mehrere wichtige Eigenschaften von gewöhnlichen Mycelfäden differiren, nämlich durch:

1. Orientirung vertical zur Mycelebene.
2. Begrenztes Spitzenwachstum (die Mycelfäden haben in gewissem Sinne unbegrenztes.)
3. Abänderung im Bau (andere Gestalt, andere Zellformen, andere Verzweigungsmodi etc.)
4. Eigenartige Bildung von Fortpflanzungszellen (Sporen).

Zur Erläuterung des Gesagten will ich 2 Beispiele herausgreifen: In Fig. 2 ist das Mycel eines Kopfschimmels *(Mucor Mucedo)* dargestellt mit 3 Fruchthyphen. Sie sind, wie man sieht, Zweige des Mycels, die aber senkrecht zur Mycelebene liegen und im Gegensatz zu den dünnen, reich verzweigten Mycelfäden dick erscheinen und jegliche Zweigbildung vermissen lassen. Während die Mycelhyphen weiter und weiter wachsen, ist das Spitzenwachsthum der Mycelhyphen *a* und *b* bereits definitiv abgeschlossen, bei *c* dem Abschluss nahe. In dem kopfförmig angeschwollenen Endtheil erfolgt die Bildung von Fortpflanzungszellen; in den Mycelzellen dagegen findet dergleichen nicht statt.

Fig. 18 veranschaulicht das Mycel des gemeinen Brotschimmels *(Penicillium glaucum)*. Die zahlreichen Fruchtzweige desselben erheben sich ebenfalls vom Mycel in die Luft. Im Gegensatz zu den Mycelfäden ist ihr Spitzenwachsthum bereits sistirt und ihre, übrigens nur in der Endregion aufgetretenen Verzweigungen in Bezug auf Form und Anordnung von den mycelialen Verzweigungen durchaus abweichend. An jenen Verzweigungen findet bereits die dem Mycel mangelnde Sporenbildung statt.

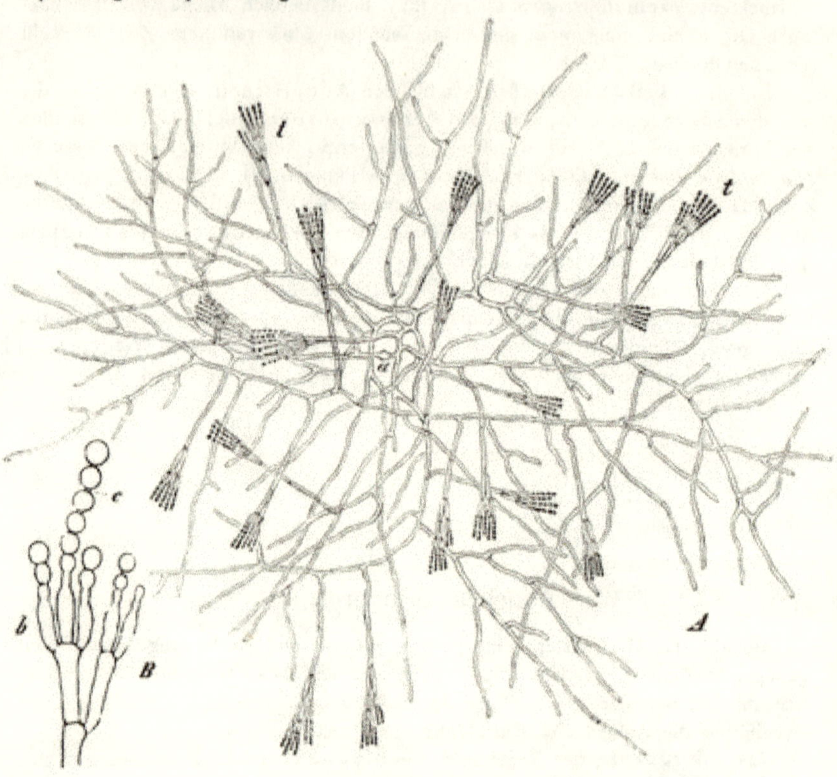

(B 627.) Fig. 18.

Brotschimmel (*Penicillium glaucum*). *A* 120fach. Kleines Mycelium aus der Spore *a* hervorgegangen, mit zahlreichen Conidienträgern *t*, die sich senkrecht von der Mycelebene erheben (was in der Zeichnung natürlich nicht gehörig zum Ausdruck zu bringen ist). *B* 730fach. Oberer Theil eines lebenden Conidienträgers, *b* die flaschenförmigen Basidien, an denen die Conidien in Ketten abgeschnürt werden. Es ist bei der Präparation nur eine der Ketten erhalten geblieben. Zwischen den oberen Conidien dieser Kette bei *c* ist deutlich ein »Isthmus« zu sehen. (*A* nach Brefeld, *B* nach d. Nat.)

Sämmtliche Fructificationsorgane lassen sich unter folgende 4 Kategorien bringen:

A. Exosporen- oder Conidienfructification.

B. Endosporen- oder Sporangienfructification.

C. Zygosporenfructification.

D. Chlamydosporen- oder Gemmenfructification.

Ausserdem sind noch zu betrachten:

E. Monomorphie, Dimorphie und Pleomorphie der Fructification.

F. Mechanische Einrichtungen zur Befreiung der Sporen.

A. Exosporen- oder Conidienfructification.

Gegenüber der Endosporen- oder Sporangienfructification ist dieselbe dadurch charakterisirt, dass ihre Sporen nicht im Innern, sondern an der Oberfläche der fructificirenden Zellen erzeugt werden, also exogen entstehen.

I. Modi der Exosporen- oder Conidienbildung und Beschaffenheit der Conidien.

Die Exosporen oder Conidien entstehen der Regel nach an besonderen Tragzellen oder Tragfäden, entweder an deren Spitze (terminale Conidienbildung), oder seitlich (laterale Conidienbildung); vielfach treten sie auch unmittelbar am Mycel auf.

Es lassen sich drei verschiedene Typen der Conidienbildung an Trägern unterscheiden:

Typus I. Der Träger (Fig. 19, I *a*) streckt sich etwas (Fig. 19, I *b*) und inserirt alsbald unweit seiner Spitze eine Querwand. Diese differenzirt sich in 2 Lamellen, welche sich hierauf mehr oder minder stark gegen einander abrunden (Fig. 19, I *c*).[1] Man bezeichnet diesen Vorgang als Einschnürung oder Abschnürung und die abgeschnürte Zelle als Exospore oder Conidie. (Da der letztere Ausdruck der am meisten eingebürgerte ist, so soll er im folgenden ausschliesslich gebraucht werden.) Hierauf streckt sich der Träger wiederum etwas, um auf dieselbe Weise dicht unterhalb der ersten Conidie eine zweite (Fig. 19, I *de*) dann eine dritte (Fig. 19, I *fg*), vierte (Fig. 19, I *h*) u. s. w. (Fig. 20, I) zu bilden. Er kann also einige Zeit in seiner sporenabschnürenden

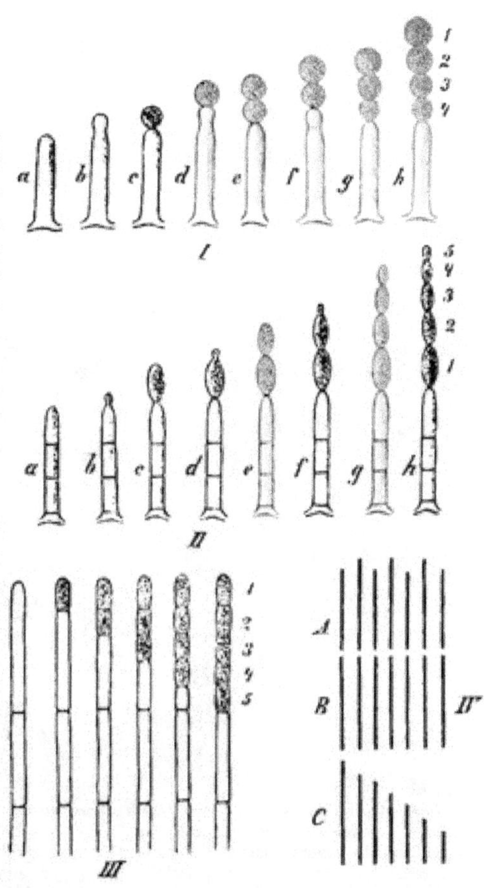

Fig. 19. (B. 528.)

I Schematische Darstellung der allmählichen Bildung einer Conidienkette in basipetaler Folge (Typus I.). 1 bezeichnet die älteste, 4 die jüngste Conidie. II Schematische Darstellung der allmählichen Bildung einer Conidienkette durch terminale Sprossung (Typus II.). Die Zahlen 1—5 bedeuten die Altersfolge der Conidien. III Bildung einer Conidienkette von Typus III. Man sieht, wie mit Abgliederung jeder neuen Conidie der Träger kürzer wird. Die Zahlen 1—5 bedeuten die Altersfolge der Conidien. IV Graphische Darstellung des Verhaltens der Träger bezüglich ihrer Länge. *A* dem Typus I. entsprechend: der Träger zeigt abwechselnde Verlängerung und Verkürzung. *B* dem Typus II. entsprechend: Trägerlänge constant bleibend. *C* dem Typus III entsprechend: Trägerlänge continuirlich abnehmend.

[1]) Wir werden später sehen, dass dieser Ausdruck für viele Fälle nicht ganz correkt ist.

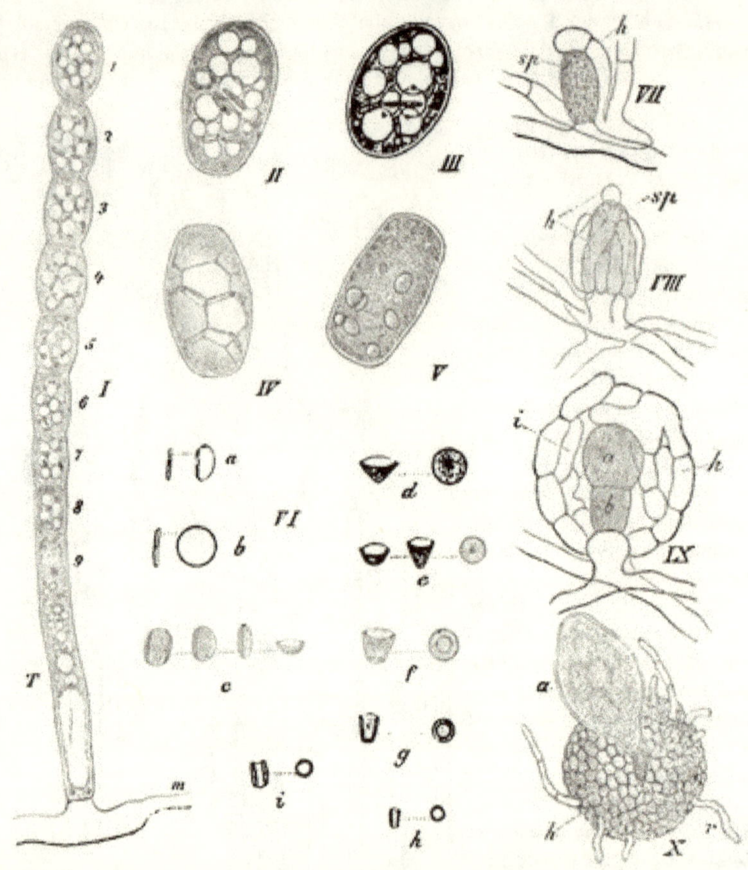

(B. 629.) Fig. 20.

Weissdorn-Mehlthau (*Podosphaera Oxyacanthae*). I 450 fach. Ein von dem Mycelfaden *m* entspringender Conidienträger *T*, der an seinem Ende bereits 8 Conidien in basipetaler Folge abgeschnürt hat und die neunte zu bilden im Begriff ist. Die beiden ältesten Conidien 1 und 2 beginnen sich bereits gegen einander abzurunden. Im Inhalt der obersten reifsten Conidien bemerkt man ausser zahlreichen rundlichen Vacuolen dunkle, stäbchenartig aussehende Körperchen: es sind von der hohen Kante gesehene Fibrosinkörper. II—IV Abgefallene Conidien 690 fach vergr., jede mit Vacuolen und Fibrosinkörpern, letztere von der hohen Kante gesehen und bei IV auf der Grenze der Vacuolen liegend. V 690 fach. In Wasser erhitzte Conidie mit etwas gequollenen Fibrosinkörpern. VI. 1000 fach. Verschiedene Formen der Fibrosinkörper, in je 2—4, durch punktirte Linien verbundenen Ansichten dargestellt; *ab* flächenförmige, *c* flach schüsselförmige, *de* hohlkegelförmige Gestalten, bei *fg* abgestutzte Hohlkegel, bei *hi* Hohlcylinderformen. VII—IX Die ersten Stadien der Schlauchfrucht-Entwickelung von *Podosphaera Castagnei* 600 fach. VII Jüngste Anlage, bestehend aus dem Ascogon *sp* und dem ersten Hüllschlauch *h*. Beide entspringen an dicht neben einander liegenden Mycelfäden. VIII Etwas weiter entwickelter Zustand, das Ascogon *sp* ist bereits von mehreren Hüllhyphen *h* umhüllt. IX Noch etwas älterer Zustand im optischen Längsschnitt. Das hier wie in den beiden vorigen Figuren etwas dunkel gehaltene Ascogon hat sich in eine Tragzelle *b* und in das junge Sporangium (Ascus) bei *a* gegliedert. *h* Hülle, *i* Füllschicht. X Reife Schlauchfrucht von *Sphaerotheca pannosa* nach TULASNE, stark vergr. *h* Hülle, *r* Rhizoiden. Aus der durch Druck gesprengten Fruchtwand ragt der einzige Schlauch *a* mit seinen 6 Sporen hervor. (Fig. I—VI nach der Natur, Fig. VII—IX nach DE BARY, X nach TULASNE.)

Thätigkeit bleiben. In der so gebildeten Kette ist die oberste Conidie demnach die älteste, zuerst erzeugte, unter ihr liegt die nächstjüngste, unter dieser die drittjüngste etc. Die Conidienfolge ist mithin eine von oben nach unten gehende (basipetale), was in Fig. 19, I durch die Zahlen 1—4 angedeutet wird und in Fig. 20, I durch die Zahlen 1—9. Dabei nimmt die Grösse der Conidien in eben derselben Richtung ab (Fig. 20, I, 1—9, Fig. 18, *B*).

Dieser Typus ist ausserordentlich verbreitet, fast in allen Gruppen zu finden. Als be-

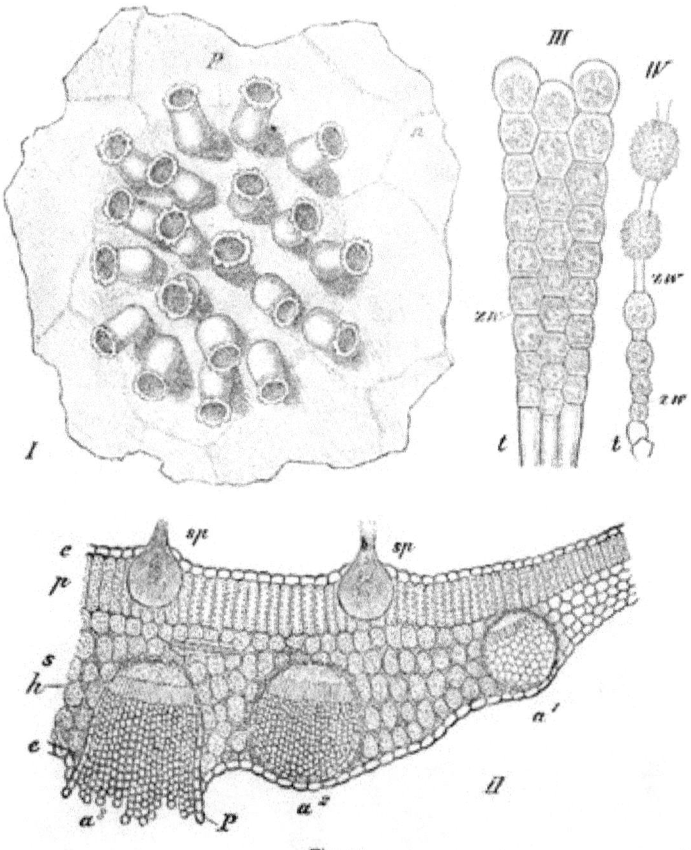

Fig. 21. (B 630)

I—III Getreiderost *(Puccinia graminis)*. I ca. 15fach. Fragmentchen eines Berberitzen-Blattes von der Unterseite, mit einer flach polsterförmigen Gewebswucherung *P*, in welcher die zierlichen, weit hervorragenden, reifen und daher geöffneten und becherförmig erscheinenden Conidienfrüchte (Accidien genannt) sitzen. Die Sporen sind zum Theil schon heraus gefallen. *n* Blattnerven. II 40fach. Stück eines Querschnittes vom Berberitzen-Blatt, geführt durch eine vom Pilz verursachte Gewebswucherung, in welcher man die Spermogonien *sp* und drei Accidienfrüchte, a^1 noch jugendlich, a^2 nahezu reif, a^3 reif und bereits geöffnet bemerkt. *P* bedeutet die aus einer Zellschicht bestehende Hülle *(Peridie)* der Accidiumfrucht. *ee* Die obere und untere von 2 Spermogonien und der einen Accidiumfrucht durchbrochene Epidermis, *p* die in Folge der Pilzwirkung hypertrophirten Pallisadenzellen, *s* das ebenfalls hypertrophirte Schwammgewebe, zwischen dessen Zellen die Mycelfäden verlaufen. III Zwei Conidienketten aus der Accidiumfrucht mit ihren Trägern *t*; *zw* die schmalen Zwischenzellen (stark vergrössert); IV 420fach, Conidienkette aus der Accidiumfrucht vom Preisselbeerrost *Calyptospora Göppertiana*. *zw* die hier verlängerten Zwischenzellen stark vergr. Fig. III nach KNY, IV nach HARTIG, das Uebrige nach der Natur.

kannteste Beispiele seien der Brotschimmel *(Penicillium,* Fig. 18, *B)*, die Mehlthaupilze *(Erysiphe,* Fig. 20, I) und der weisse Rost *(Cystopus)* angeführt.

Bemerkenswerth ist, dass bei manchen Pilzen, die ihre Conidien nach Typus I bilden, diese sich durch nachträgliche Insertion einer Querwand in eine obere grössere und in eine untere kleinere Zelle theilen (Fig. 21, III. IV). Von diesen beiden Zellen bildet sich nun die oberste zur eigentlichen Conidie aus, während die andere zunächst als Zwischenstück (Fig. 21, III. IV *zw*) zwischen zwei aufeinander folgenden Conidien verbleibt, um später, nachdem sie inhaltsleer geworden, aufgelöst zu werden. Man spricht in solchen Fällen von basipetaler Conidienbildung mit Zwischenzellbildung. Sehr ausgeprägt ist diese letztere bei den Aecidienfrüchten der Rostpilze (Fig. 21, III *zw*), besonders bei dem Aecidium des Preisselbeer-Rostes (Fig. 21, IV *zw*).

Typus II. Der Träger schliesst im Gegensatz zu dem eben besprochenen Modus zunächst sein Scheitelwachsthum definitiv ab (Fig. 19, II *a*). Sodann treibt er an seiner Spitze eine winzige kugelige Ausstülpung (Fig. 19, II *b*), die alsbald zu einer Conidie heranwächst und sich durch eine Querwand gegen den Träger abgrenzt

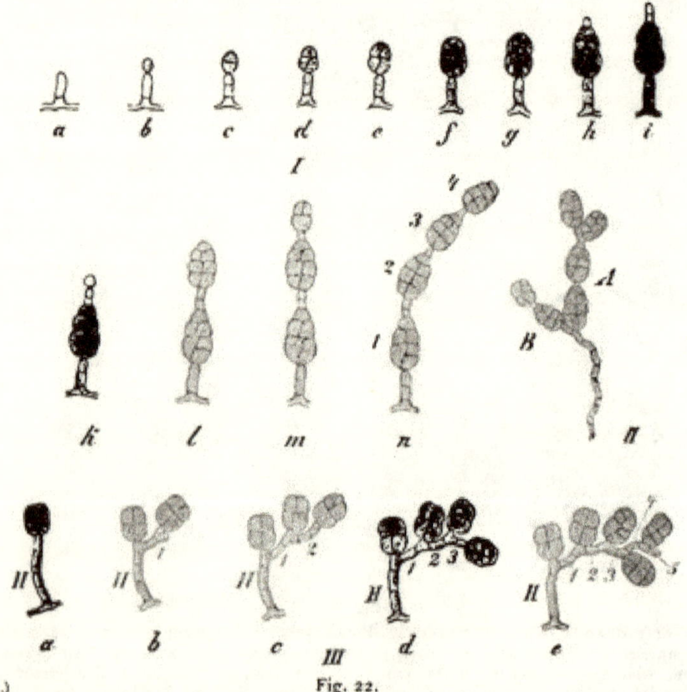

(B. 631.) Fig. 22.

Ein gewöhnlicher Kräuterschimmel *(Septosporium bifurcum* FRES.). 180fach vergr. I Continuirliche Entwickelungsreihe, die Entstehung und Ausbildung einer Conidie *a—i*, sowie die Bildung einer Conidienkette durch Sprossung *(k—n)* veranschaulichend. *a* der kleine Conidienträger, zunächst noch einzellig, später von *e* an mehrzellig, *n* die braune Conidienkette, die Conidien in der Reihenfolge 1—4 enstanden. II Ein Conidienträger, der zuerst an seiner Spitze eine Conidienkette *A* in acropetaler Folge bildete, dann unterhalb derselben einen Seitenzweig trieb, an dessen Spitze die kleine Conidienkette *B* sitzt. An der Conidienkette *A* sieht man überdies eine durch seitliche Sprossung entstandene Conidie. III. Continuirliche Entwickelungsreihe, die Enstehung eines Sympodiums veranschaulichend, speciell einer Schraubel, die bei *e* schliesslich noch in die Wickel übergeht. *H* Hauptaxe. Die Zahlen 1, 2, 3, 4, 5 bedeuten die aufeinanderfolgenden Nebenaxen.

(Fig. 19, II *c*). Die weitere Bildung von Conidien geschieht nun auf dem Wege, dass die zuerst entstandene an ihrer Spitze zu einer zweiten (Fig. 19, II *de*), diese zu einer dritten (Fig. 19, *f*) diese zu einer vierten u. s. f. (Fig. 19, II *gh*) aussprosst. Wir haben hier also eine Conidienbildung durch Sprossung. Sie geht, wie die Zahlen in Fig. 19, II *h* und Fig. 22, I *n* andeuten, im Gegensatz zu Modus I von unten nach oben, also in basifugaler oder acropetaler Folge vor sich. In gleicher Richtung nimmt auch die Grösse der Conidien ab (Fig. 19, II *h*; Fig. 22, I *n*).

Während die Conidienketten von Typus I naturgemäss nur einfach erscheinen können, gehen die von Typus II häufig Verzweigungen ein, indem die einzelnen Conidien seitlich Conidien treiben, welche durch terminale Sprossung neue bilden. So entstehen Seitenketten erster Ordnung, welche wieder Seitenketten zweiter Ordnung bilden können u. s. f. Auf diese Weise kommen verzweigte Conidienverbände zu Stande, welche im Habitus lebhaft an myceliale Sprossverbände der Hefe- und Kahmhautpilze etc. erinnern (Fig. 23, I—VIII). Beipiele: *Cladosporium herbarum*, *Hormodendron cladosporioïdes* Fres. (früher unter *Penicillium*).

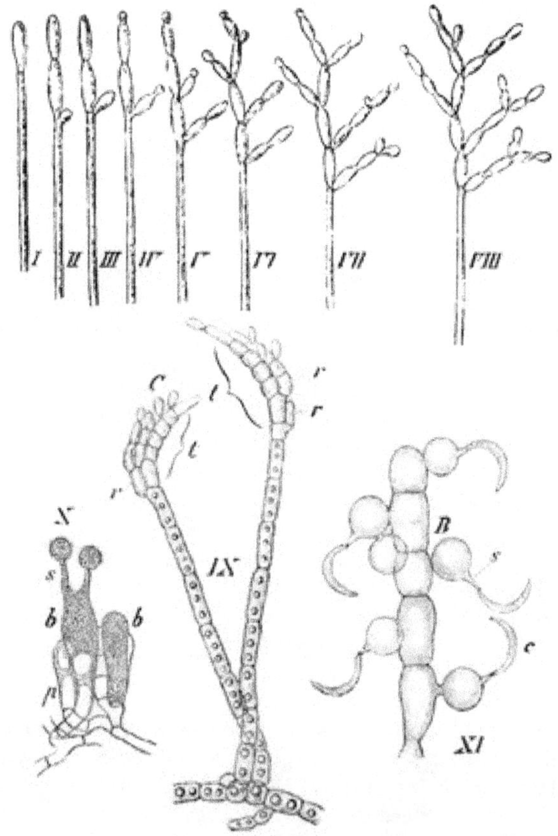

Fig. 23. (B. 632.)

I—VIII 300fach. *Hormodendron cladosporioïdes* (Fres.). Ein Conidienträger in der successiven Ausbildung seines Sprossconidien-Standes. Continuirliche Beobachtung von E. Löw. IX 540fach. Conidienträger von *Fumago salicina*, welche in der Conidien tragenden Region *t* deutliche Dorsiventralität zeigen, die sich ausprägt in der ausschliesslichen Zweigbildung *r* und Conidienbildung *C* auf der oberen (convexen) Seite und in etwas stärkerer Verdickung der Zellen der Region *t* auf der concaven Seite. X Stückchen aus dem Hymenium eines Gastromyceten (*Octaviana carnea* Corda) nach De Bary. *b* keulige Basidien, die eine mit 2 Sterigmen *s*, an deren Spitzen kleinstachelige Conidien stehen. *p* Paraphysen. XI 1000fach. Conidienträger des Anguillulen bewohnenden Hyphomyceten *Harposporium Anguillulae* mit 5 kugeligen Basidien *B*, von denen je ein Sterigma *s* entspringt, das die sichelförmigen Conidien *c* abschnürt.

Typus III. Der Conidien tragende Faden schliesst zunächst sein Spitzenwachsthum ab. Hierauf wird unter seiner Spitze eine Querwand inserirt, dann in basipetaler Folge eine zweite, eventuell eine dritte, vierte etc. (Fig. 19, III). Hier haben wir also ebenfalls eine basipetale Conidienbildung wie beim ersten Typus; aber der Träger streckt sich nicht vor jeder Abschnürung, sondern bleibt vollkommen unthätig, so dass durch die vorschreitende Abgliederung immer ein Stück nach dem andern von ihm abgeschnitten und er dementsprechend immer kürzer wird (Fig. 19, III) eventuell bis zum Verschwinden.

Beispiele: Milchschimmel *(Oidium lactis)*, Schimmel der Schwämmchenkrankheit *(Oidium albicans)*, gewisse *Oidium*-artige Conidienfructificationen bei Hutpilzen (Brefeld, Schimmelpilze VIII) und Becherpilzen (Ascoboleen). Im Allgemeinen ist dieser Typus im Vergleich zu I und II minder häufig.

Die den drei besprochenen Typen entsprechenden Verschiedenheiten im Verhalten des Trägers prägen sich am schärfsten in graphischer Darstellung aus (Fig. 19, IV.)

Bei gewissen Pilzen kommt keine Kettenbildung zu Stande, sei es, dass die Conidie jedesmal sofort nach der Bildung vom Träger abfällt, sei es, dass überhaupt nur eine einzige Conidie erzeugt wird. Unbestreitbar findet Letzteres statt bei *Pestalozzia truncatula* (Fig. 24, II. III), sowie bei den als Wintersporen (Teleutosporen) bezeichneten Conidien der Rostpilze *(Uromyces, Puccinia* etc.,) besonders auch bei dem Fliegenschimmel *(Empusa Muscae)* und anderen Entomophthoreen. In beiden Fällen handelt es sich um terminal gebildete Conidien. Aber auch gewisse Arten, welche ihre Conidien lateral abschnüren, produciren an jeder Abschnürungsstelle immer nur eine einzige Conidie, so z. B. *Arthrinium*-Vertreter (Fig. 26, VI. VII).[1])

Form und Bau der Conidien. Genau terminal entstehende Conidien mit genau senkrecht stehender Achse sind im Allgemeinen actinomorph gebaut, d. h. es lassen sich durch die Achse mindestens zwei Ebenen legen, deren jede die Conidie in spiegelbildliche Hälften theilt (z. B. Fig. 24, I. V).

Zygomorphe (symmetrische, bilaterale) Ausbildung treffen wir im Allgemeinen bei Conidien mit lateraler Stellung. Ob etwa alle lateralen Zygomorphie zeigen, ist wohl nur sehr schwierig festzustellen, da die meisten Formen zu geringe Grösse besitzen. Zygomorph sind ferner alle terminalen Conidien mit gekrümmter Achse (Fig. 24, IV. VI—VIII). Ausgeprägte Zygomorphie zeigen z. B. die stets lateral entstehenden Conidien von *Arthrinium caricicola* (Fig. 26, VI. VII). Ausser in der Form spricht sich die Bilateralität der Conidien häufig aus in einseitiger Verdickung und Färbung der Membran *(Arthrinium caricicola*, Fig. 26, VII*a*), oder in der Insertion von eigenthümlichen seitlichen Anhängseln wie sie z. B. bei *Discosia* auftreten, hier in Form feinster Fäden (Fig. 24, VI).

Es giebt manche Pilze, die an gleich- oder verschiedenartigen Trägern ziemlich kleine und ziemlich grosse Conidien erzeugen. Man hat dann die einen mit Tulasne als Microconidien die andern als Macroconidien, in der Grösse dazwischen liegende auch wohl als Megaloconidien bezeichnet.

Alle Conidien sind anfangs einzellig; viele, selbst relativ sehr grosse, bleiben es auch später. In zahlreichen Fällen indessen werden sie durch Bildung von Scheidewänden zwei- oder mehrzellig bis vielzellig (z. B. *Septosporium bi-*

[1]) Literatur über Conidienbildung: Corda, Icones fungorum. — Bonorden, Allgemeine Mycologie. Fresenius, Beiträge zur Mycologie, Frankfurt 1850—63. Tulasne, Selecta fungorum Carpologia. De Bary, Morphologie, pag. 48—50. — Zalewsky, Sporenabschnürung und Sporenabfallen bei den Pilzen. Flora 1883. Löw, E., Zur Entwickelungsgeschichte von Penicillium. Pringsh. Jahrb. VII. 1870. — Brefeld, Schimmelpilze I—VIII.

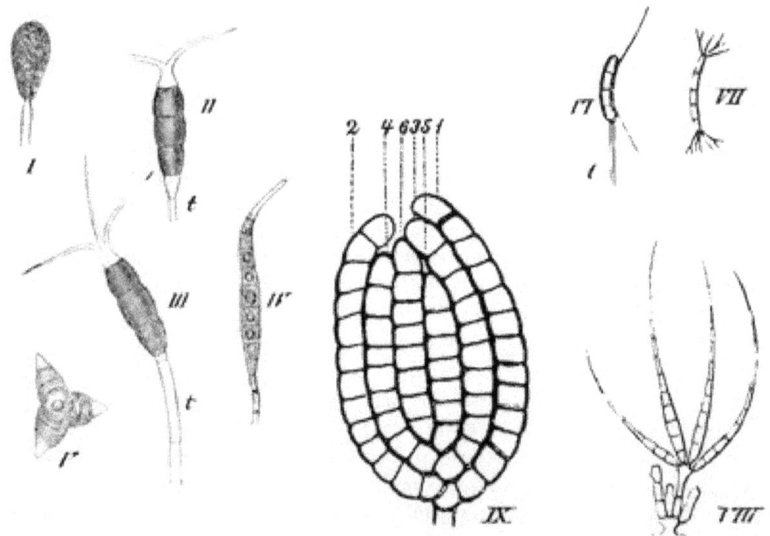

Fig. 24. (B. 633.)

Verschiedene Conidienformen. I 380fach. Mehrzellige Conidie aus einer Conidienfrucht von *Massaria loricata* TUL., aus ungleich-grossen Zellen gebildet, am grössten die Terminalzelle. Nach TULASNE. II u. III 730fach. Conidien von *Pestalozzia truncatula*, jede aus 5 Zellen gebildet, von denen die Terminalzelle mit 2 resp. 3 pfriemlichen Ausstülpungen versehen, im Uebrigen wie die Basalzelle inhaltsleer, farblos und dickwandig erscheint, im Gegensatz zu den 3 verdickten, gebräunten, inhaltsreichen, mittleren Zellen. Die eine Conidie zeigt einen kürzeren die andere (ausnahmsweise) einen längeren Träger. IV Conidie von *Massaria loricata* TUL. mehrzellig, an beiden Enden verschmälert, die mittleren Zellen gebräunt, mit Fetttropfen. — Nach TULASNE. V 500fach. Vierstrahlige Conidie von *Asterosporium Hoffmanni*, von oben gesehen. Von den 4 Strahlen ist einer dem Beschauer zu gerichtet (nach FRESENIUS). VI Vierzellige Conidie von *Hendersonia Cynosbati* FCKL., mit seitlich entspringenden borstenartigen Anhängen! *t* Träger. Nach FUCKEL. VII Conidie von *Mastigosporium album* RIESS, mit mehreren feinen, z. Th. verzweigten Anhängen an den beiden Endzellen. VIII 220fach. Gruppe von Conidienträgern der *Cercospora acerina* HARTIG, der eine mit 4 langen mehrzelligen pfriemenförmig ausgezogenen Conidien. Nach HARTIG. IX 730fach. Zusammengesetzte Conidie von *Dictyosporium elegans* CORDA, aus Zellreihen aufgebaut, die nach Art eines Fächels (also nach dem Schema von Fig. 25, XII *AB*) angeordnet sind und den Zahlen 1—6 entsprechend auf einander folgen. Jede Zelle stellt eine Theilconidie dar.

furcum, Fig. 22.[1]) Die Insertion der Wände erfolgt entweder nur in der Querrichtung (*Cephalothecium roseum*, Fig. 26, IV; *Massaria loricata* TUL., Fig. 24, I); *Sporidesmium*formen, Fig. 24, IV), oder es werden auch Scheidewände nach einer zweiten, oft selbst nach einer dritten Richtung des Raumes eingefügt (*Septosporium-*, *Alternaria-*Arten etc.). Fig. 22, I zeigt in der Entwicklungsreihe *e* bis *i* diese successive Einfügung sehr deutlich, nur sind freilich die Theilungen nach der dritten Richtung des Raumes in der Zeichnung nicht darstellbar). Im letzteren Falle entstehen also kleine »Gewebekörper«, die man als packetförmige, *Sarcinula*-förmige (Fig. 22, III) oder mauerförmige (Fig. 22, I *n*) Conidien bezeichnet hat.

Wo die Conidien nur quer zur Längsachse gestellte (parallele) Wände zeigen, entstehen diese in der Regel s u c c e s s i v e, d. h. die Conidie wird erst durch eine in der Mitte auftretende Querwand zweizellig, worauf in jeder der beiden Tochterzellen wieder eine Querwand entsteht u. s. f. In den mehrzelligen Conidien gewisser P h y c o m y c e t e n dagegen (*Piptocephalis*, Fig. 7, VII—IX *sp*,

[1]) Man spricht in solchen Fällen auch von z u s a m m e n g e s e t z t e n Sporen.

Syncephalis) und einigen Mycomyceten (z. B. *Thielavia*, *Phragmidium*) werden alle Wände gleichzeitig angelegt (simultane Scheidewandbildung).

Mehrzellige, zumal gestreckte Conidien zeigen oft die terminale (oder auch die basale) Zelle anders ausgebildet als die übrigen: entweder von anderer Form, z. B. auffällig dick bei *Massaria loricata* (Fig. 24, I), oder lang ausgezogen (Fig. 24, IV. VIII) oder mit zwei bis mehreren Ausstülpungen versehen (*Pestalozzia truncatula*, Fig. 24, II. III) oder dünnwandig und ungefärbt, während die übrigen Zellen dickwandig und gebräunt erscheinen (*Pestalozzia*, Fig. 24, II, III).

Sehr eigenthümliche Gestaltung zeigen nach Fresenius die mehrzelligen Conidien von *Asterosporium Hoffmanni*. Sie sind nämlich aus 4 kegeligen, im Centrum zusammenstossenden, mehrzelligen Strahlen gebildet (Fig. 24, V). Ueber die Entstehungsweise dieser Conidienform fehlen noch Untersuchungen. Hieran schliesst sich *Trinacrium subtile*, wo die Conidie aus nur 3 Strahlen besteht. Conidien ganz eigener Art producirt ein von Corda als *Dictyosporium elegans* bezeichneter Hyphomycet. Die Conidie erscheint hier als ein flächenförmiges Gebilde, bestehend aus Zellreihen, die in Form eines Fächels angeordnet sind (vergl. den folgenden Abschnitt unter »Fächel«) und dabei seitlich meist in fester Verbindung stehen (Fig. 24, IX, zeigt die Flächenansicht).[1])

Manche Conidien sind mit eigenthümlichen, fein borstenartigen Anhängseln geziert, deren Natur noch nicht genauer festgestellt wurde. Bei der schon erwähnten *Discosia* sowie gewissen *Hendersonia*-Arten sind sie einfach und lateral inserirt (Fig. 24, VI), bei *Mastigosporium album* Riess nach Fuckel an beiden Enden vorhanden und zum Theil verzweigt (Fig. 24, VII). Mit den später zu betrachtenden Endosporen kommen die Conidien darin überein, dass ihre Membran vielfach besondere Sculptur zeigt in Form von Wärzchen (Fig. 21, IV, Fig. 23, X, Fig. 27, Fig. 28, II), Stacheln (Fig. 37, V *t*), Netzleisten, Hörnern etc., auf die bei der systematischen Unterscheidung der Genera und Species mit Recht ein gewisser Werth gelegt wird, weil dergleichen Eigenschaften im Allgemeinen sehr constant sind.

Conidien mit dicker gebräunter Membran und reichem Inhalt in Form von Fett sind im Stande, ungünstige äussere Verhältnisse länger zu überdauern als dünnwandige und inhaltsarme und werden daher als Dauerconidien bezeichnet.

II. Formen der conidienbildenden Organe.

Die als Conidienerzeuger fungirenden Organe bieten bezüglich ihrer Gestaltung und ihres Aufbaues eine ausserordentliche Mannigfaltigkeit dar, die eine scharfe Gruppirung unmöglich erscheinen lässt. Doch kann man die verschiedenen Formen immerhin in vier Kategorien bringen, indem man zwischen fädigen Conidienträgern, Conidienbündeln, Conidienlagern und Conidienfrüchten unterscheidet.

1. Der fädige Conidienträger.

Er repräsentirt nicht bloss das einfachste conidientragende Organ, sondern übertrifft zugleich auch alle übrigen Conidien producirenden Organe durch seine ausserordentliche Vielgestaltigkeit. Sein Hauptcharakter ist der der einzelligen oder mehrzelligen Hyphe. Dieselbe erscheint entweder einfach (unverzweigt) oder verzweigt — in Haupt- und Nebenachsen gegliedert.

[1]) Ich vermuthe, dass *Speira toruloides* Corda ihre Conidien auf die nämliche Weise bildet, wenn sie nicht gar mit dem *Dictyosporium* identisch ist.

In ähnlichem Sinne nun, wie man das System der blüthentragenden Achsen als »Blüthenstand« bezeichnet, könnte man das System conidientragender Achsen als »Conidienstand« bezeichnen. Die Conidienstände der Pilze bauen

(B. 634.) Fig. 25.

Schematische Darstellungen einfacher Conidienstände. I—V Monopodiale Conidienstände mit acropetaler Folge der Seitenachsen: I Traube. II Aehre. III wirteliger Conidienstand (unterbrochene Traube). IV Dolde. V Köpfchen (im Durchschnitt). VI Monopodium mit basipetaler, durch die Zahlen angedeuteter Folge. VII Dichotomer Conidienstand. VIII—XII. Sympodiale Conidienstände (*A* bezeichnet immer die Ansicht von der Seite, *B* den Grundriss). VIII Schraubel. IX Wickel. X Dichasium. XI Sichel. XII Fächel.

sich nämlich im Wesentlichen nach denselben morphologischen Gesetzen auf, wie die Blüthenstände der Phanerogamen. Und zwar lassen sich bei den Pilzen drei Typen dieses Aufbaues unterscheiden: der monopodiale Typus, der sympodiale Typus und der dichotome Typus.

Die beiden ersteren Typen gehören insofern zusammen, als die Verzweigung bei beiden eine seitliche ist, während sie bei dem dichotomen Typus gabeligen (dichotomen) Character trägt.

a) Monopodialer Typus. Hier ist eine Hauptachse (podium) vorhanden, von welcher Nebenachsen (Seitenachsen) in meist nicht bestimmter Zahl entspringen. Dieselben entwickeln sich theils in acropetaler (centripetaler) Folge, also ähnlich wie die Zweige am typischen Mycel; theils in basipetaler oder centrifugaler Folge; also von oben nach unten. Während die monopodialen Blüthenstände der Phanerogamen unbegrenzt sind, d. h. nicht mit einer Terminalblüthe abschliessen (eine Regel, von der es nur selten Ausnahmen giebt), erscheinen die monopodialen Conidienstände der Pilze begrenzt, d. h. mit einer terminalen Conidie abschliessend (Fig. 26, I II) oder in Ermangelung derselben mit einer sterilen Zelle, wofür z. B. *Arthrinium caricicola* (Fig. 26, VI *a* VII) ein schönes Beispiel bietet.

Betrachten wir zunächst diejenigen Monopodien, bei denen die Nebenachsen in acropetaler Folge entstehen. Befinden sich die Ansatzstellen der Seitenachsen an der Hauptachse auf verschiedener Höhe, so erhält man: eine Traube (Fig. 23, I, 24, I) wenn die Seitenachsen verlängert sind (z. B. *Acremonium*-Arten, Fig. 26, I); eine Aehre (Fig. 25, II), wenn die Nebenachsen verkürzt (gestaucht) erscheinen (z. B. *Arthrinium*-Arten Fig. 26, VI VII.)

Sind eine Anzahl Nebenachsen auf gleicher Höhe eingefügt, so entstehen wirtelige Conidienstände (*Acrostalagmus*, *Verticillium*, Fig. 25, III, 26, II). Je nach der Zahl der auf gleicher Höhe stehenden Nebenachsen unterscheidet man 2-, 3-, 4- oder mehrgliedrige Wirtel (Viergliedrige bei *Verticillium albo-atrum*, Fig. 26, II). Die Glieder eines Wirtels entstehen entweder nacheinander (succedan) oder gleichzeitig (simultan). Das Letztere scheint am häufigsten vorzukommen. Oefters sind die Nebenachsen wirteliger Conidienstände verkürzt (*Arthrobotrys oligospora)*. Die wirteligen Stände lassen sich auffassen als unterbrochene Trauben oder, wenn die Nebenachsen verkürzt sind, als unterbrochene Aehren.

Die Theile der Hauptachse einer Traube, welche den Abständen je zweier benachbarter Seitenachsen entsprechen, heissen Glieder der Hauptachse (Fig. 25, I *abc* etc). Denken wir uns nun diese Achsenglieder möglichst verkürzt (gestaucht) und die Nebenachsen von etwa gleicher Länge, so erhalten wir eine Dolde (Fig. 25, IV), (*Aspergillus glaucus*, Fig. 26, III); *Peronospora (Basidiophora) entospora* Cornu, Fig. 26, V). In der Region der Nebenaxen pflegt die Hauptaxe oft kopfförmig erweitert zu werden (Fig. 26, III). Die acropetale Folge der Seitenaxen dürfte bei der Mehrzahl der hierher gehörigen Objekte schwer festzustellen sein, da sie sehr schnell auftritt; ja nach der Ansicht de Bary's ist in Betreff des *Aspergillus glaucus* und anderer Pilze sogar eine simultane Entstehung anzunehmen.[1])

Denken wir uns nun, dass die Nebenachsen der Dolde verkürzt werden, so erhalten wir ein Köpfchen (Fig. 25, V). Beispiele: *Cephalothecium roseum* (Fig. 26, IV) und *Haplotrichum fimetarium* Riess, wo der Träger (Hauptachse) an der Spitze zugleich stark erweitert ist.

Was sodann die Monopodien mit basipetaler Folge der Seitenachsen (Fig. 25, VI) anbetrifft, so scheinen sie ebenfalls häufig vorzukommen. Als eines der ausge-

---

[1]) Es giebt Conidienstände, welche im fertigen Zustande einer ächten Dolde ähnlich sehen, aber entwickelungsgeschichtlich nicht dem monopodialen, sondern dem sympodialen Typus angehören (siehe diesen).

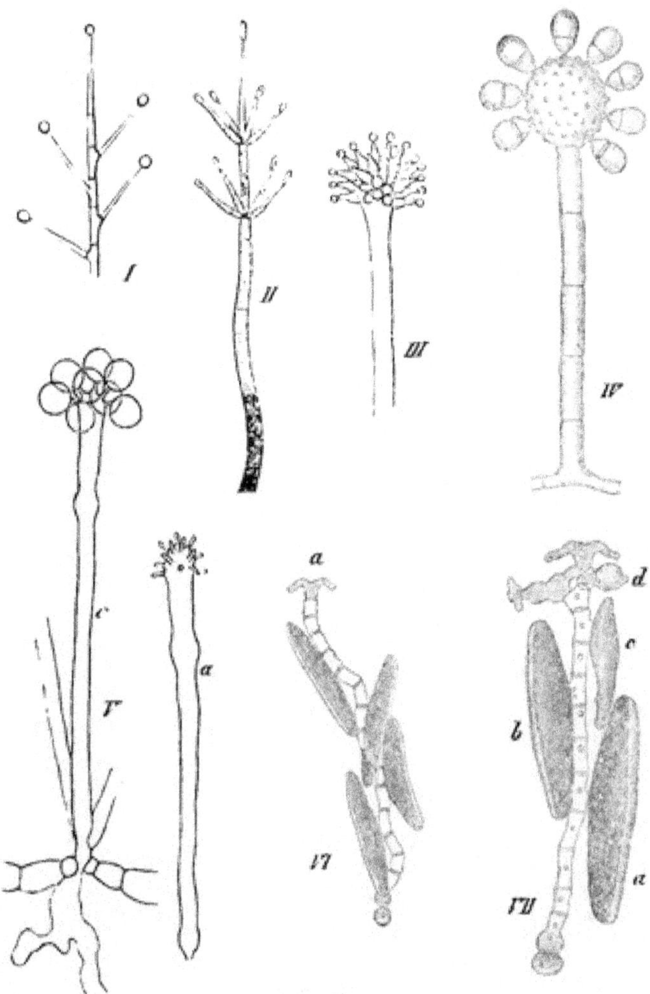

Fig. 26. (B. 615.)

I 300 fach. Stück des traubigen Conidienstandes eines *Acremonium*-artigen Pilzes. II Wirteliger Condienstand von *Verticillium albo-atrum*. Die Wirtel sind 4-gliedrig (nach REINKE). III 300 fach. Doldiger Conidienstand von *Aspergillus glaucus*. Die Strahlen der Dolde sind in Form von kegelförmigen an der Spitze etwas vorgezogenen Basidien ausgebildet. An einzelne sind Conidien gezeichnet (nach DE BARY). IV ca. 250 fach. Köpfchenförmiger Conidienstand von *Cephalothecium roseum*. Endzelle der Hauptachse sehr erweitert, fast kugelig, die zahlreich von ihr entspringenden Nebenachsen so stark verkürzt, dass sie nur wärzchenförmig erscheinen. Von den zahlreichen zweizelligen Conidien sind nur einige dargestellt. V 250 fach. Doldiger Conidienstand von *Peronospora (Basidiophora) entospora*, *a* Träger ohne die Conidien, *b* Träger mit seinen Conidien. Die Doldenstrahlen sind bei diesem Pilz nur kurz und bilden daher einen Uebergang zum köpfchenförmigen Conidienstand. VI 600 fach Achrenförmiger Conidienstand von *Arthrinium caricolum*. Hauptachse durch zahlreiche dicke Querwände in kurze Glieder getheilt, an deren sehr verkürzten Seitenachsen die Conidien mit ihrer Rückenseite angeheftet sind und mehrere Längs-Reihen bilden, was jetzt, wo die meisten Conidien abgefallen, nicht mehr zu sehen ist. Die Hauptachse zeigt an der Spitze eine ankerförmige sterile Zelle. VII 700 fach. Achre derselben Spezies. Die Conidien *a* und *b* normal, einen deutlichen Gegensatz von Rückenseite und Bauch-Seite zeigend, *c* abnorm, zwischen den normalen Conidien und den sonderbar gestalteten sterilen (?) bei *d* die Mitte haltend.

zeichnetsten Beispiele habe ich auf Grund einer besonderen Untersuchung die Conidienträger von *Stachybotrys atra*, CORDA kennen gelernt. Unterhalb der zu einer sporenabschnürenden birnförmigen Basidie sich ausbildenden terminalen Zelle

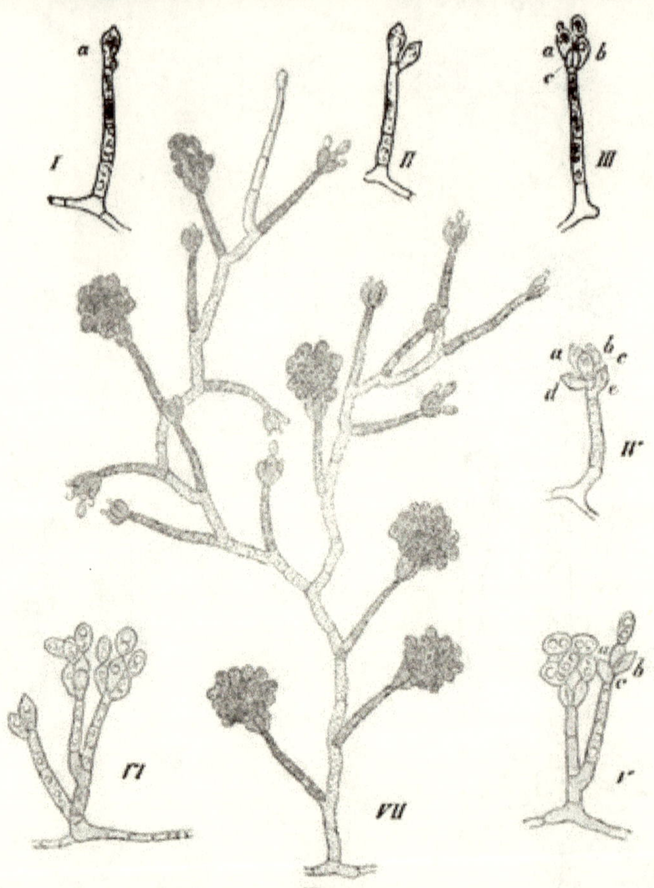

(B. 636.)

Fig. 27.

Entwickelung des Conidienstandes von *Stachybotrys atra* Cda. ca. 250 fach. I Conidienträger noch einfach, an der Spitze mit einer birnformigen, zur Basidie werdenden Zelle abschliessend. II Ebensolcher Träger. Unterhalb der terminalen Zelle ist eine kurze, ebenfalls birnformig gestaltete Nebenachse (Basidie) entstanden. III Ebensolcher Träger; dicht unter der terminalen, jetzt etwas seitlich gerückten Basidie *a* ist eine zweite *b*, etwas weiter unterhalb dieser eine dritte *c* entstanden. IV Hier sieht man in basipetaler Folge bereits 4 Seitenachsen (Basidien) *b c d e* entwickelt. Die bisherigen Figuren veranschaulichen also ein Monopodium mit basipetaler Folge der Seitenachsen. In Fig. V. VI. und VII tritt nun sympodiale Verzweigung hinzu, bei V, VI in einfacher, bei VII in complicirter Form. (Zum Verständniss des complicirten Sympodiums bei VII dient das Schema, welches in Fig. 28, IV gegeben ist). Die köpfchenartig zusammengedrängten birnförmigen Basidien bei VII haben meist zahlreiche, zu Haufen vereinigte Conidien abgeschnürt.

der Hauptachse (Fig. 27, I *a*) entsteht eine kurze ebenfalls birnförmige Nebenachse, etwas tiefer eine zweite, noch etwas tiefer eine dritte u. s. f. (Fig. 27, II—IV, V, Reihenfolge nach den Buchstaben.) Die Hauptachsenglieder sind aber meist so kurz, dass die Seitenachsen zu einem Köpfchen oder einem doldenähnlichen

Stande zusammengedrängt erscheinen. (Ob manchen köpfchenähnlichen Conidienständen eine ähnliche Entstehungsweise zu Grunde liegt, bleibt noch zu untersuchen.)

b) Sympodialer Typus (Fig. 25, VIII—XII). Von der Hauptachse, die ihr Spitzenwachsthum durch Bildung einer terminalen Conidie frühzeitig zum Abschluss bringt, entspringen nicht, wie beim monopodialen Typus, unbestimmt viele Seitenachsen, sondern eine ganz bestimmte, beschränkte Zahl, entweder nur eine, oder zwei, selten drei oder mehrere. An diesen Nebenachsen erster Ordnung nehmen dann in derselben Weise Achsen zweiter Ordnung ihren Ursprung u. s. f. Die nach diesem Typus entstehenden Seitenaxen, sowie die an ihnen entstehenden Conidien zeigen mithin centrifugale Folge (in Fig. 25, VIII—XII durch die Reihenfolge der arabischen Zahlen ausgedrückt).

Man kann mit EICHLER unterscheiden:

a) Das Monochasium. Hier geht von der Hauptaxe nur eine Seitenaxe (erster Ordnung) ab, von dieser wieder nur eine (zweiter Ordnung) u. s. f. (Fig. 25, VIII. IX. XI. XII.)

b) Das Dichasium (Zweigabel, Fig. 25, X *AB*), bei welcher von der Hauptaxe zwei Seitenaxen entspringen, von jeder derselben eventuell wieder zwei etc. Ich habe diesen Conidienstand bei *Ascotricha chartarum* beobachtet.[1]) Das Monochasium tritt, wie bei den Blüthenständen der Phanerogamen, so auch bei den Pilzen als Fächel, Schraubel und Wickel auf, während die Sichel noch nicht beobachtet wurde.

Fächel *(rhipidium)* und Sichel *(drepanum)* sind wie bekannt dadurch charakterisirt, dass sämmtliche Achsen in ein und derselben Ebene liegen (Fig. 25, XI *AB*; XII *AB*). Den Fächel, der ein fächerähnliches Gebilde darstellt, habe ich gefunden bei *Dictyosporium elegans* CORDA, wenn es sich auch hier eigentlich nicht um ein System conidientragender Achsen, sondern vielmehr um ein System in Conidien gegliederter Fäden handelt, die überdies seitlich meist ganz eng zu einem einheitlichen Körper verbunden sind, den man als eine einheitliche vielzellige Conidie bezeichnen könnte (Fig. 24, IX).

Im Gegensatz zu Fächel und Sichel sind bei der Wickel und Schraubel die successiven Achsen nicht in ein und derselben Ebene gelegen. So scharf Fächel und Sichel zu unterscheiden sind, so wenig scharf getrennt sind Wickel und Schraubel, daher gehen beide vielfach in einander über (Fig. 22, III *c*). Sie unterscheiden sich dadurch, dass bei der Wickel die Seitenaxen abwechselnd rechts und links entspringen (Fig. 25, IX *AB*), während sie bei der Schraubel immer an derselben Seite ihren Ursprung nehmen (Fig. 25, VIII *AB* und Fig. 22, III *a b c d*.)

c) Dichotomer Typus (Gabeltypus) (Fig. 25, VII). Hier verzweigen sich Haupt- und Nebenachsen gabelig. Der genauere Vorgang ist der, dass die Achse ihr Spitzenwachsthum einstellt und unmittelbar an der Spitze gleichzeitig zwei opponirte Vegetationspunkte entstehen, die zur Bildung neuer gleich langer Axen führen; an den Gabelzweigen erster Ordnung entstehen dann auf

---

[1]) Als *Pleiochasium* (Vielgabel) bezeichnet man eine bei Pilzen noch nicht gefundene Form des Sympodiums, bei welcher gleichzeitig 3 oder mehr Nebenaxen von der Hauptaxe abgehen, was sich an den Seitenaxen wiederholen kann.

die nämliche Weise solche zweiter Ordnung etc.[1]). Beispiele für diesen Typus sind bei Mycomyceten mit Sicherheit noch niemals nachgewiesen[2]), wohl aber bei den (einzelligen) Phycomyceten und zwar *Piptocephalis*artigen zu finden (z. B. *Piptocephalis Freseniana*. Fig. 7, VI).

(B. 637.) Fig. 28.

Zusammengesetzte Conidienstände I 500fach von *Ascotricha chartarum*. Wie man sieht, ist im unteren Theile des Trägers die Verzweigung eine monopodiale, am Ende eine dichasiale. Seitenaxe *A* und *B* des Dichasiums ist zunächst wieder monopodial, dann wieder dichasial verzweigt, an dem obersten Theile tritt dann das Monachasium auf. II. 900fach. Ein Ast der unteren Partie mit einer Dolde gekrönt, bestehend aus Basidien *B*, die ihre Conidien theils terminal, theils seitlich abschnüren. III Schema des zusammengesetzt traubigen (genauer: wirteligen) Conidienstandes von *Acrostalagmus*-Arten. IV Schema des in Fig. 25, VII, abgebildeten sympodialen Conidienstandes von *Arthrobotrys*.

Von vorstehenden Formen der Conidienstände, die man als »einfache« bezeichnet, giebt es vielfach Combinationen, welche den zusammengesetzten Blüthenständen der Phanerogamen entsprechen und daher »zusammengesetzte Conidienstände« heissen mögen; und zwar können sich nicht nur Formen eines Typus, sondern auch Formen zweier verschiedener Typen combiniren.

[1]) Manche Morphologen, wie z. B. Hofmeister (Allgemeine Morphol. pag. 9) fassen die Dichotomie als eine Form des Sympodiums auf.

[2]) Gegentheilige Angaben älterer Forscher beruhen auf ungenauer Untersuchung. Sie haben scheinbare, dem monopodialen Typus angehörende Dichotomien für ächte gehalten.

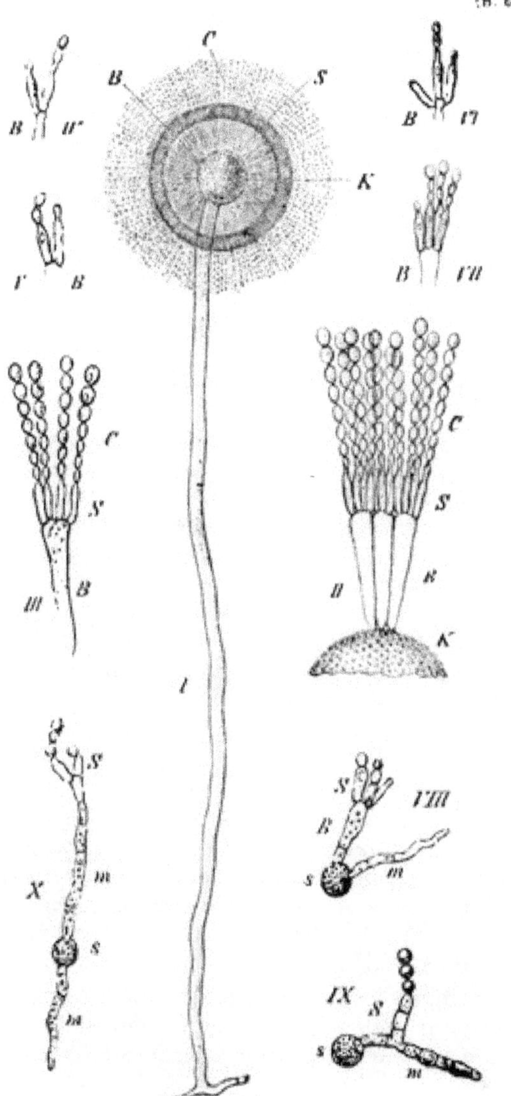

Fig. 29.

Aspergillus (Sterigmatocystis) sulfureus FRES. I 80 fach. Der einzellige an seinem Ende zu einem kugeligen Köpfchen *K* angeschwollene Träger. Die von dem Köpfchen entspringenden Conidien bildenden Achsen sind einerseits radiär zu diesem gestellt, andererseits in concentrische Zonen geordnet: *B* die Zone der Basidien, *S* die Sterigmenzone, *C* die Zone der Conidienketten. (Das Präparat war vorher mit einer Anilinfarbe schwach gefärbt.) II. 540 fach. *K* Fragment des Köpfchens mit 3 Basidien *B*. Auf jeder Basidie stehen 4 spielkegelförmige Sterigmen *S*, welche die Conidien *C* in basipetaler Folge abschnüren. Jede Basidie mit ihren 4 Sterigmen stellt eine kleine Scheindolde dar. III 540 fach. Eine einzelne Basidie mit ihren 4 Sterigmen *S* und den Conidienketten *C*. IV bis VII 540 fach, veranschaulichen die Thatsache, dass die Sterigmen auf der Basidie nicht gleichzeitig entstehen, sondern ein terminales Sterigma gebildet wird, unterhalb dessen die übrigen 2 bis 3 ihren Ursprung nehmen. VIII—X 540 fach zeigt höchst auffällige Reductionen des Conidienapparates, wie sie an winzigen Mycelien *m* bei sehr schlechter Ernährung auftreten. Im günstigsten Falle wird noch eine Basidie mit ihren Sterigmen erzeugt (VIII *BS*), im anderen werden bloss noch 1—2 Sterigmen gebildet (IX — X *S*. *s* bedeutet die aufgeschwollene keimende Conidie.

Eine Combination von wirteligem mit wirteligem Conidienstand findet man sehr häufig bei *Acrostalagmus*-Arten, indem hier die Glieder eines Wirtels wiederum zu einem Wirteltragenden Monopodium ausgebildet sind. Das Ganze zeigt Kegelform oder Rispenform (Fig. 28, III). *Stachybotrys atra* CORDA zeigt zunächst ein Monopodium mit basipetal entwickelten, eine Scheindolde bildenden Seitenaxen (Fig. 27, III, IV); später tritt das Sympodium in Form der Wickel hinzu (Fig. 27, VI, VII) (s. d. Schema in Fig. 28, IV). Bei *Ascotricha chartarum* BERCK. traf ich nicht selten den Conidienstand im unteren Theil monopodial, im oberen sympodial entwickelt (Fig. 28, I) und zwar zunächst mit dem Dichasium beginnend und dann ins Monochasium übergehend in Form der Wickel oder Schraubel. Hier wie bei *Septosporium bifurcum* FRES. erfolgt auch das schon erwähnte Umspringen der Schraubel in die Wickel (Fig. 22, III *e*) und umgekehrt.

Die, wie man annimmt, simultan entstehenden Doldenstrahlen von *Aspergillus (Sterigmatocystis) sulfureus* scheinen auf den ersten Blick von je einem vierstrahligen Döldchen gekrönt zu sein (Fig. 29, II, III) allein die genauere entwickelungsgeschichtliche Beobachtung zeigt, dass die Zweige nicht in acropetaler, sondern vielmehr in basipetaler Folge entstehen, wie aus Fig. 29, IV—VII deutlich hervorgeht (s. Erklärung).

Combination des dichotomen Typus mit dem Köpfchen oder der Dolde tritt bei *Piptocephalis*-Arten auf (Fig. 7, VI. VII). Bei den vorstehend betrachteten Systemen handelt es sich immer um radiär gebaute Axen.

Dorsiventral ausgebildete fädige Conidienträger scheinen nur selten vorzukommen. Einen Fall von ziemlich stark ausgeprägter Dorsiventralität constatirte ich für *Fumago salicina*[1]). Hier ist die Hauptaxe des Trägers in der oberen conidientragenden kurzzelligen Region (Fig. 23, IX *t*) mehr oder minder zurückgekrümmt und die Seitenaxen *r* entspringen sämmtlich nur auf der convexen Seite (Rückenseite); das Gleiche gilt von den Conidien. Die Rückenseite erscheint ausserdem mehr zartwandig, die Bauchseite mit mehr verdickter Wandung versehen (man vergleiche übrigens den nächsten Abschnitt).

In Anknüpfung an die Conidienstände möge der Begriff der Basidienbildung erläutert werden.

Als Basidien versteht man zunächst einzellige, conidienabschnürende Seitenaxen, wenn dieselben, statt der gewöhnlichen (cylindrischen) Zellform, aussergewöhnliche Gestaltung zeigen. So stellen z. B. die einzelligen Seitenaxen der traubenförmigen Conidienträger von *Harposporium Anguillulae* LOHDE kleine kugelige Basidien dar (Fig. 23, XI *B*). Die Strahlen der Schein-Dolde von *Stachybotrys atra* zeigen die Gestalt einer verlängerten Birne (Fig. 27, I *a*, IV. V. VI), die von *Ascotricha chartarum* sind gerade- oder gebogen-keulenförmig (Fig. 28, II *B*). Die Wirtelglieder von *Verticillium alboatrum* dagegen zeigen Pfriemengestalt (Fig. 26, II).

Als Basidien hat man ferner bezeichnet conidienabschnürende Endglieder zwei- oder mehrzelliger Haupt- oder Seitenachsen, sofern sie ebenfalls (im Vergleich zu gewöhnlichen cylindrischen Trägerzellen) besondere Form darbieten.

Eine Basidie in diesem Sinne ist z. B. die polsterförmige Endzelle der End-Zweige von *Piptocephalis*-Arten (Fig. 7, VII *b*, VIII *b*), die keulenförmige oder birnförmige von Basidiomyceten (Fig. 23, X *b*), die etwa kugelige der Träger von *Cephalothecium*-Arten (Fig. 26, IV).

Meist bleiben Basidien in dem genannten Sinne einzellig, doch kommt es in einzelnen Gruppen vor, dass sie sich durch Querwände in 2 bis mehr Glieder theilen.

---

[1]) Conidienfrüchte von *Fumago*. *Nova acta* Bd. 40, Nr. 7, pag. 20.

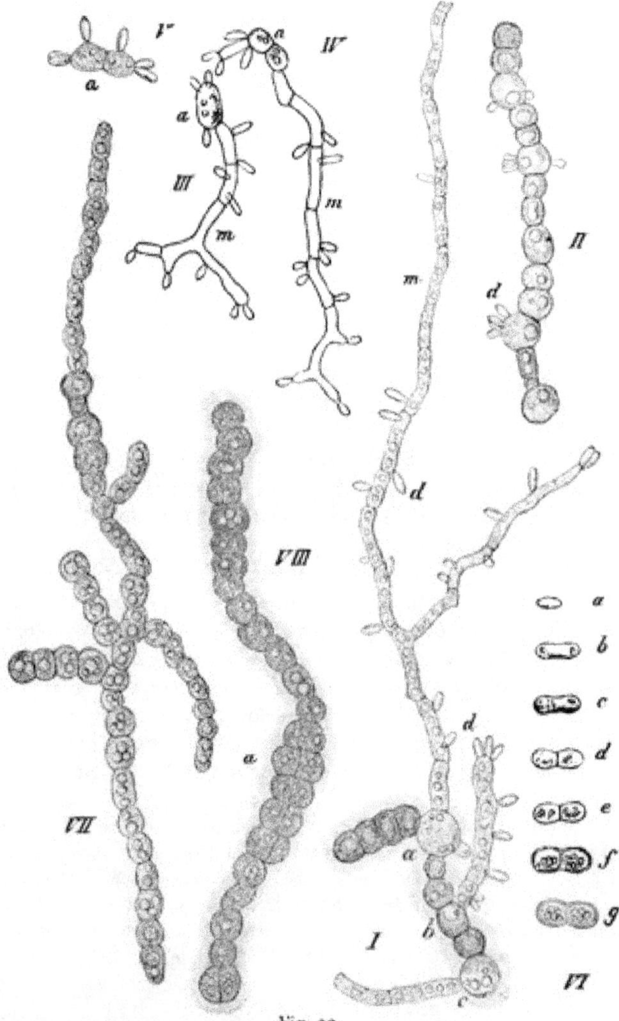

Fig. 30. (B. 639.)

Dematium pullulans DE BARY 540fach. I eine 10zellige geknickte Gemmenkette. Drei Glieder derselben *abc* haben Mycelschläuche *m* getrieben, an denen Conidien (bei *d*) abgeschnürt werden. II eine 15gliedrige Gemmenkette unter ungünstigen Ernährungsverhältnissen und daher keine Mycelschläuche treibend, sondern (an 3 Stellen) unmittelbar Conidien abschnürend (bei *d*). III Eine solche Conidie (*a*) unter ungünstigen Ernährungsverhältnissen. Sie hat an einer Stelle einen kümmerlichen Mycelfaden *m* entwickelt, an welchem direct Conidien abgeschnürt werden, während sie an drei anderen Stellen selbst direct Conidien bildet. IV. Conidie in 2 Zellen getheilt, unter ähnlichen Verhältnissen. Die eine Zelle hat einen sehr kurzen, die andere einen etwas längeren Mycelfaden getrieben. An beiden sind kleine Conidien entstanden. V. Conidie, in 2 Zellen getheilt, unter sehr ungünstigen Nährbedingungen, daher direct Conidien treibend. VI. *a—g* Continuirliche Entwickelung ein und derselben Gemme in dünnster Wasserschicht bei reichlichem Luftzutritt zur zweizelligen, dickwandigen braunen und fettreichen Gemme. VII u. VIII Kümmerliche Mycelien, bei überreicher Nahrung in dünnster Schicht und reichem Luftzutritt, in lauter kurze, bauchig aufgeschwollene Glieder getheilt, die zu dickwandigen, meist stark gebräunten, mit grossen Oeltropfen ausgestatteten Gemmen geworden sind. Bei VIII *a* sieht man mehrere der Gemmen nochmals durch Wände getheilt, die gleichsinnig mit der Axe des Fadens verlaufen.

Manche Mycologen dehnten den Begriff der Basidie noch weiter aus, indem sie jeden einzelligen unverzweigten Träger darunter verstanden. In vorliegender Schrift soll von dieser Auffassung abgesehen werden, da man sonst dahin kommt — wie es thatsächlich schon geschehen ist — dass der in Rede stehende Begriff auf jeden beliebigen Conidienträger in Anwendung gebracht wird.

Die Conidien nehmen ihren Ursprung an den Basidien theils direct (*Stachybotrys atra* Fig. 27, III, IV,) *Ascotricha chartarum* Fig. 28, II *B.)*, theils indirect, indem zwischen sie und die Basidie noch besondere, meist pfriemliche Gebilde eingeschoben werden, welche als Ausstülpungen der Basidien entstehen. Man hat diese Bildungen Sterigmen genannt (Fig. 23, X *s*, XI *s*). Man behielt auch den Begriff bei für solche Ausstülpungen der Basidien, die sich später durch eine Querwand gegen letztere abgrenzen (z. B. bei *Sterigmatocystis sulfurea* Fig. 29, II *S*, III *S*. Andererseits ist der Begriff des Sterigma's auch in noch anderem Sinne angewandt worden, nämlich für sehr kleine und feine (pfriemliche oder fläschchenförmige) Conidienträger, z. B. die von *Chaetomium*, *Sordaria*, *Sclerotinia sclerotiorum*, *Verticillium* (Fig. 26, II) etc., obwohl er hier ganz überflüssig erscheint.

Von der herrschenden Regel, nach welcher Conidien an besonderen, vom Mycel sich erhebenden »Trägern« abgeschnürt werden, giebt es übrigens Ausnahmen insofern, als Conidien direct am Mycel entstehen können (*Dematium pullulans*, Fig. 30, I bei *d* III. IV).

Das Studium der Conidienstands-Formen hat einen bedeutenden systematischen Werth, speciell in Rücksicht auf die sogenannten Fadenpilze (Hyphomyceten), was schon von CORDA[1]), BONORDEN[2]) und anderen Mycologen erkannt wurde. Trotzdem fehlt es noch gänzlich an einer Durcharbeitung dieses Gebiets, die um so nöthiger erscheint, als die Beobachtungen der älteren Autoren vielfach ungenau sind, weil sie, dem Standpunkt ihrer Zeit entsprechend, im Wesentlichen nur die fertigen Formen studirten, das entwickelungsgeschichtliche Moment aber, das gerade hier von Bedeutung ist, unberücksichtigt liessen.

Wer sich mit dem Studium der Conidienstände beschäftigen will, hat von grösseren Werken namentlich die Bilderwerke CORDA's und TULASNE's[3]) in Betracht zu ziehen, sonst auch noch FRESENIUS's Untersuchungen[4]), welche schon die Entwickelungsgeschichte betonen, ferner DE BARY's Beiträge zur Morphologie, BREFELD's Schimmelpilze u. Anderes. In DE BARY's Morphologie ist dieser Abschnitt leider nur in sehr dürftiger Weise behandelt. CORDA's Bilder sind vielfach schematisirt und daher mit grosser Vorsicht aufzunehmen; doch ist auch vieles Gute darunter.

2. Das Conidienbündel.

Unter Conidienbündeln versteht man bündelartige Vereinigungen fädiger Conidienträger[5]).

Bezüglich ihrer Entstehung lassen sich 3 Modi unterscheiden.

Modus 1. Die Conidienträger entstehen an verschiedenen Stellen (verschiedenen Fäden und Zellen) eines eng umschriebenen Mycelbezirks und legen sich garbenartig zusammen. Auf diese Weise kommen z. B. die Bündelbildungen zustande, die der

[1]) *Icones fungorum.*

[2]) Handbuch der Mycologie 1851.

[3]) *Selecta fungorum Carpologia.*

[4]) Beiträge zur Mycologie, Frankfurt 1850—1863.

[5]) Der Ausdruck Conidienbündel ist, meines Wissens, zuerst von mir (Conidienfrüchte von *Fumago*, *Nova acta* Bd. 40) gebraucht.

gemeine Brotschimmel (*Penicillium glaucum*) auf faulenden Früchten bildet und die man früher als besondere Gattung (*Coremium*) beschrieb.

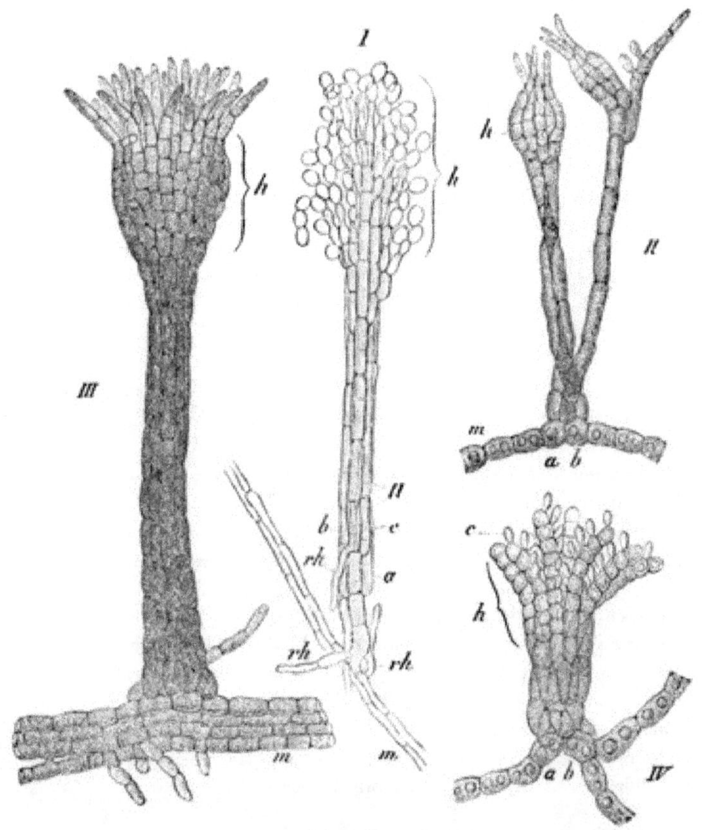

Fig. 31. (B. 610.)

Formen von Conidienbündeln. I 300fach. *Stysanus Stemonitis*. Das Bündel besteht aus dem Hauptfaden *H* von welchem Seitenäste *abc* entspringen, die sich ihm dicht anschmiegen. *h* Conidien-producirende Region (Hymenium). *rh* Rhizoïden; *m* kleiner Mycelstrang, von welchem der Conidien-Apparat entspringt. II 540fach. Ein Mycelfaden von *Fumago salicina*, von welchem aus den Zellen *a* u. *b*, die durch Theilung einer Mycelzelle entstanden sind, ein kleines Conidienbündel und ein fädiger Conidienträger entspringt. *h* die kleinzellige Hymenialregion des Bündels. III 540fach. Ein grösseres, lang pinselförmiges Conidienbündel derselben Species, welches von mehreren Zellen eines Mycelfadens des Stranges *m* seinen Ursprung nimmt *h* die kelchförmige kleinzellige Hymenialregion. IV 540fach. Sehr kurzes Conidienbündel von *Fumago salicina* von den beiden Mycelzellen *ab* seinen Ursprung nehmend. Die Fäden resp. Zweige erscheinen in der hymenialen Region *h* kurzzellig und dorsiventral ausgebildet; *c* die auf der Innenseite abgeschnürten Conidien.

Modus II. Die Bildung des Bündels geht von einem einzigen fädigen Träger (Fig. 31, I *H*) also auch von einer einzigen Mycelzelle aus. Derselbe bildet Verzweigungen Fig. 31, I *abc*), welche sich ihm ganz dicht anschmiegen. Ein schönes Beispiel bietet der auf toten Pflanzentheilen, Mist etc. häufige *Stysanus Stemonitis* (Fig. 31, I), dessen Bündelbildung von Reinke und Berthold[1]) studirt wurde. Es

[1]) Die Zersetzung der Kartoffel durch Pilze.

ist klar, dass eine solche Fructification im Vergleich zu der *Coremium*-Form einen mehr geschlossenen, einheitlichen Charakter zeigen muss.

Modus III hält gewissermassen die Mitte zwischen I u. II. Hier geht die Bildung des Bündels entweder von nur einer Mycelzelle aus, die sich dann aber in 2 resp. 4 theilt oder von 2 bis wenigen (Fig. 31 II, III, IV). Die betreffenden Zellen entsenden Conidienträger, die sich seitlich dicht zusammenschmiegen, um im oberen Theile zu fructificiren (Fig. 31. II—IV *h)*. Auch bei diesem Modus, den wir bei *Fumago salicina* antreffen, hat das Bündel einen geschlossenen, individualisirten Charakter (Fig. 31, II—IV).

Diejenige Region des Bündels, wo die Conidienbildung vor sich geht, pflegt Hymenium (Fig. 31, I—IV *h)* genannt zu werden. Die Fäden sind in dieser Region bei *Fumago* kurzzellig (Fig. 31, II—IV *h*). Bemerkenswerth ist, dass die Fäden der Bündel von *Fumago* in der hymenialen Region ausgesprochene Dorsiventralität zeigen, insofern die Conidien der Regel nach nur auf der Innenseite der Fäden entstehen, (Fig. 31, IV *h*), die überdies nicht verdickt und nicht gebräunt wird wie es bei der Aussenseite der Fall ist. Wo wie bei grösseren Bündeln von *Fumago* die Elemente des Hymeniums dicht zusammenschliessen (Fig. 31, III *h*) sieht man in Folge dessen von den nach innen zu liegenden Abschnürungsstellen nichts.

Vom unteren Theile der Conidienbündel entspringen vielfach Zweige, welche als »Rhizoïden« dem Substrat zu wachsen (Fig. 31, I *rh*).

Die von Fresenius[1]) und Frank[2]) beschriebenen Conidienbündel von *Isariopsis pusilla* Fres., eines auf *Cerastium*-Arten parasitirenden Schimmels, sowie die als »*Isaria*« bezeichneten oft verzweigten Bündelformen insectentödtender Pilze scheinen sich entwickelungsgeschichtlich dem Modus I anzuschliessen. Nach Tulasne's Abbildung[3]) zu schliessen, gilt dasselbe für die nur 1—1½ Millim. hohen keuligen Conidienbündel von *Sphaerostilbe flammea*, nach Fresenius' Angaben für *Heydenia alpina* Fres.[4]), *Riessia semiophora* Fres.[5]) und viele Andere. Vergleichende Untersuchungen über die Entstehungsweise der verschiedensten Conidienbündelformen fehlen noch, und darum will die oben gegebene Gruppirung in 3 Entstehungsmodi nur eine provisorische sein.

3. Das Conidienlager.

Man kann zwei Formen desselben unterscheiden; die eine kommt dadurch zustande, dass Conidienträger, welche unmittelbar an den Fäden des Mycels entspringen, in grösserer Zahl (pallisadenartig) neben einander gruppirt werden, sodass eine flächen- oder kuchenförmige Vereinigung resultirt.

Solche Bildungen, die zugleich die einfachste Form des Lagers repräsentiren, finden wir z. B. bei den Rostpilzen *(Uredineen)*, wo sie in Form der bekannten orangerothen bis braunen Rosthäufchen oder Roststreifen auftreten (Getreiderost: Fig. 32, s. Erklärung; Fichtennadelrost: Fig. 33, s. Erklärung) sowie bei gewissen Basidiomyceten z. B. manchen Thelephoren im Jugendstadium, sowie *Exobasidium Vaccinii* und *Hypochnus*-Arten, wo es sich meist um ausgebreitetere Lager handelt; endlich bei Entomophthoreen (*Empusa Muscae* Fig. 53)

[1]) Beitr. z. Mycologie p. 87. Taf. 9, Fig. 18.

[2]) Bot. Zeit. 1878. Nr. 40.

[3]) Carpologie III. tab. 13. Fig. 11.

[4]) l. c. p. 47.

[5]) p. 74.

und selbst bei Phycomyceten *(Cystopus)*. Wo wie bei den Rostpilzgattungen *Melampsora* und *Calyptospora* die Gonidienträger starke Verkürzung zeigen, die Conidien (Teleutosporen) dagegen sehr gross und in so dichter Lagerung erscheinen, dass sie sich gegenseitig prismatisch abplatten und mit einander verwachsen, kommen ganz dicht geschlossene, kleine, kuchenförmige Lager zustande, die nur mit Gewalt in ihre einzelnen Elemente zerlegt werden können.

Bei der anderen Form des Conidienlagers, welche eine höhere Stufe der Ausbildung einnimmt, sitzen die Conidien abschnürenden Träger nicht unmittelbar dem Mycel auf, sondern es ist vielmehr sozusagen zwischen Mycel und der Region conidienerzeugender Träger ein meist compactes System dicht verflochtener Fäden eingeschaltet, welchem man den Namen

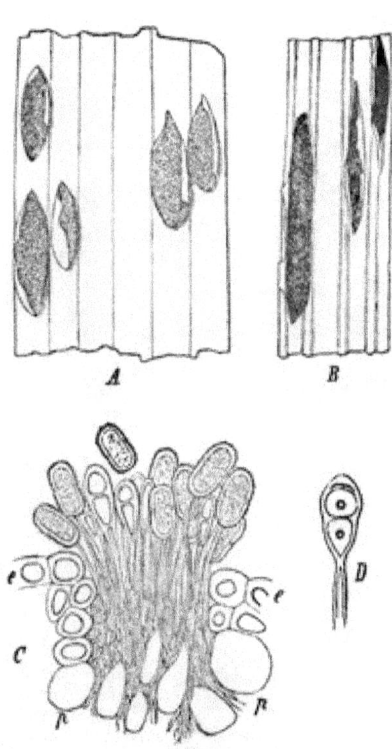

(B. 641.) Fig. 32.

Der gemeine Getreiderost *(Puccinia graminis* PERS.) *A* Fragmentchen eines Roggenblattes mit mehreren durch die Epidermis hervorbrechenden orangerothen Lagern von Sommersporen (*Uredo*) schwach vergr. *B* Stückchen einer Roggenblattscheide mit mehreren streifenartigen, durch die Oberhaut hervorbrechenden schwarzen Lagern von Wintersporen (Teleutosporen), schwach vergr. *C* Durchschnitt durch ein *Uredo*-Lager; auf den Trägern die *Uredo*-Sporen, zwischen ihnen einige junge Teleutosporen, welche später allein das Lager bilden. *ee* Epidermis p. p. Parenchymzellen des Grasblattes, zwischen denen die Fäden des Pilzmycels verlaufen; 200 fach. *D* Eine Teleutospore aus den schwarzen Lagern in *B* 300 fach. Aus FRANK's Lehrbuch.

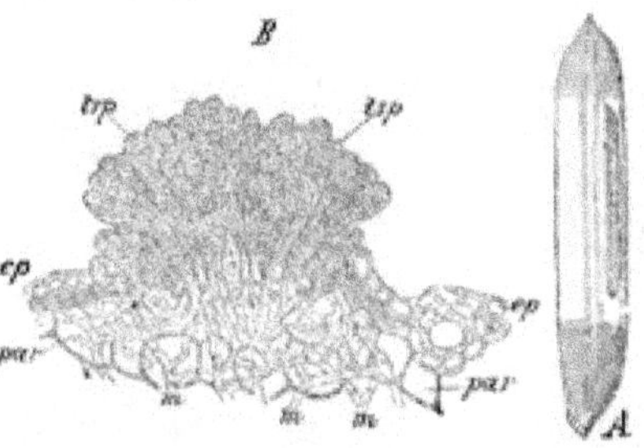

Fig. 33. (B. 642.)

Der Fichtennadelrost (*Chrysomyxa abietis*) UNG. *A* Eine kranke Fichtennadel; auf der rechten Hälfte des gelben Fleckens mit einem hervorgebrochenen streifenförmigen Sporenlager schwach vergrossert. *B* Durchschnitt durch ein solches Sporenlager *tsp*; *ep* Epidermis, Parenchym der Nadel; *m* Mycelfäden, welche zahlreich nach dem Sporenlager hin laufen. 200 fach vergr. Nach REES aus FRANK's Lehrbuch.

Stroma (= Boden, Polster) gegeben hat, während man die conidienbildende Region Hymenium nennt. (Denselben Ausdruck gebraucht man übrigens auch oft für die oben genannten einfachen Lager).

Die Beschaffenheit des Stromas, die in der Systematik mancher Ascomyceten-Familien (Xylarieen, Diatrypeen, Valseen, Nectriaceen etc.) eine gewisse Rolle spielt, ist sowohl rücksichtlich der äusseren Gestaltung als nach dem inneren Bau eine sehr verschiedene; doch fehlen in letzterer Beziehung noch genauere vergleichende Untersuchungen.

Man findet das Stroma bald in Form hingegossener Krusten *(Ustulina* Fig. 34, I, *Valsa-*, *Diatrype*-Arten) bald als kreisrunde oder unregelmässige Scheiben *(Diatrypella*-Species*)*, bald in Gestalt halbkugeliger Polster *(Hypoxylon-*,

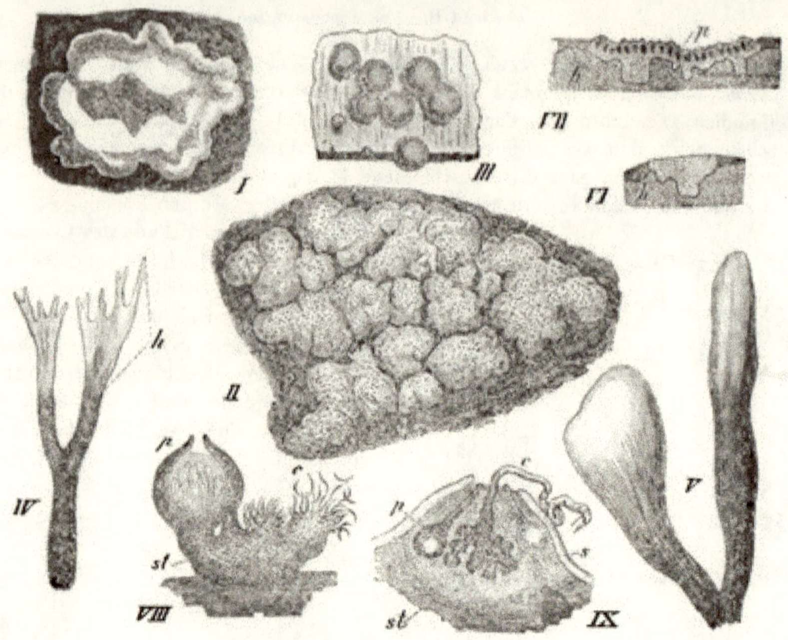

(B. 643.) Fig. 34.

Verschiedene Formen des Stroma's, theils Conidien tragend, theils Schlauchfrüchte. I Conidien tragendes Stroma von *Ustulina vulgaris*, von oben gesehen, einem alten Borkestück aufsitzend, in nat. Gr. II Schlauchfrucht tragendes grösseres Stroma derselben Species von oben gesehen. Die Punkte deuten die Stellen an, wo die Schlauchfrüchte sitzen. III halbkugelige bis niedergedrückt-kugelige Stromata von *Hypoxylon coccineum* Bull. einem Stück Buchenrinde aufsitzend, theils Conidien, theils Schlauchfrüchte tragend (nat. Gr.) nach Tulasne. IV Hirschgeweihförmiges Stroma von *Xylaria Hypoxylon* in natürl. Grösse. Die obere bleiche Region *h* ist mit dem Conidienlager überzogen. V Keulenförmige Stromata von *Xylaria polymorpha*, in der oberen hellen Region Conidien, in der unteren eingesenkte Perithecien tragend (nat. Gr.). VI Querschnitt durch ein conidientragendes Stroma von *Hypoxylon udum* Fr. das in das Holz *h* eingesenkt erscheint. VII Querschnitt durch ein Stroma derselben Species, welches dicht unter der Oberfläche, die jetzt conidienfrei geworden, Perithecien *p* zeigt. VIII Stroma *st* von *Cucurbitaria macrospora*, einem Holzstückchen aufsitzend, im Vertikalschnitt, schwach vergrössert. Es trägt zwei Conidienlager *c* und ein Perithecium *p* (nach Tulasne). IX Vertikalschnitt durch ein Stroma von *Valsa nivea* Tul. Er hat ein in der Mitte liegendes Spermogonium *s* getroffen, das seine Spermatien eben in einer grossen Ranke *c* entleert, und rechts und links hiervon ein Schlauch-führendes Perithecium *p*. Hier sind also Schlauch- und Conidienfrüchte in dasselbe Stroma eingesenkt. Schwach vergr. nach Tulasne.

[Fig. 34, III] *Nummularia-*, *Nectria*-Arten*)*, bald als kurz gestielte oder sitzende Köpfchen *(Nectria)*, bald als knollenförmige Gebilde *(Hypoxylon*-Arten*)*, bald als becherförmige Körper *(Poronia)*, bald in Gestalt schlanker oder dicker, stattlicher, oft über ½ bis 2 Decimeter langer Cylinder und Keulen *(Xylarien*, Fig. 34, V*)*, endlich als hirschgeweihartige Körper *(Xylaria Hypoxylon* Fig. 34, IV*)*. Die in Fig. 35 abgebildete, auf Grashalmen schmarotzende *Epichloë typhina* besitzt ein polsterförmiges Stroma, das die Blattscheide als ein mehrere Centimeter langer cylindrischer Mantel umhüllt. (Fig. 35, *A c c*).

Seiner Consistenz nach ist das Stroma fleischig *(Nectria, Epichloë)*, korkig *(Xylarien)*, lederartig *(Xylarien)*, holzig *(Hypoxylon*-Arten*)*, kohleartig *(Ustulina)*, gallertartig (manche *Tremella*-artige Basidiomyceten).

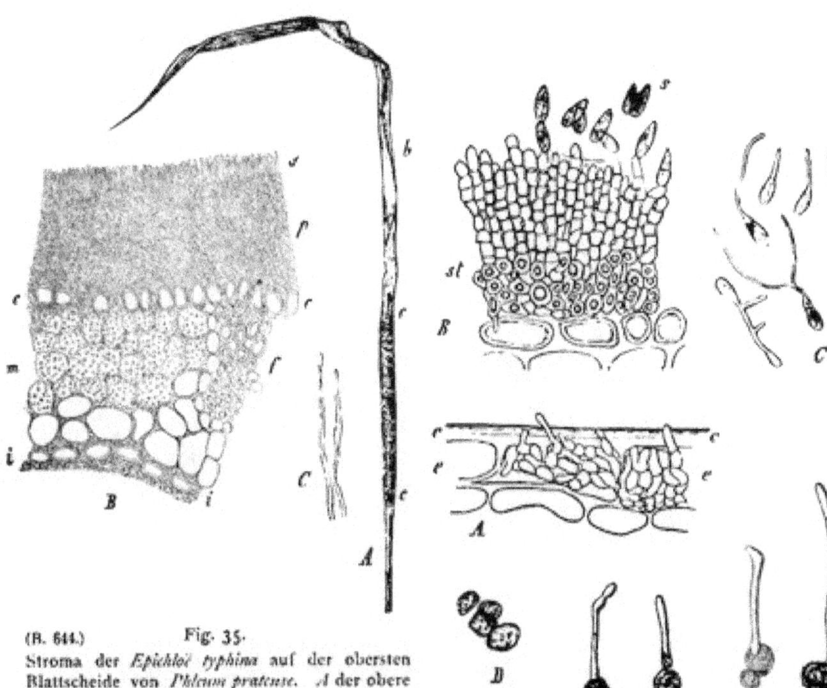

(B. 644.) Fig. 35.

Stroma der *Epichloë typhina* auf der obersten Blattscheide von *Phleum pratense*. *A* der obere Theil des erstickten Halmes mit dem letzten entwickelten Blatte *b*, auf dessen Scheide das Stroma *e e* entstanden ist. *B* Stück eines Durchschnitts durch ein solches Stroma von *Agrostis vulgaris*, *m* das vom Mycelium durchwucherte Blattgewebe, *f* Fibrovasalstrang, *i i* die Epidermis der Innenseite der Scheide, zwischen deren Zellen das Mycelium nach den inneren Theilen der Knospe dringt. *e e* Epidermis der Aussenseite der Scheide, zwischen den Zellen derselben wächst das Mycelium hervor, um sich zu dem Stroma *p* zu entwickeln, dessen Fäden an der Oberfläche ein Conidien abschnürendes Hymenium *s* bilden. 200fach. *C* Zwei conidienbildende Träger. 500fach. Alles nach FRANK.

Fig. 36. (B. 645.)

Fusicladium dendriticum FUCKEL. *A* Stück eines Durchschnittes durch einen Rostflecken eines Apfels; *e* Epidermis mit dem Mycelium, *c* Cuticula. *B* Stück eines Querschnittes durch das stromatische Conidienlager; *st* Stroma darüber das Hymenium, aus mehrzelligem, pallisadenartig nebeneinander geordneten Conidien *s* abschnürenden Trägern bestehend. *C* Keimende Conidien. *D* Isolirte Zellen des Stroma's. *E* Keimende Stromazellen. Nach FRANK.

Die Structur der Stromata trägt bald deutlich fädigen Charakter (z. B. *Xylaria*, *Epichloë typhina* Fig. 35, *Bp*), bald mehr pseudoparenchymatischen *Fusicladium dendriticum* FUCKEL nach FRANK Fig. 36, *B, st*). Am Stroma gewisser *Hypoxylon*-Species kann man auf dem Querschnitt eine concentrische Schichtung sehen.

Alle Conidienlager, welche eine Differenzirung in Hymenium und Stroma besitzen, pflegt man als »stromatische« zu bezeichnen.

Consequenterweise hat man auch die keulenförmigen oder strauchartigen Conidienlager der Clavarienartigen und — gestielt oder ungestielt — hutförmigen Conidienlager der Hymenomycetenartigen Basidiomyceten hierher zu ziehen. Bei den Ascomyceten und den Clavarienartigen Basidiomyceten überzieht das Hymenium, wenigstens anfangs, die ganze Oberfläche des Stromas. Bei den hutbildenden Hymenomyceten ist es auf die Unterseite des Hutes localisirt.

Das Hymenium besteht entweder ausschliesslich aus Conidien abschnürenden Trägern, oder aus zwei verschiedenen Elementen, von denen nur die einen als Conidienträger fungiren, die andern aber sterile Bildungen darstellen, die man als »Nebenfäden« oder »Nebenzellen« (Paraphysen) bezeichnet. Wie es scheint stets einzellig, sind sie vor den Conidienträgern der Regel nach durch

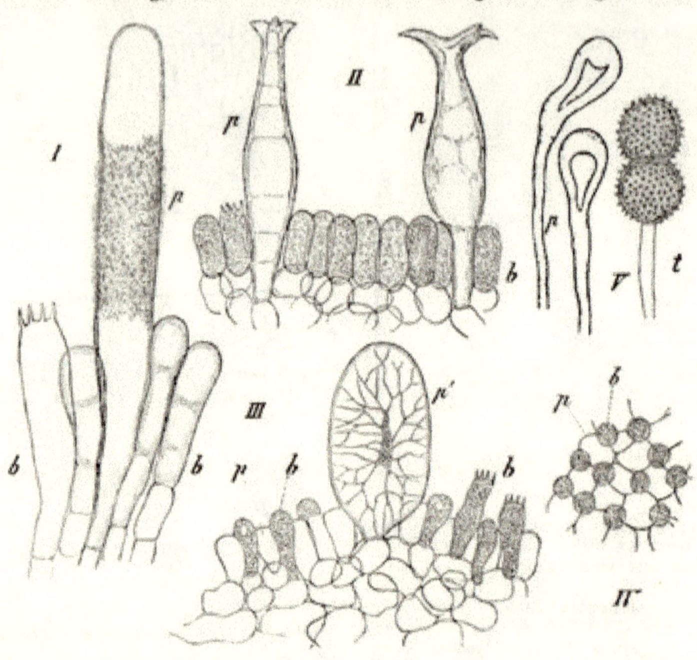

(B. 646.) Fig. 37.

Fragmente von Hymenien dreier Basidiomyceten und eines Rostpilzes mit ihren Basidien *b* und Paraphysen *p*. I *Cortinarius cinnamomeus* Fr. Die Paraphysen bilden hier mächtige, cylindrisch-keulige Schläuche, z. Th. mit Ausscheidungen von Harz incrustirt. II 450fach. *Agaricus lividus* Bull. Paraphysen flaschenförmig am Ende mit Haken versehen und kräftig verdickt, im Vergleich zu den Basidien mächtig entwickelt. III 390fach. *Coprinus micaceus* Fr. Das Hymenium besitzt zweierlei Paraphysen, sehr grosse, vereinzelte, blasenförmige *p* (von Leveille Cystiden genannt) und kleine, zahlreich zwischen den Basidien *b* vorhandene bei *p*. IV 390fach. Fragment eines ebensolchen Hymeniums, von oben gesehen, die zahlreichen bleichen Paraphysen *p* zwischen den dunklen inhaltsreichen Basidien *b* zeigend. V 300fach. *Puccinia Prunorum*, links zwei an der Spitze keulig angeschwollene, mit stark verdickter Wandung versehene Paraphysen *p*, rechts ein Conidienträger mit der zweizelligen Conidie *t* (Teleutospore). (III IV nach de Bary, I II u. V nach d. Nat.)

besondere, meist auffällige Form und Grösse ausgezeichnet, überdies gewöhnlich noch mit anderem Plasmagehalt, sowie mit verdickter, hier und da gefärbter Membran versehen.

Sie kommen, wie zuerst Tulasne zeigte, bei verschiedenen Rostpilzen (z. B. *Puccinia Prunorum* und *Melampsora salicina*), ferner nach Brefeld bei Entomophthoreen (*Entomophthora radicans*), ebenso bei verschiedenen Basidiomyceten z. B. *Corticium*-, *Stereum*-, *Agaricus*-, *Coprinus*-, *Polyporus*-Arten, fehlen aber den *Exobasidium*-, *Tremellinen*-, *Clavarien*- und *Hydnen*-artigen Basidiomyceten.

Bei *Puccinia Prunorum* (Fig. 37, V) und *Melampsora salicina* erscheinen sie an der Spitze blasig erweitert, sowie stark verdickt, bei *Trametes Pini* nach Hartig[1])

[1]) Krankheiten der Waldbäume. Taf. III, Fig. 9.

an der Basis blasig erweitert, nach oben hin pfriemlich zugespitzt, bei *Cortinarius cinnamomeus* nach meinen Beobachtungen weite und lange Cylinder bildend, (Fig. 37, I) bei *Agaricus lividus* flaschenförmig mit zwei oder mehreren Häkchen an der Spitze (Fig. 37, II), bei *Corticium amorphum* nach HARTIG[1]) in Form schmaler, am Ende rosenkranzartig eingeschnürter, verzweigter Fäden. Gewisse *Coprinus*-Arten besitzen nach DE BARY[2]), BREFELD[3]) und WETTSTEIN[4]) sogar zweierlei Paraphysen; kleine, kurze, sehr zahlreiche (Fig. 37, III *p*) und grosse blasenförmige (Fig. 37, III *p'*), die Cystiden LÉVEILLÉ's. BREFELD deutet die Function der letzteren dahin, dass sie einen gegenseitigen Druck der Hutlamellen gegen einander und damit eine Störung in der Ausbildung der Basidien verhindern, demnach als Schutzvorrichtung für die Hymenien wirken. Es wäre nicht unmöglich, dass alle weiter über das Hymenium hervorragenden Paraphysen, besonders solche, welche starke Turgescenz oder kräftig verdickte Membranen aufweisen, oder solche, welche wie bei den Hutpilzen sich soweit verlängern, dass sie von einer Lamelle in die andere hineinwachsen, respective mit den Elementen der Nachbarlamelle verwachsen, was v. WETTSTEIN (unten citirt) bei Coprinen beobachtete, diese Aufgabe zu erfüllen vermögen. Doch werden erst noch ausgedehnte vergleichende Untersuchungen hierüber abzuwarten sein. Thatsächlich sind sie in vielen Fällen vorhanden, wo von einer solchen Funktion nicht die Rede sein kann *(Corticium, Polyporus)*; andererseits fehlen sie da, wo man einen Schutz des Hymeniums durch sie erwarten sollte (vielen *Agarici* mit dicht gedrängten Lamellen).

Als Secretionsorgane dienen die grossen keuligen Paraphysen von *Cortinarius cinnamomeus*. Die ausgeschiedene Substanz, die harzartiger Natur ist, bildete an der Oberfläche der Wandungen breite meist gürtelartige Incrustationen (Fig. 37, I). Schon H. HOFFMANN (unten citirt) hat Beobachtungen ähnlicher Art gemacht.

Die Paraphysen[5]) erscheinen entweder über die ganze Hymenialfläche zerstreut und hier in meist sehr regelmässiger Anordnung (*Agaricus lividus, Cortinarius cinnamomeus* nach meinen Beobachtungen) bei vielen Arten aber in unregelmässigen Abständen; oder sie treten localisirt auf, bei zahlreichen *Agaricus*-artigen auf die Schneide der Lamellen beschränkt, bei *Phragmidium* auf den Rand der Conidienlager.

In der Systematik dienen charakteristische Paraphysen-Formen der Conidienlager mit zur Species-Unterscheidung, besonders auch bei den Basidiomyceten.

Zum Schluss möge noch hervorgehoben sein, dass eine scharfe Grenze zwischen Conidienbündeln und Conidienlagern nicht zu ziehen ist, da sich vielfach Uebergänge zwischen beiden finden.

[1]) l. c. Taf. V, Fig. 17.

[2]) Morphologie und Physiologie der Pilze. Fig. 139.

[3]) Schimmelpilze III.

[4]) Unten citirt.

[5]) Ueber Paraphysen bei Uredineen vergl. TULASNE, Mem. sur les Uredinées et les Ustilaginées. Ann. sc. nat. 3 Ser. t. 7, u. 4 Ser. t. 2. Ueber Paraphysen bei Basidiomyceten siehe: DE BARY. Morphol. p. 326—329. Ferner die Bilderwerke von CORDA (Icones fungorum), STURM (Flora Deutschlands, Pilze). H. HOFFMANN, Pollinarien und Spermatien bei Agaricus. Bot. Zeit. 1856. R. HARTIG's citirte Arbeit, sowie dessen Lehrbuch der Baumkrankheiten. BREFELD's citirte Schrift. v. WETTSTEIN, Zur Morphol. und Biol. der Cystiden. Sitzungsber. d. Wiener Akad. 1887. Angaben über Vorkommen der Paraphysen bei den verschiedenen Arten findet man auch in den systematischen Handbüchern von SCHRÖTER, WINTER, SACCARDO etc.

4. Conidienfrüchte.

Die Conidienfrüchte (von TULASNE Pycniden [*pycnides*] genannt) repräsentiren die am höchsten entwickelte Form der Conidienfructification. Denn hier kommt zu dem Character, welchen die übrigen Fructificationen besitzen, noch das eine wichtige Moment hinzu, dass eine besondere, zellige **Hülle** gebildet wird, welche die Gesammtheit der conidienbildenden Elemente allseitig umschliesst. Die Pycniden zeigen meist die Gestalt einer Kugel, Birne oder Flasche und sind am Scheitel der Regel nach mit 1, selten 2 oder mehreren, meist porenförmigen Mündungen versehen. Den Algenpilzen (Phycomyceten) mangeln Conidienfrüchte gänzlich, dagegen sind sie bei den höheren Pilzen (Mycomyceten) eine verbreitete Erscheinung, wenn auch nur innerhalb gewisser Gruppen, wie z. B. der **Ascomyceten**, der **Rostpilze** (Uredineen) und **Bauchpilze** (Gastromyceten). In den zuerst genannten beiden Familien sind sie meistens sehr klein (dem blossen Auge in der Mehrzahl der Fälle als Pünktchen erscheinend), wogegen die trüffelartigen Conidienfrüchte der Bauchpilze sehr stattliche Körper von Erbsen- bis Kinderkopfgrösse und darüber repräsentiren.

1. Bau. An der Conidienfrucht unterscheidet man Fruchtwand und Hymenium.

Die **Fruchtwand** (Hülle, Peridie) besteht bei sehr einfach gebauten Conidienfrüchten entweder aus nur einer einzigen Zelllage (*Fumago salicina* TUL., Fig. 38, VII; *Cicinnobolus Cesatii* DE BARY, Fig. 38, IX, Fig. 41; den sogenannten Aecidienfrüchten z. B. von *Puccinia graminis*, Fig. 21, II *p*), oder aus höchstens 2—3 Zellschichten (einige von BAUKE beschriebene Conidienfrüchte Fig. 39, IX, Fig. 40, *A*). Manche dieser einfacheren Früchte weisen deutliche **Hyphenstructur** der Wandung auf, so *Cicinnobolus* nach DE BARY[1]), *Fumago salicina* nach eigenen Untersuchungen[2]); besonders bei letzterem Object ist der Aufbau aus Fäden sehr deutlich (Fig. 38, VII). An höher entwickelten Formen lässt sich stets eine mehr- bis vielschichtige Wandung nachweisen mit parenchymatischer Structur; so bei *Diplodia*-Arten nach BAUKE[3]), Hendersonien, Cucurbitarien, *Dothidea melanops*, *Aglaospora* und vielen anderen Ascomyceten nach TULASNE[4]), *Pycnis sclerotivora* nach BREFELD[5]), vielen Bauchpilzen etc. Der Regel nach differenzirt sich das Wandungsgewebe in zwei Schichten, eine äussere, meist aus grösseren derbwandigeren, gewöhnlich gebräunten Zellen bestehende und eine innere, aus kleinzelligeren, zartwandigeren und farblosen Elementen aufgebaute. Sehr scharf tritt diese Differenzirung nach BAUKE[6]) hervor bei einer die Zweige von *Cornus sanguinea* bewohnenden *Diplodia* (Fig. 42, I II). Minder deutlich ausgesprochen erscheint sie z. B. bei *Pycnis sclerotivora* (Fig. 42, III) nach BREFELD's Untersuchungen[7]). An der Aussenwandung gewisser Pycniden (und zwar frei sich entwickelnder) bemerkt man ein Auswachsen der oberflächlichen Zellen zu haarartigen Bildungen (Trichomen), die ein- oder mehrzellig erscheinen und entweder über die ganze Oberfläche zerstreut oder auf die Regionen in der Nähe des Scheitels resp. der Mündung localisirt auftreten.

Von den basalen Theilen solcher Pycniden, welche frei auf dem Mycel

---

[1]) Beitr. z. Morphol. u. Physiol. d. Pilze. III. Reihe, N. 14.

[2]) Conidienfrüchte von Fumago. Nova acta. Bd. 40, Nr. 7.

[3]) Beitr. z. Kenntniss der Pycniden. Nov. acta. Bd. 38, Nr. 5.

[4]) Selecta fungorum Carpologia. Bd. II.

[5]) Schimmelpilze. Heft 4.

[6]) l. c. Taf. 5, Fig. 9 u. 10.

[7]) Schimmelpilze IV. Taf. 10, Fig. 3.

Fig. 38.

Entwickelungsgang und Bau von Hyphenpycniden. I—VII Entwickelung der Hyphenpycniden von *Fumago*. 540 fach. I Ein Mycelfaden mit ganz junger, erst zweizelliger Anlage (von der Seite gesehen). II Durch Theilung der beiden Zellen ist die Anlage vierzellig geworden (Ansicht von oben). III 6zellige Anlage, aus zwei Micelzellen hervorgegangen, welche sich durch eine Querwand zuerst in 4 theilten, worauf in den beiden mittleren je eine der Längsrichtung des Mycelfadens entsprechende Theilung auftrat (Ansicht von oben). IV Von der Anlage, die in dieser Seitenansicht nur 2zellig erscheint, erheben sich septirte, theilweis verzweigte, dicht zusammenschliessende Hyphen (der Kegel ist mit einer Gallerthülle umgeben). V Die Hyphen der jungen Pycnide sind unter dichtem Zusammenschluss weiter gewachsen. VI Eine reife Hyphenpycnide mit langem Stiel und Hals. Die Klammer bezeichnet die Conidien bildende Region (*Hymenium*). Sie ist durch kurze in der Querrichtung etwas erweiterte Zellen kenntlich und bauchig erweitert. Man kann auch jetzt noch alle Hyphen von der Basis bis zur Mündung der Frucht klar verfolgen. *k* bezeichnet die die Mündung bildenden, auseinander gewichenen Hyphenenden, *c* die Conidien, die den von dem Hymenium nach der Mündung führenden Halskanal eben passiert haben. VII (optischer Durchschnitt) zeigt, dass die Conidien direct von den einschichtigen Wandungszellen der Pycnide abgeschnürt werden (ungestielte und kurzhalsige Pycnide). VIII 80 fach. Fumagopycnide mit 2 Mündungshälsen. IX 600 fach. Fast reife, in dem Mycelast einer *Erysiphe* schmarotzende Pycnide von *Cicinnobolus Cesatii* DE BARY. Von der auch hier einschichtigen, die Hyphenstructur minder deutlich zeigenden Fruchtwand entspringen ebenfalls direct die Conidien.

(B. 647.)

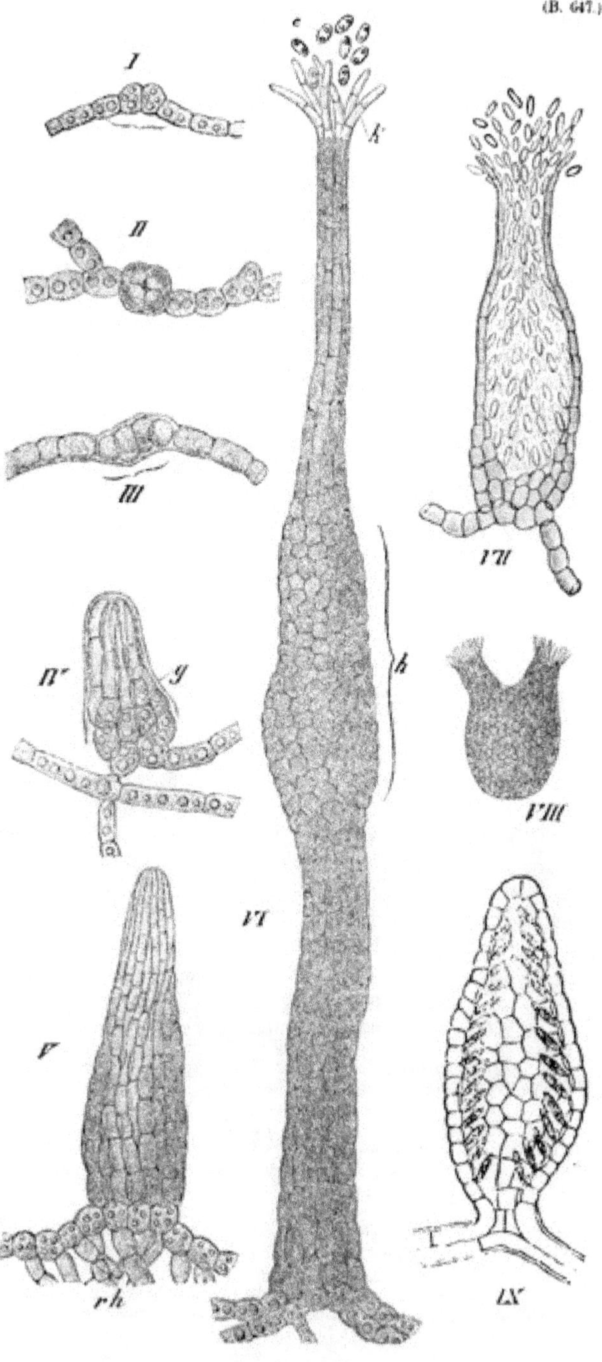

sitzen, sieht man in der Regel mehr oder minder zahlreiche Hyphen ausgehen, welche auf dem Substrat hinwachsen, theilweis wohl auch in dasselbe eindringend (Fig. 38, V VI *rh*), und sich meistens spärlich verzweigend. Da diese »Rhizoïden« frühzeitig angelegt werden, dürften sie zunächst der jungen Pycnide plastische

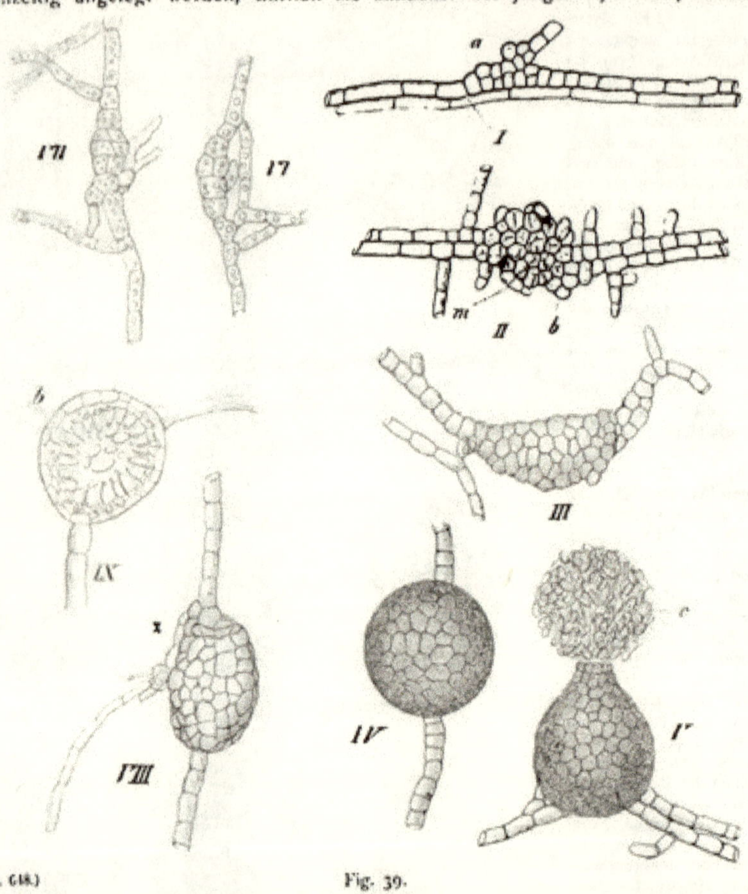

(B. 648.) Fig. 39.

Entwickelung der Gewebepycniden von *Fumago salicina*. 540fach. I Zwei Mycelfäden, von denen der eine bei *a* die erste Anlage der Pycnide zeigt. Die vorher gestreckten Mycelzellen haben sich durch Querwände in kurze Glieder geteilt, welche ihrerseits bereits Theilungen nach einer zweiten Richtung aufweisen. II An der schon etwas vorgeschrittenen Pycniden-Anlage sind 2 Mycelfäden betheiligt, und die Theilungen in der Anlage schon nach mehreren Richtungen des Raumes erfolgt. *m* 6 kurze Seitenzweige, die sich der Anlage anschmiegend, diese vergrössern. III Etwas älterer Zustand. Die Anlage ist dicker geworden und bereits von mehr geschlossenem Character. IV Völlig abgerundete, nahezu reife Pycnide von oben gesehen. V Reife Pycnide, welche sich bereits geöffnet und eine grosse Anzahl von Conidien entlassen hat, die sich vor der Mündung in einem grossen Ballen angesammelt haben. VI—VIII 540fach. Verschiedene Stadien einer auf Sauerkraut erhaltenen Gewebepycnide, in Pflaumendecoct gezüchtet. VI Sehr junge Anlage, aus 4 Zellen bestehend, von denen erst eine durch eine Längswand getheilt ist. VII Etwas weiter entwickelter Zustand der Pycnidenanlage; durch Theilungen quer zum Faden und in anderer Richtung ist die Anlage bereits 9zellig geworden. VIII Halbentwickelte Pycnide; einige benachbarte Kurzzweige *z* haben sich ihr dicht angeschmiegt. IX Optischer Durchschnitt durch eine in Most erzogene Pycnide von *Cucurbitaria elongata* mit wenigschichtiger Wandung, von der kleine kegelförmige Basidien *b* entspringen. Stark vergrössert nach BAUKE. Alle übrigen Fig. nach der Natur.

Stoffe für die Sporenbildung zuführen, um später vielleicht auch noch der Befestigung der fertigen Frucht auf dem Substrat zu dienen. Die Innenseite der Fruchtwand trägt das Hymenium, worunter wir auch hier (wie beim Conidienlager) die Gesammtheit der conidienabschnürenden Elemente verstehen. Letztere stellen fast durchweg einfache, einzellige (Fig. 39, IX*b*; 42, I) oder wenigzellige kurze Träger (bisweilen als Basidien bezeichnet) dar (Pycniden, welche als *Diplodia*-, *Hendersonia*-, *Cytispora*-, *Septoria*-, *Depazea*-, *Aecidium*-, *Spermogonien*-Formen etc. beschrieben sind) minder häufig sind die Conidienträger mit Auszweigungen versehen, wie bei *Sphaeria obducens* nach TULASNE.[1])

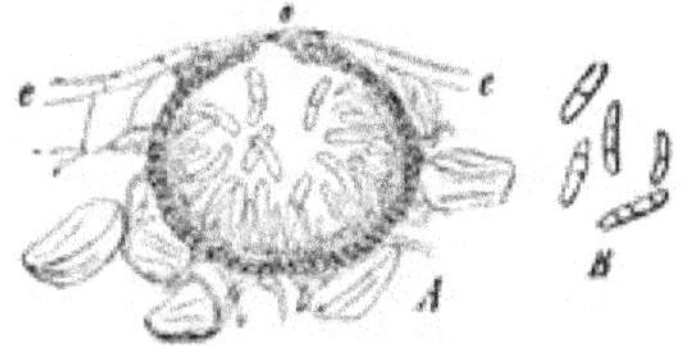

(B. 649.) Fig. 40.
Conidienfrucht von *Septoria Atriplicis* FUCKEL. *A* Durchschnitt durch dieselbe und den durch den Pilz verursachten Blattflecken von *Atriplex latifolia*. Die Innenwand der Conidienfrucht ist mit dem Hymenium austapezirt, das kleine Conidien in verschiedenen Stadien der Entwickelung trägt, die auf winzigen Trägern entstehen; *o* die Stelle, wo die reife Conidienfrucht sich öffnet; *e* Epidermis, rings um die Conidienfrucht collabirte Zellen des Assimilationsparenchyms. *B* Einzelne reife Conidien, durch Querwände getheilt. 300fach vergrössert; aus FRANK's Handbuch.

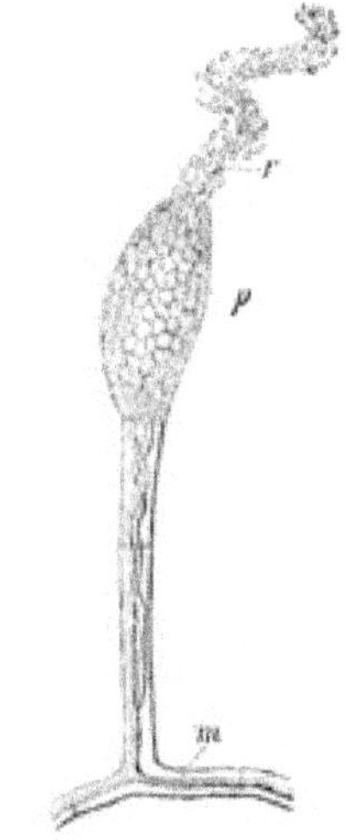

Fig. 41. (B. 650.)
Cicinnobolus Cesatii DE BARY, schmarotzend in dem Mycel und einem Conidienträger des Mehlthaupilzes der Weintraube (*Erysiphe Tuckeri*). In einer Conidie der letzteren, die stark hypertrophirt ist, hat sich eine Pycnide des Parasiten entwickelt (bei *p*), die ihre Conidien mit Schleim gemengt in Form eines Cirrhus (bei *r*) ausstösst. Mycel und Conidienträger der *Erysiphe* zeigt sich durchzogen von dem Mycel *m* des *Cicinnobolus*.

Das Hymenium tapezirt entweder die ganze Innenwand der Pycnide aus z. B. *Diplodien* Fig. 42, I, *Septoria Atriplicis* Fig. 40), oder es bleibt auf die Basis beschränkt (bei den Aecidienfrüchten der Rostpilze Fig. 21, II*h*). Es giebt Pycniden, wo das Gewebe der Fruchtwand sich faltenartig in die innere Höhlung der Frucht fortsetzt. In diesem Falle geht das Hymenium auch über diese Falten hinweg (z. B. *Valsa castanea*, *Hercospora Tiliae* nach TULASNE l. c.). Wenn Pycniden durch Gewebeplatten in Kammern getheilt werden, so kleidet das Hymenium alle Kammerwände aus (manche *Diplodien*, manche bei TULASNE l. c. angeführte Ascomyceten, viele Bauchpilze).

Sehr einfachen Pycniden mit einschichtiger Wandung fehlt das Hymenium oft vollständig; hier werden die Conidien unmittelbar von den Zellen der Fruchtwand abgeschnürt; von DE BARY für *Cicinnobolus* (Fig. 38, IX und Fig. 41), von mir für die Pycniden von *Fumago* (Fig. 38, VII) gezeigt. Die meisten Pycniden sind stiellos (sitzend Fig. 39, V), auch wenn sie frei auf dem Mycel entstehen; die von *Fumago* dagegen fand ich unter normalen Verhältnissen meist lang gestielt (Fig. 38, VI). Bei letzterer Gattung kommen nach meinen Beobachtungen sogar

[1]) Carpol. II. Taf. 28, Fig. 9.

verzweigte Conidienfrüchte vor, indem aus der einen Frucht eine zweite, aus dieser eine dritte etc. hervorsprosst. Die successiven Sprosse sind dabei meist sympodial angeordnet.

Die Conidienfrüchte entstehen entweder unmittelbar auf den Fäden des Mycels (Fig. 39, V), oder auf besonderen stromatischen Bildungen von im Wesentlichen ganz demselben Character, welchen wir bei Besprechung der Conidienlager kennen lernten. Gewöhnlich sind die Pycniden diesen Stromata eingesenkt (Fig. 34, IX *s*), doch so, dass sie mit ihrer Mündung an die Oberfläche reichen.

Die Conidien der Conidienfrüchte nannte TULASNE *Stylosporen*, eine wie DE BARY treffend urtheilt unglücklich gewählte Bezeichnung, die, wenn man nun einmal einen besonderen Namen haben will, besser durch *Pycnoconidien*[1]) zu ersetzen ist. Bei manchen Pilzen giebt es dreierlei Pycniden: solche mit grossen, meist mehrzelligen, solche mit mittelgrossen ein- oder zweizelligen und solche mit sehr kleinen einzelligen Conidien. Es hat sich bei der Beschreibung das Bedürfnis herausgestellt, diese drei Formen durch besondere Namen zu unterscheiden, daher die Bezeichnung Macro-, Megalo-, und Microconidien[2]). Letztere sah man früher als männliche, wie Spermatozoïden fungirende Zellen an und nannte sie daher Spermatien, die betreffenden Conidienfrüchte Spermogonien (Fig. 21 II, *Sp.*). Es hat sich indessen eine solche sexuelle Funktion bisher nicht nachweisen lassen, und daher sind diese Namen im Grunde unberechtigt. Sie mögen indessen als längst eingebürgerte *termini technici* für Pycniden mit Mikroconidien beibehalten werden, bis veränderter Sprachgebrauch sie allmählich von selbst abstösst. Thatsache ist, dass viele dieser kleinsporigen Pycniden Conidien produciren, welche mit den seither üblichen Culturmethoden nicht oder nur schwer zur Keimung zu bringen sind, ein Moment, das man als ein gewichtiges Argument für die sexuelle Bedeutung dieser winzigen Organe ins Feld zu führen pflegte. Andererseits hat sich herausgestellt, dass manche Microconidien, die gerade »typische« Spermatien darstellen sollten, bei näherer Untersuchung sich als mehr oder minder leicht keimend erwiesen. Nachweise dieser Art sind geliefert worden von mir[3]), indem ich zeigte, dass das, was TULASNE bei *Fumago salicina* als Spermatien ansah, gewöhnliche Conidien sind, die leicht zu sehr schönen fructificirenden Mycelien auswachsen, und neuerdings von MÖLLER, der aus Spermatien von Flechten fructificierende Mycelien erzog.

2. Entwickelungsgeschichte. Rücksichtlich des Entwickelungsganges lassen sich 3 Typen unterscheiden.

A. Typus der Hyphenfrucht. Er ist am ausgesprochensten bei den Pycniden der *Fumago salicina* und hier in allen Stadien verfolgt[3]). Im einfachsten Falle geht die Entwickelung von einer Mycelzelle aus, die sich zunächst durch eine Querwand in zwei Zellen (Fig. 38, I), und dann durch Wände, welche senkrecht auf der vorigen stehen, in 4 Quadranten theilt (Fig. 38, II). Unter Umständen gehen auch zwei bis drei nebeneinander liegende Zellen, sei es desselben Fadens, oder zweier zusammengelagerter Fäden, solche Theilungen ein (Fig. 38, III). Dieser durch Theilung von 1—3 Zellen entstandene Zellcomplex bildet die Anlage *(Primordium)* der Pycnide. Die weitere Entwickelung erfolgt nun in der Weise, dass jede Zelle zu einem vom Mycel sich erhebenden, gegliederten Faden auswächst. Die Fäden schmiegen sich gleich bei ihrer Entstehung dicht aneinander und wachsen durch Spitzenwachstum weiter, einen mehr oder minder gestreckt-kegelförmigen oder flaschenförmigen Körper bildend (Fig. 38, IV, V). Später baucht sich dann der Körper in dem Theile, welcher der conidienbildenden Region entspricht, mehr oder minder aus, als Folge davon, dass die Zellen sich hier lebhaft theilen und weiten. Die genannte Region wird

[1]) DE BARY (Morphol. p. 244) schreibt Pycnogonidien.

[2]) DE BARY l. c. p. 244.

[3]) Conidienfrüchte von Fumago. Halle 1878 und Nova acta Bd. 40. Nr. 7.

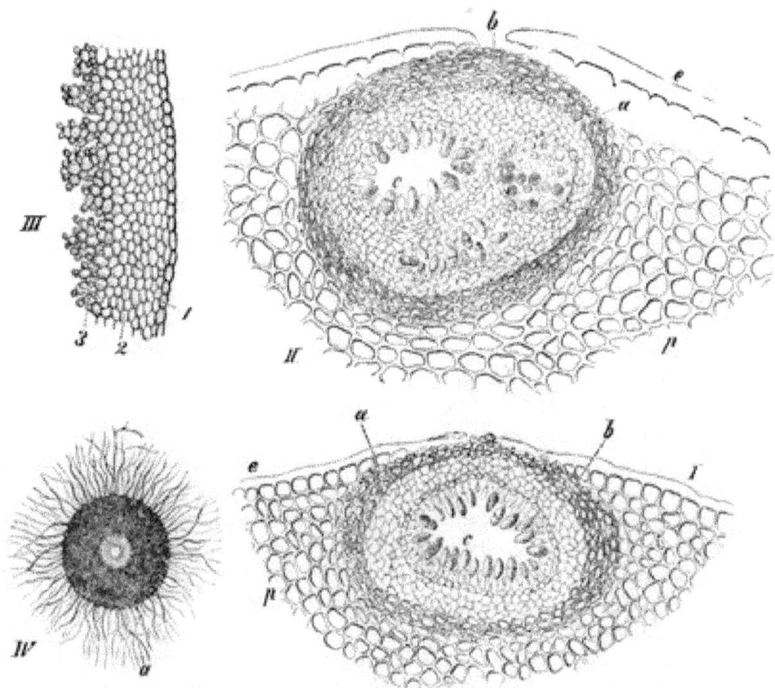

Fig. 42. (B. 651.)

I u. II Querschnitte durch das Rindenparenchym *p* einer Zweiges von *Cornus sanguinea* mit je einer Pycnide von *Diplodia*; *a* äussere, *b* innere Wandungsschichten derselben. Bei I ist die Pycnide einkammerig, bei II sind drei Kammern durch den Schnitt getroffen: *c* Conidien, *e* Epidermiszellen. Nach BAUKE, stark vergr. III Querschnittsstück der Wandung von *Pycnis sclerotivora*. 1 äussere, 2 innere Wandungsschicht, 3 Hymenium. 300fach, nach BREFELD. IV Reife Conidienfrucht von *Pycnis sclerotivora*, die Wandung mit haarartigen Anhängen besetzt; *a* Mündungskranz, aus Hyphen gebildet; nach BREFELD, 80fach.

daher kurzzellig, und die Zellen erscheinen quer zur Richtung der Längsachse mehr oder minder gestreckt (Fig. 38, VI bei *h*). Bei diesem Vorgange entsteht in jener Region ein Hohlraum, in welchen hinein die Conidien von den Zellen der Wandung abgeschnürt werden, in ähnlicher Weise, wie in Fig. 38, VII u. IX.

Eine solche Pycnide entsteht und besteht also aus dicht aneinander geschmiegten Hyphen, welche im Ganzen parallel verlaufen und daher meist in ihrer ganzen Länge klar zu verfolgen sind (Fig. 38, VI). Zu diesem Typus gehört nach DE BARY's Untersuchungen auch *Cicinnobolus Cesatii* (Fig. 38, IX. Fig. 41).

B. Typus der Gewebefrucht. Häufiger als die Hyphenfrucht scheint die Gewebefrucht vorzukommen. Ihre Entwickelung ist von GIBELLI und GRIFFINI[1]), EIDAM[2]), BAUKE[3]), von mir[4]), BREFELD[5]) und v. TAVEL[6]) bei *Pleospora herbarum*,

[1]) Sul polymorfismo della Pleospora herbarum. Arch. Lab. Bot. Crittog. Pavia I (1875).

[2]) Ueber Pycniden. Bot. Zeit. 1877.

[3]) Beiträge zur Kenntniss der Pycniden. Nov. act. 38, Nr. 5.

[4]) l. c.

[5]) Schimmelpilze. Heft IV.

[6]) Beitr. z. Entwickelungsgeschichte der Pyrenomyceten. Bot. Zeit. 1880.

Cucurbitaria elongata, C. Platani, Leptosphaeria Doliolum, Fumago salicina, Pycnis sclerotivora näher studirt worden mit im Wesentlichen übereinstimmenden Ergebnissen, die sich wie folgt darstellen: Die Entwickelung wird eingeleitet dadurch, dass benachbarte Zellen eines Mycelfadens oder auch zweier bis mehrerer zusammengelagerter Fäden sich in kurze Glieder theilen, zuerst durch Querwände, dann durch senkrecht auf diesen stehende Wände (Fig. 39, VI, VII), und endlich auch nach anderer Richtung. So entsteht ein junger Gewebekörper (Fig. 39, II), der, indem seine Zellen sich vergrössern und weiter theilen, wächst und sich mehr und mehr abrundet (Fig. 39, III, VII), bis er seine definitive Gestalt erhält (Fig. 39, IV). In der Regel betheiligen sich übrigens an dem Aufbau auch benachbarte kurze Hyphen, indem sie sich an den Gewebekörper dicht anlegen und mit diesem verwachsen (Fig. 39, II *mb*; III, VIII *z*). Schliesslich entsteht durch Auseinanderweichen der centralen Elemente ein Hohlraum, von dessen Wandung die Conidien entweder direkt oder (der Regel nach) auf besonderen Trägern (Basidien) abgeschnürt werden (Fig. 39, IX).

C. Typus der Knäuelfrucht. Bei der *Diplodia* auf *Cornus sanguinea*, von Bauke[1]) untersucht. Die Anlage besteht aus ein oder mehreren Sprossen, welche sich meist spiralig umschlingen und sich vielfach verzweigen; die Hyphen und Zweige wachsen so durcheinander, dass ein zuerst lockeres Knäuel zustande kommt, welches dadurch, dass immer neue Zweige zwischen die noch vorhandenen Lücken eingeschoben werden, allmählich dichter und dichter wird (etwa ähnlich den zur Sclerotienbildung führenden Knäueln von *Septosporium bifurcum*, pag. 19 und Fig. 13). Schliesslich entsteht ein auf dem Querschnitt pseudoparenchymatisches Gewebe. In demselben treten nun durch Auseinanderweichen der Elemente Hohlräume zu ein bis mehreren auf, in die von den angrenzenden Zellen Basidien getrieben werden. — Dieser Typus vermittelt zwischen A. und B. insofern, als sich die Frucht bei A. aus Hyphen aufbaut, andererseits schliesslich, wie bei B., gewebeartigen Charakter annimmt.

Nach den Untersuchungen Ed. Fisher's[2]) an den Pyeniden von *Graphiola*-Arten ist die Möglichkeit nicht ausgeschlossen, dass diese Früchte, die in ihrem fertigen Bau von dem gewöhnlicher Pycnidenformen eigentümliche Abweichungen zeigen, auch einem anderen Entwickelungsmodus folgen. Die Conidienfrüchte sind anfangs (vielleicht mit Ausnahmen) geschlossen (Fig. 38 IX, u. 39 IV); später öffnen sie sich, zumeist am Scheitel (Fig. 38, VI—VIII, Fig. 39, V, Fig. 40), eine, selten zwei (Fig. 38, VIII) oder mehrere Mündungen erhaltend. Das Oeffnen geschieht in verschiedener Weise. Bei *Fumago* trennen sich die Fäden an der Spitze der Pycnide und biegen sich auseinander (Fig. 38, VI). Die Aecidienfrüchte der Uredineen reissen am Scheitel entweder sternförmig (Fig. 21, I), oder in weitgreifenden Längsrissen auf. Letzter ist der Fall bei *Gymnosporangium*. Bei *Diplodia* nach Bauke (l. c.), sowie bei *Pycnis sclerotivora* nach Brefeld (l. c.) findet sich um den Scheitelpunkt ein Kranz von radiar angeordneten zarten Zellen oder Hyphen, die mit ihren Spitzen im Scheitel zusammenstossen (Fig. 42, IV *a*). Bei der Reife lösen sich diese Elemente vom Scheitel aus von einander. Mittlerweile müssen natürlich auch die unter dieser Stelle liegenden übrigen Theile der Wandung auseinander gewichen sein, um mit jenen eine Mündung zu bilden. Die Entstehungsweise der Mündung bei Conidienfrüchten mit mehrschichtiger Wandung ist übrigens noch nicht zum Gegenstand näheren vergleichenden Studiums gemacht worden.

[1]) l. c. p. 33.

[2]) Beitrag zur Kenntnis der Gattung *Graphiola*. Bot. Zeit. 1883.

B. Endosporen- oder Sporangienfructification.

Von der Exosporen- oder Conidienfructification ist sie durch den wichtigen Umstand verschieden, dass ihre Sporen nicht an Trägern abgegliedert werden, sondern im Innern von Mutterzellen, also endogen, entstehen. Man nennt solche Sporen daher Endosporen (oder Gonidien) und die Mutterzellen, in denen sie entstehen, Sporenbehälter oder Sporangien. Sind die Endosporen membranlos und mit Bewegungsorganen (Cilien) versehen, mittelst deren sie sich im Wasser fortbewegen, so spricht man von schwärmenden Endosporen (Schwärmsporen, Schwärmern, Planeten) (Fig. 45, VIII) und bezeichnet dann die Sporangien als Schwärmsporangien oder Zoosporangien (Fig. 45, VIII). Mit Membran versehene Endosporen besitzen niemals Bewegungsorgane (Cilien) und werden daher ruhende Endosporen genannt. Schwärmsporangien kommen nur bei den Phycomyceten vor, nicht aber bei den Mycomyceten.

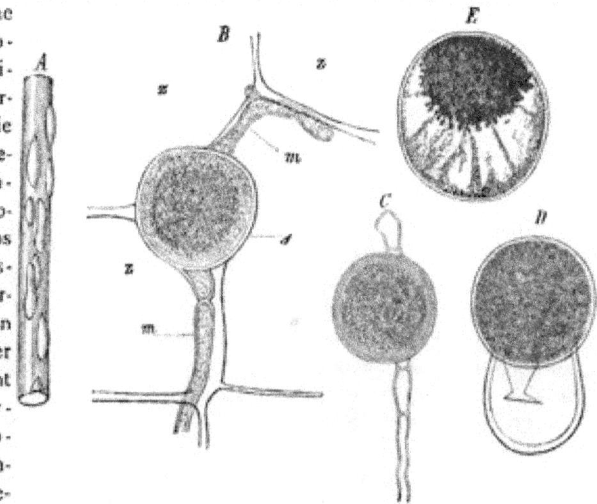

Fig. 43. (B. 632.)

Protomyces macrosporus. *A* Stück eines Blattstiels von *Aegopodium Podagraria* mit zahlreichen, durch den Parasiten hervorgebrachten Schwielen, 2fach vergr. *B* Fragment eines Durchschnitts durch eine solche Schwiele. *zzz* Parenchymzellen, *m m* ein zwischen denselben hinwachsender Mycelfaden, an welchem intercalar eine später zum Sporangium werdende Spore *s* entstanden ist. *C* Stück eines Mycelfadens mit einer reifen Spore. *D* Spore zum Sporangium auskeimend, die Aussenhaut abstreifend. *E* Bildung der Endosporen in den Sporangien. *B—E* 390fach vergr. nach DE BARY aus FRANK's Handbuch.

Für die Sporangien der Ascomyceten hat man aus später zu erörternden Gründen die besondere Bezeichnung Schläuche (Asci) gewählt; die Sporen der letzteren heissen Schlauchsporen oder Ascosporen.

Diejenigen Sporangien der Saprolegnieen und Peronosporeen, welche grosse dickwandige ruhende Sporen (z. Thl. wie man annimmt, in Folge eines sexuellen Aktes) erzeugen, führen den Namen der Oogonien (Eibehälter) oder Oosporangien[1]) (Fig. 45, III, IV), ihre Sporen die Bezeichnung Oosporen.

Zoosporen, welche eine sexuelle Function haben und zwar als männliche Organe fungiren, heissen Spermatozoïden. Sie sind übrigens bisher nur bei einem einzigen Phycomyceten und zwar bei *Monoblepharis sphaerica* von CORNU nachgewiesen.

Die Sporangien entstehen entweder unmittelbar im Verlaufe des Mycels (z. B. *Protomyces*, Fig. 43 *C*), oder aber an besonderen Trägern (Fig. 45, VII). Meist werden sie hier terminal erzeugt, wie bei den *Mucor*-Arten (Fig. 2, 5, 6, I),

[1]) Mehr conform mit »Zoosporangium« würde der Ausdruck Oosporangium sein.

sonst vielfach auch **intercalar**, z. B. bei gewissen Saprolegnieen *(Saprolegnia, Dictyuchus)*.

Hinsichtlich der **Form** herrscht unter den Sporangien keine besondere Mannigfaltigkeit; Kugel-, Ei-, Birn- und Keulenform sind vorherrschend, cylindrische und spindelige Formen seltener. Durch zahlreiche gleichartige Aussackungen morgensternförmig configurirt erscheinen die Oosporangien von *Saprolegnia asterophora* DE BARY. Glatte **kugelige** Sporangien findet man bei den Kopfschimmeln *(Mucor)*, Saprolegnieen und manchen Chytridiaceen, verkehrteiförmige bei manchen Saprolegniaceen, Zygomyceten und Ascomyceten, keulenförmige bei den meisten Ascomyceten und manchen Saprolegniaceen.[1])

Zwischen Conidien und Sporangien giebt es keinen principiellen Unterschied. Das geht aus der wichtigen Thatsache hervor, nach welcher **Conidien** der Phycomyceten nachträglich **den Charakter von Sporangien annehmen**, wie DE BARY für gewisse parasitische Peronosporeen *(Cystopus-, Peronospora-, Phytophthora-*Arten) darlegte, und wie es auch die **echten Hefen** (Saccharomyces) lehren, wenn man die Sprosse als Conidien auffassen will. Die Sprosse werden hier bekanntlich zu Sporangien.

An dieser Stelle darf auch die von SADEBECK[2]) gemachte Beobachtung nicht unerwähnt bleiben, dass die Sporangien (Asci) von *Exoascus* unter gewissen Verhältnissen keine Endosporen bilden, wohl aber an ihrer Spitze **Conidien** abschnüren.

Die dem **Luftleben**, also einer höheren Lebensform angepassten **Conidien** der **Phycomyceten** (Piptocephalideen, Peronosporeen) sind offenbar aus **Sporangien**, einer an die offenbar niederere Form des **Wasserlebens** angepassten Fructification hervorgegangen. Wenn solche Conidien also unter gewissen Verhältnissen Endosporen erzeugen, so ist das als ein **Rückschlag** (Atavismus) aufzufassen. Die Sporangien (Asci) der **Ascomyceten** dagegen dürften als **eine weiter entwickelte Form** von Conidien (diese mithin als das Primäre, die Asci als das Secundäre) aufzufassen sein.

Es scheint mir dies insbesondere aus dem Umstande hervorzugehen, dass gerade bei den **höchst-entwickelten Ascomyceten-Formen** die Conidienformen entweder vom Schauplatze der Entwickelung zurückgetreten sind (Morcheln, Trüffeln) oder wie bei den *Sclerotinien* bereits keimungsunfähig geworden sind. Wenn demnach der Schlauch eines Ascomyceten unter ungewöhnlichen Verhältnissen einmal zum Conidien abschnürenden Träger wird, wie bei *Exoascus*, so dürfte hierin ebenfalls eine **atavistische** Erscheinung vorliegen.

Ausführlich über die phylogenetischen Beziehungen zwischen Sporangien und Conidien äusserte sich neuerdings BREFELD[3]) z. Thl. in anderem als dem hier vorgetragenen Sinne.

1. Der fädige Sporangienträger.

Er stellt das Gegenstück zu dem fädigen Conidienträger dar. Wie dieser erscheint er entweder einzellig oder mehrzellig, einfach oder mit Auszweigungen versehen. Da die **Verzweigungssysteme** des fädigen Sporangienträgers oder die »Sporangienstände«, durchaus denjenigen des fädigen Conidienträgers, also den »**Conidienständen**« entsprechen, so ist auf die ausführliche Darstellung

[1]) Ueber die Entstehung der Endosporen in den Sporangien s. Zellbildung.

[2]) Untersuchungen über die Pilzgattung *Exoascus*. Hamburg 1884, siehe d. Holzschnitt daselbst.

[3]) Untersuchungen aus dem Gesammtgebiete der Mycologie. Heft VIII, pag. 246 u. f.

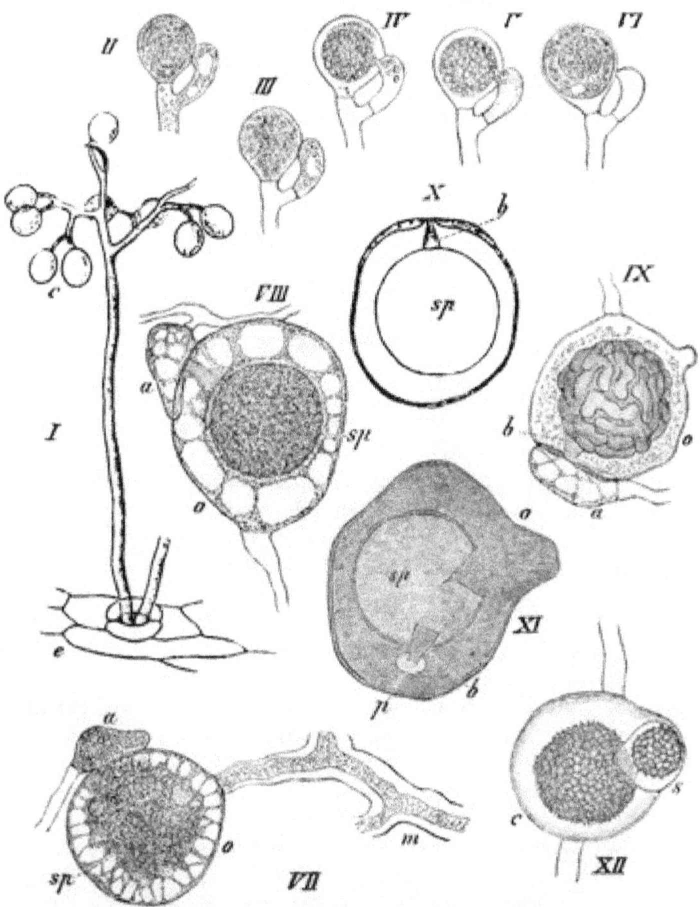

Fig. 44. (B. 653.)

I 250 fach. Conidienträger von *Peronospora parasitica* aus einer Spaltöffnung der Stengel-Epidermis von *Cardamine pratensis* hervortretend (der Träger rechts ist abgeschnitten). II—VI ca. 800 fach. Oosporenbildung und Befruchtungsvorgang bei *Pythium gracile* in ihren successiven Stadien, nach DE BARY: II Oogon und Antheridienast zu definitiver Grösse gelangt. III Das Antheridium durch eine Querwand abgegrenzt. IV Im Oogon hat sich die Eiballung vollzogen, zwischen Ei und Oogoniumwand eine dünne Periplasmazone; das Antheridium hat einen Befruchtungsschlauch in das junge Ei hineingetrieben und bereits einen Theil seines Inhalts (Gonoplasma) an dasselbe abgegeben. V Der Uebertritt des Gonoplasmas ist nahezu beendet, die Eikugel bereits gerundet. VI Antheridium leer. Eikugel zur Oospore ausgebildet. VII—XI. 540 fach. Befruchtung und Oosporenbildung bei *Cystopus candidus*. VII Oogon im Beginn der Eikugelbildung. Das Plasma hat sich in der Mitte zu einem mit einigen Vacuolen durchsetzten Ballen zusammengezogen, der durch zahlreiche, netzförmig verbundene Plasmastränge an der Oogoniumwand angeheftet ist. Das Antheridium *a* hat bereits seinen Befruchtungsschlauch getrieben. VIII. Etwas weiter vorgerücktes Stadium. Der Befruchtungsakt ist augenscheinlich vorüber, die Eikugel *sp* bereits mit Haut umgeben; aus den Periplasmamassen, welche sich auf der Oosporenhaut anlagern, werden die Verdickungen angelegt. Ein Theil der Periplasma ist immer noch in Form von Strängen vorhanden, die von der Oospore zur Oogoniumwand gehen. Befruchtungsschlauch des Antheridiums *a* dick, nach der Oospore *sp* zu erweitert. IX Reifes Oogon. Periplasma (bis auf Reste) zur Verdickung der Oosporenhaut verbraucht. *b* Breiter mit der Oospore verwachsener Befruchtungsschlauch. X Oogoniumwand im optischen Durchschnitt, an der einen Seite stark verdickt und mit Porus versehen, durch den der vom Antheridium abgerissene kegelige Befruchtungsschlauch geht; *sp* Oospore, nur durch einfache Linien angedeutet. XI Mit Chlorzinkjod behandeltes, stark gedrücktes Oogon. Der Porus *p* sehr deutlich, hell; der durch ihn hindurchgehende kegelige, der Oosporenhaut *sp* angewachsene Befruchtungsschlauch *b* ebenfalls sehr deutlich. XII. 350 fach. Oogon und Antheridium von *Peronospora calotheca*. In dem Antheridium *a* ist ausnahmsweise eine kleine Oospore entstanden, welche alle Charaktere der im Oogon entstandenen besitzt.

der letzteren (pag. 308) zu verweisen und hier nur eine Anführung von einigen Beispielen für die verschiedenen Formen des monopodialen, sympodialen und dichotomen Typus erforderlich.

1. Monopodialer Typus: a) Traube; bei *Mucor racemosus* nach FRESENIUS, *Mortierella polycephala* nach VAN TIEGHEM, verschiedenen Saprolegniaceen (z. B. *Achlya racemosa*) nach HILDEBRANDT und DE BARY. b) wirteliger Stand; bei *Mortierella biramosa* nach VAN TIEGHEM. c) Dolde; bei *Basidiophora entospora* nach CORNU (Fig. 26, V, hier sind nämlich die Conidien zugleich Sporangien).

2. Sympodialer Typus: a) Wickel; sehr ausgeprägt bei *Phytophthora infestans* nach DE BARY, *Achlya polyandra* (Fig. 45, II) und bei *Leptomitus pyriferus* ZOPF. b) Schraubel; bei *Leptomitus pyriferus* (hier öfters in die Wickel übergehend).

3. Dichotomer Typus. Das bekannteste Beispiel seit HOFMEISTER: *Sporodinia grandis*. Bei *Thamnidium elegans* sind nach DE BARY die die kleinen Sporangien tragenden Seitenzweige ebenfalls dichotom.

An dem fädigen Sporangienträger, resp. seinen Auszweigungen entstehen die Sporangien zumeist terminal (*Mucor, Saprolegnia*), seltener intercalar (gewisse Saprolegnieen). *Leptomitus lacteus* entwickelt seine Sporangien (Zoosporangien) stets in basipetaler Folge (Fig. 62, III, IV) in der Reihenfolge der Buchstaben a—e).

Fast sämmtliche Saprolegnieen, Pythieen, Ancylisteen und gewisse Peronosporeen erzeugen zweierlei Sporangien, von denen die einen Schwärmsporen, die anderen derbwandige, grosse, reich mit Reservestoffen ausgestattete, ruhende Sporen produciren. Sporangien letzterer Art nennt man, wie bereits erwähnt, Oosporangien (Oogonien PRINGSHEIM's). An dieselben können sich 1—2 Aeste anlegen, welche entweder von demselben Träger wie das Oosporangium entspringen (Fig. 44, II—VI) oder von einem anderen. Diese Nebenäste gliedern sich durch eine (selten mehrere) Querwände und bilden ihre Endzelle zum »Antheridium« aus. Dasselbe treibt ein oder mehrere dünne Aussackungen durch die Oogoniumwand hindurch, die sogen. Befruchtungsschläuche (Fig. 44, IV, IXb; Fig. 45, III, IV *c*). Nach PRINGSHEIM's Theorie tritt der Inhalt der Antheridien durch diese Befruchtungsschläuche ins Oogon über und befruchtet die jungen Sporen (Oosphaeren oder Eikugeln), die sich darauf zu Dauersporen (Oosporen genannt) ausbilden. Oosporangien und Antheridien kommen auch bei den *Lagenidium*-, *Peronospora*- und *Pythium*-artigen Algenpilzen vor. Bei den Vertretern dieser letzteren Familie, wo nur je eine Oospore gebildet wird, tritt nun nach DE BARY's Beobachtungen thatsächlich der Inhalt des Antheridiums in die Eizelle über. Hier würde man also wirklich von einer Befruchtung sprechen können. Bei den Saprolegniaceen konnte DE BARY von einem solchen Uebertritt nichts beobachten. Ja bei manchen Vertretern, wie z. B. *Saprolegnia Thuretii* DE BARY kommt es der Regel nach überhaupt nicht zur Bildung von Antheridien. Für solche Fälle ist also Geschlechtsverlust (Apogamie) anzunehmen.

Die Membran der Oosporangien ist in manchen Fällen verdickt, aber bei gewissen Saprolegniaceen und Peronosporeen sind einzelne Stellen von Verdickungen frei geblieben, sodass dieselben als Poren erscheinen (früher fälschlich als Löcher angesehen). Während nun die Befruchtungsschläuche der Antheridien der Saprolegniaceen keineswegs immer diese Poren als Eindringstellen wählen, dringt nach meinen Beobachtungen der Befruchtungsschlauch von

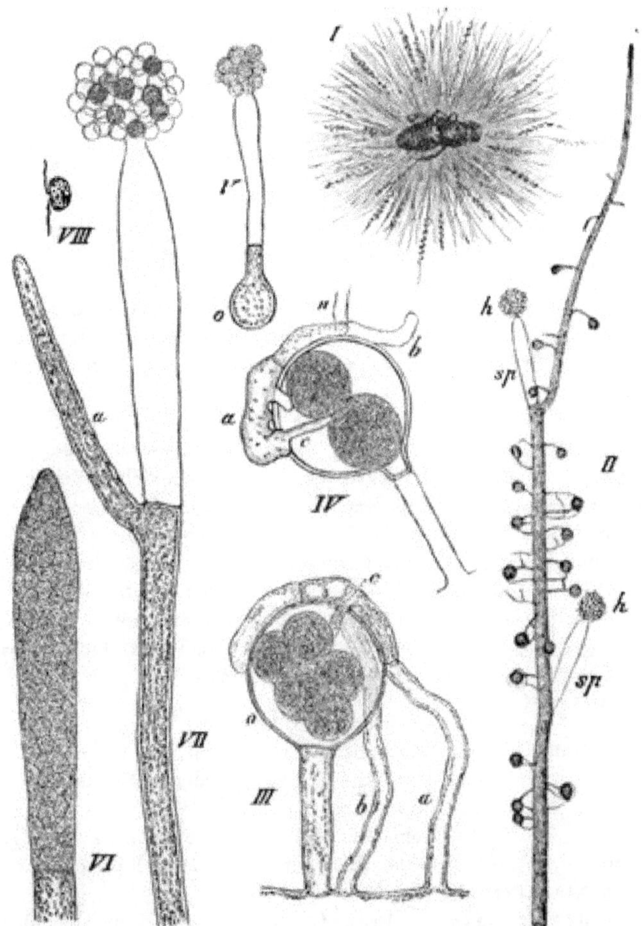

Fig. 45. (B. 654.)

Achlya polyandra DE BARY. I Fliege mit einem 8 Tage alten Rasen des Pilzes, 3ſach vergr. Die traubenartigen Oogonienstände sind an den die Oogonien darstellenden Punkten kenntlich. II Stück eines sympodial und zwar wickelartig ausgebildeten Zweiges von diesem Rasen, *sp* entleerte Sporangien mit dem Hauſen der entleerten Zellen *h* an der Spitze. Gleichzeitig sind die traubig angeordneten Oogonien in allen Stadien der Entwickelung vorhanden und im mittleren und unteren Ende des Fadens mit Antheridien versehen, die an den obersten jüngsten Oogonieen noch ſehlen; 16ſach vergr. III 305ſach. Ein Oogonium *O* mit 2 Antheridien tragenden Nebenästen *a* u. *b*. Das eine Antheridium ist zweizellig und zeigt bei *c* einen Befruchtungsschlauch. IV 375ſach. Kleines mit 2 jungen Oosporen (Eiern) versehenes Oogon, an welches ein Antheridium angeschmiegt ist, das sich auſ dem Nebenast *n* entwickelt und 2 Befruchtungsschläuche getrieben hat, von denen sich der eine *c* an das untere, der andere an das obere Ei angelegt hat. V 225ſach. Eine Oospore *o*, welche zu einem kleinen Sporangium ausgekeimt ist; seine Zellen sind bereits ausgetreten und bilden vor der Mündung ein Häuſchen. VI 305ſach. Ein Sporangium, dessen Plasmainhalt in zahlreiche Endosporen zerklüftet ist. VII 305ſach. Ein Sporangienträger, der an seinem Ende ein bereits entleertes Sporangium trägt. Die Sporen haben sich vor der Mündung zu einem maulbeerartigen Hauſen angesammelt und jede hat sich mit einer Membran umgeben. Aus dieser Haut sind die meisten schon als Schwärmsporen ausgeschlüpft. Unterhalb des Sporangiums hat sich ein Seitenast *a* gebildet. VIII 450ſach. Ein Schwärmer von der Seite gesehen mit seinen 2 Cilien. Fig. IV und V nach DE BARY, alles Uebrige nach der Natur.

Cystopus candidus stets durch die hier nur in der Einzahl vorhandenen (bisher nicht beobachteten) Poren ein (Fig. 44, IX*b*, X*b*).

Bemerken will ich noch, dass nach Beobachtungen, die ich an den Antheridien von der den Waldmeister bewohnenden *Peronospora calotheca* machte, hier in allerdings seltenen Fällen im Antheridium eine kleine Spore entsteht, die bis auf die Kleinheit alle Charaktere der Oospore zeigt (Fig. 44 XII *S*), während im Oogon eine gewöhnliche grosse Oospore sich ausbildet. Solche Erscheinungen zeigen mindestens, dass auch bei den Peronosporeen nicht immer Befruchtung stattfindet.

Durchwachsen der Sporangienträger. Man hat es bei gewissen Saprolegnien (z. B. *Saprolegnia Thuretii* De Bary) beobachtet. Sobald das Schwärmsporangium entleert ist, wächst der Träger durch das Sporangium hindurch, um dann in seinem Endtheile wieder zum Zoosporangium oder auch zu einem Oogon zu werden. Mitunter wiederholt sich dieser Prozess sogar bis ein Dutzend und mehrere Male.

2. Sporangienlager.

Sie entstehen dadurch, dass von einem Mycel dicht neben einander in palissadenartiger Anordnung zahlreiche ungestielte oder auf kleinen Trägern stehende Sporangien entspringen. Die Sporangienlager entsprechen also den Conidienlagern, sind indessen seltener als diese. Die Conidienlager von *Cystopus* sind zugleich Sporangienlager, da jede Conidie zu einem Sporangium werden kann. Unter den Schlauchpilzen (Ascomyceten) bilden Sporangienlager nur die Repräsantenten der Gattung *Exoascus* im weiteren Sinne, sowie van Tieghem's[1]) *Ascodesmis nigricans*, bei welcher das Sporangienlager einer kleinen, fleischigen Scheibe aufgesetzt ist, die einem Stroma entspricht.

3. Sporangienfrüchte.

Sie bestehen aus Sporangien, welche umschlossen sind von einer besonderen Hülle. Nur in seltenen Fällen reducirt sich die Sporangienzahl auf 3—1; meistens sind zahlreiche Sporangien beisammen.

Die Sporangienfrucht kommt nur bei den Ascomyceten vor. Hier wird sie, da man, wie bereits erwähnt, die Sporangien dieser Pilze Schläuche (Asci) nennt, als Schlauchfrucht (Ascusfrucht) bezeichnet.

1. Bau der fertigen Schlauchfrucht. Sie ist entweder allseitig geschlossen (cleistocarp, Fig. 48, 49), was durchgängig in der Gruppe der Perisporiaceen, sowie bei manchen Hysteriaceen und wenigen Pyrenomyceten der Fall; oder aber mit enger, porenförmiger oder schmal-rissförmiger Mündung versehen (peronocarpisch)[2]) (Fig. 58), wie bei fast allen Pyrenomyceten; oder endlich breit geöffnet, becher- oder scheibenförmig (discocarp, Fig. 14; Fig. 49, V), wie bei den Scheiben- oder Becherpilzen (Discomyceten). Für die cleistocarpische Schlauchfrucht ist die Kugel- oder Ellipsoidform charakteristisch; für die peronocarpische die Birnform (Fig. 58) (doch erscheint der Mündungshals dieser Früchte oft länger oder kürzer ausgezogen); für die discocarpische die schon ererwähnte Scheiben- oder Becherform (Fig. 59, V; Fig. 14). Dabei können alle die Schlauchfrucht-Formen völlig stiellos (Fig. 59, V) oder mit einem Stiel versehen sein (z. B. *Fumago salicina*, *Sclerotinia sclerotiorum* Lib. Fig. 14, I, II).

---

[1]) Bull. Soc. bot. de France 1876. Zuckal, Mycologische Untersuchungen. Taf. II, Fig. 5—10.

[2]) von περονω durchbohren.

Denjenigen Fruchtformen, welche Scheiben- oder Becherformen zeigen, hat man die Bezeichnung »Apothecien« beigelegt, während man sowohl die mit enger Mündung versehenen als die geschlossenen Schlauchfrüchte »Perithecien« nannte.

Die Schlauchfrucht besteht aus der Hülle und dem Hymenium.

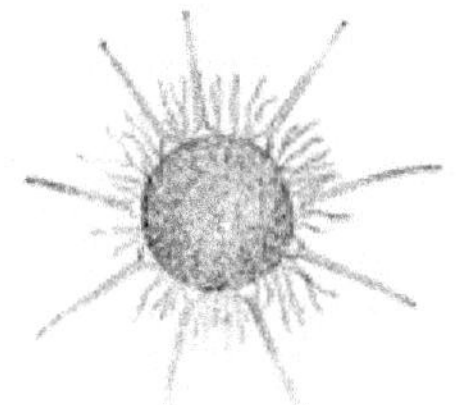

(B. 655.) Fig. 46.
Kleistocarpisches Perithecium des Mehlthaupilzes *Phyllactinia guttata* LÉV., von oben gesehen. Im äquatorialen Theile desselben sind 9 nadelförmige, an der Basis zwiebelig erweiterte einzellige Haargebilde vorhanden. Die feinen Fäden hinter dem Perithecium stellen Mycelfäden dar. Schwach vergr. nach FRANK.

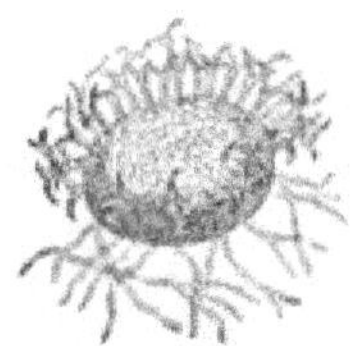

Fig. 47. (B. 656.)
Kleistocarpisches Perithecium des Mehlthaupilzes *Uncinula bicornis* LÉV., schräg vom Pole gesehen, auf Mycelfäden sitzend. Um den Scheitel herum stehen Haarbildungen mit gabeliger Verzweigung und zurückgebogenen Enden. Schwach vergr. nach FRANK.

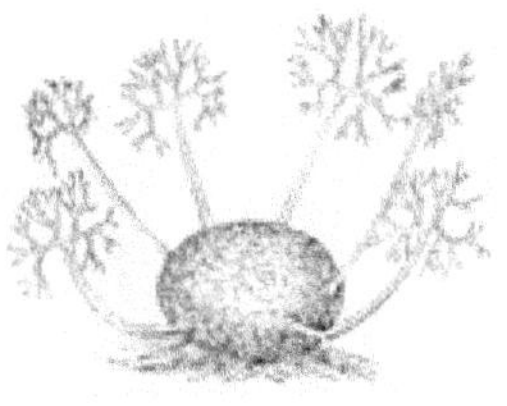

Fig. 48. (B. 657.)
Kleistocarpisches Perithecium des Mehlthaupilzes *Calocladia Grossulariae* LÉV. In der aequatorialen Region mehrere vielfach und zierlich dichotom verzweigte Haarbildungen. Schwach vergr. nach FRANK.

Die Hülle, auch Peridie (peridium) genannt, wird bei sehr einfach gebauten Schlauchfrüchten von nur einer Zellage repräsentiert (Microthyrium). Complicirter gebaute zeigen eine mehr bis vielschichtige Hülle, z. B. bei *Chaetomium* und den Trüffeln, wo diese Hülle eine mächtige Entwickelung erreicht. Von der Wandung entspringen bei letztgenannten Pilzen Gewebeplatten, welche das Innere der Schlauchfrucht durchsetzen und in Kammern theilen. Die gekammerten Schlauchfrüchte entsprechen den gekammerten Pycniden.

Anhänge der Fruchtwand. Die oberflächlichen Zellen der Hülle der Sporangienfrucht wachsen vielfach zu Anhängen aus, welche entweder sterile haarartige Bildungen darstellen oder aber zu Conidienträgern ausgebildet werden, die dann mit denjenigen übereinstimmen, welche der betreffende Pilz auf dem Mycel erzeugt.

Was zunächst die sterilen haarartigen Anhänge *(Trichome)* anbetrifft, so stellen dieselben in der Regel einzellige oder mehrzellige einfache oder verzweigte »Haare« dar, seltener »Zotten«, d. h. bündelförmige konische Haarcomplexe, wie sie z. B. bei manchen *Sordaria*-Arten vorkommen.

In besonders characteristischen Gestalten erscheinen die Haare an den Perithecien der Mehlthaupilze (Erysipheen)[1], und zwar zeigen sie bei *Phyllactinia* die Form von an der Basis zwiebelartig verdickten Nadeln (Fig. 45), bei *Uncinula* sind sie hakenartig gekrümmt oder an der Spitze mit einfachen zurückgekrümmten Gabelästen versehen (Fig. 46), bei *Podosphaera*, *Calocladia* und *Microsphaera* wiederholt und zierlich dichotom verzweigt (Fig. 47), bei *Erysiphe* dagegen einfach fadenförmig (Fig. 48).

Nicht minder characteristisch geformt sind die Trichome der Haarpilze

[1]) Vergl. TULASNE, Carpol. I.

(Chaetomium)[1]), wo sie bald bischofstabförmig *(Ch. murorum)*, bald höchst zierlich korkzieherartig *(Ch. spirale, bostrychodes)* bald mit Schleifenbildungen *(Ch. crispatum)*, bald geschlängelt *(Ch. Kunzeanum)*, bald vielfach verzweigt erscheinen *(Ch. pannosum)*.

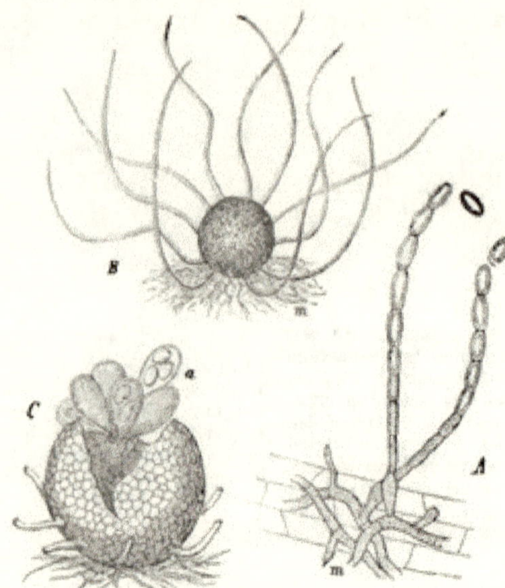

(B. 658.) Fig. 49.
Mehlthau der Gräser (*Erysiphe graminis* LÉV.). *A* Conidienträger vom Mycel *m* entspringend mit in Ketten abgeschnürten Conidien. *B* Cleistocarpe Schlauchfrucht (Perithecium) mit langen haarartigen Anhängseln; *m* Rhizoidenartige Haarbildungen an der Basis der Frucht. *C* Ein Perithecium mit abgerissenen Haarbildungen, durch Druck gesprengt und die noch unreifen Schläuche (nur bei *a* ein reifer) herausgequetscht. *A* 100fach. *B* schwach vergr. *C* 200fach. Nach FRANKS Lehrbuch.

Vielfach treten an der Wandung der Haare Auf- oder Einlagerungen von Kalkoxalat auf *(Chaetomium)*.

Da die von der Basis der Frucht entspringenden Haare in Form, Farbe, Verdickung, sowie in ihrer Richtung (sie wenden sich dem Substrat zu) von den übrigen Haarbildungen abzuweichen pflegen, so hat man sie als Rhizoïden unterschieden (Fig. 49, *B m*).

Die Haare entwickeln sich entweder auf der ganzen Oberfläche der Fruchtwand *(Chaetomium)* oder sie sind auf besondere Regionen localisirt. Letzteres ist in ausgesprochener Weise der Fall bei den Mehlthaupilzen, wo sie wie bei *Phyllactinia* und *Calocladia* in einer äquatorialen Zone (Fig. 46 u. 48) oder wie bei *Podosphaera* in der Scheitelregion inserirt sind; und ferner bei *Magnusia nitida*, woselbst die drahtartigen, am freien Ende eingerollten, kräftig verdickten Hyphen gewöhnlich an den beiden Polen, oder wenn die Frucht gerundet dreieckig erscheint, an den drei Ecken auftreten, entweder einzeln, oder in kleinen 2—6 zähligen Bündeln.

Bei den meisten Chaetomium-Species treten, von den Rhizoïden ganz abgesehen, zweierlei Haarbildungen auf, insofern die um die Mündung stehenden Haare wesentlich von den die übrige Wandung bekleidenden abweichen, sowohl in Bezug auf Form und Grösse, als in Bezug auf Verdickungen, Färbungen und Einlagerungen (Kalkoxalat) der Membranen. Dass die mächtigen terminalen Haarschöpfe gewisser *Chaetomien* (z. B. *Ch. pannosum)* ein wirksames Schutzmittel für die zarte Mündung und die ausgetretenen Sporenmassen gegen kleine Thiere repräsentiren, wird kaum zu leugnen sein. Dagegen scheinen die verdickten Haare von Erysipheen, von *Magnusia nitida* und die langen drahtartigen an der Fruchtbasis von *Chaetomium fimeti* durch ihre hygroscopischen Eigenschaften

[1]) Vergl. W. ZOPF. Zur Entwickelungsgeschichte der Ascomyceten. *Chaetomium*. Nova acta Bd. 42, 1881.

zur Sprengung der bei allen diesen Pilzen mündungslosen Wandungen mit beizutragen.

In Form von Conidienträgern werden die Anhänge der Fruchtwandung relativ selten angetroffen. Es handelt sich nur um wenige Pyrenomyceten, nämlich *Pleospora pellita* RABENH., *P. Clavariorum* (MAZ.), *P. polytricha* TUL., *Chaetosphaeria innumera* (BERK. u. BR.), wo TULASNE[1]) diesbezügliche Beobachtungen machte; sodann *Ascotricha chartarum* BERK., wo sie dem in Fig. 28, I gezeichneten Conidienstande entsprechend und ich selbst sie nachwies.[2]) Die von der Wand entspringenden Conidienträger haben hier alle Charaktere derjenigen, welche auf dem aus einer Ascospore erzogenen Mycel auftreten. Ob TULASNE's Angaben sämmtlich einwandsfrei sind, bleibt noch zu prüfen.

Es giebt verschiedene Fälle, wo von der Basis der Sporangienfrüchte, speciell der Ascomyceten, bündelartige Stränge nach der Unterlage ausgesandt werden, welche zur Festheftung der Frucht dienen. In besonders auffälliger Entwickelung treten sie nach WORONIN[3]) am Grunde der Becherstiele von *Sclerotinia Vaccinii* auf (Fig. 52, I). Ich selbst fand ähnliche Bildungen bei *Anixia truncigena* HOFFM.

Das Hymenium kleidet die Innenwand der Fruchthülle aus. Es besteht gewöhnlich aus Schläuchen (Ascen, Fig. 58, I, II bei *ab*) und sterilen haarartigen Bildungen, welche sich entweder zwischen die Schläuche einschieben und dann als Paraphysen (Fig. 59, VI*p*) bezeichnet werden, oder den Theil der Innenwand überkleiden, der keine Schläuche trägt und in diesem Falle Periphysen (Füisting) heissen (Fig. 58, I, II *P*). Letztere bekleiden bei vielen peronocarpischen Früchten, z. B. *Chaetomium*, *Sordaria*, *Stictosphaera Hoffmanni*, den oberen Theil der Innenwand bis zur Mündung hinauf[4]) (Fig. 58, I, II). Bei den ejaculirenden Pyrenomyceten (s. Ejaculation) haben sie, wie ich für die Fusordarien gezeigt, eine besondere Funktion, nämlich den Hohlraum des Peritheciums soweit zu verengern, dass nur ein einziger Ascus ihn passiren kann (Fig. 58, I*f*, II*g*), was für das Gelingen der Ejaculation von Wichtigkeit ist.

Im Hymenium von *Peziza benesuada* fand TULASNE zwischen den Schläuchen an Stelle der Paraphysen verzweigte, Conidien abschnürende Fäden! Eine ähnliche Beobachtung machte BREFELD[5]) bisweilen bei *Sclerotinia sclerotiorum* und LEHMANN[6]) bei 4 *Lophiostoma*-Arten. Die Schlauchfrucht ist also in diesem Falle gewissermassen zugleich Pycnide. Die Paraphysen bestehen zumeist aus mehreren Zellen und besitzen fast durchweg Auszweigungen, die entweder mehr im basalen Theile auftreten (viele Discomyceten), oder mehr auf den Endtheil beschränkt sind (viele Hysteriaceen nach REHM). Dabei erscheinen die Fäden und Zweige bald mehr von cylindrischer Gestalt (viele Pyrenomyceten nach TULASNE), bald an den Enden mehr oder minder keulig verdickt (die meisten Ascoboleen nach BOUDIER). Manche sind an den Enden spiralig gewunden oder krückenartig umgebogen (manche Hysteriaceen nach

---

[1]) Selecta fungorum Carpol. II, Tab. 29. 30. 31. 33.

[2]) Abbildung in Mycotheca marchica. Cent. I.

[3]) Die Sclerotienkrankheit der Vaccinien-Beeren. Mém. acad. imp. St. Petersburg. Sér. 6, t. 36. Taf. V.

[4]) Wenn ich hier die Periphysen mit zum Hymenium ziehe, so finde ich darin Berechtigung, das die Periphysen vielfach (z. B. bei *Stictosphaera Hoffmanni*) allmählich in Paraphysen übergehen und meist blos der Länge und Dicke nach von diesen verschieden sind.

[5]) Schimmelpilze. Heft IV.

[6]) Systemat. Bearbeitung der Gattung *Lophiostoma*. Nov. acta Bd. 50, 1883, pag. 64.

Rehm, Ascoboleen nach Boudier). Weit überragt werden die Schläuche von den Paraphysen bei zahlreichen Pyrenomyceten, verhältnissmässig wenig ragen sie über die Scheitel der Schläuche bei Becherpilzen hinaus. Bei Hysterineen bilden die reich verzweigten Enden eine förmliche dichte Schicht über dem Scheitel der Achsen, die von den Systematikern als Epithecium bezeichnet wurde.[1]) In den Paraphysen-Zellen, namentlich den terminalen zahlreicher Discomyceten, besonders der Ascoboleen, kommen vielfach Ablagerungen von Farbstoffen zu Stande, welche dem Hymenium ein bestimmtes Colorit verleihen.

In dem Hymenium vieler Pyrenomyceten vermisst man die Paraphysen gänzlich (*Chaetomium, Sordaria, Erysiphe, Claviceps* etc.).

Wie die Conidienfrüchte, so sitzen auch die Schlauchfrüchte entweder unmittelbar dem Mycel auf oder aber einem stromaartigen Gewebe, in das sie gewöhnlich eingesenkt erscheinen, wie z. B. beim Mutterkorn (Fig. 12, *Bcp*).[2]) Da diese Stromata durchaus den Charakter derjenigen der bereits betrachteten Conidienlager resp. Conidienfrüchte haben, so sei auf die betreffenden Abschnitte pag. 306 und pag. 316, 318 verwiesen und hier nur bemerkt, dass die Schlauchfrüchte sich meist in dem oberflächlichen Theile des Stromas entwickeln. Wo sie tiefer entstehen, ragen sie mit langen Mündungshälsen bis an die Oberfläche oder noch über diese hinaus (Fig. 34). Ascomyceten, welche ein conidientragendes Stroma entwickeln, bilden ihre Perithecien entweder neben dem Conidienlager aus (*Nectria*, Fig. 34, VIII *p*) oder unterhalb desselben nach dessen Abblühen, wie es z. B. der Fall ist bei *Ustulina vulgaris*, wo die Conidienlager (Fig. 34, I) (um Halle wenigstens) im Frühjahr auftreten, während später (im Sommer und Herbst) nur die Schlauchfrüchte gefunden werden. Bei manchen Ascomyceten findet man Conidienfrüchte und Schlauchfrüchte ebenfalls nacheinander, bei anderen gleichzeitig entwickelt (Fig. 34, IX).

2. Entwickelungsgeschichte der Sporangienfrüchte.

Den Entwickelungsgang der Sporangienfrüchte (Schlauchfrüchte), insbesondere den Gang der Differenzirung von Sporangien- oder Schlauchsystem und Hüllsystem festgestellt zu haben, ist in erster Linie das Verdienst von de Bary und seiner Schule.

Die in dieser Hinsicht unternommenen Untersuchungen stimmen fast sämmtlich in dem wesentlichen Punkte überein, dass das System der Sporangien (Asci) von einem oder mehreren einheitlichen Organen (Ascogon) seinen Ursprung nimmt, während die Fruchthülle von Sprossen ausgeht, welche in meist unmittelbarer Nähe (z. Thl. an der Basis) des Ascogons entstehen und Hüllerzeuger (Peridiogone) genannt werden könnten.

Ob aber die de Bary'sche Ansicht, dass das Ascogon ein weibliches Organ sei und von einem besonderen, mit ihm in irgend eine Verbindung tretenden Hüllzweige oder durch sogenannte Spermatien befruchtet werde, richtig ist, kann zur Zeit nicht endgiltig entschieden werden, obwohl Analogieen mit den Algenpilzen einer- und gewissen Algen (Florideen) andererseits darauf hinzudeuten scheinen. Es ist daher bis auf Weiteres auch der anderen, namentlich von Brefeld vertretenen Auffassung Berechtigung zuzugestehen, wonach die jetzt

[1]) Vergl. Rehm's Bearbeitung der Hysteriaceen in Rabenhorst's Kryptogamenflora und die Abbildungen daselbst.

[2]) Selten entstehen sie als Seitensprosse von Pycniden, wie es nach Tulasne (Carpol. Taf. 34, Fig. 20) bei *Fumago salicina* der Fall.

lebenden Schlauchpilze keine Sexualität mehr besitzen. Dieses Zugeständniss darf vorläufig um so eher gemacht werden, als einerseits noch in keinem Falle der Nachweis eines wirklichen Befruchtungsvorganges auf exakt wissenschaftlichem Wege (Beobachtung der Kernverschmelzung des männlichen und weiblichen Elements) geliefert werden konnte, andererseits aber in der Neuzeit verschiedene Ascomyceten zur Untersuchung kamen, welche keinerlei Organe besitzen, die als männliche gedeutet werden könnten (z. B. *Chaetomium*, *Penicilliopsis clavariaeformis* Solms).

Da ich im speciellen Theile die wichtigsten Typen der Schlauchfrucht-Entwickelung ohnehin zu besprechen haben werde und zwar ausführlicher, als es hier geschehen könnte, so verweise ich hiermit auf den speciellen Theil und zwar auf die Gattungen *Podosphaera*, *Erysiphe*, *Eurotium*, *Penicillium*, *Chaetomium*, *Ascobolus*, *Peziza* etc.

C. Zygosporen-Fructifikation.

Der Zygosporen- oder Brückensporen-Apparat stellt eine sehr eigenartige Fructificationsform dar, die in typischer Ausbildung nur in der grossen Gruppe der Algenpilze (Phycomyceten) vorkommt und für die Familie der Brückenpilze (Zygomyceten) charakteristisch ist. (Entfernt ähnliche Bildungen findet man bei der Chytridiaceen-Gattung *Polyphagus*, sowie bei manchen Entomophthoreen.)

Die Entwickelung des in Rede stehenden Apparates spielt sich in folgender Weise ab: Zwei in mehr oder minder naher Nachbarschaft befindliche Mycelzweige wachsen auf einander zu und schwellen in Folge reichlicher Plasmazufuhr aus den benachbarten Fäden keulenförmig an (Fig. 50, I). Früher oder später berühren sich ihre Scheitel bis zur gegenseitigen Abplattung (Fig. 50, I; Fig. 7, II, III), worauf Verwachsung der abgeplatteten Membranen erfolgt. Darauf gliedert sich jede der beiden Keulen durch eine Querwand in eine Endzelle (Copulationszelle oder Gamete, Fig. 50, II*c*) und in den Träger (Suspensor, Fig. 50, II*s* und Fig. 7, III*s*). Sodann wird die die Copulationszellen trennende Wand allmählich aufgelöst und so entsteht aus beiden Zellen eine einzige (Fig. 50, IV*z*), ein Vorgang, der unter den Begriff der Fusion fällt.

Der weitere Verlauf kann nun nach zwei verschiedenen Modi erfolgen: Entweder bildet sich das Produkt der Fusion unter starker Vergrösserung unmittelbar zur Zygospore aus (direkte Zygosporenbildung, Fig. 50, IV, V), oder aber es treibt an einer Seite eine Aussackung, die allmählich stark aufschwillt, Kugelform annimmt (Fig. 7, IV) und sich dann durch eine Querwand abgrenzt (Fig. 7, V) (indirekte Zygosporenbildung).

Bei Pilzen mit direkter Zygosporenbildung (*Mucor*, *Pilobolus*, *Sporodinia*, *Chaetocladium*) besteht also der ganze Zygosporenapparat nur aus den beiden Suspensoren und der Zygospore (Fig. 50, V), bei Pilzen mit indirekter Zygosporenbildung dagegen erscheint er complicirter (Fig. 7, V), indem er sich aus 3 Elementen zusammensetzt: den beiden Suspensoren (Fig. 7, V*s*), dem Fusionsprodukt der beiden Copulationszellen (Fig. 7, V) und der Zygospore (Fig. 7, V*z*)[1].

Die beiden zur Zygosporenbildung bestimmten Keulen oder Fäden sind entweder gerade [orthotrop (Fig. 50, II, IV, V)], was bei *Mucor*, *Chaetocladium*, *Sporodinia* etc. der Fall, oder gekrümmt [campylotrop (Fig. 7, II—V)] wie bei *Pilobolus*, *Piptocephalis*, *Mortierella*, oder spirotrop, wie bei *Syncephalis nodosa*

[1]) Die direkte Zygosporenbildung ist zuerst von Ehrenberg bei *Sporodinia*, die indirecte zuerst von Brefeld bei *Piptocephalis* constatirt worden.

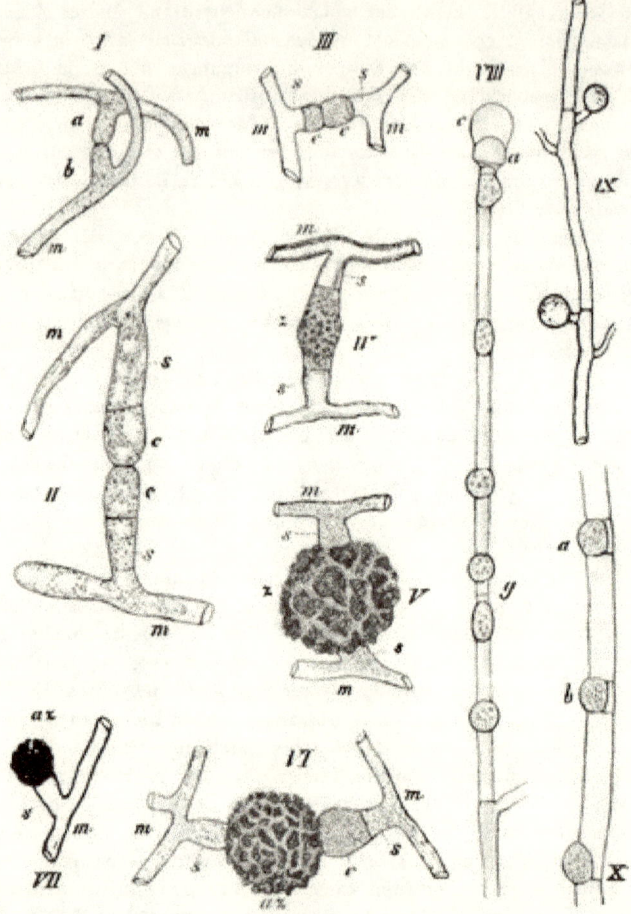

(B. 628.) Fig. 50.

I—VII Entwickelung der Zygosporen bei *Mucor fragilis* BAINIER, 290fache Vergrosserung. I Jugendliche Anlage des Zygosporen-Apparates, gebildet aus 2 keuligen Ausstülpungen *a* und *b* der Mycelfäden *m*. II Etwas weiter vorgeschrittener Zustand. Die Keulen sind durch je eine Querwand getheilt in die Tragzelle (Suspensor *s*) und in die Copulationszelle *c*. III Aehnlicher Zustand mit sehr kurzen Suspensoren und Copulationszellen. IV Die beiden Copulationszellen sind durch Auflösung der sie trennenden Wandung zu einer einzigen Zelle der jungen Zygospore vereinigt, die noch wenig ausgesprochene Membranskulptur zeigt. V Die Zygospore hat sich zu einer grossen, bereits zur Reife gelangten, mit schwärzlichen, unregelmässig polygonalen Erhabenheiten besetzten Zelle ausgebildet. VI Eine bei *Mucor fragilis* sehr häufige Bildung von Azygosporen: Die Copulationszellen sind nicht zur Fusion gekommen, die eine derselben hat sich zu einer Azygospore ausgebildet. VII Eine bei dem Mucor seltener auftretende Zygosporenform, entstanden dadurch, dass die Copulationszelle einer freien Keule sich zur Dauerspore umwandelte. I—VII von Herrn DRUTZU nach dem Leben gezeichnet. (In allen Fig. bedeutet *m* Mycelfaden, *s* Suspensor, *c* Copulationszelle, *z* Zygospore, *az* Azygospore). VIII—X Gemmenbildung bei *Mucor racemosus*. VIII 300fach. Sporangienträger, in welchem sich in kürzeren oder grösseren Abständen 6 kugelige bis ellipsoïdische Gemmen *g* gebildet haben, sogar in der Columella *c* ist eine Gemme (bei *a*) entstanden. IX 300fach. Stück eines Mycelfadens mit 2 an kurzen Seitenästchen terminal entstandenen fast kugeligen Gemmen. X 300fach. Mycelfadenstück mit 3 intercalaren Gemmen; in zwei derselben *ab* hat sich das Plasma contrahirt und nachträglich eine der Fadenachse parallele Scheidewand gebildet.

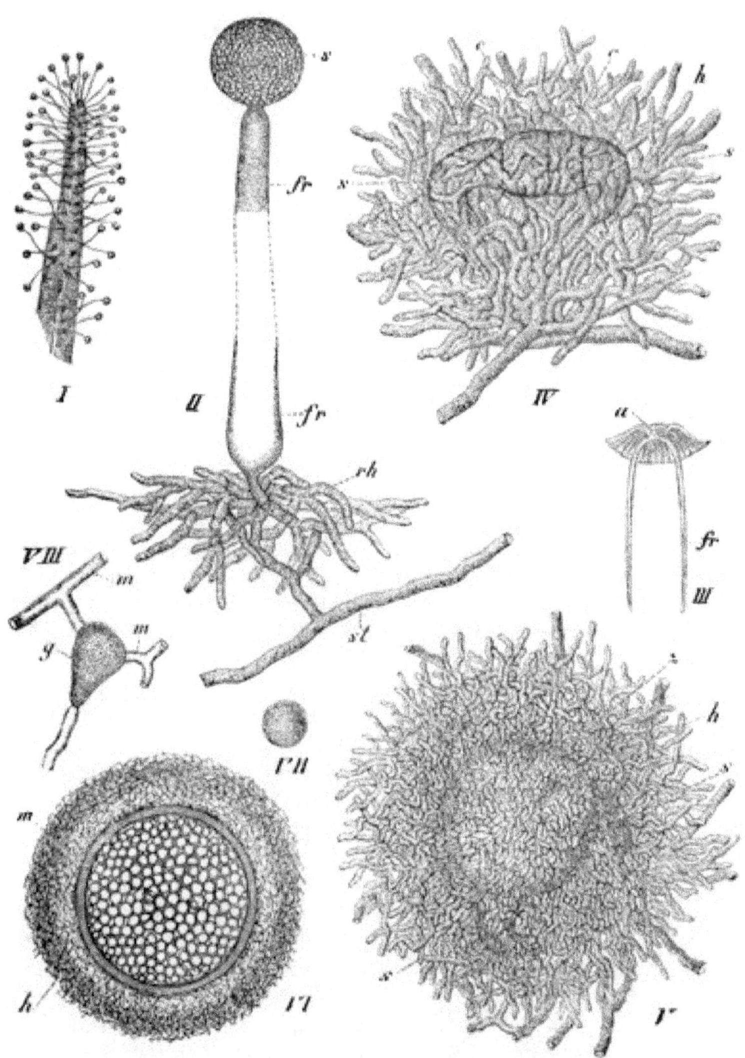

Fig. 51. (B. 600.)

Mortierella Rostafinskii BREFELD. I 5fach. Mistfragmentchen mit Sporangienträgern des Pilzes besetzt, II 100fach. Ein grosserer Sporangienträger *fr* mit einem rosettenförmigen Haftapparat, *rh* an der Basis. *st* Stolonenartiger Mycelzweig. *s* reifes Sporangium mit seinen Sporen im Innern. III 305fach. Oberer Theil eines Sporangienträgers. Das Sporangium ist entleert und von der Membran nur noch der untere kragenartig zurückgeschlagene Theil *a* vorhanden. IV. 300fach. Der noch ziemlich jugendliche Zygosporenapparat mit seiner aus verflochtenen Fäden bestehenden Hülle *h* (nach Aufhellung gezeichnet); *ss* Suspensoren. *cc* die beiden ungleich grossen Copulationszellen. V 120fach. Etwas weiter vorgeschrittener Zustand. Die beiden Copulationszellen zur jungen Zygospore *z* entwickelt. *s* Suspensoren, *h* Hülle, deren Hyphen bereits sehr dicht verflochten erscheinen. VI 25fach. Reife Zygospore im Querschnitt *h* Die kapselartige Hülle, *m* Membran. Der Inhalt der Zygospore aus Fett bestehend. VII Reife Zygosporen mit ihrer Hülle, sehr schwach vergrössert. VIII 300fach. Mycelfragmentchen *m* mit einer Gemme *g*. (Alle Fig. nach BREFELD.)

nach BAINIER. Im ersteren Falle bildet der Zygosporenapparat eine *H*förmige oder brückenförmige Verbindung zwischen 2 Fäden (Fig. 50, I—VI) (daher der Name Brückenspore oder Zygospore), im zweiten erscheint der (junge) Apparat stets zangenförmig (Fig. 7, V), im letzten spiralig umeinander gewunden. Alle diejenigen Algenpilze, welche Zygosporen bilden, nennt man Zygomyceten oder Zygosporeen.

Nicht immer entstehen die Zygosporen an Mycelfäden: Sporodinia bildet sie fast ausnahmslos an besonderen Fruchtträgern und bei anderen Gattungen kommen sie gelegentlich auch an Sporangienträgern vor. Bei *Mucor fragilis* BAINIER entstehen sie an besonderen, gleichmässig dicken, stolonenartigen Mycelfäden.

Man hat die Copulationszellen, wie schon der Name andeutet, als Sexualitätsorgane, ihre Verschmelzung als Sexualitätsvorgang und demgemäss die Zygospore als Sexualitätsprodukt aufgefasst. Wo wie bei *Chaetocladium* die Suspensoren desselben Apparates nach Grösse and Form erhebliche Differenzen zeigen können, deutet man auch diese im Sinne einer sexuellen Differenzirung.

Die Zygosporen haben die biologische Bedeutung von Dauerzuständen. Darauf deuten bereits hin die starke Entwickelung der Membran und der an Reservestoffen (Fett) sehr reiche Inhalt. An der Membran ist eine ausgesprochene Differenzirung in Aussenhaut (Exosporium) und Innenhaut (Endosporium) zu bemerken. Letztere besteht aus reiner, erstere aus meist mit gefärbten Substanzen imprägnirter Cellulose, ausserdem ist sie der Regel nach mit eigenthümlicher, meist höckeriger oder warziger, meist gute Speciesmerkmale abgebender Skulptur (Fig. 7, V) versehen, ausgenommen die mit Hülle (s. u.) versehene Zygosporen der Mortierellen (Fig. 51, VI).

Es kommt bei vielen Zygomyceten seltener oder häufiger vor, dass die beiden keuligen Anlagen des Zygosporenapparats entweder gänzlich isolirt bleiben, d. h. mit den Polen nicht verwachsen (Fig. 50, VII *az*) oder ihre Copulationszellen sich nur berühren (oder verwachsen) ohne zu fusioniren (Fig. 50, VI) In diesen Fällen wächst entweder jede der beiden Copulationszellen oder nur je eine zu einer Spore heran, die alle wesentlichen Eigenschaften einer Zygospore annimmt und Azygospore genannt wird. Bei *Mucor tenuis* entstehen übrigens die keuligen Azygosporen-Anlagen nach BAINIER niemals paarweise, sondern einzeln.

Die Zygospore bleibt entweder nackt, und dies ist bei der überwiegenden Mehrzahl der Zygomyceten der Fall, oder sie umgiebt sich frühzeitig mit einer Hülle, wird also zur Zygosporenfrucht. Die Hülle besteht aus Fäden, welche entweder von den Suspensoren oder der Basis derselben oder an beiden Orten ihren Ursprung nehmen. Bei den einfachsten, lockeren Hüllbildungen bleiben sie unverzweigt, gewöhnlich charakteristische Form und Farbe annehmend (z. B. *Absidia capillata* nach VAN TIEGHEM). Zur Bildung complicirterer Hüllen dagegen werden zweigbildende Hyphen verwandt, welche sich mit einander so verflechten, dass die Zygospore mit einem mehr oder minder dicht anschliessenden Pelze bekleidet wird.

Das ausgezeichnetste Beispiel in dieser Beziehung ist jedenfalls *Mortierella Rostafinskii* BREFELD, wo die Hülle eine relativ mächtige Entwickelung erlangt (Fig. 51, IV—VI *h*).

Die Seltenheit, mit der die Zygosporenbildung bei den meisten Zygomyceten auftritt, hat ihre Ursache darin, dass im Allgemeinen besondere Bedingungen für ihre Entstehung nöthig sind, die sowohl in der freien Natur als in den künstlichen Zuchten nur selten angetroffen, resp. getroffen werden.

Im Allgemeinen dürfte eine mehr oder minder starke Beschränkung der Sporangienbildung das Haupterforderniss für die Entstehung der Zygosporenfructification sein. Eine solche Beschränkung kann erzielt werden durch Niederdrücken der Sporangien-Anlagen (BREFELD's[1]) Experiment an *Mucor Mucedo)* oder durch Verarmung der Cultur-Athmosphäre an Sauerstoff, wie VAN TIEGHEM's[2]) Versuche mit *Absidia capillata* und *septata*, sowie *Sporodinia grandis* lehren:

Neuerdings habe ich einen Fall mitgetheilt,[3]) wo die bisher nicht bekannte Zygosporenbildung von *Pilobolus crystallinus* erhalten wurde nach spontaner oder auch künstlicher Infection der Culturen mit Pilzen, welche in den Sporangien oder deren Anlagen schmarotzend, diese Fructification unterdrückten (eine *Piptocephalis* und *Pleotrachelus fulgens* ZOPF).

In anderen Fällen mag eintretende Erschöpfung des Nährsubstrats Ursache der Zygosporenbildung werden.

Es giebt indessen einige Zygomyceten, welche Zygosporen stets bilden auf allen Substraten, auf denen sie sonst gedeihen. Ein ausgezeichnetes Beispiel ist BAINIER's *Mucor fragilis* (Fig. 50)[4]).

Man hat die Zygosporenfructification bereits bei 27 Zygomyceten nachgewiesen. EHRENBERG[5]) fand sie bei *Sporodinia grandis* LK.; DE BARY und WORONIN[6]) bei *Mucor stolonifer (Rhizopus nigricans)*; BREFELD[7]) bei *Mucor Mucedo*, *Pilobolus anomalus*, *Mortierella Rostafinskii*, *Piptocephalis Freseniana*, *Chaetocladium Jonesii*. VAN TIEGHEM[8]) wies sie nach bei *Phycomyces nitens*, *Pilaira anomala (Pilobolus anomalus* CES.) *Spinellus fusiger*, *Mortierella nigrescens*, *Absidia capillata* und *A. septata*, *Syncephalis* CORNU; BAINIER[9]) bei *Mucor racemosus*, *Syncephalis curvata* und *nodosa*, *Mucor spinosus*, *tristis*, *circinelloides*, *modestus*, *erectus*, *tenuis*, *fragilis*, *mollis*, *Chaetocladium Brefeldii* und *Thamnidium elegans*; ich selbst[10]) erhielt sie bei *Pilobolus crystallinus*.

---

[1]) Schimmelpilze. I.

[2]) Troisième mém. sur les Mucorinées. Ann. sc. nat. sér. 6, t. IV, pag. 322.

Er brachte von 3 Hüten des Champignons, die er mit letzterem Pilz besäet hatte, den einen in eine Flasche, durch welche von unten nach oben ein Strom feuchter Luft strich, den zweiten in eine Flasche, welche verschlossen wurde und den dritten in ein Uhrglas in eine Untertasse, die mit Glasscheibe bedeckt wurde. Auf Hut Nr. I bildeten sich nur Sporangien, auf Nr. II nu Zygosporen, auf Nr. III in der Mitte nur Zygosporen, vom Rande aus gingen Fäden nach der Untertassenwand und von da in die Höhe nach dem Glasdeckel, wo sie in Folge Zutritts von Sauerstoff zwischen Glas und Tassenrand fructificirte.

[3]) Zur Kenntniss der Infectionskrankheiten niederer Thiere und Pflanzen. Nova acta Bd. 52, Nr. 7, 1888.

[4]) Herr Stud. DRUTZU erzog die Zygosporen dieses Pilzes stets binnen wenigen Tagen in meinem Laboratorium auf verschieden zusammengesetzten Substraten.

[5]) Gesellsch. naturf. Freunde. Berlin 1829.

[6]) Beiträge z. Morphol. II.

[7]) Schimmelpilze. Heft I. IV.

[8]) Recherches sur les Mucorinées. Ann. sc. nat. sèr V. t. 17 und sér VI. t. 1. — Troisième Mém. sur les Mucorinées. Daselbst sér. VI. t. 4, pag. 70.

[9]) Observations sur les Mucorinées. Ann. sc. sér 6. t. 15. — Sur les Zygospores des Mucorinées. Daselbst pag. 342; — Nouvelles observations sur les Zygospores des Mucorinées. Daselbst t. 19.

[10]) l. c.

D. Gemmen (Brutzellen, Chlamydosporen).

Unter Gemmen im eigentlichen oder engeren Sinne sind zu verstehen Zellen mycelialer oder sonstiger Hyphen, welche Plasma, Fett, Glycogen etc. speichern auf Kosten benachbarter Hyphentheile, die in Folge dessen ihren Inhalt z. Thl. oder auch ganz einbüssen. Zu jenem Hauptcharakter treten dann häufig noch Nebenmomente hinzu, wie mehr oder minder auffällige Vergrösserung und besondere Gestaltung der Zellen, Verdickung der Membran und Färbung derselben sowie des Inhalts.

Die Gemmen im engeren Sinne erfreuen sich besonders unter den Algenpilzen weiter Verbreitung, werden jedoch auch bei manchen Mycomyceten angetroffen.

Doch herrscht bezüglich der Entstehungsweise in beiden Gruppen ein bemerkenswerther, aus dem differenten Mycelcharakter erklärbarer Unterschied.

Wir haben gesehen, dass die Mycelien der Algenpilze der Scheidewände entbehren. Die Gemmenbildung vollzieht sich hier nun in der Weise, dass sich das Plasma an einer Stelle des Mycelschlauches in dichter Masse ansammelt und dann nach der einen wie nach der andern Seite hin durch eine Querwand abschliesst, Vorgänge, die sich an den verschiedensten Punkten des Mycels abspielen können, bisweilen auch an fructificativen Fäden, zumal bei *Mucor racemosus* vorkommen (Fig. 50, VIII).

Bei den echten Pilzen (Mycomyceten) dagegen sind, wie wir sahen, die mycelialen und sonstigen Hyphen von vornherein gegliedert, daher kann natürlich die Gemmenproduction nur so erfolgen, dass das Plasma aus gewissen Zellen durch die trennenden Querwände hindurch in andere, unmittelbar benachbarte oder entferntere hineinwandert (Fig. 10, VII, VIII s. Erklärung.)

Die in Rede stehende Gemmenbildung im engeren Sinne kann im Allgemeinen sowohl im Verlaufe der Fäden und Zweige stattfinden [intercalare Gemmen (Fig. 10, VII*g*)] oder an den Enden derselben [terminale Gemmen (Fig. 10, VIII *abc*)]. Dabei entstehen sie an beiden Orten entweder isolirt (Fig. 10, VIII *abc*) oder paarig (Fig. 10, VII *g*) oder in Ketten (Gemmenketten) (Fig. 10, VIII *c*)

Schliesslich werden die eigentlichen Gemmen aus dem Fadenverbande befreit und zwar dadurch, dass die Häute der inhaltslos gewordenen, abgestorbenen Zellen sich allmählich auflösen.

Gemmenbildung in dem genannten Sinne haben u. A. constatirt BAIL[1]) für Mucorarten, BREFELD[2]) für *Mucor racemosus*, *Mortierella Rostafinskii* (Fig. 51, VIII *g*), *Pilobolus anomalus*, VAN TIEGHEM[3]) für *Mortierella simplex*, *tuberosa*, *pilulifera*, *strangulata*, *biramosa*, *fusispora*, *polycephala*, *reticulata*, *candelabrum*, *Syncephalis reflexa* und *nodosa*, *Kickxella alabastrina*, *Rhizopus echinatus*, BAINIER[4]) für *Syncephalis curvata*, *Mucor tenuis*[5]). Betreffs der Mycomyceten sind zu erwähnen WORONIN's[6]) Beobachtungen an *Ascobolus pulcherrimus*, meine eigenen an Chaetomien[7]) und E. FISCHER's[8]) an *Sphaerobolus stellatus*, wo die Gemmen an Hyphen im Fruchtkörper entstehen.

[1]) Ueber Hefe. Flora 1857.

[2]) Ueber Gährung III. Landwirthschaftl. Jahrb. Bd. V, 1876.

[3]) Recherches sur les Mucorinées. Ann. sc. nat. sér. V, t. 17, VI. t. 1. Troisième memoire sur les Mucorinées. Das. Sér. VI. t. 4.

[4]) Observations sur les Mucorinées. Ann. sc. nat. sér. 6. t. 15. — Sur les Zygospores des Mucorinées. Daselbst. — Nouv. Observations sur les zygospores des Mucorinées. Daselbst t. 19.

[5]) Ich selbst füge noch hinzu *Mucor spinosus* V. T. und *M. fragilis* BAINIER.

[6]) DE BARY und WORONIN, Beitr. z. Morphol. II, pag. 9.

[7]) Zur Entwickelungsgeschichte der Ascomyceten. Nova acta. VI. 42. 1881.

[8]) Zur Entwickelungsgesch. d. Gastromyceten. Bot. Zeit. 1884. pag. 460.

Der Begriff der Gemmen hat aber mehrfache Erweiterung erfahren, speciell durch BREFELD's[1]) Untersuchung an *Mucor racemosus* und die meinigen über *Fumago*.[2])

Cultivirt man *M. racemosus* in zuckerreichen Nährlösungen in grossen Behältern oder auch unter Deckglas, so erhält man Mycelien, welche anfangs, dem Charakter der Phycomyceten gemäss, völlig querwandlos, also einzellig erscheinen. Nach kurzer Zeit aber tritt reiche Septenbildung ein, welche die Fäden schliesslich in meist kurze Glieder zerlegt, die tonnenförmig aufschwellen, sich abrunden, stark lichtbrechend werden und ihre Membran meist etwas verdicken (Fig. 3 X). Dieser Vorgang, am genauesten durch BREFELD l. c. studirt, wurde gleichfalls als Gemmenbildung bezeichnet und man spricht in diesem Falle von Gemmen-Mycelien.

Für *Fumago* habe ich l. c. gezeigt, dass die in besonderen Conidienfrüchten gebildeten Conidien in Zuckerlösung hefeartig sprossen. Verwendet man nun möglichst dünne Schichten von Zuckerlösung, so sieht man, wie die Sprosse der Colonie sich trennen, dann aufschwellen, Kugelform annehmen, in ihrem Inhalt Fett speichern und ihre Membran verdicken unter gleichzeitiger Bräunung. Solche aus zarten Sprosszellen hervorgegangenen Dauerzellen habe ich ebenfalls als Gemmen bezeichnet.

Aus den kleinen zarten und farblosen Conidien der Conidienfrüchte von *Fumago* können, wie ich zeigte, bei Cultur in schlechter Nährlösung unmittelbar Gemmen hervorgehen, indem jene kleinen Zellen stark aufschwellen und meist nach vorheriger Bildung einer Querwand dickwandig, braun und fettreich werden. Da bei *Dematium pullulans* derselbe Vorgang beobachtet werden kann, so verweise ich auf die kleine Entwickelungsreihe in Fig. 30, VI *a—g*.

Unter ungünstigen Ernährungsverhältnissen verbunden mit ungehindertem Luftzutritt werden bei manchen Mycomyceten, wie *Dematium pullulans* nach DE BARY und LÖW, *Fumago* und *Dactylium fumosum* CORDA nach eigenen Beobachtungen wenig entwickelte Mycelien erzeugt, an welchen jede Zelle unter Verdickung und Bräunung der Membran, sowie meist starker Aufschwellung und Speicherung von Fett in den Gemmenzustand übergeht (Fig. 30, VII VIII)[3]) Gewisse Zygomyceten produciren, wie VAN TIEGHEM (l. c.) zuerst zeigte, zweierlei Gemmen, die sich hinsichtlich der Form, Skulptur, des Entstehungsortes, der Grösse etc. unterscheiden. Am ausgesprochensten erscheinen diese Differenzen wohl bei *Syncephalis curvata*, wo nach BAINIER l. c. die einen auf besonderen, dünnen, aufrechten Stielchen entstehen, Kugelform und Wärzchenskulptur zeigen, die anderen grösseren als End- oder Gliederzellen auftreten und mit langen Stacheln versehen sind. Jene Form kann man als Stielgemmen (Chlamydosporen) unterscheiden.[4]) Uebrigens finden sich nach meinen Beobachtungen an *Mortierella polycephala* zwischen Stielgemmen und gewöhnlichen vielfach Uebergänge.[5])

[1]) Ueber Hefe III. l. c.

[2]) Die Conidienfrüchte von Fumago. Nova acta. Bd. 40, pag. 310—312.

[3]) DE BARY (Morphol. pag. 249) nennt solche Bildungen »Dauermycelien«.

[4]) VAN TIEGHEM nannte sie Stylosporen. Doch ist diese Bezeichnung von TULASNE bereits in anderem Sinne, nämlich für die Conidien der Pycniden gebraucht worden.

[5]) SCHRÖTER schlägt für »Gemmen« den Namen »Mycelcysten« vor, doch ist zu bemerken, dass bei gewissen *Mucor*-Arten die Gemmenbildung auch im Sporangienträger und selbst in der Columella-Höhlung, bei *Sphaerobolus* wie angegeben im Fruchtkörper auftreten kann.

E. Monomorphie, Dimorphie und Pleomorphie der Fructification.

Die vorstehend betrachteten mannigfaltigen Formen der Fructification sämmtlich zu erzeugen ist kein einziger unter den bis jetzt bekannten Pilzen im Stande. Manche produciren sogar nur eine einzige Fruchtform und können daher als monomorph bezeichnet werden: so die Trüffeln, die stets nur Sporangien-(Ascus-) Früchte von cleistocarpischer Form besitzen. Andere fructificiren in zwei Fruchtformen (sind dimorph). Hierher gehören u. A. die Mehlthaupilze (Erysipheen), *Penicillium glaucum*, wo wir ausser der Schlauchfrucht noch einfache Conidienträger finden, die Mucorineen, welche einerseits wie bei Mucor Sporangien-, oder wie bei *Piptocephalis* Conidienträger, andererseits Zygosporen bilden; die Saprolegnieen, deren eine Fructification in Schwärm-Sporangien, die andere in Oogonien besteht.

Angesichts solcher Species, welche mehr als 2 Fruchtformen entwickeln, spricht man von pleomorpher Fructification. So finden wir bei manchen Rostpilzen, wie z. B. dem Getreiderost *(Puccinia graminis)* nach de Bary 5 verschiedene fructificirende Organe: nämlich Conidienfrüchte in Gestalt von Aecidien (Fig. 21, I) II*a* 3), Conidienfrüchte in Gestalt von Spermogonien (Fig. 21, II*sp*), Conidienlager mit Sommersporen (Uredo) Conidienlager aus Wintersporen gebildet und einfache Conidienträger, welche bei der Keimung der letzteren gebildet werden und kleine Conidien (Sporidien) abschnüren. Ein Russthaupilz *(Fumago salicina* Tul.) vermag nach Tulasne's und meinen Untersuchungen sogar 6 verschiedene Fructificationen zu entwickeln; hefeartige Sprossconidien, einfache Conidienträger, Conidienbündel, Conidienfrüchte mit sehr kleinen Conidien (Microconidien), Conidienfrüchte mit Macroconidien und endlich Schlauchfrüchte.

Von zahlreichen Vertretern der sogen. Hyphomyceten (Fadenpilzen) hat man bisher nur fädige Conidienträger beobachtet, z. B. *Trichothecium, Dactylium, Gonatobotrys, Cephalothecium, Hormodendron,* von anderen nur Conidienfrüchte, z. B. *Cicinnobolus,* von anderen wieder nur Schlauchfructification (vielen Becherpilzen, Morcheln etc.).

Es gab eine Zeit, wo man die wichtige Thatsache, dass die meisten Pilze mehr als eine Fructification erzeugen, nicht kannte und daher annahm, es müsse jede Fructification zu einer besonderen Species gehören. So glaubte man z. B., dass die Wintersporen, die Sommersporen, die sogen. Becherfrüchte und die Spermogonien mancher Rostpilze, z. B. des Getreiderostes, ebenso viele Species repräsentirten, die man in eben so viele Gattungen *Puccinia, Uredo, Aecidium* und *Sphaeronema* brachte.

Das Verdienst, zuerst auf jene irrthümliche Auffassung aufmerksam gemacht, und den Di- und Pleomorphismus als in weiter Verbreitung bei den Pilzen vorkommend nachgewiesen zu haben, gebührt Tulasne. Weiter haben besonders Kuhn, de Bary, Fuckel, Brefeld, Woronin, Hartig, Eidam, Schröter, ich selbst u. A. Beiträge zum weiteren Ausbau dieses Gebietes geliefert.

Eigenthümlicherweise muss bei manchen Pilzen, wenn sie verschiedene Fructificationen produciren sollen, ein künstlicher oder natürlicher Substratswechsel eintreten. So entstehen z. B. die Aecidien- und Spermogonienfrüchte von *Puccinia graminis* (Getreiderost) immer nur auf den Blättern, Blüthen etc. der Berberitze, die Uredo- und Teleutosporenform immer nur auf Gräsern. Der Brotschimmel *(Penicillium glaucum)* bildet auf den üblichen Nährgelatinen oder an der Oberfläche von Nährflüssigkeiten nur immer diejenige Fructification, die man als Schimmel bezeichnet, also die Conidienträger, während die Schlauchfrüchte in mit Nährlösungen gedüngten Brotscheiben entstehen. Wenn man also auf einem und demselben Substrat nur immer ein und dieselbe Fruchtform erhält, so darf man hieraus noch nicht ohne Weiteres schliessen, dass der betreffende Pilz überhaupt keine andere Fructification zu bilden vermöchte.

Ferner ist hier zu beachten, dass bei schlechter Ernährung die Fructificationsformen zumeist anderen Charakter annehmen, als bei guter. Ein schönes Beispiel bieten u. a. *Aspergillus (Sterigmatocystis) sulfureus*, der bei kräftiger Ernährung die stattlichen Conidienträger von Fig. 29, I erzeugt, während bei schlechter Ernährung die winzigen Conidienträger entstehen, welche in Fig. 29, VIII, IX, X (s. Erklärung) abgebildet sind.

F. Mechanische Einrichtungen zur Befreiung der Sporen.

Wie wir sahen, entstehen die Sporen entweder an der Oberfläche gewisser Organe, oder sie werden innerhalb besonderer Behälter erzeugt.

Es ist nun für eine schnelle Verbreitung und Vermehrung der Pilze von Wichtigkeit, dass diese Fortpflanzungszellen, nachdem sie das Reifestadium erreicht haben, von ihren Mutterorganen baldmöglichst und mit Sicherheit abgelöst, resp. aus ihnen herausbefördert werden, um alsbald durch Luftströmungen, Wasser oder Thiere hierhin und dorthin zur Ausstreuung zu gelangen.

Eine Fülle der verschiedensten mechanischen Einrichtungen, die noch lange nicht alle erforscht worden, und von denen manche recht eigenartiger und complicirter Natur sind, ermöglicht diese Sporenbefreiung. Sie sind im Folgenden gruppirt worden in dem Sinne, wie es die Ueberschriften der einzelnen Abschnitte besagen.

1. Einrichtungen zur Ablösung der Conidien von einander und von ihren Trägern.

Nach dem jetzigen Stand unserer Kenntnisse lassen sich vier verschiedene Mittel unterscheiden, durch welche die in Kettenform gebildeten Conidien aus ihrem Verbande sowie vom Träger gelöst werden.

Eine dieser Einrichtungen besteht, wie zuerst DE BARY zeigte, darin, dass sich zwischen je 2 aufeinanderfolgenden Conidien eine »Zwischenzelle« (Fig. 21, III u. IV *zw*) bildet. Es geschieht dies einfach, indem von der jungen Conidie durch eine im unteren Theile auftretende Querwand ein schmales Stück abgeschnitten wird (Fig. 21, III bei *zw* und IV bei *zw*). Während diese Zwischenzellen bei gewissen Pilzen sich auffällig verlängern (z. B. bei den Aecidien von *Calyptospora Göppertiana* KÜHN nach HARTIG, Fig. 21, IV) bleiben sie bei anderen (z. B. Aecidien von *Puccinia graminis* nach KNY, Fig. 21, III) etwa auf der ursprünglichen Form stehen. Allmählich erfolgt nun ein Absterben dieser Zellen, indem sie zunächst ihren Inhalt verlieren (an die Conidien abgeben), worauf die Membran durch einen Vergallertungsprocess aufgelöst wird, und damit gelangen dann die Conidien in Freiheit.

Eine andere und dabei höchst eigenartige mechanische Einrichtung zur Isolirung kettenartig verbundener Conidien hat neuerdings WORONIN[1]) für gewisse Becherpilze (*Sclerotinia*-Arten) entdeckt. Die Conidien sind hier durch eine Membran von einander geschieden, welche sich in 2 deutliche Lamellen differenzirt (Fig. 52, III IV); ausserdem geht über alle Conidien die feine primäre Membran hinweg (Fig. 52, IV *pr*). Jede der erwähnten beiden Lamellen scheidet nun in der Mitte (die wahrscheinlich mit einem Porus ausgerüstet ist) einen kegelförmigen

[1]) Die Sclerotinienkrankheit der Vaccinium-Beeren. Mém. de l'acad. de St. Petersbourg. Sér. 7. t. 36. No. 6.

Cellulose-Körper aus; beide Körperchen verwachsen alsdann zu einem spindelförmigen Gebilde (Fig. 52, VI *d*), das sich in der Richtung seiner Längsachse noch verlängert. Infolge dieser Vorgänge wird jede der beiden Lamellen in der

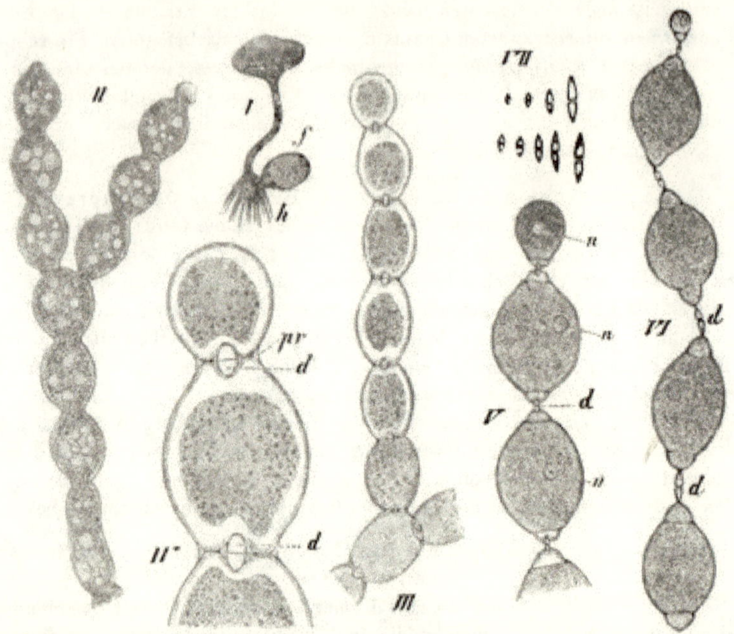

(B. 661.) Fig. 52.

Sclerotinia Vaccinii WOR. I Gestielte becherförmige Schlauchfrucht, aus einem in der mumificirten Preisselbeerfrucht *f* sitzenden Sclerotium entspringend und an der Basis stark entwickelte Hyphenstränge (Rhizoiden) tragend, die als Haftorgan (vielleicht auch noch zur Nahrungsaufnahme) dienen. Nat. Gr. II 520fach. Verzweigte Conidienkette. Die in acropetaler Folge entstehenden Conidien sind noch nicht durch deutliche Querwände von einander getrennt. III 520fach. Etwas ältere Conidienkette. Zwischen den Conidien sind nunmehr bereits Scheidewände gebildet. Jede derselben hat sich in 2 Lamellen differenzirt. Zwischen ihnen der Disjunctor (s. Text). IV 1110fach. Oberes Stück dieser Conidienkette, die eben erwähnten Verhältnisse noch deutlicher zeigend; *pr* die über alle Conidien hinweggehende primäre Membran, *d* die Disjunctoren. V 520fach. Oberes Stück einer Conidienkette. Die Conidien in Trennung begriffen, was sich darin zeigt, dass ihre Membran, die früher (bei IV) eingestülpt war, sich nun gegen den Disjunctor vorstülpt; *n* Zellkern. VI 520fach. Oberer Theil einer Conidienkette. Die Vorstülpung der Membran ist an den Enden aller Conidien beendet, so dass sich Disjunctoren *d* und Conidien nur noch an zwei Punkten berühren; letztere zeigen jetzt Citronenform im Gegensatz zur Tonnenform von III. VII 520fach. Disjunctoren in verschiedenen Entwickelungsstadien. Alles nach WORONIN.

Mitte zurückgestülpt (Fig. 52, IV). Schliesslich nimmt aber der Druck, den der spindelförmige Körper infolge seiner Längsausdehnung ausübt, so zu, dass die die Conidien überkleidende Membran durchreisst, und nun stülpen sich die bisher eingestülpten Lamellen der einander berührenden Conidien aus (wodurch diese statt der bisherigen Tonnengestalt Citronengestalt erlangen, Fig. 52, V VII) und hängen mit dem Cellulosekörper nur noch an einem Punkte zusammen, sodass sie sich sehr leicht abtrennen können (Fig. 52, VI).

Es ist hiernach zweifellos, dass das in Rede stehende Gebilde als mechanisches Trennungsmittel fungirt. In Rücksicht hierauf nannte es WORONIN »Disjunctor«. Die starke Streckung desselben beruht nach W. vorzugsweise auf seiner elastischen

Beschaffenheit. Im oberen Theile der Conidienkette pflegen die Disjunktoren am entwickeltsten zu sein, um nach unten hin kleiner und unanschnlicher zu werden.

Eine dritte Einrichtung zur Isolirung im Kettenverband stehender Conidien besteht, wie DE BARY ebenfalls zuerst, später auch ZALEWSKI[1]) darlegte, in Folgendem: Die ursprünglich einfache, die Conidien trennende Querwand differenzirt sich in drei Lamellen, von denen die eine äussere der einen, die andere der anderen Conidie angehört, während die dritte die Mittellamelle bildet. Sie ist von gelatinöser Beschaffenheit und schrumpft entweder, wie bei *Cystopus*, wo sie sehr entwickelt ist, zu einem dünnen und schmalen »Zwischenstück« zusammen, das schliesslich an den ältesten Conidien kaum noch nachzuweisen ist, resp. ganz verschwindet. Jetzt trennen sich die Conidien sehr leicht von einander, namentlich bei Wasserzutritt, wobei diese alten Zwischenstücke leicht gelöst werden. Nach DE BARY und ZALEWSKI soll eine solche Zwischenlamelle auch bei *Penicillium*, *Eurotium* etc. vorhanden sein. Doch bedürfen die Untersuchungen über solche Objecte, namentlich nach den obigen Resultaten WORONIN's, einer gründlichen Nachprüfung.

Sehr eigentümlich erscheint eine vierte Einrichtung zur Befreiung der Conidien, die ich bei meiner *Thielavia basicola*[2]), einem die Wurzeln von *Senecio*, *Lupinus* etc. bewohnenden Parasiten aus der Verwandschaft der Mehlthaupilze aufgefunden habe. Die Conidien werden hier an kurzen mehrzelligen Trägern in acropetaler Folge gebildet (Fig. 61, I 1 2 3). Es differenziren sich nun die Seitenwände der Conidien in 2 Lamellen und die äusseren dieser Lamellen bilden eine Art Scheide[3]) (Fig. 61, II III IV), aus welcher dann die Conidien successive austreten, ein Vorkommniss, das an die Spaltpflanzen (z. B. *Crenothrix)* erinnert, aber, meines Wissens bei echten Pilzen noch nicht beobachtet wurde. Ueber die Ursache des Austritts habe ich noch keine volle Sicherheit erlangen können, vermuthe aber, dass hier eine Mittellamelle gebildet wird, die bei Zutritt von Wasser stark quellungsfähig ist und sich so ausdehnt, dass sie die Conidien heraustreibt.

2. Einrichtungen zur Abschleuderung von Conidien, Sporangien und fruchtförmigen Organen.

Sie kann auf dreifachem Wege erfolgen, entweder durch einen Spritzmechanismus oder durch Drehbewegungen, welche die Träger ausführen, oder Schnellvorrichtungen.

a. Spritzmechanismus. Ein sehr schönes Beispiel für Abschleuderung von Conidien durch Spritzvorrichtung bietet der Fliegenschimmel (*Empusa Muscae* COHN). Hier sind die aus dem Leibe des Thieres herausragenden Conidienträger in Form von ziemlich langen, nach dem freien Ende zu keulig geweiteten Schläuchen gebildet, die an ihrer Spitze je eine Conidie erzeugen, welche mit breiter Basis aufsitzt. Die hier in Betracht kommenden Vorgänge sind nun nach BREFELD's[4]) eingehenden Ermittelungen folgende: In dem schlauchförmigen Träger (Fig. 53, III) sammelt sich während der Conidien-Bildung und

[1]) Ueber Sporenabschnürung und Sporenabfallen bei den Pilzen. Flora 1883. p. 228.

[2]) Ueber eine neue pathol. Erscheinung an *Senecio elegans*. Sitzungsber. d. bot. Ver. d. Provinz Brandenburg 1876. p. 101. Vergleiche WINTER, Die Pilze. Bd. II, p. 44 u. 53.

[3]) Der l. c. gebrauchte Ausdruck »Pseudosporangium« erscheint mir jetzt überflüssig.

[4]) Untersuchungen über die Entwickelung der *Empusa muscae* und *Empusa radicans*. Abhandl. d. naturf. Ges. Halle Bd. XII. 1871.

Reifung reichlich wässrige Flüssigkeit in Vacuolen an, die allmählich zahlreicher und grösser werden, zusammenfliessen und speciell im oberen Theile des Schlauches eine sehr stattliche Wasseransammlung bilden (Fig. 53. III *v*) welche den terminalen

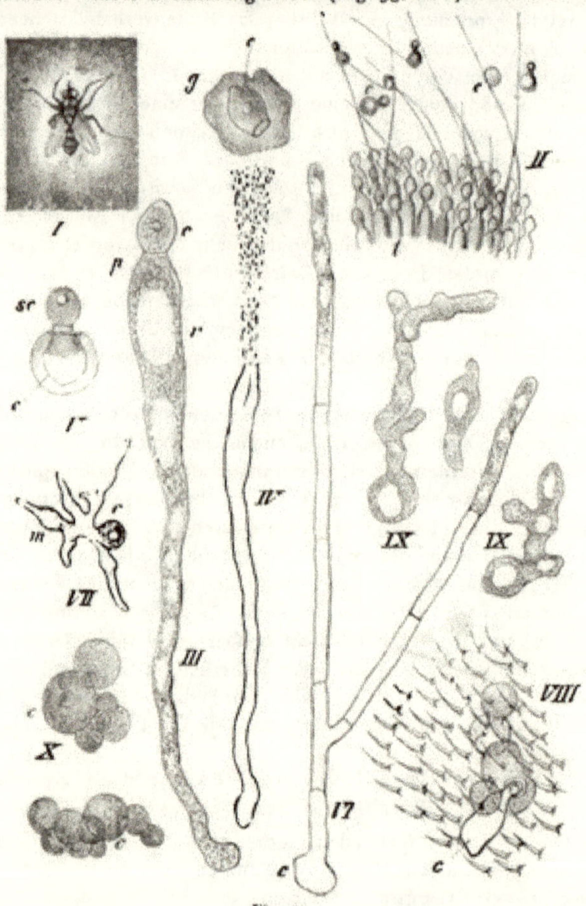

Fig. 53. (B. 662.)

Fliegenschimmel *(Empusa Muscae)*. I Eine von dem Pilz abgetodtete Fliege in natürl. Grösse. Der weisse Hof um dieselbe ist von abgeworfenen Conidien gebildet. II Stückchen eines Fliegenkörpers mit fructificirenden schlauchformigen Conidienträgern *t*, von denen man nur den aus der Fliege herausragenden von je einer Conidie gekronten Theil sieht. An den Haaren der Fliege hängen abgeworfene, durch das Schlauchplasma angeklebte Conidien *c*, die z. Th. Sekundärconidien gebildet haben. 80fach. III 300fach. Ein vollständiger schlauchförmiger Conidienträger mit seiner Conidie *c* an der Spitze und wasserreichem Inhalt (grosse Vacuole *v*). IV 300fach. Ein schlauchförmiger Conidienträger, der sich eben an der Spitze geöffnet hat und die Conidie *c*, von einem Theil seines Plasmas *g* umkleidet, durch einen Strahl seines wässrigen Inhalts fortzuschleudern in Begriff ist. Er schrumpft dabei unter Verkürzung zusammen. V 300fach. Eine Conidie *c*, welche eine Secundärconidie *sc* gebildet hat, die alsbald durch den gleichen Spritzmechanismus abgeschleudert werden wird. VI 300fach. Eine Conidie *c*, die auf dem Objectträger einen Mycelschlauch mit Seitenzweig gebildet hat. VII 300fach. Eine Secundärconidie *c* zu einem kleinen Mycel *m* auskeimend. VIII 500fach. Stück der Chitinhaut von einer weissen Unterleibsstelle der Fliege mit einer Conidie *c*, welche die Chitinhaut durchbohrt und im Innern des Leibes einen in Sprossung begriffenen Mycelschlauch getrieben. IX 300fach. Dem Fettkörper der Fliege entnommene Theile vom Mycel des Parasiten. X 500fach. Hefeartig sprossende Zellen *c* aus dem Fettkörper einer Fliege. — Alles nach Brefeld. IV schematisirt.

Plasmabelag *p* als dicke Lage gegen die Scheidewand der Conidie drängt. Der hydrostatische Druck wird schliesslich so stark, dass der Schlauch dicht unter der Insertionsstelle der Conidie ringfömig reisst, und jetzt wird im Nu von der andringenden Wassermasse der erwähnte terminale Plasmabelag um die Conidie herumgeschoben und das Ganze durch den Wasserstrahl fortgespritzt (Fig. 53, IV). Im gleichen Moment tritt Verkürzung und Collabirung des entleerten Schlauches ein (Fig. 53, IV). Die Gewalt des Druckes, den der Wasserstrahl ausübt, ist so bedeutend, dass die Conidien bis auf 2 Centim. und darüber fortgeschleudert werden können. Für andere Enthomophthoreen hat BREFELD dieselbe Einrichtung constatirt.

An die Entomophthoreen schliessen sich in gedachter Beziehung die Basidiomyceten, speciell die Hutpilze an. Wir haben früher gesehen, dass die Sporen auf (meist 4) von den Basidien sich erhebenden Sterigmen gebildet werden. BREFELD[1]) hat nun gezeigt, dass diese Gebilde bei *Coprinus stercorarius*, einem mistbewohnenden Hutpilz, zur Reifezeit der Sporen an der Spitze aufplatzen, und die wässrige in der Basidie angesammelte Flüssigkeit durch den hydrostatischen Druck aus allen 4 Sterigmenenden herausgepresst wird, um die 4 Sporen mit sich fortzureissen. ZALEWSKI[2]) hat diese Beobachtungen bei *Agaricus-*, *Russula-*, *Coprinus*-Arten, *Cantharellus cibarius* wiederholt und ihre Richtigkeit bestätigt mit dem Bemerken, dass nicht immer alle 4 Sporen gleichzeitig abgeschleudert werden. Ob der in Rede stehende Prozess sich auch an anderen Basidiomyceten vollzieht, bleibt noch zu untersuchen.

Es ist ferner eine längst bekannte Thatsache, dass die auf Mist wachsenden, den *Mucor*-Arten verwandten *Piloboli* (Geschosswerfer) ihre ähnlich wie bei *Mucor* auf mehr oder minder langen Stielen stehenden Sporangien auf relativ sehr grosse Entfernungen abzuschleudern vermögen, mit solcher Gewalt, dass, wenn sie an einen festen Gegenstand anprallen, ein deutlicher kleiner Knall vernommen werden kann.

Dieser Vorgang beruht auf zwei ganz verschiedenen Factoren, nämlich einem Spritzmechanismus ähnlich dem für *Empusa* und Basidiomyceten beschriebenen, indessen doch wesentlich modificirten, und einer Quellungseinrichtung, welche die Verbindung des Sporangiums mit dem Träger zu lösen im Stande ist.

Was die letztere anbelangt, so ist zu bemerken, dass die Haut des Sporangiums eine auffällige Differenzirung zeigt in einen oberen, die braune bis schwarze Calotte bildenden derben, verdickten und cuticularisirten Theil (Fig. 54, II *a*, V *a*) und in eine untere ringförmige, unmittelbar an den Träger grenzende ringförmige Partie, welche zart, ungefärbt und ohne Cuticularisirung bleibt (Fig. 54, II *b*, V *b*).

An diesen Membrantheil schliesst sich nun nach innnen eine Schicht ververänderten, stark quellungsfähigen Plasmas (Fig. 54, V *q*, VI *q*), welches zur Sporenbildung nicht verbraucht wurde: die Quellschicht BREFELD's.

Kömmt nun das reife Sporangium mit Wasser in Berührung, so quillt dasselbe auf und sprengt die farblose Membran, (Fig. 54, VI b), falls dieselbe nicht gleichfalls in Quellung geräth. Jetzt sitzt mithin das Sporangium dem Träger nur mit der Gallert, also ganz locker und lose auf (Fig. 54, VI), und kann durch den Spritzmechanismus fortgeschleudert werden.

[1]) Schimmelpilze. III, p. 65.

[2]) ZALEWSKI, Ueber Sporenabschnürung und Sporenabfallen bei den Pilzen. Flora 1883, p. 266.

Wenden wir uns nun zu der **Spritzeinrichtung** am Träger des Sporangiums. Derselbe ist ein gestreckter Schlauch, der dicht unterhalb des Sporangiums zu einer relativ grossen Blase erweitert wird (Fig. 54, I *r* u. II V VI *r*). Auch an seiner Basis ist eine mehr oder minder beträchtliche Ausbauchung vorhanden

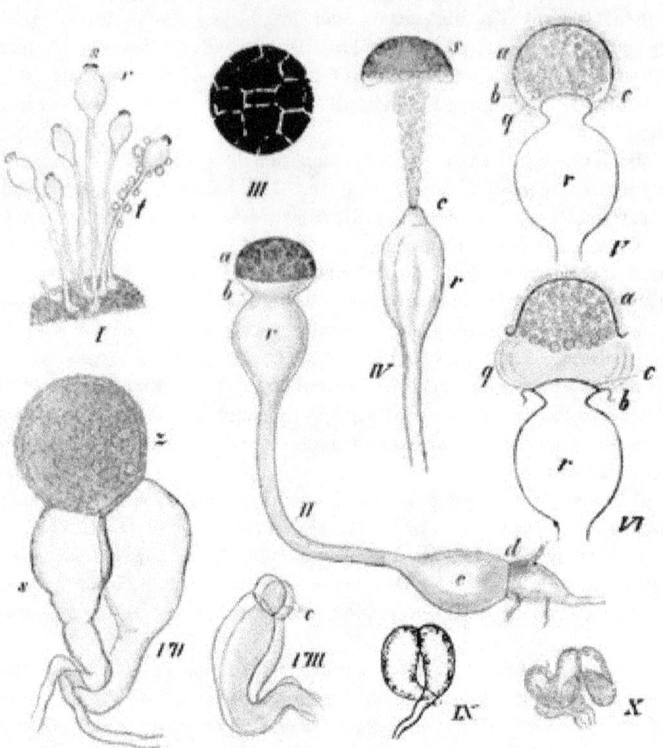

(B. 463.) Fig. 54.

I Eine Gruppe von 6 Sporangienträgern des *Pilobolus Kleinii* VAN TIEGH., einem Mistfragment aufsitzend, ca. 7fach vergr. *t* ein Träger mit ausgeschiedenen Flüssigkeitstropfen besetzt. *r* Reservoir, *s* Sporangium. II 20fach. Sporangienträger von *Pilobolus crystallinus*. *a b* Sporangium, *a* oberer cuticularisirter, dunkelbrauner, mit netzformiger Zeichnung versehener. *b* nicht cuticularisirter und gefärbter Theil der Sporangienwand. *r* oberer, als Reservoir dienender Theil des Trägers; *e* basale angeschwollene Region desselben. III 20fach. Abgeschleudertes Sporangium derselben Art, vom Scheitel aus gesehen, mit zierlicher symmetrisch angeordneter Netzmaschen-Zeichnung versehen, welche nicht oder wenig gefärbten Stellen entspricht. IV 20fach. Oberer Theil eines Sporangienträgers derselben Species, der soeben seinen Flüssigkeitsinhalt durch die gesprengte Columella *c* entleert und das Sporangium *s* vor sich her treibt. Das Reservoir *r* ist im Collabiren begriffen (halbschematisch). V *Pilobolus nanus* VAN TIEGH. Oberer Theil eines Sporangienträgers im optischen Durchschnitt. *a* Cuticularisirte gelbe Calotte des Sporangiums, *b* nicht cuticularisirter Membrantheil; *q* Quellschicht, *c* Columella, *r* Reservoir. VI Ebensolcher Schnitt nach dem bei Wasserzusatz erfolgten Aufquellen der Quellschicht *q*. Der nicht cuticularisirte Membrantheil *b* ist zerrissen. *a* cuticularisirte Calotte. Die feinen Nadeln auf der Sporangienoberflache in Fig. V u. VI stellen Kalkoxalat dar. VII 165fach. Der von mir aufgefundene **Zygosporenapparat**. *s* die mächtigen Träger (Suspensoren). *z* die grosse dickwandige fettreiche Zygospore. VIII 160fach. Jüngerer Zustand, *c* die beiden noch nicht mit einander in Copulation getretenen Copulationszellen. IX u. X 160fach. Keulig angeschwollene und zangenartig zusammengeneigte Mycelzweigenden, junge Zygosporenapparate darstellend. — Fig. V u. VI nach VAN TIEGHEM, die übrigen von mir.

(Fig. 54, II *c*). Gegen das Mycel hin ist er durch eine breite (Fig. 54, II *d*), gegen das Sporangium durch eine noch breitere Querwand (Columella Fig. 54, V *c*) abgeschlossen.

Gegen die Zeit der Sporenreife sammelt sich nun im Schlauche und seinen

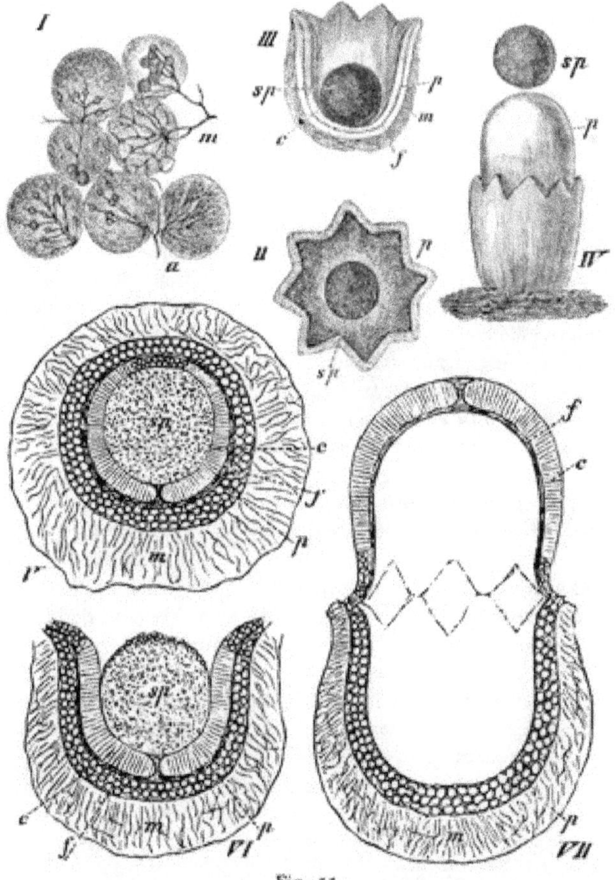

Fig. 55. (B. 661.)

Der sternförmige Kugelschleuderer (*Sphaerobolus stellatus*). I Kaninchen-Excremente übersponnen mit z. Th. fadenförmigen *m*, z. Th. flächenförmigen (bei *a*) Mycelsträngen, auf denen hie und da die kugeligen, noch geschlossenen Früchtchen des Pilzes sitzen. Natür. Grösse. II Geöffnete Frucht von oben gesehen; *sp* der eigentliche Sporenbehälter *p* die sternförmig aufgerissene Fruchthülle (Peridie). III Geöffnete Frucht, vertical durchschnitten, *m* die äusserste (myceliale) Lage, *p* die Pseudoparenchym-Schicht; *f* die Faserschicht, *c* die Palissaden-Schicht; *sp* der eigentliche Sporenbehälter. IV Frucht in dem Stadium, wo sich die innerste Schicht (Palissaden-Schicht) eben ausgestülpt hat und den Sporenbehälter *sp* hinwegschnellt. Die Fig. II—IV schwach vergr. V Schematische Darstellung eines verticalen Medianschnittes durch einen Fruchtkörper kurz vor dem Oeffnen. *m* die äusserste gallertige Schicht der Wandung (Mycelialschicht). *p* pseudoparenchymatische Schicht; *f* Faserschicht; *c* Palissadenschicht; *sp* der eigentliche Sporenbehälter. VI Schematische Darstellung eines medianen Vertikalschnittes durch einen im Oeffnen begriffenen Fruchtkörper. Bezeichnung wie in voriger Fig. (Die äusseren Gewebsschichten der Hülle wie auch in der vorigen Fig. zu dick dargestellt). VII Schematische Darstellung eines medianen Längsschnittes durch einen Fruchtkörper, dessen Innenwand eben vorgeschnellt ist. Bezeichnung wie in Fig. V. (I—IV nach der Natur, V—VII nach E. Fischer).

Ausweitungen sehr reichlich wässrige Flüssigkeit an, welche unter so starkem Druck steht, dass die Membran, natürlich auch die Columella, stark gespannt wird, und Tropfen durch dieselbe hindurchgepresst werden (Fig. 54, I *t*).

Geräth jetzt die Quellschicht des Sporangiums in Qellung, so kann die Columella dem Wasserdruck nicht mehr widerstehen, sie platzt am Scheitel und die Flüssigkeit fliegt aus dem Reservoir *r* mit starkem Strome heraus und schleudert das Sporangium mit weg: (Fig. 54, IV schematisch). In demselben Moment collabirt und verkürzt sich der Schlauch. Coemans beobachtete, dass *P. oedipus* seine Sporangien bis auf 1 Meter weit zu schleudern vermag. Die abgeschleuderten Sporangien kleben an den Körpern, an die sie anfliegen, mit ihrer gallertartigen Quellschicht fest, z. B. auch am Leibe von Insekten und anderen Thieren, die dann die Sporangien mit sich schleppen.

Wenn in Folge zufälliger Störungen der Spritzmechanismus nicht in Wirksamkeit treten kann, so quellen die Sporangien einfach vom Träger herab, was für diejenigen Piloboli, deren Tragschlauch kein Reservoir bildet, sogar die Regel ist (z. B. *Pilobolus anomalus* Ces.)

b. Schnellmechanismus. Diese Einrichtung, die selten zu sein scheint, kommt bei dem Kugelschleuderer (*Sphaerobolus stellatus* Tode) vor, einem modernde Zweige, Kaninchenkoth etc. bewohnenden kleinen Basidiomyceten aus der Gruppe der Bauchpilze. Seine winzigen, nur etwa Senfkorngrösse erreichenden kugeligen Conidienfrüchte (Fig. 55, I) sind, wie bereits erwähnt, mit einer ziemlich complicirten Hülle versehen, welche nach E. Fischer aus 4 Schichten besteht: einer äusseren Gallertschicht (Fig. 55, V, *m*), einer mittleren pseudoparenchymatischen (Fig. 55, V *p*) und einer inneren, aus palissadenartigen Elementen (Fig. 55, V *c*) gebildeten Schicht. Zwischen beide schiebt sich eine Faserschicht ein (Fig. 55, V *f*). Das Centrum der Frucht wird eingenommen von dem kugeligen Conidienbehälter (Fig. 55, V *sp*). Zur Reifezeit reisst nun die Hülle vom Scheitel her sternförmig auf (Fig. 55, II III VI) und die innere Lage (Palissadenschicht) stülpt sich nach aussen (Fig. 55, IV VII), und zwar mit solcher Schnelligkeit und Energie, dass der kugelige Conidienbehälter weit hinweggeschleudert wird. (Ausführlicheres bei Besprechung des Pilzes im systematischen Theile).

c. Drehbewegungen. Es ist seit Fresenius[1]) bekannt, dass fädige Conidienträger, wie die der Peronospora-artigen Pilze, von *Peziza Fuckeliana* und andere in trockner Luft collabiren und dabei Drehbewegungen um ihre Längsachse ausführen (Fig. 56), die beim Wiederfeuchtwerden der Atmosphäre in entgegengesetztem Sinne erfolgen. Solche Quirlbewegungen vermögen, so nimmt wenigstens de Bary[2]) an, die ausgereiften Conidien hinwegzuschleudern.

3. Einrichtungen zur Befreiung der Endosporen aus den Sporangien der Phycomyceten.

Es kommen hier besonders in Betracht die Quellungseinrichtungen in den Sporangien gewisser Mucorineen und Chytridiaceen. Bei *Mucor Mucedo* besteht nach Brefeld[3]) die Sporangienmembran, die aussen mit einer Kruste von Kalkoxalat-Nädelchen umhüllt ist (Fig. 57, II, III und IV bei *c*) aus Cellulose, welche zur Reifezeit des Sporangiums zu einer in Wasser leicht und stark quellbaren Substanz umgewandelt wird. Ferner aber bleibt bei der Formation der Sporen ein Theil des Sporangienplasmas unverbraucht, um als

[1]) Beiträge zur Mycologie. Vergl. Taf. II.

[2]) Morphol. pag. 77.

[3]) Schimmelpilze. I. pag. 15.

sogen. Zwischensubstanz in einen in Wasser äusserst stark aufquellenden Körper umgewandelt zu werden. Sobald nun das bereits zur Reife gelangte Sporangium mit Wasser in Berührung kommt, geht die Zwischensubstanz sowie jene Membran sofort in Quellung über, die so entstandene Schleimmasse sprengt die Kalkkruste und tritt die Sporen mit sich führend nach aussen (Fig. 57, IV). Letztere werden dann nach Eintrocknen der Schleimmasse ganz frei.

Auch in den Schwärmsporangien von Chytridiaceen, speciell von *Rhizidium mycophilum* A. Br. nach Nowakowsky[1]) wird eine Zwischensubstanz erzeugt, welche die Zygosporen aus der Mündung des Sporangiums herausführt, indem sie bei der Reife in Folge von Wasserzutritt aufquillt.

Die Oeffnung der Schwärmsporangien der Phycomyceten erfolgt gewöhnlich in der Weise, dass eine (meist terminale) (Fig. 45, VII) oder auch mehrere Stellen der Sporangienmembran allmählich vergallerten (verschleimen); seltener wird ein deckelförmiges Membranstück abgesprengt (*Chytridium Olla* A. Braun).

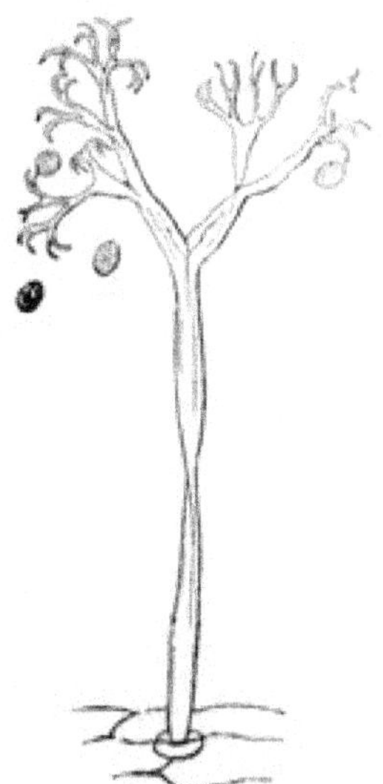

Fig. 56. (B. 665.) 200fach. Conidienträger von *Peronospora parasitica* de Bary, aus einer Spaltoffnung hervorgetreten, collabirt und gedreht. Die Conidien fast sämmtlich abgefallen. Nach Frank.

4. Einrichtungen zur Herausschleuderung (Ejaculation) der Sporen aus den Schläuchen der Ascomyceten.

Es ist eine längst bekannte Thatsache, dass eine grosse Anzahl von Ascomyceten, sowohl solche, welche den Kernpilzen (Pyrenomyceten) als auch solche, die den Scheibenpilzen (Discomyceten) angehören, ihre Sporen aus den Schläuchen und den Fruchtbehältern mit grosser Gewalt herausschleudern (ejaculiren), und man hat beobachtet, dass wenn, wie bei den grösseren Scheibenpilzen, diese Ejaculation bei Erschütterungen oder plötzlichen Luftströmungen an vielen Schläuchen gleichzeitig erfolgt, sich förmliche Wölkchen von Sporenstaub von den betreffenden Früchten in die Luft erheben (*Peziza badia, cerea, Otidea leporina* etc.)

Es ist nun bei der Mehrzahl der ejaculirenden Ascomyceten Regel, dass jeder Schlauch sämmtliche Sporen, mögen das nun 4, 8, 16, 32, 64, 128 oder noch mehr sein, mit einem Male entleert; man spricht in diesem Falle von simultaner Ejaculation. Für einige wenige Pyrenomyceten hat man einen anderen Modus, die succedane Ejaculation constatirt, bei welchem eine Spore nach der andern herausgestossen wird.

Da die Einrichtungen für beide Entleerungsmodi wesentlich verschieden sind, so müssen sie einer gesonderten Betrachtung unterzogen werden.

1. Simultane Ejaculation. Sie wird nach meinen Untersuchungen[2]) ermöglicht durch das Zusammenwirken mehrerer eigenartiger Einrichtungen.

Eine der wichtigsten ist die von mir zuerst gefundene Verkettung der

[1]) Beiträge z. Kenntniss der Chytridiaceen. Cohn, Beitr. z. Biolog. Bd. II.

[2]) Mechanik der Sporenentleerung bei Ascomyceten. Gesellschaft naturf. Freunde. Berlin 1880 und die ausführliche Darstellung: Anatomische Anpassung der Schlauchfrüchte an die Function der Sporenentleerung. Zeitschr. für Naturwiss. Bd. 56, 1883.

Sporen zu einem einheitlichen Complex. Letzterer besitzt entweder die Gestalt einer einfachen Sporenreihe, z. B. bei *Sordaria minuta* und *curvula* (Fig. 58, I—III), oder es sind 2—3 Reihen mit einander verbunden, oder aber die Sporen sind zu einem kleineren oder grösseren Ballen unregelmässig zusammengelagert, der aus 16—128 und mehr Sporen bestehen kann. Bei einem

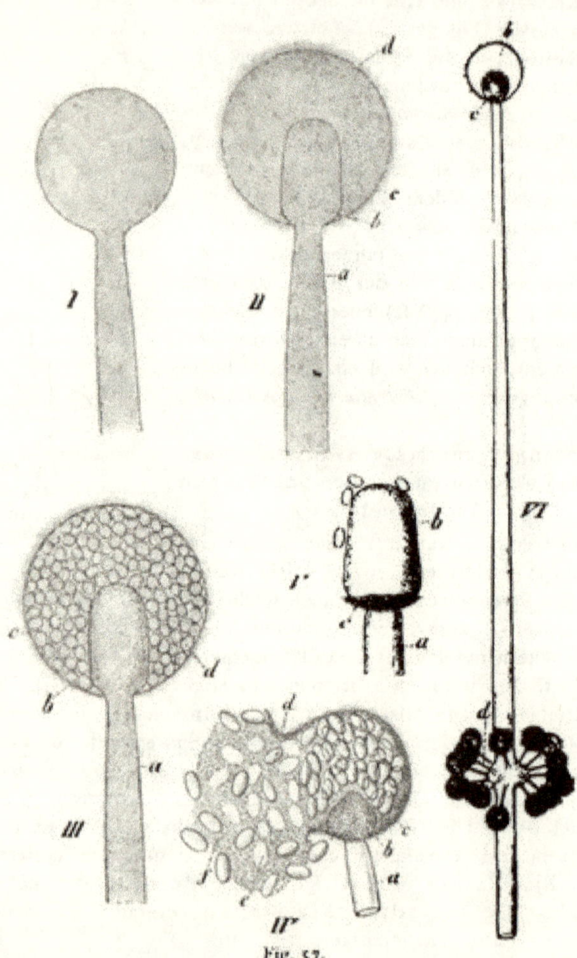

(B. 666.) Fig. 57.

I—III Mucor Mucedo. I Spitze eines Fruchtträgers mit dem kugeligen jungen Sporangium, das noch nicht durch eine Querwand gegen den Träger abgegrenzt ist. II Etwas älterer Zustand. Das Sporangium hat sich bereits durch eine gewölbte Scheidewand *b* gegen den Träger *a* abgegrenzt, enthält aber noch körniges Plasma *d*; *c* Sporangienwand mit Kalkoxalat-Nädelchen besetzt. III Ausgebildetes Sporangium *a*, Träger *b*, Columella *c*, Wandung, *d* Sporen, zwischen ihnen die Zwischensubstanz. IV Oberes Stück des Fruchtträgers *a* von *Mucor mucilagineus* Bref. mit zusammengesunkener Columella *b*, gesprengter Sporangienmembran *c*, die Sporen *d* mit der Zwischensubstanz *f* austretend. Mit Alkohol und Chlorzinkjod behandelt zeigt letztere in *e* die Stellen, aus denen die Sporen ausgefallen sind. V Columella *b* noch mit einzelnen Sporen besetzt, Sporangienmembranrest *c* und Träger *a* von *Mucor Mucedo*. VI Kleiner Fruchtträger von *Thamnidium simplex* Bref. mit terminalem Sporangium *b* und Sporangiolen auf einfachen Zweigen *d*, *c* Columella. Alles nach Brefeld, 300fach.

kleinen mistbewohnenden Becherpilze *(Saccobolus)* trifft man sogar die Sporen lückenlos zu einem pillenförmigen Körper zusammengefügt (Fig. 59, II III), der nun wie eine einzige grosse Spore erscheint.[1])

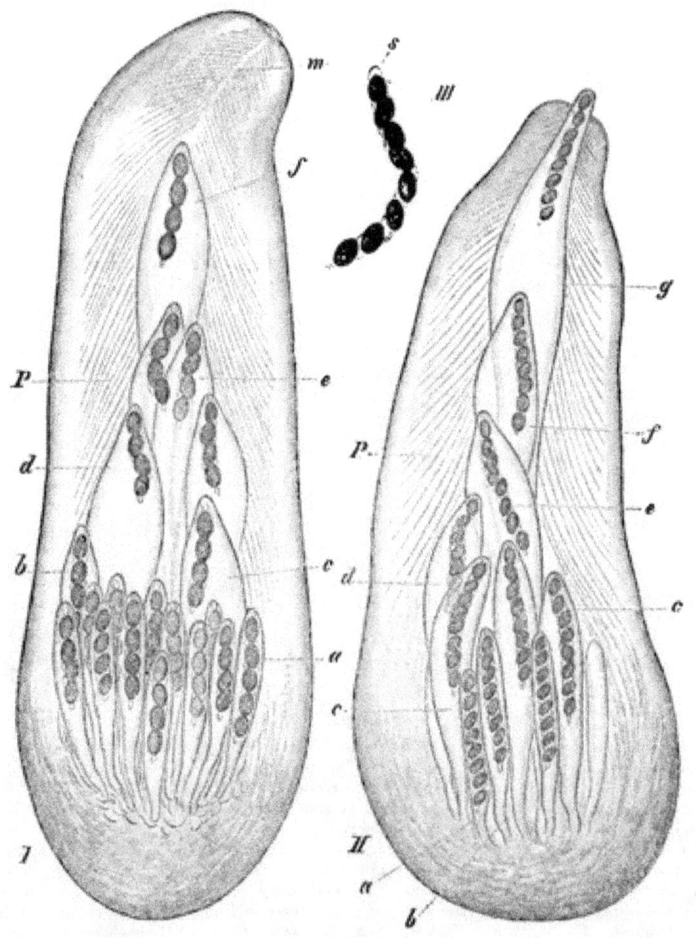

Fig. 58. (B. 667.)

I 180fach. Perithecium von *Sordaria minuta* FKL. *var. 4 spora* (etwas heliotropisch gekrümmt) mit reifen Schläuchen, welche die verschiedensten Phasen der Vorbereitung zur Ejaculation zeigen, entsprechend der Reihenfolge der Buchstaben *a—f*. Man sieht in jedem Schlauche die 4 Sporen verkettet zu einer Reihe durch Plasmaanhängsel und die Anheftung der Kette im Scheitel des Ascus. *P P* Paraphysen, nur durch einfache Striche angedeutet. *m* Mündungskanal. II 80fach. Perithecium von *Sordaria curvula* DE BARY mit reifen Schläuchen, welche ebenfalls auf den verschiedensten Vorbereitungsstufen zur Ejaculation stehen. Der oberste Schlauch hat bereits mit seinem rüsselförmig gestreckten Ende den Mündungscanal passirt und steht eben im Begriff, seine Sporenkette zu ejaculiren. Die Sporen sind hier zu 8 verkettet, sonst wie vor. Fig. III 250fach. Eine aus solchem Schlauch eben ausgeschleuderte Sporenkette. *s* Die fingerhutförmige abgesprengte Spitze. Trotz der Gewaltsamkeit, mit der die Ausschleuderung erfolgt, ist die Verbindung der Sporen durch die Plasmaanhängsel, welche Schwanzform zeigen, doch noch nicht gelöst.

[1]) Auch schon von BOUDIER gesehen (Mem. sur les Ascobolées tab. 9, Fig. 21).

Die Verkettungsmittel sind nach Ursprung, Lage und Form sehr verschieden.

In der Gattung *Eusordaria* treten sie als eigenthümliche, relativ grosse, schwanzförmige Anhängsel der Sporen auf (Fig. 60, III*b*, V—VII) entstanden

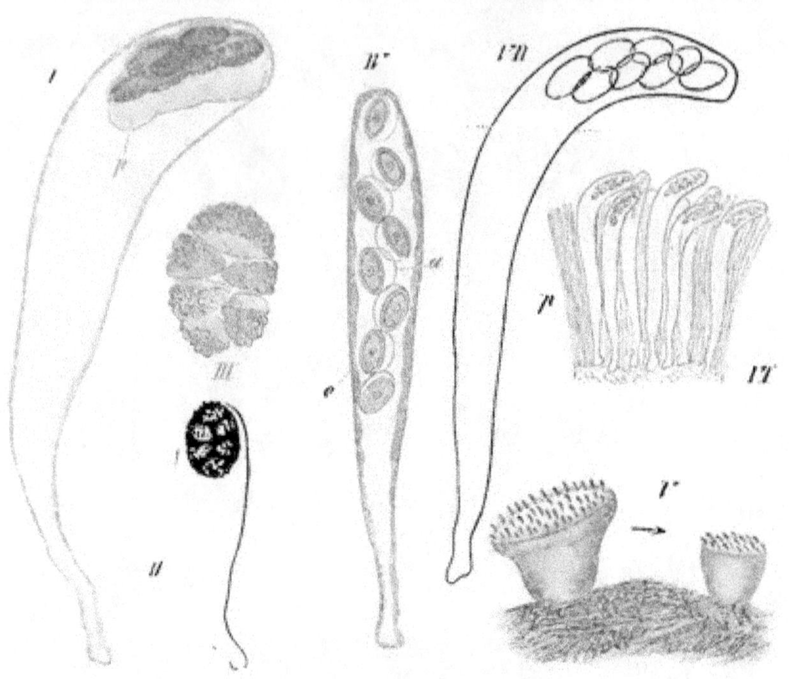

(B. 668.) Fig. 59.

I 540fach. Schlauch eines *Saccobolus* in Eiereiweiss liegend. *p* das Gallertpolster, welches nicht nur die 8 Sporen verkettet, sondern auch den Sporencomplex an dem Ascusscheitel, dem es sich dicht anschmiegt, festheftet. Der Schlauch ist etwas heliotropisch gekrümmt. II 450fach. Schlauch eines *Saccobolus* (auf Schaf-Excrementen gefunden) mit 8 zu einem pillenförmigen Körper vereinigten Sporen, der auf den ersten Blick wie eine einzige Spore erscheint. III 900fach. Ein ebensolcher Complex stärker vergrössert, bereits ejaculirt und schon im Zerfallen begriffen. Die freie Aussenwand jeder Spore mit Wärzchen versehen, die Fugenwände skulpturlos. IV Schlauch von *Ascobolus furfuraceus*. Die Verkettung der 8 Sporen durch die meniskenformigen Anhängsel *a* ist hier schon ein wenig gelockert in Folge der Einwirkung des Beobachtungs-Mediums. I—III nach d. Nat. IV, nach JANCZEWSKI. V—VII *Ascobolus denudatus* FR. V 25fach. Eine grossere und eine kleinere becherformige Schlauchfrucht auf einem Mistfragmentchen. Aus der Scheibe sieht man zahlreiche Ascen herausragen, welche sich nach der Lichtquelle zugekrümmt haben (heliotropische Erscheinung). VI 80fach. Stück eines Vertikalschnittes durch die Schlauchschicht. Man sieht zahlreiche Schläuche mit ihren 8 verketteten und im Scheitel angehefteten Sporen. An den längsten (ältesten) Schläuchen bemerkt man ebenfalls heliotropische Krümmungen. *p* Paraphysen. VII 300fach. Ein einzelner Ascus in stark heliotropischer Krümmung mit seinen 8 nicht weiter ausgeführten Sporen. Die quergehende punktirte Linie bezeichnet das Niveau des Hymeniums. Die Sporen sind auch hier sämmtlich verkettet und im Scheitel angeheftet.

aus Plasma, was bei der Sporenbildung nicht verbraucht wurde (Epiplasma DE BARY's). Mittelst dieser Gebilde, die an Stelle des Plasmacharakters Membranbeschaffenheit angenommen haben und wie Membranen gestreift erscheinen sind die Sporen im normalen Ascus ganz fest und in der Weise verbunden, wie es Fig. 60, III zeigt.

Saccobolus-Arten (kleine Mist bewohnende Becherpilze) weisen als Verkettungsmittel ein förmliches (ebenfalls aus Epiplasma entstehendes) Polster auf von gallertig-membranartiger Beschaffenheit, an das die Sporen so fest angeheftet sind, dass es schwer hält, sie abzutrennen (Fig. 59, I *p*).

Bei *Ascobolus pulcherrimus*, einem gleichfalls Mist bewohnenden kleinen Discomyceten sehen wir jede Spore mit einem lateralen meniskenförmigen Anhängsel als Verkettungsmittel ausgerüstet[1]) (Fig. 59, IV *a*).

Anders liegt die Sache bei denjenigen Sordarien, die man als *Hypocopra*-, *Coprolepa*- und *Hansenia*-Arten unterscheidet, sowie bei gewissen Ascoboleen (z. B. Ascobolus). Hier ist es, wie ich z. Thl. schon früher gezeigt,[2]) die äussere quellungsfähige, vergallertende Membranschicht der Spore, welche die Verkettung bewirkt. Fig. 60 I, II *h*), daneben kann auch noch etwas Epiplasma mitwirken (Fig. 60, II *e*).

Als eine zweite sehr wichtige Einrichtung habe ich (l. c) die Verankerung des Sporencomplexes im Scheitel des Ascus kennen gelehrt.

Das Verankerungsmittel ist entweder gewöhnliches Epiplasma (was z. B. für die zuletzt genannten *Sordaria*-Gattungen zutrifft) Fig. 60, II *b*) oder Epiplasma, was nachträglich in eine membranartig gestreifte feste Masse verwandelt ist (*Eusordaria* Fig. 60, III *a*, IV *b*). In beiden Fällen sitzt das Verankerungsmittel einerseits dem obersten Ende des Sporencomplexes, resp. der obersten Spore an, andererseits ist es dem Scheitel des Ascus angeheftet.

Es mag aber auch hie und da noch ein drittes Verankerungsmittel in Anwendung kommen, nämlich die vergallertete Membran der obersten Spore, wie das der Fall zu sein scheint bei *Ascobolus immersus* BOUD. Ein schönes Beispiel dafür, dass das Verkettungsmittel zugleich als Verankerungsmittel dient, liefert *Saccobolus*. Wie man aus Fig. 59, I ersieht, ist hier das mächtige gallertartige Polster *p*, dem die 8 Sporen ansitzen, im normalen Ascus mit seinem einen Ende dem Schlauchscheitel dicht angeschmiegt.

Zu einer wirksamen Verankerung des Sporencomplexes trägt in gewissen Fällen der Umstand bei, dass die Region der Ascusmembran etwas unterhalb des Scheitels so beschaffen ist, dass sie wie ein Halter fungirt, der das Verankerungsmittel, wenn es der Gefahr des Losreissens aus dem Scheitel ausgesetzt ist, umfasst und festhält. Auch hierfür sind die Eusordarien das trefflichste Beispiel: etwas unterhalb des oberen Ascusendes zeigt die Membran eine Querregion, welche bei Wasserzutritt (der leicht das Losreissen des Verankerungsmittels bewirken könnte) aufzuquellen und das Verankerungsmittel förmlich einzuschnüren vermag (Fig. 60, IV *a*, II *m*), sodass es nicht in die Ascusflüssigkeit hinabsinken und so die Ejaculation unmöglich machen kann.

Eine dritte wichtige Einrichtung ist die Fähigkeit des Schlauches in die Länge zu wachsen. Der Schlauch streckt sich bei den ejaculirenden Pyrenomyceten so bedeutend, dass er bis in die Mündung des Peritheciums hinein und schliesslich auch noch etwas über dieselbe hinausragt (Fig. 58, I und II) und auch bei den Discomyceten ragt sein oberes Ende schliesslich relativ beträchtlich über das Niveau des Hymeniums (Fig. 59, V VI).

Ob dieses Wachsthum in die Länge, mit dem übrigens auch eine Weitung des Schlauches verbunden ist, wie man aus Fig. 58, I und II ersieht, auf einer blossen Dehnung der Membran unter dem sehr bedeutenden Flüssigkeitsdruck oder auch

[1]) Vergl. JANCZEWSKI, Morphol. Unters. über *Ascobolus furfuraceus*. Bot. Zeit. 1871.

[2]) Anat. Anpassung der Schlauchfrüchte an die Function der Sporenentleerung. Halle 1884.

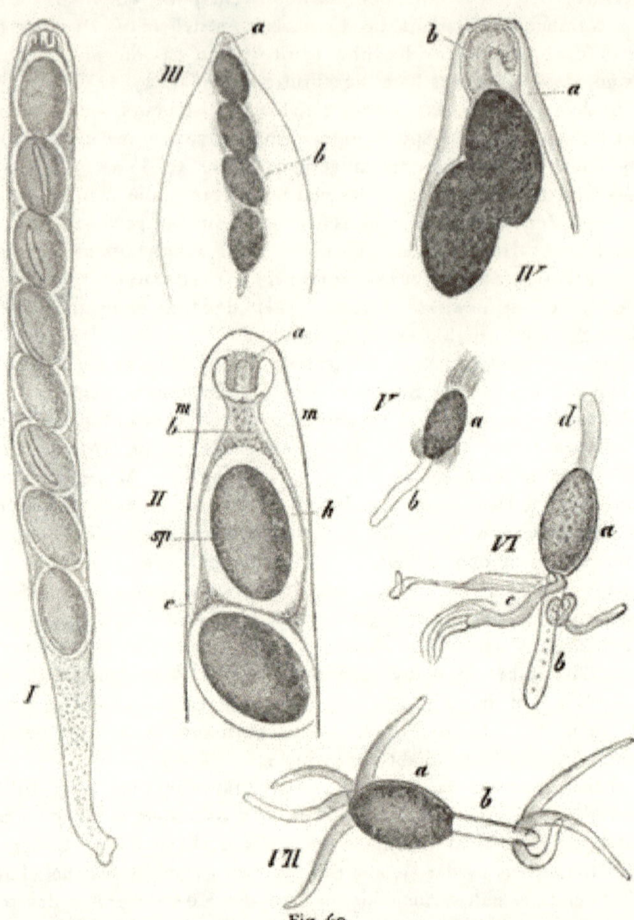

(B. 60.) Fig. 60.

I 540fach. Schlauch von *Sordaria (Hypocopra) Brefeldii* Z. mit seinen 8 halbreifen Sporen, welche verkettet sind durch die äussere vergallertete Membranschicht der Sporen. II 900fach. Oberes Ende eines solchen Schlauches, in Jod liegend. *a* Die weit in den Schlauch hinein vorspringende Ringfalte, im optischen Durchschnitt wie zwei Zapfen erscheinend. *b* Epiplasmamasse, welche als Verankerungsmittel fungirt, aber sich infolge der Einwirkung des Reagens aus dem Scheitel zurückgezogen hat; *sp* Spore; *h* deren äussere gallertartige Membranschicht, die als Verkettungsmittel der Spore dient. *mm* Zone starker Quellung der Schlauchmembran. III 540fach. Oberer Theil eines Schlauches von *Sordaria minuta* var. 4 *spora*. Man sieht die Sporen durch die aus Epiplasma hervorgegangenen Anhängsel *b* zu einer vollkommen geschlossenen Kette verbunden; *a* das die Verankerung der Sporenreihe im Ascusscheitel bewirkende Anhängsel der obersten Spore. IV 900fach. Oberes Ende eines Schlauches von der in Fig. 58 abgebildeten *Sordaria curvula*. Von der Sporenkette sind nur die beiden obersten Sporen gezeichnet. Im Wasser des Objektträgers ist die Membran in der subterminalen Zone *a* bereits stark gequollen, sodass das hakenförmige terminale Anhängsel *b* der Endspore sammt letzterer eingeklemmt erscheint. V 540fach. Isolirte Spore von *Sordaria decipiens* WINT. aus 2 Zellen bestehend, einer dunklen ellipsoidischen *a* und einer schmalen, farblosen, entleerten *b*. An jener sieht man drei als Verkettungsmittel dienende, gestreifte Anhängsel. VI 540fach. Halbreife Schlauchspore von *Sordaria pleiospora*, aus den Zellen *a* und *b* bestehend, letztere entleert. An Zelle *a* sitzt das Anhängsel *d*, an Zelle *b* sitzen 3 bandförmige Anhängsel. VII 400fach. Reife Spore von *Eusordaria vestita* ZOPF, aus 2 Zellen *a* und *b* bestehend, letztere entleert. An der ersteren sitzen 4 kranzförmig gestellte bandförmige Anhängsel, an der letzteren 3.

noch auf anderen Factoren beruht, bleibt noch festzustellen. Ebenso ist noch zu untersuchen, worauf die so bedeutende Ansammlung wässriger Flüssigkeit im Schlauche zurückzuführen ist.

Für *Thelebolus stercoreus* TODE hat H. ZUCKAL[1]) eine beachtenswerthe Erklärung gefunden: »Der Schlauch enthält nämlich in seinem Innern eine grosse Menge einer quellbaren Materie. Diese quellbaren Massen sind hauptsächlich in seiner Basisregion aufgestapelt und zwar in Form von halbflüssigen Bällchen oder Blasen; ihrer chemischen Constitution nach dürften sie zu der Gruppe der Pflanzenschleime gehören. Gelangt nun der reife Ascus in Wasser, so nehmen die gummiartigen Massen das Wasser mit grosser Energie auf, wobei sie rasch aufquellen und sich haufenwolkenartig nach oben gegen die Sporen vertheilen.«

Der hydrostatische Druck der Ascusflüssigkeit bewirkt schliesslich ein Gesprengtwerden des Schlauches. Doch reisst derselbe, soweit sichere Untersuchungen in Betracht kommen, niemals an der Spitze, sondern entweder in einem ringförmigen Riss unterhalb derselben, sodass ein fingerhutförmiges Stück abgesprengt wird (Fig. 58, III *s*), wie es nach meinen Untersuchungen bei allen Sordarien der Fall, oder er öffnet sich mit einem Deckel wie bei den *Ascobolus*-Arten vielen Pezizen etc. Diese Einrichtungen sind desshalb wichtig, weil sie verhindern, dass das Verankerungsmittel vor der Entleerung aus dem Ascusscheitel herausgerissen wird. Bei den Sordarien sind sogar vielfach noch besondere Einrichtungen vorhanden, welche als mechanische Verstärkungen das Sprengen des Scheitels verhindern: nämlich eigenthümliche Ringfalten (Fig. 60, II *a*), welche auch aus einem anderen Stoffe bestehen als die übrige Membran.

2. Succedane Ejaculation. Allem Anschein nach minder häufig als die simultane, ward sie bisher nur bei einigen Pyrenomyceten, speciell bei *Sphaeria Scirpi* nach PRINGSHEIM[2]) und bei *Sph. Lemaneae* nach WORONIN[3]) beobachtet. Der Effekt ist der, dass die Sporen nicht alle gleichzeitig, sondern eine nach der anderen aus dem Ascus herausgeschafft werden. Nach PRINGSHEIM spielen hierbei folgende Vorgänge eine Rolle: Die Membran des Ascus von *Sph. Scirpi* differenzirt sich in 2 Lamellen, von denen bei der Reife die äussere zerreisst, während die innere sich aufs 2—3fache der ursprünglichen Länge streckt. Die 8 Sporen sollen zunächst in dem unteren Theile des gestreckten Ascus liegen, dann in den Scheitel hineinwandern. Darauf erblickt man die oberste Spore in eine an der Spitze des Schlauches sich bildende Oeffnung hineingedrückt und bald darauf mit grosser Gewalt hindurchgeschleudert. Sobald dies geschehen, verkürzt sich der Schlauch um ein Geringes — etwa um die halbe Länge einer Spore, sodass nun die zweite Spore die Spitze des Schlauches berührt und in dessen Oeffnung hineingepresst wird. Indem nun diese die Oeffnung verstopft, verlängert sich der Schlauch wiederum auf seine ursprüngliche Länge, und die in der Oeffnung steckende zweite Spore wird sodann mit gleicher Gewalt wie die erste, ausgeschleudert.« Bei Fortsetzung des Processes werden endlich alle 8 Sporen frei.

Bei der succedanen Entleerung gelangen die Sporen aber auch gleichzeitig aus dem Perithecium heraus, weil die Schlauchstreckung so bedeutend ist, dass

[1]) Mycologische Untersuchungen. Denkschrift d. Wiener Akad. Naturw. mathem. Klasse. Bd. 51, (1885) pag. 23.

[2]) Jahrb. I, pag. 189.

[3]) DE BARY und WORONIN Beitr. III, pag. 5.

die Spitze des Ascus aus der Fruchtmündung herausragt, wie WORONIN (l. c.) für *Sph. Lemaneae* zeigte.

Die succedane Ejaculation bedarf noch eingehenden Studiums, wobei, wie bereits DE BARY andeutet, auch *Pleospora*, andere Sphaerien und *Cucurbitaria* (ich füge hinzu *Sporormia*) ins Auge zu fassen sind.

5. Einrichtungen zur Herausbeförderung der Conidien aus den Conidienfrüchten.

Wie wir sahen, werden die Conidien an der Innenwand der Frucht entweder direct abgeschnürt, oder sie entstehen auf besonderen Trägern. Sie lösen sich nach der Reife von ihren Ursprungsstellen ab. Diese letzteren aber, mögen sie nun zarte Zellen der innersten Wandschicht oder jene Träger repräsentiren, fallen einem allmählichen Desorganisations-Prozess anheim, bei welchem reichlich Gallerte (Schleim) gebildet wird, die in vielen Fällen noch dadurch vermehrt zu werden scheint, dass die äusseren Membranschichten der in grosser Zahl abgeschnürten Conidien selbst verschleimen. Tritt nun Wasser in Form von Thau oder Regen zur Frucht, so quillt die Gallerte so stark auf, dass sie nicht bloss die ganze Conidienfrucht-Höhlung erfüllt, sondern einen Ausweg durch die um diese Zeit bereits ausgebildete Mündung suchen muss. Hierbei werden die Conidien, die in den Schleim eingebettet sind, ins Freie geführt. Da die Mündung, wie es scheint ausnahmslos, sehr eng ist, so werden die Conidien führenden Schleimmassen meist in Form von Ranken (Cirrhi) (Fig. 34, IX*c*; Fig. 41), die bei *Myrmaecium rubricosum* bis 2 Centim. Länge erreichen können, oder in Gestalt von allmählich sich vergrossernden Tropfchen (Fig. 39, V) hinausgedrängt. Bei darauffolgender Trockniss nimmt die schleimumhüllte Conidienmasse bald feste, oft hornartige Consistenz an, um früher oder später zu zerbröckeln und zu verstäuben. Zur Herausschaffung weiterer Conidienmassen werden dann neue Vergaliertungsprozesse an der Fruchtwand eingeleitet, sodass diese ihre zartwandigeren Elemente sämmtlich verliert und schliesslich nur die äusseren verdickten und gebräunten Zellagen, welche der Verschleimung widerstehen, übrig bleiben (z. B. bei Diplodien). Der Rest der Conidien in der Frucht kann wegen Schleimmangels nicht mehr zum Austritt gelangen und wird erst dann frei, wenn die Fruchthülle im Altersstadium zerfällt.

6. Einrichtungen zur Befreiung der Schlauchsporen aus den Behältern nicht ejaculirender Schlauchpilze.

Bei allen denjenigen mit Mündung versehenen Pyrenomyceten, welche ihre Sporen nicht ausschleudern, wird die Herausschaffung der Sporen im Wesentlichen nach demselben Modus bewirkt, wie bei den perforirten Conidienfrüchten, also durch Production von Schleimmassen, welche die Sporen zur Mündung hinaustreiben. Das Material für die Schleim- (Gallert-) Bildung liefern einerseits die Schlauchwandungen, andererseits Paraphysen, wenn solche vorhanden sind und Paraphysen, ja es scheinen in vielen Fällen auch die innersten zarten Schichten der Wandung in diesen Vorgang hineingezogen zu werden. Beispiele hierfür bieten nach meinen Untersuchungen die Chaetomien[1]), sowie *Ascotrichya chartarum*, nach KIHLMANN[2]) *Melanospora parasitica*. Wahrscheinlich ist diese Schleimbildung aus genannten Elementen bei Pyrenomyceten sehr häufig, was schon aus TULASNE's

[1]) Zur Entwickelung der Ascomyceten. Chaetomium. Nova acta, Bd. 42.

[2]) Entwickelungsgeschichte der Ascomyceten. Act. Soc. Fenniae, XIII.

Beobachtungen (Carpologie) hervorzugehen scheint, indessen noch naher zu untersuchen ist.

Bezüglich der Pyrenomyceten mit mündungsloser (cleistocarper) Schlauchfrucht liegen noch wenige Untersuchungen vor. Meine eigenen Untersuchungen an *Zopfiella tabulata*[1]) haben ergeben, dass hier zweierlei Einrichtungen zur Befreiung der Sporen getroffen sind. Sie beziehen zich einerseits auf die Wandung, die insofern eine höchst eigenartige Structur zeigt, als sie aus polyedrischen Täfelchen oder Schildern (ähnlich wie beim Schildkrötenpanzer) besteht, die aus einem dichten, stark cuticularisirten Hyphengeflecht gebildet werden. An der Grenze der Felder erscheint das Gewebe zart und wenig verkorkt, und schon ein leiser Druck bewirkt an diesen Stellen eine Isolirung der Schilder. Es wird nun andererseits in der Frucht Schleim erzeugt dnrch Vergallertung nicht bloss der Schlauchmembranen, sondern auch der Paraphysen, der zarten Elemente der inneren Fruchtwand und selbst der einzelligen Anhängsel, welche sich an den Sporen vorfinden. Der Druck, den diese Schleimmasse bei Aufquellung im Wasser hervorruft, ist im Stande, die Schilder der Wandung zu trennen und so die Sporen frei zu machen.

Bei der Sprengung der im Alter spröde und schwarz werdenden Schlauchfruchtwandung des ebenfalls von mir näher untersuchten *Chaetomium fimeti* und der *Magnusia nitida* wirken ausser der quellenden Schleimmasse des Fruchtinnern wahrscheinlich auch noch die sehr kräftigen, stark verdickten, drahtartigen Hyphen mit, die bei ersterer Species an der Basis, bei letzterer an den Polen der hier querlänglichen Schlauchfrucht stehen und infolge ihrer Hygroscopicität Krümmungen ausführen, bei denen sie feste und dünne benachbarte Körper zu umfassen vermögen. Ob etwa bei manchen Melthaupilzen (Erysipheen) die stark verdickten haarartigen »Anhängsel« der Perithecienwand eine ähnliche mechanische Arbeit leisten, bleibt noch näher zu prüfen.

Abschnitt III.

Morphologie der Zelle und der Gewebe.

I. Zellbau.

Wie die Zellen aller anderen Organismen, so besteht auch die Pilzzelle aus Membran, Plasma und Zellkern.

A. Membran.

Sie stellt in der Jugend ein dünnes Häutchen dar, an welchem sich keinerlei Differenzirung zeigt. Mit zunehmendem Alter aber pflegen einerseits Verdickungen, andererseits Differenzirungen in Form von Schichtungen aufzutreten, wozu dann noch Veränderungen gestaltlicher wie chemischer Natur kommen können.

1. Verdickungen.

Sie kommen dadurch zu Stande, dass der ursprünglichen dünnen Membran (primäre Haut) Membranstofftheilchen aufgelagert werden. Dies geschieht entweder von innen, d. h. vom Plasma her, was sich im Innern der Zelle befindet, oder von aussen her, und dann muss die junge Zelle im Plasmakörper einer

[1]) Sitzungsber. d. naturf. Freunde. Berlin 1880.

Mutterzelle liegen, wie dies z. B. bei der Oospore der Peronosporeen (Fig. 44, VIII) oder den Schlauchsporen der Ascomyceten der Fall ist. Während die Verdickungen vom Innenplasma her in centripetaler Folge entstehen müssen, können die von Seiten des Aussenplasmas (Periplasmas) gebildeten selbstverständlich nur in centrifugaler Folge auftreten.

Die centripetalen wie die centrifugalen Verdickungen erfolgen entweder durchaus gleichmässig, d. h. so, dass die primäre Zellwand allseitig bedeckt wird, oder ungleichmässig, indem sie die primäre Membran an kleineren oder grösseren Stellen frei lassen.

Bei localisirter Verdickung von innen her bleiben meistens nur eng umschriebene, rundliche Stellen der primären Wandung frei und solche Stellen pflegt man als Tüpfel, Poren oder Porenkanäle zu bezeichnen (Fig. 44, X, XI p).

Entgegen der Annahme de Bary's[1]) ist die Tüpfelbildung bei Pilzen eine sehr häufige Erscheinung. Besonders entwickelt trifft man sie bei vielen Sporenformen (Conidien wie Endosporen) an, wo sie z. Thl. zugleich die Stellen bezeichnen, an welchen die Keimschläuche austreten (daher Keimporen). *Sordaria Brefeldii* besitzt in der Wandung der Schlauchsporen lange, spaltenförmige Tüpfel (Fig. 60, I). Solcher Keimporen zeigt z. B. die Sommerspore des Getreiderostes *(Puccinia graminis)* 4 (hier sind sie im Aequator der Spore gelegen), die zweizellige Winterspore dieses Pilzes 2, wovon der eine im Scheitel der oberen Zelle, der andere in der unteren Zelle dicht unterhalb der Scheidewand liegt. Aeusserst zahlreiche feine Poren besitzen, wie de Bary lehrte, die Sporenwände der Flechte *Pertusaria*. Nur einen einzigen scheitelständigen zeigen die von *Uromyces*, von *Coprinus* nach Brefeld. Bei *Thielavia basicola* sind nach meinen Beobachtungen die Querwände der in Reihen angeordneten braunen Dauerconidien mit je einem Tüpfel versehen, der aber nicht als Keimporus fungirt (Fig. 61, V *t*). An den Zellen der *Phragmidium*-Teleutosporen fand ich ausser den in den Seitenwandungen gelegenen grossen Keimporen noch ziemlich kleine in den Querwänden vor, die namentlich bei Behandlung mit concentrirter Schwefelsäure deutlich hervortraten. Exquisit grosse Tüpfel wies de Bary an den Oogonien von Saprolegnieen [z. B. *Saprolegnia Thuretii* (Fig. 63)] nach[2]). Auch das Oogon von *Cystopus candidus* enthält nach eigenen Beobachtungen in seiner Wandung einen grossen Tüpfel, durch welchen der Befruchtungsschlauch des Antheridiums eindringt (Fig. 44, X, XI *p*). Nach Strassburger[3]) ist Tüpfelbildung in den Querwänden bei Basidiomyceten eine sehr verbreitete Erscheinung.

Offenbar dienen die Querwandporen, namentlich die verdickter und gebräunter Zellen, zur Erleichterung des Säfteaustausches. Im terminalen Theile der Schläuche mancher Pyrenomyceten (z. B. *Sporormia*, *Pleospora*) befindet sich ein grosser Porus, der sich bei der Ejaculation öffnet und die Austrittsstelle für die Sporen bildet.

Die Verdickungen, welche auf der Aussenwand derjenigen Zellen entstehen, die sich im Innern von Mutterzellen (Oosporangien, Schläuchen) befinden, nehmen, wie wir sahen, ihren Ursprung aus bei der Sporenbildung nicht verbrauchtem Plasma (Periplasma de Bary's), das allmählich in Membransubstanz umgewandelt wird. Dieses Periplasma besteht in Folge von Vacuolenbildung aus Plasmaplatten

[1]) Morphol. pag. 8.

[2]) Früher hielt man diese Tüpfel mit Pringsheim für Löcher.

[3]) Botanisches Pract. II. Aufl.

(B. 670.) Fig. 61.

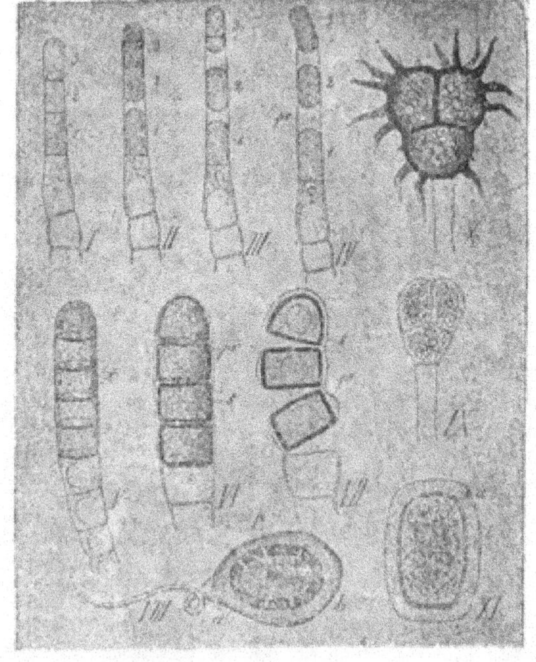

I—VII Conidienträger von *Thielavia basicola*, einem auf den Wurzeln von *Senecio*, *Lupinus* etc. schmarotzenden Parasiten, ca. 600 fach vergr. I—IV Ein Conidienträger, welch. 3 gestreckt cylindrische, farblose Conidien im acropetaler Folge (nach den Zahlen 1 2 3) gebildet hat. Die primäre Membran, welche bei I, die Conidien noch dicht überzieht, ist bei III und IV zur Scheide *pr* geworden, aus welcher die Conidien successive auswandern (continuirliche Beobachtungsreihe). V—VII Die zweite Conidienträgerform des Pilzes mit braunen Conidien; bei V noch unreif, daher nicht stark gebräunt und die Tüpfel *t* in den Querwänden deutlich zeigend. VI Reife Conidienreihe; *pr* primäre Haut, die hier nicht zur Scheide wird; *s* die dicke braune Wand der einzelnen Conidie. VII Mit concentrirt. Schwefelsäure behandelte Conidienkette. Die Mittellamelle ist gelöst, die primäre Haut *pr* an der Grenze der Conidien gesprengt. Im Uebrigen z. Thl. aufgequollen. VIII stark vergrösserte gestielte Spore von *Entorrhiza cypericola* (MAGN.) mit dickem Exosporium *a* und Endosporium *b*, welches letztere mit Tüpfeln versehen ist. IX und X ca. 900 fach. Eine junge, noch nicht mit Verdickungen versehene und eine alte, mit kräftig-stachelförmigen Verdickungen ausgestattete dreizellige Spore des Rostpilzes *Triphragmium echinatum*. Die hellen Stellen in der Wandung der 3 Zellen stellen den Keimporus dar. XI Spore eines Aecidiums. Die Wandung aus 2 Schichten bestehend, dem dicken Exosporium, das radiale Streifung zeigt und dem dünnen Endosporium.

und Strängen und hat diesen maschigenwabigen Charakter auch in der Zeit noch nicht eingebüsst, wo es sich nach der Spore hinzieht und gewissermassen zu erstarren beginnt (Fig. 44, VII, VIII). Daher kommt es denn auch, dass die der Sporenhaut aufgelagerten Verdickungen bei gewissen Pilzen noch die Form von Plasmaplatten oder Strängen besitzen, wie ich es für Sordarien nachwies (wo die Verdickungen als Platten oder Bänder von Schwanzform erscheinen) (Fig. 60, V—VII) oder bald flach-, bald tief- bienenwabenartige Ansätze an die Sporenhaut darstellen, wie es in so exquisiter Weise die Trüffeln und manche Peronosporen (Fig. 44, XII) zeigen (sogen. netzförmige Verdickung), bisweilen aber auch die Gestalt von Wülsten (Fig. 44, IX), Höckern, Wärzchen erkennen lassen, wenn die Periplasmaplatten und Stränge vor dem Erstarrungsprocess ganz eingezogen werden konnten.

Aus der Entstehungsweise der genannten Auflagerungs-Verdickungen folgt von vornherein, dass diese Bildungen localisirten Charakter und den von Vorsprüngen tragen müssen im Gegensatz zu den vom Innenplasma gebildeten gleichmässigen Verdickungen. Besonders auffällig ist jene Localisation z. B. bei den *Sordaria*-Schlauchsporen, wo die Verdickungen den Polgegenden in Form der bekannten Bänder (Fig. 60, V—VII) und Schwänze (Fig. 60, VII) aufgelagert erscheinen, sowie bei E. Chr. Hansens's[1]) *Ascophanus Holmskjoldii*, wo sie in Form von kleinen terminalen Borstenbündeln vorkommen, und bei Ascobolus-Arten, wo sie als laterale Menisken auftreten (Fig. 59, IV).

Die centripetalen Verdickungen zeigen bisweilen auffällige Mächtigkeit, die sogar soweit gehen kann, dass das Lumen der Zelle sehr verengert wird und schliesslich beinahe verschwindet (Sporenstiele von *Phragmidium*, Hyphen des Hutgewebes vom Feuerschwamm [*Polyporus fomentarius*], Capillitium-Fasern von *Bovista*-Arten, Conidien verschiedener Sphaeriaceen).

2. Faltungen.

Sie treten im Ganzen selten auf. Eine sehr auffällige Form ihres Vorkommens habe ich für die Schläuche der mistbewohnenden Sordarien, speciell der Untergattung *Eusordaria* nachgewiesen.[2]) Hier trägt sie den Charakter einer im Scheitel des Ascus gelegenen Ringfalte. Besonders stark entwickelt erscheint sie bei meiner *Sordaria Brefeldii* (Fig. 60, I II). Ihre Bedeutung ist eine mechanische, insofern sie den Ascusscheitel gegen den starken hydrostatischen Druck der Ascusflüssigkeit bei der Reife widerstandsfähiger macht und so vor dem Zerreissen schützt, ein Moment, was für die Ejaculation von Wichtigkeit ist.

Neuerdings hat Woronin an den Querwänden der Conidien von *Sclerotinia Vaccinii* Wor. ebenfalls Faltenbildungen nachgewiesen. Sie kommen hier dadurch zu Stande, dass zwischen den beiden Lamellen der Querwände der Disjunctor eingeschaltet wird (vergl. Fig. 52). Später stülpen sich die Falten aus und dienen so zur Isolirung der Sporen, was bereits auf pag. 349 berücksichtigt wurde.

3. Differenzirungen.

Mit zunehmendem Alter zeigt die anfangs völlig ungeschichtet erscheinende Zellwand in der Regel Differenzirungen in Form von Schichtenbildung. Am ausgesprochensten pflegt dieselbe im Allgemeinen an den Wandungen der Sporen, speciell der grösseren Sporenformen aufzutreten; doch wird sie auch an dickeren Wänden vegetativer Zellen, oft selbst auch an ziemlich dünnen nicht vermisst. Meistens sind in solchen Fällen zwei Lagen zu unterscheiden, die Innenschicht und Aussenschicht, welche bezüglich der Sporen als Endosporium oder Intine und Exosporium oder Exine bezeichnet zu werden pflegen. Von der Regel, dass die Aussenschicht dicker als die Innenschicht ist, kommen mehrfach Abweichungen vor. Mitunter ist jede der beiden Lagen ihrerseits in 2 bis mehrere Lamellen differenzirt, wenn dieselben auch vielfach erst durch Quellung mittelst Kali, Schwefelsäure oder durch die Schultze'sche Maceration oder endlich durch Farbreagentien nachzuweisen sind.

Neben tangentialer Schichtung kommt bisweilen radiale Streifung vor; in besonders schöner Weise kann man letztere bei dem Exosporium vieler Aecidiensporen, sowie mancher Uredosporen sehen, zumal bei Aufquellung mittelst Schwefelsäure.[3])

[1]) Les champignons stercoraires du Danemark. Taf. 3, Fig. 1.

[2]) Anatomische Anpassung der Schlauchfrüchte an die Function der Sporenentleerung. Halle 1884.

[3]) Vergl. Rees, Rostpilzformen der deutschen Coniferen. Abhandl. d. naturf. Gesellschaft. Halle, Bd. XI. — de Bary, Morphol. pag. 108.

Dass das Exosporium der Oosporen der Peronosporeen und der Schlauchsporen, wenigstens z. Thl., nicht durch eigentliche Differenzirung, sondern durch Auflagerung (von metamorphosirtem Periplasma) besteht, ist wohl zweifellos.[1])

4. Chemische Beschaffenheit der Membran.

Die Zellmembran vieler Algenpilze besteht aus einem Kohlehydrat, das sich mit Chlorzinkjodlösung violett, mit Jod und verdünnter Schwefelsäure blau färbt, und andererseits durch Kupferoxydammoniak, sowie auch durch concentrirte Schwefelsäure in Lösung gebracht wird und sich damit als reine Cellulose erweist. Ihr Vorkommen wurde für viele Chytridiaceen, Mucorineen, Saprolegniaceen, Peronosporeen, Pythiaceen und Ancylisteen constatirt, z. Thl. jedoch nur für jugendliche Membranen.

Die Membran der Mycomyceten und mancher Phycomyceten weist zumeist mit Ausnahme der Schwefelsäurereaction, andere Reactionen, als die oben angeführten auf (Ausnahmen: bei *Penicillium*, wo nach BREFELD die Fruchtwände, bei *Clavaria juncea, Anthina pallida, purpurea flammea,* wo nach DE BARY die Membranen der Mycelien resp. Fruchtkörper aus echter Cellulose bestehen).

Dieser Umstand veranlasste DE BARY[2]) zu der Annahme, dass hier ein besonderes Kohlehydrat vorliege, das er »Pilzcellulose« nannte.

Ob diese Anschauung richtig ist oder nicht, darüber steht die letzte Entscheidung noch aus. Doch steht es fest, dass die jungen Membranen gewisser Pilze stets Cellulose-Reaction geben, während sie später auf Pilzcellulose reagiren, und die Untersuchungen RICHTERS[3]) lehrten, dass wenn man die Pilzcellulose enthaltenden Membranen gewisser Schwämme geraume Zeit mit Aetzkali behandelt, sie die Reaction reiner Cellulose zeigen. Nimmt man hierzu noch die von DE BARY angegebene Thatsache, dass gewisse Pilze (z. B. *Clavaria juncea)* im entwickelten Zustande bald Cellulose-, bald Pilzcellulose-Reaction geben, so kann es nicht zweifelhaft sein, dass beide Stoffe mindestens in sehr naher verwandtschaftlicher Beziehung stehen müssen und die eine in die andere umgewandelt werden kann.

Wie die Zellmembranen der übrigen Pflanzen, so können auch die der Pilze nachträgliche chemische Veränderungen erleiden. Sie tragen entweder den Charakter von Umwandlungen der Cellulose resp. Pilzcellulose in andere Cellulose-Modificationen oder auch in Harze, oder sie erscheinen als eine Folge von Einlagerungen fremdartiger Substanzen.

So verbreitet jene Umwandlungsprodukte sind, so wenig sind dieselben bisher chemisch studirt. Sie kommen in allen Abtheilungen der Pilze vor. Am häufigsten treten sie in Form von Gallertbildungen oder Verschleimungen auf. Vergallertungen finden sich in exquisiter Form an den Sporenmembranen vieler Brandpilze (z. B. *Ustilago)*, mancher Uredineen *(Coleosporium)*, vieler Tremellinen *(Tremella)*, der äusseren Fruchtwand gewisser Bauchpilze *(Phallus, Sphaerobolus, Geaster)*, zahlreicher Hymenomyceten (Hut von *Tre-*

---

[1]) Bezüglich der Entstehung und des Wachsthums der Zellmembran muss, da dies in die allgemeine Zellenlehre gehört, auf die »Morphologie und Physiologie der Pflanzenzelle« von A. ZIMMERMANN, dieses Handb. Bd. III verwiesen werden, wo man auch die Literatur angegeben findet.

[2]) Morphol. u. Physiol. d. Pilze, Flechten und Myxomyceten. Leipzig 1864.

[3]) Beiträge zur genaueren Kenntniss der chemischen Beschaffenheit der Zellmembran bei den Pilzen. Sitzungsber. d. Wiener Akad. Bd. 83, I pag. 494.

mellodon gelatinosum) Huthaut vieler Agarici, äussere Hyphenlage junger Stränge von *Agaricus melleus),* der Schläuche, Paraphysen und der inneren Perithecienwand sehr zahlreicher Pyrenomyceten *(Chaetomium),* der Fruchtwand und des Stieles gewisser Pezizenartiger *(Bulgaria)* und Morchelartiger *(Leotia lubrica)* Scheibenpilze. Auch bei den Hefepilzen und Flechten hat man Vergallertungen vielfach beobachtet.

Diese Gallertmassen tragen theils den Charakter von Pflanzenschleimen, theils von gummiartigen Substanzen (siehe das Kapitel: Die chemischen Bestandtheile).

Sehr häufig ist bei Pilzen wie bei Flechten eine Zellstoff-Modification, die sich mit Jod blau oder violett färbt. Namentlich an den Schlauchspitzen vieler Discomyceten[1]) aber auch mancher Pyrenomyceten (z. B. *Sordaria)* hat man diese Reaction beobachtet und schon seit längerer Zeit als systematisches Unterscheidungsmittel benutzt, namentlich auch in der Lichenologie. Ob dieser Stoff etwa mit dem durch Jod ebenfalls sich bläuenden Isolichenin identisch ist (siehe Chemische Bestandtheile der Pilze) muss vorläufig dahin gestellt bleiben. Von Stärke kann natürlich keine Rede sein.

Nach Harz können die Membranen der Huthyphen von *Polyporus officinalis* in Harz umgewandelt werden.

Was sodann die Einlagerungen (Infiltrationen) fremder Stoffe in die Zellhaut anbetrifft, so sind dieselben recht mannichfaltiger Art.

Unter den Infiltrationen organischer Natur kommen vor allen Dingen Farbstoffe in Betracht.

Sehr bemerkenswerth ist, dass in sehr zahlreichen Fällen die Farbstoffe durch kein einziges Lösungsmittel aus der Sporenmembran zu entfernen sind. Dass hierbei die Cellulose- oder Pilzcellulose-Reaction gänzlich verdeckt wird, ist nicht zu verwundern.

Die Membranfarbstoffe sind entweder in alle Schichten der Membran eingelagert oder nur in die äussern Lamellen der Zellwand, wie es bei den meisten dickwandigen Zellen der Fall zu sein scheint, oder (seltener) nur in die Innenlamelle (*Phragmidium subcorticium* Schrank nach J. Müller). Ziemlich verbreitet dürften auch Infiltrationen der Zellhaut mit harzartigen Körpern sein. E. Bachmann fand mit einem rothen harzartigen Stoffe (s. Nectriaroth die Membranen von *Nectria cinnabarina* imprägnirt. Auch das gelbe Gummiguttähnliche Harz, das ich bei *Polyporus hispidus* auffand, kommt zum Theil in den Membranen des Hutgewebes und der Sporen vor, dasselbe gilt von dem gelben Harz des *Agaricus spectabilis* (vergl. den Abschnitt: chemische Bestandtheile der Pilze, speciell den Abschnitt Harze). Wahrscheinlich lagern alle Pilze, welche Harze ausscheiden, wie die meisten Polyporeen, diese Stoffe auch in die Wandungen ein.

Sodann kommen Infiltrationen von Stoffen vor, welche bewirken, dass sich die Membran mit Phloroglucin und Salzsäure roth bis violett, mit schwefelsaurem Anilin gelb, mit Indol und Schwefelsäure roth färbt. Solche Membranen nennt man »verholzt«. Sie bläuen sich nicht mit Jod und Schwefelsäure (resp. mit Chlorzinkjod) sondern nehmen damit Gelb- bis Braunfärbung an, sind unlöslich in Kupferoxydammoniak, nicht selten auch in conc. Schwefelsäure

Welcher Natur diese Einlagerungsstoffe sind, wissen wir noch nicht, vielleicht kommen nebst

[1]) Z. B. mancher Phacidiaceen, Stictideen, Ascoboleen, Pezizeen. Vergl. Rehm's Bearbeitung der Pilze in Rabenhorst's Kryptogamenflora. Bd. I, Abth. III.

anderen Coniferin und Vanillin, die man in verholzten Wänden höherer Gewächse gefunden, in Betracht[1]). Verholzte Membranen finden sich nach BURGERSTEIN[2]), der als Erkennungsmittel die Gelbfärbung durch schwefelsaures Anilin (mit Schwefelsäure) anwandte, bei den Flechten *Bryopogon ochroleucus, Cladonia furcata, gracilis* und *pyxidata, Imbricaria physodes,* woselbst die Markschichten wenigstens schwach gelb gefärbt wurden. Die von ihm untersuchten Pilze (*Saccharomyces cerevisiae, Mucor Mucedo, Aspergillus, glaucus, Penicillium glaucum, Peziza acetabulum, Hypoxylon polymorphum, Trametes Pini, Daedalea quercina, Agaricus corticalis, Polyporus lutescens, officinalis, versicolor, sulfureus, stereoides* u. Andere zeigten keine Verholzung.

Niggl[3]), der die Rothfärbung mit Indol und Schwefelsäure zur Erkennung anwandte, fand die Membranen von *Polyporus fomentarius* schwach, die von *Trametes suaveolens* ausgesprochen verholzt. Auch die Rinden- und Markschicht einiger Flechten (*Cladonia deformans, Cetraria islandica, Cladonia furcata, gracilis, Imbricaria physodes, Sticta pulmonacea, Ochrolechia pallescens*) färbten sich deutlich roth. Wie BURGERSTEIN konnte auch er bei *Sacch. cerevisiae, Mucor Mucedo, Penicillium glaucum, Daedalea quercina, Agaricus procerus* keine Verholzung constatiren.

Nimmt man hierzu noch die negativen Resultate, welche HARZ[4]) bei einer ganzen Reihe anderer Pilze aus den verschiedensten Gruppen erhielt, so wird man sagen müssen, dass die Vermuthung SCHACHTS und DE BARY's von einer allgemeineren Verbreitung der Verholzung bei Pilzen nicht Stand hält.

Ausgesprochene Verholzung fand HARZ bei *Elaphomyces granulatus* (an gewissen Zellen der Fruchthülle) und an den Capillitium-Fasern von *Bovista nigrescens* PERS., *plumbea* PERS., *tunicata* FR. besonders bei Anwendung von Phloroglucin und Salzsäure.

Einlagerung von Wachs soll bei manchen Conidien, z. B. von *Penicillium* vorkommen, die von Wasser nicht benetzbar sind. Ein strenger Nachweis steht aber noch aus.

Einlagerung von Fetten dürfte namentlich in den Membranen der Sporen häufig vorkommen, doch fehlen auch hier sichere Anhaltspunkte.

Der so viel gebrauchte Ausdruck »Cuticularisirung« ist wahrscheinlich ein ähnlicher Sammelbegriff für Einlagerungen von organischen Substanzen, die man nicht genau kennt, wie der der »Verholzung«. In vielen Fällen mag es sich um unlösliche Farbstoffe und um Fette, in anderen um Combinationen von Fetten und Harzen oder von Farbstoffen und Harzen handeln. Eingehende Untersuchungen, namentlich solcher Objecte, die von massgebenden Autoren übereinstimmend als »cuticularisirt« bezeichnet werden, sind sehr erwünscht[5]). Bisher hat man so ziemlich alle Einlagerungen, welche gebräunt sind, und mit denen man sonst nichts anzufangen wusste, bequemerweise »cuticularisirt« genannt.

Von Infiltrationen anorganischer Natur sind allbekannt die des Kalkoxalats, bei Pilzen sowohl als bei Flechten häufig vorkommend, und gewisser Eisenverbindungen, die man bei einigen Flechten beobachtet (siehe: Chemische Bestandtheile der Pilze).

5. Physikalische Beschaffenheit.

Es soll hier nur auf den ausserordentlich hohen Grad von Dehnbarkeit hingewiesen werden, welcher, wie ich nachwies, die Schlauchmembran der ejaculirenden

[1]) Näheres über Verholzungen überhaupt bei ZIMMERMANN, Morphol. und Physiol. d. Pflanzenzelle. Dieses Handb. Bd. III, Hälfte 2, pag. 123—125.

[2]) Untersuchungen über das Vorkommen und die Entstehung des Holzstoffes in den Geweben der Pflanzen. Sitzungsber. d. Wiener Akad. Bd. 70, pag. 341.

[3]) Das Indol ein Reagenz auf verholzte Membranen. Flora 1881.

[4]) Ueber das Vorkommen von Lignin in Pilzen. Bot. Centralbl. Bd. 23, pag. 371—372 u. Bd. 25, pag. 386—387.

[5]) Ueber Korkbildung und Cuticularisirung vergl. auch Zimmermann l. c.

Ascomyceten auszeichnet. Am ausgesprochensten tritt derselbe bei den Schläuchen der Sordarien hervor, die sich bis auf das fünffache ihrer ursprünglichen Länge und das drei- bis vierfache ihrer ursprünglichen Weite zu dehnen vermögen. In Fig. 58 I u. II sind die verschiedenen Stadien der Dehnung zur Anschauung gebracht durch die Reihenfolge der Buchstaben *a—g*.

B. Plasma (Cytoplasma).

Es stellt, wie in den Zellen aller anderen Organismen, eine zähflüssige Masse dar, in welche kleine stärker lichtbrechende Körperchen emulsionsartig vertheilt sind. Die letzteren, *Mikrosomata* genannt, nehmen mit Jod gelbe Färbung an und speichern mit Leichtigkeit Anilinfarbstoffe, wie es Proteinkörper thun, während jene zähflüssige Grundmasse diese Eigenschaften nicht zeigt.

Das Cytoplasma grenzt sich nach aussen durch eine feine Haut (Primordialschlauch Mohl's, Hautschicht Pringsheims) ab. Um sie sichtbar zu machen, wendet man wasserentziehende Mittel (z. B. Zuckerlösung) an, worauf sie sich, wie sich wenigstens an grösseren Zellen constatiren lässt, von der Zellwand abhebt.

Jeder Plasmakörper ist der äusseren Gestaltveränderung (Metabolie oder Amoeboidität) fähig. Er kann aber selbstverständlich diese Fähigkeit nur dann äussern, wenn er nicht von einer Zellwand umschlossen ist. Solche hautlose Plasmakörper trifft man nur in der Gruppe der Algenpilze, speciell bei Chytridiaceen, Saprolegniaceen und Lagenidieen, Pythieen und manchen Peronosporeen an. Hier treten sie in Form von Schwärmsporen (Zoosporen) auf. Die metabolischen Erscheinungen derselben sind am ausgesprochensten bei den Chytridiaceen, wo sie schon Schenk[1]) beobachtete, dagegen nicht besonders auffällig bei den übrigen Algenpilzen. Doch geht auch bei den Schwärmern der Chytridiaceen die Metabolie niemals so weit, dass, wie etwa bei den Monadinen, lange und spitze Pseudopodien entwickelt würden, vielmehr nehmen die Plasma-Fortsätze nur mehr breite und stumpfe Formen an.

Die in Rede stehenden nackten Plasmakörper sind ferner mit eigenthümlichen feinfädigen Anhangsorganen versehen, welche die schnelle Ortsveränderung der Schwärmer bewirken, und als Cilien, Geisseln oder Flagellen bezeichnet werden. Bei den Chytridiaceen treten sie fast durchweg in der Einzahl, bei den übrigen Algenpilzen in der Zweizahl auf, entweder in polarer oder in lateraler Stellung. Wo grosse Feinheit, geringes Lichtbrechungsvermögen und lebhaftes Spiel dieser Organe den Nachweis erschweren, hat man zu fixirenden und tingirenden Mitteln, wie Jodlösung, Chromsäure etc. zu greifen. Beim Schwärmen werden die Cilien entweder vorangetragen (Saprolegnia) oder nachgeschleppt (viele Rhizidienartige Chytridiaceen.)

Die Zoosporen scheinen durch die Cilien in der Art in Bewegung gesetzt zu werden, dass sie sich um ihre Achse drehen. Von Seiten derjenigen Schwärmer, welche seitliche Cilien zeigen, werden, wie man durch die Beobachtung leicht constatiren kann, andere Schwärmbahnen beschrieben, als durch solche mit terminalen Cilien. Nach meinen Beobachtungen[2]) weist die Schwärmbahn der Zoosporen von *Rhizophidium Pollinis (A. Br.)* in den meisten Fällen eine Zickzacklinie auf, mit gewöhnlich spitzen Winkeln. Die Winkelpunkte stellen zugleich Ruhestationen dar, wo die Cilie sich stark contrahirt. Genaue Beobachtungen über die Schwärmbahnen anderer Zoosporen liegen meines Wissens nicht vor.

[1]) Ueber contractile Zellen im Pflanzenreiche. Physik.-med. Gesellsch. Würzburg 1857 und Jenenser Gratulationsschrift. Für viele Chytridiaceen habe ich selbst Angaben auffälliger Amoboidität gemacht: Zur Kenntniss der Phycomyceten. Nova acta Bd. 47. Nr. 4.

[2]) Ueber einige niedere Algenpilze *(Phycomyceten)* Halle 1887.

Unter den Einschlüssen des Plasmas sind hervorzuheben:

a. Vacuolen. Während junge Pilzzellen, z. B. die Endzellen wachsender Fäden, relativ wenig wässrigen Zellsaft führen, treten mit zunehmendem Alter der Zelle allmählich Ansammlungen wässriger Bestandtheile in Form von erst wenigen kleinen, dann mehreren allmählich grösser werdenden Tröpfchen auf (Fig. 20, I—IV, Fig. 25, II, Fig. 30, I, Fig. 44, VII), die schliesslich zu noch grösseren Tropfen zusammenfliessen können (Fig. 37, II *p*, 44, VIII). Man nennt diese Zellsafttropfen, weil man sie früher für Hohlräume hielt, Vacuolen. Bei reicher Anzahl derselben erscheint das Plasma schaumig (Fig. 20, I—IV) und bei ihrem Zusammenfliessen wird dasselbe zu einem wandständigen Belag zusammengedrängt (Fig. 23 XI). In den Dauersporen vermisst man sie gewöhnlich, weil diese Organe möglichst wasserfreies Plasma speichern. Beim Keimungsprozess aber, bei welchem bekanntlich Wasseraufnahme erfolgt, werden sie natürlich immer sehr bald auftreten.

b. Krystalloide (Klein). Als Krystalloide bezeichnet man Krystalle eiweissartiger Natur, wie sie in den Zellen mancher Phanerogamen (z. B. in den Proteinkörnern der Zellen des *Ricinus*-Samens) und in den Zellen rother Meeresalgen (Florideen) vorkommen. Im Bereiche der Pilze stellen sie insofern eine seltene Erscheinung dar, als ihre Existenz bisher nur betreffs der Algenpilze (Phycomyceten), speciell der Kopfschimmel (Mucoraceen) nachgewiesen wurde, zuerst von Klein[1]) (bei *Pilobolus*) (dann von van Tieghem[2]), der sie zugleich genauerem Studium unterwarf[3]).

Ihre Form ist nach v. T. entweder die des Octaëders (*Phycomyces nitens, Spinellus fusiger, Sporodinia grandis, Rhizopus nigricans, Mortierella tuberosa* u. *pilulifera, Piptocephalis arrhiza*) oder die der triangulären abgestumpften Platte, die von v. T. auf das Octaeder zurückgeführt wird (*Mucor*-Arten, *Thamnidium elegans, Mortierella polycephala, Helicostylum elegans, Chaetostylum Fresenii*); beiderlei Krystallformen trifft man bei *Chaetocladium elegans* u. *Pilaira Cesatii* an.

Ziemlich gross erscheinen die Krystalloide von *Pilobolus*- und *Mucor*-Arten; sehr kleine Formen finden sich bei *Chaetocladium* u. *Piptocephalis arrhiza*. Sie sind auf die Träger der Sporangien und Zygosporen localisirt und im Mycel nach v. T. nur in der Nähe dieser Fructificationsorgane zu finden. Ihre geringere oder reichlichere Production scheint von der Beschaffenheit des Substrates abzuhängen, doch fehlen hierüber noch exacte Versuche. Während die Krystalloïde der Phanerogamen zumeist als Reservestoffe fungiren, dürften nach v. T. die der Mucorineen als Ausscheidungsproducte aufzufassen sein, da sie nicht mit zur Sporenbildung verwandt werden und nach der Entleerung der Sporangien und Zygosporenträger mit deren Absterben allmählich aufgelösst werden. v. T. bezeichnete die Eiweisssubstanz der Mucoraceen-Krystalloïde als »Mucorin«.

c. Cellulinkörner (Pringsheim 1883[4])). Ihr Vorkommen beschränkt sich nach dem bisherigen Stande der Kenntniss auf Saprolegnia-artige Pilze

[1]) Zur Kenntniss des *Pilobolus* (Jahrb. f. wissensch. Botanik t. 8 (1872) p. 337).

[2]) Nouvelles recherches sur les Mucorinées. Ann. sc. nat. ser. VI t. I, pag. 24—32.

[3]) Ob *Dimargaris crystallina*, bei der v. T. gleichfalls Krystalloïde fand, ein Ascomycet ist, muss vorläufig dahingestellt bleiben.

[4]) Ueber Cellulinkörner, eine Modification der Cellulose in Körnerform. Berichte d. deutsch. botan. Ges. 1883.

nähmlich *Leptomitus lacteus* AGARDH, *L. brachynema* HILDEBRAND, *L. pyriferus* ZOPF [1]), sowie Vertreter der Gattung *Achlya* und *Saprolegnia*.

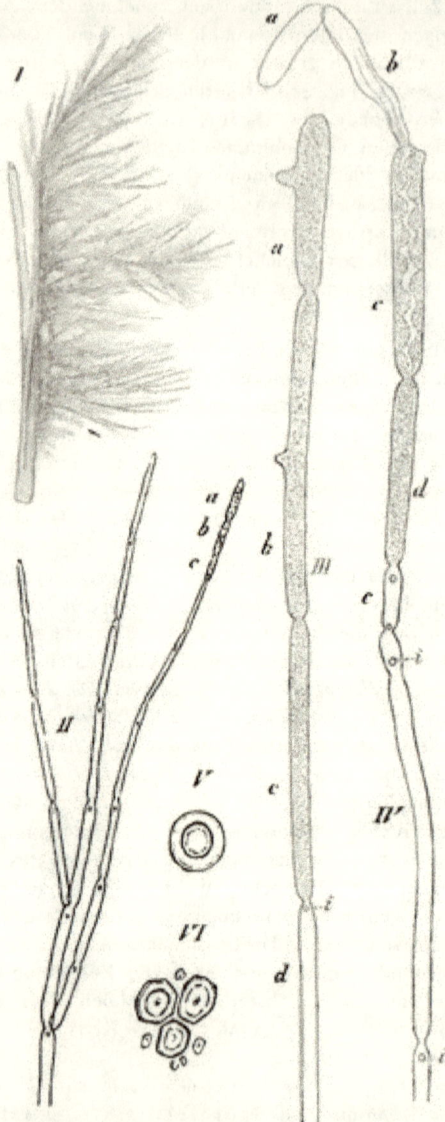

Fig. 62. (B. 671.)

Leptomitus lacteus AG. I Schwimmendes Strohhalmfragment mit Rasen des Pilzes in natürlicher Grösse besetzt. II 40fach. Stück eines Zweigsystems, die Einschnürungen an den Fäden, die rundlichen Cellulinkörner und drei Sporangien zeigend, welche in der Reihenfolge *a b c* sich auszubilden im Begriff sind. III 250 fach. Ein Fadenstück in seinem oberen Ende dargestellt. Die durch die Einschnürungen getrennten Glieder sich nach der Reihenfolge der Buchstaben *a b c* zur Sporangienbildung anschickend, das untere *d* noch vegetativ und ein Cellulinkorn (bei *i*) zeigend. Die Sporangien *a* u. *b* haben eine seitliche Ausstülpung (Entleerungspapille) getrieben. IV 250fach. Aehnliches Fadenstück; die Sporangien *a* u. *b* bereits entleert, *c* die Zerklüftung des Plasmas in Schwärmer zeigend, *d* noch nicht so weit entwickelt; die beiden anderen Glieder noch vegetativ, bei *i* Cellulinkörner. V u. VI Cellulinkörper in verschiedener Grösse, die grossen mit concentrischer Schichtung, 740 fach nach PRINGSHEIM. Alles übrige nach der Natur.

In der Jugend erscheinen sie »als flache scheibenförmige oder polyedrische Plättchen mit abgerundeten Ecken«, die älteren grösseren »haben sehr wechselnde, im allgemeinen der Kugelform genäherte Gestalten mit stellenweise flächenartiger Begrenzung.« Anfangs ungeschichtet zeigen sie später deutliche concentrische Schichtung (Fig. 62, III, IV *i*, V, VI).

[1]) Zur Kenntniss der Infectionskrankheiten niederer Thiere und Pflanzen. Nov. acta.

In chemischer Beziehung stellen sie ein celluloseähnliches, speciell der Pilzcellulose nahe verwandtes Kohlehydrat dar. Sie lösen sich leicht in Schwefelsäure, sowie in Chlorzinkjodlösung, und sind in Kupferoxydammoniak, kaustischen Alkalien, Salz- und Salpetersäure unlöslich.

Es kommen auch Zwillingskörner und zusammengesetzte Körner vor, die nach Pr. durch eine Art Sprossung entstehen sollen, analog den hefeartigen Zellen. Bei den Achlyen bleiben die aus einander hervorgehenden Generationen sehr lange mit einander in Zusammenhang.

Die Cellulinkörper treten nicht bloss mit den Mycelschläuchen sondern (bei Achlya) auch in den Oogonien auf. Hier entstehen sie nach Pr. aus dem Periplasma. In den Schläuchen der *Leptomitus*-Arten sollen nach Pr. die Körner, wenn sie in eine Strictur gelangen, verquellen und mit der Membran derart verschmelzen können, dass ein querwandartiger Verschluss zu Stande kömmt.

d) Fibrosinkörper (Zopf 1887).[1] Die Fibrosinkörper sind bisher nur im Inhalt der Conidien von Mehlthaupilzen (Erysipheen) aufgefunden (Fig. 20, I—VI). Ihre Formen, ebenso eigenthümlich wie mannichfaltig, entsprechen theils dem Typus der Scheibe oder flachen Muschel (Fig. 20, VI, *a b c*), theils dem Typus des Hohlkegels (Fig. 20, VI, *d e*) ohne oder mit abgeschnittener Spitze (Fig. 20, VI, *f g*) theils dem Typus des Hohlcylinders (Fig. 20, VI, *h i*). Von der hohen Kante gesehen erscheinen sie als gerade, gekrümmte oder gebrochene Striche (Fig. 20, I, 1—8, II, III, IV). Am grössten sind sie bei den *Podosphaera*-Species, am kleinsten bei *Erysiphe*-Arten. Bei *Podosphaera Oxyacanthae* (Mehlthau des Weissdorns) messen sie etwa 2—8 μ im grössten Durchmesser, in der Dicke nur 0,5—0,7 μ. Ihr Lichtbrechungsvermögen ist so schwach, dass sie im Plasma der Conidien in der Flächenansicht leicht übersehen werden und nur auf der hohen Kante stehend deutlich hervortreten (Fig. 20, I—IV). Selbst bei Behandlung mit Aetzkali, Chromsäure etc. lassen sie, im Gegensatz zu den Cellulinkörnern, keinerlei Structur (Schichtung, Streifung) erkennen. Aus dem chemischen Verhalten erfolgt, dass sie der Pilzcellulose (Fibrose Fremy's) nahe stehen. Sie sind schwer löslich in concentr. Schwefelsäure, unlöslich in Salpetersäure, Salzsäure, Kupferoxydammoniak, Aetzkali, quellungsfähig in erwärmtem Kali und heissem Wasser und werden durch Chlorzinkjod weder gelöst (Gegensatz zu Cellulin) noch gefärbt. Gegen Jod, Alkohol, Aether, Chloroform, Osmiumsäure, Anilinfarbstoffe verhalten sie sich indifferent. Sie entstehen zum Theil schon im Conidienträger und gelangen bei Bildung der Conidien in diese hinein, um sich mit zunehmendem Alter zu vergrössern. Sie haben die Bedeutung eines Reservestoffes, da sie bei der Keimung der Conidien aufgelöst werden

Das von Focke, Carter, Stein, Schmitz und Klebs für chlorophyllgrüne (Englenen), von mir für chlorophyllose niedere Thiere (Monadinen speciell *Leptophrys*) nachgewiesene Paramylum ist im Inhalt pilzlicher Zellen bisher nicht gefunden worden, obwohl seine Existenz hierselbst nicht unmöglich wäre.

Dagegen scheint die Möglichkeit der Bildung von Stärke ausgeschlossen zu sein, da diese in ihrer Entstehung an Chlorophyll gebunden ist.

e) Fett oder fettes Oel kommt sowohl in den Zellen der Mycelien als in den Fruchtträgern und besonders auch in Sporen und Gemmenbildungen in grosser Verbreitung vor, und zwar in Form von anfangs kleinen, allmählich grösser werdenden und durch schliessliches Zusammenfliessen mehr oder minder

[1] Berichte der deutsch. botan. Gesellsch. 1887. Bd. V, Heft 7, pag. 275—281.

beträchtliche, oft riesige Dimensionen annehmenden, stark lichtbrechenden Tropfen (Fig. 23 IX, 24 IV, 30 VII). Sie sind löslich in Alkohol, Aether, Chloroform, Benzol, werden durch Alkannatinctur roth, durch 1% Ueberosmiumsäure braun gefärbt und zeigen die Acroleïnreaction.

Wo relativ grosse Tropfen in der Einzahl in den Zellen vorhanden sind, umlagern sie oft den Zellkern, diesen ganz einhüllend (Beispiele: die Oosporen mancher Chytridiaceen, der Kopfschimmel *[Mucor]*, der Saprolegnieen Peronosporeen, die Schwärmsporen der Chytridiaceen, die Sprosse mancher *Saccharomyces*-Arten). Wo sie, wie in den ellipsoïdischen Sporen der Morchelartigen und vieler anderer Ascomyceten in der Zweizahl zugegen, liegen sie in den Brennpunkten des Ellipsoïds. Als besonders reichliche Fettbildner will ich hervorheben die Gemmen der Russthaupilze *(Dematium pullulans* (Fig. 30 VII), *Cladosporium Fumago, Penicillium cladosporioïdes, Fumago salicina)* und das Mutterkorn.

Die Fettmassen erscheinen bei manchen Species goldgelb oder orangeroth, z. B. bei den Zoosporen der Cladochytrien, den Sommer- und Wintersporen vieler Rostpilze (Uredineen) und Gallertpilze (Tremeilinen) weil sie mit Farbstoffen tingirt sind. (Siehe Inhaltsfarbstoffe).

f) Farbstoffe kommen, wie längst bekannt, im Inhalt pilzlicher Zellen sehr häufig vor, entweder in der Zellflüssigkeit gelöst (alle wasserlöslichen Farbstoffe) oder an Tröpfchen von fettartigen Substanzen gebunden (die in Wasser unlöslichen Fettfarbstoffe oder Lipochrome). Letztere erkennt man mikrochemisch, wenn sie in genügender Concentration vorhanden sind, an der Blaufärbung durch concentrirte Schwefelsäure resp. Salpetersäure und an der Grünfärbung durch Jodjodkalium. Gewöhnlich sind die Fettfarbstoffe gelb oder rothgelb. In den Sporangienträger-Anlagen von Pilobolus, in den Sporen der Uredineen, in den Paraphysen vieler Pezizen und Ascobolus Arten, in den fructificativen Theilen der Gallertpilze (Tremellinen) sind nahe verwandte Fettfarbstoffe an relativ grosse Tröpfchen so reichlich gebunden, dass der mikrochemische Nachweis leicht zu führen ist; in anderen Fällen, wo die Tröpfchen sehr klein erscheinen, stellen sich grössere Schwierigkeiten entgegen. Man hat dann den Nachweis makrochemisch zu versuchen. Vergl. den Abschnitt »Farbstoffe« im physiologischen Theile.

g. Harze sind namentlich in den Zellen vieler Basidiomyceten häufig, z. B. der Porenschwämme (Polyporeen), der Lamellenschwämme (Agaricineen), der Thelephoreen etc., entweder in Form von Tröpfchen zu finden, oder die Zellen partiell oder auch total ausfüllend. Letzteres ist der Fall bei *Polyporus hispidus*, sowie bei *Agaricus spectabilis* Fr., wo manche Hyphen in Hut und Stiel oft auf sehr weite Strecken mit Harz gefüllt erscheinen und dadurch stark lichtbrechendes Aussehen erhalten. Der mikrochemische Nachweis ist nur dann mit Sicherheit zu führen, wenn eine makrochemische Untersuchung des betreffenden Pilzes vorausgegangen. Denn die üblichen mikrochemischen Reactionen passen einerseits nicht auf alle Pilz-Harze, andererseits passen sie ebensogut auf andere Substanzen. (So werden z. B. harzerfüllte Zellen durch Alkannatinctur roth gefärbt; allein Fette zeigen diese Reaction ebenfalls; sie ist also nur dann anwendbar, wenn zuvor makrochemisch nachgewiesen ist, dass der Pilz kein Fett enthält. Die Franchimont'sche Reaction mit concentrirter wässriger Kupferacetatlösung, welche nach mehrtägiger Einwirkung harzigen Zellinhalt smaragdgrün färbt, giebt bei manchen Pilzharzen kein Resultat. Eisenchlorid färbt die notorisch harzerfüllten Zellen, welche man im Hutgewebe von *Polyporus hispidus* zerstreut findet, dunkelolivenbraun, harzerfüllte Hyphen anderer Pilze nicht.) Vergl. den Abschnitt »Harze« im physiologischen Theile.

h) Krystalle anorganischer Substanzen sind im Zellinhalt der Pilze bisher nur selten gefunden worden, und zwar handelt es sich dabei, soweit mir bekannt, ausschliesslich um oxalsauren Kalk. Schöne kugelige Drusen dieser Verbindung kommen nach DE BARY[1]) in den Mycelfäden von *Phallus caninus* vor; in den blasigen Zellen des Hutes und Stieles von *Russula adusta* fand derselbe Forscher hier und da kleine stabförmige Kalkoxalat-Krystalle.

Mikrochemisch sind die Kalkoxalatkrystalle daran zu erkennen, dass sie in Essigsäure unlöslich, in Schwefelsäure ohne Gasentwickelung löslich sind, worauf die Bildung von Gipskrystallen eintritt.

Ueber das Vorkommen von nicht geformten Inhaltsbestandtheilen, wie Glycogen, Mycose, Mannit etc. siehe den physiologischen Theil.

C. Zellkern.

Es ist noch nicht lange her, dass man allgemein annahm, die Pilzzellen seien, wenige Ausnahmen abgerechnet, kernlos. Heut zu Tage ist man vom Gegentheil überzeugt, da seit dem Vorgange von SCHMITZ[2]) und STRASSBURGER[3]) die Existenz von Zellkernen in allen Fällen constatirt wurde, wo man ihnen mit passenden Methoden nachging.

In den Schlauchsporen mancher Ascomyceten (z. B. *Selinia pulchra* nach meinen Beobachtungen) sowie in den vegetativen Zellen von *Molinia candida* nach HANSEN und *Basidiobolus ranarum* nach EIDAM[4]) in den Zellen vieler anderen Pilze erscheinen diese Gebilde von solcher Grösse und sonstiger Beschaffenheit, dass sie ohne Weiteres mit einem guten System nachzuweisen sind. Wahrhaft riesige, 5—6 mikr. im Durchmesser haltende Zellkerne besitzt mein *Amoebochytrium rhizidioides*.[5]) Dagegen enthalten die Zellen sehr vieler anderer Pilze so kleine Kerne, von im Vergleich zu dem plasmatischen Inhalt so schwachem Lichtbrechungsvermögen, dass ihr Nachweis nur nach vorheriger Fixirung des Zellplasmas durch schnell tödtende Reagentien mit darauf folgender Anwendung gewisser Färbungsmittel sicher gelingt. (Gewöhnlich wendet man zur Fixirung Alkohol absolutus oder Pikrinsäure resp. Pikrinschwefelsäure und nach dem Auswaschen zur Färbung Haematoxylin-Lösung an).

Viele Sporen besitzen nur einen Kern, so nach STRASSBURGER[6]) die Schwärm-Sporen von *Saprolegnia*, nach BÜSGEN[7]) die von *Leptomitus*, nach NOWAKOWSKI die von *Polyphagus Euglenae*, nach ROSENVINGE[8]) die Conidien mancher Basidiomyceten, nach eigenen Beobachtungen die Conidien der Mehlthaupilze (wo der Kern ziemliche Grösse erreicht), nach DE BARY[9]) die Ascosporen von *Peziza*

[1]) Morphologie pag. 12.

[2]) Ueber die Zellkerne der Thallophyten. Verhandl. d. naturf. Vereins der preuss. Rheinlande 1879 und 1880.

[3]) Zellbildung und Zelltheilung. 1.—3. Aufl.

[4]) *Basidiobolus*, eine neue Gattung der Entomophthoreen. Beitr. z. Biol. Bd. IV, pag. 181.

[5]) Zur Kenntniss der Phycomyceten I, zur Morphologie und Biologie der Ancylisteen und Chytridiaceen. Nova acta Bd. 42, (1884). pag. 182.

[6]) Zellbildung und Zelltheilung 3. Aufl. Taf. 13. Fig. 7—8.

[7]) Entwickelung der Phycomyceten-Sporangien. PRINGSH. Jahrb. 13, Taf. 12, Fig. 10, 14.

[8]) Sur les noyaux des Hyménomycètes. Ann. sc. nat. ser. 7, t. III.

[9]) Morphol. pag. 103.

confluens, nach FISCH[1]) die Ustilagineen-Sporen. Mehrkernige Sporen fand SCHMITZ[2]) bei *Chaetocladium Jonesii*, zweikernige ROSENVINGE l. c. bei manchen Basidiomyceten; auch bei *Selinia pulchra* (Ascosporen) sah ich mitunter zwei Kerne.

Das Mycel der Phycomyceten, das, wie wir sahen, im Allgemeinen in Form einer reich verzweigten Zelle entwickelt ist, weist, was zuerst SCHMITZ (l. c.) constatirte für Mucorineen, Saprolegniaceen und Peronosporeen, zahlreiche Kerne auf, repräsentirt also eine vielkernige Zelle. Das gilt auch für die grösseren Sporangien der genannten Gruppe (z. B. für *Saprolegnia* nach STRASSBURGER[3]) sowie deren junge Oogonien (*Saprol. asterophora* auf Grund eigener Untersuchungen).

In den Mycelfäden der Mycomyceten finden sich die Zellkerne bald in Einzahl (*Erysiphe communis*) bald in Mehrzahl (*Peziza coerulea*, *Morchella esculenta*, *Penicillium communis*) nach SCHMITZ[4]) und STRASSBURGER;[5]) die vegetativen Zellen der Hefearten (*Saccharomyces*) scheinen stets nur einen Kern aufzuweisen. Die Form des fertigen Kerns erscheint kugelig oder linsenförmig; amoeboïde Gestaltänderungen kommen, wie ich l. c. nachwies, bei *Amoebochytrium rhizidioides*, einer Chytridiacee, vor. Sie gehen hier oft so weit, dass sich der Kern schnell und bedeutend in die Länge zieht, um sich im nächsten Augenblicke wieder zur Kugelform zu kontrahiren, oder dass er plötzlich eine tiefe Strictur erhält, die im nächsten Moment wieder völlig verschwunden sein kann. Bisher ist diese eigenthümliche Erscheinung bei keinem andern Pilze gefunden worden.

Was die Structur anbetrifft, so hat man an den kleinsten Kernen noch keinerlei Differenzirung nachzuweisen vermocht, wogegen grössere Formen vielfach einen centralen Theil, das Kernkörperchen (*Nucleolus*), ausgezeichnet durch stärkeres Lichtbrechungsvermögen und die Fähigkeit, gewisse Farbstoffe reichlicher aufzunehmen, und einen peripherischen erkennen lassen. Sehr schön sind diese Verhältnisse, die zuerst STRASSBURGER[6]) für *Saprolegnia* darlegte, bei *Leptomitus lacteus* und *L. pyriformis* ZOPF zu sehen,[7]) wenn man die Schläuche mit Pikrinschwefelsäure fixirt und nach vorsichtigem Auswaschen mit Haematoxylin-Alaun farbt.

Man sieht dann die ziemlich grossen Kerne aufgehängt an strahlenden Plasmafäden und im Innern einen als meist etwas gestrecktes dunkles Körperchen hervortretenden Nucleolus.

Ob Pilzkerne eine Membran besitzen (für die Kerne gewisser Algen und Phanerogamen ist eine solche nachgewiesen) wissen wir zur Zeit nicht. Den Kernen des erwähnten *Amoebochytrium* dürfte sie, da dieselben so ausgesprochen amoeboïde Bewegungen auszuführen im Stande sind, fehlen.

Die Entstehung neuer Kerne beruht, soweit bekannt, (wie bei den übrigen Organismen) stets auf Theilung bereits vorhandener. Dieser Theilungsprocess tritt in zwei Formen auf, die man als direkte Theilung (Fragmentation) und indirekte Theilung (Karyokinesis) unterscheidet. Erstere besteht darin,

[1]) Ueber das Verhalten der Zellkerne in fusionirenden Pilzzellen. Naturf. Versamml. 1885.

[2]) Untersuchungen über die Zellkerne der Thallophyten. Verhandl. d. naturw. Vereins d. preuss. Rheinlande 1879.

[3]) l. c. Taf. 13. Fig. 1—4.

[4]) Structur d. Protoplasmas und der Zellkerne l. c. 1880.

[5]) Botan. Practicum. 2. Aufl., pag. 424, Fig. 148.

[6]) Zellbildung und Zelltheilung.

[7]) Für *L. lacteus* auch schon von BÜSGEN l. c. gezeigt.

dass der Kern in der Mitte eine Einschnürung erhält, die schliesslich so weit geht, dass eine Trennung in zwei Hälften stattfindet. Im Gegensatz zu höheren Pflanzen scheint dieser Modus bei Pilzen der verbreitetste zu sein. Nach STRASSBURGER kommt er vor bei *Saprolegnia*, *Penicillium*, *Agaricus*-Arten.[1])

Die indirekte Kerntheilung ist bisher nur bei *Exoascus*-artigen Schlauchpilzen beobachtet worden, aber wahrscheinlich bei den Ascomyceten weiter verbreitet.

Charakteristisch für die indirekte Kerntheilung ist bekanntlich die Bildung einer sogen. Kernfigur. Nachdem sie bereits SADEBECK[2]) constatirt hatte, wurde sie von FISCH[3]) in ihren wesentlichen Stadien näher verfolgt: »Der Beginn der Kerntheilung (bei *Ascomyces endogenus*) kennzeichnet sich durch das Auftreten von grösseren und kleineren Körnchen im Zellkern, diesem Stadium folgt das Spindelstadium. Die Zahl der Spindelfäden ist eine sehr geringe, dagegen sind sie ziemlich dick und an den Enden stark gegen einander convergirend; das ganze Gebilde hat ein tonnenförmiges Aussehen. Im Aequator befinden sich die Elemente der Kernplatte aus ziemlich grossen, den einzelnen Spindelfasern ansitzenden Körpern bestehend. Es unterscheidet sich ausser durch seine Kleinheit der Kern in diesem Stadium in nichts von denen, wie sie in Embryosäcken von Phanerogamen vorkommen. Der folgende Zustand zeigt die Elemente der Kernplatte in je 2 getheilt, die allmählich den Polenden der Spindelfasern zuwandern. Die Elemente der Kernplatte nähern sich, bis sie je einen einheitlichen Körper bilden; die Verbindungsfäden schwinden schnell und die Tochterkerne bilden sich nun zu ihrer normalen Gestalt aus, bis abermals eine neue Theilung eingeleitet wird. Der ganze Vorgang wiederholt sich noch einmal, so dass am Ende acht Kerne frei dem Plasma eingebettet sind.«

Im Gegensatz zur Kerntheilung steht die Kernverschmelzung. Sie wurde zuerst von STRASSBURGER nachgewiesen mit Bezug auf die Oosporangien einer *Saprolegnia*. Im jungen Oosporangium kommen hier zunächst zahlreiche Kerne vor. Wenn sich dann das Plasma dieses Behälters auf einzelne Centren zurückgezogen hat zur Eibildung, so sieht man in jeder Eispore zunächst noch mehrere Kerne. Diese rücken dann aber nach dem Centrum derselben zu, um hier in Berührung zu treten und zu verschmelzen. Nach FISCH[4]) kommt derselbe Vorgang bei *Pythium*; nach meinen Beobachtungen auch bei *Saprolegnia asterophora* vor; denn hier finden wir im Oogon zunächst zahlreiche Zellkerne, in den reifen Oosporen nur einen einzigen.[5])

Wahrscheinlich enthalten die Zellkerne der Pilze wie die anderer Pflanzen Nuclein. Für die Hefe wenigstens ist dies durch KOSSEL[6]) indirekt nachgewiesen, indem er zeigte, dass deren Zellen Nuclein enthalten. (Man erhält es, wenn man Hefe mit verdünnter Natronlauge behandelt und den Auszug mit verdünnter Salzsäure fällt. Es stellt im reinen Zustande eine weisse oder schwach

---

[1]) Zellbildung und Zelltheilung pag. 62.

[2]) Untersuchungen über die Pilzgattung *Exoascus*. Jahrb. d. wissenschaftlichen Anstalten zu Hamburg für 1883. Hamburg 1884. pag. 101.

[3]) Ueber die Pilzgattung *Ascomyces*. Bot. Zeit. 1885, pag. 4—5 des Abdrucks.

[4]) Tageblatt der Naturforscherrers. 1885.

[5]) Nach Fixirung mit Pikrinschwefelsäure und Färbung mit Haematoxylinalaun nachgewiesen.

[6]) Zeitschr. f. physiol Chemie III, pag. 284.

röthliche Masse dar.) KRASSER[1]) ist zu demselben Resultat gekommen, meint aber, das Nuclein sei im Plasma vertheilt, ein Zellkern fehle ganz.

II. Zellbildung.

A. Freie Zellbildung.

Unter freier Zellbildung verstehe ich mit BERTHOLD u. A. ZIMMERMANN den Vorgang, dass innerhalb einer Mutterzelle, aus deren Plasma ein oder mehrere Tochterzellen entstehen, während die Membran der Mutterzelle hierbei unbetheiligt bleibt, so dass die Tochterzellen mit der Mutterzellen von Anfang an nicht im Gewebeverbande stehen.

Dieser Process vollzieht sich in erster Linie in allen Sporangien, mögen diese nun Zoosporangien, Oosporangien oder Schläuche (Asci) heissen. Doch verlauft er nicht überall in ganz derselben Weise; vielmehr lassen sich drei verschiedene Modi des Verlaufes unterscheiden, die man als Vollzellbildung, als freie Zellbildung ohne Periplasma- und als freie Zellbildung mit Periplasmabildung bezeichnet.

1. Vollzellbildung oder Zellverjüngung. Sie besteht darin, dass sich der ganze Plasmakorper einer Zelle contrahirt und dabei von der Membran allseitig abhebt. Dabei kann er sich schliesslich mit eigener Membran umgeben. Die Vollzellbildung kommt z. B. vor bei den Achlyen und *Leptomitus pyriferus*. Wenn nämlich die Schwärmsporen aus den Sporangien ausgetreten sind, so umgeben sie sich mit Membran. Innerhalb derselben contrahirt sich nun der Plasmakörper und wandert dann als Schwärmspore aus der Mutterzellhaut aus, um sich erst später mit Membran zu umgeben (Fig. 45, V—VIII).

Aehnliches findet sich bei *Dictyuchus*: Die Schwärmsporen verbleiben hier aber in den Sporangien in dichter Lagerung und umgeben sich jede mit einer Haut, wodurch das ganze Sporangium wie ein Netz erscheint (Zellnetzsporangium). Hierauf bildet sich in jeder der behäuteten Zellen durch Contraction eine neue Zelle, die als hautloser Schwärmer ausschlüpft.

2. Freie Zellbildung mit Periplasmabildung.[2]) Das Charakteristische bei diesem Process liegt darin, dass zur Bildung der Tochterzellen nur der grössere Theil des Plasmas verbraucht wird, der kleinere aber als »Periplasma« zunächst zurückbleibt um erst später für mechanische Zwecke, wie Verdickung der Membran, Verkettung der Sporen zu einem geschlossenen Complex oder als wasseranziehendes Mittel verwandt zu werden.

Diese Art der freien Zellbildung kommt zunächst vor bei den *Pythium*-, *Lagenidium*-, *Myzocytium*-, *Peronospora*- und *Cystopus*-artigen Algenpilzen und zwar in deren Oosporangien, die nur je eine Oospore erzeugen. Besonders deutlich sind nach meinen Beobachtungen die Vorgange in den relativ grossen Oogonien von *Cystopus candidus*, wie die Zeichnungen VII, VIII, IX in Fig. 44 zeigen. Zunachst treten in dem peripherischen Theile des Plasmas sehr zahlreiche Vacuolen auf, welche die Hauptmasse des Plasmas nach der Mitte zusammendrängen und das peripherische nur in Form von dünnen Platten und Strängen erscheinen lassen (Fig. 44, VII.).

Darauf werden die peripherischen Vacuolen grösser und die radiären Plasmaplatten in dieser Region an Zahl entsprechend vermindert, während sich etwa

[1]) Kleinere Arbeiten des pflanzenphysiol. Inst. d. Wiener Universität XVIII u. Oestr. bot. Zeitschr. 85 (1885), pag. 373—377.

[2]) Vergl. DE BARY, Saprolegnien. SENKENBERG, Ges. Abhandl. Bd. 12.

gleichzeitig die centrale Masse, die unterdess etwas vom Antheridiuminhalt aufgenommen hat, zur Kugel abrundet und sich mit Membran umgiebt, nunmehr die junge Oospore darstellend (Fig. 44, VIII). Später nehmen dann die peripherischen Vacuolen noch an Grösse zu und die Stränge des Periplasmas in Folge dessen an Zahl noch mehr ab, indem sie sich gleichzeitig nach der Oosporenwand hinziehen. Schliesslich verschwinden alle diese Stränge und ihr Plasma wird zur Bildung der charakteristischen Verdickungsleisten (Fig. 44, IX) verwandt, z. Thl. überkleidet es ausserdem den Befruchtungsschlauch des Antheridiums, der in Folge dessen noch deutlicher hervortritt. Das Periplasma dient bei den genannten Phycomyceten also nur zur Verdickung der Oosporenmembran (und des Befruchtungsschlauches).

Wir treffen die freie Zellbildung mit Periplasmabildung ferner bei allen Schlauchpilzen an, in deren Sporangien (Ascen). Doch entstehen hier in der Regel 8 (Fig. 59, II; 59, I, II, IV, VII; 60, I) oder 16, bei gewissen Arten 32, 64, 128, bei anderen auch nur 2, 4 (Fig. 58, I) oder 6 Tochterzellen. Die Entstehungsweise ist folgende: Zunächst vermehren sich nach dem bereits früher betrachteten Modus der Zweitheilung aus dem ursprünglichen Kern des Schlauches 2, 4, 8 u. s. w. Kerne.

Sind, wie z. B. bei *Ascobolus furfuraceus*, die 8 Kerne entstanden, so geht nach Berthold[1]) die Zellbildung hier in der Weise vor sich, dass sich die breite Plasmamasse, in der die Kerne liegen, durch Vacuolisirung auflockert. Die Vacuolen schieben sich zwischen das die Kerne umgebende und das wandständige Plasma ein. Auch zwischen den Kernen d. h. den dieselben umgebenden Plasmamassen treten kleinere Vacuolen auf, »so dass schliesslich 8 kernführende, etwa kugelige Massen entstanden sind, die mehr oder weniger auffallend von einander getrennt und durch Plasmafäden und Platten im Lumen des Ascus suspendirt sind.« Es bildet sich dann um jede der 8 Plasmamassen eine Membran, welche die so entstandene junge Spore gegen das übrige (vacuolige) Plasma (Periplasma de Bary's) abgrenzt. Später werden nun die Vacuolen des Plasmas grösser und damit die Zahl der Plasmaplatten geringer. Sie ziehen sich schliesslich ganz nach der Wandung der Spore hin, um als Verdickungen zu dienen, oder erstarren, so lange sie noch die Plattenform besitzen, wie ich für *Sordaria*-Arten gezeigt habe. Dass bei den ejaculirenden Schlauchpilzen diese Periplasmaauflagerungen mit zur Verkettung der Sporen und Anheftung des Sporencomplexes im Schlauchscheitel dienen, wurde bereits auf pag. 360 erörtert.

3. Freie Zellbildung ohne Periplasma. Sie kommt, soweit sicher bekannt, nur bei den Phycomyceten, speciell in den Sporangien (Schwärmsporangien, Oosporangien) der Saprolegnieen vor. Besonders klar sind die einschlägigen Verhältnisse zu beurtheilen, wenn man die relativ grossen Oosporangien der Saprolegnien und Achlyen in Betracht zieht. An diesen Objekten, besonders an *Saprolegnia Thuretii* de Bary hat de Bary[2]) die freie Zellbildung näher studirt und folgende von Berthold[3]) neuerdings bestätigte und ergänzte Resultate gewonnen:

Die Plasmamasse erfüllt anfangs die ganze Höhlung des jungen Oosporan-

[1]) Studien über Plasmamechanik, pag. 298, Taf. VII, Fig. 8.

[2]) Untersuchungen über die Peronosporeen und Saprolegnieen. Senkenb. naturf. Ges. Bd. 12, pag. 36.

[3]) Studien über Plasmamechanik, pag. 308—312.

giums. Sodann stellt sich ein Entmischungsvorgang ein, der zur Bildung eines grossen centralen Saftraums und eines mehr oder minder dicken Wandbelegs führt, der die Form einer hohlkugeligen Lamelle zeigt. In dieser sind zunächst noch Vacuolen vorhanden, die später verschwinden. Jetzt bilden sich im Plasma um einzelne Centren (je nach der Grösse der Oosporangien 2, 4, 8 oder mehr) Ansammlungen, welche sich nach dem centralen Saftraume hin buckelartig vorwölben, während die zwischenliegenden entsprechend dünner werden. Sobald diese Ansammlungen ausgesprochen hervortreten, bemerkt man in ihnen einen hellen Fleck, der nun erhalten bleibt.

Die Ballen-artige Anhäufung des Plasmas verstärkt sich dann noch, bis die Massen nur mehr durch dünne Stränge unter sich und mit der Oosporangienmembran zusammenhängen und schliesslich auch diese eingezogen werden. Darauf contrahiren sich die Ballen langsam, zeigen eine Zeitlang Amöboïdbewegung und runden sich unter langsamer, fortdauernder Contraction zu Kugeln ab. Endlich erhalten sie eine Membran. Wahrscheinlich erfolgt die Ballung um Centren, welche je mehrere Kerne enthalten dürften. Bei der definitiven Ausbildung der Oosporen verschmelzen diese dann zu einem einzigen Kern (Siehe Kernverschmelzung).

Es ist, wie auch BERTHOLD meint, grosse Wahrscheinlichkeit vorhanden, dass die Bildung der Schwärmer in den Zoosporangien in ähnlicher Art wie die Bildung der Oosporen in den Oosporangien verläuft. BUSGEN, der jene Objekte untersucht hat, ist zu einem anderen Resultat gekommen.[1]) Es bedarf daher einer nochmaligen Untersuchung dieser Objekte.

B. Zelltheilung.

Sie kommt in der Weise zu Stande, dass in einer Mutterzelle eine, seltener mehrere Zellstoffplatten (Scheidewände) entstehen, welche sich an die Mutterzellwand ansetzen. Die Mutterzelle wird dadurch in zwei bis mehrere Tochterzellen zerlegt. (Zweitheilung — Vieltheilung). Jede derselben erhält also einen Theil der Mutterzellhaut als Erbtheil mit und steht demnach mit ihr im Gewebeverbande. Hierin liegt der hauptsächlichste Unterschied gegenüber der freien Zellbildung, wo die Tochterzellen keinen Antheil an der Membran der Mutterzelle haben.[2])

Die am häufigsten vorkommende Zweitheilung zeigen in erster Linie alle mycelialen Fäden der Mycomyceten-Mycelien, speciell deren Endzellen; sodann aber auch die Conidien producirenden Fäden, sowie die Hyphen anderer fructificirender Organe.

Mehr- oder Vieltheilung finden wir in den Conidien gewisser Phycomyceten (Piptocephalis- und Syncephalis-Arten); so entstehen bei der *Piptocephalis Freseniana* nach BREFELD in den Conidien gleichzeitig 2—3 Scheidewände, mithin 3—4 Zellen (Fig. 7, VII—IX). Wahrscheinlich ist dies auch bei den Teleutosporen von *Phragmidium* der Fall.

Von Interesse ist die Thatsache, dass derjenige Theil der Membran, welchen

[1]) PRINGSHEIM's Jahrbücher. Bd. 13, 1882. S. auch BERTHOLD l. c. pag. 313.

[2]) Es ist selbstverständlich, dass eine zunächst monocentrisch gebaute Mutterzelle, bevor sie sich in 2 oder mehrere Tochterzellen theilt, dicentrischen beziehungsweise polycentrischen Bau erhält. Auf diese der allgemeinen Zellenlehre zugehörigen Verhältnisse einzugehen, ist hier nicht der Ort. Ich verweise in dieser Beziehung auf BERTHOLD, Studien über Plasmamechanik. Kap. 6.

die Tochterzellen von der Mutterzelle erbten, sich bei gewissen Arten verdickt und in 2 Lamellen differenzirt, von denen die innere der Tochterzelle unmittelbar zugehörige, sich von der äusseren ablösen kann. Es gewinnt so auf den ersten Blick den Anschein, als ob die Tochterzellen in einer gemeinsamen Sporangienhaut eingeschlossen lägen (Fig. 7, VII, IX), und VAN TIEGHEM hat thatsächlich die Mehr- bis Vieltheilung zeigenden Conidien von Piptocephalideen und Syncephalideen, welche die beregten Verhältnisse zeigen, als »Sporangien« angesprochen, worin ihm auch BAINIER gefolgt ist, während DE BARY und ZALEWSKI diese Anschauung mit Recht bekämpften, BREFELD Recht gebend. Bei meiner *Thielavia basicola* findet etwas ähnliches statt und hier schlüpfen die Conidien sogar aus der äusseren Membranlamelle, nachdem sie an der Spitze gesprengt wurde, heraus. (In Fig. 61, I—IV habe ich eine continuirliche Beobachtung des merkwürdigen Vorganges dargestellt. Vergl. das auf pag. 367 Gesagte.)

Zellen, die sich durch Zwei- oder Mehrtheilung vermehren wollen, wachsen in der Regel mehr oder minder in die Länge, was namentlich an den Endzellen der Mycomyceten-Mycelien zu beobachten ist, während die intercalaren Mycelzellen diese Erscheinung nur in geringem Masse oder gar nicht zeigen, was übrigens auch für viele Conidien sowie Schlauchsporen gilt.

Während das Wachsthum der Membran intercalarer Zellen, wie es scheint, an allen Punkten gleichmässig stattfindet, ist dasselbe bei den End- oder Scheitelzellen vorwiegend auf die eine Hälfte (die freie) localisirt. Sehr auffällig ist diese Localisation sowohl bei den hefeartigen Sprossen vegetativen Charakters, als auch bei den hefeartigen Conidienformen. In beiderlei Fällen beschränkt sich das Wachsthum der Membran im wesentlichen bloss auf eine engumschriebene terminale oder laterale Stelle (Fig. 3, I—VII). An dieser entsteht eine bruchsackartige Ausstülpung, die sich mehr oder minder stark vergrössert, und hier wird dann auch die Querwand gebildet. Gerade bei solchen »sprossenden« Zellen sind die beiden Tochterzellen in Bezug auf Grösse oft bedeutend verschieden, vielfach auch in Rücksicht ihrer Form. (Vergl. den Abschnitt Sprossmycelien pag. 277).

III. Verbindung der Zellen zu Systemen (Geweben).

Die Zellsysteme treten bei den Pilzen entweder in Form von echten Geweben (Zellfäden, Zellflächen und Zellkörpern) auf, oder sie tragen den Charakter unechter Gewebebildungen, zu denen Hyphengewebe und Fusionen gehören.

1. Zellfäden.

Sie stellen bei den Pilzen (wie bei den Thallophyten überhaupt) die vorwiegendste Form der Gewebebildung dar und kommen in der Weise zu Stande, dass Zellen sich fortgesetzt in nur einer Richtung des Raumes strecken und theilen. Dabei bleiben diese Vorgänge, wie wir bei Betrachtung der Mycelfadenbildung sahen, vorzugsweise auf die End- oder Scheitelzelle beschränkt, während die Binnenzellen nur unter bestimmten Verhältnissen theilungsfähig bleiben. Die Pilzfäden besitzen daher ein End- oder Spitzenwachsthum.

2. Zellflächen.

Bei Pilzen die seltenste Gewebeform repräsentirend, entstehen sie in der Weise, dass Zellen sich nach zwei Richtungen des Raumes theilen. In kleinster Gestalt kommen sie bei manchen »zusammengesetzten« Sporen vor, die zunächst ein oder mehrere Querwände und dann Längswände bilden (gewisse Septosporien, Alternarien etc.). Auch Mycelfäden mancher Mycomyceten, sowie

Gemmenreihen können sich zu Zellflächen ausbilden. Dagegen tragen die Conidien von *Dictyosporium elegans* Corda nicht den Charakter echter Zellflächen, da sie sich aus Zellreihen aufbauen (Fig. 24, IX).

3. Zellkörper.

Sie entstehen durch Theilung einer Zelle nach drei verschiedenen Richtungen des Raumes. Ihr Auftreten ist durchaus kein häufiges. Nur gewisse Sporenformen und Früchte (Pycniden, Schlauchfrüchte (?)] werden nach dem Typus der Zellkörper ausgebildet. Im ersten Falle (gewisse mauerförmige Sporen) erreicht der Zellkörper nur geringe mikroskopische Dimensionen, im letzteren kann er bis 1 Millim. und darüber an Durchmesser gewinnen. Für die Entstehungsweise eines Zellkörpers in Form einer »mauerförmigen« Spore kann ein *Septosporium*, eine *Alternaria* als Beispiel dienen. Wir sehen in der Conidie jenes Pilzes zunächst eine Querwand auftreten (Fig. 22, I *c*), dann in jeder der beiden Tochterzellen eine Längswand (Fig. 22, I *c*, III *a*), worauf dann in jedem der 4 Quadranten nochmals eine Wand entsteht, die auf den beiden vorigen senkrecht steht und nur vom Scheitel der Conidie aus gesehen werden kann. Zuletzt kann dann jeder Octant nochmals eine Theilung erfahren (bei grösseren Conidien anderer Pilze sogar mehrere bis sehr zahlreiche).[1])

Denken wir uns nun, dass die so entstandenen Zellen sich vergrössern und sich ihrerseits nach verschiedenen Richtungen des Raumes theilen, so kommen grössere Gewebekörper zu Stande (Fig. 39, III VIII), wie wir sie bei denjenigen Pycniden vorfinden, die wir früher als Gewebepycniden kennen lernten (pag. 326). de Bary hat die Entstehung von solchen Gewebekörpern auch als »meristogene« bezeichnet. Nach Bauke soll übrigens bei *Pleospora herbarum* der innere Theil der Schlauchfrucht ebenfalls als Gewebekörper entstehen.

4. Hyphengewebe.

Sie entstehen dadurch, dass gewöhnliche cylindrische oder auch in ganz besonderer Weise geformte Hyphen sich dicht zusammenlagern, beziehungsweise durch einander wachsen und sich dann mehr oder minder dicht verflechten oder auch mit einander verwachsen.

Die einfachste Form des Hyphengewebes ist das Stranggewebe. Es entsteht durch Vereinigung von Hyphen, die sämmtlich in im Ganzen paralleler Richtung verlaufen und dabei mehr oder minder beträchtliche Länge erreichen. Wir haben dergleichen Bildungen bereits bei Betrachtung der Conidienfructification und zwar der Conidienbündel, sowie derjenigen Conidienfrüchte kennen gelernt, die als Hyphenfrüchte bezeichnet wurden (vergl. Fig. 38, IV—VI und pag. 325). Sie kommen ferner vor in Form der Mycelstränge (Fig. 15), wobei auf pag. 294) zu verweisen ist.

Die zweite Form stellt das Knäuelgewebe dar. Es kommt in der Weise zu Stande, dass die Aeste eines einzigen oder mehrerer Zellfäden mit begrenztem Spitzenwachstum unter reichster Verzweigung durch einander wachsen und sich zu einem dichten Gebilde verknäueln, das mehr oder minder rundliche Form besitzt. Die einzelnen Elemente eines solchen Knäuels schliessen zuletzt gewöhnlich so dicht zusammen, dass das Hyphensystem auf dem Querschnitt ähnlich sieht einem echten Parenchym (Fig. 14, IV) und daher als pseudoparenchymatisches Gewebe bezeichnet wurde. In Fig. 13 ist der Entwickelungsgang eines solchen Knäuelgewebes in den Hauptphasen zur Anschauung gebracht.

[1]) z. B. *Mellitiosporium* nach Rehm in Winter, Pilze Bd. I, Abth. III, pag. 125.

Auf dem Wege der Knäuelgewebsbildung entstehen namentlich **Sclerotien**[1]) und **Bulbillen**[2]) gewisse Perithecien-artige **Schlauchfrüchte** (z. B. von *Chaetomium*).[3])

5. Fusionsbildungen (Fusionsgewebe).

Wenn man den Begriff der Gewebebildung im weitesten Sinne fasst, so wird man hierzu auch die sogen. Fusionsbildungen zu rechnen haben. Unter **Fusion** versteht man die Verschmelzung zweier oder mehrerer Plasmakörper. Sind dieselben nackt, so kann die Verschmelzung ohne Weiteres vor sich gehen; doch sind Beispiele hierfür meines Wissens bei Pilzen nicht bekannt.[4]) Sind sie mit Membran versehen, so muss dieselbe an der Stelle, wo sich die Zellen berühren, aufgelöst werden.

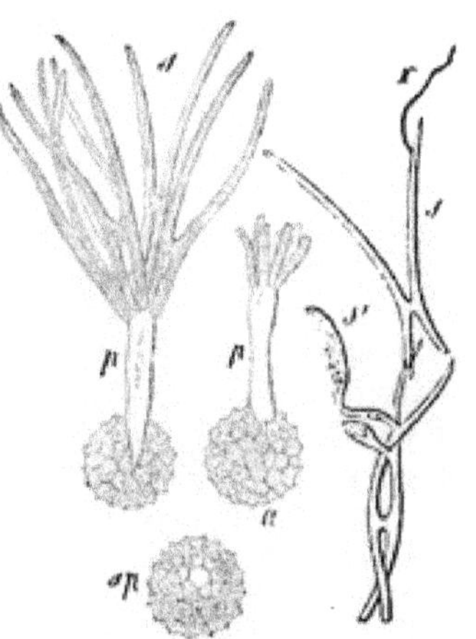

Fig. 63. (B. 672.)
Steinbrand des Weizens (*Tilletia Caries* TUL.), 400fach vergr. *sp* eine Spore; *pp* keimende Sporen mit Promycelium, welches auf der Spitze die cylindrischen Sporidien, einen Quirl bildend, und paarweis copulirend, trägt, bei *a* im Beginne der Entwickelung, bei *s* fertig. Rechts zwei abgefallene und keimende Sporidienpaare, bei *x* einen Keimschlauch treibend, der an der anderen ein secundäres Sporidium s_1 gebildet hat.

Stehen die Zellen von vornherein im Gewebeverbande (Fadenverbande), so erfolgt die Fusion einfach in der Weise, dass die **Querwände** aufgelöst werden, und so entsteht aus dem septirten Faden ein **continuirlicher Schlauch**. Auf diese Weise kommen, wie A. WEISS darlegte, die **Milchsaftgefässe** gewisser milchender **Blätterschwämme** (*Lactarius*) zu Stande.

Sehr häufig sind die Fusionserscheinungen an **Conidien**, die auf ihren Trägern sehr nahe bei einander stehen (z. B. an den sogen. Kranzkörperchen mancher Brandpilze, wie *Tilletia* (Fig. 63), *Entyloma*, *Urocystis*) oder der bei Aussaat in Nährlösungen mehr oder minder nahe bei einander zu liegen kommen. Gewöhnlich verläuft der Vorgang so, dass die eine Conidie einen kurzen Keimschlauch bildet, der an seinem Ende mit einer anderen Conidie resp. deren Keimschlauch verwächst, worauf die trennende Membran gelöst wird. Auf diese Weise können z. B. keimende Conidien der Conidienfrüchte von *Fumago* etc. zu Dutzenden, ja zu Hunderten in Verbindung treten. Eigenthümlicher Weise hat DE BARY[5]) in solchen Fusionsvorgängen, wie sie namentlich zuerst von TULASNE studirt wurden, **Sexualitätsacte** erblicken wollen, speciell in Rücksicht auf die **Ustilagineen**; eine Ansicht, der namentlich BREFELD[6]) mit Recht entgegengetreten ist, da diese Erscheinungen offenbar schon

---

1) Vergl. hierüber den Abschnitt »Sclerotien« im morphologischen Theile.

2) ZUKAL, Untersuchungen über den biologischen und morphologischen Werth der Pilzbulbillen. Verhandl. d. zool. bot. Ges. Wien 1886.

3) W. ZOPF, zur Entwickelungsgeschichte der Ascomyceten. *Chaetomium*. Nova Acta Bd. 52. OLTMANNS, Entwickelung der Perithecien in der Gattung *Chaetomium*. Bot. Zeit. 1887.

4) Wenn die Beobachtung CORNU's, dass der Schwärmer von *Monoblepharis sphaerica* mit der Eikugel verschmilzt, richtig ist, so würde diese Species als Beispiel anzuführen sein. — Was *Reessia amoeboides* anbetrifft, bei der von FISCH eine Verschmelzung der Schwärmer gesehen wurde, so gehört sie nach den in der Einleitung angegebenen Gründen nicht hierher.

5) Morphologie 195.

6) Schimmelpilze, verschiedene Hefte.

darum nichts mit sexuellen Verbindungen zu thun haben, weil eine Verschmelzung der Kerne nicht stattfindet, wie FISCH[1]) für einige Fälle besonders nachwies.

Ueber den bei der Bildung von Zygosporen auftretenden Fusionsvorgang ist in dem Abschnitt »Zygosporenbildung« bereits berichtet. Am allerhäufigsten kommen Fusionen an den Mycelien der Mycomyceten zu Stande. Der Vorgang ist im Wesentlichen derselbe, wie wenn Sporen fusioniren. In Fig. 15, II *a a* habe ich einen Mycelstrang von *Fumago* dargestellt, der zahlreiche Fusionsstellen zeigt; in Folge der dichten Nebeneinanderlagerung der Fäden blieben die Querverbindungen hier sehr kurz. Man pflegt solche Querverbindungen, gleichviel, ob eine wirkliche Fusion oder bloss Verwachsung eintritt, als »Anastomosen« zu bezeichnen; ja man wendet diesen Ausdruck auch für strangförmige Querverbindungen an, wie sie z. B. an den Mycelsträngen vom Hallimasch (*Agaricus melleus*) auftreten (Fig. 16, II).

Zu den Fusionen gehören sodann auch die sogen. »Schnallenbildungen« oder Henkelbildungen«, welche H. HOFFMANN zuerst an den Mycelien der Basidiomyceten beobachtete. Nach BREFELD (Schimmelpilze, III) entstehen sie als winzige Kurzzweige in unmittelbarer Nähe einer Querwand, krümmen sich alsbald häkchenartig um und fusioniren dann mit der an jene Querwand stossenden Nachbarzelle. Nachträglich kann sich ein solches Aestchen gegen seine Mutterzelle durch ein Septum abgrenzen. Etwas Aehnliches kommt auch an den Promycelien von Ustilagineen (z. B. *Ustilago Carbo*) vor. Bisweilen fusionirt ein solches Aestchen auch mit einer entfernter liegenden Zelle desselben Fadens oder mit einem ihm begegnenden Aestchen gleichen Ursprungs. Die Schnalle liegt entweder dem Faden dicht an, oder es bleibt ein kleiner Zwischenraum »Oehr« zwischen beiden.

Endlich wurden Fusionen und Anastomosen auch an den fädigen Anfängen von Conidienfrüchten (z. B. Fumago[2]) sowie von Schlauchfrüchten (z. B. *Eurotium*,[3]) *Pyronema*[4]) beobachtet. In solchen Erscheinungen hat DE BARY ebenfalls Sexualitätsvorgänge erblickt, ohne dass jedoch der Beweis geliefert worden wäre, dass ein von Verschmelzung der Kerne — dem massgebenden Kriterium der Sexualität — begleiteter Act vorläge.

Abschnitt IV.

Physiologie.

A. Chemismus der Pilze.

I. Die chemichen Bestandtheile.

Wenn wir einen Pilz verbrennen, so erhalten wir, wie bei Verbrennung jedes anderen Organismus, einen festen feuersichern Rückstand, während gasförmige Körper (Kohlenstoff, Sauerstoff, Wasserstoff und Stickstoff) entweichen.

Jenen Rückstand nennt man Asche. Bei der Analyse derselben zeigt sich, dass sie aus Verbindungen besteht, wie sie in den Mineralien angetroffen werden. Man pflegt daher die Aschen-Bestandtheile als mineralische zu bezeichnen. Sie sind übrigens nicht sämmtlich in der Form im Pilzkörper vorhanden, in welcher sie die Analyse nachweist.

[1]) Ueber das Verhalten der Zellkerne in fusionirenden Pilzzellen. Tagebl. d. 58. Vers. d. Naturf. und Aerzte. Strassburg 1885.

[2]) ZOPF, die Conidienfrüchte von Fumago. Nov. Act. Bd. 40.

[3]) DE BARY, Morphol. pag. 214 u. 219.

[4]) KIHLMANN, Zur Entwickelungsgeschichte der Ascomyceten. Act. Soc. Sc. Fennicae t. 13.

Die genannten gasförmigen Produkte stellen die Verbrennungsprodukte sämmtlicher in dem Pilze vorhandenen organischen Verbindungen dar.

Die Pilze bestehen also (wie alle anderen Organismen) aus mineralischen oder anorganischen und aus organischen Stoffen.

A. Die anorganischen Bestandtheile.

Die bisher in der Asche von Pflanzen überhaupt nachgewiesenen Elemente sind:

1werth.: Chlor*†, Brom, Jod, Fluor

2werth.: Schwefel*†, Selen

3werth.: Phosphor*†, Bor

4werth.: Silicium*†

Metalle der Alcalien: Kalium*†, Natrium*†, Lithium*, Rubidium, Caesium

alcalische Erdmetalle: Barium, Strontium, Calcium*†, Magnesium*†

Erdmetalle: Aluminium*

Schwere Metalle: Thallium, Mangan*, Eisen*†, Kobalt, Nickel, Zink, Blei, Kupfer, Arsen, Zinn, Silber, Quecksilber

Davon wurden in der Asche von Pilzen gefunden die mit * bezeichneten. Von diesen kommen in jedem der genauer untersuchten Pilze vor die mit † versehenen, während die übrigen nur bei gewissen Vertretern nachgewiesen sind[1]).

Mangan z. B. kommt in den Hüten des Pfefferschwamms *(Lactarius piperatus)*[2]), wie in gewissen Flechten[3]), Aluminium in der Asche von Flechten vor (wahrscheinlich als essigsaure Thonerde). Es ist nicht ausgeschlossen, dass bei näherer Untersuchung bei der einen odern andern Species sich Spuren noch anderer Metalle finden werden.

Auf Verbindungen berechnet stellen sich die Mengenverhältnisse der Elemente bezüglich einiger genauer untersuchten höheren Pilze (resp. deren Früchte) nach den einschlägigen Analysen[4]) wie folgt dar:

	Reinasche in der Trocken-substanz	Kali	Natron	Kalk	Magnesia	Eisenoxyd	Phosphorsäure	Schwefelsäure	Kieselsäure	Chlor
1. Champignon	5,31 %	50,71 %	1,69 %	0,75 %	0,53 %	1,16 %	15,43 %	24,29 %	1,42 %	4,58 %
2. Trüffel	8,69	54,21	1,61	4,05	2,34	0,51	32,96	1,17	1,14	--
3. Steinmorchel	9,03	50,40	2,40	0,78	1,27	1,00	39,10	1,58	2,09	0,76
4. Speisemorchel	9,42	49,51	0,34	1,59	1,90	1,86	39,03	2,89	0,87	0,89
5. Kegelmorchel	8,97	46,11	0,36	1,73	4,34	0,46	37,18	8,35	0,09	1,77
6. Boletusarten	8,46	55,58	2,53	3,47	2,31	1,06	23,29	10,69	—	2,02
7. Lärchenschwamm	1,08	24,80	2,81	2,27	9,69	—	21,56	2,53	2,33	4,33

Als ohngefähres Mittel aus den bisherigen Analysen ergiebt sich etwa:

---

[1]) Da nach NÄGELI das Kalium in den Nährlösungen der Pilze durch Rubidium und Cäsium ersetzt werden kann, so werden diese beiden Elemente, wenn ihre Salze zur Cultur verwandt werden, gewiss auch in der Asche der betreffenden Pilze vorkommen.

[2]) BISSINGER, weiter unten citirt.

[3]) Vergl. WOLFF, Aschen-Analysen.

[4]) KOHLRAUSCH, O. Dissertation über einige essbare Pilze und ihren Nahrungswerth. Göttingen 1867. SIEGEL, O. Dissertation über einige essbare Pilze. Göttingen 1870. BISSINGER, Ueber Bestandtheile der Pilze *Lactarius piperatus* und *Elaphomyces granulatus*. Arch. d. Pharm. 1883, pag. 321—344. SCHMIEDER, L., Bestandtheile des *Polyporus officinalis*. Arch. d. Pharm. 1886. Bd. 224, pag. 641—668. MITSCHERLICH, Ann. d. Chem. u. Pharm. Bd. 56. Vergl. auch KÖNIG, Nahrungs- und Genussmittel. II. Aufl.

Kali 45 %, Phosphorsäure 40 %, Magnesia 2 %, Natron 1,4 %, Kalk 1,5 %, Eisenoxyd 1 %, Kieselsäure 1 %, Schwefelsäure 8 %, Chlor 1 %.

Aus jenen und anderen Analysen geht zunächst sehr deutlich hervor, dass die untersuchten Pilze einen auffallend hohen und dabei schwankenden Gehalt an Kali und Phosphorsäure besitzen. Das zeigen auch noch andere Beispiele:

Boletus edulis	20,12 %	Phosphorsäure	50,95 %	Kali
Cantharellus cibarius	31,32 „	„	48,75 „	„
Morchella esculenta	39,03 „	„	49,51 „	„
	37,75 „	„	50,04 „	„
Lactarius piperatus	30,40 „	„	57,57 „	„
Peziza sclerotiorum[1]	48,67 „	„	25,87 „	„
Polyporus offic.	21,56 „	„	30,65 „	„
Agaricus campestris	50,71 „	„	15,43 „	„
Trüffel	54,21 „	„	32,96 „	„
Obergährige Hefe	53,9 „	„	39,8 „	„
Untergährige Hefe	59,4 „	„	28,3 „	„
Weissbierhefe	54,7 „	„	35,2 „	„
Mutterkorn	45,0 „	„	30,0 „	„

Es ist ferner zu bemerken, dass auch der Gehalt an Magnesia, Schwefelsäure und Kieselsäure bei den verschiedenen Pilzen erheblich schwankt.[2]) So enthält die Asche von *Polyporus officinalis* nach SCHMIEDER 9,69 % Magnesia die vom Champignon nach KOHLRAUSCH nur 0,53 %. Letzterer Pilz hat in der Asche 24,20 % Schwefelsäure, die Trüffel dagegen nur 1,17. Aehnliches gilt zumal wenn wir die Flechten hinzunehmen, übrigens auch vom Kalk und vom Eisen[3]).

ULOTH[4]) fand den Kalkgehalt der Asche von *Biatora rupestris* zu 24,43 %, den der *Evernia* zu 8,38 (auf Birkenrinde) resp. 11,04 (von Sandstein). Vielleicht kommt der Kalk in den Flechten immer an Oxalsäure gebunden vor. Grosse Mengen dieser Verbindung enthält nach BRACONNOT[5]): *Pertusaria communis* (47 %), *Urceolaria scruposa*, *Isidium corallinum*, *Phialopsis rubra* HOFFM., *Haematomma ventosum* L., *H. coccineum* DICKS., *Psoroma lentigerum* WEB., *Placodium saxicolum* POLL., *Pl. circinatum* PERS., *Thalloïdima candidum* WEB., was übrigens auch schon durch die mikroskopische Untersuchung constatirt werden kann[6])

ULOTH's Analyse der Reinasche von *Evernia prunastri* ergab:

	auf Birkenrinde	auf Sandstein		auf Birkenrinde	auf Sandstein
Kali	4,167	5,233	Eisenoxyd	5,513	6,625
Natron	14,932	8,331	Chlor	9,120	6,215
Kalkerde	8,380	11,036	Schwefelsäure	3,251	1,583
Bittererde	10,414	5,231	Phosphorsäure	1,607	2,496
Thonerde	1,568	3,490	Kieselsäure	41,048	49,760

Hier ist speciell noch der hohe Kieselsäuregehalt hervorzuheben.

[1]) DE BARY, Bot. Zeit. 1886, pag.

[2]) Ob etwa Parasiten in sehr kieselsäurereichen Pflanzen (Equiseten, Gräsern) besonders reiche Mengen von Kieselsäure enthalten, bleibt noch zu untersuchen.

[3]) Die sogenannten »oxydirten Formen gewisser Flechten (z. B. *Rhizocarpon petraeum* var. *Oederi*) sind sehr eisenreich, was sich schon äusserlich in ockergelber oder rostbrauner Färbung ausspricht. Nach GÜMBEL (Mittheilungen über die neue Färberflechte *Lecanora ventosa* in Denkschr. d. Wien. Akad. Bd. XI) kommt das Eisen hier in Form eines pflanzensauren Salzes vor. Er führt übrigens eine ganze Reihe jener Formen an. Auch TH. FRIES hat (*Lichenographia Scandinaviae* I) verschiedenene »oxydirte« Flechten (*Acarospora*, *Lecidea* etc.) beobachtet.

[4]) Beiträge zur Flora der Laubmoose und Flechten von Kurhessen. Flora 1861, pag. 568.

[5]) Ann. d. Chim. et Phys. Bd. 6, pag. 132 und Bd. 28, pag. 319.

[6]) Siehe: DE BARY, Morphol. pag. 439.

		Auf frische Substanz berechnet.							Auf Trockensubstanz berechnet				
		Wasser	Trocken-Substanz	Protein	Asche	Fett	Kohle-hydrat-Extract	Faser	Protein	Asche	Fett	Kohle-hydrat-Extract	Faser
nach v. Loesecke.	1. *Fistulina hepatica*	85,00	15,00	1,59	0,94	0,12	11,40	1,95	10,60	6,33	0,81	69,26	13,00
	2. *Clavaria Botrytis*	89,35	10,65	1,31	0,66	0,29	7,66	0,73	12,32	6,23	2,80	71,80	6,85
	3. *Polyporus ovinus*	91,00	9,00	1,20	0,21	0,86	4,73	2,00	13,34	2,33	9,60	52,51	22,22
	4. *Boletus granulatus*	88,50	11,50	1,61	0,75	0,23	7,49	0,82	14,02	6,42	2,04	70,39	7,13
	5. *Agaricus melleus*	86,00	14,00	2,27	1,05	0,73	9,14	0,81	16,26	7,50	5,21	65,25	5,78
	6. *Boletus bovinus*	91,34	8,66	1,49	0,52	0,41	5,52	0,72	17,24	6,00	4,80	63,65	8,31
	7. *Agaricus mutabilis*	92,88	7,12	1,40	0,46	0,17	4,47	0,62	19,73	6,46	2,40	62,71	8,70
	8. *Boletus elegans*	91,10	8,90	1,88	0,53	0,14	5,75	0,60	21,21	6,00	1,60	64,45	6,74
	9. *Agaricus caperatus*	90,67	9,33	1,91	0,56	0,19	5,52	1,15	20,53	6,02	2,11	59,02	12,32
	10. *Boletus luteus*	92,25	7,75	1,72	0,49	0,29	4,45	0,80	22,24	6,39	3,80	57,25	10,32
	11. *Agaricus ulmarius*	84,67	15,33	4,02	1,94	0,49	7,93	0,95	26,26	12,65	3,20	51,63	6,26
	12. „ *procerus*	84,00	16,00	4,65	1,12	0,57	8,55	1,11	29,08	7,00	3,60	53,39	6,93
	13. „ *oreades*	91,75	8,25	2,93	0,87	0,19	3,59	0,67	35,57	10,57	2,40	43,34	8,12
	14. „ *Prunulus*	89,25	10,75	4,11	1,61	0,14	4,08	0,81	38,32	15,00	1,38	37,77	7,53
	15. „ *excoriatus*	91,25	8,75	2,69	0,83	0,45	4,41	0,82	30,79	4,34	5,14	50,36	9,37
	16. *Lycoperdon Bovista*	86,92	13,08	6,62	1,20	0,41	3,42	1,43	50,64	9,18	3,20	26,05	10,93
nach Kohlrausch.	17. *Boletus edulis*	—	—	—	—	—	—	—	22,82	6,22	1,98	62,43	6,55
	18. *Cantharellus cibarius*	—	—	—	—	—	—	—	23,43	8,19	1,38	57,53	9,47
	19. *Clavaria flava*	—	—	—	—	—	—	—	24,43	9,75	2,13	56,75	6,94
	20. *Morchella esculenta*	—	—	—	—	—	—	—	33,90	9,74	1,71	48,07	6,58
	21. *Tuber cibarium*	—	—	—	—	—	—	—	36,32	9,73	2,48	23,00	28,31
nach Siegel.	22. *Morchella conica*	—	—	—	—	—	—	—	36,25	8,97	1,52	44,11	6,20
	23. *Helvella esculenta*	—	—	—	—	—	—	—	26,31	—	2,25	55,52	6,89
	24. *Agaricus campestris*	—	—	—	—	—	—	—	20,63	5,30	1,79	64,89	7,39

Es ist dies zugleich ein Beispiel, wie der Gehalt der Asche an den einzelnen Verbindungen nach dem Substrate Schwankungen erleiden kann, was sicherlich auch bei Pilzen der Fall. Ausgedehntere Untersuchungen in dieser Richtung würden sehr erwünscht sein.

Dass der Gesammt-Aschengehalt bei den verschiedenen Pilzen ebenfalls relativ besträchtlichen Schwankungen unterliegt, z. B. bei

Polyporus officinalis	nach SCHMIEDER	1,08 %	der Trockensubstanz	
Aspergillus glaucus	„ SIEBER	0,7 %	„	„
Helvella esculenta	„ KOHLRAUSCH	9,03 %	„	„
Agaricus ulmarius	„ v. LOESECKE	12,65 %	„	„
„ *prunulus*	„ „	15,00 %	„	„
Mutterkorn-Sclerotien	„ KÖNIG	3,00—4,00 %	„	„
Boletus edulis	„ STROHMER	6,39 %	„	„
Merulius lacrymans	„ POLECK	6,33—9,66 %	„	„

beträgt (vergleiche auch die Tabelle v. LOESECKE's auf der nächsten Seite), ist begreiflich, und werden solche Schwankungen natürlich auch bezüglich der verschiedenen Organe eines und desselben Pilzes zu constatiren sein. Untersuchungen hierüber sind mit Bezug auf eine grössere Anzahl von Hutpilzen seitens MARGEWICZ[1]) (Resultate in der Tabelle auf pag. 391) und von STROHMER[2]) für den *Boletus edulis* (s. beistehende Analyse) angestellt.

	In der Trockensubstanz			Im frischen Pilz
	des Hutes	des Stieles	des ganzen Schwammes	
Wasser				90,06
Eiweiss	27,13	13,75	23,11	2,30
Ammoniak			0,15	
Amidosäuren als Asparaginsäure berechnet			3,37	0,33
Säureamide, als Asparagin berechnet			5,56	0,55
Freie Fettsäuren	3,23	2,14	2,90	0,29
Neutralfette	2,44	1,82	2,25	0,22
Durch Diastase in Zucker überführbare Kohlehydrate als Stärke berechnet	20,22	34,95	24,64	2,45
Cellulose (Rohfaser)	10,88	13,21	11,58	1,15
Reinasche	8,29	1,95	6,39	0,63
Mannit, Traubenzucker und andere stickstofffreie Extractivstoffe (Differenz)			20,05	2,01
Phosphorsäure	1,97	0,72	1,60	0,16

Man findet verschiedentlich die Angabe, der Aschengehalt bei den Flechten sei ein besonders hoher; allein wenn man die Aschenanalysen dieser Gewächse mit denen der Pilze vergleicht, so ergiebt sich alsbald, dass diese Aeusserung übertrieben ist. Der Aschengehalt beträgt nämlich in den von THOMSON,[3]) GÜMBEL[4]) und ULOTH[5]) ausgeführten Bestimmungen für:

Cladonia rangiferina	12,47 %.	*Parmelia omphalodes*	8,12 %.
„ *pyxidata*	6,09 %.	„ *saxatilis*	6,91 %.
„ *bellidiflora*	1,18 %.	*Physcia parietina*	6,75 %.
Ramalina scopulorum	4,18 %.	*Cetraria islandica*	1,84 %.
Lecanora ventosa	5,26 %.	*Evernia prunastri*	3,5—5 %.
Biatora rupestris SCOP.	9—10 %.		

[1]) JUSTS Jahresbericht für 1885, pag. 85.

[2]) Beitrag zur Kenntniss der essbaren Schwämme (Chem. Centralbl. 1887, pag. 165.

[3]) Ueber Parietin, einen gelben Farbstoff und über die anorganischen Bestandtheile der Flechten. Ann. d. Chem. Bd. 53 (1845), pag. 257. — [4]) l. c. pag. 28. — [5]) l. c.

Analyse frischer junger Hut-Pilze von MARGEWICZ		In frischen Pilzen		In der Trockensubstanz						
		Trockensubstanz	Wasser	Eiweisse	Fette	Mannit	Zucker	Asche	Zellstoff	Extractivstoffe und Verluste
Boletus scaber BULL.	Stiel	11,31	88·69	29,87	3,51	9,85	2,46	7.20	42,35	4.76
	Hut	15,97	84·03	44·99	5,90	12,75	3,28	9,14	20,56	3.38
B. edulis BULL.	Stiel	12,98	87·02	30.73	4.41	12,71	0,98	6,67	40.41	4,09
	Hut	13,83	86·17	43.90	6,20	14,14	1,87	8,10	22,54	3.25
Agaricus controversus PERS.	Stiel	8.90	91·10	37.47	3.81	14.71	2,11	5.91	31.32	4.67
	Hut	8,46	91·54	39.49	6,17	13.97	1,87	9.24	23,17	6,00
A. torminosus SCHAEFF.	Stiel	9.71	90·29	35.71	4.02	12,79	2,01	6,43	35,26	3.78
	Hut	10.17	89·83	39.14	5.34	13,14	1,98	7.37	28,03	4,10
A. piperatus PERS.	Stiel	8,82	91·18	26,37	4.01	15,71	4.31	5.27	38,86	5.47
	Hut	9,83	90·17	32,21	6,91	13.47	4.17	7.13	30,30	5.81
Cantharellus cibarius FR.	Stiel	11,77	88·23	28,35	4.72	12.17	4.13	8,43	38,04	4.16
	Hut	11,05	88·95	27.77	7.13	13.13	3.98	9.93	35.93	2,13
Boletus luteus L.	Stiel	8.93	91·07	32.57	3.80	15.57	0,18	7.46	35.99	4.43
	Hut	8.41	91·59	40.74	6.42	16,91	0,91	10.47	21,05	3.50
B. subtomentosus L.	Stiel	10,17	89.83	35.38	2,36	10,94	0,48	5.83	41.23	3.78
	Hut	11.68	88·32	39.85	5.82	12.92	1,14	8.58	28,29	3.40
Agaricus melleus VAHL.	Stiel	7.47	92·53	26.91	4.62	9.16	2.91	8.81	44.07	3.52
	Hut	7.20	92·80	28.16	4.92	10,74	3.18	10.92	37.58	4.50
Boletus aurantiacus SCHAEFF.	Stiel	12,48	87·52	36,67	6,32	12,57	0,98	7.47	30.56	5.43
	Hut	11,82	88·18	40.91	7.73	11,72	0,46	9.70	26,85	2.54
Agaricus deliciosus L.	Stiel	9.83	90·17	34.28	5.74	13.74	0,88	7.12	31.43	6.81
	Hut	10.01	89·99	38.12	7.37	12,91	1.49	8,14	27.42	4.55
A. Russula SCHAEFF.	Stiel	8,90	91·10	27,00	4.20	11.57	5.27	8.48	39.27	4.21
	Hut	10,64	89·36	29.22	5,65	11,98	5.21	8.76	33.71	5.47
Boletus scaber BULL.	Oberer Theil des Hutes	12,07	87·93	40.89	4.07	10,71	1,13	7.97	30.08	4.25
	Unterer Th. (Hymenium)	13.45	86·55	46.98	5.81	11,46	1.99	8.75	22.89	2.12
B. edulis BULL.	Oberer Theil des Hutes	12.34	87·66	39.91	5.82	7.14	1.71	9.29	30.92	5.21
	Unterer Th. (Hymenium)	11.83	88·17	48.74	7.97	10.16	2,01	8.45	19.41	3.26
B. aurantiacus SCHAEFF.	Oberer Theil des Hutes	12.22	87·78	38,27	4.79	9.93	0,99	9.25	33.72	3.05
	Unterer Th. (Hymenium)	14.51	85·49	45.19	8,53	15,85	0,71	10,11	17,50	2.11

B. Die organischen Bestandtheile.

I. Kohlehydrate.

1. Cellulose, $C_6H_{10}O_5$.

Kommt bei allen Pilzen als wesentlichster Bestandtheil des Zellhautgerüstes vor und tritt, wie schon p. 369 erwähnt, in zwei Modificationen auf: als gewöhnliche Cellulose, die durch Jod und Schwefelsäure blau, durch Chlorzinkjodlösung violett gefärbt und von Kupferoxyd-Ammoniak, sowie von concentrirter Schwefelsäure nach vorausgehender Quellung gelöst wird; sodann als »Pilzcellulose«, auch Fungin genannt, welche jene drei zuerst genannten Reactionen nicht zeigt (vergl. im Uebrigen das auf pag. 369 Gesagte).

Der Gehalt an Cellulose resp. Pilzcellulose zeigt bei den verschiedenen Pilzen ziemlich weitgehende Differenzen. Auf Trockensubstanz bezogen beträgt er z. B. für:

Essbare Morchel (*Morchella esculenta*)	5,50 %	nach J. König's Zusammenstellung.
Kegelmorchel (*Morchella conica*)	7,11 %	
Champignon, *Agaricus campestris*	13,87 %	
Trüffel, *Tuber cibarium*	18,73 %	
Eine untergährige Hefe	37,0 %	nach Nägeli.
Penicillium und *Mucor*, auf Zuckernährgelatine erzogen	39,6 %	nach Sieber.
Aspergillus glaucus, in Salmiak-Zuckerlösung gezüchtet	55,7 %	

Man vergleiche auch die Tabelle von Margewicz auf pag. 391. Es ist von vornherein (im Allgemeinen) auch ein Wechsel des Cellulosegehalts nach den verschiedenen Organen desselben Pilzes zu erwarten. Specielle Untersuchungen in dieser Richtung hat Margewicz[1]) für die Hutpilze angestellt, mit Resultaten, nach denen der Gehalt des Stieles den des Hutes übertrifft, was bei *Boletus*-Arten sogar in recht markanter Weise hervortritt (siehe die Tabelle auf pag. 391) Der reichere Cellulosegehalt des Stiels erklärt sich aus der mechanischen Funktion dieses Organs, welche kräftigere Entwickelung der Zellhäute nöthig macht.

2. Zucker der Traubenzuckergruppe, $C_6H_{12}O_6$.

Er hat wahrscheinlich eine weitere Verbreitung. Die bisherigen Untersuchungen beschränkten sich, von rein praktischen Gesichtspunkten geleitet, fast durchweg auf essbare Pilze. Von diesen enthält z. B.[2])

	im frischen Zustande	im lufttrockenen Zustande
Agaricus campestris (Champignon)	0,75 %	7,49 %
Helvella esculenta (Steinmorchel)	0,09 %	0,79 %
Morchella esculenta (Speisemorchel)	0,11 %	0,82 %
Morchella conica (Kegelmorchel)	0,04 %	0,39 %
Polyporus ovinus (Schafeuter)	2,76 %	
Hydnum repandum (Stachelschwamm)	1,15 %	
Lycoperdon Bovista (Riesenbovist)	1,34 %	

Vergleiche auch die Tabelle von Margewicz, pag. 391, aus der zugleich hervorgeht, dass der Zuckergehalt im Stiel der Hutpilze ein anderer ist, wie im

1) Just's Jahresbericht 1885, pag. 85 u. 86.

2) Nach der Zusammenstellung von J. König: Die menschlichen Nahrungs- und Genussmittel. II. Aufl., pag. 474.

Hut. Auch im Lärchenschwamm *(Polyporus officinalis)* existirt nach SCHMIEDER (l. c.) Glycose; das nämliche gilt nach RATHAY[1]) für die Spermogonien der Rostpilze. Zur Ausscheidung kommt, wie es scheint, Zucker an den Conidienlagern des Mutterkorns.

Die Rothfärbung, die man mit Schwefelsäure im Inhalt mancher Pilzzellen erhält (z. B. bei *Chrysomyxa albida* KÜHN)[2]), mag in manchen Fällen, wo es sich nicht um Mannitgehalt handelt, Zuckergehalt anzeigen.

3. Glycogen, $C_6H_{10}O_5$.

Von ERRERA[3]) wurde nachgewiesen, dass dieses früher nur aus dem thierischen Körper (Leber), bekannte, der Stärke verwandte Kohlehydrat auch in pilzlichen Zellen vorkommt. Es durchtränkt das Plasma und giebt ihm, wenn reichlich vorhanden, ein starkes Lichtbrechungsvermögen. Als mikrochemisches Reagenz benutzt man Jodjodkaliumlösung, durch welche eine Rothbraunfärbung erzielt wird, die beim Erwärmen auf 50—60° C. verschwindet und beim Abkühlen wieder auftritt (bei geringem Glycogengehalt freilich wenig auffällig erscheint). Makrochemisch ist Glycogen von ERRERA bisher nur bei einem Hutpilz *(Clitocybe nebularis)* und einem Bauchpilz *(Phallus impudicus)* nachgewiesen worden.

Es scheint eine grosse Verbreitung im Pilzreiche zu haben, denn es wurde in Mycelien und Fructificationsorganen von Repräsentanten verschiedener Gruppen gefunden, z. B. der Kopfschimmel (Mucorineen), der Schlauchpilze (besonders reich sind die Schläuche der Trüffeln und Becherpilze) bei 31 Basidiomyceten und in der Bierhefe. DE BARY[4]), der übrigens zuerst darauf aufmerksam machte, dass in den Schläuchen von Becherpilzen ein stark lichtbrechendes Plasma vorkomme, welches durch Jodjodkalium schön rothbraune Tinction annehme[5]) (Epiplasma DE BARY's, mit Glycogen getränktes Plasma ERRERA's) fand bei *Sclerotinia sclerotiorum* LIBERT Glycogen nur in bereits kräftig entwickelten Mycelzellen, den Endgliedern der im Wachsthum begriffenen Zweige fehlte sie.

Bei den Glycogenbildnern dürfte dieser Stoff die Hauptform des plastischen Materials darstellen.

4. Gummiarten.

1. **Lichenin** $C_6H_{10}O_5$. Aus diesem Stoffe bestehen die Membranen mancher Flechtenpilze, insbesondere der Isländischen Flechte *(Cetraria islandica)*. Zur Gewinnung macerirt man dieselben mit viel rauchender Salzsäure, fügt Wasser hinzu, filtrirt und fällt mit Alcohol. Man erhält eine durchscheinende spröde, in kaltem Wasser quellbare, in kochendem sich lösende Masse, die beim Erkalten gallertartig erscheint, mit Jod nicht blau, durch Kupferoxydammoniak und durch

---

[1]) Die Spermogonien der Rostpilze. Wien 1882.

[2]) J. MÜLLER, Landwirthschaftl. Jahrb. 1886, pag. 750.

[3]) L'épiplasma des Ascomycètes et le glycogène des végétaux. Thèse. Bruxelles 1882. — Sur le Glycogène chez les Mucorinées. Bull. de l'Acad. roy. de Belg. 3. Sér., t. 8 (1884). — Mémoires de l'Acad. roy. de Belg. t. 37 (1885). — Sur l'existence du glycogène dans la levure de bière. Compt. rend. t. 101 (1885), pag. 253—255. — Les réserves hydrocarbonées des Champignons ibid. pag. 391. — Ueber den Nachweis des Glycogens bei Pilzen. Bot. Zeit. 1886, pag. 316. — Anhäufung und Verbrauch von Glycogen bei Pilzen. Bericht. d. deutsch. bot. Ges. 1887. — Man vergleiche übrigens die Kritik WORTMANN's, Bot. Zeit. 1886, pag. 200.

[4]) Ueber einige Sclerotinien und Sclerotien-Krankheiten. Bot. Zeit. 1886, pag. 381.

[5]) Vergl. DE BARY, Morphologie und Biologie der Pilze, pag. 83.

Chlorzink gelöst wird. Durch Behandlung mit verdünnter Schwefelsäure wird sie in Zucker übergeführt, mit Salpetersäure liefert sie Oxalsäure, nicht Schleimsäure. (Vergl. KNOP[1]) SCHWEDERMANN[2]) ERRERA[3]).

2. Isolichenin, $C_6H_{10}O_5$. In der Isländischen und anderen Flechten. Zur Gewinnung kocht man die Flechte so lange mit neuen Mengen Wasser aus, als Alcohol noch eine Trübung erzeugt. Nach 24 stündigem Stehen scheidet sich aus den wässerigen Auszügen gallertartiges Lichenin ab. Das Filtrat concentrirt man durch Abdampfen und fällt dann durch Alcohol Isolichenin. Das ausgeschiedene Isolechenin reinigt man durch Lösen in Salzsäure und Fällen mit Alcohol. Löslich in Wasser, durch Jod gebläut, in Kupferoxydammoniak nicht löslich, in Chlorzink löslich. (Aus BEILSTEIN's Handb. I.)

Hierher scheint auch der Körper zu gehören, den neuerdings ED. FISCHER[4]) bei einem Ascomyceten (*Cyttaria Harioti* und *Darwini)* beobachtete. Er färbt sich mit Jod blau, quillt und löst sich in Wasser, Chlorzink und Kupferoxydammoniak.

5. Pilzschleime.

Sie entstehen durch Vergallertung (Verschleimung) der Membranen. Bezüglich ihres Vorkommens ist auf das pag. 369 Gesagte zu verweisen. Die Pilzschleime sind noch wenig untersucht. NÄGELI[5]) gewann aus den Membranen einer Bierhefe durch langes, oft wiederholtes Kochen den »Sprosspilzschleim.« Er schied sich aus der heissen Flüssigkeit in Form von mikroskopischen Kugeln aus, die einfach lichtbrechend waren und sich mit Jod braunroth färbten (während die Zellmembranen sich nicht tingirten). Durch Zusatz von etwas Säure oder der Lösung eines sauren Salzes (Weinstein) lösten sie sich auch, wenn sie mit Jod gefärbt waren.

Das vielleicht hierher gehörige Scleromucin kommt im Mutterkorn vor und wird aus dessen wässrigen Auszügen durch Weingeist gefällt. Man hat es noch nicht frei von anorganischen Stoffen erhalten können.[6])

6. Everniin, $C_9H_{14}O_7$ (STÜDE[7]).

Aus *Evernia Prunastri* L. isolirt. Wird gewonnen durch Maceriren der Flechte mit verdünnter Natronlauge, Vermischen des dunkelgrünen Filtrats mit Weingeist, Reinigen der dadurch abgeschiedenen bräunlichen Flocken mit Weingeist und Aether und Kochen der wässrigen Lösung mit Thierkohle. Stellt ein amorphes gelbliches, geruch- und geschmackloses Pulver dar. Es quillt in kaltem Wasser, löst sich leicht beim Erwärmen, auch in verdünnten Säuren und in verdünnter Natronlauge. In Aether und Alcohol ist es unlöslich. Die wässrige opalisirende Lösung wird durch Eisessig in grossem Ueberschuss (wie Glycogen) gefällt und giebt auch mit Bleizucker und Ammoniak einen in Essigsäure löslichen Niederschlag. Durch verdünnte Säuren (nicht durch Speichel) erfährt das Everniin Umwandlung in Glycose.

[1]) Ann. d. Chem. Bd. 55. pag. 165

[2]) Jahresber. üb. d. Fortschr. d. Chem. Bd. I. pag. 831.

[3]) Dissertation, Brüssel 1882. pag. 18.

[4]) Zur Kenntnis der Pilzgattung *Cyttaria*. Bot. Zeit. 1888, pag. 816.

[5]) Ueber die chemische Zusammensetzung der Hefe. Sitzungsber. d. Münchener Akad. 4. Mai 1878. pag. 262—267.

[6]) Nach FLÜCKIGER, Pharmakog. d. Pflanzenreichs. pag. 265.

[7]) Ann. d. Chem. und Pharm. Bd. 131, pag. 241.

7. Mycose (Mitscherlich 1857).

Diese zuckerartige Substanz wurde zuerst von Wiggers und Mitscherlich[1]) und zwar in den Mutterkörnern (Sclerotien von *Claviceps purpurea)*, dann von M. Ludwig[2]) in *Agaricus sambucinus* Fr. nachgewiesen. Später zeigte Muntz,[3]) dass sie sich einer weiteren Verbreitung erfreue, indem er sie zunächst aus einer ganzen Anzahl von Hutspilzen isolirte, nämlich: *Agaricus Eryngii* DC., *A. sulfureus*, Bull., *A. Columbetta* Fr., *A. fusipes* Bull. *A. lateritius*, *Amanita muscaria*, Pers. (Fliegenpilz), *Amanita caesarea* Scop., *Lactarius viridis* Fr. und *Lycoperdon pusillum* etc. später aber auch für die Gruppe der Phycomyceten, speciell für den gemeinen Kopfschimmel *(Mucor Mucedo)* constatirte.

Manche Hutpilze enthalten beträchtliche Mengen, so nach Muntz der Fliegenpilz bis 10% der Trockensubstanz, während im Mutterkorn nur etwa 1% enthalten sind.

Zur Darstellung der Mycose (auch Trehalose genannt, wegen ihres Vorkommens in der Trehala-Manna) empfiehlt es sich, Hutpilze zu wählen, welche nicht gleichzeitig Mannit enthalten, z. B. den Fliegenpilz. Man drückt den Saft aus, fällt ihn mit basisch-essigsaurem Bleioxyd, entfernt das überschüssige Bleioxyd mit Schwefelwasserstoff, dampft bis zur Syrupsconsistenz ein und lässt auskrystallisiren. Dann wäscht man die Krystalle mit kaltem Alcohol, löst sie in kochendem Alkohol auf und lässt auskrystallisiren. Ein oder zweimaliges Umkrystallisiren in Alcohol vollendet die Reinigung.

Oder man behandelt die getrockneten und pulverisirten Pilze mit kochendem Alcohol, verdampft den Extract, nimmt den Rückstand mit heissem Wasser auf und lässt auskrystallisiren. Umkrystallisiren in Alkohol liefert dann völlig reines Material: glänzende rectangulär-octaëdrische, sehr süss schmeckende Krystalle, die sich leicht in Wasser lösen. Die Lösung ist rechtsdrehend, und reducirt alcalische Kupferlösung nicht. Durch verdünnte Säuren wird die Mycose in Traubenzucker, durch Salpetersäure in Oxalsäure übergeführt.

8. Mannit, ($C_6H_{14}O_6$).

Der im Zellsaft der höheren Pflanzen so verbreitete, am reichlichsten bekanntlich im Saft der Mannaesche enthaltene zuckerartige Stoff Mannit kömmt auch in Pilzzellen vor und ist hier zuerst entdeckt worden durch Braconnot (1811).[4]) Er wies ihn nach für gewisse Hutschwämme: *Agaricus volvaceus*, Bull., *A. acris*, Bull. (= *A. piperatus*, Pers.), *Hydnum repandum* L., *H. hybridum*, Bull., *Cantharellus cibarius* (Pfefferling), *Phallus impudicus*, *Polyporus squamosus*. Nach Muntz[5]) wird Mannit auch im Champignon *(Agaricus campestris)*, in *A. albus*, *A. cornucopia*, *A. scyphoides* etc., sowie in einem Ascomyceten und zwar dem Brodschimmel *(Penicillium glaucum)* producirt. Von anderen Schlauchpilzen kommen hier in Betracht die von Kohlrausch[6]) und Siegel untersuchten (weiter unten genannten)

---

[1]) Ueber die Mycose, den Zucker des Mutterkorns. Monatsber. d. Berliner Akademie 1857 pag. 469—475.

[2]) Würtz, Dictionaire de Chimie, Artikel: Mycose.

[3]) Recherches sur les fonctions des Champignons. I. Partie: Des matières sucrées contenues dans les champignons. Ann. de. chim. et de physique. Sér. V. t. 8. pag. 56—92. Vergl. Compt. rend. t. 79. pag. 1182. (1874.)

[4]) Recherches analytiques sur la nature des Champignons. Ann. de Chim. et de Physique Sér. I. t. 79. 80. 87.

[5]) De la matière sucrée contenue dans les Champignons. Compt. rend. t. 79 pag. 1182 bis 1184 (1874) Arch. de Chim. et de la Phys.

[6]) Jahresber. f. Agriculturchemie. 1867. pag. 261.

Morcheln, die Mutterkorn-Selerotien,[1]) die Hirschtrüffel (*Elaphomyces granulatus*),[2]) die ächte Trüffel (*Tuber cibarium*,[3]) *Peziza nigra*, BULL. nach BRACONNOT. Zu den obengenannten Basidiomyceten sind hinzuzufügen der Steinpilz (*Boletus edulis*) und der Ziegenbart (*Clavaria flava*) nach SIEGEL,[4]) der *Agaricus integer* nach THORNER[5]), *Clavaria coralloides* L. nach LIEBIG und PELOUZE[6]), *Polyporus cervinus* (R. BÖTTGER, Beitr. zur Phys. und Chem. 44 und 123), *Agaricus theogalus*, BULL. nach VAUQUELIN, *Ag. atramentarius* BULL. nach BRACONNOT l. c. und *Paxillus involutus*, *Hydnum ferrugineum* nach eigener Untersuchung.

Wahrscheinlich ist die Zahl der Mannitbildner eine sehr grosse, auf die verschiedensten Familien vertheilte.

Eine grosse Anzahl von Hutpilzen hat MARGEWICZ, wie ich nachträglich (aus JUST's Jahresber. 1885) ersehe, untersucht. Seine Resultate sind in der auf pag. 391 gegebenen Uebersicht zusammengestellt.

9. Inosit, $C_6H_{12}O_6 + 2H_2O$.

In den Organen der höheren Pflanzen sowohl als der Thiere verbreitet kommt dieser Stoff wahrscheinlich auch in der Klasse der Pilze häufig vor. zuerst wies ihn MARMÉ[7]) nach im Pfefferschwamm (*Lactarius piperatus*) und in *Clavaria crocea*.

Zur Darstellung extrahirt man die Pilztheile mit Wasser, befreit den Extract durch Bleiessig von anderen fällbaren Substanzen und schlägt dann den Mannit mit Bleiessig, dem man etwas Ammoniak zugesetzt, nieder. Letztere Fällung zersetzt man mit Schwefelwasserstoff, filtrirt, dampft ein und fügt Alkohol nebst wenig Aether zu, worauf der Inosit auskrystallisirt.

Löslich in Wasser, schwer löslich in starkem Alkohol. Farblose monocline an der Luft leicht verwitternde Krystalle. Keine Glycosereaction. Dampft man ein Körnchen Inosit mit verdünnter Salpetersäure ein, setzt etwas Ammoniak und Clorcalcium zu und verdampft wieder, so bleibt eine röthlich gefärbte Masse (SCHERER).

10. Mycodextrin (LUDWIG und BUSSE).

Es wurde von LUDWIG und BUSSE[8]) aus der Hirschtrüffel (*Elaphomyces granulatus*) isolirt und steht dem Dextrin nahe, unterscheidet sich aber von demselben dadurch, dass beim jedesmaligen Wiederauflösen in Wasser ein Theil gelöst bleibt.

11. Mycoinulin (LUDWIG und BUSSE).[9])

Dem Inulin verwandt, doch von diesem durch sein Rotationsvermögen nach Rechts verschieden. Es kommt mit Mycodextrin vergesellschaftet in Elaphomyces granulatus vor. Hier wurde er übrigens schon von BILTZ[10]) aufgefunden und als Inulin bezeichnet.

12. Mycetid (BOUDIER).

Von BOUDIER[11]) im Saft gewisser Hutpilze gefunden, den Gummiarten ähnlich, aber in Aether stark gelatinisirend und durch Gerbsäure fällbar.

---

[1]) S. FLÜCKIGER, Pharmakognosie des Pflanzenreichs, pag. 263.

[2]) BISSINGER, Arch. d. Pharmac. 1833. pag. 339.

[3]) Oeconomische Fortschritte 1871. pag. 38.

[4]) RIEGEL, Jahrb. f. pract. Pharm. 7. 222.

[5]) Ann. Chem. 19. 288.

[6]) Ann. Chim. 58. 5.

[7]) Ein Beitrag zum Vorkommen des Inosits. Ann. d. Chem. u. Pharm. Bd. 129, pag 222.

[8]) Archiv d. Pharmac. Bd. 189, pag. 24.

[9]) l. c.

[10]) TROMMSDORF, Neues Journ. d. Pharm. Bd. 11.

[11]) Die Pilze, bearbeitet von HUSEMANN. Berlin 1867.

Wie schon BRACONNOT und MÜNTZ u. A. ermittelten, erzeugen manche Hutpilze wie der Pfefferling *(Cantharellus cibarius)*, *Polyporus cervinus*, *Hydnum repandum* und *hybridum* relativ grosse, andere wie *Agaricus volvaceus* relativ geringe Mannit-Quantitäten. Dass dieses wechselnde Mengenverhältniss auch bei den Schlauchpilzen wiederkehrt, ist von vornherein zu erwarten.

Uebersicht des Mannitgehalts einiger bekannter Pilze.[1])

	im lufttrocknen Zustande enthält:		im frischen Zustande enthält:
Agaricus integer	19—20 %		
Morchella conica (Kegelmorchel)	7,89 %	. . . . .	0,96 %
Morchella esculenta (Speisemorchel)	4,98 %	. . . . .	0,61 %
Helvella esculenta (Steinmorchel)	5,46 %	. . . . .	0,65 %
Agaricus campestris (Champignon)	4,17 %	. . . . .	0,42 %
Boletus edulis (Steinpilz)	4,47 %	. . . . .	0,48 %
Clavaria flava (Ziegenbart)	6,13 %	. . . . .	0,78 %

Beispiele dafür, dass der Mannitgehalt bei ein und demselben Pilze nach den Organen schwankt, lieferte MARGEWICZ betreffs der Hutschwämme. So zeigte er, dass bei gewissen *Boletus*-Arten das Hymenium reicher als das Hutgewebe und bei gewissen anderen Hutpilzen der Hut reicher als der Stiel ist. Man findet die betreffenden Zahlen in der Uebersicht auf.

Junge Individuen von *Ag. sulfureus* zeigen nach MÜNTZ zunächst nur Mycose — später auch Mannitgehalt. Neben Mannit führen noch gleichzeitig Mycose: *Agaricus fusipes*, *A. lateritius*, *Amanita caesarea*, *Lycoperdon pusillum*.

Zur Darstellung des Mannits behandelt man die zerkleinerten und getrockneten Pilze mit siedendem Alcohol. Beim Erkalten der heiss filtrirten Lösung scheidet sich der Mannit in feinen weissen seidenglänzenden Nadeln aus, welche durch Abpressen mit Löschpapier und Umkrystallisiren aus heissem Alcohol leicht zu reinigen sind. Sie schmelzen bei 165—166° C. und schmecken sehr süss. (Gegenwart von Mycose erschwert das Auskrystallisiren beider Substanzen sehr.)

13. Cetylalcohol, $C_{16}H_{34}O$.

Bemerkenswert ist das Vorkommen von Cetylalcohol bei Pilzen. Es wurde bisher meines Wissens nur für den Lärchenschwammm *(Polyporus officinalis)*, constatirt und zwar von SCHMIEDER.[2])

14. Agaricol, $C_{10}H_{16}O$ (SCHMIEDER).[3])

Von SCHMIEDER im *Polyporus officinalis* aufgefunden, neben anderen Korpern durch Extraction mit Petroleumäther gewonnen. Krystallisirt in Nadeln, die bei 223° schmelzen und liefert durch Oxydation mit Salpetersäure Oxalsäure.

II. Pflanzensäuren (organische Säuren).

Von diesen den Charakter von Säuren tragenden, aus Kohlenstoff, Wasserstoff und Sauerstoff bestehenden, in Wasser löslichen Verbindungen hat man bereits eine ganze Reihe in Pilzen nachgewiesen. Einige scheinen in grosser Verbreitung vorzukommen, andere minder häufig zu sein. Nicht selten producirt ein und derselbe Pilz mehrere dieser Verbindungen. Die saure Reaction der Säfte vieler Pilze dürfte wohl vielfach auf der Anwesenheit organischer Säuren beruhen.

---

[1]) Aus König, Nahrungs- und Genussmittel 2. Aufl. 2. Th.

[2]) Chemische Bestandtheile des *Polyporus officinalis*, Arch. d. Pharm. Bd. 224, pag. 649.

[3]) Daselbst pag. 647.

1. Oxalsäure oder Kleesäure, $C_2H_2O_4$. Sie besitzt unter allen Pflanzensäuren die grösste Verbreitung im Pilzreiche. Ob sie im freien Zustande in den Zellen vorkommen kann, ist nicht erwiesen, dagegen tritt sie bestimmt auf in Form des sauren Kaliumsalzes, sowie des Kalksalzes und zwar sowohl im Zellinhalt, als in den Membranen sowie als Ausscheidungsprodukt.

Besonders ausgiebige Mengen von oxalsaurem Kalk enthalten (was übrigens durch die mikroskopische Untersuchung leicht zu bestätigen ist) nach BRACONNOT[1]) *Ochrolechia tartarea* (L.), *Pertusaria communis* (47 %), *Urceolaria scruposa*, *Isidium corallinum*, *Phialopsis rubra* HOFFM., *Haemotomma ventosum* L. *H. coccineum* DICKS., *Psoroma lentigerum* WEB., *Placodium saxicolum* POLL., *Pl. circinatum* PERS., *Thallodima candidum* WEB. (sämmtlich Flechten). Aber auch bei vielen Basidiomyceten, vielen Schlauchpilzen (Früchte von *Penicillium* nach BREFELD, *Sclerotinia Sclerotiorum* nach DE BARY, *Chaetomium* nach eigenen Beobachtungen) sowie manchen Phycomyceten (*Mucor*-artige) erfolgt ziemlich reiche Kalkoxalatproduction. Zu fehlen scheint diese Verbindung nach DE BARY den Peronosporeen, vielen Hyphomyceten-Formen, *Lycoperdon*- und *Bovista*-arten und gewissen Flechten. Ich selbst habe ihn mikroskopisch stets vermisst bei den Mehlthaupilzen (Erysiphieen), den verschiedensten Chytridiaceen den Rostpilzen (Uredineen) und Brandpilzen (Ustilagineen). Während der kräftigsten Vegetation ist nach K. SCHMIDT[2]) der oxalsaure Kalk im Zellinhalt durch Vermittelung des Pflanzenalbumins völlig gelöst und krystallisirt erst gegen Ende der Vegetationsperiode zu einem Theile heraus.[3]) SCHMIEDER[4]) fand bei *Polyporus officinalis* Oxalsäure in Form des Eisensalzes.

2. Fumarsäure wurde bisher bei einer ganzen Reihe von Pilzen, welche theils den Basidiomyceten, theils den Ascomyceten zugehören, nachgewiesen und zwar bei

Tuber cibarium (Trüffel)	durch	RIEGEL[5])
Helvella esculenta (Steinmorchel)	„	SCHRADER[6])
Peziza nigra BULL.	„	BRACONNOT
Hydnum repandum	„	„
„ *hybridum*	„	„
Polyporus squamosus FR.	„	„
„ *dryadeus* FR.	„	„
„ *officinalis* FR.	„	BLEY[7])
Lenzites betulina FR.	„	RIEGEL[8])
Cantharellus cibarius	„	BRACONNOT
Agaricus campestris (Champignon)	„	GOBLEY und LEFORT (l. c.)
„ *piperatus* SCOP.	„	BOLLEY[9])
„ *tormentosus* FR.	„	DESSAIGNES[10])
Amanita muscaria FR.	„	„

[1]) Ann. de Chim. et Phys. Bd. 6, 132 u. Bd. 28, 319.

[2]) Ann. d. Chem. Bd. 61, pag. 297.

[3]) Betreffs des Gehaltes an Oxalsäure vergl. auch HAMLETH und PLOWRIGHT. Chem. News. Bd. 36, pag. 93.

[4]) Arch. d. Pharm. 1886.

[5]) Jahrb. f. pract. Pharm. 7, pag. 222.

[6]) SCHWEIGGER's Journ. III. pag. 389.

[7]) N. Tr. XXV, 2, 219.

[8]) Jahrb. f. pract. Chem. 12, pag. 168.

[9]) Ann. d. Chem. u. Pharm. Bd. 86, pag. 44.

[10]) Compt. rend. 37, pag. 782 u. Ann. d. Chem. u. Pharm. Bd. 89, pag. 160.

Die Fumarsäure scheint gewöhnlich in Form des Kalisalzes aufzutreten. Was BRACONNOT Boletsäure oder Pilzsäure nannte, ist Fumarsäure.[1])

3. Aepfelsäure (= Schwammsäure BRACONNOT's). Sie wurde bis jetzt nachgewiesen

bei	*Tuber cibarium*	von RIEGEL[2]) und LEFORT[3])
„	*Polyporus dryadeus* FR.	„ BRACONNOT und DESSAIGNES[4])
„	„ *pseudoigniarius*	„ DESSAIGNES
„	„ *officinalis*	„ BLEY[5]) und SCHMIEDER[6])
„	*Lenzites betulina* FR.	„ RIEGEL[7])
„	*Agaricus campestris*	„ LEFORT[8])

Wahrscheinlich tritt die Apfelsäure, wie in den höheren Pflanzen, theils frei, theils an Kali, Kalk, Magnesia oder Pflanzenbasen gebunden auf. Bei *Polyporus dryadeus* kommt sie nach BRACONNOT als Kaliumsalz vor.

4. Essigsäure fand BRACONNOT in *Phallus impudicus*, *Boletus viscidus*, *Hydnum repandum*, *H. hybridum* und *Cantharellus cibarius*, hier in Form des Kaliumsalzes.

5. Citronensäure ist, wie HUSEMANN und HILGER[9]) angeben, bei vielen Schwämmen zu finden. DESSAIGNES[10]) wies sie bereits 1854 in *Boletus pseudoigniarius* nach; LEFORT fand sie in der Trüffel *(Tuber cibarium)*[11]) und im Champignon[12]); nach GOBLEY kommt sie hier in Form des Kaliumsalzes vor.

6. Weinsäure wurde bei einigen Flechten *(Zeora sordida* und *Usnea barbata)* von SALKOWSKI beobachtet (HUSEMANN und HILGER l. c.).

7. Ameisensäure fand MANNASSEWITZ[13]) im Mutterkorn.

8. Propionsäure ist nach BORNTRÄGER[14]) Bestandtheil des Fliegenschwammes *(Amanita muscaria)*.

9. Milchsäure wurde von SCHOONBRODT im Mutterkorn gefunden, von SCHRADER[15]) in *Helvella esculenta* (?).

10. Bernsteinsäure fand SCHMIEDER[16]) im wässrigen Auszuge von *Polyporus officinalis;* CAPPOLA[17]) in einer Flechte *(Stereocaulon vesuvianum)*, O. LOW[18]) in einer Bierhefe.

---

[1]) Ihr Vorkommen bei *Cetraria islandica* bedarf nach FLÜCKIGER (Pharmakogn. II. Aufl.) noch der Bestätigung.

[2]) Jahrb. f. pract. Pharmacie. Bd. 7, pag. 222.

[3]) Journ. d. Pharm. et Chim. Bd. 31, pag. 440.

[4]) Compt. rend. 37. pag. 372 u. 782 u. Ann. d. Chem. et Pharm. 89, pag. 120.

[5]) N. Tr. 25. 2, pag. 119.

[6]) Arch. d. Pharm. 1886, pag. 656.

[7]) Journ. f. pr. Chem. 12, pag. 168.

[8]) Journ. d. Pharm. et Chim. Sér. 3, Bd. 29, pag. 190.

[9]) Die Pflanzenstoffe I.

[10]) Compt. rend. t. 37, pag. 782.

[11]) Journ. d. Pharm. u. Chemie 31, pag. 440.

[12]) Journ. d. Pharm. et Chim. Sér. 3, 29, pag. 190.

[13]) Journ. f. Pharm. 1867. pag. 20.

[14]) N. Jahrb. d. Pharm. Bd. 8, pag. 222.

[15]) SCHWEIGG. Journ. 3, pag. 389.

[16]) Arch. d. Pharm. Bd. 224.

[17]) Chem. Untersuchung von *Stereocaulon vesuvianum*. Gaz. chimica. 1882. (S. Ber. d. deutsch. chem. Ges. 1882, pag. 1093).

[18]) In NÄGELI, Ueber die chem. Zusammensetzung der Hefe. Sitzungsber. d. Münchener Akad. 4. Mai 1878.

11. Aus dem Speitäubling *(Agaricus integer)* isolirte THORNER[1]) eine wahrscheinlich den Fettsäuren, speciell der Essigsäurereihe angehörende organische Säure, der er die Formel $C_{15}H_{30}O_2$ gab. Sie krystallisirt aus Alkohol in schneeweissen, büschelförmig gruppirten Nädelchen, die bei 69½—70° schmelzen. In Aether, Benzol, Toluol, Schwefelkohlenstoff, Chloroform, kochendem Alkohol und Eisessig ist sie sehr leicht, in Ligroïn, in kaltem Alkohol und Eisessig schwerer, in Wasser unlöslich. Sie krystallisirt aus den genannten Lösungsmitteln in Nädelchen, aus Benzol in Blättchen, aus Chloroform in Warzen.

12. Eine Fettsäure von der Formel $C_{14}H_{24}O_2$ erhielt SCHMIEDER[2]) aus dem *Polyporus officinalis*.

Aus demselben Pilze isolirte SCHMIEDER[3]) eine Fettsäure von der Formel $C_{15}H_{34}O_3$, von der er es unentschieden lässt, ob dieselbe mit der Ricinölsäure nur isomer oder identisch ist.

13. Sclerotinsäure DRAGENDORFF. »Zu erhalten, indem man gepulvertes Mutterkorn mit Aether, darauf mit Weingeist von 85 Vol.-% erschöpft und dann mit wenig kaltem Wasser auszieht. Aus der wässrigen Flüssigkeit wird durch Alkohol sclerotinsaures Calcium gefällt, welches nach dem Auswaschen mit Alkohol in Weingeist von 40% zu lösen ist, um Schleim abzuscheiden, worauf man das Filtrat wieder mit absolutem Alkohol versetzt und den Niederschlag aufs neue unter Zusatz von etwas Salzsäure in verdünntem Weingeist auflöst. Bei nochmaliger Fällung mit Alkohol erhält man nunmehr Sclerotinsäure, die nur noch von geringen Mengen anorganischer Stoffe begleitet ist, welche durch wiederholte Behandlung in gleichem Sinne möglichst entfernt werden. So erhaltene Sclerotinsäure ist eine wenig gefärbte, amorphe, stickstoffhaltige Masse, welche leicht Wasser anzieht, doch nicht zerfliesst; in Wasser ist sie reichlich löslich, in Weingeist um so weniger, je alkoholreicher er ist. Die wässerige Lösung reagirt schwach sauer und wird durch Gerbsäure und Phosphormolybdänsäure gefällt. Frisches Mutterkorn liefert bis 65% Sclerotinsäure, welcher die wesentlichen physiologischen Eigenschaften des Letzteren einigermassen zukommen.«[4])

14. Sphacelinsäure KOBERT.[5]) Im Mutterkorn vorkommende stickstofffreie harzige Säure, die unlöslich ist im Wasser und verdünnten Säuren, löslich in Alcohol, schwer löslich in fetten Oelen, Chloroform, Aether. Zur Gewinnung extrahirt man möglichst frische Mutterkörner mit 3% Salzsäure, zieht den Rückstand mit Wasser aus, wäscht ihn nach dem Auspressen und Trocknen im Extractionsapparat mit Aether aus, bis das Extract nach dem Verdunsten des Aethers fest zu werden beginnt, zieht dann mit Alkohol aus, filtrirt den Auszug, und fällt zur Entfernung des rothen Farbstoffs (Sclererythrin) mit heisser gesättigter Barytlösung. Dann wird die Lösung durch Schwefelsäure von Baryt befreit und der Schwefelsäure-Ueberschuss durch geschlemmtes Bleioxyd entfernt. Das Filtrat wird bei 40—50° eingedunstet, der Rückstand mit concentrirter Lösung von Natriumcarbonat zerrieben, mit Alkoholäther gewaschen. Das restirende Pulver ist im Natriumcarbonat unter Erwärmen zu lösen und aus der Lösung die Sphacelinsäure durch Salzsäure flockig abzuscheiden. Die Säure bewirkt Blutextravasate in den Geweben und Gangrän peripherer Körpertheile, welche häufig bei Vergiftung mit Mutterkorn beobachtet wurden.

---

[1]) Ueber eine neue, in *Agaricus integer* vorkommende organische Säure. Ber. d. deutsch. chem. Ges. XII, pag. 1635.

[2]) Arch. d. Pharm. Bd. 224, pag. 652.

[3]) l. c. pag. 653.

[4]) Entnommen aus FLÜCKIGER, Pharmak. d. Pflanzenr. Aufl. II, pag. 264.

[5]) Ueber die Bestandtheile und Wirkungen des Mutterkorns. Arch. f. experim. Pathol. Bd. 18, pag. 316—380. Ber. d. deutsch. chem. Ges. Ref., pag. 483.

15. Helvellasäure, $C_{12}H_{20}O_7$ (Böhm und Külz).[1]) Man gewinnt diesen die Giftigkeit frischer Morcheln *(Helvella esculenta)* bedingenden Körper durch Extraction des zerkleinerten Pilzes mit absol. Alkohol, auch schon durch Behandlung mit Wasser, besonders kochendem, daher die Morchel durchs Kochen völlig unschädlich wird.

III. Aromatische Säuren.

A. Gerbsäuren oder Gerbstoffe.

Sie sind noch wenig beobachtet worden. Schmieder (l. c.) fand Gerbsäure im wässrigen Auszuge von *Polyporus officinalis.*

B. Flechtensäuren.

Die Flechtensäuren sind, wie der Name andeutet, Ausscheidungsprodukte der Hyphen der Flechtenpilze. Sie treten in Form von Körnchen auf, die den Hyphenzellen bald in gleichmässiger, bald in ungleichmässiger Vertheilung aufgelagert erscheinen, farblos, gelb oder roth und, wie Schwarz[2]) (l. c.) betonte, krystallinischer Natur sind. Es darf nicht unerwähnt bleiben, dass gewisse z. Th. intensive Flechtenfärbungen, wie z. B. das Gelb der Wandflechte *(Physcia parietina)* und das Gelbgrün der geographischen Scheibenflechte *(Rhizocarpon geographicum)* auf reichlicher Production von Flechtensäuren beruht, im übrigen können Flechtensäuren und Farbstoffe combinirt werden. Die eigentliche Ablagerungsstätte ist die Rinde. Bei Flechten mit dorsiventralem Bau erscheint die Oberseite immer als die säurereichere. An fortwachsenden Spitzen und Rändern, wie an Soredien bildenden Stellen, erfolgt sehr reichliche Säureproduction; an älteren Theilen kann die Säure schliesslich für sich oder zugleich mit den sich ablösenden Theilen entfernt werden. Die Flechtensäuren gehören zumeist der Benzolreihe an. Mit Alkalien behandelt spalten sie sich in Kohlensäure und Orcin ($C_7H_8O_2$), das durch Einwirkung von Ammoniak und Luft in Orceïn übergeht, einen rothen Farbstoff, den wichtigsten Bestandtheil von Orseïlle und Persico. Aus Orceïn entsteht, wahrscheinlich durch Oxydation, Lakmus.

Vielleicht kommen gewisse Flechtensäuren auch bei eigentlichen Pilzen vor, wenigstens wurde die Lichesterinsäure auch im Fliegenschwamme *(Amanita muscaria)* gefunden. (S. Lichesterinsäure).

1. Chrysophansäure (Rochleder u. Heldt). $C_{15}H_{10}O_4$.

Wird nach Fr. Schwarz (l. c.) am besten aus der Wandflechte *(Physcia parietina),* deren Gelbfärbung durch sie bedingt wird, gewonnen durch wiederholte Extraction mit Benzol oder Ligroin, Schütteln der erhaltenen gelben Lösung mit sehr verdünnter Kalilauge (so lange sich diese noch roth färbt) und Sättigen der so erhaltenen Lösung von chrysophansaurem Kali mit Salzsäure. Der dabei sich bildende gelbe Niederschlag von Chrysophansäure wird abfiltrirt, ausgewaschen, getrocknet und aus heissem Benzol oder heissem Alkohol umkrystallisirt, wobei im ersten Falle

[1]) Ueber den giftigen Bestandtheil der essbaren Morchel *(Helvella esculenta)* Arch. f. exper. Path. 19, pag. 403—414. Vergl. auch: Boström, deutsch. Arch. f. klin. Med. 32, pag. 209 u. Ponfick, Arch. f. pathol. Anat. 88, pag. 445.

[2]) In der folgenden Darstellung habe ich mich z. Th. an die Arbeit von Fr. Schwarz (Chemisch-botanische Studien über die in den Flechten vorkommenden Flechtensäuren. Beitr. z. Biol. Bd. III) sowie mehrfach an Husemann u. Hilger, die Pflanzenstoffe I, pag. 304—322 gehalten.

goldgelbe Blättchen, im zweiten orangegelbe Nädelchen entstehen. Reactionen: Im Wasser schwer, in freien Alkalien sehr leicht, in kohlensauren Alkalien und in Ammoniak weniger leicht und mit characteristischer, bei keiner anderen Flechtensäure auftretenden purpurrothen Farbe löslich. Mit Kalk- und Barytwasser rothe unlösliche Verbindungen bildend (für den mikrochemischen Nachweis der Chrysophansäure wichtig).

Durch Kochen mit conc. Salpetersäure entsteht Trinitrochrysophansäure, welche bei Wasserzusatz als orangerothes Pulver ausfällt. Vorsichtiger Zusatz von Aetzammoniak bewirkt Violettfärbung. In conc. Schwefelsäure mit rother Farbe gelöst, aber durch Wasser unverändert ausgefällt. Eisenchlorid erzeugt in der alkoholischen Lösung bräunliche Färbung.

Kommt nach Thomson auch in einer anderen Flechte, *Squamaria elegans*, vor.

Thomson, R. Ueber Parietin, einen gelben Farbstoff und über die anorganischen Bestandtheile der Flechten. Ann. Chem. Bd. 53, pag. 252—266 (1845).

2. Lecanorsäure, $C_{16}H_{14}O_7$ = Orseillsäure.

3. Erythrinsäure, $C_{20}H_{22}O_{10}$ = Erythrin.

Sie finden sich in *Roccella-*, *Lecanora-*Arten und *Ochrolechia tartarea.* Zur Gewinnung extrahirt man diese Flechten in zerkleinertem Zustande mit verdünnter Kalkmilch, presst aus und lässt die klare Lösung in verdünnte Salzsäure fliessen. Der abfiltrirte, ausgewaschene und getrocknete Niederschlag wird in heissem Holzgeist umkrystallisirt. (Da sich die Erythrinsäure im Holzgeist leichter als die Lecanorsäure löst, kann man zu ihrer Gewinnung die Flechte direkt mit Holzgeist ausziehen.) Die reine Säure bildet farblose, kurze und feine, häufig sternformig verwachsene Nadeln dar.

Reactionen: Mit Chlorkalklösung werden die Säuren (durch den freien Kalk) gelöst und (durch die unterchlorige Säure) rothgefärbt. Doch geht diese Farbe leicht in braun und gelb über. Durch überschüssigen Chlorkalk Entfärbung. Die obige Reaction auch durch unterchlorigsaures Natron, das man im Ueberschuss zu einer Lösung der Säuren in wenig Alkali zusetzt. Durch längere Einwirkung von Ammoniak und Luft werden bei Säuren dunkel. Eine sehr empfindliche Reaction führt H. Schwarz[1]) an: Man erwärmt die abgeschiedenen Flechtensäuren oder ein Stückchen der Flechte mit verdünnter Kali- oder Natronlauge, wodurch Orcin entsteht, das nun bei Zusatz eines Tropfens Chloroform und längerem Erwärmen im Wasserbade Homofluorescein giebt (bei durchgehendem Lichte in alkalischer Lösung rothgelb, bei auffallendem Lichte schön gelbgrün fluorescirend), besonders nach Verdünnung mit Wasser. Noch empfindlicher ist die Reaction, wenn man einige Flechtentheile mit Alkohol auszieht und den Auszug mit wenig Chloroform und Aetzkali erwärmt.

Fügt man dem alcoholischen Extract nur einige Tropfen verdünnten Eisenchlorids zu, so wird er braun-violett.

Zum Unterschied von Lecanorsäure ist Erythrinsäure in Essigsäure, sowie in kohlensaurem Ammoniak löslich und färbt sich mit einer Lösung von Brom in Barytwasser sogleich gelb.[2])

[1]) Ueber einige neue Farbstoffe aus Orcin. Ber. d. deutsch. chem. Ges. Bd. 13.

[2]) Literat. über Lecanorsäure. Schunck, Ann. d. Chem. Bd. 41, pag. 157, Bd. 54, pag. 261, Bd. 61, pag. 72. Rochleder u. Heldt, Untersuchung einiger Flechtenarten. Das. Bd. 48. Stenhouse, Ueber die näheren Bestandtheile einiger Flechten. Das. Bd. 68, Bd. 125. Schwarz, F. l. c.

Literat. über Erythrinsäure. Hesse, Ueber einige Flechtenstoffe. Ann. d. Chem. Bd. 117, pag. 304. Stenhouse, l. c., pag. 72. Schwarz, F. l. c.

4. Usninsäure (Knop), $C_{18}H_{18}O_7$.[1])

Zu den verbreitetsten Flechtensäuren zählend, wurde sie bisher nachgewiesen in:

1. Strauchflechten.

Usnea florida L.
„ *plicata* L.
„ *barbata* L.
Bryopogon sarmentosum Ach.
Cladonia rangiferina L.
„ *digitata* Hoffm.
„ *macilenta* Ehrh.
„ *uncinata* Hoffm.
viele andere Cladonien
Ramalina calycaris L.
Evernia prunastri L.
„ *furfuracea* L.

2. Laubflechten.

Imbricaria saxatilis L.

3. Krustenflechten.

Rhizocarpon geographicum L.
Haematomma ventosum L.
Biatora lucida Ach.
Psoroma crassum Ach.

Zur Gewinnung in kleinen Mengen genügt Auskochen der zerkleinerten Flechten mit Alkohol. Beim Erkalten des Filtrats fällt die Säure in schönen hellgelben Krystallen aus. Zur Gewinnung grösserer Quantitäten benutzt man Kalkmilch oder verdünntes Natriumcarbonat, fällt das Filtrat mit Salzsäure und zieht aus dem getrockneten Niederschlag die Usninsäure mit warmem Aether aus.

Sie krystallisirt in hellschwefelgelben, bei ca. 200° schmelzenden, geschmacklosen Nadeln und Blättchen. In Benzol und Ligroin ist sie unlöslich, in Alcohol und kaltem Aether schwer, in kochendem Aether und heissen ätherischen und fetten Oelen leicht löslich, durch Wasser wird sie nicht benetzt. Durch Chlorkalklösung wird sie gelb (nicht roth). Die Kali-Chloroformreaction tritt auch nach Kochen der Säure mit Kali nicht ein. Eisenchlorid färbt die alkoholische Lösung roth, besonders auch den filtrirten und mit starkem Alkohol versetzten Aetherauszug aus den Flechten. In conc. Schwefelsäure löst sich die Usninsäure mit gelber Farbe, mit wenig Ammoniak giebt sie ein farbloses saures Salz, das sich in Wasser löst. Aus möglichst neutraler Lösung fällen Kupfersalze grün, Nickelsalze gelbgrün, Kobaltsalze braunroth.

5. Evernsäure, $C_{17}H_{16}O_7$ (Stenhouse).[2])

Man gewinnt sie aus *Evernia prunastri* durch Behandlung mit heissem Alkohol und lässt die grünweisse Masse in Aether umkrystallisiren, um schönere Krystalle zu erhalten. Sie stellen kurze scharfkantige Nadeln dar, sind in reinem Zustande farblos, reagiren sauer und schmelzen bei etwa 164°. In Aetzalkalien, Aetzammon und Alkalicarbonaten ist die Säure mit gelber Farbe, in kohlensaurem Ammoniak nur beim Kochen löslich. Setzt man Säuren zu, so fällt wieder Evernsäure aus. In conc. Schwefelsäure löst sie sich mit bräunlichgelber Farbe.

In manchen anderen Reactionen der Usninsäure ähnlich, unterscheidet sie sich dadurch, dass sie nach längerem (mindestens 15 Minuten dauerndem) Kochen mit Kalkmilch Orcin giebt, was sowohl durch die Kali-Chloroformreaction, als

[1]) Knop, W. Chemisch-physiol. Untersuchung über die Flechten. Ann. d. Chem. Bd. 49 (1844), pag. 103—124.

[2]) Ann. d. Chem. u. Pharm. Bd. 68, pag. 83. — O. Hesse, das. Bd. 117, pag. 297. F. Schwarz, l. c., pag. 257—259.

durch die Rothfärbung mit Chlorkalk nachgewiesen wird. — SCHWARZ fand die Evernsäure auch in der Rennthierflechte *(Cladonia rangiferina)*.

Weniger genau untersuchte Flechtensäuren sind:

6. Vulpinsäure, $C_{19}H_{14}O_5$ (MÖLLER und STRECKER).[1])

Kommt in *Evernia vulpina* L. und in auf Sandstein gewachsenen Formen von *Physcia parietina* (Wandflechte) vor. Aus der letzteren lässt sie sich fast rein durch Schwefelkohlenstoff, aus der ersteren durch verdünnte Kalkmilch ausziehen. Sie krystallisirt aus Alkohol in grossen schwefelgelben klinorhombischen Pyramiden oder in Nadeln, aus Schwefelkohlenstoff in mehr röthlichen Krystallen. Dieselben sind geschmacklos, aber in weingeistiger Lösung bitter und schmelzen bei 110° resp. bei 140°. In kochendem Wasser fast unlöslich, in kaltem und kochendem Weingeist schwer löslich, wird sie durch Aether, besonders auch Chloroform und Schwefelkohlenstoff leicht gelöst. Mit conc. Scwefelsäure färbt sich die Vulpinsäure hochroth und löst sich darin mit braunrother Farbe.

7. Patellarsäure, $C_{17}H_{20}O_{10}$ (WEIGELT).[2])

Wird von *Urceolaria scruposa* L. producirt zu $2\frac{1}{2}$—3 %. Man gewinnt sie durch 1—2 tägige Maceration der zerkleinerten Flechte mit ihrem anderthalbfachen Volumen Aether, freiwilligem Verdunstenlassen des Filtrats auf einer zollhohen Schicht Wasser, Abspritzen der auf der Wasseroberfläche zurückbleibenden Krystallmasse und Abwaschen mit Wasser. Die farblosen Krystalle sind intensiv bitter und von saurer Reaction. In Wasser, Essigsäure, Salzsäure, Glycerin, Terpentinöl und Schwefelkohlenstoff schwer löslich, in Holz- und Weingeist, Amylalcohol, Aether und Chloroform leicht löslich. Aus der weingeistigen Lösung durch Wasser in weissen Flocken fällbar. Mit sehr verdünntem Eisenchlorid giebt die Säure eine blauviolette, mit concentrirtem Eisenchlorid eine dunkel purpurblaue Färbung, in Barytwasser löst sie sich mit blauvioletter Farbe.

Die wässrige oder weingeistige Lösung wird an der Luft gelb, dann roth. Bei längerem Kochen mit Wasser erfolgt Zersetzung unter Bildung von Orcin. Durch kalte Salpetersäure wird sie roth, durch Erhitzen tritt damit reichliche Oxalsäurebildung auf. Mit Chlorkalk entsteht eine blutrothe, dann rost- bis gelbbraune, mit stark verdünntem Eisenchlorid eine hellviolette, dann purpurblaue Färbung. Durch Barytwasser wird die Säure gelb, dann indigblau, dann unter Abscheidung von kohlensaurem Baryt blau violett, nach dem Filtriren gelb.

8. Cetrarin (HERBERGER), Cetrarsäure, $C_{18}H_{16}O_8$ (SCHNEDERMANN u. KNOP).[3])

Aus dem »isländischen Moos« *(Cetraria islandica)* isolirt. Sie bildet weisse, haarfeine Nadeln von bitterem Geschmack, die im Wasser fast gar nicht, in kaltem Weingeist schwer, in kochendem leicht, in Aether wenig, in flüchtigen und fetten Oelen nicht löslich sind. Mit Alkalien liefert sie sehr bittere, gelbe, in Wasser lösliche, an der Luft sich bräunende Verbindungen. Eisenchlorid fällt diese Lösungen braunroth, Bleiacetat gelb. Die Flechte enthält ca. 2 % der Säure. Zur

---

[1]) Ann. d. Chem. u. Pharmac. Bd. 113, pag. 56. — STEIN, Zeitschr. f. Chem. Bd. 7. pag 97. Bd. 8, pag. 47. BOLLEY u. KINKELIN, Journ. f. pract. Chemie. Ser. II. Bd. 93, pag. 354. SPIEGEL, Ueber die Vulpinsäure. Vier Mittheil. in Ber. d. deutsch. chem. Ges. Jahrgang 13. 14. 15.

[2]) Journ. f. pract. Chemie. Bd. 106, pag. 193.

[3]) Annal. d. Chem. u. Pharm. Bd. 54, pag. 143., Bd. 55, pag. 144.

Gewinnung wird sie mit kochendem Weingeist unter Zusatz von kohlensaurem Kali extrahirt. Nach Verdünnung mit Wasser und Salzsäure fällt das Cetrarin mit Lichesterinsäure und Thallochlor (Chlorophyll, aus den Gonidien stammend) nieder; letzteres wird durch Aether, die Lichesterinsäure durch Weingeist von 40 Gewichtsprocenten entfernt.

9. Parellsäure (SCHUNCK),[1]) $C_9H_6O_4$.

In *Lecanora Parella* L. Krystallisirt aus kochend gesättigter weingeistiger Lösung beim Erkalten und raschen Verdunsten in Nadeln, aus verdünnteren weingeistigen Lösungen bei langsamem Verdunsten in kleinen, kurzen, regelmässigen Krystallen. Schwer in kaltem, leichter in heissem, noch reichlicher in kochender Essigsäure, leicht in Weingeist (aus dem sie durch Wasser als Gallerte gefällt wird), und in Aether löslich, quillt sie in wässrigem Kali gallertartig auf und löst sich nur allmählich. Beim Erhitzen im Röhrchen liefert sie ein öliges krystallinisch erstarrendes Destillat. Mit Wasser gekocht bildet sie ein gelbes amorphes bitteres Zersetzungsprodukt. Die ammoniakalische Lösung färbt sich an der Luft braun. Mit Salpetersäure erhitzt giebt die Säure Oxalsäure. (Vielleicht ist die Parellsäure ein blosses Zersetzungsprodukt der Lecanorsäure.)

10. Psoromsäure, $C_{20}H_{14}O_9$ (SPICA).[2])

Kommt in *Psoroma crassum*, ACH., einer auf Kalk und Gypsboden wachsenden Flechte vor. Sie ist im Gegensatz zu der gleichzeitig mit ihr vorkommenden Usninsäure in Benzol unlöslich, löst sich aber in Alkohol, Aether und Chloroform, sowie in kohlsauren Alkalien. Sie krystallisirt in seidenglänzenden Nadeln, die bei 263—264° unter Zersetzung schmelzen. Zur Gewinnung extrahirt man die Flechte mit Aether, lässt auskrystallisiren und behandelt die Krystalle mit Benzol, um sie zu reinigen, worauf man aus Alkohol umkrystallisiren lässt.

11. Lichesterinsäure, $C_{14}H_{31}O_3$ (SCHNEDERMANN und KNOP).[3])

In *Cetraria islandica* (Isländische Flechte) zu etwa 1 % vorkommend, neben Cetrarsäure, eine lockere, weisse, aus rhombischen Krystallblättchen bestehende geruchlose Masse von kratzendem Geschmack bildend, bei 120° schmelzend. In Wasser unlöslich, löst sie sich leicht in Weingeist, Aether, flüchtigen und fetten Oelen.

Nach BOLLEY[4]) kommt die Säure auch im Fliegenschwamm *(Amanita muscaria)* vor.

12. Roccellinin (STENHOUSE)[5]).

Aus *Roccella tinctoria* isolirt. Zur Gewinnung zieht man mit Kalkwasser aus, fällt mit Salzsäure und kocht den Niederschlag lange mit Weingeist, um die Lecanorsäure zu ätherificiren, worauf dem Verdunstungsrückstande der gebildete Aether durch kochendes Wasser entzogen wird. Das zurückbleibende Roccellinin wird durch Umkrystallisiren aus kochendem Alkohol rein erhalten und stellt seidenglänzende Krystalle dar, die in Wasser unlöslich, in Weingeist und Aether schwierig, in wässrigem Ammoniak und Alkalien leicht löslich sind. Mit Chlorkalk wird es grüngelb. Durch Kochen mit Salpetersäure entsteht Oxalsäure.

[1]) Ann. d. Chem. u. Pharm. Bd. 54, pag. 257 u. 274.

[2]) Ueber eine neue aus *Psoroma crassum* extrahirte Säure. Gazetta chim. Bd. XII, 431.

[3]) Ann. d. Chem. u. Pharm. Bd. 54, pag. 149, 159.

[4]) Daselbst, Bd. 86, pag. 50.

[5]) Daselbst, Bd. 68, pag. 69.

(Nicht zu verwechseln mit Roccellinin ist die **Roccellsäure**, die nach Fr. Schwarz (l. c. pag. 260) den Charakter einer in den **Gonidien** von *Rocella tinctoria* und *fuciformis* vorkommenden Fettsäure trägt).

13. Physodin (Gerding).[1]

Kommt in *Imbricaria physodes* vor. Man gewinnt es durch Extraction mit Aether, Auswaschen des Verdunstungsrückstandes mit kaltem wässrigem Weingeist und wiederholtem Umkrystallisiren aus kochendem Alkohol. Es stellt eine weisse, aus mikroskopischen Säulchen gebildete Masse dar. Schmelzpunkt bei 125°. Durch concentrirte Schwefelsäure wird es mit violetter Farbe gelöst, aus der Lösung werden durch Wasser bläulich violette Flocken gefällt. Mit wässrigem Ammoniak entsteht eine gelbe, an der Luft röthlich werdende Lösung.

14. Ceratophyllin (O. Hesse).[2]

Ebenfalls aus *Imbricaria physodes* gewonnen und zwar durch Extraction der zuvor mit kaltem Wasser gewaschenen Flechte mit Kalkwasser und Fällen mit Salzsäure. Nach Ausziehen des Niederschlags mit heissem 75proc. Weingeist und Kochen des gebliebenen Rückstandes mit heisser Sodalösung scheidet sich aus der alkalischen Lösung beim Erkalten reines Ceratophyllin ab. Es bildet farblose prismatische Krystalle, die bei 147° schmelzen, schmeckt kratzend und brennend, wird von kaltem Wasser wenig, von Alkohol absolutus und Aether leicht gelöst. Die alkoholische Lösung nimmt bei Chlorkalkzusatz bluthrothe, mit Eisenchlorid purpurviolette Farbe an.

15. Atranorsäure, $C_{19}H_{18}O_8$ (Paterno).[3]

In *Lecanora atra* (zugleich mit Usninsäure) in der Rennthierflechte (*Cladonia rangiferina* — hier zugleich mit **Rangiformsäure**) und nach Cappola[4]) auch in *Stereocaulon vesuvianum*. Man zieht mit Aether aus und behandelt den Rückstand mit kaltem Chloroform, in welchem die Säure wenig löslich ist. Sie bildet kleine Prismen vom Schmp. 190—194°. Sie lösen sich ziemlich leicht in heissem Chloroform und Alkalien, wenig in Aether und Alkohol, etwas mehr in Benzol und werden durch Kochen mit Alkalien zersetzt.

16. Icmadophila-Säure.

Die fleischrothen Apothecien von *Icmadophila aeruginosa* (Scop.) *Trevis.* sind nach E. Bachmann[5]) mit einer dicken farblosen Schicht einer krystallisirten Flechtensäure bedeckt, welche von Kalilauge, Ammoniak und Kalkwasser mit intensiv goldgelber Farbe gelöst wird. Die Lösung bildet einen breiten, höchst auffallenden Saum um die Frucht, der aber allmählich verschwindet, weil sich die gelbe Flüssigkeit mit der umgebenden mischt. Bringt man, ehe dies geschehen ist, einen Ueberschuss von Salzsäure oder Eisessig hinzu, so wird die Säure in Form farbloser Körnchen gefällt. Bachmann konnte diese Erscheinungen bei keiner andern Flechte mit ähnlich gefärbten Früchten beobachten.

[1]) Arch. d. Pharm. (Reihe II) Bd. 87.

[2]) Ann. d. Chem. u. Pharm. Bd. 119, pag. 365.

[3]) Untersuchungen über Usninsäure und andere aus Flechten ausgezogene Substanzen.

[4]) Gaz. chim. 1882, pag. 19—29.

[5]) Mikrochemische Reactionen auf Flechtenstoffe als Hülfsmittel zum Bestimmen der Flechten. Zeitschr. f. wissensch. Mikroskop. Bd. III (1886), pag. 218.

17. Physcinsäure (Paternò).[1]

Aus *Physcia parietina* gewonnen durch Extraction mit siedendem Alkohol. Das schwarze Extrakt wird mit Aether erschöpft und der Rückstand in Benzol bei Anwesenheit von Thierkohle gelöst und umkrystallisirt. Die noch rothbraunen Krystalle werden in Kalilauge gelöst, die Lösung mit Salzsäure gefällt und der Niederschlag aus Alkohol umkrystallisirt, wodurch canariengelbe Nadeln von 200° Schmelzpunkt entstehen. Die Physcinsäure ähnelt der Chrysophansäure.

18. Picrolichenin, $C_{12}H_{20}O_6$ (Alms).[2]

Aus der Soredienform (*Variolaria amara* Ach.) von *Pertusaria communis* Dc. isolirt. Bildet farblose, geruchlose Rhombenoctaëder von bitterem Geschmack. Nicht löslich in kaltem, wenig in kochendem Wasser, leicht in heisser Essigsäure, wässrigen ätzenden Alkalien, Weingeist, Aether, Schwefelkohlenstoff und flüchtigen Oelen. Die ammoniakalischen und alkalischen Lösungen färben sich an der Luft roth und geben dann mit Säuren einen nicht oder kaum bitteren Niederschlag. Concentrirte Schwefelsäure löst das Picrolichenin farblos, Chlorwasser ruft Gelbfärbung hervor.

Mit Vulpinsäure verwandt, aber keine Säure, sondern ein Anhydrid darstellend, ist das

19. Calycin $C_{18}H_{22}O_5$ (Hesse).

Aus *Calycium chrysocephalum* durch Extraction mit kochendem Ligroïn und wiederholtem Umkrystallisiren aus diesem Lösungsmittel in gelben Prismen zu gewinnen.

Uebersicht der Flechtensäuren nach den Flechten.

1. Strauchflechten.

Usnea florida L., „ *plicata* L., „ *barbata* L., *Bryopogon sarmentosum* Ach. — Usninsäure.

Stereocaulon vesuvianum Atranorsäure.

Cladonia rangiferina L. — Usninsäure. Evernsäure. Atranorsäure. Rangiformsäure.

„ *coccifera* Flk., „ *digitata* Hoffm., „ *macilenta* Ehrh., „ *uncinata* Hoffm., *Ramalina calycaris* L. — Usninsäure.

Evernia vulpina L. Vulpinsäure.

„ *prunastri* L. — Usninsäure. Evernsäure.

„ *furfuracea* L. Usninsäure.

Cetraria islandica — Cetrarsäure. Lichesterinsäure.

2. Laubflechten.

Physcia parietina — Chrysophansäure. Vulpinsäure. Physcinsäure.

Imbricaria saxatilis L. Usninsäure.

„ *physodes* — Physodin. Ceratophyllin.

3. Krustenflechten.

Lecanora-Arten — Lecanorsäure. Erythrinsäure.

„ *atra* — Usninsäure. Atranorsäure.

„ *parella* Parellsäure.

Psoroma crassum — Psoromsäure. Usninsäure.

Urceolaria scruposa L. Patellarsäure.

Biatora lucida Ach. Usninsäure.

Icmadophila aeruginosa (Scop.) Icmadophilasäure.

---

[1]) Stenhouse u. Groves, Ann. d. Chem. u. Pharm., Bd. 185, pag. 14.

[2]) Paternò, Unters. über Usninsäure und andere aus Flechten ausgezogene Substanzen. Gaz. chim. 1882, pag. 231—261. Vergl. Ber. d. deutsch. chem. Ges. Jahrg. 15, pag. 2240.

1. Strauchflechten.	2. Laubflechten.
Roccella tinctoria Roccellinin.	*Haematomma ventosum* L. Usninsäure.
„ *fuciformis* Picroroccellin.[1])	*Rhizocarpon geographicum* L. Usninsäure.
„ -Arten { Lecanorsäure. / Erythrinsäure.	*Pertusaria communis* (*Variolaria*-Form) Picrolichenin.

IV. Fette.

Nächst Cellulose und den das Plasma und den Zellkern zusammensetzenden Eiweissverbindungen wohl die verbreitetste Substanz im Pilzreiche. Vielleicht fehlt sie keinem einzigen Pilze völlig. Meist kommt sie in Form von fettem Oel vor, das im Gegensatz zu den festen Fetten bei gewöhnlicher Temperatur flüssig ist. Bezüglich der chemischen Reactionen vergleiche man pag. 375. Eine grosse Anzahl von Pilzen besitzt reichen, zum Theil sehr reichen Fettgehalt. Die Schwankungen des letzteren bei den verschiedenen Vertretern veranschaulichen die Uebersichten von LOESECKE's auf pag. 389 und MARGEWICZ's auf pag. 391 und die folgende. Ein wallrathartiges Fett fand BRACONNOT im *Phallus impudicus*, ein ebensolches, krystallinisches SCHRADER[2]) in der Steinmorchel (*Helvella esculenta*), wo auch noch ein fettes Oel vorhanden ist.

Manche Pilzfette enthalten Farbstoffe gelöst und sehen daher gelb, orangeroth, grünlich, bräunlich aus (z. B. das Fett der Rostpilze, der Gallertpilze, des Pilobolus, der Ascoboleen), manche enthalten auch Cholesterin.

Uebersicht des Fettgehalts einiger essbaren Pilze im frischen Zustande.[3])

1.	*Agaricus campestris* (Champignon) im Mittel	0,18 %
2.	Barentatze (*Clavaria Botrytis*)	0,29 %
3.	*Boletus luteus*	0,29 %
4.	*Tuber cibarium* (Trüffel)	0,47 %
5.	*Cantharellus cibarius*	1,15 %
6.	*Helvella esculenta* (Steinmorchel)	1,65 %
7.	*Boletus edulis* (Steinpilz)	1,67 %
8.	*Clavaria flava* (Ziegenbart)	1,67 %
9.	*Morchella esculenta* (Speisemorchel)	1,93 %
10.	*Gyromitra esculenta* FR. im Mittel	2,44 %
11.	*Marasmius oreades*	3,41 %
12.	*Lactarius deliciosus* (Blutreizker)	5,86 %

Das Mutterkorn enthält nach FLÜCKIGER[4]) bis 35 %. Nach dem mikroskopischen Ansehen zu schliessen, dürften *Dematium pullulans*, *Fumago salicina* und andere Russthaupilze im Alter noch reicher sein. (Ueber die quantitative Fettbestimmung vergl. DETMER).[5])

V. Aetherische Oele.

Von starkem Geruch, brennendem eigenthümlichen Geschmack, Flüchtigkeit bei gewöhnlicher oder erhöhter Temperatur, daher auf Papier keinen bleibenden Fettfleck verursachend, sind sie schon hierdurch von fetten Oelen zu unterscheiden. Sie scheinen namentlich bei manchen intensiv riechenden Bauch- und Hutpilzen vorzukommen in Gemeinschaft mit harzartigen Körpern. Doch fehlen planmässige Untersuchungen hierüber. Man gewinnt solche flüchtigen Oele durch Destillation der Pilztheile mit Wasserdampf.

---

1) Ann. d. Chem. u. Pharm. Bd. I, pag. 61.

2) SCHWEIGGER's Journ. Bd. 33, pag. 393.

3) Aus KÖNIG, Nahrungs- und Genussmittel Bd. I entnommen.

4) Pharmakognosie des Pflanzenreichs. Aufl. II.

5) Physiol. Prakticum, pag. 204.

GUMBERT[1]) hat aus einem Flechtenpilz (der Wandflechte, *Physcia parietina*) ein butterartiges, grünes ätherisches Oel dargestellt (doch ist es fraglich, ob dasselbe nicht etwa aus den Algenzellen (Gonidien) dieser Flechte stammt). Im Hexenpilz *(Boletus luridus)* wies BÖHM[2]) ein ätherisches Oel mit Krystallisationsvermögen in geringer Menge nach.

Aus dem *Corticium violaceo-lividum* (an Korbweidenstumpfen wachsend) gewann ich durch Extraction mit Alkohol einen intensiv nach gekochtem Grünkohl riechenden grünlichen Körper, der sich beim längeren Stehen gänzlich verflüchtigte, sodass nur mit ihm gleichzeitig ausgezogene Körper zurückblieben. Höchst wahrscheinlich ist auch der so penetrant riechende, an Doldenpflanzen *(Apium graveolens)* erinnernde Stoff der *Gautiera graveolens*, den man mit Alkohol aus diesem Bauchpilze ausziehen kann, den ätherischen Oelen zuzuzählen. Vielleicht rührt der fenchel-artige Geruch der alte Tannenstämme bewohnenden *Trametes odorata* (WULFF), der anisartige von *Tr. odora* (L.) und *Tr. suaveolens* (L.) beide an alten Weidenstämmen, sowie der intensive Geruch von *Tr. Bulliardi* FR. *(Daedalea suaveolens)* PERS.) gleichfalls von flüchtigen Oelen her.

Während bei den höheren Pflanzen die Production von ätherischem Oel immer in besonderen Apparaten (Drüsen, Oelgänge) erfolgt, scheinen bei Pilzen analoge Einrichtungen zu fehlen, ZUCKAL's *Hymenoconidium petasatum* vielleicht ausgenommen.

VI. Harze.

Aus Kohlenstoff, Wasserstoff und Sauerstoff bestehende Pflanzenstoffe, welche meist Gemenge mehrerer harzartiger Körper darstellen, oft auch ätherische Oele und andere Stoffe enthalten. In Wasser unlöslich, werden einige schon von Alkohol, viele erst durch Aether, Chloroform, Schwefelkohlenstoff, Benzol, ätherischen und fetten Oelen gelöst. Sie brennen mit russender Flamme. Einige tragen den Charakter von Säuren (Harzsäuren), und diese lösen sich in ätzenden, bisweilen auch in kohlensauren Alkalien. Von ihren Salzen (Resinaten) werden die Alkalisalze (Harzseifen) in Wasser und Alkohol gelöst, und schäumen in wässriger Lösung ähnlich den ächten Seifen, ohne jedoch wie diese ausgesalzen zu werden. Die natürlichen Harze besitzen meist gelbe oder braune Farbe. Durch concentrirte Schwefelsäure werden viele ohne Zersetzung gelöst, durch Zusatz von viel Wasser wieder ausgeschieden. Concentrirte Salpetersäure wirkt meist sehr heftig auf Harze ein, häufig unter Bildung von gelben amorphen Nitroverbindungen. Beim Kochen damit werden entweder Pikrinsäure, Oxalsäure oder andere Verbindungen erzeugt.

Unter den Pilzen scheint Harzproduction sehr häufig vorzukommen und vielfach an der Färbung der Pilztheile betheiligt zu sein. Unter den Polyporeen (Löcherschwämmen) giebt es Arten, bei denen der Harzgehalt bis auf 70 % des Trockengewichts steigen kann.

Die Harze treten theils in Form von Ausscheidungen, theils als Infiltrationen der Zellhäute, theils im Zellinhalt auf. Sie haben ohne Zweifel überall den Werth von Verbindungen, welche im Stoffwechsel keine Verwendung mehr finden. Wo sie die Zellhäute durchtränken, verhindern sie die Cellulosereaction derselben. Ob Harze als Desorganisationsprodukte von Pilzmembranen entstehen können, ist noch nicht ganz sicher gestellt.

---

[1]) Repert. Pharm. Bd. 18, pag. 24 (nach HUSEMANN u. HILGER citirt).

[2]) Gesellschaft zur Beförderung der gesammten Naturwissenschaften zu Marburg. 1884.

Aus den Fruchtkörpern des **Lärchenschwammes** *(Polyporus officinalis)* gewinnt man durch Extraction mit Alkohol 4 verschiedene Harze.[1])

1. Das α-Harz (rothes Harz der Autoren).
2. Das β-Harz (weisses Harz — Agaricinsäure FLEURY's).
3. Das γ-Harz (Harz A. JAHNS).
4. Das δ-Harz (Harz B. JAHNS).

1. **Das α-Harz oder rothe Harz.** Es ist Hauptbestandteil der Droge und zu 35—40% in ihr enthalten. Geschmolzen stellt es eine rothbraune Masse, gerieben ein hellbraunes Pulver dar, das beim Reiben elektrisch wird. Es löst sich in absolutem Alkohol und Aether zur rothbraunen, sauer reagirenden Flüssigkeit und ist auch in Chloroform, Aceton, Eisessig, Benzol, Methylalkohol löslich. Aus der alkoholischen Lösung scheidet es sich auf Wasserzusatz wieder aus; auch aus der Benzol- und Aetherlösung wird es durch Petroleumäther oder Petrol-Benzin ausgeschieden. SCHMIEDER fand nun, dass dieses Harz ein **Gemenge** darstellt von 2 Harzen, einem rothbraunen, in Aether-Benzin unlöslichen, und einem helleren, bernsteingelben, in Aether-Benzin löslichen. Jenes schmilzt bei 87—88°, dieses bei 65%. Letzterem gab SCHMIEDER die Formel $C_{17}H_{28}O_3$, ersterem die Formel $C_{15}H_{24}O_4$.

2. Das β-Harz, $C_{14}H_{27}(OH){COOH \atop COOH} \cdot H_2O$, (weisses Harz, **Agaricinsäure** FLEURY's, Agaricussäure JAHNS). In reinerer Form von JAHNS (l. c.) und SCHMIEDER (l. c.) dargestellt. Sie **krystallisirt** aus starkem Alkohol in büschelförmig gruppirten Prismen oder Nadeln, aus 30%igem Weingeist bei 50—60° in seidenglänzenden vierseitigen Blättchen, bei anderer Temperatur in flachen Prismen aus. Geruch- und geschmacklos, schmilzt sie bei 128—129° C., doch tritt schon wenige Grade über 100° ein Zusammensintern ein. Die Ausbeute der sowohl frei wie gebunden in dem *Polyporus* vorkommenden Säure beträgt ca. 16%. In der Wärme wird sie von Alkohol, Eisessig und Terpentin leicht gelöst, in Aether ist sie weniger, in Chloroform, Benzol und kaltem Wasser nur in Spuren löslich. Mit Wasser gekocht, quillt sie zuerst gallertartig auf, und es entsteht eine dickschleimige Masse, die sich dann zu einer klaren, stark sauer reagirenden, etwas schleimigen Flüssigkeit löst. Beim Erkalten krystallisirt die Säure in feinen Nadeln wieder aus. Wird die heisse wässrige Lösung mit einigen Tropfen Schwefelsäure oder einer anderen stärkeren Säure versetzt und gekocht, so trübt sich die Flüssigkeit durch Abscheidung öliger Tropfen, die zu Boden sinken und beim Erkalten strahlig-krystallinisch erstarren.

Als zweibasische dreiatomige Säure ist die **Agaricinsäure** das Homologon der Aepfelsäure. Ihre neutralen Alkalisalze sind leicht, die der andern Metalle meist unlöslich und werden als amorphe Niederschläge gefällt.

Man gewinnt die Säure durch Extraction des zerkleinerten Pilzes mit 90% heissem Alkohol neben anderen Substanzen, die durch einen umständlichen Reinigungsprocess entfernt werden müssen.

3. **Das γ-Harz oder Harz A.** JAHNS, $C_{14}H_{22}O_3$. Es stellt einen schneeweissen, beim Reiben elektrisch werdenden, mikroskopisch aus schönen Nadeln

[1]) Literat.: FLEURY, Journ. de Pharm. Sér. 4, t. 11 (1870) pag. 202 u. Repert. de Pharm. t. 31 (1873) pag. 261. — MASING, Arch. der Pharm. Bd. 206 (1875) 111. — JAHNS, E., Zur Kenntniss der Agaricinsäure. Arch. der Pharm. Bd. 221 (1883) pag. 260—271. — SCHMIEDER, J., Ueber die chemischen Bestandtheile des *Polyporus officinalis*. Arch. d. Pharm. Bd. 224, (1886) pag. 641—668.

zusammengesetzten Körper dar. Derselbe ist unlöslich in Wasser, fast unlöslich in kaltem, schwer löslich in siedendem Alkohol. Aus der alkoholischen Lösung wird es durch Kalilauge nicht gefällt, wodurch es von der Agaricinsäure unterschieden und trennbar ist. Der Schmelzpunkt liegt bei 270° C. Bei weiterem vorsichtigen Erhitzen entsteht ein gelbes, harzartiges, in kugeligen Massen sich ansetzendes Sublimat (vergl. SCHMIEDER l. c.).

4. Das δ-Harz oder Harz B. JAHNS, $C_{12}H_{22}O_4$. Es bildet einen weissen, amorphen Körper, der in allen concentrirten Lösungen eine gallertartige Beschaffenheit zeigt. Es ist schwer zu reinigen, besitzt den Charakter einer Säure und bildet mit Basen amorphe salzartige Verbindungen. Schmp. bei 110°.

Nach E. BACHMANN gehört auch das von ihm aus dem Ascomyceten *Nectria cinnabarina* isolirte Nectriaroth (siehe Farbstoffe) zu den harzartigen Körpern. Es imprägnirt die Membranen des Pilzes.

Ein weiches Harz hat GANSER dem fetten Oele des Mutterkorns entzogen. Es löst sich leicht in Aetzkalilauge und erregt Trockenheit im Schlunde, sowie Brechreiz.

Eine gelbe harzartige Substanz vom Charakter der Harzsäuren isolirte SCHMIEDER[1]) aus dem Petrolätherauszuge von *Polyporus officinalis.* Beim Erhitzen auf Platinblech verhielt sie sich wie eine fette Säure. Der Schmelzpunkt lag bei 75°. Es wurde die Formel $C_{15}H_{20}O_4$ gefunden.

In *Lenzites sepiaria* und zwar in deren braunen, korkartigen Hüten kommt nach E. BACHMANN[2]) ebenfalls eine Harzsäure vor. Dieselbe stammt aus den dunkeln Harzausscheidungen dieses Pilzes. Man gewinnt sie durch Extraction der geraspelten Pilze mit Alkohol, nach Entfernung eines in Wasser löslichen braunen Stoffes. In Benzol, Schwefelkohlenstoff, Natriumcarbonat unlöslich, wird sie von Chloroform, verdünnten Alkalien und Aether leicht, von kaltem Alkohol schwer gelöst. Aus der alkoholischen oder ätherischen Lösung nimmt concentrirte Schwefelsäure einen grossen Theil des Harzes mit gelber Farbe auf, um es beim Verdünnen mit viel Wasser wieder an den Aether abzugeben. Salpeter- und Salzsäure verhalten sich ähnlich. Eisenchlorid und Eisenvitriol färben die ätherische Lösung olivenbraun bis grün. Chlorkalk bringt gleiche Farbenänderung, nach einigen Minuten aber gänzliche Entfärbung hervor.

Durch Schütteln mit 30 % iger Natronlauge wird der Lösung das Harz entzogen. Bei Ammoniakzusatz giebt die sofort olivengrün, dann braun werdende Lösung alle Substanz an das Reagens ab. Nach dem Neutralisiren der alkalischen Lösung mit einer Säure geht das Harz in den Aether. Auch die feste Harzsubstanz löst sich in jedem Alkali. Mit einer Säure lässt sich das Harz aus solcher Lösung in braunen Flocken fällen.

Die Säure ist in solcher Menge im Hut enthalten, dass sie wesentlich mit zu dessen Färbung beiträgt. Im Spectroskop einseitige Absorption der rechten Spectrumhälfte, in hoher Schicht sogar Auslöschung des grössten Theils des Grün.

Einen gelben bis gelbbraunen harzartigen Körper (Harzsäure) habe ich aus einem Löcherschwamme *(Trametes cinnabarina)* isolirt. Er kommt hier neben einem gelben (krystallisirt rothen) Farbstoffe im Hute vor und wird mit

---

[1]) Chem. Bestandtheile des *Polyporus officinalis.* Arch. d. Pharm. 1886. pag. 646.

[2]) Spectroskop. Untersuchungen von Pilzfarbstoffen. Progr. des Gymnas. zu Plauen. Ostern 1886. pag. 26.

diesem zugleich durch Extraction mit Alkohol gewonnen. Er ist hier Ausscheidungsprodukt der Hyphen des Hutes.

Als Pilzgutti habe ich eine schön gelbe Harzsäure bezeichnet,[1]) welche in den Fruchtkörpern des *Polyporus hispidus*, eines an Obstbäumen etc. nicht seltenen Löcherschwammes vorkommend, dem bisher nur aus Blüthenpflanzen (*Garcinia*-Arten) gewonnenen Gummiguttgelb (Cambodgia-Säure) in chemischer und optischer Beziehung sehr ähnlich ist und wie dieses als Aquarellfarbe benutzt werden kann. Man gewinnt das Pilzgutti durch Extraction der braunen Schwämme mit Alkohol und Auswaschen des Verdampfungsrückstandes mit Wasser (zur Entfernung eines wasserlöslichen gelbgrünen Farbstoffs). Das so gereinigte Harz ist mit intensiv gummiguttgelber Farbe löslich in Alkohol, Methylalkohol, Aether, schwerer löslich in Benzol, Terpentinöl etc. Durch concentrirte Salpeter-, sowie Schwefelsäure wird es mit rothgelber, resp. rothbrauner Farbe gelöst und durch viel Wasser in gelben Flöckchen unverändert wieder abgeschieden; durch verdünntes Aetzkali ebenfalls mit rothgelber Farbe gelöst, durch Eisenchlorid olivenbraun bis schwarzbraun, in der alkoholischen Lösung mehr olivengrün. Mit Basen bildet das Pilzgutti gelbe bis gelbbraune Salze, von denen nur die der Alkalien in Wasser löslich sind.

Beim Schmelzen mit Kali entstehen Fettsäuren und Phloroglucin. Die alkoholische Lösung fluorescirt schwach bläulich im Sonnenlichtkegel. Das Absorptionsspectrum zeigt keine Bänder. Eine mässig concentrirte alkoholische Lösung lässt in hoher Schicht bei Sonnenlicht nur Roth, Orange, Gelb und etwas verdüstertes Grün durch. Das Pilzgutti ist vorwiegend den Membranen eingelagert, diese gelb bis braun färbend, sonst auch reichlich im Inhalt mancher Hyphen sowie als Ausscheidung auf den Membranen zu finden.

Die intensiv orangegelbe Färbung von Huthaut, Stiel und Manschette des prächtigen *Agaricus (Pholiota) spectabilis* Fr., sowie die blassgelbe Farbe der Lamellen und des Fleisches von Hut und Stiel, endlich auch die ochergelbe Färbung der Sporenmasse beruht nach meinen Untersuchungen vorwiegend auf der Gegenwart einer Harzsäure, die (neben einem gelbgrünen wasserlöslichen Farbstoffe) vorzugsweise als gelber Hypheninhalt auftritt und manchen Fäden stark lichtbrechendes Ansehen verleiht, aber auch als Auflagerung zu finden ist. Man gewinnt sie durch Extraction des frischen Pilzes mit Alkohol, reinigt den Verdampfungsrückstand mit Wasser (zur Entfernung des gelben Farbstoffs) und nimmt ihn dann mit Alkohol oder Aether auf. Das feste Harz ist in Alkohol und Methylalkohol leicht, in Aether und Chloroform wenig, in Petroläther, Benzol und Schwefelkohlenstoff nicht, in Terpentinöl sehr schwer löslich. Die concentrirte alkoholische Lösung sieht rothgelb bis rothbraun, die verdünnte gummiguttgelb aus. Concentrirte Schwefelsäure löst unter Rothbraun-, concentrirte Salpetersäure unter Gelbbraunfärbung; hierbei scheiden sich schwärzliche, an der Oberfläche der Lösung schwimmende Partikelchen aus. Erhitzt man diese Lösung, so wird sie klar und gummiguttgelb, sodann erfolgt eine äusserst heftige Reaction, bei welcher die Flüssigkeit aus dem Reagirglas herausfliegt. Concentrirte Salzsäure und Eisessig lösen nur wenig und mit gelber Farbe.

Durch die Anwendung der concentrirten Schwefel- sowie Salpetersäure wird

[1]) Ueber Pilzfarbstoffe. Bot. Zeitung 1889, Nr. 4—6. I. Ueber das Vorkommen eines dem Gummiguttgelb ähnlichen Stoffes im Pilzreich.

das Harz nicht zerstört und scheidet sich bei Zusatz von viel Wasser unverändert aus, um in darüber gegossenen Aether hineinzugehen.

Die concentrirte alkoholische Lösung reagirt schwach sauer. Durch Ammoniak erleidet dieselbe im Gegensatz zu dem *Lenzites*-Harz keine Farbänderung; wogegen sie durch Aetzkali mehr roth wird. Zusatz von Eisenchlorid bewirkt olivenbräunliche Färbung.

VII. Farbstoffe.

Wie den Organismen überhaupt, so wohnt auch den Pilzen die Fähigkeit inne, irgend welche färbenden Stoffe zu erzeugen; ja diese Fähigkeit kann insofern eine nahezu allgemeine genannt werden, als unter den in SACCARDO's Sylloge bis jetzt aufgeführten Species, in runder Summe 33000, sich laut Diagnosen nur etwa 2—3000, also etwa 6—9% befinden, für welche keine besondere Färbung angegeben wird.

Für einzelne Gruppen stellt sich das Verhältniss zwischen gefärbten und nicht gefärbten Arten wie folgt dar:

Rostpilze (Uredineen) und Brandpilze (Ustilagineen), zusammen 2509 Species, wie es scheint, sämmtlich gefärbt.

Bauchpilze, 600 an Zahl, ebenfalls sämmtlich pigmenterzeugend.

Hymenomyceten, 8551 an Zahl. Davon nur 457 ohne Färbung.

Pyrenomyceten mit 7564 Species, sämmtlich gefärbt. Dasselbe gilt von den zusammen 9313 Arten zählenden Sphaeropsideen und Melanconieen.

Unter den Hyphomyceten, deren Zahl sich auf etwa 3700 beläuft, haben die Dematieen allein, mit 1544 Arten, ebenfalls sämmtlich irgend welche Färbungen, während die übrigen pigmentirten Vertreter jener grossen Gruppe auf mindestens 1500 zu schätzen sein dürften.

Auch die meisten Phycomyceten, Gesammtzahl etwa 550, produciren Pigmente. Trotz dieser Extensität der Pigmenterzeugung hat man, wie folgende Uebersicht zeigt, bis jetzt nur verhältnissmässig wenige Pilzarten auf die Natur der färbenden Körper untersucht. Unsere Kenntnisse hierüber sind demgemäss noch sehr beschränkt. Doch führten die bisherigen Untersuchungen bereits zur Auffindung einer ganzen Reihe specifisch verschiedener Farbstoffe, und hieran knüpft sich die Hoffnung, dass weitere Forschungen diese Reihe erheblich vergrössern werden. Jedenfalls bietet sich hier dem Botaniker und Chemiker noch ein weites Arbeitsfeld.

Ihren Sitz haben die Pigmente entweder im Zellinhalt oder in der Membran oder in beiden zugleich. Manche werden auch von den Zellen ausgeschieden und den Membranen aufgelagert.

Ob die färbenden Substanzen sämmtlich Körper darstellen, welche in dem Stoffwechsel keine Verwendung mehr finden, müssen erst nähere Untersuchungen entscheiden.

Gewöhnlich treten die färbenden Körper zu zwei bis mehreren combinirt auf.

Im Folgenden ist der Begriff des Pigments im engeren Sinne genommen, es bleiben also die an anderer Stelle für sich zu betrachtenden gefärbten Harze, Oele, Fette, Flechtensäuren ausgeschlossen. — Bisher fanden die Pilzfarbstoffe keine besondere praktische Verwendung.[1])

[1]) Doch mag nicht unerwähnt bleiben, dass unsere Hausfrauen das rosenrothe, an der Luft bald braun werdende Pigment der Lamellen des Champignon (*Agaricus campestris*) zur Braunfärbung von Saucen benutzen.

Da eine wissenschaftliche Klassification der Pilzpigmente aus naheliegenden Gründen zur Zeit unmöglich ist, so bleibt man vorläufig darauf angewiesen, die für eine Betrachtung nöthige Gruppirung von mehr äusserlichen Momenten herzunehmen.

I. Gelbe oder gelbrothe Farbstoffe.

A. Fettfarbstoffe oder Lipochrome.

Charakterisirt sind die Lipochrome[1]) dadurch, dass sie 1. an Fett gebunden sind und 2. aus diesem mittelst der zuerst von KÜHNE, dann von KRUKENBERG A. HANSEN, E. BACHMANN und mir angewandten Verseifung mit siedender Natronlauge in wässriger wie alkoholischer Lösung gewonnen werden können; 3. im trockenen Zustande durch concentrirte Schwefel- oder starke Salpetersäure blau, durch Jodjodkalium (mit Ausnahmen) blaugrün gefärbt werden; 4. lichtempfindlich sind und ihre Bleichprodukte Cholestearin oder cholestearinartige Körper[2]) darstellen; 5. nur aus Kohlenstoff, Wasserstoff und Sauerstoff bestehen; 6. grüngelbe, gelbe, orangene oder rothe Farbe zeigen; 7. ausserordentliche Tinctionskraft zeigen; 8. löslich sind in Alkohol, Aether, Petroleumäther, Chloroform, Benzol, Schwefelkohlenstoff, unlöslich in Wasser.

Wie ich kürzlich nachwies (Zeitschrift f. wissensch. Mikroscopie 1889) geben die Fettfarbstoffe mit conc. Schwefelsäure eine charakteristische mikrochemische Reaction, welche darin besteht, dass sich tiefblaue Krystalle bilden (Lipocyanreaction).

Man hat Fettfarbstoffe zuerst im Thierreich aufgefunden (KÜHNE, KRUKENBERG), dann auch in den höheren Pflanzen, z. B. den Blüthen (A. HANSEN). Neuerdings habe ich ihr Vorkommen im Bereiche der Spaltpilze und der Mycetozoen constatirt.

Bezüglich der Herkunft der Lipochrome ist es nach KRUKENBERG (l. c.) wahrscheinlich, dass dieselben in den meisten Fällen aus fettartigen Substanzen hervorgehen, da sie, wenn auch vielleicht nicht überall, an Fett gebunden und leicht in cholestearinartige Körper überzuführen sind.

Die pilzlichen Fettfarbstoffe gehören, soweit bekannt, stets dem Zellinhalt an; sie sind hier zumeist an kleinere oder grössere Oeltröpfchen gebunden.

Gewisse gelbe Fettfarbstoffe zeigen, wie schon E. BACHMANN[3]) betonte, sowohl unter sich, als mit dem gelben Fettfarbstoffe der Blüthen (Anthoxanthin HANSEN's) frappante Aehnlichkeit, insofern sie 2 Absorptionsbänder besitzen, von denen das eine etwa bei *F*, das andere zwischen *F* und *G* liegt.

Bisher hat man die Liprochrome nur bei Uredineen, Tremellinen und einigen Ascomyceten (darunter eine Flechte) nachgewiesen. Ausgedehntere Untersuchungen bezüglich der weiteren Verbreitung fehlen zur Zeit noch.

1. Gelber Fettfarbstoff der Rostpilze, E. BACHMANN[4]). Er findet sich hier stets an Fetttröpfchen gebunden, vorzugsweise in den Sporen, insbesondere der Uredoform und der Accidien, das bekannte orangegelbe Colorit derselben bedingend, aber auch in den Promycelien und Sporidien der meisten Arten. BACHMANN isolirte ihn aus:

---

[1]) Vergl. KRUKENBERG, Vergleichend. physiol. Vorträge III. Grundzüge einer vergleich. Physiol. der Farbstoffe und Farben. 1884. pag. 85ff.

[2]) Die Umsetzung ist nach KRUKENBERG unter Sauerstoffaufnahme im Licht eine verhältnissmässig rapide, so dass selbst aus äusserlich stark gefärbten Theilen meist nur wenig (reines) Liprochrom gewonnen wird.

[3]) Spectroscop. Untersuchung von Pilzfarbstoffen. Progr. des Gymnasiums zu Plauen. Ostern 1886.

[4]) l. c. pag. 9, 21.

1. *Gymnosporangium juniperinum* L. (Aecidien von *Sorbus aucuparia*).
2. *Melampsora Salicis Capreae* PERS. (Uredo von *Salix caprea*).
3. *Puccinia coronata* CORDA (Aecidien von *Rhamnus cathartica* u. *Rh. Frangula*).
4. *Triphragmium ulmariae* SCHUM. (Uredo von *Spiraea ulmariae*).
5. *Uromyces Alchemillae* PERS. (Uredo von *Alchemilla vulg.*)

Gewinnung. Man schneidet die Rostflecke aus, zieht sie mit Aether oder siedendem Alkohol wiederholt aus und verseift den Extract mit Natronlauge. Nach dem Aussalzen mit reichlicher Chlornatriumlösung scheidet sich der Farbstoff aus der im Kochen erhaltenen Seife in gelben bis grüngelben Flocken ab, welche man von der Unterlauge durch Filtriren abtrennt. Der Farbstoff wird dann aus der Seife, nach vorsichtigem Auswaschen und Trocknen im Luftbad, von Petroläther mit bernsteingelber Farbe leicht weggelöst. Nach Verdunsten des Lösungsmittels bleibt er als eine öl- und harzähnliche halbfeste Masse zurück, die durch concentrirte Schwefelsäure, sowie concentrirte Salpetersäure blau, durch Jodjodkalium grün wird.

In spectroskopischer Beziehung fand E. BACHMANN zwischen dem Pigment der genannten 5 Vertreter auffallende Uebereinstimmung, besonders auch in der Lage der beiden Absorptionsbänder, die in niederer Schicht der Petrolätherlösung auftraten, das eine auf der Grenze von Grün und Blau, bei *F*, das andere im Blau, zwischen *F* und *G*.

Ihre genauere Lage nach BACHMANN bei

Gymnosporangium juniperinum:	h.	10	Millim.	d.	Petrolätherl.	λ	501—476	und	462—454.
Melampsora Salicis Capreae	„	20	„	„	„	„	511—483	„	465—452
Puccinia coronata	„	„	„	„	„	„	513—485	„	463—454
Triphragmium ulmariae	„	50	„	„	„	„	498—480	„	461—452

Ob bei allen Uredineen ein und derselbe Fettfarbstoff vorhanden, bleibt noch zu untersuchen.

2. Gelber Fettfarbstoff der Tremellinen (Gallertpilze). Ich isolirte ihn aus der *Calocera viscosa*, die bekanntlich in Coniferen-Wäldern häufig ist. Das Pigment, wie längst bekannt, an Oeltröpfchen gebunden, kommt sowohl im Inhalt der Basidien und Basidiosporen, als der subhymenialen Fäden vor und verleiht den strauchigen Fruchtlagern die allbekannte leuchtend orangegelbe Färbung.

Gewinnung. Durch Extraction mit kochendem Alkohol. Mittelst Natronlauge leicht verseifbar, aus der gelben Seife durch Petroläther leicht ausziehbar. Spectroskopisch: Bei Sonnenlicht in hoher Schicht untersucht, zeigt die verdünnte Petrolätherlösung des verseiften Farbstoffs 2 deutliche Absorptionsbänder, das eine bei *F* (etwa von λ492—480), das andere in der Mitte zwischen *F* und *G* (etwa von λ458—446). Mit wenig concentrirter Schwefelsäure oder concentrirter Salpetersäure wird der möglichst getrocknete Verdampfungs-Rückstand der Petrolätherlösung vorübergehend blau, durch Jodjodkalium kaum grünlich.[1])

Die wie *Calocera viscosa* gefärbten, fast noch etwas intensiver orange erscheinenden Fruchtlager von *Dacrymyces stellatus*, einer Tremelline, die bekanntlich an alten Holzplanken häufig ist, enthalten einen durchaus ähnlichen Fettfarbstoff, der sich durch Extraction der frischen Früchtchen mit Alkohol und darauf folgender Verseifung sehr leicht gewinnen lässt.

Petroläther nimmt den Farbstoff aus der Seife sofort mit leuchtend gelber Farbe auf.

Bei Sonnenlicht in 20 Millim. hoher Schicht untersucht, zeigte die wenig verdünnte Petrolätherlösung des reinen Farbstoffs das eine Band von etwa λ486—475, das andere von etwa 456—445 reichend. Beide Bänder waren auffällig dunkel. Den getrockneten Farbstoff tingiren concentrirte Schwefelsäure und Salpetersäure ausgesprochen blau (auch hält sich diese Farbe länger), Jodjodkalium prächtig spangrün.

---

[1]) Laut brieflicher Mittheilung von Dr. E. BACHMANN fand auch er die *Calocera*, sowie das unten genannte *Polystigma rubrum* mit einem Fettfarbstoff begabt.

Das gelbe Lipochrom der Tremellinen scheint demnach dem Uredineen-Lipochrom verwandt zu sein.

3. Gelbe Fettfarbstoffe bei Pyrenomyceten. a) Das orangerothe oft bis blutrothe Colorit der auf *Prunus*-Blättern vorkommenden *Polystigma*-Arten *(P. rubrum* und *fulvum)* beruht bekanntlich darauf, dass in den Myceltheilen wie in den Zellen der fructificativen Organe Oeltröpfchen mit orangerother Färbung erzeugt werden. Die letztere rührt nach meinen Untersuchungen von einem gelben bis gelbrothen Fettfarbstoff her, der dem der Uredineen und Tremellinen verwandt zu sein scheint.

Zur Gewinnung schneidet man die rothen Flecken der getrockneten Pflaumenblätter aus und extrahirt sie wiederholt mit kochendem Alkohol. Durch die bekannte Art der Verseifung mittelst Natronlauge gelingt es leicht, den Farbstoff von dem Fett und beigemengtem Chlorophyll zu isoliren. Petroläther nimmt den Farbstoff aus der gelben bis gelbgrünen Seife sofort mit intensiv gelber Farbe auf. Nach Verdunstung des Lösungsmittels erscheint der Farbstoff als tief gelber, in dicken Lagen orangerother Ueberzug. Derselbe ist löslich in Alkohol, Aether, Chloroform, Benzol, Schwefelkohlenstoff. Durch concentrirte Schwefelsäure sowie concentrirte Salpetersäure erhält man nur sehr vorübergehende Blaufärbung. Bei Sonnenlicht zeigt die ziemlich concentrirte Petrolätherlösung in niedriger Schicht (1 Centim.) zwei dunkle Absorptionsbänder, das eine bei F von λ 490—475, das andere zwischen F und G, von λ 456—444 reichend. Die Lage dieser beiden Bänder entspricht also im Wesentlichen den Absorptionsstreifen des Uredineen- und Tremellinen-Lipochroms.

b. Die rothgelbe Färbung der *Nectria cinnabarina* beruht nach E. Bachmann z. Th. auf einem weiter unten zu besprechenden rothen Farbstoffe (s. Nectriaroth), z. Thl. aber auf der Existenz eines gelben Lipochroms.

Durch Extraction mit heissem Alkohol und Verseifung mittelst Natronlauge habe ich dasselbe aus *Nectria cinnabarina* in reicher Menge gewonnen. Petroläther nahm es aus der Seife sofort mit leuchtend gelber Farbe auf. Bei Sonnenlicht liess die sehr verdünnte Petrolätherlösung in hoher Schicht (140 Millim.) 2 sehr deutliche Bänder zwischen F und G erkennen, jenes etwa von λ 480—465, dieses von 454—444 reichend. Für die Lipochrom-Natur spricht ferner die Blaufärbung der eingedampften Farbstofflösung mit concentrirter Schwefelsäure resp. Salpetersäure, die aber nur eine vorübergehende ist.

4. Gelbe oder gelbrothe Lipochrome in den Früchten der Becherpilze. E. Bachmann[1]) hat solche aus den Bechern von *Peziza (Dasyscypha bicolor* [Bull.]) und *Peziza scutellata* isolirt. Das Lipochrom kommt hier wie bei anderen gelb oder roth gefärbten Becherfrüchten theils in der Schlauchschicht (in den Paraphysen), theils in dem subhymenialen Gewebe, immer an Oeltröpfchen gebunden vor; daher werden diese Theile mit concentrirter Schwefel- resp. Salpetersäure blau, mit Jodjodkalium, wie schon Woronin[2]) für *Ascobolus pulcherrimus* angiebt, grün (die Färbungen z. Thl. sehr unbeständig).

Gewinnung durch Extraction mit Alkohol und der hier leicht gelingenden Verseifung mittelst Natronlauge. Die Seife giebt an Petroläther ein gelbes, auch in Schwefelkohlenstoff lösliches Pigment ab, das nach Verdunsten des Lösungsmittels mit Salpetersäure befeuchtet blaue Färbung annimmt. Im Spectroskop zeigen die Farbstoffe beider Pilze nach Bachmann je zwei Absorptionsstreifen von ähnlicher Lage wie beim Uredineen-Lipochrom, was auf Verwandtschaft mit diesen hindeutet.

Das Pigment in den Paraphysen der *Peziza aurantia* Oeder ist zuerst von Sorby[3]) untersucht worden (1873), der es Pezizaxanthin nannte und in die

---

[1]) l. c. pag. 9 und 24.

[2]) de Bary und W. Beitr. z. Morphol. II. pag. 1.

[3]) On comparative vegetable Chromatologie Proc. of the royal Soc. of London. 1873. Vol. 21, pag. 457.

»Xanthophyll-Gruppe« stellte. Es ist unlöslich in Wasser, löslich in Schwefelkohlenstoff und zeigt 2 Absorptionsbänder, welche in ihrer Lage nach seiner Abbildung etwa denen von *Dasyscypha bicolor* und *Humaria scutellata* entsprechen [1]), was auch von STEWART [2]) im Wesentlichen bestätigt zu sein scheint.

Im Vorstehenden handelt es sich nur um Pezizeen, aber auch bei Ascoboleen sowie morchelartigen Discomyceten und zwar solchen mit gelben, grüngelben oder rothen Früchten, dürften Lipochrome vorhanden sein, worauf schon die genannten mikrochemischen Reactionen hindeuten. Von Ascoboleen kommen namentlich in Betracht: *Ascobolus pulcherrimus*, *Saccobolus Kerverni* BOUD., *Ascophanus subfuscus* BOUD., *A. Coemansii* BOUD., *A. aurora* BOUD., *A. carneus* BOUD., nach BOUDIER's [3]) Abbildungen zu schliessen.

Von morchelartigen sind die *Spathularia*- und *Leotia*-Species in's Auge zu fassen. Bei *Spathularia flavida* habe ich in der That einen gelben Fettfarbstoff aufgefunden, dem der Pilz sein blassgelbes bis orangenes Colorit verdankt. Er ist namentlich in dem Hymenium reichlich vorhanden, an Oeltröpfchen gebunden.

Zur Gewinnung zieht man die frischen oder getrockneten Fruchtkörper mit kochendem Alkohol aus. Die Abtrennung des Pigments durch Verseifung und Behandlung der Seife mit Petroläther ist leicht auszuführen. Die verdünnte Petrolätherlösung zeigte in hoher Schicht (95 Millim.) bei Sonnenlicht die beiden charakteristischen Bänder gelber Fettfarbstoffe, das eine bei *F* etwa von λ 490—475, das andere zwischen *F* und *G* (etwa von λ 456—444). Den Verdampfungsrückstand färbt concentrirte Schwefelsäure vorübergehend schmutzig blau, dann violett, concentrirte Salpetersäure vorübergehend blau, dann grün.

Die grüngelbe Farbe von *Leotia lubrica* PERS. beruht nach meinen Untersuchungen auf der Gegenwart dreier färbender Substanzen: einem spangrünen krystallisirenden Farbstoff, einem gelbbräunlichen harzartigen (?) Körper und einem gelben Lipochrom.

Man gewinnt letzteres durch Extraction des frischen oder getrockneten Pilzes mittelst Alkohol und Auswaschen des Verdampfungsrückstandes des olivengrünen Extracts mittelst Alkohol absolutus. Der letztere nimmt leuchtend gelbe Färbung an. Schon diese rohe Lösung zeigt spectroskopisch die charakteristischen Lipochrombänder. Durch Verseifung mittelst Natronlauge und Behandlung der Seife mit Petroläther lässt sich der Farbstoff leicht rein erhalten und zeigt jetzt Bd. I von λ 492—476 und Bd. II von λ 460—446 reichend bei einer Schichtenhöhe von 25 Mill. der Petrolätherlösung und Sonnenlicht. Hieraus, sowie aus der schönen Blaufärbung des getrockneten Farbstoffes mit wenig Salpetersäure oder Schwefelsäure geht die Lipochromnatur unzweifelhaft hervor.

5. Gelbrother Fettfarbstoff bei Flechten. Ist bisher nur bei dem *Baeomyces roseus* PERS., einer kleinen Erdflechte, von E. BACHMANN näher untersucht: Er ist wie der gelbe Farbstoff der Uredineen gebunden an Oeltröpfchen, welche sich in den Paraphysen der rosenrothen Früchte dieser kleinen Erdflechte finden.

Zu seiner Gewinnung zieht man die gepulverten Köpfchen mit Benzol aus. Aus der gelben Lösung sammelt sich beim Verdampfen alles Benzol farblos in der Vorlage an. Der Rückstand ist ein sehr dickflüssiger, öliger Farbstoff von bernsteingelber Farbe, welcher selbst in einem Chlorcalciumbad von 160—180° nicht siedet und nicht verdampft. Das so vom Lösungs-

---

[1]) Auf Grund einer flüchtigen Untersuchung gab ROSOLL (Beiträge zur Histochemie der Pflanze. Sitzungsber. d. Wiener Akad. Bd. 89 (1884) pag. 137) demselben Stoffe den Namen Pezizin.

[2]) Notes on Alkaloids (Die Schrift habe ich nicht gesehen).

[3]) Mémoire sur les Ascobolées, 1869.

mittel befreite Pigment wird durch Schwefel- und Salpetersäure sofort gebläut, von Jodjodkalium grün gefärbt. Es lässt sich nach HANSEN's Methode verseifen. Die Seife sieht rein gelb aus und giebt an Petroläther schnell allen Farbstoff ab, sodass er sich augenblicklich intensiv gelb färbt. Der reine Farbstoff wird auch von Aether, Alkohol, Chloroform, Schwefelkohlenstoff und Benzol aufgenommen. Spectroskopisch stimmt er mit dem Uredineengelb gut überein.[1]).

6. Gelbe Fettfarbstoffe bei Algenpilzen. Soweit man aus der mikrochemischen Reaction[2]) Schlüsse machen darf, gehören die orangerothen oder gelben, an Fett gebundenen Pigmente, welche man bekanntermaassen im Inhalt von *Pilobolus*-Arten, *Mucor*-Arten, Chytridiaceen etc., namentlich in deren Fruchtträgern, Sporangien und Sporen antrifft, gleichfalls zu den Lipochromen. Doch ist noch keiner dieser Farbstoffe isolirt und genauer untersucht worden.

II. Gelbe oder gelbrothe Pigmente von nicht Lipochrom-artiger Natur.

a. Hymenomyceten.

1. Polyporsäure STAHLSCHMIDT's[3]) $C_9H_7O_3$. Im freien Zustande in einem *Polyporus*[4]), der an Eichen wächst, in relativ beträchtlicher Menge (ca 43 § der Trockensubstanz) vorkommend und diesem ochergelbe bis gelbbraune Farbe verleihend.

Zur Gewinnung extrahirt man mit verdünntem Ammoniak. Aus der tief violetten Flüssigkeit fällt Salzsäure den Farbstoff in dicken ochergelben Flocken, die man abfiltrirt und auswäscht. Man löst ihn dann mit verdünnter Kalilauge und fügt nach und nach unter Umrühren concentrirteste Kalilauge im Ueberschuss zu, worauf das Ganze mehrere Stunden in Ruhe bleibt. Nachdem hat sich das Kaliumsalz der Polyporsäure vollständig als ein in der Kalilauge unlösliches purpurnes Krystallpulver abgeschieden, während kleine Mengen verunreinigender organischer Substanzen in Lösung erhalten werden. Nach vollendetem Absetzen des Salzes wird die darüber stehende Flüssigkeit abgegossen, dann das Krystallmehl auf ein Asbestfilter gebracht, abgesaugt und mit Kalilauge von 1,06 bis 1,10 specifischem Gewicht gewaschen, bis letztere schwach violett abläuft. Das trocken abgesaugte Kaliumsalz wird schliesslich durch Waschen mit 70 § Alkohol möglichst von anhängender Kalilauge befreit und hierauf in kochendem Wasser gelöst. Zur Ueberführung des noch vorhandenen Kaliumhydroxyd in kohlensaures Salz wird Kohlensäure eingeleitet, worauf man zur Krystallisation eindampft. Aus dem durch wiederholtes Umkrystallisiren gereinigten Kaliumsalz fällt man endlich die Polyporsäure durch verdünnte Salzsäure aus, filtrirt und befreit die Säure durch Auswaschen mit Wasser vollständig von dem Chlorkalium, worauf man bei niederer Temperatur und dann bei 120° trocknet.

Die Säure ist unlöslich in Wasser, Aether, Benzol, Schwefelkohlenstoff, Eisessig, sehr schwer löslich in Chloroform, Amylalkohol und kochendem 95 § Alkohol. Aus letzterem krystallisirt sie in kleinen, schellackfarbigen rhombischen Tafeln, die getrocknet Broncеglanz zeigen. In kaltem absoluten Alkohol lösen sich nur Spuren der Säure, doch besitzt die Lösung trotzdem die Farbe bayrischen Bieres mit einem Stich ins Rothe. Im getrockneten Zustande gerieben zeigt sie stark elektrische Eigenschaften. Beim Erhitzen auf etwas über 300° schmilzt sie zu einer dunklen Flüssigkeit und sublimirt darauf unter theilweiser Zersetzung in dünnen rhombischen Täfelchen. Hierbei entwickelt sich ein Geruch nach verbrennendem Eichenlaube, der wahrscheinlich dem Säuredampf eigenthümlich ist. Nebenbei tritt ein Geruch nach Bittermandelöl auf.

---

[1]) BACHMANN, l. c. pag. 9 und 23.

[2]) Vergl. DE BARY, Morphol. pag. 8.

[3]) Ueber eine neue in der Natur vorkommende organische Säure. Annalen d. Chemie Bd. 187 (1877), pag. 177—197.

[4]) Von St. als *P. purpurascens* bezeichnet, doch glaube ich, dass *P. purpurascens* PERS. etwas anderes darstellt, da dieser in FUCKEL'schen Exemplaren den Farbstoff nach meiner Untersuchung bestimmt nicht besitzt.

Die Säure bildet mit sämmtlichen Basen wohlcharakterisirte Salze, von denen sich die der Alkalien und alkalischen Erdmetalle besonders auszeichnen.

Mit Zinkstaub in alkalischer Lösung wird das Kalisalz entfärbt, die farblose Lösung aber an der Luft durch Sauerstoffaufnahme wieder roth. Wenn das polyporsaure Kalium mit einem Ueberschusse von concentrirter Kalilauge längere Zeit gekocht wird, so macht die purpurrothe Farbe einer gelbrothen Platz, während sich ein Geruch nach Bittermandelöl entwickelt. Wird polyporsaures Ammonium mit einem Ueberschuss von Ammoniak versetzt, so findet nach einiger Zeit Veränderung der Säure statt, wobei die Flüssigkeit blau fluorescirt. Die Polyporsäure scheint den aromatischen Körpern zuzugehören. Spectroscopische Untersuchungen fehlen noch.

2. Luridussäure (Böhm).

In dem Fruchtkörper des Hexenpilzes *(Boletus luridus)* von R. Böhm[1]) nachgewiesen, wahrscheinlich die rothe Färbung des Hymeniums (der Röhrenmündungen) und des Stieles bedingend.

Sie krystallisirt aus ätherischer Lösung in prachtvoll bordeauxrothen Nadeln und Prismen. Die wässrige Lösung ist auch in stärkster Concentration nie eigentlich roth, sondern tief gelbroth, in stärkerer Verdünnung strohgelb. Eine kleine Menge sehr verdünnter wässriger Lösung zeigt bei vorsichtigem Zusatz eines Tropfens Natriumcarbonat erst prachtvoll smaragdgrüne, dann indigoblaue Färbung.[2]) Mit verdünnter Schwefelsäure vorsichtig neutralisirt, wird diese Lösung purpurroth. Kaustische Alkalien zersetzen den Farbstoff rasch. Mit Jodtinctur wird die wässrige Lösung dunkelblau, mit concentrirter Salpetersäure kirschroth. Dem chemischen Verhalten nach ist der Farbstoff eine schwache Säure; verdünnte wässrige Lösungen röthen blaues Lakmuspapier intensiv. Bleiacetat fällt die Säure in Form eines schön orangerothen, trocken olivengrünen amorphen Pulvers, das in Wasser, Spiritus, Chloroform und Aether unlöslich ist, während sich die freie krystallisirte Luridussäure in fast allen Lösungsmitteln leicht und stets mit gelber Farbe löst. Die Lösung schmeckt widerlich adstringirend. Die Säure hat einen eigenthümlichen, unangenehmen Geruch; ihre Lösungen färben die Epidermis lange dauernd gelb. Kupferacetat erzeugt einen schmutzig-braunen Niederschlag. Baryt, Kalkhydrat und kohlensaure Alkalien wirken zersetzend.

3. Pantherinussäure.

Ebenfalls von Böhm (l. c.) isolirt, aus dem Pantherschwamm *(Amanita pantherina)*, dessen bräunliche Hutfärbung durch sie bedingt wird. Sie krystallisirt in gelbbraunen, krustenförmig zusammengelagerten Krystallen, ist leicht löslich in Wasser und Alkohol, langsam in Aether und Chloroform.

Die Reaction der Lösungen ist eine stark saure. In Geruch und Geschmack ist die Pantherinussäure der Luridussäure sehr ähnlich und auch wie diese bei höherer Temperatur flüchtig. Die verdünnte wässrige Lösung färbt sich auf Zusatz von Ferrichlorid dunkelgrün. Bleiessig und Bleizuckerlösung bewirken gelbliche, theilweis krystallinische Niederschläge, Silbernitrat einen weissen spärlichen Niederschlag. Auf Zusatz von Ammon färbt sich die wässrige Lösung schwach roth. Beim vorsichtigen Neutralisiren der wässrigen sherryfarbigen Lösung mit Natronhydrat tritt keine auffallende Farbenveränderung ein. Diese neutralisirte Lösung (Natronsalz) giebt mit Ferrichlorid einen käsigen schwarzen Niederschlag. Bleizuckerlösung erzeugt eine gelblich-weisse, amorphe Fällung, essigsaures Kupfer eine dunkel smaragdgrüne Färbung, aber keinen Niederschlag. Silbernitrat bewirkt sehr voluminöse weisse, durch Reduction bald

---

[1]) Chemische Bestandtheile von *Boletus luridus*, Baumwollensamen- und Buchensamen-Presskuchen. Gesellsch. z. Bef. d. Naturwiss. Marburg 1884. Arch. d. Pharmac. Ser. 3. Bd. 22. 159. — Chemisch. Centralbl. Jahrg. 15. pag. 463. Beiträge zur Kenntniss der Hutpilze in chemischer und toxicologischer Beziehung. I. Boletus luridus. II. Amanita pantherina. (Arch. f. exper. Pathol. u. Pharmac. v. Naunyn u. Schmiedeberg. Bd. 19. 1885.

[2]) Also dieselbe Farbenänderung, wie sie das frische Fleisch des Pilzes bei Luftzutritt erfährt.

schwarz werdende Fällung. (Bezüglich der Gewinnung der Luridus- und Pantherinussäure muss auf Böhm l. c. verwiesen werden.)

4. Gelber bis rothgelber Farbstoff
in den Zellmembranen des Hutes von *Hygrophorus (Hygrocybe) conicus* Scop., *puniceus* Fr. und *coccineus* Schaeffer;

von Bachmann untersucht. Der Hut von *H. conicus* wird durch diesen Farbstoff gelb, seltener scharlachroth oder gelb und roth gefleckt, der von *H. coccineus* und *puniceus* tief scharlachroth; ein Beispiel dafür, wie bei den Pilzen, analog den Verhältnissen bei Blütenpflanzen, höhere oder niedere Concentration eines und desselben Farbstoffes verschiedene Farbentöne hervorbringen kann.

Man gewinnt den der Innenlamelle der Membran eingelagerten Farbstoff am leichtesten durch Extraction des Hutes mit wenig Wasser. In absolutem und 96% Alkohol, wie in Benzol ist er unlöslich. Die wässrige Lösung erscheint rothgelb, die mit 50% Alkohol infolge geringerer Concentration gelb. Den Schleim, welchen das Wasser aus den Pilzmembranen aufgenommen, entfernt man, indem man abdampft und das Pigment mit 50%igem Alkohol aufnimmt. Die hellgelbe Flüssigkeit giebt bei erneutem Abdampfen eine safrangelbe, schmierige Substanz, deren wässrige Lösung von Schwefelsäure röthlich, von Natronlauge blassgelb gefärbt, endlich entfärbt wird. Essigsaures Blei bringt in ihr einen Niederschlag von fleischrother Farbe hervor, welcher sich in verdünnter Essigsäure nicht vollständig, wohl aber in Schwefelsäure völlig auflöst. Spectroscopisch ist das Pigment durch einseitige Absorption des blauen Endes characterisirt. Bei grosser Aehnlichkeit mit dem gelben Russula-Farbstoff ist doch ein Unterschied in der Reaction gegen Schwefelsäure und Alkalien (E. Bachmann l. c.).

5. Gelbes Pigment des Birkenpilzes *(Boletus scaber)*.

Dünne Schnitte durch die Haut des jungen Hutes lassen nach E. Bachmann[1]) nach auswärts gerichtete weite Hyphen mit farblosen Wänden und einem gelben körnigen Inhalt sehen, der sich im Wasser löst und durch die Zellenwand austritt.

Man gewinnt den Farbstoff durch 1 tägiges Stehenlassen der zerkleinerten jungen Huthaut mit Wasser. Die zuerst gelbrothe Lösung wird bald dunkelbraun und undurchsichtig (auch der frische Bruch des Hutfleisches bräunt sich an der Luft). Nach Ausfällung des Schleims durch Alkohol in schwärzlichen Flocken erhält man ein klares gelbrothes Filtrat und durch Eindampfen desselben eine amorphe, in Wasser und in Weingeist, nicht aber in 96% Alkohol und in Aether lösliche Substanz. Essigsäure, Blei, Zinnchlorid und Alaun geben in dieser Lösung ebensowenig wie concentrirte Mineralsäuren und Alkalien eine Reaction. Spectroscopisch unterscheidet sich der Farbstoff von den vorstehenden gelben dadurch, dass die einseitige Absorption der blauen Hälfte des Spectrums verhältnissmässig weit nach rechts reicht. Er absorbirt das Grün bei einer Concentration und einer Schichthöhe, bei der die verwandten Pigmente bloss das Violett und Blau auslöschen. (Bachmann).

6. In den Zellen, welche den schleimigen Ueberzug der jungen olivenbraunen Hüte von *Hygrophorus hypothejus* Fr. bilden, hat Bachmann[2]) einen gelbbraunen Farbstoff beobachtet, der sich in Alkohol und Aether nicht löst, also nicht zu den Fetten gehörig oder an solche gebunden sein kann, im Uebrigen noch näher zu untersuchen ist.

Russula consobrina Fr. besitzt nach Bachmann ein ähnliches Inhalts-Pigment.

6. Inolomsäure.

Ein in rothen Kryställchen krystallisirender rothgelber Farbstoff des Hutpilzes *Cortinarius (Inoloma) Bulliardi* (Pers.), der im Verein mit einem rothgelben trocknenden Fett die intensiv zinnoberrothe Färbung des Stieles und der Mycelstränge verursacht und als Excret der oberflächlichen Hyphen dieser Organe austritt.

---

[1]) l. c. p. 10. u. 26.

[2]) l. c. p. 10.

Zur **Darstellung** extrahirt man den frischen Pilz mit Alkohol absolutus, lässt aus dem Extract in der Kälte den Mannit auskrystallisiren und dampft dann zur Trockne ein. Von der chrom- bis bluthrothen Masse nimmt Wasser einen rothen Theil hinweg, während ein rothgelbes Fett zurückbleibt. Ersteren dampft man ein und behandelt den Rückstand mit erwärmtem Methylalkohol. Aus der so erhaltenen rothgelben Lösung fällt concentrirte Schwefelsäure den reinen Farbstoff in rother krystallinischer Masse aus. Dieselbe wird nach Wasserzusatz abfiltrirt und aus Alkohol umkrystallisirt, sodann auch noch mit Petroläther und Wasser gereinigt. Der reine Farbstoff bildet sehr kleine **Krystalle** und Drusen, die auf dem dunkeln Felde des Polarisationsmikroskop mit ziegel- oder scharlachrother Farbe leuchten und Pleochroismus zeigen. In Massen sehen die Krystalle heller oder dunkler ziegelroth aus.

Sie sind unlöslich in Wasser, wenig löslich in Alkohol, Aether, Chloroform, unlöslich in Petroläther und Benzin, leicht löslich in Methylalkohol, ziemlich leicht in Eisessig.

Die Lösungen zeigen rothgelbe, leuchtende, in dünner Schicht gelbe Farbe, die concentrirte methylalkoholische Lösung erscheint dunkler. Alle Lösungen zeigen schon bei gewöhnlichem Tageslicht gelbe ins Grünliche gehende **Fluorescenz**, die im Sonnenlichtkegel sehr ausgesprochen erscheint.

Bei Sonnenlicht in einer Schichtenhöhe von 12 Millim. untersucht ergab die ziemlich concentrirte alkoholische Lösung 2 Absorptionsbänder, ein schmales, wenig kräftiges bei *E*, etwa von λ 533—520 reichend und ein breites bei *F*, das etwa von λ 495—476 am dunkelsten erschien und nach beiden Seiten abgeschattet war.

Die mässig concentrirte alkoholische Lösung nimmt mit Aetzalkalien veilchenblaue bis violette, z. Thl. unbeständige Färbung an, mit kohlensaurem Ammoniak wird sie himbeerroth, mit kohlensaurem Natron violett.

Concentrirte Mineralsäuren fällen den Farbstoff in zinnoberrothen Massen aus der alkoholischen Lösung aus. Eisenchlorid färbt sie olivenbraun (bei auffallendem Lichte fast schwarz). Mit Chlorkalk wird sie erst roth, dann violett, schliesslich entfärbt. Mit alkalischen Erden und Metalloxyden werden schön violette, rothe oder mehr ins Gelbliche gehende Salze gebildet, wodurch sich der **Säurecharacter** des Farbstoffs documentirt. Das Bleisalz ist violett, ebenso das Kupfersalz, das Silbersalz zinnoberroth.

b) Ascomyceten.

Gelbes Pigment in den Bechern von *Peziza echinospora* Karsten.

Nach Bachmann (l. c.) durch Acetaldehyd extrahirbar. Nach dem Abdampfen der Lösung bleibt es als eine amorphe klebrige Masse zurück, die auch in 96% Alkohol löslich ist. Nähere Untersuchungen fehlen.

c) Flechten.

Gelbes **Emodinartiges** Pigment bei *Nephoroma lusitanica*, von E. Bachmann[1]) nachgewiesen. Es incrustirt besonders die Markhyphen des Thallus, ist aber auch in der inneren Hälfte des Hyphengewebes zwischen Hymenium und Gonidienschicht zu finden. Mikroskopisch zeigt es sich den Hyphenmembranen in Form von kleinen gelben Krystallkörnchen aufgelagert, welche im dunkeln Felde des Polarisationsmikroskops mit gelber Farbe leuchten.

Der Farbstoff löst sich leicht in Alkohol, Eisessig und Amylalkohol, in Kali und Natronlauge mit rother Farbe, Kalk und Barytwasser färben dunkelroth, lösen aber nicht, concentrirte Schwefelsäure löst mit safrangelber Farbe. Aus der Kalilauge-Lösung scheidet sich beim Uebersättigen mit verdünnter Salzsäure eine rothgelbe, flockige Masse aus, welche von Aether aufgenommen wird. Letzterer färbt sich gelb und hinterlässt einen braungelben krystallinischen Verdunstungsrückstand, der von kohlensaurem Ammoniak und von Soda mit rother Farbe gelöst wird. In Alkohol, Eisessig und Amylalkohol lösten sich die Krystalle ohne Farbänderung, mit Kalk und Barytwasser gaben sie die entsprechenden unlöslichen kirschrothen Salze.

---

[1]) Emodin in *Nephoroma lusitanica*, Ber. d. deutsch. bot. Ges. 1887, Bd. V, pag. 192.

In diesen Punkten stimmt nach B. die Substanz aufs Beste überein mit dem der Chrysophansäure verwandten Emodin, das bekanntlich in der Rhabarberwurzel und den Beeren von *Rhamnus Frangula* vorkömmt.

III. Rothe Farbstoffe.

A. bei Hymenomyceten.

1. Rother Farbstoff des Sammtfusses (*Paxillus atrotomentosus* Batsch). Tritt nach Bachmann l. c. in Form von dunkeln Krystallblättchen auf, sowohl an den Haarzotten, die den Sammtüberzug des Stieles bilden, und z. Th. auf der Hutoberfläche, als auch zwischen den Hyphen des Fleisches. Dieser Farbstoff, der mikrochemisch daran erkannt wird, dass er bei Hinzufügung von Ammoniak, sowie stark verdünnter Kali- und Natronlauge augenblicklich mit grünbrauner Farbe gelöst wird, wurde von Thörner entdeckt und als ein Dioxychinon characterisirt. Unter dem Mikroskop erscheinen die erwähnten Haarzotten von den den Membranen aufgelagerten Farbstoffkrystallen braun gefleckt. Uebrigens sind die in den Interstitien des Fleisches liegenden Krystalle auf dem frischen Bruche des Pilzes in farbloser Form (als ein Hydrochinon, wie Thörner vermuthet) vorhanden, um erst beim Liegen an der Luft braun bis schwarz zu werden.

Nach Thörner[1]) charakterisirt sich das Dioxychinon makrochemisch und spectroskopisch wie folgt: Es ist unlöslich in Wasser, Ligroin, Benzol, Chloroform und Schwefelkohlenstoff, schwer löslich in kochendem Alkohol und in Eisessig. Beim Erkalten der essigsauren Lösung krystallirt es in dunkelbraunen, fächerförmig an einander gelegten, mikroskopisch als gelbe, dünne rhombische Tafeln erscheinenden Blättchen aus. Aus der alkoholischen Lösung dagegen wird es nach Erkalten durch blossen Zusatz von Wasser vollständig gefällt. In Alkalien löst sich der Körper mit gelber bis schmutzig-grüngelber Farbe und wird aus diesen Lösungen durch Säuren als gelbbraune amorphe Masse wieder gefällt. Er sublimirt sehr schwer in mikroskopisch kleinen gelben Tafeln. Setzt man zu der alkoholischen Lösung in sehr geringer Menge ein Alkali oder am besten Ammoniak, so nimmt die anfänglich rothe Flüssigkeit eine prachtvoll violette Farbe an, und es krystallisiren bei langsamem Verdunsten unter Entfärbung kleine grüne Nadeln aus, die sich beim Kochen mit verdünntem Alkohol wiederum mit violetter Farbe lösen.

Die rothe alkoholische Lösung zeigt im Spectroskop ein tief rothes Band zwischen *E* und *D*, welches gleich hinter *D* schwächer wird und bei *Eb* fast vollständig verschwindet. Versetzt man die verdünnte Lösung mit der geringsten Spur von Ammoniak, so nimmt sie schön violette Farbe an, und man erhält das charakteristische Absorptionsspectrum der Ammoniakverbindung: Roth und Blau bleiben ungeschwächt, Gelb und Grün, nach Blau allmählich abnehmend, verschwinden fast vollständig, ebenso auch Ultraviolett. Durch Hinzufügung von Lösungen der Metallsalze entstehen in der wässrigen Lösung des Ammoniumsalzes Fällungen von mehr oder weniger schön gefärbten Lacken.

2. Rother Farbstoff des geschmückten Gürtelfusses. (*Agaricus* [*Telamonia*] *armillatus* Fr. (E. Bachmann l. c.) Ein Excret in Gestalt von zinnoberrothen Krystallen (Splittern, Blättchen) darstellend. Sie bilden die Ringe um den Stiel und einzelne, meist wandständige Flecken auf der Huthaut. Wahrscheinlich stellt der Farbstoff ein Anthrazenderivat dar.

Er löst sich nicht in Alkohol und Aether, sondern nur in wässriger oder alkoholischer Alkalilösung und nimmt dabei rothviolette, bald in dunkles Gelb übergehende Färbung an.

Die schwach alkalische alkoholische Lösung zeigte im Spectroskop 2 Bänder im Grün, von denen in hoher Schicht nur das erste sichtbar war. Aus dieser Lösung schieden sich beim Verdunsten an der Luft (ausser kleinen Mengen von Natriumhydrat) kugelige und schalenförmige

---

[1]) Ueber den im *Ag. atrotomentosus* vorkommenden chinonartigen Körper. Ber. d. deutsch. chem. Ges. 1878, pag. 533 u. 1879, pag. 1630.

Absonderungen aus, welche unter dem Mikroskop radialfaserige Structur aufwiesen und im dunkeln Gesichtsfeld des Polarisationsmikroskops schwach leuchteten. In Aether, Benzol und Chloroform unlöslich, gingen sie in einem verdünnten Alkali oder in Alkohol, dem ein Tropfen Ammoniak zugefügt war, sofort in Lösung mit rother bis rothblauer Farbe.

3. Das »Russularoth«; in den Zellwänden der Hüte von Russula-Arten (*R. integra* L., *emetica* Fr., *alutacea* Pers., *aurata* With.), zuerst von Schroter[1]) und A. Weiss[2]), genauer von Bachmann[3]) untersucht.

Zur Gewinnung desselben zieht man den zerkleinerten frischen oder getrockneten Hut mit kaltem Wasser aus. Nach Entfernung der mit in Lösung gegangenen Schleim- und Eiweissstoffe durch Fällen mit Alkohol ist die vorher trüb-malvenrothe Lösung klar und rosenroth. Beim Verdunsten bleibt eine feste amorphe dunkelrothe Masse zurück, welche leicht löslich ist in Wasser und verdünntem Alkohol, unlöslich in Alkohol absolutus, Aether, Schwefelkohlenstoff, Chloroform und Benzol.

Optisches Verhalten: Die wässrige Lösung fluorescirt prächtig blau bis blaugrün. In concentrirtem Zustande lässt die Lösung nur rothes Licht durch, in stärker verdünnter und 172 Millim. hoher Schicht auch Orange und Gelb. Bei 50 Millim. hoher Schicht treten 2 Absorptionsbänder im Grün auf und eine totale Absorption des Violett bis zur Linie *G*. Bei weiterer Verringerung der Schichtenhöhe werden die Bänder schmäler. Das erste Band ist immer dunkler als das zweite.

Im gelösten Zustande ist das Pigment sehr unbeständig, im Licht sehr schnell, im Dunkeln langsam verblassend, auch in der Siedehitze sich verändernd, mit Salzsäure angesäuert schon unter 100° völlig farblos. Der feste Farbstoff erhält sich Monate lang unverändert.

Durch alle Alkalien und Schwefelammonium wird es sofort, durch Aetzbaryt langsamer hellgelb gefärbt. Diese gelbe Lösung zeigt im Spectralapparat einseitige Absorption des blauen Endes.

Mit wenig Salz-, Salpeter- oder Schwefelsäure versetzt, wird die Lösung mehr gelbroth, verliert die Eigenschaft zu fluoresciren und zeigt die beiden Absorptionsbänder sehr merklich nach rechts verschoben.

Durch vorsichtiges Neutralisiren mit Ammoniakliquor oder Barytwasser kann man das reine Russularoth wieder herstellen: die beiden Absorptionsbänder rücken an die alten Stellen und die blaugrüne Fluorescenz kehrt zurück. Allein ein sehr geringer Ueberschuss des Alkali führt baldige Zerstörung des Farbstoffs herbei, die sich in der Verfärbung der Lösung und dem Verschwinden der Absorptionsstreifen kund giebt.

Auch das saure Russularoth wird bald unter Gelbfärbung zerstört, leichter im Lichte als im Dunkeln; nach wochenlangem Stehen tritt sogar völlige Entfärbung ein. Am wenigsten beständig ist die salpetersaure Lösung.

Beim Verdunsten der salzsauren Lösung in Essiccator bleibt der Farbstoff in Form von öl- oder harzartigen Tropfen zurück, welche von Licht und Luft selbst bei monatelanger Einwirkung nicht verändert werden. Eisessig, in dem sich der rothe Farbstoff sehr leicht auflöst, verändert ihn in derselben Weise wie die starken Mineralsäuren, zerstört ihn jedoch bei weitem nicht so leicht. Desshalb könnte die concentrirte Essigsäure mit Vortheil zur Gewinnung des Russularoths benutzt werden. Ihre grössere Flüchtigkeit würde in kürzerer Zeit eine bedeutendere Ausbeute des festen amorphen Pigments versprechen, als aus einer wässrigen Lösung zu erwarten ist, selbst wenn deren Verdunstung über Schwefelsäure im geschlossenen Raume vorgenommen wird (Bachmann).

4. Rother Farbstoff von *Gomphidius viscidus* L. und *G. glutinosus* Schäff., ebenfalls von Bachmann[4]) untersucht. Er ist in den Wandungen der bastartigen

---

[1]) Ueber einige durch Bacterien gebildete Pigmente. Beitr. z. Biol. Bd. I, Heft II, pag. 116.

[2]) Ueber die Fluorescenz der Pilzfarbstoffe. Sitzungsber. d. Wiener Akad. Bd. 91 (1885) pag. 446—447.

[3]) Spectroskopische Untersuchungen über Pilzfarbstoffe. Beilage z. Progr. d. Gymnasiums zu Plauen. Ostern 1886, pag. 8 und 11—15.

[4]) l. c. pag. 8 und 17.

Hyphen vorhanden, welche unter dem oberflächlichen Gallertfilz der Huthaut eine besondere Schicht bilden.

In Alkohol, Benzol, Chloroform, Aether ist er löslich, in Wasser nicht. Der Verdunstungsrückstand stellt eine rothbraune, klebrige, harzähnliche Masse dar, welche durch Säuren und Alkalien nicht verändert wird. Kocht man die concentrirte alkoholische Lösung mit entsprechender Menge 30% Kalilauge, so wird er von dem Alkali in gelöster Form aufgenommen und kann sowohl durch Chlornatrium, als durch viel kaltes Wasser in braunen Flocken ausgefällt werden. Letztere lösen sich in Aether mit gelbbrauner Farbe. Beim Stehen der rothen Lösung oder ihres Verdunstungsrückstandes an der Luft tritt, infolge von Oxydation, gleichfalls Braunfärbung ein. Der braune Farbstoff, das oxydirte Harz, ist noch in Aether, aber nicht mehr in Alkohol löslich. Spectroskopisch ist der Farbstoff wenig charakteristisch.

Er scheint zu entstehen aus einem in jenen *Gomphidius*-Arten vorkommenden gelben Pigment, und zwar durch Oxydation. Die Gründe hierfür sind bei BACHMANN (l. c.) angegeben.

5. Rother Farbstoff des Fliegenpilzes *(Amanita muscaria)*, in den Zellwandungen des Hutes vorkommend, von SCHRÖTER[1]) und WEISS[2]) erst theilweise untersucht.

Man gewinnt das Pigment durch Extraction der abgezogenen Huthaut mit Alkohol; doch ist es auch in Wasser theilweise löslich. Die rothe Lösung zeigt intensiv grüne Fluorescenz. Säuren und Alkalien bringen keine Farbenveränderungen hervor. »Eine gesättigte Lösung zeigt im Spectroskop keine Absorptionsstreifen, sondern nur eine zunehmende Trübung des Spectrums von 70 an, von 74 an Absorption.«

6. Ruberin (PHIPSON.)[3])

In Wasser und Alkohol löslich mit rosenrother Farbe, blau fluorescirend. In verdünnter Lösung zeigt er 2 Absorptionsbänder im grünen Theile des Spectrums. Ob der Farbstoff den Membranen oder dem Inhalt eingelagert ist, weiss man nicht.

Nach W. SCHNEIDER[4]) kommt in *Clavaria fennica* (?) und *Helvella esculenta* ein rother Farbstoff vor, der sich in Glycerin, sowie in Wasser und Alkohol löst; doch erscheint der wässrige und alkoholische Auszug mehr orangeroth und fluorescirt in Roth; das Spectrum zeigte eine düstere Verschleierung und eine Verdunkelung nach dem Roth und Auslöschung des Violett. Genauere Untersuchung fehlt.

Eben so wenig bekannt ist der rothe Farbstoff im Inhalt der Milchsaftgefässe des Reizkers *(Lactarius deliciosus)*.[5])

7. Thelephorsäure, ZOPF[6]). Membranfarbstoff der Thelephoren (unscheinbaren, erdbewohnenden, auf Heiden und in Kiefernwäldern häufigen Basidiomyceten mit schmutzig zimmtbraunem, rothbraunem oder violettbraunem Colorit), bei *Th. palmata* SCOP., *flabelliformis* FR., *caryophyllea* SCHÄFF., *terrestris* EHRH, *coralloides* FR., *crustacea* SCHUM., *intybacea* PERS., *laciniata* PERS., neuerdings auch bei Stachelschwämmen *(Hydnum ferrugineum, H. repandum)* gefunden.

Man gewinnt ihn durch Extraction der getrockneten Pilze mit kaltem oder heissem Alkohol. Der Auszug besitzt schön weinrothe (bei einigen Arten ins Gelbliche gehende) Färbung und giebt beim Verdampfen einen Rückstand, der nach Reinigung mit Aether, Chloroform, Methylalkohol, kaltem und heissem Wasser schön veilchenblaue bis indigoblaue Färbung zeigt

---

[1]) Ueber einige durch Bacterien gebildete Pigmente. Beitr. z. Biol. II, pag. 116.

[2]) Ueber die Fluorescenz der Pilzfarbstoffe. Sitzungsber. d. Wiener Ak. 91 (1885) pag. 447.

[3]) Ueber den Farbstoff (Ruberin) und das Alkaloid (Agarythrin) in *Agaricus ruber*. Chem. News 56, pag. 199—200 (cit. Ber. d. deutsch. chem. Ges. 1883, pag. 244).

[4]) Sitzungsber. d. schles. Ges. f. vat. Cultur 1873 u. Bot. Zeit. 1873, pag. 403.

[5]) Vergl. H. WEISS, Ueber gegliederte Milchsaftgefässe im Fruchtkörper von *Lactarius deliciosus*. Sitzungsber. d. Wiener Akad. Bd. 91, pag. 194.

[6]) Ueber Pilzfarbstoffe. Bot. Zeit. 1889, No. 4—6.

und durch Umkrystallisiren aus heiss gesättigter alkoholischer Lösung sehr kleine Krystalle und Drusen von indigo-blauer Färbung giebt. Diese reinen Farbstoffkrystalle sind unlöslich in Wasser, Aether, Chloroform, Petroleumäther, Methylalkohol, Schwefelkohlenstoff, Benzol, löslich in kaltem, leichter noch in heissem Alkohol mit weinrother Farbe (doch fällt der Farbstoff bei Berührung mit Luft aus der Lösung in blauen Krystallen bald wieder aus). Von concentrirter Schwefelsäure und Salzsäure wird er weder gelöst, noch verfärbt, wohl aber lösen ihn Essigsäure mit rother, Salpetersäure und verdünnte Chromsäure mit gelber Farbe. Auch Alkalien lösen nicht, verfärben ihn aber, und zwar Aetzkali und Natronlauge ins Blaugrüne, Aetzammoniak, Ammoniumcarbonat und Soda in etwas helleres Blau.

Charakteristisch sind die Reactionen an der concentrirten alkoholischen Lösung des reinen Farbstoffs. Durch Spuren wässrigen Ammoniaks wird sie prachtvoll blau, nach Zusatz von Säure wieder roth. Durch Aetzkali und Aetznatron erhält man schön blaue Färbung, die aber schnell ins Grüne, dann ins Gelbliche übergeht. Durch kohlensaures Natron ebenfalls Blaufärbung, die sehr bald abblasst. — Durch Schwefelsäure, Salzsäure, Essigsäure wird scheinbar keine Veränderung bewirkt, wogegen Salpetersäure entfärbt, verdünnte Chromsäure schön gelb färbt.

Mit Kalkwasser wird die Lösung schön blau, dann reicher tief blauer, gewaschen und getrocknet schmutziger, grauvioletter, feinkörniger Niederschlag. Mit Zinnoxyd rosenrothe Trübung. Mit Bleiacetat prachtvoll blau, dann reicher, tiefblauer, getrocknet schmutzigindigoblauer Niederschlag. Mit Eisenchlorid erst schön blau, dann prächtig olivengrün. Mit Quecksilberchlorid violetter Niederschlag.

Die Fähigkeit, mit alkalischen Erden und Metalloxyden Salze zu bilden, weist auf einen sauren Charakter des rothen Farbstoffs hin.

Nicht minder charakteristisch sind die Reactionen an der mit Ammoniak versetzten alkoholischen Lösung des reinen Farbstoffs.

Mit Quecksilberchlorid schön hellblauer, krystallinischer Niederschlag.
Mit Eisenchlorid grobflockiger, gelb bis grünbrauner Niederschlag.
Mit Bariumchlorid schmutzig olivengrüner Niederschlag.
Mit Bleiacet blauer, krystallinischer Niederschlag.
Mit Magnesiumsulfat schön hellblauer, krystallinischer Niederschlag.
Mit Alaun schön blauer, krystallinischer Niederschlag.
Mit Kupfersulfat massiger, prächtig kobaltartiger, krystallinischer Niederschlag.
Mit Silbernitrat schwacher, dunkler, feinkörniger Niederschlag.

Erhitzt man die rothe alkoholische Lösung mit schwefelsaurer Magnesia und überschüssigem kohlensaurem Natron, so entsteht ein gelatinöser, blaugrüner, getrocknet schmutzig blaugrüner Niederschlag.

Beim Erhitzen mit Zinkstaub, sowie bei Behandlung mit schwefliger Säure tritt Entfärbung ein.

Die alkoholische Lösung des reinen Farbstoffs fluorescirt weder bei Tageslicht noch im Strahlenkegel von Sonnenlicht. Spectroskopisch, bei Sonnenlicht untersucht, zeigt eine völlig concentrirte, frische alkoholische Lösung in 13 Millim. hoher Schicht ein sehr breites Absorptionsband ohne scharfe Begrenzung bei *F*. Die Endabsorption im rothen Ende beginnt bei *a*, die im blauen kurz vor *h*. Bei 63 Millim. wird nur Roth und Ultraroth (Linie *A* dick und scharf) durchgelassen, bei 100 Millim. nur noch verdüstertes Roth etwa von *B* bis *C*.

B. Rothe Farbstoffe der Gastromyceten (Bauchpilze).

Rhizopogonsäure, $C_{14}H_{18}O_2$ (?) Oudemans.[1])

In den Früchten eines Bauchpilzes (der Schweinetrüffel, *Rhizopogon rubescens* Corda).

Darstellung: »Man entwässert die zerkleinerten Früchte durch Maceriren mit Alkohol, extrahirt dann mit Aether, verdunstet den ätherischen Auszug und krystallisirt den Rückstand aus Alkohol um. Rothe Nadeln. Schmelzp. 127°. Unlöslich in Wasser, sehr leicht löslich in

[1]) Recueil des travaux chimiques des Pays-Bas. tom. 2, pag. 155.

Aether, $CHCl_3$, CS_2 und Ligroin. 1 Thl. löst sich bei 16° in 49,2 Thln. Alkohol (von 90,3 §). Löst sich in Alkalien mit intensiv violetter Farbe; die gebildeten Alkalisalze werden beim Erhitzen mit Wasser zerlegt. — $K \cdot C_{25}H_{25}O_4$ (?). Dunkelviolette, mikroskopische Krystalle.« (Aus BEILSTEIN's Handbuch Bd. II).

C. Rothe Farbstoffe der Pyrenomyceten.

1. Nectriaroth. Rother harzartiger Farbstoff in den Membranen der Schlauchfrüchte und der Conidienlager von *Nectria cinnabarina*, Ursache der bekannten Rothfärbung des Pilzes; von E. BACHMANN aufgefunden und näher untersucht.[1])

Zur Gewinnung pulverisirt man die getrockneten Fructificationsorgane (Conidienlager) sehr fein und zieht mit Schwefelkohlenstoff aus. Die Lösung ist blauroth. Ihr Verdunstungsrückstand von salbenartiger Beschaffenheit und rothblauer Farbe, löst sich in kaltem, leichter in erwärmtem Alkohol, in Aether, Benzol und Chloroform, bläut sich mit concentrirter Schwefel- oder Salpetersäure und wird von Salzsäure nicht verändert. Jodjodkalium rief keine Grünfärbung hervor. Die Lösung ist gegen Licht sehr empfindlich. Der unverseifte Farbstoff lässt im Spectroskop 2 Absorptionsbänder im Grün erkennen, von denen das zweite dunkler erscheint. Das Pigment ist nach HANSEN's Methode verseifbar. Beim Hinzufügen von concentrirter Kochsalzlösung scheidet sich sofort eine rothgelbe Seife in zusammenhängenden Flocken ab, die, nachdem sie von der Unterlauge durch Filtriren getrennt und im Luftbad getrocknet ist, an Petroläther wenig gelblichen Farbstoff abgiebt (der nichts mit dem Nectriaroth zu thun hat), der Rest wird von Schwefelkohlenstoff mit gelbrother Farbe gelöst und diese Lösung besitzt auch 2 Absorptionsbänder im Grün, welche aber im Vergleich zum unverseiften Farbstoff nach rechts gerückt sind. Das verseifte Pigment giebt nach dem Verdunsten des Schwefelkohlenstoffes eine bröckliche, zerreibliche Masse von kupferrothen, matten, zu Klümpchen vereinigten und z. Thl. krummschaligen Kügelchen. Im dunkeln Feld des Polarisationsmikroskops leuchten sie mit braungelber Farbe. Sie lösen sich in keinem der gewöhnlichen Lösungsmittel (Alkohol, Aether, Schwefelkohlenstoff), wohl aber mit Leichtigkeit in Kali- oder Natronlauge, mit röthlicher, allmählich ins Gelbe übergehender Farbe. Nach BACHMANN ist dieser Farbstoff ein harzartiger Körper, der als solcher die Membranen der Hyphen und Conidien imprägnirt.

2. Mycoporphyrin REINKE's[2]). Aus abgestorbenen Sclerotien und Fruchtträgern von *Penicilliopsis clavariaeformis* SOLMS durch wiederholte Extraction mit Alkohol zu gewinnen, der rein purpurrothe Färbung annimmt und in auffallendem Licht sehr lebhafte orangefarbene Fluorescenz zeigt. Beim Eindampfen krystallisirt der Farbstoff leicht zu rothen Prismen. Optisch ist er von Interesse durch sehr scharf hervortretende Absorptionsmaxima und die Stärke des Fluorescenzlichts, was beides nach R. kein anderer Pflanzenfarbstoff ausser dem Chlorophyll und Phycoerythrin aufweist.

Das scharfe und tiefe Absorptionsband I liegt zu beiden Seiten der Linie *D*, das ebenfalls ziemlich tiefe Band II zwischen *D* und *E*, das schwache Bd. III zwischen *b* und *F*, durch einen Schatten mit Bd. IV. verbunden, welcher zwischen *F* und *G* liegt, gleich hinter *F* beginnend. Das Fluorescenzspectrum erstreckt sich etwa von *C* bis kurz hinter *D* und weist 2 Helligkeitsmaxima auf, welche aber interessanterweise nicht coincidiren mit dem Absorptionsbande bei *D*.

Die optischen Eigenschaften des Mycoporphyrin's erinnern nach R. an gewisse Spaltungsprodukte des Chlorophylls, die bei Behandlung mit Alkalien in höheren Temperaturen auftreten, namentlich an die Dichromatinsäure HOPPE-SEYLER's. — Chemische Untersuchungen über das Mycoporphyrin fehlen noch, um so genauer hat R. die spectroskopischen Eigenschaften studirt.

[1]) Spectroskop. Untersuch. pag. 8, 24, 25.

[2]) Der Farbstoff der *Penicilliopsis clavariaeformis* SOLMS. Annales du Jardin botanique de Buitenzorg vol. VI, pag. 73—78.

D. Rothe Farbstoffe der Discomyceten.

1. Rothes Pigment der *Peziza sanguinea* PERS., (Xylerythrinsäure BACHMANN). Reichlich in den Zellen des Mycels und der Becherfrucht, aber nicht an Fetttröpfchen gebunden. Von SCHRÖTER[1]) und besonders BACHMANN[2]) näher untersucht.

Leicht löslich in Aether, Alkohol, Chloralhydrat, Chloroform, Alkalien, Barytwasser. Zusatz eines einzigen Tropfens Ammoniak zu einer concentrirten alkoholischen Lösung färbt diese prachtvoll dunkelgrün; bei Zusatz von mehr Ammoniak geht die Färbung sofort in Olivengrün bis Gelbbraun über. Mit Kali- oder Natronlauge tritt Grünfärbung nur momentan auf. Weder der reine Farbstoff, noch die alkalische Lösung zeigt nach B. Fluorescenz. Das Spectrum des reinen Farbstoffs ist wenig charakteristisch. Eine 10 % Lösung lässt in hoher Schicht nur Roth, in minder hoher auch Orange sehen, alle anderen Farben sind völlig ausgelöscht), in sehr niederer Schicht ist sie durch den sehr langen Schatten im Grün charakterisirt, der allmählich in die absolute Absorption im blauen Ende des Spectrums übergeht; ein Absorptionsband tritt nicht auf. Sehr charakteristisch ist das Spectrum des grünen Farbstoffs. Bei Lampenlicht untersucht, lässt derselbe nur rothgelbes, gelbes und grünes Licht durch, vorausgesetzt, dass die Schicht nicht hoch ist. Bei direktem Sonnenlicht ist ein breites, sehr dunkles Absorptionsband in Roth zu sehen. Die Lösung lässt nur die Strahlen im Grün und Ultraroth hindurch.

Durch Bleiacetat wird der Farbstoff aus der alkalischen (kein überschüssiges Alkali enthaltenden) Lösung vollständig gefällt, in Form eines blassgelben, aus kleinen im dunklen Gesichtsfeld des Polarisationsapparates schwach leuchtenden Körnchen bestehenden Niederschlages (Bleisalz), der sich durch verdünnte Essig- oder Schwefelsäure unter Freiwerden des Farbstoffs zersetzen lässt (BACHMANN).

2. Rothes Pigment der *Peziza echinospora* KARSTEN, von BACHMANN aufgefunden.

Zur Gewinnung extrahirt man reife Becher mit Wasser und erhält so eine dunkelweinrothe Lösung, die sehr charakteristische Reactionen besitzt: durch Schwefel-, Salpeter-, und Salzsäure sowie Eisessig wird sie leuchtend gelb, von verdünnter Weinsäure rothgelb gefärbt. Die gelbe Lösung zeigt einseitige Absorption der rechten Hälfte des Spectrums. Die rothe Färbung kehrt zurück, wenn die angesäuerte Farbstofflösung mit Ammoniak neutralisirt wird. In Alkohol, Aether, Schwefelkohlenstoff unlöslich, löst sich der rothe Farbstoff in verdünntem Weingeist. Die wässrige Lösung zeigt im Spectroskop Absorption des ganzen Grün. Das einzige breite Absorptionsband beginnt mit schwacher Verdunkelung und zeigt erst am Ende des Grün völlige Dunkelheit. Die mit wenig Ammoniak versetzte Lösung lässt dunkle Flocken in geringer Menge ausfallen, über denen eine rosafarbene Flüssigkeit stehen bleibt. Dieselbe besitzt ein Absorptionsband im Gelb.

E. Rothe Pigmente der Uredineen.

Ein krystallisirender rother Farbstoff neben dem bereits früher erwähnten gelben Lipochrom kömmt nach J. MÜLLER[3]) in den Sporen von *Uredo aecidioides* MÜLL., *Coleosporium* und den Keimschläuchen dieser Formen, sowie des *Phragmidium violaceum* (SCHULTZ) vor, den man nachweisen kann durch Einlegen der Sporen in Glycerin. Er krystallisirt bei dieser Behandlung in Form von karminrothen Nadeln, Säulen, Platten im Inhalt der Sporen resp. Keimschläuche aus. Wahrscheinlich ist er bei allen, mehr ins Rothe hinein gehende Farbtöne

[1]) Ueber einige durch Bacterien gebildete Pigmente. Beitr. zur Biol. Bd. I, Heft 2, pag. 117.

[2]) Spectroskopische Untersuchungen, pag. 10, 15—17.

[3]) Die Rostpilze der Rosa- und Rubus-Arten und die auf ihnen vorkommenden Parasiten. Landw. Jahrb. v. THIEL 1886, pag. 719.

zeigenden Uredineen vorhanden, indessen bisher noch nicht isolirt worden und daher spectroskopisch wie chemisch noch ganz unbekannt.

F. Rothe Farbstoffe der Flechten.

Rother Farbstoff der Scharlachflechte *(Cladonia coccifera)*, ebenfalls von E. BACHMANN[1]) näher untersucht: Er imprägnirt die Membran der Paraphysen im oberen Drittel und veranlasst dadurch die bekannte intensive Scharlachfarbe der Früchte.

Zur Gewinnung des Pigments werden die rothen Köpfchen im Luftbad getrocknet, möglichst fein gepulvert und zur Entfernung der Usninsäure mit kochendem Aether behandelt. Der Rückstand wird mit schwach ammoniakalischem Wasser ausgezogen, das sich tief karminroth färbt. Beim Eindampfen bleibt eine amorphe, dunkel malvenrothe Substanz zurück, welche mit 96 § Alkohol ausgezogen wird, der sich gelb färbt und beim Verdunsten gelbbraune ölartige Tropfen hinterlässt. Nach der Reinigung mit kaltem und heissem Wasser wird der Rest von ammoniakalischem Wasser sofort gelöst. Der so gereinigte Farbstoff zeigt ein breites Absorptionsband in Grün, zwischen ihm und der totalen Endabsorption in der rechten Spectrumhälfte ist das Licht auch schwach absorbirt. Die rohe alkalische Lösung zeigt das Absorptionsband nicht und lasst in geringer Dicke ausser rothes auch orangenes und gelbes Licht durch; auffallend ist der lange Schatten, der im Gelb beginnt und bis ins Blau reicht, wo völlige Verdunkelung eintritt. — Reicher Zusatz von Ammoniak zur wässrigen Lösung bewirkt bald Braunfärbung; schliesslich scheidet sich eine braune humose Masse ab. Mit Natriumamalgam versetzt, wird die wässrige Lösung blass, mit Zinkstaub und Schwefelsäure entfärbt. Aus der obigen karminrothen Lösung wird das Pigment durch Eisessig in Form von schön purpurrothen, amorphen Flocken niedergeschlagen, welche reines Material darstellen dürften. Die Reactionen scheinen nach B. auf ein Anthrachinonderivat hinzuweisen.

IV. Grüne Farbstoffe.

1. Intensiv spangrüner Farbstoff (Isoxylinsäure GÜMBELS[2]), Xylochlorsäure BLEY'S[3]), acide xylochloërique FORDOS[4]) in den Membranen der Mycelfäden und der Zellen der Schlauchfrüchte und Spermogonien von *Peziza (Chlorosplenium) aeruginosa* (PERS.), in der Schlauchschicht meist fehlend (das Pigment wird auch in das vom Pilze bewohnte Holz abgeschieden und kann aus diesem in grösseren Mengen gewonnen werden).

Nach FORDOS bildet das Pigment eine feste amorphe Substanz, die, in Masse tief grün, mit einem Stich ins Blaue und mit kupfrigem Glanze erscheint. Unlöslich in Wasser, Aether, Schwefelkohlenstoff, Benzin, unlöslich oder schwer löslich in Alkohol, wird sie von Chloroform wie von Eisessig gelöst. Durch Mineralsäuren wird sie scheinbar nicht verändert; Schwefelsäure und Salpetersäure lösen sie mit grüner Farbe. Wasserzusatz zu solchen Lösungen fällt den Farbstoff aus. Alkalien bewirken eine grüngelbe Farbe. Behandelt man die Chloroformlösung mit ammoniakalischem Wasser, so trennt sich der Farbstoff vom Lösungsmittel, und es entsteht eine grüngelbe, in Wasser und Chloroform unlösliche Ammoniakverbindung. Dasselbe ist der Fall bei Zusatz von Kalk, Soda, Bleiessig. Chlorwasser färbt die Chloroformlösung gelb, weitere Behandlung mit Ammoniak verwandelt diese gelbe Verbindung in eine rothe.

Optisch untersucht ist die Xylochlorsäure in Chloroformlösung (resp. der Chloroformextract des grünen Holzes) von PRILLIEUX[5]): Die Lösung ist schwach fluorescirend (schmutzig gelbgrünlich); im Spectrum zeigen sich 3 Absorptions-

[1]) l. c. pag. 7 u. 13.

[2]) Ueber das grünfaule Holz. Flora 1858. Februarheft.

[3]) Archiv der Pharmacie 1858.

[4]) Recherches sur la coloration en vert du bois mort; nouvelle matière colorante. Compt. rend. 57 (1863), pag. 50—54.

[5]) Sur la coloration en vert du bois mort. BULL. Soc. bot. de France 24 (1877) pag. 169.

bänder, ein kräftigeres im Roth, ein weniger kräftiges im Orange und eines welches das ganze Gelb einnimmt; die grünen, blauen und violetten Strahlen werden durchgelassen [1]).

2. Einen zweiten intensiv grünen Farbstoff hat Rommier [2]) aus demselben Pilze (und dem von ihm bewohnten grünfaulen Holz) isolirt und Xylindeïn genannt.

Er stellt eine feste amorphe Substanz dar, die sich im wasserhaltigen Zustande im Gegensatz zum vorigen Farbstoff sehr leicht in Wasser löst mit prächtig blaugrüner Farbe. Mit Ausnahme der Essigsäure fallen ihn die meisten andern Säuren und selbst Seesalz in grüner Farbe. Kaustische und kohlensaure Alkalien lösen ihn, wenn sie nicht im Ueberschuss vorhanden, mit ebenfalls grüner Farbe. Mit Kalk und Magnesia bildet das Xylindeïn einen grünen Lack, der in Wasser, Alkohol etc. unlöslich ist. Von Alkohol absol., Aether, Holzgeist, Schwefelkohlenstoff, Benzin wird es weder im wasserfreien noch im wasserhaltigen Zustande gelöst. Nach Art des Indigo erfährt es Reduction in 85 % Alkohol bei Gegenwart von Pottasche und von Traubenzucker. Seide und Wolle werden bei gewisser Behandlung mit dem Stoffe glänzend blaugrün gefärbt.

Nach Liebermann [3]) sieht das Xylindeïn, aus Phenol umkrystallisirt, wie sublimirter Indigo aus.

3. Spangrüner Farbstoff in *Leotia lubrica* Pers., einer Helvellacee, Er ruft hier im Verein mit dem schon oben besprochenen Lipochrom und einem andern gelbbräunlichen (harzartigen?) Körper die gelbgrüne Färbung des Hymeniums und Stieles der Fruchtkörper hervor.

Gewinnung: Man extrahirt mit 90 % Alkohol, verdampft die Lösung und nimmt mit Aethylalkohol den Fettfarbstoff und mit Methylalkohol den gelbbraunen Körper hinweg. Der spangrüne Rückstand stellt den obigen Farbstoff dar. Er besteht aus mikroskopisch kleinen Nädelchen und Prismen, die sehr schnell zu Aggregaten zusammentreten von spangrüner Farbe. Dieselben sind unlöslich in Alkohol absolutus, Aether, Chloroform, Petroläther, Benzin, Methylalkohol, sehr wenig löslich in kaltem, etwas mehr in heissem, zumal mit Alkohol versetztem Wasser. Die Lösung erscheint spangrün, trübt sich aber alsbald infolge der Ausscheidung der Kryställchen, daher ist eine spectroskopische Untersuchung nicht gut möglich.

Aus der wässrigen Lösung wird der Farbstoff durch Aetznatron in grauen Flocken gefällt. Die Krystalle lösen sich in conc. Salpetersäure mit violett-röthlicher Farbe, die bald ins Röthliche, dann ins Gelbliche übergeht; conc. Schwefelsäure löst mit olivengrüner, conc. Essigsäure mit mehr blaugrünlicher Farbe.

V. Blaue bis blaugrüne Farbstoffe.

In den Flechten: *Lecidea enteroleuca* Ach., *platycarpa* Ach., *Wulfeni* Hepp, *Biatora turgidula* Fr., und *Bilimbia melaena* Nyl. fand Bachmann [4]) einen blauen Farbstoff, der sich in einer mehr oder weniger mächtigen, helleren oder dunkleren Schicht bloss an der Oberfläche der Frucht findet, nicht krystallisirt ist und durch Kalilauge oder Ammoniak blaugrün, olivengrün oder bloss heller gefärbt wird; nach Uebersättigung mit Eisessig oder Salzsäure kehrt die ursprüngliche Färbung zurück. Von Salpetersäure wird die Farbstoffschicht kupferroth gefärbt.

---

[1]) Vergleiche das in dem Kapitel »Zur Ausscheidung kommende Stoffwechselprodukte« über die Xylochlorsäure Gesagte.

[2]) Sur une nouvelle matière colorante appelée xylindéine et extraite de certains bois. Compt. rend. 66, pag. 108—110.

[3]) Berichte d. deutsch. chem. Gesellsch. VII, pag. 446.

[4]) Mikrochem. Reactionen auf Flechtenstoffe als Hilfsmittel zum Bestimmen der Flechten. Zeitschr. f. wiss. Mikroskopie. Bd. III, pag. 216.

Undeutlich blaugrün bis olivengrün ist der Farbstoff der schwarzen Apothecien von *Bacidia muscorum*, Sw. Er wird nach BACHMANN (l. c.) von Salpetersäure sowie von Salzsäure violett gefärbt; die Färbung theilt sich auch dem farblosen Hymenium mit.

Derselbe Autor wies ferner (l. c.) auf ein dunkelolivengrünes Pigment hin, welches in dünner oberflächlicher Schicht der Früchte von *Thalloidima candidum* (WEB.) auftritt. Von vorstehenden Pigmenten unterscheidet es sich durch Violettfärbung mit Kalilauge und Ammoniak; Salpeter- und Salzsäure erzeugen weinrothe, ins Braune übergehende Färbung.

VI. Violette Farbstoffe.

1. In den Zellwänden der oberflächlichen Gewebsschicht des Mutterkorns *(Claviceps purpurea)* kömmt ein Farbstoff vor, der eine blauviolette Verbindung (wahrscheinlich eine Calciumverbindung) des *Sclerotery-thrin's* darstellt, eines Pigmentes, welches DRAGENDORFF aus jenen Theilen isolirte[1]. Es stellt ein rothes, unkrystallisirbares Pulver dar, welches in Alkohol und Eisessig löslich ist. Durch Ammoniak und Aetzkali wird es mit rothvioletter Farbe gelöst, durch Kalkwasser aber blauviolett gefärbt. Begleitet wird die blauviolette *Sclerocerythrin*-Verbindung in den oberflächlichen Mutterkorntheilen von *Sclerojodin*. Es löst sich in Kalilauge und in Schwefelsäure mit schön violetter Farbe und entsteht nach DRAGENDORFF's Vermuthung aus dem *Sclerocrythrin*.[2])

Wahrscheinlich ist der blaurothe Farbstoff in der Oberfläche der beiden andern Mutterkornarten *(Cl. microcephala* und *Cl. nigricans)* mit dem oben genannten identisch.

Ein violetter Farbstoff kömmt nach SCHACHT[3]) vor in den Mycelzellen des öfters in faulenden Kartoffeln sich findenden violetten Eischimmels *(Oidium violaceum* HARTING). Eigenschaften unbekannt.

BOUDIER[4]) beobachtete ein violettes Pigment in der Endzelle der Paraphysen von *Saccobolus violaceus*.

Bei Hutpilzen sind violette Farbstoffe ziemlich verbreitet; doch scheint das violette Pigment wenig beständig zu sein. Für *Cortinarius (Inoloma) violaceus* L. und *Agaricus (Clitocybe) laccatus*, SCOP. ist der Farbstoff von BACHMANN[5]) theilweise untersucht.

Es wird gewonnen durch Zerreiben frischer Hüte mit Wasser, das sich alsbald schmutzig violett färbt. An der Luft wird die Lösung von oben nach unten hin braun, offenbar in Folge eines Oxydationsvorgangs. Der unveranderte Farbstoff zeigt ein charakteristisches Spectrum, nämlich 3 Absorptionsbander, das eine zwischen *C* und *D*, das zweite bei *D*, das dritte zwischen *D* und *E*; das zweite ist schwächer als das erste, und das dritte schwacher als das zweite. (Ob das Pigment übrigens wirklich dem Inhalt angehört, ist noch fraglich.)

2. Violetter Farbstoff in den Zellen des Blutreizkers *(Lactarius deliciosus)*. Man gewinnt ihn, zugleich mit einem gelben Farbstoff, wenn man den

[1]) Dass der Farbstoff seinen Sitz in der Membran hat, ist mikroskopisch an Längsschnitten sicher festzustellen.

[2]) Vergleiche: FLÜCKIGER, Pharmacognosie des Pflanzenreichs pag. 265. s. a. PALM, Ueber den chemischen Charakter des violetten Farbstoffs im Mutterkorn, sowie dessen Nachweis im Mehle. Zeitschr. f. analyt. Chemie. 22, pag. 319.

[3]) Die Kartoffelpflanze und deren Krankheit. Taf. 9. Fig. 2. 8. 9. und Ueber die Veränderungen duch Pilze in abgestorbenen Pflanzenzellen. PRINGSH. Jahrb. III, pag. 446.

[4]) Mémoire sur les Ascobolées. Taf. 8. Fig. 19.

[5]) l. c. pag. 19.

zerkleinerten frischen Pilz mit Methylalkohol auszieht. Der Auszug erscheint prachtvoll dunkelroth.

Beim Verdunsten scheiden sich weisse Massen ab, von denen der Rest der Lösung abfiltrirt wird, worauf man das Filtrat im Wasserbade verdampft. Der Rückstand besteht aus einer amorphen braunen, von schwarzen Körnchen durchsetzten Masse. Die Körnchen stellen den violetten Farbstoff dar und werden von Aether mit etwa blaurother Farbe gelöst. Die Lösung lässt in starker Verdünnung und hoher Schicht 2 Absorptionsbänder sehen, ein schmales im Roth, ein sehr breites im Gelb und Grün. Durch Erniedrigung der Schicht kann man das zweite Band in 3 auflösen (bei Sonnenlicht). Nach mehrmonatlichem Stehen scheidet sich aus der ätherischen Lösung ein gelbbraunes Harz aus. Verseift man den Verdunstungsrückstand der ätherischen Lösung mit Natronlauge, so erhält man beim Ausfällen mit Chlornatrium einen braunflockigen Niederschlag, aus dem Petroleumäther einen prachtvoll violetten Farbstoff aufnahm. Das jetzt klarere Spectrum zeigte in nicht zu hoher Schicht ebenfalls 4 Absorptionsstreifen. Die Petrolätherlösung lässt nach dem Verdunsten eine graubraune Masse zurück, ein Zeichen, dass der Farbstoff an der Luft eine Veränderung erfährt (Bachmann).

VII. Braune Farbstoffe.

Einen braunen Farbstoff fand Bachmann [1]) in den schwarzen Apothecien mancher Flechten (*Lecidea crustulata* Körb., *granulata* Ehrh., *Buellia parasema* (Ach). *myriocarpa* DC α *punctiformis* Hoffm., *punctata* (Flk). *Schaereri* De Not. *Opegrapha saxicola* Mass., *varia* Fr., *atra* Pers., *bullata* Pers., *herpetica* Ach., *Arthonia obscura* Ach., *vulgaris* Schaer., *A. astroidea* Ach., *Bactrospora dryina* (Ach.), *Sarcogyne pruinosa* (Sm). Durch Salpetersäure wird er nicht verändert, höchstens etwas heller; in Kalilauge dunkelt er nach; durch Chlorkalk wird er schliesslich völlig entfärbt.

VIII. Combination der Farbstoffe mit einander und mit anderen färbenden Substanzen.

Bei den bisher genauer untersuchten Pilzen wurde meistens mehr als eine färbende Substanz nachgewiesen; gewöhnlich kamen zwei, bisweilen drei bis vier verschiedene gefärbte Stoffe bei ein und derselben Species zum Vorschein. Zum Andern ergiebt sich aus den bisherigen Ermittelungen, dass die färbenden Substanzen bei den verschiedenen Arten verschiedene Combinationen zeigen können, und zwar hat man u. A. folgende nachgewiesen:

1. Fettfarbstoff mit einem andern Farbstoff.

Beispiele: Schlauchpilze: *Leotia lubrica*; Gelbes Lipochrom mit einem spangrünen krystallisirenden Farbstoffe (Zopf)

Rostpilze: *Coleosporium; Uredo acidioides* etc. Gelbes Lipochrom mit einem rothen krystallisirenden Farbstoffe (J. Müller).

2. Fettfarbstoff mit einem gefärbten harzartigen Körper.

Beispiel: Schlauchpilze; *Nectria cinnabarina*: Gelbes Lipochrom mit einem rothen harzartigen Körper (Bachmann, Zopf).

3. Wasserlöslicher Farbstoff mit einem andern wasserlöslichen.

Beispiel: Basidiomyceten: *Russula*-Arten. Wasserlöslicher rother Farbstoff mit einem wasserlöslichen gelben (Bachmann.)

4. Wasserlöslicher Farbstoff mit einem nicht wasserlöslichen (und nicht Lipochromartigen).

Beispiele: Schlauchpilze. *Peziza aeruginosa*: In Wasser löslicher spangrüner krystallisirender Farbstoff (Xylindeïn) und spangrüner, in Wasser unlöslicher krystallisirender Farbstoff (Xylochlorsäure) Fordos u. Rommier.

[1]) Zeitschr. f. wiss. Mikrosk. III, pag. 217.

5. Wasserlöslicher Farbstoff mit einem gefärbten harzartigen Körper

Beispiele: Basidiomyceten; *Lenzites sepiaria*: wasserlöslicher gelber Farbstoff mit einer gelbbraunen Harzsäure (BACHMANN). *Polyporus hispidus*, wasserlöslicher gelber Farbstoff mit einer gelbrothen Harzsäure (Pilzgutti) ZOPF.

Agaricus (Pholiota) spectabilis. Gelber wasserlöslicher Farbstoff mit gelber Harzsäure (ZOPF).

6. Wasserlöslicher Farbstoff mit einem gefärbten (aber nicht Lipochromhaltigen) Fett.

Beispiele: Verschiedene Hutpilze.

7. Wasserlöslicher Farbstoff mit einem nicht wasserlöslichen Farbstoff und einem gefärbten Fett.

Beispiele: Basidiomyceten; *Thelephora*-Arten, *Hydnum ferrugineum*. Gelber wasserlöslicher Farbstoff mit einem rothen krystallisirenden, nicht wasserlöslichen Farbstoff (Thelephorsäure) und einem gelben resp. gelbgrünen Fett.

IX. Verbreitung der einzelnen Farbstoffe.

Hierüber liegen nur sehr beschränkte Kenntnisse vor. E. BACHMANN[1]) zeigte, dass das Russularoth bei mehreren Arten der Gattung *Russula* vorkömmt (wie *R. emetica, alutacea, aurata)* und macht es wahrscheinlich, dass auch andere Species dieses Genus denselben besitzen. Nach B. enthalten auch *Hygrophorus conicus, puniceus* und *coccineus* ein und denselben wasserlöslichen gelben Farbstoff.

Ich selbst wies nach, dass die rothe Thelephorsäure sich innerhalb der Gattung Thelephora bei 9 verschiedenen Arten *(Th. palmata* SCOP., *flabelliformis* FR., *caryophyllea* (SCHAEF.), *terrestris*, *coralloides* FR., *crustacea* (SCHUM.), *intybacea*, *laciniata* und *radiata*) vorfindet. Merkwürdiger Weise kommt dieser so charakteristische Farbstoff, wie ich neuerdings fand, auch in einer ganz anderen Familie, den Hydnaceen (Stachelschwämmen) vor und zwar bei *Hydnum ferrugineum* und *repandum*.

Das gelbe Lipochrom der Uredineen scheint mit dem der Ascomyceten *(Nectria cinnabarina, Polystigma rubrum* und *fulvum)*, verschiedener Pezizen, *(Spathularia flavida, Leotia lubrica)* und der Tremellinen *(Dacrymyces stillatus, Calocera viscosa)* identisch zu sein und falls sich diese Vermuthung bewahrheitet, eine weitere Verbreitung in der Pilzklasse zu haben. Spectroskopisch und nach den rohen chemischen Reactionen herrscht allerdings eine sehr grosse Aehnlichkeit unter ihnen.

X. Umwandlungen der Farbstoffe.

Man hat mehrfach beobachtet, dass in Pilzen vorhandene Chromogene nur so lange als solche bestehen, als die betreffenden Organe noch vollkommen lebensfähig sind, und dass solche Chromogene nach dem Tode alsbald in Pigmente übergeführt werden.[2])

Ebenso weiss man von gewissen hell- (z. B. gelb-) gefärbten Farbstoffen, dass sie, wenn das betreffende Organ abstirbt, in zumeist dunkle, gelbbraune, braune, schwarzbraune, oder violett schwarze Töne umgefärbt werden.

Diese Vorgänge sind wahrscheinlich z. Theil so zu erklären, dass in den Zellen gewisse Stoffe vorhanden sind, welche bei Lebzeiten nicht auf die Chromogene oder Farbstoffe einzuwirken vermögen, aber beim Tode sofort in Action

---

[1]) l. c. pag. 12.

[2]) *Hydnum lactcum* z. B. ist im lebenden Zustande rein weiss, beim Absterben (Eintrocknen etc.) wird es gelbbraun.

treten. Es kann aber auch sein, dass in manchen Fällen erst beim Tode der Zellen gewisse farbenverändernd einwirkende Stoffe erzeugt werden.

Schöne Beispiele für die Farbenwandelung beim Absterben liefern nach E. BACHMANN's und meinen Untersuchungen: *Gomphidius viscidus* und *glutinosus*, sowie *Cortinarius cinnamomeus*. Beide enthalten im frischen jugendlichen Zustande ein gelbes wasserlösliches Pigment. Tödtet man nun solche Zustände, z. B. durch Hineinwerfen in Alcohol absolutus schnell ab, so geht die gelbe Farbe des Stieles fast augenblicklich in Himbeerroth oder Rotbraun über, und es entsteht nachweislich aus dem gelben wasserlöslichen Pigment ein rothbraunes Harz. Derselbe Process geht langsam auch im Freien vor sich, alte todte Exemplare von *Cortin. cinnamomeus* sind daher nicht mehr gelb, sondern rothbraun bis purpurbraun resp. schmutzig braun.

Diese Umwandlung beruht wahrscheinlich darauf, dass durch die Abtödtung oxydirende Stoffe in Wirksamkeit treten, denn der gelbe wasserlösliche Farbstoff kann durch Oxydationsmittel, wie Salpetersäure, in einen rothbraunnen, harzartigen Körper umgewandelt werden.

Andererseits ist allbekannt, dass Pilzzellen beim Uebergang in den Ruhezustand ihre Wandungen mehr oder minder stark verfärben, wobei meistens ganz dunkle Töne entstehen. Die Sporen der Brandpilze, vieler Hutpilze und Bauchpilze, vieler Schlauchpilze (z. B. Sordarien, *Ascobolus*-Arten), die Zygosporen der Mucoraceen, die meisten Gemmenbildungen sind Beispiele hierfür.

Eigenthümlicher Weise scheinen solche dunkele Farbstoffe in den gewöhnlichen Lösungsmitteln fast oder ganz unlöslich zu sein, während sie sich in früheren, helleren Stadien (gelb, roth, blaugrün) meist unschwer extrahiren lassen.

Man kann diesen Vorgang mit KRUKENBERG[1]) kurz als »Melanose« bezeichnen. Er ist bisher unerklärt geblieben.

Vielleicht beruht er auf ähnlichen Ursachen, wie die Farbstoff-Umwandlungen bei eintretendem Tode der Zellen. Erlischt doch mit dem Uebergange der Sporen in den Dauer- oder Ruhezustand die Lebensthätigkeit ebenfalls bis zu einem gewissen Grade. Eine oxydirende Wirkung des atmosphärischen Sauerstoffs, der z. B. zu den Hymenien der Hutpilze schon frühzeitig Zutritt hat, mag auch mit ins Spiel kommen.

VIII. Glycoside.

Coniferin dürfte wahrscheinlich in »verholzten« Zellhäuten vorkommen, da es wie diese die Phenolreaction (durch Phenol und Salzsäure Grün- bis Blaufärbung) giebt. (Auch das Spaltungsprodukt des Coniferins, das Vanillin, dürfte, weil es die Phloroglucinreaction zeigt, Bestandtheil verholzter Pilzmembranen sein).

IX. Pflanzenbasen oder Alkaloïde.

Wahrscheinlich werden Alkaloïde seitens zahlreicher Pilze producirt, namentlich der giftigen Hut- und Bauchschwämme, doch hat man nur erst einige wenige dieser Stoffe isolirt nämlich:

1. Das Muscarin. (SCHMIEDEBERG und KOPPE). $C_5H_{15}NO_3$. Es kommt in den Früchten des Fliegenpilzes *(Amanita muscaria)* vor. Die berauschende Wirkung, welche der Genuss des Fliegenpilzes hervorbringt (die Bewohner Ostsibiriens bereiten ein berauschendes Getränk daraus), beruht vielleicht auf der Gegenwart dieses Alkaloïds. Der Gehalt an dieser Base wechselt übrigens nach dem Standort des Pilzes.

---

[1]) Vergleichende physiol. Studien. Reihe II. Abth. III, pag. 41—61.

Von SCHMIEDEBERG und KOPPE[1]), sowie von HARNACK[2]) näher studirt ist es von S. und H.[3]) auch synthetisch dargestellt und als ein Oxydationsprodukt des Cholins erkannt worden.

»Das Muscarin ist ein sehr intensives, namentlich auf Katzen stark wirkendes, bei Injection in das Blut durch Herzlähmung, sonst durch die gleichzeitigen Veränderungen von Circulation und Respiration tödtendes Gift, dessen Action auf Kreislauf und Athmung, auf Darmbewegung, Vermehrung verschiedener Secretionen und auf die Iris mit der des Pilocarpins grosse Aehnlichkeit darbietet, während es, wie dieses, dem Atropin gegenüber einen gewissen Antagonismus zeigt.« (HUSEMANN und HILGER).

In reinem Zustande stellt es einen farblosen, geruch- und geschmacklosen über Schwefelsäure krystallinisch werdenden Syrup dar. Die Krystalle zerfliessen aber an der Luft leicht wieder. In Aether ist es unlöslich, in Chloroform wenig löslich. Mit Quecksilberchlorid erhält man grosse glänzende Krystalle; Goldchlorid giebt einen feinkörnigen, Phosphormolybdänsäure einen flockigen, Kaliumquecksilberjodid einen gelben krystallinisch werdenden Niederschlag, der leicht löslich ist in Jodkalium, ziemlich leicht in Weingeist. Mit Kaliumwismuthjodid erhält man eine rothe krystallinisch werdende Fällung, die in Jodjodkalium nur wenig löslich ist. Bromwasser erzeugt eine gelbe unbeständige Fällung, Gerbsäure giebt nur bei starker Concentration Niederschläge. Durch conc. Schwefel- und Salpetersäure wird das Muscarin ohne Färbung gelöst.

Ob die von BOUDIER aus *Amanita bulbosa* isolirte syrupförmige Base *Bulbosin* (BOUDIER, die Pilze, übersetzt von HUSEMANN, pag. 65) mit dem Muscarin etwa identisch ist, bedarf noch der Prüfung.

2. Eine dem Muscarin sehr nahe stehende, vielleicht mit diesem identische giftige Base hat R. BÖHM[4]) im Hexenpilz *(Boletus luridus)* und im Pantherschwamm *(Amanita pantherina)* gefunden, welche die Giftigkeit dieser Schwämme bedingt. Während *B. luridus* nur sehr geringe, nach den Jahrgängen oder Individuen wechselnde Mengen enthält, und daher nur als verdächtig bezeichnet werden kann, ist *Amanita pantherina* reicher und daher entschieden giftig.

3. Methylamin wurde in minimalen Mengen im Lärchenschwamm *(Polyporus officinalis)* von SCHMIEDER[5]) nachgewiesen.

4. Trimethylamin. Am bekanntesten ist sein Vorkommen in den Sporen vom Waizenbrand *(Tilletia Caries)*; die Sporenmasse zeigt den bekannten intensiven Geruch nach Häringslake.

Ebenfalls Trimethylamin-haltig sind nach meiner Erfahrung die Sporen und Capillitien des bleigrauen Bovists *(Bovista plumbea)*, die durch Ausziehen der Früchte mit alkalisch gemachtem Wasser erhaltene dunkelolivenbraune Lösung riecht deutlich nach Trimethylamin.

5) Agarythrin. Nach PHIPSON[6]) in *Agaricus ruber* vorkommend. Zur Gewinnung wurde der frische Pilz mit 8% Salzsäure enthaltendem Wasser 48 Stunden

---

[1]) Vierteljahrsschr. f. Pharm. Bd. 19, pag. 276.

[2]) Arch. f. experim. Pathol. Bd. 4, pag. 168. —

[3]) SCHMIEDEBERG u. HARNACK, Chem. Centralbl. 1876, pag. 554.

[4]) Beiträge zur Kenntniss der Hutpilze in chemischer und toxicologischer Beziehung I. *Boletus luridus II. Amanita pantherina* (ARCH. f. experim. Pathol. u. Pharmac. v. NAUNYN und SCHMIEDEBERG Bd. 19. 1885). Vergl. JUST's Jahresber. Jahrg. 13 (1885). I. Abth. pag. 280.

[5]) ARCH. d. Pharm. Bd. 224, pag. 644.

[6]) Ueber den Farbstoff *(Ruberin)* und das Alcaloïd *(Agarythrin)* in *Agaricus ruber*. Chem. News 56, pag. 199—200. Ref. in Ber. d. deutsch. chem. Ges. 1883, pag. 244.

stehen gelassen, die filtrirte Lösung mit Soda schwach übersättigt und mit Aether ausgezogen. Derselbe hinterliess beim Verdunsten eine gelblich weisse, amorphe Masse, welche sich in Aether und Alkohol, langsam auch in kalter Salzsäure löste und bittern, dann brennenden Geschmack zeigte. Das Sulfat scheint im Wasser unlöslich zu sein, und löst sich in Alkohol. Bei Behandlung mit Salpetersäure oder Chlorkalk, ferner mit Luft in ätherischer Lösung geht der Körper über in einen rothen Farbstoff, der vielleicht mit dem rothen Farbstoffe des *Agaricus ruber (Ruberin* Phipson's) identisch ist.

6) Ergotinin (Tanret)[1] $C_{35}H_{40}N_4O_6$ wurde aus dem Mutterkorne isolirt. Krystallisirt in weissen langen Nadeln, die in Wasser unlöslich, in Alkohol, Aether und Chloroform löslich sind. Die Lösungen fluoresciren. Lösungen in Säuren färben sich an der Luft roth, alkoholische grün, dann braun. Bei Gegenwart von Aether nimmt es mit verdünnter Schwefelsäure behandelt schön rothviolette, dann blaue Färbung an. Bei Destillation mit kohlensauren Alkalien liefert es reichlich Trimethylamin und bildet als schwache Base mit Mineralsäuren Salze.

7) Ergotin ($C_{50}H_{52}N_2O_3$) Wenzell[2]). Eine gleichfalls aus dem Mutterkorn (franz. Ergot) isolirte amorphe, braune, schwach bitter schmeckende, alkalische Substanz, die in Wasser und Weingeist leicht, in Aether und Chloroform unlöslich ist und nur amorphe Salze bildet. Die Lösungen des Ergotins und seiner salzsauren Salze werden durch Phosphormolybdänsäure, Gerbsäure, Goldchlorid gefällt, durch Quecksilberchlorid ebenfalls, aber nicht aus saurer Lösung. Durch Platinchlorid wird erst nach Zusatz von Aetherweingeist gelbliche Fällung bewirkt. Cyankalium bewirkt keinen Niederschlag.

Das Ergotin Wiggers und das Bonjean's sind unreine Substanzen.

8) Ecbolin Wenzell[2]). Ebenfalls im Mutterkorn gefunden, von dem Ergotin nur dadurch verschieden, dass die Lösungen der freien Base wie der salzsauren Salze durch Quecksilberchlorid auch aus saurer Lösung, durch Platinchlorid dunkelgelb, durch Cyankalium weiss gefällt werden. Durch conc. Schwefelsäure wird es mit dunkel rosenrother Farbe gelöst.

Vielleicht sind Ergotin und Ecbolin identische Substanzen[3]).

9) Picrosclerotin, Dragendorff. Ein sehr giftiges Alkaloïd, das ebenfalls im Mutterkorn vorkommt, aber noch nicht in zur Untersuchung ausreichender Menge gewonnen wurde.

10) Cornutin, Kobert.[4]) Ein sehr giftiges, ebenfalls aus Mutterkorn-Sclerotien isolirtes Alkaloïd, das sich in dem salzsauren Auszuge derselben findet. Nach annähernder Neutralisation mit Natriumcarbonat dunstet man denselben ein und extrahirt mit Alkohol. Letzterer wird abdestillirt und der mit Natriumcarbonat alkalisirte Rückstand mit Essigäther extrahirt, worauf man dem mit Wasser gewaschenen Essigäther das Alkaloïd durch Schütteln mit Salzsäure- oder Citronensäure-haltigem Wasser entzieht.

---

[1]) Repert. d. Pharm. Ser. 4. Bd. 3, Pag. 708. Journ. de Pharm. et Chim. Bd. 28. pag. 182. Bd. 24, pag. 265. Bd. 27. pag. 320.

[2]) Americ. Journ. Pharm. Bd. 36, pag. 193. — Vierteljahrsschr. f. pract. Pharm. Bd. 14. pag. 18. — S. auch Manassewitz, Zeitschr. J. Chem. 1868, pag. 154.

[3]) Vergl. Blumberg, Dissertation über die Alkaloide des Mutterkorns. Dorpat, 1878.

[4]) Ueber die Bestandtheile und Wirkungen des Mutterkorns. Arch. f. exp. Pathol. Bd. 18, pag. 316—380.

11) Cholin wurde von HARNACK im Fliegenschwamm, von R. BOEHM[1]) in *Boletus luridus* (Hexenpilz) und *Amanita pantherina* (Pantherschwamm) gefunden, hier zu ca. 0·1 % der Trockensubstanz; von BÖHM und KÜLZ[2]) auch in der essbaren Morchel (*Helvella esculenta*).

12) Ustilagin haben RADEMAKER u. FISCHER[3]) ein Alkaloïd genannt, das sie aus dem Maisbrand *(Ustilago Maydis)* isolirten. Es besitzt intensiv bitteren Geschmack, ist in Aether und Wasser leicht löslich und bildet in Wasser lösliche Salze, deren Lösungen durch Kaliumquecksilberjodid gefällt werden. In conc. Schwefelsäure löst es sich mit dunkler Farbe, welche allmählich in intensives Grün übergeht, durch Eisenchlorid wird es dunkelroth. Auch Trimethylamin wurde in dem Pilz gefunden.

X. Gallenstoffe.

Cholesterin, ($C_{26}H_{44}O$). Dieser bekanntlich in der Galle der höheren Thiere (Gallenfett) sowie in Samen der höheren Pflanzen (z. B. Bohnen, Erbsen) etc. vorkommende Körper wurde auch bei Pilzen bereits nachgewiesen und dürfte sich hier einer grösseren Verbreitung erfreuen. STAHL und HÖHN[4]) sowie GANSER[5]) constatirten sein Auftreten in den Sclerotien des Mutterkorns *(Claviceps purpurea)*, woselbst er aber nur zu 0,036 % vorhanden. Im Fruchtkörper des Lärchenschwammes *(Polyporus officinalis)* wies ihn SCHMIEDER[6]) nach. Auch in den Zellen der Bierhefe ist er gefunden worden und zwar von O. LÖW.[7])

Einen dem Ch. nahestehenden Stoff fand BÖHM[8]) im Hexenpilz *(Boletus luridus)*.

Das Ch. bildet farblose, glänzende, rhombische Blättchen oder Nadeln, ist geschmack- und geruchlos, unlöslich in Wasser, löslich in Alkohol, Aether und fetten Oelen, und schmilzt bei 145°. Mischt man eine Chloroformlösung mit conc. Schwefelsäure, so färbt sich dieselbe blutroth. — Zum Nachweis von Cholesterin in Fetten der Hutpilze etc. schmilzt man das Fett im zugeschmolzenen Rohr mit Benzoësäure oder Benzoësäureanhydrid zusammen, wodurch Cholesterinbenzoat entsteht, das in siedendem Alkohol fast unlöslich ist, aus Aether in characteristischen rechtwinkligen Tafeln krystallisirt (SCHULZE in BEILSTEIN's Handb. Bd. II).

XI. Eiweissstoffe (Proteinstoffe, Albuminate), Amide und Verwandte.

1. Eiweissstoffe.

Auf den Gehalt an Eiweissstoffen sind bisher fast ausschliesslich nur die Früchte der höheren Pilze und zwar der Hutpilze, Bauchpilze, Morcheln und Trüffeln untersucht worden, einmal, weil sich von den in Betracht kommenden Species leicht genügende Mengen von Material beschaffen lassen und andererseits, weil solche Untersuchungen in die Nahrungsmittellehre hineinschlagen, also

[1]) Arch. f. exp. Pathol., Bd. 19, pag. 60.

[2]) Arch. f. exp. Path. 19.

[3]) Ueber Ustilagin und die andern Bestandtheile von *Ustilago Maydis*, Zeitschr. d. östr. Apoth.-Vereins, Bd. 41. 419—421 (Chem. Centralbl. 1887, pag. 1257).

[4]) Arch. f. Pharm., Bd. 187, pag. 36.

[5]) Arch. d. Pharm. 1871.

[6]) Chem. Bestandtheile des Polyp. officinalis. Arch. d. Pharm. Bd. 224. (1886) pag. 648.

[7]) NAGELI, Ueber die chem. Zusammensetzung der Hefe. Sitzungsber. d. Münchener Akademie, 4. Mai 1878. Vorher schon hatte HOPPE-SEYLER »Ueber die Constitution des Eiters.« Med.-chem. Unters. Heft 4. pag. 500, Cholesterin aus Hefe isolirt.

[8]) Arch. f. exp. Pathol, Bd. 19, pag. 64.

von praktischem Interesse sind. Es hat sich hierbei gezeigt, dass die genannten höheren Pilzformen mit relativ grossen Quantitäten von Proteinkörpern ausgestattet sind, wie man am besten aus folgenden Tabellen ersehen wird.

Der Eiweissgehalt erwachsener Exemplare auf Trockensubstanz berechnet, beträgt nach LOESECKE für

1. *Fistulina hepatica*	10,60	9. *Agaricus caperatus*	20,53
2. *Clavaria Botrytis*	12,32	10. *Boletus luteus*	22,24
3. *Polyporus ovinus*	13,34	11. *Agaricus ulmarius*	26,26
4. *Boletus granulatus*	14,02	12. „ „ *procerus*	29,08
5. *Agaricus melleus*	16,26	13. „ „ *oreades*	35,57
6. *Boletus bovinus*	17,24	14. „ „ *prunulus*	38,32
7. *Agaricus mutabilis*	19,73	15. „ „ *excoriatus*	30,79
8. *Boletus elegans*	21,21	16. *Lycoperdon Bovista*	50,64

nach KOHLRAUSCH für:

17. *Boletus edulis*	22,82	20. *Morchella esculenta*	33,90
18. *Cantharellus cibarius*	23,43	21. *Tuber cibarium*	36,32
19. *Clavaria flava*	24,43		

nach SIEGEL für:

22. *Morchella conica*	36,25	24. *Agaricus campestris*	20,63
23. *Helvella esculenta*	26,31		

Der Eiweissgehalt junger Exemplare, auf Trockensubstanz berechnet, beträgt nach MARGEWICZ für

1. *Boletus scaber* BULL.	Stiel	29,87
	Hut	44,99
2. „ *edulis* BULL.	Stiel	30,73
	Hut	43,90
3. *Agaricus controversus* PERS.	Stiel	37,47
	Hut	39,49
4. „ *torminosus* SCHÄFF	Stiel	35,71
	Hut	39,14
5. „ *piperatus* PERS.	Stiel	26,37
	Hut	32,21
6. *Cantharellus cibarius* FR.	Stiel	28,35
	Hut	27,77
7. *Boletus luteus* L.	Stiel	32,57
	Hut	40,74
8. *Boletus subtomentosus* L.	Stiel	35,38
	Hut	39,85
9. *Agaricus melleus* VAHL.	Stiel	26,91
	Hut	28,16
10. *Boletus aurantiacus* SCHÄFF	Stiel	36,67
	Hut	40,91
11. *Agaricus deliciosus* L.	Stiel	34,28
	Hut	38,12
12. „ *russula* SCHÄFF.	Stiel	27,00
	Hut	29,22
13. *Boletus scaber* BULL.	Oberer Theil des Hutes	40,89
	Unterer Theil (Hymenium)	46,98
14. *Boletus edulis* BULL.	Oberer Theil des Hutes	36,91
	Unterer Theil (Hymenium)	48,74
15. *Boletus aurantiacus* SCHÄFF	Oberer Huttheil	38,27
	Hymenium	45,18

Auf diesem Reichthum an Proteïnstoffen beruht zu einem wesentlichen Theile der Werth der höheren Pilze als Nahrungsmittel.

Aber auch Hefe- und Schimmelpilze scheinen nach den wenigen bisherigen Untersuchungen ziemlich eiweissreich zu sein. Eine von NAEGELI[1]) unter-

[1]) Sitzungsber. d. Münchener Akad. 1878. Maiheft.

suchte Unterhefe enthielt 50%, der von SIEBER[1]) geprüfte (freilich nicht in Reinzucht gewonnene) *Aspergillus glaucus* 28,9% Proteinstoffe auf Trockensubstanz berechnet.

Ueber die verschiedenen Arten der pilzlichen Eiweissstoffe fehlen noch nähere Untersuchungen. Aus den Zellen einer Hefe gewann NENCKI[2]) durch Auskochen der Zellen mit Salzsäure und Fällen mit Steinsalz einen Proteïnkörper, der sich als mit dem in Spaltpilzzellen von ihm entdeckten Mycoproteïn identisch erwies. Nach der Annahme VAN TIEGHEM's bestehen die Proteïnkrystalle, welche KLEIN und er bei vielen Mucoraceen nachwiesen, aus einem besonderen Proteinstoffe, den er »Mucorin« nannte. (Vergl. Krystalloïde, pag. 373). Doch fehlt eine nähere Rechtfertigung dieser Namengebung. Es dürfte auch schwer halten, diese winzigen Körperchen für eine Analyse zu isoliren.

Nucleïn ist von HOPPE-SEYLER aus der Bierhefe gewonnen worden. Es wird wohl in den Kernen aller Pilzzellen vorhanden sein.

2. Peptone.

Den Eiweissstoffen verwandte Körper, welche dadurch entstehen, dass gewisse (peptonisirende) Fermente auf Albuminate einwirken.[3]) Wahrscheinlich liefern verschiedene Albuminate der Pilze verschiedene Peptone. Man hat Peptone bestimmt nachgewiesen in der Hefe (in einer Bierhefe, die NÄGELI und LÖW untersuchten, waren sie zu 2% vorhanden). Sie kommen aber jedenfalls in allen Pilzen vor, welche peptonisirende Fermente produciren und gleichzeitig Eiweissstoffe zur Nahrung haben. Die Peptone sind stets amorph und in Wasser, sowie verdünntem Weingeist löslich.

3. Spaltungsprodukte der Eiweissstoffe.

Die von A. KOSSEL aus Presshefe gewonnenen Stoffe: Xanthin, Hypoxanthin,[4]) Adenin[5]) und Guanin stellen wahrscheinlich Spaltungsprodukte des Nucleïns dar. (Sie waren früher nur aus dem Thierreich bekannt).

Lecithin wurde von HOPPE-SEILER[6]) in der Bierhefe nachgewiesen.

Leucin haben BURGEMEISTER und BUCHHEIM[7]) im Mutterkorn, NÄGELI und LÖW in einer Bierhefe gefunden.

4. Fermente.

Vergl. das Kapitel: Zur Ausscheidung kommende Stoffwechselprodukte.

II. Die Nährstoffe.

Wir haben im Vorstehenden gesehen, dass die Zellen der Pilze sehr zahlreiche anorganische und organische Stoffe enthalten. Damit wissen wir aber noch nicht, welche Stoffe diesen Pflanzen als Nahrung dienen, in welchen Quantitäten sie ihnen geboten werden müssen, in welcher Form dieselben in die Pilzzellen hineingelangen und welche Stoffe zur Ernährung nöthig sind, welche nicht

[1]) Journ. f. pract. Chem. II Bd. pag. 23. 412.

[2]) Beiträge z. Biologie der Spaltpilze 1880. pag. 48.

[3]) Die andere Entstehungsweise, nämlich durch Einwirkung stark verdünnter Säuren oder Alkalien auf Eiweisskörper kommt hier zunächst nicht in Betracht.

[4]) Ueber die Verbreitung des Hypoxanthins im Thier- und Pflanzenreich. Zeitschr. f. physiol. Chem. Bd. V. — Ueber Xanthin und Hypoxanthin. Das. Bd. VI.

[5]) Ueber eine neue Base im Thierkörper. Ber. d. deutsch. chem. Ges. XVIII (1885) pag. 79—81.

[6]) Zeitschr. f. phys. Chem. Bd. 2, pag. 427 u. Bd. 3. pag. 374—380.

[7]) FLÜCKIGER, Pharmak. d. Pflanzenreichs. 2. Aufl. pag. 263.

Ueber alle diese Fragen kann nur das Experiment entscheiden, nicht die Analyse.

A priori ist nur klar, erstens, dass die Pilze nicht im Stande sind, organische Substanz selbst zu erzeugen (weil sie chlorophyllos sind), dass sie vielmehr die nöthige organische Substanz in fertigem Zustande von aussen beziehen müssen (aus pflanzlichen, thierischen Körpern oder deren Produkten) und zweitens, dass sie Wasser und anorganische Stoffe nöthig haben, weil deren jeder Organismus bedarf, abgesehen davon, dass wir letztere auch in der Asche vorfinden.

Versuche über die Frage, welche organischen und anorganischen Stoffe die Pilze als Nahrung verwenden können, resp. nöthig haben, sind zuerst von PASTEUR und RAULIN[1]) und später insbesondere von NÄGELI und zwar in ausgedehnterer und exacterer Weise angestellt worden, sodass unsere, im folgenden dargestellte Kenntniss über die Ernährung der Pilze fast ausschliesslich auf den Experimenten und Resultaten dieses Forschers beruht, und seine Untersuchungen zugleich die Fingerzeige für eine weitere Forschung auf diesem Gebiete enthalten.

1. Die anorganischen Nährstoffe (Mineralstoffe).

Wie die Spaltpilze (Schizomyceten) so können auch die eigentlichen Pilze (Eumyceten) mit 4 Elementen auskommen: 1. Schwefel, 2. Phosphor, 3. einem der Elemente Kalium, Rubidium, Caesium. 4. einem der Elemente Calcium, Magnesium, Baryum, Strontium (während die höheren, grünen Pflanzen Calcium und Magnesium und ausserdem noch Chlor, Eisen und Silicium bedürfen.[2])

Der Schwefel kann nach NÄGELI[3]) aus Sulfaten, Sulfiten und Hyposulfiten entnommen werden, wahrscheinlich auch aus Sulfosäuren, dagegen nicht aus Sulfoharnstoff und Rhodammonium. Sind den Pilzen Eiweissstoffe zugänglich, so können diese als Schwefelquelle dienen. Ob das in Rede stehende Element von gewissen Pilzen etwa auch aus Schwefelwasserstoff entnommen werden kann, ist noch nicht geprüft. (Entscheidende Culturversuche bezüglich der Schwefelentnahme sind z. Th. schwierig, weil gewisse Substanzen, die man bei der Cultur verwendet, z. B. Zucker, Schwefel als Verunreinigung enthalten können). Zur Bildung von Eiweissstoffen ist der Schwefel unentbehrlich.

Das Kalium kann nach NÄGELI nicht durch Natrium, Lithium, Baryum, Strontium, Calcium, Magnesium, Ammonium ersetzt werden, wohl aber durch Rubidium und Caesium. Salze der beiden letzteren Elemente nähren ebenso gut, wo nicht besser als Kalisalze.[4])

Man bietet den Pilzen das Kalium in Form von Dikaliumphosphat (K_2HPO_4) oder von saurem phosphorsauren Kali (KH_2PO_4) oder von Kaliumsulfat (K_2SO_4) oder Kaliumnitrat (KNO_3).

---

[1]) Compt. rend. t. 56 pag. 229.

[2]) Es ist übrigens zu bemerken, dass NÄGELI's Versuche, wie es scheint, ausschliesslich am Brotschimmel (*Penicillium glaucum*) angestellt sind.

[3]) l. c. pag. 54 u. 73.

[4]) Hiervon existirt nach WINOGRADSKI (Ueber die Wirkung äusserer Einflüsse auf die Entwickelung von *Mycoderma vini*, Bot. Centralbl. Bd. XX. [1884.] pag. 165) in Bezug auf *Mycoderma vini* insofern eine Ausnahme, als bei der Ernährung dieses Pilzes das Kalium zwar durch Rubidium, aber nicht durch Caesium vertreten werden kann.

Die Elemente Magnesium und Calcium können nach NÄGELI einander ersetzen; ebenso können sie durch Baryum oder Strontium ersetzt werden[1]), nicht aber durch Kalium etc. Bei den Kulturen verwendet man Magnesium als Sulfat ($MgSO_4$) und Calcium als Chlorcalcium (Cl_2Ca) oder Calciumnitrat ($Ca(NO_3)_2$) oder dreibasisch phosphorsauren Kalk ($Ca_3P_2O_3$).

2. Die organischen Nährstoffe.

Die Pilze sind sowohl auf stickstoff-, als auf kohlenstoffhaltige organische Verbindungen angewiesen.

Was zunächst die Quellen des Kohlenstoffs anbetrifft, so kann derselbe nach NÄGELI einer grossen Anzahl von organischen Verbindungen entnommen werden. Es ernähren bei Zutritt von Luft fast alle Kohlenstoffverbindungen, sofern sie in Wasser löslich und nicht allzu giftig sind. Von schwach giftigen Kohlenstoffverbindungen ernähren beispielsweise: Aethylalkohol, Essigsäure, von stärker giftigen: Phenol (Carbolsäure), Salicylsäure, Benzoësäure. Doch giebt es nach NÄGELI einige Verbindungen, aus denen, trotz ihrer nahen chemischen Verwandtschaft mit nährenden Substanzen, die Pilze den Kohlenstoff nicht zu assimiliren vermögen. Dahin sollen, ausser den unorganischen Verbindungen Kohlensäure und Cyan, nach NÄGELI Harnstoff, Ameisensäure, Oxalsäure, Oxamid gehören; ferner selbstverständlich die in Wasser unlöslichen höheren Fettsäuren und die Huminsubstanzen, sofern sie ebenfalls wasserunlöslich erscheinen.

Dagegen wurde von DIAKONOW[2]) neuerdings nachgewiesen, dass *Penicillium glaucum* auch aus Ameisensäure und aus Harnstoff seinen Kohlenstoffbedarf zu decken vermag.

Bezüglich der Ernährungstüchtigkeit macht sich, wie von vornherein zu erwarten, unter verschiedenen Kohlenstoffverbindungen eine grosse Verschiedenheit geltend. Nach seinen Erfahrungen in dieser Beziehung ordnete NÄGELI die Kohlenstoffquellen in folgende, natürlich nur bedingte Gültigkeit beanspruchende Reihe:[3])

1. Die Zuckerarten.
2. Mannit, Glycerin; die Kohlenstoffgruppe im Leucin.
3. Weinsäure, Citronensäure, Bernsteinsäure; die Kohlenstoffgruppe im Asparagin.
4. Essigsäure, Aethylalkohol, Chinasäure.
5. Benzoesäure, Salicylsäure, die Kohlenstoffgruppe im Propylamin.
6. Die Kohlenstoffgruppe im Methylamin; Phenol.

Die Zuckerarten, insbesondere Traubenzucker, sind daher als die besten Kohlenstoffquellen anzusehen.

---

[1]) *Mycoderma vini* hat indessen (nach WINOGRADSKI l. c.) Magnesium durchaus nöthig, während Calcium für dasselbe bedeutungslos sei. Es wurden nämlich von W. 4 vergleichende Culturen angestellt, in denen die Nährflüssigkeiten gleiche Mengen organischer Stoffe, sowie von Phosphorsäure und Chlorkalium enthielten, und nur in den Salzen alkalischer Erden von einander verschieden waren. Kolben I enthielt $MgSO_4$, Kolben II. $CaSO_4$, Kolben III $SrSO_4$, Kolben IV nur K_2SO_4 zur Controle. Nur in Kolben I entwickelte sich eine schöne Haut, während in den übrigen gar keine Entwickelung stattfand.

[2]) Organische Substanz als Nährsubstanz. Berichte d. deutsch. bot. Ges. Bd. 5 (1887), pag. 380—387.

[3]) Eine Gährthätigkeit der Zellen, sowie giftige Wirkungen hervorbringende Concentration einzelner Verbindungen ist dabei ausgeschlossen gedacht.

Was sodann die Stickstoff-Quellen anbelangt, so dienen als solche in allererster Linie alle löslichen Eiweisssubstanzen und Peptone; dann folgt Harnstoff, sodann kommen die Ammoniaksalze (weinsaures, milchsaures, essigsaures, bernsteinsaures, salicylsaures, phosphorsaures Ammoniak, Salmiak etc.) und wenn wir von den Hefepilzen absehen, z. Th. auch salpetersaure Salze, sodann Acetamid, Methylamin (salzsaures), Aethylamin (salzsaures), Trimethylamin, Propylamin, Asparagin, Leucin (die sämmtlich zugleich als Kohlenstoff-Quelle dienen) und Oxamid in Betracht.

Freier Stickstoff kann als solcher nicht assimilirt werden, ebensowenig der an Kohlenstoff gebundene Stickstoff im Cyan und der an Sauerstoff gebundene; wenigstens geben Picrinsäure und Nitrobenzoësäure schlechte N-Nahrung.

3. Mengenverhältnisse und Combinationen der Nährstoffe.

Die Mineralstoffe wirken nur dann günstig auf die Ernährung, wenn sie in relativ geringer Menge geboten werden, wofür übrigens schon in dem relativ geringen Aschengehalt der frischen Pilzmasse eine Hindeutung gegeben ist. Man wendet daher gewöhnlich nur 0,2—0,5 % an Nährsalzen an. Doch können manche Pilze einen grösseren Procentsatz vertragen, zumal wenn sie gleichzeitig gut nährende Kohlenstoff- oder Stickstoffverbindungen (z. B. Zucker, Pepton) zur Verfügung haben. Ein Beispiel dieser Art ist die Bierhefe, der man die mineralischen Nährstoffe gewöhnlich zu 0,8—1 % darbietet, wenn sie gleichzeitig sehr gute Kohlenstoff- und Stickstoffnahrung (z. B. 15 % Zucker und 1 % weinsaures Ammoniak) erhält. Welche Nährsalzmenge für jeden Pilz die geeignetste ist (Concentrationsoptima der Mineralstoffe) bedarf besonderer Feststellung, weil die verschiedenen Pilze sich hierin verschieden verhalten, entsprechend der Verschiedenheit ihres Aschengehalts.

Die Nährsalze müssen ferner bezüglich der Quantität in einem gewissen Verhältniss zu einander stehen; und zwar ist vor allen Dingen zu beachten, dass Kali und Phosphorsäure in der Pilzasche relativ reichlich vorhanden sind (vergl. pag. 388) dementsprechend auch gegen die übrigen Aschenbestandtheile vorwiegen müssen.

In praxi gestalten sich die Zusammensetzungen der Nährlösungen mit Bezug auf die Nährsalze gewöhnlich folgendermassen:

I.

Dikaliumphosphat	K_2HPO_4	0,2 Grm.
Magnesiumsulfat	$Mg\ SO_4$	0,04 „
Chlorcalcium	$Ca\ Cl_2$	0,02 „

auf 100 Grm. Wasser.

II.

Monokaliumphosphat	KH_2PO_4	0,5 Grm.
	$Ca_3P_2O_8$	0,05 „
Magnesiumsulfat	$Mg\ S\ O_4$	0,25[1])

auf 100 Grm. Wasser.

Statt dieser künstlichen Zusammensetzungen kann man auch, speciell für Schimmelpilze, natürliche Aschen zu 0,2—0,5 % verwenden, insbesondere (nach Nägeli) Hefenaschen oder Erbsenasche (zu 0,4 %), ersterer setzt man aber am Besten, da sie schwefelfrei ist, etwas K_2SO_4 zu, letztere neutralisirt man mit Phosphorsäure. Tabaksasche scheint nach Nägeli nicht gut zu ernähren.

[1]) oder krystallisirte schwefelsaure Magnesia $7H_2O$ enthaltend 0,5 Grm.

Aeusserst bequem ist es ferner, die Nährsalze in Form von LIEBIG'schem Fleischextract zu verwenden, und zwar (da dieses Extract etwa 0,2—0,5 % Mineralstoffe enthält[1]) auf je 100 Grm Wasser 1—2 Grm.

Die Kohlenstoff- und Stickstoffquellen wendet man mit Vortheil in combinirter Form an. NÄGELI hat nach seinen Erfahrungen folgende von besser- zu schlechter-nährenden Substanzen fortschreitende Reihe solcher Combinationen aufgestellt:

1. Eiweiss (Pepton) und Zucker.
2. Leucin und Zucker.
3. Weinsaures Ammoniak (oder Salmiak) und Zucker.
4. Eiweiss (Pepton).
5. Leucin.
6. Weinsaures Ammoniak, bernsteinsaures Ammoniak, Asparagin.
7. Essigsaures Ammoniak.

Für Denjenigen, der nicht ernährungsphysiologische Versuche austellen, sondern nur eine gute Pilzentwickelung erzielen will, empfiehlt es sich, die am besten nährende Combination 1 oder allenfalls 3 zu wählen, und zwar nimmt man 1—2 % Pepton und 5—15 % Zucker — resp. 1 % weinsaures Ammoniak und 5—15 % Zucker.

Aus alle dem bisher Gesagten ergeben sich folgende Nährlösungs-Recepte:

I.

Zucker	5—15 Gr.	
Pepton	1— 2 „	
Dikaliumphosphat K_2HPO_4	0,2 „	oder statt dessen 1 Gr. LIEBIG'sches Fleischextract.
Magnesiumsulfat $MgSO_4$	0,04 „	
Chlorcalcium $CaCl_2$	0,02 „	
auf 100 Gr. Wasser.		

II.

Zucker	10—20 Gr.	
Pepton	1—2 „	
Monokaliumphosphat KH_2PO_4	0,5 „	oder statt dessen 2 Gr. LIEBIG'sches Fleischextract.
Tricalciumphosphat $Ca_3P_2O_8$	0,05 „	
Magnesiumsulfat $MgSO_4$	0,25[2])	
auf 100 Gr. Wasser.		

III.

Zucker	15 Gr.	nach MAYER; für gährungsfähige Hefepilze besonders geeignet.[3])
Weinsaures Ammoniak . . .	1 „	
Monokaliumphosphat, KH_2PO_4	0,5 „	
Tricalciumphosphat, $Ca_3P_2O_8$	0,05 „	
Magnesiumsulfat, $MgSO_4$	0,25[2])	
auf 100 Gr. Wasser.		

---

[1]) Das Mittel aus 2 WILDT'schen (in KÖNIG's Nahrungs- und Genussmittel aufgeführten) Analysen vom LIEBIG'schen Fleischextract beträgt:

Wasser	Asche	Organ. Subst.	In letzterer Stickstoff	in Alkohol von 80 % lösl.	In der Trockensubstanz. Stickstoff	In der Trockensubstanz. Organ. Substanz
24,25	22,28	53,47	8,50	65,21	22,54	70,64

[2]) oder krystallisirte schwefelsaure Magnesia, $7H_2O$ enthaltend, 0,5 Gr.

[3]) Will man einen Pilz überhaupt erst auf Gährungsfähigkeit prüfen, so nehme man von Zuckerarten (für Nährlösung I—III) stets Traubenzucker, da man nie im Voraus wissen kann, ob der betreffende Pilz Rohrzucker oder Malzzucker zu invertiren im Stande ist.

Vorstehende Lösungen sind so zusammengesetzt, dass sie etwa das durchschnittliche Concentrationsoptimum repräsentiren. Doch ist nicht zu vergessen, dass dieses Optimum bei den verschiedenen Pilzen nicht unerheblich schwankt. Viele gewöhnliche Schimmel gedeihen noch ganz vorzüglich, wenn man die genannten Lösungen statt mit 100 mit 50 oder selbst nur mit 40 Gr. Wasser anstellt. Solche mehr concentrirten Lösungen bieten nebenbei noch den Vortheil, dass sie die gegen höhere Concentrationsgrade ziemlich empfindlichen Spaltpilze, z. Th. auch Sprosspilze, nicht zur Entwickelung kommen lassen.

Andererseits aber giebt es Pilze, welche noch etwas grössere Verdünnung der oben genannten Lösungen vorziehen, also statt 100 Gr. etwa 125—150 Gr. Wasser verlangen. Es scheinen das namentlich solche Formen zu sein, welche reichen Wassergehalt besitzen.

Einfacher darzustellende Lösungen. Da in den Säften von Pflanzen und Thieren sowohl alle die Kohlenstoff- und Stickstoffverbindungen, als auch die Mineralsalze vorhanden sind, deren die Pilze benöthigt sind, so kann man sich durch Extraction vegetabilischer oder animalischer Theile mit kaltem oder heissem Wasser oder durch Auspressen derselben leicht passende Nährflüssigkeiten herstellen. Sie sind denn auch sehr in Aufnahme gekommen, namentlich seit Brefeld sie in rationeller Weise verwerthete und sehr gute Culturresultate erzielte. Besonders viel gebraucht werden Decocte von Früchten, speciell Pflaumen, von Pferdemist, fleischigen Wurzeln, Brod, Malz (Malzextract, Bierwürze), Samen etc.

Es lassen sich übrigens gewisse Pilze, die auf lebenden oder gewissen todten vegetabilischen oder animalischen Theilen wachsen, in den oben genannten künstlichen Nährmedien überhaupt nicht zur Entwickelung bringen, während Extracte oder Decocte der von diesen Pilzen bewohnten natürlichen Substrate meistens eine Entwickelung ermöglichen.

Was die Concentration jener Auszüge betrifft, so hat man das Optimum auszuprobiren. Bei Fruchtsäften kann man so verfahren, dass man sie zuerst zu grösster Syrupdicke eindampft[1]) und dann auf 100 Grm. Wasser 10—20 Grm. nimmt. Für manche Schimmel kann man aber auch hier auf 30—40 g gehen mit dem günstigsten Erfolg.

4. Reaction des Nährgemisches.

Man nimmt an, dass im Allgemeinen die echten Pilze eines sauren Substrates bedürfen oder doch hier am besten gedeihen. Für die gewöhnlichen Schimmelpilze trifft dies zu, aber man darf nicht vergessen, dass es eine sehr grosse Anzahl von Pilzen giebt, die auf sauren Substraten absolut nicht gedeihen wollen[2]), im günstigsten Falle ein kümmerliches Dasein fristen. Es ist daher durchaus nöthig, in jedem speciellen Falle durch Vorversuche zu prüfen, ob saure, neutrale oder alkalische Reaction sich am günstigsten erweist, resp. allein zulässig ist.

Stellen sich saure und alkalische Reaction gleich günstig, so wähle man immer die erstere, um die Spaltpilze leichter abhalten zu können.

[1]) Schon um sie haltbarer zu machen.

[2]) Hierher gehören viele Basidiomyceten, zahlreiche Hyphomyceten, Saprolegnieen etc.

III. Stoff-Umwandlung, -Speicherung, -Ausscheidung.

A. Stoffumwandlung.

1. Fettbildung.

An der Hand der bestimmten Fragestellung, aus welchen Stoffen die Pilze Fett zu bilden vermögen, hat NAGELI in einer ausgezeichneten Untersuchung[1]) welche indessen auf niedere Pilze (Hefe, Schimmelpilze) beschränkt blieb, folgende wichtige Resultate gewonnen:

Material zur Fettbildung können liefern: 1) stickstoffhaltige Verbindungen, sowohl Albuminate (speciell Peptone), als auch Asparagin, Leucin, Ammoniak- und salpetersaure Salze; 2) kohlenstoffhaltige Verbindungen, besonders Kohlehydrate (Zucker), aber auch mehrwerthige Alkohole (Mannit, Glycerin) und Fettsäuren (Essigsäure, Weinsäure etc).

Aller Wahrscheinlichkeit nach werden Untersuchungen über höhere fettbildende Pilze zu demselben Ergebniss führen.

Nach meinen Beobachtungen an *Arthrobotrys oligospora* kann auch thierisches Fett Material für die Fettbildung abgeben. Der genannte Schimmelpilz dringt nämlich ins Innere von Anguillulen ein, durchzieht dasselbe und bringt es zur »fettigen Degeneration«, wobei grosse Fettmassen gebildet werden. Dieses Fett zehrt der Pilz allmählich auf und verwendet es im Inhalt seiner Zellen, speciell der Dauersporen, z. Th. zur Bildung grosser Fetttropfen.

Ueber die Art und Weise, wie die chemische Umsetzung jener Materialien vor sich geht, fehlt jeder Anhalt.

Nach NÄGELI steht die Fettbildung in einer gewissen Beziehung zur Respiration. Sie findet nämlich, wie es scheint, nur bei Sauerstoffzufuhr statt, am reichlichsten, wenn die Pilztheile an der Oberfläche der Substrate wachsen, wo sie in unmittelbarem Contact mit der Luft stehen.

Nicht zu verwechseln mit der normalen Fettbildung ist die abnorme. Hier wird Fett ausschliesslich auf Kosten der Eiweisskörper des Zellinhalts gebildet, wobei die Zellen allmählich absterben (fettige Degeneration, Involution). Sie scheint besonders an untergetauchten Mycelien unter sehr mangelhafter Ernährung vorzukommen, speciell beim Mangel an Nährsalzen. Ausserdem findet sie statt, wenn bei der Concurrenz der Schimmelpilze mit Spaltpilzen letztere die Oberhand gewinnen und jenen die Nährmaterialien hinwegnehmen. In einem Versuche NAGELI und LÖW's (l. c.) betrug die Fettmasse des normalen *Penicillium*-Mycels 18,50 %, die des fettig degenerirten 50,54 %, also nahezu das Dreifache.

2. Mannitbildung.

Da nach MÜNTZ[2]) gewisse Pilze, wie z. B. der *Agaricus sulfureus* im jungen Zustand Mycose, in späteren Stadien aber statt deren Mannit führen, so hat es den Anschein, als ob Mannit aus Mycose hervorgehen kann. (Doch entsteht Mannit, wie PFEFFER[3]) mit Recht betont, gewiss nicht immer aus Mycose, da manche Hutpilze, wie z. B. der Champignon *(Agaricus campestris)* in allen Alterszuständen nur Mannit führen).

Nach MÜNTZ bildet *Penicillium glaucum* Mannit sowohl aus Kohlehydraten (Traubenzucker, Stärke, Fruchtsäften) als auch aus Fettsäuren (Weinsäure).

[1]) Ueber die Fettbildung bei niederen Pilzen. Sitzungsber. der Münchener Akademie 1882. (der chemische Theil von O. LÖW bearbeitet). Abgedruckt in NAGELI, Untersuchungen über niedere Pilze. München 1882.

[2]) Ann. de chimie et de phys. V. sér. Bd. 8, pag. 60.

[3]) Physiologie. I. pag. 285.

3. Mycose- (Trehalose-) Bildung.

Aus welchen Stoffen Pilze Mycose erzeugen können, ist erst noch experimentell festzustellen. MÜNTZ[1]) fand, dass *Mucor Mucedo* Mycose bildete, sowohl wenn er auf Pferdemist, als auf faulenden Bohnen und auf Rapssamen cultivirt wurde.

4. Glycogenbildung.

Untersuchungen über die Stoffe, aus welchen Glycogen (siehe pag. 303) gebildet wird, sind von LAURENT[2]) bezüglich einer »Oberhefe« angestellt worden mit dem Resultat, dass von Eiweisstoffen Pepton, von Kohlenstoffverbindungen Amygdalin, Salicin, Arbutin, Coniferin, Aesculin, Glycogen, Dextrin, Maltose, Saccharose, Galactose, Dextrose, Calciumsaccharat, Mannit, Glycerin einen »Ansatz« von Glycogen bewirken.

ERRERA vermuthet, dass das Glycogen, ähnlich wie die Stärke, in Traubenzucker umgewandelt werden kann. Das Glycogen scheint eine Umwandlung in Fett erfahren zu können. Denn in den Schläuchen vieler Ascomyceten, die zumeist reich an Glycogen sind, findet sich später in den Sporen statt dieses Stoffes reichlich Fett.

5. Oxalsäurebildung.

Da die Oxalsäure auf rein chemischem (künstlichem) Wege aus Kohlehydraten und verwandten Kohlenstoffverbindungen auf dem Wege der Oxydation entsteht, so ist es von vornherein wahrscheinlich, dass sie auch in pflanzlichen, speciell pilzlichen Zellen durch Oxydation jener Stoffe gebildet wird. Doch fehlten bisher noch ausreichende Untersuchungen hierüber. Denn durch DE BARY[3]), dem Einzigen, der sich mit dieser Frage beschäftigte, wurde nur ermittelt, dass *Peziza Sclerotiorum* Oxalsäure aus Traubenzucker erzeugen kann. Ich selbst[4]) habe (daher eine Untersuchungsreihe in dieser Richtung mit einem ächten *Saccharomyces S. Hansenii)* vorgenommen (der kein Alkoholbildner ist) und gefunden, dass dieser Pilz sowohl Kohlehydrate der Traubenzuckergruppe (Galactose, Traubenzucker), der Rohrzuckergruppe (Rohrzucker, Milchzucker, Maltose) und der Cellulosegruppe (Dextrin,) als auch mehrwerthige Alkohole (Dulcit, Mannit, Glycerin) zu Oxalsäure zu oxydiren vermag.

6. Harzbildung.

Aus welchen Stoffen Harze entstehen, ist noch nicht sichergestellt. Die Chemiker nehmen als wahrscheinlich an, dass sie aus ätherischen Oelen hervorgehen und es ist in der That nachgewiesen, dass manche ätherischen Oele bei Luftzutritt sich verdicken und den Charakter von Harzen annehmen können. Nach WIESNERS[5]) und Anderer Ansicht gehen sie aus Cellulose und (was bei Pilzen natürlich nicht in Betracht kommt) aus Stärke hervor, die zunächst in Gerbstoffe umgewandelt würden; wogegen FRANCHIMONT[6]) der Ansicht ist, sie entstünden aus Glycosiden, die zuvor in Gerbstoffe und Oxalsäure übergeführt werden müssten. Das rothbraune Harz des *Cortinarius cinnamomeus* scheint

[1]) De la matière sucrée contenue dans les Champignons. Compt rend. t. 79, pag. 1183.

[2]) Berichte der deutsch. bot. Ges. 1887, pag. LXXVII.

[3]) Ueber einige Sclerotinien und Sclerotienkrankheiten. Botan. Zeit. 1886.

[4]) Oxalsäuregährung bei einem typischen Saccharomyceten. Ber. d. deutsch. bot. Ges. 1889, pag. 94.

[5]) Ueber die Entstehung des Harzes im Innern von Pflanzenzellen. Sitzungsber. d. Wiener Akad. Bd. 51, 1865.

[6]) Recherches sur l'origine et la constitution chim. des résines de terpènes. Arch. Neerl. VI, pag. 426.

nach meinen Untersuchungen aus einem wasserlöslichen gelben Farbstoff hervorzugehen, nach E. BACHMANN dürfte Aehnliches auch bei *Gomphidius*-Arten stattfinden.

Welche Stoffe zur Bildung von Flechtensäuren, Farbstoffen etc. dienen, bedarf ebenfalls noch der Ermittelung.

B. Reservestoffe.

Als verbreitetster Inhalts-Reservestoff dürfte wohl Fett (fettes Oel) anzusprechen sein, da es sich in fast allen sogenannten Dauerorganen (Dauersporen, Gemmen, Dauermycelien) aufgespeichert findet und bei der Keimung derselben verbraucht wird. In manchen Sclerotien mit stark verdickten Zellmembranen stellt die Cellulose-Masse der letzteren gleichfalls einen Reservestoff dar, denn auch diese Zellhäute werden bei der Keimung zur Bildung der aus den Sclerotien hervorkeimenden Fruchtträger, Fruchtkörper oder Mycelfäden verbraucht. Als Inhaltsreservestoff scheint nach ERRERA bei manchen Sclerotien Glycogen zu fungiren[1]).

Endlich führen die Conidien der Mehlthaupilze, wie ich neuerdings nachwies, eigenthümliche winzige Körperchen, welche aus einem der Cellulose-Reihe angehörigen Kohlehydrate bestehen, und ebenfalls die Bedeutung eines Reservestoffes beanspruchen (siehe Fibrosinkörper, pag. 375).

C. Zur Ausscheidung kommende Stoffwechselprodukte.

1. Fermente (Encyme).

Die Fähigkeit, »Fermente« abzuscheiden, theilen die Pilze sowohl mit den Schizomyceten und Mycetozoen, als auch mit höheren Pflanzen und Thieren.

Den Proteïnstoffen nahestehend sind diese Körper dadurch ausgezeichnet, dass eine geringe Quantität derselben im Stande ist, relativ grosse Mengen gewisser organischer Stoffe überzuführen in andere Verbindungen[2]), z. B. hartgekochtes Hühnereiweiss in Peptone, Rohrzucker in Invertzucker, Stärke in Traubenzucker etc.

Bei der Ernährung spielen die Fermente insofern eine bedeutsame Rolle, als sie von Hause aus nicht diosmirfähige Nährstoffe diosmirfähig und damit erst nährtüchtig machen.[3])

Die gewöhnlichen Bierhefen z. B. können von einer noch so passend zusammengesetzten Rohrzuckerlösung nicht ohne Weiteres ernährt werden, weil letztere nicht durch die Pilzmembranen hindurchgeht. Nun scheiden aber diese Hefepilze ein Ferment aus, das den Rohrzucker umwandelt in Invertzucker, der als solcher leicht durch die Zellmembranen diosmirt, um im Innern der Zelle zerlegt zu werden.

---

[1]) Les reserves hydrocarbonées des Champignons. Compt. rend. 1885.

[2]) So genügt nach PAYEN u. PERSOZ (SCHÜTZENBERGER, Gährungserscheinungen pag. 250) 1 Gewichtstheil des diastatischen Ferments zur Löslichmachung von 2000 Gewichtstheilen Stärke.

[3]) Diese Wirkung auf die Nährstoffe beruht, wie man annimmt, auf hydrolytischen Spaltungen, indem jedes Molecül der fermentescibelen Stoffe unter Aufnahme von ein oder mehreren Molecülen Wasser in zwei oder mehr Molecüle gespalten wird.

Ob übrigens alle die Stoffe, welche man zur Zeit geneigt ist, als Pilzfermente anzusprechen, wirklich in die Kategorie der eigentlichen »Fermente« gehören, bleibt weiteren Untersuchungen vorbehalten.[1])

A. Invertirende Fermente (Invertine).

Sie verwandeln (invertiren): 1. Rohrzucker in ein Gemenge von Traubenzucker (Dextrose) und Fruchtzucker (Laevulose), welches Invertzucker genannt wird.[2]) 2. Milchzucker in Traubenzucker und Lactose (Galactose). 3. Malzzucker (Maltose) in Dextrose und Laevulose.

Als Invertinproducenten verdienen in erster Linie hervorgehoben zu werden die grössere Anzahl der bisher genauer studirten Hefepilze (Saccharomyceten), z. B. die Bierhefepilze (Gruppe: *Saccharomyces cerevisiae)* und die Weinhefepilze (Gruppe: *S. ellipsoideus)* und zwar nach E. Chr. Hansen[3]) folgende Einzelspecies: *S. cerevisiae* I Hans., *S. Pastorianus* I Hans., *S. Pastorianus* II Hans., *S. Pastorianus* III Hans., *S. ellipsoideus* I Hans., *S. ellipsoideus* II Hans., ferner *S. Marxianus* Hans. und *S. exiguus* Hans.

Von diesen 8 Species sind nach E. Chr. Hansen die ersten 6 im Stande, sowohl Rohrzucker, als auch Malzzucker zu invertiren, während die beiden letzten kein Invertirungsvermögen für Maltose besitzen.

Auffallenderweise geht allen bisher in dieser Richtung genau untersuchten ächten (d. h. Endosporen bildenden) Hefepilzen das Invertirungsvermögen für Milchzucker ab.

Kein Invertin bilden *S. membranaefaciens* Hans. und *S. apiculatus* Reess nach E. Chr. Hansen[4]) und Amthor.[11]) (Letzterer Pilz ist zur Zeit ein noch zweifelhafter Saccharomycet.)

Aber auch für »schimmelartige« Pilze wurde Invertin-Abscheidung constatirt, zuerst von Bechamp,[5]) dann von Pasteur, Fitz, Brefeld[6]) Gayon,[7]) Bourquelot,[8]) E. Chr. Hansen,[9]) de Bary[10]) etc. Doch geht, wie zu erwarten, vielen, vielleicht den meisten Arten Invertinbildung ab.

---

[1]) Vergl. Schützenberger, die Gährungserscheinungen 1876, pag. 256—261.

[2]) Dieser Spaltungsvorgang lässt sich durch die Formel veranschaulichen:

$$\underset{\text{Rohrzucker}}{C_{12}H_{22}O_{11}} + H_2O = \underset{\text{Dextrose}}{C_6H_{12}O_6} + \underset{\text{Laevulose.}}{C_6H_{12}O_6}$$

[3]) Recherches sur la physiologie et la morphologie des ferments alcooliques. VII Action des ferments alcooliques sur les diverses espèces de sucre. Résumé du Compt. rend. des travaux du laboratoire de Carlsberg. Vol. II livr. 5 (1888). Vergl. auch Annales de Micrographie 1888 No. 2 u. 3, welche den gleichen Gegenstand behandeln.

[4]) l. c. und Sur le Saccharomyces apiculatus et sa circulation dans la nature. Résumé des »Meddelelser fra Carlsberg Laboratoriet« Livr. 3. Copenhague, 1881, pag. 174.

[5]) Compt. rend. t. 46. (1858,) pag. 44.

[6]) Ueber Gährung. Landwirtschaftl. Jahresb. 1876.

[7]) Sur l'inversion et sur la fermentation alcoolique du sucre de canne par les moisissures. Compt. rend. 1878. t. 86. pag. 52. u. Bullet. de la Soc. chim. t. 35.

[8]) Compt. rend. t. 97.

[9]) l. c. Vergl. auch Jörgensen, die Microorganismen der Gährungsindustrie, pag. 95 und 115.

[10]) Ueber einige Sclerotinien und Sclerotienkrankheiten. Bot. Zeit 1886, No. 22—27.

[11]) Ueber *Saccharomyces apiculatus.* Zeitschrift. f. physiol. Chem. XII u. Zeitschr. f. das gesammte Brauwesen No. 15.

Bekannte Beispiele für invertirende Schimmelpilze sind: *Penicillium glaucum* (Brotschimmel), *Aspergillus niger* (schwarzer Pinselschimmel), *Mucor racemosus*, ferner einige »*Torula*«-Formen nach E. CHR. HANSEN und *Peziza sclerotiorum* LIB. nach DE BARY.

Inversionsuntüchtig erwiesen sich z. B. nach GAYON und insbesondere nach HANSEN die meisten Mucor-Arten (*M. Mucedo, circinelloides, spinosus, v. T., stolonifer, erectus* BAINIER) nach HANSEN der Milchschimmel (*Oidium lactis*), der Kahmpilz des Bieres (*Mycoderma cerevisiae*), die *Monilia candida* (BON.) HANSEN.[1])

(Von den Invertinbildnern sind zwar viele, aber keineswegs alle im Stande, die Invertirungsprodukte alkoholisch zu vergähren, *Penicillium glaucum* z. B. bildet zwar Invertin, macht aber keine Alkoholgährung, ein Gleiches gilt für *Sclerotinia sclerotiorum*.)

B. Stärke lösende Fermente (Diastasen).

Wie in vielen höheren Pflanzen (z. B. in keimender Gerste) und in manchen Spaltpilzen kommen auch in ächten Pilzen fermentartige Stoffe vor, welche das Vermögen besitzen, Stärke in Zucker umzuwandeln (zu saccharificiren), genauer ausgedrückt, die Stärke zu spalten in Dextrin und Maltose, wobei gleichzeitig nach MUSCULUS und GRUBER[2]) geringe Mengen Dextrose entstehen.

Nach DUCLAUX[3]) sind *Aspergillus niger* und *A. glaucus*, sowie *Penicillium glaucum*, nach ATKINSON[7]) und BÜSGEN[4]) *Aspergillus Oryzae* COHN[5]) als Diastasebildner anzusprechen. Züchtet man letzeren Pilz in Reinmaterial auf Reisstärke-Kleister, so verwandelt er diesen nach B. binnen kurzer Zeit in eine klare Flüssigkeit. Indem man letztere mit löslicher Stärke in Wasser zusammenbrachte, liess sich freie Diastase nachweisen: schon nach einer halben Stunde trat in schwachen Lösungen mit wässriger Jodlösung keine Stärkereaction mehr ein.

Es ist übrigens bemerkenswerth, dass die Diastasebildung seitens des *Aspergillus niger* und *Oryzae* auch in zuckerhaltigen, stärkefreien Substraten erfolgt.

Ausser bei Ascomyceten sind, wie HUSEMANN und HILGER[6]) angeben, diastatische Fermente nachgewiesen worden seitens KOSMANN's bei Basidiomyceten und zwar *Agaricus esculentus, A. pascuus, A. Columbetta, Boletus aureus, Polyporus laevis*; ferner für Flechten, wie *Usnea florida, Parmelia parietina, P. perlata* und *Peltigera canina*.

Wahrscheinlich hat die Bildung stärkelösender Fermente unter den Pilzen eine viel weitere Verbreitung. Doch fehlen entscheidende Untersuchungen hierüber. Wir können uns in Folge dessen vorläufig nur an das rein äusserliche Moment halten, dass Stärkekörner unter der Einwirkung sehr zahlreicher, parasitischer wie saprophytischer Schimmel-Pilze etc. eine totale oder partielle Auflösung erfahren.

---

[1]) Wenn L. ADAMETZ, Ueber die niederen Pilze der Ackerkrume. 1886, pag. 39 angiebt, dass nach seinen Experimenten *M. candida* nicht invertire, so erklärt sich diese Differenz wohl daraus, dass er eine mit dem HANSEN'schen Pilz nicht identische Species benutzte.

[2]) Zeitschr. f. physiol. Chemie Bd. II, pag. 181.

[3]) Chimie biologique, pag. 193. 195 u. 220.

[4]) Aspergillus Oryzae. Ber. d. deutsch. bot. Ges. Bd. III.

[5]) Es ist dies der Pilz, mit Hülfe dessen die Japaner ihre »Sake« (ein alkoholisches Getränk) bereiten.

[6]) Die Pflanzenstoffe, pag. 238.

[7]) Memoirs of the science department. Tokia Daigaku 1881.

In vielen Fällen geschieht dies durch indirekten Angriff, indem die Pilzfäden nicht in besonderen Contact mit den Stärkekörnern treten, (wie das z. B. bei den Algen bewohnenden Chytridiaceen und Lagenidieen der Fall). Hier liegt also gewissermassen eine Fernwirkung vor, die am ehesten auf die Abscheidung diastatischer Fermente hindeuten könnte.

In manchen anderen Fällen dagegen lässt sich ein ganz direkter Angriff constatiren, insofern Pilzfäden, wie sie beispielsweise in faulen Kartoffeln vorkommen, sich den Stärkekörnern dicht anschmiegen, dieselben corrodiren und nach den verschiedensten Richtungen durchbohren, wobei das Korn mehr und mehr an Substanz verliert[1]).

C. Paramylum-lösendes Ferment.

Gewisse Chytridiaceen, welche Euglenen bewohnen, wie z. B. *Polyphagus Euglenae* Now. bringen mit ihrem Mycel die in den Wirthen vorhandenen Paramylum-Körner in Lösung, ein Vorgang, der ebenfalls auf Abscheidung eines Ferments zurückzuführen sein dürfte.

D. Cellulose lösende Fermente.

Die Durchbohrung und Auflösung pflanzlicher Zellmembranen, die namentlich von parasitischen Pilzen so häufig ausgeführt wird,[2]) scheint auf Abscheidung von Cellulose lösenden Fermenten seitens dieser Pilze zu beruhen.

Eines dieser Encyme wurde neuerdings von De Bary[3]) aus den vegetativen Organen (Mycelien, Sclerotien) von *Peziza (Sclerotinia) sclerotiorum* Libert isolirt und daher als »Pezizaencym« benannt. Es hat die Eigenschaft, Zellwandungen zur Quellung zu bringen speciell die Mittellamelle krautartiger Pflanzen zu lösen und wird nach de Bary auch von der Kleepeziza *(Sclerotinia Trifoliorum* Eriksson), sowie nach Marsh. Ward[4]) von einer verwandten Species producirt, welche eine Krankheit der Lilien hervorruft.

E. Peptonisirende Fermente.

Hierunter versteht man diejenigen Fermente, welche im Stande sind, geronnenes Eiweis (Hühnereiweis, Blutserum etc.) oder Gelatine in lösliche Form (Peptone) überzuführen, zu peptonisiren. Solche Fermente dürften sehr verbreitet sein, doch fehlen noch ausgedehnte Untersuchungen hierüber.

Bekannte Beispiele für Gelatine verflüssigende Schimmelpilze sind *Penicillium glaucum* und manche *Mucor*-Arten. Sehr energisch verflüsssigen nach Sachs[5]) *Coprinus stercorarius*, nach E. Chr. Hansen[6]) *Saccharomyces membranaefaciens*, minder energisch wirkt nach meinen Beobachtungen *Stachybotrys atra* Cda; *Oidium lactis* und *Hormodendron cladosporioides* dagegen peptonisiren Gelatine gar nicht.

---

[1]) Auf diese Thatsache der Corrosion hat zuerst Schacht: die Kartoffelpflanze und deren Krankheit. pag. 21. Taf. 9. Fig. 8—18. — Ueber Pilzfäden im Innern der Zelle und der Stärkekörner. Monatsber. d. Berl. Akad. 1854. — Lehrbuch d. Anat. I. pag. 160. — Ueber die Veränderungen durch Pilze in abgestorbenen Pflanzenzellen. Jahrb. f. wiss. Bot. III. pag. 445; später Reincke und Berthold: die Zersetzung der Kartoffel durch Pilze. Berlin 1879 hingewiesen.

[2]) Sie ist am ausführlichsten von Hartig, R., die Zersetzungserscheinungen des Holzes. Berlin 1878, studirt worden.

[3]) Ueber einige Sclerotinien und Sclerotienkrankheiten. Bot. Zeit. 1886, No. 22—27.

[4]) A lily disease. Ann. of Botany. Vol. II 1888.

[5]) Sachs, Vorlesungen, II. Aufl. pag. 381.

[6]) Résumé du compte-rendu de travaux du laboratoire de Carlsberg. Vol II, livr. 5. 1888, pag. 147.

F. Fettspaltende Fermente.

Manche Pilze sind im Stande, thierische resp. pflanzliche Fette aufzuzehren. Hierher gehören z. B. *Empusa radicans*, die nach BREFELD[1]) den Fettkörper der Kohlweisslings-Raupe verzehrt; ferner *Arthrobotrys oligospora* FRES., ein auf Mist etc. vorkommender Schimmelpilz, der in den Körper von Anguillulen (z. B. *A. Tritici*) eindringt, das Innere in fettige Degeneration versetzt und schliesslich diese reichen Fettmassen ebenfalls zur Nahrung benutzt;[2]) ferner *Rhizophydium Sphaerotheca* Z., eine in den Micro-Sporen von *Isoëtes*-Arten schmarotzende Chytridiacee, welche die zu grossen Tropfen zusammengeronnenen Fettmassen ebenfalls aufzuzehren im Stande ist.[3]) Ferner verschiedene Schimmelpilze, die das Oel ölhaltiger Samen verzehren etc.

Man kann sich kaum der Annahme entziehen, dass in solchen und ähnlichen Fällen ein fermentartiger Körper seitens der Pilze abgeschieden wird, welcher die Umwandlung der Fette in zur Diosmose geeignete Verbindungen bewirkt. Indessen liegen zur Zeit noch keine stricten Beweise für die Richtigkeit einer solchen Annahme vor, ja es scheint überhaupt noch kein Versuch zur Isolirung fettumbildender Fermente gemacht zu sein.

G. Chitinlösende Fermente.

Seitens der Insekten und Würmer befallenden Parasiten werden Stoffe secernirt, welche es den Hyphen ermöglichen, durch die oft ziemlich dicken Chitinpanzer hindurchzudringen und sogar innerhalb derselben reich verzweigte Systeme zu entwickeln. Als bekannteste Beispiele sind zu nennen der Pilz der Stubenfliegenkrankheit, *Empusa Muscae*, dessen Sporen bei der Keimung die Chitinhaut des Hinterleibes durchbohren,[4]) und die Keulensphärien (*Cordyceps*-Arten), welche sich nach DE BARY[5]) mit ihren Mycelfäden auch in der Chitinhaut der von ihnen befallenen Insektenlarven weit ausbreiten. Mit Leichtigkeit wird auch die Chitinhülle von Würmern (z. B. Anguillulen, Räderthiereiern) seitens gewisser höherer Schimmelpilze (*Arthrobotrys oligospora, Harposporium Anguillulae*[6])) und Algenpilze (*Myzocytium, Rhizophyton*) an den Eindring- und Austrittsstellen der Fäden in Lösung gebracht.

Den chitinlösenden Encymen dürften sich wohl anschliessen die hornlösenden der *Onygena*-Arten, kleiner gestielter Trüffeln, welche Rabenfedern, Hörner und Hufe von Wiederkäuern, Pferden, Schweinen etc. bewohnen und mit ihren Mycelfäden in die Hornmassen eindringen und sie zerstören. Das von KÖLLIKER[7]) beobachtete Eindringen gewisser Pilze in das Horngerüst der Spongien wird wohl durch ähnliche Fermente ermöglicht.

---

[1]) Untersuchungen über die Entwickelung von Empusa., Halle 1871.

[2]) W. ZOPF, Zur Kenntniss der Infectionskrankheiten niederer Thiere und Pflanzen. Nova acta Bd. 52. No. 7. pag. 18.

[3]) ZOPF, Ueber einige niedere Algenpilze und eine Methode, ihre Keime aus dem Wasser zu isoliren. Halle, NIEMEYER 1887.

[4]) O. BREFELD, Untersuchungen über die Entwickelung von Empusa. Halle 1871.

[5]) Morphol. pag. 381.

[6]) Zur Kenntniss der Infectionskrankheiten niederer Thiere und Pflanzen. Nova acta Bd. 52, No. 7.

[7]) Ueber das ausgebreitete Vorkommen von pflanzlichen Parasiten in den Hartgebilden niederer Thiere. Zeitschr. f. wissensch. Zool. Bd. 10 (1859), pag. 217.

Von Wichtigkeit ist die Thatsache, dass manche Pilze mehr als ein Ferment produciren können, so *Sclerotinia Sclerotiorum*, die einerseits Invertin, andererseits das »Peziza-Encym« bildet (DE BARY). Chitinlösende und fettspaltende Fermente scheinen bei vielen Insektenbewohnenden Pilzen gleichzeitig vorzukommen *(Empusa Muscae)*. Mein *Rhizophyton gibbosum* (Chytridiacee) durchbohrt mit derselben Leichtigkeit die Chitinhaut eines Räderthiereies, wie die Cellulosehaut einer Alge, und löst thierisches Fett ebenso leicht wie die Stärkekörner der letzteren. *Aspergillus*-Arten scheiden nach DUCLAUX[1]) sowohl invertirendes als diastatisches Ferment ab.

2. Harzartige Körper und ätherische Oele.

Harz kommt in besonders reicher Form an den Hyphen der Früchte von Löcherschwämmen *(Polyporus)* zur Ausscheidung, in erster Linie bei dem Lärchenschwamm *(P. officinalis)*, wo es nach HARZ[2]) zunächst in Form von Knötchen auf der Membran erscheint, die mit dem Alter grösser werden, zuletzt zusammenfliessen und die Zellen resp. Fäden als Ueberzug bedecken.

Bei *P. australis* FR. und *P. laccatus* KALCHBRENNER gelangt nach WETTSTEIN[3]) ebenfalls ein Harz in ganz ähnlicher Weise zur Abscheidung von oberflächlichen Hyphen, welche insofern eigenthümliche Form besitzen, als sie mit bauchigen Ausstülpungen versehen sind, die sich mit Harzkappen bedecken. Die lackartig glänzende Oberfläche der Früchte wird von der Gesammtheit der Harzkappen repräsentirt.

Nach E. BACHMANN's[4]) Untersuchung scheidet auch ein *Agaricus*-artiger Hutschwamm *(Lenzites saepiaria* FR.*)* ein ächtes Harz, eine Harzsäure aus. Sie findet sich auf den Zellwänden in Form von zerstreuten, auf Schnitten als schwarze Flecke kenntlichen Gruppen von Kügelchen oder Körnchen, die vielfach auch in den Gewebsinterstitien liegen.

Ob die farbigen Ausscheidungsprodukte, welche ich für die Mycelien gewisser Haarschopfpilze (Chaetomien) nachgewiesen und als Farbstoffausscheidungen von harzartigen Eigenschaften bezeichnet habe[5]), wirklich zu den harzartigen Körpern gehören, bleibt noch näher zu ermitteln. Sie finden sich bei *Chaetomium Kunzeanum* Z. in stroh- bis intensiv schwefelgelber Färbung. Bei näherer mikroskopischer Untersuchung bemerkt man, dass einzelne Zellfäden und ganze Fadencomplexe von einer etwas körnigen, gelben Schicht umkleidet sind, die nicht überall gleichmässige Ueberzüge bildet und oft so reichlich auftritt, dass die zellige Structur der Fäden verdeckt wird. Andere Species, z. B. *Ch. pannosum*, scheiden einen rothbraunen Stoff aus. Wie der gelbe löst er sich in Alkohol, besonders in heissem, sehr leicht.

---

[1]) Chimie biologique.

[2]) Beitrag zur Kenntniss des *Polyporus officinalis* BULL. Soc. imp. de Moscou, 1868.

[3]) Neue harzabsondernde Organe bei Pilzen. Sitzungsber. d. Zool. bot. Ges. Wien. Bd. 35 (1885), pag. 29.

[4]) Spectroscopische Untersuchungen von Pilzfarbstoffen. (Beilage zum Progr. d. Gym. Plauen 1886), pag. 7 u. 26.

[5]) Zur Entwickelungsgeschichte der Ascomyceten. Nova Acta. Bd. 42, pag. 244 u. 245.

Vielleicht gehört hierher auch das goldgelbe bis gelbrothe Ausscheidungsprodukt an Früchten und alten Mycelien von *Aspergillus glaucus*, worauf schon DE BARY aufmerksam machte.

An den Fruchtlagern von *Hymenoconidium petasatum* hat ZUCKAL[1]) eigenthümliche Secretionsorgane beobachtet, welche nach ihm ein ätherisches Oel zu secerniren scheinen.

3. Farbstoffe und Chromogene.

Man hat mehrfach beobachtet, dass in Substraten, wo gewisse Pilze vegetiren, charakteristische Farbstoffe entstehen.

In einigen dieser Fälle, wo es sich um exacte Reinculturen handelt, kann es keinem Zweifel unterliegen, dass die Ursache der betreffenden Pigmentbildungen in der Vegetation der betreffenden Pilze zu suchen ist. Wo eine künstliche Reinzucht noch unversucht oder resultatlos blieb, sprechen meist alle Umstände für die nämliche Ursache. Es frägt sich daher im Wesentlichen nur, ob die fraglichen Farbstoffe (als solche oder als Leukoprodukte oder Chromogene) abgeschieden werden, oder ob sie erst dadurch entstehen, dass gewisse, von den Pilzen abgeschiedene Stoffe auf gewisse Substratsstoffe pigmentbildend einwirken. Wo sich nachweisen lässt, dass der nämliche Farbstoff im Substrat und in den Pilzzellen vorhanden ist, darf man ohne Weiteres sagen, der Pilz scheidet den Farbstoff in das Substrat ab; wo jener Nachweis nicht möglich ist, muss es zunächst zweifelhaft bleiben, ob das im Substrat entstandene Pigment als (farbloses) Chromogen abgeschieden, oder aber erst durch Einwirkung anderer Abscheidungsprodukte auf Substratsstoffe entstanden ist, da Untersuchungen hierüber meist nicht vorliegen. Indessen nimmt man, und wohl mit Recht an, dass ein Chromogen abgeschieden wird, das durch Oxydation den Farbstoff bildet.

Beispiele von Abscheidung fertiger Farbstoffe ins Substrat bieten die auf pag. 427, 428 bereits erwähnten Becherpilze *Peziza aeruginosa* u. *P. sanguinea*. Der span- bis malachitgrüne Farbstoff der ersteren (Xylochlorsäure) und das rothe Pigment der letzteren (Xylerythrinsäure BACHMANN's) durchdringen die natürlichen Substrate (altes abgestorbenes Holz von Eichen, Buchen, Birken, Eschen etc.) hier in ebenso intensiver Weise auftretend, wie in den Zellen des Pilzes. Den Forstwirthen ist diese Erscheinung unter dem Namen der »Grünfäule« resp. des »rothen Holzes« seit lange bekannt.

Ein Beispiel für Abscheidung eines Chromogens in das Substrat dürfte der Pilz der *Tinea galli* (des Hühnergrindes) bilden, der nach SCHÜTZ[2]) in Nährgelatine einen röthlichen Farbstoff erzeugt, welcher sich in dem verflüssigenden Substrate löst; in Brotdecoct ward ebenfalls ein dunkelrothes, sich gleichmässig durch dieses Substrat verbreitendes Pigment producirt. Die Natur desselben ist noch nicht festgestellt (in den Zellen fehlt es).

Viele Pilze secerniren Pigmente resp. Chromogene, welche den Hyphenwandungen der Fructificationsorgane oder auch der Mycelien aufgelagert werden in Form von meist amorphen, seltener krystallinischen Ueberzügen, deren chemischer Character zumeist noch unerforscht ist.

---

1) Botan. Zeit. 1889. Nr. 4.

2) Ueber das Eindringen von Pilzsporen in die Athmungswege und die dadurch bedingten Erkrankungen der Lungen und über den Pilz des Hühnergrindes. Mittheil. aus d. kais. Gesundheitsamt Bd. II. 1884. pag. 225.

Was die Hutpilze anbetrifft, so zeigte E. BACHMANN[1]) für den Sammtfuss (*Agaricus [Paxillus] atrotomentosus* BATSCH, sowie für den geschmückten Gürtelfuss, dass hier an Hyphentheilen der Hutfrüchte Farbstoffe secernirt werden, welche gewissen Theilen ein charakteristisches Colorit verleihen und nach der Ausscheidung auskrystallisiren. Vergleiche über diese beiden Körper das Kapitel Farbstoffe.

In dem Hutgewebe des durch zinnoberrothe Farbe ausgezeichneten *Polyporus cinnabarinus* kömmt nach meinen Untersuchungen ein bereits oben besprochener rother Farbstoff in undeutlich krystallinischer Form zur Abscheidung, der namentlich im Hymenium sehr reichlich gebildet wird und die Hyphen auf geringere oder grössere Strecken incrustirt. Vergl. auch das über die Inolomsäure Gesagte.

Bei der Gewinnung von Material solcher Pigmente, welche in künstliche Substrate hinein abgeschieden werden (z. B. in Nähragar, Nährgelatine, Stärkekleister etc.), hat man wohl zu beachten, dass der chemische und physikalische Character solcher Farbstoffe durch die Gegenwart von verunreinigenden Pilzen oder Spaltpilzen mehr oder weniger tiefgreifende Veränderungen erleiden kann. Es ist daher strenge Reincultur ein unbedingtes Erforderniss.

4. Ausscheidung von Eiweiss und Pepton.

Ausscheidung von Eiweiss sowie von Pepton haben NAGELI[2]) und O. LÖW für lebende Hefepilze (*Saccharomyces cerevisiae*-Gruppe) constatirt mit folgenden Resultaten:

Eiweiss-Ausscheidung erfolgt bei der Vergährung von Zuckerlösungen und setzt neutrale, schwach alkalische oder schwach saure Reaction dieser Lösungen voraus.

In alkalischen Lösungen findet Eiweissausscheidung auch dann statt, wenn keine Gährung vorhanden.

In stark saurer Lösung scheidet die Hefe, auch bei Vergährung des Zuckers, kein Eiweiss aus.

Pepton-Ausscheidung seitens lebender Hefe findet statt: 1) in neutralen schwach und stärker sauren Flüssigkeiten, wenn Gährwirkungen fehlen; 2) in stärker saurer Flüssigkeit auch bei lebhafter Gährung.

Es ist zur Beurtheilung gewisser Punkte wichtig, zu wissen, dass unter gewissen abnormen Verhältnissen eine ziemlich reiche Ausscheidung stickstoffhaltiger Körper aus den Zellen von Hefe- und Schimmelpilzen erfolgen kann, wie aus den Untersuchungen von GAYON und DUBORG[3]) hervorgeht: Wird Bierhefe in Wasser vertheilt und filtrirt, so enthält das Filtrat nur wenige Procent stickstoffhaltiger, in Wärme nicht coagulirbarer Stoffe der Hefe, welche bei Zusatz von viel Alkohol ausfallen (Invertin oder Sucrase). Wenn man dagegen an Stelle des Wassers concentrirte Salzlösungen verwendet, so werden, je nach den Salzen, nicht-coagulirbare oder coagulirbare Eiweissstoffe in grösseren Procentsätzen ausgeschieden (Uebersicht I.), zumal nach längerer oder wiederholter Behandlung mit jenen Salzen.

---

[1]) Spectroscopische Untersuchungen von Pilzfarbstoffen. Beilage z. Prog. d. Gym. Plauen 1886. pag. 6.

[2]) Theorie der Gährung 1879. p. 93—109.

[3]) Sur la sécrétion anormale des matières azotées des levures et des moisissures. Compt. rend. 102, pag. 978—980.

Die so behandelte Hefe giebt überdies an Wasser immer noch ziemliche Quantitäten von Eiweisstoffen ab (Uebersicht II)

	I. coagulirb.	I. nicht coag.	II.[1]) coagulirb.	II.[1]) nicht coag.
Natriumphosphat	8,8	12,6	14,3	20,9
Kaliumacetat	16,5	12,6	5,5	23,1
Kaliumoxalat (neutr.) . .	17,6	12,1	9,3	25,3
Calciumchlorid . . .	0,0	24,7	0,0	24,2
Kaliumjodid	0,0	18,7	0,0	36,8
Brechweinstein . . .	0,0	14,3	0,0	12,1
Natriumsulfat	0,0	7,7	17,6	14,3
Magnesiumsufat	0,0	8,2	19,8	21,4
Kaliumtartrat, (neutr.) . .	0,0	9,1	34,1	28,0

Die meisten löslichen Substanzen wirken ähnlich wie solche Salze. Mit Methyl-, Aethyl-, Isopropyl-, Octylakohol, Glycol oder Glycerin behandelt, giebt die Hefe an Wasser coagulirbares Eiweiss ab, uncoagulirbares nach Behandlung mit Normalpropyl-, Butyl- oder Isobutylalkohol. Die Menge der Ausscheidung hängt *ceteris paribus* von Species, Alter, Concentration der Flüssigkeiten, Dauer des Versuchs etc. ab. Die Veränderungen, welche durch jene Ausscheidung an Hefezellen bewirkt werden, sind entweder so tief greifender Natur, dass sie zum Tode führen, oder die Zellen bleiben lebensfähig. Weitgetriebener Excretion der Stickstoffkörper durch Salzlösungen entspricht gesteigertes Vermögen, Invertin zu bilden. Invertirende Hefepilze und invertirende Schimmelpilze scheiden in Salzlösungen viel mehr Eiweissstoffe ab, als nicht invertirende. Letztere geben an Salzlösungen nicht merklich mehr Stickstoffkörper ab, als an Wasser.

5. Ausscheidung von Zucker.

Ist an den Conidienlagern des Mutterkorns *(Claviceps purpurea)* beobachtet worden. Die Erscheinung tritt hier in so ausgeprägter Weise auf, dass zwischen den Spelzen des Roggens sich förmliche Tropfen ansammeln, in welche die abgelösten Conidien eingebettet sind (Honigthau).

6. Ausscheidung von Oxalsäure.

Beispiele hierfür sind ausserordentlich zahlreich und in den meisten Gruppen zu finden. Ob die Oxalsäure als freie Säure ausgeschieden werden kann, ist noch in keinem Falle exact erwiesen. Dagegen erfolgt ihre Ausscheidung in gewissen Fällen bestimmt in Form des Kalksalzes, in anderen in Form des Kaliumsalzes, das aber bei Gegenwart eines gelösten Kalksalzes in oxalsauren Kalk umgewandelt wird. Als Calciumsalz gelangt die Oxalsäure zur Abscheidung:

1. bei manchen Kopfschimmeln (*Mucor*-Arten), und zwar seitens der Sporangien, die sich mit einer förmlichen Kruste von Kalkoxalat umgeben[2]);

2. bei manchen Ascomyceten, z. B. an den Mycelien und in den Früchten des Brotschimmels, manchen Becherpilzen und einer grossen Anzahl von Flechten;

3. bei vielen Basidiomyceten an den Mycelien und auf oder in den Fruchtbildungen.

---

[1]) Die Zahlen sind auf 100 Gewichtstheile Eisweisskörper der Hefe bezogen. Uebersicht II. bedeutet die Mengen des Eiweisses, die durch nachträgliche 24stündige Behandlung mit Wasser noch an dieses abgegeben wurden.

[2]) Vergl. Brefeld, Schimmelpilze I, pag. 18.

Als Kaliumsalz wird die Oxalsäure nach DE BARY[1]) bei *Peziza (Sclerotinia) sclerotiorum* abgeschieden, sowohl seitens der Mycelien, als der Sclerotien.

Soweit die Untersuchungen reichen, scheint Oxalsäure-Abscheidung nicht stattzufinden bei den Rostpilzen (Uredineen), den Brandpilzen (Ustilagineen), Mehlthaupilzen (Erysipheen) und den Peronosporeen.

7. Ausscheidung von anderen Säuren.

In erster Linie dürfte Kohlensäure in Betracht kommen, da dieselbe bei der Athmung von allen Pilzen ausgehaucht wird. Pilze und Flechten, welche kalkhaltige Substrate bewohnen, bedienen sich der Kohlensäure sicherlich zur Lösung des Calciumcarbonats. Daraus erklärt es sich, dass manche kalkbewohnende Flechten, wie die Verrucarien, sich förmlich in das feste Kalkgestein hineinfressen, daraus erklärt sich auch die von WEDL[2]) und KÖLLIKER[3]) constatirte Thatsache, dass Pilze sich in die festen und compacten Scelette resp. Schalen von Polythalamien, Steinkorallen, Acephalen (Bivalven, z. B. Auster), Brachiopoden, Gasteropoden, Anneliden (Serpula) und Cirrhipedien mit ihren Fäden einbohren, um in jenen festen Substraten weiter zu wachsen, sich zu verzweigen und zu fructificiren, oft sogar in sehr reicher Form.

Hier ist auch die Beobachtung von ROUX[4]) zu erwähnen, welcher in Knochenschliffen (Rippenstück der *Rhytina Stelleri*, sowie in den Wirbeln fossiler Thiere) Pilzmycelien auffand, sowie das längst bekannte Eindringen von Schimmelpilzfäden in Vogeleier durch die Kalkschale hindurch, nicht bloss durch deren Poren. Mit W. MILLER habe ich mich an Dünnschliffen von einem menschlichen Zahn überzeugt, dass ein Pilz in Sprossform in die Emaille, also den härtesten Theil des Zahngewebes, eingedrungen war und hier weiter gesprosst hatte.

Ob in solchen Fällen ausser der Kohlensäure noch andere zur Ausscheidung gekommene freie Säuren betheiligt sind, wird sich zunächst wohl kaum entscheiden lassen.

8. Ausscheidung von Ammoniak.

Infolge einer beiläufigen Bemerkung von SACHS[5]), dass frische, in lebhaftem Wachstum begriffene Pilze beständig und allgemein freies Ammoniak auszuhauchen scheinen, da, wenn man einen mit Salzsäure befeuchteten Stab über frische oder zerbrochene Pilze halte, die bekannten Nebel sich bilden, unterzog BORZCOW[6]) diese Frage an den Hutpilzen, Mutterkörnern etc. einer experimentellen Prüfung, deren Ergebnisse positiv ausfielen und B. zu der Annahme veranlassten, dass die Ausscheidung freien Ammoniaks eine ganz allgemein verbreitete Erscheinung bei Pilzen sei, die zugleich eine nothwendige Function des Pilzkörpers darstelle.

Man vermisst aber bei BORZCOW's Experimenten die hier so wichtigen Cautelen zur Abhaltung von Spaltpilzen, welche namentlich in den grossen Schwämmen

---

[1]) Ueber einige Sclerotinien und Sclerotienkrankheiten. Bot. Zeit. 1886, Nr. 22—27.

[2]) Ueber die Bedeutung der in den Schalen von manchen Acephalen und Gasteropoden vorkommenden Kanäle. Sitzungsber. d. Wiener Akademie Bd. 23 (1859), pag. 451.

[3]) Ueber das ausgebreitete Vorkommen von pflanzlichen Parasiten in den Hartgebilden niederer Thiere. Zeitschr. f. wissensch. Zool. Bd. 10 (1860), pag. 215—232.

[4]) Ueber eine in Knochen lebende Gruppe von Fadenpilzen. Zeitschr. f. wissenschaftl. Zoologie. Bd. 45, 1886.

[5]) Handbuch der Experimentalphysiologie, pag. 273.

[6]) Zur Frage über die Ausscheidung des freien Ammoniaks bei den Pilzen. Melang. biol. Bull. de l'acad. imper. de St. Petersburg, 1868, t. 14, pag. 1—23.

sehr schnell und ohne dass ein äusseres Anzeichen dafür vorhanden wäre, Fäulnisserscheinungen und damit Ammoniakproduction bewirken.

Es haben denn auch in der That einwandsfreiere Versuche von W. WOLF und O. E. R. ZIMMERMANN[1]) an *Mucor*-arten, *Penicillium, Amanita muscaria* und anderen grossen Hutpilzen, sowie an Mutterkörnern keinerlei Ammoniakausscheidung constatiren können; die bei Hutpilzen nach Aufhören der Vegetation auftretenden flüchtigen, alkalisch reagirenden Ausscheidungen sind nicht freies Ammoniak, sondern Trimethylamin und andere Produkte.

9. Ausscheidung von Wasser.

Wenn man die Entwickelung der Kopfschimmel *(Mucor, Pilobolus)*, der höheren Schimmelpilze *(Penicillium glaucum)*, der Fruchtkörper der Löcherschwämme *(Polyporus, Merulius)*, der Sclerotien von mistbewohnenden Hutpilzen *(Coprinus)* etc. aufmerksam verfolgt, so wird man bemerken, dass in gewissen Stadien an der Oberfläche der Fruchtfäden oder Fruchtkörper eine Abscheidung von kleineren oder grösseren Wassertropfen erfolgt, die oft so reichlich ist, dass die betreffenden Organe von Tröpfchen förmlich bedeckt sind (Fig. 54, I *t*). Am auffälligsten für den Laien ist die Erscheinung beim Hausschwamm und anderen grossen Schwämmen, wo das ausgeschiedene Wasser bisweilen in grossen Tropfen abrinnt.

Es kommt jedoch das Wasser nicht in reinem Zustand zur Ausscheidung, sondern es ist bei den verschiedenen Pilzen mit verschiedenen Stoffen beladen, so bei den Kopfschimmeln mit einer Säure, bei den Sclerotien von *Peziza Sclerotiorum* mit oxalsaurem Kalium, bei der Conidienform des Mutterkorns mit Zucker, bei *Merulius lacrymans* mit einem wasserlöslichen Farbstoff.

Bedingung für solche Tropfenausscheidung scheint reichliche Aufnahme von Wasser durch das Mycel zu sein; doch lässt sich jene auch schon dadurch erklären, dass für die Zwecke der Fructification die Zellen sich möglichst des Wassers durch Abspaltung und Ausscheidung entledigen.

B. Athmung, Gährung, Spaltungen des Nährmaterials, Wärme- und Lichtentwickelung.

I. Athmung.

Der Prozess der »Sauerstoffathmung« wird, wie bei allen andern Organismen, so auch bei den Pilzen beobachtet. Er besteht in der Aufnahme von freiem Sauerstoff, der zur Verbrennung von gewissen organischen Substanzen in den Zellen dient und in der Abgabe der vorwiegend in Form von Kohlensäure entstehenden Verbrennungsproducte. Diesbezügliche Beobachtungen machten nach SACHS[2]) Angaben bereits GRISCHOW[3]) und MARCET[4]) an Hüten von Hutpilzen *(Agaricus)*, PASTEUR[5]) an Schimmelpilzen. (Zur Demonstration dieses Vorgangs benutzt man denselben Apparat, welcher zur Demonstration der Athmung höherer Pflanzen üblich ist.[6])

---

[1]) Beiträge zur Chemie und Physiologie der Pilze. Bot. Zeit. 1871, pag. 280.

[2]) Experiment.-Physiol. pag. 273.

[3]) Physicalisch-chem. Untersuchungen über die Athmung der Gewächse. Leipzig 1819.

[4]) FRORIEPS Notizen, 1835, Bd. 44, Nr. 21.

[5]) Flora 1863, pag. 9.

[6]) Siehe die physiol. Lehrbücher.

Entzieht man gewissen lebenskräftigen Pilzen den freien Sauerstoff, indem man sie in eine Wasserstoff- oder Stickstoff-Atmosphäre oder in den luftleeren Raum bringt, so geht trotzdem die Production von Kohlensäure noch (eine Zeit lang) vor sich, selbst wenn man, wie bei Schimmelpilzen, das Nährmaterial (z. B. durch Auswaschen) entfernt, oder, wie bei Hutpilzen, nur die Hüte verwendet.

Dieser Prozess wird nach PFLÜGERS Vorgange als intramoleculare Athmung bezeichnet, ein Ausdruck, durch welchen angedeutet werden sollte, dass die Production der Kohlensäure durch Abspaltung von den Molecülen der Zellsubstanzen erfolgt.

Ausser Kohlensäure entstehen hierbei meistens noch andere Produkte, geringe Mengen von Alkohol scheinen ausnahmslos gebildet zu werden, bei gewissen Mannit-haltigen Pilzen ausserdem noch Wasserstoff. Auch organische Säuren und aromatische Verbindungen kommen vielfach zur Production, meistens in sehr kleinen Quantitäten, deren man nur habhaft werden kann, wenn man mit besonders grossen Pilzmengen operirt.

Im Allgemeinen fällt die Grösse der gebildeten Kohlensäuremenge bei der intramolecularen Athmung geringer aus, als bei der normalen. So fand WILSON[1]) dass unter den angegebenen Versuchsverhältnissen producirten:

Jüngere gespaltene Hüte von *Lactarius piperatus* (Volumen 250 Cbcm.)

I. in Luft	in 1½ Stunden	59,0 Milligrm. CO_2
II. in Wasserstoff	in „ „	17,5 „ „

Zerschnittene jüngere Hüte von *Hydnum repandum* (Volumen 200 Cbcm.)

I. in Luft	in 1¾ Stunden	17,9 Milligrm. CO_2
II. in Wasserstoff	„ „ „	5,0 „ „

Junge Hüte von *Cantharellus cibarius* (Volumen 180 Cbcm.)

I. in Luft	in 1 Stunde	16,2 Milligrm. CO_2
II. in Wasserstoff	„ „ „	10,8 „ „

Bierhefe, befreit von gährungsfähigem Material.

I. in Luft	1. in ½ Stunde	45,3	Milligrm. CO_2
	2. „ „ „	27,2	„ „
	3. „ „ „	25,4	„ „
II. in Wasserstoff	4. „ „ „	8,6	„ „
	5. „ „ „	7,7	„ „

Zu ähnlichen Resultaten kam DIAKONOW[2]) in Bezug auf Schimmelpilze (*Penicillium glaucum*). Pilze, welche annähernde Gleichheit der Kohlensäureproduction bei normaler und intramolecularer Athmung aufwiesen, sind bis jetzt nicht bekannt, während bei höheren Pflanzen Fälle dieser Art vorkommen (*Ricinus, Vicia Faba*).

Während man früher allgemein geglaubt zu haben scheint, die Kohlensäurebildung bei Sauerstoffabschluss komme allen lebensfähigen Pilzen zu, gleichviel ob sie irgend welches zur Ernährung taugliche Material erhalten, zeigte DIAKONOW (l. c.), dass eine mit Chinasäure und Pepton ernährte und bei Luftzutritt sehr intensiv athmende Cultur von *Penicillium glaucum* sofort aufhört, Kohlensäure zu produciren, sobald Sauerstoffentziehung erfolgt. Aehnlich verhalten sich unter

[1]) PFEFFER, Ueber intramoleculare Athmung. Unters. aus d. bot. Inst. zu Tübingen. Bd. I. XII, pag. 653 ff.

[2]) Intramoleculare Athmung und Gährthätigkeit der Schimmelpilze. Deutsch. bot. Ges. Bd. IV, pag. 2.

gleichen Bedingungen auch *Mucor stolonifer* und *Aspergillus niger*. Hieraus folgt also, dass die intramolekulare Athmung durchaus nicht von der Sauerstoffentziehung allein, sondern vielmehr auch von bestimmten Nährmaterialien abhängig ist.

Dies zeigte sich in DIAKONOW's Versuchen auch darin, dass die Intensität der intramolecularen Athmung (und ebenso der normalen) wesentlich erhöht wurde, wenn *Penicillium* statt mit Zucker allein, mit Zucker und Pepton ernährt wurde.

Penicillium glaucum mit Zucker allein ernährt, Temperatur 15° C.

I. in Luft	in 1 Stunde	8,4 Milligrm. CO_2
	„ „ „	8,8 „ „
II. in Wasserstoff	„ „ „	2,2 „ „

Penicillium glaucum mit Zucker und Pepton ernährt, Temperatur 15° C.

I. in Luft	in 1 Stunde	24,8 Milligrm. CO_2
II. in Wasserstoff	„ „ „	6,4 „ „

ferner aber auch in dem Umstande, dass nach D. bei den oben genannten Schimmelpilzen die intermoleculare Athmung nur durch Ernährung mit Glycose unterhalten werden kann.

Das reiche plastische Material, was in Glycose erzogene Schimmelpilze enthalten, wird zwar bei normaler Athmung, nicht aber bei intramolecularer verarbeitet. Uebrigens ist bei Schimmelpilzen nach D. auch die Reaction der Zuckernährlösung für die Intensität der intramolekularen Athmung von Bedeutung, insofern sie mit zunehmender Ansäuerung einer solchen Nährlösung sinkt, während die normale Athmung hiervon fast unabhängig ist:

Penicillium mit Zucker und Pepton ernährt, Temperatur 25° C.
Die Nährlösung enthielt 0,2% Weinsäure.

I. in Luft	in 1 Stunde	45,4 Milligrm. CO_2.
II. in Wasserstoff	„ „ „	13,0 „ „

Derselbe Pilz mit Zucker und Pepton ernährt, Temperatur 25° C.
Die Nährlösung enthielt 12% Weinsäure.

I. in Luft	in 1 Stunde	38,6 Milligrm. CO_2
II. in Wasserstoff	„ „ „	4,0 „ „

Ueber die Beziehungen zwischen intramolecularer und normaler Athmung weiss man noch nichts Sicheres. Betreffs des Verhältnisses von intramolecularer Athmung und Gährung s. folgenden Abschnitt.

II. Gährung.

Unter Gährung hat man zunächst nur solche Zersetzungsprozesse von Pilzen (und Spaltpilzen) verstanden, bei welchen das organische Nährmaterial in tief greifender Weise gespalten wird, so dass eigenthümliche Zersetzungsprodukte insbesondere auch Gase, in einer schon dem Laien auffälligen Menge zur Bildung gelangen. Speciell verstand man unter jenem Begriff die so augenfällige Zerlegung des Zuckers in Kohlensäure und Alkohol durch »Hefepilze«.

Man hat es hier also mit Spaltungsvorgängen oder »Spaltungsgährungen« zu thun.

Später erweiterte man den Begriff der Gährung dahin, dass man auch die Oxydation des Alkohols zu Essigsäure und die vom Zucker zu Oxalsäure durch Spaltpilze und Pilze als sogenannte »Oxydationsgährungen«[1]) hierher rechnete. Letztere Vorgänge können nur bei Luftzutritt stattfinden, während die alkoholische Gährung auch bei Luftabschluss erfolgt.

[1]) SCHÜTZENBERGER, Die Gährungserscheinungen. Leipzig 1874.

Beiderlei Gährungsformen, die alkoholische einerseits und die Essig- und Oxalsäuregährung andererseits, stimmen darin überein, dass ihre Producte im Stoffwechsel der Pilze keine unmittelbare Verwendung finden (oder höchstens dann in diesem Sinne verwendet werden können, wenn die eigentlichen Nährquellen bereits erschöpft sind und Luftzutritt stattfindet). Sie unterscheiden sich dadurch wesentlich von den blossen »Spaltungen« des Nährmaterials, denn von den bei diesen letzteren Zersetzungsprozessen gebildeten Produkten wird das eine oder das andere sogleich als Nährmaterial verwerthet.

Die alkoholische Gährung kann aufgefasst werden als eine weiter ausgebildete intramoleculare Athmung (Gründe hierfür weiter unten), die Oxydationsgährung als eine weiter ausgebildete Form der Sauerstoffathmung.

1. Spaltungsgährungen.

Während Spaltpilze verschiedene Spaltungsgährungen, wie Buttersäuregährung, Milchsäuregährung, Alkoholgährung etc. hervorzurufen vermögen, finden wir bei den Pilzen nur eine einzige Form von Spaltungsgährungen, nämlich die Alkoholgährung.[1])

Sie besteht darin, dass gewisse Zuckerarten eine Zerlegung erfahren in Verbindungen, unter denen Alkohol und Kohlensäure quantitativ bei weitem vorwiegen, ja in den gewöhnlichen Fällen massenhaft auftreten.

Als Erreger dieser Gährungsform fungiren in erster Linie die ächten, d. h. Endosporen bildenden Hefepilze (*S. cerevisiae* I Hansen, *S. Pastorianus* I Hansen, *S. Pastorianus* II Hansen, *S. Pastorianus* III Hansen, *S. ellipsoideus* I Hansen, *S. ellipsoideus* II Hansen, *S. Ludwigii* und *S. Marxianus* Hansen, *S. exiguus* Hansen) und ferner gewisse Schimmelpilze.

Doch sind keineswegs alle *Saccharomyces*-Species zur Alkoholgährung befähigt, was neuerliche Untersuchungen Hansens bezüglich des *S. membranaefaciens* und die meinigen an *S. Hansenii* festgestellt haben.

Von zweifelhaften Saccharomyceten erregen *S. apiculatus* Reess und einige »Torula«-artige Alkoholgährung, von Schimmelpilzen insbesondere Arten, welche Wuchsformen vom Ansehen der Saccharomyceten produciren, und hierher gehören in erster Linie alle Invertin erzeugenden (schon bei Besprechung der Fermente auf pag. 447 genannten) *Mucor*-Arten, sowie der Diastase erzeugende *Aspergillus Oryzae*, und die *Monilia candida* Hansens. Von Ascomyceten haben nach Sadebeck[2]) auch die Exoasceen die Befähigung zur Alkoholgährung.

Während man früher annahm, nur hefeartigen Sprossformen der Pilze käme Alkohol-Gährungs-Vermögen zu, weiss man heutzutage, dass auch gewöhnliche fädige, niemals in Sprossformen übergehende Mycelien (z. B. von *Mu*-

[1]) Hauptschriften: Pasteur, Mémoire sur la fermentation alcoolique. Ann. de chim. et phys. t. 58 (1860) u. Etude sur la bière, Paris 1876. — Reess, Botan. Unters. über die Alkoholgährungspilze. Leipzig 1870. — Engel, Les ferments alcooliques. 1872. — Schützenberger, Die Gährungserscheinungen. Leipzig 1874. — Mayer, Lehrbuch der Gährungschemie, III. Aufl. Heidelberg 1879. — Brefeld, Ueber Gährung, Landwirtschaftl. Jahrbücher 1875 u. 1876. — Nägeli, Theorie der Gährung, 1879. — E. Chr. Hansens unten citirte Arbeiten in Compt. rend. du laboratoire de Carlsberg, die dadurch einen besonderen Werth haben, weil sie sich auf Reinculturen beziehen. — Man vergleiche auch die physiol. Lehrbücher, insbesondere Pfeffer, Pflanzenphysiol. Bd. I., sowie Flügge, die Microorganismen. Leipzig 1886; endlich Jörgensen, Die Microorganismen der Gährungsindustrie, Berlin 1886.

[2]) Untersuchungen über die Pilzgattung Exoascus. Hamburg 1884. pag. 108.

cor Mucedo, Aspergillus glaucus und *A. Oryzae* COHN) diese Gährung bewirken können.

Verschiedene, exquisite Sprossmycelien producirende Pilze, wie die *Mycoderma*-Arten nach HANSEN, sind zur Erregung von Alkoholgährung untüchtig.

Als Materialien für die Alkoholgährung dienen: Traubenzucker, Fruchtzucker, Rohrzucker, Malzzucker, Milchzucker, Dextrin, Stärke, Gummi, Cellulose, Mannit. Traubenzucker, Fruchtzucker und Mannit wird von den Gährungserregern natürlich direckt vergohren, Rohrzucker dagegen durch invertirende Fermente vorerst in Trauben- und Fruchtzucker umgewandelt. Doch lehrte HANSEN, dass *Monilia candida* den Rohrzucker direkt vergährt. Milchzucker wird wenigstens von den bisher bekannten ächten Hefen nicht vergohren, weil dieselben diesen Zucker nicht zu invertiren vermögen. Es sind überhaupt meines Wissens nur von DUCLAUX[1]) und ADAMETZ[2]) gefundene Beispiele von Alkoholgährung des Milchzuckers durch Pilze bekannt, welche sich auf »hefeartige«, aber wahrscheinlich nicht zu *Saccharomyces* gehörige Species beziehen. Auch Maltose und selbstverständlich Stärke, Dextrin, Gummi und Cellulose werden, bevor sie vergohren werden, durch invertirende bzw. diastatische oder sonstige Fermente zuvor in Glycosen übergeführt.

Früher dachte man sich, dass bei der alkoholischen Gährung das Glycose-Molekül glatt gespalten würde in 2 Moleküle Alkohol und 2 Moleküle Kohlensäure, also nach der Gleichung:

$$\underset{\text{Glycose}}{C_6H_{12}O_9} = 2\,\underset{\text{Alkohol}}{C_2H_5\cdot OH} + 2\,\underset{\text{Kohlensäure.}}{CO_2}$$

Allein wie PASTEUR[3]) und später DUCLAUX,[4]) FITZ und BREFELD nachwiesen, werden ausser Kohlensäure und Alkohol, den Hauptprodukten, auch noch Glycerin, Bernsteinsäure, sehr wenig Essigsäure Alkohole etc. als Nebenprodukte gebildet, zusammen immerhin an 5—6§ des vergohrenen Zuckers. Die in der Literatur vorliegenden Angaben bezüglich der Qualität und besonders auch der Quantität der Nebenprodukte, speciell in Bezug auf die Saccharomyceten, verlieren vielfach an Werth, weil die Experimentatoren meistens leider nicht mit Reinkulturen arbeiteten, was auch für die folgenden Angaben gilt.

PASTEUR (l. c.) fand durchschnittlich 2,5—3,6§ des vergohrenen Zuckers als Glycerin, 0,4—0,7§ als Bernsteinsäure vor, ferner stets Spuren von Essigsäure und endlich oft verschiedene andere Alkohole, z. B. Amylalkohol. CLAUDON's und MORIN's[5]) Versuche mit einer Weinhefe ergaben, dass 100 Kgrm. Zucker lieferten:

Aldehyd	Spuren	Oenanthyläther	2 Grm.
Aethylalkohol	50615 Grm.	Isobutylen-Glykol	158 „
Normalen Propylalkohol	2 „	Glycerin	2120 „
Isobutylalkohol	1,5 „	Essigsäure	205,3 „
Amylalkohol	51 „	Bernsteinsäure	452 „

Bei der alkoholischen Gährung des Mannits wird nach MÜNTZ[6]) neben Kohlensäure und Alkohol auch reichlich Wasserstoff gebildet.

---

[1]) Annales de l'Institut PASTEUR, 1887, no. 12.

[2]) Ann. d. chim. et. phys. 1860. Sér. III. Bd. 58, pag. 346.

[3]) Thèses présentées à la faculté des sciences de Paris. 1865.

[4]) Saccharomyces lactis, eine neue Milchzucker vergährende Hefeart. Centralbl. f. Bacteriol. Bd. V, pag. 116.

[5]) Compt. rend. t. 105. (1887), pag. 1109. Ref. Centralbl. f. Bacteriol. II., pag. 655.

[6]) Ann. d. chim. et phys. Sér. V., Bd. 8 (1876), pag. 80.

Die alkoholische Gährung eines *Oidium* des Schleimflusses der Bäume ist nach E. CHR. HANSEN[1]) begleitet von einer kräftigen Aetherbildung, welche sich durch ihren Geruch sehr bemerkbar machte.

Die Gesammt-Quantität der Nebenprodukte fällt, wie a priori zu erwarten, bei verschiedenen Alkohol-Gährungserregern verschieden aus. So fand BREFELD,[2]) dass diejenigen Mucorineen, welche nur schwache Gährung in Zuckerlösungen erregen, die Nebenprodukte reichlicher bilden, als solche, welche den Zucker energischer vergähren.

Dazu kommt, dass unter gleichen Gährbedingungen auch die Menge der einzelnen Nebenprodukte bei den verschiedenen Alkoholbildnern eine verschiedene ist, wie AMTHORS[3]) sorgfältige Versuche mit Reinmaterial von verschiedenen Bierhefe-Species und Rassen bezüglich des Glycerins beweisen. Er erhielt in 100 Cbcm. unter fast gleichen Bedingungen vergohrener Bierwürze für

	Glycerin, aschefrei
1. *Saccharomyces cerevisiae* Franziskaner	0,1071
2. „ „ Rotterdam	0,0962
3. „ „ Königshofen	0,1246
4. „ „ Carlsberg I	0,1230
5. „ „ Carlsberg II	0,1058
6. „ *Pastorianus*-Form	0,0777
7. Oberhefe, Berliner	0,1196
8. *Saccharomyces ellipsoideus*	0,1494

Es ist seit PASTEUR bekannt, dass die alkoholische Gährung des Zuckers bei Luftabschluss energisch stattfindet. P. nahm sogar an, dass Sauerstoffzutritt hemmend wirke, während NÄGELI[4]) den Beweis führte, dass Luftzutritt das Gährungsvermögen der Saccharomyceten in günstigem Sinne beeinflusst. So vergohr nach ihm eine Unterhefe von 1 Grm. Trockengewicht in einer 10 % Zuckerlösung, der weinsaures Ammoniak zugesetzt war, und die beständige Durchlüftung erfuhr, innerhalb 24 Stunden bei 30° C. etwa 70 Grm. Zucker, während das Gewicht der Hefe selbst sich um das etwa Zweiundeinhalbfache vermehrte.

Die intramolekulare Athmung, bei der, wie wir sahen, auch Alkohol und Kohlensäure entstehen, unterscheidet sich zwar von der alkoholischen Gährung gerade dadurch, dass sie nur bei Luftabschluss möglich ist. Damit ist aber noch keineswegs gesagt, dass die alkoholische Gährung sich nicht aus der intramolecularen Athmung durch allmähliche Steigerung dieses Processes entwickelt haben könnte. Vielmehr ist mit PFEFFER,[5]) der die Entstehung der Alkoholgährung in diesem Sinne erklärt hat, zu betonen, dass thatsächlich eine ganze Reihe gradweiser Abstufungen von intensivster Alkoholgährung bis zu blosser intramolecularer Athmung existirt; ja man könnte angesichts solcher Pilze, die einige Mengen von Alkohol erst nach langer Kultur liefern, in Zweifel kommen, ob man hier wirklich ein Produkt von Gährung oder von intramolecularer Athmung vor sich habe.

Zum Beweise, dass bei den verschiedenen Alkohol-Gährungspilzen, gleiche

---

[1]) Die im Schleimfluss lebender Bäume beobachteten Microorganismen. Bacteriol. Centralblatt V., pag. 638.

[2]) Ueber Gährung. Landwirtschaftl. Jahrb. 1876, pag. 308.

[3]) Studien über reine Hefen. Zeitschr. f. physiol. Chemie, Bd. 12, pag. 64.

[4]) Theorie der Gährung. München, 1882, pag. 17.

[5]) Pflanzenphysiologie Bd. I, pag. 365.

Bedingungen vorausgesetzt, verschiedene Grade der Gahrfähigkeit zu finden sind, mögen folgende Untersuchungen angeführt werden:

So liefern *Mucor racemosus* und *M. circinelloides* nach GAYON[1]) bis 5,5 Vol.-%, *M. spinosus* in gleicher Zeit nur 1—2 Vol.-% Alkohol.

Nach E. CHR. HANSEN[2]) gab, in gleich grossen Mengen gleichprocentiger Bierwürze bei Zimmertemperatur gezüchtet:

Brauereioberhefe	in 16 Tagen	6 Vol.-%
Brauereiunterhefe	„ „ „	6 „
Monilia candida	„ „ „	1,1 „

Es gehört daher, wie HANSEN zeigte, schon eine längere Kultur dazu, um von solchen schwachen Alkoholproducenten etwas mehr Alkohol zu erzielen. Nach HANSEN l. c. gab: *Monilia candida* (BON) unter den obigen Bedingungen nach 2 Monaten 2 %, nach 3 Monaten 3,4 %, nach 6 Monaten 5 % Alkohol. *Mucor spinosus*, von welchem GAYON sagt, dass er nicht mehr als 1—2 % Alkohol zu produciren vermöge, bildete nach HANSEN unter den oben angegebenen Bedingungen bei 22° C.:

nach 4	Tagen	0,5 Vol.-%
„ 1	Monat	2,8 „
„ 2	„	4 „
„ 5	„	4,8 „
„ 6½	„	5,4 „

Mucor erectus BAINIER in Bierwürze kultivirt nach HANSEN[3])

	bei Zimmertemperatur	bei 25°
nach 14 Tagen	1,7 Vol.-%	1,8 Vol.-%
„ 1½ Monat	6 „	5,8 „
„ 2½ „	8 „	7 „

und *Mucor Mucedo* L. in Bierwürze bei Zimmertemperatur nach 2½ Monat 1 Vol.-%, nach 6 Monaten 3 Vol.-% Alkohol.

Die grösste Intensität der Alkohol-Gährwirkung ist unbedingt den Bier- und Weinhefearten, sowie den Sprossmycelien von *Mucor racemosus* und *M. circinelloides* zuzusprechen.

Möglicher Weise liegt das Verhältniss zwischen Gährthätigkeit bei Luftabschluss und intramolecularer Athmung sogar so, dass beide Processe identisch sind und der ungleiche Effect — hier geringe, dort reiche Kohlensäureabspaltung — nur darin begründet liegt, dass diese Abspaltung bei gewissen Stoffen (Glycose) leicht und schnell, bei andern schwer und langsam vor sich geht. Die Bierhefe würde sich also, um einen recht groben Vergleich zu wählen, ihren Substraten gegenüber verhalten wie ein Holzhacker, der von einem Tannenscheit mit Leichtigkeit grosse Späne, von einem Pockholzblock aber nur kleine Splitter abzuspalten im Stande ist.

Die Art und Weise, wie die Spaltungsgährungen, speciell die Alkoholgährung, physikalisch verlaufen, hat man sich nach NAEGELI[4]) so vorzustellen, dass man annehmen muss, in den gährungsfähigen Zellen werden die Moleküle der das

[1]) Sur l'inversion et sur la fermentation alcoolique du sucre de canne par les moisissures. Comt. rend. t. 86 (1878), pag. 53.

[2]) Neue Untersuchungen über Alkoholgährungspilze. Berichte d. deutsch. bot. Gesellsch. 1884. Bd. 2.

[3]) Recherches sur la physiologie et la morphologie des fermentes alcooliques. Résumé du compte-rendu des travaux du Laboratoire de Carlsberg. Vol. II. Livr. 5, 1888, pag. 160.

[4]) Theorie der Gährung, pag. 29.

Plasma zusammensetzenden Verbindungen in lebhafte Bewegungszustände (Schwingungen) versetzt, welche sich derart in die Wandung der Zellen und in die dieselben umgebende Flüssigkeit fortpflanzen, dass die Zuckermoleküle, welche sich hier befinden, in Mitschwingungen gerathen von solcher Intensität, dass sie in Alkohol- und Kohlensäure-Moleküle zerfallen.

Diese Wirkung dürfte sich, nach NÄGELI's[1]) Berechnung, als auf eine das Drei- und Vierfache des Durchmessers der Hefezelle betragende Entfernung erstrecken, und zwar bei kräftiger Gährung.

Durch die Gährthätigkeit einer Zelle wird nach NÄGELI unter allen Umständen ihr eigenes Wachsthum gefördert.

Ueber die ebenfalls von NÄGELI (l. c. pag. 93) ermittelte Ausscheidung von Eiweiss und Peptonen aus gährthätigen Zellen wurde bereits in dem Kapitel: Zur Ausscheidung kommende Stoffwechselprodukte berichtet, pag. 453.

2. Oxydations-Gährungen.

Bisher hat man nur erst eine Form bei Pilzen aufgefunden, nämlich die Oxalsäure-Gährung. Die frühere Meinung, dass innerhalb der Pilzgruppe noch eine zweite Art von Oxydations-Gährung vorkomme, nämlich Essigsäure-Gährung, erwies sich durch NÄGELI's Untersuchungen an Mycodermen (diese waren es, die man als Essigbildner ansprach) als unhaltbar, womit aber keineswegs gesagt werden soll, dass die Möglichkeit eines solchen Vorkommens bei irgend welchen andern Pilzen ausgeschlossen sei.

Die Oxalsäure-Gährung besteht darin, dass gewisse Kohlenstoffverbindungen, speciell Zuckerarten, eine theilweise Oxydation erfahren, welche zur Bildung von Oxalsäure führt.

Als Materialien für diese Gährung können dienen nach DE BARY[2]) Traubenzucker und Fruchtzucker, nach meinen Ermittelungen[3]) auch Galactose, Rohrzucker, Milchzucker, Maltose, Dextrin, sowie Glycerin, Mannit, Dulcit.

Die Oxalsäure-Gährung scheint einer sehr grossen Zahl von Pilzen zuzukommen, sowohl Phycomyceten, als Eumyceten. Unterer ersteren sind z. B. die Mucorineen, unter letzteren viele Basidiomyceten (Hutschwämme, Löcherschwämme, Bauchpilze), zahlreiche Ascomyceten, sowohl Pyrenomyceten (z. B. Chaetomium), als Discomyceten zu nennen. Für die Hefenpilze (Saccharomyceten) wies ich[3]) kürzlich ein Beispiel nach. Aber auch unter den Flechten hat man sehr zahlreiche Oxalsäurebildner kennen gelernt. (Man vergleiche hierüber noch pag. 388).

Die gebildete Oxalsäure scheint vielfach als Kaliumsalz zur Ausscheidung zu kommen, was nach DE BARY z. B. bestimmt bei *Sclerotinia sclerotiorum* der Fall ist, in andern Fällen (Haarbildungen der Chaetomien-Früchte, Mucor-Sporangien) als Kalkoxalat. Tritt das Kaliumsalz mit einem Kalksalz in Berührung, so wird es natürlich in Kalkoxalat umgewandelt.

Bezüglich der Intensität der Oxalsäure-Produktion giebt es bei den verschiedenen Pilzen verschiedene Grade. Zu den energischsten Oxalsäurebildnern gehört nach DE BARY (l. c.) *Sclerotinia sclerotiorum*, was ich nach eigenen Er-

---

[1]) l. c. pag. 83.

[2]) Ueber einige Sclerotinien und Sclerotienkrankheiten. Botan. Zeit. 1886.

[3]) Ueber Oxalsäuregährung an Stelle von Alkohol-Gährung bei einem typischen Saccharomyceten *(S. Hansenii n. sp.)*. Ber. d. deutsch. bot. Ges. 1889.

fahrungen bestätigen kann, zu den schwächeren mein *Saccharomyces Hansenii*, zwischen beiden steht etwa in der Mitte *Penicillium glaucum*.

Die Abscheidung dürfte bei gewissen Pilzen ausschliesslich oder doch vorzugsweise auf gewisse Organe localisirt sein, wie man wohl daraus schliessen darf, dass Haarbildungen *(Chaetomium)*, Sporangien *(Mucor)* etc. förmlich mit Kalkoxalat incrustirt sein können, während benachbarte Theile dergleichen entweder gar nicht oder doch in nur wenig ausgeprägter Form zeigen.

III. Spaltungen des Nährmaterials.

Wie LEWKOWITSCH[1]) nachwies, vermag *Penicillium glaucum* (Brotschimmel) die Mandelsäure, die sich bekanntlich optisch inactiv verhält, zu spalten in ihre beiden activen Isomeren: die rechtsdrehende und die linksdrehende Mandelsäure und letzere zum Aufbau der Zellen zu verwenden, während erstere übrig bleibt.

Die nämliche Spaltung wird nach L. auch von einem Hefepilz *(Saccharomyces ellipsoideus*, Weinhefe) bewirkt, welcher aber im Gegensatz zu *Penicillium* die rechtsdrehende Mandelsäure aufzehrt und die linksdrehende übrig lässt.

Nach PASTEUR[2]) nehmen Hefepilze sowohl wie Schimmelpilze, wenn sie in einer Lösung von Weinsäure cultivirt werden, die rechtsdrehende Modification derselben auf, während die linksdrehende in der Flüssigkeit zurückbleibt.

Von VAN TIEGHEM[3]) wurde gezeigt, dass gewisse Schlauchpilze aus der Familie der Perisporiaceen *(Aspergillus niger, Penicillium glaucum)* die Fähigkeit haben zur Spaltung des Tannins in Gallussäure und Glycose. Es ist zu vermuthen, dass auch Pilze aus anderen Gruppen diese Wirkung äussern können.

IV. Wärmeentwickelung.

Da, wie wir gesehen haben, die Pilze Sauerstoff-Athmung besitzen, dieser Process aber den Werth eines Oxydationsvorganges besitzt, so muss nothwendiger Weise hierbei Wärme frei werden.

Auch die intramoleculare Athmung ist mit einer Erwärmung verbunden, die natürlich geringer ausfällt, als bei der Sauerstoff-Athmung.

Eine relativ bedeutende Erwärmung aber findet bei den Gährungsprocessen, speciell der Alkoholgährung statt. Sie entstammt der Spannkraft, welche bei der Spaltung des Zuckers in Alkohol und Kohlensäure disponibel wird.

DUBRUNFAUT[4]) hat die bei der Gährung erzeugte Wärme bei einem Versuche mit 21,400 Liter einer Flüssigkeit, welche in einem Bottich von Eichenholz sich befand, 2559 Kgrm. Rohrzucker enthielt und im Verlauf von 4 Tagen vergohr, berechnet. Die ursprüngliche Temperatur von 23,7° C. stieg während dieser Zeit auf 33,75°; die wirkliche Temperaturerhöhung aber betrug, da die Abkühlung in dem umgebenden Raum, dessen Temperatur zwischen 12 und 16° schwankte, auf 4° geschätzt ward, 14,05°. Es wurden 1181 Kgrm. Alkohol von 15° und 1156 Kilogr. Kohlensäure gebildet. Durch annähernde Berechnung fand FITZ,[5]) dass die bei Vergährung einer 18 § Zuckerlösung durch *Saccharomyces*

---

[1]) Spaltung der inactiven Mandelsäure in ihre beiden optisch activen Isomeren. Berichte d. deutsch. chem. Gesellsch. 1883. Bd. XVI. Heft 11, pag. 1568—1577.

[2]) Compt. rend. 1858, Bd. 46, pag. 617; u. 1860, Bd. 51, pag. 298.

[3]) Ann. sc. nat. sér. 5. t. 8, pag. 240 (1867).

[4]) in ERDMANN Journ. f. pract. Chem. Bd. 69 (1856), pag. 444. Compt. rend. 1856. No. 20, pag. 945.

[5]) Berichte d. deutsch. chem. Gesellsch. 1873, Bd. 6, pag. 57.

cerevisiae actuell werdende Energie hinreichend sei zur Erwärmung der Lösung um 21° C., natürlich die Behinderung jedes Verlustes an Wärme vorausgesetzt.

Mit der DUBRUNFAUT'schen Angabe stimmt im Wesentlichen auch die Beobachtung BREFELD's[1]) überein, dass bei Bierhefegährung die Nährlösung sich um 12—15° C. erwärme. ERIKSON[2]) beobachtete, dass bei lebhafter Gährung durch Bierhefe in 500 Cbcm. einer 10% Zuckerlösung ein Temperaturüberschuss von 3,9° C. eintrat.

Dass die verschieden starken Gährungserreger unter gleichen Bedingungen verschiedene Grade der Erwärmung der Nährlösungen zeigen werden, ist von vornherein wahrscheinlich; vergleichende Untersuchungen hierüber, mit reingezüchteten Species vorgenommen, fehlen.

Nach NÄGELI werden bei der Vergährung von 1 Kgrm. Rohrzucker, oder nach Invertirung desselben von 1,0526 Kgrm. Traubenzucker, wobei 0,51 Kgrm. Alkohol entstehen, 146,6 Calorien an Wärme erzeugt.[3])

V. Lichtentwickelung.

Bei der Athmung mancher Pilze findet neben Wärmeentwickelung auch noch Lichterzeugung statt. Man hat diese als »Phosphorescenz« bezeichnete Erscheinung speciell für gewisse Basidiomyceten (namentlich grössere Baumschwämme aus den Familien der Blätterschwämme und Löcherschwämme) constatirt und z. Th. eingehend untersucht.

Durch die bisherigen Forschungen sind nur erst etwa 16 Species mit Sicherheit als phosphorescirend bekannt geworden, von denen die meisten wärmeren Klimaten und fast alle der grossen Familie der Agaricineen zugehören.

Agaricus (Armillaria) melleus VAHL, der bei uns in verschiedenen Wald- und Obstbäumen schmarotzt. Beobachter der Phosphorescenz: NEES, NÖGGERATH und BISCHOFF,[4]) JOS. SCHMITZ,[5]) TULASNE, LUDWIG,[6]) BREFELD.[7])

Agaricus (Pleurotus) olearius DEC. An Oel- und anderen Bäumen im südlichen und südöstlichen Europa; BATARRA,[8]) TULASNE,[9]) FABRE.[10])

Ag. (Pleurotus) phosphorus BERK. An Baumwurzeln in Australien. GUNNING.[11])

Ag. (Pleurotus) Gardneri BERK. in Australien und Brasilien; GARDENER,[12]) BERKELEY.[13])

Ag. (Pleurotus) illuminans MÜLL. u. BERK.[14]) an todtem Holze in Australien.

---

[1]) Ueber Gährung. Landwirthsch. Jahrb. 1876. Bd. 5, pag. 300.

[2]) Unters. aus d. bot. Inst. Tübingen, 1881. Heft 1, pag. 105. Vergl. auch PFEFFER, Physiol. I. pag. 414.

[3]) Vergl. NÄGELI, über Wärmetönung bei Fermententwickelung. Sitzungsber. d. Baiersch. Akad. 1880, pag. 129 u. Theorie der Gährung 1879, pag. 55—66.

[4]) Die unterirdischen Rhizomorphen. Nov. acta Bd. 11 u. 12.

[5]) Linnaea 1843, Pag. 523.

[6]) Ueber die Phosphorescenz der Pilze und des Holzes. Dissertation, 1874.

[7]) Schimmelpilze III., pag. 170.

[8]) Fungorum agri Ariminensis historia. Faventiae 1755.

[9]) Ann. sc. nat. Sér. III. t. 9 (1848), pag. 341.

[10]) Ann. sc. nat. Sér. IV. t. 4 (855), pag. 179.

[11]) Vergl. SACCARDO, Sylloge Bd. V., pag. 358.

[12]) In HOOKER, Journ. of bot. Bd. II. (1840), pag. 426 u. Bd. IV. (1842), pag. 217. — Flora 1847, pag. 756.

[13]) Introduct. to crypt. bot. London 1857, pag. 265.

[14]) Austral. fungi no. 15. (Saccardo, Syll. V. 352).

Ag. (Pleurotus) facifer B. u. C., der »Fackelträger« in Nordamerika.[1])
Ag. (Pleurotus) Lampas BERK., auf Pflanzenstengeln in Australien. BERKELEY.[2])
Ag. (Pleurotus) noctilucens LÉV., auf Baumstämmen in Manilla. GAUDICHAUD.[3])
Ag. (Pleurotus) Prometheus BERK. u. C.,[4]) auf totem Holz in Hong-Kong.
Ag. (Pleurotus) candescens MÜLL u. BERK.[5]), auf totem Holz in Australien.
Ag. (Pleurotus) igneus RUMPH, in Amboïna. RUMPH.[6])
Ag. (Collybia) longipes BULL., bei uns vorkommend; RUMPH.
Ag. (Collybia) tuberosus BULL., „ „ „ F. LUDWIG.[7])
Ag. (Collybia) cirrhatus PERS., „ „ „ F. LUDWIG.[8])
Polyporus Emerici BERK. in Australien. BERKELEY.[9])

Von anderen Hutpilzen, die DRUMMOND[10]) in Australien phosphorescirend fand, kennt man die Namen nicht.

Nach LUDWIG[11]) ist auch ein Schlauchpilz, *Xylaria Hypoxylon*, als photogen zu bezeichnen; CRIÉ[12]) fand *Xylaria polymorpha* leuchtend.

Zur Lichterzeugung sind zwar im Allgemeinen sowohl vegetative als fructificative Entwickelungsphasen befähigt. Doch beschränkt sich bei gewissen Species die Leuchtkraft ausschliesslich auf vegetative Zustände, während sie bei anderen Arten an den Fructificationsorganen sehr ausgesprochen zu Tage tritt. Als bekanntestes Beispiel für den ersteren Fall ist der Hallimasch *Agaricus melleus)* anzuführen. Das Leuchten erfolgt hier nur an den strang- oder hautförmig ausgebildeten Myceltheilen, speciell an deren Vegetationsenden, oder an Stellen wo Neubildungen vegetativer Art auftreten, wie schon JOS. SCHMITZ (l. c.) angab und LUDWIG (Dissertation) bestätigte. Das schon im Alterthum bekannte Leuchten faulen Holzes rührt in gewissen Fällen von der Gegenwart des Hallimasch-Mycels her.

Auch *Xylaria Hypoxylon* phosphorescirt nach LUDWIG (l. c.) nur in den Myceltheilen (welche ebenfalls durch den Pilz vermorschtes Holz leuchtend machen können), niemals aber an den Fruchtkeulen. Aehnliches gilt nach demselben (HEDWIGIA l. c.) für die genannten sclerotienbildenden Collybien, die während der Sclerotienbildung und bei der Mycelbildung aus den Sclerotien phosphoresciren.

Den anderen Fall, betreffend die Phosphorescenz fructificativer Organe, hat man für die Mehrzahl der oben genannten Lichterzeuger constatirt, speciell für *Agaricus olearius* (TULASNE, FABRE l. c.), wo der ganze Hut (Stiel, Huthaut, Lamellen) leuchtet, bisweilen auch auf Bruch- oder Schnittstellen.

---

[1]) Ann. of nat. hist. Dec. 1853.

[2]) London Journ. IV. pag. 44 (nach SACCARDO, Sylloge V. 357).

[3]) GAUDICHAUD, MONTAGNE et LÉVEILLÉ. Voyage autour du monde sur la Bonite. Paris 1844—51. Ann. sc. nat. Oct. 1844, pag. 171.

[4]) Proceed. of the Americ. Acad. of arts and sciences 1862.

[5]) Australian Fungi 16.

[6]) RUMPHIUS, Herbarium Amboïnense. t. VI. pag. 130.

[7]) Botanisches Centralbl. Bd. XII. (1882), No. 3.

[8]) *Agaricus cirrhatus*, PERS., ein neuer phosphorescirender Pilz. Hedwigia 1865. Heft VI.

[9]) Grevillea X., pag. 96.

[10]) Flora 1847, pag. 756.

[11]) Spectroscop. Unters. photogener Pilze. Zeitschr. f. wissensch. Mikroskopie Bd. I, Heft 2, pag. 189.

[12]) Sur quelques cas nouveaux de phosphorescence dans les vegetaux. Compt. rend. 93, pag. 853.

Was die Intensität des Leuchtens anlangt, so ist sie sowohl nach Species als nach Individuen und nach den Theilen eines und desselben Individuums resp. Organs verschieden. Beim *Ag. olearius* z. B. leuchten nach FABRE die Lamellen meist stärker als Stiel und Hut, den *Ag. phosphoreus* fanden GARDENER und GUNNING so stark leuchtend, dass sie Geschriebenes lesen konnten, und W. PFEFFER[1]) vermochte in dunkeln Nächten die Lichterscheinung an stark leuchtenden Individuen von *Agaricus olearius* noch auf etwa 1000 Schritt wahrzunehmen.

Dass das Phosphorescenzlicht nicht bei allen Species die gleiche Zusammensetzung habe, liess sich schon längst nach dem äusseren Augenschein vermuthen, da es bei der einen Species mehr bläulich, bei der andern mehr grünlich oder grünlich-gelb, bei der dritten mehr weisslich mit einem Stich ins Grünliche erscheint. Doch ist der Versuch, auf analytischem Wege zu sicheren Resultaten zu kommen, erst neuerdings, von LUDWIG,[2]) gemacht worden, mit Bezug auf das Phosphorescenzlicht von *Trametes pini (?), Agaricus melleus, Xylaria Hypoxylon* und *Collybia tuberosa*, wobei sich jene Vermuthung als richtig bestätigte.

Hauptbedingung für das Zustandekommen des Leuchtens ist Lebensfähigkeit der betreffenden Organe. An todten tritt die Erscheinung niemals auf. Die Theile müssen sogar eine gewisse Energie der Lebensthätigkeit entfalten; mit Eintritt in den Ruhezustand verschwindet das Leuchten. Sehr schön lässt sich dies nach BREFELD[3]) an den Mycelsträngen vom *Ag. melleus* beobachten, wo nur die jugendlichsten, noch weissen und weichen Stellen phosphoresciren, die älteren braun und hart gewordenen, also in den Ruhezustand übergegangenen, dagegen nicht mehr leuchtfähig sind.

Eine weitere Bedingung ist Sauerstoffgehalt des umgebenden Mediums. Daher hört das Leuchten, wie schon FABRE (l. c.) feststellte und später LUDWIG (Dissertation) bestätigte, auf, sobald man leuchtfähige Theile in ausgekochtem Wasser untertaucht, oder sie ins Vacuum, in Kohlensäure oder in Wasserstoff bringt. Nach nicht zu langem Verweilen wieder an die Luft gebracht, stellt sich das Phänomen wieder ein. FABRE (an *Ag. olearius)* und NEES, NOGGERATH, BISCHOFF fanden, dass das Leuchten in reinem Sauerstoff intensiver wurde. Als eine Function lebender Theile ist die Phosphorescenz natürlich auch von der Temperatur abhängig. LUDWIG[4]) ermittelte für den Hallimasch (das ihm zu Gebote stehende Mycelmaterial war spontanes) als Minimum 4—5° C., als Optimum 25—30° C. und als obere Grenze 50° C. BREFELD, dem äusserst üppige künstlich erzogene Mycelmassen zur Verfügung standen, bemerkte schon bei 1—2° R. ziemlich starkes Leuchten, das sich bei Zimmertemperatur nicht merklich steigerte. (Es scheinen hiernach bei demselben Pilze je nach der Ueppigkeit seiner Entwickelung die Temperaturversuche verschiedene Resultate zu liefern.) Bei FABRE's Versuchen ergab sich als untere Grenze etwa 4° C., das Maximum lag schon von 8—10° C. ab. Plötzlicher Wechsel der Temperatur von 40° auf 10° (Versuche mit dem Hallimasch-Mycel in Wasser) bewirkte nach LUDWIG l. c. sofortige Sistirung des Leuchtens.

Zum Licht steht die Erscheinung, wenigstens beim Hallimasch, offenbar nicht in irgend welcher Beziehung, denn sie findet statt, gleichgültig ob die Stränge

---

[1]) Pflanzenphysiologie II., pag. 419.

[2]) Spectroskopische Untersuchung photogener Pilze. Zeitschr. f. wissensch. Mikroskopie, Bd. I. (1884), pag. 181 ff.

[3]) l. c. pag. 171.

[4]) Dissertation, pag. 25.

im Dunkeln, beispielsweise in der Tiefe eines Bergwerks, oder am Licht gewachsen sind. Dagegen ist es leicht verständlich, dass durch Feuchtigkeitsmangel, wenn er die Lebensthätigkeit hemmt, auch die Leuchtkraft aufgehoben wird.

Das Phosphorescenzphänomen muss in irgend welcher näheren Beziehung zur Athmung stehen. Es geht dies vor allem aus der von FABRE ermittelten wichtigen Thatsache hervor, dass leuchtende Organe eine ausgesprochene Athmungsenergie zeigen. Er fand bei seinen Experimenten mit einem Hute von *Agaricus olearius*, dass derselbe in 36 Stunden bei 12° C. pro 1 Grm. Substanz 4,41 Cbcm. Kohlensäure aushauchte, während 1 Grm. nicht leuchtender Substanz cet. par. nur 2,88 Cbcm. CO_2 lieferte.

Die nähere Beziehung zur Athmung documentirt sich ferner darin, dass alle diejenigen Factoren, welche die Athmung herabsetzen oder unterdrücken, auch die Leuchtfähigkeit schwächen oder aufheben. Zu diesen gehören Sauerstoffmangel und Temperaturerniedrigung. Ein leuchtfähiger Hut vom *Ag. olearius* producirte bei niederer Temperatur, wo das Leuchten erlosch, pro 1 Grm. Substanz in 44 Stunden nur 2,64 Cbcm. Kohlensäure, ein nicht leuchtfähiges Fragment unter denselben Bedingungen 2,57 Cbcm. (FABRE).

Man könnte glauben, dass die Lichterscheinung eine Folge der durch die Athmung hervorgerufenen Erwärmung sei, allein dann müssten, wie PFEFFER und SACHS mit Recht betonen, bei anderen Pilzen, die eben so energisch oder noch energischer athmen, ebenfalls Lichterscheinungen auftreten. Die Phosphorescenz scheint demnach nicht, wie FABRE (l. c.) meint, durch die Respirationsthätigkeit allein erklärt werden zu können. Vielmehr müssen die Leucht-Pilze mit specifischen Eigenschaften resp. Stoffen ausgerüstet sein, welche die Leuchterscheinungen bei der Athmungsthätigkeit ermöglichen.[1])

Einen Anhalt zur Erklärung dieser Erscheinungen dürften vielleicht die Untersuchungen RADZISZEWSKI's[2]) geben, welche lehrten, dass gewisse Aldehyde resp. Verbindungen derselben, wenn sie in Berührung mit Alkalien und Sauerstoff langsam oxydiren, schon bei einer Temperatur von + 10° stark leuchten. Die betreffenden Verbindungen lassen alles Aldehyd frei werden, und es ist allem Anschein nach dieser Körper, welcher im *Statu nascendi* in Berührung mit Sauerstoff die Lichterscheinung bewirkt. Dabei stimmen diese Körper mit dem Phosphor darin überein, dass ihre Oxydation mit einer Spaltung der gewöhnlichen Sauerstoffmolecüle und deren Umwandlung in dreiatomige Ozonmoleküle verbunden ist.

Auch die als Ozonerreger bekannten ätherischen Oele (Terpentinöl, Citronenöl, Kümmelöl, Pfefferminzöl etc.), sowie die aromatischen Kohlenwasserstoffe leuchten nach R. bei höherer Temperatur anhaltend, wenn sie mit alkoholischer Kalilösung oder Natronhydrat geschüttelt werden. Aehnlich verhalten sich auch fette Oele und deren Bestandtheile, ferner die eigentlichen Fette und diejenigen Alkohole, welche mehr als 4 Atome Kohlenstoff im Molekül haben.

Es wäre demnach denkbar, dass solche Verbindungen, die ja z. Th. in den leuchtenden Hutpilzen bereits bekannt sind (z. B. fettes Oel), wenn sie in alka-

---

[1]) Ueber Lichtentwickelung bei Pilzen vergleiche man noch DE BARY, Morphol. und Physiol. der Pilze, 1864. pag. 229. SACHS, J., Experimentalphysiol. 1865, pag. 304, und Vorlesungen über Pflanzenphysiol. II. Aufl., pag. 397. LUDWIG's citirte Dissertation, wo man auch die ältere Literatur findet, PFEFFER, W., Pflanzenphysiologie II, 1881, pag. 418—422. LUDWIG, F., Selbstleuchtende Pilze, Zeitschrift f. Pilzfreunde, 1885, pag. 8—13.

[2]) Bericht LUDWIG's im Bot. Centralbl. Bd. VII., pag. 325.

lischer Lösung mit Ozon sich verbinden, die Ursache des Leuchtens dieser Pilze darstellen.

C. Einfluss äusserer Kräfte auf Vegetation, Fructification und sonstige Lebensvorgänge.

1. Licht.

Auf die Keimung der Sporen wie auf die Mycelbildung der allermeisten Pilze scheint das Licht keinerlei Einfluss zu haben.[1]) Daher auch die reiche Mycelentwickelung mancher Schimmel- und Hutpilze in dunklen feuchten Kellern (an alten Weinfässern, Oelfässern, Balken, Bretterverschlägen, Steinen), und im tiefen Dunkel der Schächte (an Balkenwerk und Brettern), die reiche Mycelentfaltung im Innern der Baumstämme seitens vieler Hutschwämme, die unterirdische Entwickelung reicher Mycelsysteme der Trüffeln, Bauchpilze und mancher Hutpilze, sowie der »Mycorrhizen«, die Mycelentwickelung verschiedener Schimmel (z. B. des Brotschimmels) im Innern von Früchten und Samen etc. Dass auch die Zelltheilungen der Bierhefe bei mässigem Lichte mit gleicher Lebhaftigkeit stattfinden wie im Dunkeln, ist neuerdings von KNY[2]) experimentell erwiesen worden.

Von Fällen, in denen die Keimung der Sporen von Licht beeinflusst wird, und zwar bei Abschluss des Lichtes früher als im Licht erfolgt, scheinen überhaupt nur zwei in der Literatur vorzuliegen, von denen der eine die *Peronospora macrospora* betrifft,[3]) der andere den *Rhodomyces Kochii* WETTSTEINS.[4])

Was sodann die Fructification anlangt, so möchte zunächst für die Conidien-, Gemmen- und Zygosporenbildung das Licht im Allgemeinen ebenfalls bedeutungslos sein, wenigstens ist das Gegentheil bisher nur in einem Falle, der die *Botrytis cinerea* betrifft, von KLEIN (in Bestätigung der Beobachtung RINDFLEISCH's) erwiesen worden. Derselbe legte nämlich dar,[5]) dass die Conidienbildung bei dieser Schimmelform nur während der Nachtzeit erfolgt.

Dagegen ist nach BREFELD[6]) die Ausbildung der Sporangienfructification von *Pilobolus microsporus* entschieden an Lichtzutritt gebunden: die Sporangienträger vergeilen bei Lichtmangel, ohne dass es zur Anlage von Sporangien kommt.

Auch die Entwickelung der Fruchtkörper gewisser Basidiomyceten und zwar der Hutpilze steht zum Lichte in Abhängigkeit. Aus BREFELDS Untersuchungen[7]) an *Coprinus stercorarius* geht unzweifelhaft hervor, dass der Hut, dessen Ausbildung bei Lichtzutritt sehr gefördert und frühzeitig zu vollem Abschluss gebracht

---

[1]) Für einige Fälle ist dies bestimmt erwiesen worden, so von H. HOFFMANN (Jahrb. f. wiss. Bot. 1860, Bd. 2, pag. 321; von E. LÖW, Zur Physiol. niederer Pilze. Verhandl. d. zool. bot. Ges. Wien, 1867 (*Penicillium, Mucor stolonifer*); von BREFELD, Schimmelpilze III., pag. 88. (*Coprinus*).

[2]) Beziehungen des Lichtes zur Zelltheilung bei *Saccharomyces cerevisiae*. Berichte d. deutsch. bot. Ges. 1884, pag. 129—144.

[3]) DE BARY, Ann. sc. nat. sér. IV, t. 20 (1863), pag. 37.

[4]) Untersuchungen über einen neuen pflanzl. Parasiten des menschl. Körpers. Sitzungsber. d. Wiener Ak. 1885, Bd. 41, pag. 39—40.

[5]) Ueber die Ursachen der ausschliesslich nächtlichen Sporenbildung von *Botrytis cinerea*. Bot. Zeit. 1885, pag. 6.

[6]) Schimmelpilze IV., pag. 76.

[7]) Schimmelpilze III., pag. 87—97.

wird, bei Lichtabschluss erheblich zurückbleibt und verkümmert, während der Stiel im Vergleich zu im Licht entstandenen Fruchtkörpern starke Ueberverlängerung erfährt und dabei dünn und schmächtig wird (Vergeilung). (Doch ist bei Temperaturen über 15° R. auch eine zwar langsame aber völlige Ausbildung des Hutes bis zur Sporenreife möglich.) Nicht minder hemmend wirkt nach BREFELD[1]) Lichtabschluss auf die Hutbildungen bei *Coprinus ephemerus*. Letztere wird auch hier meistens ganz unterdrückt. Dabei wird der Turgor der Zellen des Stieles soweit herabgesetzt, dass Letzterer schlaff erscheint, um bei Lichtzutritt wieder prall zu werden und sich aufzurichten.

Dagegen unterbleibt bei *Coprinus lagopus* nach BREFELD[2]) die Hutbildung im Finstern nicht.

Die unterirdisch lebenden Bauchpilze haben bekanntlich für ihre Fruchtausbildung Licht ebenfalls nicht nöthig. *Sphaerobolus stellatus* TODE dagegen, ein kleiner holzbewohnender Gastromycet, bildet nach BREFELD'S[3]) Versuchen seine Früchte nur im Licht.

Bezüglich der Schlauchpilze ist mir aus der Literatur nur eine Bemerkung von WINTER[4]) bekannt, wonach die aus den Sclerotien hervorsprossenden Früchte von *Peziza Fuckeliana* ihr Wachsthum im Dunkeln einstellen. Aus meiner eigenen Erfahrung kann ich noch für meine *Peziza Batschiana* anführen, dass wenn die Sclerotien derselben an der Bodenoberfläche liegen, also unmittelbar dem Licht zugänglich sind, stiellose, wenn sie aber im Boden liegen, mehr oder minder lang gestielte Becherfrüchte treiben, und dass letztere nur am Licht zur Ausbildung gelangen, nicht im Erdboden.

Was die Qualität des zur normalen Ausbildung von Fruchträgern resp. Sporen nöthigen Lichtes anbetrifft, so zeigte BREFELD[5]) für die Sporangienträger von *Pilobolus microsporus*, sowie für die Fruchtkörper von *Coprinus stercorarius*, dass hier ausschliesslich die stärker brechbaren Strahlen des Spectrums (das blaue Licht, wie man es hinter einer Lösung von Kupferoxydammoniak erhält) in Betracht kommen, während die schwächer brechbaren Strahlen (das gelbe Licht, wie es hinter einer Kaliumbichromat-Lösung erzielt wird) ganz wie eine Dunkelkultur wirken, nämlich die Fruchtträger vergeilen lassen, ohne dass es zur Fructification kommt.

Gerade das umgekehrte Verhältniss hat nach KLEIN (l. c.) bei der Conidienform von *Peziza Fuckeliana* (der früheren *Botrytis cinerea*) statt, insofern die rothgelbe Hälfte des Spectrums die Sporenbildung befördert, die blauviolette diesen Vorgang hemmt. Die Hemmung ist nach KLEIN stark genug, der Beschleunigung das Gleichgewicht zu halten: das Resultat ist daher bei Tage gleich Null. Lampenlicht dagegen, in welchem die rothgelbe Hälfte stärker ist, wirkt nach K. als positiver Reiz.

Nach KRAUS[6]) findet die Entwickelung der Fruchtkörper von *Claviceps microcephala* sowohl im blauen, als im gelben Licht statt.

---

[1]) l. c. pag. 114 u. Heft IV, pag. 79.

[2]) Schimmelpilze III, pag. 108.

[3]) Untersuchungen aus dem Gesammtgeb. d. Mycologie. Heft VIII, pag. 287.

[4]) Botan. Zeitung 1874, pag. 1.

[5]) Schimmelpilze IV, pag. 77 und III, pag. 96.

[6]) Berichte d. naturf. Ges. Halle, 1876 u. Bot. Zeit. 1876, pag. 506.

2. Temperatur.

Wie bei allen übrigen Organismen, so stehen auch bei den Pilzen die Lebensprocesse in Abhängigkeit zur Temperatur.

Diejenigen Temperaturgrade, bei welchen der betreffende Process sich am energischsten gestaltet, bezeichnet man als Temperatur-Optimum, von diesem nach abwärts, dem Nullpunkte zu, sowie nach aufwärts nimmt die Energie des betreffenden Processes ab. Die unterste Grenze, bei der irgend eine Lebensthätigkeit noch erfolgen kann, pflegt man Temperatur-Minimum, die oberste Temperatur-Maximum zu nennen. Bei jeder genaueren Temperaturbestimmung für irgend einen Lebensvorgang handelt es sich immer um Feststellung dieser drei Cardinalpunkte (Minimum, Optimum, Maximum). Doch sind Untersuchungen dieser Art nur erst für wenige pilzliche Objekte durchgeführt worden.

Was zunächst die Keimungstemperatur anlangt, so liegt, um vorerst die vollständigeren Untersuchungen zu erwähnen, nach WIESNER[1]) für die Conidien von *Penicillium glaucum:*

Das Minimum bei 1,5—2° C.
„ Optimum „ 22° „
„ Maximum „ 40—43° „

nach WETTSTEIN[2]) für die Conidien von *Rhodomyces Kochii:*

Das Minimum bei 2—4° C.
„ Optimum „ 20—40° „
„ Maximum „ 50° „

Nach H. HOFFMANN[3]) erfolgt die Keimung der Conidien von *Botrytis cinerea* schon bei 1,6° C., der Sporen von *Ustilago Carbo* bei 0,5—1° C., von *Ustilago destruens* noch nicht bei 6° C., nach DE BARY[4]) die der Conidien von *Cystopus candidus* bei 5° C. Wahrscheinlich liegt bei andern Pilzen das Minimum noch wesentlich höher. Giebt doch BREFELD[5]) an, dass das Letztere für gewisse *Pilobolus-*, *Ascobolus-* und andere Basidiomyceten-Species 35—40° C. betrage, also etwa der Körpertemperatur entspreche. Jedenfalls schwanken hiernach die Keimungsminima der Pilze in denselben weiten Grenzen wie die der Spaltpilze.

Mit der Keimungstemperatur dürfte wohl die der kräftigen Mycelentwickelung vielfach zusammenfallen, in manchen Fällen mag sie etwas höher liegen. Doch fehlen genaue Ermittelungen hierüber.

Nach sorgfältigen vergleichenden Untersuchungen E. CHR. HANSENS[6]) fallen die Temperatur-Minima und Maxima der verschiedenen Bier- und Weinhefen mit Bezug auf die Kahmhautbildung unter den angegebenen Bedingungen (Cultur in Bierwürze in Kolben) wie folgt aus:

		Minimum	Maximum
Saccharomyces cerevisiae	I	bei 5—6° C.	zwischen 34 u. 38° C.
„ *ellipsoideus*	I		
„ *Pastorianus*	I	„ 3—5° C.	„ 28 u. 34° C.
„ „	II		
„ „	III		
„ *ellipsoideus*	II	„ 3—5° C.	„ 38 u. 40° C.

[1]) Sitzungsber. d. Wiener Akad. Bd. 68 I. (1873), pag. 5 ff.

[2]) ebenda Bd. 91 (1885), pag. 40.

[3]) Jahrb. f. wissenschaftl. Botanik II (1860), pag. 267.

[4]) Morphol., pag. 375.

[5]) Schimmelpilze IV, pag. 20.

[6]) Recherches sur la physiologie et la morphologie des ferments alcooliques. VI. Les voiles chez le genre Saccharomyces (Résumé du compt. rend. des travaux du laborat. de Carlsberg. Copenhague 1886)

Ausserdem wies HANSEN (l. c.) nach, dass diejenigen Hefen, welche bezüglich der Kahmhautbildung die höchsten Temperaturmaxima zeigen, auch hinsichtlich der Sprossung und Gährwirkung die höchsten Maxima aufweisen. Die frühere Ansicht, laut welcher die obergährigen Hefearten höhere Temperaturen zur Entwickelung brauchen, als die untergährigen, ist nach HANSENS Ermittelungen unrichtig, wie das Verhalten von *S. Pastorianus* II u. III beweist, denn beide Arten, obwohl obergährig, entwickeln sich bei einer niedereren Temperatur, als der gleichfalls obergährige *S. cerevisiae* I und bei derselben wie der untergährige *S. Pastorianus* I.

JOHAN-OLSEN[1]) untersuchte die Temperatur-Optima der Mycel-Vegetation von Aspergillen und fand, dass dieselben bei den verschiedenen Species z. Thl. recht verschieden ausfallen:

Aspergillus glaucus	Zimmertemp. (bei 30° C. hört Wachsthum auf).
„ *flavus* BREFELD	36—38° C.
„ *fumigatus* FRES.	38—40° C. wächst hierbei sehr schnell.
„ *clavatus* DESM. zwischen	20 u. 30° C.
„ *subfuscus* JOHAN-OLSEN	35—38° C.

Nach anderen Beobachtern betrugen die Optima

für *Aspergillus (Eurotium) repens*	10—15° C. (bei 25° C. hört Wachstum auf.[2])
„ „ „ *niger*	34—35° C.[3])
„ „ „ *fumigatus*	37—40° C.[4])
„ „ „ *albus*	15—25° C.[2])
„ „ „ *ochraceus*	15—25° C.[2])

Aus diesen und anderen Erfahrungen ergiebt sich, dass, wenn man aus einem beliebigen Material, z. B. einem Wasser, einem Mehl, aus dem Innern oder von der Oberfläche beliebiger Thier- oder Pflanzentheile möglichst alle Pilze isoliren will, man Culturen der Keime bei variirten Temperaturbedingungen vorzunehmen hat.

Betreffs des Einflusses der Temperatur auf die fructificativen Vorgänge liegen ebenfalls nur wenige Untersuchungen vor, und zwar sind es hier wiederum die Hefe-Arten, welche sich einer näheren Berücksichtigung zu erfreuen hatten. E. CHR. HANSEN's[5]) Experimente an 6 *Saccharomyces* lieferten folgendes Ergebniss:

		Minimum	Maximum
S. cerevisiae	I	11° C.	37° C.
„ *Pastorianus*	I	3° C.	30½° C.
„ „	II	3° C.	28° C.
„ „	III	8½° C.	28° C.
„ *ellipsoideus*	I	7½° C.	31½° C.
„ „	II	8° C.	34° C.

Nach A. FRÄNKEL[6]) vegetirt das Mycel von *Aspergillus fumigatus* bei 51 bis

---

[1]) Siehe JUST's Jahresber. 1885, pag. 475.

[2]) SIEBENMANN, Die Fadenpilze *Aspergillus* etc., pag. 24.

[3]) Nach RAULIN, Ann. sc. 5, Sér. XI, pag. 208.

[4]) Nach LICHTHEIM, Ueber pathogene Schimmelpilze. Berl. klin. Wochenschr. 1882. No. 9, 10.

[5]) Recherches sur la physiologie et la morphologie des ferments alcooliques. II. Les ascospores chez le genre Saccharomyces. Résum. du compte-rendu des travaux du laborat. de Carlsberg. Vol. II. Livr. 2.

[6]) Deutsch. med. Wochenschr. 1885, pag. 546.

52° C. noch, fructificirt aber bei dieser Temperatur nicht. In eine Temperatur von 37° C. zurückversetzt, tritt Sporenbildung sofort ein.

Die Temperatur ist selbst im Stande, die Form der Zellen und die Art der Zellverbände zu beinflussen, ein Factum, das, wie wiederum HANSEN's[1]) Untersuchungen lehrten, in eclatanter Weise zum Ausdruck kommt bei den Bier- und Weinhefepilzen und zwar bei deren Kahmhautbildungen. So producirt in Bierwürze z. B.:

S. ellipsoideus I bei 20—34° C. und 6—7° C. kleinere und verhältnissmässig mehr wurstförmige Zellen als im Bodensatze (der überwiegend runde und ovale, seltener wurstförmige Zellen enthält). Bei 13—15° C. »reich verästelte und stark entwickelte Colonien von kurzen oder langen wurstförmigen Zellen, oft mit quirlständigen Aesten.«

Saccharomyces ellipsoideus II: »Bei allen Temperaturen dieselben Formen, wie im Bodensatze (also überwiegend ovale und rundliche Zellen, wurstförmige Individuen selten),« bei 15° C. und abwärts nur wenig mehr gestreckt.

S. Pastorianus I. »Bei 20—28° C. Beinahe dieselben Formen wie im Bodensatze (der vorwiegend gestreckte, wurstförmige, auch grosse und kleine ovale und runde Zellen enthält). Bei 13—15° C. stark entwickelte, myceliumartige Colonieen von sehr langgestreckten, wurstförmigen Zellen ziemlich häufig.«

S. Pastorianus II. »Bei 20—28° C. Beinahe dieselben Formen wie im Bodensatze (der sich wie bei der vorigen Species verhält), dazu barocke wurstförmige Zellen. Bei 15—3° C. überwiegend ovale und rundliche Zellen.«

3. Mechanische Bewegung.

Von Seiten HORVATH's[2]) gemachte Experimente ergaben, dass Bewegung der Nährflüssigkeit auf die Entwickelung von Spaltpilzen hemmend einwirke. Dieses Resultat benutzte H. als Grundlage für eine neue Hypothese, nach welcher alle niederen Organismen, also auch die Pilze, durch mechanische Bewegung ungünstig, durch Ruhe dagegen günstig in ihrer Entwickelung beeinflusst werden sollen.

Inwieweit diese Hypothese in Bezug auf die Bierhefe Geltung habe, wurde von E. CHR. HANSEN[3]) näher geprüft:

Die Versuchsanordnung war folgende: 1 Liter Bierwürze wurde mit 2 Cbcm. einer Unterhefe inficirt und nach guter Vertheilung derselben in 2 gleich grosse Cylinder *A* u. *B* gegossen, die in gleicher Weise und gegen Staub geschützt behandelt wurden, nur mit dem Unterschiede, dass *B* sich selbst überlassen wurde, während die Flüssigkeit von *A* durch einen geeigneten, mit einem Uhrwerk verbundenen Flügelapparat in continuirliche Bewegung versetzt wurde, doch so, dass keine Einführung von Luft stattfand.

Diese Versuche, die in verschiedenen Jahren, verschiedenen Jahreszeiten und bei verschiedenen Temperaturen in obiger Weise wiederholt wurden, ergaben jedesmal, dass die Zahl der Zellen in *A* stets um das 2—3fache grösser war, als in *B*.

Es resultirt also das gerade Gegentheil von dem, was die sogenannte HORVATH'sche Hypothese verlangt.

Dass übrigens auch fädige Pilze durch continuirliche Bewegungen des Mediums nicht nur nicht in ihrer Entwickelung beeinflusst werden, sondern hier-

[1]) Die früher citirte Arbeit über die Hautbildungen. Vergl. auch JÖRGENSEN, die Microorganismen der Gährungsindustrie. Berlin 1886, pag. 101—109.

[2]) Ueber den Einfluss der Ruhe und der Bewegung auf das Leben. PFLÜGER's Arch. f. d. gesammte Physiologie Bd. 17. 1878, pag. 125.

[3]) Contributions à la connaissance des organismes, qui peuvent se trouver dans la bière et le moût de bière et y vivre; in Meddelelser fra Carlsberg-Laboratoriet; 1879.

bei sogar recht gut gedeihen können, lehrt u. A. das üppige Wachsthum von *Leptomitus lacteus* in fliessenden verunreinigten Gewässern, sowie von Basidiomyceten-Mycelien in Holzrinnen rasch fliessender Gebirgsquellen. Die günstige Wirkung mechanischer Bewegungen auf das Wachsthum der genannten Pilze, speciell der Hefe, beruht augenscheinlich auf der steten gleichmässigen Vertheilung des Nährmaterials, vielleicht auch theilweise auf der gleichmässigeren Vertheilung der Pilzzellen, sowie endlich auf der immer neuen Zufuhr von Sauerstoff.

Wahrscheinlich wirken mechanische Bewegungen auch auf alle in Flüssigkeiten gedeihenden Sprosszustände höherer Pilze günstig; doch fehlen noch Untersuchungen hierüber. Dagegen dürften dergleichen Bewegungen auf viele Pilze, welche nur typische Mycelien zu entwickeln vermögen, wie z. B. der Brotschimmel *(Penicillium glaucum)*, ausschliesslich schädlichen Einfluss ausüben, da solche Mycelien erfahrungsgemäss leicht Knickungen erfahren.

4. Luftdruck.

Der Luftdruck übt nur insofern einen Einfluss auf Wachstum der Pilzzellen, Plasmaströmung etc. aus, als es sich dabei um Partiärpressung des Sauerstoffs (und Stickstoffs) handelt. Untersuchungen von WIELER[1]) mit Beziehung auf *Coprinus lagopus*, *Mucor Mucedo* und *Phycomyces nitens* ergaben, dass das Wachsthum noch bei einer sehr geringen Menge von Sauerstoff vor sich geht, und zwar lag die Grenze für *Phycomyces* zwischen 3 und 5 Millim., für *Coprinus* zwischen 3 und 20 Millim. und für *Mucor* bei 3 Millim. Barometerstand. Bezüglich des erstgenannten Pilzes beobachtete JAMES CLARK,[2]) dass zur Anregung resp. Unterhaltung der Plasmaströmung, wenn dieselbe durch Reduction des Luftdrucks oder gänzliche Verdrängung des Sauerstoffs suspendirt war, ebenfalls ein Minimalluftdruck von 7 Millim. (= einer Partiärpressung von 1,4 Millim.) genügte. Auch Schwärmsporen von *Saprolegnia* nehmen nach CLARK ihre Bewegung, wenn dieselbe durch Sauerstoffmangel sistirt wurde, bei Zufuhr einer geringen Sauerstoffmenge wieder auf.

Ueber den Einfluss höherer Sauerstoffpressungen liegen Versuche JENTY's[3]) vor, welche ergaben, dass die Fruchtträger von *Phycomyces nitens* unter einem Sauerstoffdruck von 1 Atm. ebensogut wuchsen, als in Luft, während unter einem Druck von 5 Atm. eine starke Hemmung des Wachsthums stattfand.

D. Bewegungserscheinungen.

1. Heliotropische Richtungsbewegungen.

Werden Pilzorgane, die frei aus dem Substrat herausragen, solange sie noch wachsen, einseitig beleuchtet, so wendet sich vielfach ihre Achse der Lichtquelle zu (positiver Heliotropismus). Das gilt nicht nur von einzelligen, sondern auch von mehrzelligen Organen. Es scheint, als ob alle Fruchtträger (im weitesten Sinne), die zu ihrer Ausbildung des Lichtes bedürfen, auch heliotropische Bewegungen ausführen können.

Als bekanntestes Beispiel für den positiven Heliotropismus einzelliger Fruchtträger ist der gemeine Kopfschimmel (*Mucor Mucedo)* anzuführen. Stellt man eine Cultur desselben in weiterer Entfernung vom Fenster auf, so wenden

---

[1]) Die Beeinflussung des Wachsens durch verminderte Partiärpressung des Sauerstoffs. Unters. aus d. bot. Inst. Tübingen. Bd. I, pag. 205, 224.

[2]) Berichte d. deutsch. botan. Gesellsch. 1888, pag. 278.

[3]) Ueber den Einfluss hoher Sauerstoffpressungen auf das Wachsthum der Pflanzen.

sich die Sporangienträger sehr entschieden nach diesem zu. Dasselbe gilt auch nach CARNOY[1]), VINES[2]) für *Phycomyces nitens*, nach HOFMEISTER[3]) für *Pilobolus crystallinus*, nach BREFELD[4]) für *P. microsporus*.

Ausserordentlich stark heliotropisch sind nach meinen Beobachtungen auch die Schläuche mancher Becherpilze und zwar der *Ascobolus*artigen. Fällt das

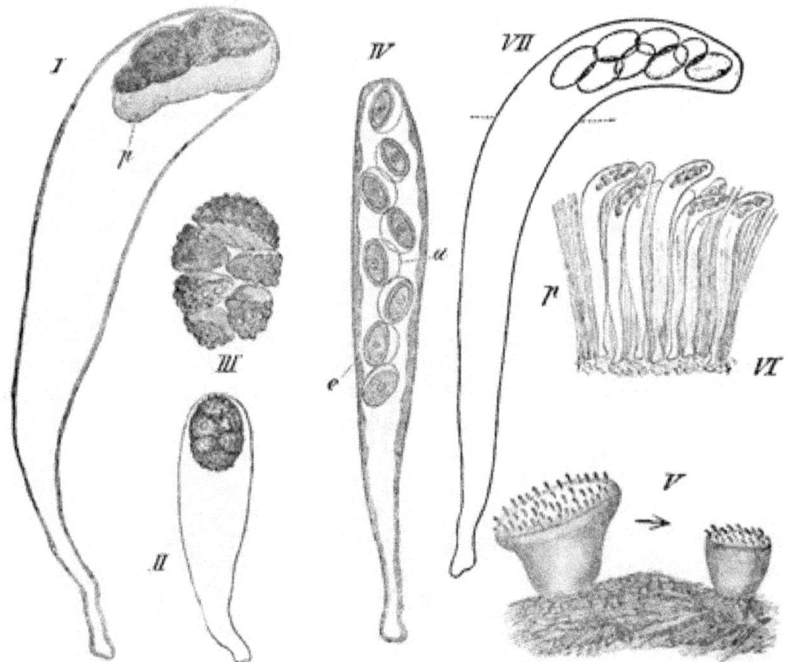

Fig. 64. (B. 673)

I 540 fach. Schlauch eines *Saccobolus* in Eierweiss liegend. *p* das Gallertpolster, welches nicht nur die 8 Sporen verkettet, sondern auch den Sporencomplex an dem Ascusscheitel, dem es sich dicht anschmiegt, festheftet. Der Schlauch ist etwas heliotropisch gekrümmt. II 450 fach. Schlauch eines *Saccobolus* (auf Schaf-Excrementen gefunden) mit 8 zu einem pillenförmigen Körper vereinigten Sporen, der auf den ersten Blick wie eine einzige Spore erscheint. III 900 fach. Ein ebensolcher Complex stärker vergrössert, bereits ejaculirt und schon im Zerfallen begriffen. Die freie Aussenwand jeder Spore mit Wärzchen versehen, die Fugenwände skulpturlos. IV Schlauch von *Ascobolus furfuraceus*. Die Verkettung der 8 Sporen durch die meniskenförmigen Anhängsel *a* ist hier schon ein wenig gelockert in Folge der Einwirkung des Beobachtungs-Mediums. I—III nach d. Nat. IV, nach JANCZEWSKI. V—VII *Ascobolus denudatus* FR. V 25 fach. Eine grössere und eine kleinere becherförmige Schlauchfrucht auf einem Mistfragmentchen. Aus der Scheibe sieht man zahlreiche Ascen herausragen, welche sich nach der Lichtquelle zugekrümmt haben (heliotropische Erscheinung). VI 80 fach. Stück eines Vertikalschnittes durch die Schlauchschicht. Man sieht zahlreiche Schläuche mit ihren 8 verketteten und im Scheitel angehefteten Sporen. An den längsten (ältesten) Schläuchen bemerkt man ebenfalls heliotropische Krümmungen. *p* Paraphysen. VII 300 fach. Ein einzelner Ascus in stark heliotropischer Krümmung mit seinen 8 nicht weiter ausgeführten Sporen. Die quergehende punktirte Linie bezeichnet das Niveau des Hymeniums. Die Sporen sind auch hier sämmtlich verkettet und im Scheitel angeheftet.

[1]) Bulletin de la Soc. roy. de Botanique de Belgique. t. 9. 1870.

[2]) Arbeiten des botan. Inst. Würzburg, Bd. 2. (1878), pag. 134.

[3]) Pflanzenzelle 1867, pag. 289.

[4]) Schimmelpilze, IV. pag. 77 und Sitzungsber. d. Gesellsch. naturf. Freunde. Berlin 1877

Licht etwa senkrecht auf die sich streckenden Schläuche ein, so wird die heliotropische Krümmung dieser Organe nicht selten so beträchtlich, dass der Winkel 90° beträgt (Fig. 64, VI VII). Als Beispiel führe ich *Ascobolus denudatus* und *Saccobolus*-Arten an.

Aber auch Gewebekörper können Heliotropismus zeigen. Unter den Basidiomyceten ist die Erscheinung nur für die Fruchtkörper einiger *Coprinus*-Arten (*C. niveus, C. lagopus, stercorarius, ephemerus*) durch Hofmeister,[1]) Brefeld[2]) constatirt, dürfte aber in dieser Gruppe sich grösserer Verbreitung erfreuen.

Mehrfach beobachtet ist sie unter den Ascomyceten, zuerst von Woronin[3]) an den Perithecien von *Sordaria fimiseda* (sie kommt auch bei den andern Arten vor (Fig. 58), soweit sie nicht ins Substrat eingesenkte Früchte besitzen), an den Fruchtträgern von *Claviceps purpurea*,[4]) an den Früchten mancher Becherpilze, z. B. der *Sclerotinia Fuckeliana, Scl. Batschiana*, bei *Ascobolus denudatus* und anderen Ascoboleen etc.

Dreht man Culturen mit heliotropisch gekrümmten Fruchtträgern wiederholt nach einiger Zeit, so nehmen durch die neu hinzutretenden heliotropischen Krümmungen die Organe spiralige Form an, eine Erscheinung, die nach Brefeld an vergeilten Sporangienträgern von *Pilobolus microsporus*, nach Woronin an den Hälsen gewisser Sordarien, nach eigenen Beobachtungen an den Stielen von *Claviceps purpurea*,[5]) an den Becher-Stielen von *Sclerotinia Batschiana* und anderen gestielten Becherpilzen stattfindet.

Was die Beziehung zwischen Brechbarkeit der Strahlen und Heliotropismus betrifft, so geht aus den Untersuchungen von Sorokin,[6]) Fischer v. Waldheim,[7]) G. Kraus[8]) und Brefeld[9]) zunächst übereinstimmend hervor, dass die stärker lichtbrechenden Strahlen starken positiven Heliotropismus bewirken. Bezüglich der schwächer brechbaren Strahlen gehen die Resultate auseinander. So fanden G. Kraus und Brefeld für die Fruchtträger von *Claviceps microcephala* und *Pilobolus microsporus*, dass auch die schwächer brechbaren Strahlen (Cultur hinter Kaliumbichromat) intensiven positiven Heliotropismus hervorrufen, während bei Fischer v. Waldheim's u. Kraus' Versuchen mit einem andern *Pilobolus* und *Mucor Mucedo*, das gelbe Licht (Kaliumbichromat) sich nicht heliotropisch wirksam erwies. Da alle diese Versuche völlig einwandsfrei zu sein scheinen, so muss man annehmen, dass die einen Pilze auch gegen schwach brechbare Strahlen empfindlich sind, die andern nicht.

Negativer Heliotropismus (Fähigkeit wachsender Theile, sich vom Licht abzuwenden — Lichtscheue) ist bisher in keinem Falle mit Sicherheit nachgewiesen. Die Angabe von J. Schmitz,[10]) wonach den Mycelsträngen von *Agaricus melleus*

---

[1]) Hofmeister, die Pflanzenzelle. Leipzig 1867, pag. 289.

[2]) l. c. u. Schimmelpilze, III.

[3]) de Bary u. Woronin, Beiträge zur Morphologie III, pag. 10.

[4]) Nach eigenen Beobachtungen.

[5]) Zuerst von Duchartre, Compt. rend. 1870 tom. LXX pag. 77—79 gesehen.

[6]) Just, Botanischer Jahresbericht II. pag. 214.

[7]) ebenda 1875, pag. 779.

[8]) Sitzungsber. naturf. Gesellsch. Halle 1876; auch in Bot. Zeit. 1876, pag. 505—506.

[9]) Brefeld, Schimmelpilze, IV. pag. 77.

[10]) Beiträge zur Anatomie u. Physiologie der Schwämme. III. Ueber Bau, Wachsthum u. Lebenserscheinungen der Rhizomorpha. Linnaea Bd. 17.

(der sogenannten *Rhizomorpha*) die genannte Eigenschaft zukommen sollte, konnte seitens BREFELD[1]) nicht bestätigt werden.

Viele der gewöhnlichen, Conidien bildenden Schimmelpilzträger scheinen keinen Heliotropismus zu zeigen. Doch fehlen hierüber noch eingehende Untersuchungen.

Bezüglich der Erklärung der heliotropischen Krümmungen sei auf das weiter unten Gesagte verwiesen.

Im Vorstehenden handelt es sich um heliotropische Richtungsbewegungen festgehefteter Organe. Aber auch freibewegliche Organe können solche Bewegungen ausführen, und zwar handelt es sich hier um Zoosporen gewisser Phycomyceten aus der Familie der Chytridiaceen, speciell um *Polyphagus Euglenae* NOWAKOWSKI, *Chytridium vorax* STRASSBURGER, *Rhizidium apiculatum* A. BR., *Rh. acuforme* ZOPF, *Rh. equitans* ZOPF. Die Fähigkeit der Schwärmer, sich beleuchteten Stellen zuzuwenden, kommt den genannten Pilzen insofern zu Gute, als sie dadurch in den Stand gesetzt werden, den ebenfalls phototactischen Richtungsbewegungen der Algen- und Monadinenschwärmer, auf denen sie schmarotzen, um so eher zu folgen und sie, etwa wie ein Raubvogel seine Beute, zu überfallen.[2])

2. Hydrotropische Richtungsbewegungen.

Gewisse Pilzorgane zeigen unter Ausschluss von Licht- und Schwerkraftwirkungen die Neigung, sich feuchten Gegenständen oder wasserreichen Medien zuzuwenden (positiver Hydrotropismus), oder von ihnen hinwegzuwachsen (negativer Hydrotropismus).

Zu den Organen, welche die letzere Form des Hydrotropismus zeigen, gehören nach WORTMANN's Untersuchungen[3]) die Sporangienträger von *Phycomyces nitens*. Die Versuchsanordnung war folgende: Auf einem feuchten Brodstück wurden unter Lichtabschluss Fruchtträger erzogen, die, wenn sie 1—2 Centim. Länge erreicht hatten, bis auf 1—3 vorsichtig zur Seite gebogen wurden, worauf eine in der Mitte mit ganz enger Oeffnung versehene Glasplatte so auf das Substrat gelegt ward, dass ein intacter Träger aus der Oeffnung hervorragte. Unmittelbar neben derselben befand sich eine senkrecht auf der Glasplatte stehende ziemlich dicke, aufgekittete, mit Wasser vollständig durchtränkte Scheibe. Der Fruchtträger befand sich demnach in unmittelbarer Nähe einer feuchten Fläche, während die Wirkung der Feuchtigkeit des Substrates durch jene Glasplatte aufgehoben war. Ueber die ganze Einrichtung stülpte man einen grossen, schwarzen Pappcylinder. Nach wenigen Stunden konnte man nun beobachten, dass der Fruchtträger sich deutlich von der feuchten Fläche weggekrümmt hatte. War er mit der feuchten Fläche in Berührung gekommen, so betrug der Ablenkungswinkel beinahe 90°. Dass nicht die Masse der Pappscheibe die Ablenkung bewirkte, sondern nur die ungleiche Vertheilung der Feuchtigkeit auf beiden Seiten des Fruchtträgers, wurde dadurch bewiesen, dass, wenn man denselben neben einer trocknen Pappscheibe emporwachsen liess, nicht die geringste Krümmung eintrat.

---

[1]) Naturf. Freunde zu Berlin. Bericht 1877. (Bedeutung des Lichtes für die Entwickelung der Pilze.)

[2]) Vergleiche STRASSBURGER, Wirkung des Lichts und der Wärme auf Schwärmsporen. Jenaische Zeitschr. Bd. 12.

[3]) Ein Beitrag zur Biologie der Mucorineen. Bot. Zeit. 1881. No. 23 und 24.

Modificirte man den Versuch in dem Sinne, dass die Pappscheibe anstatt der senkrechten Lage eine dem Fruchtträger zugeneigte oder auch eine mit der Glasplatte parallele Lage einnahm, so trat, nachdem der Träger die Pappe berührt, ebenfalls eine Ablenkung ein.

Auch das anfänglich senkrechte Herauswachsen der Phycomyces-Träger aus dem Substrat hat man nach W. als eine Erscheinung des negativen Hydrotropismus aufzufassen. Die Senkrechtstellung erklärt sich aus der gleichmässig von den Seiten herwirkenden Feuchtigkeit. Denn angenommen, der Träger wüchse unter irgend einem Winkel aus dem Substrat hervor, so würde er sich sofort in einer Lage befinden, wo die eine Seite der feuchten Fläche näher wäre; die Folge hiervon würde sein, dass eine Krümmung einträte, solange bis alle Seiten gleichmässig von Feuchtigkeit umgeben sind, diese Lage ist aber eben die verticale.

Negativen Hydrotropismus zeigen nach MOLISCH[1]) auch die Fruchtträger von *Coprinus*.

3. Geotropische Richtungsbewegungen.

Manche noch wachsenden Pilzorgane haben die Fähigkeit, unter dem Einfluss der Schwerkraft eine ganz bestimmte Stellung zum Erdradius einzunehmen (Geotropismus), was meist mit Hülfe von Krümmungsbewegungen erreicht wird. Sucht sich das Organ durch Aufwärtswachsen in die Richtung der Erdachse zu stellen, so spricht man von negativem Geotropismus, sucht es sich durch Wachsen nach abwärts (dem Erdmittelpunkte zu) in eine solche Lage zu bringen, so nennt man es positiv geotropisch.

Positiv geotropisch sind nach J. SACHS[2]) die Zähne der Hüte von Stachelschwämmen *(Hydnum)*, die Röhren der Hüte der Röhrenschwämme *(Boletus)*, sowie die Lamellen der Blätterschwämme *(Agaricus)*, da sie sich nach Schiefstellung des Hutes abwärts krümmen.

Negativen Geotropismus zeigen die Sporangienträger der Mucorineen *(Mucor, Phycomyces)*,[3]) die Stiele der grossen Hutpilze, des Mutterkornpilzes, der *Xylaria*-Arten,[4]) der Sclerotinien-Becher, der Morcheln und ihrer Verwandten, wie *Spathularia, Leotia, Helvella* etc., der trüffelartigen *Onygena corvina* etc.

4. Durch Contactreiz verursachte Richtungsbewegungen.

Vor einigen Jahren machte ERRERA[5]) mit der Thatsache bekannt, dass die Fruchtträger von *Phycomyces* (eines der grössten Kopfschimmel) in der wachsenden Zone durch seitliche Berührung mit einem festen Körper gereizt werden und infolge dieses Reizes Krümmungsbewegungen ausführen in dem Sinne, dass die berührte Stelle concav, die entgegengesetzte convex wird. ERRERA nannte diese Erscheinung (für die wir übrigens in den Rankenkrümmungen der höheren Gewächse[6]) ein Gegenstück haben), Haptotropismus (ἅπτομαι berühren).

---

[1]) Untersuchungen über den Hydrotropismus: Sitzungsber. d. Wiener Akad. Bd. 88, (1883) pag. 936.

[2]) Handbuch der Experimentalphysiologie der Pflanzen. Leipzig 1865, pag. 93, und Jahrbücher f. wissensch. Bot. 1863, Bd. 3, pag. 93.

[3]) Vergl. HOFMEISTER, die Pflanzenzelle. 1867, pag. 286. — J. SACHS, Arbeiten des botan. Instituts Würzburg, 1879. Bd. II, pag. 222 — WORTMANN, Bot. Zeit. 1881, pag. 370.

[4]) J. SCHMITZ, Linnaea 1843. Bd. 17, pag. 474.

[5]) Die grosse Wachsthumsperiode der Fruchtträger von Phycomyces. Botan. Zeit. 1884, pag. 563.

[6]) Vergl. PFEFFER, zur Kenntniss der Contactreize. Untersuch. aus dem botan. Instit. zu Tübingen, Bd. I. X.

In neuester Zeit ist dieselbe seitens WORTMANN's[1]) einer näheren Studie unterworfen worden. Die unter Ausschluss von heliotropischen Krümmungen in Zucht gehaltenen Träger jenes Schimmels wurden während der Periode der Streckung mittelst leiser, andauernder Berührung durch feine Glasfäden, Draht, Holz etc. gereizt, worauf eine ausgesprochene Krümmung im obigen Sinne eintrat. Bei der mikroskopischen Untersuchung stellten sich nun zwei wichtige Momente heraus, nämlich einerseits eine (schon von KOHL bei der heliotropischen etc. Krümmung gesehene) deutliche Plasma-Ansammlung an der concaven Seite der Krümmung, und andererseits das gänzlich neue Moment, dass diejenige Seite der Membran, an welcher die Plasmaansammlung stattfindet, ein stärkeres Dickenwachsthum erfährt, als die gegenüberliegende. Aus diesem letzteren Momente lässt sich nun nach W. der Krümmungsvorgang ohne Weiteres erklären: »Durch die Verdickung wird die Elasticität der Membran grösser, die Dehnbarkeit geringer. Stellen wir uns nun eine, durch bestimmten Turgordruck gedehnte, gradlinig wachsende Zelle vor. Von einem gewissen Augenblick an werde die Membran an einer Seite durch Mehranlagerung von Membranelementen verstärkt, d. h. dicker als an der gegenüberliegenden, so wird nun selbstverständlich durch den gleichen Druck diese letztere Seite, weil sie dünner ist, stärker gedehnt, also länger, als die gegenüberliegende dickere und daher kürzer bleibende. Hieraus aber folgt mit Nothwendigkeit eine Krümmung der Zelle, deren Concavität an der verdickten Membranstelle liegt. Von dem Augenblick an also, wo eine ungleiche Ausbildung der Membran beginnt, verlässt auch die Zelle ihre gradlinige Wachsthumsrichtung und beginnt sich zu krümmen, und diese Krümmung wird um so ausgeprägter, je grösser die Differenz in der Membrandicke der beiden antagonistisch ausgebildeten Seiten sich gestaltet.«

Uebrigens sind nach W. die Membranverdickungen infolge von Contactreiz bei vielen einzelligen Objecten bei weitem nicht so ausgeprägt, wie bei dem riesigen *Phycomyces*-Träger, ja mitunter mikroskopisch kaum zu constatiren, nichtsdestoweniger aber in Betracht zu ziehen. Als eine Folge von Contactreiz dürfte auch die mehrfach beobachtete Erscheinung aufzufassen sein, dass zwei bis mehrere Pilzfäden sich um einander oder benachbarte mehrfach rankenartig herumkrümmen, was z. B. DE BARY[2]) für die Nebenäste von Saprolegnien *(Achlya prolifera)* beobachtete, BAINIER in exquisitester Weise an den zierlich-spirotropen Suspensoren von *Syncephalis nodosa* ausgeprägt fand und selbst an einem Pycniden-bildenden Pilze bemerkte, wo die Seitenäste des Mycels sich vielfach um die Hauptäste in steilen Spiralen herumschmiegen.

Aber auch Organen, welche Gewebecomplexe repräsentiren, scheint eine den Ranken analoge Reizbarkeit durch Contact zuzukommen, nach meinen Erfahrungen z. B. den Fruchtträgern des Mutterkornpilzes *(Claviceps purpurea)*, sowie den Stielen mancher Hutpilze; wenn diese nämlich beim Durcheinanderwachsen einander berühren, stellen sich immer deutliche, bisweilen rankenähnliche Krümmungen heraus.

Dass diese Erscheinungen sich in ähnlicher Weise erklären lassen, wie die Contactkrümmungen einzelliger Organe, hat WORTMANN (l. c.) ebenfalls gezeigt.

---

[1]) Zur Kenntniss der Reizbewegungen. Botan. Zeit. 1887, No. 48 u. f.

[2]) Beiträge zur Morphologie und Physiologie der Pilze, IV. Reihe, 1885, pag. 85. 90 Taf. II. Fig. 1 u. 2.

Treffen in die Luft wachsende Myceläste (Stolonen) von *Mucor stolonifer* (Fig. 65 *st*) mit ihrem Ende auf einem festen Gegenstand, z. B. auf die Glaswand des Culturgefässes, so bilden sich unmittelbar an diesem Ende zahlreiche kurze Seitenzweige in rosettenförmiger Anordnung, welche sich dem Substrat dicht anschmiegen und als Haftorgan (Appressorium) fungiren (Fig. 65 bei *a*), während mehr oder weniger vertikal zum Substrat 2 bis mehrere Sporangienträger entstehen. Etwas Aehnliches kommt, wie bereits früher (pag. 283) bemerkt, bei der *Sclerotinia sclerotiorum* (LIB.) vor, aber mit der Modification, dass nicht Haftrosetten, sondern quastenförmige Haftbüschel (Fig. 6, III. IV.) gebildet werden, deren Entstehung ebenfalls schon (pag. 283) geschildert wurde. Auch diese Erscheinungen dürften als eine Folge von Berührungsreizen aufzufassen sein, wie insbesondere auch aus den Experimenten WORTMANN's[1]) mit *Mucor stolonifer* hervorgeht. Die Reizbarkeit der Stolonenspitze dieses Pilzes konnte er u. A. auch auf folgende Art nachweisen. In ein horizontal gestelltes, mit dem *Mucor* besäetes Substrat wurden einige äusserst dünne Glasfäden von etwa 4—5 Centim. Länge vertikal hineingesteckt. Die nach einigen Tagen aus dem Substrat hervorgetretenen Stolonen waren z. Th. mit ihrer Spitze mit einem der Glasfäden in Berührung gekommen, hatten ihr Spitzenwachsthum aufgegeben und an der Berührungsstelle Fruchtträger getrieben.

Trifft die Spitze eines Stolo auf eine Wasserfläche, so dringt sie nach W. nicht in dieselbe ein, sondern es werden ebenfalls an der Berührungsstelle Fruchtträger gebildet.

5. Rheotropismus.

Unter Rheotropismus versteht man mit JÖNSSON[2]) die Eigenschaft wachsender Pflanzentheile, zu einer strömenden Flüssigkeit eine bestimmte Richtung einzunehmen, d. h. entweder gegen den Strom zu wachsen (positiver Rheotropismus), oder in der vorschreitenden Richtung desselben (negativer Rheotropismus). Rheotropische Erscheinungen wurden von JÖNSSON an den Mycelien von *Phycomyces* und *Mucor*, sowie von *Botrytis cinerea* beobachtet. Er säete die Sporen dieser Pilze auf eine Unterlage von Filtrirpapier und leitete einen Strom geeigneter Nährflüssigkeit durch dasselbe durch. Die Sporen keimten bald und wuchsen rasch zu einem kräftigen Mycel heran, dessen Hyphen bei *Phycomyces* und *Mucor* stets mit dem Strome, bei *Botrytis* gegen den Strom wuchsen.

Die im Vorstehenden kurz betrachteten heliotropischen, geotropischen, hydrotropischen und haptotropischen etc. Bewegungen können, wenn während des Wachsthums der betreffenden Organe Licht, Schwerkraft, Feuchtigkeit, Berührungsreize gleichzeitig einwirken, mit einander combinirt sein, in der Weise, dass die eine Bewegung durch die anderen modificirt und ihre Deutung mehr oder minder erschwert wird. Hieraus folgt, dass beim Studium einer bestimmten Bewegungserscheinung die anderen eliminirt werden müssen.

Die Methoden, welche man hierbei in Anwendung zu bringen hat, sind in den physiologischen Lehrbüchern: SACHS, Experimentalphysiologie; PFEFFER, Pflanzenphysiologie, Bd. II. SACHS, Vorlesungen über Pflanzenphysiologie u. DETMER, Das physiologische Practicum, nachzulesen.

---

[1]) Ein Beitrag zur Biologie der Mucorineen. Bot. Zeit. 1881, pag. 384—387.

[2]) Der richtende Einfluss strömenden Wassers auf wachsende Pflanzen und Pflanzentheile (Rheotropismus). Ber. d. deutsch. bot. Gesellsch. 1883, pag. 512—521.

6. Richtungsbewegungen in Folge chemischer Reize.

Wie PFEFFER[1]) vor einigen Jahren constatirte, werden die Schwärmsporen von *Saprolegnia* durch diffundirendes Fleischextrakt und dementsprechend auch durch Fleischstückchen in auffälliger Weise angezogen. Auffällige Resultate erhielt PF., wenn er in einer 6—8 Centim. weiten Krystallisirschale in einer $\frac{1}{2}$ bis $\frac{3}{4}$ Centim. hohen Wasserschicht *S. ferax* auf Fliegenbeinen cultivirte. Auf diesen war dann bei einer Temperatur zwischen 22 u. 25° C. schon nach 24 Stunden die Entwickelung bis zur Bildung der Zoosporen vorgeschritten, die bei Verwendung von 10—15 Fliegenbeinen sehr reichlich und sehr lebhaft im Wasser herumschwärmten. Wurde nun zu diesen Schwärmern ein eben abgerissenes Bein einer Stubenfliege gebracht, so strömten nach diesem, insbesondere nach der Wundstelle des Beines hin, die Zoosporen so massenhaft zusammen, dass schon nach $\frac{1}{4}$ Minute an dieser Wundstelle sehr zahlreiche Zoosporen sich fanden, die nach 1 Minute eine dichte Anhäufung gebildet hatten.

Eine ausgezeichnete Anziehung erhielt PF. ferner, wenn er in eine solche Cultur eine einseitig zugeschmolzene Glascapillare brachte, welche $\frac{1}{2}$procentige Fleischextraktlösung enthielt. Die Zoosporen eilten sogleich massenhaft in die Capillare hinein und waren hier nach 5 Minuten zu einigen Hundert angesammelt. Auch eine Capillarflüssigkeit mit nur $\frac{1}{16}$ Procent Fleischextract brachte eine noch immer recht ansehnliche Ansammlung der Schwärmer zuwege.

Es liegen ferner in der Literatur einige Angaben vor, welche sich so deuten lassen, dass auch gewisse fädige Organe durch chemische Reize von ihrer ursprünglichen Richtung abgelenkt und veranlasst werden, sich der Reizquelle zuzuwenden.

»Wachsthumskrümmungen, als deren Ursache eine chemische Reizwirkung zunächst die grössere Wahrscheinlichkeit für sich hat, kennen wir durch DE BARY[2]) für die in Wasser wachsenden Saprolegnieen. Die Nebenäste dieser Pflanzen krümmen sich nämlich, wenn sie in die Nähe eines Oogoniums von bestimmtem Entwickelungsstadium gelangen, nach dem Oogonium hin und zugleich ist die Bildung des Antheridiums an dem Nebenaste eine Folge dieser Reizwirkung, welche aber an ein bestimmtes Entwickelungsstadium geknüpft ist, ungefähr mit der Abgrenzung des Oogoniums beginnt und nach der Eibildung aufhört. Auch die in das Oogonium eingewachsenen Befruchtungsschläuche wenden sich in Folge einer Reizwirkung dem Ei zu.[3]) Ferner fand KIHLMAN, dass die Ascosporen von *Melanospora parasitica* während und einige Zeit nach der Keimung bis auf eine Entfernung der 4—5fachen Sporenlänge durch die umgebende Flüssigkeit hindurch auf die wachsenden Schläuche von *Isaria farinosa* einen Reiz ausübt welcher diese veranlasst, sich nach der Spore von *Melanospora* hinzukrümmen.[4])

»Für die eben besprochenen Beispiele ist zwar als Ursache eine chemische Reizwirkung noch nicht festgestellt, die aber jedenfalls weit mehr Wahrscheinlichkeit für sich hat, als eine Reizwirkung durch die Diffusionsbewegung als solche, oder etwa durch elektrische Wirkung« (PFEFFER).

---

[1]) Locomotorische Richtungen durch chemische Reize. Unters. aus d. botan. Institut Tübingen. Bd. I. Heft 3 (1884), pag. 366 u. 466—470.

[2]) Beiträge zur Morphologie und Physiologie d. Pilze, 1881. IV. Reihe, pag. 85, 90. —

[3]) Ausserdem scheint diesen Schläuchen eine den Ranken analoge Reizbarkeit durch Contakt zuzukommen. DE BARY, l. c., pag. 40.

[4]) KIHLMAN, Zur Entwickelungsgeschichte d. Ascomyceten 1883, pag. 12. (Acta Soc. Scient. Fenn. Bd. 13).

7. Richtungsbewegungen infolge electrischer Reize.

Nägeli hat in seiner Theorie der Abstammungslehre pag. 387 die Vermuthung ausgesprochen, dass electrische Anziehung (freibewegliche) Sexualzellen zusammenführt.

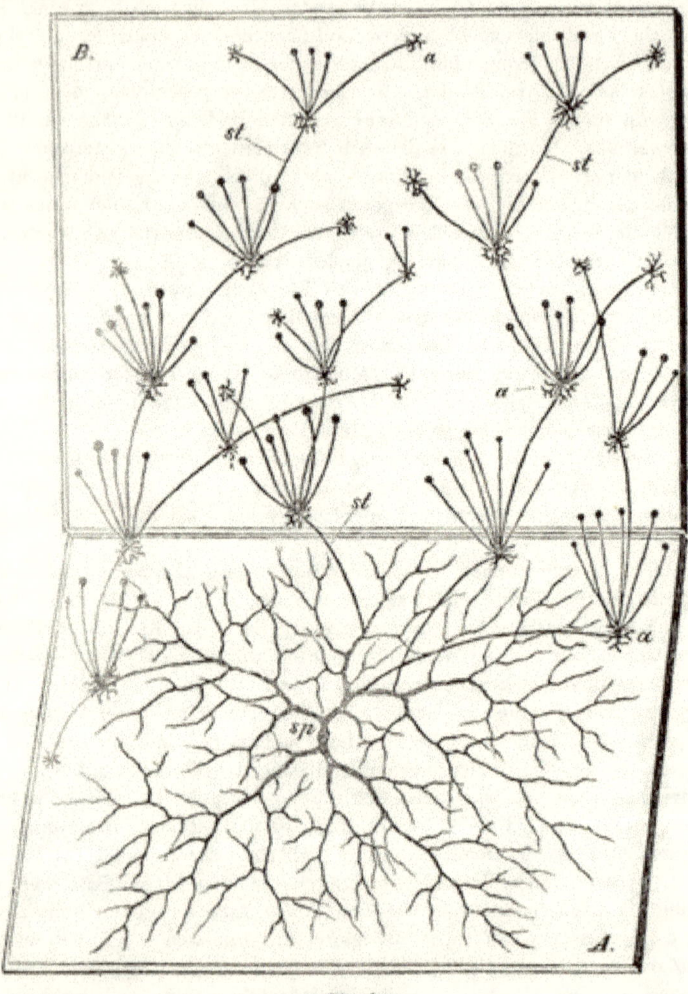

(B. 674) Fig. 65.

Mycel und Fructification eines kletternden Pilzes *Mucor stolonifer (Rhizopus nigricans)*, halbschematisch dargestellt, ca. 10 fach vergrossert. Auf der horizontal liegenden Glasplatte *A* vegetirt im Culturtropfen das aus der Spore *sp* hervorgegangene Mycel. Von diesem gehen Ausläufer- (Stolonen-) artige unverzweigte Seitenäste nach der senkrecht gestellten Platte *B*. Hier heften sie sich mit ihren Enden an, indem sie aus diesen rosettenartig angeordnete Kurzzweiglein treiben, die sich fest an die Glasplatte anschmiegen. Aus der Region, wo diese Haftapparate (Appressorien *a*) liegen, erheben sich 2 bis mehrere Sporangienträger, welche an ihrer Spitze die kugeligen Sporangien tragen. Von jeder Rosette aus nehmen dann wiederum 1—2 Stolonen ihren Ursprung, um sich in derselben Weise zu verhalten u. s. f. So entsteht ein ganzes System von Stolonen, Haftapparaten und Sporangiengruppen.

8. Nutationsbewegungen.

Mit Spitzenwachsthum versehene Pilzhyphen oder Gewebesysteme führen, namentlich wenn sie ganz frei wachsen, in der Endregion Krümmungen aus welche auch bei Aufhebung heliotropischer wie geotropischer Einwirkungen auftreten. Diese als »Nutationen« bezeichneten Erscheinungen, die übrigens auch bei höheren Pflanzen ganz allgemein vorkommen, beruhen zunächst darauf, dass nach einander verschiedene Seiten des betreffenden Theils in ihrem Wachsthum stärker gefördert werden, als die anderen. Ziemlich ausgeprägt sind solche Nutationen an den (in Fig. 65 abgebildeten) Stolonen von *Mucor stolonifer*, wo sie von Wortmann[1]) genauer beobachtet wurden. Wenn man das Verhalten eines Stolo's während seiner ganzen Wachsthumsperiode von dem Hervortreten aus dem Substrate an bis zur abermaligen Berührung desselben fortdauernd verfolgt, so bemerkt man Folgendes: »Der Stolo, zuerst wie eine dünne feine Nadel aus dem Substrat hervorwachsend, krümmt sich nach einiger Zeit gewöhnlich einige Millimeter hinter seiner Spitze derart, dass Letztere eine mehr oder weniger horizontale Lage einnimmt. Ist dieses Stadium erreicht, so treten nun fortdauernd unregelmässige eigenthümliche Nutationen ein, durch welche das fortwachsende Ende bald nach und nach in einem Kreise herumgeführt wird, bald verschiedene Zickzacklinien oder Schlingen beschreibt, oder auch in einer Ebene, welche mehr oder weniger senkrecht zur Oberfläche des Substrats steht, auf- und abwärts bewegt wird.« Diese nutirende Bewegung dauert fort, bis die ähnlich wie bei den Ranken der höheren Gewächse gleichsam umhertastende Spitze des Stolo mit einem festen Körper in Berührung kommt, worauf hier unter Aufgeben des Spitzenwachsthums Rhizoïden- und Sporangienträgerbildung als Folge des Berührungsreizes anftritt.

9. Hygroscopische Bewegungen.

Am längsten bekannt sind sie wohl in Bezug auf die sogenannten Capillitiumfasern der Bauchpilze (Gastromyceten); doch finden sie sich nach meinen Beobachtungen auch bei gewissen Chaetomien (*Ch. murorum* Cda., *Ch. spirale* Zopf, *Ch. Kunzeanum* Zopf und *Ch. bostrychodes* Zopf) hier sind es die den Haarschopf bildenden Trichome, bei *Ch. fimeti* Fuckel die Rhizoïden, die mehr oder minder starke hygroscopische Krümmungen ausführen. Die Krümmungen und Dehnungen der Haarschopfhyphen dienen offenbar mit zur Zerstreuung der zwischen ihnen sich ansammelnden Sporen, wie ja das in entfernt ähnlicher Weise bei den Bauchpilzen der Fall ist. Die hygroscopischen Rhizoïden von *Chaetomium fimeti* dagegen dienen der Sporenzerstreuung nur mittelbar, indem sie, wie es scheint, die Sprengung der hier vollständig geschlossenen Perithecien bewirken. Die Haarbildungen von *Magnusia nitida* dürften einen ähnlichen Zweck erfüllen.

Die Bewegungserscheinungen, welche die Abschleuderung resp. Entleerung der Sporen aus den verschiedenen Behältern zur Folge haben, sind bereits im morphologischen Theile berücksichtigt worden.

---

[1]) Ein Beitrag zur Biologie der Mucorineen. Bot. Zeit. 1881, pag. 383.

E. Lebensthätigkeit und Leben schädigende Agentien.

A. Extreme Temperaturen.

1. Niedere Temperaturen.

Zur Bestimmung der unteren Tödtungstemperatur bedient man sich entweder gewöhnlicher Winterkälte oder der sogenannten Kältemischungen, deren gebräuchlichste hier folgen.[1])

	von	bis	
8 Thle. gepulv. Glaubersalz mit 5 Thln. roher Salzsäure übergossen	+ 10°	— 17°	C.
5 Thle. Glaubersalz, 4 Thle. verdünnte Schwefelsäure	+ 10°	— 17°	C.
5 Thle. Salmiak, 5 Thle. Salpeter, 15 Thle. Wasser	+ 10°	— 12°	C.
1 Thl. Salmiak, 1 Thl. Salpeter, 1 Thl. Wasser	+ 10°	— 25°	C.
1 Thl. salpeters. Ammoniak, 1 Thl. Wasser	+ 10°	— 12°	C.
2 Thle. Schnee, 1 Thl. Kochsalz	0°	— 17,5°	C.
1 Thl. Schnee, 1 Thl. verdünnte Schwefelsäure	— 7°	— 50°	C.
1 Thl. Schnee, 1 Thl. verd. Salpetersäure	— 7°	— 40°	C.
1 Thl. Schnee, 2 Thle. Chlorcalcium	0°	— 30°	C.
2 Thl. Schnee, 3 Thle. Chlorcalcium	0°	— 40°	C.

Zur Erzeugung sehr niederer Temperaturen verwendet man feste Kohlensäure und Aether, entweder ohne oder mit Benutzung des luftleeren Raumes, wobei man Temperaturen von etwa — 83° bis — 130° C. erzielt.[2]) Auch durch Verdampfung von schwefeliger Säure und Stickoxydul erhält man Temperaturen von ungefähr —100° C.

Bis jetzt liegen nur sehr wenige, fast ausschliesslich mit Hefe *(Saccharomyces)* angestellte Versuche vor.

Die seitens SCHUMACHER[3]) gewonnenen Resultate besagen, dass frische Presshefe durch eine 15 Minuten lang wirkende Kälte von — 113,75° C. (wie unten gewonnen) nicht vollständig abgetödtet wird, insofern die jüngeren, mit kleinen Vacuolen versehenen oder noch vacuolenfreien Zellen durchgehends lebens- und sprossungsfähig bleiben. Selbst das Gährvermögen wird nicht aufgehoben, sondern nur bis zu einem gewissen Grade vermindert. Auch P. BERT's[4]) Ermittelungen gehen dahin, dass selbst bei — 113° C. feuchte Hefe nicht zu Grunde geht.

PICTET und YOUNG experimentirten mit »*Saccharomyces cerevisiae*.« Sie setzten ihn während 108 Stunden einer Kälte von im Minimum — 70° C. aus, die dann noch auf — 130° C. gebracht und 20 Stunden lang gehalten wurde. Das Re-

---

[1]) Die Uebersicht ist entlehnt aus: E. SCHMIDT, Pharm. Chemie I.

[2]) Die Versuchsanordnung ist gewöhnlich die, dass man in ein Becherglas, welches event. an der Aussenwand noch mit Watte bekleidet wird, die feste Kohlensäure einträgt, worauf man die zugeschmolzenen oder auch bloss verstopften Reagirgläser, welche das zu prüfende Material (Schimmelsporen, Hefezellen etc.) enthalten, nebst dem Thermometer in die Kohlensäure einsetzt und (zur gleichmässigeren Vertheilung der Kälte) etwas Aether zufügt. Schliesslich wird das Ganze event. unter die Luftpumpe gebracht. Beim Mangel eines entsprechenden Thermometers kann man sich damit helfen, dass man etwas Chloroform in einem Reagirröhrchen in die Kohlensäure einfügt. Da Chloroform bei — 83° C. gefriert, so kann man leicht constatiren, dass wenigstens diese Temperatur erreicht wurde.

[3]) Beiträge z. Morphol. u. Biol. der Hefe. Sitzungsb. der Wiener Akad. 1874, Bd. 70. Daselbst auch Literaturangabe über frühere Versuche.

[4]) Compt. rend. t. 80, pag. 1579.

sultat war zwar insofern das nämliche, als die Zellen mikroskopisch keinerlei Alteration zeigten; doch waren sie nicht mehr im Stande, Brotteig zu treiben.

Ich selbst hielt vegetative Zellen sowohl als Sporen von *Saccharomyces Hansenii* Z., die auf dünne Glimmerblättchen in dünnster Schicht aufgestrichen und in Reagirgläser gebracht waren, 3 Stunden resp. 4 Stunden 20 Minuten lang bei mindestens — 83° C. (Kohlensäure und Aether), ohne dass die Lebensfähigkeit dieser Zustände (wie die Bierwürze-Gelatine-Plattenkultur ergab) aufgehoben worden wäre.

Ebensowenig hatte 4 stündiges Verweilen der übrigens dickwandigen und gebräunten Conidien von *Hormodendron cladosporioides* (Fres.) bei mindestens — 83° C. (unter denselben Bedingungen) Abtödtung zur Folge.

An jenem Resultat bezüglich des *Saccharomyces Hansenii* wurde auch dann nichts geändert, wenn ich die wie angegeben erkälteten Zellen sofort in Wasser von Zimmertemperatur brachte, was mit den Beobachtungen von Schumacher an »Presshefe« übereinstimmt.

Bei solchen künstlichen Versuchen wird es sich freilich immer nur um eine relativ geringe Dauer der Kältewirkung handeln können, und es frägt sich, wie sich Pilze Monate langen Einwirkungen tieferer Kältegrade gegenüber verhalten würden. Versuche dieser Art werden so zu sagen von der Natur selbst angestellt, und die Versuchsobjekte sind beispielsweise die Hüte der grossen perennirenden Löcherschwämme (*Polyporus*) und viele Stein- und Baumflechten, die oft den ganzen Winter über (ohne vom schützenden Schee umhüllt zu werden) der vollen, im hohen Norden bekanntlich oft mehr als 40° betragenden Kälte ausgesetzt sind, ohne jemals zu erfrieren.

Die grossen fleischigen Hutschwämme dagegen, welche aus weitlumigen, wasserreichen Zellen anfgebaut sind, erfrieren schon bei geringen Kältegraden, wie jeder Pilzbeobachter bestätigen wird.

Es ist sehr wohl möglich, dass sehr kleine behäutete Pilzzellen wie Hefezellen, Schimmelpilzsporen überhaupt nicht gefrieren. In diesem Falle würde von einer unteren Tödtungstemperatur überhaupt keine Rede sein.

Sicherlich dürfte es auch eine ganze Anzahl von Pilzen geben, deren vegetative resp. fructificative Zellen gegen grössere Kälte keine Widerstandsfähigkeit besitzen. Hierher scheint der im menschlichen Körper lebende *Rhodomyces Kochii* zu gehören, dessen Conidien nach v. Wettstein[1]) bereits bei 2 stündiger Erkältung auf — 7° C. zum grossen Theil sich keimungsunfähig zeigten.

Voraussichtlich wird die Lebensfähigkeit solcher Pilzzellen, welche keine schützende Membran besitzen, wie die Schwärmsporen der Algenpilze (Chytridiaceen, Saprolegniaceen, Peronosporeen, Lagenidieen, Pythieen) schon bei wenigen Graden unter Null vernichtet werden. Doch sind hierüber noch Untersuchungen abzuwarten. Die Schwärmsporen meines *Rhizidium acuforme*[2]) schwärmen noch in Gewässern, welche bereits mit dicker Eisdecke versehen sind, wie man daraus schliessen kann, dass sie an ihren Nährallgen in allen, auch den jüngsten Stadien, zu finden sind.

2. Höhere Temperaturen.

Die obere Tödtungstemperatur liegt für alle Organismen bei Anwendung trockner Wärme meist wesentlich höher, als bei Anwendung feuchter Wärme.

---

[1]) Ueber einen neuen pflanzlichen Parasiten des menschlichen Körpers. Sitzungsber. d. Wiener Akad. 1885, Bd. 91. pag. 33—58.

[2]) Nova Acta Bd. 47. Zur Kenntniss der Phycomyceten, pag. 209.

Im Allgemeinen lässt sich die Regel aufstellen, dass im dunstgesättigten Raume oder in Flüssigkeit befindliche vegetative oder fructificative Zellen schon durch längere Einwirkung von Siedetemperatur zum Absterben gebracht werden, während trockene Objekte erst durch 1—2stündige Einwirkung trockner Hitze von 160° C. mit Sicherheit getödtet werden.

Will man flüssige Nährmaterialien von Pilzkeimen völlig frei machen, so ist dieses nur dadurch möglich, dass man sie mehrere (4—6) Tage hinter einander täglich einmal stark bis zur Siedetemperatur erhitzt (discontinuirliche Sterilisation).

Was einige genauere Ermittelungen der oberen Temperaturgrenze betrifft, so verlieren die Conidien unseres Brotschimmels nach PASTEURS Versuchen bei 127—132° C. (trocken) ihre Lebensfähigkeit sämmtlich sehr schnell, bei 119 bis 121° C. nur zum grossen Theile, bei 108° nicht. Eine Erwärmung auf 100° C. in Flüssigkeit tödtete solche Sporen stets.

In HOFFMANN's Versuchen ertrugen trockene Sporen von *Ustilago destruens* und *U. Carbo* eine Hitze von 104—128° C., während bei Anwendung von Feuchtigkeit die Tödtungstemperatur für *Ustilago Carbo* zwischen 58,5 und 62° C., für *U. destruens* bei einstündiger Erwärmung zwischen 74 und 78°, bei zweistündiger zwischen 70 und 73° C. gefunden wurde. SCHINDLER[1]), der Sporen des Steinbrandes *(Tilletia Caries)* im trockenen Zustande erhitzte, fand nach Anwendung von 80° C. nur noch vereinzelte Keimung; über 95° C. erhitzte Sporen keimten nicht mehr; feuchte Sporen ertrugen eine längere Erwärmung auf 50° C nicht mehr.

Nach A. MAYER[2]) dürfte die obere Grenze, welche Hefezellen in gewöhnlicher Gährflüssigkeit sprossend eben noch ertragen können, nahe bei 53° C. liegen; lufttrockene Hefe wird nach MANASSEIN[3]) bei 115—120° C. getödtet.

Nach eigenen Untersuchungen liegt für *Saccharomyces Hansenii* die obere Grenze der Lebensfähigkeit vegetativer Zellen bei Anwendung feuchter Wärme zwischen 75 und 80° C., bei Verwendung von trockner zwischen 100 und 105° C.

V. WETTSTEINS Versuche (l. c.) mit den zartwandigen Conidien von *Rhodomyces Kochii* ergaben, dass bei 80—90° C. (1½—2 stündige Dauer) ein grosser Theil, bei 95° C. (eben so lange Dauer) ein noch grösserer Theil dieser Sporen, bei 95—105° C.[4]) alle zur Abtödtung gelangten. Dagegen hielten die Dauersporen 115° C. aus; erst von da ab begann die Keimfähigkeit allmählich abzunehmen, bis sie bei zweistündiger Erhitzung auf 120° C. erlosch.

Das Intervall zwischen oberer und unterer Tödtungstemperatur kann man als die Temperaturscala der Lebensfähigkeit bezeichnen. Sie wird sich selbstverständlich für solche Pilze, wie die erwähnten Hefepilze, nicht genau bestimmen lassen, so lange es nicht gelingt, die untere Grenze zu finden, was, wie wir sahen, mit den bisherigen Erkältungsmitteln nicht erreicht wurde. Man kann also nur sagen, dass die Temperaturscala der Lebensfähigkeit der Presshefe bei Anwendung trockner Wärme mehr als — 113 + 115°, also mehr als 228° C., die von *Saccharomyces Hansenii* mehr als — 83 + 100° (bei Anwendung trockner Wärme) resp. mehr als — 83 + 75 (bei Anwendung feuchter Wärme) beträgt.

Für andere Pilze scheint das Intervall erheblich kleiner zu sein und dürfte,

---

[1]) Ueber den Einfluss verschiedener Temperaturen auf die Keimfähigkeit der Steinbrandsporen. Fortschritte auf dem Gebiete der Agriculturphysik. Bd. III, Heft 3, 1880.

[2]) Lehrbuch der Gährungschemie, pag. 153.

[3]) S. WIESNER, Mikroskop. Unters. 1872, pag. 122.

[4]) Es ist wohl trockene Wärme gemeint, was aus v. W.'s Mittheilung nicht hervorgeht.

nach den obigen Angaben v. WETTSTEINS zu schliessen, höchstens 110° C. betragen für die zartwandigen Conidien, höchstens 122—125° C. für die Dauerconidien des *Rhodomyces*, wobei zu bemerken ist, dass der Pilz nach v. WETTSTEIN im menschlichen Magen, also bei Körpertemperatur, lebt.

B. Wasserentziehung (Austrocknung).

Da eine ausgiebige Wasserentziehung auf zartwandige und dabei wasserreiche Zellen eher schädigend wirken muss, als auf dickwandigere und wasserärmere, so ist von vornherein klar, dass die vegetativen Organe, die ja durchschnittlich aus Elementen erster Art bestehen, im Ganzen weniger Resistenz gegen Austrocknung zeigen werden, als Sporen, die bekanntlich meistens Zellen letzerer Art repräsentiren.

Was die vegetativen Fäden und die Conidienträger zarter Schimmel, die zarten weissen Mycelien mancher auf feuchtem Holze etc. wachsenden Basidiomyceten, die sogenannten Luftmycelien von *Chaetomien*, *Sordarien* und vielen andern höheren Pilzen, die zarten Fruchthyphen der Kopfschimmel *(Mucor)* etc. anbetrifft, so werden dieselben entweder schon durch ein wenigstündiges oder auch noch kürzeres Abtrocknen, oder doch wenigstens durch ein- bis mehrtägiges Trockenhalten bei gewöhnlicher Temperatur partiell oder auch total abgetödtet. Daher hat die Praxis in der Anwendung von Luftzug (Durchlüftung) von jeher eines der wirksamsten Mittel zur Unterdrückung resp. Verhinderung von Schimmel- oder *Basidiomyceten*-Vegetation an Tapeten, Holzbekleidungen, Kleidern, Stiefeln etc. in feuchten Zimmern schätzen gelernt.

Ganz ausserordentliche Empfindlichkeit gegen Austrocknung zeigen die allerdings auch höchst zartwandigen Promycelien der Rost- und Brandpilze. Sie sterben meist schon nach ½—1 stündigem Trockenliegen ab.

Ziemlich widerstandsfähig dagegen erweisen sich gebräunte und verdickte, auch gallertartige Mycelhyphen höherer Pilze, wie *Fumago salicina*, *Cladosporium herbarum*, *Hormodendron cladosporioides* FRES.), wenn auch genauere Bestimmungen hierüber nicht vorliegen.

Durch ausserordentliche Resistenz bemerkenswerth sind die vegetativen Zellen meines *Saccharomyces Hansenii*, die, nachdem sie auf Glimmerblättchen in dünner Schicht ausgestrichen, 502 Tage im Schwefelsäure-Exsiccator gelegen hatten, noch sämmtlich und leicht auf der Bierwürze-Gelatine-Platte sich entwickelten; und die Austrocknung in gewöhnlicher Luft wird offenbar zur Erzielung einer Tödtung noch länger ausgedehnt werden müssen.

CLAUDE BERNARD[1]) sowie SCHUMACHER[2]) ermittelten, dass die Presshefe im trocknen Zustande zwei Jahre aufbewahrt werden kann, und SCHRODER[3]) fand Bierhefe nach 17 wöchentlicher Austrocknung über Schwefelsäure noch lebensfähig

Von Sporen zeigen manche Conidien mit zarter Membran sehr geringe Widerstandsfähigkeit gegen Wasserentziehung. Zu den empfindlichsten gehören jedenfalls die Conidien mancher Peronosporeen, z. B. von *Phytophthora infestans*, welche nach DE BARY[4]) schon nach 24stündiger Austrocknung zu Grunde gehen,

[1]) Leçons sur les phénomènes de la vie, 1878, pag 54.

[2]) Beiträge zur Morphologie und Biologie der Hefe. Sitzungsber. d. Wiener Akad. 1874. Bd. 70.

[3]) Ueber die Austrocknungsfähigkeit der Pflanzen. Unters. aus d. bot. Inst. Tübingen. Bd. II., pag. 38.

[4]) Morphol. pag. 371.

ferner die Conidien von *Empusa Muscae*, die nach BREFELD[1]) bei völliger Trockenheit schon innerhalb 14 Tagen absterben.

Dagegen erwiesen sich die Endosporen mancher Kopfschimmel *(Mucor)*, obwohl auch sie eine ziemlich dünne Membran besitzen, entschieden resistenter. So keimten die von *M. Mucedo* nach SCHRÖDER (l. c.) nach 8 wöchentlichem Liegen im Schwefelsäure-Exsiccator, die von *M. stolonifer* nach DE BARY (l. c.) nach einjähriger Aufbewahrung in trockner Luft noch leicht aus. In Bezug auf *Phycomyces nitens* fand VAN TIEGHEM[2]) die Keimdauer der Endosporen in gewöhnlicher trockner Luft kaum drei Monate während, DE BARY sah in einem Falle zehn Monat aufbewahrte noch gut keimen und SCHRÖDER fand, dass sie sowohl 7 wöchentliche Schwefelsäure-, als 5, 11 resp. 17 Monate lange Lufttrockenheit und endlich gar drei Jahre anhaltende Austrocknung im Chlorcalcium-Gefäss unter Umständen recht wohl vertragen. (Im letzteren Falle war allerdings während so langer Dauer der grösste Theil der Sporen abgetödtet worden.) Wenn in dem VAN TIEGHEM'schen Versuche diese Sporen schon nach 3 monatlicher, in einem DE BARY'schen sogar schon nach etwa 1 monatlicher Lufttrockenheit abgestorben erschienen, so beweist dies auf's Neue, dass die Conidien der einen Ernte mit denen einer andern in Bezug auf Resistenz nicht immer auf gleicher Stufe stehen.

Auch betreffs der höheren Pilze (Mycomyceten) liegen mehrfache Austrocknungsversuche vor, die sich sowohl auf Ascomyceten, als auf Brand- und Rostpilze sowie auf Basidiomyceten erstrecken.

Als ganz besonders dauerhaft erwiesen sich in solchen Experimenten: von Ascomyceten die Conidien von Pinselschimmeln: *Aspergillus flavus*[3]), der nach sechs und *A. fumigatus*[4]), der nach zehn Jahren lufttrockner Aufbewahrung noch keimte, wogegen bereits ejaculirte, also völlig reife Sporen von *Sclerotinia ciborioïdes* zum grossen Theile schon nach 12 tägiger Austrocknung auf Glasplatten bei 20° C. keimungsunfähig geworden waren[5]).

Von besonderer Resistenz zeigten sich in von HOFFMANN[6]), von LIEBENBERG[7]) und BREFELD[8]) ausgeführten Versuchen die Dauersporen gewisser landwirthschaftlich wichtiger Brandpilze. Nach trockner Aufbewahrung im Herbar waren nach v. L. noch keimfähig: *Ustilago Rabenhorstiana* nach 3½, *Ust. Kolaczekii, Crameri* und *destruens* nach 5½, *Ust. Tulasnei* und *Urocystis occulta* nach 6½, *Ust. Carbo* nach 7½, *Tilletia Caries* nach 8½ Jahren; nach BREFELD *Ust. destruens, Crameri* und *cruenta* nach 3 Jahren, *Ust. Maydis* und *Reiliana* nach 7½ Jahren. Die Keimung erfolgte in letzteren Fällen aber nur in Nährlösung, nicht in Wasser. Es ist sehr wohl möglich, dass diese oder jene Brandpilzspecies eine noch längere Austrocknungsdauer ertrüge.

---

[1]) Untersuchungen über die Entwicklung der Empusa muscae und radicans. Abhandl. d. Naturf. Ges. Halle. Bd. XII.

[2]) Ann. sc. sér. V, t. 17, pag. 288.

[3]) BREFELD, Schimmelpilze. IV, pag. 66.

[4]) EIDAM in COHN, Beitr. z. Biologie. III, pag. 347.

[5]) DE BARY, Morphol. pag. 371.

[6]) Unters. über die Keimung der Pilzsporen. PRINGSH. Jahrb. II, pag. 334.

[7]) Ueber die Dauer der Keimkraft der Sporen einiger Brandpilze. Oesterreich. landwirthschaftl. Wochenblatt 1879, No. 43 u. 44.

[8]) BREFELD, Schimmelpilze. V, pag. 24.

Von Basidiomyceten blieb *Coprinus stercorarius* in seinen braunen verdickten Basidiosporen über ein Jahr lebensfähig[1]), was nach BREFELD auch für die Sclerotien dieses Pilzes gilt. Sie schrumpfen zwar bei solch längerem Eintrocknen bedeutend zusammen, quellen aber bei Wasserzusatz leicht wieder auf. Die Sclerotien von *Claviceps purpurea, Peziza sclerotiorum* nach DE BARY (l. c.) können gleichfalls ohne Schaden ein Jahr getrocknet werden.[2]) Nach einer neuesten Angabe BREFELD's (l. c. Heft VIII, pag. 37) waren sogar sieben Jahre trocken aufbewahrte Sclerotien jenes *Coprinus* noch keimfähig.

C. Insolation.

Direkte Besonnung wirkt auf den Thallus wie es scheint der meisten saprophytischen Schimmelpilze und Basidiomyceten leicht tödtlich, offenbar in Folge der dadurch bedingten schnellen Abtrocknung. Ob auch das Sonnenlicht an sich tödtlich wirken kann, ähnlich wie bei gewissen Spaltpilzen, bleibt noch zu untersuchen.

Bemerkenswerth unempfindlich ist gegen direkte Besonnung der Thallus der Flechtenpilze. Ich habe an einem sehr heissen Juni-Nachmittage 1889 (Lufttemperatur im Schatten 27° C) Temperatur-Messungen[3]) an den Flechten der Porphyrfelsen bei Halle angestellt, welche ergaben, dass die Temperatur der Thalli von *Zeora sordida, Acarospora cervina, Candelaria vitellina* und anderen Krustenflechten bei ungefähr senkrechter Lage des Gesteins zum einfallenden Sonnenstrahl 55° C. betrug.

D. Gifte.

1. Schwefelsäure.

Eine 1,5 %ige Lösung englischer Schwefelsäure ist nach J. KÜHN[4]) ein wirksames Mittel, um die den Getreidekörnern anhängenden Brandpilz-Sporen abzutödten. Die Quelldauer muss 12 Stunden betragen. Das Verfahren gewährt sowohl gegen Steinbrand als gegen den Maisbrand ausreichenden Schutz.

Auf Hefe wirkt Schwefelsäure schon in kleinen Dosen schädigend ein und hemmt nach HAYDUCK[5]) die Gährung bereits bei einem Prozentsatz von 0,2.

2. Salzsäure.

Wirkt nach HAYDUCK[5]) auf gährende Hefe noch etwas giftiger ein als Schwefelsäure, sodass die Gährthätigkeit schon bei Anwendung von 0,1 % geschädigt wird.

3. Schweflige Säure.

Sie wurde zur Abtödtung der Steinbrandsporen *(Tilletia Caries)* an Saatweizen empfohlen seitens ZOEBL[6]), welcher lehrte, dass die Sporen schon nach 3—5 Minuten langer Einwirkung dieses Agens todt waren. Für landwirtschaftliche Zwecke empfiehlt es sich, die Desinfection in Fässern vorzunehmen, in denen

---

[1]) Daselbst II, pag. 76, III, pag. 15.

[2]) Ueber einige andere Einzelnheiten betreffs der Austrocknungsfähigkeit der Pilze siehe DE BARY, Morphol. u. SCHRÖDER's citirte Abhandlung.

[3]) In Gemeinschaft mit Herrn Dr. SUCHSLAND.

[4]) BIEDERMANN's Centralblatt 1883, pag. 52.

[5]) Welche Wirkung haben die Bacterien auf die Entwicklung und die Gährkraft der Hefe? Industrieblatt 23, pag. 225—227.

[6]) Die schweflige Säure als Mittel gegen den Steinbrand des Weizens. Oesterr. landw. Wochenbl. 1879. Nr. 13.

man Schwefel (Schwefelfäden) verbrennt, das Fass dann theilweise mit der Saat füllt, nochmals schwefelt und dann rollt. Die Einwirkung hat 3—6 Stunden zu dauern, das Schwefeln ist nach 2 Stunden zu wiederholen.

Bekanntlich benutzen die Hausfrauen das Schwefeln auch zur Vernichtung von Schimmelpilzsporen in Glasgefässen, welche »Eingemachtes« aufnehmen sollen, die Weinbauer leichtes Einschwefeln der Fässer zum Abtödten von anhaftenden Kahmpilzkeimen etc.

Auf die Hefe wirkt nach A. Mayer[1]) schweflige Säure in irgend erheblicheren Mengen höchst giftig. »Es beruht hierauf das sogenannte Stummmachen des Mostes, das unter Anderem bei der Entschleimmethode angewendet wird, um die Gährung zu verhüten, bis ein Theil der suspendirten Stoffe, von denen man bei manchen Rebsorten einen ungünstigen Einfluss auf die Beschaffenheit des Weines voraussetzt, zu Boden gefallen ist. Durch Berührung mit der Luft beim Ablassen wird dann die schweflige Säure theilweise zu der minder schädlichen Schwefelsäure oxydirt und dann beginnt die Alkoholgährung«.

4. Carbolsäure (Phenol).

Eines der wichtigsten Mittel zur Verhinderung von Pilzentwickelung und zur Abtödtung von Pilzsporen. Zur Verhinderung der Mycelbildung von Schimmelpilzen, sowie der Sprossung von Hefepilzen reichen meist schon 1—3 procentige wässrige Lösungen aus. Solche sind auch mehrfach verwandt worden bei durch ächte Pilze hervorgerufenen Hautkrankheiten und Haarkrankheiten von Menschen und Thieren (*Herpes*, *Favus* etc.), zur Haltbarmachung von Tinte, flüssigen Klebstoffen, der als Einschlussmittel verwendeten Glycerin-Gelatine etc. Zur Desinfection von Hölzern sind 5—10prozentige, zur Vernichtung von Pilzkulturen im Laboratorium stets 10 procentige Lösungen zu verwenden.

5. Salicylsäure.

Die wässrigen Lösungen sind so schwach (in 300 Thln. Wasser löst sich erst 1 Thl. der Säure), dass im Allgemeinen nicht einmal die vegetativen Zustände abgetödtet oder gehemmt werden, geschweige denn die Sporen. Dagegen sind alkoholische Lösungen (Salicylalkohol) wirksame Abtödtungsmittel. 4%ige Lösungen verwendet man, um Aspergillenvegetation und Sporen, die sich im Ohr entwickelt haben, zu vernichten, was nach mehrmaliger Anwendung erreicht wird. Die Hausfrauen schützen ihre Conserven in der Weise vor Schimmelbildungen, dass sie auf die noch heisse Conservenmasse mit concentrirter alkoholischer Lösung getränktes Papier legen. Manche Eierhändler konserviren die Eier durch kurzes Eintauchen in eine solche Lösung.

6. Essigsäure.

Sie wirkt nach Märker[2]) auf Hefe schon in geringen Mengen giftig. Die Gährung wird nach den Versuchen Märker's schon durch einen Gehalt von 0,6% unterdrückt, nach denen Hayduck's erst durch 2,5% wesentlich verzögert, die Sprossung dagegen schon bei 1,5% behindert.

7. Milchsäure.

Ist in geringer Menge der Hefe kaum schädlich. Es tritt denn auch nach Märker[3]) ein Stillstand in der Vermehrung erst ein, wenn die Nährlösung 3,5% dieser Fettsäure enthält.

---

[1]) Lehrb. d. Gährungschemie. III. Aufl., pag. 152.

[2]) Handbuch der Spiritus-Fabrikation.

[3]) Zeitschr. f. Spiritusindustrie. Neue Folge IV. 1881, pag. 114.

8. Ameisensäure.

Sie wirkt auf Hefe ziemlich giftig. Zur Störung der Gährung genügen nach MARKER[2]) schon 0,2 %.

9. Propionsäure.

Beeinträchtigt die Lebensfähigkeit der Hefe schon in sehr geringen Mengen; nach MÄRKER[1]) wird die Gährung schon durch 0,1 % gestört.

10. Buttersäure.

Wirkt noch giftiger als Propionsäure auf die Hefe ein, da nach MÄRKER schon 0,05 % ausreichen, um eine Störung der Gährung hervorzurufen und die Vermehrung zu verhindern. Gänzliche Behinderung derselben in einer Zuckerlösung tritt schon bei 0,1 % ein.

11. Capronsäure.

Von ihr genügen nach MÄRKER bereits Spuren, um die Hefezellen soweit zu schädigen, dass ihre Gährung Störungen erleidet.

12. Alkohol.

Die zu den intensivsten Gährungserregern gehörigen Hefearten des Bieres und Weines verlieren die Fähigkeit, Gährung zu erregen, wenn der Gehalt der Nährlösung an Alkohol etwa 14 Gewichts-Prozent beträgt, während das Wachstum der Zellen etwa schon bei 12 Gewichts-Prozent sistirt wird.

Gegen die Entwickelung des Weinkahmpilzes *(Mycoderma vini)* pflegt man nach A. MAYER[2]) namentlich in südlichen Ländern, die Weine durch Zusatz von Alkohol zu schützen.

13. Theer und Theeröle.

Sowohl der aus Holz als auch der aus Stein- und Braunkohlen gewonnene Theer besitzt in hohem Maasse die Eigenschaft, Pilze zu tödten, resp. ihre Entwickelung zu hemmen oder den Nährboden für sie von vornherein ungeeignet zu machen, was auf dem Gehalt an Karbolsäure, Kreosot und andern giftigen Substanzen beruht. Man benutzt daher diesen Stoff schon seit langer Zeit, um Baumwunden, sowie die verschiedensten Hölzer, wie sie zu Bau- und sonstigen Zwecken verwandt werden, gegen Pilzinvasion zu schützen, indem man sie entweder nur äusserlich damit bestreicht, oder sie förmlich durchtränkt, was z. T. auch durch ein Gemisch von Petroleum und Theer erreicht wird. Als sicherstes Mittel, um die verschiedensten Hölzer gegen Pilzbildung zu schützen, gilt das karbolsäurehaltige Theeröl, mit welchem die betreffenden Hölzer imprägnirt werden. Im Grossen erfolgt solche Imprägnirung in der Weise, dass die Schwellen im Trockenofen oder im Imprägnirungscylinder getrocknet und bis auf 110° C. erhitzt werden. Hierauf pumpt man den geschlossenen Cylinder auf mindestens 60 Centim. Quecksilberstand aus und lässt das erwärmte Imprägniröl einströmen, nachdem noch ein Ueberdruck von mindestens 6¾ Atmosphären erzeugt wird. Das aus Steinkohlentheer bereitete Imprägniröl muss nahezu frei von leicht flüchtigen Destillationsprodukten sein und mindestens 10 Procent saure, in Alcalilaugen lösliche Bestandtheile (Karbolsäure und Kreosot) enthalten.

Man verwendet das in Rede stehende Imprägnirungsmittel auch in Verbindung mit Chlorzink.

---

[1]) l. c.

[2]) Lehrbuch der Gährungschemie. III. Aufl., pag. 216.

Zur Conservirung des Holzes in Wohnräumen kann das Theeröl leider wegen seines üblen Geruches nicht in Anwendung kommen; in solchen Fällen pflegt man zum Chlorzink (s. d.) zu greifen[1]).

14. Chlorzink.

In einer wässrigen Lösung von der Concentration 3° BAUMÉ (entsprechend einem specifischen Gewichte von 1,021 und einem Gehalte von 2,5% wasserfreiem Chlorzink angewandt) repräsentirt es ein wirksames Mittel zur Abhaltung resp. Vernichtung von Pilzvegetation in Hölzern, die damit imprägnirt werden. Da diese Imprägnirungsflüssigkeit geruchlos ist, so ist sie dem allerdings noch wirksameren, aber einen unangenehmen Geruch verbreitenden Theeröl überall vorzuziehen, wo es sich um Konservirung des Holzes in Wirtschaftsräumen oder gar Wohnräumen handelt, zumal sie zugleich ein Feuerschutzmittel darstellt.

Die Haltbarkeit der Clorzinkimprägnirung wird erhöht durch Beimischung von karbolsäurehaltigem Theeröl, welches neben seiner kräftigen antiseptischen Wirkung das Holz vor dem theilweisen Auslaugen durch eindringende Nässe schützt.

Neuerdings findet das Chlorzink ausgebreitetste Verwendung zum Imprägniren von Bahnschwellen, was auf Grund von Vereinbarungen zwischen verschiedenen königlichen Eisenbahn-Directionen und der Firma RÜTGERS in Berlin in folgender Weise stattfindet: 1. Imprägnirung mit Chlorzink: die Schwellen werden in geschlossenen Cylindern der Einwirkung von Wasserdämpfen ausgesetzt zur möglichsten Befreiung von allen löslichen und besonders fäulnissfähigen Substanzen. Alsdann stellt man in dem Cylinder durch Auspumpen eine Luftleere von mindestens 60 Centim. Quecksilberstand her und lässt hierauf die mindestens 65° C. warme Chlorzinklauge von 3° BAUMÉ vermöge des äusseren Luftdruckes in den Cylinder einströmen, bis letzterer gefüllt ist, wonach mittelst Druckpumpe noch ein Ueberdruck von 6½ Atmosphären hergestellt wird, welcher das Imprägnirungsmittel in das Holz einpresst. 2. Imprägnirung mit Chlorzink und karbolsäurehaltigem Theeröl: Dieses Verfahren unterscheidet sich von dem ersten nur dadurch, dass man der Chlorzinklösung während des Erwärmens für jede Schwelle 2 Kilogrm. Steinkohlentheeröl mit 20—25% Karbolsäuregehalt zusetzt. Bauholz aller Art und Stärke, Telegraphenstangen, Zaunpfähle, Pfähle für Wein- und Obstpflanzungen, Dachschindeln, Holzpflaster etc. können natürlich ebenfalls in solcher Weise gegen Pilze geschützt werden[2]). Die Kosten betragen für Imprägnirung mit Chlorzink allein: Eichenholz 5 M., anderes Holz 8 M., mit Chlorzink und Theeröl: Eichenholz 7,50, anderes Holz 9—10 M. pro 1 cbm.

14. Kupfervitriol.

Wirkt auf manche Schimmelpilze sowie namentlich auch auf Holz bewohnende Basidiomyceten schon in wenig-procentigen Lösungen tödtend resp. entwickelungshemmend ein. Daher wird es denn auch als Conservirungsmittel für Hölzer benutzt. So verwendet die deutsche Reichspost- und Telegraphen-Verwaltung eine 1½%ige Lösung zur Imprägnirung von Telegraphenstangen und zwar nach dem BOUCHERIE-schen Verfahren, welches darin besteht, dass man die auf einem schrägen Lager ruhenden Stangen, welche man spätestens 10 Tage nach dem Fällen oder nach vorheriger Aufbewahrung in Wasser in Behandlung nimmt, mit ihren nach oben gerichteten Fussenden in Röhren einsetzt, welche zu einem 10 m über dem Lager aufgestellten und mit der Lösung gefüllten Behälter führen. Dieselbe wird nun

[1]) Das Vorstehende ist einem Vortrage entnommen, den Herr Privatdocent Dr. G. BAUMERT im Gartenbauverein zu Halle am 10. Juli 1888 gehalten: Einiges über die Mittel und Wege, um Holz vor Fäulniss zu schützen. Auch im Folgendem habe ich diesen Vortrag mehrfach benutzt.

[2]) Das Vorstehende im Wesentlichen nach dem citirten Vortrage G. BAUMERTS.

unter ihrem eigenen Drucke von 10 m Höhe in den Stamm vom unteren Querschnitte aus eingepresst.

In der Landwirtschaft werden sehr verdünnte Kupfervitriollösungen schon seit längerer Zeit benutzt, um die den Saatkörnern anhaftenden Sporen von Brandpilzen abzutödten. Prévost erhielt bei Culturversuchen mit Getreidekörnern, die mit Brandstaub bestäubt und dann mit Kupfervitriol gebeizt worden waren, auf 4000 Aehren nur eine brandige, während die nicht gebeizten schon auf 3 Aehren eine Brandähre ergaben.

J. Kühn[1]) empfahl als das wirksamste Mittel zur Vernichtung der Brandsporen[2]) ein 12—16stündiges Einweichen der Saat in eine ½ % Lösung. Durch wiederholtes Umrühren werden die Körner mit dem Desinficiens möglichst in Berührung gebracht.

Wie ungleich sich übrigens die verschiedenen Pilze dem Kupfervitriol gegenüber verhalten, zeigt der Brodschimmel, der bekanntlich selbst auf ziemlich concentrirten Lösungen dieses Salzes noch wächst.

Neuerdings empfahl Prillieux[3]) eine Mischung von 1 Kilogrm. Kupfervitriol in 9 Liter Wasser gelöst mit 1 Kilogrm. Aetzkalk zur Besprengung der Weinstöcke als Mittel gegen die *Peronospora viticola*. Die Resultate sollen ziemlich günstige sein. Millardet empfahl 8 Kilogrm. Kupfervitriol in 100 Liter Wasser zu lösen und damit eine aus 15 Grm. Aetzkalk und 30 Liter Wasser hergestellte Kalkmilch zu mischen.

16. Quecksilberchlorid (Sublimat).

Wirkt wie auf alle anderen Organismen, so auch auf Pilze meist schon in starken Verdünnungen (1 : 1000 und weniger) giftig. Zur Vernichtung von Pilzculturen im Laboratorium reicht eine Verdünnung von 1 : 500 meist völlig aus[4]). Die Anwendung im Grossen zur Abtödtung von Schwammbildungen in Gebäuden, von Schimmelbildungen an feuchten Wänden etc. scheint, wenigstens in Deutschland, immer mehr zurückzutreten, was z. Th. auf dem hohen Preise, z. Th. aber auch auf den giftigen Wirkungen auf den menschlichen und thierischen Körper beruht. In England dagegen findet Sublimat noch ausgedehnte Verwendung zum Imprägniren (Kyanisiren) von Bahnschwellen. Hat man Wände von Wohnräumen oder Thierställen durch Abwaschen mit Sublimatlösung desinficirt, so empfiehlt es sich, dieselben mit Schwefelwasserstoff-Wasser nachzuwaschen, damit das Gift entfernt wird.

17. Alkalipolysulfide.

Man verwendet wässrige Lösungen derselben zur Bekämpfung des Weinreben-Mehlthau's *(Erysiphe Tuckeri)* namentlich in Frankreich. Die Lösungen (½ prozentig) werden durch einen Zerstäuber auf die Blätter gebracht. Nach 24 Stunden sind sie mit fein vertheiltem Schwefel bedeckt. Es wird nämlich das Alkalisulfid durch die Kohlensäure der Luft sehr bald zersetzt. Die Anwendung des pulverisirten Schwefels dürfte durch dieses Mittel vielleicht verdrängt werden, schon wegen des billigen Preises (ca. 4 Francs pro Hectar)[5]). Zur Abtödtung des Mehlthaues

---

[1]) Botanische Zeitung 1873, pag. 502.

[2]) Es handelt sich hierbei besonders um den Flugbrand *(Ustilago Carbo* und *U. Hordei)* und um den Schmierbrand *(Tilletia Caries)*.

[3]) Journ. d'agriculture 1885 t. II, pag. 731—734. Ref. in Just's Jahresber. 1885.

[4]) Doch fand Johan-Olsen, dass *Aspergillus niger* v. Tiegh. selbst 1 % Sublimat verträgt. (Just's Jahresber. 1886, pag. 475).

[5]) Annales agronomiques 1885 t. 9. Ref. in Just, Jahresber. 1885, pag. 514. Revue horticole. Paris 1885, pag. 109. Ref. daselbst. — Biedermanns Centralbl. f. Agricult.-Chem. 1885, pag. 821. Ref. daselbst.

der Rosen *(Sphaerotheca pannosa)* eignet sich nach SCHULZE eine Lösung von 1 Thl. Fünffach-Schwefelkalium in 100 Thln. Wasser.

18. Schwefelcalcium.

Wird gegen die Traubenkrankheit *(Erysiphe Tuckeri)* sowohl, als gegen den falschen Mehlthau *(Peronospora viticola)* angewandt. »Man schüttet in einen eisernen oder einen glasirten thönernen Topf 250 Grm. Schwefel und ein gleich grosses Volumen frisch gelösten Kalkes nebst 3 Liter Wasser. Nachdem dieses Gemisch etwa 10 Minuten unter häufigem Umrühren gekocht hat, lässt man dasselbe sich klären und füllt die klare Flüssigkeit auf Flaschen, die fest verschlossen werden. In diesem Zustande erhält sich die Mischung mehrere Jahre hindurch. Bei der Verwendung wird 1 Liter zu 100 Liter Wasser gesetzt und die erkrankten Stöcke damit bespritzt. Auch das Schwarzfleckigwerden der Birnen soll dadurch bekämpft werden[1]).

19. Saurer schwefligsaurer Kalk.

Zur Beseitigung von Schimmelpilzwucherungen an den Wänden der Viehställe ward von PLAUT[2]) eine wässrige Lösung von der Concentration 11° B. empfohlen.

20. Kalkmilch.

Sie ist in der Landwirthschaft vielfach benutzt worden, um die den Saatkörnern anhaftenden Brandsporen abzutödten. Doch ist der Erfolg kein so befriedigender wie bei Anwendung von Kupfervitriol (s. dieses) und daher kömmt man mehr und mehr von ihrem Gebrauche ab. Neuerdings ist Kalkmilch (3—4 %) als Mittel zur Bekämpfung der *Peronospora viticola* von BRIOSI und CERLETTI in Anwendung gebracht, wie es scheint, mit befriedigendem Erfolge. JAEGER[3]) hat die Einwirkung von Kalkmilch auf »Rosa-Hefe« geprüft. Mit rein cultivirter Hefemasse imprägnirte Seidenfäden wurden getrocknet, auf Bretter befestigt und mit Kalkmilch (1 Thl. Kalk auf 2 Thl. Wasser) ein-, zwei- oder dreimal überstrichen. Erste Aussaat der Fäden auf Kartoffeln je 2 Stunden nach dem ersten, zweiten und dritten Anstrich, zweite Aussaat am folgenden Tage. Es ergab sich, dass mit dem zweimaligen Anstrich eine vollkommen sichere Abtödtung erreicht war.

21. Chlor und Brom.

Wie FISCHER und PROSKAUER[4]) ermittelt haben, sind Chlor und Brom, in gewisser Weise angewandt, vortreffliche Mittel, um sowohl vegetative Zellen als auch Sporen der Hefe- und Schimmelpilze in ihrer Lebensfähigkeit zu vernichten. Ihre Versuche, an einer rothen »Hefe« und an *Aspergillus*-Arten ausgeführt, ergaben bezüglich des erstgenannten Stoffes, dass eine sichere Desinfection möglich ist, wenn der Chlorgehalt von 0,3 Vol. % 3 Stunden lang, resp. ein solcher von 0,04 Vol. % 24 Stunden lang auf die lufttrockenen, in nicht allzudicker Schicht vorhandenen Keime wirkt. Zur Vernichtung der Pilzsporen in geschlossenen Räumen empfehlen sie die Verwendung von 0,25 Chlorkalk und 0,25 Kilogrm. roher Salzsäure pro Cbm.

---

[1]) Nach dem Ref. SORAUERS in JUSTS Jahresber. 1883, pag. 514.

[2]) Desinfection der Viehställe. Leipzig, Vogt 1883!

[3]) Untersuchungen über die Wirksamkeit verschiedener chemischer Desinfektionsmittel bei kurz dauernder Einwirkung auf Infectionsstoffe. Arbeiten aus dem Kaiserl. Gesundheitsamt. Bd. V, Heft II.

[4]) Ueber die Desinfection mit Chlor und Brom. Mittheilungen aus dem Kaiserlichen Gesundheitsamte. Bd. II. pag. 228—308.

Bezüglich des Broms ergaben die Versuche, dass wenn die Luft mit Feuchtigkeit gesättigt ist, ein Bromgehalt derselben von 0,03 Vol. % ausreicht, um die Hefezellen und *Aspergillus*-Sporen innerhalb 2 Stunden abzutödten. Das Gleiche wurde erreicht bei einem Bromgehalt von 0,006—0,002 Vol. % und 24stündiger Versuchsdauer. (Ueber die Versuchsanordnung ist das Original zu vergleichen.)

E. Mechanische Mittel zur Abtödtung resp. Entwickelungshinderung.

Sie kommen im Allgemeinen wenig zur Anwendung. Eines der bekanntesten ist das sogen. Schwefeln mancher Culturpflanzen, die von Mehlthaupilzen (*Erysiphe*-Arten) befallen sind. Es hat sich nämlich dem Mehlthau der Weinstöcke gegenüber bewährt. Man überpudert die Nährpflanzen mit Schwefelblumen oder gepulvertem Schwefel. Nach der einen Annahme ist die Wirkung eine rein mechanische, indem das Mycelium durch die Staubmasse erstickt wird, und in der That kann man denselben Effekt nach Chretien, v. Mohl und und R. Wolff mit Chausseestaub, nach anderen mit Kohlenstaub oder Kalkstaub erreichen, trockenes Wetter vorausgesetzt. Andere sind geneigt, die chemische Wirkung des Schwefelns in den Vordergrund zu stellen, da, wie Moritz[1]) nachwies, bei Einwirkung direkten Sonnenlichts auf das Schwefelpulver schwefelige Säure entsteht. Allein es ist sehr zweifelhaft, dass die sehr geringen Mengen derselben eine abtödtende Wirkung auszuüben vermögen.

Dass mechanische Bewegung die Entwickelung der Hefe in Flüssigkeiten nicht hemmt, wurde bereits auf pag. 419 gezeigt.

Abschnitt V.

Biologie.

Die Pilze sind unfähig, die zum Aufbau ihres Zellleibes nöthige organische Substanz selbst zu produciren, weil sie in Folge von Mangel an Chlorophyllfarbstoffen Kohlensäure nicht zu assimiliren vermögen. Sie können daher nur dann zur Entwickelung kommen, wenn sich ihnen organische Substanzen von aussen her darbieten, als Nährmaterialien oder Nährsubstrate.

Die nährenden organischen Substanzen sind entweder organisirt, wie thierische und pflanzliche Körper resp. deren Theile, oder nicht organisirt, wie thierische und pflanzliche Secrete (Milch, Blattlaushonig), Infusionen oder Lösungen (z. B. Zuckerlösungen).

Pilze, welche nicht organisirte organische Körper als Nahrung (Substrat) benutzen, werden Fäulnissbewohner (Saprophyten) genannt (ein Ausdruck, der in gewissem Sinne unzutreffend ist, insofern z. B. Brot, worauf der Brotschimmel, oder geronnene Milch, worauf der Milchschimmel vegetirt, doch keineswegs durch diese Pilze in Fäulniss versetzt werden).

Diejenigen Pilze, welche ihre Nahrung aus lebenden thierischen oder pflanzlichen Organen beziehen, heissen Schmarotzer oder Parasiten, ihre Substrate Wirthe (Wirthspflanzen, Wirthsthiere).

[1]) Ueber die Wirkungsweise des Schwefelns. Landwirthsch. Versuchsstationen, 24, 1880 Heft I.

Eine scharfe Grenze zwischen Parasitismus und Saprophytismus zu ziehen ist schlechterdings unmöglich, da es einerseits Parasiten giebt, welche die Fähigkeit haben, auch bei saprophytischer Ernährung zu gedeihen (facultative Saprophyten);[1]) andererseits Saprophyten, welche bei passender Gelegenheit parasitische Angriffskraft zeigen und Krankheiten erregen können (facultative Parasiten).[2])

Mit dem Fortschritt der mycologischen Wissenschaft nimmt die Zahl derjenigen Pilze, die früher für strenge (obligate) Parasiten gehalten wurden, immer mehr ab.

Zu den ausschliesslich saprophytischen Formen (obligaten Saprophyten) gehören nach unseren derzeitigen Kenntnissen z. B. Bier- und Weinhefen, der Champignon *(Agaricus campestris)*, gewisse Coprinus-Arten und andere Hutpilze, die mistbewohnenden *Sordaria-* und *Ascobolus-*Arten u. s. w.

Gewisse Pilze treten zu anderen Pflanzen (Algen, höheren Gewächsen) in ein eigenthümliches Verhältniss, welches man mit de Bary als Symbiotismus oder Symbiose bezeichnet. Dasselbe charakterisirt sich dadurch, dass der Pilz mit dem betreffenden Gewächs eine innige Verbindung eingeht, um demselben gewisse Nährstoffe (anorganische) zuzuführen und als Gegenleistung gewisse andere Nährstoffe (organische) von ihm zu empfangen.

Nach dem Medium lassen sich die Pilze trennen in Wasserbewohner (Hydrophyten) und Luftbewohner (Aerophyten). Ausschliesslich auf das Wasserleben angewiesen sind nur gewisse Algenpilze und zwar die Mehrzahl der Chytridiaceen, die Saprolegnieen, Lagenidieen und gewisse Pythiaceen; zu den Luftbewohnern gehören fast sämmtliche höheren Pilze (Mycomyceten) und von den Algenpilzen die Mucorineen und Peronosporeen. Die Luftbewohner gedeihen zwar auch meistens in Flüssigkeiten, entwickeln aber untergetaucht höchstens nur myceliale Bildungen ohne zu fructificiren. Nur wenige Arten, wie die Vertreter der Hefepilze *(Saccharomyces)* sind im Stande, ihren ganzen Entwickelungsgang sowohl in flüssigen Medien, als an der Luft durchzumachen.

Ausschliesslicher Hydrophytismus ist der Ausdruck einer niederen Lebensstufe und nähert die hier in Betracht kommenden Formen biologisch den Algen.

Die saprophytischen wie die parasitischen Pilze wirken in der Weise auf ihre Substrate, dass sie die complicirten organischen Verbindungen derselben überführen in einfachere und einfachste (Kohlensäure, Wasser und Ammoniak). Zu ihrem Nährbedarf nehmen sie aber meist nur einen kleinen Theil dieser Umwandlungsprodukte, und so wird der bei weitem grössere disponibel für Verbindungen mit anderen chemischen Körpern.

Deshalb darf man sagen, dass die Pilze sich in sehr wesentlichem Grade an dem Stoffumsatz in der Natur (Kreislauf der Stoffe) betheiligen, und hierin liegt eine der hervorragendsten Rollen begründet, welche diese Organismen im Naturhaushalt spielen.

Eine andere mit der genannten zusammenhängende Rolle besteht darin, dass sie durch ihre ausgiebigen, wenn auch oft langsamen, zerstörenden Wirkungen, die sie im Verein mit Spaltpilzen ausführen, eine Anhäufung thierischer und

[1]) z. B. die Brandpilze, der Pilz der Kartoffelkrankheit *(Phytophthora infestans)*; der Mutterkornpilz *(Claviceps purpurea)*.

[2]) z. B. die Pinselschimmel *(Aspergillus)*, die *Sclerotinia-*artigen Becherpilze, *Arthrobotrys oligospora*.

pflanzlicher Leichen in der Natur verhindern und durch Erzeugung von Krankheit und Tod einer zu reichen Vermehrung besonders fruchtbarer Thier- und Pflanzenarten Maass und Ziel setzen.

Zu diesen Rollen sind sie befähigt durch ihre ausserordentliche Fertilität, ihre leichte Verbreitungsweise und ihre im Ganzen relativ grosse Anpassungsfähigkeit an verschiedene Substrate.

1. Saprophytismus.

Was zunächst die Wahl des Substrats anlangt, so scheint für eine grosse Anzahl von saprophytischen Pilzen jedes beliebige Substrat zur Ansiedelung geeignet zu sein, sobald es nur einigermaassen genügende Mengen oder selbst nur Spuren organischer Substanz enthält. In dieser Beziehung ist vor allen Dingen zu nennen der Brotschimmel *(Penicillium glaucum)*, der ebenso gut auf Brot, Käse, Fruchtsaft, saurer Milch, Mist, todten Blättern und Stengeln, wie auf alten Stiefeln, Kleidern, Tapeten, Tinte, ja selbst auf ziemlich concentrirten Kupfersulfatlösungen gedeiht.

Andere Saprophyten dagegen vegetiren nur auf bestimmten Substraten oder bevorzugen dieselben wenigstens. Das gilt u. A. für die Vertreter der Gattungen *Sordaria*, *Ascobolus*, *Pilobolus*, die fast ohne Ausnahme thierische Excremente bewohnen; die Russthaupilze, welche man in der heissen Jahreszeit in dem zuckerhaltigen Secret der Blattläuse und der Schildläuse auf vielen Laubbäumen im Freien, sowie auf unseren Gewächshauspflanzen antreffen wird; die *Onygena*-Arten (kleine trüffelartige Pilze), die nur auf den todten Klauen und Hörnern der Säugethiere *(O. equina* und *caprina)* oder nur auf thierischen Haaren (Gewölle, alte Filzhüte) und Federn *(O. corvina)* zu finden sind; *Otidea leporina*, ein ziemlich grosser, gelbbrauner Becherpilz, *Clavaria abietina*, ein kleiner, strauchförmiger Basidiomycet, die man immer auf faulenden Coniferennadeln anzutreffen gewöhnt ist. — Zu diesen Beispielen liessen sich natürlich noch Dutzende anderer hinzufügen.

Zahlreiche Saprophyten, man kann wohl sagen die meisten, gedeihen auf sauren Substraten besser, als auf alkalischen. Daher kommt es, dass sie auf letzteren vielfach erst dann zur Entwickelung gelangen, wenn dieselben zuvor durch Spaltpilzvegetation sauer geworden sind. Das gilt z. B. für manche unserer gewöhnlichsten Schimmel, wie den Brotschimmel *(Penicillium glaucum)*, den Milchschimmel *(Oidium lactis)* etc. Treten auf saurem Substrat Schimmel- und Spaltpilze gleichzeitig auf, so gewinnen erstere fast immer die Oberhand. Sie können im Allgemeinen auch viel höhere Concentration der Nährlösung ertragen, als die Spaltpilze. Man hat daher in der Ansäuerung und in der Erhöhung der Concentration ein wirksames Mittel, um die Conkurrenz der Spaltpilze zu verhindern. Auf alle solche Verhältnisse hat bereits NAEGELI[1]) früher aufmerksam gemacht, und heutzutage werden sie wohl in jedem Laboratorium berücksichtigt.

Was sodann die Wirkungen der Saprophyten auf ihre Substrate anbetrifft, so werden feste pflanzliche oder thierische Theile, wie Stengel, Blätter, Hölzer, Häute oder aus solchen Theilen hergestellte Kunstprodukte, wie Kleider, Stiefeln, Hüte durch die Pilzvegetation in einen Zustand versetzt, den man als Vermorschung, Vermoderung, Trockenfäule oder Nassfäule zu bezeichnen pflegt, je nachdem die betreffenden Gegenstände in trockene, leicht zerbröckelnde oder

---

[1]) Die niederen Pilze in ihren Beziehungen zu den Infectionskrankheiten.

zerreibliche, zunderartige, oder (seltener) in weiche, schmierige Massen umgewandelt werden.[1] Im ersteren Falle nehmen die betreffenden Gegenstände, namentlich Hölzer, Pflanzenstengel, Brot, alte Kleider den bekannten Pilz-Modergeruch an.

Ueber die genaueren, d. h. chemischen Vorgänge bei solchen Prozessen wissen wir noch wenig.

Bezüglich der Zersetzung von gelösten organischen Substanzen liegen mehrfache genauere Untersuchungen vor, die in den Abschnitten über Gährungen und Spaltungen des Nährmaterials behandelt sind.

2. Parasitismus.

A. Uebertragung infectiöser Pilzkeime.

Sie wird im Allgemeinen durch eine ganze Reihe verschiedener Faktoren vermittelt. Die grösste Rolle unter diesen spielt wohl die bewegte Luft, durch welche namentlich die Sporen der Mehlthau-, Rost- und Brandpilze, sowie der Peronosporeen überall hin zerstreut werden, um dann als Staub auf die betreffenden Nährpflanzen niederzufallen.

Das Wasser vermittelt vorzugsweise die Verbreitung der Schwärmsporen echt parasitischer Chytridiaceen und Ancylisteen, sowie der fakultativ parasitischen Saprolegniaceen, also aller derjenigen Pilze, welche Wasserpflanzen (besonders Algen) und Wasserthiere in so häufiger Weise befallen. Auch Regen- und Thautropfen vermitteln die Infection vielfach, indem sie die Keime aus der Luft niederschlagen und von Pflanze zu Pflanze, von Blatt zu Blatt führen. Bekanntlich werden die Conidien der Kartoffelkrankheit (*Phytophthora infestans*) durch Regentropfen leicht von Blatt zu Blatt und schliesslich auch zur Knolle hingeführt. Auch die Keime der *Cordyceps*- und *Entomophthora*-Arten, welche oft so extensiv auftretenden Infectionskrankheiten hervorrufen, können durch tropfenden Regen, wie man beobachtet hat, leicht von den kranken auf noch gesunde Thiere übertragen werden.

Als Transporteure infectionstüchtiger Keime sind ferner die Insekten bekannt, sowohl die kriechenden als ganz besonders auch die fliegenden. An ihren Körper hängen sich, zumal wenn er behaart ist, die Sporen der pflanzenbewohnenden Parasiten leicht an, um dann auf anderen Pflanzen wieder abgestreift zu werden. Auf diese Weise werden z. B. die Conidien des Mutterkorns durch einen Käfer (*Cantharis melanura*) sowie durch Fliegen, welche den Zuckersaft der Conidien aufsuchen, von einer Roggenähre auf die andere übertragen. Dass auch grössere Thiere, wie das Wild, das durch die Felder streift, zur Verbreitung der Rost-, Brand-, Mehlthausporen etc. wesentlich beitragen können, ist jedenfalls sicher anzunehmen.

Endlich dient der Verschleppung und Uebertragung von Pilzkrankheiten der Pflanzen, Thiere und des Menschen selbst) der menschliche Verkehr. Von dem Rostpilz der Malven (*Puccinia malvacearum*) hat man früher in Deutschland und dem übrigen Europa nichts bemerkt, während er sich seit etwa 20 Jahren bei uns mehr und mehr verbreitet. In Chile einheimisch, scheint er auf dem Handelswege nach Europa gekommen zu sein.

---

[1]) Es ist übrigens noch sehr fraglich, ob bei der Nassfäule nicht gerade Spaltpilze das Wesentliche sind, jedenfalls dürften sie bei dergleichen Prozessen immer vorhanden sein, meistens siedeln sie sich reichlich an.

Dass in den Haarschneidestuben durch nicht desinficirte Kämme, Bürsten Scheeren, Haar- und Hautkrankheiten wie Herpes, Favus leicht von einem Individuum auf das andere zur Uebertragung gelangen, ist nur zu wohl bekannt.

Bedingungen für eine besonders schnelle und sichere Uebertragung infectiöser Pilzkeime sind natürlich: dichtes Zusammenwachsen von Pflanzen (Colonieenbildung bei den Algen), dichtes Zusammenleben von Thieren derselben Art, wie es namentlich bei massenhafter Insektenvermehrung vorkommt, enge Berührung zwischen kranken und gesunden Individuen.

Fliegen und Käfer inficiren sich nach Peyritsch mit Laboulbenien bei dem Begattungsakte. Würmer und Raupen stecken sich beim Hinkriechen über pilzkranke Individuen an. Die Raupen der Forleule und anderer Schmetterlinge fressen nach Bail ausserdem häufig noch ihre an *Entomophthora* verendeten Brüder an und bringen so die Sporen dieses Pilzes in ihren Darmkanal, von wo aus die Infection leicht erfolgt.

Die in Colonieen zusammenlebenden Zellen mancher grünen Faden-Algen, Phycochromaceen, Diatomeen, Desmidien werden in Folge der dichten Zusammenlagerung oft binnen relativ kurzer Zeit so zahlreich befallen, dass nur relativ wenige Individuen oder Zellen intakt bleiben.

Man glaubte früher, dass die ansteckenden Keime immer nur von Pflanze zu Pflanze, resp. von Thier zu Thier übertragen würden. Allein wie ich neuerdings nachwies, können pflanzliche Krankheiten auch auf Thiere übertragen werden. Der einzige bisher bekannte Fall lehrt, dass eine Chytridiacee (*Rhizophyton gibbosum* Z.), welche gewisse Desmidien abtödtet, auch in Räderthiereier eindringen und diese in grossem Maasstabe vernichten kann.

B. Mittel und Wege der Infection.

Das wichtigste, fast allgemein zur Anwendung kommende Infectionsmittel ist der Keimschlauch (pag. 273). Er dringt entweder unmittelbar in die Zellen ein, diese durchbohrend oder mittelbar, indem er Seitenästchen entwickelt, welche als Haustorien (s. pag. 279) in die Wirthszellen hineinwachsen, wie es z. B. bei den Mehlthaupilzen (Erysipheen) der Fall ist. Die Schwärmsporen der Chytridiaceen inficiren Algenzellen etc. in der Weise, dass sie, nachdem sie sich mit Haut umgeben haben, eine äusserst feine Ausstülpung durch die Wirthswand hindurchtreiben, die dann am Ende gewöhnlich erst blasenartig aufschwillt, bevor sie sich zum Mycel, wenn überhaupt ein solches entsteht, entwickelt.

Die Keimschläuche mancher fakultativen Parasiten dringen unter Umständen erst dann in die Wirthszellen ein, wenn sie bereits zu Mycelien erstarkt sind (Sclerotinien).

Eigenthümlicherweise besitzen manche Parasiten kein Infectionsmittel im genannten Sinne, verzichten daher auch auf jegliches Eindringen und heften sich den Wirthszellen bloss äusserlich an. Solche Pilze nennt man Epiphyten, während die anderen, in den Wirth wirklich eindringenden, Entophyten heissen.

Der Epiphytismus stellt eine ziemlich seltene Erscheinung dar[1]), insofern er bisher nur für gewisse auf Pilzfäden schmarotzende Mucoraceen (*Chaetocladium*-Arten) von Brefeld[2]), die das Chitinskelet gewisser Insekten bewohnenden La-

---

[1]) Von den so zahlreichen Flechtenpilzen, die sich den Algen von aussen anheften, ist hier nämlich abgesehen.

[2]) Schimmelpilze, Heft I.

boulbeniaceen von PEYRITSCH und die auf den Fäden von *Isaria*-Arten (es sind dies Insekten bewohnende Pilze) schmarotzende *Melanospora parasitica* seitens KIHLMANN's (l. c.) constatirt wurde.

Während aber die Fäden der *Melanospora* und *Isaria* an der Berührungsstelle nicht in offene Verbindung treten, wird eine solche bei *Chaetocladium* thatsächlich hergestellt, indem die trennende Membran an der Berührungsstelle resorbirt wird.

Als Eindringstellen in den pflanzlichen Körper wählen manche Entophyten ausschliesslich die natürlichen Oeffnungen der Oberhaut, indem sie ihre Keimschläuche in den Spalt des Spaltöffnungsapparates hineinsenden (KÜHN's *Sporidesmium exitiosum*); andere durchbohren stets direkt die Epidermiszellen, was z. B. bei dem Pilz der Kartoffelkrankheit (*Phytophthora infestans*) der Fall ist, noch andere benutzen beiderlei Infectionsweisen (z. B. *Exobasidium Vacinii*, *Cystopus candidus*).

Die sogen. Wundparasiten siedeln sich an Wundstellen der Pflanzenorgane an, werden hier zunächst wohl saprophytisch sich entwickeln, dringen dann aber mit parasitischem Angriff auf die an die Wunde stossenden Gewebe vor (z. B. *Nectria*-Arten, manche baumbewohnenden Basidiomyceten).

Das wichtigste Eintrittsthor für infectiöse Pilze in den thierischen und menschlichen Körper bildet der Mund. Von hier aus können die Keime (es handelt sich vorzugsweise um Schimmelpilzsporen), durch den Inspirationsstrom auf die Schleimhäute des Mundes und der Luftröhre, sowie in die Lunge gelangen, andererseits mit der aufgenommenen Nahrung auf die Schleimhäute von Mundhöhle, Magenwand und Darmwand.

So werden z. B. mit der Muttermilch die an der Brustwarze sich ansiedelnden Keime des *Oidium albicans* (Soorpilz) auf die Schleimhäute der Mundhöhle von Säuglingen (des Menschen, der Katzen und Hunde) gebracht, wo sie sich zu den sogenannten Schwämmchen entwickeln. Die Sporen von WETTSTEIN's *Rhodomyces Kochii*, eines rothen Schimmels, der sich auf den Magenwänden etablirt und, wie es scheint, das Soodbrennen veranlasst, gelangen offenbar mit den Speisen in den Magen.

Nach vielfachen neueren Erfahrungen kann es nicht mehr zweifelhaft sein, dass auch die Keime der als »*Actinomyces*« bezeichneten Pilzform mit der Nahrung in den Verdauungstractus geführt werden und von hier aus in die Organe eindringen.

BREFELD's Fütterungsversuche mit Sporen der *Entomophthora radicans*, an Raupen des Kohlweisslings angestellt, haben unzweifelhaft ein Eindringen vom Darmrohr aus ergeben.

Die Infection von kleinen Krebsen (Daphnien) durch die *Monospora cuspidata* METSCHNIKOW's, eines Hefepilzes, erfolgt in der Weise, dass die durch die Mundöffnung aufgenommenen nadelförmigen Sporen dieses Pilzes sich durch die Darmwand hindurch bohren.

Das Eindringen der eingeathmeten Keime *Aspergillus*- oder *Actinomyces*-artiger Schimmel[1]) kann in jedem Theile des Athmungssystems geschehen und scheint am häufigsten an den Schleimhäuten der Trachea und in den Lungenalveolen zu erfolgen (wie man auch aus der weiter unten gegebenen Uebersicht der

[1]) Ich rechne *Actinomyces* vorläufig noch den ächten Pilzen zu, da mir die Ansicht BOSTROEMS von der Spaltpilznatur dieser Bildungen noch nicht völlig sicher gestellt zu sein scheint.

thierischen Krankheiten ersehen wird). Ob infectiöse Pilzkeime etwa auch von den Tracheenöffnungen (Stigmata) aus in den Insektenkörper Eingang finden, blieb bisher unermittelt.[1])

Von sonstigen natürlichen Eingangspforten für Schimmelpilze in den menschlichen und thierischen Körper ist noch die Ohröffnung hervorzuheben.

Die Hautpilze können, wie es scheint, an den verschiedensten unverletzten Stellen der Körperhaut eindringen resp. die Haare befallen. Auch die Sporen von *Entomophthora radicans* dringen nach BREFELD's[2]) Experimenten durch die intacte Haut in Kohlweisslings-Raupen ein.

Pilze, welche die Eier der Vögel, namentlich auch die Hühnereier, befallen, scheinen ihre Keimschläuche resp. Mycelfäden zum Theil durch die Poren der Eischale, zum Theil aber auch durch andere Stellen derselben hindurchzusenden.

Wie bei den Pflanzen, so werden wohl auch bei Thieren und beim Menschen Pilzinvasionen von Wunden aus erfolgen können. Experimentell freilich scheint die Sache noch nicht geprüft zu sein. Doch ist es sehr wahrscheinlich, dass z. B. *Actinomyces* von Wunden des Mundes, Magens oder Darmes aus in benachbarte Organe eindringt, und einige Forscher halten selbst dafür, dass dieser Pilz in Wunden der Haut geeignete Eintrittspforten findet.[3])

Während man die Invasionsstellen derjenigen Pilze, welche den Leib von Pflanzen und niederen Thieren befallen, im Ganzen ziemlich genau kennt, resp. durch das Experiment unschwer ermitteln kann, ist für manche Mycosen der höheren Thiere und namentlich auch des Menschen eine sichere Feststellung des Ortes, wo das Eindringen in den Körper erfolgt, kaum möglich (z. B. bei primärer Actinomycose des Gehirns).

Von dem Infectionspunkte aus verbreiten sich die fädigen Elemente oder Sprosszellen des Parasiten entweder in der Weise, dass sie nur zwischen den Wirthszellen (intercellular) verlaufen, und dann senden sie gewöhnlich, wie es z. B. bei den Peronosporeen der Fall ist, Haustorien (pag. 279.) in die Zellen selbst hinein, oder so, dass sie die Wirthszellen und deren Intercellularräume nach allen Richtungen durchsetzen (intracellulärer Verlauf), was z. B. für Rostpilze, Mutterkornpilz *(Claviceps)*, die Insekten bewohnenden Schmarotzer aus den Gattungen *Cordyceps* und *Entomophthora* etc. zutrifft.

C. Wahl des Wirthes. — Wahl der Organe.

Zahlreiche Parasiten bewohnen nur eine einzige Wirthsspecies. So lebt *Empusa Muscae* nur auf unserer Stubenfliege, *Laboulbenia Baeri* ebenfalls nur auf diesem Thier, *Melampsora Padi* nur auf *Prunus Padus*, *Phragmidium carbonarium* (SCHLTD.) nur auf *Sanguisorba officinalis*, *Ustilago echinata* nur auf *Phalaris arundinacea*, *Entyloma Aschersonii* nur auf *Helichrysum arenarium*, *Zopfia rhizophila* nur auf *Asparagus*.

Andere Schmarotzer wählen wenigstens einige oder alle Vertreter einer Gattung. In dieser Beziehung sind zu nennen: *Uromyces Geranii* auf verschiedenen Geranien, *Puccinia Porri* auf vielen *Allium*-Species, *Phragmidium Potentillae* auf verschiedenen *Potentilla*-Arten, *Chytridium Olla* A. BR. auf manchen Oedogonien.

---

[1]) Die DE BARY'sche Angabe (Morphol. pag. 388), dass die Keimschläuche der Conidien von *Cordyceps militaris* in die Stigmen von Raupen eintreten, bedarf, wie der Autor selbst hervorhebt, noch der Revision.

[2]) Untersuchungen über die Entwickelung von *Empusa*. Halle, 1871, pag. 18 ff.

[3]) Man vergleiche die Literatur in BAUMGARTEN's Jahresberichten 1885—1887.

Noch andere dehnen ihre Wirthswahl schon auf verschiedene Gattungen desselben Verwandtschaftskreises (Familie) aus: so *Ustilago violacea* die in den Blüthen von *Dianthus-*, *Silene-* *Melandryum-*Arten, *Saponaria officinalis, Viscaria vulgaris, Coronaria flos cuculi* etc. lebt; *Cystopus candidus*, der die verschiedensten Cruciferen *(Capsella Bursa pastoris, Alliaria officinalis, Coronopus Ruellii, Cochlearia Armoracia, Lepidium-, Brassica-, Raphanus-*Arten etc.) befällt; *Protomyces macrosporus*, welcher sich auf einer Anzahl von Umbelliferen *(Aegopodium Podagraria, Heracleum Sphondylium, Meum Mutellina, Anthriscus vulgaris* und *silvestris*, *Chaerophyllum hirsutum)* ansiedelt; *Erysiphe Graminis*, die auf sehr zahlreichen Gräsern den Mehlthau bildet; das Mutterkorn sowie *Epichloe typhina*, welche ebenfalls viele Gräser aus verschiedenen Gattungen bewohnen. *Puccinia Hieracii*, deren Angriff auf eine Menge von Compositen aus den Gattungen *Hieracium, Picris, Cirsium, Carduus. Carlina, Centaurea, Lappa, Serratula, Cichorium, Leontodon, Scorzonera, Hypochaeris, Achyrophorus, Crepis, Taraxacum* constatirt wurde. In dieser Beziehung sehr bekannt sind namentlich auch die meisten Arten von *Peronospora* (im weiteren Sinne).

Wiederum andere Pilze dehnen ihren Angriff auf verschiedene Familien einer Gruppe aus: so die sowohl auf Schmetterlingen als auf Käfern schmarotzende Muscardine *(Botrytis Bassiana)*; *Erysiphe communis*, welche Compositen, Scrophulariaceen, Polygoneen, Ranunculaceen, Geraniaceen, Dipsaceen, Convolvulaceen und andere Dicotylen befällt; *Sclerotinia sclerotiorum*, die alle möglichen Monocotylen und Dicotylen heimsuchen kann. Solche in ihrer Wirtswahl so wenig beschränkte Arten, wie die beiden letztgenannten, pflegt man auch als vagante Parasiten zu bezeichnen.

Die Parasiten befallen entweder alle Organe eines Körpers (oder doch möglichst viele) oder sie bleiben auf ganz bestimmte Theile beschränkt. In jenem Falle spricht man von Allgemein-Mycosen, in diesem von lokalisirten Mycosen. Erstere verlaufen, wenigstens bei niederen Thieren und Pflanzen meist tödtlich; letztere afficiren den Gesammtorganismus meist wenig oder gar nicht, sind bei Thieren sogar meistens heilbar (durch die Reactionen des Organismus selbst oder durch Arzneien resp. operative Eingriffe), bei Pflanzen in seltensten Fällen zu heilen, höchstens zu beschränken.

Die spontanen Pilzkrankheiten der höheren Thiere und des Menschen bleiben fast durchweg lokalisirt: so die weiter unten aufgeführten *Aspergillus*-Mycosen der Vögel, welche sich auf die Respirationsorgane beschränken; alle durch ächte Pilze hervorgerufenen Hautaffectionen der höheren Thiere und des Menschen ,die nur bestimmte Haut- resp. Haarbezirke ergreifen, wie *Favus, Herpes, Tinea Galli*; die Schwämmchenkrankheit der Säuglinge, die nur auf die Schleimhäute der Mundhöhle sich erstreckt; die *Actinomyces*-Mycosen von Mensch und Thier.

Doch lassen sich mit gewissen Pilzen, die spontan lokalisirt auftreten, bei künstlicher Einverleibung grosserer Mengen von deren Sporen auch Allgemein-Mycosen erzeugen, was namentlich für *Aspergillus-* und *Mucor*-Arten gilt.

Dagegen tragen die Mycosen der niederen Thiere im Ganzen den Charakter tödtlicher Allgemein-Infectionen. Für die einzelligen (z. B. Monadinen, Euglenen, Infusorien) gilt dies selbstverständlich ohne jede Einschränkung, aber auch Würmer und Gliederthiere werden mit wenigen Ausnahmen total befallen und vernichtet. Ich erinnere nur an die Schimmelpilz- und Sprosspilzkrankheiten der Daphnien, Anguillulen, Regenwürmer, Räderthiere und namentlich auch an die *Entomophthora*-, Muscardine-, *Cordyceps*-Krankheiten der Mücken, Fliegen, Käfer und Schmetterlinge, die weiter unten näher berücksichtigt wurden. Zu jenen Ausnahmen gehört die Laboulbenien-Infection der Dipteren und Käfer, die nur auf das Chitinskelet und hier wiederum vorzugsweise auf gewisse Bezirke beschränkt erscheint.

Was die Schmarotzer der höheren Pflanzen anbetrifft, so durchwuchern auch diese nur in relativ wenigen Fällen den ganzen Organismus, wie es z. B. seitens der *Sclerotinia sclerotiorum* und der *Phytophthora omnivora* der Fall ist (namentlich wenn diese an Keimpflanzen auftritt).

In der überwiegenden Mehrzahl der Fälle durchwuchert der Pilz nur wenige Organe, resp. nur ein einziges.

So ist der Parasitismus des Mutterkorns, soweit bekannt, streng auf den Fruchtknoten von Gräsern und Cyperaceen lokalisirt. *Sclerotinia Batschiana* Zopf entwickelt sich nur in den Cotyledonen der Eichel.

Das Mycel einer Spore des Malvenrostes *(Puccinia Malvacearum)* beschränkt sich bloss auf einen ganz kleinen Theil des Blattes resp. Stengels dieser Nährpflanze (nach Magnus und Reess).

Allbekannt ist, dass die Mehlthaupilze (Erysipheen) nur (mit ihren Haustorien) in die Epidermis eindringen (Oberhautparasiten), gewisse *Exoascus*-Arten sogar nur zwischen Cuticula und Wandung der Epidermiszellen vegetiren, während *Protomyces macrosporus* und Verwandte nur im Grundgewebe ihrer Nährpflanzen sich entwickeln (Grundgewebsparasiten).

Genaue Untersuchungen über den Ausdehnungsbezirk der Mycelien der meisten Parasiten höherer Pflanzen fehlen übrigens zur Zeit noch.

Die Pilzkrankheiten der niedersten mehrzelligen Pflanzen tragen entweder den Charakter von Allgemein-Mycosen, oder sie sind nur auf einzelne Zellen beschränkt. Ein exquisites Beispiel letzterer Art ist *Chytridium Olla* A. Br., das immer nur die Oosporen gewisser Fadenalgen (Oedogonien) befällt. Einzellige Algen (Diatomeen, Desmidien, Palmellaceen etc.) werden von Chytridiaceen natürlich immer total vernichtet.

Es giebt ferner eine ganze Summe von Pilzen, welche in ihren Wirth oder ihr Wirthsorgan stets nur dann eindringen, wenn sich dieselben in einem ganz bestimmten Altersstadium befinden. Ist dieses Stadium bereits überschritten, so findet keine Infection mehr statt.

Als bekannteste Beispiele in dieser Beziehung verdienen erwähnt zu werden der Mutterkornpilz, der immer nur in die jüngsten Zustände der Gras-Fruchtknoten einwandert, weiter vorgeschrittene aber nicht mehr zu befallen vermag; ferner der weisse Rost *(Cystopus candidus)*, der, um in Cruciferen zur Entwickelung zu gelangen, nach de Bary in die Keimpflanze, speciell die Cotyledonen eindringen muss. Ist dieses Keimstadium vorüber, so kann zwar der Pilz auch noch in dieses oder jenes oberirdische Organ eindringen, aber er kommt hier nur zu spärlicher Entwickelung und geht schliesslich meist zu Grunde. Aehnlich verhält sich *Phytophthora omnivora* gegenüber den Pflanzen der Buche etc., während die ihr so nahestehende *Phytophthora infestans* (Kartoffelkrankheit) auch ältere Organe (Blätter, Knollen) der Kartoffel befallen kann.

Die näheren Gründe, warum jeder Entophyt oder Epiphyt immer nur mit gewissen Thieren oder Pflanzen, resp. immer nur mit gewissen Organen und gewissen Altersstadien derselben in parasitische Beziehungen tritt, sind im Ganzen noch unaufgeklärt. Einerseits mögen ganz bestimmte Stoffe in den Organismen nöthig sein, um die Parasiten zum Angriff zu reizen[1]), und diese Stoffe müssen in den verschiedenen Wirthen verschieden sein. Andererseits werden die verschiedenen Pilze verschiedene Stoffe produciren, von denen sich die einen nur zum Angriff auf diesen, die andern nur zum Angrifi auf jenen Organismus eignen mögen. Jedenfalls dürften zum Zustandekommen des Parasitismus immer besondere chemische und physikalische Eigenschaften des Angreifers sowohl als des anzugreifenden Organismus oder Organs zusammenwirken.

Manche Racen von Pflanzen oder Thieren werden leichter und häufiger oder auch gar nicht von Parasiten befallen, während andere sehr darunter zu leiden haben. Man sagt dann, letztere sind mehr zu Pilzkrankheiten geneigt (disponirt, prädisponirt). Die Prädisposition kann innere Ursachen haben, deren Natur schwer zu ermitteln ist, oder durch äussere Verhältnisse verursacht sein, wie z. B. reichliche Feuchtigkeitszufuhr,[2]) oder in anatomischen Verhältnissen, z. B. stärkere Cuticularisirung der Epidermis, stärkere Peridermbildung etc. begründet liegen.

D. Wirkungen des Pilzparasitismus auf den Pflanzen- und Thierkörper.

1. Hypertrophische Wirkungen.

Dieselben beruhen zum Theil auf der Einwirkung nicht näher bekannter, seitens der Schmarotzer ausgeschiedener Stoffe, welche als chemische Reize auf die Zellen des Nährwirths einwirken, zum Theil mögen sie auf mechanischen Reizen basiren, hervorgerufen dadurch, dass Mycelfäden die Zellwandungen durchbohren, Haustorien ihre saugenden Wirkungen ausüben, oder Sporenbildungen im Gewebe einen Druck auf benachbarte Zellen verursachen etc.

Die Folgen solcher Reizwirkungen machen sich entweder nur in mehr oder minder starker Vergrösserung der Wirthszellen, oder in lebhafter Theilung derselben bemerkbar, die oft noch nebenher mit einer Vergrösserung verbunden ist.

Wenn sich die hypertrophische Wirkung auf ganze Gewebstheile erstreckt spricht man von Gewebehypertrophieen.

In seltneren Fällen ergreifen sie als totale Hypertrophieen den ganzen Wirthsorganismus (so werden z. B. junge Sprosse von *Euphorbia Cyparissias* durch die Accidienform von *Uromyces Pisi* oft in allen Theilen dick und fleischig), meist sind sie jedoch auf einzelne Theile von Wurzeln, Stengeln, Blättern, Blüthenorganen lokalisirt (partielle Hypertrophie), dann aber der Regel nach um so voluminöser und charakteristischer, bisweilen sogar sehr sonderbar gestaltet.

Da sie äusserlich den durch thierische Parasiten hervorgerufenen »Gallen« mehr oder minder ähnlich — oft sogar täuschend ähnlich — sehen, so hat man sie auch als Pilzgallen (*Mycocecidien* THOMAS) bezeichnet.

Dass das Auftreten solcher Pilzgallen an Pflanzen meist Torsionen, Verkrümmungen, Faltungen, Kräuselungen, Einrollungen der befallenen Wirthsorgane zur Folge hat, ist nicht zu verwundern. Mitunter nehmen ganze Organe, ja ganze Pflanzen dadurch den Charakter von Missbildungen (Deformationen) an.

---

[1]) Dies haben namentlich die Untersuchungen W. PFEFFER'S in hohem Grade wahrscheinlich gemacht (Unters. aus d. bot. Institut Tübingen. Bd. I. Heft 3.)

[2]) Es ist bekannt, dass Gräser und andere Pflanzen, welche bei der Aussaat reichlich mit Brandpilzsporen inficirt wurden, nicht brandig werden, wenn in dem Jahre grosse Trockenheit herrscht, während bei steigendem reichlichen Feuchtigkeitsgehalt des Bodens oft jedes Individuum befallen wird.

Auffälligere Gallenbildungen rufen hervor: Zwei Brandpilze, *Entyloma Ascher-sonii* und *Magnusii* (ULE), indem sie etwa Erbsen- bis Wallnuss-grosse Auswüchse an den Wurzeln und (unteren) Stengeltheilen von *Helichrysum arenarium* und *Gnaphalium luteo-album* verursachen; *Protomyces macrosporus*, der an Blattstielen, Blattrippen und Stengeln von Umbelliferen, namentlich *Aegopodium Podagraria* mehr oder minder grosse schwielenförmige Anschwellungen bewirkt (Fig. 43, *A*); *Urocystis Violae*, ein Brandpilz, der an unserm Gartenveilchen schmarotzend dessen Blattstiele und Blattnerven oft stark schwielig auftreibt; *Calyptospora Göppertiana* KÜHN, durch deren Einfluss die sonst dünnen Stengel der Preisselbeeren in federkieldicke Gebilde umgewandelt werden, während auf derselben Wirthspflanze *Exobasidium Vaccinii* auffällige dicke Polsterbildungen an den Blättern, zum Theil auch an Stengeln und Blüthen hervorruft; *Cystopus candidus*, der die Blüthentheile (namentlich auch den Fruchtknoten) von *Raphanus Raphanistrum* und anderen Cruciferen oft in erhebliche Anschwellung und Streckung versetzt.

Zu den auffälligsten Erscheinungen in der Reihe der Pilzgallen-Bildungen gehören ohne Zweifel die erbsen- bis wallnussgrossen saftigen und schön rothgefärbten Auswüchse, welche man an den Blättern der Alpenrosen *(Rhododendron ferrugineum)* nicht selten antrifft und von *Exobasidium Rhododendri* FCKL. hervorgerufen werden; sowie auch besonders die bis Decimeterlangen keulenförmigen oder hirschgeweihartigen Wucherungen, welche auf den Canaren am Stamme des *Laurus canariensis* in Luftwurzeln täuschend ähnlicher Form gefunden werden und gleichfalls einem *Exobasidium* ihre Entstehung verdanken[1]), endlich sind hier auch hervorzuheben die bis 2 Centim. langen keuligen oder bandförmigen Gallen, welche *Exoascus Alni* an den Zapfenschuppen der Erlen durch starke Hypertrophie derselben hervorruft.

Im Grunde sind auch die im thierischen Körper durch Schimmelpilze hervorgerufenen Tumoren- und Knotenbildungen, wie sie z. B. bei *Actinomyces*-Erkrankungen der Kiefern des Rindes oder bei *Aspergillus*-Mycosen in Nieren, Lungen der Kaninchen, Vögel u. s. w. auftreten, von den Pilzgallen des pflanzlichen Körpers in nichts verschieden und könnten daher ebensogut wie diese als *Mycocecidien* bezeichnet werden.

2. Metamorphosirende Wirkungen.

Sie kommen im Ganzen selten vor. DE BARY[2]) beobachtete, dass in den Blüthen von *Knautia arvensis* seitens der *Peronospora violacea* die Staubfäden öfters in schön violette Blüthenblätter umgewandelt werden, wodurch dann gefüllte Blüthen entstehen. Häufiger sind an den Blüthen von Cruciferen, namentlich *Raphanus Raphanistrum* Erscheinungen zu beobachten, welche darin bestehen, dass durch den weissen Rost *(Cystopus candidus)* die Blumenblätter und Staubgefässe in grüne, allerdings meist sehr deformirte Blattgebilde umgewandelt werden (Vergrünung). Wir haben hier also ähnliche Erscheinungen vor uns, wie sie auch von thierischen Parasiten (z. B. Gallmilben) hervorgerufen werden.

3. Erzeugung von Neubildungen.

Einige auf Laub- und Nadelhölzern schmarotzende Pilze rufen an manchen Trieben eine so übermässig reiche Sprossbildung hervor, dass solche Triebe gewöhnlich den Charakter kleiner Sträucher annehmen und von den Forstleuten

---

[1]) Vergl. GEYLER, Bot. Zeit. 1874, pag. 321, Taf. VII.

[2]) Morphol. pag. 395.

als »Hexenbesen« bezeichnet wurden. Bekannt sind dergleichen Bildungen von der Weisstanne, wo sie durch einen Rostpilz *(Aecidium elatinum)* veranlasst werden, ferner von der Hainbuche, hier entstehend in Folge der Vegetation von *Exoascus Carpini* Ericks. und endlich von einigen *Amygdalaceen*, wie *Prunus avium*, *Cerasus*, *Chamaecerasus*, wo sie nach Rathay von *Exoascus deformans* f. *Cerasi* Fkl. *(Exoascus Wiesneri* Rathay*)*, *Prunus insititia*, wo sie nach Sadebeck von *E. Insititiae* Sad., *Persica vulgaris* und *Amygdalus communis*, wo sie nach Rathay durch *Exoascus deformans* Fkl. entstehen. Auch auf der Birke kommen solche Bildungen vor, hervorgerufen seitens des *E. turgidus* Sad.[1])

Nach Becker und Cornu[2]) werden die Blüthen brandkranker Pflanzen von *Lychnis diurna* hermaphrodit, während sie sonst bekanntlich diöcisch sind.

4. Pseudomorphosen-Bildungen und Mumificationen.

Wenn ein Parasit ein Organ des Wirthes derartig durchwuchert, dass dasselbe vollständig in Pilzmasse umgewandelt wird, ohne jedoch seine ursprüngliche Gestalt wesentlich zu verändern, so entsteht eine Pilz-Pseudomorphose. Das Mutterkorn-Sclerotium z. B. ist eine Pseudomorphose des Roggenkorns, das Sclerotium von *Sclerotinia Batschiana* Zopf eine Pseudomorphose der Eichel-Cotyledonen, das Sclerotium von *Sclerotinia Vaccinii* Woronin eine Pseudomorphose der Preisselbeerfrucht. In Rücksicht auf die leder- oder hornartige Beschaffenheit solcher Bildungen spricht man wohl auch von einer Mumification der betreffenden Pflanzenorgane.

Auch gewisse thierbewohnende Pilze bewirken Mumification, so nach Cohn *Tarichium megaspermum*, das die Raupen der Saateule *(Agrotis segetum)* und *Entomophthora radicans*, die namentlich, wenn sie Dauersporen bildet, nach Brefeld die Kohlraupen in Mumien umwandelt.

5. Destruirende Wirkungen.

Die destruirenden Wirkungen der Parasiten auf den Wirth äussern sich entweder ausschliesslich darin, dass nur der Inhalt der Zellen zerstört wird, oder es wird ausser dem Inhalt auch die Membran angegriffen.

Zu den Pilzen, welche bloss den Zellinhalt zerstören, gehören die meisten Chytridiaceen, welche in Algen, Pilzen, Thieren und höheren Pflanzen schmarotzen, ferner die in *Mucor*-Arten eindringenden Piptocephalideen, Syncephalideen, Chaetocladiaceen, ausserdem die in Algen lebenden Lagenidieen, die in höheren Pflanzen schmarotzenden Peronosporeen, Pythiaceen, Protomyceten, die meisten Exoasci, die Erysipheen, Exobasidium u. A.

Sie alle kommen darin überein, dass sie Zellkerne, Plasma, Stärke, Paramylum, Pyrenoïde, Fett, Gerbstoffe, Farbstoffe etc. mehr oder minder vollständig zersetzen und ganz oder theilweis aufzehren. Ueber die Produkte, welche bei den Zerstörungen dieser organisirten und unorganisirten Substanzen entstehen, wissen wir im Ganzen noch wenig. Thatsache ist, dass die plasmatischen Theile der Wirthszellen von gewissen Parasiten in Fett umgewandelt werden (fettige Degeneration), was nach meinen Beobachtungen z. B. für Isoetes-Sporen, die

---

[1]) Näheres über Hexenbesen und deren Literatur in den Handbüchern der Pflanzenkrankheiten von Frank, von Sorauer, dem Handbuch der Baumkrankheiten von Hartig.

[2]) Vergl. Sorauer, Pflanzenkrankheiten. II, pag. 209.

von *Rhizophidium Sphaerotheca* Z., sowie für Anguilluliden gilt, welche von *Arthrobotrys oligospora* FRES. befallen werden. Wie R. HARTIG ermittelte, wird ein Theil des Inhalts der Kiefernzellen vom Kiefern-Blasenrost *(Peridermium Pini)* in Terpentinöl umgewandelt.

Die destruirenden Wirkungen der Parasiten auf die Membran der Wirthszellen äussern sich entweder nur in mehr oder minder weitgehender Durchlöcherung dieser Häute, also rein mechanisch, oder so, dass dieselben chemisch verändert, resp. partiell oder gänzlich aufgelöst werden. So bringt nach DE BARY[1]) *Sclerotinia sclerotiorum* mit ihren Mycelfäden die Mittellamelle der Wirthspflanzenzellen, wohl auch theilweise die übrige Cellulosemembran zur Auflösung.

Die zersetzende Einwirkung des Mycels der grossen baumbewohnenden Schwämme auf die Wirthsmembranen ist zuerst von R. HARTIG eingehender studirt worden.[2]) Sie besteht bei gewissen Polyporeen darin, dass zunächst die sogen. incrustirenden Substanzen aus den Holzzellwandungen entfernt wurden, sodass dieselben Cellulosereaction zeigen; hierauf wird dann die Cellulose und schliesslich auch noch die Mittellamelle aufgelöst *(Polyporus annosus* FR.) Oder es wird nach Entfernung der incrustirenden Substanzen erst die Mittellamelle in Lösung gebracht und später die Cellulosehaut *(Trametes Pini)*. *Hydnum diversidens* bewirkt, dass die inneren Wandschichten der Holzzellen (von Eiche und Buche), bevor sie aufgelöst werden, zu einer Gallerte aufquellen, ohne vorher die Cellulosereaction angenommen zu haben. Seitens des schon genannten Blasenrostes können die Zellwände der befallenen Kieferntheile nach HARTIG theilweis in Terpentinöl umgewandelt werden.

Was die Ursache der genannten Zersetzungserscheinungen an Inhalt und Membran anbetrifft, so ist dieselbe jedenfalls wesentlich mit in der Abscheidung von Cellulose-, Eiweiss-, Stärke- etc. lösenden Fermenten zu suchen. (Siehe den Abschnitt »Fermente«).

E. Uebersicht der durch Pilze hervorgerufenen Krankheiten der Thiere und des Menschen.

I. Krankheiten der wirbellosen Thiere.[3])

Von Parasiten pilzlicher Natur haben im Ganzen und Grossen alle Thiergruppen zu leiden. Während aber die Pilzkrankheiten der niederen Thiere im Allgemeinen tödtlich verlaufen, weil sie meist den ganzen Körper stark afficiren, ist dies bei den höheren Thieren, wo die spontane Erkrankung gewöhnlich nur bestimmte Organe ergreift, im Allgemeinen nicht der Fall.

Die Pilzkrankheiten der niederen Thiere fanden bisher im Ganzen wenig

---

[1]) Botan. Zeit. 1886, pag 416.

[2]) Wichtige Krankheiten der Waldbäume. Berlin 1874. Die Zersetzungserscheinungen des Holzes der Nadelbäume und der Eiche. — Lehrbuch der Baumkrankheiten. II. Aufl.

[3]) Ich weise darauf hin, dass BOLLINGER (Ueber Pilzkrankheiten niederer und höherer Thiere [Vorträge, gehalten in den Sitzungen des ärztlichen Vereins zu München: Zur Aetiologie der Infectionskrankheiten 1880]) eine sehr brauchbare zusammenfassende Darstellung der wichtigsten Krankheiten niederer Thiere (ohne Literaturnachweise) gegeben hat, und dass andererseits viele Angaben in TULASNE, Carpologia fungorum, in den citirten Schriften BAIL's und PEYRITSCH's sowie in den systematischen Pilzwerken (WINTER, Pilze in RABENHORST's Kryptogamenflora. SCHRÖTER, J., Kryptogamenflora von Schlesien, Bd. III, Pilze, sowie in SACCARDO's Sylloge fungorum) zu finden sind.

Beachtung, offenbar nur desshalb, weil sie meist kein unmittelbares praktisches Interesse haben; nichtsdestoweniger aber spielen gerade sie im Haushalt der Natur eine ausgiebige Rolle, insofern nämlich, als sie, vom teleologischen Standpunkte betrachtet, als Regulatoren der Vermehrung dienen, indem sie die Zahl der Individuen gewisser, unter besonders günstigen Verhältnissen zu übermässiger Vermehrung tendirender, geselliger Arten durch ausgiebige und dabei relativ schnelle Vernichtung wesentlich beschränken. Für die Insekten namentlich ist diese Thatsache längst bekannt; hier ist sie oft so handgreiflich, dass sie selbst dem Laien in die Augen springt, und es lässt sich mit einiger Sicherheit behaupten, dass z. B. jeder grösseren Insektenepidemie fast ausnahmslos eine Pilzepidemie entspricht, die ihr auf dem Fusse nachfolgt.

Im Folgenden mögen die Mycosen der Thiere an der Hand des zoologischen Systems in der Weise betrachtet werden, dass wir von den niederen Gruppen zu den höheren vorschreiten.

Selbst die niedersten Thiere (Protozoen) fallen vielfach Pilzen zum Opfer. So z. B. manche Monadinen: Auf *Mastigomyxa avida* Zopf schmarotzt eine kleine Chytridiacee (*Rhizophydium equitans* Zopf)[1]) und zwar befällt sie merkwürdiger Weise die sehr agilen Schwärmsporen jener Art. In die Schwärmsporen bildenden Cysten einer in Spirogyren lebenden *Pseudospora* dringt eine andere Chytridiacee (*Olpidiopsis longicollis* Zopf) ein, um den Inhalt ganz oder theilweise aufzuzehren und auf diese Weise die Schwärmsporenproduction mehr oder minder auffällig zu beschränken.[2])

Einige *Pythium*-artige Algenpilze durchbohren nach meinen Beobachtungen die Sporocysten verschiedener in Spirogyren, Charen etc. schmarotzender *Pseudospora*-artiger Monadinen (z. B. *Ps. infestans* Cienkowski) und zehren den Inhalt der Dauersporen auf.

Für den, der die Euglenaceen zu den Thieren rechnet, sei hier darauf hingewiesen, dass Repräsentanten der Gattung *Euglena* von den Fäden einer Chytridiacee [*Polyphagus Euglenae* (Bail)] durchbohrt und unter Verfärbung des Chlorophylls abgetödtet werden, wie zuerst Th. Bail[3]) und später L. Nowakowski[4]) darlegten.[6])

Besonders häufig scheint *Euglena viridis* von diesem Schmarotzer heimgesucht zu werden. Einen anderen, zu den nicht fädigen Chytridiaceen (?) gehörigen Feind dieser und anderer Species hat Klebs[5]) mehrfach beobachtet.

Für die Schalen verschiedener Polythalamien hat Kölliker[7]) (l. c.) an Dünnschliffen sicher constatiren können, dass in denselben vielfach fädige Gebilde vorkommen (so bei *Amphistegina, Heterostegina, Calcarina, Orbitolites complanata, Polystomella, Alveolina Boscii*), welche typischen einzelligen Pilzmycelien durchaus ähnlich sind und von dem genannten Forscher parasitischen Pilzen

---

[1]) Vergl. meine »Pilzthiere oder Schleimpilze, 1885. pag. 6.

[2]) Vergl. meine Abhandlung: Zur Kenntniss der Infectionskrankheiten niederer Thiere und Pflanzen. Nova Acta. Bd. 52, Nr. 7, pag. 39.

[3]) Mycologische Berichte. Bot. Zeit. 1855.

[4]) Beiträge zur Biol. Bd. II. Heft 2: *Polyphagus Euglenae* pag. 201—220.

[5]) Ueber die Organisation einiger Flagellaten-Gruppen. Unters. aus d. bot. Inst. Tübingen Bd. I, Heft 2.

[6]) Vergl. den systematischen Theil.

[7]) Ueber das ausgebreitete Vorkommen von pflanzlichen Parasiten in den Hartgebilden niederer Thiere. Zeitschr. f. wissensch. Zoologie. Bd. 10, 1859, pag. 219.

zugesprochen werden. Ob diese Deutung richtig ist, muss vorläufig dahin gestellt bleiben, doch ist schon die Thatsache, dass Pilzfäden in solche verkalkte Hartgebilde einzudringen und sich daselbst zu verbreiten vermögen, von physiologischem Interesse. Die Stellung dieser Pilze im System bleibt gleichfalls noch zu ermitteln.

Dass auch Heliozoen von Schmarotzerpilzen heimgesucht werden können, ist für *Actinosphaerium Eichhornii* durch K. Brandt[1]) gezeigt worden, der in den »Nahrungslacunen« des Sonnenthierchens einen sehr einfachen Phycomyceten *(Pythium Actinosphaerii* Br.), oft in grosser Anzahl vorfand und die Schwärmsporen bildende Generation näher studirte.

Von Coelenteraten sind nach Kölliker (l. c. pag. 221) die Steinkorallen in ihrem kalkigen Scelette äusserst häufig von Pilzen durchzogen (so *Porites clavaria, Astraea annularis, Oculina diffusa, Millepora alcicornis, Lobalia prolifera, Alloporina mirabilis, Mäandrina, Fungia, Corallium rubrum, Isis hippuris, Madrepora muricata, Tubipora musica).*

Nach demselben Autor bohren sich Mycelfäden gewisser Pilze in die Hornfasern von Spongien ein, oft reiche Verästelungen und Anastomosen bildend. Auch hier ist noch festzustellen, ob das bei Lebzeiten der Schwämme geschieht oder nach dem Tode. Jedenfalls lehrt dieser Befund, dass manche Pilze hornartige Substanzen zu lösen vermögen.

Was die Infusorien anbetrifft, so dürften sich deren Pilzkrankheiten bei weiteren Untersuchungen an Zahl wohl noch mehren. Bis jetzt hat man fast ausschliesslich Cystenzustände (z. B. von *Vorticella microstoma*,[2]) *Nassula*-Arten,[3]) *Stylonichia pustulata* und *Oxytricha mystacea*[4]) befallen gefunden von Schmarotzern die zu den Chytridiaceen zu gehören scheinen. Bütschli beobachtete (l. c. pag. 359) im Kern von *Paramaecium Aurelia* Sprosszellen (zu *Monospora* gehörig?) unter Verhältnissen, die es nicht ganz sicher erscheinen lassen, ob Parasitismus oder Saprophytismus vorlag.

Indem wir uns dem Typus der Würmer zuwenden, ziehen wir zunächst die Rotatorien in Betracht. Die Erscheinung, dass Räderthier-Eier von Pilzen, speciell von Algenpilzen und zwar von *Olpidium*-ähnlichen Chytridiaceen vernichtet werden, ist nicht selten. Ich selbst habe Parasiten letzterer Art vielfach in sehr grossen Räderthiereiern zu Berlin gefunden, ihre Sporangien erreichten eine relativ bedeutende Grösse. Nach Nowakowski[5]) parasitirt in genannten Organen sein *Chytridium (Olpidium) gregarium* und eine andere Chytridiacee *O.* (?) *macrosporum* in genannten Organen. Aehnliche Parasiten fand Sorokin[6]) in Räderthiereiern. In allen Fällen wird der Einhalt völlig aufgezehrt und die Membran von den Hälsen der Pilzsporangien durchbohrt.

Unter den Fadenwürmern (Nematoden) wurde Pilzerkrankung zunächst

---

[1]) Ueber *Actinosphaerium Eichhornii* (Dissertation). Halle 1877, pag. 47 ff. und Untersuchungen über Radiolarien. Sitzungsber. d. Berliner Akad. 1881, pag. 399. Fig. 33—53.

[2]) Stein in Zeitschr. f. wissensch. Zoologie, Bd. III (1850) pag. 475.

[3]) Cienkowski, daselbst Bd. VI, pag. 301.

[4]) Stein Fr., der Organismus der Infusionsthiere. Bd. I (1859). Taf. IX, Fig. 16 und pag. 105—106. Derselbe, die Infusionsthiere auf ihre Entwickelungsgeschichte untersucht; 1854. Taf. IV. Fig. 52 und 53. Vergl. auch Bütschli, Studien über die ersten Entwickelungsvorgänge der Eizelle. Abhandl. d. Senkenb. Gesellschaft 1876. Bd. II, pag. 425.

[5]) Beiträge zur Kenntniss der Chytridiaceen. Beitr. z. Biol. Bd. II, Heft I.

[6]) Note sur les végétaux parasites des Anguillulae. Ann. sc. nat. bot. Ser. VI, t. IV.

constatirt für *Ascaris mystax* (Katzenspulwurm). Nach KEFERSTEIN[1]) ist dieser Wurm bisweilen Sitz einer Mucorinee, die DE BARY als *Mucor helminthophthorus* bezeichnete. Sie befällt die Geschlechtstheile und den Darm und kann daselbst Mycelien, Sporangien und — nach den Zeichnungen des Autors zu schliessen — auch Gemmen erzeugen. Genauere Untersuchungen über diesen Pilz, der mitunter bei allen Spulwürmern einer Katze vorkommt, und jede Ei- oder Samenbildung in den Genitalien jener verhindern, oder doch die Eier stark verändern kann, fehlen noch[2]).

In grossem epidemischen Maassstabe treten Mycosen gelegentlich bei den *Anguillula*-artigen Nematoden auf.

Als besonders häufigen Feind hebe ich auf Grund eigener Untersuchungen einen bekannten Schimmelpilz (*Arthrobotrys oligospora* FRESENIUS) hervor (vergl. Fig. 10), der unter den gewöhnlichen Verhältnissen als Saprophyt auftritt. Er ist dadurch ausgezeichnet, dass er schlingen- oder ösenförmige Zweige (Fig. 10, IV, V) bildet, in denen sich Mist-, Erde-, Wasser etc. bewohnende Anguilluliden leicht und sicher fangen. Ist dies geschehen, so treibt der Pilz von den Oesen aus Seitenzweige in den Körper des Thieres hinein (Fig. 10, V*b*, VI. VII), die sich verlängern und verzweigen und das ganze Innere meist unter Erscheinungen der fettigen Degeneration zerstören und aufzehren, sodass schliesslich nur die chitinisirte Haut und beim Männchen noch der chitinisirte Penis übrig bleiben (Fig. 10, VI, VII).

Als nicht minder gefährlich für die in Rede stehenden Thierchen dürfte LOHDE's[3]) *Harposporium Anguillulae* zu bezeichnen sein, das sich namentlich auf manchen Mistsorten, in der oberflächlichsten Erdschicht und in Wasser findet und von der Ebene bis ins Hochgebirge weit verbreitet ist. Es vernichtet in einer einzigen grösseren Pferdemist-Cultur die Anguillulen oft zu Hunderttausenden, und zehrt ihr Inneres ebenfalls vollständig aus.

Weniger häufig, aber gelegentlich ebenfalls epidemisch auftretend sind nach meinen Beobachtungen verschiedene andere, den ächten Pilzen zugehörige Schimmel, sowie einige Algenpilze aus den Familien der Lagenidieen und Chytridiaceen. Ich erinnere an mein *Myzocytium proliferum var. vermicolum*[4]) (Lagenidiee) und an einige von SOROKIN[5]) gefundene Arten, welche eine Epidemie unter wasserbewohnenden Anguilluliden hervorriefen (*Achlyogeton entophytum* SCHENK, *A.* (?) *rostratum* SOROKIN, *Catenaria Anguillulae* SOR., *Chytridium endogenum* A. BR.) Von Interesse ist ferner die von BÜTSCHLI[6]) eruirte Thatsache, dass freilebende Anguilluliden (*Tylenchus pellucidus*) auch von typischen Hefepilzen (Saccharomyceten), speciell von einer *Monospora* (im Sinne METSCHNIKOFF's) befallen werden können. »Sie füllten die Leibeshöhle der Würmchen in dichten Massen an. Der eigentliche Sitz ihrer Entwickelung schien jedoch die sogen.

---

[1]) Ueber parasitische Pilze aus *Ascaris mystax*. Zeitschr. f. wissensch. Zool. Bd. 11, 1862. pag. 135. Taf. 15.

[2]) Die Sporangien (oder auch Gemmen) dieses Pilzes scheinen von BISCHOFF (Ueber Ei- und Samenbildung und Befruchtung von *Ascaris mystax*. Zeitschr. f. wissensch. Zool. Bd. 6, 1855. pag. 402) für Zoospermien gehalten worden zu sein.

[3]) Tageblatt der Naturforscherversammlung zu Breslau 1874. pag. 206.

[4]) Zur Kenntniss der Phycomyceten I. Zur Morphologie und Biologie der Ancylisteen und Chytridiaceen. Nova acta. Bd. 47. pag. 167. Taf. 14, Fig. 35—37.

[5]) Note sur les végétaux parasites des Anguillulae. Ann. des sc. nat. bot. Sér. VI, t. IV.

[6]) Studien über die ersten Entwickelungsvorgänge der Eizelle. Frankfurt 1876, pag. 360.

Markschicht der Muskelzellen zu sein, in welcher sie sich gleichfalls in grossen Mengen vorfanden«. Ob dieser Schmarotzer, den BÜTSCHLI für einen Spaltpilz ansah, etwa mit *Monospora cuspidata* METSCHNIKOFF identisch ist, wie es nach BÜTSCHLI's und METSCHNIKOFF's übereinstimmenden Zeichnungen anzunehmen, kann ich nicht sicher entscheiden.

Neuerdings hat SADEBECK[1]) in dem Essigälchen *Anguillula aceti* ein *Pythium (P. anguillula aceti* S.) schmarotzend gefunden.

Was die Borstenwürmer *(Chaetopodes)* anbetrifft, so werden nach meinen Beobachtungen verschiedene Arten von Regenwürmern *(Lumbricus)*, namentlich bei plötzlich auftretenden Ueberschwemmungen, von einigen *Saprolegnia*-artigen Pilzen befallen, und zwar theils noch während des Lebens, theils und meistens nach vorhergegangener Abtödtung.

Endlich sind auch Pilze in Röhrenwürmern *(Tubicolae)* und zwar bei Serpulen von KÖLLIKER (l. c. pag. 227) beobachtet worden, und zwar waren die Gehäuse zweier Arten von der schottischen Küste in reichlichster Menge von Pilzfäden durchzogen. Ob hier ein wirklich parasitisches Verhalten vorliegt, bleibt noch zu untersuchen.

Jedenfalls dürften weitere Bemühungen die Zahl der Wurm-Mycosen noch erheblich vergrössern.

Wenn wir innerhalb der grossen Abtheilung der Gliederfüsser (Arthropoden) zunächst die Crustaceen in Betracht ziehen, so ist zu constatiren, dass diesen krebsartigen Thieren in Bezug auf Pilzkrankheiten noch wenig Aufmerksamkeit zugewandt wurde. Von eingehenden Untersuchungen liegt eigentlich nur eine einzige vor, die von METSCHNIKOFF[2]) herrührt und uns mit einer interessanten Krankheit von Daphnien (Wasserflöhe) bekannt macht, welche verursacht wird durch einen typischen Saccharomyceten (Sprosspilz) und sich, da der Pilz die gesammte Leibeshöhle bis in die letzten Antennenglieder hinein mit seinen Zellen anfüllen kann, äusserlich schon durch weisse Färbung der Thiere bemerkbar macht. Ueber das nähere Verhalten dieses von M. *Monospora cuspidata* genannten Hefepilzes im Daphnia-Körper soll weiter unten Näheres mitgetheilt werden (Vergl. auch den speciellen Theil).

Von gelegentlichen Beobachtungen über Pilzkrankheiten der Daphniden liegen vor solche von LEYDIG[3]), ferner von CLAUS[4]), der das Blut von *Moina brachiata* »mit Pilzsporen imprägnirt« fand, die er mit den von LEYDIG für *Daphnia rectirostris* beobachteten identificirt; und von WEISMANN[5]), der *Daphnia pulex* von einem nicht näher charakterisirten Pilz befallen sah, welcher seine Fäden unter der Haut hersandte. »Die Thiere waren schon fürs blosse Auge leicht kenntlich an gelbrothen Massen, die den Darm und die Ovarien umlagerten und bis in die Füsse hineindrangen. Sie bestanden aus Klumpen zahlloser Schaaren kleiner ovaler, stark lichtbrechender Körperchen« (Conidien oder Sprosszellen?) mit röthlichem Inhalt. Genannter Autor führt übrigens an, dass schon P. E. MÜLLER[6])

[1]) Berichte der Gesellschaft für Botanik. Hamburg. Heft II (1886). pag. 39.

[2]) Ueber eine Sprosspilzkrankheit der Daphnien. Beitrag zur Lehre über den Kampf der Phagocyten gegen Krankheitserreger. Virch. Archiv. Bd. 96. 1884. pag. 177—195 u. 2 Taf.

[3]) Naturgeschichte der Daphniden. 1860, pag. 78 ff.

[4]) Zur Kenntnis der Organisation und des feineren Baues der Daphniden. Zeitschr. f. wissensch. Zool. Bd. 27 (1876), pag. 388.

[5]) Beiträge zur Naturgeschichte der Daphnoïden. Daselbst Bd. 33 (1880), pag. 189.

[6]) Bidrag til Cladocerernes Forplantnings historie Kjøbenhavn, 1868.

eine Beobachtung mittheilte, nach welcher pelagische Daphnoïden der nordischen Seen massenweise an einem Pilz *(Saprolegnia)* zu Grunde gingen, dessen Mycelium sich unter der Haut entwickele, alle Organe mit seinen durchsichtigen Fäden bedecke und endlich mit seinen zur Fructification gelangenden Aesten nach aussen durchbreche.

Moina rectirostris O. F. Müller, *Daphnia pulex* und andere Daphniden von vielen Localitäten um Halle fanden sich im Jahre 1888 im Herbst öfters besetzt mit einem mycellosen Pilz, der sich mitunter massenhaft an allen Theilen des Thieres, insbesondere aber an den Antennen und Füssen, sowie an den Afterkrallen ansiedelte. Er stellt in der Jugend eine kleine, schmal-spindelförmige Zelle dar, die sich zu einem sehr langen cylindrischen oder keuligen Sporangium ausbildet, in welchem eine Zerklüftung des Plasmas durch schief inserirte Querwände in spindelförmige Fortpflanzungszellchen erfolgt. Wahrscheinlich können die Zellchen in Form von Schwärmern austreten, da sie sich, wie es sonst Schwärmer thun, immer mit ihrem Pole auf die Thiere anheften, aber gewöhnlich schon im Sporangium auswachsen. Ob der Pilz zu den Saprolegnieen in Verwandtschaft steht, bleibt noch festzustellen[1]). Er sitzt den Thieren augenscheinlich bloss äusserlich an, doch oft so reichlich, dass sie in ihrer Bewegung gehemmt werden.

Ein mit Septen versehener Schimmelpilz, den ich nicht näher bestimmen konnte, befällt den *Cyclops brevicaudatus* Claus[2]) und zwar dessen Eier, wenn sie noch im Eiersäckchen am Mutterthier hängen. Die Eier werden vollständig durchwuchert und zerstört.

Unter den höheren Krebsen scheint unser Flusskrebs bisweilen von einer *Saprolegnia* befallen zu werden, wie Rauber[3]) mitgetheilt. de Bary[4]) fand *Saprolegnia hypogyna* Pringsh. »an einem halbtodten Flusskrebs«. Mit der eigentlichen Krebspest hat die Saprolegnien-Krankheit nichts zu thun; auch ist ein grösseres Auftreten der Letzeren meines Wissens noch niemals constatirt.

Für eine Cirrhipedien-artige Crustacee *(Balanus)* hat Kölliker[5]) gezeigt, dass in den Schalen ein Pilz vorkömmt.

Bezüglich der spinnenartigen Gliederthiere (Arachnoidea) ist mir aus der Literatur nur eine Mittheilung von Boudier[6]) bekannt geworden, nach welcher eine kleine Keulensphärie (*Torubiella aranicida* Boud.) Spinnen abzutödten vermag.

Ungleich häufiger als bei den Crustaceen und Spinnen sind Pilzinfectionen bei den Vertretern der Insekten.[7]) Sie tragen hier überdies meistens den Charakter ausgesprochener, oft grossartiger Epidemieen.

---

[1]) Das Material erhielt ich durch die Gefälligkeit des Herrn Lehrer Schmeil in Halle. Eine ausführlichere Mittheilung über das in Rede stehende Object behalte ich mir vor.

[2]) Material und Bestimmung verdanke ich ebenfalls Herrn Lehrer Schmeil.

[3]) Sitzungsberichte der naturforschenden Gesellschaft Leipzig. 1883.

[4]) Species der Saprolegnieen. Bot. Zeit. 1888, pag. 616.

[5]) Ueber das ausgebreitete Vorkommen von pflanzlichen Parasiten in den Hartgebilden niederer Thiere. Zeitschr. f. wissensch. Zool. Bd. 10 (1860) pag. 227.

[6]) Revue mycol. 1865 u. Notice sur deux mucédinées nouvelles, l' *Isaria cuneispora* ou état conidial du *Torrubiella aranicida* Boud. et le *Stilbum viridipes*. (Revue Mycol. IX, pag. 157—159).

[7]) Reiche Literatur-Angaben über Insekten-Krankheiten findet man auch in dem neuerdings erschienenen Werke O. Taschenberg's: *Bibliotheca zoologica II.* Leipzig. Engelmann, und zwar in dem Abschnitt: Insekten, Allgemeines, Anatomie und Physiologie, pag. 1326—1385; Lepidopteren, pag. 1729—2195. — Die Arbeit von Thaxter, The Entomopthoreae of the United-States. Memoirs of the Boston Society of Natural History. Vol. VI., in der nach dem im Bacteriol. Centralbl. Bd. IV., pag. 145 gegebenen Referat zahlreiche Insektenkrankheiten durch Pilze verursacht, aufgeführt sind, war mir leider nicht zugänglich.

1. Schnabelkerfe *(Rhynchota)*. Unter den Aphiden (Blattläusen) sind mehrfach Krankheiten beobachtet worden, welche sämmtlich verursacht wurden durch *Entomophthora-* *(Empusa-)* Arten. So wird eine auf *Cornus sanguinea* lebende *Aphis (A. Corni)* von *E. Aphidis* HOFFMANN[1]), die auf *Vicia sativa* parasitirende *A. Craccae* und andere Arten von *E. Fresenii* NOWAKOWSKI[2]), eine andere Species von *E. Planchoniana* CORNU[3]) abgetödtet.

Auf einer grossen *Coccus*-Art aus Neu-Guinea fand TULASNE[4]) seine *Torrubia (Cordyceps) coccigena*, die mit ihren Keulen aus dem Körper des Thieres hervorbricht. Cicaden Neuseelands, Brasiliens etc. werden nach TULASNE[5]) ebenfalls von *Cordyceps* bewohnt. Für *Jassus sexnotatus*, eine andere Cicadine, wies COHN[6]) *Entomophthora Jassi* als Parasiten nach.

2. Was die Dipteren anbetrifft, so kommen auf unserer Stubenfliege zwei Parasiten vor. Von diesen ist am verbreitetsten die berühmte *Entomophthora (Empusa) Muscae* (COHN), welche, wie allbekannt, alljährlich im Herbst eine grosse Menge von Fliegen vernichtet. (Ausführlicheres über die Krankheit im speciellen Theile). Ein anderer typischer Parasit der *Musca domestica* gehört der Familie der Laboulbenien an. Es ist dies der säulchenförmige *Stigmatomyces Baeri* (KNOCH) *(=Laboulbenia Muscae* PEYRITSCH[7]). Er bewohnt ausschliesslich das Chitinsceler, mit seiner Basis in dasselbe eingesenkt, und bildet beim Weibchen, speciell an Kopf und Thorax oft förmliche pelzartige Ueberzüge, während er beim Männchen an den Beinen sitzt. Die Uebertragung der Sporen geschieht nach PEYRITSCH beim Begattungsakte. In Osteuropa häufig und etwa bis Wien gehend, kommt er in Deutschland, soweit bekannt, nur noch in Sachsen (z. B. bei Zwickau) vor.

Auf *Calliphora vomitoria* beobachtete GIARD[8]) seine *Entomophthora Calliphorae*, auf anderen grösseren, in Wäldern und Gebüschen sich aufhaltenden Fliegen fand SCHRÖTER[9]) seine *E. muscivora* (vielleicht mit jener identisch.)

Nach NOWAKOWSKI[10]) erkrankt eine kleine Fliegenart *(Simulia latipes* MEIGEN) an *E. curvispora* Cow. (um Warschau beobachtet), eine andere Species *(Lonchaea vaginalis* FALLEN) durch *E. ovispora* Now.

Unter den Dungfliegen *(Scatophaga stercoraria)* grassirte nach genauen Untersuchungen BAILS[11]) in der Umgebung von Danzig im Juni 1866 eine von *Entomo-*

---

[1]) FRESENIUS, Ueber die Pilzgattung Entomophthora. Abhandl. d. Senkenbergischen naturf. Gesellsch. Bd. II., pag. 208.

[2]) Bot. Zeit. 1882, pag. 561. Vergl. auch SCHRÖTER, Kryptogamenflora von Schlesien. Pilze, pag. 222.

[3]) BULL. de la Soc. bot. de France. 1873, pag. 189.

[4]) Selecta fungorum Carpologia. II, pag. 19. Tab. I fig. 10.

[5]) l. c. pag. 10. II.

[6]) Jahresber. d. schles. Gesellsch. f. vaterländische Cultur. 1877. pag. 116.

[7]) PEYRITSCH, J., Ueber einige Pilze aus der Familie der Laboulbenieen. Sitzungsber. d. Wiener Akad. 1871, und Beiträge zur Kenntniss der Laboulbenien. Daselbst 1873. Vergleiche auch KARSTEN über *Stigmatomyces muscae* in »Chemismus der Pflanzenzelle.« Wien 1869, und KNOCH: »*Laboulbenia Baeri* KNOCH, ein neuer Pilz auf Fliegen.« Assemblée des naturalistes de Russie à St. Pétersbourg. 1868. Vol. I. pag. 908.

[8]) Deux espèces d'Entomophthora nouvelles pour la flore française. BULL. scient. du départ du Nord. Sér. II. ann. II.

[9]) Kryptogamenflora von Schlesien. Pilze, pag. 223.

[10]) Die Copulation bei einigen Entomophthoreen. Bot. Zeit 1877. pag. 217 u. 220.

[11]) Progamm der Realschule I. Ordnung in Danzig. Ostern 1867. — Derselbe, Ueber Epidemieen der Insekten durch Pilze. Entomol. Ztg. 1867.

phthora (Empusa) Grylli (?) verursachte Seuche in geradezu staunenerregender Ausdehnung. Namentlich an feuchteren Lokalitäten (Gräben und Wasserrändern) fanden sich auf weite Entfernungen die Leichen mit geschwollenem Leibe und ausgebreiteten Flügeln in zahlloser Menge an Gräsern und anderen Pflanzen festgeklammert.

Eine Epidemie von ähnlicher Ausdehnung habe ich selbst im Jahre 1884 (September) in Berlin am Landwehrkanal (Schöneberger und Lützower Ufer) an Mücken zu beobachten Gelegenheit gehabt. Mauern und Stackete der dortigen Vorgärten waren derart mit den todten Thieren überzogen, dass sie stellenweise ganz graugrünlich erschienen. Die Ursache war eine *Entomophthora (Empusa)*.

Schon A. Braun[1]) zeigte, dass unsere Stechmücke *(Culex pipiens)* von einer *Entomophthora (Empusa)* heimgesucht wird *(E. Culicis* A. Braun) und Fresenius[2]) fand eine *Tipula* (Bachmücke) von *E. Tipulae* Fres. befallen.

Schröter[3]) führt auch *E. Grylli* Fresenius als Mücken bewohnend an, Sorokin[4]) *E. rimosa* Sor., die aber nach Nowakowski mit *E. culicis* A. Br. identisch ist und nach ihm auch auf *Culex annulatus* vorkommt.

Ja selbst die parasitirenden Lausfliegen-artigen Dipteren haben ihre Pilzschmarotzer, wie Peyritsch[5]) nachwies, der mehrere Nycteribien (Parasiten auf Fledermäusen) mit der im Chitinscelett nistenden Laboulbeniacee *Helminthophana Nycteribiae* Peyritsch, behaftet fand.

3. Lepidopteren (Schmetterlinge). Unter den Geometrinen (Spannern) wird bisweilen der Fichtenspanner *(Fidonia piniaria* Fr.) im Raupen- wie im Puppen-Zustande von der Keulensphärienkrankheit *(Cordyceps militaris)* heimgesucht. Von den beiden Fructificationen trifft man in der Regel nur die Conidienform *(Isaria)* an.[7])

An den Nachtfaltern *(Noctuadae)* sind vielfach verschiedene Pilzkrankheiten beobachtet, darunter einige in Form ausgedehnter Epidemieen. Namentlich die Forleule *(Noctua [Panolis] piniperda L.)*, die in manchen Jahren so stark auftritt, dass sie Tausende von Morgen Kiefernwaldes total befressen kann, ist in Zeiten solch starker Vermehrung, wie Bail[8]) zeigte, ein Lieblingsobjekt gewisser Pilze, unter denen namentlich eine *Entomophthora* und andererseits *Cordyceps militaris* unzählbare Raupen dieses Forstfeindes binnen relativ kurzer Zeit inficiren und vernichten können. Die Vernichtung ist nach Bail mitunter so vollständig, dass fast sämmtliche Raupen, 80—90 %, ihren Untergang durch die *Entomophthora* finden.[9]) Die Raupen werden mumificirt, brüchig wie Hollundermark und sind im Innern

---

[1]) Algarum unicellularium genera nova et minus cognita, pag. 105.

[2]) Botan. Zeit 1856, pag. 883.

[3]) Kryptogamen-Flora von Schlesien, Bd. III. Pilze, pag. 222.

[4]) Ueber zwei neue Entomophthora-Arten, Beitr. z. Biologie Bd. II. Heft 3. 1877.

[5]) Beiträge zur Kenntniss der Laboulbenien. Sitzungsber. d. Wiener Akad. Bd. 48. 1873. Oktober.

[7]) Lebert, die Pilzkrankheit der *Fidonia piniaria*, hervorgebracht durch *Verticillium corymbosum* Leb. Ueber einige neue oder unvollkommen gekannte Krankheiten der Insekten, welche durch Entwickelung niederer Pflanzen im lebenden Körper entstehen. Zeitschr. f. wissensch. Zoologie Bd. 9, 1858, pag. 444.

[8]) Pilzepidemie an der Forleule, Dankelmanns forstwirthschaftliche Blätter 1867. Zeitschr. f. Forst- und Jagdwesen II. 1868.

[9]) Auch Schröter, a. a. O. erwähnt eine grosse Entomophthora-Epidemie unter der Forleule, die 1884 in den Forsten von Primkenau in Schlesien auftrat.

mit Pilzsubstanz ganz ausgefüllt. Die Krankheit verbreitet sich dadurch, dass gesunde Thiere über inficirte hinwegkriechen, deren Koth und die *Empusa*-Sporen selbst fressen, und Regen sowie feuchte Luft begünstigen sicher noch die Uebertragung und Infection.

Uebrigens hat die Forleule auch hier und da von der Muscardine zu leiden *(Botrytis Bassiana)*, einem Schimmelpilz, der, wie wir sehen werden, auch auf manchen Schmetterlingen aus andern Familien, sowie auf Käfern etc. auftritt.

An den Raupen der Winter-Saateule *(Agrotis segetum)* beobachtete COHN eine Krankheit, die er schwarze Muscardine nannte und gleichfalls von einer *Entomophthora, E. (Tarichium) megasperma* (COHN), herrührt. Sie trat einmal in den 60er Jahren in Schlesien, wo die den Raps- und Roggenfeldern schädlichen Raupen sich in ungeheurer Zahl entwickelt hatten, in epidemischer Ausbreitung auf und verwandelte die Thiere in mit kohlschwarzer, zunderartiger, zumeist aus Sporen bestehender Masse gefüllte Mumien.

Eine andere Krankheit derselben Raupen, verursacht durch *Sorosporella Agrotidis* SOR. beobachtete SOROKIN[3]) in Russland. Die Raupen werden durch den Pilz in bräunlich-röthliche Mumien verwandelt.

Auf andern Nachtfaltern siedeln sich an *Cordyceps Sphingum* TULASNE[1]), der z. B. auf *Dianthoecia albomaculata* und *Cerastis Vaccinii*, sowie auf dem nordamerikanischen *Amphiorryx Jatrophae* FABR. und *Ancerix Ello* vorkommt, sowie ein Conidienpilz, *Isaria leprosa* FR., den man auf *Orthosia incerta*, speciell auf deren Puppen beobachtet hat.[2])

Durch die Beobachtungen von VITTADINI[4]) LEBERT[5]) TULASNE[6]) BAIL, DE BARY ist ferner längst festgestellt worden, dass auch unter den Sphingiden (Schwärmern) mehrere Pilzkrankheiten bald vereinzelt, bald verbreitet vorkommen. Am häufigsten scheint die Muscardine zu sein, die z. B. an den Larven und Puppen von *Sphinx Euphorbiae, Sph. Pinastri*[5]) und *Sph. Galii* auftritt. Nicht selten ist an Puppen und Schmetterlingen von *Sphinx, Pinastri,* an Larven von *Sph. Euphorbiae,*[7]) an Puppen von *Sph. Convolvuli* und *Sph. Galii* auch die Keulensphärie *(Cordyceps Sphingum* TULASNE) zu constatiren, theils mit der gewöhnlichen Schimmelform *(Botrytis*-Form) theils mit Conidienbündeln *(Isaria*-Form) theils in der Schlauchform.

Grösser noch ist die Zahl der Arten, die man innerhalb der Familie der Bombyciden (Spinner) mit Pilzen behaftet gefunden. Es kommt hier ausser der Muscardine *(Botrytis Bassiana)* und der Keulensphärie *(Cordyceps militaris)* auch noch eine *Entomophthora*-Krankheit in Betracht. Mit der letzteren hat BAIL die Raupe des Schlehenspinners *(Orgyia antiqua)* behaftet gefunden. REICHARDT,

---

[1]) Selecta fungorum Carpologia III pag. 12.

[2]) COHN, Jahresber. d. schles. Gesellsch. f. vaterl. Cultur 1878, pag. 116.

[3]) Parasitologische Skizzen. Centralbl. f. Bacteriol. u. Parasitenk. Bd. IV. pag. 644.

[4]) Della natura del calcino o mal del segno. Inst. Lombard. t. III. pag. 143. (1852).

[5]) LEBERT, Pilzkrankheit eines Exemplars von Sphinx pinastri, hervorgebracht durch eine neue Pilzart. (Ueber einige neue oder unvollkommen genannte Krankheiten der Insekten, welche durch Entwickelung niederer Pflanzen im lebenden Körper entstehen. Zeitschr. f. wissensch. Zool. Bd. 9. 1858, pag. 448.) Vergl. TULASNE, Carpol. III. pag. 12.

[6]) *Carpologia fungorum* III.

[7]) DE BARY, Zur Kenntniss insektentödtender Pilze. Botan. Zeit 1867 und 1869 und vergleichende Morphol., pag. 398—402.

die Raupe von *Auprepia Aulica*[1]). Die Muscardine der Seidenraupe *(Bombyx Mori)*, schon seit 1763 bekannt, war früher in den südlichen Gegenden Europas (Frankreich, Italien) als Epidemie gefürchtet, hat aber seit 30 Jahren keine besondere Bedeutung mehr und tritt nur noch in einzelnen Zuchten in den verschiedensten Ländern auf, meist in feuchten Jahren.[2]) Derselben Krankheit unterliegen mehr oder minder häufig: die Raupen des Kiefernspinners *(Gastropacha Pini L.)* nach DE BARY, des Brombeerspinners *(G. Rubi)* nach TULASNE und DE BARY, des Eichenspinners *(G. Quercus L.)*, von *Liparis dispar*, von *Euprepia caja L.*, von *Bombyx neustria*, sowie die Puppe von *Saturnia Pavonia*.

Grossartigste Ausdehnung nehmen oft die *Cordyceps militaris*-Epidemieen an, wenn der forstverheerende Kiefernspinner in Unzahl auftritt. So wurden im Jahre 1869 im Regierungsbezirk Köslin 68% der Raupen in einem stark befressenen Revier getödtet, bei Neustadt-Eberswalde, wo die Raupenplage in ähnlicher Stärke auftrat, etwa 59%. Auch *Bombyx pudibunda* wird im Raupenstadium durch *Cordyceps militaris* zum Tode geführt. Auf der Raupe eines ausländischen Spinners *(Hepiolus virescens)* fand man eine andere *Cordyceps (C. Robertsii)*, die in sehr lang gestielten Keulen aus dem Nacken des Thieres herauswuchs.

Unter den Tagfaltern (Papilioniden) treten, soweit bekannt, drei Krankheiten auf: die Muscardine, gefunden auf der Raupe des Schwalbenschwanzes *(Papilio Machaon)* und des Heckenweisslings *(Pieris crataegi* L.) sowie auf der Puppe des Segelfalters *(Papilio Podalyrius)*; eine Entomophthora-Krankeit verursacht durch *Ent. radicans* BREFELD[3]) auf den Raupen des Kohlweisslings *(Pieris Brassicae* L.) (Genaueres über diese Krankheit im speciellen Theile) und eine zweite Entomophthora-Krankheit, hervorgerufen von *E. Aulicae* REICHARDT[4]) an den Raupen des grossen Perlmutterfalters *(Argynnis Aglaja* L.), sowie von *Melitaea Cinxia* L. und *M. Athalia* ESP.

3. Die Orthopteren (Geradflügler) dürften wenig von Pilzen heimgesucht werden, oder aber Krankheiten dieser Kategorie noch wenig Beachtung gefunden haben. FRESENIUS[5]) fand eine Grille mit seiner *Entomophthora Grylli* und NOWAKOWSKI) *Gomphocerus biguttulatus* (eine Heuschrecke) von demselben Pilz befallen.

4. Noch seltener sind Mycosen an Netzflüglern (Neuropteren) beobachtet, Ich finde in der Literatur nur eine Angabe SCHNEIDER's[6]), nach welcher *Limnophilus vitripennis* von einer *Entomophthora* zum Substrat gewählt wurde.

5. In um so grösserer Häufigkeit schmarotzen Pilze auf oder in Käfern,

---

[1]) REICHARDT nannte den Pilz *Entomophthora (Empusa) Aulicae*, in BAIL, Ueber Pilzepizootien. Schriften d. naturf. Gesellsch. Danzig. Neue Folge Bd. II. 1869. Auch auf *Eupr. villica* kommt nach SCHRÖTER genannter Pilz in Schlesien vor.

[2]) Ueber die Krankheiten der Seidenspinner-Raupen und der Lepidopteren überhaupt findet man reiche Literaturangaben bei O. TASCHENBERG, *Bibliotheca zoologica* II. Verzeichniss der Schriften über Zoologie, welche in den periodischen Werken enthalten und vom Jahre 1861 bis 1880 selbständig erschienen sind. Leipzig, ENGELMANN: pag. 1729—2195; speciell über Seidenraupen-Krankheiten, pag. 2135—2151.

[3]) Untersuchungen über die Entwickelung von *Empusa Muscae* und *E. radicans*. Halle 1871.

[4]) In BAIL, Ueber Pilzepizootien der forstverheerenden Raupen. Danzig 1899, pag. 1.

[5]) Botanische Zeit. 1856. pag. 883.

[6]) Jahresber. d. schles. Gesellsch. f. vaterl. Cultur 1872, pag. 180.

wie folgende Uebersicht zeigt; vorherrschend sind nach PEYRITSCH[1]) die das Chitinskelet bewohnenden Laboulbeniaceen, scheinbar harmlose echte Parasiten; minder häufig hat man die stets tödtlichen *Cordyceps*-Arten und den Muscardinepilz *(Botrytis Bassiana)* constatirt.

Carabiden (Laufkäfer)

Nebria brunnea DUFT, „ *Villae* DEJ. } *Laboulbenia Nebria* PEYRITSCH.

Brachinus crepitans L., „ *explodens* DUFT, „ *sclopeta* F. } „ „ „ *Rougetii* MONTAGNE et CH. ROBIN. S. PEYRITSCH l. c.

Carabus, *Calosoma* } Arten im Larvenzustand: Cordyceps-Arten z. B. *C. cinerea* TULASNE[2]).

Anchomenus marginatus L., „ *albipes* F. } *Laboulbenia flagellata* PEYR. befällt die Chitinhaut der Extremitäten und Flügeldecken. PEYRITSCH l. c.

Anchomenus viduus PZ. *Laboulbenia anceps* PEYR. Extremitäten. PEYRITSCH l. c.

Clivina fossor. L. *Laboulbenia*-Spec., wahrscheinlich *L. vulgaris* PEYRITSCH (l. c.).

Harpalus distinguendus DUFT. Nicht näher bestimmte *Laboulbenia*. PEYRITSCH l. c.

Chlaenius vestitus F. *Laboulbenia fasciculata* PEYR. Auf den Flügeldecken und Extremitäten. PEYRITSCH l. c.

Bembidium lunatum DUFT. *Laboulbenia flagellata* PEYRITSCH. Chitin der Extremitäten und Flügeldecken. PEYRITSCH l. c.

„ *varium* OLIV. *Laboulbenia luxurians* PEYRITSCH. Flügeldecken und Extremitäten. PEYRITSCH l. c.

„ *littorale* PZ., „ *fasciolatum* DUFT, „ *punctulatum* DRAPIER, „ *lunatum* DUFT, „ *obsoletum* DEJ., „ *decorum* ZENKER } *Laboulbenia vulgaris* PEYRITSCH l. c.

Lamellicornien.

Melolontha vulgaris (Maikäfer) *Botrytis Bassiana* (Muscardine) sowohl auf der Larve, als dem Käfer. TULASNE l. c.

Rhynchophoreen (Rüsselkäfer)

Rhynchites conica ILLIG. *Cordyceps*-artiger Pilz (nach TULASNE l. c.)

Dytiscinen (Schwimmkäfer).

Laccophilus minutus L., „ *hyalinus* DEGEER *L.* } Ansiedelung von Laboulbenien: *Chitonomyces melanurus* (von PEYRITSCH stets am linken Rand der linken Flügeldecke gefunden) und von *Heimatomyces paradoxus* PEYRITSCH l. c.

Gyretes sericeus Laboulbène: *Laboulbenia Guerinii* CH. ROBIN.[3])

Melanosomata.

Tenebrio molitor (Mehlwurm) Larve: *Botrytis Bassiana* (Muscardine).

Helops caraboides, Larve: *Cordyceps Helopis* QUÉLET[4]).

---

[1]) Beitrag zur Kenntniss der Laboulbenien. Sitzungsber. d. Wiener Akad. 1873.

[2]) Selecta fungorum Carpologia. I, pag. 61.

[3]) Vegetaux parasites, pag. 624.

[4]) BULL. de la Soc. bot. de France. 1879. pag. 235.

Staphylinen.

Deleaster dichrous GRAV. — *Laboulbenia vulgaris* PEYRITSCH, l. c.

6. Von Aderflüglern *(Hymenoptera)* sind bereits zahlreiche Vertreter bekannt, welche an der *Cordyceps*-Krankheit leiden, nur wenige fallen anderen Pilzen zum Opfer, so eine Vespide, *Polistes gallica*, in deren Blute COHN Zellen eines *Entomophthora*-ähnlichen Schmarotzers vorfand, unsere Honigbiene *(Apis mellifica)*, in deren Magen (und auch im Blut) LEUKART Mycel und Conidien eines Oidium-artigen Schimmels, HOFFMANN[1]) eine Kopfschimmelart *(Mucor melitophthorus* HOFFM.) nachwies; und eine Blattwespe *(Tenthredo*-Art auf Alnus), welche FRESENIUS[2]) mit seiner *Entomophthora Tenthredinis* behaftet sind.

Auf Ameisen kommen vor *Cordyceps formicivora* auf *Formica ligniperda* LATR., *C. unilateralis* TULASNE (auf einer brasilianischen) und *C. myrmecophila* CES. (auf einer italienischen).

Letzterer Pilz wurde auch auf einer Schlupfwespenart *(Ichneumon)* gesehen. Wespenartige *(Vespa vulgaris* und *V. crabro*) bewohnen *Cordyceps sphecophila* (KLOTZSCH) TULASNE[3]) und *Cordyceps Ditmari* QUÉLET. Larven von Blattwespen *(Tenthredo*-Arten) werden von *C. entomorrhiza* TULASNE befallen.

Unter den Aderflügeln scheint selten vorzukommen eine Muscardine *(Botrytis tenella)*, von SACCARDO[4]) für *Vespa* angegeben, vorerst nur aus Italien bekannt.

Für die Abtheilung der Weichthiere sind durch die Untersuchungen KÖLLIKER's[5]) und WEDL's[6]) viele Fälle von pilzartigen Bildungen eruirt, und zwar treten die letzteren localisirt auf die als »Schalen« bekannten Hartgebilde auf, wo sie sich oft in reicher Entwickelung finden. Die die bekannte Festigkeit dieser Organe bedingende massenhafte Einlagerung von Kalk stellt der Ausbreitung der Mycelsysteme insofern kein Hinderniss dar, als letztere allen Erfahrungen nach Säure abzuscheiden die Fähigkeit besitzen. Merkwürdigerweise ist die Erscheinung bisher nur für meerbewohnende Mollusken, nicht aber für Süsswasserformen nachgewiesen worden, und selbst bei fossilen Meeresbewohnern wiedergefunden. Auf die Pilznatur weisen ausser der ganzen Art der Verzweigung namentlich die Anastomosenbildung und das Vorkommen von sporangienartigen Entwickelungszuständen hin, was auch für die genannten Spongien und Polythalamien gilt, von einigen zweifelhaften Fällen abgesehen, wo streng dichotome Verzweigung vorliegt und es sich vielleicht um Algen handelt. Ob die beschriebenen Pilzbildungen obligat-parasitischen Charakter haben oder sich als gelegentlich eindringende Saprophyten erweisen, wissen wir nicht.

Von Muscheln (Acephalen), welche mehr oder weniger reichlich Schalenpilze führen, sind durch KÖLLIKER und WEDL ermittelt: *Anomia ephippium, Cleidothaerus chamoïdes, Lima scabra, Arca Noae, Thracia distorta, Ostrea edulis*

---

[1]) Hedwigia, Bd. I, pag. 117.

[2]) Abhandl. d. Senkenberg. naturforsch. Gesellschaft Bd. II, pag. 205.

[3]) l. c. Eine amerikanische Wespe, *Polistes americana* ist auf Jamaika mit derselben Species behaftet gefunden. (Vergl. LEBERT, Zeitschr. f. wissensch. Zoologie. Bd. 9, 1858. pag. 441 bis 450.)

[4]) *Sylloge fungorum* IV, pag. 119.

[5]) Ueber das ausgebreitete Vorkommen von pflanzlichen Parasiten in den Hartgebilden niederer Thiere. Zeitschr. f. wissensch. Zool. Bd. 10. 1859, pag. 223—227.

[6]) Ueber die Bedeutung der in den Schalen von manchen Acephalen und Gasteropoden vorkommenden Kanäle. Sitzungsber. d. Wiener Akad. Bd. 33, 1859.

(Auster), *Meleagrina margaritifera, Pecten Jacobaeus;* von fossilen z. B. eine *Nucula*, eine *Arca, Spondylus crassicosta* (Lam.), ein *Pectunculus*, eine *Venus, Lucina Columbella*, eine *Cardita*.

(Bei anderen meerbewohnenden Formen, ein *Cardium*, ein *Solen, Pinna ingens* und *nigrina, Mya arenaria, Unio occidens, Perna ephippium, Avicula, Crenatula, Malleus albus* und Süsswassermuscheln konnten Wedl und Kölliker keine solchen Einwanderer nachweisen.)

In Schliffen von Schalen gewisser Armfüsser *(Brachiopoda)* und zwar Terebratulen fand Kölliker (l. c.) ebenfalls Gebilde, welche nach diesem Autor kaum für etwas anderes als Pilzfäden genommen werden können; so bei *Kraussia rubra, Terebratula australis, T. rubicunda*. Nach Wedl (l. c.) kommen ähnliche Dinge bei fossilen Brachiopoden *(Leptaena lepis* und *Productus horridus)* vor.

Von Gasteropoden (Schnecken) wurden durch Wedl (l. c.) und Kölliker (l. c.) ebenfalls eine ganze Reihe als mit »Pilzparasiten« behaftet nachgewiesen: *Murex truncatulus, M. brandaris, Vermetus spec., Haliotis, Tritonium cretaceum, Littorina littorea, Terebra myurus, Turbo rugosus, Aporrhais pes Pelecani, Fissurella graeca, Conus*-Arten.

In den Schalen von *Oliva, Cypraea pantherina, Nautilus pompilius* und *Aptychus*, sowie in denen der untersuchten Süsswasserschnecken konnten die Autoren keine Schmarotzer zu Gesicht bekommen.

Bei fossilen Gasteropoden *(Conus, Ancillaria glandiformis* (Lam.), *Ranella marginata* (Sowerby), *Turbo rugosus, Buccinum spec., Neritopsis spec.)* haben genannte Beobachter ähnliche Dinge in den Schalen gefunden.

II. Krankheiten der Wirbelthiere.

1. Fische.

Grosse Verluste erleiden die Fischzüchter vielfach dadurch, dass Saprolegniaceen die Eier der verschiedenen Species befallen.

Genauere Bestimmungen der Pilzarten fehlen fast durchweg. Ich selbst habe an Fischeiern, die mir vor einiger Zeit aus Holland gesandt wurden, *Saprolegnia Thuretii* de Bary und als vorwiegend *S. asterophora* constatiren können. Erstere wurde bestimmt auch an entwickelten Fischen und zwar an den Kiemen gefunden.

Auch in Bezug auf die pathologischen Veränderungen, welche die in Rede stehenden Pilze in den befallenen Geweben hervorrufen, fehlen, soweit mir bekannt, eingehendere Untersuchungen.

Was die Infectionsquellen anbetrifft, so konnte ich in einem Falle constatiren, dass die Infection junger Fische ausgehen kann von Regenwürmern, die, in grosser Anzahl von Saprolegnien befallen, auf dem Boden des flachen, für die Zucht benutzten Teiches lagen. Nach H. Hoffmann giebt es auch Fischkrankheiten, welche durch *Mucor Mucedo* hervorgerufen werden.

Die Thatsache, dass die verschiedensten Fischarten (z. B. Goldfische, Forellen, Stachelbarsch, Lachs, Aal etc.) von Pilzen aus der Familie der Saprolegniaceen befallen und getödtet werden können, ist allbekannt. Die Krankheit geht entweder von den Kiemen oder von beliebigen Theilen der Oberfläche aus, von wo aus die Pilze sich schliesslich über die ganze Oberfläche verbreiten können. Meistens ergreift die Krankheit nur einzelne Individuen. Doch kommen in den Züchtereien sowohl, wie selbst draussen in der Natur weitgreifende Epidemieen vor. Solche wurden z. B. neuerdings in Schottlands und Englands Flüssen beobachtet.[1])

Murray[2]) hat Fische mit »*Saprolegnia ferax*« mit Erfolg geimpft. In den Schuppen eines fossilen Fisches *(Beryx ornatus)* aus der Kreide hat Kölliker[3]) einen »parasitischen Pilz« aufgefunden, dessen Mycel durch zierliche dichotome Verzweigung ausgezeichnet ist. Nach Rose's Erfahrung scheinen ähnliche Bildungen auch in den Schuppen lebender und fossiler Ganoïden und Teleostier vorzukommen,[3]) was aber noch genauerer Untersuchung bedarf.

2. Vögel.

Durch eine ziemlich grosse Anzahl gelegentlicher Beobachtungen und durch einige wenige experimentelle Untersuchungen ist ferner festgestellt worden, dass auch die Vögel vielfach von Mycosen zu leiden haben.

Dieselben sind, so weit die Untersuchungen reichen, fast durchweg auf die Respirationsorgane localisirt und werden, wie folgende Uebersicht zeigt, mit wenigen Ausnahmen von Schimmelpilzen, meist *Aspergillus*-artigen hervorgerufen. Die durch Aspergillen hervorgerufene Lungenentzündung pflegt man als *Pneumonomycosis aspergillina*« zu bezeichnen.

Uebersicht nach den Familien.

1. Raubvögel.

Strix nivea (Schneeeule), Schimmelbildung in Lungen und Luftsäcken: *Aspergillus spec.*[4])

Falco rufus (Falke), *Pneumonomycosis aspergillina.* Aspergillus nicht bestimmt.[5])

Astur palumbarius (Habicht), Affection der Lunge und Luftsäcke: *Aspergillus glaucus.*[6])

Aquila imperialis (Königsadler), Erkrankung der Lunge und Luftsäcke: *Aspergillus*?[7])

2. Klettervögel.

Psittacus erithacus (Graupapagei); *Broncho-* und *Pneumonomycosis aspergillina*: *Aspergillus glaucus*[8]) Wellensittich; Mycose des Respirationsapparats.[9])

3. Singvögel.

Fringilla domestica (Haussperling) und verschiedene andere kleine Singvögel. Tödtlich verlaufende Pneumonie: *Aspergillus fumigatus.*[10])

---

[1]) Huxley, Nature. Vol. 25, pag. 437.

[2]) Notes on the Inoculation of Fishes with *Saprolegnia ferax*, Journ. of bot. XXIII, pag. 302.

[3]) Kölliker, A., Ueber das ausgebreitete Vorkommen von pflanzlichen Parasiten in den Hartgebilden niederer Thiere. Zeitschr. f. wissensch. Zool. 1860. Bd. 10, pag 228.

[4]) Joh. Müller und Retzius, Ueber pilzartige Parasiten in den Lungen und Lufthöhlen der Vögel. Müller's Archiv für Physiologie 1842, pag. 148.

[5]) Dubois in Müller l. c.

[6]) Vachetta, *Aspergillus glaucus* in den Luftsäcken eines Habichts. Gazetta medica veterinaria 1871.

[7]) Gluge et D'Udekem, De quelques parasites végétaux développés sur les animaux vivants Ann. de méd. vetérin. de Bruxelles 1858, pag. 362.

[8]) Wolff, M. Eine weitverbreitete thierische Mycose. Virch. Arch. Bd. 92, 1883, pag. 281.

[9]) Bollinger, Ueber mycotische Erkrankungen bei Vögeln. Deutsche Zeitschr. f. Thiermed. 1878, pag. 253.

[10]) Schütz, Ueber das Eindringen von Pilzsporen in die Luftwege der Vögel. Mittheil. des Gesundheitsamtes II, pag. 219 u. 221.

Coccothraustes cardinalis (Kardinal). Mycose der Lungen und der Trachea: *Aspergillus* spec.[1])

Fringilla canaria (Kanarienvogel). Tödtlich verlaufende Pneumonie: *Aspergillus fumigatus*.[2])

Corvus spec. (Rabe), Schimmelbildung in Lunge und Luftbehältern: »graugrüner Schimmel«.[3])

Garrulus glandarius (Holzheher), Affection der Lungen.[4])

4. Taubenvögel.

Haustaube. Mycosen der Bronchien, der Lungen und der Luftsäcke: *Aspergillus niger, fumigatus* und *glaucus*.[5])

5. Hühnervögel.

Phasianus colchicus (Fasan). Affection der Respirationsorgane: *Aspergillus niger*[6]).

Gallus domesticus (Haushuhn). Die Hühner leiden bisweisen an einer unter dem Namen Hühnergrind, weisser Kamm oder Hahnenkammgrind *(Tinea Galli)* bekannten Schimmelpilzkrankheit, welche sich dadurch characterisirt, dass sich an Kamm- und Kehllappen weissgraue, rundliche, schliesslich zusammenfliessende Flecke bilden, infolge deren die Kämme wie von einer rauhen, weissgrauen Masse überzogen erscheinen, der Prozess kann später auf Hals, Brust und Rumpf fortschreiten, sodass auf der Haut zwischen den Federn und um dieselben dicke Krusten entstehen, wobei sich die Federn auflockern, aufrichten, und schliesslich ausfallen können. Mit der Ausbreitung beginnt Abmagerung der Thiere, die schliesslich mit dem Tode enden kann. Der von SCHÜTZ isolirte Pilz dürfte nach der vorliegenden dürftigen Beschreibung in die Verwandtschaft von *Oidium lactis* gehören.[7])

Wie PLAUT[8]) zeigte, lässt sich die durch *Oidium albicans* bewirkte Soor-Krankheit bei den Hühnern auch künstlich erzeugen, und zwar im Kropf.

Meleagris gallopavo (Puter) leidet bisweilen am Soor.[9])

---

[1]) BOLLINGER l. c., pag. 253.

[2]) SCHÜTZ, l. c., pag. 219.

[3]) THEILE, Neue Beobachtungen der Schimmelbildung im lebenden Körper. In HEUSINGERS Zeitschr. f. organ. Physik Bd. I. 1827.

[4]) MEYER, A. C., Verschimmelung im lebenden Körper. MERKELS deutsches Archiv, Bd. I (1815), pag. 310.

[5]) BOLLINGER, Ueber mycotische Erkrankungen bei Vögeln. Deutsche Zeitschr. f. Thiermedicin 1878, pag. 253. GENERALI, Ueber eine epizootische Krankheit bei Tauben. Revue für Thierheilkunde und Viehzucht 1880, pag. 33.

[6]) ROBIN, Ch. Histoire naturelle des vegetaux parasites, qui croissent sur l'homme et les animaux vivants. 1853, pag. 518. 526.

[7]) GERLACH, Magazin für Thierheilkunde, Berlin 1858, pag. 236 u. f. — MÜLLER, Vierteljahrsschrift f. Thierheilkunde 1858. Heft 1, pag. 37 ff. — LEISERING, Veterin. Bericht des Königreichs Sachsen. 1858, pag. 32. — ZÜRN, Krankheiten des Hausgeflügels. Weimar 1882. pag. 138. — PÜTZ, Seuchen und Heerdekrankheiten. Stuttgart 1882 pag. 580. — SCHÜTZ l. c., pag. 224.

[8]) Beitrag zur systematischen Stellung des Soorpilzes. Leipzig 1885.

[9]) MARTIN, Soor beim Truthahn. Jahrb. d. K. Thierarzneischule zu München 1882–83.

6. Sumpfvögel.

Phoenicopterus ruber (Flamingo). Von OWEN[1]) wurde ein »grüner Schimmel« in den Luftwegen, von LEIDY[2]) eine Lungenkrankheit durch *Aspergillus nigrescens* (?) constatirt.

Charadrius pluvialis (Goldregenpfeifer), Schimmelbildung im abdominalen Luftsack: *Aspergillus candidus* (nach ROBIN l. c.).

7. Schwimmvögel.

Anas mollissima (Eiderente); nach DESLONGCHAMP[3]) Schimmelbildungen in den Bronchien und Luftsäcken: *Aspergillus* (?).

Anser domesticus (Gans); sporadisch oder epidemisch auftretende Lungenentzündung durch *Aspergillus fumigatus* (SCHÜTZ l. c.)

Anser segetum (Saatgans), Schimmel auf den Lungen (*Mucor*)[4]).

Colymbus arcticus (Taucher). Affection der Lungen und Luftsäcke durch eine Aspergillusart.[5])

Alca torda (Alk) }
Cormoranus Carbo (Kormoran) } Mucor auf den Lungen (Hannover l. c.).

Cygnus olor (Schwan), Affection der Luftsäcke durch einen »grünen Schimmel« nach HEUSINGER[6]).

8. Laufvögel.

Otis tarda (Trappe). *Aspergillus fumigatus* »in den Bronchien und anderen Lufthöhlen« FRESENIUS[7]).

Struthio camelus (Strauss). Erkrankung der Lungen und Luftsäcke (GLUGE und D'UDEKEM l. c.) Aspergillus?

Dass auch die Eier der Vögel ihre Schimmelpilzkrankheiten haben, ist durch zahlreiche gelegentliche Beobachtungen, die man bei ZIMMERMANN[8]) zusammengestellt findet, sowie auch durch experimentelle Untersuchungen längst sichergestellt. Es handelt sich dabei fast ausschliesslich um Hühnereier. Doch sind die Untersuchungen über die betreffenden Pilze fast durchweg dürftig, die meisten unbrauchbar. Die eingedrungenen Pilze verhalten sich in der Eiweissflüssigkeit zum Theil insofern wie in anderen künstlichen Nährflüssigkeiten, als sie gallertige Mycelmassen von Halbkugel-, Warzen- oder Kugelform bilden, von denen man die ersteren an der Eihaut, die letztere frei im Eiinhalte findet.

Je nach Species bleiben die Mycelmassen ungefärbt oder nehmen im Alter grünliche bis olivenbraune Färbung an. Da in Flüssigkeiten befindliche Mycelien der Regel nach niemals in Conidien fructificiren, so findet man auch die Eier-

---

[1]) Philosophical Magazin. Bd. 2, 1833, pag. 1.

[2]) O na fungus in a Flamingo. Proceed. of the Akad. of Nat Sciences of Philadelphia. 1875, I, pag. 11. Deutsche Zeitschr. f. Thiermed. 1877, pag. 209.

[3]) Note sur les moeurs du Canard Eider (Anas mollissima) et sur les moisissures dévelopées pendant la vie à la surface interne des poches aëriennes d'un de ces animaux. Ann. sc. nat. 1841, sér. 2, t. 15, pag. 371.

[4]) Hannover, Ueber Entophyten auf den Schleimhäuten des todten und lebenden menschlichen Körpers. MÜLLER's Arch. 1872, pag. 294.

[5]) STIEDA, Beiträge zur Kenntniss der Parasiten. Ueber *Pneumonomycosis aspergillina* bei Vögeln. VIRCH. Arch. 1866, Bd. 36, pag. 279).

[6]) De generatione mucoris in organismo animali.

[7]) Beiträge zur Mycologie, pag. 18.

[8]) Ueber die Organismen, welche die Verderbniss der Eier veranlassen. 6. Bericht der naturwissensch. Gesellsch. Chemnitz 1878.

mycelien stets steril, so lange nicht Luft von aussen eintritt (was beim schliesslichen Eintrocknen der Eiflüssigkeit geschieht) oder im Innern gebildet wird. Ob der Eiinhalt von den Pilzen bloss aufgezehrt oder aber gleichzeitig zersetzt wird, ist noch nicht genauer untersucht. Thatsache ist, dass z. B. bei dem von mir aus kranken Eiern rein gezüchteten *Hormodendron cladosporioides*, intensiv schimmel- oder moderartige Gerüche auftreten.

Nach Mosler[1]) kann man intakte Eier mit *Penicillium glaucum* und *Mucor Mucedo* inficiren. Montagne züchtete aus dem Mycel eines Eierpilzes ein *Dactylium* (*D. oogenum* Mtg.)

Zimmermann (l. c.) fand in einem kranken Ei sein *Macrosporium verruculosum.*

Ich selbst machte die Erfahrung, dass der olivengrüne Strauchschimmel (*Hormodendron cladosporioïdes* [Fres.])[2]), der bekanntlich sehr gemein ist, öfters in kranken Eiern vorkommt.[3]) Dieser Pilz dringt, wie Dr. Drutzu in meinem Laboratorium durch mehrfache künstliche Infectionen mittelst Aufstreichen reiner Sporen feststellte, sehr leicht durch die ganz intakte Schale ein und bildete von der Infectionsstelle aus im Laufe von mehreren Monaten zwischen der Eihaut und dem Dotter einen mehrere Millimeter dicken, sterilen, gallertigen, dunkelolivenbraunen Mycelmantel, während das Eiweiss zum grossen Theile oder ganz aufgezehrt wurde, ohne dass vorher Coagulation auftrat.

Weitere Infectionsversuche mit Reinmaterial von *Acrostalagmus cinnabarinus* Corda und einem *Trichothecium* ebenfalls von Drutzu ausgeführt, ergaben, dass auch diese Schimmel durch die intakte Eischale und Eihaut eindringen und an Stellen, wo sich die Schale von der Eihaut zurückgezogen hat, also ein Luftraum gebildet wurde, in Conidienträgern fructificiren können.

3. Säugethiere.[4])

1. Erkrankungen durch den Strahlenpilz (Actinomycosen). Sie sind zuerst von Bollinger[5]) beim Rinde entdeckt worden, woselbst sie am häufigsten an den Kiefern auftreten. Hier entsteht von den Alveolen der Backenzähne oder von der Spongiosa des Knochens aus eine weissliche, den Knochen aufblähende, schliesslich meist nach aussen durchbrechende weiche Geschwulst, in welcher meist zahlreiche gelbe, abscessähnliche Heerde gefunden werden. Diese enthalten bis hanfkorngrosse gelbe rundliche Körper, welche Fadencomplexe von radiärer Struktur — Kugelmycelartige Entwickelungsformen des *Actinomyces Bovis* Harz genannten Pilzes — darstellen. Sie kommen beim Rinde mitunter auch in der Zunge, den äusseren Weichtheilen des Kopfes, den Lungen, sowie im *Peritoneum* etc. vor. Nach Bang[6]) kann die Krankheit auch ende-

---

[1]) Mycologische Studien am Hühnerei. Arch. f. pathol. Anatomie von Virchow. Bd. 29, 1864. pag. 510—525.

[2]) Von E. Löw näher studirt. Zur Entwickelungsgeschichte von *Penicillium*. II. *Penicillium cladosporioïdes* Fres. Jahrbücher f. wissensch. Botanik. Bd. VII (1870) pag. 494—506.

[3]) Im Laufe eines Jahres habe ich ihn dreimal in Eiern beobachtet.

[4]) Allgemeine Literatur: Zürn und Plaut, die pflanzlichen Organismen auf und in dem Körper unserer Haussäugethiere. 2. Aufl. Pütz, die Seuchen und Heerdekrankheiten unserer Hausthiere. Stuttg. 1882. Vergl. auch Flügge, die Mikroorganismen und de Bary's Morphologie, sowie Baumgarten's Jahresbericht.

[5]) Centralblatt für die med. Wissensch. 1877.

[6]) Tidskrift far Veterinaerer 1883. Vergl. Fortschr. d. Med. II. Heft 6.

misch auftreten, wahrscheinlich nach dem Genuss von demselben pilzhaltigen Futter.

Von actinomycotischen Affectionen haben ferner zu leiden die Schweine. Sie können von zwei verschiedenen Pilzen befallen werden, von denen der eine mit *Actinomyces Bovis* identisch zu sein scheint und in Geschwülsten der Zunge, des Rachens, der Lungen, des Euters, der Rückenwirbel nachgewiesen ward, während der andere von DUNCKER aufgefundene, eine besondere (*Actinomyces suis* DUNCKER genannte) Species darstellt, welche nur in den Muskeln lebt. Hauptfundstätten sind die Zwergfellspfeiler, Bauch- und Zwischenrippenmuskel. Auf Grund zahlreicher Befunde vermuthet HERTWIG,[1]) dass die Thiere die Pilzkeime im Sommer oder Anfang Herbst aufnehmen; im Oktober findet man im Fleische ganz junge Rasen des Pilzes, im December völlig entwickelte, im Januar sind schon einzelne verkalkt; je näher dem Sommer zu, desto mehr steigert sich die Zahl der verkalkten Rasen.

Nach JOHNE[2]) kommen actinomycotische Erkrankungen (durch *Actinomyces Bovis)* auch bei Pferden vor und zwar als Ursache chronischer Samenstrangverdickungen castrirter Thiere. Ohne Zweifel erfolgt hier die Infection von der offenen Samenstrangwunde aus. In anderen Fällen von Samenstrangverdickung fanden RIVOLTA und JOHNE einen anderen Pilz, der schon früher von BOLLINGER bei chronischen Entzündungen und fibromatösen Tumoren, z. B. der Lunge, constatirt wurde und ähnlich dem *Actinomyces* als sandkorngrosses Gebilde auftritt. BOLLINGER,[3]) der ihn im Pferd häufig beobachtete, nannte ihn *Botryomyces*. Seine morphologische Natur ist noch zu erforschen.

2. Durch Pinselschimmel (*Aspergillus*-Arten) hervorgerufene Mycosen.

In spontaner Form treten sie bei Säugethieren im Ganzen viel weniger häufig auf als bei Vögeln Bezüglich der pathologischen Wirkung stimmen die Aspergillen darin überein, dass sie Knötchenbildung in den inneren Organen hervorrufen. In den Knötchen sind die Pilze, mögen sie sich nun von einer einzigen Spore oder von einem Sporenhäufchen aus entwickeln, in Form von rundlichen Mycelien mit radiärer Anordnung der Elemente vorhanden. Zur Bildung von Conidien kommt es in den Geweben selbst nicht, nur wenn die Mycelien in eine lufterfüllte Höhlung hineinwachsen, fructificiren sie.

Künstliche *Aspergillus*-Mycosen sind, namentlich bei Kaninchen, Katzen, Hunden leicht zu erzielen, entweder durch Injection der Sporen ins Blut, wie es LEBER[4]) und LICHTHEIM[5]) thaten, oder indem man, wie LIST, die zerstäubten Sporenmassen durch die Pilze inhaliren lässt.

Die Intensität der Erkrankung richtet sich nach der Sporenmenge (ist dieser direkt proportional). Zur Erzeugung von tödtlicher Allgemein-Mycose durch Injection bei kleineren Thieren wie Kaninchen, Katzen etc. gehört immerhin eine

[1]) Ueber den *Actinomyces musculorum* der Schweine. Archiv f. wissensch. und pract. Thierheilkunde. Bd. 12 (1886), Heft 5 und 6.

[2]) Beiträge zur Aetiologie der Infectionsgeschwülste. Bericht über das Veterinärwesen im Königr. Sachsen f. d. Jahr 1884, pag. 46.

[3]) Ueber Botryomycose beim Pferd. Deutsche Zeitschr. f. Thiermed. Bd. 13 (1887). Heft 2—3.

[4]) Ueber Wachsthumsbedingungen der Schimmelpilze im menschlichen und thierischen Körper. Berl. klin. Wochenschr. 1882. Nr. 11.

[5]) Ueber pathogene Schimmelpilze. Aspergillusmycosen. Berl. klin. Wochenschr. 1882. No. 9 und 10.

sehr bedeutende Sporenzahl, nach den für *A. subfuscus* geltenden Untersuchungen von OLSEN und GADE[1]) im Minimum etwa 100 Millionen. Injectionen geringerer Dosen riefen nur mehr oder minder lange und schwere Krankheit hervor. Je erheblicher die genannte Zahl überschritten wurde, desto schneller erfolgte der Tod. *A. fumigatus* und *flavescens* übertreffen, ins Blut eingeführt, den *A. subfuscus* noch an Malignität.

Wenn die Aspergillusvegetationen im Gehirn zur Entwickelung kommen (im häutigen Labyrinth) so treten bei Kaninchen nach LEBER und LICHTHEIM Gleichgewichtsstörungen ein.

3. Erkrankungen durch Kopfschimmel *(Mucor)*.

LICHTHEIM[2]) wies nach, dass die Sporen von *M. corymbifer* und *rhizopodiformis*, wenn man diese in die Blutbahn von **Kaninchen** einführt, schwere, meist schon innerhalb 3 Tagen letal endende Krankheit bewirken. Von Organen, in welchen diese Pilze krankhafte Veränderungen kervorrufen, sind besonders Nieren und Darm hervorzuheben, während Milz und Knochenmark schon minder starke Affectionen erfahren, Leber und Lunge selten afficirt werden.

Für den Hund scheint der Pilz nicht gefährlich zu sein.

Dass auch andere Mucorineen, auf dieselbe Weise in den Thierkörper (Kaninchen) eingeführt, ähnliche krankhafte Affectionen hervorrufen, hat LINDT[3]) für seinen *Mucor pusillus* und seinen *M. ramosus* näher dargelegt.

4. Soorkrankheit. Erkrankungen durch den Soorpilz *(Oidium albicans* ROBIN) kommen spontan auf der Schleimhaut des Mundes, Rachens und Oesophagus von jungen, noch saugenden Katzen und Hunden vor, hier ähnliche Wucherungen (Schwämmchen) hervorrufend wie im Munde kleiner Kinder. Durch Injection grösserer Mengen dieses Schimmels in die Blutbahn rief KLEMPERER[4]) Allgemeinmycose bei Kaninchen hervor, welche tödtlichen Verlauf nahm. Der Obductionsbefund war makroskopisch übrigens derselbe wie bei generalisirter *Aspergillus*-Mycose.

5. Affectionen der äussseren Körperhaut, hervorgerufen durch Schimmelpilze von *Oidium* artigem Charakter.

a) Waben-Grind *(Favus)* der Mäuse. FLUEGGE[5]) berichtet über diese Krankheit Folgendes: NICOLAIER constatirte in F's Institut die Uebertragbarkeit der Krankheit durch Application von Schüppchen auf die mit dem Messer etwas abgeschabte und von der Epidermis befreite Haut gesunder Mäuse. Nach etwa 8 Tagen zeigt sich dann eine etwa linsengrosse weissgelbe, in der Mitte vertiefte Borke; dieselbe breitet sich immer weiter aus, occupirt schliesslich die ganze Stirn, die Ohren, zieht sich über die Augen hin und verwandelt den Kopf des Thieres in eine unförmliche weissgraue trockene Masse von blättrigem Gefüge, die in dicker Schicht der Haut aufliegt. Kleine Bröckchen, auf sauren Nähragar oder auf mit Weinsäure imprägnirte Kartoffeln gebracht und bei 30—35° gezüchtet, ergeben nach wiederholten Uebertragungen die Reincultur eines Pilzes, der ein dichtes niedriges Mycel von anfangs rein weisser Farbe bildet, mit sehr engstehen-

[1]) Undersögeler over Aspergillus subfuscus som patogen mugsop. Nord. med. arkiv. 1886. — BAUMGARTEN, Jahresber. 1886, pag. 326.

[2]) Ueber pathogene Mucorineen. Zeitschr. f. klin. Med. Bd. 7.

[3]) Mittheilungen über einige neue pathogene Schimmelpilze. Arch. f. experim. Pathol. und Pharmakol. Bd. 21 (1886), pag. 269.

[4]) Ueber die Natur des Soorpilzes. Centralbl. f. klin. Med. 1885, pag. 849.

[5]) Die Mikroorganismen. Leipzig 1886, pag. 100.

den zarten Hyphen, so dass die ganze Masse (namentlich auf Kartoffeln) wie Zuckerguss aussieht. Später bildet sich an der Oberfläche des Mycels eine röthliche oder röthlich-bräunliche Farbe aus. Im mikroskopischen Präparat von den Favusborken oder von der Cultur zeigt sich ein Gewirr von gegliederten Fäden, die mit ovalen, etwas kolbig aufgetriebenen oder auch mehr kugligen Zellen enden. Besondere Sporenträger und deutliche Sporenbildung konnten bis jetzt nicht beobachtet werden. Auf Impfung mit kleinen Mengen der mehrfach übertragenen Reincultur reagirten Mäuse ausnahmslos mit der geschilderten eigentümlichen Krankheit; auf einen Hahn wurde die Uebertragung ohne Erfolg versucht.

b) Waben- oder Erbgrind der Hausthiere (Pferde, Hunde, Katzen, Kaninchen). Es bilden sich hierbei, namentlich am Kopfe, schildförmige oder schüsselartig-vertiefte Schollen oder Borken von meist schwefelgelber Farbe, ganz ähnlich denen, wie sie beim Kopfgrind des Menschen auftreten. Man glaubte bisher, dass der Pilz, welcher die Ursache dieser Schollenbildungen ist, wegen seiner grossen morphologischen Aehnlichkeit mit dem *Oidium (Achorion) Schönleinii* (Remak) identisch sei, doch sind noch genauere Untersuchungen hierüber abzuwarten. Man will öfter beobachtet haben, dass die Krankheit von Katzen auf Kinder überging, wenn dieselben mit solchen Favuskranken Thieren gespielt hatten.

c) Glatzflechte oder Rasirflechte *(Herpes tonsurans* oder *H. tondens.)* Sie kommt am häufigsten beim Rinde, minder häufig bei Hunden, selten bei Pferden, Ziegen, Katzen, am allerseltensten bei Schweinen nnd Schafen vor und ist gekennzeichnet durch scharf begrenzte rundliche Flecken auf der äusseren Haut, welche im Durchmesser von wenigen Millimetern bis zu mehreren Centim. vaiiren und oft in ziemlich regelmässigen Zwischenräumen auseinander stehen, zuweilen aber auch zusammenfliessen; letzteres ist besonders bei Pferden und Hunden weniger selten, als bei andern Hausthieren. Im Anfange der Haut-erkrankung kann man zahlreiche Bläschen an den betreffenden Stellen wahrnehmen, die eine übelriechende Flüssigkeit absondern; diese trocknet zu Borken ein, welche eine verschiedene, graue oder braune Farbe zeigen und asbest- oder lederartige Schuppen von manchmal 2 bis 8 mm. Dicke bilden. Die von Schuppen entblössten Hautstellen sind entweder frei von Schwellung und Verschwärungsprocessen, oder aber es findet sich unter denselben eine eiternde Hautstelle; ja es werden die Borken sogar nicht selten durch Eiter abgestossen. Der Ausschlag zeigt sich in der Regel zuerst am Kopfe oder am Halse, von wo aus er sich über den Körper weiter verbreiten kann. Auf dicht behaarter Haut bilden sich immer mehr oder weniger dicke Borken, während an Hautstellen, welche kein eigentliches Deckhaar, sondern nur Flaumhaar besitzen, sich gar keine oder nur dünne Borken bilden (Pütz).[1])

Der Ausschlag wird, so nahm man bisher an, von *Oidium (Trichophyton) tonsurans* Malmsten hervorgerufen. Vielleicht ist auch diese Species eine Sammelspecies, welche mehrere Arten in sich begreift. Bezüglich des äusseren Baues und der Art und Weise, wie sie die Haarbälge und Haarwurzeln befallen und zerstören, stimmen die Pilze mit denen der Glatzflechte des Menschen überein.

4. Mensch.

1. Affectionen der äusseren Körperhaut (Dermatomycosen), hervorgerufen durch Schimmelpilze von *Oidium*-artigen Charakter.

[1]) Seuchen- und Heerdekrankheiten unserer Hausthiere. Stuttgart 1882, pag. 573.

a) *Oidium (Microsporon) furfur* (ROBIN) bewirkt die Entstehung der »Kleienflechte« *(Pityriasis versicolor)* an verschiedenen Hautstellen, namentlich auch auf der Brust und am Halse, wobei gelbe bis gelbbräunliche Flecken entstehen. Mittelst der Fingernägel findet bisweilen eine Uebertragung auf die Haut des äusseren Gehörganges statt.

b) *Oidium (Trichophyton) tonsurans* (Malmsten) ruft eine als Glatzflechte, Rasirflechte *(Area Celsi, Herpes tonsurans)* bezeichnete Affection behaarter Hautstellen, besonders der Kopfhaut hervor und hat das Ausfallen der Haare an den betreffenden Stellen zur Folge, da ausser der Epidermis auch noch die Haarbälge und Haare angegriffen werden.

c) *Oidium (Achorion) Schönleinii* (REMAK) ist der Erzeuger des Kopf- oder Wabengrindes (Favus). Derselbe tritt bekanntlich namentlich bei Kindern auf und ist dadurch ausgezeichnet, dass sich schwefelgelbe, linsen- oder schildförmige oder auch schüsselartig vertiefte Schollen oder Borken bilden, deren Unterseite feucht erscheint. Die Masse eines solchen Schöllchens *(Scutulums)* besteht vorwiegend aus Elementen des Pilzes und ist an der Oberseite mit Epidermiselementen bedeckt.

Während die Favus-Krankheit früher immer nur localisirt aufgetreten war, hat neuerdings KAPOSI die bisher wohl einzig dastehende Beobachtung von *Favus universalis* gemacht. Binnen 3 Wochen verbreitete sich die Krankheit vom Kopf aus fast über die ganze äussere Körperoberfläche; als der Patient bald darauf an einer Kniegelenksphlegmone starb, wurde eine offenbar durch den Favuspilz veranlasste croupös-diphtheritische Entzündung des Magens und Darmes constatirt (eine echte *Gastro-Enteritis favosa)*. Vielleicht hatte ein bei dem Kranken (Säufer) jahrelang bestehender Magencatarrh die Ansiedelung der verschluckten Favuspilzelemente in der Magen-Darmschleimhaut begünstigt.[1])

Im Gegensatz zu der früheren Annahme, dass das *Oidium Schönleinii* eine einheitliche Species sei, hat sich jetzt durch die Untersuchungen QUINCKE's herausgestellt, dass man es mit einer Sammelspecies zu thun hat, die mindestens drei verschiedene Arten umfasst (α-, β-, γ-Pilz QUINCKE's.)

d) Ein vierter Schimmel, der aber noch nicht näher untersucht ist, wird als Ursache der Schuppenflechte *(Psoriasis)* angesprochen, einer Affection, bei welcher eine reichliche Abstossung der Epidermis in Form von Schuppen stattfindet.

Neuerdings hat UNNA[2]) (in Verein mit GRÜNDLER und TÄNZER)[3]) aus den Schuppen des *Ekzema seborrhoicum* eine Reihe von Schimmelpilzen gezüchtet.

2. Krankheiten der inneren Theile, verursacht von *Actinomyces hominum* (Actinomycosen).

Durch ISRAEL's Untersuchungen ist festgestellt worden, dass nicht bloss im thierischen, sondern auch im menschlichen Körper Erkrankungen durch *Actinomyces* hervorgerufen werden können. Nach seinen und Anderer Beobachtungen traten die Affectionen auf als centrale Heerdbildungen in der Mandibula, am Unterkieferrand, in der Submaxillar- und Submentalgegend, in der Zunge, am Halse, im Schlunde, am Unterkieferperiost, in der Backen-Wangengegend (offenbar wandert in allen diesen Fällen der Pilz durch Mund und Rachenhöhle ein), ferner auf der Bronchialschleimhaut, im Lungenparenchym mit eventueller Aus-

[1]) Entnommen aus BAUMGARTENS Jahresbericht 1886, pag. 335.

[2]) Ueber Favuspilze, Archiv f. exp. Pathol. u. Pharmakol. Bd. 22 (1886.)

[3]) *Flora dermatologica.* Monatshefte für praktische Dermatologie. Bd. VII. Sept. 1888.

breitung auf die Pleura, das peripleurale und prävertebrale Gewebe, sowie die Brustwand, sodann auf der Darmoberfläche, in der Darmwand mit Ausbreitung auf das *Peritoneum* und die Bauchwand, endlich auch im Herzen, in der Milz, in der Frauenbrust, im Gehirn, in den Hoden.

Die Erkrankungen des Respirationsapparats entstehen durch Keime, welche durch Aspiration entweder direkt aus der Luft oder aus der Mundhöhle in jene Organe gelangen, während die Actinomycose von Darm und diesen umgebender Theile offenbar von Keimen ausgeht, die aus dem Darmrohr stammen, also mit der Nahrung in den Verdauungskanal eingeführt wurden.

In der Neuzeit sind seitens der Aerzte Erfahrungen gemacht worden, welche es unzweifelhaft erscheinen lassen, dass der Strahlenpilz ausserhalb des Körpers lebt und seine Keime Gräsern und andern Pflanzen, Hölzern, Stroh etc. anhaften können. So hat z. B. E. Müller[1]) einen Fall von Actinomycose der Hand constatirt, in welchem die Infection durch einen Holzsplitter, den sich die 28jährige Patientin beim Reinigen des Fussbodens eingestossen hatte, erfolgt war. In andern Fallen scheinen die Keime durch Verwundungen mittelst der scharfen Grannen unserer Culturgräser in den Körper gebracht worden zu sein. Thatsache ist, dass gerade bei Landleuten Actinomycose öfters beobachtet wurde. Soltmann[2]) macht die Angabe, dass ein Knabe nach dem Verschlucken einer Achre der Mäusegerste Actinomycose in der Nähe der Wirbelsäule bekam. Bertha (Wiener med. Wochenschrift 1888) berichtet über Fälle von *Actinomyces* bei Schnittern an den Händen.

Mitunter scheinen die mit dem Munde aufgenommenen Actinomyceskeime sich zunächst in hohlen Zähnen oder auch in den Taschen der Tonsillen zu entwickeln, um erst von hier aus invasiv zu werden, wie zuerst J. Israel[3]) auf Grund bestimmter Beobachtungen vermuthete. (Beschreibung des Pilzes und Literatur im speciellen Theile.)

3. Pinselschimmel-Krankheiten *(Aspergillusmycose, Mycosis aspergillina)* hervorgerufen durch verschiedene *Aspergillus*-Arten.

Am längsten bekannt und am häufigsten gefunden sind Aspergillusmycosen des Ohres *(Otomycosis aspergillina)*, durch *Aspergillus fumigatus* Fres., *A. niger* (van Tiegh.), *A. flavus* Bref., *A. glaucus* de By. und *A. repens* de By. verursacht, insbesondere durch die ersten beiden Arten. Sie siedeln sich namentlich nicht selten im äusseren Gehörgange, bisweilen auch im Mittelohr an, scheinen aber nur dann ihre Vegetationsbedingungen zu finden, wenn in Folge sonstiger Erkrankungen des Ohres eine Serumschicht secernirt ist, die ihnen als Nährboden dient. Nach Siebenmann[4]) dringen nämlich die Pilze nicht durch die Hautelemente hindurch ein, verhalten sich also auch nicht als Parasiten im strengen Sinne, eine Auffassung, die von anderer Seite bestritten worden ist. Namentlich wenn die Pilzwucherungen auf dem bereits entzündeten Trommelfell auftreten,

---

[1]) Ueber Infection mit Actinomycose durch einen Holzsplitter. Beitr. zur klinischen Chirurgie herausgegeben von Bruns. Bd. III. 1888, pag. 355. Ref. Bacteriol. Centralbl. Bd. 5, pag. 353

[2]) Breslauer ärztl. Zeitschrift 1885. Ref. in Baumgartens Jahresber. 1885.

[3]) Klinische Beiträge zur Actinomycose. Berlin 1885. — Derselbe, ein Beitrag zur Pathogenese der Lungenmycose. Centralbl. f. d. med. Wissensch. 1886.

[4]) Siebenmann, Die Fadenpilze *Aspergillus flavus, niger* und *fumigatus, Eurotium repens* (u. *Aspergillus glaucus)* und ihre Beziehungen zur *Otomycosis aspergillina.* Wiesbaden 1883. Hier auch ausführlich die frühere Literatur.

sind die subjectiven Symtome vielfach: Schwerhörigkeit, Ohrensausen, Schmerz, Jucken, Ausfluss.

Die Aspergillen haben sich ferner mehrfach als Erreger von Affectionen der Athmungswege gezeigt.

So fand SCHUBERT[1]) den *Aspergillus fumigatus* in der Nase einer alten Frau, hier die ganze Nasen-Rachenhöhle mit seinem Mycel und Conidienmassen ausfüllend.

Eine Aspergillen-Krankheit der Lunge constatirte OSLER.[2]) Die Frau, bei welcher dieselbe auftrat, hustete seit 12 Jahren anfallsweise bohnengrosse, weiche flaumige, graue Massen aus, welche aus Mycel und Sporen einer nicht näher bestimmten *Aspergillus*-Species bestanden. POPOFF[3]) beobachtete einen Fall von *Aspergillus* Erkrankungen bei einer 21jährigen, erblich tuberkulös belasteten Frau, welche das klinische Bild von *Asthma bronchiale* darbot. Aus dem mikroskopischen Befunde am Sputum war zu schliessen, dass ausser den Bronchien auch die Lunge, und zwar durch *Aspergillus fumigatus* inficirt war.

Die *Aspergillus*-Krankheiten der Lunge führen vielfach zu tödtlichem Ausgange.

Endlich wurde von LEBER[4]) reichliche Entwickelung von *Aspergillus*-Vegetation auch in der Hornhaut beobachtet, welche, hervorgerufen durch Verletzung mittelst einer Haferspelze, von eitriger Entzündung begleitet war.

4. Durch Kopfschimmel (Mucorineen) verursachte Krankheiten des Menschen sind selten. PALTAUF[5]) wies nach, dass sie sogar in Form von tödtlichen Allgemein-Mycosen auftreten können. In dem von ihm untersuchten Falle fanden sich im Darm eine Anzahl grösserer, mehr oder minder tiefgreifender Ulcerationen, Darmblutungen, abgekapselte eitrige peritonitische Exsudate, derbe pneumonische Lungenheerde, Gehirnabscesse, Pharynx- und Larynx-Phlegmone, Milztumor. In allen diesen Organen fand sich ein nicht näher bestimmter Mucor vor.

Seitens JAKOWSKI's[6]) wurde aus dem äusseren Ohre einer Frau, die hier an Schmerzen und Sausen litt, *Mucor ramosus* LINDT isolirt, der die langdauernde Krankheit verursacht hatte.

5. Auf den Schleimhäuten des menschlichen Magens kommt, wie von WETTSTEIN[7]) wahrscheinlich machte, bei der als Soodbrennen *(Pyrosis)* bekannten Krankheit ein Schimmelpilz *(Rhodomyces Kochii* WETTST.) vor, dessen Conidien gelegentlich auch im Sputum gefunden werden. Er bewirkt wahrscheinlich im Magen Gährungserscheinungen.

6. Viel häufiger ist diejenige Krankheit, welche in Gestalt der Schwämmchen oder des Soors (Aphten) auf der Schleimhaut des Mundes, des Rachens und des Oesophagus auftritt und vorzugsweise bei Säuglingen, seltener bei Erwachsenen beobachtet ist. Sie wird wie bei jungen Katzen, Hunden und Vögeln veranlasst

---

[1]) Zur Kasuistik der Aspergillus-Mycosen. Deutsch. Archiv f. klin. Med. Bd. 36. (1885) Heft 1 u. 2.

[2]) Aspergillus from the lung. Transact. of the pathol. Soc. of Philadelphia. Vol. 12 u. 13. Vergl. BAUMGARTEN, Jahresbericht 1887.

[3]) BAUMGARTEN, Jahresber. 1887, pag. 316.

[4]) Eitrige Keratitis mit Wucherung von *Aspergillus-Mycel. Gräfes* Arch. 1879.

[5]) *Mycosis mucorinea.* Ein Beitrag zur Kenntniss der menschlichen Fadenpilz-Erkrankungen. VIRCHOW's Archiv Bd. 102 (1885).

[6]) Bacteriol. Centralbl. 1888. Bd. V., pag. 388.

[7]) Sitzungsberichte der Wiener Akad. Bd. 68. I. (1873).

durch das dem Milchschimmel *(Oidium lactis)* verwandte *O. albicans* und äussert sich in der Bildung weisslicher (grauweisser) Häufchen oder Pusteln, die auch noch Epithelzellen, Spaltpilze und wie es scheint, Entwickelungszustände anderer Schimmelpilze enthalten. Wahrscheinlich entwickelt sich der Pilz (in Sprossform) an der Brustwarze der Mutter (in der ausgetretenen Milch) und wird beim Säugen des Kindes in den Mund eingeführt, in manchen Fällen vielleicht auch mit anderer Nahrung aufgenommen. VALENTIN[1]) beobachtete einen Fall von Soor des Mittelohrs bei einem 9jährigen Mädchen.

7. Krankheiten der menschlichen Zähne durch echte Pilze sind, wie es scheint, recht selten. In einem Zahnpräparat, das mir Prof. W. MILLER zeigte, waren Sprosszustände eines Schimmelpilzes tief in den im Uebrigen intacten Schmelztheil eingedrungen.

Zum Schluss sei noch hervorgehoben, dass die Zahl der pilzlichen Parasiten der Thiere der Zahl der pilzlichen Schmarotzer der Pflanzen bedeutend nachsteht, denn die erstere dürfte höchstens 200, die letztere an 10000 betragen. Diese auffallende Differenz scheint sich vorzugsweise durch zwei Momente zu erklären, nämlich einerseits dadurch, dass die überwiegende Mehrzahl der Pilze saure Säfte, wie sie in den Pflanzen dargeboten werden, den alcalischen Säften des Thierkörpers vorzieht, andererseits dadurch, dass der Körper der höheren Thiere Temperaturen aufweist, die von dem Optimum der Vegetationstemperatur der meisten Pilze nicht erreicht werden. Hierzu mag als drittes Moment vielleicht noch die ausgiebigere Durchlüftung des pflanzlichen Körpers vermittelst des Systems der Intercellularräume hinzutreten. Etwas ähnliches finden wir in dem Tracheensystem der Insekten, und daher mag es kommen, dass die Insektenbewohnenden Pilze sich so schnell entwickeln, in Kürze den ganzen Körper mumificirend.

F. Der Kampf der thierischen Zellen und Gewebe mit den eingedrungenen Pilzzellen.

Wir haben im Vorstehenden das Verhältniss zwischen den krankheitserregenden Pilzen und den Thieren nur in seiner gröberen, mehr äusserlichen Form aufgefasst, um zunächst nur einen Ueberblick über die zahlreichen Krankheitserscheinungen, ihre äusseren Symptome, ihren verschiedenen Verlauf, ihre Verbreitung in der Natur, ihr Vorkommen in den verschiedenen Thier-Gruppen, und damit eine Vorstellung von der Bedeutung der Krankheitserreger im Haushalt der Natur zu gewinnen.

Die Geschichte zeigt, dass die Forschung zunächst ebenfalls nur darauf bedacht war, jene mehr äusseren Momente festzustellen.

Erst die Neuzeit hat, namentlich auf Anregung VIRCHOW's, ein neues Moment in die Parasitenforschung hineingetragen, nämlich das Studium des Kampfes der thierischen Zellen und Gewebe mit den Zellen der Parasiten.

Es ist a priori klar, dass eine ausgiebige Lösung der Frage, wie sich die thierischen Zellen gegenüber den Pilzzellen verhalten und umgekehrt, nur erfolgen kann an solchen Thieren, welche klein und durchsichtig genug sind, um auch bei stärkeren Vergrösserungen in ihren einzelnen Elementen, womöglich in der ganzen Ausdehnung beobachtet werden zu können und dabei so organisirt sind, dass sie während der Dauer der Beobachtung nicht durchs Medium, Temperatur

[1]) Archiv f. Ohrenheilkunde Bd. 26. (1888) pag. 81.

etc. geschädigt werden. Diese Bedingungen sind nur bei den niedersten Thieren zu finden und darum hat die Forschung der Mycosen hier ihre Haupthebel anzusetzen. Erst wenn hier eine grössere Reihe von Resultaten gewonnen worden sind, dürfte es möglich sein, den Kampf zwischen Thierzelle und Pilzzelle im Körper der höheren Thiere einer tieferen Beurtheilung zu unterziehen.

Dass in der That das Studium der Mycosen der niederen Thiere höchst werthvolle Aufschlüsse zu bringen vermag, zeigt bereits die treffliche Untersuchung Metschnikoff's betreffend die Sprosspilzkrankheit der Daphnien. Ihre Ergebnisse sind folgende:

In der Leibeshöhle der Thiere findet man in den früheren Perioden der Krankheit nur Sprosszellen, während in späteren Stadien die gestreckt-keuligen Schläuche vorherrschen, die je 1 nadelförmige Ascospore enthalten. In den an Hefekrankheit gestorbenen Daphnien sind nur reife Asci vorhanden, welche nun von gesunden Individuen verschluckt werden.

Die Schlauchmembran löst sich im Verdauungscanal der Thiere auf und die auf diese Weise frei gewordenen nadelförmigen Sporen dringen in Folge der peristaltischen Bewegungen des Darmes mit ihren sehr spitzen Enden theilweise in die Darmwand resp. durch dieselbe hindurch in die Leibeshöhle. Sobald sich eine solche Nadel in die letztere halb oder ganz einschiebt, heften sich sofort ein oder mehrere Blutkörperchen an sie fest, um den Kampf gegen den Eindringling zu beginnen. Die Blutzellen setzen sich so fest an die Spore, dass sie nur selten vom Blutstrom fortgerissen werden. In diesem Falle werden sie durch neue Blutkörperchen ersetzt, sodass schliesslich in der Mehrzahl der Fälle die Spore doch von ihnen mehr oder minder vollständig umhüllt wird. Hin und wieder verschmelzen die Blutzellen um die Spore zu einem Plasmodium (einer sogenannten Riesenzelle). An der umhüllten Spore machen sich nach einiger Zeit stets auffällige Veränderungen bemerkbar. Sie verdickt sich zuerst, nimmt hellgelbe Farbe an und erhält zackige Contouren. Dann schwillt sie an mehreren Stellen zu rundlichen oder unregelmässigen Blasen an, welche eine braungelbe Farbe annehmen, während der noch nicht deformirte, noch stabförmige Theil heller und gelblicher erscheint; noch später zerfällt die ganze Spore in unregelmässige, braungelbe, dunkelbraune und fast schwarze grosse und kleine Körner, deren Zugehörigkeit zu den früheren zierlichen Sporen nur durch die Uebergangsstufen bestimmt werden kann. Um diese Zeit sind die Blutkörperchen zu einem feinkörnigen Plasmodium vereinigt, welches die Fähigkeit amoeboider Bewegung noch behalten hat. Dass die beschriebenen Veränderungen der Sporen von der Einwirkung der Blutkörperchen herrühren, geht daraus hervor, dass wenn eine Spore nur zur Hälfte in die Leibeshöhle ragt, zur Hälfte aber in der Darmwand stecken bleibt, allein die erstere Hälfte, an der die Blutkörperchen sitzen, deformirt und zum Zerfall gebracht wird Dieser Zerstörungsprocess beruht nach M. wahrscheinlich auf der Abscheidung eines flüssigen Secrets seitens der Blutkörperchen.

In Fällen, wo in die Leibeshöhle eine zu grosse Anzahl von Sporen gelangt, als dass sie alle von Blutzellen zerstört werden könnten, kommt die Krankheit zum Ausbruch. Die Sporen keimen dann aus und schnüren vegetative Sprosse ab, die sich vermehren und die Daphnie immer mehr inficiren. An Punkten, wo das Blut minder stark circulirt, bilden sich förmliche Haufen von Sprosszellen. Auch solche Conidien werden von den Blutzellen aufgenommen und faktisch abgetödtet, und oft verschmelzen solche Blutkörperchen gleichfalls zu Plasmodien.

Andererseits aber werden die Blutzellen in der Nachbarschaft der Sprosszellen allmählich aufgelöst, sodass die Daphnie schliesslich, zu der Zeit wo die Sprosse zu Ascen geworden sind, keine oder nur noch wenige Blutkörperchen aufweist. Wahrscheinlich sondern die Sprosszellen eine für die Blutkörperchen schädliche Flüssigkeit ab.

Aus diesen Beobachtungen folgt, dass bei der Krankheit der Daphnien ein Kampf stattfindet zwischen den Blutzellen einer- und den Pilzzellen andererseits. Die ersteren verhalten sich wie Amoeben. Sie nehmen die Hefesprosse und Sporen in ihrem Plasmakörper auf, werden daher als Fresszellen (Phagocyten) bezeichnet, und vernichten sie (wahrscheinlich durch Abscheidung eines abtödtenden Stoffes) unter auffälligen Deformationserscheinungen. Andererseits vermögen die Sprosszellen beim Ueberwiegen die Blutzellen abzutödten und zur Auflösung zu bringen (wahrscheinlich ebenfalls durch Abscheidung eines besonderen Stoffes). Offenbar sind die Blutkörperchen viel besser für den Kampf mit den Nadelsporen, als mit den stark proliferirenden Sprosszellen angepasst. In allen diesen Fällen handelt es sich, wie angegeben, um Hefe- und Spaltpilze, also um einfachste, einzellige Pilze. Es frägt sich nun, wie verhält es sich mit dem Kampf niederer und höherer Thiere gegen höher organisirte Pilzformen, die Schimmelpilze. Eigenthümlich ist nach meinen Untersuchungen das Verhalten zwischen einem auf todten Substanzen, z. B. Pferdemist, häufigen Schimmelpilz, der *Arthrobotrys oligospora* Fresenius, und manchen freilebenden Anguillulen. Jener Pilz hat die Eigenthümlichkeit, auf seinen Mycelien Schlingen oder Oesen zu bilden, die gerade so gross sind, dass die dasselbe Substrat bewohnenden Anguillulen hineinpassen. Letztere stossen bei ihren lebhaften Bewegungen sehr häufig in diese Schlingen hinein und werden stets unfehlbar darin festgehalten, in Folge der federnden Eigenschaft dieser turgescenten Pilzorgane. Säet man zwischen das Mycel der *Arthrobotrys* z. B. Weizenälchen und beobachtet direkt in der feuchten Kammer, so fangen sich unmittelbar unter dem Auge des Beobachters in Zeit von wenigen Stunden die Thierchen zu Dutzenden, ohne dass es auch nur einem einzigen Individuum, trotz heftigsten Kampfes, gelänge, sich aus der Oese zu befreien.

Unmittelbar nachdem das Thier gefangen ist, treibt eine Zelle der Oese einen Seitenzweig durch die Chitinhaut in den Körper hinein; von ihm aus gehen alsbald Aeste ab, welche sich verlängern und die Anguillula in paralleler Lage durchziehen. In dem Maasse als der Pilz sich ausbreitet, nehmen die Bewegungen des Thieres an Energie ab, um schliesslich ganz aufzuhören. Endlich tritt der Tod ein. Das Innere der Anguillula hat unterdessen eigenthümliche Veränderungen erlitten.

In Thieren, welche bei Beginn der Beobachtung gänzlich fettfreie Elemente besitzen, sieht man in dem Maasse, als die Pilzfäden sich verlängern und vermehren, Fetttröpfchen auftreten, die später zu grösseren Tropfen und unregelmässigen, stark lichtbrechenden Massen verschmelzen, wie man durch mehrtägige Beobachtung eines und desselben Thieres leicht feststellen kann. Wir haben hier also einen Fall, wo ein Schimmelpilz exquisite fettige Degeneration thierischen Gewebes verursacht, und wo sich diese Wirkung in allen ihren Phasen direkt beobachten lässt. Schliesslich wird das Fett aufgezehrt, und es bleibt von dem Thiere nur die Chitinhaut und beim Männchen der chitinisirte Penis übrig.

Leider eignet sich der, überdies gerade im Beginne der Infection sich noch lebhaft bewegende Körper der Anguillulen nicht zu einem genaueren Studium der Frage, ob seine Zellen auch hier einen Kampf führen, oder ob derselbe von vornherein durch das schnelle Wachsthum des Pilzes und etwaige Abscheidung schädlicher Stoffe lahm gelegt wird.

Was den Kampf zwischen Schimmelpilzen und den Zellen der höheren Thiere anbetrifft, so ist derselbe neuerdings von RIBBERT[1]) eingehender untersucht worden, nachdem schon andere Forscher (siehe die vorausgegangene Uebersicht) mehr den anatomischen Endeffekt berücksichtigt hatten. R. experimentirte einerseits mit Kaninchen, andererseits hauptsächlich mit *Aspergillus flavus*. Er kam zu folgenden Resultaten:

1. Die Sporen pathogener Schimmelpilze werden im Körper durch Ansammlung dicht gedrängter Leukocyten in ihrer Umgebung entweder schon am Auskeimen gehindert, sodass nur eine rudimentäre Entwickelung stattfindet, oder wenigstens in ihrem weiteren Wachsthum erheblich eingeschränkt. Im ersteren Falle gehen sie sehr bald, im letzteren langsamer zu Grunde.

Die Wirkung der zelligen Umhüllung kommt nur dann voll zur Geltung, wenn sie sehr dicht ist und sich früh genug einstellt. Andernfalls keimen die Sporen aus und bilden kürzere oder längere Fäden, welche späterhin durch die zunehmende Ansammlung der Rundzellen in wechselndem Umfange eine Hemmung ihres Wachsthums erfahren.

Die Anhäufung der Zellen ist von mancherlei Umständen abhängig, so von der Menge der injicirten Sporen, weil bei grossen Quantitäten derselben die Leukocyten zur gleichmässigen und frühzeitigen Einhüllung aller Keime nicht ausreichen, weiterhin von mechanischen Bedingungen, insofern als haufenweise zusammenliegende Sporen nicht so gut mit einem ausreichenden Mantel von Zellen umgeben werden können, wie einzeln liegende.

2. Der Einfluss der Umhüllung durch Zellen ist hauptsächlich darin zu suchen, dass den eingeschlossenen Sporen die nöthigen Lebensbedingungen abgeschnitten werden.

Der Unterschied der Keimentwickelung in den einzelnen Organen beruht vorwiegend auf der verschieden raschen Ansammlung der Leukocyten, zum Theil aber vielleicht auch darauf, dass die protoplasmatische Hülle um so energischer hemmend wirkt, je weniger günstig ohnehin schon die Verhältnisse liegen.

In erster Linie muss wohl an die grössere oder geringere Menge des zu Gebote stehenden Sauerstoffs gedacht werden.

Die einzelnen Arten pathogener Schimmelpilze werden nicht in gleichem Maasse durch die entzündlichen Vorgänge beeinflusst, die einen (Mucor) kommen eben mit geringerem Nährmaterial aus, als die anderen (Aspergillus).

3. Die fixen Gewebszellen betheiligen sich an der Vernichtung der Pilze in der vorderen Augenkammer gar nicht, in anderen Organen, wie Lunge und Leber nur secundär, indem sie Riesenzellen bilden, von welchen die im Innern der Leukocytenknötchen ganz abgestorbenen oder in ihrer Lebensenergie herabgesetzten Keime völlig vernichtet werden. Je länger die Pilze lebend bleiben, desto länger werden sie von Rundzellen eingeschlossen.

4. Die Ausheilung der kleinen entzündlichen Heerde erfolgt durch Zerfall und Resorption der Sporen sowohl wie der Leukocyten und Riesenzellen, der grösseren durch Narbenbildung.

5. Die Zellen, welche die Schimmelpilze umhüllen, sind die polynucleären, neutrophylen, den grössten Theil der weissen Blutkörperchen repräsentirenden myelogenen Leukocyten. Sie erfahren in Folge

[1]) Der Untergang pathogener Schimmelpilze im Körper. Bonn 1887.

der Infection mit Schimmelpilzen auf Grund einer im Knochenmark vor sich gehenden gesteigerten Neubildung eine Vermehrung, andere lymphatische Apparate betheiligen sich nicht.

6. Wenn ein Kaninchen, welchem geringe Mengen von Sporen des *Aspergillus flavescens* in den Blutkreislauf gebracht waren, und welches in Folge dessen eine Leukocytose bekam, eine nochmalige Infection erleidet, so werden die Sporen von den vermehrten Leukocyten rascher und ausgiebiger umgeben und im Wachsthum viel erheblicher beschränkt, als beim Controllthier.«

Zu den Kampfmitteln, welche die thierischen Gewebe gegenüber den Parasiten anwenden, ist auch die Abscheidung von Kalksalzen um die Pilzherde zu rechnen, welche namentlich bei Actinomycose mehrfach beobachtet worden ist.

JOHAN OLSEN's Untersuchungen[1]) ergaben, dass, »wenn Conidien der *Aspergillus*-Arten in lebende thierische Organismen hineingebracht werden, Involutionsformen entstehen können. Von der Membran der angeschwollenen Spore stehen dann Stacheln allseitig hervor, welche entweder gleich dick oder keulenförmig sind. Diese können ihrerseits von ähnlichen Stacheln besetzt sein *(Aspergillus subfuscus)*. Diese Stacheln bringen dasselbe pathologisch-anatomische Krankheitsbild hervor und zeigen dieselben mikrochemischen Reactionen wie *Bacillus tuberculosis*.« Es ist sehr wohl möglich, dass auch die sogen. Actinomyces-Drusen Vegetationszustände von Schimmelpilzen darstellen, die in Folge des Kampfes der Wirthszellen gegen den Eindringling unterdrückt und dabei eigenthümlich deformirt worden sind.

3. Symbiotismus oder Symbiose.

Hierunter versteht man die organische Verbindung von Pilzen mit anderen Gewächsen zum Zwecke gegenseitigen Austausches von Nährstoffen.

Eine solche Verbindung führt im Allgemeinen zur Entstehung von äusserlich einheitlichen, in ihrer Form charakteristischen Gebilden.

Der gegenseitige Austausch von Nährstoffen erfolgt in dem Sinne, dass der Pilz an das andere Gewächs Wasser und anorganische Substanzen abgiebt und dafür von dem Letzteren organische Stoffe zugeführt erhält.

Man kann nach dem jetzigen Stande der Kenntniss zwei Hauptfälle von Symbiose unterscheiden:

In dem einen Falle verbindet sich der Pilz mit Algen, in dem anderen mit Wurzeln höherer Gewächse.

Im ersteren Falle entsteht eine als Pilzalge oder Flechte, im letzteren eine als Pilzwurzel oder *Mycorrhiza* bezeichnete Bildung.

Die Theorie der Flechtensymbiose wurde von SCHWENDENER,[2]) die Hypothese der Wurzelsymbiose von FRANK aufgestellt.

Was zunächst die Flechten anbetrifft, so gehört der eine Component fast durchweg den Schlauchpilzen (Ascomyceten), seltener den Basidiomyceten an; während der andere, die Alge den verschiedensten Typen der blaugrünen (Phycochromaceen) und chlorophyllgrünen (Chlorophyceen) Algen zugehören kann. Die Verbindung beider geschieht in der Weise, dass die Pilzfäden mit ihren Zweigen die

---

[1]) JUST, Jahresbericht 1886, pag. 475.

[2]) Die Algentypen der Flechtengonidien. Basel 1869. — BORNET, Recherches sur les Gonidies des Lichens. Ann. sc. nat. Sér. V, Vol. 17 (1873).

Algenzellen umspinnen, sich dicht an sie anschmiegen, bisweilen auch in dieselben eindringen. Wie Reess[1]) und besonders Stahl[2]) nachwiesen, lassen sich durch Cultur gewisser Pilze mit gewissen Algen Flechten künstlich erzeugen.[3])

Was sodann die andere Form der Symbiose anlangt, so hat B. Frank[4]) den Nachweis geführt, dass gewisse Pflanzen, insbesondere auch Baumarten und unter diesen vor allem die Cupuliferen, ganz regelmässig sich im Boden nicht selbständig ernähren, sondern überall in ihrem gesammten Wurzelsystem mit einem Pilzmycelium in Symbiose stehen, welches ihnen Ammendienste leistet und die ganze Ernährung des Baumes aus dem Boden übernimmt.

Untersucht man nämlich von irgend einer unserer einheimischen Eichen, Buche, Hainbuche, Hasel oder Kastanie die im Boden gewachsenen Saugwurzeln, welche die letzten Verzweigungen des Wurzelsystems sind und die eigentlich nahrungaufnehmenden Organe darstellen, so erweisen sie sich allgemein aus zwei heterogenen Elementen aufgebaut: einem Kern, welcher die eigentliche Baumwurzel repräsentirt, und aus einer mit jenem organisch verwachsenen Rinde, welche aus Pilzhyphen zusammengesetzt ist. Dieser Pilzmantel hüllt die Wurzel vollständig ein, auch den Vegetationspunkt derselben lückenlos überziehend; er wächst mit der Wurzel an der Spitze weiter und verhält sich in jeder Beziehung wie ein zur Wurzel gehöriges, mit dieser organisch verbundenes peripherisches Gewebe.

Wählt man zur genaueren anatomischen Betrachtung dieser Verhältnisse etwa verpilzte Saugwurzeln von der Hainbuche *(Carpinus Betulus)* und untersucht diese auf Quer- und Längsschnitten, so sieht man, dass die Pilzhyphen mit ihren Verzweigungen zwischen die Epidermiszellen eindringen und diese dicht umspinnen (etwa wie ein Flechtenpilz die Algenzellen umspinnt), jedoch nicht in das Lumen derselben eindringen, sondern nur in der Membran sich verbreiten. Von hier aus dringen sie bisweilen selbst in das darunter liegende Gewebe (Periblem) ein, aber auch hier nur in den Membranen der Zellen weiter wachsend, nicht in letztere sich einbohrend.

Der die Epidermiszellen umhüllende Pilzmantel kann in Bezug auf Dicke nach Individuen wie nach Species sehr variiren. Oft besteht er nur aus einer einzigen Hyphenlage, während er bei gewissen Mycorrhizen der Buche von Frank als eine mächtige, vielschichtige Hülle gefunden wurde.

In Bezug auf die Oberflächen-Beschaffenheit des Pilzmantels ist hervorzuheben, dass derselbe bald in seiner ganzen Ausdehnung glatt erscheint (sodass nirgends oder doch nur sehr vereinzelt ein Pilzfaden sich nach aussen, in den Boden hineinwendet), bald zahlreiche Hyphen in die Erde aussendet, als wären es Wurzelhaare. Nach der Art, wie dies geschieht, giebt es eine gewisse

---

[1]) Ueber die Entstehung der Flechte *Collema glaucescens*. Monatsber. d. Berl. Akad. 1871.

[2]) Beiträge zur Entwickelungsgeschichte der Flechten. II. Leipzig, 1877.

[3]) Ein näheres Eingehen auf diese Momente ist hier nicht beabsichtigt.

[4]) Ueber die auf Wurzelsymbiose beruhende Ernährung gewisser Bäume durch unterirdische Pilze. Berichte d. deutschen bot. Gesellsch. Bd. III. (1885) pag. 128. — Derselbe, Neue Mittheilungen über die Mycorrhizen der Bäume und der *Monotropa hypopitys*. Daselbst pag. XXVII. Derselbe, Ueber neue Mycorrhiza-Formen. Berichte der deutsch. bot. Gesellsch. Bd. V (1887), pag. 395. u. Ueber die physiologische Bedeutung der Mycorrhiza. Das. Bd. VI. 248. Vergl. auch R. Hartig, über die symbiotischen Erscheinungen im Pflanzenreiche. Bot. Centralbl. 1886, Bd. 25, pag. 350 u. P. E. Müller, Bemerkungen über die Mycorrhiza der Buche. Daselbst Bd. 26. pag. 22.

Mannigfaltigkeit. Bald sind es lauter verhältnissmässig kurze Fäden, welche in völlig gerader Richtung rechtwinkelig von der Oberfläche der Wurzel ausstrahlen, bald gehen sehr lange und regellos geschlängelte Faden in wirrem Durcheinander ab, sich im Boden verlierend; bald sind es förmliche Mycelstränge von mehr oder minder grosser Dicke, welche der Pilzmantel aussendet. In ganz besonders exquisiter Weise ist dies bei einer Mycorrhiza von *Fagus silvatica* der Fall, wo diese Stränge sehr zahlreich vorhanden sind und wie die Borsten an einer Gläserbürste abstehen, sodass man ein Bild erhält, als hätte man eine mit echten Wurzelhaaren besetzte gewöhnliche Wurzel vor sich.

Die Pilzhyphen wachsen an der dem Vegetationspunkte der Saugwurzel betreffenden Stelle stets weiter, nach rückwärts verflechten sie sich beständig und umspinnen die Epidermiszellen. Kurzum, es hält das Wachsthum des Pilzmantels mit dem Spitzenwachsthum der Wurzel immer gleichen Schritt.

Die Pilzwurzel lässt sich häufig von der unverpilzten Wurzel makroskopisch gar nicht unterscheiden; in der Mehrzahl der Fälle aber treten gewisse Gestaltsveränderungen auf: die Würzelchen werden nämlich gewöhnlich etwas dicker, indem die Zellschichten des Plerom's und Periblem's etwas zahlreicher entstehen, und überdies die Epidermiszellen oft grössere Weite erlangen; sodann aber ist auch eine grössere Neigung zur Verzweigung zu constatiren, die Aeste treten dabei in kurzen Abständen und verkürzter Form auf, sodass etwa korallenartige oder büschelförmige Verzweigungssysteme entstehen.

Das Auftreten der Pilzwurzel in obiger Form an Cupuliferen ist, in unseren Gegenden wenigstens, ein ganz allgemeines und regelmässiges und in allen möglichen Bodenarten und Lagen erfolgendes, wie aus den umfassenden Untersuchungen FRANK's deutlich hervorgeht.

Nach FRANK und REESS[1]) kommen den in Rede stehenden Mycorrhiza-Formen ähnliche auch bei Salicaceen, Betulaceen und Coniferen vor, doch konnte sie der Erstere nicht in so allgemeiner Verbreitung finden, wie die Cupuliferen-Mycorrhizen.[2])

Es ist in hohem Grade wahrscheinlich, dass die Cupuliferen-Mycorrhizen durch specifisch verschiedene Pilze verursacht werden. Hierauf deutet bereits die Angabe FRANK's hin, wonach die Mycorrhizen bald weiss, bald blass, bald rosenroth, bald blassviolett, bald safranroth, bald goldgelb oder rostbraun tingirt sind.

Die Entstehung eines so dichten, interstitienlosen Pilzmantels hat natürlich zur Folge, dass diejenigen Organe, welche sonst die Aufnahme von Wasser und anorganischen Nährstoffen aus dem Boden vermitteln würden — die Wurzelhäärchen — gar nicht zur Bildung gelangen können. Gerade dieser Umstand weist darauf hin, dass der Pilzmantel die Aufgabe hat, der Wurzel jene Stoffe zuzuführen, also gewissermaassen die Stelle der Wurzelhaare zu vertreten. Hiermit stimmt auch die Thatsache, dass die Pilze keine parasitischen, d. h. schädlichen Wirkungen auf die Wurzel äussern, was schon die mikroskopische Untersuchung lehrt, noch eindringlicher aber die bekannte Thatsache, dass die mit den Mycorrhizen versehenen Cupuliferen ganz vortrefflich gedeihen.

Wie die mit Wurzelhaaren ausgestatteten Saugwurzeln so haben auch die Mycorrhizen nur eine beschränkte Lebensdauer. Mit dem Alter des Baumes er-

[1]) Untersuchungen über Bau und Lebensweise der Hirschtrüffel, Elaphomyces. Bibliotheca botanica. Heft 7 (1887).

[2]) Vergl. auch WORONIN. Ueber die Pilzwurzel (Mycorrhiza) Ber. d. deutsch. bot. Ges. Bd. III, pag. 205.

starkt sein Wurzelsystem und greift nach neuen Stellen im Boden und so gehen die Mycorrhizen an älteren Theilen der Wurzel verloren, um an anderen Stellen des Bodens durch neue ersetzt zu werden. Gewöhnlich vertrocknen die alten Gebilde allmählich unter Braun- bis Schwarzfärbung.

Wie lange eine Mycorrhiza vegetirt, dürfte wohl schwer zu bestimmen und von einer Menge von Umständen abhängig sein, sicher zählt aber nach FRANK's Erfahrungen ihre Dauer oft nach vielen Jahren.

»In den ältesten Gliedern beobachten wir den bekanntlich auch bei den gewöhnlichen Wurzeln mit fortschreitendem Alter eintretenden Process des Absterbens der äusseren Rinde unter Bräunung der Zellen bis zur Endodermis, unter deren Schutze dann der Fibrovasalstrang weiter fungirt. Damit geht bei der Mycorrhiza auch ein Absterben des Pilzmantels an dieser Stelle Hand in Hand. Auf dieselbe Weise verlieren natürlich auch diejenigen kräftigeren Triebe der Mycorrhiza ihre Pilzhülle, welche dazu bestimmt sind, durch weitere Verlängerung und weiteres Dickenwachsthum zu dauernd verholzenden Zweigen des Wurzelsystems zu erstarken.« Der Pilzmantel kann demnach nur den jüngeren, bei der Nahrungsaufnahme allein in Betracht kommenden Wurzelpartieen eigen sein.

»Die Mycorrhiza bildet sich nur in einem Boden, welcher humöse Bestandtheile oder unzersetzte Pflanzenreste enthält; mit der Armuth oder dem Reichthum an diesen Bestandtheilen fällt oder steigt die Entwicklung der genannten Bildung.«

Der Pilzmantel führt den Baum-Wurzeln nach FRANK ausser dem nöthigen Wasser und den mineralischen Bodennährstoffen auch noch organische, direkt aus dem Humus und den verwesenden Pflanzen entlehnte Stoffe zu.

Solche Mycorrhizen, bei welchen der Pilz sich in Form eines peripherischen Mantels entwickelt und niemals mit seinen Hyphen ins Innere der Zellen eindringt, hat FRANK als ectotrophische bezeichnet. Hierher gehören auch die Mycorrhizen von *Monotropa.*[1])

Eine andere Form hat er endotrophische genannt, weil in den hierbei in Betracht kommenden Fällen der Pilz in die Zellen des Wurzelgewebes eindringt und sich hier weiter entwickelt. Hierher gehören:

1. Die Mycorrhizen der Ericaceen: *Andromeda polifolia, Ledum palustre, Vaccinium oxycoccos, V. uliginosum, V. macrocarpum, V. Vitis Idaea, V. myrtillus, Empetrum nigrum, Rhododendron ponticum, Azalea indica.*

2. Die Mycorrhizen der humusbewohnenden Orchideen. Den genannten Vertretern der ersteren Familie fehlen ausnahmslos die Wurzelhaare, dafür sind aber die Epidermiszellen selbst relativ sehr voluminös, so dass die Epidermis den hauptsächlichsten Theil des Wurzelkörpers ausmacht. Diese Zellen erscheinen ausgefüllt mit einer farblosen trüben Masse, welche bei genauerer Betrachtung sich als ein Complex feiner, durcheinander geschlungener, ein pseudoparemchymatisches Gewebe bildender Pilzfäden darstellen, die das Lumen der Zellen vollständig oder partiell ausfüllen, im letzteren Falle der nach dem Leitungsgewebe hin gerichteten Wand anliegend.

Die pilzgefüllten Epidermiszellen kann man bis hart an den Wurzelscheitel verfolgen. Neben diesen intercellularen Pilzfäden bemerkt man in den meisten Fällen auch oberflächlich den Wurzelkörper umspinnende Pilzfäden, bald in sehr

[1]) Zuerst von KAMIENSKI, Les organes végétatives du Monotropa Hypopitys, Mém. de la soc. nat. des sc. natur. de Cherbourg, t. 24, beschrieben.

reicher Menge, bald nur sparsam. Sie stehen hier und da mit den Fadencomplexen im Zellinnern in Zusammenhang und wachsen andererseits in die benachbarten Torfmoos- oder sonstigen Pflanzenreste resp. den Humus hinein.

Diese verpilzten Epidermiszellen werden von FRANK als »der alleinige Apparat für die Nahrungsaufnahme aus dem Boden« angesprochen. Die Natur der fraglichen Pilze kennt man noch nicht.

Bezüglich der humusbewohnenden Orchideen war bereits früher bekannt dass sich in den Wurzeln und Rhizomen vieler Arten regelmässig ein Pilz findet, der in den Zellen des Rindenparemchyms in Form von geknäuelten Fäden auftritt. Die bezüglichen Verhältnisse wurden von WARBURG[1]) näher untersucht. FRANK nimmt nun an, dass auch hier der Pilz einen Dienst bei der Ernährung der betreffenden Pflanzen aus Humus leistet und spricht sich folgendermaassen aus:

1. Der Protoplasmakörper der Wurzelzelle und der in ihm enthaltene Pilz leben miteinander, ohne dass der erstere durch den letzteren parasitär afficirt oder in seinen Lebenserscheinungen gestört würde.

2. Die Wurzel und ihr Pilz befinden sich in gemeinsamer Fortbildung.

3. Der Pilz ist streng an die Nahrung aufnehmenden Organe der Orchidee gebunden.

4. Die Orientirung der pilzführenden Zellen in der Wurzel ist stets eine solche, dass sie nothwendig die Vermittelung zwischen den aufzunehmenden Stoffen und der Leitungsbahn der Wurzel übernehmen müssen.

5. Die chlorophyllfreien Orchideen, bei denen die Zufuhr kohlenstoffhaltiger Nahrung nur möglich ist aus dem Humus des Substrates, zeigen die Mycorrhiza im vollständigsten Grade der Entwickelung und als ausnahmslose Erscheinung wie *Neottia Nidus avis, Corallorrhiza innata, Epipogon Gmelini* lehren.

Neuerdings hat SCHLICHT[2]) auch bei zahlreichen anderen krautartigen Pflanzen aus den Familien der Ranunculaceen, Leguminosen, Rosaceen, Oenothereen, Umbelliferen, Geraniaceen, Oxalideen, Hypericaceen, Violaceen, Primulaceen, Borragineen, Labiaten, Plantagineen, Campanulaceen, Rubiaceen, Compositen, Dipsaceen, Valerianaceen, Smilaceen und Gramineen Pilze in den Wurzeln gefunden, von denen er annimmt, dass sie in symbiotischem Verhältniss zu denselben stehen.

In der Einsicht, die Annahme, dass die Wurzeln durch die Pilze auch Humussubstanzen zugeführt erhalten, bedürfe erst noch der wissenschaftlichen Stütze, ist FRANK dann (in der oben zuletzt genannten Abhandlung) dieser Frage experimentell näher getreten und hierbei zu dem Resultate gekommen, dass die geprüften Pflanzen (Buchen) sich mit Humusboden nur schlecht ernähren lassen, wenn die Wurzelpilze fehlen.

Die Thatsache, dass die genannten Pflanzen (z. B. Cupuliferen) auch ohne die Pilze leben können, würde nicht gegen die Symbiose sprechen, da es fest steht, dass sich auch die beiden Componenten der Flechten — der Pilz und die Alge — jeder für sich cultiviren lassen, wie BARANETZKI's und MÖLLER's Culturversuche gelehrt haben.

Was freilich der Pilz als Gegengabe von der Wurzel empfängt, ist, wie auch FRANK einräumt, noch unklar: »Zwar wäre es denkbar, dass bei den mit Chlo-

---

[1]) Beitrag zur Kenntniss der Orchideenwurzelpilze. Botanische Zeitung. 1886.

[2]) Ueber neue Fälle von Symbiose der Pflanzenwurzeln mit Pilzen. Berichte der deutsch. botan. Gesellsch. Bd. VI, pag. 269.

rophyll versehenen Bäumen der Pilz organische Kohlenstoffverbindungen von der Pflanze erhielte, während er vielleicht nur den Humusstickstoff für den Baum assimilirte; allein diese Vorstellung ist wenigstens bei der Mycorrhiza der Monotropa ausgeschlossen und überhaupt ausgeschlossen, da der Pilz ja doch auch den Humuskohlenstoff zu verarbeiten vermag. Aber es liessen sich mancherlei andere Möglichkeiten eines Vortheils denken, den der Pilz durch seinen Sitz auf der Baumwurzel erreichte, sowohl chemischer, als physikalischer oder mechanischer Natur. Vielleicht könnte es auch darauf abgesehen sein, dass die Mycorrhiza, wenn sie wie alle Saugwurzeln der Bäume nach Beendigung ihrer Funktion abstirbt, dem Pilze, der ihr vorher Ernährungsdienste geleistet, als endlicher sicherer Preis gänzlich anheimfällt, wie ja alle andern, später zu Humus werdenden Pflanzentrümmer ebenfalls diesen Humuspilzen zur Beute werden.«

4. Die Feinde der Pilze.

In ganz ähnlicher Weise, wie andere Organismen, sind natürlich auch die Pilze, einschliesslich der Flechten, dem Angriff zahlloser Feinde ausgesetzt, die sich zum Theil aus dem Pilzreiche selbst recrutiren, zum Theil der Thierwelt (incl. Mensch) angehören.

Von der rohen Zerstörung durch niedere und höhere Thiere, die ja fast ausschliesslich in einem Gefressenwerden der vegetativen Zustände, sowie der Früchte und Sporen seitens der Glieder-, Weich- und Wirbelthiere besteht, soll hier ganz abgesehen werden. Vielmehr sollen nur diejenigen feindlichen Angriffe in Betracht kommen, welche von den nächsten Verwandten, also von den Pilzen selbst und allenfalls noch von den niedersten Formen der Thiere (z. B. Monadinen) ausgeführt werden.

1. Feinde der Kopfschimmel (Mucoraceen).

Gerade die Vertreter dieser Familie haben recht viel Nachstellungen zu leiden, die zum grossen Theil von anderen ächten Pilzen und zwar solchen, die ihrem eigenen Verwandtschaftskreise angehören, d. h. gleichfalls Mucoraceen darstellen, zum kleineren Theile von niedersten Schleimpilzen (Monadinen) ins Werk gesetzt werden.

Es geht dies namentlich aus den Untersuchungen Brefeld's[1]) und van Tieghem's[2]) hervor, welche zahlreiche pilzliche Schmarotzer auf den verschiedensten Vertretern der Kopfschimmel constatirten.

Dabei leben dieselben meist entophytisch, indem sie mit ihren Haustorien das Innere der Wirthsschläuche durchziehen, seltener epiphytisch. Ihre Wirkungen bestehen darin, dass sie die Sporangienfructification der Wirthe ganz oder theilweise unterdrücken. Es werden z. B. befallen:

Mucor Mucedo	von	*Piptocephalis Fresenianа*	nach	Brefeld.
„ „	„	*Chaetocladium Jonesii*	„	„
Mucor stolonifer	„	„ „	„	„
„ *bifidus*	„	*Syncephalis cordata*	„	van Tiegh.
Mucor spec.	„	*Syncephalis ventricosa*	„	van Tiegh.
„ „	„	*Dimargaris crystalligena*	„	„
„ „	„	*Dispira cornuta*	„	„

[1]) Schimmelpilze Heft I und IV.

[2]) Recherches sur les Mucorinées. Ann. sc. nat. ser. V, t. 17. — Nouvelles récherches sur les Mucorinées. Daselbst sér. 6. t. 1. — Troisième Mém. sur les Mucorinées, daselbst t. IV.

Mucor spec.	von	*Piptocephalis Freseniana*	nach BREFELD.
" "	"	*Chaetocladium Jonesii*	" "
Chaetocladium Brefeldii	"	*Piptocephalis sphaerospora*	nach VAN TIEGH.
Pilobolus crystallinus	"	*Mortierella polycephala*	nach VAN TIEGHEM.
" "	"	*Syncephalis spec.*	nach eigenen Beobachtungen.
" "	"	*Pleotrachelus fulgens*	" " "[1])

Der letzgenannte Parasit siedelt sich in den zwiebelförmigen Sporangien-Träger-Anlagen sowie in Gemmen des *Pilobolus* an, nicht aber in den Zygosporen.

2. Feinde der Saprolegnieen.

Durch die Forschungen der letzten Jahrzehnte sind bereits zahlreiche Krankheiten aufgedeckt worden, welche seltener durch höhere Algenpilze, meistens durch niedere Vertreter dieser Gruppe und zwar Rhizidiaceen, Olpidieen, im Uebrigen durch Protozoen, welche etwa in die Verwandtschaft der Monadinen gehören, veranlasst werden.

In der Regel bleiben diese Parasiten auf ganz bestimmte Organe localisirt, entweder auf die Mycelschläuche oder auf die zur Sporangienbildung bestimmten Schläuche oder endlich auf die Oosporangien resp. Antheridien.

Ihre schädlichen Wirkungen äussern sich namentlich in Unterdrückung der Zoosporen-Fructification und in der Vernichtung des Inhalts von Oosporangien und Antheridien. Mitunter vereinigen sich zwei oder mehrere Schmarotzer zu gemeinsamem Angriff, so *Rhizidium carpophilum* ZOPF und *Rhizidiomyces apophysatus* ZOPF, die beide dasselbe Oosporangium heimsuchen können, oder letzterer Pilz und *Vampyrellidium vagans*, die man oft beide in eben diesem Organ antrifft.

Die Kenntniss solcher Schmarotzer ist für denjenigen, der sich mit dem Studium der Saprolegniaceen beschäftigt, insofern von besonderer Wichtigkeit, als sie vor Täuschungen bewahrt.

So kann man z. B. die amoebenartigen Zustände oder die Schwärmzellen solcher Entophyten, wenn man sie in den Antheridien, Oogonien und Zoosporangienschläuchen der Saprolegniaceen vorfindet, leicht für Organe halten, welche in den Entwickelungsgang dieser letzteren Pilze selbst gehören, und thatsächlich sind Verwechselungen dieser Art vorgekommen[2]).

Die Olpidien-artigen Saprolegnieen-Feinde sind von A. BRAUN, PRINGSHEIM[3]) und namentlich von CORNU[4]), sowie von A. FISCHER[5]), die Rhizidium-artigen und gewisse Monadinenartige von mir[6]) studirt worden.

Ich lasse hier eine Zusammenstellung der in Rede stehenden Krankheiten nach den Wirthen folgen.

---

[1]) Zur Kenntnis der Phycomyceten. *Nova acta*, Bd. 47. Nr. 4. pag. 33.

[2]) z. B. seitens PRINGSHEIMS, welcher infolgedessen die Sporangien der Olpidien-artigen Parasiten als Saprolegnien-Antheridien deutete und später sogar zu beweisen suchte, in den Saprolegnieen-Antheridien würden Spermatozoïden gebildet. Jahrb. f. wiss. Bot. II (1860), 205, und Ueber den Befruchtungsact von Achlya u. Saprolegnia, Sitzungsber. d. Berl. Akad. 1882.

[3]) l. c.

[4]) Monographie der Saprolegnieen. Ann. sc. nat. V. sér. t. 15 (1872).

[5]) Untersuchungen über die Parasiten der Saprolegnieen. Berlin 1882.

[6]) Zur Kenntniss der Phycomyceten. *Nova acta*, Bd. 47. Nr. 4, pag. 48, pag. 60. — Botan. Centralbl. 1882, Nr. 49.

Wirth	Wirthsorgan	Parasit
Achlya polyandra	Schläuche	*Rozella simulans* FISCHER nach FISCHER
„ „	Oosporangien u. Oosporen	*Pythium spec.* nach ZOPF
„ „	Oosporangien u. Oosporen	*Rhizidium carpophilum* nach ZOPF
Achlya racemosa	Schläuche	*Olpidiopsis incrassata* nach CORNU
„ „	„	„ *fusiformis* nach CORNU
„ „	Oosporangien	*Rhizidiomyces apophysatus* n. ZOPF
„ „	„	*Rhizidium leptorrhizum* n. ZOPF
Achlya racemosa	Ooogonien, Antheridien	*Vampyrellidium vagans* nach ZOPF
Achlya spec.	Schläuche	*Olpidiopsis Index* nach CORNU
Saprolegnia asterophora	Schläuche	*Olpidiopsis Saprolegniae* nach CORNU
„ „	Oosporangien	*Rhizidium carpophilum* nach ZOPF
„ *monoïca*	Schläuche	*Rozella septigena* nach CORNU
„ „	„	*Woronina polycystis* nach CORNU
„ „	„	*Olpidiopsis Saprolegniae* n. CORNU
„ *Thuretii*	„	„ „ „
„ „	„	*Woronina polycystis* nach CORNU
„ „	„	*Rozella septigena* nach CORNU
Saprolegnia spec.	„	*Diplophysa Saprolegniae* (CORNU) nach SCHRÖTER
Aphanomyces spec.	„	*Olpidiopsis Aphanomycis* nach CORNU
Rhipidium spinosum	„	*Rozella Rhipidii spinosi* n. CORNU
Apodya brachynema	„	„ *Apodyae brachynematis* nach CORNU
Monoblepharis polymorpha	„	„ *Monoblepharidis polymorphae* nach CORNU

3. Feinde der Rostpilze (Uredineen).

Wie schon früher vermuthet, aber erst durch GOBI[1]) sicher nachgewiesen wurde, fallen die sogenannten Aecidien- und Spermogonien-Früchte zahlreicher Uredineen dem parasitischen Angriff kleiner unscheinbarer Pilze anheim, welche den Brandpilzen (Ustilagineen) zugehören und eine besondere Gattung, *Cordalia* GOBI, bilden, während man sie früher dem alten Genus *Tubercularia* zuwies.

Die schädliche Wirkung dieser Schmarotzer äussert sich in dem mehr oder minder vollständigen Zerstörungswerke, das sie in den genannten Fructificationen ausüben. Von Laien werden diese Pilze gewöhnlich ganz übersehen.

Die gemeinste Art scheint *Cordalia persicina* (DITMAR) zu sein. Sie kömmt nach GOBI vor: in den Aecidien von *Puccinia Circaeae*, auf den Blättern von *Circaea lutetiana*; in den Aecidien und Spermogonien von *Puccinia Poarum*, die sich auf den Blättern von *Tussilago Farfara* ansiedeln; in den auf dem Laube von *Sorbus Aucuparia* lebenden Aecidien des *Gymnosporangium juniperinum* (L.), in den Aecidien von *Puccinia Hieracii* (SCHUM.) auf den Blättern von *Cirsium oleraceum*; in den Aecidien (?) auf *Paris quadrifolia* (*Aecidium Convallariae* (SCHUM.); in den Aecidien auf Clematis (*Aecidium Clematidis* DC), in dem Aecidium auf

[1]) Ueber den *Tubercularia persicina* DITMAR genannten Pilz. Mém. de l'academie imp. des sc. de St. Pétersbourg. tom. 32, No. 14 (1885).

Euphorbia Cyparissias nach FUCKEL[1]); in den Aecidien von *Puccinia Thesii* auf *Thesium humifusum.* Nach LEVEILLE[2]) finden sich der *Cordalia persicina* (DITMAR) ähnliche Parasiten in den Aecidien der *Puccinia coronata* CORDA auf *Rhamnus,* der *Puccinia Caricis* DC auf *Urtica,* ferner in *Aecidium Pedicularis* LIBOSCH, *Aec. Convallariae* SCHUM. auf *Convallaria, Aec. Nymphoides* DC, *Aec. Periclymeni* DC.

TULASNE[3]) fand *Cordalia*-ähnliche Formen nach GOBI in den Aecidien der *Puccinia Ribis* DC auf *Grossularia*; in dem zu *Coleosporium Senecionis* gehörigen *Peridermium Pini;* in den Aecidien von *Endophyllum Euphorbiae silvaticae* DC; FRANK[4]) einen nach GOBI auch hierher zu ziehenden Schmarotzer in den Aecidien auf *Salvia verticillata*; SACCARDO[5]) und CORNU[6]) einen eben solchen, *Tuberculina vinosa* genannten, in den Aecidien *(Roestelia)* von *Gymnosporangium Sabinae* (DICKS.) auf den Blättern des Birnbaums, sowie in dem *Aecidium Orchidearum.*

In seiner *Sylloge fungorum* pag. 654 und 655 führt SACCARDO unter »*Tuberculina*« noch andere hierher gehörige Pilze als auf Uredineen-Räschen vorkommend an, so *Tuberc. Pirottae* (SPEG.) auf *Puccinia Malvacearum* der Blätter von *Modiola prostrata*, *T. phacidioides,* die das *Aecidium rubellum* auf einem Rumex in Algier bewohnt, u. A.

Einen anderen wichtigen Schmarotzer auf Rostpilzen hat man in der *Darluca Filum* CAST. kennen gelernt, einem winzige Pycniden bildenden Pilz, der die Uredo- und Teleutosporen-Räschen der verschiedensten Uredineen, namentlich auch der auf unseren wildwachsenden und Cultur-Gräsern vorkommenden *Puccinia coronata* in meist stark epidemischer Weise befällt. FUCKEL[7]) fand ihn auf Uredo-Räschen, die sich auf *Agrostis stolonifera*, *Bromus asper* und *Euphorbia platyphyllos* angesiedelt hatten, sowie in den Teleutosporenhäufchen von *Uromyces Cytisi* auf *Cytisus sagittalis.*

Ein dritter Uredineen-Feind ist erst kürzlich von LAGERHEIM in einem *Chytridium (Ch. Uredinis* LAGERH.) erkannt worden, das im Gegensatz zu den vorgenannten Formen in den *Uredo*-Sporen selbst sich ansiedelt und diese natürlich zum Absterben bringt, indem es deren Inhalt aufzehrt und daselbst seine Fructification entwickelt.

Auf *Melampsora populina* hat VOSS[8]) seine *Ramularia Uredinis* schmarotzend angetroffen. Verschiedene Aecidien bewohnt nach THÜMEN dessen *Cladosporium aecidiicolum* (SACC. Syll. IV. 368). Nach J. MÜLLER[9]) siedelt sich auf *Phragmidium subcorticium* und *Phr. Rubi Idaei, Fusarium spermogoniopsis* J. MÜLLER und *F. uredinicola* MÜLLER an.

3. Feinde der Hyphomyceten.

Für die Hyphomyceten sind Krankheiten, die durch andere Pilze oder Monadinen verursacht werden, noch wenig beobachtet. Doch will ich anführen, dass nach meinen Beobachtungen die Sporen von *Cephalothecium roseum*, eines

---

[1]) Symbolae mycologicae, pag. 366.

[2]) Ann. sc. nat. ser. 3, t. 9, pag. 246.

[3]) Ann. sc. nat. ser. 4, t. 2, pag. 83.

[4]) Krankheiten der Pflanzen, pag. 614.

[5]) MICHELIA, t. I, pag. 262, II, pag. 34.

[6]) Bull. de la Soc. bot. de France, ser. II, t. V.

[7]) Symbolae mycol., pag. 378.

[8]) Materialien zur Pilzkunde Krains. II, pag. 34. SACCARDO, Syll. IV, 199.

[9]) Die Rostpilze der Rosa- und Rubus-Arten und die auf ihnen vorkommenden Parasiten. Deutsch. Bot. Ges. III, pag. 391.

ziemlich häufigen rosenrothen Schimmels, wenn sie auf feuchte Substrate fallen, oft massenhaft von einem winzigen Schmarotzer befallen werden, der wahrscheinlich zu den Monadinen gehört. Er dringt in die Conidien ein, zehrt den Inhalt derselben vollständig auf und bildet seine Sporangien und schliesslich Dauersporen im Innern der beiden Zellen einer solchen Conidie[1]).

Wie Kihlmann[2]) darlegte, lebt auf der Insecten bewohnenden *Isaria farinosa* und *strigosa* sowie auf *Botrytis Bassii* als ächter und zwar epiphytischer Parasit *Melanospora parasitica* Tul.

4. Feinde der Ascomyceten.

A. der Becherpilze (Discomyceten).

Melanospora Didymariae Zopf[3]) durchwuchert die Becherfrüchte von *Humaria carneo-sanguinea* Fuckel in der Schlauchschicht und heftet sich mit eigenthümlichen, in Fig. 8, III. IV *H* dargestellten Haustorien den Paraphysen an. Die sonst schön rothen Becher werden in Folge der Einwirkung des Parasiten missfarbig und die Sporenbildung erfährt theilweise, wie es scheint, starke Einschränkung, insofern wenigstens, als sie zu einem Theile nicht reif werden. Die Krankheit wurde von mir bei Berlin und bei Halle mehrfach beobachtet, ist auch sonst wohl häufig, aber wegen der Unscheinbarkeit von Wirth und Parasit leicht zu übersehen.

Denselben Pilz hat, offenbar aber nur in der Conidienform, Corda[4]) in *Helvella lacunosa* Afz. in Böhmen beobachtet. Das Hymenium wird hier, wie bei obigem Pilze, von den Conidien des Schmarotzers ebenfalls mit einem Reif überzogen. *Melanospora Zobelii* (Corda) parasitirt nach Fuckel[5]) und Cooke gleichfalls in einer *Humaria (H. arenosa* Fkl. = *Peziza hemisphaerica* Wigg.)

Berkeley und Broome[6]) fanden einen Pilz *(Bactridium Helvellae)*, der das Hymenium von *Peziza testacea* befällt, Berkeley und White[7]) sahen *Bactridium acutum* als Parasit auf *Peziza cochleata* leben.

In den Ascusfrüchten eines nicht näher bestimmten Helotium wies ich früher[8]) einen typischen Schmarotzer nach, der das ganze Gewebe des Apotheciums durchwucherte und die Früchte noch vor der Reife abtödtete. Er wurde als *Hyphochytrium infestans* bezeichnet. Er gehört vielleicht in die Verwandtschaft der Cladochytrien.

Auch *Peziza macropus* und *P. flavo-brunnea* scheinen durch ächte Parasiten zu leiden, erstere durch *Mycogone cervina* Ditmar (in Sturm, Deutschlands Flora, Pilze t. 53), welche die Becher mit einem grauen Ueberzuge versieht und in dieselben eindringt, sie abtödtend; letztere von *Mycogone Pezizae* (Rich.) Saccardo Syll. IV. 183, welche im Discus schmarotzt.

Auch morchelartige Discomyceten haben ihre Parasiten; so *Spathularia*

---

[1]) Ausführliches über den Schmarotzer an anderen Orten.

[2]) Zur Entwicklungsgeschichte der Ascomyceten. Act. soc. scient. Fenniae. 13.

[3]) Verhandlungen des botan. Vereins der Provinz Brandenburg. Vergl. auch Winter, Pilze. II, pag. 9.

[4]) Icones fungorum. VI, pag. 9 u. Taf. II, Fig. 22.

[5]) Symbolae mycologicae, pag. 127 u. Botanische Zeitung, 1861, Nr. 35. Winter, Pilze. II, pag. 95.

[6]) Ann. of. nat. Hist. no. 816. tab. 9, fig. 3. (Vergl. Cooke, Handbook, pag. 479).

[7]) Vergl. Saccardo, Sylloge. IV, pag. 692.

[8]) Zur Kenntniss der Phycomyceten. Nova acta. Bd. 47, Nr. 4.

flavida, die nach BROOME von *Hypocrea alutacea*, und *Helvella infula*, welche nach KARSTEN (Hedwigia. 1884, pag. 18) von *Sphaeronema Helvellae* befallen wird.

B. Der Pyrenomyceten.

Den Mehlthaupilzen (Erysipheen) stellt ein kleiner, nur in Conidienfrüchten fructificirender Mycomycet nach[1]), den DE BARY *Cicinnobolus Cesatii* nannte. Seine Hyphen durchziehen die Mycelfäden und Conidienträger jener Pilze und fructificiren in deren Schlauchfrüchten sowohl, als selbst in den winzigen Conidien (s. Fig. 41). Es werden fast alljährlich unglaubliche Mengen von Conidien und Schlauchfrüchten der Erysipheen vernichtet und dadurch deren starke Verbreitung bis zu einem gewissen Grade eingeschränkt.

Verschiedenen Repräsentanten der Sphaeriaceen sollen, was allerdings noch sicher zu stellen ist, gewisse Nectriaceen gefährlich werden. Es werden angegeben: *Nectria Episphaeria* (TODE) auf *Diatrype Stigma*, *Xylaria-*, *Hypoxylon-*, *Eutypa-*, *Valsa-*, *Ustulina-*, *Cucurbitaria*-Arten; *Nectria Purtoni* (GREV.) auf *Valsa abietis*, *Nectria lasioderma* auf *Valsa lutescens*, *Nectria Magnusiana* REHM auf *Diatrypella favacea*; *Calonectria Massariae* (MASS.) auf den Mündungen der Perithecien von *Massaria inquinans*; *Nectria minuta* B. u. C. auf verschiedenen, Alnusrinde bewohnenden Sphaeriaceen; *Calonectria cerea* (B. BR.) auf *Diatrype Stigma*, *Nectriella perpusilla* (MONT.) auf *Xylaria allantodia*.

In den Stromata resp. Perithecien von *Thyridum vestitum* und *Valsaria insitiva* hat SACCARDO in Italien seine *Passerinula candida*, ebenfalls eine Sphaeriacee, parasitirend vorgefunden.

Die Sclerotien des Mutterkorns *(Claviceps purpurea* und Cl. *microcephala)* werden häufig, wenn sie noch auf den Gräsern sitzen, befallen und zerstört von Schimmelpilzen. Unter diesen ist namentlich ein rother nicht selten, den ich auf den Mutterkörnern vom Mannagras *(Glyceria fluitans)* besonders häufig antraf.

In ausserordentlich grosser Ausdehnung fallen oft die Pycniden eines in Pappelrinde lebenden *Myrmaecium*-artigen Pilzes *(Myrmaecium rubricosum?)* einem rosenrothen Schimmelpilz *(Trichothecium*-Species) zum Opfer und werden vollständig vernichtet.

Ob die Vermuthung, gewisse *Fusarium*-Arten, die auf Sphaeriaceen gefunden wurden, übten parasitische Wirkungen aus, richtig ist, muss vorläufig dahin gestellt bleiben. Man hat *Fusarium episphaericum* (C. u. E.) und *F. obtusum* (COOKE) auf *Diatrype*-Arten, *F. parasiticum* WEST. auf *Massaria inquinans*, *Fusarium Cucurbitariae* (PAT.) auf *Cucurbitaria elegans* beobachtet.[2])

C. Der Tuberaceen (Trüffeln).

Es sind bisher nur wenige Fälle von Trüffelkrankheiten beobachtet, welche durch Pilze verursacht worden werden. Am häufigsten scheinen noch die Hirschtrüffeln *(Elaphomyces granulatus, variegatus* und *muricatus)* pilzkrank zu werden und zwar durch *Cordyceps ophioglossoïdes* (EHRH.) und *C. capitata* HOLMSK), welche mit ihrem Mycel die Hirschtrüffeln durchwuchern und im Sommer und Herbst in langen dunklen Keulen fructificiren. Die von TULASNE[3]) näher studirte Krankheit kommt in allen Ländern Europas, sowie auch in Nordamerika und Borneo vor.

Eine andere Trüffel findet in *Melanospora Zobelii* CORDA ihren Feind. Es ist

---

[1]) TULASNE, Selecta fungorum Carpologia I.

[2]) Vergl. SACCARDO, Sylloge IV, pag. 708.

[3]) Selecta fungorum Carpologia III. pag. 20 u. 22.

dies *Chaeromyces maeandriformis.* Der Parasit vegetirt im Innern, ohne besondere Zerstörungen hervorzurufen, ja ohne selbst die Sporenbildung wesentlich zu beeinflussen.[1])

Auf der äusseren Hülle von *Tuber albus* lebt *Hypomyces tubericola* SCHW.[2]), in *Tuber puberulus, Hypocrea inclusa* BERK. und BR. in England.

D. Der Flechten.

Relativ bedeutend ist, wie die folgende Uebersicht zeigen wird, die Zahl derjenigen Pilze und Flechtenpilze, welche auf den Flechten schmarotzt. Die Krankheiten äussern sich entweder in einem mehr oder minder intensiven Ausbleichen oder auch Dunkelwerden des Thallus und der Früchte, oder in einem völligen Absterben der betreffenden Theile. Nähere Untersuchungen über die Krankheitserreger sowohl, als über die Art und Weise der Veränderungen an Thallus und Früchten fehlen noch gänzlich. Im Folgenden soll eine alphabetische Uebersicht der Flechten, welche von Parasiten zu leiden haben, gegeben werden.

Amphiloma cirrhochroum	*Tichothecium pygmaeum* KÖRBER, Syst. lich. 374; Parerga 467.
Aspicilia calcarea	*Leciographa parasitica* Mass. KÖRB. Par. 463.
„ *cinerea*	*Rosellinia aspera* HAZSL. in Hedwigia 1874. 140.
Baeomyces roseus	*Nesolechia ericetorum* Flot. KÖRB. Par. 461.
„ *vernalis*	*Leciographa urceolata* TH. FR., KÖRB. Par. 464.
Biatorina commutata	„ *Neesii* Flot. KÖRB. Par. 463.
„ *pineti*	*Karschia Strickeri* KÖRB.
Bilimbia obscurata	*Leciographa urceolata* TH. FR. KÖRB. Par. 464.
Callopisma aurantiacum	(ARNOLD) *Tichothecium erraticum* Mass. KÖRB. Par. 468.
Candelaria vitellina	*Lecidella vitellinaria* Nyl. Bot. Notis. 1852. 177; KÖRBER Par. 459.
Cladonia-Arten	*Nesolechia punctum* Mass. KÖRB. Par. 461.
„ „	*Homostegia lichenum* (SOMMERF.) FKL. Symb. 224.
Cladonia deformis	*Rosellinia Cladoniae* (Anzi) Sacc. Syll. I. 275.
Cetraria glauca	*Abrothallus Smithii* (TUL.) KÖRB. Syst. 215; Par. 456.
„ *islandica*	*Abrothallus Smithii* (TUL.) KÖRB. Syst. 215; Par. 456.
„ „	*Metasphaeria Cetraricola* (NYL.) Sacc. Syll. II. 184.
„ *pinastri*	*Abrothallus Smithii* (TUL.) KÖRB. Syst. 215; Par. 456.
Endocarpon spec.	*Illosporium coccineum* Fr. Syst. III. 259.
Ephebe pubescens	*Nectria affinis* (GREV. u. *Paranectria affinis* Sacc. Syll. II, 252.
Evernia vulpina	*Phacopsis vulpina* TUL. Mem. 126. KBR. Par. 459.
Gyrophora arctica	*Tichothecium grossum* KÖRB. Par. 469.
„ „	*Homostegia Lichenum* (SOMMF.) FKL. Symb. 224.
Haematomma elatinum	*Leciographa Neesii* FLOT. KBR. Par. 463.
Hagenia ciliaris	*Epicymatia Hageniae* (REHM) Flora 1872. 523.
„ „	*Nectria Fuckelii* Sacc. Syll. II. 498.
„ *spec.*	*Illosporium roseum* (SCHREB.) SACC. Syll. II. 657.
Imbricaria spec.	*Illosporium roseum* (SCHREB.) Sacc. Syll. IV. 657.
„ *caperata*	*Nesolechia thallicola* Mass. KÖRB. Par. 462.
„ „	*Abrothallus microspermus* TUL. Mém. sur les lichens. pag. 115.

[1]) TULASNE, Fungi hypogaei, pag. 186. tab. 13. fig. 1.

[2]) Vergl. SACCARDO, Sylloge. II. pag. 476.

Imbricaria conspersa	
„ *olivacea*	
„ *omphalodes*	
„ *physodes*	*Abrothallus Smithii* (Tul.) Körb. Syst. 215.
„ *revoluta*	
„ *saxatilis*	
„ *tiliacea*	
„ *saxatilis*	*Leptosphaeria Parmeliarum* (Ph. u. Pl.) Sacc. Syll. II. p. 83.
„ „	*Homostegia Piggotii* (B. und Br.) Karsten, Myc. Fenn. II. 222.
Isidium corallinum	*Sclerococcum sphaerale* Fr. Syst. III. 257.
Lecanora rimosa var. grumosa	*Metasphaeria Lichenis sordidi* (Mass.) Sacc. II, pag. 184.
Lecanora subfusca	*Epicymatia vulgaris* Fkl. Symb. pag. 118.
„ „	*Epicymatia thallophylla* (Cooke) Sacc. Syll. I. 572.
„ „	*Celidium insitivum* Flot. Körb. Syst. 217.
„ „	*Pharcidia congesta* Körb. Par. 470.
„ *ventosa*	*Amphisphaeria ventosaria* (Linds.) Sacc. Syll. I. 729.
Lecidea albo-coerulescens	*Placographa xenophona* Körb. Par. 464.
„ *canescens*	*Sphaeronema lichenophilum* Dur. et Mont. Flor. Alg., p. 579.
„ *confluens*	*Tichothecium gemmiferum* Tayl. Körb. Par. 468.
„ *contigua*	*Placographa xenophona* Körb. Par. 464.
„ „	*Tichothecium pygmaeum* Körb. Syst. 374.
„ *crustulata*	*Tichothecium pygmaeum* Körb. Syst. 374.
„ „	*Tichothecium gemmiferum* Tayl. Körb. Par. 468.
„ *fumosa*	*Tichothecium gemmiferum* Tayl. Körb. Par. 468.
„ *Hookeri Schaer.*	*Epicymatia Schaereri* (Mass.) Sacc. Syll. I. 571.
Lecidella sabuletorum	*Tichothecium gemmiferum* Tayl. Körb. Par. 468.
Nephroma resupinatum	*Rosellinia Nephromatis* (Crouan) Sacc. Syll. I. 275.
Ochrolechia pallescens var. upsaliensis (L.)	*Epicymatia arenosa* (Rehm.) Sacc. Syll. I. 572.
Ochrolechia pallescens var. Turneri	*Leciographa Flörkei* Körb. Syst. 271.
Pachyospora viridescens Mass.	*Epicymatia lichenicola* Mass. Sacc. I. 573.
Pannaria lepidiota Th. Fr.	*Karschia protothallina* Anzi Körb. Par. 460.
Pannaria lepidiota Th. Fr.	*Metasphaeria Lepidiotae* (Anzi) Sacc. Syll. II, 184.
Parmelia Borreri	*Illosporium corallinum* Rob. Ann. sc. t. 10 (1848), p. 342.
„ *caesia*	*Leciographa convexa* (Th. Fr.) Arct. 234.
„ *pulverulenta*	*Karschia pulverulenta* Anzi. Körb. Par. 460.
„ *stellaris*	*Sclerococcum sphaerale* Fr. Syst. III, 257.
„ „	*Illosporium corallinum* Rob. l. c.
„ *spec.*	*Illosporium roseum* (Schreb.) v. Sacc. Syll. IV, 657.
„ „	*Illosporium coccineum* Fr. Syst. III, 259.
Peltigera canina	*Phragmonaevia Fuckelii* Rehm. in Winter, Pilze I. Abth. III.
„ „	*Phragmonaevia Peltigerae* (Nyl.) Rehm. l. c.
Peltigera canina	*Epicymatia mammillula* (Anzi) Sacc. Syll. I, 571.
„ „	*Homostegia Lichenum* (Sommerf.) Fkl. Symb. pag. 224.

Peltigera canina	*Leptosphaeria Rivana* (De Not.) Sacc. II, 83.
„ „	*Nectria lichenicola* (Cesati). Sacc. II, 499.
„ „	*Nectria erythrinella* (Nyl.) Tul. Carp. II, 85.
„ „	*Nectria lecanodes* Ces. Sacc. II, 499.
„ „	*Illosporium carneum* Fr. Syst III, 259.
„ „	*Acanthostigma Peltigerae* Fkl. Symb. Nachtr. II, 25.
„ „	*Scutula Wallrothii* Tul. Körb. Par. 454.
„ „	*Phyllosticta Peltigerae* Karsten, Hedwigia, 1884. 62.
„ „	*Leptosphaeria canina* Plowr. Sacc. Syll. II, 81.
„ „	*Didymosphaeria Peltigerae* Fkl. Symb. 140.
„ „	*Pleospora Peltigerae* Fkl. Symb. pag. 132.
„ „	*Hendersonia lichenicola* Corda, Icon. III, 23.
„ *horizontalis*	*Ophiobolus Peltigerae* (Mont.) Sacc. II. 351.
„ „	*Nectria erythrinella* (Nyl.) } Vergl. Winter, Pilze I, 122 u. 123.
„ „	*Nectria lecanodes* Ces. } Vergl. Winter, Pilze I, 122 u. 123.
„ „	*Phragmonaevia Peltigerae* (Nyl.) Rehm. in Winter, Pilze I. Abth. III.
„ *polydactyla*	*Libertiella malmedyensis* Speg. und Roum. Sacc. Syll. II, 617.
„ *rufescens*	*Scutula Wallrothii* Tul.
„ „	*Fusarium Peltigerae* West. Sacc. Syll. IV. 708.
„ *spec.*	*Ophiobolus thallicola* (Ces. et de Not.) Sacc. II, pag. 351.
Pertusaria communis (Variolariaform.)	*Orbicula Variolariae* (Mass.).
Pertus. ocellata corallina	*Sclerococcum sphaerale* Fr. l. c.
„ *spec.*	*Illosporium coccineum* Fr. Syst. III, 259.
Phlyctis argena	*Sorothelia confluens* Körb. Par. 472.
Physcia obscura	*Epicymatia thallina* (Cooke) Sacc. Syll. I, 572.
„ *parietina*	*Coniosporium Physciae* (Kalchbr.) Sacc. IV, 246.
„ „	*Celidium varium* Tul. Mem. sur les lich. pag. 125.
„ „	*Gymnosporium Physciae* Kalchbr. Fuckel Symb. 118.
„ „	*Illosporium aurantiacum* Lasch. Bot. Zeit. 1859, 304.
„ „	*Fuckel Enumerat. fung.* Nassov. no. 206.
„ „	*Illosporium corallinum* Rob. Ann. sc. 1848. t. 10. 342.
„ *stellata*	*Illosporium roseum* (Schreb.) Sacc. Syll. IV, 657.
Placodium albescens	*Epicymatia vulgaris* Fkl. Symb. 118.
„ „	*Conida clemens* Tul. Mem. sur l. lich. 124. Kbr. Par. 458.
„ *chrysoleucum*	*Conida clemens* Tul. Kbr. Par. 458.
„ *saxicolum*	*Conida clemens* Tul. Kbr. Par. 428.
„ „	*Cercidospora Ulothii* Körb. Par. 466.
Psora decipiens	*Metasphaeria Psorae* (Anzi) Sacc. II, 183.
„ *lamprophora*	*Tichothecium Stigma* Körb. Par. 468.
Psoroma crassum	*Epicymatia Psoromatis* (Mass.) Sacc. Syll. I, 573.
Pyrenodesmia chalybaea	*Tichothecium erraticum* Mass. Körb. Par. 468.
Ramalina spec.	*Leptosphaeria Ramalinae* (Desm.) Sacc. II, 84.
Rhizocarpon geographicum	*Leptosphaeria polaris* Sacc. Syll. II, 83.
Rhizocarpon subconcentricum	*Xenosphaeria rimosicola* (Leigh) Körb. Par. 467.
Solorina crocea	*Bertia lichenicola de Not.* Winter, Pilze I. Abth. II, pag. 237.

Solorina crocea	*Rhagadostoma corrugatum* Körb. Par. 472.
„ „	*Melanomma Solorinae* (Anzi) Sacc. Syll. II, 112.
„ *saccata*	*Xenosphaeria Engeliana* (Saut.).
„ „	*Pleonectria lutescens.*
„ „	*Scutula Krempelhuberi* Körb. Par. 455.
„ „	*Pleospora Solorinae* (Mont.) Sacc. Syll. II, 274.
Sphyridium byssoides	*Nesolechia ericetorum* Flot. Körb. Par. 461.
„ *placophyllum*	*Lahmia Füistingii* Körb. Par. 464.
Stereocaulon alpinum	{ *Metasphaeria Stereocaulorum* (Arnold) Sacc. II, 183. { *Scutula Stereocaulorum* Anzi.
„ *fastigiatum*	*Scutula Stereocaulorum* Anzi.
Sticta Dufourei „ *fuliginosa* „ *silvatica*	} *Abrothallus Welwitschii* (Montg.) Tul. Mem. sur les Lichens 115.
„ *pulmonacea* „ *scrobiculata*	} *Celidium Stictarum* (Tul.) Körb. Syst. 217.
„ *pulmonacea*	*Homostegia Lichenum* (Sommerf.) Fkl. Symb. myc. 224.
Thamnolia vermicularis	*Epicymatia frigida* Sacc. Syll. I, 572.
Theloschistes flavicans	*Didymosphaeria infestans* Speg. in Sacc. II. 709.
Thelotrema lepadinum	*Nesolechia Nitschkei* Körb. Par. 462.
Urceolaria scruposa	*Karschia talcophila* (Ach.) Körb. Syst. 230.
„ „	*Tichothecium Arnoldi* Hepp. Körb. Par. 469.
Usnea barbata	*Abrothallus Smithii* (Tul.) Körb. Syst. 215.
„ „	*Epicoccum Usneae* Anzi (Sacc. Syll. IV, pag. 741).
Weitenwebera sphinctrinoides .	*Leciographa urceolata* Th. Fr. Körb. Par. 464.
Zeora sordida	*Celidium grumosum* Körb. Parerg. 457.
„ „	*Sclerococcum sphaerale* Fr. Syst. myc. III. 257.
„ „	*Acolium corallinum* Hepp. s. Körb. Par. 465.

Auf Rinde besonders Pappeln bewohnender Flechten kommt ferner als Parasit vor *Fusarium Kühnii* (Fkl. Symb. 371) = *Fusisporium devastans* Kühn (Krankheiten der Culturgewächse 32).

Auf dem Thallus einer Buchen bewohnenden Flechte fand Crouan seine *Pleonectria lichenicola* (Crouan).

Verschiedene steinbewohnende Krustenflechten etc. werden befallen von *Spolverina punctum* Mass. (Körb. Par. 474), *Celidium insitivum* Flot. (Körb. Syst. 217), *Tichothecium propinquum* Körb. Syst. 374 und *Tichoth. pygmaeum* Körb. Syst. 374; Par. 467.

5. Feinde der Basidiomyceten.

Was zunächst die Bauchpilze (Gastromyceten) anlangt, so werden diese, soweit bekannt, nur von wenigen parasitischen Pilzen belästigt.

Wie Tulasne[1]) nachwies, lebt als wirklicher Parasit auf der Schweinetrüffel *(Scleroderma verrucosum)* sowohl, als auf *Melanogaster variegatus* Tul. und *Octaviana asterosperma* der *Hypomyces chrysospermus* Tul. Die Krankheit ist in allen Ländern Europas beobachtet worden. Auf einem Gastromyceten *(Dictyophora)*

---

[1]) Selecta fungorum Carpol. III, pag. 51. — Plowright, Grevillae XI, 5 t. 146.

fand F. FISCHER[1]) eine *Hypocrea* schmarotzend, die ihren Wirth mit ihrem Mycel durchzieht und die Streckung des Receptaculums verhindert.

Was sodann die Hymenomyceten anbetrifft, so haben, mit Ausnahme der Tremellinen, für die man Pilzkrankheiten bisher nicht nachgewiesen, alle übrigen Gruppen ihre Pilzfeinde.

Um zunächst die Clavarieen in Betracht zu ziehen, so werden gewisse *Clavaria*-Arten, wie *Cl. rugosa* PERS., *Cl. cristata* PERS., *Clavaria fuliginea* PERS., *Clavaria setacea* MAZ. von einer *Pleospora (Pl. Clavariarum* TUL.) befallen. Die Krankheit, die sich öfters in einer Verfärbung der Wirthe äussert, tritt gewöhnlich im Herbst auf, scheint aber nach TULASNE's[2]) Beobachtungen die Basidiosporen-Bildung nicht wesentlich zu beeinträchtigen. Sonst werden noch *Clavaria cristata* und *Cl. grisea* von *Helminthosphaeria Clavariarum* (DESM.[3]) und gewisse andere Arten von *Rosellinia Clavariae* TUL.[4]) angegriffen, und auf *Clavaria ligula* SCHAEFF. nistet sich nach TULASNE[5]) *Hypocrea alutacea* (PERS) ein.

Auch auf verschiedenen Thelephoreen hat man anscheinend parasitische Pilze beobachtet, so auf *Thelephora comedens* die *Sphaeria epimyces* (EHRBG.)[6]); auf *Corticium laeve Clastosporium fungorum* (FR.) (s. SACCARDO Syll. IV, pag. 389) auf *Corticium comedens:* das *Sphaeronema epimyces* (FR.) (SACCARDO l. c. III, 197), auf *Stereum subcostatum: Hyponectria Quéletii* KARSTEN. (SACC. I., pag. 456); auf *Stereum subpileatum: Leptosphaeria fungicola* WINTER (Hedwigia 1886, pag. 101).

Es ist nicht unwahrscheinlich, dass die von SACCARDO auf dem Hymenium von *Corticium polygonium* gefundene *Hypocrea hypomycella* SACC[7])., die von BERKELEY und BROOME auf *Stereum*-Arten gesehene *Hypocrea farinosa* B. u. BR.[7]) und *Hypocrea Stereorum* (SCHW.[8]) ächte Parasiten sind, was aber noch zu beweisen wäre. Dagegen scheint *Hypomyces aureo-nitens* TUL. nach PLOWRIGHT[9]) entschieden parasitisch auf *Stereum hirsutum* vorzukommen, auch *H. rosellus* (A. u. SCHW.) in verschiedenen *Corticium*- und *Stereum*-Arten als Schmarotzer zu hausen, und *Hypomyces Berkeleyanus* PLOWR. dürfte sich in dieser Beziehung anschliessen.

Die Hydnaceen scheinen wenig von pilzlichen Schmarotzern zu leiden zu haben. Man hat *Hypomyces rosellus* (ALB. u. SCHW.) und *Hypocrea parasitans* B. u. C. auf den Hüten resp. den Hymenien beobachtet[10]), auch ein *Hypoxylon hydnicolum* (SCHW.) auf ihnen gefunden[11]).

Den Polyporeen stellen augenscheinlich am meisten nach gewisse *Hypomyces*-, *Hypocrea*- und *Melanospora*-Arten, seltener Vertreter anderer Gruppen. Man nimmt an, dass parasitisch leben auf:

---

[1]) Ueber eine auf *Dictyophora* parasitische *Hypocrea*. Act. soc. helvétique des sc., Genève 1886 u. Compt. rend. de la soc. helv. in Arch. des sc. phys. et nat. Sept.—Oct. 1886.

[2]) Selecta fungorum Carpologia, Bd. II, pag. 272.

[3]) SACCARDO, Sylloge, I., pag. 230.

[4]) Vergl. WINTER, Pilze (in RABENHORST's Kryptogamenflora Bd. I, Abtheil. I, pag. 230.

[5]) Carpologie II, pag. 35—37.

[6]) Vergl. SACCARDO, Syll. II, 425.

[7]) Sylloge II, pag. 529.

[8]) Daselbst pag. 536.

[9]) GREVILLEA, Bd. 9, pag. 49.

[10]) SACCARDO, Sylloge. II, pag. 469 u. 527.

[11]) SACCARDO, l. c. I, pag. 383.

Merulius tremellosus: Sphaeronemella oxyspora (BERK.).[1])
Polyporus adustus: Melanospora lagenaria (PERS.).
„ *annosus* FR.: *Hypomyces Broomeanus* TUL.
„ *applanatus: Letendraea turbinata* FKL. Symb. Nachtr. I, 22.
„ *betulinus: Eleutheromyces subulatus* (TODE) FKL. Symb., pag. 183.
„ *Curtisii: Hypocrea Stercorum* (SCHW.) SACC. Syll. II, 536.
„ *ferrugineus: Nectria cosmariospora* de NOT. u. CES.
„ *frondosus: Zythia compressa* SCHWEIN. SACC. Syll. III, 616.
„ *hispidus: Nectria Granatum* (WALLR.).
„ *igniarius: Melanospora lagenaria* (PERS.).
„ *medulla panis: Hypocrea lactea* FR.
„ *sulphureus: Hypocrea pulvinata* FUCKEL.
„ *versicolor: Hypomyces polyporinus* PECK.
„ *spec.: Hypocrea fungicola* KARSTEN.
„ „ „ *maculaeformis* BERK. et C.
„ „ *rytidospora* CES.
„ „ *Hypomyces ochraceus* (PERS.) TUL.
„ „ „ *Cesatii* (MONT.) TUL.
Polyporus spec: Rosellinia mycophila (FR.) SACC. I, 263.
„ „ *Sphaeronemella oxyspora* (BERK.) SACC. III, 618.
Boletus scaber
„ *subtomentosus* } *Hypomyces chrysospermus* TUL.[2]).
„ *edulis*
„ *spec.: Hypomyces Tulasneanus* PLOWR.

Endlich haben auch die Blätterschwämme (Agaricineen) ihre Parasiten. Letztere gehören fast durchgängig den Schlauchpilzen an, seltener den Basidiomyceten.

Von Schlauchpilzen sind es wiederum Vertreter der Gattung *Hypomyces*, welche zahlreiche Repräsentanten der Gattungen *Lactarius* und *Russula*, sowie *Cantharellus*-Arten bewohnen, deren Hüte sie bisweilen förmlich deformiren und schliesslich zerstören. Man wird diese *Hypomyces*-Arten mit ihren Wirthen in den systematischen Werken von WINTER[3]) und SCHRÖTER[4]), am vollständigsten bei SACCARDO[5]) aufgeführt finden; näher studirt wurden sie von TULASNE[6]), der auch zuerst zeigte, dass viele Vertreter dieser Gattung unzweifelhafte Agaricinen-Schmarotzer repräsentiren.

Von Basidiomyceten, welche auf Agaricineen hausen, sind als typische Parasiten die kleinen zur Gattung *Nyctalis* gehörenden Blätterschwämme anzuführen (*N. parasitica* FR. und *asterophora* FR.) sowie *Collyba tuberosa*. Man trifft sie auf *Russula*-Arten, speciell der *R. adusta* und *nigricans* an[7]). Die Annahme, dass diese kleinen Pilze wiederum von *Hypomyces* befallen würden, hat sich nach BREFELD's jüngsten Untersuchungen (l. c) als irrig erwiesen.

[1]) SACCARDO, Sylloge III, 618.
[2]) Selecta fung. Carp. III, pag. 51.
[3]) Bearbeitung der Pilze in RABENHORST's Kryptogamenflora, Bd. I, Abth. II.
[4]) Kryptogamenflora von Schlesien, Pilze.
[5]) Sylloge fungorum II.
[6]) Selecta fungorum Carpologia III.
[7]) Vergl. BREFELD., Untersuchungen aus d. Gesammtgeb. der Mycologie. Heft III, Basidiomyceten. III, pag. 70.

Obwohl die vorstehende Uebersicht keinen Anspruch auf Vollständigkeit machen will, so wird sie doch schon einen deutlichen Hinweis geben, wie vielfach auch die Pilze von Schmarotzern aus ihrer eigenen Verwandtschaft geplagt sind. Der Parasitismus bleibt allerdings in vielen Fällen noch streng zu erweisen, ist aber in Bezug auf die Vertreter von Gattungen wie *Hypocrea*, *Hypomyces*, *Melanospora* und Andere bereits sicher oder doch sehr wahrscheinlich. Auch hier ist noch ein grosses Arbeitsfeld, das freilich, wenn man systematisch vorgehen will, insofern Schwierigkeiten bietet, als die Materialien vielfach nicht ohne Weiteres zu Gebote stehen.

Diese Pilzparasiten auf Pilzen, die dem Auge des Laien und selbst dem Botaniker von Fach meistens vollständig entgehen, spielen offenbar als Regulatoren der Pilzvermehrung eine sehr bedeutsame Rolle in der Natur, mindestens eine eben so grosse, als diejenigen Pilze, welche Krankheiten der niederen oder höheren Thiere hervorrufen.

5. Lebensdauer.

Nach der Lebensdauer lassen sich die Pilze, wie die höheren Gewächse, eintheilen in ephemere, annuelle, bienne und perennirende.

Unter ephemeren Arten versteht man solche, welche nur ganz kurze Zeit bis zur Sporenbildung brauchen, dann absterben und aus den Sporen, wenn diese auf ein günstiges Substrat gelangen, sofort aufs Neue sich entwickeln, um nach der Fructification wiederum abzusterben. Diese Vorgänge können sich im Laufe eines Jahres wiederholt abspielen.

Hierher gehören die Mucoraceen, Saprolegniaceen, Ancylisteen, Chytridiaceen, die meisten Peronosporeen, die Hefepilze (Saccharomyceten), die *Penicillium*- und *Aspergillus*-Arten, die meisten Hyphomyceten, manche kleine Basidiomyceten (*Coprinus*-Arten) u. s. w.

Als einjährige oder annuelle Pilze bezeichnet man diejenigen, die bloss einmal im Jahre fructificiren und sodann absterben. Hierher scheinen zu gehören unter den Bauchpilzen (Gastromyceten) die *Nidularien*, *Sphaerobolus*; viele Pyrenomyceten: gewisse *Hypocrea*-Arten, *Cordyceps*, *Ustulina*, manche *Valsa*-*Diaporthe* und *Diatrype*-Arten; viele Becherpilze wie *Helotium*-, *Crouania*-Species.

Wahrscheinlich ist die Zahl der annuellen Schlauchpilze eine bedeutende, doch hat man die Feststellung dieses Verhältnisses, die freilich auch vielfach mit Schwierigkeiten verknüpft ist, meistens noch nicht versucht.

Die biennen (zweijährigen) Arten machen einen Theil ihrer Entwickelung in dem einen Jahre, den anderen im andern Jahre durch. Sicher gestellte Beispiele sind: der Mutterkornpilz, der wie Tulasne und Kühn zeigten, in dem einen Jahre Sclerotien, im nächsten Frühjahr dann die schlauchbildenden Fruchtkörper entwickelt; *Polystigma rubrum* und *fulvum*, welche im ersten Jahre Spermogonien und die Anlagen der Schlauchfrüchte, im nächsten Frühjahr diese selbst zur Ausbildung bringen; *Sclerotinia Batschiana* (der Eichel-Becherpilz), der nach meinen Beobachtungen im Herbst dieses Jahres in die abgefallenen Eicheln eindringt, diese den Winter, das nächste Frühjahr und den Sommer über durchwuchert, um dieselben in Sclerotien umzuwandeln, worauf dann im Herbst die Becherfrüchte aus den Sclerotien hervorwachsen.

Von ausdauernden (perennirenden) Pilzen sind bereits zahlreiche Fälle sicher gestellt, die sich auf alle grösseren Gruppen der Mycomyceten vertheilen.

Unter den Uredineen erwiesen sich als perennirende Mycelien besitzend: *Gymnosporangium fuscum* (DC), in den Zweigen von *Juniperus Sabina* nach CRAMER[1]) 11 Jahre (und länger) dauernd. *Peridermium Pini*, dessen Mycel nach DE BARY[2]) eine lange Reihe von Jahren (60 Jahre und mehr) fortwachsen und dabei die grossen ringförmigen Wulste des Stammes und der Zweige (Krebsgeschwülste) hervorrufen kann. Im Stengel der Preisselbeeren perennirt das Mycel der *Calyptospora Göppertiana* nach HARTIG[3]) drei Jahre und vielleicht noch länger und geht auch hier von den alten Stengeltheilen aus alljährlich in die jungen Triebe hinein. Mit *Endophyllum Sempervivi* auf *Sempervivum tectorum* und *E. Euphorbiae* auf *Euphorbiae Cyparissias* verhält es sich ähnlich.

Unter den Ascomyceten sind nach SADEBECK[4]) perennirend manche Exoasci, wie *E. bullatus* (BERK. u. BR.) in *Crataegus*, *E. Insititiae* SADEB. in *Prunus insititia*, *E. deformans* (BERK.) in *Prunus*-, *Cerasus*-, *Persica*- und *Amygdalus*-Arten, *E. turgidus* in der Birke, und Andere. Hierher gehören auch gewisse Nectrien *(N. cinnabarina)* Xylarien und *Hypoxylon*-Arten, sowie die Trüffeln.

Sehr bedeutend ist die Zahl der ausdauernden Arten bei den Basidiomyceten. Es gehören hierher alle grösseren Bauchpilze *(Scleroderma, Bovista, Lycoperdon, Phallus)*, fast alle grossen Blätterschwämme (Agaricineen), die grossen Löcherschwämme (Polyporeen), die Stachelschwämme (Hydneen), die Clavarien etc. Bei denjenigen Polyporeen, welche holzige Hüte produciren, wie *Trametes Pini*, sind auch diese perennirend und können Jahrzehnte alt werden. Dass die Flechten mit relativ wenigen Ausnahmen ausdauern, ist gleichfalls allbekannt.

Abschnitt VI.

Systematik und Entwickelungsgeschichte.

Hauptabtheilung I. **Phycomyceten.** DE BARY—Algenpilze.

Zu den Mycomyceten treten die Phycomyceten nach mehr als einer Richtung hin in deutlichem Gegensatz. In erster Linie möchte hervorzuheben sein, dass die Keimschläuche und Mycelfäden, wenn sie auch ein ausgesprochenes Spitzenwachsthum besitzen, nicht vermittelst Scheitelzelle wachsen, wie es bei den Keimschläuchen und Mycelfäden der Mycomyceten durchgängig der Fall ist. Schon in dieser Beziehung erinnern die Phycomyceten lebhaft an gewisse Algen und zwar an Siphoneen, speciell an die Vaucheria-Arten: Phycomyceten-Mycel und Vaucherien-Thallus stellen unter normalen Verhältnissen jedes für sich eine einzige grosse, meist reich verzweigte, mit vielen Kernen versehene Zelle dar. Werden die Ernährungsverhältnisse ungünstig, so kann allerdings eine Querwandbildung auftreten, allein auch in diesem Falle ist die Insertion der Scheidewände keine so regelmässige, dass in gesetzmässiger Weise immer neue Scheitelzellen entständen, ein gesetzmässiges Spitzenwachsthum mittelst Scheitelzelle aufträte.

[1]) Ueber den Gitterrost der Birnbäume und seine Bekämpfung. Solothurn 1876, pag. 8 des Separatabdrucks.

[2]) Botan. Zeit. 1867, pag. 258.

[3]) Lehrbuch der Baumkrankheiten pag. 58.

[4]) Untersuchungen über die Pilzgattung *Exoascus*. Hamburg 1884.

Ein zweites wichtiges Unterscheidungsmerkmal zwischen den genannten Pilzgruppen dürfte in der Production von Schwärmsporen liegen, die zwar gewissen Familien der Phycomyceten, aber keinem einzigen Mycomyceten zugeschrieben werden darf. Aber gerade diese Eigenthümlichkeit tritt uns bei sehr vielen Algen entgegen. Sie erklärt sich aus dem Wasserleben, welches die Letzteren mit den schwärmsporenbildenden Phycomyceten gemeinsam haben. Die Mycomyceten aber sind Luftbewohner.

Aber nicht bloss hinsichtlich des Thallus und der Zoosporenproduction finden sich auffällige Analogieen zwischen Phycomyceten und Algen, sondern auch in Betreff der Production von Dauerzellen erzeugenden Apparaten: des Zygosporen-Apparats und des Oosporenbildenden. So wie bei den Conjugaten unter den Algen zwei sexuell differenzirte Zellen zur Erzeugung einer Zygospore zusammenwirken, so auch bei den Zygomyceten unter den Algenpilzen; und wie bei *Vaucheria, Oedogonium* und anderen Algen Oogon und Antheridium sich vereinigen zur Bildung von Oosporen, so auch bei den Oosporeen unter den Algenpilzen. Dabei ist auch die äussere Form dieser Sexualorgane und der Sexualproducte in beiden Gruppen eine sehr ähnliche.

Jedenfalls werden die angeführten Aehnlichkeitsmomente zwischen Phycomyceten und gewissen Algen lehren, dass der Name »Algenpilze« nicht ohne Berechtigung gewählt wurde.

Die Zahl der Repräsentanten stellt sich nach SACCARDO's Sylloge gegenwärtig auf etwa 500.

Gruppe I.

Chytridiaceen.

Die zahlreichen Vertreter dieser Gruppe spielen in der Natur insofern eine bedeutsame Rolle, als sie niedere Organismen, insbesondere Algen (chlorophyllgrüne Algen, Diatomeen, blaugrüne Algen etc.) aber auch Pilze (z. B. Saprolegniaceen) und niedere Thiere (wie Nematoden, Räderthiere und Infusorien, insbesondere deren Cysten, Euglenen etc.) in grossem Maassstabe befallen und vernichten können. Seltener dringen sie in das Gewebe höherer Pflanzen ein, wenige Arten leben rein saprophytisch. Ohne Wasser oder sehr feuchte Substrate können sie nicht existiren. Da sie fast durchweg auf den Rahmen einer einzigen Wirthszelle oder gar nur eines Theiles derselben beschränkt bleiben und diese Wirthszellen überdies im Ganzen und Grossen ziemlich geringe Dimensionen haben, also auch nur eine sehr beschränkte Menge von Nährstoffen liefern, so tritt im Vergleich zu anderen Phycomyceten-Familien die Entwickelung des vegetativen Systems (Mycels) erheblich zurück, ist bei gewissen Formen nur noch in Andeutungen zu finden und fehlt bei manchen sogar gänzlich. In entsprechend grosser Einfachheit erscheint auch die Fructification. Mit Ausnahme mancher *Cladochytrium*-artigen und einiger zweifelhaften Vertreter producirt jedes Individuum nur ein einziges fructificatives Organ, entweder ein Schwärmsporangium oder eine einfache Dauerspore. Nur bei *Polyphagus* wirken zur Erzeugung derselben zwei Individuen zusammen, ein Vorgang, den man als Sexualact gedeutet hat. Die gewöhnlich amoeboïden Zoosporen sind stets mit einer einzigen Cilie und meist mit einem fettartigen, bei einigen Arten gefärbten Tröpfchen versehen. Die Dauersporen werden bei der Auskeimung direct oder indirect zu Schwärmsporangien umgewandelt. Aller Wahrscheinlichkeit nach sind die Chytridiaceen Abkömmlinge von Oosporeen-artigen oder von Zygosporeen-artigen Phycomyceten oder von beiden. Ihre grosse Einfachheit im Baue lässt sich als eine Folge der parasitischen Lebensweise auffassen. Sehen wir doch, wie auch im Thierreich (z. B. bei den parasitischen Krebsen) auffällige Reductionen an den Organen der Parasiten auftreten können. Begründet wurde die Familie der Chytridiaceen durch A. Braun. Warum ich die Plasmodien bildenden Gattungen *Synchytrium, Woronina. Olpidiopsis, Rozella, Reesia* etc. von der Betrachtung ausschliesse, habe ich bereits pag. 272 erörtert.

Literatur: Braun, A., Ueber Chytridium, eine Gattung einzelliger Schmarotzergewächse. Monatsber. d. Berliner Akademie 1855 und Abhandlungen derselben 1855. Derselbe, Ueber einige neue Arten von Chytridium und die damit verwandte Gattung Rhizidium. Monatsber. d. Berl. Akad. 1856. — Cohn, F., Ueber Chytridium. Nova Acta Leop. Carol. Vol. 24. — Bail, Chytridium Euglenae, Ch. Hydrodictyi. Bot. Zeit. 1855. — Cienkowski, Rhizidium Confervae glomeratae. Bot. Zeit. 1857. — Schenk, A., Algologische Mittheilungen. Verhandl. d. Phys. med. Gesellsch. Würzburg. Bd. VIII. — Derselbe, Ueber das Vorkommen contractiler Zellen im Pflanzenreiche. Würzburg 1858. (Rhizophidium). — de Bary, A., u. Woronin, M., Beitr. z. Kenntniss der Chytridieen. Berichte d. naturf. Ges. Freiburg. Bd. 3. (1863) und Ann. sc. nat. Sér. 5. t. 3. — de Bary, A. Beitr. z. Morphologie und Physiologie der Pilze I. 1864 (Cladochytrium Menyanthis). — Woronin, Entwickelungsgeschichte von Synchytrium Mercurialis. Bot. Zeit. 1868. — Kny, L., Entwickelung von Chytridium Olla. Sitzungsber. Berliner naturf. Freunde 1871. — Cornu, M., Chytridinées parasites des Saprolegniées. Ann. sc. nat. Sér. 5. t. 15 (1872). — Schröter, J., Die Pflanzenparasiten der Gattung Synchytrium. Cohn's Beitr. z. Biol. I. (1875). — Nowakowski, L., Beitr. z. Kenntniss der Chytridiaceen. Das. II. (1876). — Derselbe, Polyphagus Euglenae. Das. II. — Derselbe, Ueber Polyphagus. Polnisch. Abhandl. d. Krakauer Ak. 1878. — Woronin, Chytridium Brassicae. Pringh. Jahrb. XI (1878). — Fischer, A., Ueber die Stachelkugeln in Saprolegniaceenschläuchen (Olpidiopsis) Bot. Zeit. 1880. — Derselbe, Untersuchungen über die Parasiten der Saprolegnieen. Pringh. Jahrb. 14. (1882). — Schröter, J., Ueber Physoderma. Berichte d. schlesischen Gesellschaft 1882. — Zopf, W., Zur Kenntniss der Phycomyceten. I. Zur Morphologie und Biologie der Ancylisteen und Chytridiaceen. Nova acta Leop. Carol. Bd. 47. (1884). — Derselbe, Ueber einige niedere Algenpilze und eine neue Methode, ihre Keime aus dem Wasser zu isoliren. Halle 1887. — Borzi, A., Nowakowskia, eine neue Chytridiacee. Bot. Centralbl. 22 (1885). — Wright, E. P., On a species of Rhizophidium parasitic on spec. of Ectocarpus (Dublin) 1877. — Fisch, C., Beiträge zur Kenntniss der Chytridiaceen. Erlangen 1884. — Magnus, P., Ueber eine neue Chytridiee. Verhandl. d. brandenb. bot. Vereins 21 (1885). — Rattray, J., Note on Ectocarpus. Transact. Roy. Soc. Edinburg 32 (1885). — Büsgen, M., Beitrag zur Kenntniss der Cladochytrieen. Beitr. z. Biol. Bd. 4, Heft 3 (1887). — Rosen, F., Beitrag zur Kenntniss der Chytridiaceen. Beitr. z. Biol. Bd. 4, Heft 3 (1887). — Dangeard, Mémoire sur les Chytridinées. Le botaniste fasc. 2, Sér. 1 (1888).

Familie 1. Olpidiaceen.

Wir haben es hier mit Chytridiaceenformen zu thun, welche nach Bau und Entwickelung grösste Einfachheit zeigen. Der vegetative Zustand ist nämlich auf ein im günstigsten Falle etwas schlauchförmig gestrecktes, meistens aber ganz kurzes, ellipsoidisches oder kugeliges Gebilde reducirt, verdient also gar nicht den Namen eines Mycels im Sinne der übrigen Chytridiaceen. Zur Zeit der Fructification wird es nicht etwa zweizellig, wie bei den Rhizidiaceen, oder gar mehrzellig, wie bei den Cladochytriaceen, sondern es bleibt einzellig und wird unmittelbar zu einem *Zoosporangium*. Da die Olpidiaceen im Innern von Algenzellen oder in kleinen Thieren leben, so treibt das Sporangium durch die Wirthsmembran einen Entleerungsschlauch, der sich an der Spitze öffnet, um die einziligen, kugeligen Zoosporen zn entlassen. Dieselben setzen sich auf anderen Wirthen fest, runden sich ab, umgeben sich mit Membran und treiben einen feinen Perforationsschlauch durch die Wirthsmembran hindurch, der, das Plasma des Schwärmers aufnehmend, anschwillt zur »Keimblase«, welche sich nun, während Schwärmsporenhaut und Entleerungsschlauch durch Vergallertung vergehen, durch Aufnahme von Nährstoffen aus der Wirthszelle vergrössert und zu dem *Zoosporangium* wird. Nachdem eine Reihe von Schwärmsporangien-Generationen gebildet sind, werden Dauersporen erzeugt, indem die Keimkugel sich nach Vergrösserung mit dicker Haut umgiebt. So ist es bei der Gattung *Olpidium*, während bei *Olpidiopsis* zwei Zellen entstehen, von denen die eine, von CORNU »*cellule adhérente*« genannte, ihren Inhalt an die andere, zur Dauerspore werdende, abgiebt. Möglicherweise ist dieser Vorgang ein sexueller, die sich entleerende Zelle würde dann als *Antheridium* anzusprechen sein, die andere als *Oospore*.

Gattung 1. *Olpidium* A. BRAUN.

Schwärmsporangien einzeln oder gesellig, kugelig oder ellipsoïdisch, je nach der Grösse der Wirthszelle oder nach ihrer Lage einen kürzeren oder längeren Entleerungsschlauch treibend, wenige bis zahlreiche, meist sehr kleine Schwärmer entlassend. Dauersporen von der Form der Schwärmsporangien, derbwandig, hyalin oder bräunlich, meist mit grossem Fetttropfen, bei der Auskeimung zu einem Schwärmsporangium werdend.

O. pendulum Zopf. Man erhält diese Art häufig, wenn man *Pinus*-Pollen auf Wasser säet, das man einem Flusse oder Teiche entnommen hat. Sporangien kugelig, in der Ein- oder Mehrzahl in der Wirthszelle vorhanden, oft bis zu einem Dutzend, im ersteren Falle bis 30 Mikrom. messend, im letzteren ums Mehrfache kleiner, die grossen Exemplare mit kurzem und dickem, die kleineren mit langem und dünnen Entleerungsschlauche, der meist an der Grenze von Pollenzelle und Luftsäcken getrieben wird. Zoosporen klein, etwa 4—5 Mikrom. messend, ihre Cilie beim lebhaften Schwärmen nachschleppend. Das Eindringen geschieht wie oben angegeben. Nach längerer Cultur treten die Dauersporen auf, man erkennt sie schon in jüngeren Stadien an dem reicheren Fettgehalt und daran, dass sie an dem Eindringschlauche aufgehängt sind, der hier merkwürdigerweise stets erhalten bleibt und selbst an ganz reifen Sporen meist noch zu sehen ist (Fig. 66, IV V), nur dass er jetzt vollkommen inhaltslos erscheint. Allmählich sammelt sich das Fett zu einem grossen centralen oder excentrischen Tropfen (Fig. 66, V), während die Membran sich verdickt und schliesslich doppelt contourirt erscheint.

Gattung 2. *Olpidiopsis* (CORNU).

Von *Olpidium* im Wesentlichen nur dadurch unterschieden, dass bei der Fructification in Dauersporen zwei an Grösse und meist auch an Gestalt verschiedene Zellen dicht neben einander entstehen und mit einander verwachsen, worauf die eine kleinere ihr Plasma an die andere grössere abgiebt.

O. Schenkiana ZOPF[1]). Ein häufiger Feind der Conjugaten, speciell der *Spirogyra*-, *Mougeotia*- und *Mesocarpus*-Arten, der meist in vegetativen, hin und wieder aber auch in copulirenden Zellen, bisweilen selbst in jungen Zygoten sich einnistet und diese zum Tode führt. Er tritt oft in solcher Massenhaftigkeit auf, dass er für sich allein die Watten genannter grüner Algen ausbleicht; häufig unterstützen ihn *Lagenidium*- und *Myzocytium*-Arten in seinem Zerstörungswerke. Nachdem die Zoospore sich an die Algenmembran festgesetzt und mit Haut umgeben, treibt sie einen feinen Infectionsschlauch, der an der Spitze zur Keimkugel aufschwillt (Fig. 66, VI *k*). Schwärmsporenhaut und Infectionsschlauch gehen nach

[1]) Zur Kenntniss der Phycomyceten I. Nova act. Bd. 47. No. 4.

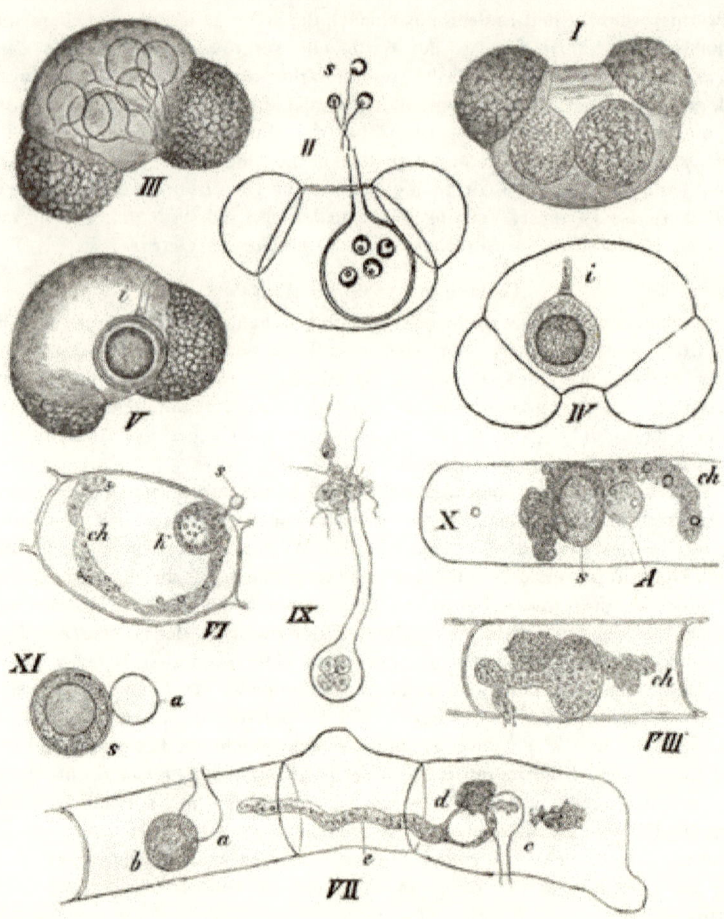

(B. 675.) Fig. 66.

I—V 540fach. Das in Pollenkörnern von *Pinus* sich ansiedelnde *Olpidium pendulum* ZOPF. I Ein Pollenkorn mit 2 grösseren nahezu reifen Schwärmsporangien, das eine in der Seitenansicht mit seinem Entleerungsschlauche, das andere von unten gesehen, mit bereits deutlich in Schwärmer zerklüftetem Inhalt. II Ein Pollenkorn mit einem grossen Zoosporangium, das seine Zoosporen *s* z. Th. schon entleert hat. III Ein Pollenkorn mit 7 bereits entleerten kleineren Sporangien. IV Pollenkorn mit einer erst halb entwickelten Dauerspore; sie ist aufgehängt an dem ursprünglichen Eindringschlauche *i*, der noch körniges Plasma enthält. V Pollenkorn mit einer reifen dickwandigen Dauerspore, *i* der noch immer ziemlich deutlich sichtbare Eindringschlauch. VI—XI *Olpidiopsis Schenkiana* ZOPF in Spirogyrenzellen. VI 300fach. *s* Entleerte Haut eines Schwärmers, der durch die Wandung der Spirogyrenzelle seinen Infectionsschlauch und an der Spitze desselben die jetzt bereits erheblich vergrösserte Keimkugel getrieben hat; *ch* Chlorophyllband. VII 300fach. 3 Zellen eines *Spirogyra*-Fadens, in zweien derselben je 2 Sporangien der *Olpidiopsis*, von denen das eine (bei *a* und *c*) bereits entleert ist; bei *e* ein ziemlich langer, die Querwände durchbrechender Entleerungschlauch. VIII 300fach. Schwärmsporangium, reif, mit gekrümmtem Entleerungsschlauche; *ch* zerstörtes Chlorophyllband. IX 300fach. Sporangium seine Schwärmer aus dem langen Entleerungsschlauche entlassend. X 300fach. Dauersporenapparat, *A* abgebende Zelle, *s* junge Dauerspore; *ch* Chlorophyllband. XI 540fach. Dauersporenapparat. *a* die abgebende Zelle bereits entleert, *s* die reife derbwandige, mit grossem Oeltropfen versehene Dauerspore.

ihrer Entleerung durch Vergallertung zu Grunde, während die Keimkugel sich auf Kosten der Wirthszelle vergrössert, erhebliche Veränderungen im Inhalt hervorbringend, wie man bei *Spirogyra* schon an der Contraction der zuvor spiraligen Chlorophyllbänder und des Plasmaschlauches bemerkt (Fig. 66, VIII, X *h*). Im Beginn des Generations-Cyclus werden aus den Keimkugeln immer nur Schwärmsporangien gebildet. Ihre gewöhnlichste Form ist die des Ellipsoïds (Fig. 66, VII *d*, VIII), doch kommen mitunter recht häufig auch kugelige Formen vor (Fig. 66, VII *abc*, IX). In ihrem mit stark glänzenden Körnern durchsetztem Plasma entstehen 1 bis 2 grosse Vacuolen (Fig. 66, VII *b*). Gleichzeitig erfolgt die Anlage eines Entleerungsschlauches, der die Membran der Wirthszelle, oft auch deren Querwand (Fig. 66, VII *c*) durchbohrt, bald lang, bald kurz, bald gerade, bald gekrümmt erscheint (Fig. 66, VII VIII IX). Schliesslich öffnet sich derselbe an der Spitze, um die je nach der Grösse der Sporangien zu mehreren bis vielen (oft bis 50) vorhandenen kleinen Schwärmer ins umgebende Wasser zu entlassen. Wenn die Production von Sporangien einige Wochen gedauert hatte, traten in meiner Cultur Dauerzustände auf. Schon bei der Musterung der Sporangien wird man bemerken, dass hier und da, mitunter aber auch in jeder Zelle eines Spirogyrenfadens je 2 Sporangien dicht neben einander entstehen (Fig. 66, VII *a b*, *c d*). Etwas Aehnliches finden wir nun bei der Dauersporenbildung. Auch hier entstehen zwei Individuen dicht neben einander, sie verwachsen aber in der Folge, und das eine giebt all sein Plasma an das andere ab,[1]) worauf dieses grösser, dickwandig und fettreich wird, und nun eine Dauerspore darstellt, während vom anderen nur noch die entleerte farblose Membran übrig bleibt, die sich schliesslich durch Vergallertung auflösen kann. Die abgebende Zelle ist gewöhnlich kugelig, die aufnehmende kugelig oder ellipsoïdisch. Zwischen beiden bemerkt man oft einen deutlichen schmalen Isthmus. Nach einer gewissen Ruhezeit keimt die Dauerspore in der Weise aus, dass sie zum Schwärmsporangium wird.

Familie 2. Rhizidiaceen.

Obschon hier im Vergleich zu den Olpidieen meist ein deutliches, monopodial verzweigtes Mycel auftritt (Fig. 17 und Fig. 67), so besitzt dasselbe doch im Allgemeinen nur sehr geringe Dimensionen und solche Feinheit, dass es bei solchen Rhizidieen, die in Algenzellen oder thierischen Zellen parasitiren, von älteren Beobachtern vielfach gänzlich übersehen wurde und in einer ganzen Anzahl von Fällen nur mittelst besonderer Präparation zur Anschauung zu bringen ist. Manche Mycologen pflegen sehr kleine Rhizidiaceen-Mycelien sogar als blosse »Haustorien« anzusprechen. Jedes Individuum producirt im Gegensatz zu den Cladochytriaceen nur ein einziges Sporangium resp. eine einzige Dauerspore. Zur Erzeugung der letzteren treten übrigens bei *Polyphagus* der Regel nach zwei Individuen zusammen (Fig. 67, V), ein Vorgang, den man als Sexualact gedeutet hat (s. *Polyphagus*). Bei den frei oder im Schleime gewisser Algen lebenden Rhizidiaceen, sowie bei denjenigen Thier- und Algenparasiten, welche das Sporangium resp. die Dauerspore extramatrikal, das Mycel intramatrikal entwickeln, entstehen diese Fructificationszellen meist direkt aus der Schwärmspore, indem sich diese nach Umhüllung mit Membran stark vergrössert. Rein intramatrikale Individuen bilden das Sporangium, resp. die Dauerspore aus der

[1]) Meine frühere Deutung, nach welcher ursprünglich nur ein Individuum vorhanden sei, das sich später in zwei theile, halte ich jetzt auf Grund besserer Einsicht nicht mehr aufrecht.

sogenannten Keimkugel, welche dadurch entsteht, dass die Schwärmspore, nachdem sie sich mit Haut umgeben, einen dünnen Keimschlauch durch die Wirthsmembran treibt, der an seiner Spitze zur kugeligen oder ellipsoidischen Zelle aufschwillt. Intramatrikale Sporangien treiben zum Zweck der Schwärmerentleerung einen längeren oder kürzeren Entleerungsschlauch durch die Wirthsmembran, extramatrikale zeigen ein bis mehrere vor der Reife durch einen Gallertpfropf oder ein Deckelchen verschlossene Austrittsstellen. In selteneren Fällen werden die Zoosporen nicht in dem Sporangium selbst, sondern in einer Ausstülpung desselben zur Reife gebracht. Man bezeichnet dann jenes als »Prosporangium« (Fig. 67, III *a*). Nach längerer Ruhezeit keimen die Dauersporen zu Schwärmsporangien aus. Doch ist diese Auskeimung nur erst bei wenigen Vertretern beobachtet worden.

Genus 1. *Rhizophidium* Schenk.

Die Schwärmer setzen sich auf der Wirthszelle fest, umgeben sich mit Membran und senden einen Keimschlauch in die Wirthszelle hinein, der sich zu einem sehr kleinen, äusserst feinfädigen Mycel verzweigt. Der extramatrikale, durch Aufschwellung aus der ursprünglichen Schwärmspore entstehende Theil wird zum Sporangium, das sich gegen das Mycel durch eine Scheidewand abgrenzt und der Regel nach mehrere Mündungen besitzt, welche nicht durch einen Deckel, sondern durch Gallertpfröpfe verschlossen sind. Dieselben verquellen bei der Reife vollständig und die kugeligen mit nachschleppender Cilie versehenen, hüpfende Bewegungen zeigenden Zoosporen schlüpfen durch die Oeffnungen aus. Nachdem verschiedene Zoosporangien tragende Generationen aufeinander gefolgt sind, treten Dauersporen bildende Pflänzchen auf. Sie entwickeln sich zunächst wie die sporangientragenden, nur dass schliesslich der der aufgeschwollenen Schwärmspore entsprechende Behälter zur Dauerspore wird.

1. *Rhizophidium pollinis* (A. Braun) Zopf [1]). Zur Gewinnung dieses in stehenden und fliessenden Gewässern häufigen Organismus säet man Pollenkörner von Coniferen oder auch Blüthenpflanzen auf solchen Localitäten entnommenes Wasser. Gewisse im Pollen vorhandene Stoffe üben, wie es scheint, einen Reiz auf die in dem Wasser fast stets vorhandenen winzigen (4—6 Mikrom. messenden) kugeligen, mit einer nachschleppenden Cilie versehenen Schwärmsporen (Fig. 17, IV, bei *s*) aus, wodurch letztere veranlasst werden, nach dem Pollenkorn hinzuwandern und sich an dasselbe anzusetzen. Sie ziehen hierauf ihre Cilie ein, umgeben sich mit einer Celluloschaut und treiben nun einen sehr feinen Keimschlauch durch die Pollenhaut hindurch (Fig. 17, I *m*), der sich zu einem äusserst feinfädigen, früher gänzlich übersehenen, durch Behandlung mit Aetzkali oder Färbemitteln aber leicht nachweisbaren, relativ reichverästelten Mycel entwickelt (Fig. 17, I *m*, II *m*, III—V). Dasselbe führt nun dem der ursprünglichen Schwärmzelle entsprechenden extramatrikalen Behälter Nahrung zu, sodass derselbe zu einer allmählich sich vergrössernden Kugel aufschwillt (Fig. 17, II *ab*), die zwischen 6 und 40 Mikrom. Durchmesser erlangt und sich durch eine Querwand gegen das Mycel abgrenzt. Schliesslich wird sie zum Schwärmsporangium (Fig 17, III *sp*). In der Wandung desselben entstehen

[1]) Ueber einige niedere Algenpilze (Phycomyceten) und eine neue Methode, ihre Keime aus dem Wasser zu isoliren. Halle 1887.

mehrere (1—4) Tüpfel, welche anfangs durch die an dieser Stelle gequollene Membran wie durch eine Gallertpapille verschlossen sind (Fig. 17, III *m*), bei der Reife aber durch Quellung und Auflösung der letzteren geöffnet werden worauf die Schwärmer an diesen Stellen ausschlüpfen (Fig. 17, IV).

Der eben geschilderte Entwickelungsgang kann sich nun wiederholen, bis schliesslich die Bildung Sporangien tragender Pflänzchen aufhört und Dauersporen tragende Pflänzchen an ihre Stelle treten. Bezüglich der Entstehungsweise schliessen sich letztere den ersteren an, nur dass schliesslich die extramatrikale Zelle zu einer einzigen grossen etwa kugeligen Spore wird, die sich mit einer dicken, zweischichtigen, sculptur- und farblosen Membran umgiebt und im Innern Fetttröpfchen speichert, die schliesslich meist zu einem einzigen grossen Tropfen vereinigt werden (Fig. 17, V, bei *d* und *e*). Bei der noch zu beobachtenden Keimung dürfte der Inhalt der Dauerspore zu Schwärmern umgewandelt werden.

Genus 2. *Polyphagus* Nowakowski.

Frei lebende Chytridiaceen mit mehr oder minder entwickeltem Mycel, das mit seinen äussersten Enden in Algenzellen eindringt und diese aussaugt. Die Schwärmsporangien entstehen durch Vergrösserung der ursprünglichen Schwärmspore und treiben eine weite Aussackung, in welche das Plasma hineinwandert, um sich in zahlreiche ellipsoidische Schwärmer zu zerklüften. Gewöhnlich treten, bei dichtem Beisammenleben, zwei Individuen mit einander durch eine schlauchartige Anastomose in Fusion. Indem das Plasma beider Individuen in die Anastomose hineinwandert, schwillt diese an einer Stelle bedeutend an, grenzt sich nach beiden Seiten hin durch eine Querwand ab und wird zur dickwandigen Spore (Zygospore).

Polyphagus Euglenae Nowakowski[1]). Lebt zwischen *Euglena viridis*, deren Individuen sie befällt, abtödtet und ihres Inhaltes, speciell auch des Chlorophylls, das verfärbt wird, und des Paramylums beraubt.

Die ellipsoïdische, mit einem grossen Fettropfen und einem Kern versehene, eincilige Schwärmspore (Fig. 67, I) keimt, nachdem sie zur Ruhe gekommen ist, ihre Cilie eingezogen und sich mit Membran umkleidet hat, mit mehreren Keimschläuchen aus (Fig. 67, II), die sich mit ihrer Spitze in Euglena-Zellen einbohren und aus diesen ihre Nahrung schöpfen. Während sie sich zu einem Mycel verzweigen, und die Aeste ihrerseits in Euglenen eindringen, werden sie dicker, und diejenige Partie, welche der ursprünglichen Schwärmspore entspricht, schwillt stark blasig auf (Fig. 67, III *a*) und bekommt einen an gelbgefärbten Fetttröpfchen reichen Inhalt. Hat sie ihre definitive Grösse erreicht, so erfolgt ihre Ausbildung zum Sporangium, zwar nicht direkt, wohl aber indirekt. Es entsteht nämlich eine seitliche Aussackung (Fig. 67, IV *b*), die sich zu einem schlauchartigen Gebilde erweitert und alles Plasma der Blase *a* in sich aufnimmt, worauf sich dieses in zahlreiche Schwärmer zerklüftet (Fig. 67, IV *b*). Der schlauchförmige Behälter repräsentirt also das eigentliche Sporangium, während die Blase ein Prosporangium darstellt. Endlich öffnet sich das Sporangium an seiner Spitze und die Schwärmer treten aus. Sie sind schwach amöboid.

Nachdem eine kleinere oder grössere Reihe von Generationen solcher

[1]) Zur Kenntniss der Chytridiaceen. Cohns Beitr. II. Heft II, pag. 201—216, u. Ueber Polyphagus. Abhandl. d. Krakauer Ak. 1878; polnisch.

sporangientragenden Pflänzchen erzeugt ist, treten nach demselben Modus sich entwickelnde, aber zumeist zwerghafte, kümmerliche Individuen auf, die paarweise copuliren: Ein Mycelschlauch des einen Individuums (Fig. 67, V *A*) wächst auf den blasenförmigen Theil des anderen (Fig. 67, V *B*) zu, setzt sich mit der Spitze an diesen und nimmt in der Nähe der Ansatzstelle an Dicke zu

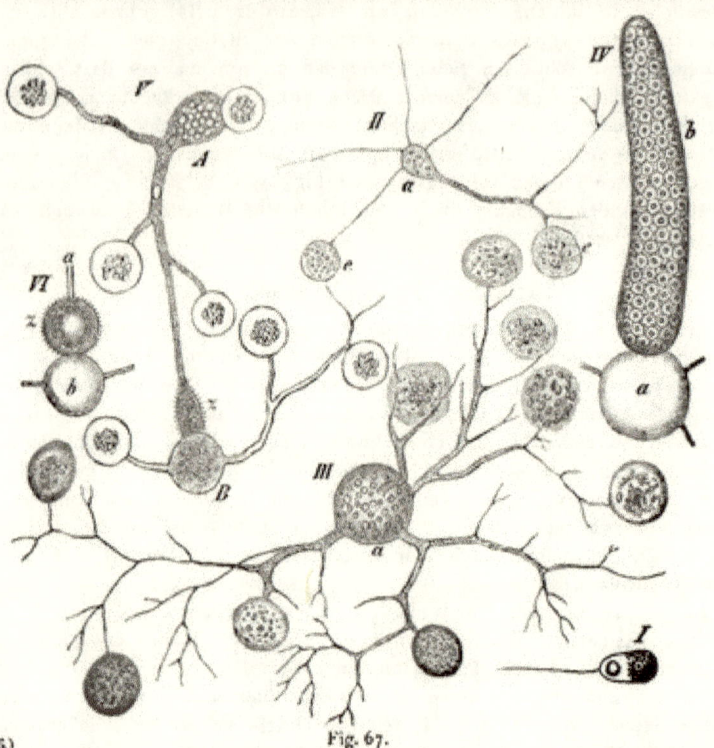

(B. 676.) Fig. 67.

Polyphagus Euglenae. I 550fach Zoospore mit ihrer Cilie, grossem Oeltropfen im vorderen und kleinem Kern im hinteren Theile. II 400fach. Junges Individuum mit 5 Mycelschläuchen, von denen 4 sehr fein und noch unverzweigt erscheinen und 2 in je eine *Euglena*-Zelle *e* eingedrungen oder einzudringen im Begriff sind. Der aufgeschwollene Theil *a* entspricht dem ursprünglichen Schwärmer. III 400fach. Entwickeltes Pflänzchen mit 4 kräftig entwickelten meist mehrfach verzweigten Mycelfäden, deren Aeste z. Th. in Euglenazellen eingedrungen sind und diese zum grossen Theil abgetödtet haben. Die stark bauchige Stelle bei *a*, aus dem ehemaligen Schwärmer durch Aufschwellung hervorgegangen, repräsentirt das fast reife Prosporangium. IV 600fach. Sporangium *b* mit vielen Schwärmern. Es ist dadurch entstanden, dass die Membran des Prosporangiums *a* sich ausgestülpt und das Plasma des letzteren aufgenommen hat, worauf es sich durch eine Querwand abgrenzte und seine Schwärmer bildete. V 350fach. Zwei Pflänzchen *A* u. *B* in Copulation. Ihre Mycelzweige sind in Euglenen eingedrungen. *z* die junge Zygospore. VI 350fach. Weiterer Entwickelungszustand der jungen Zygospore in voriger Figur. *a* der entleerte Schlauch des in voriger Figur mit *A*. *b* entleerte Blase des in voriger Figur mit *B* bezeichneten Individuums. Alles nach NOWAKOWSKI.

(Fig. 67, V, bei *z*). Hierauf wird die Membran an der Ansatzstelle aufgelöst und so eine directe Verbindung des Plasma's der beiden Individuen hergestellt. Alsbald wandert das Plasma beider nach der erwähnten erweiterten Stelle hin; dieselbe schwillt infolgedessen stark auf, rundet sich, grenzt sich durch je eine Querwand gegen beide Individuen ab, verdickt ihre Membran (meist unter Gelbfärbung und Wärzchenbildung) wird fettreich und bildet sich so allmählich zur

Dauerspore (Fig. 67, VI z) aus. Letztere verhält sich bei der Keimung wie ein Prosporangium.

Nach dem Gesagten ist die Dauerspore als eine Art Zygospore aufzufassen. Eigenthümlich im Vergleich zu Zygosporen bildenden höheren Phycomyceten erscheint der Umstand, dass die Copulationszellen hier vollständige Individuen, relativ grosse mycelartig verzweigte Zellen darstellen. Mit dem Ausdruck »Copulation« will ich übrigens nichts präjudiciren. DE BARY, der alle solche Copulationserscheinungen ohne Weiteres als sexuelle auffasst, glaubt mit NOWAKOWSKI auch bei *Polyphagus* einen wirklich sexuellen Vorgang annehmen zu müssen[1]; wogegen FISCH[2]) im Hinblick auf die Thatsache, dass die copulirenden Individuen beide oder wenigstens eines kümmerlich erscheinen, und dass in dichter Lagerung fast alle oder doch sehr viele Exemplare durch ihre Myceläste mit einander anastomosiren, die Sache so zu deuten scheint, dass eine gewöhnliche Fusion vorliegt zum Zweck der Erzeugung einer kräftigeren Zygospore. So lange nicht das Gegentheil wirklich erwiesen ist, möchte ich diese Auffassung theilen. Uebrigens können die Dauersporen auch an einzelnen Individuen auftreten. Sie treiben nach FISCH von der Blase aus einfach eine Ausstülpung, die sich zur Dauerspore ausbildet. Die Copulation ist also wenigstens nicht nöthig.

Familie 3. Cladochytrieen.

Wesentliche Differenzen gegenüber den Rhizidiaceen liegen erstens in einer mehr typischen Ausbildung des Mycels, insofern dasselbe reiche Verzweigung eingeht, daher auch im Gewebe der von ihnen bewohnten höheren Pflanzen weit hinkriecht, entweder intracellular oder intercellular verlaufend, zweitens darin, dass die Sporangien nicht in der Einzahl, sondern zu mehreren bis vielen entstehen, theils als intercalare, theils als terminale Anschwellungen der Myceläste. Auf gleiche Weise werden die Dauersporen angelegt, welche bei der Keimung zu Schwärmsporangien werden können. Bei gewissen Vertretern werden nicht erst Zoosporangien, sondern gleich Dauerzellen gebildet, bei anderen kennt man nur die schwärmsporangientragende Generation.

Gattung 1. *Cladochytrium* NOWAKOWSKI.

Meist im Gewebe von Wasser- oder Sumpfpflanzen lebend (*Lemna*-Arten), *Isoëtes, Acorus Calamus, Trianea, Iris Pseudacorus, Glyceria spectabilis*. Die Mycelfäden dringen in die Wirthszellen ein und schwellen hier an dem und jenem Punkte zu kugeligen, birnförmigen oder ellipsoidischen, mitunter durch eine Querwand getheilten Sporangien an, die dann einen (*Cl. tenue* NOW.) oder mehrere (*Cl. polystomum* ZOPF) Entleerungsschläuche durch das Wirthsgewebe treiben, durch welche sie ihre bald mit farblosem, bald mit orangegelbem Oeltropfen versehenen, kleineren oder grösseren Schwärmer entlassen. Dauersporen unbekannt.

Cl. tenue NOW. In *Acorus Calamus, Iris Pseudacorus, Glyceria spectabilis*.

Gattung 2. *Physoderma* WALLROTH.

Im Gewebe verschiedener Sumpfpflanzen parasitirend. Zoosporenbildung noch unbekannt. Dauersporen in den Parenchymzellen entstehend mit dicker, brauner Membran versehen, kugelig oder ellipsoidisch. Bilden auf den Nährpflanzen

---

[1]) Morphol., pag. 176.

[2]) Beiträge zur Kenntniss der Chytridiaceen. Erlangen 1884.

schwielenförmige Anschwellungen. Besonders von DE BARY[1]) und SCHROTER[2]) studirt.

Ph. Menyanthis DE BARY. Erzeugt an Blattstielen und Blättern rosenrothe, später sich bräunende, kreisförmige oder etwas verlängerte Schwielen. Dauersporen einzeln oder zu mehreren in einer Nährzelle, durch gegenseitigen Druck oft abgeflacht. Sie bilden bei der von GÖBEL beobachteten Keimung Schwärmsporen.

Gruppe II.

Oomyceten. Eibildende Algenpilze.

Die Oomyceten stehen im Vergleich zu der folgenden Gruppe, den Zygomyceten auf einer niedereren Lebensstufe, insofern, als ein grosser Theil derselben ausschliesslich oder doch in gewissen Stadien auf das Wasserleben angewiesen ist. Sie stehen hierdurch einerseits den Chytridiaceen, andererseits den Algen nahe. Die Anpassung der Wasserbewohner (Saprolegnieen, Ancylisteen, Peronosporeen ex parte) an das Wasserleben documentirt sich in der Production von Zoosporen bildenden Behältern (Zoosporangien), die Anpassung der Luftbewohner (Peronosporeen ex parte) an das Luftleben in der Production von Conidien. Ein grosser Theil der Wasserbewohner, die Ancylisteen ausgenommen, führt saprophytische Lebensweise und greift nur bei Gelegenheit zum Parasitismus; die typischen Luftbewohner dagegen sind wie es scheint sämmtlich Parasiten. Es ist wahrscheinlich, dass die aerophyten Oomyceten sich aus den hydrophyten Formen entwickelt haben; die Uebergänge zwischen beiden sind in den amphibischen Gattungen *Pythium* und *Phytophthora* jetzt noch vorhanden.

Was das Mycel der Oomyceten anbetrifft, so entwickelt es sich übereinstimmend mit den Zygomyceten und abweichend von den Chytridiaceen als eine grosse, reich verzweigte, aus relativ weitlumigen Fäden bestehende Zelle. Nur die Ancylisteen, die immer nur eine einzige winzige Wirthszelle (Alge, Pollenkorn) bewohnen, besitzen, den beschränkten Wirthsverhältnissen entsprechend, ein auffällig reducirtes, überaus einfaches vegetatives Organ, das kaum noch den Namen des Mycels verdient und schliesslich ganz in der Fructification aufgeht, während bei den Saprolegniaceen und Peronosporeen das ganze grosse Mycelsystem im Wesentlichen als solches erhalten bleibt.

Als besonders charakteristisch für die Oomyceten muss, was schon der Name andeutet, die Bildung und Ausbildung von »Eiern« in Oosporangien oder Oogonien (weiblichen Organen) unter eventueller Mitwirkung von Antheridien (männlichen Organen) angesehen werden. Die bereits pag. 334 besprochenen Oosporangien entstehen als terminale oder intercalare Anschwellungen von Mycelzweigen und produciren grosse Eizellen, welche entweder durch Vollzellbildung oder durch freie Zellbildung mit Periplasma oder endlich durch freie Zellbildung ohne Periplasma entstehen (über diese 3 Modi s. pag. 380 ff). Im letzteren Falle werden 2 bis mehr (Fig. 45, III IV), in den beiden andern nur je 1 Eizelle (Fig. 44, VI IX) im Oosporangium gebildet. Die Membran der Oosporangien ist derb und vielfach mit verdünnten Stellen (Poren) versehen. Die Antheridien entstehen an den Enden dünner Aeste (Nebenäste genannt) als Endzellen derselben. Doch machen die Ancylisteen hiervon Ausnahmen.

---

[1]) Beiträge zur Morphologie und Physiol. der Pilze. Bd. I. Erste Reihe. Protomyces und Physoderma.

[2]) Kryptogamenflora von Schlesien. Pilze pag. 194.

An Nebenästen entstandene Antheridien wachsen auf das Oogon im Bogen hin und legen sich an dasselbe fest an. Wahrscheinlich scheiden die Oogonien einen Stoff ab, der einen anlockenden Reiz auf das Antheridium ausübt. Nach dem Anlegen treibt das Antheridium eine dünne Aussackung (Befruchtungsschlauch) in das Oogon hinein, wobei die Poren der Oogoniumwand nicht als Eindringstelle benutzt werden.[1])

Bei den Peronosporeen, besonders bei *Pythium*, differenzirt sich nach DE BARY der Antheridiuminhalt in einen dünnen, wandständigen (Periplasma) und in einen mittleren mehr körnigen Theil (Gonoplasma), welcher letztere allein ins Oogon übertreten soll, nachdem die Spitze des Befruchtungsschlauches sich geöffnet hat. Thatsächlich findet bei jenen Vertretern *(Pythium)* ein Uebertritt statt, was nach meinen Beobachtungen auch für *Lagenidium* gilt. Bei den Saprolegniaceen dagegen ist dies nicht der Fall. Hier bleibt der Befruchtungsschlauch stets geschlossen. Nach CORNU bilden sich aus dem Antheridiuminhalt von *Monoblepharis sphaerica* im Antheridium Spermatozoïden (ähnlich wie bei *Vaucheria*), die gleichfalls ins Oogon übertreten. Um die Zeit, wo bei den Pythien, Peronosporen und *Monoblepharis* der Antheridiuminhalt überzutreten beginnt, sind die Eier als rundliche membranlose Massen bereits formirt; bei *Lagenidium* dagegen ballt sich das Ei erst nach erfolgtem Uebertritt.

Man fasst die Entleerung des Antheridialinhalts, und wohl mit Recht, als einen Befruchtungsact auf, und nimmt an, dass das Ei infolgedessen sich mit einer derben Haut umgiebt und gewisse Umlagerungen im Inhalt erfährt: es wird zur Oospore.

Bemerkenswerth ist, dass gewisse Saprolegniaceen meistens gar keine Antheridien erzeugen, oder nur solche, welche keinen Befruchtungsschlauch besitzen. Trotzdem werden die »Eier« zu normalen Oosporen ausgebildet. Bei *Leptomitus pyriferus* ZOPF werden selbst nicht einmal Oogonien mehr gebildet. Statt derselben treten gemmenartige, mit dicker Membran und reichen Reservestoffen ausgestattete Dauersporen auf. Diese Thatsachen zeigen, dass bei den Saprolegniaceen bereits Geschlechtsverlust (Apogamie) eingetreten ist. — Die Morphologie, Biologie und Systematik der Oomyceten ist gegenwärtig in den wichtigsten Punkten bereits völlig geklärt, namentlich durch PRINGSHEIM's, DE BARY's und CORNU's bei den einzelnen Familien aufgeführten Arbeiten.

Familie 1. Saprolegniaceen.

Sämmtlich Hydrophyten, welche ins Wasser gefallene Thier- und Pflanzentheile als Saprophyten bewohnen, aber z. Th. auch in lebende Thierkörper (Insecten, Amphibien, Fische und deren Eier) seltener in Pflanzen (Algen) eindringen.

Die auf natürlichem Substrat, z. B. dem Fliegenkörper keimende Spore producirt einen Keimschlauch, der sich im Innern des Substrats zum reich verzweigten Mycelsystem entwickelt. Von diesem aus werden dicke Schläuche (Hauptschläuche) in das umgebende Wasser entsandt, die nach allen Richtungen hinstrahlen (Fig. 45, I, pag. 335 und Fig. 68, I) und Seitenzweige entwickeln, welche meist dünner als die Hauptschläuche sind und sich oft zwischen jenen in unregelmässiger Weise hinschlängeln, dieselben bisweilen förmlich umrankend.

Zunächst werden an den ins Wasser ragenden Schläuchen Zoosporangien gebildet, bei *Achlya* und *Saprolegnia* der Regel nach an der Spitze der Haupt-

[1]) Bei *Cystopus* aber ist dies nach meinen Beobachtungen stets der Fall.

schläuche (bei *Leptomitus* auch an Seitenästen). Es entsteht entweder immer nur 1 Sporangium (*Achlya*, *Saprolegnia* Fig. 45, VII) oder es werden mehrere in basipetaler Folge gebildet (*Leptomitus*, Fig. 62). Ihre Form ist meist eine sehr gestreckte (Fig. 45, VI, VII, Fig. 62), selten eine rundliche, noch seltener eine verzweigte. Sie öffnen sich zur Reifezeit entweder an der Spitze oder seitlich, und die Zoosporen treten nun aus der Mündung heraus. Ihr weiteres Verhalten ist bei den verschiedenen Gattungen verschieden: Bei *Saprolegnia*, wo sie 2 terminale Cilien haben, treten sie schwärmend aus der Oeffnung hervor, ins Weite schweifend, dann kommen sie zur Ruhe, umgeben sich mit Cellulosehaut und schlüpfen später in veränderter Form und mit seitlichen Cilien aus derselben aus, um zum zweiten Male zu schwärmen. Sie werden daher von de Bary als diplanetisch (zweimal schwärmend) bezeichnet. Bei *Achlya* und *Aphanomyces* dagegen finden wir, dass die Sporen ohne Cilien aus der Sporangienöffnung austreten, vor dieser sich zu einer Halbkugel gruppiren (Fig. 45, VII) und jede eine zarte Cellulosehaut erhält, aus der sie später ausschlüpft, nunmehr erst bis zur definitiven Ruhe mit zwei Cilien umherschwärmend. Sie sind also monoplanetisch. Bei *Dictyuchus* bleiben die ausgereiften Schwärmer im Sporangium und umgeben sich hier mit Cellulosehaut, so dass das Sporangium wie ein Netz aussieht (Netzsporangien), erst später schlüpfen die Zoosporen aus, seitlich zugleich die Sporangienhaut durchbohrend. Ausnahmsweise kommen ähnliche Bildungen auch bei *Achlya* und *Aphanomyces* vor. *Aplanes* hat nach de Bary keine Cilienbildung an den Endosporen aufzuweisen. Sobald die Endsporangien der Saprolegnien entleert sind, wächst der Schlauch in den entleerten Behälter hinein und bildet wiederum ein Endsporangium. Solche »Durchwachsungen« können sich öfters wiederholen (Fig. 68, V). Dagegen wächst bei *Achlya* der Schlauch stets unterhalb des Endsporangiums weiter, um wieder mit einem Sporangium abzuschliessen u. s. f.; es tritt hier also eine sympodiale Verzweigung ein.

Die Oogonien (Fig. 45, III*o*) entstehen gewöhnlich terminal [meist an Seitenzweigen (Fig. 45, II III IV), selten an Hauptschläuchen], bisweilen auch im Verlauf der Fäden, gegen diese dann nach beiden Seiten hin durch Querwand abgegrenzt. Bei manchen Arten sind solche intercalaren Oogonien häufig zu finden, vielfach in reihenförmiger Anordnung (Reihensporangien). In der Oogonienwand gewisser Vertreter bemerkt man relativ grosse verdünnte Stellen (Poren), die früher für Löcher gehalten wurden. Die in den Oogonien erzeugten grossen Eikugeln (Eier) treten entweder in der Einzahl (*Dictyuchus*, *Aphanomyces*, *Monoblepharis*) oder in der Zwei- bis Vielzahl auf. Zu ihrer Bildung, die bereits pag 381 besprochen, wird das gesammte Plasma des Oogons verwerthet. Periplasma fehlt. In der Folge wandeln sich die Eier durch Abscheidung einer derben Membran zu Dauersporen (Oosporen) um.

An die Oogonien legen sich bei vielen Arten ein bis mehrere Antheridien (Fig. 45, IV*a*) an, welche als Endzellen dünner »Nebenäste« (Fig. 45, III*ab*) entstehen. Wenn die Letzteren an demselben Ast mit den Oogonien auftreten, was dann meist in unmittelbarster Nähe der Oogonien geschieht, so spricht man von androgynen (Fig. 45), wenn die Nebenäste von besonderen, keine Oogonien tragenden Zweigsystemen ihren Ursprung nehmen, von »diklinen« Formen. Ob eine wirkliche Diöcie bei Saprolegnien vorkommt, ist noch nicht sicher erwiesen. Anlegung der Nebenäste und Abgrenzung der Antheridien erfolgt vor der Formung der Eier. Nach Eintritt der letzteren treibt das der Oogoniumwand dicht angeschmiegte Antheridium ein oder mehrere Befruchtungsschläuche ins Oogon (Fig. 45, III IV *c*), die sich mitunter verzweigen, aber nach DE BARY niemals ihren Inhalt durch Oeffnung an der Spitze entlassen, sodass eine Befruchtung der Eier nicht stattzufinden scheint.

Ausnahmsweise wird die Stielzelle des Oogons zum Antheridium, das dann seinen Befruchtungsschlauch direkt durch die das Oogon abgrenzende Scheidewand hindurch treibt. Manche Vertreter bilden überhaupt keine Befruchtungsschläuche, ja es giebt Species mit der Regel nach vollständigem Antheridienmangel (Fig. 68, VI).

Nach allen diesen Daten liegt die Wahrscheinlichkeit nahe, dass bei den Saprolegnieen bereits Geschlechtsverlust (Apogamie) eingetreten ist. Zwar werden die Geschlechtsorgane noch in typischer Form, sowie meist häufig und reichlich erzeugt, aber sie functioniren nicht mehr als solche. *Monoblepharis* scheint nach CORNU's Beobachtungen eine Ausnahme zu bilden; hier producirt das Antheridium, abweichend von allen übrigen Saprolegnieen, Spermatozoïden, welche nach CORNU in das sich öffnende Oogon eindringen und die Eizellen befruchten.

Bemerkenswertherweise siedeln sich in den Saprolegnieen-Antheridien wie auch im Oogon nach meinen Beobachtungen nicht selten sehr kleine Schmarotzer an, die namentlich im Zoosporen- resp. Amöben-Zustande gefunden werden und von PRINGSHEIM seinerzeit für männliche Keime (Spermatozoïden) ausgegeben wurden. Ich habe sie bisweilen aus dem Antheridium in den Befruchtungsschlauch und in das Oogon hineinwandern sehen.

Die ausgereiften Oosporen zeigen bei den meisten Vertretern nach DE BARY excentrischen Bau, indem sie eine genau central gelegene kugelige Fettmasse enthalten, welche allseitig von einer körnerreichen Plasmaschicht umhüllt ist, in welcher ein kleiner, heller, rundlicher Fleck liegt. Excentrisch gebaute Oosporen kommen nur bei einigen Arten vor, z. B. bei *Achlya polyandra, prolifera, Saprolegnia anisospora* DE BARY; hier ist die Fettmasse auf der einen und das Plasma auf der anderen Seite gelegen, während der helle Fleck fehlt. Zwischen beiden Typen giebt es Uebergänge.

Je nach dem Grade der Ernährung kann die Oospore zu einem grösseren Mycelium auskeimen, das schliesslich Sporangien und Oogonien entwickelt, oder direct ein Zoosporangium produciren (Fig. 45, V).

Für einige Vertreter ist Gemmenbildung nachgewiesen, so für *Leptomitus pyriferus* ZOPF, wo sie den Charakter grosser derbwandiger, mit mächtigen Fetttropfen versehener kugeliger oder birnförmiger Dauersporen trägt, die hier die fehlende Oogonienbildung vertreten. Reproductionszellen in Form von hefeartigen Sprossungen sind nicht beobachtet.[1])

[1]) Literatur: N. PRINGSHEIM, Entwickelungsgeschichte der Achlya prolifera. N. Acta Acad. Leopoldin. Carolin. Vol. 23, pars. I, pag. 397—400. — A. DE BARY, Beitrag z. Kenntniss d. Achlya prolifera. Bot. Zeitg. 1852 pag. 473. (In diesen beiden Arbeiten auch Aufzählung der umfangreichen älteren Litteratur). — PRINGSHEIM, Beitr. z. Morphol. u. Systematik d. Algen. II. Die Saprolegnieen. Jahrb. f. wiss. Bot. I. 284. (1857). — Nachträge z. Morphol. d. Saprolegnieen. Ibid. II, 205. (1860). — Weitere Nachträge etc. Ibid. IX (1874). pag. 194. — DE BARY, Einige neue Saprolegnieen. Ibid. II, pag. 169. — Beitrg. z. Morphol. u. Physiol. d. Pilze. IV. (1884). — HILDEBRAND, Mycolog. Beiträge, I. Jahrb. f. wiss. Bot. VI. (1867). pag. 249 — LEITGEB, Neue Saprolegnieen. Ibid. VII (1869), pag. 357. — K. LINDSTEDT, Synopsis d. Saprolegniaceen. Diss. Berlin 1872. — M. CORNU, Monographie d. Saprolegniées. Ann. sc. nat. Sér. V. t. 15. (1872). — P. REINSCH, Beob. über einige neue Saprol. Jahrb. f. wiss. Bot. XI. (1878), pag. 283. — M. BÜSGEN, Entwickelung d. Phycomycetensporangien. Diss. u. PRINGSHEIM's Jahrb. Bd. XIII, Heft 2. (1882). — N. PRINGSHEIM, Neue Beobachtungen über d.

Befruchtungsact v. Achlya u. Saprolegnia. Sitzungsber. d. Berlin. Acad. 8. Juni 1882. — Jahrb. f. wiss. Botanik, Bd. XIV, Heft 4. — DE BARY, Bot. Zeitung 1883, Nr. 3. — ZOPF, W. Bot. Centralblatt 1882, No 49. — PRINGSHEIM, Bot. Centrbl. 1883, Nr. 25 u. 34. — DE BARY, Species der Saprolegnieen. Bot. Zeitg. 1888. Nr. 38—41.

Genus 1. *Achlya*, NEES.

Im Gegensatz zu *Saprolegnia* verzweigen sich die Sporangienträger nach Art eines Sympodiums (Fig. 25, VIII—X, Fig. 45, II) und wachsen infolgedessen niemals durch entleerte Zoosporangien hindurch. Die der Regel nach gestreckt keuligen Sporangien sind am Scheitel mit einer Papille versehen (Fig. 45, VII), die sich bei der Reife öffnet. Beim Austritt erscheinen zum Unterschied von *Saprolegnia* die Schwärmer noch cilienlos. Sie häufen sich zunächst in Form einer Hohlkugel vor der Mündung an (Fig. 45, VII), um sich mit einer Cellulosewand zu umhüllen, aus der sie später ausschlüpfen (Häutungsprocess) nunmehr mit zwei seitlich angehefteten Cilien (Fig. 44, VIII) schwärmend. Oosporen 1 bis viele, das Oosporangium nie gänzlich ausfüllend.

1. *A. polyandra* DE BARY[1]), (Fig. 45) Eine der häufigsten Species auf ins Wasser gefallenen Insecten. Hauptachsen kräftig, aus dem Substrat herausstrahlend (Fig. 45, I.), fast ausnahmslos mit einem Zoosporangium endigend, seitlich nach Art einer Traube angeordnete Kurzzweige treibend, die mit etwa kugeligen Oosporangien abschliessen (Fig. 45, II. III). Von der Hauptachse, seltener den die Oosporangien tragenden Aesten, entspringen dünne, bisweilen verzweigte, relativ lange Seitenzweiglein; welche zu 1 bis mehreren das Oosporangium unter dichter Anschmiegung umwachsen (Fig. 45, II. III. a b). Durch eine Querwand wird der Endtheil als Antheridium (Fig. 45, IVa) abgegrenzt, das 1—2 Befruchtungsschläuche ins Oogon hineinsendet (Fig. 45, III c). Die Oosporangienwand ist mit dicker, tüpfelloser Wandung versehen und umschliesst 2 bis viele excentrisch gebaute Sporen.

2. *A. racemosa*, HILDEBR.[2]) Hauptschläuche wie bei *A. polyandra*. Oosporangientragende Zweige ebenfalls traubig an denselben angeordnet. Oosporangien kugelig, bisweilen mit kleinen Aussackungen, derbwandig, gelbbraun, tüpfellos. Antheridienäste kurz, zu 1—2 dicht unter dem Oogon inserirt, gekrümmt. Antheridien verkehrt kegelförmig, der Oogoniumwand mit dem Ende aufgesetzt, in der Regel je 1 Befruchtungsschlauch treibend. Oosporen gewöhnlich 1—4, centrisch gebaut, seitlich mit hellem Fleck. — Auf Pflanzentheilen und ins Wasser gefallenen Insecten, minder verbreitet als vorige.

Genus 2. *Saprolegnia* NEES.

Die Schwärmsporangien produciren Zoosporen, welche zunächst mit 2 terminalen Cilien ausgerüstet sind. Sie schwärmen sogleich beim Austritt aus dem Sporangium, kommen darauf zur Ruhe, umgeben sich mit Zellstoffhaut, schlüpfen aus dieser wieder aus und schwärmen nun mit zwei seitlich inserirten Cilien zum zweiten Mal, sind also diplanetisch. Schliesslich kommen sie zur definitiven Ruhe und keimen. Der Regel nach werden die entleerten Sporangien von dem Tragschlauch durchwachsen, der dann an seinem

---

[1]) Beiträge z. Morphol. u. Physiologie. Vierte Reihe: Untersuchungen über Peronosporeen und Saprolegnieen. pag. 49. Taf. IV. Fig. 5—12. Bot. Zeit. 1888. pag. 634.

[2]) Weitere Nachtr. z. Morphol. und Systemat. der Saprolegniaceen. Jahrb. f. wissensch. Bot. Bd. 9. Taf. 19.

Ende wiederum Sporangien bildet. Kräftige Individuen zeigen diese Durchwachsung mehrere bis viele Male, sodass die successiv entleerten Sporangien ineinander geschachtelt erscheinen (Fig. 68, V). **Oogonien** glatt oder sternförmig configurirt mit 1 bis vielen Oosporen.

Eine Revision der Saprolegnien durch DE BARY hat ergeben, dass die alte *S. ferax* PRINGSHEIM's eine Sammelspecies darstellt, die nach DE BARY 7 verschiedene Arten umfasst.

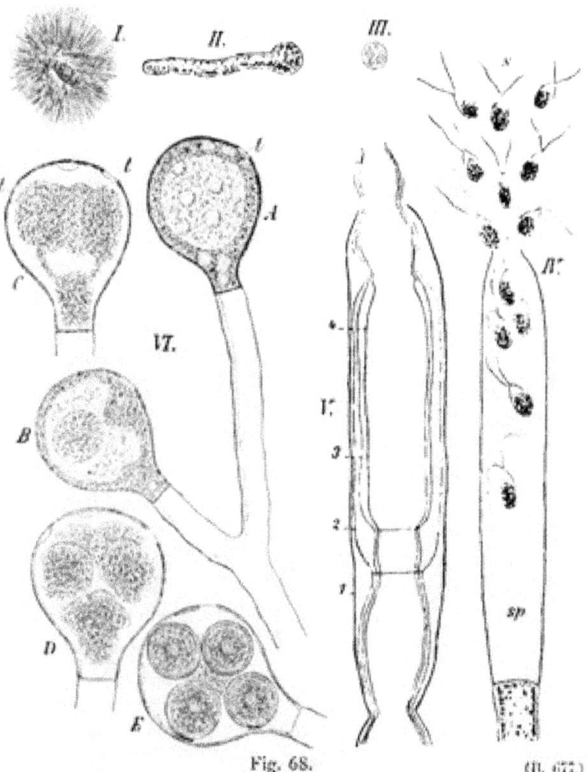

Fig. 68. (B. 677.)

Saprolegnia Thuretii DE BARY. I Ein Rasen des Pilzes, aus einer Fliege hervorbrechend, II u. III in der Auskeimung begriffene Schwärmer. IV Schwärmsporangium *sp* mit seinen Schwärmern, von denen der grössere Theil schon hinweggeeilt ist. V Entleertes Schwärmsporangium, in welches der Tragschlauch wiederholt hineingewachsen ist, um neue Sporangien zu bilden. Die in einander geschachtelten Haute derselben sind in ihrer Aufeinanderfolge durch die Zahlen 1—4 bezeichnet. VI Antheridienlose Oosporangien in ihren verschiedenen, durch die Buchstaben *A*—*E* bezeichneten Stadien der Ausbildung. *t* Tüpfel. *A* Das Plasma ist wandständig geworden. *B* Die Ballung der Eier beginnt. *C* Die Eier beginnen sich zu trennen. *D* Die Trennung ist erfolgt, Hautbildung noch nicht vorhanden. *E* Die Oosporen sind fertig. Alle Fig. ca. 300fach. VI nach DE BARY.

1. *S. Thuretii* DE BARY (= *S. ferax* THURET) (Fig. 68). An ins Wasser gefallenen Insecten, Regenwürmern, an todten und lebenden Fischen und deren Eiern, Fröschen und deren Laich sehr häufig. Hauptschläuche straff, mit schlank cylindrischen bis keulenförmigen primären Sporangien. **Oogonien** kugelig, mit grossen zahlreichen Tüpfeln in der Wandung, bisweilen, wenn sie in entleerte Sporangien hineinwachsen, cylindrisch, 1 bis mehrere oder selbst viele (bis über 50) Oosporen enthaltend; **Antheridien** in der Regel vollständig fehlend, nur sehr vereinzelt vorkommend und dann mit Befruchtungsschlauch versehen. Oosporen centrisch gebaut.

2. *S. asterophora* DE BARY. Ausgezeichnet durch die morgensternartige Form der Oogonien, die durch sehr zahlreiche stumpf- oder spitzkegelige Aussackungen der Membran hervorgerufen wird. Tüpfel fehlen. Die centrisch gebauten Sporen sind zu 1—5, gewöhnlich zu 1—2 vorhanden. Antheridienbildung

ist Regel. Tödtet nach meinen Beobachtungen die Fischeier in den Handlungen oft massenhaft ab.

3. *S. monoica* DE BARY. Hauptfäden gerade, straff. Primäre Sporangien schlank, keulenförmig-cylindrisch. Androgyne Nebenäste mit Antheridien an keinem Oogon fehlend und fast immer in der Nähe des Oogons, an welches sie sich anlegen, entspringend, entweder von der gleichen Abstammungsaxe, welcher dieses angehört (dem Träger des Oogons) oder von einer nächst benachbarten.

Oogonien gewöhnlich auf dem Scheitel racemös geordneter, kurzer, d. h. dem Oogondurchmesser durchschnittlich etwa gleich langer, krummer oder gerader Seitenästchen der Hauptfäden, die ihrerseits selbst mit einem Oogon oder Zoosporangium, oder mit steriler Spitze endigen. Oogonium rund, stumpf, glatt, mit einigen mässig grossen Tüpfeln in der Membran. Oosporen zu 1 bis über 30, meist etwa 5 bis 10 in einem Oogon, centrisch gebaut. Antheridien krumm-keulenförmig, mit der concaven Seite dem Oogon angelegt. (Nach DE BARY).

S. dioica DE BARY. Dichte, aus dünneren, schlanken Hauptfäden bestehende Rasen. Primäre Zoosporangien lang und schlank, cylindrisch-keulenförmig, oft vielfach (6—8 mal) durch Durchwachsung erneuert, bei successiv abnehmender Länge der successiven Sporangien und dementsprechender Einschachtelung der späteren in die entleerten erstgebildeten.

Oogonien an den Hauptfäden terminal oder intercalar, einzeln oder zu mehreren reihenweise hintereinander — nicht auf racemösen Seitenästen — glatt, rund, oder birn-, keulen-, tonnenförmig. Membran derb, manchmal gelblich mit vereinzelten kleinen Tüpfeln oder ohne solche. Oosporen bis 20 und mehr, von centrischer Structur. Antheridien an keinem Oogon fehlend, meist an jedem sehr zahlreich, oft das ganze Oogon umhüllend, schief keulig oder cylindrisch, oft reihenweise hintereinander, normale Befruchtungsschläuche bildend; immer diclinen Ursprungs, d. h. von Nebenästen getragen, welche von dünnen, oogonfreien Hauptfäden entspringen, die zwischen den Oogontragenden emporwachsen, diese mit ihren antheridientragenden Aesten umspannen und in reichem Gewirre verbinden. Ein Oogon kann Antheridienäste von verschiedenen Stämmen erhalten und ein Stamm mehrere, auch verschiedenen Hauptfäden angehörige Oogonien mit Antheridienästen versorgen. Im Alter werden die Aeste, welche Antheridien tragen, oft blass, undeutlich, zerreissen leicht, so dass letztere isolirt dem Oogon aufzusitzen scheinen. Durch die hervorgehobenen Merkmale sehr ausgezeichnete Species (DE BARY).

Genus 3. *Dictyuchus* LEITGEB.

Die Schwärmsporen bleiben im Sporangium liegen, ohne den Ort ihrer Entstehung zu verändern und scheiden eine Cellulosemembran ab. Später schlüpfen sie aus derselben aus um zu schwärmen, und die entleerten Häute bleiben als zierliches Netz im Sporangium noch längere Zeit erhalten. Oogonien 1 bis mehrsporig, ohne Tüpfel.

D. monosporus LEITGEB. An faulenden untergetauchten Pflanzentheilen. Schläuche unter dem Endsporangium seitlich Sporangien bildend. Diclin. Die Oogonien tragenden Zweige von den Antheridien tragenden umwunden. Oogonien ca. 25 Mikrom. dick, mit nur einer Oospore.

Genus 4. *Leptomitus* AGARDH.

Das Hauptmerkmal dieses Genus liegt darin, dass die monopodial[1]) verzweigten vegetativen Schläuche durch Einschnürungen (Stricturen) gegliedert erscheinen (Fig. 62, II III) (was sonst nur noch bei der Gattung *Rhipidium* CORNU wiederkehrt). Jedes Glied führt ein bis mehrere kreisrunde und relativ grosse Cellulinkörner (Fig. 62, IV i. V—VI) und mehrere bis viele Kerne[2]). Die Schwärmsporangien entstehen terminal, entweder in Reihen und zwar in basipetaler Folge (in Fig. 62, II—IV durch die Buchstaben *a—d* angedeutet) oder einzeln an sympodial entstandenen Auszweigungen. Dabei entspricht jedes Sporangium einem Gliede. Ihre Form ist entweder cylindrisch bis schmal keulenförmig (Fig. 62, III IV), oder birnförmig, ellipsoidisch, eiförmig, citronenförmig. Schwärmer mit 2 Cilien ausgestattet, entweder sofort nach dem Austritt aus dem Sporangium wegschwärmend, oder sich wie bei *Achlya* vor der Mündung ansammelnd und erst häutend. Oosporangienfructification nicht beobachtet, bei einer von mir gefundenen Art durch grosse Gemmen ersetzt. Die Leptomiten haben wegen ihres bisweilen massenhaften Auftretens in Wasserläufen ein gewisses hygienisches Interesse. Ihre Zersetzungsprodukte sind aber noch unbekannt.

S. lacteus AG.[3]) (Fig. 62). Habituell sehr ähnlich gewissen grossen Wasserspaltpilzen (*Sphaerotilus natans* KTZG.), daher leicht mit diesen zu verwechseln; fluthende, schmutzig milchweisse, oft schafpelzähnliche Massen bildend, die kleine, verunreinigte Bäche und Flüsse, Fabrikabwässer etc. oft vollständig auskleiden, wie schon COHN[4]) in der Weistritz beobachtete. Auch an schwimmenden vegetabilischen und thierischen Körpern, z. B. Strohhalmen siedelt er sich an. Uebrigens fehlt er auch in manchen Wasserleitungen nicht. Ein Aufguss von Berliner Leitungswasser mit Mehlwürmern ergab mir in früheren Jahren ausnahmslos *Lept. lacteus*.

Characterisirt ist diese gemeine Art durch die gestreckten, in basipetaler Folge entstehenden Schwärmsporangien (Fig. 62, II—IV), deren Querdurchmesser den der Fäden nicht erheblich übertrifft, sowie durch die nach dem Ausschlüpfen sofort schwärmfähigen Zoosporen. Dauerzustände sind unbekannt.

L. pyriferus ZOPF[5]). Seltener als vorige Art, an gleichen Localitäten. Sporangienträger sympodial verzweigt. Sporangien stets nur endständig, meist birnförmig. Schwärmer nach *Achlya*-Art vor der Mündung sich ansammelnd und vor dem Schwärmen sich häutend. Dauerzustände in Form von mächtigen, dickwandigen und fettreichen Gemmen.

Familie 2. Ancylisteen PFITZER. ZOPF 1884. Ancylistesartige Oosporeen.[6])

Einer der Hauptcharactere dieser von den Gattungen *Ancylistes*, *Lagenidium* und *Myzocytium* gebildeten Familie liegt in dem Umstande begründet, dass mit

[1]) Dichotome Verzweigung, wie sie PRINGSHEIM angiebt, findet niemals statt.

[2]) Die Angabe DE BARY's l. c., dass die Schläuche einkernig seien, beruht auf Irrthum. In grossen Gliedern lassen sich nach Fixirung mit Picrinschwefelsäure und Färbung mit Haematoxylin 8—12 und mehr Kerne nachweisen; vergl. pag. 377.

[3]) PRINGSHEIM, Jahrbücher Bd. II: Nachträge z. Morphol. der Saprolegniaceen pag. 228.

[4]) Jahresber. d. schles. Gesellsch. f. vaterländ. Cultur 1852, pag. 60—62.

[5]) Zur Kenntniss der Infectionskrankheiten niederer Thiere und Pflanzen. Nov. act. Bd. 52 No. 7, pag. 50. Taf. 5.

[6]) Literatur: PFITZER, *Ancylistes Closterii*, ein Algenparasit aus der Ordnung der Phycomyceten. Monatsber. d. Berliner Akad. 1872. ZOPF, zur Kenntniss der Phycomyceten. I. Zur Morphologie und Biologie der Ancylisteen und Chytridiaceen, zugleich ein Beitrag zur Phyto-

dem Eintritt der Fructification die Existenz des vegetativen Organs als solchen gänzlich aufgehoben wird, indem der Mycelschlauch in allen seinen Theilen der Fructification, sei es der Sporangienerzeugung, sei es der Production von Oogonien und Antheridien dienen muss. In diesem Punkte liegt zugleich ein wichtiges Unterscheidungsmerkmal gegenüber den Saprolegnieen und Peronosporeen, denn in diesen Familien werden nur relativ kleine Abschnitte des Mycels zur Fructification verwandt, das Uebrige bleibt erhalten und kann sich sogar noch weiter entwickeln.

Ein zweites beachtenswerthes Merkmal liegt darin, dass das Mycel eine so geringe Ausbildung zeigt, dass es den Character eines Mycelsystems im gewöhnlichen Sinne nicht beanspruchen kann. Höchstens die geringe Länge der Wirthszelle erreichend, entwickelt der Schlauch meist nur kurze Seitenäste in Form von Aussackungen, und selbst diese können fehlen. Wir haben demnach ein reducirtes Mycelgebilde vor uns, das sich als parasitäres Organ den Raumverhältnissen der Nährzellen anpasst.

Ein drittes charakteristisches Moment spricht sich in dem Modus der Schwärmer-Bildung und Entleerung aus. Er weicht von dem der Saprolegnieen in gewissem Sinne ab, um mit dem der *Pythium*-artigen Peronosporeen in Uebereinstimmung zu treten. Es werden nämlich die Zoosporen erst ausserhalb des Sporangiums völlig ausgebildet: Die Sporangien treiben einen sogenannten Entleerungsschlauch durch die Membran der Wirthszelle ins Wasser hinein; seine Innenhaut stülpt sich an der Spitze aus und erweitert sich zu einer Blase, das Plasma des Sporangiums wandert in diese hinein und bildet sich hier zu mehreren bis vielen zweiciligen Schwärmern aus, welche nach dem Verquellen der Blase frei werden. (Bei *Ancylistes* ist Schwärmerbildung unbekannt).

Als ein weiterer wichtiger Umstand ist hervorzuheben, dass das Antheridium seinen Inhalt in das Oogon schon übertreten lässt, bevor der Inhalt des letzteren sich zur Eikugel zusammengeballt hat, ausserdem tritt der gesammte Antheridiuminhalt ins Oogon über. Auch in diesen beiden Punkten unterscheiden sich die Ancylisteen von den Saprolegniaceen und Peronosporeen. Während die Ancylisteen nach dem Gesagten ihren Anschluss nach oben hin an die Saprolegnieen und Peronosporeen zu suchen haben, dürften sie nach unten hin zu gewissen Chytridaceen (Olpidiumartige) vermitteln, da, wie ich für *Lagenidium* und *Myzocytium* nachwies, sehr einfache, reducirte Sporangien- und Sexual-Pflänzchen vorkommen, welche mit Olpidiumpflänzchen grosse Aehnlichkeit haben, ja im unreifen Zustande oft nicht von diesen zu unterscheiden sind.

Die Ancylisteen treten vorwiegend als Parasiten chlorophyllgrüner Algen (Zygnemeen, Desmidiaceen, Diatomeen, Cladophoreen, Oedogoniaceen), seltener in Thieren (Nematoden) auf und rufen oft weitgreifende Epidemieen hervor.

Genus 1. *Lagenidium* (Rabenhorst) Zopf.

Seine Vertreter entwickeln ein spärlich verzweigtes oder auch ganz einfaches Mycel und sind entweder gemischt fructificativ, d. h. sowohl Zoosporangien als Sexualorgane tragend, oder rein neutral (sporangienerzeugend) resp. rein sexuell,

---

pathologie. Nova Acta, Bd. 47, No. 4. Halle 1884, pag. 5—14 u. 211—214. — Derselbe, Ueber einen neuen parasitischen Phycomyceten aus der Abtheilung der Oosporeen (*Lagenidium Rabenhorstii*) Verhandl. des bot. Vereins d. Provinz Brandenburg 1878. — Derselbe, Ueber einige niedere Algenpilze (Phycomyceten) und eine neue Methode ihre Keime aus dem Wasser zu isoliren. Halle 1887. (*Lagenidium pygmaeum.*)

im letzteren Falle monoecisch oder dioecisch. Mitunter erscheinen die Pflänzchen nur einzellig, meistens aber mehrzellig. Sie schmarotzen in Conjugaten (Zygnemaceen, Desmidieen, Diatomeen), entweder deren vegetativen Zellen oder die Zygoten vernichtend.

Als bekanntester und genauer untersuchter Vertreter gilt

L. Rabenhorstii Zopf. Einer der häufigsten Feinde von *Spirogyra*-, *Mesocarpus*- und *Mougeotia*-Arten, deren vegetative, seltener fructificative Zellen er in meist epidemischer Ausdehnung befällt, die grünen Watten dieser Algen zum Ausbleichen bringend.

Um von der Schwärmspore auszugehen, die bohnenförmige Gestalt und 2 Cilien besitzt (Fig. 69, VII), so setzt sich dieselbe beispielsweise an die Wandung einer *Spirogyra*-Zelle an (Fig. 69, I *s*), rundet sich ab, umgiebt sich mit Haut und treibt nunmehr einen dünnen Keimschlauch in die Wirthszelle hinein, dessen Ende zur Keimblase aufschwillt, alles Plasma des Schwärmers in sich aufnehmend. Der ganze Apparat hat jetzt Hantel-Gestalt (Fig. 69, I). Sehr bald treibt die Keimblase nach einer oder auch nach zwei Seiten hin einen Mycelschlauch (Fig. 69, II *ab*), der entweder unverzweigt bleibt oder spärlich kurze Seitenzweige treibt. Er erreicht im günstigsten Falle die Länge der Wirthszelle. Seine parasitischen Eingriffe machen sich alsbald darin bemerkbar, dass die anfangs schön spiraligen Chlorophyllbänder (Fig. 69, I) sich zusammenziehen, Klumpen bilden (Fig. 69, II III), sich verfärben und schliesslich sammt den Stärkeheerden und dem Zellkern bis auf geringe Reste oder auch vollständig verschwinden. Hat der Mycelschlauch seine Ausbildung erreicht, so gliedert er sich durch Querwände je nach der Grösse in 2 bis mehrere Zellen (Fig. 69, III) und jede wird nun zu einem Sporangium. Sehr kleine Pflänzchen bleiben auch einzellig. Die Sporangien zeigen bald mehr cylindrische, bald spindelige, keulige oder bauchige Gestalt. Ihre Ausbildung hebt damit an, dass aus dem grobkörnigen Plasma Wasser ausgeschieden wird, das sich in grossen Tropfen im Innern ansammelt. Gleichzeitig erfolgt die Anlage eines etwa cylindrischen oder kegelförmigen Entleerungsschlauches, der auf die Wirthsmembran zu wächst und diese schliesslich durchbohrt. Sobald der Inhalt der Sporangien die für die Schwärmererzeugung nöthige Ausbildung erreicht hat, öffnet sich der ins Wasser ragende Entleerungsschlauch und seine zarte Innenhaut stülpt sich in Form eines Bruchsackes aus, während gleichzeitig das Sporangialplasma als continuirliche Masse in denselben einströmt (Fig. 69, IV *c*). Ist alles Plasma entleert, so geräth die Masse sofort in rotirende Bewegung, die mit jedem Augenblicke lebhafter wird. Nach wenigen Sekunden sondern sich aus der Masse einzelne Partieen heraus (Fig. 69, V), die ihrerseits in lebhafte Bewegung gerathen. Mit der allmählichen Erweiterung der Blase trennen sich die Partieen und erscheinen nun als rundliche, amoeboide Schwärmer, die mit 2 Cilien versehen sind und bohnenartige Gestalt zeigen (Fig. 69, VI VII). Endlich zerfliesst die Membran der Blase und die Schwärmer jagen hinweg. Sie dringen wiederum in Spirogyren-Zellen ein, um neue Sporangien-Pflänzchen zu erzeugen.

Nach mehr oder minder langer Cultur erhält man die geschlechtlichen Pflänzchen (Fig. 69, IX—XII). Ihr Entwickelungsgang entspricht zunächst genau dem der ungeschlechtlichen (neutralen). Nachdem der Mycelschlauch sich gegliedert hat, werden ein oder mehrere Glieder zu Sporangien, ein oder mehrere andere aber zu Sexualzellen (Fig. 69, IX X *sp*). Rein sexuell erscheinen gewöhnlich nur eingliedrige Schläuche, mitunter werden aber auch alle Glieder eines

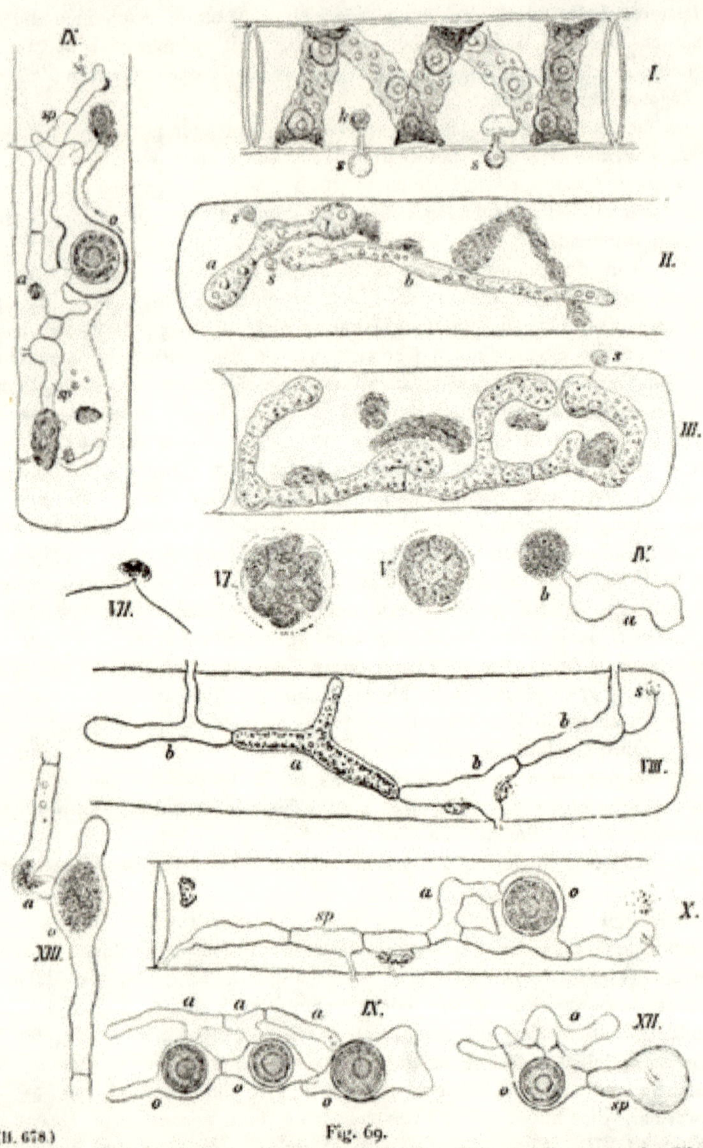

(II. 678.) Fig. 69.

Lagenidium Rabenhorstii ZOPF. I *Spirogyra*-Zelle, in welche zwei Zoosporen des Pilzes *ss* eingedrungen. Der Schwärmer links ist bereits entleert und hat die Keimblase *k* getrieben. Das Chlorophyllband ist noch spiralig; 540 fach. II *Spirogyra*-Zelle mit zwei jungen Mycelschläuchen des Pilzes; *s* Haut der entleerten Schwärmer. Die Chlorophyllbänder sind zu klumpigen Massen deformirt; 540 fach. III Ein etwas verzweigter, bereits durch Scheidewände gegliederter Mycelschlauch. Die Glieder werden später zu Sporangien; 540 fach. IV Eines dieser Glieder, welches seinen Inhalt bereits in die Schwärmerblase *b* entleert hat; 540 fach. V Dieselbe Schwärmerblase, der Inhalt bereits zerklüftet; 540 fach. VI Dieselbe; die einzelnen Zoosporen haben sich von einander getrennt und zwei Cilien erhalten; 540 fach. VII Einzelner Schwärmer. VIII Sporangienpflänzchen, die Sporangien *bbb* entleert, Sporangium *a* noch nicht entleert, aber bereits mit dem Perforationsschlauch versehen; 540 fach.

Schlauches sexuell. Am häufigsten zeigen sich die Geschlechtsorgane auf zwei Individuen vertheilt (Fig. 69, IX XI XII) *(Dioecismus)*, minder häufig sind die Pflänzchen monoecisch (Fig. 69, X).

Die Oogonien erscheinen mehr oder minder stark bauchig, bisweilen mit Aussackungen versehen (Fig. 69, IX—XII *o*). Ihre Lage ist entweder eine intercalare (Fig. 69, X *o*) oder eine terminale. Entstehen an demselben Schlauch 2 bis 4 Oogonien, so liegen diese unmittelbar nebeneinander (Fig. 69, XI). Die Antheridien entsprechen gewöhnlich nichtbauchigen Gliedern und treten bei den monoecischen Pflanzen als Seitenästchen oder als Glieder von solchen auf (Fig. 69, X *a*). Sie treiben eine Aussackung nach dem Oogon zu, die sich demselben dicht anschmiegt und einen feinen, kurzen Perforationsschlauch (Befruchtungsschlauch) in dasselbe hineinsendet, durch welchen das gesammte Antherdialplasma übertritt und zwar noch vor der Bildung der Eikugel (Fig. 69, XIII *a*). In Fällen wo Dioecie zustande kommt, ist das antheridiale Individuum oft nur einzellig (Fig. 69, XII *a*), das weibliche 2 — mehrzellig. Seltener findet der umgekehrte Fall statt. Die kugelige Oospore, die eine glatte, farblose, dicke Membran und reichen Fettgehalt besitzt, ist noch nicht zur Keimung gebracht worden.

Familie 3. Peronosporeen.

Sie sind im Gegensatz zu den Saprolegniaceen und Ancylisteen fast sämmtlich dem Luftleben angepasst. Die grosse Mehrzahl führt in der Natur streng parasitische Lebensweise, indem sie das saftige Parenchym chlorophyllgrüner angiospermer Phanerogamen, vorzugsweise der Dicotylen, durchwuchern, minder häufig Gefässkryptogamen (Vorkeime der Equiseten und Farne) befallen. Einige *Pythium*-Arten leben als Saprophyten.

Die Spore der Pflanzenparasiten treibt einen weitlumigen Keimschlauch, der entweder durch den Spalt der *Stomata* oder quer durch die Membran der Epidermis, oder aber auf der Grenze zweier Epidermiszellen in das Parenchym eindringt, wo er, meist in den Intercellularräumen hinkriechend (Fig. 4, I—IV) zum Mycel heranwächst. Die unregelmässige Verzweigung der relativ weitlumigen, scheidewandlosen Hyphen entspricht dem Verlauf des Systems der Intercellulargänge des Wirthes, und da dieselben unter sich in freier Communication stehen, so treffen auch die Mycelzweige häufig aufeinander, ein Umstand der zur Anastomosenbildung führt. Eine Ausnahme von der Regel des intercellularen Verlaufs machen eigenthümliche Seitenästchen, welche als Haustorien dienen. (Vergl. pag. 279). Sie entspringen an zahlreichen beliebigen Punkten der Mycelfäden, dringen nach Durchbohrung der Membran in die Wirthszellen ein und entnehmen ihre Nahrung aus derselben. Sie treten in verschiedenen Formen und Dimensionen auf. Bald sind es winzige, durch einen feinen Isthmus mit dem Mycel verbundene Bläschen (Fig. 4, IV), bald dicke, kaum verzweigte plumpe Keulen, bald schlanke, vielfach gekrümmte und reich verzweigte Aeste (Fig. 4, I). Bei den Pythien scheint Haustorienbildung gänzlich zu fehlen.

IX Diöcische Pflänzchen; *o* weibliches, einzelliges Pflänzchen mit Oogon und Oospore. *a* männliches Pflänzchen aus 5 Zellen bestehend, *sp* entleerte Sporangien, *a* Antheridiumzelle; 720fach. X Monöcisches Pflänzchen, *o* Oogon, *a* Antheridium, *sp* Sporangien; 720fach. XI (irthümlich als IX bezeichnet) Diöcische Pflänzchen, *aaa* Antheridien, *ooo* Oogonien, 540fach. XII Diöcische Pflänzchen, *a* Antheridium, *o* Oogonium mit reifer Oospore, *sp* Sporangium 720fach. XIII Oogon *o* und Antheridium *a*; aus dem letzteren tritt der Inhalt eben in das Oogon, dessen Inhalt noch nicht zur Keimkugel zusammengeballt ist. 720fach. Alles nach der Natur.

Von den Mycelfäden aus werden schiesslich Seitenzweige durch den Spalt der *Stomata* oder direct durch die Epidermis hindurchgetrieben, oder endlich unter der Epidermis gebildet, welche den Charakter von Conidienträgern resp. Sporangienträgern annehmen. Meist werden diese Fructificationen so massenhaft erzeugt, dass sie schimmelartige Ueberzüge oder dichte Lager bilden, hierdurch an die Mehlthauartigen Pilze erinnernd.

Die Conidienträger stellen entweder unverzweigte stumpfe Keulen (*Cystopus*, Fig. 70, *B*) oder monopodiale Verzweigungssysteme (*Peronospora*, Fig. 44, I) dar, oder sie sind nach dem sympodialen Typus verzweigt (*Phytophthora*). An Trägern erster Art werden die Conidien in Reihen und zwar in basipetaler Folge abgeschnürt (Fig. 70, *B*), in den beiden letzteren Fällen entstehen sie einzeln an den feinen Enden der Aeste und fallen leicht ab. In Wasser (Thau-, Regentropfen) bilden sich die Conidien von *Cystopus*, *Plasmopara*, *Phytophthora* zu Zoosporangien mit wenigen bis vielen zweiciligen Schwärmern aus (Fig. 72, *D*). Die Schwärmsporangien von *Pythium* treiben ähnlich wie bei den Ancylisteen eine Ausstülpung der Innenhaut (Schwärmblase), in welche das Plasma einwandert, um sich alsbald zu Zoosporen auszubilden.

Wie bei den Saprolegniaceen und Ancylisteen, so entstehen auch bei Peronosporeen die Oogonien als stark bauchige Anschwellungen von Mycelenden oder intercalaren Myceltheilen. An dieselben legen sich 1 bis 2 Antheridien an. Diese sowie das Oogon differenziren nach DE BARY ihren plasmatischen Inhalt in einen centralen Theil (Gonoplasma) und einen peripherischen (Periplasma). Das Gonoplasma des Oogons formt sich der Regel nach zu einem einzigen Ei, das Gonoplasma des Antheridiums tritt ganz oder theilweis durch den Befruchtungsschlauch zum Ei über und befruchtet dasselbe, worauf es sich mit derber Haut umgiebt und zur Oospore wird. Am genauesten ist der Befruchtungsvorgang (Uebertritt des Plasmas) von DE BARY an den Pythien studirt (s. *Pythium gracile*, Fig. 44, II—VI und Erklärung). Das Periplasma des Oogons dient zur Auflagerung auf die Oosporenmembran, die dadurch nach Gattungen und Species verschiedene, oft höchst zierliche Sculptur erhält (Fig. 44, IX XII). Die durch Auflagerung entstandenen Verdickungen nehmen gelbe bis braune Färbungen an. An der Oogonienwand vermisst man meist Tüpfelbildungen, doch kommen solche nach meinen Beobachtungen bei *Cystopus candidus* vor, und zwar in der Einzahl, und der Befruchtungsschlauch dringt durch diesen Tüpfel ein (Fig. 44, IX—XI *b*). Bei *Peronospora calotheca* unterbleibt bisweilen die Bildung eines Befruchtungsschlauches, ja es wird in seltenen Fällen im Antheridium eine kleine Oospore erzeugt (Fig. 44, XII *s*).

Wenn im Herbst oder früher die Nährpflanze abstirbt und verwest, werden die Oosporangien resp. Oosporen frei, gelangen durch Regen, Schnee etc. in den Boden und bleiben dort bis zum Frühjahr. Dann keimen sie aus, entweder in der Weise, dass sie Schwärmsporen bilden (Fig. 71 *D*), oder indem sie Keimschläuche treiben. Doch sind die Keimungsverhältnisse bei den meisten Vertretern noch nicht studirt worden.

Ist die Nährpflanze perennirend, so vermag das Mycel sich in den überwinternden Organen lebenskräftig zu erhalten; es wächst dann im Frühjahr mit den jungen Trieben wieder aus. (*Peronospora Ficariae* TUL., *P. Rumicis* CORDA, *Phytophthora infestans*).

Die Peronosporeen spielen im Haushalt der Natur eine bedeutsame Rolle. Sie vernichten oder schädigen alljährlich Unsummen lebender Pflanzen und kommen, da sie namentlich auch Culturgewächse vielfach in epidemischer Weise heimsuchen, selbst mit den menschlichen Interessen vielfach in Collision, wie namentlich die Verheerungen, welche die »Kartoffelkrankheit« und der falsche Mehlthau der Reben *(Plasmopara viticola)* anrichtete, genugsam beweisen.

Entwickelungsgang, Befruchtungsweise und parasitisches Verhalten sind namentlich durch DE BARY eingehend studirt worden[1]).

Gattung 1. *Pythium* PRINGSHEIM.

Die ungeschlechtliche Fructification erfolgt hier in meist terminalen, rundlichen oder schlauchartig gestreckten Zoosporangien (seltener in Conidien oder Gemmen, die dann direkt einen Keimschlauch treiben können). Doch gelangen abweichend von den folgenden Gattungen, die Zoosporen nicht in dem Sporangium selbst zur Ausbildung, sondern wie bei den Ancylisteen vor der Mündung desselben in einer sogenannten Schwärmblase, in die das Sporangienplasma einwandert. Bisweilen werden die Sporangien, wie bei *Saprolegnia*, durchwachsen. Jedes Oogon ist mit einem bis zwei Antheridien versehen, welche ihr Gonoplasma zur Eizelle durch den Befruchtungsschlauch übertreten lassen. Wie WAHRLICH (l. c.) neuerdings zeigte, fehlt bei einer Pythiumart die Differenzirung des Oogoniuminhalts in Periplasma und Eiplasma bisweilen; das Ei würde hier also mehr nach Saprolegniaceenart entstehen.

Die Pythien bewohnen meist das Gewebe todter Pflanzen und Insecten, seltener lebende Pflanzen (Farnprothallien, Keimpflanzen von Dicotylen), bilden aber keine Haustorien wie die übrigen Peronosporeen. Um in Sporangien zu fructificiren, müssen sie reichlich Feuchtigkeit haben, resp. ins Wasser hineinwachsen können.

P. De Baryanum HESSE. Befällt nach HESSE und DE BARY Vorkeime von Schachtelhalmen und Farnen, Keimlinge von *Zea Mays, Panicum miliaceum, Spergula arvensis, Trifolium repens, Tr. hybridum, Camelina sativa, Lepidium sativum, Capsella Bursa pastoris,* Knollen der Kartoffel etc. (im letzteren Falle als *P. Equiseti* SADEBECK, beschrieben). Ohne Zweifel ist die DE BARY'sche Annahme richtig, dass seine Keime überall in Gartenerde vorkommen, denn wenn man schnell keimende Samen, wie die von *Lepidium,* in Gartenerde säet, so wird man immer eine gewisse Anzahl kranker, bald umfallender Keimlinge erhalten, die von dem Pilze ergriffen sind. Bringt man solche Keimpflänzchen in Wasser oder feuchte Luft, so wächst alsbald das Mycel aus ihnen hervor und producirt nament-

---

[1]) Literatur: DE BARY, Recherches sur le developpement de quelques Champignons parasites. Ann. sc. nat. 4. Sér. Tom. XX. — Beitr. z. Morphol. u. Physiologie d. Pilze II. das. IV. Unters. über d. Peronosporeen u. Saprolegnieen etc. — Zur Kenntniss der Peronosporeen. Bot. Zeitung. 1881. — PRINGSHEIM, Jahrb. f. wiss. Bot. I. (Pythium). — M. CORNU, Monographie des Saprolegniées. Ann. sc. nat. 5. Ser. Tom. XV. (1872). — Observations sur le Phylloxera et les parasitaires de la vigne. Etude sur les Peronosporées I Le meunier, maladie des laitues. Paris 1881 (Acad.). — II Le Peronospore des vignes. Paris 1882 (Acad.). — SCHROTER, Peronospora obducens. Hedwigia 1877. pag. 129. — Protomyces graminicola. Hedwigia 1879. pag. 83. — FARLOW, On the American Grap-Vine Mildew. Bullet. of the Bussey Institution, 1876, pag. 415. — A. MILLARDET, LE MILDIOU. Paris, G. MASSON, 1882, u. Journ. d'Agricult. pratique 1881 T. I. No. 6 u. 1882 T. II. No. 27. — A. ZALEWSKI, Zur Kenntniss der Gattung Cystopus. Bot. Centrblt. 1883. No. 33. — SADEBECK, R., Untersuchungen über Pythium Equiseti. Beitr. z. Biol. Bd. I. (1875). — HESSE, R. Pythium De Baryanum, ein endophytischer Schmarotzer. Halle 1874 (Dissert). — KNY, L., Entwickelung von *Peronospora nivea.* Text zu den Wandtafeln. Abtheilung III.

lich reichlich Oogonien. Letztere entstehen meist als kugelige Endanschwellungen der Fäden. Erst nachdem sie sich durch eine Querwand gegen den Tragfaden abgegrenzt, entsteht neben ihnen ein Antheridium, entweder als Endzelle eines dicht unter dem Oogon oder wenigstens in dessen Nähe befindlichen Seitenästchens, oder intercalar, dicht unter dem Oogon, indem das das Oogon tragende Fadenstück sich durch eine Querwand abgrenzt. Im letzteren Falle treibt es seinen Befruchtungsschlauch durch die Querwand des Oogons und letzteres sitzt ihm dann wie eine Kugel auf. Die Wand des Oogons erlangt schliesslich derbe Beschaffenheit, ziemliche Dicke. Es misst etwa 21—24 Mikr., die Oospore 15—18 Mikrom. im Durchmesser. DE BARY sah Letztere immer nur mit Schlauchkeimung.

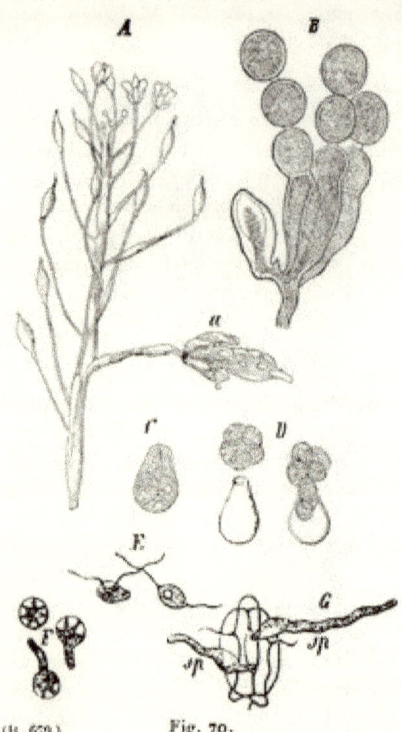

(B. 679.) Fig. 70.

Cystopus candidus LEV. *A* Ein befallener Blüthenstand von *Capsella Bursa pastoris*. Stengel und Blüthenstiele mit den weissen Flecken der Conidienlager; *a* eine durch den Pilz in allen Theilen stark vergrösserte und verunstaltete Blüthe, welche auf den Kelch- und Blumenblättern und dem Stengel ebenfalls weisse Conidienlager zeigt. *B* Ein Büschel Conidienträger von einem Mycelaste entspringend mit reihenformig abgeschnürten Conidien. *C* Eine Conidie keimend, wobei der Inhalt in mehrere Schwärmsporen zerfällt. *D* Austritt der Schwärmsporen. *E* Entwickelte und schwärmende Schwärmspore. *F* Zur Ruhe gekommene Sporen, theilweis mit Keimschlauch keimend. *G* Keimende Sporen *sp* auf der Epidermis in eine Spaltoffnung eindringend. Aus FRANK's Lehrbuch *B*—*G*. 400fach vergrössert, nach DE BARY.

Ausser den Geschlechtsorganen producirt das Mycel auch noch Zoosporangien und Gemmen. Beide entstehen am Ende oder im Verlauf der Aeste, nehmen kugelige oder ellipsoidische Gestalt an und grenzen sich auch durch Querwände gegen ihre Schläuche ab. Die Zoosporangien sind leicht an der seitlichen, schnabelartigen Ausstülpung kenntlich, welche vergallertet und am Ende eine zarte Schwärmblase bildet, in welche das Plasma des Sporangiums eintritt und sich in Zoosporen zerklüftet. Den Gemmen fehlt die Schnabelbildung. Sie werden, wenn im Alter die Mycelschläuche sich auflösen, frei und können Kälte und Eintrocknung längere Zeit ertragen, verhalten sich also als Dauerzustände, welche unter geeigneten Bedingungen zu Schläuchen auskeimen.

Gattung 2. *Cystopus* LÉVEILLÉ.

Ihr Hauptcharacteristicum liegt in der Beschaffenheit der Conidienfructification. Die Conidienträger entstehen als einfache, keulige Enden büschelig verzweigter Mycelä ste unmittelbar unter der Epidermis und bilden in dichter palissadenartiger Anordnung förmliche Lager. Am Ende der Träger werden die Conidien in basipetaler Folge abgeschnürt (Fig. 19, I und Fig. 70, *B*) mit sogenannter Zwischenstückbildung. Solange die Conidienlager noch unter der Epidermis liegen, bilden sie Flecken von glänzend-milchweissem, firnissartigem Ansehen, später, wenn durch den Druck der Conidienmassen die Epidermis gesprengt ist, erscheinen sie mehr pulverig. Durch Luftströmungen, Regen oder Thiere auf andere Nährindividuen übertragen, keimen sie daselbst in Thau- oder Regentropfen zu Zoosporangien aus, indem ihr Inhalt sich in wenige (3—6) zweicilige Zoosporen zerklüftet, welche nach kurzer Schwarmzeit zur Ruhe gelangt eine Haut abscheiden und einen Keimschlauch treiben, der stets durch den Spalt der Schliesszellen seinen Weg ins Parenchym nimmt. (Ausnahmsweise können die Conidien auch mit einem Schlauche auskeimen).

An den überwinterten Oosporen erfolgt die Keimung im Frühjahr im feuchten Boden in der Weise, dass das Endospor aus dem zerreissenden, braunen Epispor bruchsackartig heraustritt (Fig. 71, *D*) und sein Inhalt in zahlreiche Schwärmer zerfällt, die dieselben Eigenschaften besitzen, wie die aus den Conidien hervorgegangenen. Wahrscheinlich können die Oosporen auch direct Mycelien treiben. An den Mycelfäden sind winzige bläschenförmige Haustorien entwickelt.

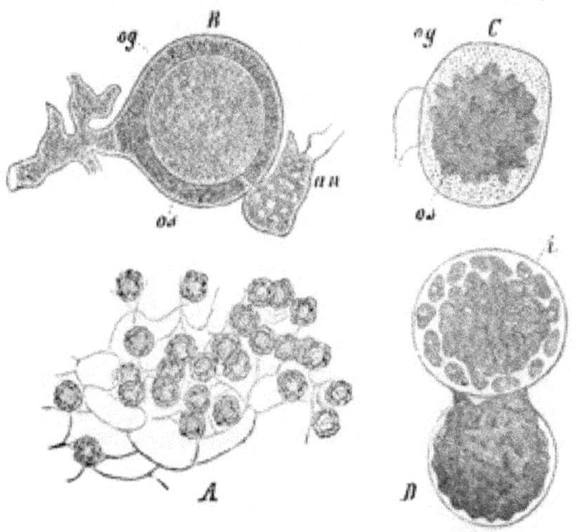

Fig. 71. (B. 680.)

Oosporen des *Cystopus candidus* LÉV. *A* Durchschnitt durch das Gewebe einer durch den Pilz verunstalteten und vergrösserten Blüthe (Fig. 70, *A*); man sieht zahlreiche gelbbraune Oosporen in dem Gewebe zerstreut, 100 fach vergr. *B* Die Geschlechtsorgane, die der Bildung der Oosporen vorausgehen. An einem Mycelaste steht als kugelige Anschwellung das Oogonium *og* mit der Befruchtungskugel oder der jungen Oospore *os*. Das Antheridium *an*, als Endanschwellung eines benachbarten Mycelfadens legt sich dem Oogonium an und treibt durch dessen Membran einen Befruchtungsschlauch nach der Befruchtungskugel. Diese bildet sich in Folge dessen aus zu der in *C* dargestellten reifen Oospore *os*, die in der jetzt noch deutlichen, später mehr zusammenfallende Oogoniumhaut *og* eingeschlossen ist. Der Rest des Antheridiums an der Seite. *D* keimende Oospore; der Inhalt tritt in einer Blase eingeschlossen hervor und ist bereits in zahlreiche Schwärmsporen zerfallen. Aus FRANK's Lehrbuch. *B—D* ungefähr 400 fach vergrössert, nach DE BARY.

C. candidus LÉV., die gemeinste aller Peronosporeen, ruft an den grünen Organen vieler Cruciferen eine Krankheit hervor, die unter dem Namen »weisser Blasenrost« allgemein bekannt ist. *Capsella Bursa pastoris* dürfte am meisten von diesem Schmarotzer geplagt werden. Auffällige Deformation an Stengeln, Blättern, Blüthenständen hervorrufend, verhindert er häufig die Fructification dieser Pflanze. Von Culturgewächsen sind es u. A. die Gartenkresse (*Lepidium sativum*), der Leindotter (*Camelina sativa*), der Meerrettig (*Cochlearia Armoracia*), der Raps (*Brassica oleracea*) und Rettig (*Raphanus sativus*), welche von diesem Feinde mehr oder minder stark befallen werden. Derselbe vermag nur in die Cotyledonen oder junge Knospen, nicht in ältere Theile einzudringen. Oogonien wurden in den Blüthentheilen von *Raphanus Raphanistrum* stets, in *Capsella* niemals gefunden. Dieselben sind derbwandig, an der Eindringstelle des Befruchtungsschlauches mit einem Tüpfel versehen und bilden eine grosse, braune, mit stumpfen Hökern oder Wülsten versehene Oospore (Fig. 44, IX), mit welcher der meist kräftige und nach der Spitze zu sich verbreiternde Befruchtungsschlauch verwächst (Fig. 44, IX—XI *b*).

Auf verschiedenen Compositen (*Scorzonera, Tragopogon, Filago, Gnaphalium, Artemisia, Pyrethrum, Centaurea* etc.) siedelt sich *C. cubicus*, LEV., auf Cirsium-Arten *C. spinulosus*, DE BARY, auf *Portulaca C. Portulacae* (DC), auf *Amarantus C. Bliti*, LEV., an.

Genus 3. *Phytophthora* DE BARY.

Einer der Hauptcharaktere gegenüber *Cystopus* und *Peronospora* liegt in der sympodialen Ausbildung der Fruchtträger, welche zumeist nach dem Schema der Wickel (Fig. 25, IX) erfolgt. Am üppigsten werden die Fruchtträger nach DE BARY unter Wasser. Die citronenförmigen Conidien bilden sich in diesem Medium zu Zoosporangien aus. Oogonien und Antheridienbildung im Wesentlichen wie bei *Peronospora*. Aus dem Antheridium tritt nur ein ganz kleiner Theil des Gonoplasma ins Oogon über. Haustorienbildung fehlt oder ist in eben so ausgesprochener Form vorhanden, wie bei den übrigen Peronosporeen.

1. *Ph. omnivora* DE BARY[1]) (= *Peron. Cactorum* LEB. u. COHN, *P. Sempervivi* SCHENK, *P. Fagi* R. HARTIG) parasitirt in den verschiedensten Dicotylen, z. B. auf Buchen, deren Keimpflanzen sie stark schädigen kann, auf Cacteen wie *Cereus, Melocactus, Semperviven*, auf *Clarkia elegans, Alonsoa caulialata, Schizanthus pinnatus, Cleome violacea, Gilia capitata, Fagopyrum marginatum* und *tartaricum, Lepidium sativum, Oenothera biennis, Epilobium roseum*, aber nicht auf Solanaceen, wie *Solanum tuberosum, Lycopersicum esculentum*. Wirft man in Wasser, welches Zoosporen des Pilzes enthält, Fliegen, so geht er auch auf diese über. Die Mycelschläuche durchziehen das Parenchym der Laubblätter und der Rinde des Stengels, theils intercalar verlaufend und kleine, etwa *Cystopus*-ähnliche Haustorien in die Zellen sendend, theils durch die Letzteren durchwachsend. Schliesslich treiben sie Seitenzweige durch die *Stomata* oder auch direkt durch die Epidermiszellen hindurch, welche zu Conidienträgern werden und unter Wasser sich üppiger als in Luft, oft bis 1—2 Millim. Länge entwickeln. Conidien grösser, als bei *Ph. infestans*, gewöhnlich 50—60, mitunter bis 80 Mikrom. lang, 35—40 Mikrom. breit, auch mehr Schwärmsporen (etwa 20—50) erzeugend. In den meisten der genannten Pflanzen bildet der Pilz reichlich Oogonien mit Antheridien, an *Cleome, Alonsoa, Schizanthus, Fagopyrum* fand DE BARY immer nur Conidienfructification.

Ph. infestans (CASPARY) ist, wie DE BARY darlegte, die Ursache der gefürchteten, in den letzten 5 Jahrzehnten so vielfache Verheerungen anrichtenden Kartoffelkrankheit. Ihre Symptome bestehen zunächst in Bildung brauner Flecke auf den grünen Blättern und Stengeln, die mehr und mehr um sich greifen, bis die oberirdischen Theile absterben. Auch auf die Knollen geht die Krankheit über, sich ebenfalls in mehr und mehr um sich greifender Bildung von bräunlichen Flecken äussernd. Gewöhnlich wirken bei reichem Zutritt von Feuchtigkeit Spaltpilze zur weiteren Zerstörung mit, die dann unter der Form der Fäulniss (Nassfäule) schnell verläuft, während die *Phytophthora* für sich mehr einen langsam vorschreitenden Vermoderungsprocess hervorruft (Trockenfäule), der sich

[1]) Zur Kenntniss der Peronosporeen. Bot. Zeit. 1881. — R. HARTIG, Der Buchenkeimlingspilz Unters. aus d. forstbotan. Institut München I. pag. 33—56.

an den Aufbewahrungsorten (Kellern, Miethen) von Knolle zu Knolle weiter verbreiten kann. Gewöhnlich schafft die *Phytophthora*-Vegetation auch noch anderen Schimmelpilzen einen geeigneten Boden, die dann das von jenem Schmarotzer begonnene Zerstörungswerk mit fortsetzen helfen.

Untersucht man befallene Blätter oder Knollen, so findet man

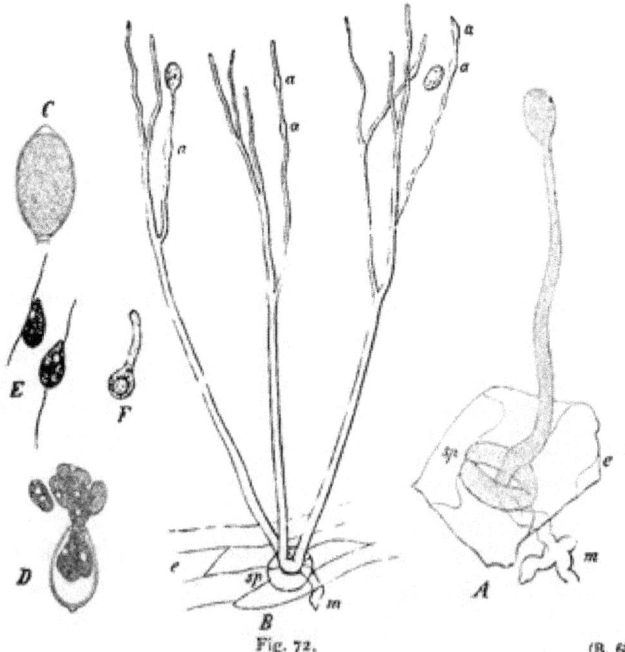

Fig. 72. (B. 681.)

Phytophthora infestans DE BARY. Pilz der Kartoffelkrankheit, auf den Blättern der Kartoffel. *A* Stück der abgezogenen Epidermis der Blattunterseite. Aus der Spaltöffnung *sp* ist als unmittelbare Fortsetzung des im Innern des Blattes befindlichen Myceliumschlauches *m* ein junger Conidienträger aufgewachsen, der noch unverzweigt ist und auf seiner Spitze die erste Conidie zu bilden beginnt, indem er eine Anschwellung bekommt. Vergr. 200fach. *B* Ein ebensolches Epidermisstück *e* mit vollständig entwickelten Conidienträgern, die aus der Spaltöffnung *sp* hervorgewachsen sind; *m* Mycelfaden; *a* angeschwollene Stellen der Aeste, welche die Orte früherer Sporenbildung anzeigen; 120fach. *C* Reife Conidie, an der Spitze mit der Papille, am Grunde mit dem Stielchen, 500fach. *D* Eine Conidie, in der Form des Sporangiums keimend, die jungen Schwärmsporen ausschlüpfend, 400fach. *E* Zwei entwickelte Schwärmsporen, 400fach. *F* Eine Schwärmspore, die nach Umhüllung mit Haut einen Keimschlauch treibt, 400fach. Aus FRANK's Lehrbuch.

das Mycel stets intercellular verlaufend und nach R. WOLFF in den grünen Theilen selten, in den Knollen häufiger kleine zapfenartige Haustorien in das Innere der Zellen treibend. Die Wirkung des Mycels auf die Zellen macht sich alsbald durch eine Bräunung von deren Wänden bemerkbar, sowie in einem körnigen, bräunlichen Niederschlag in deren Inhalt. Zum Zweck der Fructification sendet das Mycel durch die Spalte der Schliesszellen an der Unterseite der Blätter Fruchtträger von dem die Gattung charakterisirenden sympodialen Aufbau. An der Spitze der Achsen entstehen citronenförmige Conidien (Fig. 72, *C*), welche leicht abfallen und in Regen- oder Thautropfen Schwärmsporen (im Vergleich zur vorigen Art in geringer Zahl) erzeugen (Fig. 72, *D E*). Auch aus dem Gewebe feuchtgehaltener Kartoffeln brechen solche Conidienträger reichlich hervor (Fig. 73, *f*), wie an der Unterseite der Blätter so auch hier grauweisse Ueberzüge bildend. In feuchter Luft können die Conidien auch einen Keimschlauch treiben, der an seiner Spitze eine secundäre Conidie producirt, die sich wie oben verhalten kann. Da bei Regen die Auskeimung der Conidien zu Zoosporen sehr reichlich eintritt, und diese Zellchen die weitere Infection besorgen, so ist erklärlich, dass sich bei Regenwetter die Krankheit leicht von einem Theile derselben Pflanze auf andere und von einem Individuum auf dicht benachbarte weiter verbreitet. Zu den Knollen gelangt der Pilz nur durch die auf den Boden fallenden oder vom Regen herabgespülten Conidien resp. Zoosporen, nicht etwa dadurch, dass das Mycel vom Stengel aus in die Knollen hineinwächst. Das Eindringen in Stengel und Blätter erfolgt in der Weise, dass die Zoospore, nachdem sie eine Haut abgeschieden, einen kleinen Mycelschlauch mitten durch die Epidermiszellen hindurch treibt, der sich dann in den Intercellularräumen zum Mycel weiter entwickelt. Um in das Gewebe der Knolle zu gelangen, bahnt sich der junge Keimschlauch einen Weg zwischen den Korkzellen des Periderms. Die Eindringstellen namentlich an grünen Theilen machen sich bald durch Bräunung der Wirthszellen kenntlich.

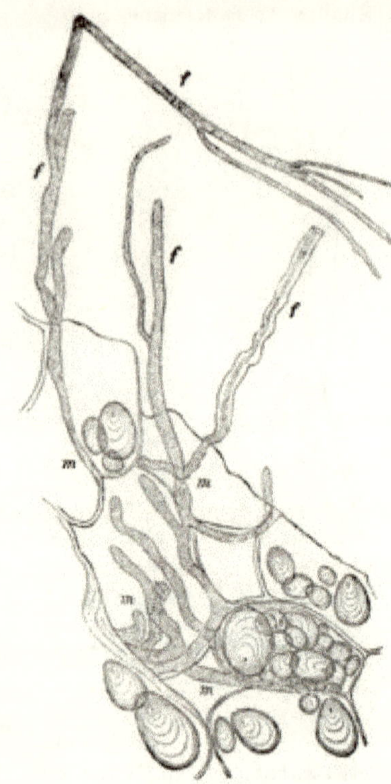

(B. 682.) Fig. 73.
Phytophthora infestans DE BARY. Stück eines Schnittes durch eine kranke Knolle; *f* Conidienträger (z. Th. abgeschnitten) als Fortsetzungen der Mycelschläuche *m* kenntlich, die man zwischen den mit Stärkekörnern erfüllten Zellen bemerkt, ca. 150fach. Aus FRANK's Lehrbuch.

Oogonienbildung, wie sie für *Ph. omnivora* bekannt ist, hat man, trotz aller Bemühung von den verschiedensten Seiten, nicht auffinden können, und es ist grosse Wahrscheinlichkeit vorhanden, dass der Pilz solche zu erzeugen verlernt hat, da er Gelegenheit hat, in anderer Form, nämlich als Mycel in der Kartoffel, zu überwintern. Wahrscheinlich wird er auf die Aecker durch die bereits kranken Saatknollen gebracht und es ist daher für den Landwirth von grosser Wichtigkeit, möglichst nur ganz gesundes Saatgut zu verwenden. (Ueber sonstige rein practische Seiten der Frage vergleiche man die pflanzenpathologischen Lehrbücher).

Gattung 4. *Peronospora* CORDA.

Ausgestattet mit im Allgemeinen kräftig entwickelten, entweder einfachen oder verzweigten Haustorien, bilden die Vertreter dieser Gattung monopodial verzweigte Conidienträger, welche an der Unterseite der Blätter hervortreten. Die Keimung der Conidien erfolgt bei den verschiedenen Repräsentanten in verschiedener Weise. Gewisse Arten (*Peronospora viticola*, *P. entospora*) bilden, ähnlich wie *Phytophthora*, ihre Conidien zu Sporangien aus (*Zoosporiparae* DE BARY). Bei anderen, wie *P. pygmaea* und *densa*, entlässt die Conidie ihr gesammtes Plasma, worauf dasselbe sich mit Membran umhüllt und die so entstandene Zelle einen Keimschlauch treibt (*Plasmoparae* DE BARY). Eine dritte Gruppe, die meisten Arten umfassend, lässt ihre Conidie direct mit Keimschlauch auskeimen. Die Oosporen sind glatt oder mit Warzen resp. netzartig verbundenen Leisten besetzt. Ihre Keimung ist nur für *P. Valerianellae* bekannt, wo sie als Schlauchkeimung auftritt. Die *Peronospora*-Arten bewohnen meist ganz bestimmte Familien. So lebt *P. parasitica* nur in Cruciferen, *P. calotheca* DE BARY nur in Rubiaceen, *P. Alsinearum* CASPARY nur in Stellariaceen, *P. Ficariae* TULASNE nur in Ranunculaceen, *P. Trifoliorum* DE BARY nur in Papilionaceen, *P. grisea* UNGER nur in *Veronica*-Arten, *P. Lamii* BR. nur in Labiaten, *P. effusa* nur in Chenopodiaceen, *P. Rumicis* nur in Polygonaceen, u. s. w. Die geschlechtliche Fructification gewisser Arten kömmt nicht auf allen Nährpflanzen vor, wo Conidienbildung eintritt. So bringt *P. calotheca*, wenn sie auf *Galium Mollugo* lebt, niemals Oogonien hervor, während solche auf *Galium Aparine* und *Asperula odorata* stets reichlich zu finden sind. Aehnlich verhält sich *P. gangliformis* die auf *Lactuca*, *Sonchus*, *Lampsana*, *Cirsium* nur Conidien, nicht Oogonien, auf *Senecio vulgaris* beiderlei Organe erzeugt.

1. *P. viticola* DE BARY. »Falscher Mehlthau der Reben«. Von Amerika eingewandert hat sich dieser Pilz in den Weinbergen Europas und Nordafrikas, namentlich in Frankreich, weit verbreitet und der Weinkultur bereits erheblichen Schaden zugefügt. Sein erstes Auftreten macht sich in Bildung weisslicher Schimmelflecke auf der Unterseite des Laubes in der Nähe der Nerven kenntlich, während die entsprechenden Stellen der Oberseite gelbe bis rothe Färbung annehmen. Die kranken Blätter kräuseln sich, vertrocknen und fallen schliesslich ab. Dadurch gehen grosse Assimilationsflächen verloren, infolgedessen die Trauben ungenügende Nahrungszufuhr erhalten und daher zu geringer Entwickelung und zur Nothreife kommen. Uebrigens können auch die Blüthentheile, Blüthenstiele und jungen Sprosse von dem Parasiten befallen werden. Derselbe dringt mit kleinen blasenförmigen Haustorien in die Wirthszelle ein und treibt durch die Stomata hindurch stattliche, meist reich verzweigte Conidienträger in Form kleiner Büschel, die bis ½ Millim. Höhe erreichen. In Wasser gelangt produciren die eiförmigen Conidien etwa 6—8 Schwärmsporen. Ausserdem werden Oogonien (mit Antheridien) erzeugt, in denen mit warziger oder netzförmiger Sculptur versehene Oosporen entstehen. Die Krankheit wird durch trocknes Wetter gehemmt resp. unterdrückt, durch feuchtes begünstigt. Eine Ueberwinterung des Mycels in der Pflanze findet nicht statt.

2. *P. parasitica* (PERSOON). In den meisten Cruciferen, wildwachsenden wie gebauten schmarotzend, oft in Gesellschaft mit *Cystopus candidus*, und die befallenen Stengel-, Blatt- oder Blüthentheile meist mehr oder minder stark deformirend. Das Mycel ist ausgezeichnet durch grosse plump-keulige einfache oder spärlich verzweigte Haustorien. Die Conidienträger (Fig. 44, I und Fig. 56) sind wiederholt verzweigt, ihre Aeste sparrig und an den pfriemlichen Enden hakenförmig gekrümmt. Sie schnüren breit-ellipsoidische Conidien ab, welche mit Keimschlauch keimen. Oogonien mit derber Haut, die Oosporen mit gelbbraunem, meist schwache Faltung zeigenden Epispor.

Gruppe II. **Zygomyceten** (Zygosporeen), Brückenpilze.

Die hierher gehörigen Algenpilze sind im Gegensatz zu den Chytridiaceen und einem Theile der Oomyceten sämmtlich dem Luftleben angepasst (Aerophyten). Viele führen, soweit bekannt, nur saprophytische Lebensweise, bewohnen namentlich Mist, Brod, zuckerhaltige Pflanzentheile, andere huldigen bald dem Saprophytismus bald dem Parasitismus (*Mucor racemosus*, der sowohl auf Mist lebt, wie in lebende Früchte eindringt), wiederum andere sind bisher nur als strenge Parasiten, meist auf anderen Pilzen, namentlich Mucoraceen, bekannt.

Abweichend von den Chytridiaceen entwickeln die Zygomyceten ein reich verzweigtes, nur eine einzige grosse Zelle repräsentirendes Mycel, das erst bei der Fructification Scheidewände erhält.

Was den allgemeinen Entwickelungsgang anbetrifft, so werden auf natürlichem festen Substrat der Regel nach zunächst eine Reihe von Generationen mit Sporangienträgern (Mucoraceen) oder mit Conidienträgern (Chaetocladiaceen und Piptocephalideen) erzeugt. Erst dann erfolgt die Production von einer oder mehreren Zygosporen tragenden Generationen.

Neben den Hauptformen der Fortpflanzung werden häufig noch Reproductionsorgane von morphologisch untergeordneter Bedeutung erzeugt, die aber vom physiologischen Standpunkte aus einen grossen Werth haben, insofern sie die Vermehrung der Individuenzahl ausserordentlich begünstigen. Es sind dies die bei Mucoraceen häufige Bildung von Sprosszellen, von Gemmen, die sowohl im Mycel als hier und da auch in den Fruchtträgern entstehen können, und von Conidien, die als stets einzellige, gemmenähnliche Bildungen von kleinen dünnen Mycelästchen ihren Ursprung nehmen und dadurch von den auf stattlichen Trägern entstehenden Conidien wesentlich verschieden sind[1]).

---

[1]) Bei gewissen Zygomyceten (*Mucor*) erzielt man durch Aussaat der Endosporen auf zuckerhaltige Flüssigkeiten (z. B. Bierwürze) Mycelien, welche sich durch zahlreiche Wände in kurze, sehr plasmareiche, aufschwellende und schliesslich sich gegen einander abrundende Zellen gliedern, die man gleichfalls als Gemmen bezeichnet hat (Fig. 3 X). In der Folge treiben sie kugelige, hefeartige Sprosse.

Literatur: TODE, J. H., *Pilobolus crystallinus*. Schriften der naturforschenden Freunde, Berlin 1784. — COHN, F., Entwickelungsgeschichte des Pilobolus crystallinus. Nova acta Leop. Carol. Bd. 23 (1851). — FRESENIUS, G., Beiträge zur Mycologie, I. 1850, III. 1863. — COEMANS, E., Spicilège mycologique Nr. 3. Bull. Soc. Bot. Belg. I (Kickxella). — Derselbe, Quelques Hyphomycètes nouveaux (Mortierella, Martensella) Bull. Acad. Roy. de Belgique, Sér. 2, t. 15 (1862). — Derselbe, Recherches sur le polymorphisme et les différents appareils de reproduction chez les Mucorinées I u. II. Daselbst, t. 15 (1862). — Derselbe, Monographie du genre Pilobolus. Mém. de l'acad. roy. de Belgique, t. 30 (1861). — DE BARY, A., Beitr. z. Morphol. u. Physiol. d. Pilze. IV. Syzygites megalocarpus. Abhandl. d. Senkenberg. naturf. Ges. Bd. 5, Heft II. Frankfurt 1864. — DE BARY, A. u. WORONIN, M., Zur Kenntniss der Mucorineen. Das. Bd. V, Heft 7 (1866). — HOFFMANN, H., Icones analyticae fungorum IV (1865). (Mucor, Rhizopus). — TULASNE, Note sur les phénomènes de copulation. Ann. sc. nat. Sér. V, t. 6. Paris 1867. — BREFELD, O., Botanische Untersuchungen über Schimmelpilze I (1872). — ZIMMERMANN, O. E. R., Das Genus Mucor. Chemnitz 1871. — KLEIN, J., Zur Kenntniss des Pilobolus. PRINGSH. Jahrb. VIII (1872). — VAN TIEGHEM, Ph. et Le Monnier, G., Recherches sur les Mucorinées. Ann. sc. nat. Sér. 5, t. 17 (1873). — LICHTHEIM, L., Ueber pathogene Mucorineen und die durch sie erzeugten Mycosen des Kaninchens. Zeitschr. f. klin. Med. Bd. 7 (1874). — VAN TIEGHEM, Ph. Nouvelles recherches sur les Mucorinées. Ann. sc. nat. Ser. VI, t. I (1875). — BREFELD, O., Ueber Gährung III. Landwirthsch. Jahrb. V. (1876) (Mucor racemosus). — Derselbe, Ueber

Entsprechend dem anaërophyten Character werden die in den Sporangien erzeugten Sporen niemals in Form von Schwärmern (Zoosporen) ausgebildet.

Das Hauptmerkmal der Zygomyceten liegt aber in der Production von Brückensporen (Zygosporen), worüber bereits im morphologischen Theile (pag. 343—345) berichtet wurde.

Familie 1. Mucoraceen. Sporangientragende oder Kopfschimmelartige Zygomyceten.

Ihre morphologischen Hauptcharactere liegen den Piptocephalideen gegenüber erstens darin, dass die Zygospore unmittelbar aus der Verschmelzung der beiden Copulationszellen entsteht, der ganze Zygosporenapparat mithin nur dreizellig, d. h. aus der Zygospore und den beiden Trägern besteht; zweitens und auch den Chaetocladiaceen gegenüber darin, dass die andere Hauptfructification ausschliesslich in Sporangien (statt in Conidien) erfolgt. Sonst kommen als accessorische Vermehrungsorgane noch vielfach hefeartige Sprossungen und Gemmenbildung vor, Conidien aber nur bei wenigen Vertretern (reichlich z. B. bei *Mortierella polycephala*). In physiologischer Beziehung erscheinen die Mucoraceen insofern bemerkenswerth, als die meist an hefeartige Sprossformen gebundene Fähigkeit mehr oder minder intensiver Alkoholgährungserregung ziemlich verbreitet ist,[1]) andererseits bereits für einige Vertreter pathogene Eigenschaften nachgewiesen wurden.[2])

Gattung 1. *Mucor* Micheli. Kopfschimmel.

Die Mycelien werden hier stets in der gewöhnlichen Form, also nicht nach Art von Klettermycelien (Bildung von Stolonen mit Rhizoïden) ausgebildet, wie wir solche bei der Gattung *Rhizopus* finden. Den Sporangienträgern fehlt entweder jede Verzweigung, oder dieselbe erfolgt nach dem monopodialen oder sympodialen, nicht aber nach dem dichotomen Typus. Die kugeligen Sporangien werden durch eine wohlentwickelte Columella gegen den Träger abgegrenzt, und scheiden auf der Aussenfläche eine Kruste von oxalsaurem Kalk ab. Bei der Sporenbildung bleibt ein Theil des Plasmas unverbraucht und wird in der Folge zur sogenannten Zwischensubstanz, einer im Wasser stark quellungsfähigen Masse, umgewandelt. Die von der Kalkkruste umhüllte Wand des Sporangiums

---

copulirende Pilze. Berichte d. naturf. Freunde Berlin 1875. — Derselbe, Ueber die Entwickelung von Mortierella. Das. 1876. — van Tieghem, Troisième Mémoire sur les Mucorinées. Ann. sc. nat. Ser. VI, t. 4 (1878). — Gilkinet, A., Mémoire sur le polymorphisme des Champignons. Mém. couronn. Acad. Belg., t. 26 (1878). — Cunningham, D. D., On the occurrence of conidial fructification in the Mucorini, illustrated by Choanephora. London. Linn. Soc. Transact. ser. 2, t. I (1878). — Brefeld, O., Unters. über Schimmelpilze IV (Chaetocl. Fresenianum). — Gayon, Faits pour servir à l' histoire physiologique des moisissures. Mem. de la soc. des sciences phys. et naturelles de Bordeaux 1878. — Derselbe, Sur un procédé nouveau d'extraction du sucre des Melasses. Ann. agronomiques 1880. — Gayon et Dubourg, De la fermentation de la dextrine et de l'amidon par les Mucor. Ann. de l'inst. Pasteur. 1887. — Bainier, G., Sur les zygospores des Mucorinées. Ann. sc. ser. 6, t. 18 (1883). — Derselbe, Nouvelles observations sur les zygospores des Mucorinées. Das. t. 19 (1884). — Derselbe, Deux espéces nouvelles de Mucorinées. Bull. soc. bot. de France t. 27. — Lindt, Ueber einige neue pathogene Schimmelpilze. Arch. f. experim. Pathol. 21 (1886). (Mucor ramosus u. pusillus)

[1]) Vergl. den Abschnitt »Gährung« im physiolog. Theile, speciell pag. 462.

[2]) Siehe pag. 510, 519, 522, 525.

besteht aus einer Cellulosemodification, welche ebenfalls in Wasser stark aufquillt und im Verein mit der Zwischensubstanz die Kalkkruste sprengt und die Sporen hinausbefördert. Unter gewissen Verhältnissen entstehen bei manchen Vertretern an den Sporangienträgern ganz kleine, wenigsporige und Columellenlose Sporangien (Sporangiolen oder Nebensporangien). Die Zygosporenträger entstehen als gerade oder schwach gebogene, niemals aber zangenförmig gegeneinander gekrümmte Aeste entweder direct am Mycel oder wie bei *M. fragilis* an langen, stolonenartigen (aber rhizoïdenlosen) Aesten. Für manche Arten hat man Gemmenbildung am Mycel, sowie selbst an den Sporangienträgern constatirt. Sie tritt gewöhnlich bei Erschöpfung des Substrates auf. In Zuckerlösungen untergetaucht entwickeln die Sporen gewisser Arten Sprossmycelien von hefeartigem Ansehen, was zuerst von Bail für *M. racemosus* constatirt wurde.

Die Fähigkeit, Alcoholgährung in zuckerhaltigen Flüssigkeiten hervorzurufen, besitzen, z. B.: *M. racemosus, circinelloides, erectus, spinosus, fragilis, Mucedo*.

Als pathogen für Thiere (Kaninchen) haben Lichtheim und Lindt *M. corymbifer, pusillus* und *ramosus* kennen gelehrt (s. pag. 525).

Die zahlreichen Arten bedürfen z. Th. noch genauerer Untersuchung und schärferer Abgrenzung, namentlich ist auch die physiologische Seite zur Charakteristik mitzubenutzen, was zumal bei solchen Arten Bedürfniss ist, deren Zygosporenfructification nur unter nicht gewöhnlichen Bedingungen erlangt wird, und deren Sporangienfructification wenig Characteristisches bietet.

1. *M. Mucedo* (L.) (Fig. 2 u. 57). Einer der verbreitetsten, namentlich thierische Excremente und feuchtes Brod bewohnenden Schimmelpilze. Auf dem Mycelium (Fig. 2) entstehen stattliche, oft 10 Centim. lange Sporangienträger, deren mit röthlichgelbem Inhalte, einem Fettfarbstoff, versehene Spitze sich zu einem relativ grossen kugeligen, etwa 100—150 Mikrom. im Durchmesser haltenden, aussen mit einer Kruste von Kalkoxalatnädelchen versehenen, in der Jugend gelben, später schwarzen Sporangium ausbildet, welches durch eine stark vorgewölbte, meist breitcylindrische Columella gegen den Stiel abgegrenzt ist und ellipsoïdische, etwa 7—11 Mikrom. lange, 4—6 Mikrom. dicke, mit sculpturloser hyaliner Membran und gelblichem Inhalt versehene Sporen enthält. Die von Brefeld aufgefundenen, in Mist hin und wieder auftretenden Zygosporenapparate, die im wesentlichen den für *M. fragilis* in Fig. 50 dargestellten Charakter zeigen und stattliche Grösse erreichen, lassen eine grosse, etwa 90—220 Mikrom. messende kugelige Zygospore und zwei keulenförmige Träger erkennen. Erstere ist mit schwarzbraunem, unregelmässig höckrigem Epispor und einem aus Cellulose bestehenden Endospor versehen. Infolge störender Einflüsse, wie Temperaturerniedrigung, mangelhafte Ernährung oder parasitische Eingriffe, treten an den sonst einfachen Sporangienträgern, die übrigens stark positiv heliotropisch sind, Verzweigungen auf, an deren Spitze Sporangiolen mit meist sehr wenig entwickelter oder auch gänzlich fehlender Columella entstehen. *M. Mucedo* ist ein schwacher Alkoholgährungserreger (s. pag. 462).

2. *M. racemosus* Fresenius[1]). Namentlich auf Kaninchenkoth, Brod häufig, auch sonst auf faulenden Pflanzentheilen zu finden. Sporangienträger meist verzweigt, entweder monopodial (und zwar nach Art der Traube) oder sympodial, mit kugeligen, 30—40 μ dicken, mitunter auch viel keineren, bräunlichen Sporangien versehen, welche ellipsoïdische bis kugelige, 5—8 μ lange, 4—5 μ dicke, farblose und sculpturlose Sporen enthalten und gegen den Träger durch eine

[1]) Brefeld, *Mucor racemosus* und Hefe. Flora 1873. Derselbe, Ueber Gährung III. Landwirthschaftl. Jahrb. V.

meist birnförmige Columella abgegrenzt sind. Die bisher nur von BAINIER gefundenen Zygosporen sind kugelig, 70—84 μ dick, mit gelblichem, durch braune, unregelmässig höcker- oder leistenartige Verdickungen ausgezeichneten Epispor verstehen. In erschöpften Mycelien und selbst Sporangienträgern findet gewöhnlich reichlich intercalare oder terminale Gemmenbildung statt (Fig. 50, VIII—X), die unter günstigen Ernährungsverhältnissen Mycelien, in feuchter Luft gehalten zwergige Sporangienträger mit winzigen Sporangien entwickeln, in zuckerhaltige Nährlösung untergetaucht hefeartige Sprosse von Kugelform treiben, wie es unter diesen Verhältnissen auch die Endosporen thun (Fig. 3, V—IX). Säet man letztere auf Bierwürze, so entwickeln sich Mycelien, welche durch Querwände in zahllose, sich schliesslich gegen einander abrundende Glieder zerfallen (Fig. 3, X), an denen ebenfalls hefeartige kugelige Sprosse entstehen (Kugelhefe, Fig. 3, X). Der Pilz ist im Stande, Alkoholgährung zu bewirken (s. pag. 462) und lebende Früchte in Fäulniss zu versetzen.

3. *M. corymbifer* COHN. Mycel schneeweiss, später hellgrau, Mycelfäden auf dem Substrat oder durch die Luft lang und gerade hinüberlaufend. Sporangienträger nicht senkrecht aufsteigend, sondern langhingestreckt, doldentraubenförmig verzweigt, an der Spitze in ein oder mehrere (bis 12) Sporangien doldenförmig ausstrahlend, unterhalb der Enddolde noch eine Anzahl einzelner, kurz gestielter, kleinerer, zum Theil zwergartiger Sporangien in Abständen traubenartig entwickelnd. Sporangien auch in der Reife farblos, birnförmig, allmählich in den Träger verschmälert, die grössten bis 70, die mittleren 45—60, die kleinsten 10—20 Mikrom. Durchmesser. Sporangienmembran farblos, glatt. *Columella* kegelförmig, oben verbreitert, manchmal warzig, bräunlich. Sporen farblos, sehr klein, elliptisch (3 μ lang, 2 μ breit). Zygosporen unbekannt[1]). Von LICHTHEIM als pathogen für Kaninchen erwiesen (vergl. pag. 525). Der Pilz gedeiht am besten bei Körpertemperatur (37° C.).

4. *M. pusillus*, LINDT. Auf Weissbrod gefunden. Von dem mausegrauen, nicht mit Stolonen versehenen Mycel entspringen kaum 1 Millim. lange »einfach verzweigte« Sporangienträger mit schwarzem, durch Kalkoxalat incrustirtem und ovaler bis kugeliger *Columella* versehenen Sporangium, Sporen sehr klein, kugelig, farblos, 3—3½ Mikrom. im Durchmesser. Untere Wachsthumsgrenze bei 24—25° C., obere zwischen 50—58° C., Optimum bei 45° C. Ueber seine pathogenen Eigenschaften vergl. pag. 545.

Der noch näher zu untersuchende *M. septatus* SIEBENMANN (Neue bot. u. klin. Beitr. zur Otomykose. Zeitschrift f. Ohrenheilk. 1889, pag. 39), der gelbe bis bräunliche, kugelige oder ellipsoidische, glatte, 2,5—4 μ messende Sporen und meist traubig verzweigte Sporangienträger besitzt, wurde von S. im menschlichen Ohre gefunden.

Gattung 2. *Phycomyces* KUNZE u. SCHMIDT.

Während in Bezug auf die Sporangienfructification kein wesentlicher Unterschied gegenüber den Gattungen *Mucor* und *Rhizopus* hervortritt, hat die Zygosporenbildung etwas anderen Charakter, denn einmal krümmen sich die vom Mycel entspringenden Zygosporenträger als aufrechte Zangen gegeneinander, andererseits treiben sie stachelartige, verzweigte Auswüchse, welche zwar etwas an die Hülle von *Mortierella* erinnern, aber doch nicht zu einer solchen zusammenschliessen. Gemmenbildung ist noch unbekannt, ebenso die Erzeugung von Sprossverbänden. Stolonen- und Rhizoïdenbildung wird vermisst.

Ph. nitens AGARDH[2]). Eine der stattlichsten Mucorineen, die man besonders

---

[1]) Aus SCHRÖTER, Kryptogamenflora von Schlesien, Pilze pag. 205 entlehnt.

[2]) VAN TIEGHEM et LE MONNIER, Recherches sur les Mucorinées. Ann. sc. nat. sér. 5. t. 17 (1873), pag. 28 ff.

auf Oelfässern, Oelkuchen, in Lackfabriken etc. antrifft. Ihre Sporangienträger erreichen 10—30 Centim. Höhe und entsprechende Weite, daher vielfach zu physiologischen Experimenten über Wachsthumserscheinungen verwendet. Sie schliessen mit einem grossen, kugeligen, bis 1 Millim. dicken, zur Reifezeit schwarzen und durch eine cylindrische Columella abgegrenzten Sporangium ab, das etwa ellipsoïdische, 17—30 Mikr. lange und 10—15 Mikr. breite, mit gelbrothem Inhalt und dicker Membran versehene Sporen enthält. Zygosporen gross, 100 bis 300 Mikr. dick, an den Trägern mit gabelig verzweigten braunen, die Zygosporen theilweis einhüllenden Auswüchsen.

Gattung 3. *Rhizopus* Ehrenberg.

Gegenüber der vorigen Gattung in erster Linie dadurch charakterisirt, dass seitens der Mycelfäden lange, stolonenartige Seitenzweige getrieben werden (Fig. 5*st*), welche im Bogen durch die Luft wachsen, dann mit ihren Enden das Substrat berühren und hier eigenthümliche Haftorgane (Appressorien) in Form rosettenartig angeordneter verzweigter Hyphen, auch Rhizoïden genannt, treiben (Fig. 5*a*, genauer dargestellt in Fig. 6, I II*a*), deren entfernte Aehnlichkeit mit einem kleinen Wurzelsystem zu dem Gattungsnamen (Wurzelfuss) Veranlassung gab. Es können ganze Systeme von Stolonen entstehen (Fig. 5, *B*). An der Stelle, wo die Rhizoïden entspringen, erheben sich Sporangienträger meist in kleinen Gruppen (von 2 bis 10) in die Luft, wodurch ganz charakteristische Bilder entstehen (Fig. 5). Mit Hülfe der Stolonen und Rhizoïden klettern die Pilze an festen Gegenständen in die Höhe. Bezüglich der Ausbildung der Sporangienhaut, der Columella und der Sporen stimmt *Rhizopus* mit *Mucor* durchaus überein. Auch die Zygosporen, soweit solche bekannt sind, werden im Wesentlichen nach dem bei *Mucor* üblichen Modus angelegt und ausgebildet.

Rh. nigricans Ehrenberg. (*Mucor stolonifer* Ehrbg.)[1] (Fig. 5 u. 6). Gemein auf todten namentlich zuckerhaltigen Pflanzentheilen, besonders Brod und süssen Früchten (getrockneten Pflaumen), welche das System des Mycels und der reich entwickelten Stolonen binnen kurzer Zeit überspinnt. Hefeartige Sprosse werden nicht gebildet, obschon der Schimmel zu den schwachen Alkoholgährungserregern gehört. An den Enden der Stolonen, wo diese feste Gegenstände berühren, entstehen gewöhnlich 2—5, bisweilen auch mehr Sporangienträger, (Fig. 5, 6 I), von etwa 2—4 Millim. Länge, welche mit einem kugeligen Sporangium abschliessen, gegen dasselbe durch eine sehr entwickelte kuppelförmige Columella abgegrenzt (Fig. 6, I *c*). Die zarte Sporangienwand, die nur wenig von oxalsaurem Kalk incrustirt erscheint, umschliesst zahlreiche rundlich-eckige, etwa 9—15 Mikr. im Durchmesser haltende, mit dickem, graubraunem, zierlich leistenförmige Verdickungen aufweisendem Epispor versehene Sporen, deren Gesammtmasse und somit das ganze Sporangium bei der Reife schwarz erscheint. Der Ursprungsregion der Sporangienträger entsprechen zierliche Rosetten von Rhizoïden. Während anfangs alle vegetativen und fructificativen Theile weiss erscheinen, nehmen sie, einschliesslich der Columella, mit dem Alter gelbbräunliche bis schmutzig-braune Färbung an.

Die zuerst von de Bary gefundene Zygosporenfructifikation pflegt beim spontanen Auftreten wie in den Zuchten gewöhnlich nicht aufzutreten. de Bary sah sie im Sommer auf unreifen Früchten (Stachelbeeren), Eidam auf Erdnuss-

[1] de Bary, Beitr. zur Morphologie.

kuchen entstehen. Zwischen stark bauchigen Trägern hängt eine tonnenförmige, mit dickem, braunem Epispor versehene und von halbkugeligen, dichtgestellten Warzen bedeckte Zygospore von etwa 170—220 Mikr Durchmesser. Auch Azygosporenbildung hat man beobachtet.

Rh. rhizopodiformis (Cohn)[1]. Auf feucht gehaltenem Brod. Mycel erst schneeweiss, dann mäusegrau, auf dem Substrat hinwachsend und dieses einspinnend, in der Cultur auf dem Glasdeckel fortkriechend. — Bräunliche Myceläste steigen als Stolonen bogenförmig auf und senken sich wieder auf das Substrat, an der Berührungsstelle kurze verzweigte, bräunliche Rhizoïden mit meist geraden, spitzen Aesten abgebend. Fruchtträger einzeln oder zu mehreren, büschelig, oberhalb der Rhizoïden entspringend, bräunlich, meist 120—125 Mikr. lang, unverzweigt Sporangien kugelig, etwa 66 Mikr. Durchm., bei der Reife schwarz, mit glatter, undurchsichtiger Haut. Columella eiförmig oder birnförmig, unten gerade abgestutzt, 50—75 Mikr. breit. Sporen farblos, meist kugelig, glatt, 5—6 Mikr. Durchmesser. Zygosporen noch aufzufinden. Bezüglich der vom Entdecker Lichtheim ermittelten pathogenen Eigenschaften vergl. pag. 525. Der Pilz gedeiht am üppigsten bei Körpertemperatur.

Sehr nahe steht dieser Species der *Rh. ramosus* (Lindt), unterscheidet sich aber durch ovale, 5—6 Mikr. lange, 3—4 Mikr. breite Sporen. Zygosporen unbekannt. Die pathogenen Eigenschaften sind ebenfalls pag. 525 erwähnt.

Gattung 4. *Thamnidium* Link.

Sie ist durch Production von zweierlei Sporangien ausgezeichnet. Der Träger endigt mit einem grossen Endsporangium (Fig. 57 *b*), das eine wohl entwickelte Columella (*c*) besitzt, trägt aber ausserdem wirtelig gestellte einfache oder verästelte Seitenzweige (Fig. 57 *d*), die mit kleinen, Columella-losen, nur 1 oder wenige Endosporen bildenden Sporangiolen enden. Mitunter ist bloss das grosse Endsporangium vorhanden, mitunter nur Sporangiolenbildung. Nach Bainier entsprechen die Zygosporen in ihrer Ausbildung dem Genus Mucor.

Th. elegans Link. Auf Pferdemist, gekochten Kartoffeln etc. häufig. Endsporangium kugelig, weiss, mit oxalsaurem Kalk incrustirt, durch eine grosse cylindrische bis birnförmige Columella gegen den meist 1 bis mehrere Centim. langen Träger abgegrenzt, ellipsoidische etwa 8—10 Mikr. lange, 6—8 Mikr. dicke Endosporen bildend. Sporangiolen auf mehrfach dichotom verästelten, ein rundliches Ganze bildenden Seitenzweigen, entweder nur eine einzige kugelige, nur 5—6 Mikr. messende, oder mehrere ellipsoidische Endosporen bildend, die ebenfalls kleiner als die des grossen Endsporangiums sind. Die Zygosporen entstehen nach Bainier an in die Luft wachsenden Hyphen durch Copulation von horizontal abgehenden Aestchen. Die Apparate stehen leiterförmig übereinander. Die Zygosporen sind kugelig, mit dickem, höckrigem, schwarzen Epispor versehen.

Gattung 5. *Sporodinia* Link. Gabel-Kopfschimmel.

Vor allen anderen Mucoraceen dadurch ausgezeichnet, dass die Sporangienträger wiederholt-gabelige Verzweigung und Querwände aufweisen, und die *Mucor*-artigen Zygosporen der Regel nach nicht am Mycel, sondern auf, gleichfalls wiederholt-dichotomen Trägern entstehen. Columella gross, halbkugelig. Sporangiolen, Gemmen und hefeartige Sprossung fehlend oder unbekannt.

Sp. grandis Link., auf grösseren Blätter-, Röhren- und Stachelschwämmen im Sommer und Herbst gemein und diese mit einem dichten Filze überziehend. Von de Bary[2] und Brefeld[3] näher untersucht.

---

[1] Schröter, Kryptogamenflora von Schlesien. Pilze pag. 207.

[2] Beiträge zur Morphologie. Reihe I. Syzygites, p. 74.

[3] Schimmelpilze IV.

Gattung 6. *Mortierella* Coemans.

Von dem im Vergleich zu anderen Mucoraceen aus ungleich dünneren Fäden gewebten Mycel werden stolonenartige Aeste ausgesandt, die an ihren Enden, wo sie das Substrat wieder berühren, je einen einfachen oder verzweigten Sporangienträger in die Luft und ein Rhizoiden-artiges Haftorgan (Fig. 51, II *rh*) auf oder in die Unterlage hin senden, welches oft mächtige Entwickelung erreicht. Die über der Basis stark erweiterten, nach oben hin verschmälerten Sporangienträger grenzen sich gegen das kugelige, von leicht vergänglicher Haut umhüllte Sporangium durch eine gewöhnliche, d. h. nicht Columellartig vorgewölbte Scheidewand ab. Besonders charakteristisch ist aber die Bildung einer Art von Zygosporenfrucht, die dadurch zu Stande kommt, dass von den zangenartig zusammengeneigten Zygosporen-Trägern zahlreiche sich verzweigende, querwandlos bleibende Hyphen entspringen, welche sich später so zusammenschliessen, dass sie eine dichte, mächtige Hülle um die Zygospore bilden. Vergl. auch pag. 344. Ausser der Sporangien- und Zygosporen-Fructification kommen noch Gemmen- (Fig. 51, VIII *g*) und Conidien-artige Bildungen an dem Mycel vor. Die Repräsentanten bewohnen todte Pflanzentheile (Mist, Zweige, Moos, Hutpilze). Die genauere Kenntniss einiger Arten verdankt man van Tieghem[1]) und Brefeld[2]). Die von Letzterem näher untersuchte *M. Rostafinskii* Bref., welche Pferdemist bewohnt, entwickelt stattliche unverzweigte Sporangienträger (Fig. 51, I), welche mit einem grossen, farblosen Sporangium abschliessen (Fig. 51, II), dessen Wandung im oberen Theil zart und bei der Reife und Wasserzutritt leicht verquellend, im unteren Theile aber derb und nach der Entleerung der ellipsoidischen, nur 6 Mikr. langen und 5 Mikr. dicken Sporen kragenartig zurückgeklappt erscheint (Fig. 51, III). Gewöhnlich erlangt das Rhizoïdensystem, aus dessen Mitte das Sporangium entspringt, auf festem guten Nährsubstrat noch stärkere Entwickelung, als in Fig. 51, II *rh*, mitunter bildet es sogar eine mächtige Hülle um die Basis des Sporangienträgers. Zwergsporangien, wie sie bei kümmerlicher Ernährung an kleinen Mycelien entstehen, zeigen an der Basis des Trägers überhaupt kein Haftorgan, und können natürlich nur wenige Sporen erzeugen.

Wenn in den Massenculturen auf Pferdemist schliesslich die Sporangienfructification mehr und mehr zurücktritt, entstehen auf den Mycelien die relativ mächtigen, etwa 1—2 Millim. im Durchmesser erreichenden Zygosporenfrüchte, kleine, gelbbraune Knöllchen darstellend, deren Centrum von der grossen, ca. 1 Millim. dicken, mit mächtiger aber nicht in 2 Schichten differencirter Cellulosewand und fettreichem Inhalt versehenen Zygospore eingenommen wird, während der peripherische Kapsel-artige Theil aus dicht gewebeartig verbundenen, nach aussen hin gebräunten querwandlosen Hyphen besteht und als Ganzes von der Zygospore abgesprengt werden kann.

Nach Brefeld wäre die Hulle der Zygospore aufzufassen als das Analogon des Rhizoïdenbüschels an der Basis der Sporangienträger. Zur Keimung sind die Zygosporen bisher noch nicht gebracht worden.

An erschöpften Mycelien findet man hin und wieder Gemmen (Fig. 51, VIII*g*), die, wie es auch sonst geschieht, bei mangelhafter Ernährung direkt zu kleinen Sporangienträgern, bei reichlicherer zu Mycelien auswachsen. Conidien, welche bei *M. polycephala* so reichlich auftreten, werden bei *M. Rostafinskii* vermisst.

[1]) Troisième Mém. sur les Mucorinées. Ann. sc. nat. 6. Sér. t. 4, pag. 67.

[2]) Schimmelpilze IV, pag. 81—96.

Gattung 7. *Pilobolus* TODE. Geschosswerfer.

Die Anlagen der Sporangienträger entstehen als mächtige, terminale oder intercalare Anschwellungen von Spindel- oder Birnform (Fig. 54, II*c*) an den Mycelfäden, gegen Letztere sich durch Scheidewände abgrenzend. Dann treiben sie einen kräftigen, unverzweigten Träger (Fig. 54, I*t*), an dessen Ende sich ein mit deutlicher Columella versehenes Sporangium von kugeliger oder niedergedrückt-kugeliger Form entwickelt (Fig. 54, II*s*, II*a*). Abweichend von allen übrigen Mucoraceen-Gattungen bildet sich die Membran desselben in der Weise aus, dass sie im grösseren, oberen, calottenartigen Theile derbe Beschaffenheit und dunkle Färbung annimmt (Fig. 54, II*a*), während sie in einer schmalen, unteren Zone (Fig. 54, II*b*) farblos bleibt und zu einer Substanz umgewandelt wird, die in Wasser stark aufquillt (Quellzone). Durch diesen Vorgang wird der Zusammenhang zwischen dem oberen, braunen Theile des Sporangiums, der die Sporenmasse umschliesst, und der Columella, sowie dem Träger gelockert und schliesslich soweit aufgehoben, dass das braune Sporangium förmlich vom Träger abquellen könnte. Bei manchen Vertretern, die man daher als Untergattung *Pilaira* abtrennte, geschieht dies thatsächlich; bei den eigentlichen *Piloboli* aber ist eine besondere Vorrichtung (Spritzmechanismus) vorhanden, welche das Sporangium, bevor es abquellen kann, hinwegschleudert. Es wird nämlich unterhalb des Sporangiums eine starke Ausbauchung gebildet, welche als Wasserreservoir dient. Die sich hier ansammelnde, wässrige Flüssigkeit übt schliesslich einen so starken hydrostatischen Druck aus, dass die Columella platzt und der aus ihr hervorspritzende Wasserstrahl das Sporangium weit hinwegschleudert (vergl. pag. 354). Die Zygosporen (Fig. 54, VII*z*) entstehen wie bei Mucor, aber an campylotropen Trägern (Fig. 54, VII—X). Von accessorischen Reproductionsorganen kennt man Gemmen und hefeartige Sprossformen (vergl. pag. 277). Ueber das Verhalten der Sporangienfructification zum Licht, s. pag. 469.

P. crystallinus TODE (Fig. 54). Auf Excrementen der Pflanzenfresser, besonders der Pferde und Kühe das ganze Jahr hindurch häufig. Die etwa 5 bis 10 Millim. langen, bei Lichtmangel sich aber bedeutend mehr in die Länge streckenden, oben mit grossem, ellipsoïdischem Wasserreservoir (Fig. 54, II*r*) versehenen Träger bilden ein niedergedrückt kugeliges Sporangium, dessen dunkler Membrantheil characteristische Zeichnungen aufweist (Fig. 54, III), meist Polygone darstellend und bei keiner anderen Species vorkommend. Bisweilen tritt diese zierliche Felderung mehr oder minder zurück. Die Sporangien enthalten ellipsoidische, im Vergleich zu gewissen anderen Arten nicht gelbrothen Inhalt zeigende Endosporen von etwa 7—10 Mikr. Länge, 4—6 Mikr. Dicke. Zygosporenapparate (Fig. 54, VII—X) scheinen nur unter besonderen Verhältnissen gebildet zu werden. Ich fand sie auf in Culturen, die von Parasiten befallen waren, welche die Sporangienträger angriffen und die Sporangienbildung theilweis unterdrückten. Zygosporen und Suspensoren sind meist von relativ bedeutender Grösse, und diese dann gegen die kugelige, dickwandige, gelbliche bis gelbbraune, 60 bis 300 Mikr. im Durchmesser haltende, fast glatte Zygospore hin stark aufgetrieben.

Familie 2. Chaetocladiaceen BREFELD[1]).

Während bezüglich des Baues und der Entwickelung des Zygosporenapparates mit den Mucoraceen völlige Uebereinstimmung herrscht, tritt als wichtigstes

[1]) Schimmelpilze, Heft I und Heft IV. VAN TIEGHEM et LE MONNIER, Recherches sur les Mucorinées. Ann. sc. nat. 5 sér. t. 17.

unterscheidendes Merkmal die Bildung von Conidien an Stelle der Sporangien auf. Doch bleiben die Conidien zum Unterschied von den Piptocephalideen einzellig. Die Conidienträger sind verzweigt. Bisher sind nur wenige Vertreter bekannt, welche parasitisch auf Mucoraceen leben und mittelst stolonenartiger Zweige und Bildung eigenthümlicher knäuelförmiger Haustorien, die bereits auf pag. 286 erwähnt wurden, die Mucoraceenschläuche resp. Träger befallen und ihre Nahrung aus denselben entnehmen. Hefeartige Sprossung und Gemmenbildung fehlen oder sind noch unbekannt.

Gattung 1. Chaetocladium Brefeld.

Conidien auf wirtelig gestellten Seitenästchen erzeugt, während die Enden der Zweige und Aeste steril bleiben und haarartig ausgezogen sind, worauf auch der Gattungsname hindeutet. *Ch. Jonesii* Fresenius. Auf *Mucor Mucedo* schmarotzend, von Brefeld (l. c.) eingehend untersucht.

Familie 3. Piptocephalideen Brefeld[1]).

Während bei den Mucoraceen und Chaetocladiaceen der fertige Zygosporenapparat aus nur drei Zellen, der Zygospore und den beiden Trägern, besteht, erscheint er innerhalb der Familie der Piptocephalideen eigenthümlicher Weise fünfzellig (Fig. 7, V) nämlich aus den beiden Trägern *s*, den beiden Copulationszellen *c* (die hier also nicht in der Bildung der Zygospore aufgehen) und aus der Zygospore *z* gebildet. Dies erklärt sich aus der Entwickelungsgeschichte des Apparats. Zunächst besteht er aus 2 keuligen, campylotropen oder spirotropen Astenden, die sich am Scheitel zusammenschmiegen (Fig 7, II): darauf wird jedes dieser beiden Enden durch eine Querwand in Copulationszelle (Fig. 7, III *c*) und Träger *s* gegliedert; sodann fusioniren die Copulationszellen und endlich wird von diesem Fusionsprodukt am Scheitel eine bruchsackartige Ausstülpung getrieben (Fig. 7, IV *z*) die sich schliesslich gegen jede Copulationszelle durch eine Scheidewand abgrenzt, nunmehr zur dickwandigen, keuligen Spore (Zygospore) heranwachsend. Als ein weiteres wesentliches Merkmal ist die, wie wir bereits sahen, auch den Chaetocladiaceen eigene, die Sporangienfructification vertretende Conidienfructification hervorzuheben. Doch sind die Conidien der Piptocephalideen stets mehrzellig. Am Grunde der charakteristisch gestalteten Conidienträger mancher Arten bilden sich Rhizoïden.

Von accessorischen Vermehrungsorganen sind hefeartige Sprosse nicht, wohl aber bei einigen Vertretern auf dünnen, cylindrischen, bisweilen traubig angeordneten Mycelästchen abgeschnürte, einzellige Conidien beobachtet worden. Wie es scheint, parasitiren sämmtliche Vertreter an den Fruchtträgern und Mycelschläuchen von grösseren Mucoraceen, namentlich *Mucor*- und *Pilobolus*-Arten. Mittelst Appressorien (Fig. 7, I*a*; 8, I u. II*a*) heften sie stolonenartige Zweige an die Wirthsschläuche an und treiben nun haarfeine (Fig. 7, I*h*) oder dickere, in der Nähe des Appressoriums oft blasenartig erweiterte (Fig. 8, I*a*; II*a*) haustoriale Fäden in dieselben hinein. (Vergl. pag. 284). Untersuchungen über vorstehende Familie haben Brefeld und van Tieghem[2]) geliefert.

[1]) Schimmelpilze, Heft I.

[2]) van Tieghem et le Monnier, Recherches sur les Mucorinées. Ann. sc. nat. 5 sér. t. 17.

Gattung 1. *Piptocephalis* DE BARY und WORONIN.

Das Mycel parasitirt auf grossen, mistbewohnenden *Mucor*-Arten, indem sich in die Aeste desselben als zwiebel- oder keulenförmige Appressorien (Fig. 7, I *a*) an deren vegetative und fructificative Schläuche anlegen und büschelförmige, feine Haustorien (Fig. 7, I *h*) in dieselben hineinschicken. Auf den Mycelien entstehen stattliche Conidienträger mit charakteristischer, wiederholt dichotomer Verzweigung (Fig. 7, VI). Von den Endästchen gliedert sich durch eine Querwand eine eigentümlich polsterförmig erweiterte Terminalzelle (Fig. 7, VII *b*, VIII *b*) ab, an deren Wärzchen die mehrzelligen, cylindrischen Conidien abgeschnürt werden, deren Gesammtheit ein Köpfchen bildet (Fig. 7, VI *sp*, VII *sp*, VIII *sp*). Sind die Conidien zur Reife gelangt, so fällt die sie tragende polsterförmige Zelle, indem sie sich stark gegen den sie tragenden Ast abschnürt, sammt den Conidien ab, eine Eigentümlichkeit, die auch bei Bildung des Genusnamens zum Ausdruck kam. Der Zygosporenapparat besitzt die in Fig. 7, V, dargestellte Form. Accessorische Conidien fehlen, ebenso hefeartige Sprossung und Gemmen.

P. Freseniana DE BARY und WORONIN. Auf mistbewohnendem *Mucor Mucedo* schmarotzend. Von BREFELD (l. c.) genau untersucht. Conidienträger wiederholt gabelig und unter spitzen Winkeln verzweigt. Die Endzellen kreiselförmig, zahlreiche cylindrische 3 bis 6 zellige, 2,5 bis 3,5 μ breite, in etwa 4—5 μ lange Zellen gegliederte hellbräunliche Conidien tragend. Zygosporenapparat sich entsprechend der Entwickelungsreihe von Fig. 7, II—V ausbildend. Zygospore kugelig, mit dunkelbraunem, warzig-stacheligem Epispor versehen, ca. 30 μ im Durchmesser.

Gattung 2. *Syncephalis* VAN TIEGHEM et LE MONNIER.

Das Mycel treibt feinfädige, vielfach anastomosirende Stolonen, die sich mit ihren zu breit keulenförmigen Appressorien erweiterten Enden (Fig. 7, I *a* II *a*) an die Schläuche von *Mucor*- und *Pilobolus*-Arten anheften und durch deren Membran hindurch relativ weitlumige, oft blasenartig erweiterte Haustorien treiben (Fig. 8, I *b* II *b*). An anderen Stolonenenden werden die kräftig entwickelten typischen Conidienträger und an der Basis derselben Rhizoïdenartige Haftorgane von Rosettenform erzeugt, mittelst deren die Anhaftung an feste Gegenstände geschieht. Gewöhnlich einfach (selten gabelig) erscheinen die Conidienträger am Ende mehr oder minder stark kopfförmig erweitert, etwa nach Art eines *Aspergillus*. Auf dem scheitelständigen Theile jener Erweiterung stehen dicht gedrängt winzige, wärzchenförmige Aussackungen, an denen die stattlichen, stets mehrzelligen, cylindrischen, bei gewissen Arten einfachen, bei anderen gegabelten oder wenig verzweigten, stets aber mehrzelligen Conidien abgeschnürt werden. Zygosporenapparat ein umgekehrtes U nachahmend. Häufig ist Bildung von accessorischen Conidien, die im Gegensatz zu den eben erwähnten einzellig und kugelig sind, sowie auf kurzen, dünnen Mycelästchen entstehen. Auch Gemmenbildung dürfte wohl überall vorkommen. Hefeartige Sprossung ist bisher nicht constatirt worden.

S. cordata VAN TIEGH. et LE MONNIER. Rasen gelb. Fruchtträger 2—3 Millim. hoch, mit gelbem Inhalt, an der ca. 40—50 μ dicken Basis mit dichotomen, krallenförmigen Rhizoiden, nach oben etwas verschmälert, am Ende mit bauchiger Anschwellung von ca. 66 μ Durchmesser, die im oberen Theile kleine Wärzchen trägt, von denen jedes eine gabelförmige, 60—80 μ lange, 5—6 μ dicke gelbe Conidie trägt. Theilconidien 8—10 μ lang, 5—6 μ dick, die basale von Herzform. Auf Mist nicht selten.

Familie IV. Entomophthoreen Brefeld.

Mit Ausnahme von *Conidiobolus*, dessen Vertreter nach Eidam Excremente von Fröschen und Eidechsen bewohnen, führen die Entomophthoreen ein Schmarotzerleben, zumeist Insecten aus verschiedenen Ordnungen (s. Krankheiten der wirbellosen Thiere im biologischen Abschnitt, pag. 512—518), seltener Pilze, wie es *Basidiobolus utriculosus* Brefeld thut, oder, wie Leitgebs *Completoria complens*, Farnprothallien befallend. An dem relativ weitlumigen Mycel werden zweierlei Fructificationsorgane erzeugt: Conidienträger und Dauersporen.

Die Conidienträger bilden meist lagerartige Vereinigungen (Fig. 53, II), sind einfach oder verzweigt und produciren an ihren Enden relativ grosse einzellige Conidien in der Einzahl. Sie werden durch eigenthümliche Vorrichtungen von den Trägern abgetrennt; so bei *Empusa Muscae* Cohn durch den bereits pag. 351 besprochenen Spritzmechanismus; bei *Entomophthora radicans* öffnet sich der Träger nicht, die Conidie wird daher nicht fortgespritzt, sondern die sie vom Träger trennende Scheidewand spaltet sich in 2 Lamellen, und die untere derselben wölbt sich so stark und plötzlich (als Columella) gegen die obere vor, dass die Conidie abgeschleudert wird. Noch anders verhält es sich bei *Basidiobolus*; hier reisst zunächst die Trägerzelle in der Mitte quer durch und der obere Theil wird samt der Conidie hinweggespritzt, sodann erst wird die Conidie selbst von dem Trägerstück durch Hervorwölbung der Columella hinweggeschnellt. Die Conidien keimen entweder in der Weise aus, dass sie ein Mycel bilden, oder so, dass sie hefeartig sprossen (Fig. 53, X) oder endlich, indem sie direct (Fig. 53, V) oder an einem kurzen Keimschlauch eine Sekundärconidie bilden. Bei *Enthomophthora radicans* bleiben einzelne Conidienträger steril und wachsen zu haarartigen Paraphysen aus.

Was die Dauersporen anbetrifft, so entstehen sie in derselben Weise wie die Zygosporen der vorbetrachteten Familien, durch Copulation zweier Zellen, welche entweder im Verlauf desselben Fadens liegen, oder von Aestchen, die eine Brücke zwischen zwei getrennt von einander verlaufenden Mycelfäden bilden. Auch den Azygosporen analoge Bildungen hat man beobachtet.

In der Regel geht der Zygosporenfructification eine mehr oder minder grosse Reihe von Conidien producirenden Generationen vorauf, in den übrigen Fällen werden beide gleichzeitig an den Mycelien erzeugt.

Die Entomophthoreen nähern sich in einigen Punkten einigermaassen den Basidiomyceten: so in der Bildung von Conidienlagern, den Rhizoïdenartigen Strängen von *Entomophthora*, dem Modus der Abschleuderung der Conidien, sowie der Bildung von Paraphysen bei *Entomophthora*.

Untersuchungen über die Entomophthoreen haben besonders Brefeld, Cohn und Nowakowski geliefert[1]).

[1]) Literatur: F. Cohn, *Empusa Muscae* und die Krankheit der Stubenfliegen. N. Act. Acad. Leopoldina. Vol. XXV. pars. I (1853). — S. Lebert, Die Pilzkrankheit der Fliegen. Verh. d. Naturf. Gesell. zu Zürich, 1856 — G. Fresenius, Ueber die Pilzgattung Entomophthora. Abh. d. Senkenberg. Gesell. Bd. II (1858). — O. Brefeld, Unters. über d. Entw. d. *Empusa Muscae* u. *E. radicans*. Abh. d. Naturf. Ges. zu Halle. Bd. XII (1873). — F. Cohn, Ueber eine neue Pilzkrankheit der Erdraupe. Beitr. z. Biolog. d. Pflanz. Bd. I, pag. 58 (1874). — L. Nowakowski, Die Copulation einiger Entomophthoreen. Bot. Zeitg. 1877, pag. 217. — Brefeld, Unters. über Schimmelpilze IV. (1873), pag. 97; Hefepilze l. c. — H. Leitgeb, *Completoria complens*, ein in Farnprothallien schmarotzender Pilz. Sitzungsber. d. Wiener Acad. Bd. 84. 1. Abthl. (1881). —

Gattung 1. *Empusa* Cohn[1]).

Ihre Repräsentanten stellen sämmtlich in Insekten, namentlich Dipteren, Schmetterlingen, Käfern, Heuschrecken, Blattläusen, lebende Schmarotzer dar und befallen diese Thiere in der Weise, das ihre Conidien durch die Chitinhaut hindurch einen feinen Keimschlauch ins Innere treiben, der alsbald aufschwillt und hefeartig sprosst (Fig. 53, VIII). In der Folge wachsen die Sprosszellen zu kürzeren oder längeren schlauchförmigen Zellen aus (Fig. 53, IX), das ganze Innere des Thieres durchziehend; schliesslich treiben diese Schläuche dicke, keulige Seitenzweige, welche sich durch eine Scheidewand gegen den Schlauch abgrenzen, einfach bleiben und an der Spitze je eine Conidie abschnüren (Fig. 53, III). Dieselbe wird durch den in Fig. 53, IV, dargestellten, und pag. 352 bereits besprochenen Spritzmechanismus abgeschleudert. Eine solche Conidie kann direct eine Sekundärconidie treiben (Fig. 53, V), die in eben derselben Weise hinweggespritzt wird. Die nur erst für wenige Arten bekannten Dauersporen werden, wie es scheint, als Azygosporen gebildet. Der bekannteste Vertreter ist:

E. Muscae Cohn. Sie ruft die allbekannte Krankheit der Stubenfliegen hervor, die, im Spätsommer und Herbst auftretend, sich darin äussert, dass die Thiere träge werden, sich an Fenstern, Gardinen u. s. w. festheften, ihre Beine und Flügel ausspreitzen und sich mit einem weissen Hofe von abgeworfenen Sporen umgeben (Fig. 53, I). Kommt in Momenten der Abschleuderung eine Fliege in die Nähe, so können sich die Conidien mit ihrer schleimigen, dem Inhalt des Trägers entstammenden Hülle am Hinterleibe (Unterseite) festheften, um dann einzudringen. Im übrigen dienen zu anderweitigen Infectionen die oben genannten Secundärconidien. Die Dauersporen (Azygosporen) zeigen nach Winter Kugelform, ein dickes, farbloses Exospor und 30—50 μ Durchmesser.

Gattung 2. *Entomophthora* Fresenius[2]).

Ihr Mycel durchzieht nicht bloss den Körper der befallenen Insecten, sondern bricht auch durch die Chitinhaut in Form von breiten Strängen hervor, welche das getötete Insect an die Unterlage anheften. Die von dem Mycel durch das Chitingerüst getriebenen Fruchtträger verzweigen sich und bilden ihre Enden theils zu Conidien abschnürenden Zellen, theils zu Paraphysen aus. Die Abschleuderung der Conidien erfolgt in der bereits oben angegebenen Weise. Die Dauersporen entstehen entweder als Zygosporen oder als Azygosporen.

E. radicans Brefeld. Im Körper von Raupen, besonders des Kohlweisslings (*Pieris brassicae*) lebend und denselben mit einem fädigen Mycelgeflecht durchwuchernd, welches schliesslich mächtige, dichte Lager der verzweigten Conidienträger entwickelt, während nach dem Substrat dichte Hyphenbündel von Haftorganen getrieben werden. Die von den Trägern abgeschnürten spindelförmigen oder gestreckt-ellipsoidischen Conidien treiben entweder Mycelschläuche oder bilden an kurzen Keimschläuchen Secundärconidien von der nämlichen Form.

N. Sorokin, Zwei neue Entomophthora-Arten. Cohn, Beitr. z. Biol. II, Heft 3. — A. Giard, Deux espéces d'Entomophthora etc. Bulletin Scientif. du Départ. du Nord. 2 Sér. 2. Année, No. 11, pag. 253. — L. Nowakowski, *Entomophthorae*, Abh. d. Acad. d. Wiss. z. Krakau 1883, 34 S. (polnisch), 4 Taf. Referat darüber Bot. Zeitg. 1882, pag. 560. — O. Brefeld. Untersuchungen aus dem Gesamtgebiet der Mykologie. VI. Heft. II. Entomophthoreen. Leipzig (1884). — E. Eidam, Basidiobolus, eine neue Gattung der Entomophthoraceen. Beiträge zur Biologie der Pflanzen. 4. Band, 2. Heft, Breslau 1886. — Thaxter, The Entomophthoreae of the United-States. Mem. of the Boston Society of Natural History. Vol. VI.

[1]) Brefeld, Untersuchungen über die Entwickelung von *Empusa Muscae* und *Entomophthora radicans* l. c.

[2]) Brefeld l. c. und Schimmelpilze IV, pag. 97.

Nachdem eine Anzahl von Conidientragenden Generationen gebildet sind, tritt im Herbst die Fructification von Dauersporen auf. Die dieselben enthaltenden Raupen schrumpfen zu Mumien zusammen. Die Dauersporen treten entweder an seitlichen Aesten als Azygosporen oder an leiterartigen Querverbindungen zweier Hyphen als Zygosporen auf. Sie sind mit dicker, mehrschichtiger, gebräunter Membran und fettreichem Inhalt versehen. Der Entwickelungsgang der Species ist von BREFELD l. c. genauer verfolgt.

Hauptabtheilung II.

Mycomyceten BREFELD. Scheitelzell-Pilze, höhere Pilze.

Während innerhalb der Algenpilze eine Gliederung des Mycels durch Scheidewände unter normalen Verhältnissen erst beim Fructificationsbeginn auftritt, erfolgt dieselbe bei den Mycomyceten schon von der Keimschlauchbildung an, und zwar in bestimmter Gesetzmässigkeit, nämlich von der Basis nach den Enden der Fäden zu, also in centrifugaler oder acropetaler Folge, wie es bereits auf pag. 273 erörtert und in Fig. 1 dargestellt wurde. Daselbst ist auch bereits ausdrücklich betont worden, dass es die jeweilige Endzelle oder Scheitelzelle ist, welche das Spitzenwachsthum vermittelt. Mit Rücksicht auf dieses höchst wichtige, einen durchgreifenden Unterschied gegenüber den Phycomyceten bedingende Moment dürfte es sich empfehlen, die Mycomyceten, welche sonst auch als höhere Pilze bezeichnet wurden, Scheitelzellpilze zu nennen.

Gruppe I. **Basidiomyceten**, Basidienpilze.

Das Mycel trägt zwar im Ganzen den Charakter des typischen Mycomycetenmycels, allein es verdient hervorgehoben zu werden, dass es zahlreiche Repräsentanten giebt, deren Mycelhyphen die Eigenthümlichkeit zeigen, an den Querwänden sehr kurze Seitenästchen zu entwickeln, welche sich hakenartig krümmen und mit der benachbarten Zelle oder einem ebenso beschaffenen Kurzzweiglein fusioniren und auf diese Weise eine Oesen- oder Schnallenbildung hervorrufen (vergl. pag. 386). Ferner ist in dieser Gruppe Strangbildung an den Mycelien vorherrschend, den grösseren »Schwämmen« sogar eigenthümlich. Vielfach kommen auch Sclerotienbildungen vor.[1])

In fructificativer Beziehung stimmen die Basidiomyceten mit den Brandpilzen und Rostpilzen insofern überein, als sie nur Conidien, nicht aber Sporangien erzeugen, wie die Ascomyceten.

Die Conidienfructification tritt im Allgemeinen in vier Hauptformen auf, nämlich 1. in Basidien, 2. in gewöhnlichen (meist schimmelartigen) Conidienträgern, 3. in hefeartigen Sprossconidien und 4. in Gemmen. Bei manchen Vertretern finden sich alle vier Formen, bei anderen I, II und III oder I und III, oder I und IV, oder I und II, oder auch nur I. Mit anderen Worten: die

[1]) So bei *Hypochnus centrifugus*, *Pistillaria hederaecola* CES., *P. micans*, *Typhula Euphorbiae* FUCKEL, *T. ovata*, *T. graminum* KARSTEN, *T. erythropus*, *T. gyrans*, *T. lactea* TUL., *T. variabilis* RIESS., *T. Todei* FR., *T. Persoonii*, *T. caespitosa* CES., *Clavaria complanata*, *Cl. minor* LÉV., *Cl. scutellata*, *Agaricus (Collybia) racemosus* P., *A. (Collybia) cirrhatus* P. (?), *A. (Collybia) tuberosus* BULL., *A. tuber regium* FR., *A. arvalis*, *A. grossus* LÉV., *A. fusipes* BULL., *A. volvaceus*, *Collybia cirrhata*, *C. tuberosa*, *Coprinus niveus* FR., *C. stercorarius*, *Lepiota cepaestipes*, *Galera conferta*, *Tulostoma pedunculatum* (TUL.). (Vergl. LÉVEILLÉ, Mém. sur le genre sclerotium. Ann. sc. nat. 3 sér. t. 20 (1853), BREFELD, Schimmelpilze III., SCHRÖTER, Pilze Schlesiens pag. 67, HANSEN, *Fungi fimicoli danici.* Vedensk. Meddelelser of nat. Foren. Kjøbnhavn 1876. DE BARY, Morphol. pag. 43.)

Basidiomyceten zeigen entweder monomorphe oder dimorphe, trimorphe, oder pleomorphe Fructification, ein Resultat, welches vornehmlich den weiter unten citirten Arbeiten Tulasne's, Woronin's, de Seynes und Brefeld's zu danken ist. Am gründlichsten und zugleich am extensivsten sind in diesem Sinne die neuesten Untersuchungen des letztgenannten Forschers ausgefallen. Sie dürften zugleich den Hinweis geben, dass die Systematik der Basidiomyceten, wenn sie von der bisherigen einseitigen Berücksichtigung der Basidienfructification abgeht, natürlichere und sicherere Charaktere für die Gliederung einzelner Familien gewinnen wird.

Was zunächst die Basidien erzeugende Fructification betrifft, so durchläuft sie in vielgestaltigen, oft an gewisse Ascomyceten (Pezizen, Morcheln, Xylarien) erinnernden Formen, die 3 Typen des Basidienlagers, des Basidienbündels und der Basidienfrucht. Letztere ist in typischster Ausbildung nur bei den Bauchpilzen (Gastromyceten) zu finden. Bezüglich des Baues der Basidie muss hervorgehoben werden, dass sie bei dem Gros der Basidiomyceten (Dacrymyceten, Hymenomyceten, Gastromyceten) vollkommen einzellig auftritt, keulige oder birnförmige Gestalt annehmend, während sie bei der von Brefeld als Protobasidiomyceten bezeichneten Abtheilung (welche die Pilacreen, Auricularieen und Tremellinen umfasst) durch Querwände oder durch Längswände gefächert (der Regel nach vierzellig) erscheint.

Die einzelligen Basidien entwickeln in der Nähe des Scheitels (seltener lateral) längere oder kürzere Sterigmen zu 2, 4, 6 oder mehr an Zahl (der Regel nach 4) welche auf ihrer Spitze je eine Basidiospore abschnüren. Die mehrzelligen Basidien dagegen schnüren an jeder Zelle eine Basidiospore direkt oder auf einem Sterigma ab.

Als ein höchst bemerkenswerthes und lehrreiches Factum ist hervorzuheben, dass bei einigen wenigen Basidiomyceten die Basidienfructification gegenüber der Conidien- resp. Gemmenbildung der Regel nach fast ganz oder vollständig zurücktritt, was nicht bloss für die *Nyctalis*-Arten (den Agaricineen zugehörig), sondern auch für *Ptychogaster* (einer Polyporee) Geltung hat; und es ist hiernach mit ziemlicher Sicherheit anzunehmen, dass die Basidienfructification bei diesen Pilzen schliesslich ganz vom Schauplatz der Entwickelung abtreten wird, um der Conidien- bezüglich Gemmenfructification allein das Feld zu überlassen. Wäre dieser Vorgang schon jetzt zur Vollendung gediehen, so würden wir wahrscheinlich kaum im Stande sein, die genannten Pilze in ihrer phylogenetischen Verwandtschaft mit Basidiomyceten zu erkennen.

Ehemals machte man, gestützt auf mangelhafte Untersuchungen, die Annahme, dass die Basidiomycetenfructification einem sexuellen Acte ihre Entstehung verdanke. Gewisse Beobachter hatten bei verschiedenen Basidiomyceten weibliche und männliche Organe und sogar eine gegenseitige Befruchtung derselben gesehen. Durch Brefeld's[1]) Untersuchungen wurde nun nicht bloss gezeigt, dass die vermeintlichen Geschlechtsorgane bei den in Frage kommenden Species überhaupt nicht existiren, sondern auch zahlreiche andere Basidiomyceten aus den verschiedensten Gruppen als völlig asexuell erwiesen. Man ist daher heutzutage zu der Annahme berechtigt, den Basidiomyceten fehlt jede Andeutung einer Sexualität: Die Basidienfructification, mag sie nun

[1]) Schimmelpilze III, VII, VIII.

in einfacherer oder complicirterer Form auftreten, entsteht vielmehr stets in Form von rein vegetativen Aussprossungen, sei es der Mycelhyphen, sei es anderer Organe.

Was sodann die Conidienfructification (einschliesslich der Gemmenbildungen anbetrifft, so zeigt sie beinahe noch grössere Gestaltenmannigfaltigkeit, als die Basidienfructification, was z. Thl. TULASNE's, besonders aber BREFELD's neueste Untersuchungen klar gelegt haben. Die Basidiomyceten können bezüglich dieser Mannigfaltigkeit sogar mit den Schlauchpilzen rivalisiren.

Die Fig. 74, V; 75, IX; 76, IV VII—IX; 79, II; 81 werden, obwohl sie nur eine Auswahl der betreffenden Verhältnisse geben, dies bereits genügend andeuten; im Uebrigen verweise ich auf die bei den einzelnen Ordnungen, Familien und Gattungen gegebene Charakteristik der Conidienträger und Gemmenbildungen.

Ordnung I. Protobasidiomyceten BREFELD.[1])

Das wesentlichste Moment im Charakter dieser Gruppe ist in dem Umstande zu suchen, dass die Basidien der Basidienfructification nicht, wie bei den folgenden Ordnungen der Hymenomyceten und Gastromyceten einfache Zellen darstellen, sondern vielmehr einen zelligen Apparat repräsentiren. Seitens jeder Zelle desselben wird ein längeres oder kürzeres Sterigma gebildet, das an seiner Spitze eine Basidiospore abschnürt. Man findet den Basidienapparat entweder in der Weise ausgebildet, dass die Zelle sich in der Längsrichtung stark streckt und darauf eine Gliederung durch Querwände in 4 bis mehrere Zellen erfährt (Fig. 74, III *B*), oder die Basidien sind von rundlicher, eiförmiger Gestalt und theilen sich durch schräge und auf einander senkrecht stehende Wände in zwei bis vier Zellen (Fig. 75, III *B*, IV).

Ausser der längst bekannten Basidienfructification hat BREFELD, wie z. Thl. früher schon TULASNE, neuerdings noch Nebenfructificationen nachgewiesen, welche als charakteristische Conidienbildungen auftreten.

Bezüglich der Basidienform zeigen gewisse Protobasidiomyceten gewisse Anklänge an die sogen. tremelloiden Uredineen *(Chrysomyxa, Coleosporium)*.

Mit Ausnahme weniger Repräsentanten sind sämmtliche Protobasidiomyceten durch starke Vergallertung der Hyphen der fructificativen Zustände, speciell der Basidienlager, ausgezeichnet, wodurch diese Fructificationsorgane gallertige oder knorpelige Consistenz annehmen.

Familie 1. Pilacreen BREFELD[2]).

Die Hauptfructification trägt hier einen von den beiden folgenden Familien insofern abweichenden Character, als sie ein Hyphenbündel darstellt, dessen oberer Theil köpfchenartig erweitert erscheint (Fig. 74, I II). Während die Hyphen des Köpfchens in der peripherischen Region eigenthümliche Ausbildung zeigen, sowohl bezüglich ihrer Gestalt (lockenförmige Einrollung, Fig. 74, III), als auch hinsichtlich ihrer starken Verdickung, treiben sie an den weiter nach dem Innern des Köpfchens gelegenen Stellen seitliche Kurzzweige, welche zu Basidien werden. Sie theilen sich durch je drei Querwände, und jede der so entstandenen 4 Zellen schnürt seitlich eine Basidiospore ab. Ausgesprochene Sterigmenbildung, wie sie für die beiden folgenden Familien so characteristisch ist, fehlt mithin. BREFELD der den Bau und die Entwickelung der Basidienfructification genauer als TULASNE[3])

[1]) Untersuchungen aus dem Gesammtgebiet der Mycologie. Heft VII.

[2]) l. c. pag. 27 ff. Taf. I u. II.

[3]) Ann. des scienc. Ser. V. tom. IV. pag. 292—296.

verfolgte und sie als eine »Frucht« im Sinne der Bauchpilze deutete, hat ausserdem noch constatirt, dass die Basidiosporen die Fähigkeit besitzen, zu Mycelien auszukeimen, welche eine eigenthümliche Nebenfructification in Form von ährenartigen Conidienständen erzeugen (Fig. 74. V).

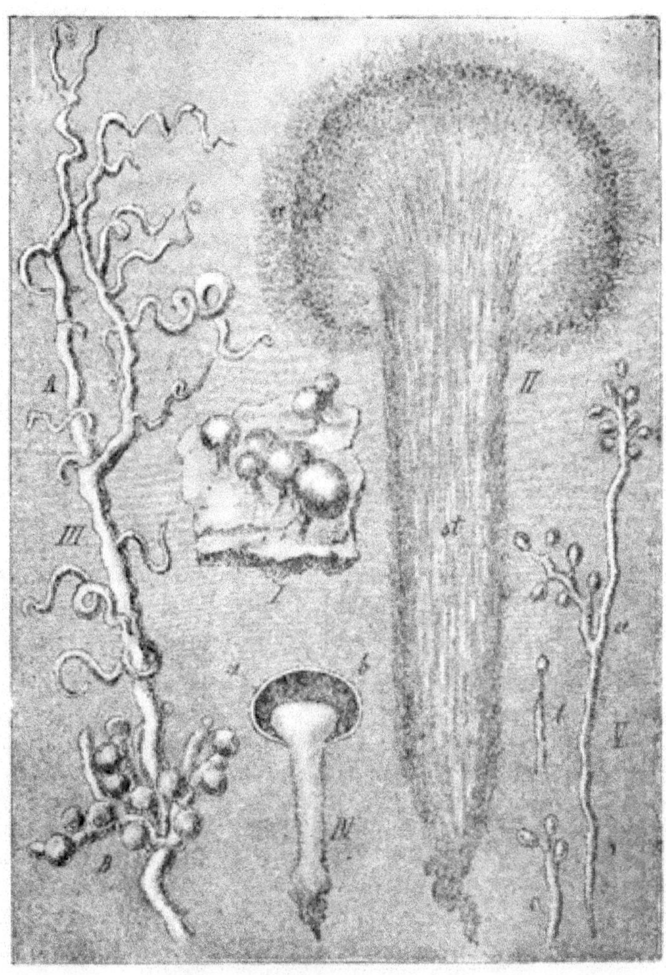

Fig. 74. (B. 683.)

I. *Pilacre Petersii.* Ein Stüekehen Buchenrinde mit den kopfförmigen Bündeln der Basidienfructification besetzt, etwa 2 fach vergrössert, nach TULASNE. II. Halbreifes Basidienbündel im axilen Längsschnitt, *st* Stiel, *a* die Region der sterilen Enden der strahligen Hyphen des Köpfchens, eine peripherisehe Schicht bildend, *b* die basidientragende Region der Hyphen, die Basidienbildung ist nach dem Innern des Köpfchens zu ziemlich weit vorgeschritten, was durch Punktirung angedeutet ist; schwach vergrössert. IV. Eine der strahligen Hyphen des Köpfchens ca. 400 fach vergrössert, in der Region *A* steril, mit lockenartig eingerollten Zweigenden, in der Region *B* mit vierzelligen Basidien, an denen nahezu reife Sporen sitzen. V. Schwach vergrösserte reife Basidienfructification im medianen Längsschnitt; *a* Hülle, aus den lockigen Hyphen gebildet, *b* basidienbildende Region, in welcher die Basidien bereits aufgelöst und nur die blossen, dunklen Sporenmassen vorhanden sind. VI. Conidienträger *a* verzweigt mit Traubenartig angeordneten Seitenachsen, *b* Spitze eines jungen Trägers, *c* ein ebensolcher mit 3 in der Reihenfolge der Zahlen entstandenen Conidien, ca. 400 fach. Fig. II—VI nach BREFELD.

Pilacre Petersii, BERK. u. CURTIS, entwickelt seine kleinen, gestielten, grauweiss erscheinenden Basidienbündel auf Buchenrinde (Fig. 74, I). Der in das Substrat hineinragende Stiel besteht aus parallel verlaufenden Hyphen, der köpfchenförmige Theil kommt durch reiche Verzweigung dieser Hyphen zustande (Fig. 74, II). Die Seitenäste nehmen wie die Haupthyphen fast gradlinigen Verlauf. Das Ganze gleicht daher zunächst einem »Besen, den man aus reich beästeten Reisern gebunden hat.« Es zeigt sich deutlich, wie die Enden der Hyphen und Zweige dünner werden und sich durch ungleichseitiges Längenwachsthum lockenartig einrollen (Fig. 74, III *A*), wobei sie vielfach in einander greifen. So kommt »eine Art von Hülle« zustande. Im weiter rückwärts gelegenen Theile sprossen die Fäden und Aeste zu den oben erwähnten Basidien (Fig. 74, III *B*) aus, ein Vorgang, der unter der hüllenartigen Region beginnt und von hier aus nach innen zu vorschreitet, wodurch die kopfförmige Verdickung ausgesprochener wird. Schliesslich lösen sich die Basidien auf und endlich auch die Fadentheile, von denen sie entspringen, und der aus den strahligen Hyphenenden gebildete hüllenartige Theil umschliesst nunmehr eine blosse Sporenmasse (Fig. 74, IV). Es bedarf nur noch eines geringen Anstosses, um jenen zum Zerfall zu bringen und die braun-schwarze Masse frei zu machen.

So wie die Anlage der Basidien in basipetaler Folge auftritt, so auch die Basidiosporenanlage an den Basidien.

Die Basidiosporen keimen in Nährlösungen leicht und produciren Conidienträger, welche einfach oder verzweigt sind. Dieselben bilden zunächst ein terminales Sterigma, welches eine ellipsoidische Conidie abschnürt, unter diesem ein zweites, welches das erstere zur Seite drängt und so fort. Auf diese Weise entsteht ein sympodialer Conidienstand, der in seiner Ausbildung das Bild einer Traube gewährt (Fig. 74, VI). Conidien wie auch Träger nehmen gelbe bis braune Färbung an. Jene sind ebenfalls leicht zur Keimung zu bringen.

Familie 2. Auriculariaceen TULASNE.

Die Basidienfructification stellt im Gegensatz zu den Pilacreen und theilweis auch den Tremellineen hutartige oder polsterförmige Körper dar. Die Basidien, in langgestreckter, selten gekrümmter Form auftretend, bilden eine oberflächliche Schicht, die bei den hutartigen Formen auf der Unterseite *(Auricularia)*, sonst auf der Oberseite liegt *(Platygloea, Tachaphantia)* und, wie auch das darunter liegende Gewebe, meist stark vergallertet. Wie bei den Pilacreen sind die Basidien durch Querwände getheilt, treiben aber aus jeder Zelle ein sehr langes Sterigma[1]).

Gattung 1. *Auricularia* BULLIARD.

Basidienfructification relativ grosse, unregelmässig-gelappte, bald schüssel- bald ohrförmige, hutförmige, bilaterale Körper bildend. Die Basidiosporen keimen in Wasser und Nährlösungen leicht und treiben, nachdem sie sich durch 1 bis 3 Scheidewände gegliedert, direkt oder an Mycelschläuchen stark gekrümmte, kleine Conidien, die auf kurzen, feinen Sterigmen in Büschel- oder Köpfchenform entstehen, durch diese Verhältnisse an Dacryomyceten erinnernd. Auch die Conidien keimen in Nährlösung zu Conidien tragenden Mycelien aus.

A. mesenterica FR. Bildet relativ grosse, bis über 1 Decim. breite, am Rande gelappte oder gefaltete Hüte, deren gallertige Unterseite flach muschelförmige Vertiefungen zeigt, während die Oberseite braune Behaarung und Zonenbildung aufweist. An den langen Sterigmen der vier-

[1]) BREFELD, l. c. pag. 69 ff.

zelligen, langgestreckten Basidien entstehen schwach gekrümmte, 20 Mikr. lange und 7 Mikr. breite Sporen. Auf Wasser keimen sie zu Secundärsporen, in Nährflüssigkeiten nach voraufgegangener Quertheilung zu Conidien resp. Conidien tragenden Mycelien aus. An alten Baumstümpfen im Spätsommer und Herbst.

Familie 3. Tremellineen. Zitterpilze, Gallertpilze.

Ihre Vertreter zeichnen sich vor allen übrigen Protobasidiomyceten in erster Linie durch eine ganz besondere Gestaltungs- und Theilungsweise der Basidie aus. Dieselbe erscheint nämlich nicht gestreckt, sondern rundlich, ei- oder birnförmig (Fig. 75, III *b*, IV—VI), und theilt sich nicht durch Quer-, sondern durch mehr oder weniger schräge Längswände in 4 Quadranten, deren jeder dann ein langes, mit Basidiospore abschliessendes Sterigma treibt. In Uebereinstimmung mit der vorigen Familie liegt die Basidienschicht frei an der Oberfläche, entweder auf der Oberseite, oder (bei hutartigen Lagern) an der Unterseite.

Mit wenigen Ausnahmen zeigen die Hyphen und Basidien der Basidienfructification starke Neigung zur Vergallertung, so dass die Fruchtlager zitterig erscheinen und hieran an die später zu besprechenden Dacryomyceten erinnern. Bei feuchtem Wetter quellen sie stark auf, um bei trockener Witterung allmählich einzuschrumpfen. Im letzteren Falle wird natürlich Wachsthum und Fructification sistirt, um nach erneuter Aufsaugung von Wasser fortgesetzt zu werden. Beim Eintrocknen verlieren die Fruchtlager natürlich Form und Farbe bis zur Unkenntlichkeit. Ausser der Basidienfructification erzeugen die Tremellinen, wie schon Tulasne[1]) zeigte und Brefeld sicherer nachwies, characteristische Nebenfructificationen, die für die Systematik der Familie im Allgemeinen sicherere Unterscheidungsmerkmale liefern, als die Basidienfructification. Sie treten in Form von Conidienbildungen auf. Die Conidien besitzen entweder die Hakenform der *Auricularia*-Conidien (*Exidia*) oder sie nehmen rundliche Gestalt an (*Tremella*), im letzteren Falle durch Sprossung characteristische Verbände bildend (Fig. 75, IX), oder endlich sie werden stäbchenförmig (*Ulocolla*). In mehreren Fällen hat man das Vorkommen von Conidienträgern in förmlichen Lagern constatirt, die später meist von der Basidienfructification abgelöst werden (*Tremella*, *Ulocolla*) und z. Th. charakteristische Form zeigen, z. B. Krugform bei *Craterocolla cerasi*. Sonst werden Conidien auch an den Fäden der Mycelien resp. von Seiten der keimenden Spore abgeschnürt (Fig. 75, VIII). Sämmtliche Tremellinen bewohnen todtes Holz.

Gattung 1. *Tremella*.

Fruchtlager entweder gyröse Gallertklumpen bildend (Fig. 75, I II) oder seltener krustenförmig. Ihre Basidiosporen erscheinen kurz, eiförmig. Die Conidienbildung tritt bei gewissen Arten nur in der Form auf, dass die Basidiosporen bei der Keimung direkt hefeartig sprossen (Fig. 75, VIII), etwa ähnlich wie bei Ustilagineen. Diese Sprossconidien sind dann im Gegensatz zu *Exidia* nicht gekrümmt, sondern ellipsoïdisch. Ein paar Vertreter bilden ausserdem noch in grossen Lagern Conidien, die dann später durch die Basidienfructification abgelöst resp. verdrängt werden. Die Conidienträger verzweigen sich strauchartig und bilden an den Enden Conidien in Sprossverbänden (Fig. 75, IX).

Tr. lutescens Pers. Gelber Zitterpilz (Fig. 75). An abgefallenen Reisern der Laubbäume (Birken, Buchen, Hainbuchen etc.) im Winter nicht selten. Der Regel nach treten zuerst kleine, leuchtend orangene Conidienlager auf; dieselben werden dann später von Basidienbildungen abgelöst, mit dem Auftreten derselben werden die Lager grösser und stärker gallertig, bis schliesslich die Conidienbildung gänzlich zurücktritt, die Lager mehr gelb erscheinen, und oft eine Breite von 5—10 Centim. und darüber erreichen.

Zur Zeit wo die Lager noch ausschliesslich Conidien bilden, sind die Hyphen desselben wenig gallertartig und dicht verflochten.

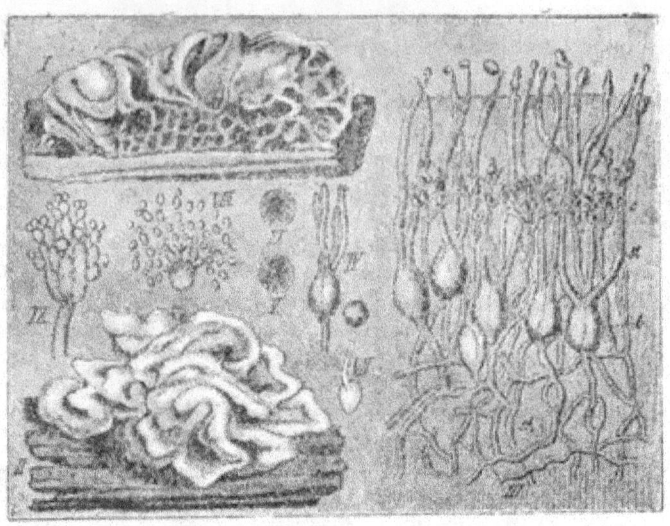

(B. 644.) Fig. 75.

Tremella lutescens PERS. I Fruchtlager in natürlicher Grösse in den mit *a* bezeichneten Stellen Conidien tragend, in den mit *b* bezeichneten bereits in Basidien fructificirend. II Basidientragendes Fruchtlager in natürlicher Grösse. III Stückchen eines Vertikalschnittes durch ein Basidien *b* und Conidien *c* tragendes Lager; *sh* subhymeniales Hyphengewebe, *d* alte, collabirte Basidie, *st* Sterigmen; *g* Grenze der Gallertschicht, in welche die subhymenialen Hyphen, Basidien und Conidienträger eingebettet erscheinen; 450fach. IV Junge Basidie mit ihren 4 noch sterilen Sterigmen. V Junge Basidie vom Scheitel gesehen erst durch eine Wand getheilt, 400fach. VI Junge Basidie in 4 Quadranten getheilt, 400fach. VII Basidiospore *b*, welche eine Secundärspore *s* getrieben hat, 400fach. VIII Basidiospore in Nährlösung cultivirt, mit hefeartigen Sprossungen, die sich zum grossen Theil isolirt haben, 400fach. IX Conidienträger aus dem Lager der Fig. II, 420fach. Fig. II nach GILLET, das Uebrige nach BREFELD.

Sie gehen nach der Oberfläche zu, verzweigen sich hier reichlich und enden mit kurzen, dicken Aussackungen, an denen die winzigen, 1,5—2 mikr. im Durchmesser zeigenden Conidien erzeugt werden. Infolge der Vergallertung ihrer Membran kleben die Massen derselben zu dicken, orangerothen Krusten zusammen, welche das Lager dicht bedecken. Die Conidien keimen in Nährlösungen entweder in der Weise aus, dass sie hefeartig sprossen, oder indem sie direct Mycelschläuche treiben. In den Conidienlagern entstehen die Basidien an denselben subhymenialen Fäden wie die Conidienträger (Fig. 75, III), zunächst mit diesen untermischt, später dieselben verdrängend. Die rundlichen Basidien theilen sich durch doppelte Zweitheilung in 4 nebeneinanderliegende Zellen, deren jede ein dickes, die Gallerthülle des Lagers durchbrechendes Sterigma treibt, welch letzteres eine eiförmige, kaum gekrümmte Basidiospore abschnürt dicht unterhalb der Spitze. Die Basidiospore keimt entweder zu einer Secundärspore aus (Fig. 75, VII) oder sie treibt hefeartige Sprossungen, meist in grösserer Anzahl, die ihrerseits aussprossen können (Fig. 75, VIII), oder endlich sie bildet Mycelschläuche.

Gattung 2. *Exidia* Fries.

Die Papillen auf der Hymenialfläche, die man früher als Hauptmerkmal betrachtete, bilden eine wenig constante Eigenschaft. Sicherer ist der von der Conidienfructification hergenommene Character. Die Conidien entstehen entweder direkt an der keimenden Spore oder am Mycel, nicht in den Basidienlagern, wie bei *Tremella*. Sie sind denen der *Auricularia* unter den Auriculariaceen in der Form sehr ähnlich, weil hakenförmig gekrümmt. Bei kleineren Formen, sowie bei den seltenen krustenartigen überzieht das Hymenium die ganze Oberfläche. Grössere Formen zeigen ausgesprochene Bilateralität, die dem Substrat zugewandte Seite ist steril, meist papillös bis schwach haarig, die andere trägt das Hymenium. Die Basidiosporen sind nierenförmig — länglich.

E. truncata Fries. An todten Zweigen von Tilia, im Winter nicht selten. Fruchtkörper schwarz, kreiselförmig, am Rande oft etwas gekräuselt, mit Stiel versehen, in der ganzen Erscheinung nicht unähnlich dem Becherpilze *Bulgaria inquinans*. Die Oberseite mit dem Hymenium ist von kleinen Papillen besetzt, die dem Substrate zugewandte sterile Seite mit kurzen, schwarzen Haaren bedeckt.

Zwischen den Protobasidiomyceten, speciell den Tremellinen und den Hymenomyceten, vermittelt die kleine

Familie 4. Dacryomyceten.

Die Fructifiction tritt ausser in Basidienlagern auch noch in Conidienbildungen seltener in Gemmen auf. Die ersteren erinnern durch ihre gallertig-knorpelige Beschaffenheit an Tremellinen und stellen entweder kleine, gekräuselte Polster *(Dacryomyces*, Fig. 76, I *b)*, kleine gestielte Becher *(Guepinia)*, kleine, etwa morchelähnliche Körper *(Dacrymitra*, Fig. 76, XII) oder hirschgeweih- bis strauchförmige, oft stattliche, lebhaft an Clavarien erinnernde Bildungen dar *(Calocera*, Fig. 76, X). Die Hymenialschicht überkleidet entweder die ganze Oberfläche der Lager *(Dacryomyces)* oder nur die Oberseite *(Guepinia)*, resp. eine scharf markirte obere Region *(Dacrymitra)* oder endlich nur die oberen Enden verzweigter Formen *(Calocera)*.

Als besonderes Characteristicum der Familie gilt der Umstand, dass die Basidien gestreckt-keulig und mit nur zwei auffällig dicken, kegelförmigen Sterigmen ausgestattet erscheinen, welche an den Basidien wie die Zinken einer Gabel sitzen (Fig. 76, XI) und relativ grosse, nierenförmige, cylindrische oder eiförmige Sporen abschnüren. Bei dem Keimen pflegen sich Letztere in meist 4 oder mehr Zellen zu theilen durch Bildung von Querwänden (Fig. 76, III) oder auch Längswänden (Fig. 76, VIII, 1—5), wodurch dann kleine Zellflächen resp. Gewebekörper entstehen. Bei schlechter Ernährung treibt jede Zelle unmittelbar sehr kleine, kurz- oder gestreckt-ellipsoïdische Conidien auf winzigen Sterigmen in büscheliger Gruppirung (Fig. 76, III VIII 5), in Nährlösungen einen Mycelfaden, der sich verzweigen und ebenfalls büschelige Conidien abschnüren kann (Fig. 76, IX IV). Auch die Conidien können ihrerseits, direkt oder an Keimschläuchen, Conidien abschnüren (Fig. 76, V). Gemmenbildung nur bei einer Species und zwar in Gemmenlagern beobachtet (Fig. 76, VI VII). — Die Vertreter dieser Familie sind besonders von Tulasne[1]) und Brefeld[2]) ge-

[1]) Annales des scienc. nat. ser. III, t. XIX.

[2]) Unters. aus dem Gesammtgebiet der Mycologie. VIII, pag. 138—167.

nauer untersucht worden. Die gelbe bis orangene Färbung der Basidienlager beruht auf der Gegenwart von Fettfarbstoffen, wie ich für *Dacryomyces deliquescens* und *Calocera viscosa* nachwies (s. pag. 415).

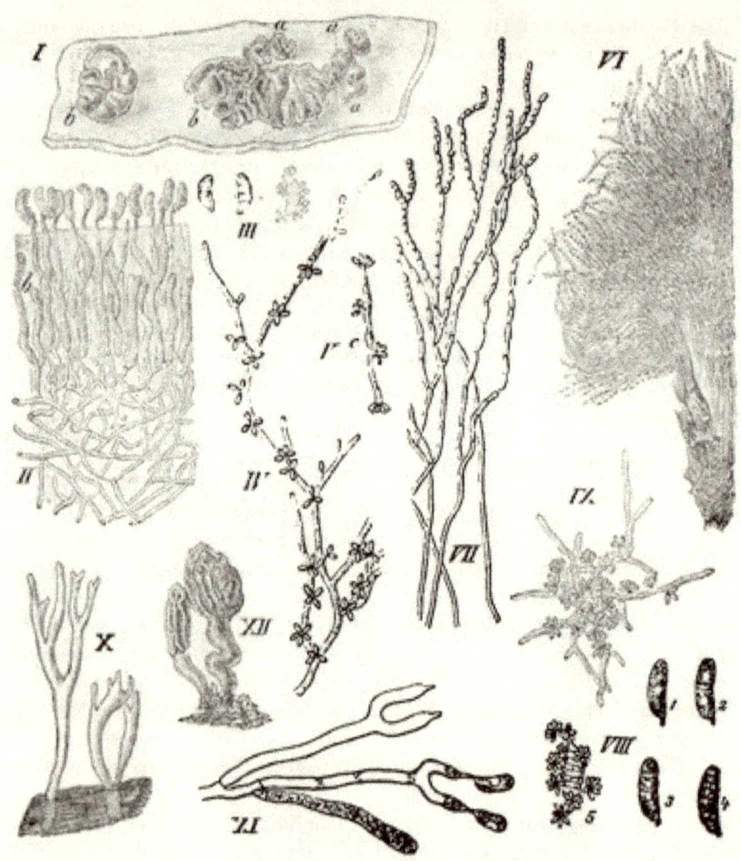

(B. 685.) Fig. 76.

I—VII *Dacryomyces deliquescens* (BULLIARD). I Basidienlager *b* und kleine Gemmenfrüchte *a* in natürlicher Grösse. II. Stückchen eines Vertikalschnittes durch das Hymenium der Basidienlager, *b* Basidien mit ihren zwei Sterigmen, jedes eine nierenförmige Spore tragend. Basidienschicht wie das darunter liegende Hyphengewebe in eine Gallertmasse eingebettet, 350 fach vergr. III Auskeimung der Basidiosporen in Wasser (sie werden erst zweizellig, dann vierzellig, dann treiben sie Conidien) 350 fach. IV Stück eines Mycels, an dessen Verzweigungen die Conidien in Büscheln entstehen, 350 fach. V Eine Conidie *c*, welche in Nährlösung zwei Keimschläuche getrieben hat, deren jeder Köpfchen von Conidien abschnürt, 350 fach. VI Verticalschnitt durch ein Gemmenlager, 60 fach; die schwarzen, reihenformig angeordneten Strichelchen sind die Gemmen. VII Einige Gemmenketten desselben Lagers 180 fach. VIII Basidiosporen von *Dacryomyces longisporus*, in den verschiedenen Stadien der Keimung in Wasser; bei 1 noch einfach, bei 2 mit einer, bei 3 mit 3, bei 4 mit vielen Quer- und sogar einigen Längswänden versehen, bei 5 mit zahlreichen Conidienköpfchen, 300 fach. IX Basidiospore von *Dacryomyces ovisporus*, in Nährlösung zu einem noch kleinen Mycel ausgekeimt, an welchem sich bereits zahlreiche Conidienbüschel befinden, 300 fach. X—XI *Calocera viscosa* (PERS.). X Kleinere hirschgeweihartig verzweigte Basidienlager, einem Holzfragment aufsitzend, in natürlicher Grösse. XI 540 fach. Basidientragender Ast. Basidien mit ihren beiden kräftigen Sterigmen meist gabelartig geformt. XII Basidienlager von *Dacrymitra glossoides* in natürlicher Grösse. Mit Ausnahme von Fig. X u. XI alles nach BREFELD.

Gattung I. *Dacryomyces* Nees.

Basidientragende Fruchtlager *Tremella*-artig, rundlich, mit breiter Fläche dem Substrat aufsitzend, gallertartig, gelb oder röthlich gefärbt, anfangs in Tropfen oder Thränen (δακρυς) aus dem Substrat (todtes Holz) hervorbrechend, später gyrös gewunden, an der ganzen Oberfläche Basidien tragend. Sporen einfach, cylindrisch, eiförmig oder nierenförmig, bei der Keimung sich in 4 bis mehr Zellen theilend. Conidien sehr klein, ellipsoïdisch, auf sehr kurzen Sterigmen abgeschnürt, in Büscheln oder Köpfchen.

D. deliquescens (Bullard), Zerfliessender Thränenpilz. Die in der kalten Jahreszeit aus morschem Holze alter Bretterzäune, Stakete, Brückengeländer etc. heerdenweise hervorbrechenden, leuchtend rothen oder orangerothen Tröpfchen stellen die Gemmenlager des Pilzes dar (Fig. 76, I*a*). In feuchtem Zustande jedem Passanten auffällig, sinken sie bei trockener Witterung bis zur Unkenntlichkeit zusammen, um bei feuchtem Wetter sofort wieder aufzuquellen und weiter zu wachsen. Sie repräsentiren die häufigste Fructificationsform des Pilzes und bestehen aus Complexen von Hyphen, an denen die cylindrischen, mit orangerothem Inhalt versehenen Gemmen in Ketten, etwa nach Art der Oidien, abgegliedert werden (Fig. 76, VI VII). Nach Brefeld (l. c.) lassen sich Gemmenlager sowohl in Nährlösungen auf dem Objectträger als auf gedüngtem Brode in stattlichen Formen erziehen. Bei der Cultur in Nährläsung erzielt man aus den Gemmen Mycelien mit Conidienbildungen vom Character der sogleich zu erwähnenden, nur dass sie wenig reichlich auftreten.

Die Basidien-erzeugenden Fruchtlager (Fig. 76, I*b*) weichen von den Gemmentragenden abgesehen von ihrer gelben Farbe durch Grösse und Form ab. Anfangs klein und rundlich, werden sie später oft 1 bis 2 Centim. breit und zeigen mehr oder minder reiche Faltung ihrer Oberfläche, sowie auch gallertartig-zähe Consistenz. Auf dem Vertikalschnitt sieht man die schlanken Basidien *b* mit ihren Sterigmen in eine Gallertmasse eingebettet, ebenso auch das unter dem Hymenium liegende Hyphengeflecht (Fig. 76, II). Bringt man die cylindrischen, nierenförmig gekrümmten, 15—22 Mikr. langen und 4—7 Mikr. dicken Basidiosporen in Wasser oder feuchte Luft, so theilen sie sich in bekannter Weise in 2, dann 4 Zellen, deren jede auf feinen, kurzen Sterigmen ellipsoidische, 5 Mikr. lange und 2—3 Mikr. dicke Conidien in kleinen Büscheln erzeugt (Fig. 76, III). In Nährlösung gesäet treiben die Basidiosporen Mycelschläuche, an denen die nämlichen Conidien (höchstens in etwas längerer Form) entstehen. Sie keimen in Nährlösung (nicht in Wasser) und schnüren an ihren Keimschläuchen gleichfalls obige Conidienformen ab. Nach dem Gesagten leuchtet ein, dass der Pilz überreiche Vermehrungsmittel besitzt. (Gemmen, Basidiosporen, Conidien an aus Gemmen erzogenen Mycelien, Conidien an Basidiosporen-Mycelien, Conidien an aus Conidien gezüchteten Mycelien).

Ordnung II. **Hymenomyceten** Fries.

Sie umfasst sowohl Formen mit denkbar einfachster, als solche mit relativ sehr hoch entwickelter Basidienfructification, während zwischen beiden alle möglichen Uebergangsstufen existiren. Auf der einfachsten Stufe, wie sie bei den niedersten Hymenomyceten *(Hypochnus, Tolypella, Exobasidium)* zu finden ist, besteht die in Rede stehende Fructification aus einer einfachen, lockeren oder dichteren Schicht von Basidien, welche unmittelbar vom Mycel entspringen (Fig. 77, IV). Die nächst höhere Stufe kennzeichnet sich dadurch, dass zwischen Basidienschicht (auch Hymenialschicht genannt) und Mycel ein Hyphengewebe eingeschoben wird, welches je nach den verschiedenen Familien die mannigfaltigsten Formen aufweist, entweder eine Haut (Fig. 78, I *ab*, 80, IV) oder eine Keule (Fig. 79, I III IV), einen Strauch (Fig. 78, IV; 79, V VI), Becher (Fig. 78, V VI), Napf, einen stiellosen oder gestielten Hut (Fig. 77, I III) repräsentirt. Solchen »Trägerformen« sieht man die Basidienschicht unmittelbar aufgesetzt. Auf einer noch höheren Stufe finden wir zwischen das Gewebe des Trägers einerseits, der gleichfalls die Form einer Haut oder eines (gestielten, bezw. ungestielten) Hutes haben kann und zwischen die Basidienschicht andererseits noch ein weiteres Gewebe eingeschoben, welches man als Hymeniumträger oder Hymenophorum bezeichnet hat, und das dadurch charakterisirt ist, dass es in Form von Warzen, Stacheln (Fig. 79, IX), Leisten, Lamellen (Fig. 84, XII), Adern (Fig. 80, IV) oder Röhren (Fig. 80, II *a*, VI VIII) ausgebildet wird, die sich der Regel nach vom Licht hinweg oder dem Erdboden zuwenden, daher fast ausnahmslos der Unterseite des Trägers aufsitzen (Manche fassen auch Hymenophorum und Basidienschicht unter dem Namen »Hymenium« zusammen).

Die Basidien treiben in der Regel 4 (selten 2 oder mehr als 4) feine Sterigmen (Fig. 77, IV). Sobald deren Bildung anhebt, theilt sich nach STRASSBURGER[1]) der Kern der Basidie wiederholt, bis 8 sehr kleine Kerne vorhanden sind. Haben dann die Sterigmen die Sporenanlagen gebildet, so wandert das Plasma der Basidie in diese ein, und ziemlich spät folgen auch die Zellkerne, von denen jede Spore zwei erhält. Zwischen die Basidien schieben sich meistens steril bleibende, eigenthümlich geformte, einzellige Bildungen ein, die man als Paraphysen bezeichnet (vergl. Fig. 34 und pag. 322). Stark bauchige Formen nennt man auch Cystiden. Ausser der Basidienfructification kommen noch gewöhnliche Conidienbildungen (Fig. 81, I—IV) sowie Gemmenbildungen (Fig. 81, V) vor, welche sämmtlich bei den einzelnen Familien besprochen werden sollen. Die Zahl der in SACCARDO's Sylloge aufgeführten Hymenomyceten beträgt zwischen 8 und 9000.

Familie 1. **Hypochnaceen.** Hypochnusartige Hymenomyceten.

Im Hinblick auf die Basidienfructification stellen sie ohne Zweifel die primitivst gebauten Hymenomyceten dar und zwar dokumentirt sich ihre Einfachheit darin, dass die Basidien ein unmittelbar dem mehr oder minder locker oder dicht verflochtenen Mycel aufsitzendes, einfaches Lager bilden (Fig. 77, IV), das entweder nur lockere, fast wie Schimmel aussehende Anflüge oder eine dichtere Schicht von häutiger bis lederartiger Consistenz bildet. Ein subhymeniales Gewebe vermisst man demnach, auch fehlt die Bildung von Paraphysen.

Ausser der Basidienfructification können noch Nebenfructificationen in Form von Conidienbildungen auftreten. Letztere entstehen entweder durch hefeartige Sprossung unmittelbar an den Sporen (Fig. 77, IV VII) oder an den Aesten kleiner Mycelien bei kümmerlicher Ernährung, oder sie werden in Gestalt sonderbar geformter Conidienträger erzeugt. Die Vertreter der Hypochnaceen leben meist saprophytisch (auf der Erde, auf Rinden, Hölzern), seltener siedeln sie sich als Parasiten auf Pflanzen an.

---

[1]) Grosses botanisches Praktikum, II. Aufl., pag. 433.

Gattung 1. *Hypochnus* (EHRENBERG) BREFELD.

Die Basidienfructification bildet filzige oder fleischige, meistens gefärbte Lager auf Rinde, Holz etc. Die auf den keulenförmigen, mit feinen Sterigmen ausgestatteten Basidien entstandenen Sporen keimen zu grobfädigen Mycelien ohne Schnallenbildung aus, welche keine Conidienfructification erzeugen.

H. puniceus (ALB. und SCHWEIN.). Auf verschiedenen Laub- und Nadelhölzern filzige, rothbraune Ueberzüge bildend.

Gattung 2. *Tomentella* (PERSOON) BREFELD.[1])

Steht sowohl in der Beschaffenheit des schnallenlosen Mycels als der Basidienlager und der Basidien der Gattung *Hypochnus* nahe, unterscheidet sich aber von ihr durch das von BREFELD constatirte Vorkommen eigenthümlicher Conidienfructificationen, welche der Basidienfructification vorausgehen. Die Conidien entstehen an Fäden, welche ähnlich verzweigt sind, wie die basidientragenden, und in gewissen Stadien des Pilzes mit letzteren an denselben Mycelfäden zu finden sind. Die Abschnürung der zahlreichen Conidien, die auf feinen, kurzen Sterigmen entstehen, erfolgt an der ganzen Oberfläche der Träger. Später verschwinden letztere und machen dann der ausschliesslichen Basidienfructification Platz. Sie sind wahrscheinlich früher als »Hyphomycetenformen« beschrieben worden, vielleicht unter der Gattung *Botrytis*. Die Basidien tragen auf 4 Sterigmen grosse gefärbte Basidiosporen. Die Tomentellen leben auf Holz oder Erde.

T. flava BREFELD. Auf dürrem Buchenholz ausgedehnte gelbbraune, später mehr braune Ueberzüge bildend. Die auffallend dicken Mycelfäden gehen nach oben in noch dickere, an den Enden reich und kurz verzweigte Aeste ab, welche zu Conidienträgern werden (vielleicht schon als *Botrytis argillacea* COOKE, beschrieben) und kugelige, stachelige, braune, 8 Mikr. dicke Conidien abschnüren. An denselben Mycelfäden treten verzweigte Aeste mit Basidien auf, die 12 Mikr. dicke Basidiosporen von der Beschaffenheit der Conidien abschnüren.

Gattung 3. *Exobasidium* WORONIN.

Ihre Vertreter leben parasitisch in höheren Pflanzen. Die von dem sich mehr oder minder dicht verflechtenden Mycel entspringenden, 4—6sporigen Basidien durchbrechen die Epidermis und bilden ein dichtes Lager. Ausser der Basidienfructification wird noch eine Conidienfructification in sprossartigen Verbänden erzeugt, welche bei kümmerlicher Ernährung unmittelbar von der Spore ausgehen, sonst an Mycelästen gebildet werden.

E. Vaccinii WORONIN. (Fig. 77.) Bewirkt, wie WORONIN[2]) darlegte, eine in ganz Europa weit verbreitete, von der Ebene bis ins Hochgebirge gehende sommerliche Krankheit der Preisselbeere *(Vaccinium Vitis Idaea)*, der Heidelbeere *(V. Myrtillus)* und anderer Ericaceen *(Andromeda polifolia, Ledum palustre, Arctostaphylos, Rhododendron)*. Obschon die Erkrankung alle oberirdischen Organe treffen kann, so tritt sie doch meist in localisirter Form auf, indessen gewöhnlich mit solcher Intensität, dass sie selbst vom Laien nicht leicht zu übersehen ist. Es werden nämlich nicht bloss Verunstaltungen an den erkrankten Organen in Form von Beulen, Aufschwellungen, Krümmungen, Faltungen hervorgerufen (Fig. 77, I II), sondern es treten auch noch Verfärbungen sonst grüner Theile ins Weissliche, Rosenrothe oder Blutrothe hinzu, die schon von Weitem eine erkrankte Pflanze erkennen lassen.

---

[1]) BREFELD, Untersuchungen aus dem Gesammtgebiet der Mycologie, Heft VIII, pag. 9 ff.

[2]) Exobasidium Vaccinii. Freiburg 1867. Vergl. auch BREFELD, Unters. aus dem Gesammtgeb. d. Mycologie. Heft VIII, pag. 12 ff.

Am auffälligsten sind die auf der Unterseite der Blätter sich so häufig findenden, weisslichen, gallenartigen Beulen (Fig. 77, II), mächtige Gewebswucherungen, denen auf der Oberseite eine meist blutroth gefärbte Concavität entspricht

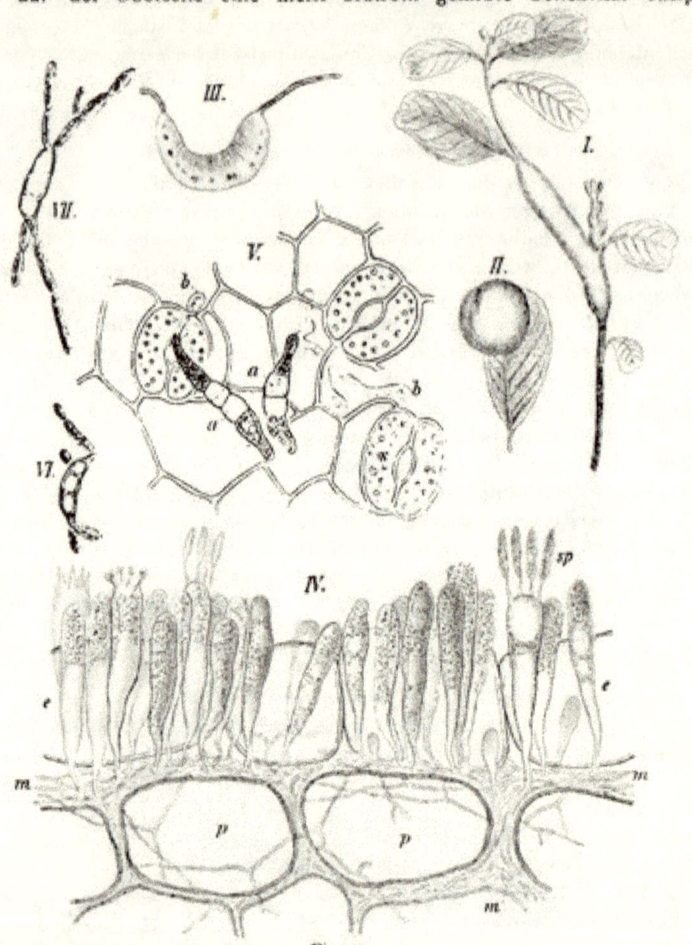

(B. 686.) Fig. 77.

Exobasidium Vaccinii Woronin. I Ein Preisselbeerspross, dessen mittlerer Theil durch den Pilz stark hypertrophirt ist. II Ein Blatt mit gallenartiger Aufschwellung an seiner Unterseite. III Querschnitt durch eine solche Anschwellung in Lupenvergrösserung. IV 620fach. Querschnittsstück von der Oberfläche eines stark afficirten Stengels. Zwischen Epidermis *e* und Parenchym *p* das filzige Geflecht der zarten Mycelfäden *mm*, von denen die in verschiedenen Stadien der Ausbildung gezeichneten Sterigmen entspringen. V Epidermisstück der Unterfläche vom Preisselbeerblatt mit keimenden, durch Querwände getheilten Basidiosporen *a*; von den Keimschläuchen *b* ist der der links gelegenen Spore durch den Spalt einer Spaltöffnung, der der rechtsgelegenen Spore mitten durch eine Epidermiszelle eingedrungen. 620fach. VI u. VII 620fach. Zwei Basidiosporen in Wasser oder feuchter Luft zu hefeartigen Sprossen ausgekeimt. Alles nach Woronin.

(Fig. 77, III). Doch kann auch die ganze Unterfläche von der Wucherung occupirt sein und in diesem Falle nehmen die Blätter Muldenform an oder neigen ihre Ränder nach oben muldenförmig zusammen. Selten liegt die Wucherung auf der Oberseite, und dann entspricht ihr eine Concavität der Unterseite.

Trifft die Erkrankung den **Stengel**, so schwillt er ebenfalls, unter Verfärbung ins Weisse oder Rothe, mehr oder minder auffällig an (Fig. 77, I), um nicht selten ein federkieldickes, unförmliches Gebilde zu repräsentiren, das übrigens nicht mit den durch einen anderen Preisselbeerpilz (*Calyptospora Göppertiana* KÜHN) verursachten, in der äusseren Form etwas ähnlichen Anschwellungen zu verwechseln ist.

Aber auch die **Blüthentheile** werden befallen, oft bis zur Unkenntlichkeit deformirt und ebenfalls weisslich bis roth gefärbt. Dass unter solchen Umständen von einer **Fruchtbildung** keine Rede sein kann, ist selbstversändlich.

So wie einzelne Organe oder deren Theile werden sehr häufig auch ganze jugendliche Triebe befallen, die gewöhnlich durch die Kümmerlichkeit der Blätter und die rothe Färbung zu den normalen, grünen in scharfen Gegensatz treten. Schliesslich welken, schrumpfen und bräunen sich die entarteten Organe, fallen auch mitunter zeitig ab.

Werden mehrere Laubblätter oder ganze Triebe degenerirt und entfärbt, so bedeutet dies für das betreffende Individuum den Verlust einer relativ beträchtlichen Assimilationsfläche, und dieser Umstand hat ausser der Beeinträchtigung der vegetativen Entwickelung auch noch vielfach zur Folge, dass es nicht zur Bildung blüthentragender Sprosse kömmt. Andererseits verbindet sich mit der Erkrankung der blüthentragenden Theile fast ausnahmslos eine Unterdrückung der Fruchtbildung. Eine weiter gehende Schädigung, die zum gänzlichen Absterben der Pflanze führte, dürfte nur selten zu constatiren sein, da der localisirte Charakter der Krankheit fast immer gewahrt zu werden pflegt.

Untersucht man die kranken, deformirten Theile, so wird man stets das Mycelium des Pilzes (Fig. 77, IV *mm*) vorfinden, das übrigens streng auf solche Stellen localisirt ist und in dem anstossenden normalen Gewebe vollständig fehlt. Das Mycel besteht aus feinen, stark verzweigten Fäden, welche intercellular verlaufen (Fig. 77, IV). Haustorien scheinen nicht gebildet zu werden. Die Wirkung der Mycelvegetation auf die Zellen der befallenen Organe, speciell der Blätter, äussert sich in Folgendem: 1. werden die Zellen des Parenchyms und der Epidermis sowie die Elemente der Gefässbündel zu Theilungen angeregt und damit ihre Zahl vermehrt, was in besonders hervortretendem Maasse für das Palissadengewebe und speciell für das Mesophyll gilt; 2. erfahren die genannten Elemente Grössen- und Gestaltsveränderung, namentlich werden die Mesophyllzellen weitlumiger und gleichzeitig hiermit erfahren die im normalen Blatte so stark entwickelten Intercellularräume eine bis zu theilweisem Verschwinden gehende Reduction; 3. verschwindet das Chlorophyll allmählich vollständig und die Palissadenzellen der Oberseite füllen sich mit rothem Farbstoffe (Anthocyan), während die Zellen des Parenchyms wasserklare Flüssigkeit führen. Auf den unter 1. u. 2. genannten Momenten basiren die hypertrophischen Erscheinungen, auf 3 die mehr oder minder intensive Färbung, namentlich der Oberseite der degenerirten Theile.

Hat das Mycel einige Zeit gewuchert, so nimmt es in den Intercellularräumen dicht unterhalb der unteren Epidermis durch reichliche Production von Seitenzweigen dichteren, filzähnlichen Charakter an (Fig. 77, IV *m*) und schreitet hier nunmehr zur Erzeugung von Basidien (Fig. 77, IV *e*). Dieselben entstehen als zahlreiche, kurze, keulige Zweiglein und drängen sich in senkrechter Richtung zwischen den Epidermiszellen nach der Cuticula hin, heben sie zunächst und brechen schliesslich, dieselbe in Stücke zerreissend, hindurch. Hier und da entwickelt sich übrigens der basidienbildende Mycelfilz erst zwischen Epidermis und Cuticula.

In dem Maasse als immer neue Basidien durchbrechen, nimmt die vorher glatte Cuticula ein mattes Aussehen an und es entsteht bald ein dichtes Basidienlager (Hymenium) (Fig. 77, IV). Bemerkenswerth ist, dass der Mycelfilz sammt seiner Basidienschicht sich an den Blättern stets an der Unterseite entwickelt. Ob diese Erscheinung auf positiven Geotropismus oder negativen Heliotropismus zurückzuführen, im letzteren Falle als Schutzmittel gegen die Einwirkung directen Sonnenlichts zu deuten ist, wurde experimentell noch nicht entschieden.

Nach Erreichung ihrer definitiven Grösse bilden die Basidien an ihrer Scheitelregion 4—6 pfriemliche Sterigmen, an denen je eine längliche, ca. 14—17 Mikr. lange und 0,28 Mikr. dicke, zartwandige, hyaline Spore abgeschnürt wird, die entweder an beiden oder nur am basalen Ende spitz und meist ein wenig gekrümmt erscheint (Fig. 77, IV *sp*). Paraphysenbildung fehlt.

Säet man die Basidiosporen in Wasser, so schwellen sie auf und gliedern sich gewöhnlich durch 1—3 Querwände in 2—4 Zellen, worauf die beiden polar gelegenen oder auch die intercalaren entweder direkt hefeartige Sprosse (Conidien) treiben (Fig. 77, VI VII), oder es bilden sich kurze Keimschläuche, welche ihrerseits Sprossconidien entwickeln. In Nährlösungen treiben die Sporen verzweigte Mycelschläuche, an deren Astenden, soweit dieselben in die Luft ragen, die Sprossconidien sehr reichlich gebildet werden, so dass nach Brefeld grosse, weisse Massen entstehen können.

Die Basidiosporen dringen, auf junge Vaccinien-Blätter gesäet, mittelst Keimschläuchen in diese ein (Fig. 77, V), welche entweder durch die Spaltöffnungen oder direckt durch die Epidermiswand ihren Weg nehmen. Aehnliches gilt von den Conidien, welche auf den Blättern nach Brefeld ähnliche Lager von Conidien hervorrufen können, wie man sie auf dem Objectträger erhält. Nach dem Gesagten kann der Pilz sowohl parasitisch als auch saprophytisch leben.

Gattung 4. *Corticium* (Persoon) Brefeld[1]).

Sie umfasst die höchste entwickelten Formen der Hypochnaceen. Ihre Repräsentanten, meist einjährig, bilden auf Rinde oder Holz hautförmige bis lederartige Schichten oder Krusten. Die Basidiosporen keimen leicht und erzeugen Mycelien mit reichen Schnallenfusionen; bei einer Species ist auch Sclerotienbildung an den Mycelien beobachtet worden. Conidienfructification fehlend oder doch bisher unbekannt.

C. centrifugum (Lev.). Der Pilz entwickelt in der warmen Jahreszeit auf Baumrinden weisse, an der Peripherie strahlige Ueberzüge, die sich oft weit ausdehnen und spinnwebiges bis zarthäutiges Ansehen besitzen. Die auf den Enden verzweigter Fäden entstehenden Basidien schnüren kugelige bis ellipsoidische, 5—7 Mikr. lange, 3—4 Mikr. dicke, glatte, farblose Sporen ab. Im Herbst entstehen an den Mycelien vielfach rundliche, 1—3 Millim. grosse, überwinternde Sclerotien, deren Rinde sich später bräunt, und deren Markzellen reiche Reservestoffe in Form von Fett enthalten. Brefeld erzog solche Sclerotien von violett-schwarzer Farbe in krustenartigen Massen auf Brot, das mit den Sporen des Pilzes besäet worden war. Tulasne sah Sclerotien, die im April in feuchten Sand gelegt waren, zu Mycelien aussprossen, welche die gewöhnlichen Basidienlager entwickelten.

Familie 2. **Thelephoreen.**

Im Vergleich zu den Hypochnaceen ist hier die Ausbildung der Basidienfructification um einen Schritt weiter gefördert, insofern die Basidienschicht

[1]) l. c., pag. 18. ff.

(Hymenium) nicht unmittelbar vom Mycel entspringt, vielmehr zwischen jene und dieses ein besonderer »Träger« eingeschaltet ist, der bald die Form flacher, dem Substrat aufliegender oder von ihm abstehender Hüte (*Stereum* (Fig. 78,

Fig. 78. B. 687.)

Fruchtlager verschiedener Thelephoreen. I *Stereum hirsutum* (Lév.), einem Rindenstück aufsitzend; oben einige dachziegelig angeordnete Hüte von der Oberfläche; unten zwei junge flach dem Substrat aufliegende Lager *a* und *b* (nach Gillet). II Vertikal durchschnittener Hutrand mit Zonenbildung im Innern; *h* Hymenium, *m* Markschicht, *r* Rindenschicht; schwach vergr. nach de Bary. III Hüte von *Thelephora laciniata* nach Gillet. IV *Thelephora palmata*, strauchförmiges, *Clavaria*-ähnliches Basidienlager, nach Krombholz. V *Cyphella digitalis*, einem Holzstückchen aufsitzend, nach Albertini und Schweinitz. VI *Craterellus cornucopioides*, rechts im Längsschnitt, in halber Grösse nach Gillet.

I II), gewisse *Thelephorae* Fig. 78, III) oder becherförmiger Bildungen (*Cyphella* Fig. 78, V) oder trichterförmiger Körper (*Craterellus*, Fig. 78, VI) oder endlich strauchartig verästelter, an die Clavarien erinnernder Gebilde (gewisse *Thelephora*-Arten Fig. 79, IV) aufweist. Die Hut- und Becherformen sind bilateral ausgebildet, nur ihre dem Substrat zugerichtete Unterseite ist fertil (hymeniumtragend), die Oberseite rindenartig ausgebildet und in gewissen Fällen zwischen Rinde und Hymenium eine »Markschicht« eingeschoben (Fig. 78, II *m*). Bei den strauchartigen, vertikalen Formen vermisst man selbstverständlich die bilaterale Ausbildung; hier überzieht das Hymenium die Aeste, wenigstens in ihren oberen Theilen, gleichmässig, allseitig.

Conidienbildung wurde noch bei keinem einzigen Vertreter nachgewiesen.

Genus 1. *Thelephora*. Warzenträger.

Erdbewohnende Pilze, die meist unscheinbare, düster rothbraune, rostfarbige violettbraune, graubraune, graue, grauviolette, seltener weissliche oder gelbliche Fruchtlager in Gestalt von Krusten, Hüten (Fig. 78, III), Keulen, kleinen Sträuchern (ganz ähnlich wie Clavaria Fig. 77, IV) bilden von kork- oder lederartiger Consistenz und im Gegensatz zu Stereum eine Differenzirung in Rinde und Mark vermissen lassen. Das Hymenium, das bei den bilateral gebauten Hüten stets der Unterseite ansitzt, zeigt häufig stumpfwarzige Erhabenheiten, ein wenig constantes Merkmal, worauf sich auch der Name *Thelephora* (θηλή = Brustwarze) beziehen soll. Auf den keulenförmigen Basidien werden 4 rundlich eckige, mit characteristischer, warzig-stacheliger Sculptur versehene braune Sporen gebildet. Physiologisch sind alle mit nicht hellem Fruchtlager versehenen Thelephoren durch Production der pag. 424 charakterisirten, blaue Krystalle bildenden Thelephorsäure ausgezeichnet. Sie ist es, welche die bläulichen, durch andere Farbstoffe meist verdeckten Töne in der Färbung der Fruchtlager bewirkt.

Th. laciniata (PERSOON). Bisweilen junge Forstculturen schädigend.

Gattung 2. *Stereum* (PERSOON).

Die basidientragenden Fruchtlager sind entweder dem Substrat aufliegend (resupinat Fig. 78, I *ab*) oder in Form von abstehenden, sitzenden Hüten entwickelt, dabei von leder- oder korkartiger Consistenz. Bei mehrjährigen Hüten findet man gewöhnlich Zonenbildung und eine Differenzirung in Rinde, Mark und Hymenium Fig. 78, II *rmh*). Manche Arten, wie *St. sanguinolentum* und *rugosum* führen nach ISTVANFFY und OLSEN[1]) besondere, sehr dünne, korkzieherartige, in das Hymenium hineingehende und in kolbenförmigen Anschwellungen unter der Oberfläche desselben endigende Hyphen, welche einen Saft führen, der bei Verletzung der Hüte in blutrothen Tropfen ausfliesst. Das Hymenium besteht aus dicht gedrängten, lang- und schmalkeulenförmigen Basidien, welche auf 4 feinen, langen Sterigmen gekrümmte Basidiosporen abschnüren, bei manchen Arten ausserdem aus zugespitzen Paraphysen, sodass dann das Hymenium dicht borstig erscheint. Die Basidiosporen der von BREFELD (l. c.) untersuchten 9 Arten (*St. alneum* (FR.), *rugosum* (PERS.), *tabacinum* (SOWERBY), *rubiginosum* (DICKS), *sanguinolentum* (A. u. SCHW.), *hirsutum* (WILLD.), *purpureum* (PERS.), *vorticosum* (FR.) keimten leicht und bildeten reiche, dünnfädige,

[1]) Ueber die Milchsaftbehälter und verwandte Bildungen bei höheren Pilzen. Bot. Centralbl. Bd. 29 (1887).

schnallenlose Mycelien mit Anastomosen, blieben aber in den Culturen immer frei von Nebenfructificationen in Conidien.

St. hirsutum, (Lév.). An alten, moosigen Stümpfen und Aesten von Laubbäumen, besonders der Eichen, Steinbuchen, Pappeln, an alten Brettern, Pfählen, Latten vorkommend, aber nach R. Hartig[1]) auch parasitisch auftretend (an Eichen) und dann auffällige und characteristische Zersetzungsformen hervorrufend, die der Forstwirth als »gelb- oder weisspfeifiges Holz« bezeichnet. Das Mycel verändert in den weissen Streifen die verholzten Membranen in Cellulose und löst überdies die Mittellamelle auf, sodass die Elemente isolirt werden. Das Holz kann aber auch durch den Pilz gelblich werden, und dann schreitet nach Hartig die Auflösung der Membran vom Lumen aus vor und eine Umwandlung in Cellulose geht nicht voraus.

Die basidientragenden Fruchtlager entwickeln sich meist auf der Rinde, anfangs dem Substrat aufliegende, flache Scheiben darstellend (Fig. 77, I *a b*), die später am oberen Rande wachsend sich hutartig vom Substrate abwenden und oft dachziegelig übereinander stehen (Fig. 77, I oben. Auf der Oberseite des weisslichen oder blass-ockerfarbenen Hutes bemerkt man dichte, striegelige Behaarung, welche die Rinde bedeckt (Fig. 78, II). Daran schliesst sich das zähe, weissliche Mark, während die Unterseite des Hutes von dem lebhaft dottergelben, orangerothen, trocken blasser gefärbten, oft gezonten Hymenium bedeckt erscheint. Ueber Bau und Entwickelung der Hüte hat de Bary (Morphol., pag. 57), Beobachtungen gemacht. Auf den Basidien werden cylindrische, am Ende abgerundete, 6—8 Mikr. lange, 2 bis 3 Mikr. dicke, farblose, glatte Sporen abgeschnürt.

Gattung 3. *Cyphella* Fries.

Ausgezeichnet durch schüssel-, becher-, glocken- oder trichterförmige, aussen mit oder ohne Haarbildungen versehene, das Hymenium auf der Innenseite tragende Fruchtlager (Fig. 78, V) von häutiger oder fleischiger Consistenz. Basidien auf 4 Sterigmen kugelige, ellipsoidische oder eiförmige, farblose oder schwach gefärbte, sculpturlose Sporen producirend. Manche Species reichlich oxalsauren Kalk ausscheidend.

C. Digitalis (Alb. u. Schwein.). Fruchtlager fingerhutförmig, hängend, etwa 9—12 Centim. hoch, 7—9 Centim. breit, am Grunde verschmälert, aussen braun, mit Längsrunzeln. Hymenialfläche glatt, weisslich-bläulich. Sporen kugelig 12 μ im Durchmesser. An *Pinus*-Aesten.

Gattung 4. *Craterellus* Persoon.

Sehr leicht kenntlich an den trichter- oder trompetenförmigen Fruchtlagern (Fig. 78, VI). Sie tragen das Hymenium auf der dem Boden zu gerichteten Seite. Dasselbe ist glatt oder mit anastomosirenden Längsrunzeln versehen.

Cr. cornucopioides (L.). Füllhorn. Todtentrompete. Fruchtlager anfangs röhrenförmig, später sich nach oben füllhornartig erweiternd, ½ bis 1½ Centim. hoch, 2—6 Centim. breit, mit zurückgeschlagenem, im Alter wellig verbogenem Saum, graubraun, rauchgrau bis braunschwarz, auf der Innenseite meist schuppig. Basidien mit 2 pfriemlichen, gebogenen Sterigmen, farblose Sporen abschnürend. In Buchenwäldern auf Erde häufig, meist truppweise. Er ist nach Krombholz essbar, wird aber seines dunklen Fleisches wegen verachtet.

---

[1]) Die Zersetzungserscheinungen des Holzes, pag. 129. Lehrbuch der Baumkrankheiten, II. Aufl. pag. 177.

Familie 3. **Clavarieen.** Keulen- oder Strauchschwämme.

Sie weisen eine eigenthümlich gestaltete, oft sehr stattliche Basidienfructification auf, nämlich Basidienbündel von entweder einfach-keulenförmiger (*Typhula*, Fig. 79, I, *Pistillaria*, manche *Clavaria*-Arten, Fig. 79, III IV) oder von mehr oder minder strauchähnlicher (Fig. 79, V) oder selbst korallenartiger Form (*Clavaria* (Fig. 79, VI), *Sparassis* (Fig. 79, VII). Die Zweige erscheinen auf dem Querschnitt entweder rund oder zusammengedrückt. Das Hymenium bekleidet als glatter, allseitiger Ueberzug nur die oberen Theile der Bündel und producirt 2—4 sporige Basidien. Paraphysen fehlen. An den grösseren Formen lässt sich im sterilen (unteren) Theile eine dichtere und festere Rindenschicht vom Mark unterscheiden. Conidienbildung tritt nach Brefeld[1]) an den Mycelien sowohl der grossen Clavarien, als der *Typhula variabilis* auf (Fig. 79, II).

Bei *Pistillaria* und *Typhula* kommt es vielfach zur Sclerotienbildung (Fig. 79, I *scl*); aus den Sclerotien sprosst die Basidienfructification hervor.

Genus 1. *Typhula* Fries.

Basidienbündel klein, einfach keulig, das obere, basidientragende Ende dicker als der fadenförmige Theil und deutlich gegen diesen abgesetzt. Auf den 4 Sterigmen entstehen farblose glatte Sporen.

T. variabilis Riess (Fig. 79, I), die auf faulenden Blättern und Stengeln lebt und ihre kleinen, kugeligen, 1—2 Millim. dicken, dunkelbraunen Sclerotien den Winter über entwickelt, bildet auf den Mycelien verzweigte, den *Coprinus*-Arten ähnliche Conidienträger, an welchen kleine, cylindrische Conidien in Büscheln abgeschnürt werden, die bisher nicht zur Keimung zu bringen waren (Fig. 79, II).

Die Rinde der Sclerotien besteht aus einer einzigen Schicht von Zellen, welche an der Aussenwand starke, gebräunte Verdickungen zeigen, und umschliesst ein aus dicht verflochtenen, nicht verdickten, glänzenden, fast körnchenfreien Hyphen versehenes weisses, lufthaltige Intercellularlücken zeigendes Mark. Die Sclerotien keimen in der wärmeren Jahreszeit zu schlanken, 1—2 Centim. hohen Keulen aus, deren Basisregion Rhizoïden trägt (Fig. 79, I).

Genus 2. *Clavaria* Vaillant.

Basidienbündel einfach keulig oder mehr oder minder strauchartig oder korallenähnlich verzweigte Körper darstellend, die bei manchen Arten mächtige Entwickelung erlangen können. Die Aeste sind im Querschnitt rundlich oder zusammengedrückt. Der untere Theil des Ganzen bleibt steril und nur der obere gegen jenen im Gegensatz zu *Typhula* nicht scharf abgegrenzte, ist mit dem glatten oder etwas gerunzelten, aus 2—4 sporigen Basidien bestehenden Hymenium überzogen, das kugelige, ellipsoïdische oder eiförmige, farblose oder gefärbte, zart- oder dickwandige Basidiosporen erzeugt. Nach Brefeld (l. c.) werden von manchen Vertretern Conidien vom Character der vorigen Gattung auf den Mycelien erzeugt.

Cl. Botrytis (Persoon). Bärentatze (Fig. 79, VI). Basidienbündel grosse, fleischige, blumenkohlartige Massen von meist 1 Decim. Höhe und darüber bildend. Untere Aeste sehr dick, obere sehr kurz, gezähnelt, röthlich, später bräunlich. Reich an Mannit und essbar. In Laubwäldern im Sommer und Herbst.

Familie 4. **Hydnaceen.** Stachelschwämme.

Im Gegensatz zu den vorausgehenden Familien sind die Vertreter der Hydnaceen dadurch als vorgeschrittenere Basidiomyceten gekennzeichnet, dass die

[1]) Schimmelpilze Heft III. pag. 111.

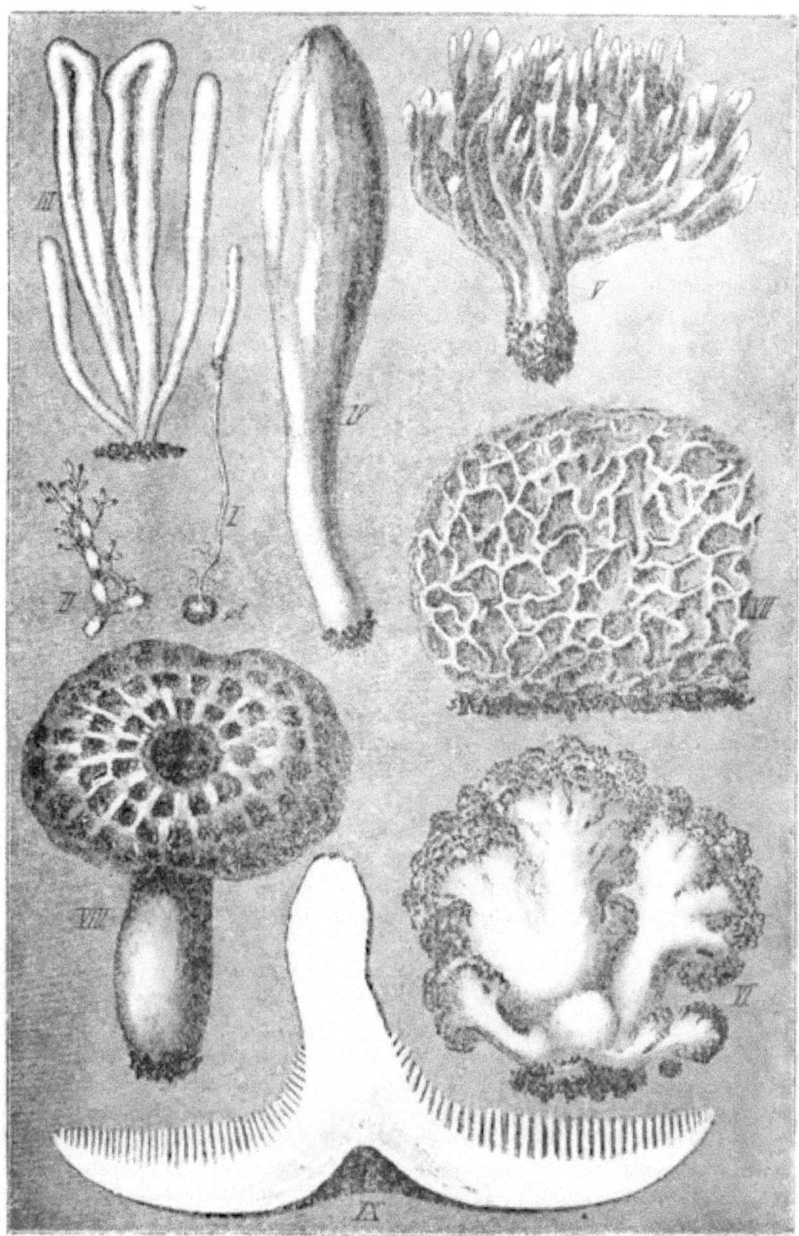

Fig. 79. (B. 68.)

I—VII **Keulenschwämme** (Clavarieen). VIII—IX **Stachelschwamm** *(Hydnum)*. I *Typhula variabilis* in natürl. Grösse; aus dem Sclerotium *sl.* entspringt der im unteren Theile mit Rhizoiden versehene, langgestreckte Fruchtträger, der nur im oberen keulenförmigen, gegen den Stiel deutlich abgesetzten Theile Basidien bildet. II Fragment eines Mycelfadens mit einem wenig verzweigten **Conidienträger**. Die Conidien sind stäbchenförmig und büschelig gruppirt ca. 400fach. III *Clavaria Ligula*, Schaeff. Eine Gruppe von 4 Keulen in natürlicher Grösse. IV Herkuleskeule (*Clavaria pistillaris* Linné) in etwa $\frac{1}{3}$ der nat. Gr. V Strauchartig verästelter Fruchtträger von *Clavaria rufo-violacea* Barla, in halber nat. Gr. VI Korallen- oder Blumenkohl-artig verzweigter Fruchtträger von *Clavaria Botrytis* in halber natürlicher Grösse. VII Stück eines Fruchtträgers von *Sparassis crispa* in halber nat. Gr. VIII *Hydnum imbricatum* (Habichtsschwamm), Hut mit seiner schuppigen Oberfläche in halber nat. Gr. IX Ein solcher Hut senkrecht durchschnitten, die Hymenialfläche mit zahnartigen Vorsprüngen. I u. II nach Brefeld, V—VIII u. IX nach Barla, das Uebrige nach der Natur.

Basidienfructification, die bald in Form von gestielten oder sitzenden Hüten, bald als flache, auf dem Substrat ausgebreitete Bildungen, bald in Gestalt von etwa *Clavaria*-artig oder korallenähnlich-verästelten Körpern auftritt, ihr Hymenium auf besonderen Vorsprüngen entwickelt, welche die Form von Stacheln (Fig. 79, IX), Warzen, Zähnen oder kammartigen Bildungen besitzen. Wie den Clavarieen, so fehlen Paraphysen auch den Hydnaceen, mit Ausnahme der Gattung *Phlebia*. Conidienbildungen sind bisher mit Sicherheit nur bei *Phlebia* und *Irpex* nachgewiesen worden, wo sie nach Brefeld (l. c.) in Oidium-artigen Formen (Fig. 81, IV) auftreten. Für *Radulum* zeigte Brefeld, dass deren Vertreter an den Mycelien vegetative Sprosse mit eigenartiger, perlschnurartiger Gliederung zeigen, was bei anderen Basidiomyceten bisher nicht beobachtet wurde.

Gattung *Hydnum* Linné. Stachelschwamm.

Basidienfructification hutförmig (Fig. 79, VIII), kreiselförmig oder *Clavaria*-artig oder flach auf dem Substrat ausgebreitet. Hymenialfläche mit pfriemlichen Stacheln (Fig. 79, IX). Conidienbildung unbekannt.

H. imbricatum (Linné). Schuppiger Stachelschwamm, Habichtsschwamm. Hüte gestielt, fleischig, von etwa $\frac{1}{2}$—2 Decim. Durchmesser, in der Mitte meist vertieft, auf der Oberfläche mit concentrisch angeordneten braunen Schuppen versehen. Stacheln pfriemenförmig, anfangs weiss, später braun. Sporen bräunlich, mit höckerigen oder stacheligen Erhabenheiten. In Kiefernwäldern im Herbst häufig. Essbar.

Familie 5. **Polyporeen** Fr. Löcherschwämme, Porenschwämme.

Die Fructification tritt hier entweder nur in basidientragenden Formen auf, oder die Pilze weisen nach Brefeld[1]) neben jener Fruchtform auch noch gewöhnliche Conidienbildungen (Fig. 81, I—IV), resp. Gemmenbildungen (Fig. 81, V) auf.

Was zunächst die basidienbildenden Fruchtlager anbetrifft, so sind sie meist hutförmig, seltener krustenförmig und im ersteren Falle (wie bei den Agaricineen, Hydneen etc.) theils mit centralem, theils mit seitlichem Stiel versehen, theils stiellos (sitzend), was Fries auch hier durch die Unterabtheilungen *Mesopus*, *Pleuropus* und *Apus* ausdrückte. Gewöhnlich sind die Hutformen stark entwickelt, bei manchen Vertretern bis 1 Meter im Durchmesser haltend. Sie lassen dann gewöhnlich eine dünne, feste Rinde und ein dickeres, lockeres Gewebe, Mark genannt, unterscheiden. Characteristisch im Vergleich zu den vorbetrachteten Hymenomyceten-Familien erscheint der Umstand, dass das Hymenium fast durchgehends in Form von kürzeren oder längeren, verwachsenen oder freien Röhren (Fig. 80, II*a*, VI) entwickelt ist. Bei denjenigen Arten, deren Fruchtlager perennirend sind, wird in jeder neuen Vegetationsperiode eine neue Lage von Röhren erzeugt (während die alten durch sterile Hyphen ausgefüllt werden), sodass förmliche Etagen oder Zonen von übereinander gelagerten Röhren

[1]) Untersuchungen aus dem Gesammtgebiet der Mycologie. Heft VIII. Polyporeen pag. 101 ff.

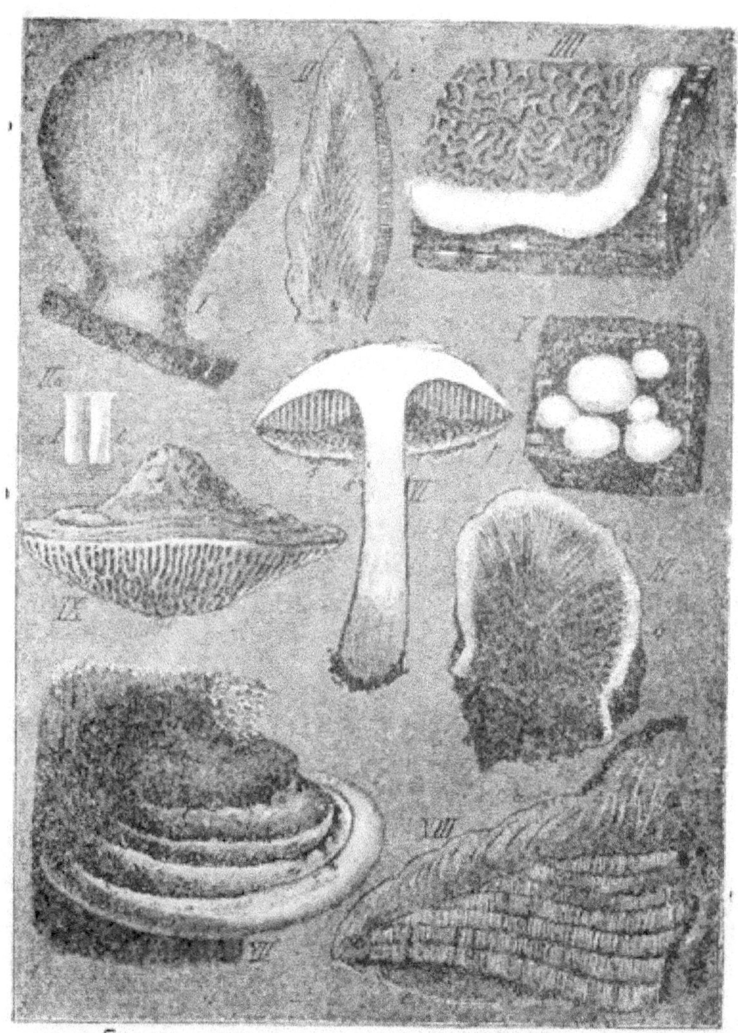

Fig. 80. (B.689.)

I—III *Fistulina hepatica.* I Zungenförmiges Fruchtlager, etwas verkleinert, von oben gesehen. II Verticaler Längsschnitt durch ein solches, wenig verkleinert, *h* Hymenialschicht. II *a* Zwei Röhren des Hymeniums, die eine (bei *a*) noch geschlossen, die andere (bei *b*) geöffnet, schwach vergr. III Längsschnitt durch ein Fruchtlager; bei *b* Nester der Gemmenfructification, die in der Region von *a*, wo das Gewebe radiäre Streifung zeigt, fehlen; schwach verkleinert. IV Holzstück mit einem Fruchtlager des Hausschwamms (*Merulius lacrymans*) schwach verkleinert. V Holzfragment mit Gemmenlagern von *Ptychogaster*. VI Halbirter Hut von *Boletus strobilaceus* (kleines Exemplar) wenig verkleinert. *p* Röhrenschicht, *s* Rest des Schleiers, in Fetzen am Hutrande sitzend, *s'* am Stiele sitzender Rest. VII. Hut von *Polyporus igniarius* von oben gesehen, gezont. VIII. Derselbe im Vertikalschnitt, *a* Rindenschicht, *b* Markschicht, *c* geschichtete Hymenialregion, beide etwas schräg von unten gesehen; ein wenig verkleinert. IX Fruchtlager von *Daedalea quercina*, etwas verkleinert. Das Hymenium mit Lamellenartigen Bildungen, die unter sich mehrfach anastomosiren. Fig. III nach BREFELD, VII u. VIII nach GILLET, das Uebrige nach der Natur.

entstehen (Fig. 80, VIII). Ihre Zahl beträgt bei manchen Arten 15, 20 und mehr, was meist ebenso vielen Jahren entspricht. Bei den Repräsentanten der Gattung *Daedalea* und *Lenzites* sind die Hymenien mehr in Form von gebogenen, H förmig verbundenen Lamellen (Fig. 80, IX), bei *Merulius* in Gestalt von fleischigen, unter einander wabenartig verbundenen Falten (Fig. 80, IV) entwickelt.

Während die Wände der einzelnen Röhren bei *Polyporus*-artigen und *Boletus*-artigen unter einander verwachsen erscheinen, sind sie bei *Fistulina* getrennt. Bei *Boletus* stehen die Röhren nur in losem Verbande mit dem Hute und lassen sich infolge dessen leicht von diesem abtrennen, was bei den übrigen Gattungen nicht der Fall ist.

Der anatomische Bau der Fruchtlager ist namentlich von R. Hartig an baumbewohnenden Formen in nähere Untersuchung gezogen [1]. Im Wesentlichen ist der Bau der Hymenien derselbe, wie bei den Agaricineen. Von der Trama entspringen die Basidien-tragenden, die Hymenialschicht bildenden Zweige, von denen meistens einzelne Aeste zu Paraphysen ausgebildet erscheinen. Auf den Basidien entstehen 4 Sterigmen.

Die zweite von Brefeld (l. c.) gefundene Fructification, in gewöhnlichen Conidienbildungen, trägt entweder Oidiumartigen Charakter (Fig. 81, III IV) [2], oder sie tritt in einer höchst eigenthümlichen, an die Conidienträger von *Aspergillus* erinnernden Form auf (Heterobasidiom, Fig. 81, I*a* II).

Die dritte Fructification besteht aus Hyphen, welche sich durch relativ grosse, meist durch inhaltslos werdende sterile Glieder unterbrochene, relativ grosse Gemmen-artige Zellen theilen. Sie kommen bei *Ptychogaster (Oligoporus)* (Fig. 81, V) und *Fistulina* (Fig. 81, VI) vor und bilden kleinere oder grössere Lager, an denen erst später die Röhren entstehen, oder Nester in den basidientragenden Fruchtlagern.

Vielen Polyporeen kommt reichliche Harzproduction zu (vergl. den physiologischen Theil, Harze, pag. 409) sowie Erzeugung eigenthümlicher Farbstoffe (vergl. Farbstoffe, pag. 413) und oxalsauren Kalkes.

Eine grosse Anzahl von Vertretern bewohnt todte Baumstümpfe, alte Balken, Bretter, Pfähle, oder von faulenden pflanzlichen Theilen durchsetzten Waldboden, während andererseits zahlreiche Repräsentanten, wie namentlich Hartig l. c. gezeigt hat, in Waldbäumen und Obstbäumen schmarotzen, meist jahrelang in diesen Substraten perenniren und sie schliesslich abtödten. Die eigentümlichen Zersetzungserscheinungen gewisser saprophytischer und parasitischer Polyporeen im Holze sind von R. Hartig (l. c.) näher studirt worden (vergl. pag. 507). In Saccardo's Sylloge sind bereits 1971 Species, auf 23 Gattungen vertheilt, aufgeführt.

Gattung 1. Merulius Haller. Aderschwamm.

Hier sind die häutigen bis fleischigen Fruchtlager dem Substrat aufliegend und mit einem weichen, wachsartigen, aus anastomosirenden Falten gebildeten Hymenium überzogen (Fig. 80, IV). Conidien oder Gemmenbildungen fehlen, soweit die Untersuchungen reichen. Als Substrat wählen die Merulien todte Pflanzentheile (Aeste, Blätter, Baumstümpfe, Bauhölzer). Als gemeinster Repräsentant gilt

---

[1]) Wichtige Krankheiten der Waldbäume. Berlin 1874. — Die Zersetzungserscheinungen des Holzes. Berlin 1878. — Lehrbuch der Baumkrankheiten, 2. Aufl. Berlin 1889.

[2]) *Daedalea unicolor, Lenzites variegatus, Polyporus terrestris, zonatus, versicolor, quercinus* (Schrad.), *serialis, Ochroporus odoratus, Gleophyllum abietinum.*

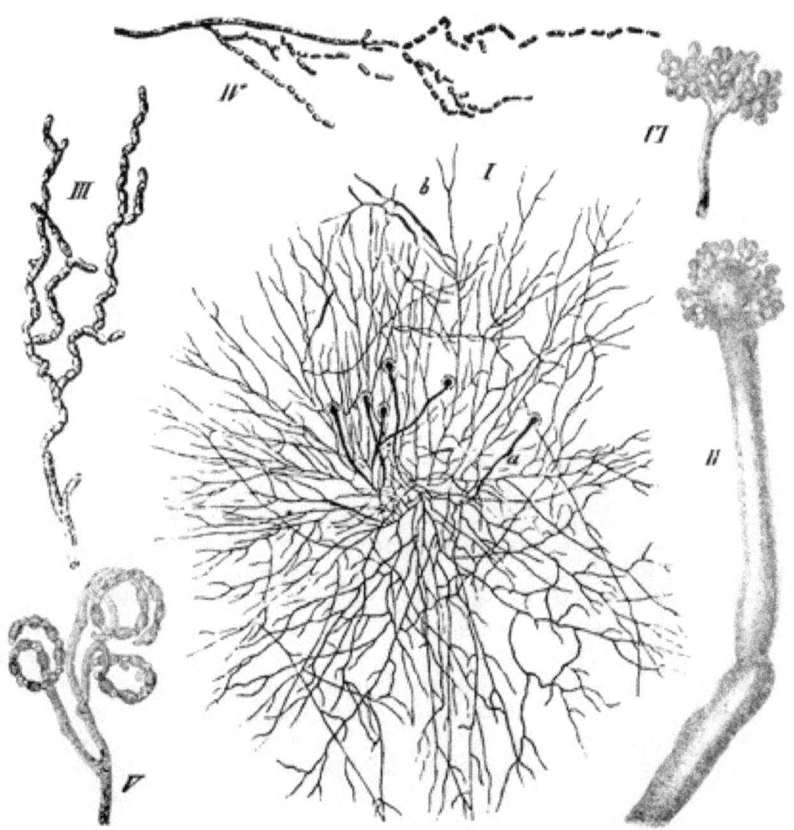

Fig. 81. (B. 690.)

Conidien- und Gemmenbildungen verschiedener Polyporeen nach BREFELD. I Kleines aus einer Basidiospore künstlich erzogenes Mycel von *Heterobasidion annosum* (FRIES) (*Polyporus annosus* FR.) mit mehreren reifen, bei *a* und einigen bei *b* in der Anlage begriffenen *Aspergillus*-artigen Conidienträgern; 50fach. II Stück eines solchen Trägers mit zahlreichen, z. Th. abgefallenen Conidien an dem kopfförmig aufgeschwollenen Ende; 400fach. III Stück eines Mycelastes von *Daedalea unicolor*, dessen Zweige in Oidium-Ketten zerfallen sind, 350fach. IV Ein eben solches Mycelfragment von *Polyporus versicolor*; 300fach. V Stück einer Hyphe aus dem Fruchtlager von *Ptychogaster ustilaginoides* BREF., welche an ihren Aesten reihenförmig angeordnete, durch sterile Zellen getrennte Gemmen zeigt; 350fach. VI Am Ende verästelte Hyphe aus dem Fruchtlager von *Fistulina hepatica*, deren Endglieder in Gemmen umgewandelt sind; 350fach.

M. lacrymans FR., Hausschwamm, Thränenschwamm. Sehr gefürchtet wegen der weitgehenden Zerstörungen, welche er im Holz- und Mauerwerk der Häuser hervorzurufen vermag. Während er hier sehr häufig auftritt, wahrscheinlich weil seine Sporen leicht von einer Lokalität nach der andern durch den Verkehr oder durch altes Bauholz verschleppt werden, scheint er in der freien Natur nur selten aufzutreten und ist erst neuerdings von HENNINGS daselbst sicher constatirt worden. Offenbar bevorzugt er Coniferen-Holz, kann aber auch unter Umständen auf andere Hölzer übergehen, wie z. B. Eichenholz.

Was zunächst die Morphologie des Pilzes anbetrifft, so ist diese von

R. HARTIG[1]) genau studirt worden, auf dessen Ergebnissen das Folgende vorzugsweise fusst. Um von der Basidiospore auszugehen, so ist diese von ellipsoidischer, schwach gekrümmter Form, etwa 10 Mikr. lang und 5 Mikr. breit, mit gelbbrauner, an der Basis einen Keimporus zeigenden Membran und im Innern mit Fetttröpfchen versehen. Sie keimen in Fruchtsaftgelatine, die mit Urin oder mit kohlensauren oder phosphorsauren Alkalien (kohlensaurem Kali, phosphorsaurem oder kohlensaurem Ammoniak) versetzt ist, sowie auf feuchtem Fichtenholz. Sie dringen unter natürlichen Verhältnissen in das Holz ein und entwickeln sich hier zu reich verästelten, die Holzzellen durchbohrenden Mycelien, an denen man häufig Abscheidung von Körnchen oder Krystallen von oxalsaurem Kalk constatirt. Sie zeigen ausserdem häufig in der Nähe von Querwänden die bekannnten Schnallenbildungen, von welchen eigenthümlicher Weise öfters Seitenäste ausgehen. Anfänglich farblos, nimmt das Mycel später oft eine gelbbraune Färbung an, indem in manchen Hyphen eine gelbbraune Substanz auftritt. Sowohl die in oder auf dem Holze selbst als im Boden oder zwischen den Steinen und Fugen des Mauerwerks sich entwickelnden Mycelien nehmen häufig den Character von Strängen oder auch von Häuten an. In den Strängen kommen dreierlei wesentlich verschiedene Hyphen vor: 1 auffällig weitlumige, reich mit Plasma und Krystallen von oxalsaurem Kalk versehene, deren Zellen merkwürdigerweise fusioniren, indem die sie trennenden Querwände, ähnlich wie bei den Milchgefässen der Milchschwämme oder den Gefässen höherer Pflanzen, bis auf gewisse wandständig oder perlschnurartig erscheinende Reste aufgelöst (resorbirt), bisweilen nach HARTIG auch siebartig (ähnlich wie bei den Siebröhren) durchbohrt werden; bisweilen sieht man auch Zellstoffbalken von der Wandung solcher Hyphen in das Lumen hineinragen; 2. schmale sclerenchymatische Fasern, welche stark, fast bis zum Verschwinden des Lumens verdickt sind, und deren Wandung durch Chlorzinkjod dunkelblau wird; 3. schmale dünnwandige, mit Schnallen versehene, plasmareiche Hyphen, welche, soweit sie in der Peripherie des Stranges liegen, reichlich oxalsauren Kalk ausscheiden können. Die gefässartigen Elemente führen nach HARTIG's Anschauung dem wachsenden Mycel oder den Fruchtträgern schnell reiche Nahrung zu, während die sclerenchymatischen Hyphen den Strängen eine gewisse Festigkeit verleihen dürften.

Auf dem Mycel entwickeln sich schliesslich Fruchtlager (Fig. 80, IV), an Stellen, wo jenes dem Licht zugänglich wird. Sie treten zunächst als kreideweisse Hyphengeflechte auf, die später röthliche, violettröthliche, rothbräunliche oder violettbräunliche Farbe annehmen und sich flächenförmig ausdehnen, oft fussgross werden und selbst bis 1 Meter Durchmesser erlangen können. Macht man einen Vertikalschnitt durch diese Bildungen, so gewahrt man, wie von dem weissen, an Lufträumen reichen Mycelpolster sich faltige Bildungen erheben, welche von einer durchscheinenden, gallertigen Schicht bedeckt erscheinen, auf welcher sich die Hymenialschicht befindet. Dieselbe besteht aus keuligen Basidien, welche auf 4 Sterigmen die bereits erwähnten Sporen abschnürt. Wenn das fleischig-aderige Hymenium im Alter eintrocknet, so erscheint es aus niedrigen, unregelmässigen, dünnwandigen, oft gezacktwandigen Waben gebildet, also von ganz anderem Ansehen, als das im vollen Flor stehende Fruchtlager, ganz abgesehen von der sich ändernden Färbung, die sich gewöhnlich ins düster Rothbraune oder Violettbraune oder Rostbraune umändert.

[1]) Die Zerstörungen des Bauholzes durch Pilze. I. Der ächte Hausschwamm (*Merulius lacrymans* FR.). Berlin 1885.

Was die von POLECK[1]) näher untersuchten chemischen Bestandtheile des Pilzes anlangt, so gab z. B. ein grosses Fruchtlager 9,66 % Reinasche mit 88,6 % in Wasser löslichen Bestandtheilen, unter denen neben 5,7 % Kaliumsulfat und 3,3 % Chlorkalium, nicht weniger als 74,7 % Kaliumphosphat vorhanden war; der im Wasser unlösliche Rückstand enthielt nur Kieselsäure und Eisenoxyd, keine Phosphate und nur Spuren von Calciumcarbonat. Ferner ergab ein faseriges Pilzmycel an demselben Holzstück 6,33 % Asche, von welcher sich nur 17,4 % im Wasser lösten und neben 10,5 % Kaliumsulfat nur 4,5 % Kaliumphosphat enthielten, während im unlöslichen Rückstand sich neben 24,2 % Caliumphosphat 50,3 % Eisenphosphat neben sehr geringen Mengen von Calciumcarbonat und 3,5 % Kieselsäure befanden. Es ist jedenfalls sehr bemerkenswerth, dass in dem unfruchtbaren Mycel fast ausschliesslich unlösliche Phosphate aufgespeichert sind, während diese in den Fruchtträgern fehlen, dafür aber die enormen Quantitäten von Kaliumphosphaten auftreten. Im Kaliumgehalt übertrifft der fructificirende Pilz fast alle anderen Pilze.

Nach POLECK enthält der Pilz viel Wasser (48 %, 60 %, 68,4 % in verschiedenen Versuchen); ferner bei 100° getrocknet 4,9 % Stickstoff, 15,2 % Fett, meist in Form von Glyceriden, mehrere Säuren, einen Bitterstoff und die Andeutung eines Alkaloïds, das mit Phosphormolybdansäure und Jodlösung Niederschläge giebt.

Dass der Hausschwamm oxalsauren Kalk abscheidet, sowohl im Innern gewisser Mycelelemente, als an der Oberfläche von Mycelhyphen, wurde bereits erwähnt. Er bildet ferner nach meinen Untersuchungen mehrere färbende Substanzen: einen wasserlöslichen gelbbraunen Inhaltsfarbstoff, den man auch in den auf den Mycelien zur Abscheidung kommenden Flüssigkeitstropfen findet und ein rothbraunes Harz. Wärme befördert offenbar sein Wachsthum, noch mehr feuchte Luft, während trockene Zugluft ihn an den oberflächlichen Substratstheilen abtödtet. Die Fruchtbildung tritt nach HARTIG nur bei Lichteinwirkung auf.

Derselbe Autor fand, dass Sommer- und Winterholz gleich leicht vom Hausschwamm zerstört wird. Die Wirkungen, die sich schon äusserlich in einer Verfärbung des Holzes ins Graubraune oder Gelbbraune, sowie in einer Volum-Verminderung und Rissebildung kenntlich machen, bestehen nach H. darin, dass in der Wandung der Holzzellen die Cellulose und das Coniferin mit Hilfe von Ferment-artigen Stoffen gelöst und dem Pilzmycel dadurch als Nahrung zugänglich gemacht werden, während gleichzeitig auch die Aschenbestandtheile von den Pilzhyphen aufgenommen werden, wie man aus dem Verschwinden der Kalkkörnchen aus der Membran der Holzelemente schliessen darf. Das Holz wird in Folge dessen mürbe und lässt sich schliesslich, trocken geworden, zwischen den Fingern zu Mehl zerreiben.

Von Vorbeugemassregeln gegen Hausschwammentwicklung sind u. A. zu erwähnen: Verwendung möglichst trockenen Bauholzes, das womöglich mit carbolsäurehaltigem Theeröl (pag. 437) imprägnirt ist; gehörige Austrocknung der Rohbaue; Verwendung von Füllungen, die nicht wie Coakes, Asche, Steinkohlenlösche, kohlensaures Kali enthalten und leicht Wasser aufsaugen. Häufige Lüftung von Räumen, die in Gefahr sind, feucht zu werden; Vermeidung von öfterer Durchnässung der Dielen und anderer Holztheile. Zur Beseitigung des Pilzes empfiehlt es sich, die befallenen Holz- und Mauertheile möglichst vollständig zu entfernen und Erstere sofort zu verbrennen und nur oberflächlich angegriffene Holztheile mit Kreosotöl oder mit Carbolineum zu imprägniren. Der als Abtödtungsmittel empfohlene Schwammtod »Myco-

[1]) Ueber gelungene Culturversuche des Hausschwamms aus Sporen. Bot. Centralbl. 1885. No. 17 u. 19. — Der Hausschwamm, seine Entwickelung und Bekämpfung. Breslau 1885.

thanaton«, sowie das Antimerulion scheinen nach HARTIG's Versuchen ganz unwirksam zu sein. Weiteres über Präventiv- und Abtödtungsmaassregeln in den citirten Schriften von HARTIG und POLECK.

Gattung 2. *Polyporus* Löcherschwamm, Porenschwamm.

Die basidientragenden Fruchtlager werden hier, im Gegensatz zu *Merulius*, in Gestalt von central oder seitlich gestielten, von stiellosen, seitlich angehefteten (Fig. 80, VII) oder endlich dem Substrat krustenförmig aufgelagerten Körpern entwickelt. Dabei setzt sich die Hymenialregion aus seitlich verbundenen kürzeren oder längeren Röhren zusammen, die bei Arten mit perennirenden Hüten alljährlich weiter wachsen, wie das auch am Hutrande geschieht und dann auf dem Vertikalschnitt Zonenbildung zeigen (Fig. 80, VIII). Mit dem Gewebe des Hutes sind die Röhren fest verbunden, daher nicht so leicht von diesem ablösbar wie bei *Boletus*. Die von BREFELD l. c. bei verschiedenen Vertretern nachgewiesene Conidienbildung tritt in Form von Oidien (Fig. 81, III IV) auf. Gemmenproduction ist nicht bekannt. Die baumbewohnenden Arten sind wahrscheinlich sämmtlich Parasiten; für einzelne Arten wie *P. borealis, fulvus, vaporarius, mollis, Pini, hirsutus, sulfureus, igniarius, dryadeus* liegen von R. HARTIG (l. c.) gelieferte Beweise in diesem Sinne vor. Doch können diese Formen, wie es scheint, nicht in die intakte Rinde eindringen, sondern nur von Wunden aus in den Holzkörper gelangen.

Eine der gemeinsten Species ist *P. igniarius* (L.) (Fig. 80, VII VIII), der falsche Feuerschwamm der an Stämmen der verschiedensten Laubhölzer, namentlich Weiden- und Pflaumenbäumen vorkommt und relativ grosse, hufförmige, perennirende, harte Fruchtkörper mit Zonenbildung auf der grauen, schwärzlichen Rinde und geschichtetem, feinporigem, braunen Hymenium erzeugt. Er eignet sich nicht zur Zunderbereitung, daher falscher Feuerschwamm genannt.

P. officinalis FR. Lärchenschwamm (als *fungus Laricis* officinell). Er lebt als Parasit in *Larix europaea* und *L. sibirica* und wird besonders im nördlichen Russland, am weissen Meere, gesammelt. Der hufförmige oder kegelförmige, mit concentrischen Zonen versehene Hut, der bis 20 Centim. und darüber hoch und 15 Centim. dick wird, ist aussen gelblich weiss mit dunkleren Zonen, im Innern gelblich oder weisslich. Er ist ausgezeichnet durch einen hohen Harzgehalt, der die Hälfte und mehr des Gewichts des lufttrocknen Hutes beträgt. Ausser den bereits auf pag. 410 aufgeführten und charakterisirten Harzen enthält die Fructification noch Kalkoxalat, das sich in der Rinde in Drusen oder Einzelkrystallen findet, Fumarsäure, Citronensäure und Mannit. Der Stickstoffgehalt beträgt nur etwa 0,5 %, der Aschengehalt noch weniger. Das Pulver wird als Volksmittel und als Bestandtheil heilsamer Liqueure verwandt.

P. fomentarius FR. Zunderschwamm, Feuerschwamm. An Laubholzstämmen, besonders Buchen im mittleren und nördlichen Europa; in Ungarn, Siebenbürgen, Galizien, Croatien, Böhmen, Thüringer Wald, Schweden gesammelt. Der hufartige, 10—30 Centim. und mehr breite, etwa 10 Centim. hohe Hut zeigt unter der Rinde eine weiche Markschicht, die man herausschneidet, weich klopft, mit Salpeterlösung imprägnirt, trocknet, walzt und in dieser Form als Zunder oder (nach Auslaugen des Salpeters) als blutstillendes Mittel verwendet. In Deutschland werden jährlich etwa an 1000 Centner fabricirt, besonders im Thüringer Walde.

Gattung 3. *Heterobasidion* BREFELD.

Während ihre basidientragenden Fruchtlager denen von *Polyporus* gleichen, zeigt die Conidienfructification eine grosse Besonderheit, insofern die Conidienträger in ihrer einfachsten Form *Aspergillus*-artigen Habitus tragen (Fig. 81, I*a* II). Auch hier fehlen Gemmenbildungen.

H. annosum Fr. Wurzelschwamm.

Der Pilz tritt nach R. Hartig sowohl an Nadelhölzern (Kiefer, Wachholder), als an Laubbäumen (Rothbuche, Weissdorn etc.) und zwar an deren Wurzeln als tödtender Parasit auf. Sein Mycelium durchwuchert Bast- und Holzkörper, um schliesslich an jenen Theilen Fruchtkörper zu bilden, oft in einer Tiefe von 1—2 Decim., welche meist unregelmässig contourirte, braune, gezonte Consolenformen darstellen. Ihre Basidiosporen keimen nach Brefeld leicht in feuchter Luft, Wasser und Nährlösungen, in Letzteren ein Mycel (Fig. 81, I) entwickelnd, auf welchem schliesslich dicke und lange, an der Spitze keulig aufschwellende Conidienträger (Fig. 81, I*a* II) entstehen. Sobald die Anschwellung ihre volle Grösse erreicht hat, treten auf der ganzen Oberfläche derselben gleichzeitig und dicht neben einander äusserst zarte Sterigmen auf, die an ihrer Spitze kurz-eiförmige Conidien abschnüren (Fig. 81, II). Während auf schwächlichen Mycelien nur einfache Conidienträger entstehen, treten an üppig entwickelten verzweigte Formen und bündelartige Complexe auf von auffälliger Form. Die Conidien keimen in Nährlösungen leicht, wiederum conidientragende Mycelien entwickelnd. Doch ist es bisher nicht gelungen, aus Conidien Mycelien zu erziehen, welche es bis zur Bildung von Basidiosporen tragenden Hüten bringen. Ein für die Verbreitung des Pilzes wichtiger Umstand ist der, dass auch die Hyphen der Hüte und Hymenien leicht zu conidientragenden Mycelien auswachsen können, was auch in der Natur geschieht. Es wird daher schwer sein, durch Isolirgräben im Walde den verderblichen Pilz in seiner Ausbreitung zu hemmen, denn die massenhaft erzeugten Conidien fliegen leicht überall hin.

Gattung 4. *Ptychogaster* Corda (= *Oligoporus* Brefeld).

Hier ist die Basidienfructification in krustenförmigen, im Uebrigen *Polyporus*-artigen Lagern entwickelt, welche auf Gemmen-producirenden Lagern (Fig. 80, V) auftreten. Die Basidienfructification folgt hier auf die Gemmenfructification in ähnlicher Weise, wie sich die Ascusfrucht von Nectria auf den Conidienlagern dieses Ascomyceten entwickelt. Schon Ludwig[1]) und Boudier[2]) fanden die Gemmenfructification gewisser Arten im nachweislichen Zusammenhang mit einer Basidienfructification, und Brefeld[3]) bestätigte dies durch genauere Untersuchung. Die Gemmen entstehen nach ihm an geraden oder gekrümmten Seitenästen als Aufschwellungen einzelner Glieder, welche durch sterile, meist schnallenbildende Glieder getrennt sind (Fig. 81, V).

Pt. citrinus Boudier. An Kiefern- und Fichtenstämmen oder Stümpfen wachsend. Es bilden sich zunächst kleinere oder grössere Lager gemmentragender Fäden von gelber Farbe und polsterförmiger Gestalt (Fig. 80, V). An den grösseren entstehen schliesslich basidientragende Röhren-Hymenien. Aus Theilen derselben hat Brefeld dann wieder Gemmenbildungen erzogen.

[1]) Zeitschr. f. die gesammten Naturwissenschaften. 1880. Bd. 53. pag. 430.

[2]) Deux nouvelles espèces de Ptychogaster. Journ. de bot. I. No. 1. pag. 7. Société mycologique de France 1888, pag. 55.

[3]) Untersuchungen aus dem Gesammtgebiete der Mycologie VIII, pag. 114. Vergl. auch Tulasne, Ann. sc. nat. ser. V, t. IV, pag. 290 und t. XV, pag. 228.

Gattung 5. *Fistulina* BULLIARD.

Ihre Hauptcharaktere liegen einerseits darin, dass die Hymenialröhrchen an der Unterseite des Hutes als freie, d. h. völlig getrennte, anfangs geschlossene und daher zitzen- oder zapfenartige Hervorragungen entstehen, welche im Innern mit der Basidienschicht ausgekleidet erscheinen und sich bei der Reife an der Spitze öffnen; andererseits in dem Umstande, dass in der fleischigen Substanz des basidientragenden Hutes gemmenartige Bildungen erzeugt werden, welche schon DE SEYNES beobachtete und BREFELD näher untersuchte.[1])

F. hepatica (SCHAFFER), der einzige, an Eichenstümpfen häufige, im Spätsommer und Herbst fructificirende Vertreter, bildet anfangs weichfleischige, saftige, später zähfaserige, seitlich angeheftete, mitunter langgestielte, breit zungenförmige, leberförmige oder auch polsterartige Fruchtkörper von blutrother bis braunrother Färbung. Dieselben sind im reifen Zustande oben mit 1—2 Millim. dicker, rothbrauner Haut überzogen, unter der eine etwa 1 Millim. dicke, gallertige, bei Regenwetter stark aufschwellende Schicht liegt, an welche sich dann die Hauptmasse des Hutes, das Fleisch, anschliesst. Auf der Unterseite stehen die freien Hymenialröhren zu einer einzigen etwa bis 10 Millim. hohen, blassrothen, dann dunkleren Schicht geordnet (Fig. 80, II II*a*).

Hut und Stiel bauen sich aus ziemlich weitlumigen, kurzgliedrigen, gekrümmten und verschlungenen Fäden mit Schnallenbildungen auf. Zwischen diesen Fäden liegen eigenthümliche, an die Milchgefässe der Lactarien erinnernde weitlumigere, mit wässrigem, blassrothen Safte erfüllte Röhren. Sie werden nach der Oberfläche des Hutes und nach den Röhren des Hymeniums zu zahlreicher und schmäler und gehen auch in die Wände der Röhren hinein. Unter der erwähnten gelatinösen Schicht entstehen nun gemmentragende Seitenzweige an den Hyphen des Hutfleisches, welche sich am Ende reich und dicht verzweigen, an jedem Aste mit einer Gemme oder Gemmenreihe abschliessend. Diese Bildungen treten nach BREFELD schon in jungen Fruchtkörpern auf (Fig. 80, III*b*), bald massenhaft, bald minder reichlich. Später bildet sich dann der Hut gewöhnlich zum basidientragenden Organ aus, und die Gemmenlager werden hierbei mehr nach oben gedrängt und zu einer oberflächlichen Schicht auseinandergezogen. Bisher konnten weder die Gemmen noch die Basidiosporen zur Keimung gebracht werden.

Die Hüte des Pilzes werden vielfach gegessen und haben einen angenehmen Geschmack.

Gattung 6. *Boletus* DILL. Röhrenschwamm.

Basidienfructification in Form von central gestielten, fleischigen Hüten. Hymenialröhren unter sich verwachsen, vom Hutfleisch leicht trennbar. Bei manchen Vertretern findet sich Schleierbildung. Conidien- und Gemmenfructification unbekannt.

B. edulis Steinpilz. Einer der geschätztesten, in Wäldern häufigen Speiseschwämme. Stiel anfangs dickknollig, später mehr keulig, hellbräunlich, im oberen helleren Theile mit erhabener, weisslicher Netzzeichnung. Hymenial-

---

[1]) Literatur: DE SEYNES, Organisation des champignons superieures. Ann. sc. nat. ser. V, t. I, pag. 231. — Recherches pour servir à l'histoire naturelle des végétaux inférieures I. Des Fistulines. Paris 1874. BREFELD, Untersuchungen aus dem Gesammtgebiet der Mycologie. Heft VIII, pag. 143. ISTVÁNFFI und O. J. OLSEN, Ueber die Milchschaftbehälter und verwandte Bildungen bei den höheren Pilzen. Botan. Centralbl. Bd. 29 (1887).

röhren weisslich, später grünlichgelb, vom Stiel scharf getrennt. Sporen spindelig, am freien Ende stumpf, 15—17 Mikr. lang, 5—6 Mikr. breit, hellbraun, glatt. Hut mit festem, weissem, auf dem Bruche nicht anlaufendem Fleische, anfangs fast kugelig, später halbkugelig oder wenig gewölbt, 10—20 Centim. breit, mit bräunlicher, hellerer oder dunklerer, schliesslich etwas klebriger Huthaut. Ueber die chemische Zusammensetzung vergl. pag. 390 und 391.

Gattung 7. *Daedalea* Pers. Wirrschwamm.

Basidienfructification in Form von sitzenden, korkähnliche Consistenz zeigenden Hüten. Das Hymenium ist, abweichend von den übrigen Polyporeen, in Form von meist gebogenen und seitlich anastomosirenden, ebenfalls korkartigen Lamellen entwickelt, ein Merkmal, durch welches sich die Gattung den Agaricineen nähert. Conidienfructification (Fig. 81, III) in Oidien; bisher nur von Brefeld bei *D. unicolor* beobachtet. Gemmenbildung unbekannt.

D. quercina Pers. an alten Eichenstümpfen blass holzfarbige, korkige, consolenförmige Hüte mit grossen Lamellen bildend (Fig. 80, IX).

Familie 6. Agaricineen. Lamellenschwämme, Blätterschwämme.

Als höchst entwickelte Hymenomyceten sind sie in erster Linie dadurch ausgezeichnet, dass sie hutförmige Fruchtlager bilden, deren basidientragendes Hymenium auf messerschneidenförmigen Lamellen entwickelt ist. Für Letztere ist radiäre Anordnung bemerkenswerth. Dabei erscheinen die Lamellen entweder einfach oder verzweigt, bisweilen *(Cantharellus, Paxillus)* auch durch Querleisten unter einander verbunden. Der Regel nach stehen die Hüte auf einem centralen oder seitlichen Stiel, vielfach fehlt derselbe gänzlich, sodass die Hüte sitzend erscheinen.

Bei gewissen Vertretern mit central gestieltem Hute ist der Rand des letzteren in der Jugend mit dem Stiel durch ein hautartiges oder einem dünnen Gespinnst ähnliches Gewebe verbunden, welches die Lamellen von unten her bedeckt und daher auch als Schleier *(Velum partiale)* bezeichnet wird. Wenn sich dann später der Hut ausspannt (aufschirmt), wird diese Bildung zerrissen und bleibt, wenn sie weniger vergänglich ist, in Form eines Ringes oder eines »Manschetten«-artigen Lappens am Stiel, mitunter auch in Fetzen an dem Hutrande hängen, während sie bei zarterer, spinnwebig-flockiger Beschaffenheit sehr bald nach dem Zerreissen mehr oder minder vollständig verschwindet, indem ihre zarten Elemente vertrocknen. Gewisse Agaricineen *(Amanita-*Arten) zeigen anfänglich den ganzen gestielten Hut umhüllt von einem besonderen Hüllgewebe, was als *Volva* oder auch als *Velum universale* bezeichnet wird. Infolge der Streckung des Stieles zerreisst dann diese oft sehr entwickelte Hülle. Ihre Reste bleiben theils an der Basis des Stieles sitzen, etwa einem becherförmigen Gebilde ähnlich, theils auf der Huthaut, hier meist unregelmässig oder auch regelmässig in Schollen zerreissend, wie es z. B. beim Fliegenschwamm der Fall ist. Neben dem *Velum universale* wird bei solchen Formen gewöhnlich auch noch ein Schleier ausgebildet. Die mit *Volva* versehenen Agaricineenhüte stellen in der Jugend also gewissermassen Basidienfrüchte in dem Sinne dar, wie er für die Bauchpilze (Gastromyceten) zu nehmen ist. Sie sind demnach in der Jugend angiocarp, später gymnocarp und nähern sich dadurch den Phallusartigen (Phalloïdeen). Man bezeichnet daher solche Agaricineen-Fructificationen auch hin und wieder als halbfrüchtige *(hemi-angiocarpe)*.

(B. 691.) Fig. 82.

Einige Blätterschwämme (Agaricineen). I Hut vom Pfifferling *(Cantharellus cibarius)* in halber nat. Gr. mit seinen durch Queradern verbundenen Lamellen. II. Fruchtträger von *Nyctalis asterophora*, in verschiedenen Entwickelungsstadien einem Hute von *Russula nigricans* aufsitzend; halbe nat. Gr. III Ein älterer Zustand des *Nyctalis*-Hutes im axilen Längsschnitt; *l* Lamellen, *g* Gemmenlager, nat. Gr. IV Eine Basidiospore *sp* hat ein kleines Mycel getrieben, an welchem man 2 Gemmen *g*, sowie Oidienartige Abgliederungen *o* sieht; stark vergr. V Ein Oidiumglied zu einem kleinen Mycel ausgekeimt, dessen 2 Aeste in Oidien gegliedert sind; stark vergr. VI Stück eines aus einer Basidiospore hervorgegangenen Mycels mit jungen *a* und bereits fast reifen *b* Gemmen, stark vergr. VII u. VIII Reife Gemmen mit ihrer eigenthümlichen Sculptur, stark vergr. IX Reifer Hut vom Champignon *(Agaricus campestris)* in halber nat. Gr. s. Schleier *(velum)* z. Th. in Fetzen noch am Hutrande sitzend, z. Th. als Manschette am Stiel herabhängend. X Jüngeres Stadium in halber nat. Gr. im Längschnitt *l*. Lamellen *s* Schleier. XI Hut vom Hallimasch *(Agaricus [Armillaria] melleus)* in halber nat. Gr. *m* Manschette. XII Reifer Hut des Fliegenpilzes *(Amanita muscaria)* in halb. nat. Gr. Der Rest der

Hülle *(Volva)* ist an der Stielbasis in Form einer Art Scheide, auf der Huthaut in Form von weissen Fetzen zu sehen. Vom oberen Theile des Stieles hängt der jetzt vom Hute abgetrennte Schleier in Form einer Manschette *(armilla)* herab. XIII Junger Zustand des Hutes in halber nat. Gr. mit der nur erst theilweis zerrissenen und zerklüfteten Hülle. XIV Aehnlicher Zustand im axilen Längsschnitt; *h* Hülle, *l* Lamellen. XII—XIV nach BARLA, II—VIII nach BREFELD, IX nach GILLET, XI nach HARTIG.

Aber auch nach anderen Richtungen hin finden die Blätterschwämme Anschlüsse. So vermittelt *Lenzites* den Uebergang zu den Löcherschwämmen (Polyporeen), speciell zur Gattung *Daedalea*; *Cantharellus* bildet ein vermittelndes Glied zu *Craterellus* unter den Telephoreen, *Irpex* verbindet die Agaricineen mit den Hydnaceen.

Was die Anatomie der hutförmigen Basidienfructification der Agaricineen anbetrifft, so baut sich dieselbe im Allgemeinen aus dünnwandigen, weitlumigen, wasserreichen Zellen auf, ein Moment, auf welchem die zumeist ausgesprochenfleischige Konsistenz und der Wasserreichthum dieser Fructification und ihre auffallende Vergänglichkeit beruht. In dem Gewebe der Hüte der Milchschwämme *(Lactarius)* finden sich besondere, relativ weitlumige Hyphen, welche den ganzen Fruchtkörper durchziehen und einen milchartigen Saft produciren von weisser, gelblicher oder rother Farbe. Sie sind besonders von HOFFMANM, DE BARY und WEISS studirt worden und nach letzterem anfangs gegliedert, während später die Querwände zur Auflösung kommen. Diese Behälter würden hiernach den Milchsaftgefässen der höheren Pflanzen in histologischer Beziehung analog sein. Vielfach sieht man sie durch H-förmige Anastomosen verbunden. Bei manchen Repräsentanten sind nach meinen Beobachtungen im Gewebe ähnliche Hyphen vorhanden, welche aber statt Milchsaft reichlich Harz führen, so bei *Pholiota spectabilis* und Verwandten. Das Gewebe der Lamellen besteht aus einer mittleren Lage (Trama) und aus den von dieser sich abzweigenden Basidien- und Paraphysentragenden Aesten. Die Paraphysen sind gewissermassen metamorphosirte, sterile Basidien und entweder in nur einerlei Form vorhanden oder in kleinere und grössere differenzirt, von denen die letzteren meistens auffällig gross und blasenförmig erscheinen und daher Cystiden genannt wurden.

Bei manchen Arten dienen die Cystiden als Excretionsorgane, indem sie Harze, oxalsauren Kalk etc. abscheiden. Für die Trama der *Russula*-Arten sind blasige Zellen characteristisch. (In Bezug auf die Paraphysen vergl. man pag. 322).

Was ferner die Entwickelungsgeschichte der Basidienfructification anbetrifft, so ist diese besonders von R. HARTIG (für *Agaricus* [*Armillaria*] *melleus* VAHL) und von BREFELD (für *Coprinus stercorarius*) am ausführlichsten studirt worden (bezüglich der Details sei auf die betreffenden Species verwiesen). Dass innerhalb dieses Entwickelungs-Cyclus ein sexueller Act, wie man ihn früher vermutete, nicht vorhanden ist, haben namentlich BREFELD's Untersuchungen von *Coprinus* (Schimmelpilze III) dargethan.

Die Basidiosporen keimen zu Mycelien aus, welche gewöhnlich Schnallenbildungen (vergl. pag. 386) aufweisen, meistens auch Stränge (vergl. pag. 292) und Sclerotien (pag. 288) ausbilden, seltener Secretionsorgane tragen, wie BREFELD solche bei *Schizophyllum* beobachtete. Wie für die Hymenomyceten überhaupt, so auch für viele Agaricineen hat BREFELD (l. c.) nachgewiesen, dass sie ausser der oben besprochenen Basidienfructifiation noch gewöhnliche Conidienfructification und Gemmenbidungen hervorbringen. Erstere sind namentlich in der Oidienform (Fig. 81, III IV) vorhanden, wie es bei folgenden 38 Arten aus den verschiedensten Gattungen der Fall ist: *Coprinus stercorarius*, *plicatilis* (CURTIS), *nycthemerus* (VAILL.), *niveus* (PERS.), *lagopus*, *ephemerus*, *ephemeroides*, *Panacolus campanulatus* (L.), *fimicolus* (FR.), *Psathyrella gracilis* (FR.), *Stropharia semiglobata* (BATSCH). *stercorea* FR., *melanosperma* (BULL.), *Hypholoma fasciculare* (BOLTON), *sublateritium* (FR.), *Psilocybe spadicea* (SCHAFF.), *semilanceata* (FR.), *callosa* FR., *Psathyra spadiceo-grisea* (SCHAEFF.), *conopilea* FR., *nolitangere* FR., *Pholiota marginata* (BATSCH), *mutabilis* (SCHAFF.), *squarrosa* (MULL.). *Naucoria semiorbicularis* (BULL.), *Galera tenera* (SCHÄFF.), *conferta* (BOLTON), *Clitocybe metachroa* (FR.), *Pleurotus ostreatus* (JACQ.), *Collybia velutipes* (CURT.), *maculata* (ALB. u. SCHW.), *conigena* (PERS.), *racemosa* (PERS.), *tuberosa* (BULL.), *Lenzites variegata* (FR.), *abietina* (BULL.), *Nyctalis asterophora*, *parasitica*. Die kleinen cylindrischen Conidien der Oidienformen besitzen meist Keimfähigkeit, für *Coprinus*-Arten, *Panacolus campanulatus* etc. hat man dieselbe nicht constatiren können. Letzterer Umstand gab Veranlassung, in diesen kleinen Gebilden männliche Organe, Spermatien, zu wittern, eine Anschauung, die von BREFELD[1]) endgültig widerlegt wurde.

Es ist sehr wahrscheinlich, dass manche Species der bisherigen Gattung Oidium weiter nichts als Conidienbildungen von Basidiomyceten darstellen. Hierher gehört auch das allbekannte auf saurer Milch so häufige *Oidium lactis*, der Milchschimmel. Der Einwand, dass diese Species bei der Cultur immer nur wieder die Oidiumform ergebe, ist kein Beweis gegen die Richtigkeit jener Vermuthung, denn, wie BREFELD zeigte, geben die Oidien der Basidiomyceten unter den gewöhnlichen Verhältnissen auch immer nur wieder Oidien. Uebrigens hat E. CHR. HANSEN[2]) bereits beobachtet, dass unter gewissen Culturverhältnissen stattliche bündelartige Bildungen des genannten Oidium entstehen, und ich habe bei monatelangen Culturen des Pilzes auf saurer Milch ganz ähnliche Producte erhalten, nur in noch stattlicherer Form, als die von HANSEN abgebildeten.

Bemerkenswerth ist, dass die Oidien bei manchen Agaricineen in grossen Massen auf den Mycelien gebildet werden, es liegt daher in dieser Fructification ein sehr wesentliches Vermehrungsmittel der in Rede stehenden Pilze vor. Neben Conidien weisen einige Arten auch noch Gemmen auf, wie es bei den genannten *Nyctalis*-Arten der Fall ist. Natürlich müssen, bevor man die Conidien- und Gemmenbildung zu etwaiger systematischer Gruppirung verwenden kann, erst noch Hunderte von Repräsentanten der verschiedensten Gattungen untersucht werden, da man im ganzen bereits über 4500 Agaricineen kennt. Eine besondere Wichtigkeit darf die Thatsache beanspruchen, dass bei *Nyctalis* die Gemmenbildung meist eine so massenhafte ist, dass die Basidienfructification gänzlich unterdrückt wird. Wäre dieselbe bereits vom Schauplatze der Entwickelung abgetreten, wie es in fernerer Zukunft sicher der Fall sein wird, so würden wir wohl kaum mit Sicherheit sagen können, dass die nur Gemmentragenden Hüte einem Basidiomyceten gehörten. Wahrscheinlich giebt es so manchen conidientragenden oder gemmenerzeugenden Pilz, der ehemals den Agaricineen oder anderen Basidiomyceten zugehörte.

Die Systematik der Blätterschwämme war früher, wo man noch nicht viele Vertreter kannte, eine höchst primitive, insofern man alle Species in der einzigen Gattung *Agaricus* vereinigte. Später, als die Artenzahl bedeutend gewachsen war,

[1]) Schimmelpilze III.

[2]) Contribution à la connaissance des organismes qui peuvent se trouver dans la bière etc. Meddel. fra Carlsb. Labor. Kopenhagen. Bd. I. Heft 2.

schuf man verschiedene neue Gattungen, wobei man namentlich die Lamellen nach ihrer Form und sonstigen Beschaffenheit, ob einfach oder spaltbar, ob frei oder unter sich verbunden, ob holzig oder fleischig etc., als Unterscheidungsmerkmale benutzte. Aber auch jetzt umfasste das Genus *Agaricus* noch Hunderte von Arten, welche FRIES[1]) nach der Farbe der Sporen in 5 Gruppen: 1. *Coprini*, Schwarzsporige, 2. *Pratelli*, mit schwarz- oder purpurbraunen Sporen, 3. *Dermini*, Gelb- oder Braunsporige, 4. *Hyporhodii*, Rosasporige, 5. *Leucospori*, Weisssporige brachte. Obwohl diese Eintheilung auf ein rein äusserliches, also künstliches Moment basirt ist, konnte sie doch bisher noch nicht durch ein natürlicheres System ersetzt werden. Die einzelnen Abtheilungen gliederte FRIES dann wieder in Unterabtheilungen, deren Zahl er bis auf 35 brachte. Bezüglich der Characteristik derselben sowie der Agaricineen-Gattungen überhaupt muss auf die systematischen Werke, insbesondere die von FRIES hingewiesen werden. Welchen gewaltigen Umfang die Agaricineen im Laufe der Zeit gewonnen haben, beweist der Umstand, dass in SACCARDO's Sylloge fungorum Bd. V über 4600 Species aufgeführt wurden.

Gattung 1. *Nyctalis* FRIES.

Die Repräsentanten dieser vielstudirten Gattung sind sowohl durch ihren Parasitismus auf den grossen Hüten von *Russula*- und *Lactarius*-Arten auffällig, als auch dadurch besonders merkwürdig, dass sie direct an ihren Hüten und zwar entweder auf der Oberseite oder in den Lamellen Gemmenlager erzeugen. Während CORDA[2]), BONORDEN[3]) und TULASNE[4]) diese Bildungen als fremde, d. h. einem Parasiten von *Nyctalis* zugehörige erklärten, KROMBHOLZ[5]) und DE BARY[6]) aber ihre richtige Deutung durch nicht ganz sichere Gründe stützten, wies BREFELD[7]) den genetischen Zusammenhang zwischen Basidien- und Gemmenfructification dadurch nach, dass er die Basidiosporen (im Decoct von *Russula*-Hüten) zur Keimung brachte und grosse Mycelien erzog, an denen jene Gemmen sowohl an einzelnen Mycelhyphen als auch in Lagern an der Oberfläche der gezüchteten Hüte entstanden. Ausserdem wurde von BR. noch eine dritte Fructification, in Oidien-artigen Ketten, an den Gemmentragenden Mycelien beobachtet. Die Bildung von Gemmenlagern an den Hüten hat oft die Verkümmerung resp. Unterdrückung des basidienbildenden Hymeniums zur Folge. Da jedes Glied der Oidiumartigen Ketten auszukeimen und Mycelien mit wiederum Oidiumartiger Fructification zu erzeugen vermag, so sind die Nyctalis-Arten mit reichlichen Vermehrungsmitteln ausgestattet.

N. asterophora FR. (Fig. 82, II—VIII). Ist im Spätsommer und Herbst auf alten Hüten grosser Hutschwämme, z. B. *Russula adusta* und *nigricans*, *Lactarius vellereus* und anderen Agaricineen in Buchen- und Eichenwäldern zu finden, sowohl in der alten, als in der neuen Welt. Die halbkugeligen oder kugeligen, auf 1—8 Centim. langem, innen hohlem Stiele stehenden, $\frac{1}{2}$—5 Centim. im Durchmesser haltenden

---

1) Systema mycologicum I u. Hymenomycetes europaei.
2) Icones fungorum IV, pag. 8.
3) Allgemeine Mycologie pag. 82.
4) Ann. sc. nat. 4 ser. tom. XIII, pag. 5. Selecta fungorum Carpologia III. pag. 54. 59.
5) Essbare Schwämme, Heft I, pag. 5.
6) Zur Kenntniss einiger Agaricineen. Bot. Zeit. 1859.
7) Unters. aus dem Gebiet der Mycologie VIII, pag. 70 ff.

Hüte brechen entweder aus der Oberseite oder den Lamellen des Wirthes hervor und sind meist ganz in Gemmenbildung übergegangen, sodass man gewöhnlich nur an den grössten Exemplaren ausgebildete Lamellen antrifft. Anfangs weiss und glatt, wird die Huthaut allmählich filzig, verfärbt, in Rissen aufbrechend, aus welchen die dichte Masse der Gemmen zum Vorschein kommt. Später sieht der Pilz aus wie ein kleiner Bovist mit zerfallenem Kopf. Die Lamellen der Unterseite sind in der Jugend weisslich, später grau, dick, steif. An den Gemmen bemerkt man warzige oder stachelige Erhabenheiten, welche ihnen etwa morgensternförmiges Aussehen verleihen. Sie sind etwa 18—20 Mikrom. dick und von bräunlicher Farbe, in Masse ein braunes Pulver bildend.

Gattung 2. *Coprinus* Persoon.

Die weichfleischigen, oft höchst zarten und vergänglichen Hüte sind aus einem gleichmässigen Hyphengewebe gebildet. Bei manchen Repräsentanten findet eine Verbindung des Hutrandes mit dem Stiel durch einen »Schleier« statt. Dagegen fehlt eine Volva-Bildung, höchstens sind Andeutungen einer solchen vorhanden. Längere und kürzere Lamellen wechseln mit einander ab. An ihrer Oberfläche stehen einzeln die Basidien, zwischen denen Paraphysen und zwar sowohl zahlreichere kleinere, kürzer als die Basidien erscheinende, in regelmässiger Anordnung auftretende (Fig. 37 III u. IV bei *p* und Fig. 84), als auch grössere, blasenartige, auf der Fläche und Schneide der Lamellen mehr zerstreute (Fig. 37, III bei *p'*) vorkommen. Sobald die Sporen zur Reife gelangt sind, lösen sich die Lamellen und meist auch der Hut auf zu einer jauchigen, durch die dunklen Sporen geschwärzten abtropfenden Masse. Die Sporen keimen in Mistdecoct auf dem terminalen Keimporus aus und bilden Mycelien, an denen bei gewissen Species Conidienabschnürung in Form von Oidium-artigen Gliedern auftritt (etwa dem Bilde in Fig. 79, II entsprechend); unter üppigen Ernährungsbedingungen entstehen bei gewissen Arten strangartige Mycelien mit oder ohne Sclerotien. Den Bau der Letzeren haben E. Chr. Hansen [1]) sowie Brefeld untersucht. Der Gesammt-Entwickelungsgang ist durch Brefeld [2]) genau dargelegt worden, speciell für: *Coprinus stercorarius* (Bulliard). Die Mycelien dieses Pferdemist bewohnenden Pilzes entwickeln bei reichlicher Ernährung in Mistdecoct wie auch auf natürlichem Substrat, gewöhnlich kleine, schwarze, knöllchenförmige Sclerotien [3]) von 1—5 Millim. Durchmesser und darüber, aus denen später die gestielten Hüte hervorsprossen. Conidienbildung, wie sie *C. lagopus* und anderen Arten eigenthümlich ist, fehlt hier gänzlich. Bezüglich der Entstehungsweise der Sclerotien (vergl. pag. 290) hat Brefeld ermittelt, dass sie an den Mycelfäden als adventive Seitenzweige entstehen, die entweder einzeln oder zu mehreren dicht neben einander auftreten. Durch reichliche Verästelung wird aus solchen Anfängen zunächst ein kleines lockeres weissliches Flöckchen gebildet, später schliessen die Elemente pseudoparenchymatisch dicht zusammen, und es tritt an der Oberfläche eine Abscheidung von Wasser in Tropfen ein. Schnitte durch den reifen Körper lassen eine dunkle Rinde erkennen, welche aus 6—8 Zelllagen besteht, von denen die äusseren aus weit-

[1]) Fungi fimicoli danici. Vedensk. Meddelelser af nat. Forening, Kjöbnhavn 1876.

[2]) Schimmelpilze III.

[3]) Eine neuerdings von Brefeld aufgefundene Form dieser Species producirt niemals Sclerotien.

lumigen, die inneren aus kleinen, in allen Fällen mit braunen bis schwarzen Membranen versehenen Zellen gebildet werden; im Innern bemerkt man das weisse, aus zartwandigen, plasmareichen, hin und wieder Luftinterstitien zeigende Mark. Nach künstlicher Abschälung kann die Rinde von den oberflächlichen Marktheilen ersetzt werden. Legt man die Sclerotien feucht, so keimen die

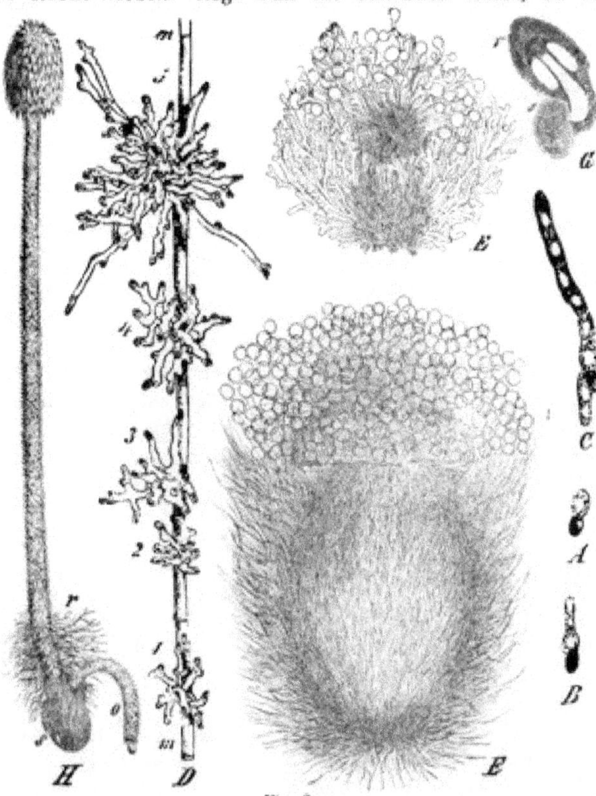

Fig. 83. (B. 692.)

Coprinus stercorarius; *A* keimende Spore. *B* u. *C* ebensolche Sporen, etwas weiter entwickelt. *D* Stück eines Myceliums *m* mit 5 jungen Fruchtanlagen: 1 und 2 die jüngste Stufe, 3, 4 und 5 weiter vorgeschrittene Stadien. *E* Noch älteres Stadium, im Innern die Anlagen von Stiel und Hut als dichtere, dunklere Geflechte von Hyphen aufweisend. Die haarartigen Hyphen, welche vom Hut entspringen, sind an den Enden blasenartig aufgetrieben. *F* Noch ältere Fruchtanlage, Stiel und Hut bereits schärfer hervortretend, die Hyphen des Hutes sind bereits fast ganz in blasige Zellen zerfallen. *G* Längsschnitt durch ein keimendes Sclerotium mit seinem Fruchtträger. *H* Erwachsener Fruchtträger, in Streckung des Stiels und Aufspannung des Hutes begriffen, *s* Sclerotien, *r* Rhizoïden, *o* zweite, nicht zur Entwickelung gelangte Fruchtanlage. Nach Brefeld, aus Luerssen's Handbuch.

peripherischen Rindenzellen zu kleinen, weissen Flöckchen aus, und diese entwickeln sich in der Folge zu gestielten Hüten. Doch können letztere, wie Brefeld zeigte, bei minder üppiger Ernährung auch direkt am Mycel entstehen. In beiderlei Fällen aber geht die Fructification niemals von irgend welchen Sexualorganen aus, sondern immer nur von rein vegetativen Sprossungen. Dies wurde von Brefeld auch noch auf experimentellem Wege festgestellt. Wischt man nämlich die Fruchtanlagen von den Sclerotien ab, so entstehen andere, und dieser Prozess wiederholt sich, sobald man wiederum die neuen Anlagen entfernt. Ferner kann aus jeder Zelle des Stieles, des Hutes, der Lamellen, des Sclerotium-Innern sich ein neuer Fruchtträger entwickeln.

Während diese sich ausbilden, vergrössert sich auch der Stiel, und wenn die Reife des Hutes eintritt, streckt sich ersterer bedeutend und der Hut schirmt sich auf.

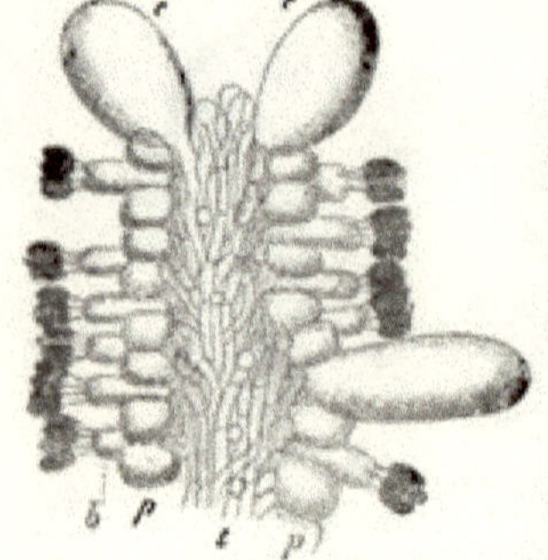

(B. 693.) Fig. 84.
Stückchen eines Längsschnittes einer Lamelle von *Coprinus stercorarius*. *t* Trama, *p* die kleinen Paraphysen, *c* grosse blasenförmige Paraphysen (Cystiden). *b* Basidien mit ihren 4 Sterigmen und Sporen. Nach BREFELD aus LUERSSENS Handbuch.

Bezüglich der complicirten Vorgänge der Ausbildung des Hutes, die BREFELD namentlich auch an *C. lagopus* näher erörtert hat, muss auf dessen Arbeit verwiesen werden, da ohne ausführliche bildliche Darstellung diese Verhältnisse doch nicht verständlich gemacht werden dürften.

Gattung 3. *Lactarius* FR. Milchschwamm.

Ausgezeichnet durch gefässartige Zellfusionen (vergl. pag. 385), welche einen weisslichen, gelblichen oder röthlichen Milchsaft produciren, der bei Verletzung der Hüte in Tropfen herausquillt und bei manchen Arten eigenthümliche, scharfe brennende Stoffe enthält. Lamellen häutig, wachsartig, dem Stiele angeheftet oder herablaufend. Conidienbildung unbekannt.

L. deliciosus FR. Blutreizker. Hut gross, rosenroth oder ziegelroth, im Alter verblassend, mit gezonter Huthaut, einen gelben bis rothen Milchsaft bildend. Als Speisepilz sehr geschätzt, in Nadelwäldern im Sommer und Herbst häufig.

Gattung 4. *Russula* PERS.

Namentlich durch die steifen, zerbrechlichen, milchsaftlosen, mit scharfer Schneide und blasig-zelliger Trama versehenen Lamellen characterisirt. Conidienbildung unbekannt. Hut ohne Schleier.

R. rubra FR. Mit intensiv rothem, später verblassendem Hute. In Nadelwäldern. Giftig. Der Farbstoff Russularoth ist von BACHMANN (pag. 423) näher untersucht.

Gattung 5. *Agaricus* L.

Mit dünnen blattartigen, scharfschneidigen, leicht spaltbaren Lamellen, die bei Verletzung keinen Milchsaft abgeben und in der Trama keine blasigen Zellformen wie bei Russula aufweisen. Unter den 35 von FRIES aufgestellten, in die oben genannten 4 Gruppen gebrachten Genera sind eine ganze Anzahl, welche Conidienbildungen in Form von Oidien (Fig. 81, III IV; 82, IV*o*, V) erzeugen. Der geringe Umfang des systematischen Theiles dieses Buches verbietet auf die Characteristik dieser zahlreichen Gattungen einzugehen, die man ohnedies in den speciellen systematischen Werken aufsuchen wird.

1. *Agaricus (Armillaria) melleus.* Honigschwamm, Hallimasch.

Man trifft ihn häufig an todten Baumstümpfen und Baumwurzeln, an altem Holze von Wasserleitungsröhren, am Zimmerholz von Bergwerken, Brücken u. s. w. Nach R. HARTIG's Untersuchungen tritt er aber auch als höchst verderblicher Parasit an sämmtlichen Nadelhölzern, wie es scheint auch an einigen Laubbäumen auf. Sein Vorkommen am Weinstock ist wohl noch nicht ganz sichergestellt. Selbst in früheren Erdperioden scheint er aufgetreten zu sein, wenigstens hat ihn HARTIG in verkieseltem Koniferenholze (Cupressinoxylon) erkannt.

Durch HARTIG's eingehende Untersuchungen[1]), die von BREFELD[2]) Bestätigung und Erweiterung erfuhren, ist über die Lebensgeschichte bereits hinreichendes Licht verbreitet worden. Bei künstlicher Ernährung in Pflaumendecoct entwickelt sich aus der Basidiospore ein Mycel, auf welchem kräftige, mit Spitzenwachsthum versehene Mycelstränge (früher Rhizomorphen genannt) entstehen (Fig. 16, I—IV). Bau und Entwickelung derselben ist bereits auf pag. 292 besprochen worden. Diese Sränge vermögen, wie BREFELD experimentell zeigte, mit ihren Enden in lebende Wurzeln der Coniferen einzudringen und sich hier in der Rinde zu fächerförmig ausgebreiteten Mycelmassen zu entwickeln, welche sehr leicht wieder an einzelnen Punkten in die schmale Strangform übergehen. Letztere kann, die Wurzeln durchbohrend, nach aussen hin wachsen, im andern Falle sich zwischen Holz und Rinde verästeln und den Holzkörper schliesslich, nach dessen Abtödtung, netzartig umspinnen. Die aus den Wurzeln ins Erdreich getretenen Stränge wachsen in diesem hin auf die Wurzeln benachbarter Stämme zu, auch in diese schliesslich sich einbohrend. An den Strängen und Häuten, welche zwischen Rinde und Holz verlaufen, sowie auch an den Enden der das Erdreich durchwachsenden Stränge resp. deren Aeste tritt im Sommer und Herbst die Fructification in Hüten (Fig. 82, XI) auf. Sie entstehen nach R. HARTIG etwa in ähnlicher Weise wie bei *Coprinus*, also auf asexuellem Wege. Der Hut besitzt einen Schleier, welcher so zerreisst, dass er als Manschette *(armilla)* am Stiele sitzen bleibt.

In dem Gewebe des Baumes ruft der Pilz auffällige Veränderungen hervor, die sich nach H. folgendermaassen darstellen: die von den in die Rinde eingedrungenen Strängen ausgehenden Mycelfäden wandern durch die Markstrahlen in den Holzkörper und dringen mit Vorliebe in die hier vorhandenen Harzkanäle, in diesen aufwärts wachsend. »Dieses fädige Mycelium eilt im Innern des Holzstammes den in der Rinde wachsenden Strängen schnell voraus und zerstört das in der Umgebung der Harzkanäle befindliche Parenchym vollständig, wobei allem Anscheine nach eine theilweise Umwandlung des Zellinhalts und der Wandungen in Terpentinöl stattfindet. Letzteres senkt sich durch eigene Schwere abwärts und strömt im Wurzelstocke, woselbst die Rinde durch die Rhizomorpha getödtet und vertrocknet ist, nach ausser hervor, ergiesst sich theils zwischen Holz und Rinde, theils an Stellen, wo letztere beim Vertrocknen geplatzt ist, frei nach aussen in die umgebenden Erdschichten. Die Krankheit wurde deshalb früher als »Harzsticken« bezeichnet. In den oberen Stammtheilen, soweit Cambium und Rinde noch gesund sind, strömt das Terpentinöl aus den zerstörten Kanälen auch seitwärts durch die Vermittelung der Markstrahlkanäle dem Cambium und der Rinde zu. In letzteren veranlasst dieser Zudrang die Entstehung grosser Harzbeulen; im Cambium, wenn dieses im Sommer die neue Jahrringbildung vermittelt, bewirkt er die Entstehung zahlreicher, ungemein grosser und abnorm gebildeter Harzkanäle, durch welche der Holzring des Krankheitsjahres sehr auffällig characterisirt wird. Aus den Markstrahlzellen und den Harzkanälen verbreitet sich allmählich das Mycel in die leitenden Organe des Holzkörpers und veranlasst eine Zersetzungsform, die als eine Art Weissfäule zu bezeichnen ist.

2. *Ag. campestris* L. Champignon (Fig. 82, X XI). Auf Triften, Erdhaufen häufig, neuerdings vielfach in Gewächshäusern und Kellern auf mit Pferdemist gedüngter Erde cultivirt. Die Hüte enstehen auf weissen Mycelsträngen, sie zeigen in der Mitte des Stieles einen weissen Ring, den Rest des Schleiers. Anfangs rosenroth, werden die Lamellen allmählich violettbraun bis

---

[1]) Wichtige Krankheiten der Waldbäume. Berlin 1874, pag. 12—42. Lehrbuch der Baumkrankheiten. 2. Aufl., pag. 179.

[2]) Schimmelpilze III, pag. 136—173.

schwarzbraun und die mit zwei Sterigmen versehenen Basidien produciren dunkelbraune, ellipsoïdische, etwa 8—9 μ lange, 6—7 μ dicke Sporen.

Gattung 6. *Amanita* Persoon.

Sie ist vor allen anderen Agaricineen dadurch ausgezeichnet, dass Hut und Stiel im Jugendzustande eingebettet erscheinen in eine gemeinsame Hülle, Volva (Fig. 82, XIV *hh*) genannt. Wenn später der Stiel sich streckt, so zerreisst dieselbe der Quere nach und ihr basaler Theil bleibt an der Stielbasis als eine Scheide sitzen, während der terminale Theil dem Hute angeheftet bleibt, freilich bei der tangentialen Ausdehnung desselben in Fetzen zerreisst, die unter Umständen schliesslich auch gänzlich abgestossen werden. Ferner ist der Hutrand bei den meisten Arten mit dem Stiel durch einen Schleier *(Velum)* verbunden, welcher schliesslich zerreisst und als häutiger Ring (Manschette, *armilla*) am Stiele haften bleibt (Fig. 82, XII). Conidienbildung ist bisher nicht gefunden worden. Der complicirte Entwickelungsgang der Basidienfructification, die nach dem Gesagten anfänglich eine geschlossene »Frucht« darstellt, wurde von de Bary und Brefeld näher studirt.

A. muscaria (L.), Fliegenschwamm (Fig. 82, XII—XIV). Der stattliche, durch einen rothen Farbstoff (s. pag. 424) orange- bis scharlachrothe Hut ist mit weissen Schuppen oder Warzen als Resten der Volva besetzt. Durch seinen Gehalt an *Muscarin* (vergl. pag. 433) wird die Giftigkeit dieses in Wäldern auf der Erde gemeinen Pilzes bedingt. — Noch giftiger ist *A. phalloïdes* Fr., mit gelblichem, grünlichem oder weisslichem seidenglänzenden Hute, häutigem, weisslichem oder gelblichem Ring und knollig angeschwollener Stielbasis.

Anhang zu den Hymenomyceten.

Oidium lactis Fresenius, Milchschimmel.

Er kommt sehr häufig auf saurer Milch, im Mist der Hausthiere, in der käuflichen Waizenstärke, den Abwässern der Stärkefabriken etc. vor. Wahrscheinlich stellt er bloss einen Entwickelungszustand irgend eines Basidiomyceten aus der Abtheilung der Hymenomyceten dar. Hierfür spricht nicht bloss die Aehnlichkeit im Mycel und Conidienfructification mit verschiedenen Hymenomyceten, beispielsweise mit den in Fig. 81, III IV; Fig. 82, IV*a*, V abgebildeten Oidiumformen, sondern auch der Umstand, dass, wie E. Chr. Hansen l. c. zeigte und wie ich bestätigen kann, bei längerer Cultur auf festem oder halbfestem Substrat sich kegelartig erhebende Hyphenmassen bilden, die an Basidiomyceten erinnern. Doch bleibt seine Stellung vorläufig noch unsicher, solange man nicht durch seine Cultur eine typische Basidiomyceten-Fructification erzielt hat. Auf zuckerhaltigen Flüssigkeiten kann er, wie Hansen zeigte, eine schwache Alkoholgährung hervorrufen.

Ordnung III. **Gastromyceten**, Bauchpilze.

Als wesentlicher Character der ganzen Gruppe muss der Umstand hervorgehoben werden, dass die auf meist strangförmigen Mycelien entstehende Hauptfructifikation in Form von Conidienfrüchten (vergl. pag. 324) entwickelt wird. Nebenfructificationen hat man bisher nur bei wenigen Vertretern gefunden und zwar in Gestalt von Gemmenbildungen, welche an mangelhaft ernährten Mycelien auftreten.

Die Conidienfrüchte (Fig. 87, I II VI X; Fig. 86, I IV—VI; Fig. 88) fallen im Allgemeinen durch bedeutende Dimensionen auf, nur selten senfkorn- bis erbsengross, erlangen sie meist Haselnuss-, Kartoffel- oder Faustgrösse, beim Riesenbovist sogar einen Durchmesser bis zu einem halben Meter.

Wie die Conidienfrüchte aller Mycomyceten, so lassen auch die der Bauchpilze eine Fruchtwand (Hülle, Peridie), die aus pseudoparenchymatisch zusammengewebten Hyphen besteht[1]), und ein **Hymenium** unterscheiden. (Letzteres hat man überflüssigerweise mit dem besonderen, jetzt allgemein angewandten Namen der »Gleba« bezeichnet).

Die **Fruchtwand** tritt entweder in einfacher, undifferencirter Form auf (Fig. 86, I*p*), oder sie zeigt eine deutliche Differenzirung in zwei bis mehrere Schichten (Fig. 87, II IV IX). Die innerste derselben, die als derbe Haut das Hymenium unmittelbar umgiebt, heisst **innere Peridie**, während die übrigen

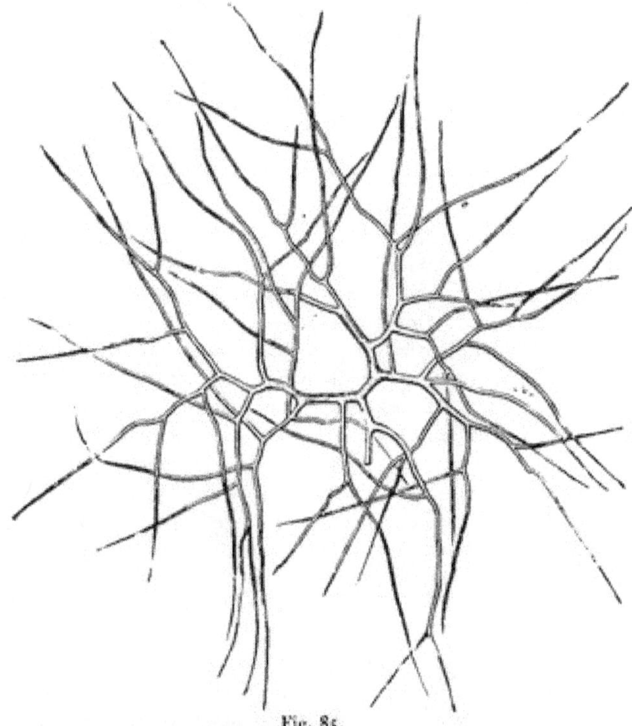

Fig. 85. (B. 694.)
Capillitiumfaser von *Bovista plumbea*, mycelartig verzweigt, stark vergr. Aus REINKE's Lehrbuch.

Lagen die **äussere Peridie** darstellen. Sie übernimmt in manchen Fällen eine besondere mechanische Rolle, die entweder darin besteht, dass das von der inneren Peridie umschlossene Hymenium über den Boden gehoben wird zum Zwecke der Sporenausstreuung, oder dasselbe (sammt der inneren Peridie) hinweggeschleudert wird. Die besonderen anatomisch-physiologischen Einrichtungen, welche solche Leistungen ermöglichen, sind noch vielfach genauer zu untersuchen, im Uebrigen soweit sie ermittelt wurden, weiter unten besprochen.

Zur Reifezeit öffnet sich die innere Peridie meistens mit einer einzigen besonderen Mündung (seltener mit mehreren). Bei Früchten mit einschichtiger Wandung tritt im Alter, wo nicht eine unregelmässige scheitelständige Oeffnung entsteht, ein Zerfall der Wandung auf.

Das **Hymenium** (Gleba) stellt meistens ein **System von relativ dünnen**

---

[1]) Sie soll bei *Gautiera* gänzlich fehlen (?).

Geweheplatten dar, welche sich vielfach spalten und durch zahlreiche Anastomosen in der Weise mit einander verbunden sind, dass in grosser Zahl Hohlräume, entweder gewundene Gänge (Fig. 86, II) oder aber mehr rundlich erscheinende Kammern, Glebakammern genannt, entstehen von meistens winziger Form. Aufgebaut sind diese Geweheplatten, die man auch hier als Tramaplatten oder kurz als Trama (Fig. 86, III*t*) bezeichnet, aus meist deutlich verfolgbaren Hyphen. Dieselben senden verzweigte Aeste in jene Hohlräume hinein, welche an ihren Enden Basidien erzeugen (Fig. 86, III). Die Gesammtheit dieser basidientragenden Hyphen wird Hymenialschicht genannt. Sie kleiden entweder die Hohlräume nur soweit aus, dass im Innern ein Luftraum bleibt, oder aber dieselben werden von den basidientragenden Elementen förmlich ausgefüllt. An den meist keulenförmigen oder birnartigen Basidien werden auf längeren oder kürzeren Sterigmen 2, 4, 6, 8 oder mehr Sporen abgeschnürt, meist am Scheitel oder in der Nähe desselben (Fig. 87, IV VIII XII; Fig. 86, VII), seltener lateral (Fig. 88, XI).

Eigenthümlich ist, dass bei gewissen, und zwar den Lycoperdaceen zugehörigen Gastromyceten, in der Trama ausser den gewöhnlichen dünnwandigen Hyphen derselben schon frühzeitig andere auftreten, welche von jenen dadurch abweichen, dass sie sich meist in ganz anderer Weise ausbilden und die vergänglichen gewöhnlichen Tramahyphen überdauern. Man hat sie Capillitiumfasern oder kurz Capillitium genannt. Sie gehen gewöhnlich eine besondere, nach Gattungen und Arten verschiedene Verzweigungsweise ein, bilden z. Th. eigenthümlich verdickte und meist gebräunte Membranen und sind völlig querwandlos oder doch nur spärlich mit Scheidewänden versehen. Bei *Bovista* stellt jede Capillitiumfaser ein kleines Flöckchen dar, entstanden dadurch, dass ein Tramaast sich nach Art eines Mycels verzweigte (Fig. 85). Nach dem Verschwinden der zarten Tramaelemente und der Hymenialschicht, welche Beide aufgelöst werden, vergrössern und verzweigen sie sich noch. Im trocknen Fruchtkörper stellen sie in ihrer Gesammtheit eine mächtige, wollig-flockige Masse von hellerer oder dunklerer Farbe dar. Manche *Geaster*-Arten bilden ihre Capillitiumfasern in Form von kürzeren oder längeren, spindelförmigen, stark verdickten und an den Enden meist fein ausgezogenen einfachen Röhren aus, während bei *Lycoperdon* die Fasern meist verzweigt, langgestreckt, gekrümmt erscheinen und bei *Geaster hygrometricus* und *Tulostoma* ein zusammenhängendes Netz darstellen. Bei gewissen Vertretern, namentlich Bovisten, funktioniren die Capillitiumfasern offenbar ähnlich wie die gleichnamigen Bildungen der Mycetozoen, d. h. sie bewirken durch die infolge ihrer thatsächlichen Hygroscopicität ermöglichten Bewegungen Lockerung und leichteres Verstäuben der Sporenmasse. Es wäre möglich, dass gewisse Capillitien den Charakter von eigenthümlich geformten Paraphysen besitzen, doch stehen entscheidende Untersuchungen noch aus.

An den Mycelien der Gastromyceten findet nur selten Sclerotienbildung statt.

Bezüglich des Entwickelungsganges der Basidienfrüchte hat man eruirt, dass dieselben im jüngsten Stadium homogene Hyphenknäuel darstellen, welche auf rein vegetativem Wege (also nicht durch einen Sexualact) entstehen. Später tritt dann eine Differenzirung in Peridie und Gleba auf. In der ersteren können sich dann bei den Vertretern der Lycoperdaceen und Nidularieen zwei bis mehrere Gewebslagen ausbilden, die dann meist verschiedene mechanische Aufgaben erfüllen. In der Gleba entstehen durch Auseinanderweichen gewisser Gewebszüge Höhlungen [Gänge, Kammern (Fig. 87, II)] in die hinein die Elemente der Hymenien gesandt werden, welche diese Hohlräume partiell oder ganz erfüllen. Bei *Scleroderma* soll nach SOROKIN das je eine Kammer ausfüllende Hymenialknäuel aus je einem, in die Kammer von der Wandung aus gesandten Hyphenast hervorgehen.

Bei *Polysaccum* scheint die Trama eine Spaltung zu erleiden in dem Sinne, dass um jede Kammer eine diese umhüllende Schicht entsteht (Fig. 88, VII *c*), Peridiole genannt. In welcher Weise die Glebakammern der Nidulariaceen entstehen, bleibt noch genauer zu ermitteln.

Man kennt bis jetzt gegen 600 Arten, die sämmtlich als Saprophyten auftreten, zum grösseren Theile Erdbewohner sind, im übrigen sich auf todten, holzigen Pflanzentheilen ansiedeln.[1]).

Familie 1. Hymenogastreen. Trüffelähnliche Bauchpilze.

Da ihre meist unterirdisch oder dicht an der Erdoberfläche sich entwickelnden fleischigen Fruchtkörper knollenförmige, trüffelartige Gestalt (Fig. 86, I IV V) und auf dem Querschnitt bei Betrachtung mit blossem Auge oder schwacher Vergrösserung trüffelähnliches Gefüge zeigen (Fig. 86, II), so werden sie häufig mit den Früchten ächter Trüffeln (Ascomyceten) verwechselt, und können mitunter erst nach mikroskopischer Untersuchung sicher als Gastromycetenfrüchte erkannt werden. In ihrer Organisation prägt sich eine gewisse Einfachheit aus, denn die fleischige, dünnhäutige oder derbhäutige Peridie besteht nur aus einer einzigen Gewebslage (und soll bei *Gautiera* sogar fast völlig fehlen). Sehr eigenthümlich ist der Bau der Gleba, insofern die Tramaplatten in der Weise angeordnet sind, dass ein System von labyrinthförmig gewundenen, unter einander anastomosirenden Gängen resultirt (Fig. 86, III *h*), welche von einem zusammenhängenden Hymenium (Fig. 86, II III) überkleidet sind. Gegen einander abgeschlossene Kammern existiren hier also nicht. Auch Capillitiumbildung vermisst man. Die Trama (Fig. 86, III *t*) bleibt entweder fleischig oder sie zerfliesst bei der Reife. In Freiheit gelangen die auf 2, 4 oder mehr Sterigmen abgeschnürten, in ihrer Form und Ausbildungsweise für die einzelnen Genera characteristischen Sporen erst durch einen das Gewebe der Frucht zerstörenden Fäulnissprocess. Ausser den Basidienfrüchten sind andere Fructificationsformen nicht bekannt.

Gattung 1. *Rhizopogon* FR., Wurzeltrüffel.

Die Oberfläche der unregelmässig-knolligen Früchte wird reichlicher oder spärlicher von anastomosirenden Mycelsträngen umsponnen (Fig. 86, IV), ein Merkmal, auf welches der Gattungsname Bezug nimmt. Von der dickeren oder dünneren, lederartigen oder häutigen Peridie umgeben, sieht man eine fleischige Gleba, welche mit ziemlich feinen labyrinthartigen Gängen durchsetzt ist und beim Eintritt der Reife zerfliesst. Auf sehr kurzen Sterigmen schnüren die Basidien 6 bis 8 ellipsoidische, sculpturlose, schwach gelbliche Sporen ab. Die gewöhnlichste Species ist:

Rhizopogon luteolus FR., die gelbliche Wurzeltrüffel. Im Sommer und Herbst in sandigen Wäldern und Heiden nicht selten, oft massenhaft auftretend. Die Formen der knolligen, schliesslich aus dem Boden hervorbrechenden Früchte ist sehr wechselnd, bei dichter Zusammenlagerung

---

[1]) Das Hauptwerk über den äusseren und inneren Bau der Bauchpilze ist TULASNE, *Fungi hypogaei*. Paris 1862. Eine allgemeine Characteristik der Gruppe findet man bei DE BARY, Morphologie pag. 332—353, die Systematik bei SACCARDO, SCHRÖTER, WINTER; die übrige Literatur ist bei den einzelnen Familien und Gattungen angegeben.

oft abgeplattet. Ihr Durchmesser beträgt gewöhnlich 2—7 Centim., mitunter noch mehr. Die Peridie erscheint dick, fast lederartig, von gelblicher bis bräunlicher Färbung und mit gelbbräunlichen Mycelsträngen überzogen. Im Jugendzustande ist der Fruchtkörper im Innern weiss, später, bei Beginn der Sporenbildung, nimmt die Gleba gelbe, endlich mehr braune Farbe an, während der anfangs schwache Geruch sich allmählich verstärkt und unangenehm, etwa knoblauchähnlich wird. Der Pilz ist nicht essbar, wie man im Volke noch vielfach zu glauben scheint, obwohl der Geschmack nicht angenehm ist.

Gattung 2. *Hymenogaster* VITTADINI.

Die Peridie ist nur in dünner Schicht entwickelt (Fig. 86, II*p*), aber bei manchen Arten an der Fruchtbasis verdickt und polsterartig in die bei der Reife erweichende Gleba vorspringend. Letztere zeigt fein gewundene Gänge, die bei gewissen Species mehr oder minder deutlich radiär zur Basis gestellt erscheinen (Fig. 86, II). Gewisse Arten weisen sehr locker gewebte, breite Tramaplatten auf (Fig. 86, III*t*). Ausgezeichnet ist die Gattung dadurch, dass die Basidien ihre spindel-, citronen- oder eiförmigen, derbwandigen, gelben oder gebräunten Sporen nur in der Zweizahl abschnüren (Fig. 86, III*sp*).

Hymenogaster Klotzschii TULASNE. Fruchtkörper kaum haselnussgross, rundlich, mit zarter weisslicher, gelblicher oder bräunlicher Peridie. Gleba erst weisslich, dann ocher- oder rostfarbig, mit ellipsoidischen etwa 13—16 Mikr. langen und ca. 9½ Mikr. dicken ellipsoidischen Sporen. Auf der Erde von Blumentöpfen in Gewächshäusern, auf Heiden und in Laubwäldern nicht selten.

Familie 2. Sclerodermeen. Hartboviste.[1])

Wie die Vertreter der vorigen Familie, so zeigen auch manche Repräsentanten der vorliegenden in ihren Fruchtkörpern trüffelartigen Habitus (Fig. 86, IV V), während andere mehr Lycoperdaceen ähneln. Durchgreifende Unterschiede gegenüber den Hymenogastreen liegen darin, dass die übrigens von einfacher, stark entwickelter, fleischiger oder korkiger Peridie umhüllte Gleba nicht gewundene Gänge, sondern geschlossene, rundliche Kammern bildet, ferner die Trama bei der Reife nicht zerfliesst, sondern fest wird und als Gerüst persistirt, höchstens schliesslich in Fragmente zerfällt, endlich jede Kammer von einem Knäuel basidientragender Hyphen vollständig ausgefüllt wird, also keinen centralen Hohlraum zeigt. Ein Capillitium wird ebenso wenig wie bei den Hymenogastreen entwickelt[2]). Seitens der Basidien werden 4 Sterigmen getrieben. Bei *Polysaccum* tritt übrigens eine Differenzirung in der Trama ein, sodass um jede Kammer eine besondere dünne Hülle (*Peridiole*) entsteht, welche zur Reifezeit abgerundete Form annimmt (Fig. 88, VII*c*). Nach Untersuchungen SOROKIN's[3]) soll jeder die Kammer ausfüllende Hyphenknäuel von einem Hyphenaste ausgehen, der von der Wandung aus in die Kammer hineinwächst, ein Ergebniss, was noch der Bestätigung bedarf.

Genus 1. *Scleroderma* PERS. Hartbovist.

Die Fruchtkörper sind mit dicker, korkartiger oder lederartiger Peridie (Fig. 86, VI*p*) umhüllt. Ihre Gleba weist ziemlich kleine Kammern auf, die durch eine bei der Reife vertrocknende und in Fetzen zerreissende dünne Trama ge-

---

[1]) TULASNE, *Fungi hypogaei*.

[2]) Doch soll nach SOROKIN ein solches bei *Scleroderma verrucosum* vorkommen, was DE BARY nicht finden konnte.

[3]) Developpement du Scleroderma verrucosum. Ann. sc. nat. Sér. 6. tom. III.

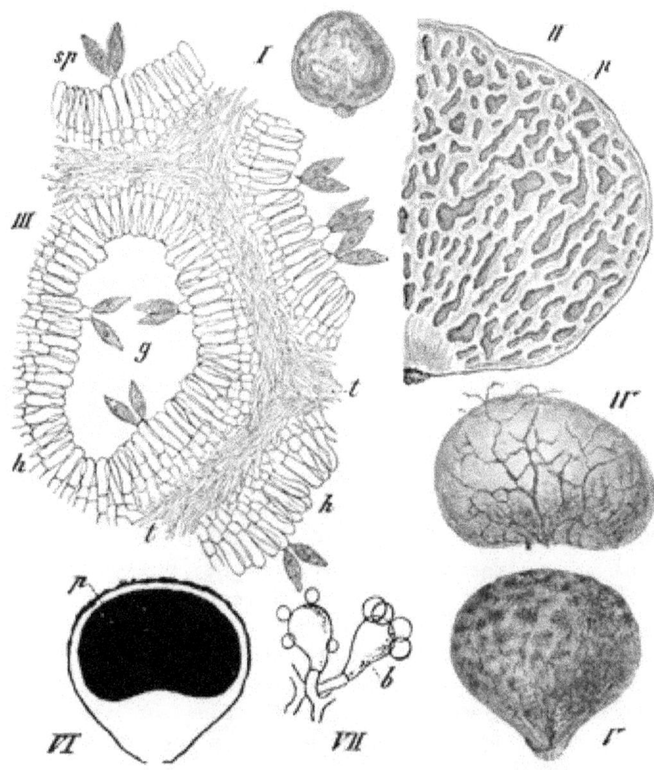

Fig. 86. (B. 695.)

I *Hymenogaster citrinus*, Fruchtkörper in nat. Grösse. II Stück eines axilen Längsschnittes durch einen solchen von *H. tener*. Man sieht die zahlreichen Gänge durchschnitten, welche mehr oder minder radiär zur Basis gestellt sind; *p* die dünne Peridie. Vergr. ungefähr 5 fach. Fig. III Fragmentchen eines ähnlichen Schnittes von *H. calosporus* ca. 178 fach; *g* bezeichnet einen querdurchschnittenen Gang, *h* das aus den Basidien bestehende Hymenium; *sp* die Sporen, welche in der Zweizahl von den Basidien abgeschnürt werden; *t* die Hyphen des Tramagewebes. IV Fruchtkörper von *Rhizopogon luteolus Fr.* in natürlicher Grösse, von Mycelsträngen umsponnen. V Fruchtkörper von *Scleroderma vulgare* in natürlicher Grösse. VI Ein eben solcher im Längsschnitt *p* die dicke Peridie. VII Hymenialhyphen mit Basidien *b* des Pilzes, stark vergr. I—III u. VII nach TULASNE, das Uebrige nach der Natur.

schieden werden. Die 4 kugeligen Sporen stehen auf sehr kurzen, von birnförmigen Basidien entspringenden Sterigmen.

Scleroderma vulgare (Fig. 86, V VI). Gemeiner Hartbovist. Schweinetrüffel. Dieser gemeine Pilz lebt auf Grasplätzen, Weiden, an Wegen und in Wäldern und entwickelt seine gerundet-knolligen, 2—7 Centim. dicken, trüffelähnlichen Fruchtkörper im Sommer und Herbst. Sie entspringen von kräftigen Mycelsträngen und besitzen eine derbe, lederartige, im oberen Theile oft rissig gefelderte Peridie von bräunlicher Färbung. Die Gleba bildet zur Reifezeit eine violettbraune bis violettschwarze, von feinen, weissen Adern, der persistenten Trama, durchsetzte Masse.

Von unangenehmem Geruche und Geschmacke ist der Fruchtkörper ungeniessbar. Nichtsdestoweniger wird er hin und wieder auf den Märkten bei uns als ächte Trüffel angeboten und auch öfters zur Fabrikation von Trüffelleberwurst, deren Genuss dann meist Uebelkeit hervorruft, verwerthet. Offenbar besitzt er irgend welche giftige Substanzen, doch sind dieselben noch nicht isolirt.

Genus 2. *Polysaccum* DC. Säckchenbovist.

Die mit mehr oder minder langem Stiele versehenen birn- oder keulenförmigen Lycoperdon-ähnlichen Fruchtkörper (Fig. 88, VI) besitzen zwar nur eine dünne, hautartige eigentliche Peridie, doch wird dieselbe durch einige concentrische Lagen steriler, in radialer Richtung zusammengedrückter Glebakammern wesentlich verstärkt (Fig. 86, VII *b*). Die eigentliche Gleba zeigt zahlreiche, rundliche, relativ grosse Kammern (Fig. 86, VII *c*). Das Tramagewebe erfährt eine Differenzirung in dem Sinne, dass um jede Kammer eine feste, geschlossene Hülle (Peridiole) entsteht, sodass zur Reifezeit das Fruchtinnere als ein Conglomerat von lauter rundlichen bis erbsengrossen Säckchen erscheint, die in der Richtung vom Scheitel der Frucht nach der Basis zu ausgebildet werden.

P. pisocarpium Fr. Im sandigen Boden von Aeckern, Heiden, Wäldern, an Wegerändern häufig, mit rundlichen, kurz und kräftig gestielten, 4 bis 8 Centim. hohen Fruchtkörpern, zerbrechlicher, brauner, im oberen Theile zerfallender Peridie. Die Gleba besteht aus verschieden grossen rundlichen, durch gegenseitigen Druck eckigen, gelblichen oder bräunlichen bei der Reife mit braunem Sporenpulver gefüllten Peridiolen.

Genus 1. *Bovista* Pers. Bovist.

Die **Fruchtkörper** sind rundlich (Fig. 87, I), stiellos, die **Peridie** aus 2 Schichten bestehend, einer äusseren dickeren (Fig. 87, II *A*) und einer inneren dünneren (Fig. 87, II *J*). Die **äussere** vergängliche baut sich auf aus einem mit weitlumigen, meist bauchigen, im Allgemeinen radial angeordneten Elementen versehenen Pseudoparenchym (Fig. 87, III *a*) das kleine, lufterfüllte Lücken zeigt; die **innere** sehr persistente dagegen besteht aus langen, englumigen, tangential angeordneten und dicht gewebten, aber ebenfalls kleine Luftlücken zwischen sich lassenden **Fasern** (Fig. 87, III *i*), welche sich später etwas verdicken und gelb braun färben. Zwischen beiderlei Schichten allmählicher Uebergang. Der äusseren Peridie mangelt stets eine besondere (warzige, stachelige etc.) Sculptur. Da das ganze Innere der Frucht von der basidienproducirenden **Gleba** (Fig. 87, II *Gl*) ausgefüllt wird, so fehlt eine Differenzirung in ein basales steriles Gewebe und in ein terminales Glebagewebe, wie sie bei Lycoperdon vorhanden sind. **Capillitium**masse bei der Reife aus einzelnen Capillitiumsystemen bestehend, welche makroskopisch als winzige Flöckchen erscheinen und in ihrem Aufbau den Character von mehr oder minder reichverzweigten monopodialen Mycelsystemen nachahmen (Fig. 85). Die Systeme sind vollkommen **einzellig** und mit verdickten und gebräunten Wandungen versehen. Die Dicke der Aeste nimmt mit dem Verzweigungsgrade allmählich ab, sodass die zimlich langen Endzweige fein ausgezogen erscheinen. Die Sporen werden auf sehr langen Sterigmen abgeschnürt. Bildung einfacher Conidienträger unbekannt.

In der Jugend erscheinen die Fruchtkörper von weich-fleischiger Consistenz und rein weisser Farbe, später nimmt die Gleba intensiv gelbe bis gelbgrüne Pigmentirung an, die sodann allmählich ins Gelbbraune bis Dunkelbraune übergeht, während sich gleichzeitig auch die Peridie dunkel färbt. Zur Zeit wo die Gelbfärbung der Gleba beginnt, lösen sich die Züge der Trama sowie die Basidien unter Verflüssigung auf, sodass das ganze Innere breiartig weich erscheint und nur die Capillitien und Sporen erhalten bleiben. Später verdunstet das Wasser des Innern namentlich nach dem Oeffnen der Peridie und Capillitien und Sporen stellen jetzt eine trockne Masse dar.

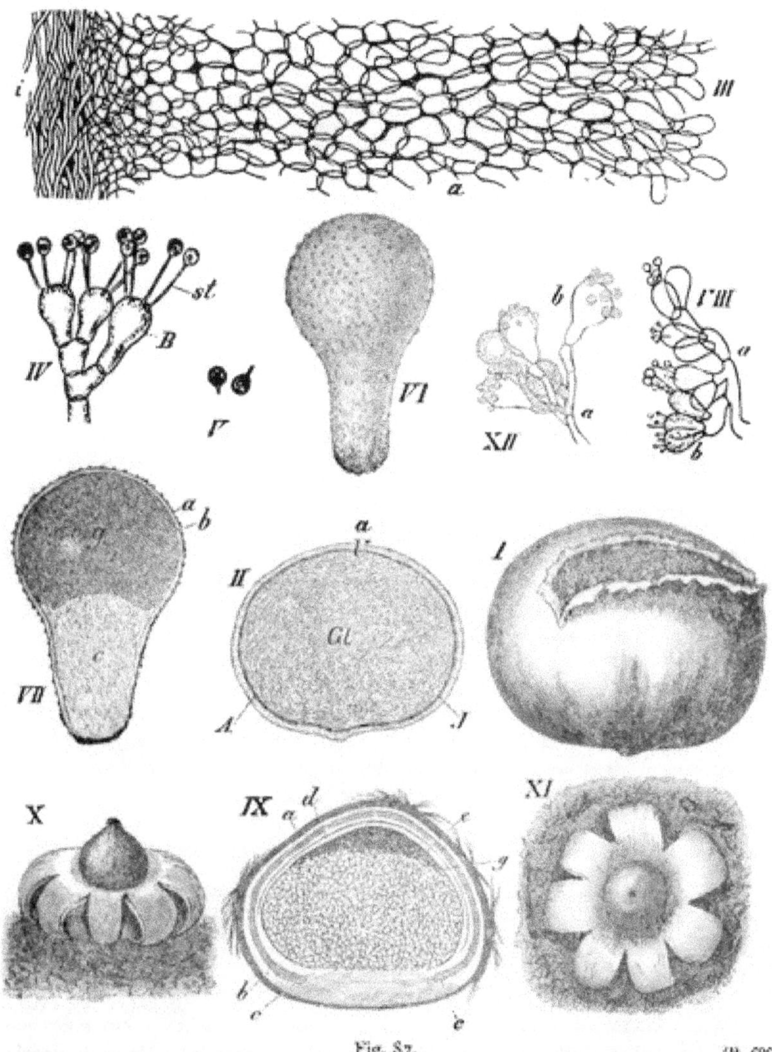

Fig. 87. (B. 696.)

I—V *Bovista nigrescens.* I Reifer, mittelgrosser Fruchtkörper in natürlicher Grösse, durch einen Querriss in der Nähe des Scheitels geöffnet. II Vertikalschnitt durch einen noch unreifen Fruchtkörper. *A* Aeussere dicke, *J* innere dünne Schicht der Peridie, *Gl* Gleba. III. Stück eines Querschnitts durch die Peridie, etwa dem Fragmentchen *a* in Fig. II entsprechend. *a* das Gewebe der äusseren Peridie darstellend, welches aus einem schwammigen, aus bauchigen Zellen gewebten Pseudoparenchym besteht. *i* Das Gewebe der inneren Peridie, aus verfilzten, englumigen, in tangentialer Richtung gelagerten Fäden zusammengewebt. An der Grenze von *A* u. *i* Uebergänge zwischen beiden Gewebsformen. Vergr. 180 fach. IV Ein Tramazweig mit Basidien *B*, an denen die Sporen auf 4 langen Sterigmen *st* abgeschnürt werden. Vergr. 540 fach. V Reife Sporen mit den anhängenden Sterigmenenden. 540 fach vergr. VI—VIII *Lycoperdon pyriforme.* VI Reifer Fruchtkörper in natürlicher Grösse (Kleines Exemplar). VII Ein ähnlicher im medianen Längsschnitt *a* äussere, *b* innere Peridie, *g* fertiles, *c* steriles Glebagewebe. VIII 390 fach. Basidien *b* auf dem Tragfaden *a* entspringend, jede mit 4 Sterigmen, die Basidiosporen in verschiedenen Entwickelungsstadien zeigen. IX *Geaster hygrometricus*, erwachsenes fast reifes Exemplar in medianem Vertikalschnitt, kaum vergrossert. *a* äussere Gewebslage der Peridie, *c* Palissadenschicht, *g* Gleba, deren Scheitel von reifenden Sporen dunkle Farbe anzunehmen be-

Bovista nigrescens PERS. — Dunkler Bovist, Kartoffelbovist. Er bewohnt Grasplätze, trockne und feuchte Wiesen sowie Aecker und ist sowohl in der Ebene wie im Vorgebirge eine häufige Erscheinung. Im Riesengebirge traf ich ihn massenhaft bis gegen 800 Meter Höhe an. Seine Fructificationszeit fällt vorzugsweise in die Erntezeit (August, September) dauert aber bisweilen bis in den October hinein. Die Fruchtkörper entstehen am Ende je eines kräftigen, verzweigten Mycelstranges dicht unter der Erdoberfläche und sind zunächst von weisser Färbung und glatter Oberfläche. An die ca. 1 Millim. dicke äussere fleischige Peridie (Fig. 87, II *A*) schliesst sich die ums Mehrfache dünnere, auf dem Querschnitt als blosse Linie erscheinende innere Peridie (Fig. 87, II *J*) an. Sobald die Frucht aus dem Boden hervorgebrochen, trocknet die äussere Peridie an der Luft allmählich stark ein, oft unter schwacher Areolenbildung und Bräunung, um schliesslich gewöhnlich abgeschülfert zu werden. Die innere Peridie dagegen, deren faserige Elemente (Fig. 87, III *i*) sich gegen die Reifezeit etwas verdicken und intensiv gummiguttgelb färben, persistirt als papierartig dünne, zähe Haut von chokoladenbrauner, kaffeebrauner oder graubrauner Färbung mit oder ohne Glanz, bisweilen mit einem Stich ins Violette. In Grösse und Form sind die Fruchtkörper einer Kartoffel sehr ähnlich und zeigen an der Unterseite meist mehrere, auf die Ansatzstelle des Mycelstranges zulaufende flache Eindrücke (Fig. 87, I). Der im Vergleich zu anderen Bovisten beträchtliche Durchmesser schwankt zwischen 1½ und 9 Centim. und beträgt gewöhnlich 3—6 Centim. Von den kurzen, bauchig-keuligen Basidien werden auf den 4 langen Sterigmen 4 kugelige bis eiförmige dickwandig und gelbbraun werdende Sporen von 5 Mikr. Durchmesser abgeschnürt (Fig. 87, IV), denen bei der Reife der obere persistirende Theil der Sterigmen als kurzes Stielchen anhängen bleibt (Fig. 87, V). Zur Reifezeit reisst die Peridie an einer verdünnten Stelle, welche meist dem Scheitel entspricht, unregelmässig oder in einem Querriss auf, bisweilen geschieht dies an 2 bis 3 Stellen. Sporen- und Capillitiummasse von der Farbe der Peridie, aber meist noch dunkler, die Capillitiummasse nach dem Ausfallen der Sporen gelbbraun bis graubräunlich. Die einzelnen Capillitiumfasern besitzen einen kräftigen, stark verdickten Stamm und glänzend gelbbraune Färbung, im Uebrigen den in Fig. 85 dargestellten Charakter. Von physiologischen Eigenschaften sind zu erwähnen: Production von oxalsaurem Kalk, der in Form von Krystallen und Drusen in der Gleba reichlich zur Ausscheidung kommt, vielfach den Capillitiumsystemen aufgelagert (die Angabe DE BARY's, dass bei *Bovista* kein oxalsaurer Kalk gebildet werde [Morphol., pag. 11] ist daher nicht zutreffend); ferner Bildung von Farbstoffen, die noch näherer Untersuchung bedürfen. Die in den jüngsten Stadien noch weisse Gleba wird später intensiv-schwefel bis goldgelb, später graubraun bis violettbraun oder schmutzig rothbraun.

Eine noch gemeinere auf Triften im Sommer und Herbst zu findende Art, die nur 1 bis 2 Centim. im Durchmesser haltende Fruchtkörper entwickelt und wegen der Färbung der innern Peridie als bleigrauer Bovist *B. plumbea* bezeichnet wird, ist in den noch weissen Jugendstadien essbar.

Genus 2. *Lycoperdon* TOURNEFORT. Bovist, Staubschwamm.

Im Gegensatz zu *Bovista* und *Geaster* sind die Fruchtkörper mit mehr oder minder deutlichem, oft sehr entwickeltem Stiel versehen und dementsprechend von rundlicher, kreisel-, birn- oder keulenartiger Gestalt (Fig. 87, VI). An der Peridie lassen sich wie bei *Bovista* 2 Schichten unterscheiden (Fig. 87, VII *ab*): 1. eine äussere dickere Lage von fleischiger Consistenz, welche Wärzchen, Stacheln, Platten bildet, einen ähnlichen Bau wie bei *Bovista* zeigt und im Alter zusammentrocknet und sich leicht abschülfert; 2. einer papierartig dünnen, zähen Schicht, welche entsprechendes Gefüge wie die von *Bovista* zeigt, im Alter am Scheitel dünner wird und hier schliesslich aufreisst. Die Früchte besitzen eine kleinkammerige Gleba, welche in einen fertilen terminalen

---

ginnt. X u. XI kleines Exemplar eines bereits aufgesprungenen Fruchtkörpers von *Geaster* in der Ansicht von der Seite und von oben. XII 390fach. Basidien *b* (jede mit 8 ungestielten Sporen) von dem Tragfaden *a* entspringend (VIII IX u. XII nach DE BARY, alles Uebrige nach der Natur).

und einen sterilen basalen Theil differencirt ist (Fig. 87, VII), worin zugleich das Hauptcharacteristicum gegenüber *Bovista* und *Geaster* liegt. Der sterile Theil zeigt im Wesentlichen denselben Bau wie der fertile, nur dass die Trama nicht mit hymenialen Elementen bekleidet ist und dementsprechend auch kein Capillitium bildet. Die Capillitiumfasern sind langgestreckt, gekrümmt, unregelmässig verästelt, an den Enden fein ausgezogen, sonst überall von ungefähr gleichem Durchmesser, mit Tüpfeln versehen, scheidewandlos oder doch nur hier und da ein Septum zeigend. Am Scheitel der birnförmigen Basidien entstehen stets 4 lange, feine Sterigmen (Fig. 87, VIII), deren oberer Theil bei der Reife den kugeligen Sporen in ähnlicher Weise anhängen bleibt wie bei *Bovista* (Fig. 87, V).

Der gemeinste Repräsentant ist der in Wäldern, Gebüschen, auf Erde und Baumwurzeln im Sommer und Herbst häufige *Lycoperdon pyriforme* Schaeff. Seine meist büschelig auftretenden, gestreckt birnförmigen Fruchtkörper (Fig. 87, VI) zeigen die äussere Peridie, die im Alter bräunlich wird und sich an der Spitze mit einem kleinen Loche öffnet, von vergänglichen Schüppchen besetzt, während der sterile Theil der Gleba sich gegen den fertilen etwas kegelig vorwölbt (Fig. 87, VII).

Riesige, bis ½ Meter und darüber im Durchmesser haltende rundliche Fruchtkörper entwickelt der Riesenbovist *L. Bovista* L., der im Jugendzustande essbar und wohlschmeckend ist.

Gattung 3. *Geaster* Mich. Erdstern.

Ihre Repräsentanten differiren wesentlich von den Bovisten und Lycoperden: erstens durch einen complicirteren Bau der Peridie, zweitens durch den Umstand, dass die äussere, dicke Peridie vom Scheitel her sternförmig aufreisst (Fig. 87, IX—XI), was im Wesentlichen auf der mechanischen Function derjenigen Schicht beruht, die man als Palissadenschicht bezeichnet; drittens auf der glatten Ablösung der äusseren von der inneren Peridie, welch Letztere nur am Grunde mit der Ersteren in Verbindung bleibt und dabei entweder gestielt oder sitzend ist; viertens durch die Ausbildung ein oder mehrerer Mündungen, die meist besonders organisirt sind, zahnartige Bewimperung oder einen gefalteten Saum zeigen, bei einigen Arten durch unregelmässiges Aufspringen am Scheitel entstehen. Das Capillitium ist entweder in Form von isolirten, schlank spindelförmigen, stark verdickten, meist einfachen Fasern vorhanden, oder seine Hyphen stellen ein reich verzweigtes Netzsystem von querwandlosen, verdickten Röhren dar, welche der inneren Peridie angewachsen sind.

Die *Geaster*-Arten leben namentlich in Nadelwäldern, sandigen Boden liebend. Einige von Noak untersuchte Arten (*G. fimbriatus* und *fornicatus*) umhüllen mit ihrem Mycel die Wurzelenden von Coniferen und bewirken an diesen Mycorrhizen-Bildungen (vergl. pag. 536), auch produciren sie oxalsauren Kalk, der sowohl am Mycel als an den Fruchtkörpern zur Ausscheidung kommt.

G. hygrometricus Pers. Hygroscopischer Erdstern. In Nadelwäldern und auf sandigem Boden unter Gebüschen häufig. Die äussere Peridie ist kräftig entwickelt, steif, beim Oeffnen spaltet sie sich in etwa 7—20 Lappen, breitet sich beim Befeuchten aus, um sich beim Eintrocknen wieder um die innere Peridie zusammenzuschliessen. Letztere sitzt der äusseren auf und ist mit einer sternförmig oder auch unregelmässig sich öffnenden Mündung versehen. Das Capillitium bildet ein zusammenhängendes Netz dickwandiger Fasern. Bezüglich der Entwickelung und Differenzirung der Fruchtkörper hat de Bary[1]) folgendes ermittelt: Junge nur erst erbsengrosse Exemplare bestehen auf dem Querschnitt aus gleichförmigem, weichem, lufthaltigen Gewebe zarter septirter Hyphen. Sie wachsen dann unter der Erdoberfläche zu nussgrossen

---

[1]) Morphol. pag. 340.

rundlichen Körpern heran, welche nun bereits in die Peridie und Gleba differenzirt erscheinen. Erstere lässt kurz vor der Reife 6 Schichten erkennen (Fig. 87, IX). Zu äusserst einen flockig-faserigen, bräunlichen Ueberzug, der sich einerseits in die den Boden durchwuchernden Mycelstränge fortsetzt, andererseits in die äussere Faserschicht übergeht: eine dicke, derbe, den ganzen Körper überziehende braune Haut (Fig. 87, IX*a*). Auf diese folgt nach innen eine weisse Schicht (Fig. 87 IX*b*), welche an der Basis des Fruchtkörpers besonders mächtig ist und sich hier in die innere Peridie unmittelbar fortsetzt (innere Faserschicht). Auf letztere folgt die Palissadenschicht (Fig. 87, IX*c*), die, von knorpelig-gallertartiger Consistenz, aus gleichhohen, lückenlos mit einander verbundenen Hyphenzweigen besteht, welche senkrecht zur Faserschicht liegen und in bogigem Verlauf von dieser entspringen. Die Zellwände der Palissadenschicht sind stark verdickt, geschichtet und sehr quellbar. Von dieser Schicht nach innen folgt eine weisse Gewebslage, deren innerste Region die innere Peridie darstellt (Fig. 87 IX*e*), während die äussere, die Spaltschichte, aus weichen, locker verwebten, in die innere Peridie vielfach übergehenden Hyphen besteht. Ist der Pilz ganz reif, so reisst bei Einwirkung von Wasser, infolge der Quellung der Palissadenschicht, die äussere Peridie vom Scheitel aus sternförmig in mehrere Lappen auf (Fig. 87, XI), welche sich zurückschlagen, sodass ihre von der Palissadenschicht bedeckte Oberfläche convex wird. Die Spaltschicht wird hierbei zerrissen und ihre Elemente bleiben als vergängliche Flocken theils der Pallissadenschicht, theils der inneren Peridie anhängen.

Familie 3. Lycoperdaceen; Bovistartige Bauchpilze.

Während die Fruchtkörper der Hymenogastreen und Sclerodermeen, wie wir sahen, trüffelähnliche Früchte besitzen, ist dies bei der vorstehenden Familie nicht der Fall. Die Fruchtkörper zeigen im fertigen Zustande eine höhere Ausbildung, als bei jenen Familien, zunächst in Bezug auf die Peridie, denn diese ist deutlich differenzirt in eine äussere und eine innere Peridie. Erstere zeigt bei *Bovista* und *Lycoperdon* einfachen, bei *Geaster* und *Sphaerobolus* aber complicirteren Bau, indem sie hier aus mehreren, anatomisch und functionell verschiedenen Schichten zusammengesetzt ist. Die innere Peridie wird immer in Form einer derben, schwer zerreissbaren Haut entwickelt, die einen wirksamen Schutz für die hymenialen Elemente abgiebt. Sie öffnet sich gewöhnlich an der Spitze, durch unregelmässiges Zerreissen oder in einer besonders ausgebildeten Mündung. Die äussere Peridie, sofern sie einfach ist, löst sich gewöhnlich in Fragmenten (*Bovista, Lycoperdon, Tylostoma*), bei complicirterem Baue (*Geaster, Sphaerobolus*) aber als einheitliches Gebilde von der inneren Peridie ab, wobei sie vom Scheitel her sternförmig aufreisst.

Was ferner das von den Peridien umschlossene Fruchtinnere anlangt, so stellt es entweder ein in allen Theilen fertiles Gewebe (Gleba) dar *(Bovista, Geaster)*, oder es ist in die Gleba und ein steriles Gewebe differenzirt *(Lycoperdon, Tylostoma)*, aus welchem sich bei *Tylostoma* ausserdem noch eine später sich stark streckende Gewebspartie, die als Stiel fungirt, herausmodellirt. Die Gleba erscheint gekammert. Ihr Tramagewebe löst sich später auf, nachdem gewisse fädige Theile derselben sich zu Capillitiumfasern entwickelt haben, die nur bei *Sphaerobolus* fehlen. Sie sind bei der Fruchtreife entweder frei und unverzweigt *(Geaster fornicatus)* oder stellen mycelähnliche Systeme dar *(Bovista* Fig. 85), oder sie erscheinen unregelmässig verästelt und bilden ein zusammenhängendes Netz, was dann mit der Peridie in Verbindung steht. *(Lycoperdon, Geaster hygrometricus)*. Die Glebakammern werden entweder vom Hymenium überkleidet, sodass in jeder Kammer ein Hohlraum bleibt, oder die Kammern werden von Basidientragenden Hymenialknäueln ausgefüllt *(Tylostoma)*. Den Basidien ist birnförmige oder dick keulige, seltener cylindrische Form eigen-

Es werden 2, 4 oder mehr Sterigmen von grösserer oder geringerer Länge gebildet, entweder nur in der Nähe des Scheitels der Basidie, oder auch an den Flanken derselben. Zur Reifezeit stellt das Fruchtinnere eine staubige Masse dar. Entwickelungsgeschichtlich sowie in Bezug auf die feinere Anatomie fehlen fast durchweg genauere Untersuchungen. Ausser den Basidien producirenden Früchten können noch Gemmen gebildet werden (bisher nur bei *Sphaerobolus* gefunden), einfache Conidienbildungen kennt man nicht.[1])

Gattung 4. *Tylostoma* Pers. Stielbovist.[2])

An unterirdischen Mycelsträngen entstehend und wahrscheinlich aus den von Schröter beobachteten Sclerotien hervorsprossend, ähneln die fertigen Fruchtkörper gestielten Lycoperdonfrüchten (Fig. 88, X). Abweichend von *Geaster* und übereinstimmend mit *Bovista* und *Lycoperdon* ist die Peridie nur in zwei Schichten (äussere und innere Peridie) von im Wesentlichen demselben Baue wie bei letztgenannten Gattungen differenzirt. Auch in dem Baue des Fruchtinnern zeigt sich eine gewisse Uebereinstimmung mit *Lycoperdon*, insofern ein oberer fertiler Theil (Gleba) sich von einem unteren sterilen sondert (Fig. 88, IX). In dem Letzteren nun aber wird ein rundlicher Gewebecomplex herausmodellirt, welcher aus sehr streckungsfähigem Gewebe besteht (Fig. 88, IX*c*) und sich in Folge dessen später zu dem relativ langen Stiel entwickelt, der die Peridie über das Bodenniveau hervorhebt (Fig. 88, IX*c*). Das Resultat dieses Vorgangs ist, dass die Peridie im untersten Theile ringförmig einreisst und ihr basales Stück am Grunde des Stieles sitzen bleibt. Characteristischer Weise zeigt die Gleba keine ausgesprochene Kammerung, sondern Zusammensetzung aus Hyphenknäueln, deren Enden keulige, resp. cylindrische, also anders wie bei *Lycoperdon*, *Bovista* und *Geaster* geformte Basidien bilden, jede mit 4 kurzen Sterigmen ausgestattet, die nur zum Theil in der Nähe des Scheitels, z. Thl. aber an den Flanken entspringen, hierdurch an *Scleroderma* erinnernd (Fig. 88, XI). An den Sterigmen werden kugelige, mit Wärzchensculptur versehene Sporen abgeschnürt. Die Tylostoma-Frucht zeigt ferner ein reiches, mit der Peridie verwachsenes Capillitiumnetz, das in seiner Ausbildung sehr an *Geaster hygrometricus* erinnert. Die Ausbildung der Gleba schreitet von dem Scheitel nach der Basis vor.

Tylostoma mammosum (Micheli) (Fig. 88, VIII—IX) bewohnt lehmigen und sandigen Boden und ist namentlich auf Lehmmauern nicht selten, in der kälteren Jahreszeit fructificirend. Die lehmfarbige Peridie scheint etwa kugelig, mit papillenartiger oder röhrenförmiger Mündung versehen, die eine scharf umschriebene Oeffnung erhält, 6—12 Millim. breit, auf mehrere Centimeter langem, schmalem, röhrenförmigem Stiele stehend. Zur Reifezeit verwandelt sich die Gleba in eine lehmfarbene, aus 4—5 Mikr. dicken Sporen bestehenden Staubmasse, die durchsetzt ist mit dem Netzgerüst der eben so gefärbten, aus anastomosirenden und an den zahlreichen Querwänden aufgetriebenen Capillitiumfasern.

---

[1]) Literatur: Vittadini, C. Monographia Lycoperdineorum Taurinorum Mem. delle Acad. Torino tom V. 1842. — Tulasne, L. R. u. Ch. De la fructification des Scleroderma comparée à celle des Lycoperdon et des Bovista. Ann. sc. nat. sér. 2 t. XVII. u. Sur les genres Polysaccum et Geaster. Daselbst t. XVIII. — Bonorden, die Gattungen Lycoperdon u. Bovista. Bot. Zeit. 1857. pag. 593. — R. Hesse, Mikroskopische Unterscheidungsmerkmale der Lycoperdaceengenera. Pringsh. Jahrb. Bd. X. pag. 384. — de Bary, Vergl. Morphologie pag. 335. ff.

[2]) Literatur: Vittadini, Monographia Lycoperdineorum Taurinorum. Mem. delle Acad. Torino. tom. V. 1842. — Schröter, J. Ueber die Entwickelungsgeschichte und die systematische Stellung von Tulostoma Pers. (Beitr. z. Biol. d. Pflanzen herausgegeben von Cohn Bd. II. Heft 1, 1876). Vergl. auch de Bary, Morphol. pag. 351.

Gattung 5. *Sphaerobolus* Tode.

Sie weist zwar einen ähnlichen complicirten Bau der Peridie, auch ein ähnliches sternförmiges Aufreissen derselben wie bei *Geaster* auf, allein bezüglich des sporenbildenden Apparates treten erhebliche Unterschiede hervor: erstens insofern, als sich derselbe schliesslich von der Peridie ganz ablöst, eine freie Kugel bildend, die durch einen besonderen Schnellmechanismus hinweggeschleudert wird; zweitens darin, dass der genannte Apparat nicht aufspringt und seine Gleba weder Capillitien bildet, noch staubig wird; endlich durch die Gemmenbildung und Schleimzellbildung in der Gleba. Fructification in einfachen Conidienträgern unbekannt. Der einzige Repräsentant ist:

Sphaerobolus stellatus Tode. Sternförmiger Kugelschleuderer (Fig. 55). Lebt auf todten, feucht liegenden Aestchen, sowie auf Hasen- und Kaninchenkoth und lässt sich auf zusammengehäuften Holzfragmentchen, namentlich auch feuchten Sägespänen künstlich leicht züchten. Auf und in diesen Substraten entwickelt er strangförmige, oft selbst hautartige Mycelien (Fig. 55, I *ma*), die im Freien zur Herbstzeit zahlreiche kleine, etwa senfkorngrosse, 2—3 Millim. im Durchmesser haltende Früchte produciren (Fig. 55, I). Die Hülle der letzteren reisst bei der Reife vom Scheitel her kelch- oder sternförmig ein (Fig. 55, II III) und zeigt von oben betrachtet in der Mitte eine relativ stattliche Kugel, den sporentragenden Apparat, der von der gelbrothen Innenseite der Hülle sich als dunkler Körper abhebt. Einige Zeit nach dem Sichöffnen der Peridie stülpt sich die innere Schicht derselben nach aussen (Fig. 55, IV *p*) und der kugelige Körper wird in Folge hiervon weit weggeschnellt.

Wie die Untersuchungen Pietra's[1]) und die noch eingehenderen E. Fischer's[2]) gelehrt haben, macht sich in dem Baue des kurz vor der Reife und Oeffnung stehenden Fruchtkörpers, speciell der Peridie, eine weitgehende Differenzirung geltend und zwar lassen sich an derselben auf dem axilen Längsschnitt 4 Schichten unterscheiden: 1. die Mycelialschicht, 2. die pseudoparenchymatische Schicht, 3. die Faserschicht und 4. die Palissadenschicht.

Die Mycelialschicht (Fig. 55, III V VI VII bei *m*) umgiebt die übrigen Lagen als eine Hülle von relativ beträchtlicher, am Scheitel aber meist etwas geringerer Mächtigkeit. Sie baut sich auf aus Hyphen, deren Membranen, namentlich in der mehr nach innen gelegenen Region, stark vergallerten. Die darauf folgende Parenchymschicht (Fig. 55, III V VI VII bei *p*) besteht aus weitlumigeren Hyphen in so dichter Anordnung, dass auf Schnitten ein mehr pseudoparenchymatisches Gefüge resultirt, das ausgesprochener hervortritt im scheitelständigen Theile, als in dem nach der Basis zu liegenden, indem hier die Elemente mehr peripherisch gestreckt resp. radial abgeplattet erscheinen. Zwischen Parenchym- und Mycelialschicht vermittelt übrigens eine Zone von Fäden, die zur Oberfläche parallele Lagerung zeigen und daher eine leichte Trennung beider Schichten ermöglichen. Nach innen zu ist die pseudoparenchymatische Schicht scharf abgegrenzt durch die Faserschicht (Fig. 55, III V VI VII bei *f*). Sie besteht aus englumigen, engverflochtenen, der Kugeloberfläche parallel verlaufenden Fäden; in der Scheitelregion zeigt sie nur ganz schwache Entwickelung. In ihrer Structur sehr ausgeprägt ist die Palissadenschicht (Fig. VI VII *c*), die kurz vor dem Oeffnen des Fruchtkörpers aus weiten, lückenlos an einander schliessenden Zellen

[1]) Botanische Zeitung 1870, No. 43 ff.

[2]) Zur Entwickelungsgeschichte der Gastromyceten. Bot. Zeit. 1884. No. 28—31.

besteht, welche dadurch characterisirt sind, dass sie in Richtung des Radius gestreckt erscheinen. Nach dem Centrum der Frucht hin schliessen sich kürzere, den Uebergang zur Wandung des sporenbildenden Apparates darstellende Zellen an. An dem der Basis der Frucht entsprechenden Theile bemerkt man übrigens eine Durchbrechung der Palissadenschicht, gebildet durch eine Fortsetzung der Faserschicht (Fig. 55, V VI). Im scheitelständigen Theile der Frucht geht die Palissadenschicht in ein aus isodiametrischen, dabei orangerothen Zellen gebildetes Gewebe über.

An die eben characterisirte Fruchthülle schliesst sich nun der Sporen erzeugende Apparat an (unpassenderweise auch als Sporangium bezeichnet). Er stellt, wie bereits erwähnt, ein kugeliges Gebilde dar, welches aus einer an die Peridie grenzenden dünnen Hyphenlage und aus der Gleba besteht. Letztere wird in der Jugend durch schmale, luftführende Tramaplatten in Kammern getheilt und diese ausgefüllt von basidientragenden Seitenzweigen der Trama. An den bauchig-keuligen Basidien entstehen 5—7 fast sitzende Sporen. Von einem gewissen Zeitpunkte an zeigen sich viele Zellen der Trama und der basidientragenden Zweige (Hymenium) theils zu Gemmen theils zu blasigen Schleimzellen umgewandelt, während die sonstigen Elemente der Gleba durch Vergallertung zu einem zähen, klebrigen Schleime umgewandelt werden, was bis zu einem gewissen Grade auch von der die Gleba überziehenden Hyphenschicht gilt. Die Gemmen, bald einzeln, bald als Reihengemmen auftretend, sind dünnwandig und mit reichem, stark lichtbrechenden Inhalt versehen. Sie lassen sich durch Zerdrücken des sporenbildenden Apparats isoliren und keimen leicht zu Mycelien aus.

Zur Reifezeit öffnet sich nun die bis dahin geschlossene Peridie, indem sie, wie bereits angegeben, vom Scheitel her sternförmig aufreisst und nun den sporentragenden Apparat sehen lässt (Fig 55, II III). Das Ganze gleicht jetzt einem winzigen Erdstern (Geaster) Jener Vorgang des Aufreissens beruht nun nach Fischer darauf, dass die Palissadenschicht, die nur am Scheitel mit der übrigen Peridie fest verwachsen ist, fortgesetztes Flächenwachsthum erhält, während die übrigen Lagen der Hülle ein solches nicht aufweisen. Die auf jenem Wege hervorgerufene, relativ bedeutende Spannung der Palissadenschicht muss nothwendigerweise den Scheitel, der nach dem angegebenen Bau einen *locus minoris resistentiae* darstellt, zum Bersten bringen. Die ziemlich regelmässig sternförmig erfolgende Form des Aufreissens hat wohl darin ihren Grund, dass der Druck ein allseitiger ist. In der Regel reisst die Peridie nicht tief ein, wohl weil die zähe Faserschicht dies hindert; allein in einzelnen Fällen berstet die Peridie auch in ihrer ganzen Länge. Die Folge jener Vorgänge ist zunächst, dass der Sporen tragende Apparat freigelegt wird, wahrscheinlich hat sich schon vorher das Gewebe seiner umhüllenden Schicht gegen die Palissadenschicht gelockert.

Die Spannung der Palissadenschicht wirkt nun aber durch fortgesetztes tangentiales Wachsthum bald noch stärker, sodass sich dieses Gewebe sammt der ihr dicht anhaften bleibenden Faserschicht gegen das Parenchymgewebe hin lockert, und sich schliesslich Palissaden- und Faserschicht, gleichsam wie ein einheitliches Gewebe von der Parenchymschicht ablösen und dann im Nu convex vorstülpen (Fig. 55, VII). Die hierbei entwickelte Kraft ist so stark, dass ein kleiner, deutlicher Knall erfolgt, und der kugelige Sporenapparat wie ein Geschoss auf eine weite Strecke — bisweilen über 1 Meter weit — fortgeschleudert wird.

(B. 697.) Fig. 88.

I Ein Aststückchen mit einem jungen *a*, einem älteren noch geschlossenen *b* und zwei bereits geöffneten Früchtchen von *Crucibulum vulgare* in natürl. Gr. II Ein Früchtchen im medianen Längsschnitt; *K* Glebakammern im Durchschnitt, *g* Gallertgewebe, *st* Stiel der Glebakammern; *a b c* Lagen der Peridie; etwa 5fach vergr. III *Cyathus vernicosus* schwach vergr. IV ebenso, im Längsschnitt. V Glebakammer im Durchschnitt, *st* Stielartiger Hyphenstrang. *i* innerer Hohlraum, *d* Basidienschicht. *b* innere Hüllschicht, *a* äussere Hüllschicht, *c* Grenzschicht zwischen beiden; ca. 40fach. VI *Polysaccum*-Fruchtkörper etwa einhalbfach. VII Stück eines Querschnitts durch einen solchen, *a* äussere Peridie, *b* innere Peridie, gebildet aus zusammengedrückten Glebakammern, *c* ausgebildete Glebakammern; stärker vergr. VIII—XI *Tylostoma mammosum*; VIII Fruchtkörper von aussen, IX im Durchschnitt, *a* äussere, *b* innere Peridie, *d* Gleba, *c* Stiel. X Fruchtkörper mit gestrecktem Stiel im Längsschnitt, Bezeichnung wie bei IX. XI Basidie mit 4 kurzen Sterigmen und 4 Sporen; stark vergr.

Sobald sich dieser Prozess abgespielt hat, biegen sich die Zähne der Peridie, die bis dahin durch den Druck der Palissadenschicht nach auswärts gebogen waren, zurück, sodass sie jetzt senkrecht stehen (Fig. 55, IV) resp. nach einwärts gekrümmt sind.

Da der sporenbildende Apparat gallertiges Aussengewebe zeigt, so heftet er sich an benachbarte Gegenstände, an die er gerade anfliegt (Pflanzentheile,

Steine, Thierkörper) fest an und trocknet schliesslich ein, hornartig fest werdend. Er scheint sich nicht zu öffnen und nur durch den Einfluss der Atmosphärilien allmählich aufzulösen, wobei die Sporen und Gemmen frei werden mögen. Auf feuchten Nährsubstraten treibt er leicht Mycelfäden und Stränge, an denen sich dann wieder Fruchtkörper entwickeln.

Bezüglich des Entwickelungsganges des Fruchtkörpers, der noch genauer zu studiren ist, sind die Einzelnheiten bei FISCHER zu finden. In physiologischer Beziehung sei zunächst hervorgehoben, dass, wie E. FISCHER (l. c. pag. 440) fand, »durch Lichtabschluss das Wachsthum der Fruchtkörper gehemmt wird, aber für das Oeffnen derselben das Licht keineswegs nothwendig ist;« ferner, dass nach BREFELD's[1]) Versuchen die Anlage der Fruchtkörper nur bei Lichtzutritt erfolgt und zwar sind die stärker brechenden Strahlen die wirksamen. Einmal im Licht angelegt und in der Entwickelung bis zu einem gewissen Grade gefördert, kommen die Fruchtkörper auch im Dunkeln zur Reife, indessen langsamer als im Licht. Die Anlage und Ausbildung der Mycelstränge dagegen steht nach BREFELD nicht in Abhängigkeit zum Licht.

Sonst ist von physiologischen Eigenschaften erwähnenswerth die Production eines gelben, fettartigen Körpers in den Zellen der Peridie[2]). Ob derselbe etwa zu den Lipochromen gehört, bleibt noch zu ermitteln. Ausserdem producirt der Pilz nach E. FISCHER oxalsauren Kalk, der theils auf den Hyphen der Mycelstränge, theils auf denen der äusseren Peridie, theils endlich in der Gleba auskrystallisirt. Endlich wird in den Zellen der Palissadenschicht nach F. reichlich Glycogen producirt.

Familie 4. Nidularieen FR. Nestfrüchtige Bauchpilze[3]).

Diese kleine Familie besitzt Basidienfrüchte, welche schon in ihrem makroskopischen Bau von denen anderer Gastromyceten sehr wesentlich abweichen. Im reifen Zustande weisen sie eine zwei- bis mehrschichtige Peridie auf, welche die Form eines Töpfchens, Becherchens, Kelches nachahmt und eine nicht grosse Anzahl linsenförmiger Körper von wenigen Millimetern Durchmesser umschliesst (Fig. 88, V—IV). Sonach sieht das Ganze einem Vogelnest *(nidus)* einigermaassen ähnlich. Jene linsenförmigen Körperchen stellen relativ grosse Glebakammern dar (Fig. 88, II*k*), welche denen von *Polysaccum* (Fig. 88, VII*c*) am meisten entsprechen, nur dass sie minder zahlreich auftreten. Sie bestehen aus einer zweischichtigen resp. dreischichtigen Hülle *(Peridiole)* und einem die Innenfläche derselben auskleidenden Hymenium, das seinerseits eine Lage von viersporigen Basidien repräsentirt, die untermischt sind mit Paraphysenartigen Elementen. Capillitiumbildung fehlt. Bei gewissen Vertretern sieht man am Grunde der reifen Glebakammern je einen rundlichen Gewebeknäuel (Fig. 88, IIV*st*), der mit der Peridie in Verbindung steht und bei Zutritt von Wasser sich bedeutend

---

[1]) Untersuchungen aus dem Gesammtgebiete der Mycologie. Heft VIII pag. 288—290.

[2]) DE BARY, Vergl. Morphologie pag. 8.

[3]) Literatur: J. SCHMITZ, Ueber Cyathus. Linnaea Bd. 16 (1842). — TULASNE, Recherches sur l'organisation des Nidulariées. Ann. sc. nat. 3. Sér. I (1844). — J. SACHS, Morphologie des Crucibulum vulgare Tul. Bot. Zeit. 1855. — R. HESSE, Keimung der Sporen von Cyathus striatum. Pringsh. Jahrb. Bd. X, p. 199. — E. EIDAM, Keimung und Entwickelung der Nidulariaceen. COHN's Beitr. z. Biol. II. — BREFELD, Botan. Untersuchungen über Schimmelpilze III, p. 174. — DE BARY, Morphol. p. 343.

zu verlängern vermag. Er dient offenbar dazu, die Glebakammern aus dem Innern der geöffneten Früchte herauszubefördern.

Die in der Jugend selbstverständlich geschlossenen und hier rundlich, keulenförmig oder cylindrisch gestalteten Früchte öffnen sich bei der Reife entweder in der Weise, dass sie vom Scheitel her aufreissen, oder indem ein oberer deckelartiger Theil zerfällt oder abspringt.

Das Fruchtinnere, soweit es die Glebakammern umschliesst, besteht in der Jugend aus einem gallertigen Hyphengewebe, das aber im Alter eintrocknet und verschwindet, sodass die Glebakammern schliesslich frei daliegen. Aus letzteren werden die Sporen, wie es scheint, durch Verwitterung der Peridiole frei. Im Gegensatz zu anderen Gastromyceten keimen sie leicht (in alkalischen Nährflüssigkeiten, wie Mistdecoct), kräftige, strangartige Mycelien entwickelnd. Bei schlechter Ernährung bilden die Mycelhyphen Gemmen. Andere Fructificationsformen sind unbekannt. Die Nidulariaceen bewohnen faulende Pflanzentheile, besonders Aestchen, alte Baumstümpfe und Hölzer, an welchen sie im Herbst fructificiren.

Gattung 1. *Crucibulum* Tul.

Die Früchte sind anfangs eiförmig, später cylindrisch, schliesslich oben etwas erweitert. Die Peridie ist am Scheitel von einem kreisförmigen Deckel geschlossen, der schliesslich obliterirt. Die linsenförmigen Sporangien zeigen den erwähnten Gewebestrang.

Crucibulum vulgare Tul. (Fig. 88, I—V). stellt die bei uns gemeinste Nidulariee dar. Entwickelungsgeschichtlich ist sie namentlich von Sachs studirt worden, später hat Brefeld Ergänzungen resp. Berichtigungen geliefert.

Macht man einen axilen Längsschnitt durch eine fast reife Frucht und bringt diese in Wasser, so erkennt man, dass dieselbe, wie bei jedem anderen Gastromyceten, aus einer Peridie (Fig. 88, II *abc*) und aus der Gleba (Fig. 88, II *g*) besteht. Letztere ist wiederum differenzirt in ein gallertiges Gewebe und in mehrere bohnen- oder nierenförmige Glebakammern (Fig. 88, II *k*), welche in jenes eingebettet liegen und in der Einbuchtung einen weissen Ballen (Fig. 88, V *st*) zeigen. Unter Anwendung einer stärkeren Vergrösserung zeigt sich eine solche Glebakammer aus 3 Schichten zusammengesetzt: einer inneren, der Hymenialschicht (Fig. 88, V *d*), welche aus Basidien (4sporigen) und Paraphysen besteht und einen lufthaltigen Raum (Fig. 88, V *i*) umschliesst; ferner ein die Hymenialschicht umschliessendes Hüllgewebe von ziemlicher Dicke (Fig. 88, V *c*) aus dicht verflochtenen und nach aussen hin (bei *b*) gebräunten Hyphen gebildet, und endlich einer äussersten, dünnen lockerfädigen Hyphenlage (Fig. 88, V *a*). Beide Schichten bilden die Peridiole und gehen in der Einbuchtung des nierenförmigen Ganzen in einander über. Das Hyphengewebe, in welchem die Glebakammern liegen, ist zur Zeit der Reife stark gallertig und luftleer. An jener Einbuchtung sieht man einen runden Ballen, der aus nicht vergallerteten dünnen, in den Zwischenräumen Luft führenden, verdickten Hyphen besteht, die zusammengefaltet liegen und sich strangartig nach der Peridie hinziehen (Fig. 88, V *st*). Die letztere besteht im unteren Theile aus 2 bis 3 Schichten (Fig. 88, II *abc*), welche aber am Scheitel in eine einzige Schicht übergehen. Sie sendet ferner zahlreiche Hyphen nach aussen, in ihrer Gesammtheit einen dichten, braunfilzigen Ueberzug bildend.

Die Entstehung der Fruchtkörper erfolgt in der Weise, dass auf dem Mycel zunächst ein kleines Flöckchen weisser, verzweigter Fäden entsteht, die sich von der Mitte aus allmählich zu einem dichten, rundlichen Knäuel verflechten. Durch

Einfügung neuer Elemente wächst dasselbe zu einem eiförmigen bis cylindrischen Körper heran. Schon in dem Stadium, wo der Fruchtkörper noch rundlich erscheint, werden nach auswärts gerichtete Hyphenzweige gebildet, welche eine bräunliche, dichte Behaarung darstellen. Während sich die peripherischen Theile der Fruchtanlage dicht verflechten und bräunen und auf diese Weise die Peridie formirt wird, bleibt das Gewebe des Fruchtinnern (Gleba) zunächst lufthaltig. Bald beginnt nun hier eine Differenzirung aufzutreten in dem Sinne, dass gewisse Partieen verschleimen und luftfrei werden; gleichzeitig beginnen sich dichtere Stellen nesterartig aus der Gallertmasse abzuheben: es sind die jungen Glebekammern. In ihrer Mitte sieht man zunächst einen lichthellen Streif auftreten, der später zu der Höhlung wird, wahrscheinlich durch Auflösung der central gelagerten Hyphen. Später bilden sich die Hymenialschicht und die beiden Hüllschichten. Die äussere obliterirt im Alter meistens in Folge ihrer Zerbrechlichkeit, sodass nur die innere zurückbleibt. Gegen die Reifezeit hin wächst der scheitelständige Theil der Peridie sehr stark in tangentialer Richtung, sodass er aus der früher gerundeten Form in die flache übergeht und die ursprünglich vorhandenen Haare abgestossen werden. Jetzt erscheint er nur noch als eine bleiche dünne Haut, welche später zerreisst und schwindet. In dem nunmehr offenen Becher trocknet das die Glebakammern umgebende Gallertgewebe ein und zieht die letzteren in den Grund des Bechers hinein. Bei Wasserzutritt dehnt sich nun der Nabelknäuel sammt dem Strang beträchtlich in die Länge, die Gestalt eines Stranges annehmend, und hierdurch werden die Glebakammern aus dem Bechergrunde dem Rande zugeschoben, von wo sie vielleicht durch Thiere weiter befördert werden. Die Glebakammern springen nicht auf und es scheint, als ob nur durch Verwesung der Hülle die Sporen in Freiheit gesetzt werden könnten, wenn die Behälterchen nicht etwa von Thieren gefressen werden, was bis jetzt nicht beobachtet wurde.

Ordnung IV. **Phalloïdeen** oder Hutpilz-ähnliche Bauchpilze[1]).

Sie bilden eine ganz eigenartige, hochorganisirte, zwischen Gastromyceten und Hymenomyceten vermittelnde Gruppe, welche einerseits durch eine weitgehende Gewebe-Differenzirung des Fruchtkörpers, andererseits dadurch characterisirt ist, dass der Basidiosporen bildende Apparat (Gleba) zur Reifezeit durch die Peridie hindurchbricht, getragen und hinausgeschoben durch einen gerüstartigen, stark streckungsfähigen Körper (Träger oder *Receptaculum*), der entweder als centraler Stiel oder als ein Theil der inneren Peridie entsteht. Im ersteren Falle sitzt die Gleba dem Träger von aussen, im letzteren von innen auf. Zur

[1]) Literatur. Ausser den unten citirten Schriften von CORDA, DE BARY und VAN BAMBEKE sind anzuführen: ED. FISCHER, zur Entwickelungsgeschichte des Fruchtkörpers einiger Phalloïdeen. Ann. du jardin botanique de Buitenzorg. Vol. VI (1886) pag. 1—51 tab. I—V. Derselbe Versuch einer systematischen Uebersicht über die bisher bekannten Phalloïdeen. Berlin 1886. Derselbe, Bearbeitung der Phalloïdeen in SACCARDO's Sylloge Bd. VII. — VON SCHLECHTENDAL. Eine neue Phalloïdee nebst Bemerkungen über die ganze Familie derselben. Linnaea, Bd. 31, pag. 115 (1861) — ROSSMANN, Beitrag zur Entwickelungsgeschichte des Phallus impudicus. Bot. Zeit. 1853, pag. 185—193. — RABENHORST's Kryptogamenflora Bd. I, Pilze bearbeitet von WINTER. — SCHRÖTER, die Pilze, in: Kryptogamenflora von Schlesien Bd. III. — ED. FISCHER, Untersuchungen zur vergleichenden Entwickelungsgeschichte und Systematik der Phalloïdeen. Denkschr. d. schweizer. naturf. Gesellschaft Bd. 32. I. 1890.

Reifezeit löst sich die Gleba zu einer schleimigen, abtropfenden Masse ab. Sterigmenbildung fehlt: die Sporen werden von der Basidie direct abgeschnürt.

Das Gros der Phalloïdeen ist an heisses Klima gebunden und daher in Südamerika, Australien, Südafrika heimisch. Auch Nordamerika hat viele Vertreter aufzuweisen, während bei uns nur wenige Arten vorkommen. Man kennt im Ganzen 79 Species, die sich auf 11 Gattungen vertheilen.

Phallus impudicus L., Stinkschwamm. Diese in Laubwäldern, Nadelwäldern, Hecken, Gärten häufige, in Fig. 89 dargestellte Species gehört zwar zu den schönsten und stattlichsten Erscheinungen unserer Pilzflora, ist aber durch den Umstand, dass sie zur Reifezeit flüchtige Substanzen von äusserst widerlichem, aasartigen Geruche producirt und sich dadurch schon auf weite Strecken hin unangenehm bemerkbar macht. beim Laien wenig beliebt.

Die Keimung der Sporen ward noch nicht beobachtet. Das im Boden hinkriechende, aus faulenden Pflanzentheilen seine Nahrung entnehmende Mycel entwickelt sich in Form von kräftigen, vielverzweigten, weit hin kriechenden und wahrscheinlich perennirenden Strängen (Fig. 89 I, II *m*), die eine Länge von mehreren Fuss und eine Dicke bis zu 2—3 Millim. erreichen. Ueber ihren Bau ward bereits auf pag. 294 berichtet. Sobald dieses System genügend erstarkt ist, was in früheren oder späteren Theilen des Sommers, bisweilen auch erst im Herbst der Fall ist, schreitet der Pilz zur Production von Frucktkörpern, die zunächst als kleine, etwa 1 Millim. im Durchmesser haltende Knötchen an den Mycelsträngen entstehen, dann zu erst erbsen-, später haselnuss-, endlich hühner- bis gänseei-grossen Gebilden werden (Fig. 89, I, II) und in diesem Zustande im Volksmunde »Hexenei« oder »Teufelsei« heissen.

Während die jüngsten Zustände noch ganz homogen erscheinen, lassen die zuletzt bezeichneten eine ziemlich weitgehende Differenzirung ihres Gewebes erkennen, wie man namentlich an dem medianen Längsschnitt (Fig. 89, III) ersieht. Es lassen sich deutlich 4 Gewebspartieen unterscheiden.

1) Die Fruchthülle (Peridie), an welcher drei verschiedene Gewebslagen hervortreten, von denen die äussere (Fig. 89, III *a*) eine dicke, weisse, ziemlich feste Haut bildet, die mittlere (Fig. 89, III *b*) eine mächtige, aus vergallerteten Fäden bestehende, weiche, schleimige Masse darstellt, die innere (Fig. 89, III *c*) eine ebenfalls feste, dünne Haut repräsentirt.

2) ein centraler, spindelförmiger Theil (Fig. 89, III *st*, IV *st*), welcher den Stiel (auch *Receptaculum* genannt) darstellt. Er besteht seinerseits aus zwei Gewebslagen, einer axilen (Fig. 89, III *h*, IV *h*) und einer peripherischen (Fig. 89, III *st*), der Stielwand. Letztere baut sich auf aus Platten eines rundlichen Pseudoparenchyms, welche so angeordnet sind, dass ringsum geschlossene Kammern entstehen und zwar in mehreren Schichten; die Kammern sind zunächst noch zusammengedrückt resp. quergezogen (etwa wie in Fig. 89, V) und angefüllt von einem aus gallertigen Hyphen gebildeten Gewebe. Den axilen Theil des Stieles nimmt eine ebenfalls gallertige (aus verschleimten Hyphen bestehende) Gewebsmasse ein.

3) Der sporenerzeugende Apparat (Gleba) Fig. 89, III *e*). Er hat etwa die Form einer Glocke und liegt zwischen der inneren Peridie und der kräftig entwickelten Haut *d*, der sogenannten Huthaut. Dieser sind in etwa senkrechter Richtung niedrige Lamellen senkrecht aufgesetzt, welche in wabenartiger Verbindung stehend in die Gleba hineinragen und diese in zahlreiche grössere Abtheilungen theilen. Von der inneren Peridie wie von den Waben des Hutes aus

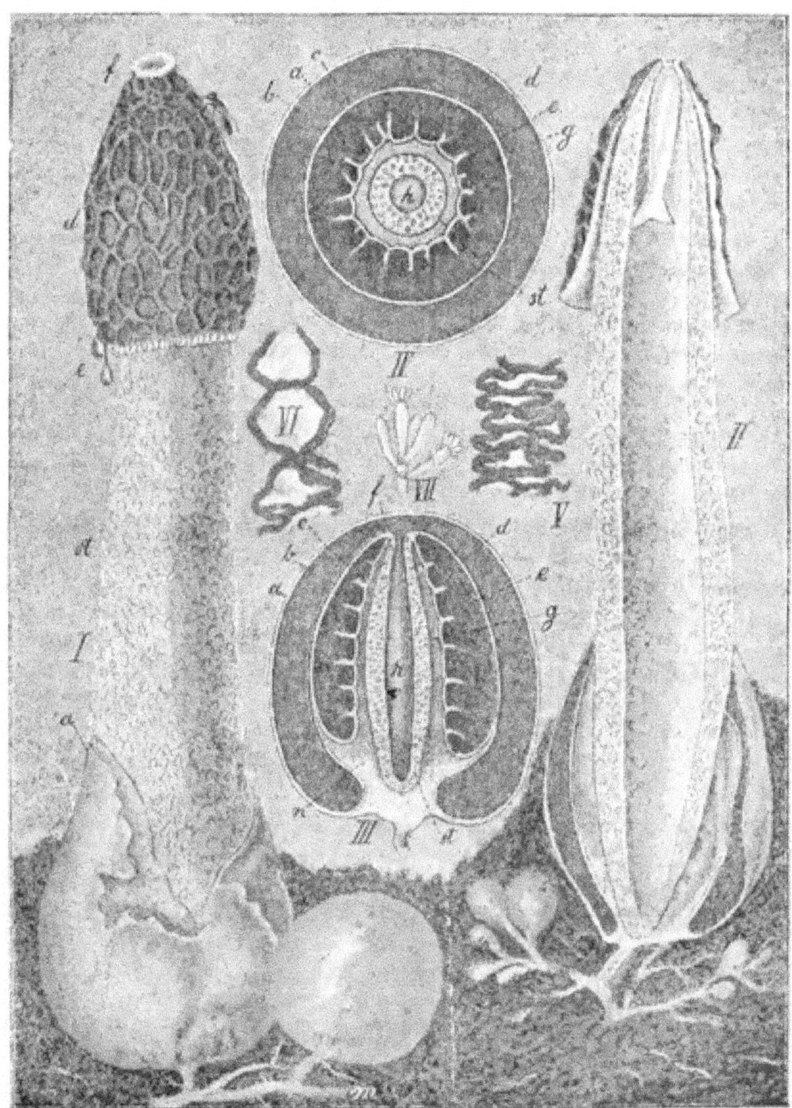

Fig. 89. (B. 698.)

Der Stinkschwamm. *(Phallus impudicus).* I Ein Fruchtkörper im Stadium der Reife; *st* der durch die Fruchthülle (Peridie) *a* hindurchgebrochene, mit zahlreichen Luftkammern versehene dicke Stiel; *d* der Hut, der oben bei *f* den abgerissenen oberen Theil der inneren Peridie trägt und auf seiner Oberfläche mit wabig verbundenen Leisten besetzt ist, von welchen die verflüssigten, mit Sporen vermischten Theile der Gleba in Form von stinkenden Tropfen *e* abrinnen. Oben rechts eine durch den aasartigen Geruch der Gleba angelockte Fliege. Der Fruchtkörper entspringt von dem Mycelstrange *m*, an welchem auch noch ein halbreifer, noch geschlossener Fruchtkörper (in diesem Zustande Hexenei oder Teufelsei genannt) entspringt. Nach KROMBHOLZ und der Natur, in $\frac{3}{4}$ natürl. Grösse. II Ein reifer Fruchtkörper im axilen Längsschnitt von einem Strangmycel entspringend, an dem man Fruchtkörper-Anlagen in verschiedenen gehen feine Tramaplatten, durch die die Gleba in eine Unzahl engster Kammern getheilt wird. In diese ragen die Basidientragenden Zweige hinein. Die Basidien schnüren an ihrem Scheitel 4 bis mehrere Basidiosporen ab, ohne dass diese auf besonderen Sterigmen stehen (Fig. 89, VII).

4) Zwischen Stiel und Gleba befindet sich eine später erweichende Gewebsschicht (Fig. 89 III *g*), die sich nach unten in etwas festeres Gewebe fortsetzt, das etwa Napfform zeigt (Fig. 89 III *n*). In seinem untersten Theile geht Letzteres continuirlich in die äussere Peridie über.

Gegen die Reifezeit des Fruchtkörpers treten nun in den verschiedenen Gewebslagen besondere histologische (und chemische) Veränderungen ein, deren Resultat einestheils darin besteht, dass der Stiel sich bedeutend streckt und verdickt, infolgedessen die Peridie am Scheitel sprengt und die G l e b a, die sich unterdess von der inneren Peridie *c* und durch Vergallertung der Schicht *g* auch vom Stiel selbst abgelöst hat, weit hinausschiebt. Die Gleba erscheint also nunmehr frei, nackt (Fig. 88, I *d*), und man sagt daher, der Fruchtkörper, der früher a n g i o c a r p war, ist g y m n o c a r p geworden. Stiel und Gleba des *Phallus* bieten jetzt entfernte äussere Aehnlichkeit mit Stiel und Hut einer Morchel (daher auch die Bezeichnungen S t i n k m o r c h e l, G i c h t m o r c h e l).

Die Streckung des Stieles erfolgt dadurch, dass die Parenchymplatten, aus denen er besteht, und die bis dahin niedergedrückt und gefaltet waren (etwa wie in Fig. 89 V), sich glätten und aufrichten (ähnlich den Falten einer bunten Papierlaterne, vergl. Fig. 89 VI), ein Vorgang, der sich z. Th. dadurch erklärt, dass die Kammern durch Gasentwickelung aufgebläht werden, wobei der sie anfänglich erfüllende Gallertfilz zerrissen wird. Im völlig gestreckten Stiel zeigen die Kammern des durchschnittenen Stieles die beträchtliche Grösse von mehreren Millimetern im Durchmesser (Fig. 89 II). Bei der Streckung des Stieles wird auch der axile Gallertfilz zerrissen. Reste bleiben oft noch im Scheitel hängen (Fig. 89, II). Die Höhlung wird mit Luft erfüllt.

Bevor die Stielstreckung eintritt, spaltet sich die Gleba von der inneren Peridie ab, und auch der Zusammenhang mit dem Gewebe *g* und dem Napf *n* wird gelockert. Da das Gewebe *g* bei der Stielstreckung zerreisst, so wird die Verbindung zwischen Huthaut und Stiel natürlich aufgehoben.

Während dieser Vorgänge beginnen die Elemente der braungrünen Gleba (Trama und Basidien) zu verschleimen und zu zerfliessen, um schliesslich mit den Sporenmassen vermischt als aasartig stinkende, Aasfliegen anlockende Massen von dem wabigen Hute abzutropfen (Fig. 89, I *e*).

Grössen bemerkt. Im oberen Theile der Stielhöhlung ist der Rest des zerrissenen axilen Gallertgewebes zu sehen. Der Hut ist vom Stiel getrennt, infolge natürlicher Zerreissung des zwischen Beiden befindlichen Gewebes (nach KROMBHOLZ und der Natur, ⅔ natürl. Grösse). III Axiler Längsschnitt durch einen halbreifen, noch geschlossenen Fruchtkörper; *a* äussere derbe, *b* mittlere gallertige, *c* innere Schicht der Hülle (Peridie); *e* Gleba; *d* Haut des sogenannten Hutes; *st* Stiel; *g* Gewebe zwischen Stiel und Gleba resp. Hut, das sich nach unten in die breitere Gewebemasse *n*, den sogenannten Napf, fortsetzt; *h* das centrale Gallertgewebe des Stieles (nach SACHS, etwa ⅔ der natürlichen Grösse). IV Schematischer Querschnitt durch einen ebensolchen Fruchtkörper. Bezeichnung wie bei III. V 7fach; Stück eines Längsschnittes des Stieles von *Phallus caninus*, vor der Streckung; die Kammerwände noch gefaltet und niedergedrückt. VI 7fach. Ebensolches Stück, vom bereits gestreckten Stiele entnommen; die Kammerwände z. Th. aufgerichtet, infolge von Gasentwickelung. VII 260fach; Basidien von *Phallus caninus* mit ihren sterigmenlosen Sporen. Fig. V—VII nach DE BARY.

Die eben angeführten wesentlichsten Elemente des äusseren Baues und der Entwicklung eruirten namentlich CORDA[1]) und DE BARY[2]). Neuerdings hat VAN BAMBEKE[3]) auch die bisher vernachlässigte anatomische Kenntniss des Pilzes gefördert, indem er namentlich die feinere Structur der Peridie studirte. Hierbei stellte sich heraus, dass das Gewebe derselben in gewissem Alter aus 6 verschiedenen Schichten besteht, von denen einzelne wiederum in 2 bis 3 Lagen gegliedert sein können. Die oben erwähnte äussere Peridie, innere Peridie und Gallertschicht erhalten hiernach den Werth von Gewebecomplexen. In Bezug auf Anordnung, Richtung, Verzweigung der die einzelne Gewebesysteme zusammensetzenden Hyphen, die Form, Grösse, Inhalt, Vergallertungsfähigkeit etc. ihrer Elemente (Zellen) ergaben sich bei den einzelnen Gewebslagen wichtige Unterschiede. In dem Niveau der inneren Peridie sowie in dem die Stielhöhlung anfänglich füllenden Gewebe fand VAN BAMBEKE häufig eigenthümliche »keulenförmige Hyphen« mit rothgelb gefärbtem Inhalt ausgestattet, übrigens scheidewandarm und spärlich verzweigt.

In physiologischer Hinsicht bleibt zu bemerken, dass *Ph. impudicus* oxalsauren Kalk producirt, und zwar tritt er, wie DE BARY zeigte, auf der Rinde der Mycelstränge in reichen Ablagerungen auf, nach VAN BAMBEKE auch in den »keuligen Hyphen«. Ausserdem enthält der Pilz, wie bereits BRACONNOT constatirte, Mannit (vergl. pag. 395). In der Gleba und der Peridie, besonders aber in ersterer, werden ferner Pigmente erzeugt, und zwar konnte ich im alkoholischen Extract der Glebamassen noch geschlossener Fruchtkörper einen gelben, wasserlöslichen, amorphen Farbstoff von Säurecharacter, sowie ein gelbes Fett nachweisen. VAN BAMBEKE fand in den »keuligen Hyphen« einen rothgelben Körper. Schon BRACONNOT giebt an, dass der Fruchtkörper ein fettes Oel und ein wallrathartiges Fett enthalte.

Die Seitens älterer Botaniker und Mediciner gemachte Annahme, der Fruchtkörper enthalte giftige Substanzen, konnte KROMBHOLZ wenigstens für den noch geschlossenen Zustand nicht bestätigen; er ass ein ganzes »Hexenei« ohne jede üble Folge. Der Fruchtkörper ist nach ihm weder von Geschmack noch von Geruch unangenehm, nur schmeckt er infolge der schleimigen Beschaffenheit der Gallertschicht der Peridie sehr fade. Möglich ist aber, dass die so übelriechende reife Gleba giftige Bestandtheile enthält.

Den Ruf eines Aphrodisiacums verdankt der *Phallus* wohl seiner *Penis*-Form. Noch heute sollen die Hirten den Pilz bisweilen an Thiere, deren Brunst sie befördern wollen, verfüttern. Allein in den Versuchen von KROMBHOLZ reagirten weder verschiedene grosse Thiere (Affen, Stiere, Hengste, Böcke, Hunde), noch auch Menschen in gedachtem Sinne.

Der in Süddeutschland vorkommende *Phallus caninus* wurde von DE BARY (l. c.) entwicklungsgeschichtlich sehr eingehend untersucht.

Gruppe II. **Uredineen** oder Rostpilze.

Sämmtliche Vertreter dieser natürlichen Gruppe sind Entophyten, welche zumeist in Phanerogamen, selten in Gefässkryptogamen schmarotzen. Sie entwickeln ein zwischen den Wirthszellen verlaufendes (intercelluläres) Mycel, von welchem seitliche Aestchen in die Wirthszellen hineingetrieben werden. Dieselben functioniren als Saugorgane und werden oft in eben so typischer Haustorienform gebildet, wie z. B. bei den Peronosporeen. Dies gilt beispielsweise für *Uromyces Poae* RABENH. (Fig. 4, II s. Erklärung) u. *Calyptospora Göppertiana* KÜHN nach HARTIG (Fig. 97).

Wie bei den Basidiomyceten und Brandpilzen, so tritt auch in der vorliegenden Gruppe die Fructification immer nur in Form von Conidien-

---

[1]) Icones fungorum V. pag. 70. Taf. 7 (1842.)

[2]) Zur Morphologie der Phalloïdeen. Beitr. zur Morphologie der Pilze Bd. I. Reihe I. pag. 55 (1864). Vergl. auch: Vergleichende Morphol. und Biologie der Pilze, pag. 346.

[3]) Recherches sur la morphologie du *Phallus (Ithyphallus) impudicus* (L.) Bull. de la Soc. roy. de botanique de Belgique. t. XXVIII. I pag. 7—50. (1889).

bildungen auf, welche aber in einer gewissen Mannigfaltigkeit vorkommen. Kein einziger Repräsentant erzeugt Sporangien, wie sie den Ascomyceten eigen sind.

Im Allgemeinen lassen sich die Conidienfructificationen unter die beiden Kategorieen der Conidienfrüchte (Pycniden) und Conidienlager bringen. Einfach fädige Conidienträger von Schimmelform fehlen.[1])

1. Conidienlager mit Uredosporen (auch Sommersporen-Lager oder kurz Uredo genannt) Fig. 32, *A. C.* Nur selten grössere Ausdehnung erreichend stellen sie meist kleine, strich- oder punktgelbe Häufchen von orangegelber bis rothbrauner Farbe dar, welche anfangs von der Epidermis bedeckt sind, später aber dieselbe durchbrechen. Ihre Entstehung erfolgt in der Weise, dass das Mycel unmittelbar unter der Oberhaut der Nährpflanze durch reiche Verzweigung ein mehr oder minder dichtes Geflecht bildet, welches zahlreiche, einzellig bleibende Conidienträger (in dichter, zur Epidermis senkrechter Stellung) treibt, an deren Enden einzellige, relativ grosse und leicht abfallende Conidien gebildet werden, entweder einzeln oder in Ketten *(Coleosporium Rhinanthacearum)*. Von meist ellipsoïdischer, minder häufig birnförmiger oder kugeliger Gestalt, zeigen sie in der farblosen mit Wärzchensculptur versehenen Membran 2—8 äquatorial gestellte, als Keimstellen dienende Tüpfel (Keimporen) und einen an orangegelben Oeltropfen reichen Inhalt.

Man hielt die in Rede stehenden Conidienlager zur Zeit, wo man die Rostpilze noch wenig kannte, für selbständige Pilze, für die man die Gattung Uredo aufstellte und diesen Namen hat man in Uredospore, Uredolager, Uredohäufchen, Uredoform als *terminus technicus* fortbestehen lassen. Da die Conidien vorzugsweise den Sommer hindurch producirt werden und nicht dazu befähigt sind, den Winter zu überdauern, so pflegt man sie auch als Sommersporen zu bezeichnen.

Zwischen die Conidienträger schieben sich bei gewissen Vertretern sterile einzellige Hyphen von keuliger Form (Fig. 37, *Vp*), welche Paraphysen heissen. Sie bilden sich oft auch am Rande der Lager. (Auch in manchen Teleutosporen-Lagern sind sie zu finden).

Bei der Keimung treiben die Uredo-Conidien an den den Keimporen entsprechenden Stellen Keimschläuche, welche keine Secundärconidien (Sporidien) abschnüren, sondern unter passenden Bedingungen sich sofort zum Mycel entwickeln.

2. Conidienlager mit Teleutosporen (Wintersporenlager). Sie stellen gewöhnlich flache Häufchen von rundlicher oder gestreckter Form dar (Fig. 32, *B*; Fig. 33 *A*), seltener bilden sie ausgedehnte Polster oder säulchen- resp. hornförmige Gebilde. In der Regel sind sie von viel dunklerer Farbe, als die Uredolager, meist erscheinen sie dunkelbraun bis schwarzbraun, selten roth oder rothbraun. Bezüglich des Entstehungsmodus gilt im Wesentlichen das von den Uredolagern Gesagte; nur die säulenförmigen Teleutosporenlager von *Cronartium*, die eher den Namen eines gewebeartigen Körpers verdienen, entstehen wahrscheinlich in anderer, noch nicht bekannter Weise.

Die Teleutosporen trennen sich nicht von dem Träger. Sie sind zunächst immer einzellig. Je nach den Gattungen bleiben sie es entweder *(Uromyces, Melampsora)*, oder sie werden zwei- bis mehrzellig, je nachdem sie sich einmal oder öfter durch Querwände resp. Längswände theilen. Durch eine Quer-

[1]) Man müsste denn die sogleich zu besprechenden »Promycelien« als solche ansprechen wollen.

wand zweizellig erscheinen die Teleutosporen von *Puccinia* (Fig. 32, *D*) und *Gymnosporangium* (Fig. 95, *B*). Dreizellig sind die Teleutosporen von *Triphragmium*. Es entsteht zunächst eine Querwand, worauf sich die obere Zelle noch durch eine Längswand theilt (Fig. 61, IX X). Durch mehrere Querwände 4 bis mehrzellig werden die Teleutosporen von *Phragmidium* (Fig. 94), *Chrysomyxa* (Fig. 33 *B*) und *Coleosporium*. Die *Calyptospora*-Teleutospore theilt sich durch senkrecht auf einander gesetzte Längswände in 4 Zellen (Fig. 97, 98).

Die in Rede stehenden Conidienformen treten im Allgemeinen am Ende der Entwickelung auf (daher der Name Teleutosporen) im Spätsommer oder Herbst. Sie sind im Gegensatz zu den übrigen Conidienformen vortrefflich ausgerüstet, längere Trockenheit, grosse Feuchtigkeit, Winterkälte etc. ohne Nachtheil zu ertragen (Dauersporen, Wintersporen). Man darf sie daher als die eigentlichen Erhalter der Species ansehen: Jene Ausrüstung besteht in einer dicken, derben, geschichteten und gebräunten Membran (vielleicht ist das Exosporium, das bei manchen Arten stachel-, horn-, leisten- oder warzenförmige Sculptur zeigt (Fig 61, X), verkorkt oder einer mächtigen Schutzgallert *(Gymnosporangium, Coleosporium)* sowie in der Aufspeicherung reicher Reservestoffe (Plasma und Fett) im Inhalt. Die Auskeimung, die bei gewissen Vertretern sogleich nach der Reife erfolgen kann, bei dem Gros aber erst im Frühjahr eintritt, findet in der Weise statt, dass an bestimmten, durch Keimporen bezeichneten Stellen relativ kurze, sich durch Querwände gliedernde Mycelfäden oder Träger (Promycelien) entstehen, welche auf kurzen Seitenästchen kleine Conidien (Sporidien genannt) abschnüren (Fig. 90).

3. Spermogonien (Fig. 21, II *sp*). Dem blossen Auge erscheinen sie als winzige, meist rothe (im Alter gebräunte) Pünktchen, unter dem Mikroskop als birnförmige, mit Mündung versehene Früchtchen (Fig. 21, II *sp*). Es lassen sich an ihnen unterscheiden: die Wandung, gebildet aus dicht verflochtenen Fäden, und das Hymenium, aus winzigen, pfriemenförmigen Conidienträgern gebildet, an deren Spitzen sehr kleine ellipsoidische oder eiförmige Conidien abgeschnürt werden. Die an der Mündungsregion gelegenen Conidienträger bleiben steril und verlängern sich zu haarartigen, den Mündungsbesatz darstellenden Gebilden. Die in grosser Menge erzeugten Conidien werden in der Weise entleert, dass sich durch theilweise Vergallertung der Haut der Conidienträger, vielleicht auch der Fruchtwand und der Conidienmembran eine Schleimmasse bildet, welche bei Zutritt von Feuchtigkeit die Zellchen aus der Mündung der Früchtchen in Form eines Cirrhus heraustreibt. Auffälligerweise hat man die kleinen Conidien (wenige Arten ausgenommen) trotz aller Variirung der Nährsubstrate bisher nicht zur Keimung zu bringen vermocht. Hierin sowie in ihrer auffälligen Winzigkeit sah man früher Gründe, sie für Spermatien, also männliche Zellen anzusprechen und die Früchtchen Spermogonien zu nennen; doch ist niemals ein Organ bei den Uredineen aufgefunden worden, welches sie befruchten könnten. Die Vermuthung, dass es etwa die Accidienfrucht-Anfänge seien, hat sich nicht als richtig erwiesen. Wahrscheinlich hat man es mit Rückbildungen gewöhnlicher Conidien zu sehr kleinen, nicht mehr keimfähigen zu thun, oder aber mit ehemals männlichen Organen, die ihre Function verloren haben. Wollte man gegen diese Auslegungen die Thatsache der massenhaften Production der Spermogonien ins Feld führen, so wäre zu erwidern, dass auch die Antheridien der

Saprolegnieen, die ja nachweislich ihre sexuelle Function verloren haben, massenhaft erzeugt werden.

Einige Uredineen (*Melampsora*, *Phragmidium*) entwickeln übrigens ihre Spermogonien in Lagerform.

4. Accidien genannte Conidienfrüchte. (Fig. 21, I u. II*a*; Fig. 96.)

Mit blossem Auge oder der Lupe betrachtet erscheinen sie in geschlossenem Zustande als säulchen- oder birnförmige Gebilde, in geöffnetem meist becherförmig (Fig. 21, I). Sie entstehen in der Weise, dass an gewissen Mycelstellen eine reiche Bildung von kurzen Seitenzweigen stattfindet, die sich zu einem rundlichen Knäuel verflechten, das auf dem Querschnitt ziemlich dichtes, parenchymatisches Gefüge zeigt (Fig. 21, II a^1). In diesem Körper und zwar in der basalen Region entsteht nun das Hymenium (Fig. 21, II*h*) in Form einer flachen Schicht kleiner, keulenförmiger Träger (Fig 21, I*t*), deren jeder eine Kette von Conidien abschnürt (Fig. 21 II a^3, III IV). Von Letzteren werden bisweilen »Zwischenstücke« (Fig. 21, III IV) nach dem pag. 302 bereits besprochenen Modus abgeschnitten, nach deren Auflösung sich die durch gegenseitigen Druck meistens polyedrischen Sporen von einander trennen. Dieselben führen meist reichlich orangegelbes Fett im Inhalt und sind mit farbloser bis bräunlicher Wandung versehen, deren Exospor bei gewissen Gattungen radiäre Streifung (Fig. 61, XI) erkennen lässt (Stäbchenstructur). Umschlossen werden Hymenium und Sporenmasse von einer Hülle (Peridie Fig. 21, III *P*) mit sehr einfachem Bau. Besteht sie doch aus nur einer Schicht von meridional verlaufenden Zellreihen, die sich von den Conidienreihen nicht wesentlich unterscheiden und sich auch ganz in der Art der Letzteren verlängern, indem von je einer baselen Zelle immer neue abgegliedert werden. Nur stehen die Zellreihen seitlich mit einander in lückenlosem Verbande, sodass ein allseitig geschlossenes Hohlgebilde zu Stande kommt, überdies erscheinen die Zellen grösser, stärker verdickt und inhaltsärmer als die Conidien, resp. schliesslich luftleer. In Folge der Streckung durchbricht der ganze Behälter die Epidermis und die Peridie öffnet sich entweder becherförmig, dadurch, dass die Zellen im Scheiteltheile auseinander weichen (Fig. 21, I), oder so, dass sie durch Längsrisse in Streifen zerspalten wird. Die Sporen stäuben nun aus den so gebildeten Oeffnungen aus.

An Stelle der vorbetrachteten typischen, mit Peridie versehenen Aecidien treten bei manchen Uredineen lagerartige Conidienformen, deren Sporen in Bezug auf Entstehungsweise und Bau den gewöhnlichen Aecidiumsporen so sehr gleichen, dass man auch in diesen Fällen von Aecidien redet (z. B. *Phragmidium*).

Bei der Keimung treiben nur die Aecidiumsporen von *Endophyllum* ein Sporidien-bildendes Promycel, sonst wird immer ein Keimschlauch getrieben, der, auf sein Substrat gelangt, sich zum Mycel entwickelt.

Conidienfrüchte, welche eine anders gebaute Hülle besitzen als die Aecidien, auch andere Uredo-ähnliche Sporen bilden, kommen seltener (z. B. bei *Melampsora betulina*) vor. Ihre Entwickelungsgeschichte bleibt noch zu untersuchen.

Nicht alle Rostpilze erzeugen die gleiche Anzahl von Fructificationen. Es giebt solche, welche alle hervorzubringen vermögen, solche, welche nur drei produciren: Spermogonien, Uredo und Teleutosporen, oder Spermogonien, Aecidien und Teleutosporen oder endlich Aecidien, Uredo und Teleutosporen; solche welche nur zwei ausbilden: Aecidien und Teleutosporen, Uredo und Teleutosporen, Aecidien und Spermogonien;

solche welche nur eine einzige Fruchtform (Teleutosporen) besitzen[1]. Die Letzteren sind mithin monomorph, die anderen di- resp. pleomorph.

Während alle dimorphen und die meisten pleomorphen ihren Entwickelungsgang auf ein und derselben Wirthsspecies durchmachen, bringen manche ihre Fruchtformen auf zwei verschiedenen Wirthen zur Ausbildung, die dann der Regel nach im System weit von einander stehen. Man nennt solche Uredineen heteröcische, die anderen autöcische.

Die Heteröcie wurde zuerst von DE BARY (für *Puccinia graminis*) nachgewiesen und zwar auf dem Wege des Infections-Experiments.

Um einige Beispiele für Heteröcie anzuführen so bilden

	Spermogonien und Aecidien auf	Uredo und Teleutosporen auf
Puccinia graminis	*Berberis vulgaris*	Gräsern
„ *coronata*	*Rhamnus*	„
„ *Rubigo vera*	Boragineen	„
„ *Poarum*	Compositen (*Tussilago, Petasites*)	„ (*Poa*)
„ *Caricis*	Brennnessel	*Carex*-Arten
„ *silvatica*	Compositen (*Taraxacum, Senecio*)	„ „
„ *limosae*	*Lysimachia*-Arten	*Carex limosa*
„ *Moliniae*	Orchideen	Gräser (*Molinia*)
„ *Phragmitis*	Ampfer-Arten	Schilf (*Phragmites*)
Uromyces Pisi	Euphorbien	*Vicia, Lathyrus*
„ *Dactylidis*	Ranunkeln	Gräsern
Gymnosporangium fuscum	Birnen	*Juniperus Sabina*
„ *juniperinum*	*Sorbus*	Wachholder (*Juniperus communis*)
Calyptospora Göppertiana	Weisstanne	Preiselbeere
Coleosporium Senecionis	Kiefer	*Senecio*-Arten
Chrysomyxa Ledi	Fichte	*Ledum palustre*

Was die Lebensdauer der Uredineen anbetrifft, so sind die meisten einjährig. Dagegen perenniren die Mycelien von *Calyptospora Göppertiana* KÜHN, *Endophyllum Sempervivi* und *E. Euphorbiae*, *Gymnosporangium fuscum* u. A.

In Bezug auf Wahl der Wirthspflanzen verdient hervorgehoben zu werden, dass jede autöcische Species im Allgemeinen nur Pflanzen eines engeren Verwandschaftskreises befällt, entweder nur verschiedene Arten derselben Gattung oder nur verschiedene Gattungen derselben Familie, oder gar nur eine einzige Species. Folgende Beispiele werden dies erläutern:

Uromyces Fabae (PERS.)	Ervoideen und Lathyreen.
„ *appendiculatus* (PERS.)	Phaseoleen.
„ *Polygoni* (PERS.)	Polygoneen.
„ *Geranii* (D. C.)	*Geranium*-Arten.
„ *Trifolii* (HEDWIG)	*Trifolium*-Arten.
„ *Betae* (PERS.)	*Beta vulgaris*.
„ *Rumicis* (SCHUM.)	*Rumex*-Arten.
„ *Genistae* (PERS.)	Genisteen, Galegeen.
Puccinia Porri (LÖW.)	*Allium*-Arten.
„ *Galii* (PERS.)	Rubiaceen.
„ *Epilobii* (D. C.)	*Epilobium*-Arten.

[1]) Es wäre nicht unmöglich, dass manche Uredineen nur Aecidien bilden. Doch sehen die meisten Mycologen zur Zeit solche Species, welche ausschliesslich diese Fruchtform besitzen, als noch unvollständig bekannt an.

Puccinia Violae (SCHUM.)	*Viola*-Arten.
„ *Pimpinellae* (STRAUSS)	Umbelliferen.
„ *Menthae* (PERS.)	Labiaten.
„ *Hieracii* (SCHUM.)	Compositen.
„ *bullata* (PERS.)	Umbelliferen.
„ *Polygoni* (PERS.)	*Polygonum*-Arten.
„ *Pruni* (PERS.)	*Prunus*-Arten.
„ *Aegopodii* (SCHUM.)	*Aegopodium*
„ *Arenariae* (SCHUM.)	Sileneen, Alsineen.
„ *Valantiae* (PERS.)	*Galium*-Arten.
„ *Malvacearum* (MONT.)	Malvaceen.
Phragmidium-Arten	Rosaceen.
„ *subcorticium* (SCHR.)	*Rosa*-Arten.
„ *violaceum* (SCHULTZ)	*Rubus*-Arten.
Coleosporium Euphrasiae (SCHUM.)	Scrophulariaceen.

Aber auch die heteröcischen zeigen ein ähnliches Verhalten, wie die oben (pag. 387) angeführte Uebersicht lehrt, wenn wir das Verhalten der einzelnen Fructification in Betracht ziehen. (Spermogonien und Aecidien einer und Uredo und Teleutosporen andererseits.) Man darf sich durchaus nicht vorstellen, dass das Mycel der Rostpilze immer die ganze Nährpflanze durchzöge; im Gegentheil es giebt nur wenige Arten, welche sich in dieser Weise verhalten z. B. *Endophyllum Euphorbiae, Calyptospora Göppertiana*. Die Sporen der meisten Arten produciren vielmehr ein Mycel, dass nur auf gewisse Organe, resp. mehr oder minder kleine Stellen derselben beschränkt bleibt. So localisirt sich das aus einer Teleutospore von *Puccinia Malvacearum* hervorgegangene Mycel auf einen ganz kleinen Theil des Malven-Blattes oder Stengels. Ein Gleiches gilt für *Puccinia Rubigo vera, P. graminis, Uromyces Phaseolorum* etc. Wenn wir auf einem von diesen Pilzen befallenen Blatt sehr zahlreiche Flecken und Fruchthäufchen vorfinden, so ist dies nicht die Folge eines weitverbreiteten Mycels, sondern der Infection von sehr zahlreichen Sporen, deren Mycel nur einen kleinen Bezirk einnimmt. Uebrigens giebt es Fälle, wo von den Sporen ein und desselben Rostpilzes, die einen stets nur engbegrenzte, die andern die ganze Wirthspflanze durchziehende Mycelien hervorbringen. Solche Beispiele bieten *Uromyces Pisi* und *Puccinia Tragopogonis*, wo nach DE BARY das aus der Teleutospore hervorgegangene Aecidium-tragende Mycel die ganze Nährpflanze durchwuchert, während das aus der Aecidiumspore entstandene Teleutosporen tragende, eng begrenzte Flecken bildet.

Die meisten Rostpilze sind im Stande, in den Mycelien und besonders auch in den Zellen der fructificativen Organe Fettfarbstoffe (Lipochrome) zu erzeugen, welche, soweit bekannt, der gelben Reihe angehören. Sie treten namentlich in den Spermogonien, Aecidien- und Uredosporen so reichlich auf, dass sie das bekannte, meist ausgesprochen orangerothe oder rothbraune Colorit derselben bedingen. Bei der Keimung wandert dieses Lipochrom gewöhnlich in die Keimschläuche, Promycelien und Sporidien hinein.

Grössere Spermogoniengruppen lassen einen eigenthümlichen, blumen- oder honigartigen Geruch erkennen.

Die durch die Rostpilze hervorgerufenen Krankheiten äussern sich entweder nur in Ausbleichung oder Gelbroth- bis Braunfärbung der betreffenden Pflanzentheile, oder aber in mehr oder minder auffälligen hypertrophischen Wirkungen, durch welche Aufschwellungen und Verkrümmungen hervorgerufen werden, oder endlich darin, dass an den befallenen Stellen eine aussergewöhnlich reiche Zweigbildung (Hexenbesen) hervorgerufen wird.

Gattung 1. *Puccinia* Persoon.

Sie ist leicht kenntlich an ihren flache staubige Lager bildenden Teleutosporen. Dieselben bestehen nämlich aus 2 derbwandigen, gebräunten Zellen, von denen die obere einen terminalen, die untere einen lateralen, der Scheidewand benachbarten Keimporus besitzt. Accidien und Spermogonien werden in typischer Fruchtform ausgebildet, die Uredosporen einzeln am Ende der Träger abgeschnürt.

Zur leichteren Uebersicht hat Schröter die zahlreichen Arten in folgende Gruppen gebracht.

I. *Eupuccinia*: Spermogonien, Accidien, Uredo u. Teleutosporen, Letztere erst nach längerer Ruheperiode keimend.

a. *Auteupuccinia*: umfasst lauter autöcische Arten.

b. *Heteropuccinia*: umfasst lauter heteröcische Arten.

II. *Brachypuccinia*: Nur Spermogonien, Uredo u. Teleutosporen, auf derselben Nährpflanze.

III. *Hemipuccinia*: Nur Uredo u. Teleutosporen.

IV. *Pucciniopsis*: Uredo fehlt, sonst Spermogonien, Accidien und Teleutosporen auf derselben Nährpflanze.

Litteratur: Unger, die Exantheme d. Pflanzen. Wien 1833. Léveillé, Sur la dispos. des Uredinées, Ann. sc. nat. 3. Sér. Tom. VIII. u. Artikel Urédinées, in d'Orbigny, Dict. hist. nat. — Tulasne, Mém. sur les Ustilaginées et les Urédinées. Ann. sc. nat. 3. Sér. Tom. VII. u. besonders: Second Mémoire s. l. Urédinées et les Ustilaginées. Ann. sc. nat. 4. Sér. Tom. II. — Kühn, Krankheiten der Culturgewächse. Berlin 1859. — de Bary, Rech. sur les Champignons parasites. Ann. sc. nat. 4. Sér. Tom. XX. (pag. 64). — Untersuchungen über die Brandpilze 1853. — Ueber Caeoma pinitorquum. Monatsbr. d. Berl. Acad. Decbr. 1863. — Neue Untersuchungen über Uredineen. Ibid. Januar 1865 u. April 1866. — Ueber den Krebs u. die Hexenbesen der Weisstanne. Bot. Zeitung 1867. — Accidium abietinum, Ibid. 1879. — Schröter, die Brand- u. Rostpilze Schlesiens. Abhndl. d. Schls. Ges. f. Vaterl. Cultur 1869. — Entwickelungsgeschichte einiger Rostpilze. Cohn, Beitr. Bd. I. Heft 3, pag. 1. — Bd. III. 1,51. — Ueber einige amerikanische Uredineen. Hedwigia 1875. — Aecid. Euphorbiae u. Uromyces Pisi. Ibid. — M. Rees, die Rostpilze d. deutschen Coniferen. Halle 1869. — R. Wolff, Accidium Pini u. s. Zusammenhang mit Coleosporium Senecionis Lév. Festschrift. Riga 1876. — A. S. Oersted, Om Sygdome hos Planterne etc. Kopenhagen 1863. — Ueber Podisoma resp. Roestelia. Bulletin d. l'Acad. Roy. des Sc. de Copenhague 1866 u. 1867 u. K. Danske, Vidensk. Selskab. Skrifter. 5. Ser. Bd. VIII. (1863). — Woronin. Puccinia Helianthi (Russisch) St. Petersburg 1871. — R. Hartig, Wichtige Krankheiten d. Waldbäume. Berlin 1874. — Id. Lehrbuch d. Baumkrankheiten. Berl. II. Auflage 1889. — W. G. Farlow, The Gymnosporangia or Cedarapples of the United States. Memoirs of the Boston Soc. of Nat. History. Boston 1880. — E. Rathay, Unters. über d. Spermogonien d. Rostpilze. Denkschrift d. Wien. Acad. Bd. 46. Wien 1882. — H. Marshall Ward, Researches on the life History of Hemileia vastatrix. Linn. Soc. Journ. Botany, Vol. XIX. — On the morphology of Hemileia vastatrix Berk. Quarterly Journ. of Micr. Science New Serie. Vol. XXI. — G. Winter, Die Pilze Deutschlands. Vol. I. — Klebahn, H., Beobachtungen und Streitfragen über Blasenroste. Abhandl. d. naturw. Vereins Bremen. Bd. X. pag. 145. Derselbe, Weitere Beobachtungen über die Blasenroste der Kiefern. Berichte der deutsch. bot. Ges. 1888. — R. Hartig, Arbeiten aus dem forstbotanischen Institut München I (Calyptospora Göppertiana). — Schröter, Die Pilze Schlesiens Heft III. — Rostrup, Fortsatte Undersogeler over Snyltesvampes Angreb par Skovtraeerne. Kjøbenhavn 1883. — Dietel, P., Ueber das Vorkommen von zweierlei Dauersporen bei der Gattung Gymnosporangium. Hedwigia 1889, pag. 99. Derselbe, Ueber Rostpilze, deren Teleutosporen kurz nach der Reife keimen. Bot. Centralbl. 1889. Nr. 18, 19, 20.

V. *Micropuccinia:* Nur Teleutosporen, die erst nach längerer Ruhe keimen.

VI. *Leptopuccinia:* Nur Teleutosporen, die sofort oder nach kurzer Ruhe, event. schon auf der Nährpflanze keimen.

P. (Heteropuccinia) graminis PERSOON, der gemeine Getreiderost oder Streifenrost (Fig. 21; 32, 90), gehört zu den heteröcischen Uredineen. Seine Uredo- und Teleutosporenform entwickelt er einerseits auf unsern Kulturgräsern (Roggen, Weizen, Gerste, Hafer), dieselben an Halm und Frucht oft erheblich schädigend, anderseits auf zahlreichen wildwachsenden Gramineen, vor Allem der Quecke *(Triticum repens)*. Aecidien und Spermogonien dagegen werden auf der Berberitze erzeugt.

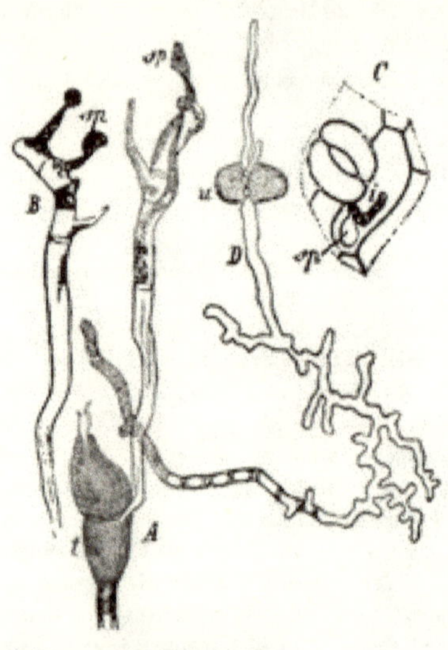

(B. 699.) Fig. 90.

Puccinia graminis PERS. *A* und B Keimung einer Teleutospore *t* mit Bildung eines Promycels *B*, welches bei *sp* Sporidien abschnürt. *C* Keimung eines Sporidiums *sp* auf dem Blatte von Berberis (Stück der abgezogenen Epidermis mit einer Spaltöffnung), *i* das durch die Epidermiszelle eingedrungene Stück des Keimschlauches. *D* Keimung einer Uredospore *u* mit 2 verzweigten Keimschläuchen, von denen der eine ziemlich lang erscheint. (Nach DE BARY aus FRANK's Handbuch).

Der Entwickelungsgang ist folgender: Im Frühjahr treibt die überwinterte Teleutospore ein Promycelium, an welchem auf kurzen Sterigmen Sporidien entstehen (Fig. 90, *AB*). Gelangen dieselben auf junge Blätter der Berberitze, so treiben sie einen Keimschlauch, welcher sich durch eine Epidermiszelle hindurchbohrt (Fig. 90, *c*) und zwischen den Zellen des chlorophyllhaltigen Parenchyms zum Mycel entwickelt, das an einzelnen Stellen besonders reich auftritt. In Folge des hierdurch ausgeübten Reizes nehmen die Palissadenzellen sowohl als die des Schwammparenchyms an solchen Stellen an Zahl und Umfang zu, sodass polsterartige gelbe Anschwellungen (Fig. 21, I *P*) entstehen, in denen dann im Mai und Juni Spermogonien und Aecidien auftreten, Letztere auf der Unterseite der Polster (Fig. 21, I), Erstere auf der Oberseite, wie man auch auf dem Querschnitt durch das Polster (Fig. 21, II) erkennt. Die Aecidien verlängern sich nach Durchbrechung der Epidermis zu cylindrischen oder gestreckt-eiförmigen Körpern und öffnen sich, indem ihre Hüllen am Scheitel sternförmig aufreissen, nunmehr wie kleine verlängerte Becher aussehend (Fig. 21, I). Später bröckelt die Hülle von oben nach unten gehend ringsum ab und die Becher erscheinen jetzt ganz kurz, kaum über das Niveau der Epidermis hervortretend (Fig. 21, II *P*). An den Conidienketten sind »Zwischenzellen« zu sehen (Fig. 21, III *zw*).

Um die Uredoform zu erzeugen, bedarf es der Uebertragung der Aecidiumsporen auf eine der obengenannten Gramineen. Die Aecidiosporen dringen durch die Spalte des Spaltöffnungsapparats ein und bilden im Parenchym Mycelien, welche sehr bald die orangegelben Lager der Uredosporen erzeugen (Fig. 32, *AC*). Letztere sind ellipsoidisch, mit mehreren (meist 4) äquatorial gestellten kreisförmigen Keimsporen und einem warzigen Epispor versehen, von ihrem Träger leicht ablösbar und unmittelbar nach der Reife keimfähig. Sie treiben Keimschläuche (Fig. 90, *D*),

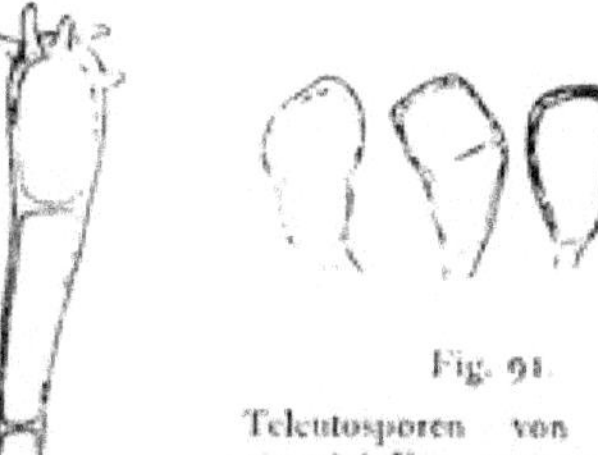

(B. 680.) Fig. 92. Teleutospore von *Puccinia coronata* vom Hafer.

Fig. 91. (B. 700.) Teleutosporen von *Puccinia straminis* FKL. von zweizelliger Gerste; einige einzellig. 200-fach. (Aus FRANK's Handbuch.)

die wenn die Spore auf ein Grasblatt gelangt ist, durch eine Spaltöffnung hindurch wachsen und nun wiederum ein Mycel mit Uredo entwickeln. So kann die Erzeugung von Uredo-Generationen sich noch mehrfach wiederholen, bis endlich in den Uredo-Räschen die Bildung von Teleutosporen beginnt. Sie werden schliesslich immer zahlreicher und verdrängen gegen das Ende des Sommers hin die Uredo schliesslich vollständig. Die Streifen, welche diese Fructification bildet, werden damit immer dunkler braun, zuletzt fast schwarz (Fig. 32, *B*). Die Teleutosporen (Fig. 32, *D*) sind sculpturlos und bleiben auf ihren Trägern den Herbst und Winter über sitzen, erst im Frühjahr wie oben angegeben auskeimend. — Da die Kultur-Gräser, wie gezeigt, von den Accidiosporen der Berberitze inficirt werden, so empfiehlt es sich, die Sträucher der letzteren Pflanze aus der Umgebung der Getreidefelder möglichst zu entfernen.

Pr. (*Heteropuccinia*) *straminis* FUCKEL. Punktrost des Getreides. Bildet seine Spermogonien und Accidien auf Asperifolien (z. B. *Lycopsis arvensis*), Uredo und Teleutosporen, die im Vergleich zu *P. graminis* meist mehr in punktförmigen Häufchen auftreten, auf Getreidearten (Roggen, Weizen) und wildwachsenden Gräsern (namentlich Bromus).

3. *P. coronata* CORDA. Kronenrost. Durch scheitelständige hornartige Auswüchse der Teleutosporenhau ausgezeichnet, die eine Art Krönchen bilden. Uredo und Teleutosporen werden auf *Avena sativa* und manchen wildwachsenden Gramineen, Spermogonien und Accidien auf *Rhamnus*-Arten erzeugt.

Gattung 2. *Uromyces* LINK.

Von Puccinia im Grunde nur dadurch abweichend, dass die Teleutosporen aus einer einzigen Zelle bestehen (Fig. 93), welche nur einen einzigen, scheitelständigen Keimporus besitzt.

Die SCHRÖTER'sche Eintheilung der Arten entspricht der von Puccinia, also:

I. *Euromyces.* Mit Spermogonien, Accidien, Uredo, Teleutosporen.
   a) *Auteuromyces.* Alle Fruchtformen auf derselben Wirthsspecies.
   b) *Heteruromyces.* Spermogonien u. Accidien auf einer, Uredo und Teleutosporen auf einer andern Nährspecies.
II. *Brachyuromyces.* Nur Spermogonien, Uredo und Teleutosporen.
III. *Hemiuromyces.* Uredo und Teleutosporen.
IV. *Uromycopsis.* Spermogonien, Accidien, Teleutosporen auf derselben Pflanze.
V. *Micruromyces.* Nur Teleutosporen, nach einer grösseren Ruhepause keimend.
IV. *Lepturomyces.* Nur Teleutosporen, sofort nach der Reife keimfähig.

1. *Uromyces (Heteruromyces) Pisi* (PERSOON). Erbsenrost. Er entwickelt in *Euphorbia Cyparissias* ein die ganze Pflanze durchwucherndes, übrigens in dem Rhizom ausdauerndes Mycel, welches im Frühjahr Spermogonien und Accidien bildet. Die Accidium-Sporen dringen dann in Erbsen (*Pisum sativum*) sowie auch in *Lathyrus*- und *Vicia*-Arten ein, und ihr Mycel producirt hier Uredo und Teleutosporen.

2. *U. (Heteruromyces) Dactylidis* OTTH. bildet Accidien und Sporen auf *Ranunculus*-Arten, Uredo und Teleutosporen auf *Poa*-Arten und *Dactylis glomerata*. *U. (Heteruromyces) striatus* SCHRÖTER erzeugt seine Accidien und Spermogonien ebenfalls auf *Euphorbia Cyparissias*, seine Teleutosporen auf *Lotus*-, *Medicago*- und *Trifolium*-Arten. *U. (Auteuromyces) appendiculatus* (PERSOON) entwickelt alle seine Fruchtformen auf den cultivirten Bohnen (*Phaseolus vulgaris* und *multiflorus*).

Gattung 3. *Phragmidium* Link.

Teleutosporen aus mehreren (3—20) reihenförmig angeordneten Gliedern bestehend (Fig. 94), die mit Ausnahme des einsporigen Endgliedes 4 Keimporen besitzen und in den Scheidewänden je einen kleinen centralen Tüpfel zeigen. Aecidien nicht in Frucht- sondern Lagerform, mit Zwischenzellbildung der Conidienreihen. Spermogonien ebenfalls in Lagerform entwickelt. Sämmtliche Repräsentanten bewohnen Rosaceen *(Rosa, Rubus, Potentilla, Sanguisorba)*.

(B. 701.) Fig 93.
a Teleutospore von *Uromyces Pisi* (Pers.), *b* von *Uromyces Fabae* (Pers.), *c* von *U. Trifolii* (Hedwig), *d* von *U. appendiculatus* (Pers.), *e* von *U. striatus* Schröt., *f* von *U. Astragali* (Opitz).

Phr. subcorticium (Schrank). Rosen-Rost. cultivirten und wildwachsenden Rosen häufig. Aecidien an den Aesten, Blattstielen und Früchten in ausgedehnten, leuchtend orange farbenen, auf den Blättern in kleineren, rundlichen oder länglichen, hier und da mit Paraphysen versehenen Lagern. Uredohäufchen rundlich, gelbroth. Teleutosporen kleine, schwarze, rundliche Räschen bildend, von Walzenform, aus etwa 6—9 Zellen bestehend, am Ende mit farblosem Spitzchen (Fig. 94), ca. 75—100 µ lang, 25—30 µ dick, mit dunkelbrauner, schwach warziger Membran.

(B. 702.) Fig. 94.
Teleutospore von *Phragmidium subcorticium* (Schrank). Nach Frank.

Gattung 4. *Triphragmium* Link.

Teleutosporen aus 3 in der Mitte zusammenstossenden Zellen gebildet (Fig. 61, IX X), deren jede einen Keimporus zeigt. Zunächst sind diese Sporen einzellig, dann theilen sie sich durch eine Querwand in eine kleinere untere und eine grössere obere Zelle, worauf letztere nochmals eine Theilung und zwar durch Bildung einer Längswand eingeht (Fig. 61, IX).

Tr. Ulmariae (Schumacher). Auf *Ulmaria*-Arten lebend und daselbst Aecidien, Uredo- und Teleutosporen bildend, die ersteren in langen, schwielenartigen, leuchtend orangegelben Polstern.

Das in Fig. 61, IX X abgebildete *Tr. echinatum* Lév. erzeugt nur Teleutosporen.

Gattung 5. *Gymnosporangium* Hedwig.

Die Vertreter dieses Genus sind leicht erkennbar an den an Tremellinen erinnernden, meist relativ mächtigen Gallertmassen (Fig 95, *A*) darstellenden Teleutosporenlagern, welche meist sehr langgestielte, zweizellige Sporen (Fig. 95, *B*) enthalten mit 2—4, sowohl in der oberen als der unteren Zelle an der Querwand liegenden Keimporen. Die Gallert wird geliefert von den verschleimenden Membranschichten des Stieles sowie z. Th. der Teleutosporen, die in einer dickwandigen und in einer dünnwandigen Form vorhanden[1]). Ausserdem kommen noch Accidium- und Spermogonien-Fructification vor.

Die Aecidien sind in der typischen Fruchtform ausgebildet (Fig. 96), aber von der entsprechenden bei *Puccinia* und *Uromyces* durch ihre flaschenförmige oder säulchenförmige Gestalt verschieden, sowie auch darin, dass die Peridie in Längsrissen aufspringt und die Sporenketten von sehr entwickelten Zwischenzellen (Fig. 21, IV *zw*) unterbrochen sind. — Bei allen Species ist Heteröcie zu finden.

G. fuscum (D. C.) Nach Oersted's und Cramer's Beobachtungen und Experi-

---

[1]) Letztere von Kienitz (Bot. Zeit. 1888. p. 389) als Uredo angesprochen.

menten kann es keinem Zweifel unterliegen, dass der Pilz die eine Hälfte seines Entwickelungsganges auf dem Sadebaum (*Juniperus Sabina*), die andere auf Birnbäumen durchmacht. Sein Mycel durchzieht die Zweige des Sadebaums, perennirt in denselben und bewirkt durch seine Wucherung spindelförmige Anschwellungen (Fig. 95), auf welchen im Frühjahr Teleutosporenlager heerdenweise als mächtige Gallertmassen von Säulen-, Spindel- oder Hornform entstehen, aus der Rinde des Wirths hervorbrechend (Fig. 95), 1—4 Centim. Länge, ½ bis 1 Centim. Dicke erreichend und orangegelbe bis rothe Farbe zeigend. Beim Trocknen schrumpfen sie unter Braunfärbung zusammen und fallen schliesslich ab, grubige Narben an den Zweigen zurücklassend. Die Teleutosporen keimen leicht und bilden in der gewöhnlichen Weise auf Promycelien Sporidien (Fig. 95, *c*). Dieselben werden von der Luft hinweggeführt, gelangen auf die Blätter in der Nähe befindlicher Birnbäume, dringen in dieselben ein und entwickeln im Juni und Juli orangerothe, meist rothbraun gerandete, polsterartige Flecke verursachende Mycelien. In diesen Polstern entstehen zunächst Spermogonien, dann Aecidien (Fig. 96), jene der Oberseite, diese der Unterseite des Birnblattes entsprechend. Wenn diese, wahrscheinlich aus je einer Sporidie entstandenen Mycelflecke sehr zahlreich erscheinen, so rauben sie selbstverständlich den Blättern einen grossen Theil der Assimilationsfläche und die Folge ist, dass die Bäume geringen oder gar keinen Ertrag liefern, ja bei öfterer Wiederholung der Krankheit zu Grunde gehen. Es ist daher geboten, die Sadebäume möglichst aus der Nachbarschaft der Birnbäume zu entfernen.

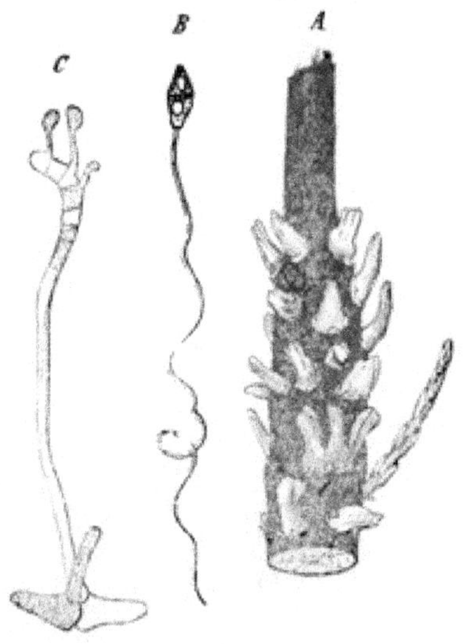

Fig. 95. (B. 703.)

Birnrost (*Gymnosporangium fuscum* D. C.) *A* Zweigstück vom Sadebaum (*Juniperus Sabina*) mit einer verdickten Stelle, an welcher die (hier wenig aufgequollenen) gallertigen Teleutosporenlager in Form von hornartigen Gebilden hervorbrechen. Rechts ein grünes Zweiglein. *B* Teleutospore aus einem solchen Lager mit langem Träger, 200fach. *C* Eine Teleutospore, zu einem Promycel ausgekeimt, das 3 Sporidien zu bilden im Begriff ist; 250fach vergr. (Alles aus FRANK's Lehrbuch).

Fig. 96. (B. 704.)

Hälfte eines Birnblatts von unten gesehen, mit drei Polstern, auf denen die birnförmigen Aecidien des Birnrostes (*Gymnosporangium fuscum* D. C.) sitzen. Wenig vergr. (Aus FRANK's Lehrbuch).

Die Aecidien (früher als *Roestelia cancellata* beschrieben) stellen bauchige, kurzhalsige Fläschchen dar, deren Hülle bei der Reife an der Spitze geschlossen bleibt, an den Seiten aber so aufreisst, dass sie wie ein feines Gitterwerk aussieht (daher Gitterrost der Birnen).

Wahrscheinlich dringen die Aecidium-Conidien in sehr junge Sprosse des Sadebaums ein, doch fehlen noch Untersuchungen hierüber.

(B. 706.) Fig. 97.

Eine Pflanze von *Vaccinium Vitis Idaea*, durch *Calyptospora Goeppertiana* inficirt. *a* Der inficirte Stengel mit Mycel. *b* Die neuen Triebe im Jahre nach der Infection werden unter dem Einflusse des Mycels dicker und nur die Spitze wird nicht deformirt. *c* Jüngster Trieb. *d* Abgestorbener Trieb (nach HARTIG).

Gattung 6. *Calyptospora* J. KÜHN.

Sie ist in erster Linie dadurch gekennzeichnet, dass die Teleutosporen weit ausgebreitete, feste Lager bilden, in den Epidermiszellen der Wirthspflanzen entstehen (Fig. 99) und sich durch Längswände in der Regel in 4 Tochterzellen theilen, deren jede an einem sehr kurzen Promycelium kugelige Sporidien abschnürt (Fig. 99). Die Conidienketten der Aecidien ((Fig. 100) zeigen sehr entwickelte »Zwischenzellen (Fig. 21, IV *zw*).«

C. Göppertiana J. KÜHN, der Preisselbeer-Rost stellt eine häufige heteröcische Uredinee dar, welche ihre Teleutosporen auf der Preisselbeere *(Vaccinium Vitis Idaea)* Aecidien und Spermogonien auf der Weisstanne entwickelt. Die Aecidien (Fig. 100) beschrieb man früher als besonderen Pilz *(Aecidium columnare)*, bis R. HARTIG[1]) ihren genetischen Zusammenhang mit *Calyptospora* durch eingehendere Untersuchung nachwies.

Die von den Parasiten befallenen Exemplare des *Vaccinium* zeichnen sich sofort durch Wuchsform vor den gesunden Pflanzen aus (Fig. 97). Während Letztere nur wenig vom Boden sich erheben, wachsen die vom Pilz besetzten Exemplare gerade empor, zeigen ein ungemein kräftiges Längenwachsthum, entwickeln auch wohl in demselben Jahre noch zweite Triebe. Einzeln oder horstweis ragen die erkrankten Pflanzen über den gesunden Bestand empor, bis zu 0,3 Meter Höhe erreichend. Sie zeigen dabei ein auffallendes Aussehen, indem der grössere Theil des Stengels zu Federspuldicke angeschwollen ist und nur der oberste Theil eines jeden Triebes die normale Stengeldicke behält (Fig. 97). Der verdickte, schwammige Stengeltheil hat anfänglich weisse oder schön rosarothe Farbe, die aber bald in eine braune, später schwarzbraune Farbe sich verändert. Die untersten Blätter jedes Triebes verkümmern, die oberen kommen zur normalen Entwickelung. Inficirt man eine gesunde Preisselbeerpflanze mit den gleich zu erwähnenden Aecidiensporen des Tannen-Säulenrostes, so bleibt der Stengel im ersten Jahre unverändert, obgleich sich das Mycel im Rindengewebe verbreitet. Im nächsten

[1]) Arbeiten aus dem forstbotanischen Institut München, Bd. I u. Lehrbuch der Baumkrankheiten II Aufl. 1889.

Jahre werden aber die neuen Triebe in der vorbeschriebenen Form beeinflusst. Das Pilzmycel wächst in die neuen Triebe, veranlasst durch Fermentausscheidung eine Vergrösserung aller Rindenzellen, kann diese Einwirkung aber nur so lange ausüben, als die Zellen der neuen Triebe noch jung sind. Da nun das Mycel langsam im Triebe aufwärts wächst, erreicht es die Spitze desselben erst zu einer Zeit, in welcher die Zellen der Rinde schon völlig ausgebildet sind und vermag sie nicht mehr zur Vergrösserung anzuregen.

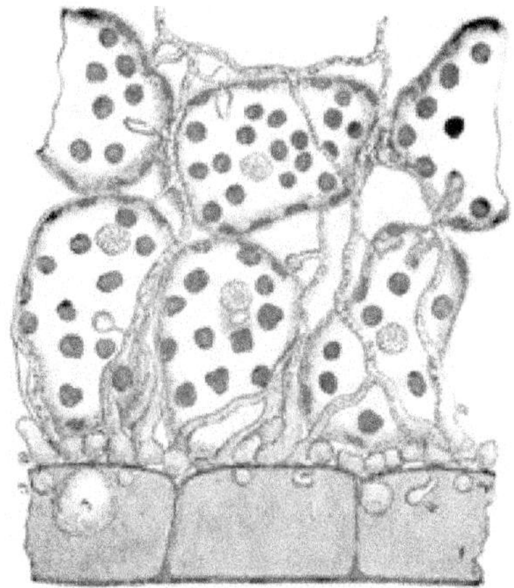

Fig. 98. (H. 706.)
Rindenparenchym und Epidermiszellen aus dem Stengel von *Vaccinium Vitis Idaea*. Das Mycel ist intercellular und legt kurze, an der Spitze anschwellende Aeste an die Aussenwand der Zellen, die durch einen feinen Fortsatz durchbohrt wird, worauf sich im Innern der Zelle eine sackartige Saugwarze entwickelt. Unter den Oberhautzellen erweitern sich die Hyphen keulenförmig *aa*. Saugwarzen *b* und Teleutosporenmutterzellen *c* entwickeln sich in den Epidermiszellen 420fach. (Nach HARTIG).

Das Mycel wächst aber bis zur obersten Knospe empor und kann schon in demselben Jahre deren Austreiben veranlassen. Das intercellular perennirende Mycel entnimmt durch Haustorien die Nahrung aus den Parenchymzellen (Fig 98), wächst sodann gegen die Oberhaut hin, unter den Epidermiszellen keulenförmig sich verdickend (Fig. 98, *aa*).

Auch in die Epidermiszellen sendet es Saugwarzen *b*, die sich durch ihre Gestalt sofort unterscheiden von den in die Epidermiszellen hineinwachsenden jungen Sporenmutterzellen *cc*.

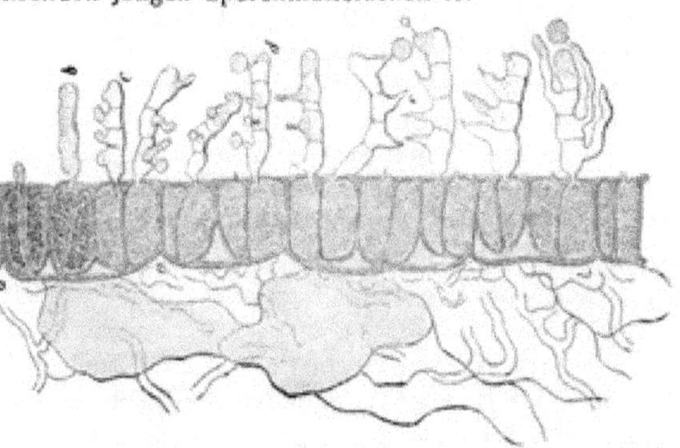

Fig. 99. (H. 707.)
Oberhaut und Rinde des Preisselbeerstengels mit reifen und keimenden Dauersporen der *Calyptospora Goeppertiana*. *a* Die in 4 Dauersporen getheilten Mutterzellen stehen meist zu 6 in einer Epidermiszelle. *b Promycelium* einer keimenden Dauerspore, an dem nach Entstehung von drei Querwänden meist 4 Sporidien auf kleinen Sterigmen *c* sich entwickeln. 420fach. (Nach HARTIG).

In jede Epidermiszelle wachsen etwa 4—8, meist 6 solcher Mutterzellen, welche sich vergrössernd den ganzen Innenraum einnehmen und sich dann in je 4 Teleutosporen theilen, die pallisadenförmig nebeneinander stehen (Fig. 99). Im Mai des nächsten Jahres bei feuchter Witterung keimt jede Teleutospore zu einem Promycel aus (Fig. 99 *b*), an dem auf kurzen Sterigmen die Sporidien sich entwickeln (Fig. 99 *c*). Gelangen diese auf die jungen Nadeln der Weisstanne, so dringt ihr Keimschlauch ein und aus dem Mycel entstehen nach 4 Wochen auf der Unterseite der Nadeln je zwei Reihen von Accidien, die durch eine sehr lange Peridie ausgezeichnet sind (Fig. 100 *ab*). Die Peridien platzen an der Spitze in verschiedener Weise auf und entlassen die Sporen (Fig. 100 *b*). Diese sind dadurch ausgezeichnet, dass die Zwischenzellen, welche die einzelnen Sporen von einander trennen, sehr lang gestreckt sind (Fig. 21, IV *z w*). Gelangen die Aecidiensporen auf die Epidermis einer Pflanze von *Vaccinium Vitis Idaea*, so keimen sie und zwar entweder in einem gleichmässig dick bleibenden, zuweilen sich verästelnden Schlauche, oder mit einem gegen das Ende hin sackartig sich verbreiternden Keimschlauche. Die Infection erfolgt durch eine feine, von dem Sporenkeimschlauche ausgehende Hyphe.

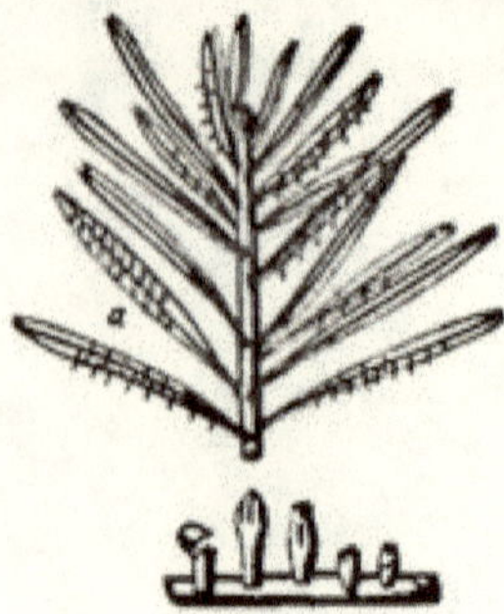

(B. 708.) Fig. 100.

a Weisstannenzweig, dessen Nadeln auf der Unterseite zwei Reihen Aecidien der *Calyptospora Goeppertiana (Aecidium columnare)* entwickeln. *b* die Aecidien vergrössert. (Nach HARTIG).

Die Tannennadeln erhalten sich noch ziemlich lange Zeit völlig grün und fallen erst im Laufe des Sommers ab, doch werden noch im August grüne Nadeln mit den vertrockneten Aecidien gefunden.

Eine bemerkenswerthe Beschädigung tritt nur dann ein, wenn junge Weisstannenwüchse in einem stark erkrankten Preisselbeerbestande stehen und der grössere Theil der Nadeln erkrankt. Die Aecidienform hat einen facultativen Charakter, d. h. sie kann fehlen, ohne die Existenz des Parasiten zu gefährden, dessen Sporidien auch direkt auf den Preisselbeeren zu keimen und diese zu inficiren im Stande sind.

Gattung 7. *Melampsora* CASTAGNE.

Ihre Repräsentanten schädigen als »Rost« gewisse Laubbäume (Weiden, Pappeln, Birke, Hainbuche, *Sorbus*arten, *Prunus Padus)*, unsere Leinarten, manche *Vaccinium-*, *Pirola-*, *Epilobium-*,*Circaea-* und *Galium*-Arten. Von Fruchtformen sind beobachtet: Spermogonien, welche kleine, rundliche, flache Lager bilden, ebenfalls lagerförmige Accidien (früher als *Caeoma* beschrieben), *Uredo*, deren Sporen einzeln an den Trägern abgeschnürt werden und Teleutosporen. Letztere sind dadurch characterisirt, dass sie stiellos, palissadenartig neben einander gestellt, einzellig, seltener durch vertikale oder schiefe Längswände mehrzellig, dabei dicht und lückenlos zusammengefügt erscheinen, geschlossene flache Polster bildend, die Bienenwaben nicht unähnlich sehen und sich makroskopisch als braune oder schwarze Areolen präsentiren. Sie entstehen entweder zwischen Epidermis und Parenchym oder aber in den Epidermiszellen selbst, diese ausfüllend. Ihr Ausreifen erfolgt erst nach dem Blattfall. Bei der Keimung im Frühjahr treibt jede Zelle ein Promycel mit kugeligen Sporidien. Zwischen den kugeligen, eiförmigen oder ellipsoïdischen, mit Stachelsculptur versehenen Uredosporen bemerkt man oft keulige Paraphysen. Diese Fructification ist bei einigen Arten in Form von Früchten bekannt, deren Peridie in Zähnen oder unregelmässig aufspringt. Nach ROSTRUP, NIELSEN und HARTIG sind manche Arten heteröcisch.

M. Tremulae TULASNE. Espenrost. Auf den Blättern und Zweigen von *Populus tremula* rundliche, lockere Uredohäufchen oder Polster und später schwarzbraune Teleutosporenlager erzeugend. Die Sporidien können merkwürdiger Weise, wie ROSTRUP und HARTIG fanden, sowohl in zwei Coniferen (Kiefer und Lärche) als auch in *Mercurialis* eindringen und hier Accidien erzeugen, die früher als *Caeoma pinitorquum*, *C. Laricis* und *C. Mercurialis* beschrieben wurden. Es ist aber sehr wohl möglich, dass auf der Espe zwei verschiedene Melampsoren vorkommen, von denen die eine das Accidium auf *Mercurialis*, die andere das auf den genannten Coniferen hervorbringen.

M. Hartigii ROSTRUP bildet nach R. Uredo und Teleutosporen auf *Salix*-Arten (*S. pruinosa, daphnoides, viminalis* u. A.). Die Sporidien des letzteren sind nun im Stande, sowohl die jungen Triebe der Weiden, als auch die Blätter der Johannisbeeren und Stachelbeeren zu inficiren und hier Accidien zu erzeugen (früher *Caeoma Ribesii* genannt).

M. Capraearum ROSTRUP, die ebenfalls Weiden (*S. Caprea, cinerea, aurita, longifolia, repens, auriculata*) befällt, bildet nach R. Experimenten Accidien auf dem Pfaffenhütchen (*Evonymus europaeus*).

Gattung 8. *Coleosporium* LÉVEILLÉ.

Hauptmerkmal dieses Genus ist, dass die Teleutosporen aus einer Reihe von mehreren Zellen bestehen, deren jede ein ungetheilt bleibendes Promycel, oder wenn man will, ein sehr langes Sterigma entwickelt, an dessen Spitze eine relativ grosse Sporidie abgeschnürt wird. Eine vorherige Ruheperiode ist zur Keimung der Teleutosporen nicht nöthig. Infolge des Umstandes, dass die äusseren Membranschichten vergallerten und zusammenfliessen, erscheinen die Teleutosporen zu einem fest zusammenhängenden Lager vereinigt, das übrigens von der Epidermis bedeckt bleibt und rothe Farbe zeigt. Wo Accidien vorhanden sind, treten dieselben in der typischen, d. h. mit entwickelter Peridie versehenen Form auf. Die Uredosporen werden in Reihen abgeschnürt.

C. Senecionis (PERS.), das Teleutosporen und Uredo auf *Senecio*-Arten entwickelt, bildet wie R. WOLFF zeigte, seine Accidien (früher als *Peridermium Pini* beschrieben) auf der Kiefer.

Gattung 9. *Chrysomyxa* UNGER.

Die Uredosporen werden wie bei Coleosporium in Reihen abgeschnürt. Auch die rothe, krustenartige Lager darstellenden Teleutosporen (Fig. 33, *AB*) bilden Reihen, welche ab und zu verzweigt sind. Bei der Keimung entwickelt sich ein gegliedertes Promycel, das an jedem Gliede eine Sporidie bildet.

Chr. Rhododendri DE BARY erzeugt nach DE BARY Uredo und Teleutosporen auf den Blättern der Alpenrosen (*Rhododendron hirsutum* und *ferrugineum*), Accidien auf den Nadeln der Fichte (*Picea excelsa*). *Chr. Ledi* (ALB. u. SCHW.) bildet nach SCHRÖTER seine Accidien auf demselben Nadelholz, Uredo und Teleutosporen auf *Ledum palustre*.

Gattung 10. *Cronartium* FRIES

Ihre Eigenthümlichkeiten liegen in der Vereinigung der Teleutosporen zu einem säulchenartigen Gebilde und in der Bildung von Uredo in Fruchtform.

Cr. asclepiadeum (WILDENOW) lebt auf *Vincetoxicum officinale* und bildet hier Uredo und Teleutosporen. Nach CORNU soll ein auf *Pinus* vorkommendes Accidium (*Aec. Pini, forma corticola*) zu diesem Pilz gehören. Zu *Cr. Ribicola* DIETRICH, dessen Uredo und Teleutosporen auf *Ribes*-Arten (*R. nigrum, rubrum, aureum* u. A.) man längst kannte, wurde erst neuerdings durch Versuche von KLEBAHN das Accidium ermittelt, das sich auf der Weihmuthskiefer (*Pinus Strobus*) entwickelt und (früher als *Peridermium Strobi* beschrieben) diese Pflanze stark schädigen kann.

Gattung 11. *Endophyllum* LÉVEILLÉ.

Merkwürdig dadurch, dass es keine Teleutosporen erzeugt und bei der Keimung seiner Accidiensporen abweichend von der sonst allgemeinen Regel ein Promycel mit Sporidien bildet.

E. Sempervivi (ALB u. SCHW.) lebt auf dem Hauslauch und anderen *Sempervivum*-Arten und bildet hier ausser den Accidien noch Spermogonien. Das Mycel perennirt in den überwinternden Theilen der Nährpflanze.

Gruppe III. Ustilagineen. Brandpilze.

Sämmtlichen Vertretern ist parasitische Lebensweise eigenthümlich und zwar wählen sie, soweit bekannt, nur Phanerogamen zum Substrat. Ihr Mycel kann die ganze Pflanze durchziehen oder nur auf gewisse Organe resp. Theile derselben beschränkt sein[1]). Es breitet sich besonders im Parenchym aus, meist

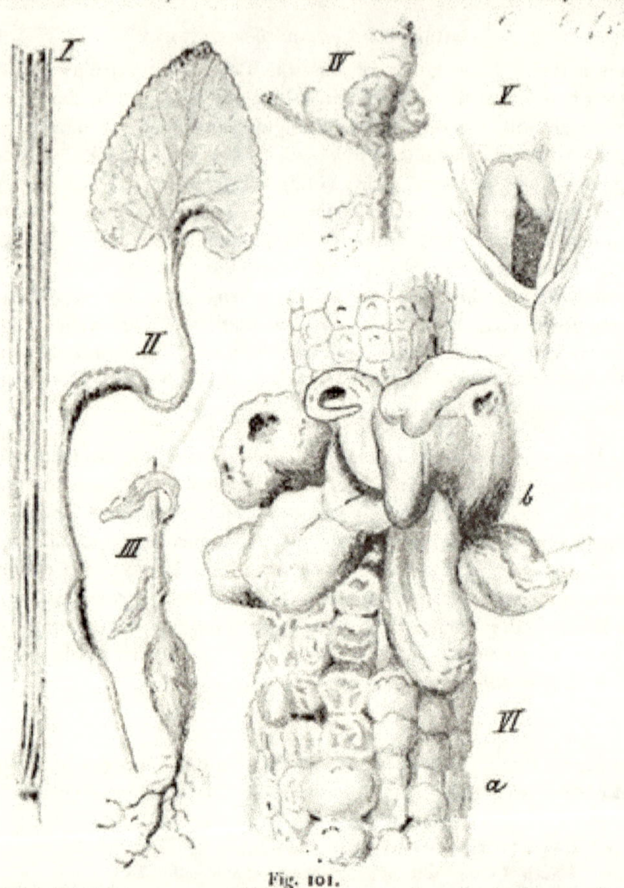

(B 709.) Fig. 101.

Einige Krankheitserscheinungen, verursacht durch verschiedene Brandpilze an verschiedenen Pflanzenorganen. I Stück eines bescheideten Roggenhalmes mit langen, parallelen, subepidermalen Streifen, verursacht durch den Roggenstengelbrand (*Urocystis occulta*). II Blatt von *Viola odorata*, an Stiel und Blattfläche mit grossen, durch *Urocystis Violae* verursachten Beulen. III Wurzel von *Gnaphalium luteo-album*, an der Grenze gegen den Stengel hin durch *Entyloma Magnusii* stark rübenartig hypertrophirt. VI Unterer Stengeltheil von *Helichrysum arenarium* mit einem gallenartigen Auswuchse, der durch *Entyloma Aschersonii* verursacht ist. V Kapsel von *Juncus bufonius*, erfüllt mit der Sporenmasse des *Tolyposporium Junci*. VI Maiskolben mit einigen grossen Auswüchsen *b*, welche durch *Ustilago Maydis* verursacht wurden. I—V nach der Natur, VI nach TULASNE.

intercellular verlaufend und vielfach Haustorien von mehr oder minder characteristischer Form (vergl. pag. 281) in die Zellen hineinsendend. Dagegen ist die Fructification im Allgemeinen auf bestimmte Organe, sei es oberirdische

[1]) Vergleiche das bei *Tuburcinia* Gesagte.

oder unterirdische **lokalisirt**. So bilden Weizenbrand, Haferbrand ihre Sporen in den Früchten resp. Samen, der Roggenstengelbrand *(Urocystis occulta)* fructificirt im Gewebe des Halmes (Fig. 101, I) und der Blätter, der Veilchenbrand *(Urocystis Violae)* in Blattstielen und Blättern (Fig. 101, II), *Ustilago violacea* nur in den Staubbeuteln von Sileneen und Alsineen, *Ust. Cardui. Tragopogonis* und *Scorzonerae* nur in allen Blüthentheilen der betreffenden Pflanzen, KÜHN's *Psipalopsis Irmischiae* ebenfalls nur in allen Blüthenorganen von *Primula*, *Entyloma Aschersonii* und *Magnusi* nur am Wurzelhalse und unteren Stengel von *Helichrysum*, *Gnaphalium*, u. s. w. (Fig. 101, III IV).

Charakteristisch für die meisten Ustilagineen ist der Umstand, dass diejenigen Wirthsorgane oder Theile derselben, wo der Pilz fructificirt, mehr oder minder stark deformirt werden (Fig. 101, II) und im Innern schliesslich, nach völliger Zerstörung des Gewebes, **mit brauner bis schwarzer Sporenmasse erfüllt** erscheinen, die der Volksmund »Brand« genannt hat. Besonders auffällig nach Grösse und Form sind z. B. die Auswüchse, welche *Ustilago Maydis* an Halm und Blüthenständen des **Mais** (Fig. 101, VI), *Entyloma Aschersonii* am unteren Stengel von **Helichrysum** hervorruft (Fig. 101, IV), ebenso die Beulen, welche der Veilchenbrand an Blattstielen und Blattflächen erzeugt (Fig. 101, II). Häufig haben auch solche Wucherungen Verkrümmungen und Verdrehungen der betreffenden Organe zur Folge. Die Fructificationsheerde anderer Arten dagegen treten in ganz anderer, weniger in die Augen springender Form auf, indem sie meist bloss Fleckenbildung (an Blättern und Stengeln) hervorrufen, die oft anderen Blattflecken-bildenden Pilzen deutlich ähnlich sehen. Der Name »**Brand**« passt für solche Formen des Auftretens also eigentlich nicht.

Während man früher glaubte, der Parasitismus dieser Pilze sei ein ganz strenger, hat BREFELD neuerdings gezeigt, dass sich dieselben auch in Nährflüssigkeiten züchten und wenigstens bis zu gewissen Fructificationen (in Conidien) bringen lassen. Dauersporenformen in künstlichen Substraten zu erzeugen ist dagegen, *Tilletia Caries* ausgenommen, bisher nicht geglückt und vielleicht überhaupt nicht möglich.

Im Allgemeinen produciren die Brandpilze **vier verschiedene Fruchtformen**:

1. Die gewöhnlichen, von jeher als charakteristischste Fructification angesehenen **Dauersporenapparate**.
2. **Conidienträger**, welche leichtkeimende, zartwandige Conidien abschnüren (Fig. 102, VII; Fig 105, II, 107, III *a*).
3. »Sporidien« genannte kleine Conidien, welche bei der Keimung der Dauersporen seltener direct, gewöhnlich an sehr kurz bleibenden Keimschläuchen (Promycelien) entstehen (Fig. 102, III; 104, *s*; 107, VIII *bc*, X *a*—*d*) und sich bei gewissen Arten durch **hefeartige Sprossung** (Fig. 102, IV) weiter vermehren.
4. **Gemmen** (Fig. 102, VI *g*).

Es fehlen den **Ustilagineen** also (ebenso wie den **Uredineen** und **Basidiomyceten**) **Sporangienbildungen**[1]) und hierin liegt ihr Hauptunterschied gegenüber den **Schlauchpilzen** (Ascomyceten). Andererseits erreicht die Conidienfructification, da sie nicht bis zur Bildung von eigentlichen **Conidienfrüchten**

[1]) Wie man daher den Sporangien bildenden *Protomyces* mit DE BARY zu den Ustilagineen stellen kann, ist nicht einzusehen.

vorschreitet, nicht die Höhe der Entwickelung, welche die Uredineen aufweisen.

Was zunächst die Dauersporen-Apparate anbetrifft, so kann man einfachere und complicirtere Formen unterscheiden mit verschiedenen Uebergängen zu einander. Im einfachsten Falle werden nackte Dauersporen erzeugt, entweder indem vereinzelte oder wenige benachbarte Zellen des Mycels unter starker Aufschwellung sich abrunden *(Entyloma)*, oder indem ganze End- und Seiten-Aeste, die gerade oder gekrümmt (oft spiralig gewunden) sein können, sich in kurze Zellen gliedern, deren jede zur meist rundlichen (oft durch gegenseitigen Druck eckigen) Spore sich ausbildet *(Ustilago, Tilletia* [Fig. 105, IV] *Schröteria)*. Bei den erstgenannten Beiden quellen die Membranen solcher Zellen vorher vielfach erst gallertartig auf.

Einen Schritt weiter geht die Ausbildung des in Rede stehenden Apparates bei *Urocystis*; hier entsteht er nach WINTER am Ende von Seitensprossen des Mycels in der Weise, dass sich wenige Seitenästchen bilden, die sich an das Ende anschmiegen und dasselbe umwachsen. Hierauf schwillt jenes Ende an, bleibt entweder einfach oder theilt sich später in zwei bis mehrere Zellen, die sich zu Dauersporen umwandeln. Auch die Hüllzweige theilen sich, bilden sich aber nicht zu Dauersporen aus, sondern verlieren ihren Inhalt und bilden die Hülle der Dauersporen, die man früher auch wohl als »Nebensporen« bezeichnete (Fig. 106).

Noch eine Stufe höher stehen nach WORONIN's, F. v. WALDHEIM's und FRANK's Untersuchungen *Tuburcinia, Sorosporium* und *Tolyposporium*, wo im nahezu fertigen Zustande ein relativ grosser Sporencomplex mit allerdings vergänglicher Hülle vorhanden ist. Der oder die Sporen bildenden Zweige, die meist unregelmässige oder spiralige Krümmungen annehmen (Fig. 107, V VI), werden auch hier umwachsen von Aesten, die aus der Umgebung entspringen und eine Hülle bilden (Fig. 107, VI VII *a—d*). Jene Zweige gliedern sich hiernach offenbar reichlich und die so entstehenden Zellen schwellen auf, verwachsen mit einander, bekommen reichen Inhalt und dicke braune Membran und gehen so in den Sporenzustand über (Fig. 107, *d*). Das umhüllende Fadengeflecht wird mehr und mehr undeutlich, um schliesslich so völlig zu verschwinden, dass nur der rundliche Sporencomplex übrig bleibt (Fig. 107, VIII X).

Bei *Doassansia* und *Sphacelotheca* endlich erreicht der Dauersporenapparat offenbar seine höchste Stufe der Ausbildung: bei ersterer Gattung insofern, als hier der Sporencomplex eine derbe, persistirende, allseitig geschlossene Hülle erhält, gebildet aus verdickten und gebräunten, palissadenartig zusammengefügten Zellen, die ihren Inhalt verlieren. Die Entstehungsweise des Ganzen erfolgt nach FISCH in der Weise, dass von mehreren sich kreuzenden Mycelfäden an den Kreuzungspunkten reiche Sprossungen getrieben werden, welche sich zu einem dichten Geflecht verknäueln, dessen peripherische Elemente sich zu der grosszelligen Hülle ausbilden, während die centralen zum Sporencomplex werden.

Der so eigenthümliche, in der Samenknospe von *Polygonum Hydropiper* sich bildende, von DE BARY[1]) näher studirte Dauersporenapparat von *Sphacelotheca* besteht zunächst aus einem gleichförmigen Gewebe dicht verflochtener Hyphen. Später differenzirt sich dieser Körper in eine dicke äussere Wand, einen axilen, säulchenförmigen Theil und ein den Raum zwischen beiden einnehmendes, Sporen

[1]) Morphologie pag. 187.

bildendes Gewebe. Der untere Theil des Ganzen bleibt undifferenzirt und in ihm findet dauernde Neubildung statt, sodass der Körper von unten her wächst. Schliesslich reisst der 2—3 Millim. lang gewordene Behälter an seinem oberen Ende auf und die Sporen werden nunmehr frei. Die erste Entstehung bleibt noch zu erforschen.[1])

Was sodann die Conidien anbetrifft, so entstehen sie meist nur bei guter, natürlicher oder künstlicher Ernährung an wohlentwickelten Mycelien, und zwar auf kürzeren oder längeren, meist einzelligen Trägern (Fig. 102, II; 107, III). Zuerst von SCHRÖTER (für *Entyloma)*, dann von WORONIN (für *Tuburcinia)* von M. WARD (für *Entyloma)* auf den betreffenden Nährpflanzen nachgewiesen, wurden sie später durch BREFELD (für *Tilletia* und *Thecaphora)* auf dem Wege künstlicher Cultur an wohlentwickelten Mycelien in reichster Form erzielt (Fig. 105, II)[2]).

Bei denjenigen Arten, wo sie auf den Nährpflanzen entstehen, bilden die Conidienträger entweder förmliche, die Blätter auf der Unterseite überziehende schimmelartige Lager *(Tuburcinia,* Fig. 107, II) oder sie brechen als Bündel aus den Spaltöffnungen hervor (gewisse *Entyloma)*.

Ihre Conidien weichen entweder in Gestalt und Grösse von den sogleich zu besprechenden Sporidien ab *(Tuburcinia, Entyloma)*, oder sie stimmen mit ihnen nahezu oder ganz überein *(Thecaphora Lathyri, Tilletia Caries)*. Eigenthümlicherweise werden sie bei *Schröteria* in Ketten abgeschnürt (Fig. 102, VIII). Sie keimen je nach dem Grade der Ernährung entweder zu Mycelien aus, oder sie bilden bloss einen Conidienträger, der sofort eine Secundärconidie erzeugt (z. B. *Tuburcinia)*. Infolge ihrer leichten Keimfähigkeit und massenhaften Entstehung bilden die Conidien ein wesentliches Verbreitungs- und Vermehrungsmittel der Ustilagineen.

In dieser Beziehung sind namentlich auch die »Sporidien« bemerkenswerth. Sie entstehen zunächst bei der Keimung der Dauersporen, wenn diese mangelhaft ernährt werden. Es bilden sich dann nämlich entweder nur ganz rudimentäre Mycelien (wie bei den Uredineen Promycelien genannt), an denen die Sporidien zur Abschnürung kommen (Fig. 102, III; 107, X), oder aber die Sporidien werden direct von der Spore abgeschnürt, wie dies bei *Ustilago olivacea* der Fall ist. Die Promycelien bleiben entweder meistens einzellig *(Tilletia, Entyloma)*, oder sie gliedern sich durch Querwände in mehrere Zellen (von denen die unmittelbar benachbarten oder auch entferntere durch henkel- oder schnallenartige Anastomosen mit einander in Verbindung treten können (Fig. 102, I *ab*), wie es bei *Ustilago* und *Tolyposporium* der Fall ist.

Die einzelligen, nur unter gewissen Verhältnissen mehrzellig werdenden Promycelien bilden ihre Sporidien zu zwei oder mehreren, dicht unterhalb der Spitze (in etwa kranzförmiger Anordnung, daher auch »Kranzkörperchen« genannt — *Tilletia* (Fig. 104), *Urocystis* (Fig. 106), *Entyloma, Tuburcinia* (Fig. 107, VIII), die mehrzelligen dagegen schnüren sie seitlich, resp. auch an der Spitze der Endzelle ab *(Ustilago, Tolyposporium* [Fig. 102, III; 107, X). Beiderlei Formen hat schon PREVOST zu Anfang dieses Jahrhunderts beobachtet, J. KÜHN, TULASNE, DE BARY, FISCHER VON WALDHEIM, H. HOFFMANN, WOLFF, SCHRÖTER, BREFELD u. A. haben sie dann für fast alle bekannten Genera und viele Arten nachgewiesen.

---

[1]) Ob die mit noch höher organisirten Fruchtbildungen ausgestattete, von ED. FISCHER näher studirte Gattung *Graphiola* hierher gehört, bleibt vorläufig noch zweifelhaft.

[2]) BREFELD verwandte Mistdecoct.

Die Sporidien von *Ustilago* können, wie bereits FISCHER v. WALDHEIM zeigte (l. c. Tab. XII), in Wasser hefeartige Sprossungen treiben, und neuerdings lehrte BREFELD, dass in Nährflüssigkeiten (Pflaumendecoct, Mistdecoct) diese Sprossverbände bei gewissen Arten stattliche Grösse erlangen und jede Zelle eines solchen Verbandes unter denselben Verhältnissen wiederum mehrere bis viele Generationen von Sprosszellen erzeugt (Fig. 102); und endlich dass in dieser so ausgiebigen Sprosszellbildung ein ausserordentlich wichtiges Mittel zur Vermehrung und Verbreitung der Brandpilze gegeben ist, umsomehr, als sich die Sprosszellchen auch draussen im Freien in dem zum Düngen der Aecker verwandten Mist der Thiere reichlich zu entwickeln scheinen. Eigenthümlich ist es freilich, dass eine so gemeine *Ustilago* wie *U. Hordei*, nach BREFELD keine solchen Sprossformen erzeugt. Es macht übrigens keinen grossen Unterschied, ob man die Sprossverbände, die die Ustilagineen übrigens mit vielen anderen Pilzen theilen (vergl. pag. 7), als »Sprossmycelien« oder als »Sprossconidien« auffassen will. Am schönsten treten die Sprossverbände nach BREFELD bei *Ustilago Carbo, antherarum, Maydis* und *Kühniana* auf. — Das Eindringen der Sprosse in die Nährpflanzen ist noch nicht beobachtet worden.

Die Sporidien von *Thecaphora Lathyri* bilden in Nährflüssigkeit keine Sprosszellen, machen aber bei Luftzutritt zu der flachen Nährschicht nach BREFELD reich verzweigte Mycelien, von denen massenhaft Conidienträger mit sympodialer Verzweigung in die Luft gesandt werden.

Die oben als »Kranzkörperchen« bereits erwähnten Sporidien, wie sie an den Promycelien von *Tilletia*, *Urocystis* und *Tuburcinia* etc. entstehen, zeigen häufig brückenförmige Querverbindungen, sei es am Ende, sei es an anderer Stelle (Fig. 104, *s*; 105, I*a*). Solche Anastomosen findet man bekanntlich auch bei dicht liegenden Conidien, Mycelfäden, Fruchtträgern anderer Pilze häufig vor. Unter ungünstigen Nährbedingungen keimen die Kranzkörperchen zu Mycelfäden aus, unter ungünstigen, wie beim Liegen in blossem Wasser oder feuchter Luft, bilden sie Sekundärsporidien, gewöhnlich nur in der Einzahl (Fig. 105, I*b*). Dergleichen Sporidienbildungen vom Weizenbrand *(Tilletia Caries)* hat BREFELD in guten Nährlösungen zur Entwicklung stattlicher Mycelien gebracht, die an kurzen Trägern sehr reichlich Conidien erzeugten von der Form der Sekundärsporidien (Fig. 105, II). Er erzielte an solchen Mycelien schliesslich sogar Dauersporenbildung, von der selbst die Conidienbildungen ergriffen wurden.

Gemmen hat BREFELD beim Haferbrand *(Ustilago Carbo)* beobachtet. Sie entstehen hier dadurch, dass das Plasma sich an intercalaren oder terminalen Stellen der Mycelfäden ansammmelt, die infolgedessen dicker und stärker lichtbrechend werden, während die benachbarten Zellen ihren Inhalt verlieren (Fig. 102, VI*g*). Verdickung und Bräunung der Membran tritt nicht ein.

Was die Infection der Nährpflanzen anbetrifft, so dringen, wie J. KÜHN und A. WOLFF fanden, die Keime derjenigen Ustilagineen, welche in Gräsern schmarotzen, in Keimpflanzen nur in deren erstes Scheidenblatt ein, was auch BREFELD bestätigte, mit dem Hinzufügen, dass dieses Blatt noch sehr jugendlich sein muss. BREFELD constatirte ferner die wichtige Thatsache, dass auch die Knospen älterer Theile, sowie ganz junge, von der Scheide noch umschlossene Blüthenstände solcher Gräser mit Brandpilzkeimen inficirt werden können, sowohl der Dauersporen-Form, als auch der Sprossconidien-Form. Die Sporidien von *Tuburcinia* dringen nach WORONIN in bodenständige junge Sprosse von *Trientalis*, die Conidien in entwickelte Blätter ein.

Wenn ältere oder jüngere Mycelfäden absterben, so quellen ihre Membranen stark auf und drücken den Inhalt in der Querrichtung zusammen. In diesem Zustande zeigen sie, zumal nach Behandlung mit Aetzkali, Cellulosereaction. Frühere Beobachter sind dadurch mehrfach getäuscht worden, indem sie zu der Annahme gelangten, dass die Wirthsmembranen eine Celluloseschéide um die Brandpilzfäden gebildet hätten.

Bezüglich des Entwicklungsganges sei auf die Beschreibung der einzelnen Vertreter verwiesen.

Die Morphologie und Biologie der Gruppe ist namentlich durch J. Kühn, Tulasne, de Bary, Hoffmann, Fischer, v. Waldheim, Woronin, Brefeld und Schröter gefördert worden.

Was die Physiologie der Ustilagineen anlangt, so giebt Fisch in seiner Untersuchung über *Doassansia* an, dass er verschiedene rein cultivirte »Ustilagineenhefen« wie von *Ustilago violacea* und *Maydis* auf Alcoholgährung mit positivem Resultat untersucht habe; da man jedoch nähere Angaben vermisst, so ist eine Nachprüfung nöthig, zumal da Brefeld fand, dass die Sprossformen der von ihm untersuchten Arten keine Alcoholgährung erregten. Bezüglich der Widerstandsfähigkeit der Dauersporen gegen Austrocknung und ihrer Abtödtung durch Gifte vergleiche man pag. 489 und 493.

Literatur: Prevost, Mémoire sur la cause immediate de la Carie ou Charbon des blés. Montauban 1807. — Tulasne, Mémoire sur les Ustilaginées comparées aux Urédinées. Ann. sc. nat. Sér. 3. t. VII (1847). — Derselbe, Second Mémoire sur les Urédinées et les Ustilaginées. Das. Sér. 4. t. II (1854). — de Bary, Untersuchungen über die Brandpilze und die durch sie verursachten Krankheiten der Pflanzen. Berlin 1853. — J. Kühn, die Krankeiten der Culturgewächse. Berlin 2. Aufl. Berlin 1859. — Fischer von Waldheim, Sur la structure des spores des Ustilaginées. Bull. de la soc. des naturalistes de Moscou 1867. — Derselbe, Beiträge zur Biologie und Entwickelungsgeschichte der Ustilagineen. Pringsh. Jahrb. Bd. 7 (1869). — Derselbe Aperçu systematique des Ustilaginées. Paris 1877. — Derselbe Les Ustilaginées et leurs plantes nourricières. Ann. sc. nat. Sér. 6. t. 4 (1877). — R. Wolff, Beiträge zur Kenntniss der Ustilaginéen (Urocystis occulta). Bot. Zeit. 1873. G. Winter, Einige Notizen über die Familie der Ustilagineen. Flora 1876. — Schröter, Bemerkungen und Beobachtungen über einige Ustilagineen. Cohn's Beiträge z. Biol. II pag. 349. — E. Prillieux, Quelques observations sur la formation et la germination des spores des Urocystis. Ann. sc. nat. Sér. 6. t. 10 (1880). — A. B. Frank, die Krankheiten der Pflanzen. Breslau 1880. pag. 419 ff. — M. Woronin, Beitrag zur Kenntniss der Ustilagineen. Abhandl. d. Senkenb. naturf. Gesellsch. Bd. XII. (1882). — M. Cornu, Contributions à l'étude des Ustilaginées. Bull. soc. bot. de France 1883. u. Ann. sc. nat. Sér. 6. t. 15 (1883). — Ed. Fischer, Beitrag z. Kenntniss der Gattung Graphiola. Bot. Zeit. 1883. — Brefeld, Bot. Unters. üb. Hefepilze. Leipzig 1883. — Fisch, Entwickelungsgeschichte von Doassansia Sagittariae. Ber. d. deutsch. bot. Ges. II (1884). J. Kühn, Paipolopsis Irmischiae, ein neuer Parasit unseres Florengebietes. Irmischia II (1882). Weber, Ueber den Pilz der Wurzelanschwellungen von Juncus bufonius. Bot. Zeit. 1884. — Gobi, Ueber den Tubercularia persicina Ditm. genannten Pilz. Mém. de l'acad. de St. Petersbourg VI. Sér. tom. 32 (1884). — Oertel, G., Beiträge zur Flora der Rost- u. Brandpilze Thüringens. Deutsche botan. Monatsschrift Jahrg. II (1884). — Morini, F. Il carbone delle piante. In »Clinica veterinaria«, rivista di medicina et chirurgica pratica degli animali domestici. An. VII Milano 1884. — Derselbe, Di una nuova Ustilaginea. Mem. dell' Acad. d. scienze d. Ist. di Bologna ser. IV. t. 5. Bologna 1884. — Derselbe, Sulla germinazione delle spore dell' Ustilago Vaillantii Tul. Das. ser. IV. t. 6. Bologna 1886. Derselbe, La Tubercularia persicina Ditm. è un' Ustilaginea? Malpighia I. Messina 1886. — Solms-Laubach, H. Ustilago Treubii Solms. Ann. du jardin botan. de Buitenzorg. vol. VI. 1886. — Ward, M. Structure and Life-History of Entyloma Ranunculi. Transact. of the Royal. Soc. of London Vol. 178, pag. 173—185 (1887). — Brefeld, O., Neue Untersuchungen über die Brandpilze und die Brandkrankheiten. Nachrichten aus d. Klub der Landwirthe zu Berlin 1888.

Der Dauersporenapparat ist hier sehr einfach, denn er besteht im Reifezustande nur aus einzelnen Sporen ohne Hülle. Dieselben entstehen in der Weise, dass sich ganze Complexe von kurzen, dichten Verzweigungen in sehr kurze

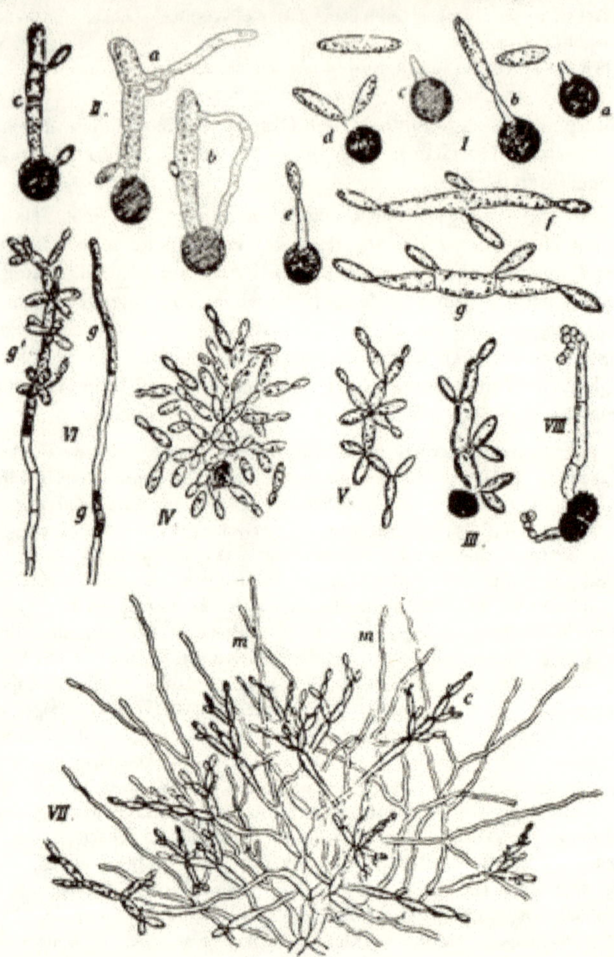

(B. 710.) Fig. 102.

I 900 fach *Ustilago longissima*. *a*—*c* Dauersporen, welche ein nur sehr kurzes Promycel erzeugt haben; *a b c* continuirliche Entwickelungsreihe in Wasser, welche zeigt, dass nach Abwerfen der ersten Sporidie eine zweite entsteht; *f*—*g* Sporidien, welche sich gestreckt und getheilt haben und secundäre Sporidien abschnüren. II 540 fach. *Ustilago Carbo*, Dauersporen in Wasser ausgekeimt. Das Promycel hat bei *a* und *b* Anastomosen und Sporidien, bei *c* nur Sporidien getrieben. III—IV 200 fach. Dauersporen mit ihren Promycelien in Nährlösung, bei IV reiche hefeartige Sprossung der Sporidien. V 350 fach. Eine einzelne dieser Zellen, ihrerseits in Nährlösung hefeartig sprossend. VI 350 fach, rechts ein Faden mit 2 Gemmen *g*, links ein solcher mit endständiger Gemme, welche an verschiedenen Stellen hefeartig sprosst. VII 250 fach. Theil eines Mycels von *Ustilago destruens* mit Conidienträgern, deren Conidien reiche Sprossverbände *c* bilden; *m* Mycelfäden. VIII 200 fach. Zweizellige Spore von *Schröteria Delastrina*, die eine Zelle hat einen längeren, dreizelligen, die andere einen einzelligen Träger getrieben, deren jeder Conidien in Ketten abschnürt. Mit Ausnahme von I und II Alles nach Brefeld.

Zellen gliedern, was in basipetaler Folge zu geschehen scheint, und jede dieser Zellen zu einer Dauerspore wird. Je nachdem die Sporen in mehr oder minder dichter Lagerung sich ausbilden, werden sie polyedrisch oder gerundet. Bei Beginn der Sporenbildung scheinen die Membranen der betreffenden Zellen stark zu vergallerten, und ein Theil dieser Gallerte verwandt zu werden zu der meist in Form von Wärzchen oder Stacheln ausgebildeten Sculptur. Bei der Keimung bilden die Dauersporen kurze, durch Querwände sich gliedernde Promycelien (Fig. 102, II III) an denen seitlich, hie und da auch terminal Conidien (Sporidien) abgeschnürt werden, die in Mistdecoct, Pflaumendecoct und anderen Nährflüssigkeiten, wie BREFELD zeigte, reiche, hefeartige Sprossungen machen (Fig. 102 V). Doch fehlt diese Sprossbildung bei *U. Hordei* nach BREFELD. Bei *U. destruens* erzeugt die Dauerspore nach BR. in Nährlösung ein Mycel, welches *Cladosporium*-artige Conidienstände entwickelt (Fig. 102, II).

U. Carbo DE CANDOLLE. Haferbrand (Fig. 102, II—VI) Er zerstört die Fruchtknoten von Avenaceen. In Wasser gesäet treiben die kugeligen oder eckigen, sculpturlosen Dauersporen ein Promycel, das nur spärlich Sporidien erzeugt, dafür aber um so häufiger schnallenartige Anastomosen zwischen benachbarten oder auch getrennten Zellen aufweist (Fig. 102, II *ab*). In Nährlösungen ist die Sporidienbildung reicher und die Zellchen gehen alsbald zu hefeartiger Sprossung über (Fig. 102, IV). An der Oberfläche der Nährflüssigkeit wachsen die Sprosse zu Fäden aus, welche sich aber nicht weit entwickeln, vielmehr sammelt sich das Plasma am Ende oder an sonstigen Stellen der Fäden an, während die übrigen Zellen sich entleeren. Jene plasmareichen Zellen hat BREFELD als Gemmen bezeichnet (Fig. 102, VI *g*). In Nährflüssigkeit sprossen sie hefeartig aus (Fig. 102, VI *g'*). Dauersporen konnten bisher in künstlichen Culturen nicht erzielt werden.

Früher wurde die im Fruchtknoten der Gerste vorkommende *U. Hordei* BREFELD mit zu *U. Carbo* gezogen, allein wie BREFELD zeigte, besitzt sie keine Sporidienkeimung.

2. *U. Maydis* TULASNE, der Maisbrand, erzeugt an den Halmen und Blättern, aber auch in den Blüthenständen auffallig entwickelte Beulen oder Auswüchse (Fig. 101, VI) die oft bis Faustgrosse erreichen. In Wasser oder noch besser in Nährlösungen bilden die Sporen Promycelien mit reichlich sprossenden Conidien von gestreckt spindeliger Form. Durch Impfung mit diesen konnte BREFELD sowohl ganz junge Pflänzchen, als auch die Vegetationsspitzen älterer Pflanzen inficiren. — Nach den Untersuchungen von RADEMAKER und FISCHER enthält die Sporenmasse des Pilzes ein von ihnen als Ustilagin bezeichnetes Alkaloid (Vergl. pag. 166). Ausserdem fanden sie eine in Nadeln krystallisirende und krystallinische Salze bildende, in Wasser, Alcohol und Aether lösliche Substanz, die nach KOBERT der Ergotinsäure ähnlich ist. Die Thatsache, dass brandiges Maisfutter schädliche Wirkungen auf den Thierkörper ausübt, dürfte wohl mit solchen Stoffen in Zusammenhang stehen.

3. *U. longissima* TULASNE, die *Glyceria*-Arten bewohnt, tritt im Gegensatz zu vorgenannten Species in langen, linienförmigen Streifen auf Blattscheide und Blättern auf, und ihre Dauersporen schnüren bei der Keimung direct oder an nur ganz kurzem, papillenförmigen Promycel gestreckte, spindelige Conidien ab (Fig. 102, I *a*—*g*.)

Gattung 2. *Tilletia* TULASNE.

Der Dauersporenapparat erscheint hier von gleicher Einfachheit wie bei *Ustilago*: die Dauersporen entstehen als kurze Glieder der Mycelfäden, entweder reihenweis (Fig. 105, IV) oder einzeln. Im natürlichen Substrat scheint die Membran der Sporen bildenden Zellen erst gallertig aufzuquellen, was bei künstlicher Züchtung in Nährlösungen nicht der Fall ist. Bei der Keimung der Dauersporen bildet sich ein einzellig bleibendes oder auch mehrzellig werdendes Promycel, das im Gegensatz zu *Ustilago* seine Sporidien immer am Ende, in Form spindeliger bis fadenförmiger, oft paarweise anastomosirender Kranzkörperchen entwickelt. Dieselben können bei ungenügender Ernährung Secundärsporidien treiben.

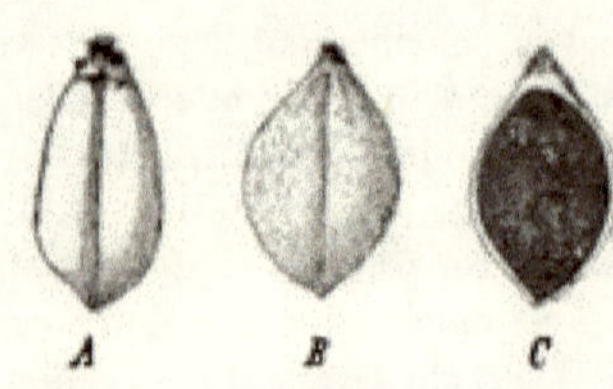

(B. 711.) Fig. 103.

A Gesundes Weizenkorn; *B* Brandkorn des Weizen-Steinbrandes (*Tilletia Caries* TUL.) *C* Dasselbe im Durchschnitt, ganz mit Brandmasse erfüllt. (Aus FRANK's Handbuch).

T. Caries TUL. Steinbrand (Schmierbrand, Stinkbrand) des Weizens. Er bildet seine Sporenmassen in den geschlossen bleibenden Körnern als eine braunschwarze, pulverige Masse aus. Der eigenthümliche Geruch derselben in frischem Zustande rührt von dem Gehalt an Trimethylaminher. Die kugeligen, mit zierlich netzförmiger Sculptur versehenen Sporen keimen in Wasser in der obenangegebenen Weise aus und die Sporidien treiben nach BREFELD in Nährlösung ein reiches Mycel, welches auf kurzen Sterigmen spindelige gekrümmte Conidien erzeugt, von ungefähr derselben Form wie die Secundär-Sporidien (Fig. 105, II). Solche Mycelien sah BREFELD schliesslich ihrer ganzen Ausdehnung nach in bauchige Glieder zerfallen, die sich mit derber Membran umgebend, in Dauerzustand übergingen (Fig. 105, IV), aber nicht die characteristische Sculptur der in der Natur entstehenden Dauersporen erhielten.

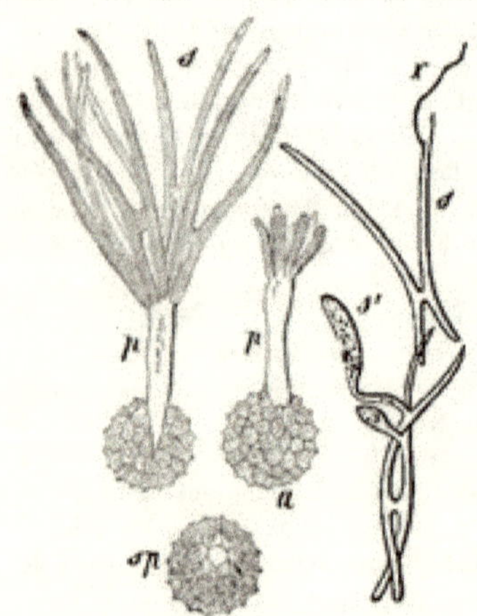

(B. 712.) Fig. 104.

Steinbrand des Weizens (*Tilletia Caries* TUL.) 400fach. *sp* eine Spore mit ihrer Netzsculptur. *pp* keimende Sporen mit Promycelien, welche an dem Ende die paarweis durch Anastomosen verbundenen Kranzkörperchen tragen, die bei *a* noch jung sind, bei *s* ausgebildet. Rechts zwei abgefallene Paare dieser Conidien, bei *x* einen Keimschlauch, bei *s'* an kurzem Träger eine secundäre Conidie treibend. (Aus FRANK's Handbuch).

Genus 3. *Entyloma* DE BARY.

Nur wenige Arten bewirken (an unteren Stengeltheilen oder der Wurzel) knollenförmige Anschwellungen (Fig. 101, III IV), die meisten rufen an den Blättern Bildung von Flecken oder Polstern hervor und aus diesen brechen bei gewissen Arten an der Unterseite Conidien in Bündeln oder Lagern hervor von schimmelartigem Aussehen[1]).

Die Dauersporen entstehen an beliebigen Mycelstellen durch Aufschwellung einzelner oder mehrerer benachbarter Zellen und bilden niemals staubige, dunkle Brandmassen. Bei der Keimung in Wasser entsteht ein Promycel mit Sporidien in Form von Kranzkörperchen wie bei *Tilletia*, welche paarweise anastomosiren können. Bei manchen Arten keimen die Dauersporen schon auf der Nährpflanze aus. Die Sporidien produciren keine hefeartigen Sprosse.

E. bicolor ZOPF. An den Blättern von *Papaver hybridum* nicht selten und hierselbst flache, missfarbige, auf der Oberseite bräunliche, auf der Unterseite weisse Flecken bildend. Das Mycel durchzieht diese Flecke sehr reichlich und bricht schliesslich in bündelförmigen Seitenästen durch die Spaltöffnungen der Unterseite hindurch. Diese Aeste functioniren als Conidienträger und schnüren etwas gekrümmte, cylindrische, am Pole gerundete, an der Basis verschmälerte

[1]) Solche Conidienbildungen sind früher z. Th. unter der Hyphomyceten-Gattung *Fusidium* beschrieben.

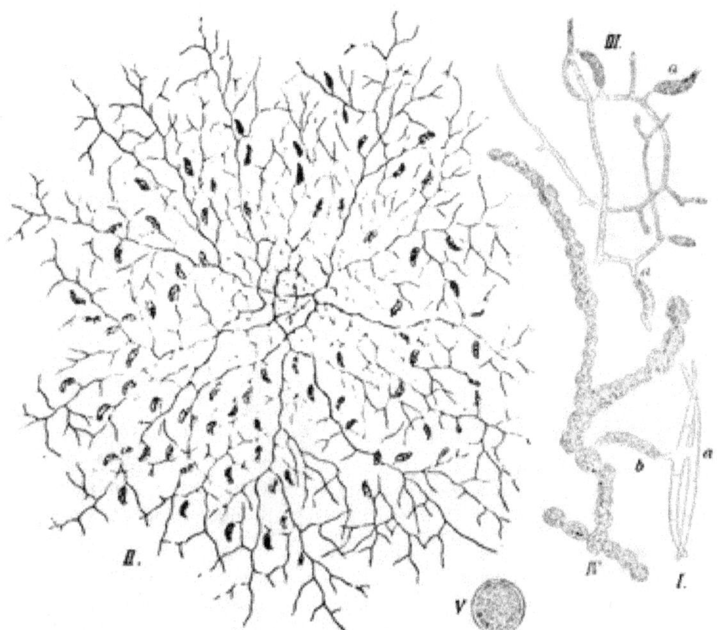

Fig. 105. (B. 713)

Der Stinkbrand des Weizens (*Tilletia Caries*). I Zwei Kranzkörper-förmige, durch eine Anastomose verbundene Sporidien *a*, von denen die eine bei *b* eine Sekundärsporidie getrieben hat. 400fach. II Ein aus einer Sekundärsporidie in Nährlösung erzogenes Mycel, welches reich mit Conidien von der Form der Sekundärsporidie besetzt ist; 100fach. III Stückchen eines solchen Mycels mit Conidien *a*; 350fach. IV Fragment eines solchen Mycels, nachdem es in Dauersporen umgewandelt ist, die nicht die netzförmige Sculptur der in der Natur gebildeten Dauerzellen erlangt haben; 350fach. V Eine isolirte grössere Dauerspore 350fach. Alles nach BREFELD.

Conidien ab. Gleichzeitig bilden sich am Mycel zahlreiche Dauersporen einzeln oder in kurzen Ketten. Sie zeigen eine innere derbe und eine äussere, stark vergallertende Haut und werden bei dichter Lagerung durch gegenseitigen Druck etwas eckig.

Gattung 4. *Urocystis* RABENHORST.

Ihre Repräsentanten bewirken, namentlich an Blättern und Blattstielen, Streifen- (Fig. 101, I), Beulen-, Blasen- oder Schwielenartige Auftreibungen in meistens auffälliger Form (Fig. 101, II), die schliesslich mit dunklen, staubigen Sporen erfüllt erscheinen.

Die Dauersporen, einzeln oder meistens in kleinen Complexen auftretend, sind von einer aus blasigen, leeren Zellen bestehenden Hülle umgeben (Fig. 106). Bei der Keimung treiben sie ein Promycel mit eventuell anastomosirenden Kranzkörperchen, denen Fähigkeit zu hefeartiger Sprossung abgeht.

U. occulta (WALLROTH). Ruft den »Stengelbrand« des Roggens hervor, eine Krankheit, die sich darin äussert, dass an den Blattscheiden, Blättern, Halmen, Blüthenachsen und Spelzen die Sporenmassen in (an Blättern und Halmen) parallelen Längsstreifen entstehen (Fig. 101, I), die anfangs, noch von der Epidermis bedeckt glänzend blaugrau, nach dem Aufbrechen der Letzteren staubig erscheinen. Die zu 1—4 vorhandenen Dauersporen keimen in der oben angegebenen Weise aus (Fig. 106).

Genus 5. *Tuburcinia* (FRIES).

An der Unterseite der Blätter der Nährpflanze werden ausgebreitete Conidienlager erzeugt, während die Dauersporen in schwarzen Flecken auftreten, nicht aber in staubigen Massen. Diese Sporen bilden ziemlich grosse, auf dem Querschnitt pseudoparenchymatisch erscheinende Complexe (Fig. 107, VII*d*, VIII), deren anfängliche Hülle später obliterirt. Jede Zelle des Sporencomplexes kann zu einem Promycel mit Kranzkörperchen auskeimen (Fig. 107, VIII), die spärliche Sprossverbände produciren können.

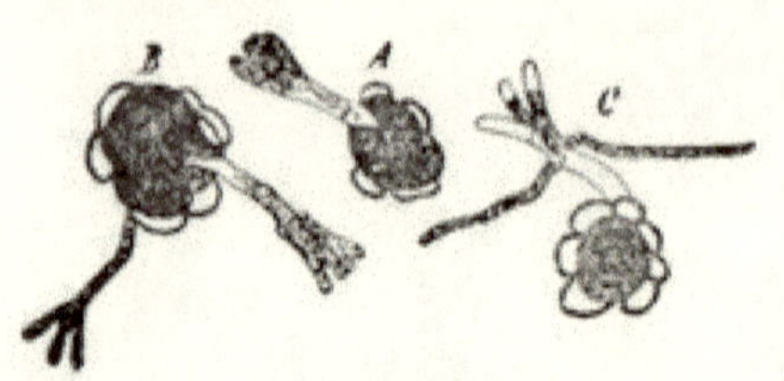

(B. 714.) Fig. 106.
Roggen-Stengelbrand (*Urocystis occulta* RABENH). 300 fach. Drei Sporenapparate, bestehend aus den dunklen inhaltsreichen Dauersporen, die bei *A* zu zwei, bei *B* zu drei vorhanden sind und aus den entleerten peripherischen Hüllzellen (Nebensporen). Die Dauersporen sind ausgekeimt und haben Promycelien mit 3—4 Sporidien in Kranzkörperform getrieben. Bei *C* sind zwei derselben in Begriff, einen Keimschlauch zu treiben. (Aus FRANK's Handbuch.)

T. Trientalis BERK u. BR. Nach WORONIN's Untersuchungen nimmt der Entwickelungsgang folgenden Verlauf. Die Dauersporen treiben im Herbst Promycelien mit Kranzkörperartigen Sporidien (Fig. 107, VIII *bc*, IX*a*), welche Sekundärsporidien entwickeln (Fig. IX*b*). Diese dringen mit ihren Keimschläuchen in die zur Ueberwinterung bestimmten bodenständigen Spross von *Trientalis europaea* und bilden hier ein überwinterndes Mycel. Im nächsten Frühjahr wächst dasselbe in die sich entfaltenden Sprosse hinein, durchwuchert das Parenchym und sendet durch die Stomata- und Epidermiszellen der Blattunterseite zahlreiche Conidienträger von pfriemlicher Gestalt, welche an der Spitze birnförmige Conidien abschnüren (Fig. 107, II III). In Folge der massenhaften Bildung dieser Fructification erscheint die Unterseite der Blätter mit einem weisslichen Ueberzuge versehen. Die Conidien dringen dann ihrerseits in *Trientalis*-Blätter, entwickeln aber nur ganz kleine, auf eng begrenzte Flecken beschränkt bleibende Mycelien, an denen sich statt der Conidien die braunen Dauersporencomplexe entwickeln (Fig. 107, IV). Die Blätter sehen daher an den betreffenden Stellen schwarz gefleckt aus (Fig. 107, I).

Gruppe IV. **Ascomyceten**, Sporangientragende Mycomyceten; Schlauchpilze.

Im Grunde ist es nur ein einziges Moment, was diese grosse Abtheilung in durchgreifender Weise vor den übrigen Mycomycetengruppen auszeichnet, nämlich die Fähigkeit, endogene Sporen zu bilden, also in Sporangien zu fructificiren. In diesem Punkte kommen die Ascomyceten zugleich mit den Phycomyceten überein. Indessen ergiebt ein näherer Vergleich des Phycomyceten- und des Ascomyceten-Sporangiums doch einen beachtenswerthen Unterschied, nämlich betreffs der Sporenbildung. In das Sporangium eines Phycomyceten, z. B. eines *Mucor*, wandert eine Plasmamasse ein, die bereits mit mehreren resp. vielen Kernen versehen ist, um welche sich dann das Plasma zur Sporenbildung ansammelt; das Sporangium der Ascomyceten dagegen enthält zunächst nur einen Kern, aus welchem durch wiederholte Zweitheilung 8, 16, 32, 64, 128 etc. Kerne entstehen, die zum Mittelpunkte der Bildung eben so vieler Sporen werden[1].

[1]) Hierbei kann von der Möglichkeit, dass die Kerne im Phycomyceten-Sporangium sich noch nachträglich durch Zweitheilung vermehren, was übrigens noch nicht erwiesen ist, abgesehen werden.

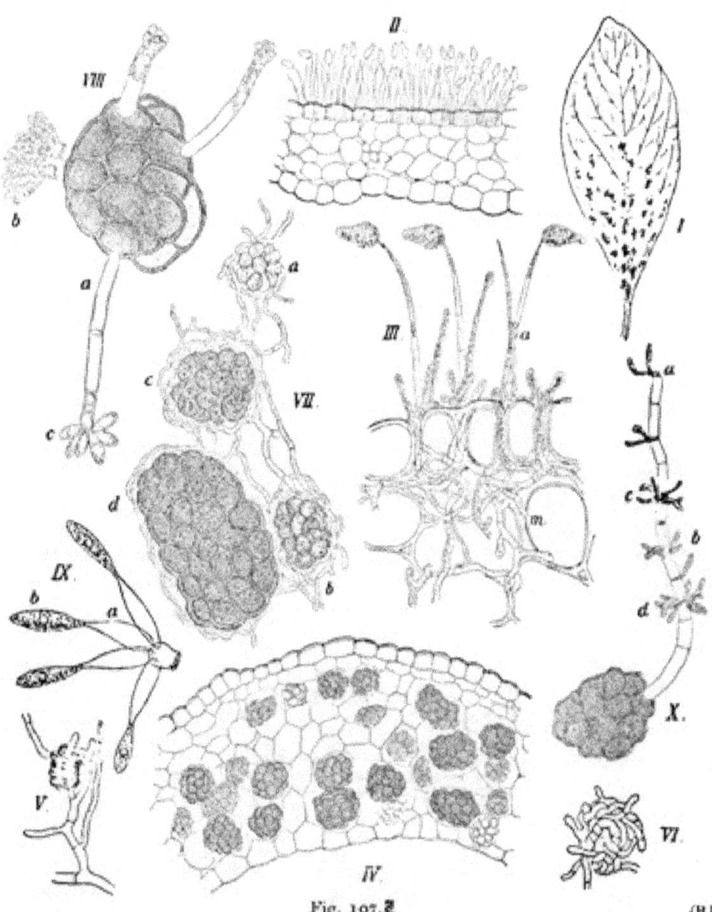

Fig. 107. (B. 715.)

Tuburcinia Trientalis. I Blatt von *Trientalis europaea* mit den im Spätsommer entstehenden Dauersporen-Flecken. II 90 fach. Stückchen eines Blattquerschnitts mit einem Conidienlager. III 320 fach. Ein kleinerer Theil eines solchen Schnittes, *m* Mycel, *a* Conidienträger. IV Theil eines Querschnittes durch den Stengel mit den maulbeerförmigen Dauersporen-Complexen, 90 fach. V Junge Anlage eines Sporenknäuels 520 fach. VI Etwas weiter entwickelte Anlage dieser Art, 320 fach. VII Jüngere *abc* und ein älterer Sporenballen 320 fach. VIII Auskeimung der Zellen eines Sporenknäuels zu Promycelien *a* mit Kranzkörperchen *(bc)* 520 fach. IX Kranzkörperchen, an der Spitze Sekundärconidien treibend, 320 fach. X Sporenknäuel von *Tolyposporium Junci.* Eine Zelle desselben zu einem langen, mehrzelligen, seitlich Sporidien *abc* treibenden Promycel ausgekeimt, 520 fach. Alles nach WORONIN.

In zweiter Linie kommen noch andere Unterschiede hinzu, nämlich die directe oder indirecte Entstehung der Sporangien vieler Ascomyceten aus einem Ascogon, einem Organ, welches man bei Phycomyceten nirgends antrifft, und ferner die eigenthümlichen Einrichtungen, welche die Ejaculation der Sporen bei den meisten Ascomyceten bewirken.

Auf Grund aller dieser Unterschiede war man berechtigt, die Sporangien der Ascomyceten mit einem besonderen Namen zu bezeichnen: man nannte sie Schläuche *(Asci)* und daher die ganze Gruppe Schlauchpilze oder Ascomyceten. Bei den einfachsten Ascomyceten entstehen die Schläuche direct am Mycel, so bei den Saccharomyceten (Hefepilzen) und *Exoascus*-artigen. Ein wenig höher organisirte Vertreter, wie *Gymnoascus*, schieben zwischen Mycel und Asci ein eigenthümlich geformtes einzelliges oder mehrzelliges Gebilde ein, was einerseits vom Mycel entspringt und andererseits, direct oder an Verzweigungen, die Schläuche ausbildet. Man hat es als Schlaucherzeuger (Ascogon) bezeichnet. Noch einen Schritt weiter geht die Ausbildung bei den Perisporiaceen, wo ein neues Moment hinzukommt, nämlich die Bildung einer Hülle um den ganzen Asken-erzeugenden Apparat. Sie entsteht in der Weise, dass dicht unter dem Ascogon oder an benachbarten Myceltheilen Hyphen entspringen, welche den ganzen Apparat umspinnen und sich dicht zu einer Art von Gehäuse, dem Perithecium zusammenschliessen. Auf diese Weise wird die Stufe einer »Ascusfrucht« erreicht. Während es an diesen Früchten bei Perisporiaceen noch nicht zur Ausbildung einer Mündung in der Wandung kommt, ist bei den Sphaeriaceen eine solche vorhanden. Wir finden hier auch die Wandung der Früchtchen auf ihrer Innenseite ausgekleidet mit haarartigen Bildungen (Periphysen) und zwischen die Schläuche schieben sich bei vielen Vertretern ebenfalls haarartige Fadenbildungen (Paraphysen) ein, die wie die Periphysen von dem umhüllenden Gewebe ausgehen, also nicht, wie die Asci, von dem Ascogon. Wegen ihrer geschlossenen Form pflegt man die Schlauchfrüchte der Perisporiaceen und Sphaeriaceen als angiocarpe zu bezeichnen und nennt die allseitig geschlossenen der ersteren Familie cleistocarp, die mit feiner Mündung versehenen der letzteren Familie peronocarp.

Innerhalb der Familie der Scheibenpilze (Discomyceten) treffen wir sowohl angiocarpe als solche Früchte an, die gleich von Anfang offen oder nackt (gymnocarp) sind. Aber auch die angiocarpen erhalten eine sehr weite Mündung, sodass sie becherförmig oder schüsselartig erscheinen. Von den Wandungen der verschiedenen Schlauchfruchtformen können Haar-artige Gebilde in Form von Borsten, Zotten, Haaren, Schüppchen ausgehen. An der Basis der Früchte entspringende, dem Substrat zugewandte Haare werden als Rhizoïden bezeichnet.

Ueber die Zellbildung in den Schläuchen und das Verhalten der Kerne hierbei ist bereits auf pag. 109 und 111 berichtet, betreffs der Einrichtungen zur Ejaculation der Sporen aus den Schläuchen vergleiche man pag. 87—94, bezüglich der Einrichtungen zur Befreiung der Schlauchsporen aus den Behältern nicht ejaculirender Schlauchpilze pag. 94.

Seitens der Ascomyceten werden aber auch Conidienfructificationen erzeugt und zwar in einer Mannigfaltigkeit, die alle übrigen Gruppen der Mycomyceten weit hinter sich lässt. Ganz besonders reichgestaltig erscheinen die einfachen, fädigen (schimmelartigen) Conidienträger, wie schon eine Betrachtung der Figuren 18. 20. 22. 23. 26, II III, 27—29. 52, 61 lehren wird. Aber auch Conidienbündel, Conidienlager und Conidienfrüchte kommen in den mannigfaltigsten Formen vor, deren Charaktere bei den einzelnen Ordnungen, Familien und Gattungen angegeben sind.

Ordnung I. **Gymnoasceen** Nacktschläucher oder Perithecienlose Ascomyceten.

Gegenüber der folgenden Ordnung, den Perisporiaceen, liegt der Hauptcharakter der Gymnoasceen darin, dass von einer gewebeartigen Hülle *(Perithecium)* der Schlauchfructification keine Rede ist. Nur die höchstentwickelten, zu den Perisporiaceen hin vermittelnden Gattungen *Gymnoascus* und *Ctenomyces* besitzen wenigstens Andeutungen eines hüllenartigen Organs, indem ihre Schlauchcomplexe sich mit locker verflochtenen Hyphen von eigenartiger Gestalt umgeben.

Bei gewissen Vertretern (Saccharomyceten, gewissen Exoasci) gehen sämmtliche Mycelzellen direct in Asci über, bei anderen (gewisse andere Exoasci) bleibt wenigstens ein Theil der Mycelelemente steril, bei noch anderen bleibt das Mycel als solches erhalten, und die Schläuche entstehen dann als directe Seitenäste desselben *(Endomyces)* oder als Endzellen von Zweigen eines Ascogons wie es bei den höchstentwickelten Vertretern *(Gymnoascus, Ctenomyces)* der Fall ist. Es kann wohl kaum einem Zweifel unterliegen, dass wir in den Gymnosaceen die einfachsten Ascomyceten vor uns haben. Ob in dieser Einfachheit der Ausdruck einer Rückbildung aus höher entwickelten Ascomycetenformen zu finden ist, dürfte wahrscheinlich sein, lässt sich aber, vorläufig wenigstens, nicht mit Sicherheit entscheiden.

Familie 1. Saccharomycetes. Hefepilze.

Vegetative Zustände. Noch vor wenigen Jahren hegte man allgemein die Ansicht, dass die Hefepilze nur eine einzige Mycelform zu produciren im Stande seien, nämlich das bereits im morphologischen Teile (pag. 7) charakterisirte Sprossmycel (Fig. 3, IV.)

Erst E. Chr. Hansen[1]) hat den Nachweis geführt, dass die Saccharomyceten im Allgemeinen auch noch eine andere Mycelform, nämlich typische gegliederte Mycelien (pag. 5), zu bilden vermögen[2]). Sie finden sich in besonders deutlich ausgeprägter Form bei den Bierhefen, z. B. *Saccharomyces cerevisiae* Hansen (Fig. 114) und namentlich, wie Fig. 135 zeigt, bei *S. Ludwigii* Hansen, wo unter gewissen Culturverhältnissen breite und derbe Querwände entstehen. Durch Hansen wurde diese Mycelbildung sowohl an der Oberfläche von Nährflüssigkeiten, als auch in festen Nährböden beobachtet. Hiernach ist selbstverständlich die in allen Büchern sich findende Auffassung, die Hefepilze seien »einzellige« Gewächse, als irrthümlich zu verwerfen.

Die Saccharomyceten haben demnach die Bildung von typischen und gegliederten Mycelien einer- und Sprossmycelien andererseits mit vielen anderen Mycomyceten gemein; so z. B. mit den Exoascusartigen; mit gewissen Pyrenomyceten wie *Fumago salicina*; mit gewissen Basidiomyceten, wie *Exobasidium Vaccinii*; mit vielen Brandpilzen; mit manchen Hyphomyceten, wie *Monilia candida* Hansen etc.

Diese Einsicht hat auch insofern einen Werth, als sie den Hefepilzen, die Manche, wie Brefeld, den Phycomyceten, speciell den Mucoraceen zutheilen wollten, ihren Platz sicher bei den Mycomyceten anweist.

Dass man die Form des typischen Mycels bei den Saccharomyceten früher übersah, lag an der Unbekanntschaft mit der erst von Hansen (l. c.) erwiesenen Thatsache, dass diese Pilze bei gewisser Cultur in grösseren Mengen von zuckerhaltigen Nährflüssigkeiten, speciell Bierwürze, an der Oberfläche eine sogenannte Kahmhaut bilden, welche aus der in Rede stehenden Mycelform zu bestehen pflegt.

---

[1]) Recherches sur la morphologie et la physiologie des ferments alcooliques. VI. Les voiles chez les Saccharomyces. Résumé du compt. rend. des travaux du laborat. de Carlsberg Vol. II. pag. 106. (1886).

[2]) Diese Mycelien können leicht mit Mycoderma-Zuständen verwechselt werden.

Die Formation der Kahmhaut pflegt sich nach HANSEN (l. c.) folgendermaassen zu vollziehen: Hält man Culturen eines *Saccharomyces* in Bierwürze kürzere oder längere Zeit bei Zimmertemperatur, und trägt man zugleich Sorge, dass sie keinerlei Störung durch Erschütterung erleiden, so erscheinen allmählich sowohl am oberen Rande der Flüssigkeit als an der Oberfläche derselben kleine Hefeflecke in Gestalt von linienförmigen, netzförmigen oder sonstigen Gruppen. In dem Maasse, als sie sich entwickeln, werden sie zu ziemlich grossen Inseln, deren obere, der Luft zugekehrte Fläche etwa plan, deren untere dagegen halbkugelig oder kegelförmig erscheint. Im weiteren Verlaufe der Entwickelung können sich diese Flecke vereinigen und schliesslich die ganze Oberfläche mit einem continuirlichen Schleier (Kahmhaut) bedecken, während häufig dicht unterhalb des oberen Randes der Flüssigkeit ein continuirlicher Hefering entsteht. Die ursprünglichen kleinen Hefeflecke gehen offenbar aus je einer, resp. aus 2 bis mehreren, einen kleinen Sprossverband bildenden Zellen hervor, nachdem dieselben durch den Kohlensäure-Auftrieb an die Oberfläche befördert waren. Indessen findet begreiflicherweise die eigentliche Kahmhautbildung immer erst am Schlusse der Hauptgährung statt, wenn die dieselbe begleitende Schaumbildung aufgehört hat. Mitunter geht die Kahmbildung mehr vom Rande, mitunter mehr vom Centrum aus, um sich von hier aus nach den verschiedensten Richtungen weiter zu verbreiten.

Wenn die *Saccharomyces*-Culturen mehrere Wochen lang in völliger Ruhe gestanden haben, erscheint die Oberfläche der Flüssigkeit mehr oder minder vollständig mit einer dicken Haut bedeckt und am Rande umgeben von einem dicken Hefering. Beide tragen entweder mehr schleimigen Charakter, oder die Haut zeigt ausnahmsweise trockene Beschaffenheit, in dieser Beziehung an die Kahmhäute von *Mycoderma cerevisiae* erinnernd. Beim Schütteln alter Culturen lösen sich Hautfragmente ab und fallen zu Boden. Die Risse in der Haut werden dann durch neue Hautbildung wieder ausgebessert. Manche Species, wie *S. Hansenii* ZOPF bilden übrigens unter den angegebenen Bedingungen nur eine sehr schwache Kahmhaut.

Im Allgemeinen tragen die Zellen der die Kahmhaut constituirenden Mycelien mehr oder minder stark ausgeprägte, oft sogar höchst auffällige Streckung zur Schau (was ein Blick auf die Figuren 113, 118, 122, 130 lehren wird). Hierdurch treten sie zugleich in einen gewissen Gegensatz zu den Zellen der Sprossmycelien, welche mehr kurze, gerundete Formen aufweisen: Verhältnisse, welche man auch bei so manchen anderen, Sprossmycelien bildenden Mycomyceten antrifft.

Bezüglich ihres Baues stimmen die Saccharomyceten-Zellen natürlich mit den Zellen anderer Mycomyceten im Wesentlichen überein. Im Inhalt bemerkt man einen Kern (vergl. pag. 107), ein oder mehrere Vacuolen, die am grössten sind in solchen Zellen, welche schon mehrfach gesprosst haben und den jüngsten Zellen selbstverständlich ganz fehlen, je nach dem Alter kleinere oder grössere Fetttröpfchen (durch die Braunfärbung mit Osmiumsäure als solche zu erkennen), die bei den nicht Alkoholgährung erregenden Formen relativ gross werden können (so bei *S. Hansenii* ZOPF) und endlich kleine Körnchen von anscheinend eiweissartiger Natur.

Fructification. Bei der Fructification erzeugt, wie zuerst DE SEYNES (1868) dann REESS (1860) darlegten, jede Zelle in ihrem Innern 1—10, gewöhnlich nur 1—4 oder selbst nur 1—2 Sporen (Fig. 108). Die Form der letzteren erscheint bei

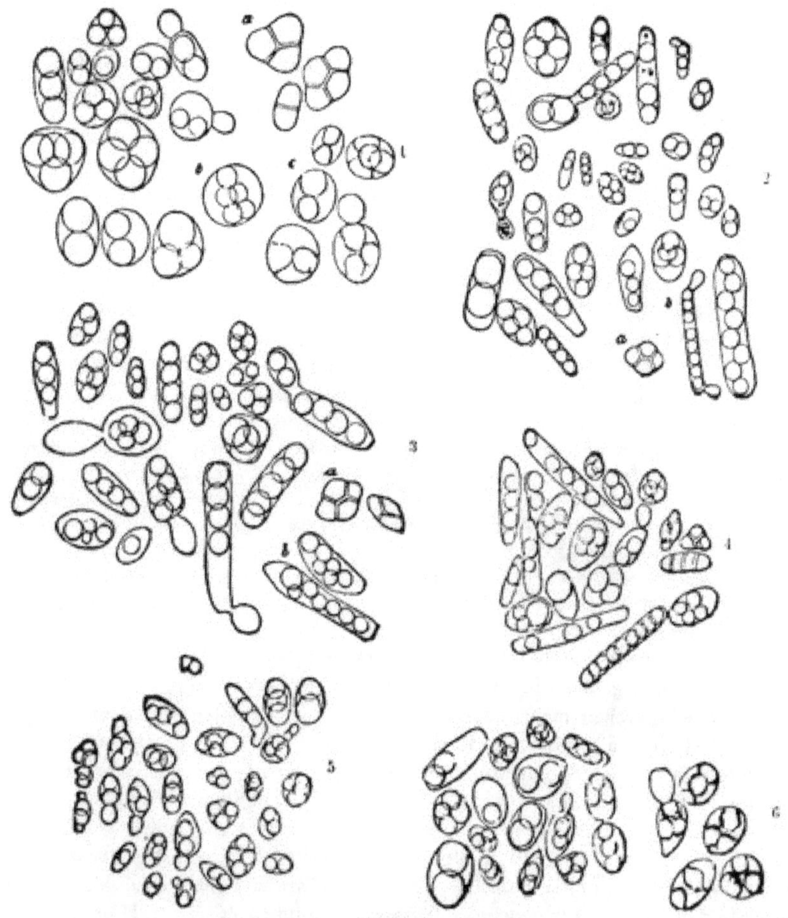

Fig. 108. (B. 716.)

Zellen verschiedener *Saccharomyces*-Arten mit endogenen Sporen. 1000fach, nach HANSEN. 1 *S. cerevisiae* I HANSEN. 2 *S. Pastorianus* I HANSEN. 3 *S. Pastorianus* II HANS. 4 *S. Pastorianus* III HANS. 5 *S. ellipsoideus* I HANS. 6 *S. ellipsoideus* II. *a* Zellen mit Scheidewänden, *b* Zellen mit aussergewöhnlicher Sporenzahl, *c* Zellen mit Sporenanlagen.

den Vertretern der Gattung *Saccharomyces* kugelig oder ellipsoïdisch, seltener nierenförmig, während *Monospora* nadelförmige Sporen besitzt.

Bezüglich der Entstehungsweise der Sporen hat zuerst REESS ermittelt, dass dieselbe im Wesentlichen nach demselben Modus erfolgt, wie die Sporenbildung in den Sporangien (Asci) der Ascomyceten.

Zu eben demselben Resultat gelangte mit Bezug auf eine Weinhefe DE BARY[1]): »Die jungen Sporen erscheinen simultan, zu einer Gruppe vereinigt als zartumschriebene, runde, homogene, protoplasmatische Körper innerhalb des Protoplasma der Mutterzelle; insbesondere bleibt in dieser die wandständige Protoplasmaschicht zunächst ringsum vollständig erhalten. Die Sporen bilden eine, wenn auch zart bleibende Membran und nehmen unter mehr oder weniger vollständigem Schwinden des Protoplasmas an Volumen zu. Mit Vollendung ihres Wachsthums

[1]) Morphologie pag. 290.

füllen sie den Innenraum ihrer Mutterzelle miteinander höchstens eben vollständig, gewöhnlich nur unvollständig aus; im Falle der Vierzahl, je nach der Gestalt der Mutterzelle tetraedrisch, kugelquadrantisch oder in eine Reihe geordnet. Sie sind hiermit in den Reifezustand getreten.« Hieraus folgt, dass wir es mit einer freien Zellbildung mit Periplasmabildung zu thun haben. (Vergl. das Kapitel »Zellbildung« pag. 110).

Abweichend von dieser Darstellung ist die ZALEWSKI's[1]), der ebenfalls eine Weinhefe untersuchte.

Ueber die bei der Sporenbildung wirksamen Factoren hat HANSEN[2]) Studien gemacht. Er fand, dass als wichtigste folgende anzusprechen sind: 1. Reichlicher Zutritt von Luft. 2. Eine ziemlich hohe Temperatur (für die von ihm besonders untersuchten 6 Arten liegt das Optimum in der Nähe von 25° C.) 3. Verwendung von jungen, lebenskräftigsten Zellen. (Nur wenige gehen eine ausgiebige Sporenbildung ein, wenn sie sich in zuckerhaltigen Nährlösungen befinden, z. B. *S. membranaefaciens* und *S. Ludwigii*).

Zur leichten und sichern Erzielung der Sporenfructification schlägt man nach HANSEN folgenden Weg ein: Junge, lebenskräftige Zellen einer Reincultur werden zunächst in Bierwürze kurze Zeit bei Zimmertemperatur cultivirt und darauf eine kleine Quantität von der gewonnenen jungen Hefenmasse ebenfalls in Bierwürze 24 Stunden lang bei 26—27° C. gezüchtet. Die so erhaltenen Zellen säet man nun auf sterilisirte Gipsblöckchen[3]), die soweit mit Wasser getränkt wurden, dass ihre Oberfläche schwach glänzt, worauf man das Ganze in einem Wärmekasten bei passender Temperatur hält.

Man kann die Sporenbildung aber auch in der Weise leicht und bequem erhalten, dass man die Zellen auf sterilisirte reine Gelatine, die man zuvor auf Objektträger gegossen, oberflächlich ausstreicht und dann das Ganze in der feuchten Kammer hält. Auch in ab und zu durchlüftetem Hefewasser konnte HANSEN die Sporenbildung erzielen.

Die Keimung der Sporen erfolgt, wie zuerst REESS zeigte, in der Weise, dass diese Körperchen mehr oder minder stark aufschwellen und dann wie gewöhnliche vegetative Sprosszellen zu sprossen anfangen. Wenn jenes Aufschwellen stattfindet, bevor die Sporen frei geworden sind, so drängen sich dieselben oft derartig, dass sie sich gegenseitig abplatten und so dicht an die Wand der Mutterzelle anschmiegen, dass ihr Membran von der letzteren sich mehr abhebt und der ganze Behälter das Bild einer septirten Zelle darbietet (Fig. 108 *a*). Bei diesem Vorgange werden natürlich etwa noch vorhandene Reste des bei der Sporenbildung nicht verbrauchten Plasmas zusammengedrängt. Hier und da scheinen übrigens die dicht zusammengeschmiegten Wände aufgeschwollener Sporen förmlich mit einander zu verwachsen.[4])

Biologie. Mit Ausnahme der gewöhnlichen Culturhefen (Ober- und Unterhefe des Bieres), die in der Natur noch nicht mit Sicherheit aufgefunden worden und wahrscheinlich durch die Jahrhunderte lange Cultur aus wilden Hefen entstanden sind, kommen sämmtliche Saccharomyceten wild vor und zwar als Sa-

---

[1]) Ueber Sporenbildung in Hefenzellen. Ref. in Bot. Centralbl. Bd. 25. (Nr. 1886).

[2]) Recherches sur la morphologie et la physiologie des ferments alcooliques. II. Les ascospores chez le genre Saccharomyces. Rés. du Compt. rend. des travaux du laborat. de Carlsberg. Vol. II. Livr. 2. pag. 30.

[3]) Zuerst von ENGEL (Les ferments alcooliques 1872) angewandt. Man formt sich diese aus Verbandgyps, bringt sie in ein Schälchen, auf dessen Boden man etwas Wasser giebt und überdeckt nach dem Aufstreichen der Sporen das Ganze mit einem andern Glasschälchen oder einer Glasplatte.

[4]) Vergl. HANSEN, Vorläufige Mittheilung über Gährungspilze. Bot. Centralbl. 1885. Bd. 21. No. 6.

prophyten. Man findet sie vorzugsweise auf den verschiedensten pflanzlichen Theilen, woselbst sie gut gedeihen, wenn sie Zucker vorfinden, was namentlich auf Wunden von süssen Früchten (Birnen, Weinbeeren, Kirschen etc.), süssen Wurzeln (Rüben, Mohrrüben), ferner in dem so zuckerreichen Sekret der Blattläuse und Coccinen auf Laubblättern draussen im Freien, wie in Gewächshäusern, sodann in den Schleimflüssen lebender Bäume (besonders der Eichen) und endlich in den Nectarien der Blüthen der Fall ist.

Dass sich im Most und in allerlei sonstigen, künstlich hergestellten Fruchtsäften, in Compots, auf saurer Milch, in Aufgüssen von Wurzeln und sonstigen Pflanzentheilen von der Luft aus dahin gelangte Hefezellen ansiedeln und mehr oder minder reichlich vermehren können, ist allbekannt.

Befähigung zu parasitischen Angriffen besitzt unter den zur Zeit bekannten Saccharomyceten nur eine einzige Art und zwar *Monospora cuspidata*, welche, wie METSCHNIKOW's exacte Beobachtungen und Versuche gelehrt haben, den Daphnien gefährlich werden kann.

Ob *Saccharomyces Capillitii* OUDEMANS[1]) und PEKELHARING, der wie schon BIZZOZERO[2]) beobachtete, sich regelmässig in den Schuppen der menschlichen Kopfhaut vorfindet und von den oben genannten Autoren als Ursache der *Pityriasis capitis* bezeichnet wird, übrigens auf die Haut von Kaninchen verimpft eine besondere Affection hervorrief, als ein wirklicher Saccharomycet anzusprechen sei, ward noch nicht festgestellt. Die von L. PFEIFFER[3]) in der Kälberlymphe gefundene hefeartige Sprossform besitzt nach ihm nicht Saccharomyceten-Charakter.

Die verschiedenen Bierhefen rufen in Bierwürze verschiedene Gährungsphänomene hervor, welche Seitens der Praktiker von jeher als Ober- und Untergährung unterschieden werden. Die Obergährung geht bei höherer Temperatur (ca. 13—18° C.) vor sich und kennzeichnet sich durch ihren stürmischen Verlauf sowie durch ihre Ansammlung der Hefe an der Oberfläche (Oberhefe). Die Untergährung dagegen erfolgt bei niederen Wärmegraden (ca. 5—10° C.) und die gebildete Hefe sammelt sich am Boden des Gefässes an (Unterhefe). Früher glaubte man durch Anpassung an verschiedene Temperaturen Oberhefe in Unterhefe und umgekehrt umbilden zu können, allein da diesbezügliche Versuche nicht mit Reinhefe angestellt wurden, so sind sie unzuverlässig. Exactere Versuche HANSEN's mit Reinmaterial von Unterhefe ergaben, dass sich wohl vorübergehende Obergährungsphänomene erzielen lassen, nicht aber eine dauernde Umbildung in Oberhefe.

Wie von so manchen höheren Culturgewächsen, so kennt man auch von den in Cultur befindlichen Arten, welche die Praxis unter den Namen »Bierhefen« zusammenfasst, die wilden Stammformen nicht, möglich sogar, dass diese überhaupt nicht mehr existiren.

Physiologie. Den meisten bisher bekannt gewordenen Saccharomyceten wohnt die Fähigkeit inne, den Process der Alkoholgährung, den wir bereits im allgemeinen physiologischen Theile näher betrachteten, zu erregen, und zwar hat HANSEN nachgewiesen, dass dies der Fall ist bei folgenden 9 von ihm rein gezüchteten Species: *S. cerevisiae* I, *S. Pastorianus* I, *S. Pastorianus* II, *S. Pastorianus* III, *S. ellipsoideus* I, *S. ellipsoideus* II, *S. Marxianus*, *S. exiguus*, *S. Ludwigii*. Einige derselben besitzen dieses Vermögen sogar in so weitgehendem Grade, dass sie zur Alkoholproduktion im Grossen verwandt, also industriell von der grössten Bedeutung werden, und zwar sind dies bekanntlich die Arten, die man in der Praxis als »Bierhefen« und »Weinhefen« zu bezeichnen pflegt.

---

[1]) Arch. Néerlandaises, t. 20. 1886.

[2]) Ueber die Microphyten der normalen Oberhaut des Menschen. VIRCHOW's Archiv Bd. 98 (1884), pag. 451.

[3]) Sprosspilze in der Kälberlymphe. Correspondenzblatt des allgem. ärztl. Vereins von Thüringen. 1885. No. 3.

Uebrigens besitzt auch *S. Ludwigii* HANSEN weitgehendes Alkoholgährungs-Vermögen.

Manche Repräsentanten dagegen, wie S. *Marxianus* und *S. exiguus* bilden in Bierwürze nur wenig Alkohol, weil sie Maltose nicht vergähren. Sie können daher in der Praxis keine Verwendung finden.

Noch anderen Arten geht die Fähigkeit, genannte Gährung zu erregen, sogar gänzlich ab, was nach HANSENS Untersuchung für *S. membranaefaciens* HANSEN, nach meiner für *S. Hansenii* gilt. Ob METSCHNIKOW's *Monospora* etwa auch hierher gehört, bleibt noch zu ermitteln.

Die bis heute bekannten *Saccharomyces*-Arten sind im Allgemeinen im Stande, alle Zuckerarten (und Mannit) zu vergähren, mit Ausnahme des Milchzuckers und des Malzzuckers, welche beiden sie nicht invertiren können, während sie für Rohrzucker *(Saccharose)* Invertirungsvermögen besitzen. Aechte Saccharomyceten, welche Rohrzucker direct zu vergähren vermöchten, waren bisher unbekannt. (Man vergleiche den Abschnitt »Fermente« pag. 177).

Wie bereits im allgemeinen physiologischen Theile (pag. 190) hervorgehoben wurde, bestehen die Producte der Alkoholgährung nicht bloss in Alkohol und Kohlensäure, sondern ein Teil des Zuckers (etwa 5—6 %) wird in der Weise zerlegt, dass Bernsteinsäure, Glycerin, Essigsäure, verschiedene Alkohole (Propylalkohol, Isobutylalkohol, Amylalkohol etc.), Aether u. s. w. entstehen, als sogenannte Nebenprodukte. Dass diese Letzteren bei den verschiedenen Saccharomyceten verschieden ausfallen werden, ist a priori zu erwarten und für einige Arten, die im Gegensatz zu früheren Untersuchungen in völliger Reinheit zur Verwendung kamen, von BORGMANN[1]) und AMTHOR[2]) bereits besonders nachgewiesen worden, speciell mit Bezug auf Glycerin.

Die Alcoholgährung erregenden Saccharomyceten vermögen in sonst guten, aber zuckerfreien Nährlösungen, wenn ihnen Sauerstoff gänzlich mangelt, nicht fortzukommen. Dagegen wachsen sie in allen sauerstofffreien Nährflüssigkeiten, wenn dieselben Zucker enthalten[3]), und zwar ist die Vermehrung eine deutliche, wenn Peptone in ausreichender Menge die stickstoffhaltige Nahrung liefern; sie hört bei schlechterer Stickstoffnahrung früher oder später auf. Die Zunahme ist noch ziemlich reichlich in 0·5—0·75 % Lösung von LIEBIG'schem Fleischextract, wenig reichlich in zuckerhaltigem Harn und in zuckerhaltigen Lösungen von Ammoniaksalzen.[4])

Pigmentbildung scheint bei den Saccharomyceten eine seltene Erscheinung zu sein, da sie meines Wissens nur erst für eine einzige ächte *Saccharomyces*-Art constatirt wurde und zwar von Seiten E. CHR. HANSEN's[5]), der diese erhielt, als er Bierwürze unter Obstbäume stellte. Die betreffende Art producirt ein rothes Pigment. Was die Mediciner sonst als »Rosa-Hefen« bezeichnen, sind keine ächten Saccharomyceten, wenigstens wurde bisher keine Ascosporenbildung für sie nachgewiesen.

---

[1]) Zur chemischen Charakteristik durch Reinculturen erzeugter Biere. FRESEN. Zeitschr. f. analyt. Chemie Bd. 25 (1886) pag. 532—555.

[2]) Studien über reine Hefen. Zeitschr. f. physiol. Chemie. Bd. 12.

[3]) Vergleiche das Kapitel »Gährung« im allgemeinen physiologischen Theile, pag. 191.

[4]) NÄGELI, Theorie der Gährung.

[5]) Contributions à la connaissance des organismes qui peuvent se trouver dans la bière et le moût de bière et y vivre. — Saccharomyces colorés en rouge et cellules rouges ressemblent à des Saccharomyces. Rés. von MEDDEL. fra Carlsb. Laborat. 1879. Heft 2, pag. 81.

Dass von Seiten gewisser lebender Hefepilze Eiweiss und Peptone ausgeschieden werden können und unter welchen Bedingungen, wurde bereits pag. 183 erörtert.

Was die Fähigkeit zur Fettbildung anbetrifft, so ist dieselbe bei den Alcoholgährungserregern relativ gering. NAGELI bestimmte die Fettmenge einer Unterhefe von Bier zu 5% der Trockensubstanz. Reichlicher scheint die Fettbildung bei denjenigen Species auszufallen, welche keine Alcoholgährung erregen, wenigstens ist dies bestimmt für *Saccharomyces Hansenii* Z. der Fall, wie man sich schon durch mikroskopische Prüfung überzeugen kann.

Was die Temperaturverhältnisse anbetrifft, so üben diese zunächst bedeutenden Einfluss auf die Sporenbildung der Saccharomyceten aus. Wie HANSEN's grössere diesbezügliche Untersuchungsreihen lehren, erfolgt bei niederen Temperaturen die Sporenformation langsamer, bei höheren schneller, bis zu einem Optimum, über das hinaus wieder eine Verzögerung dieses Processes eintritt. Das Temperatur-Minimum liegt (für die von HANSEN näher untersuchten 6 Arten) im Allgemeinen bei ½—3° C., das Maximum im Allgemeinen nicht über 37° C. Doch liegen bei den einzelnen Species Maxima und Minima in verschiedener Höhe; so

bei *Saccharomyces cerevisiae*	I	zwischen	11°	und	37° C.
„ „ „ *Pastorianus*	I	„	3°	„	30½° C.
„ „ „ „ „	II	„	3°	„	28° C.
„ „ „ „ „	III	„	8½	„	28° C.
„ „ „ *ellipsoïdeus*	I	„	7½	„	31½° C.
„ „ „ „ „	II	„	8	„	34° C.

Diese Verhältnisse lassen sich mit zur Unterscheidung der Arten benutzen.

Die Sporen der Saccharomyceten sind gegen feuchte Hitze widerstandsfähiger, als die vegetativen Zellen, wie aus folgenden Experimenten HANSEN's[1]) hervorgeht. Er cultivirte *S. ellipsoïdeus* II und *S. cerevisiae* I einige Zeit in Bierwürze bei Zimmertemperatur und säete auf diese Weise erhaltene junge lebenskräftige Zellen in Bierwürze aus, die 2 Tage lang bei 27° C. gehalten wurde. Eine Partie des so gewonnenen Hefematerials ward sodann 5 Minuten in sterilisirtes, bis auf einen gewissen Grad erhitztes Wasser getaucht. Dasselbe geschah mit reifen, bei 17—18° C. entwickelten und 8 Tage auf Gipsblöcken bei derselben Temperatur trocken gehaltenen Sporen.

Ergebniss: Die vegetativen Zellen von *S. ellipsoïdeus* II waren bei 54° C. noch lebensfähig, bei 56° C. abgetödtet; die von *S. cerevisiae* I bei 52° C. noch lebensfähig, bei 54° C. abgetödtet; andererseits widerstanden die Sporen von *S. ellipsoïdeus* II einer Temperatur von 62° C., aber nicht einer solchen von 66° C; die von *S. cerevisiae* I einer Temperatur von 58° C. aber nicht einer solchen von 62° C. Hieraus geht zugleich hervor, dass die Sporen bei verschiedenen Species sich gegen höhere Temperaturen ungleich resistent verhalten, ebenso die vegetativen Zellen.

Cultur. Eines der geeignetsten Substrate bildet die Bierwürze. Ihre Anwendung ist um so bequemer, als sie alle nöthigen Nährstoffe, sowohl organische als anorganische enthält. Aus dem gleichen Grunde lassen sich auch Weinmost, Auszüge von getrockneten Pflaumen, Rosinen, Kirschen etc. verwenden. Für solche Saccharomyceten, welche Maltose nicht vergähren, empfiehlt es sich, eine Traubenzucker-Lösung mit etwas Bierhefewasser versetzt, zu verwenden.

Von künstlich zusammengesetzten Nährlösungen eignen sich:

---

[1]) l. c. pag. 41.

nach Nägeli:

aq.	100 Cbcm.	
Zucker	15 Grm.	
salpetersaures Ammoniak	1 „	
saures phosphorsaures Kali	0,5 „	(KH_2PO_4)
Tricalciumphosphat	0,05 „	(CaP_2O_8)
schwefelsaure Magnesia	0,25 „	($MgSO_4$)

nach Mayer:

aq.	100 Cbcm.
Zucker	15 Grm.
weinsaures Ammoniak	1 „
saures phosphorsaures Kali	0,5 „
Tricalciumphosphat	0,05 „
schwefelsaure Magnesia	0,25 „

nach Hayduck[1]) (für Bierhefe):

1000 Grm. aq.
100 „ Rohrzucker
2,5 „ Asparagin
50 Cbcm. Mineralsalzlösung.

Letztere enthält im Lit. 50 Grm. saures phosphorsaures Kali (KH_2O_4) und 17 Grm. krystallisirte schwefelsaure Magnesia. (Nimmt man gewöhnliches Wasser, so braucht man kein Kalksalz, da solches Wasser schon die nöthigen Kalkmengen enthält).

Sonst lässt sich auch benutzen folgende Lösung:

100 Cbcm. aq. dest.	oder	100 Cbcm. aq. dest.
10—15 Grm. Rohrzucker		10—15 Grm. Rohrzucker
1 Grm. Pepton		1 Grm. Pepton
KH_2PO_4 0,5 Grm.		0·5—1·0 Grm. Fleischextrakt.
$Ca_3P_2O_8$ 0,05 Grm.		
$MgSO_4$ 0,25 Grm.		

Zur Erzielung von Reinculturen schwemmt man Hefe in Wasser auf und vermischt je nach der Stärke der Verdünnung 1 Cbcm., einen Tropfen oder eine Platinnadelspitze voll der Flüssigkeit mit Bierwürze-Gelatine (Bierwürze mit 5 % Gelatine) resp. Pflaumendecoct-Gelatine (10 % eines concentrirten Pflaumendecocts mit 5 % Gelatine) und giesst diese Gelatinemischungen auf Objectträger oder grössere Glasplatten aus. Die sich entwickelnden Hefecolonieen werden dann in weitere Cultur genommen.

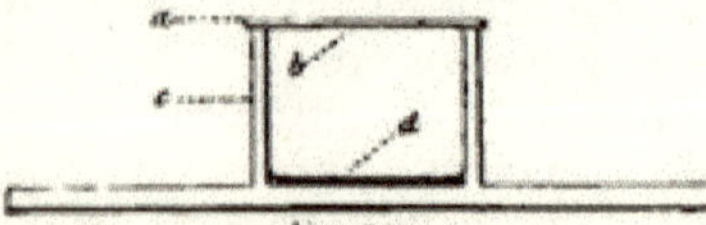

(B. 717.) Fig. 109.
Böttcher's feuchte Kammer, zur Hälfte verkleinert. *a* Deckglas, *b* Nährgelatineschicht. *c* Glasring, auf den Objectträger aufgekittet, *d* Wasserschicht.

Für die exakte Untersuchung ist es aber, wie Hansen zeigte, wichtig, von nur einer Zelle auszugehen, was durch vorgenanntes Verfahren nicht völlig garantirt wird. Zu diesem Zwecke verfährt man nach Hansen so, dass man eine Nährgelatine mit möglichst wenig Keimen mischt, auf ein grosses Deckglas einige Tropfen davon ausbreitet und dasselbe auf eine feuchte Kammer (beispielsweise die Böttcher'sche Fig. 109) legt und nun eine einzelne Hefezelle unter dem Mikroskop einstellt und dieselbe in ihrer Entwickelung bis zur Colonie verfolgt. Von letzterer wird dann mittelst geglühter Platinnadel eine Probe in einen mit Nährlösung beschickten und sterilisirten Pasteur'schen Kolben (Fig. 110) übergeführt mit allen Cautelen gegen Infection durch fremde Keime.

Es ist in manchen Fällen von Wichtigkeit, die morphologischen und physiologischen Vorgänge in einer Flüssigkeit von einem einzigen Keime aus zu verfolgen. Zur Ermöglichung dessen verfährt man nach Hansen so, dass man die Reincultur mit Wasser oder Nährflüssigkeit

[1]) Zeitschrift für Spiritusindustrie 1881, pag. 174.

verdünnt und eine so kleine Menge des Gemisches in ein oder mehrere PASTEUR'sche mit Nährflüssigkeit beschickte Kolben überführt, dass sich in einem oder mehreren derselben je ein einziger Hefefleck am Boden entwickelt. Ist dies der Fall, so hat man eine Reincultur von einer Zelle aus.

Speciesfrage. Die exacten Isolirungsversuche E. CHR. HANSEN's haben den wichtigen Beweis geliefert, dass alle seine Vorgänger, namentlich die um die Hefekenntniss so verdienstvollen Forscher PASTEUR und REESS nicht mit Species im Sinne der Reinzucht, sondern mit Species-Gruppen resp. Artgemischen gearbeitet haben. So umfasst z. B. der *Saccharomyces Pastorianus* REESS mindestens drei verschiedene Arten: *S. Pastorianus* I HANS., *S. Pastorianus* II HANS., und *S. Pastorianus* III HANSEN; die Weinhefe *Saccharomyces ellipsoideus* im Sinne von REESS begreift nach HANSEN zwei verschiedene, als *S. ellipsoideus* I und *S. ellipsoideus* II unterschiedene Species.

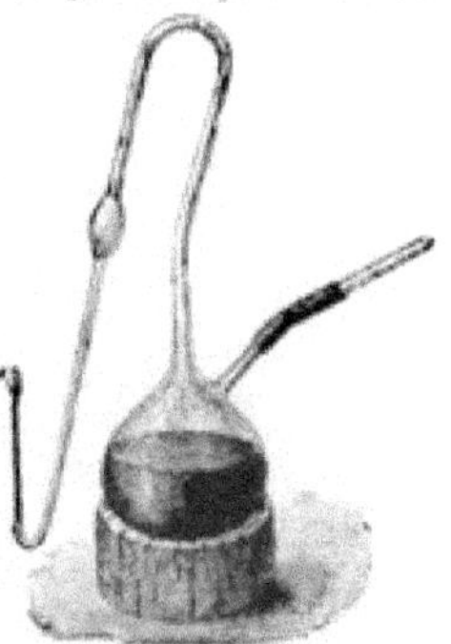

Fig. 110. (B. 718.)
PASTEUR'scher Kolben, mit Nährflüssigkeit beschickt.

Früher war man mit REESS der Ansicht, dass es möglich sei, die Artunterscheidung auf Form, Grösse, Verbindungsweise, Bau der vegetativen Zellen und Sporen zu gründen, ohne Rücksicht auf die Culturverhältnisse. Dagegen haben die Untersuchungen HANSEN's dargethan, dass solche morphologische Merkmale für sich zur Differenzirung der Species im Ganzen nicht brauchbar, vielmehr die physiologischen Charactere die massgebenden sind. Es wurden namentlich das Verhalten der Sporenbildung und Kahmhautbildung sowie die Grenzen der Lebensfähigkeit gegenüber der Temperatur, das Verhalten zu den verschiedenen Zuckerarten (ob diese invertirt, vergohren werden oder nicht), das makroskopische und mikroskopische Aussehen der Colonieen, das Verhalten zu Nährgelatine (ob sie selbige peptonisiren oder nicht), sowie die Production besonderer Stoffe in den Nährflüssigkeiten zur Unterscheidung verwerthet und gezeigt, dass gewisse Saccharomyceten Krankheiten der Biere hervorrufen, andere dagegen nicht, und dass die Culturhefen in der Industrie sehr verschiedene Producte geben können. (Auf beiderlei Gründen beruht die durch HANSEN neuerdings im Grossbetriebe eingeführte Reinzucht der Culturhefen).

Stellung der Saccharomyceten im System. Nach dem oben Dargelegten besitzen die Saccharomyceten Sporangienfructification. Wie wir sahen, sind sie im Stande, ächte, gegliederte Mycelien zu bilden. Aus diesen beiden Momenten, zu denen man schliesslich noch ein drittes — die freie Zellbildung — hinzunehmen kann, folgt, dass diese Gruppe einzureihen ist in die Klasse der Ascomyceten. Denn keiner anderen Abtheilung des Pilzreiches kommen die oben genannten Characteristica zu. Da nun die Sporangien der Ascomyceten herkömmlicher Weise als Asci bezeichnet werden, so ist diese Bezeichnung auch für die Sporangien der Saccharomyceten anzuwenden. Schon REESS gesellte die Hefepilze den Schlauchpilzen zu, allein erst durch den HANSEN'schen Nachweis, dass sie ächte gegliederte Mycelien bilden, hat dieses Verfahren grössere Berechtigung erlangt. Wenn ich hier die Saccharomyceten zu den Gymnoasceen (Nacktschläuchern) stelle, so dürfte dieses Verfahren schon in dem Umstande seine Berechtigung finden, dass eine Angliederung an die übrigen, höher organisirten Familien der Ascomyceten unzulässig ist.

Ob die Saccharomyceten als **zurückgebildete Formen** höher entwickelter Schlauchpilze aufzufassen sind, muss, wie bereits erwähnt, vorläufig unentschieden bleiben.

Literatur: Die beste zusammenfassende Darstellung ist gegenwärtig: JÖRGENSEN, A., Die Microorganismen der Gährungsindustrie. II. Aufl. Berlin 1890. Sie berücksichtigt sowohl die wissenschaftlichen Ergebnisse auf Grund der HANSEN'schen Untersuchung als auch die in die Praxis einschlagenden Fragen. Das seinerzeit vortreffliche Buch von REESS, M. Botanische Untersuchungen über die Alcoholgährungspilze. Leipzig 1870, ist bereits veraltet, ebenso SCHÜTZENBERGER, Die Gährungserscheinungen. Leipzig 1876. Sonst sind hervorzuheben: BREFELD, O. Ueber Gährung. Landwirthsch. Jahrb. III. IV. V. 1874, 1875, 1876. — ENGEL, Les ferments alkoliques 1872. MAYER, A. Lehrbuch der Gährungschemie. — Die Lehre von den chemischen Fermenten. Heidelberg 1882. — NÄGELI, C. von, Theorie der Gährung. München 1879. — PASTEUR, Etude sur la bière, Paris 1876, und besonders die Untersuchungen E. CHR. HANSEN's, die oben citirt wurden. Die übrige Literatur ist theils beim Kapitel »Spaltungsgährungen« pag. 460, 462 angegeben, theils in JÖRGENSEN's Buche nachzusehen.

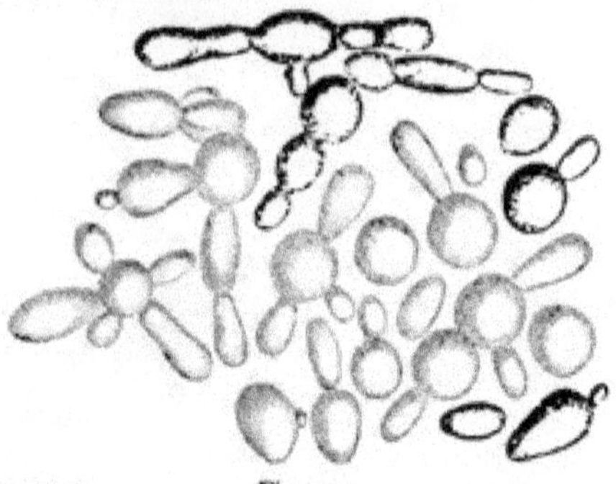

(B. 719.) Fig. 111.
Saccharomyces cerevisiae I HANSEN. Sprossverbände und einzelne Zellen aus bei 34—20° C. auf Bierwürze herangezüchteten Kahmhäuten. Nach HANSEN, 1000fach.

Die **Saccharomyceten** gliedern sich zur Zeit in 2 Gattungen. *Saccharomyces* (REESS) und *Monospora* METSCHNIKOFF. Die letztere characterisirt sich dadurch, dass die vegetativen Sprosse bei der Fructification sich bedeutend strecken (Fig. 138) und **eine einzige** Spore von **Nadelform** erzeugen; bei *Saccharomyces* dagegen sind die Sporen von rundlicher Gestalt und werden zu 1 bis mehreren in den Sporangien (Asci) erzeugt (Fig. 108).

Gattung 1. *Saccharomyces* REESS.

1. *S. cerevisiae* I HANSEN. Eine von H. aus alter englischer (in den Brauereien Londons und Edinburghs eingebürgerter) Oberhefe

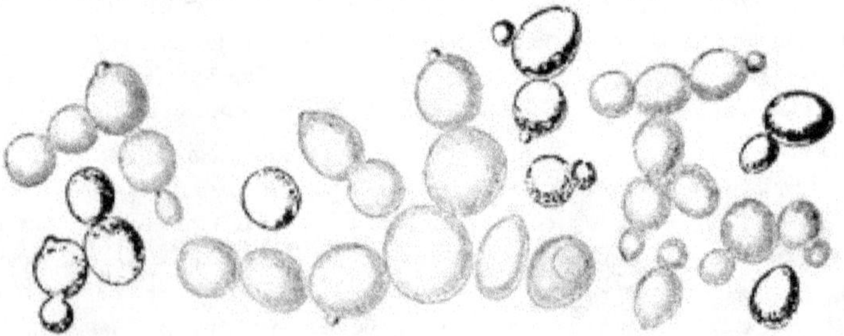

(B. 720.) Fig. 112.
Saccharomyces cerevisiae I HANSEN. Sprossverbände aus dem Bodensatze einer Cultur in Bierwürze. Grosse runde Zellen. Nach HANSEN, 1000fach.

rein gezüchtete und genauer untersuchte Art, welche in Bierwürze kräftige Obergährungserscheinungen hervorruft. Die Cultur des reinen Materials in diesem Substrat ergiebt als **Bodensatz** Sprossmycelien, welche aus relativ grossen, ellipsoïdischen oder eiförmigen bis kugeligen Zellen bestehen (Fig. 112), und leicht ausser Verband treten; während die ziemlich kräftige **Kahmhaut** aus **Mycelien** gebildet wird, welche theils den Character gewöhnlicher **Sprossmycelien** zeigen (Fig. 111, 114), theils **ächte Mycelien** darstellen, was namentlich für alte Kahmhäute gilt (Fig. 113).

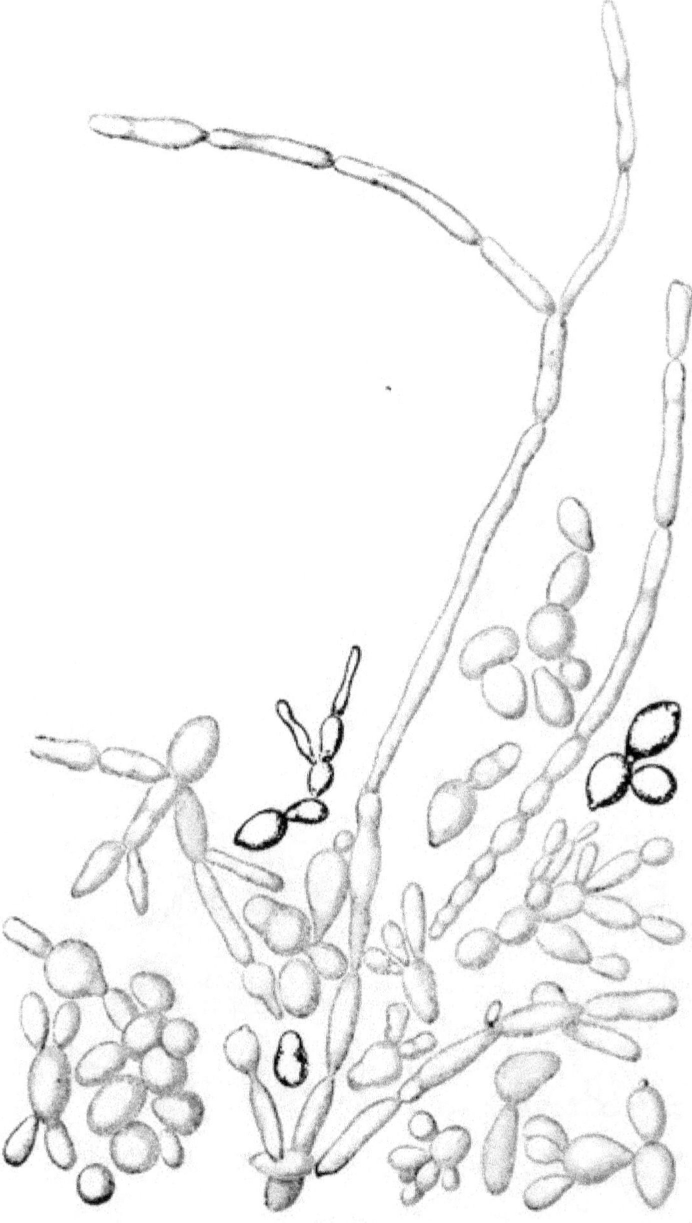

Fig. 113. (B. 721.)

S. cerevisiae HANSEN. Verbände, darunter der lange mycelartige, aus der Kahmhaut alter Culturen. Nach HANSEN, 1000 fach.

Was die Abhängigkeit der Kahmhautbildung von der Temperatur anbetrifft, so beginnt nach H. dieselbe

(B. 721.) Fig. 114.

Saccharomyces cerevisiae I HANSEN. Sprossverbände und Zellen aus der bei 15—6° C. auf Bierwürze gebildeten Kahmhaut.

— bei 38° C. überhaupt noch nicht.
bei 33—34° C. nach 9—18 Tagen. Hautflecken schwach entwickelt, aus Elementen bestehend vom Character der (Fig. 111.)
{ bei 26—28° C. nach 7—11 Tagen (Fig. 111).
bei 20—22° C. nach 7—10 Tagen (Fig. 111).
bei 13—15° C. nach 15—30 Tagen (Fig. 114).
bei 6— 7° C. nach 2—3 Monaten (Fig. 114).
— bei 5° C. keine Hautbildung.

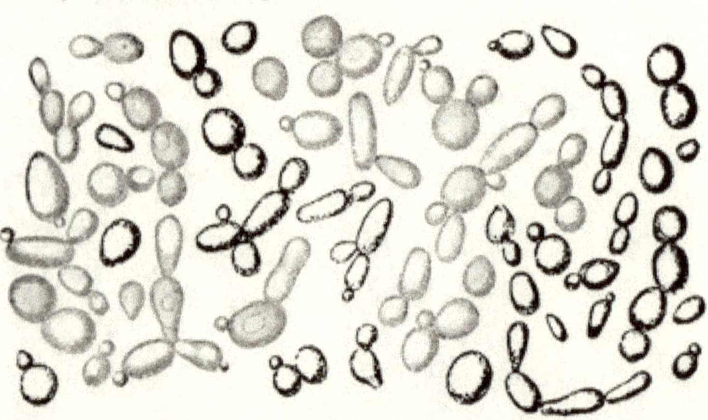

(B. 723.) Fig. 115.

Saccharomyces ellipsoideus I HANSEN. Sprossverbände und Einzelzellen aus dem Bodensatz von Bierwürze-Culturen. Nach HANSEN und HOLM, 1000 fach.

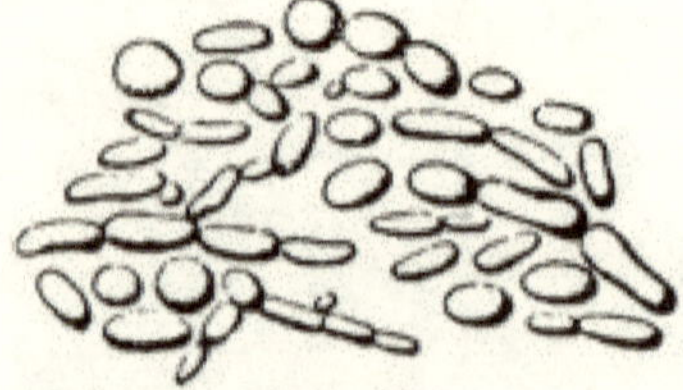

(B. 724.) Fig. 116.

Saccharomyces ellipsoideus I HANSEN Sprossverbände und Einzelzellen aus bei 34—20 und bei 6—7° C. auf Bierwürze gezüchteten Kahmhäuten. Nach HANSEN und HOLM, 1000 fach.

Bei 15—6° C. sind die Zellen der Kahmhaut meist wie die der Aussaat gestaltet, bei 20 bis 34° C. sind Sprossverbände häufig, sowie sonderbar wurstförmig etc.) gestaltete Zellformen.

Unter den früher angegebenen Culturbedingungen bilden sich die Sprosszellen zu kugeligen oder ellipsoïdischen Ascen aus, welche kugelige, stark lichtbrechende Ascosporen entwickeln (Fig. 108, 1), deren Zahl und Grösse nicht unerhebliche Schwankungen ($2\frac{1}{2}$—6 μ Durchm.) zeigen kann. Gewöhnlich sind 2—4, bisweilen 5—6 oder auch nur eine Spore vorhanden. Was die Beziehungen der Sporenbildung zur Temperatur anbetrifft, so werden:

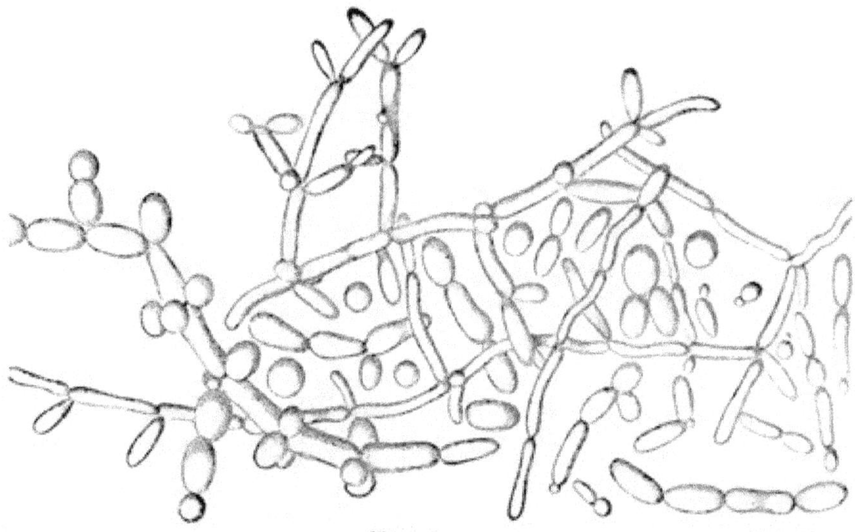

Fig. 117. (B. 725.)

Saccharomyces ellipsoideus I HANSEN. Elemente aus Kahmhäuten, die bei 15—13° C. auf Bierwürze erzogen wurden, z. Th. mycelartig, z. Th. Sprossverbände, z. Th. Einzelzellen. Nach HANSEN und HOLM, 1000fach.

bei	$37\frac{1}{2}$° C.	keine Ascosporen gebildet.	
bei	36°—37° C.	sind die ersten Anlagen vorhanden nach	29 Stunden
„	35° C.	„ „ „ „ „ „	25 Stunden
„	$33\frac{1}{2}$ C.	„ „ „ „ „ „	23 Stunden
„	30 C.	„ „ „ „ „ „	20 Stunden
„	25 C.	„ „ „ „ „ „	23 Stunden
„	23 C.	„ „ „ „ „ „	27 Stunden
„	$17\frac{1}{2}$ C.	„ „ „ „ „ „	50 Stunden
„	$16\frac{1}{2}$ C.	„ „ „ „ „ „	65 Stunden
„	11—12 C.	„ „ „ „ „ „	10 Tagen
	9 C.	keine Sporenbildung.	

Das Temperaturoptimum liegt mithin (unter den angegebenen Bedingungen) bei etwa 30° C. Der Pilz scheidet ein Ferment (Invertin) ab, welches den Rohrzucker zu Invertzucker umwandelt. Diesen sowie Traubenzucker und Malzzucker vergährt er in kräftiger Weise. In Bierwürze cultivirt producirt er in etwa 14 Tagen bei Zimmertemperatur 4—6 § Alcohol.

2. *S. ellipsoideus* I HANSEN. Eine wilde Art, die durch H. von der Oberfläche reifer Weinbeeren isolirt wurde. In Bierwürze cultivirt bildet sie als eine untergährige Hefe einen Bodensatz, der vorzugsweise aus eiförmigen, ellipsoïdischen oder kugeligen, seltener auch gestreckten wurstförmigen Zellen besteht (Fig. 34). Die Kahmhautbildung auf Bierwürze hebt an in Form schwach entwickelter Hautflecken.

bei	33—34° C.	in	8—12 Tagen
„	26—28 C.	„	9—16 Tagen
„	20—22 C.	„	10—17 Tagen
„	13—15 C.	„	15—30 Tagen
„	6—7 C.	„	60—90 Tagen.

Bei 5 u. 38° C. unterbleibt die Kahmhautbildung ganz. Am characteristischsten sind ihre Elemente bei 13—15° C., denn hier treten sie als reich verästelte, kräftige, aus z. Th. sehr gestreckten Zellen gebildete Colonieen von mehr oder minder ausgesprochenem Mycelcharakter auf, häufig ist eine quirlartige Anordnung der Seitensprosse zu constatiren (Fig. 117).

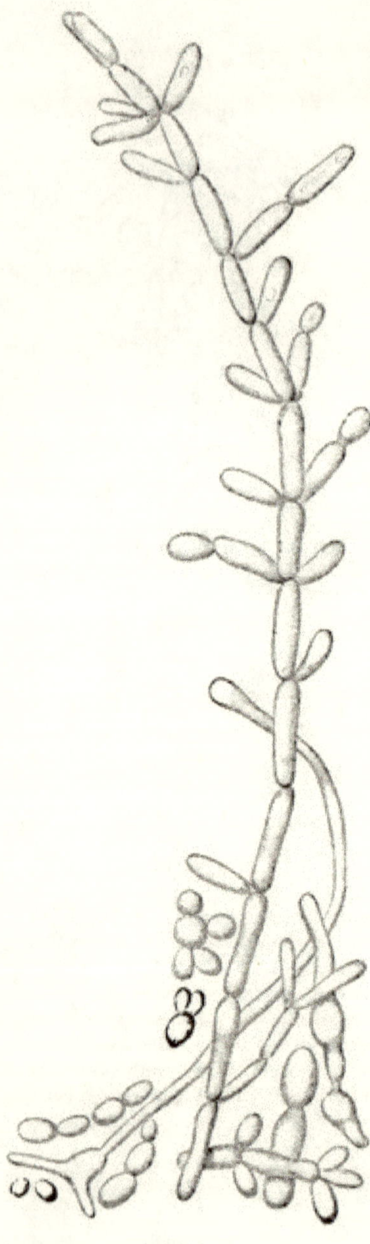

(B. 726.) Fig. 118.
Saccharomyces ellipsoideus I HANSEN. Mycel und Sprossverbände aus alten Kahmhäuten auf Bierwürze. Nach HANSEN und HOLM, 1000 fach.

In alten Kahmhäuten findet man Formen wie die in Fig. 118 abgebildeten. Die 2—4 μ im Durchmesser haltenden Sporen entstehen in den Ascen zu 1—4 (Fig. 108, 5). Den Einfluss der Temperatur auf die Sporenbildung erläutert folgende Uebersicht.

Die ersten Anfänge der Sporenbildung zeigten sich:

bei	30½—31½°	nach	36 Stunden
	29½°	„	23 Stunden
	25	„	21 Stunden
	18°	„	33 Stunden
	15°	„	45 Stunden
	10½°	„	4½ Tagen
	7½°	„	11 Tagen.

Bei 32½° C. und 4° C. findet keine Sporenbildung mehr statt.

Characteristisch ist auch die Colonienbildung, die man im Impfstriche auf der Oberfläche von Bierwürze-Gelatine erhält, insofern nach JÖRGENSEN die Vegetation eine eigenthümliche netzförmige Structur annimmt. Die in Rede stehende Species invertirt Rohrzucker und vergährt den so gebildeten Invertzucker, sowie die Dextrose und Maltose eben so kräftig wie *S. cerevisiae* I.

3. *S. ellipsoideus* II HANSEN gehört gleichfalls zu den wilden Hefen und verursacht nach HANSEN im Biere Trübung. Bezüglich ihrer Fähigkeit Alkoholgährung zu erregen, steht sie den vorbetrachteten Arten nicht nach. In Bierwürze zeigt sie Untergährungserscheinungen. Der Bodensatz besteht hauptsächlich aus eiförmigen oder ellipsoïdischen, seltener aus gestreckten (wurstförmigen) Zellen (Fig. 119). Die Kahmhautbildung beginnt (in Form schwach entwickelter Hautflecke):

Bei	36—38° C.	nach	8—12	Tagen
„	33—34° „	„	3—4	„
„	26—28° „	„	4—5	„
„	20—22° „	„	4—6	„
„	13—15° „	„	8—10	„
„	6—7° „	„	1—2	Monaten
„	3—5° „	„	5—6	„

Bei 2—3° C. und 40° C. tritt keine Hautbildung ein. Die Sprossformen der Kahmhäute sind bei allen Temperaturen dieselben wie im Bodensatze, bei 15° C. und tiefer erscheinen sie nur wenig gestreckt (Fig. 120). Alte Culturen zeigen in der Kahmhaut Verbände von kurzen und cylindrischen Sprossen und oft quirlige Anordnung der Seitensprosse (Fig. 122). Die Asci tragen den Charakter von Fig. 108, 6). Die Sporen messen 2—5 μ; ihre ersten Anfänge zeigen sich:

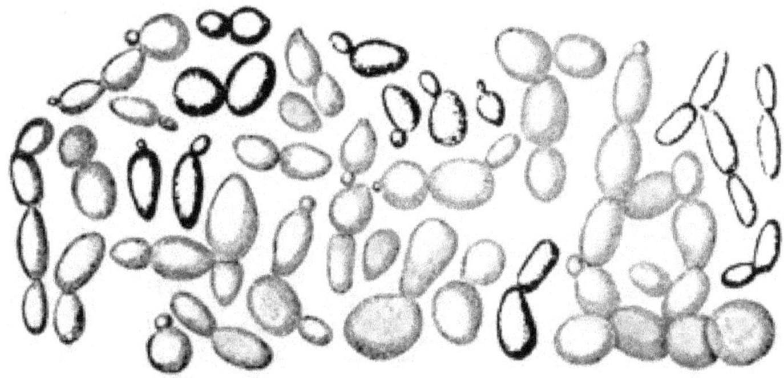

Fig. 119. (B. 727.)

Saccharomyces ellipsoideus II HANSEN. Sprossverbände aus dem Bodensatz von Bierwürze-Culturen. Nach HANSEN u. HOLM, 1000fach.

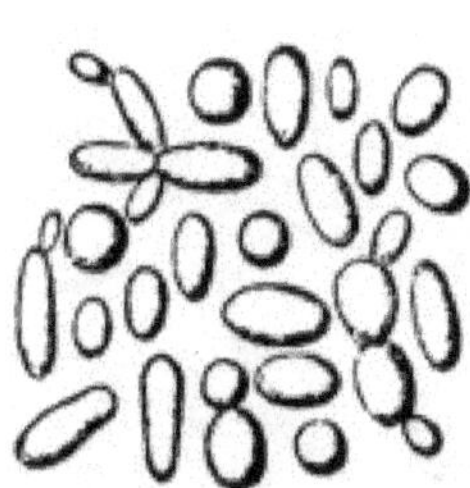

(B. 728.) Fig 120.

Saccharomyces ellipsoideus II HANSEN. Sprossverbände und Einzelzellen aus Kahmhäuten, die bei 28—3° C. auf Bierwürze erzogen wurden. Nach HANSEN u. HOLM, 1000fach.

Fig. 121. (B. 729.)

Saccharomyces ellipsoideus II HANSEN. Sprossverbände und Einzelzellen, von Kahmhäuten entnommen, die bei 38—20° C. auf Bierwürze erzogen wurden. Nach HANSEN u. HOLM, 1000fach.

Bei	33—34° C.	nach	31	Stunden
„	33 „	„	27	„
„	31½ „	„	23	„
„	29 „	„	22	„
„	25 „	„	27	„
„	18 „	„	42	„
„	11 „	„	5½	Tagen
„	8 „	„	9	„

Bei 35° C und 4° C unterbleibt die Sporenbildung ganz.

4. *S. Pastorianus* I HANSEN, eine ebenfalls wilde, in der Luft der Gährungsräume häufige Hefe und in demselben Maasse wie vorige Art Alkoholgährungs-fähig, ruft im Biere einen bittern, unangenehmen Geschmack hervor, dessen Ursache noch nicht bekannt ist. Sie ist untergährig und zeigt in Bierwürze cultivirt im Bodensatz meistens gestreckte Zellen, daneben auch ellipsoïdische und birnförmige Sprosse (Fig. 126): Die Kahmhautbildung beginnt (in Form schwach entwickelter Flecken):

Bei	26—28° C.	nach	7—10	Tagen
„	20—22 „	„	8—15	„
„	13—15 „	„	1—2	Monaten
„	3—5 „	„	5—6	„

(B. 730.) Fig. 122.
Saccharomyces ellipsoideus II HANSEN. Myceltheile, Sprossverbände und Einzelzellen von Kahmhäuten aus alten Culturen auf Bierwürze. Nach HANSEN u. HOLM, 100 fach.

Bei 34° C. und 2—3° C. tritt keine Hautbildung ein. Charakteristisch ist, dass bei 3 bis 15° C. Mycel-artige Bildungen in der Kahmhaut ziemlich häufig sind (Fig. 124). In alten Kahmhäuten findet man sowohl Zellen, welche kleiner erscheinen als die des Bodensatzes, als auch bedeutend gestreckte mit oft sonderbarer Form (Fig. 125). Die Asci mit ihren im Durchmesser sehr schwankenden Sporen (1½—5 μ) sind in Fig. 108, 2 dargestellt. Sie beginnen sich zu entwickeln:

Bei	29½—30½° C.	nach	30	Stunden
„	29 C.	„	27	„
„	27½ „	„	24	„
„	23½ „	„	24/26	„
„	18 „	„	35	„
„	15 „	„	50	„
„	10 „	„	89	„
„	8½ „	„	5	Tagen
„	7 „	„	7	„
„	3—4 „	„	14	„

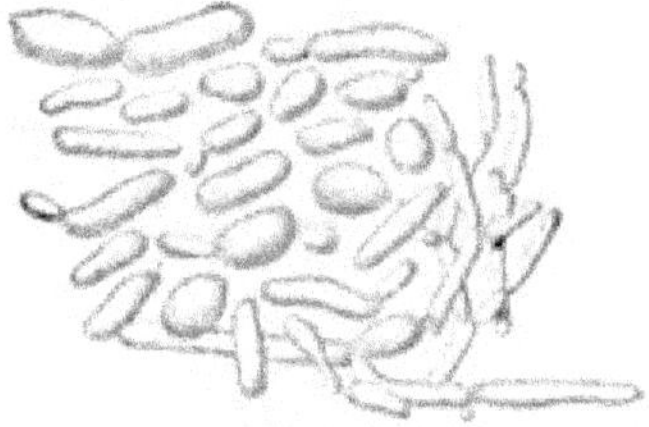

Fig. 123. (B. 731.)
Saccharomyces Pastorianus I Hansen. Sprossverbände und Einzelzellen von Kahmhäuten, die auf Bierwürze bei 28 bis 20° C. erzogen wurden. Nach Hansen und Holm, 1000fach.

Bei 31½° C. ½° C. werden keine Sporen erzeugt.

5. *S. Pastorianus* II Hansen. Von H. aus der Luft der Brauereien isolirt. Im Impfstrich auf Nährgelatine (mit Hefewasser angestellt) entstehen bei 15° C. nach ca. 16 Tagen Colonieen mit glatten Rändern. In Bierwürze verhält er sich wie eine schwach-obergährige Hefe. Der Bodensatz weist meistens gestreckte, sonst auch mehr rundliche Zellen auf (Fig. 127). Die Kahmhautanfänge entwickeln sich (in Fleckenform):

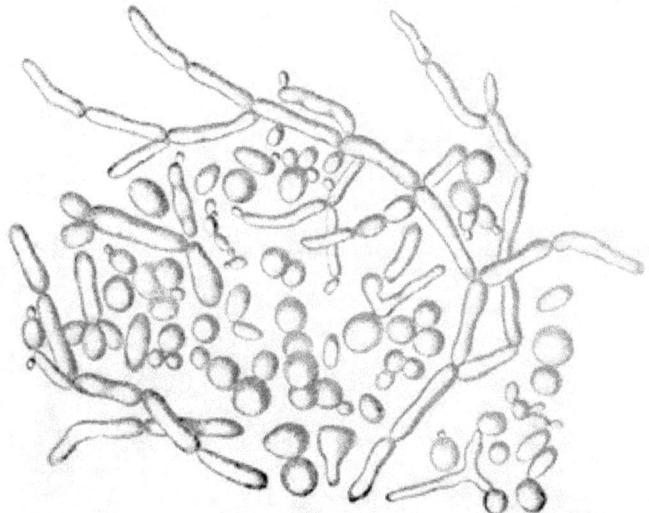

Fig. 124. (B. 732.)
Saccharomyces Pastorianus I Hansen. Sprossverbände und Einzelzellen von Kahmhäuten, die auf Bierwürze bei 15—3° C. erzogen wurden.

Bei	26—28° C.	nach	7—10	Tagen
„	20—22 „	nach	8—15	„
„	13—15 „	„	10—25	„
„	6—7 „	„	1—2	Monaten
„	3—5 „	„	5—6	„

Bei 34° C. und 2—3° C. unterbleibt die Kahmhautformation. Alte Kahmhäute zeigen bezüglich ihrer Elemente den Charakter voriger Species. Die Bildung der (2—5 μ messenden) sporen (Fig. 108, 3) hebt an:

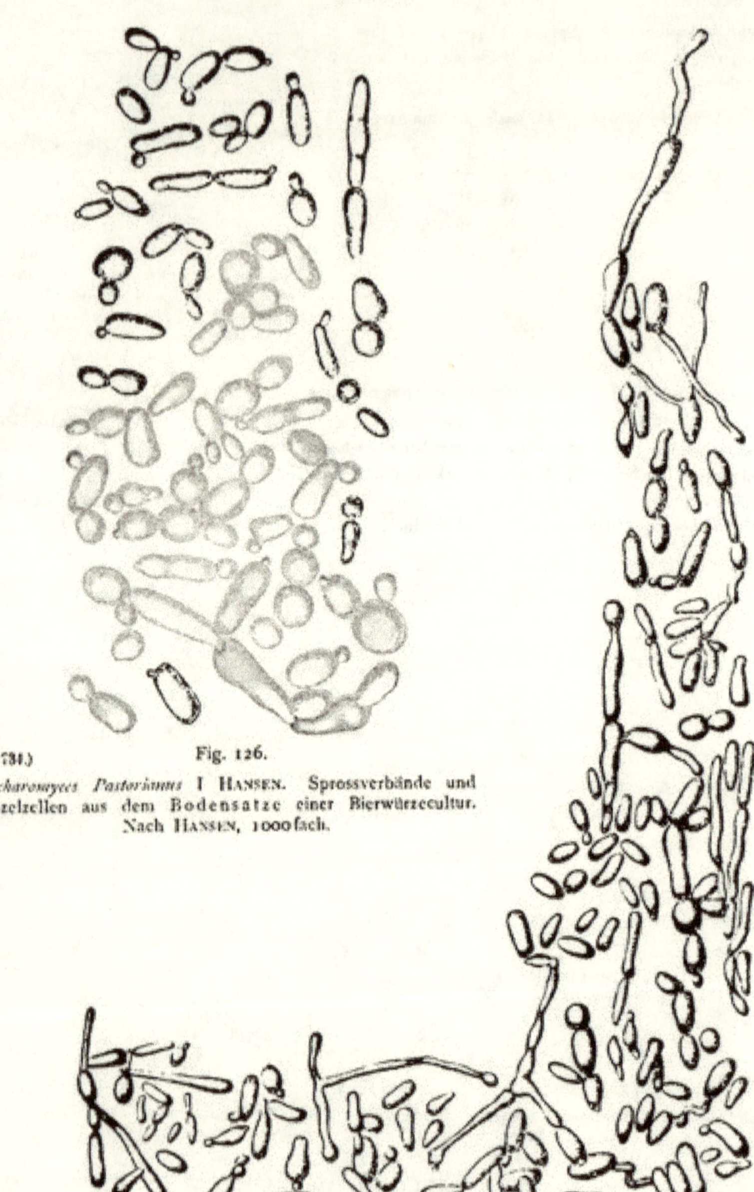

(B. 734.) Fig. 126.

Saccharomyces Pastorianus I HANSEN. Sprossverbände und Einzelzellen aus dem Bodensatze einer Bierwürzecultur. Nach HANSEN, 1000fach.

(B. 733.) Fig. 125.

Saccharomyces Pastorianus I HANSEN. Mycelfragmente, Sprossverbände und Einzelzellen aus alten Kahmhäuten von Bierwürze. Nach HANSEN u. HOLM, 1000fach.

Bei	27—28° C.	nach	34	Stunden
„	25	„ „	35	„
„	23	„ „	27	„
„	17	„ „	39	„

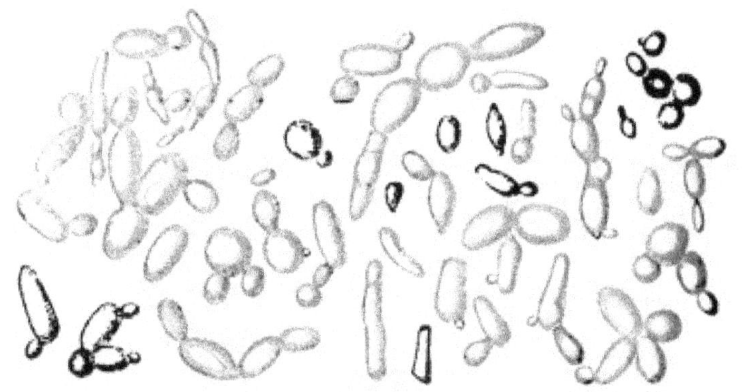

Fig. 127. (B. 735.)

Saccharomyces Pastorianus II HANSEN. Sprossverbände und Einzelzellen aus dem Bodensatze einer Bierwürzecultur. Nach HANSEN u. HOLM, 1000fach.

Bei 15	C.	„	48 Stunden
Bei $11^1/_2$	C.	„	7 Tagen
Bei 3–4	C.	„	17 „

Bei 29° u. ½° C. unterbleibt die Sporenbildung.

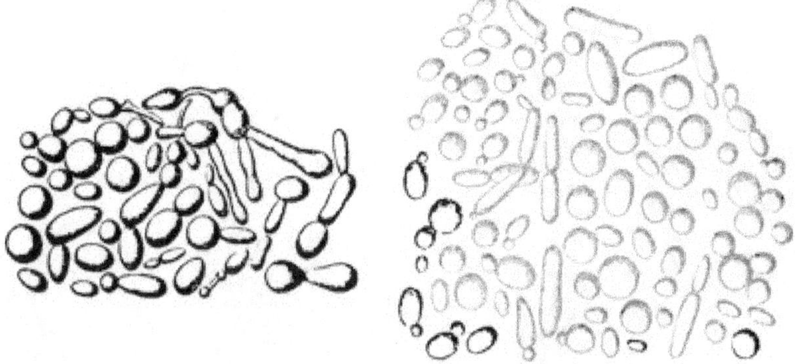

(B. 736.) Fig. 128.

Saccharomyces Pastorianus II HANSEN. Sprossverbände und Einzelzellen aus Kahmhäuten, die bei 28–20° C. auf Bierwürze erzogen wurden. Nach HANSEN u. HOLM, 1000fach.

Fig. 129. (B. 737.)

Saccharomyces Pastorianus II HANSEN. Sprossverbände und Einzelzellen aus Kahmhäuten, die auf Bierwürze bei 15–3° C. erzogen wurden. Nach HANSEN u. HOLM, 1000fach.

6. *S. Pastorianus* III HANSEN. Ruft eine in Form von Trübung auftretende Krankheit des Bieres hervor und wurde aus solchem hefetrüben Bier von H. isolirt. Charakteristisch ist das Wachsthum im Impfstrich auf Hefenwassergelatine, insofern die Colonieen hier bei 15° C. nach 16tägiger Cultur mit gefransten Rändern versehen sind. Die Kahmhautbildung beginnt (in Form von Flecken)

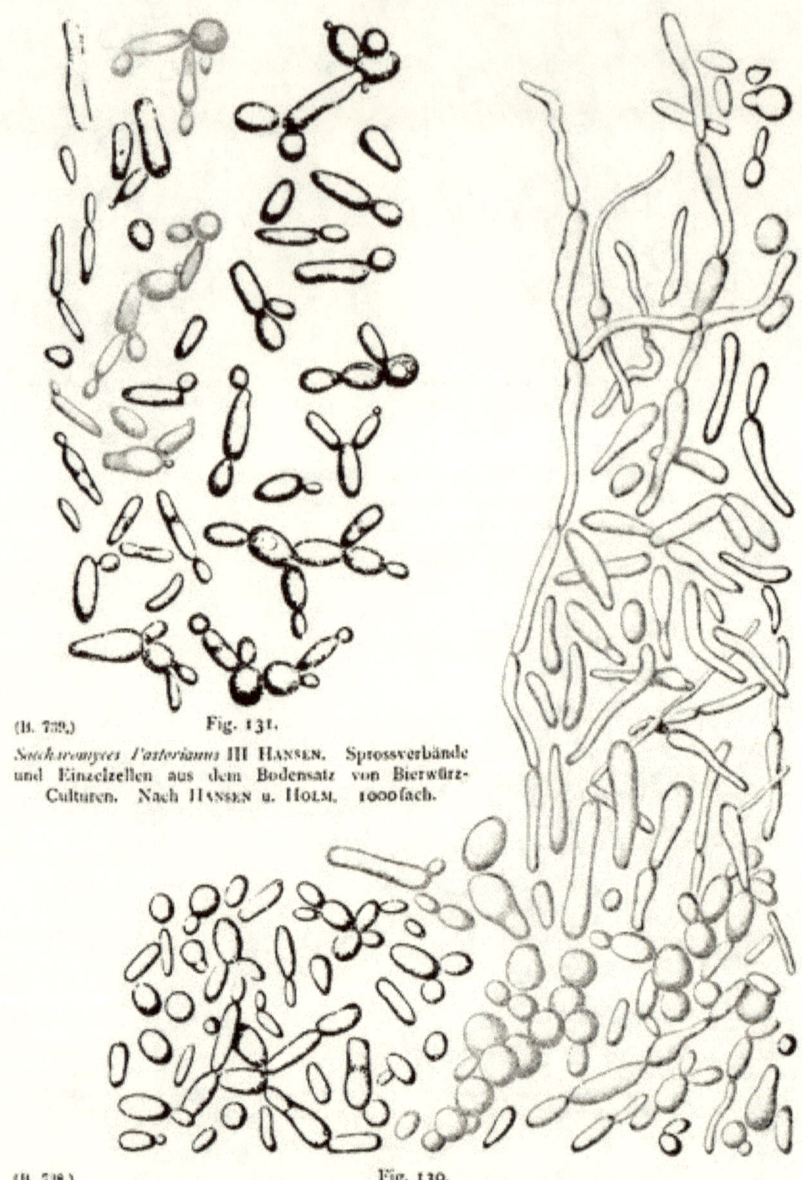

(B. 739.) Fig. 131.

Saccharomyces Pastorianus III HANSEN. Sprossverbände und Einzelzellen aus dem Bodensatz von Bierwürz-Culturen. Nach HANSEN u. HOLM. 1000fach.

(B. 738.) Fig. 130.

Saccharomyces Pastorianus II HANSEN. Sprossverbände (z. Th. mycelartig) und Einzelzellen aus alten auf Bierwürze erzogenen Kahmhäuten. Nach HANSEN u. HOLM. 1000fach.

Bei	26—28° C.	nach	7—10	Tagen
„	20—22° C.	„	9—12	„
„	13—15° C.	„	10—20	„
„	6— 7° C.	„	1— 2	Monaten
„	3— 5° C.	„	5— 6	„

Bei 34° C. und 2—3° C. unterbleibt die Kahmhautbildung. Während die Zellen der bei 20—28° C. erzielten Kahmhaut ungefähr dieselben Formen liefern, wie im Bodensatze (hier sind sie vorwiegend gestreckt, sonst auch rundlich [Fig. 131]) entstehen bei 15—3° C. mycelartige Bildungen mit ausgesprochen-gestreckten Elementen (Fig. 133). Die in der Grösse mit vorausgehender Species übereinstimmenden Sporen beginnen sich zu entwickeln.

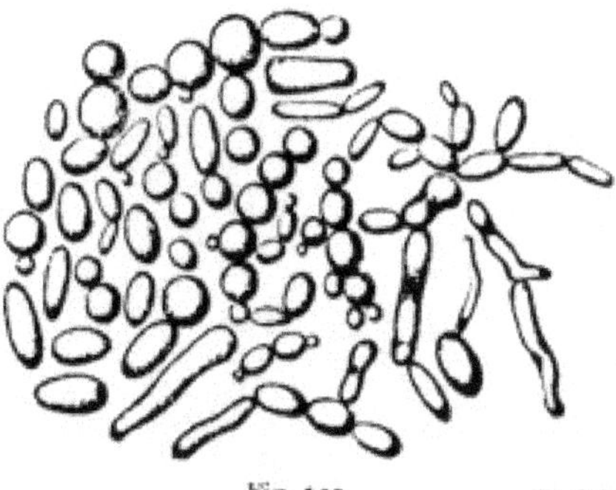

Fig. 132. (B. 740.)

Saccharomyces Pastorianus III HANSEN. Elemente von bei 28—20° C. auf Bierwürze erzogenen Kahmhäuten, aus Sprossverbänden und Einzelzellen bestehend. Nach HANSEN u. HOLM 1000fach.

Bei	27—28° C.	nach	35	Stunden
„	26½	„	„	30	„
„	25	„	„	28	„
„	22	„	„	29	„
„	17	„	„	44	„
„	16	„	„	53	„
„	10½	„	„	7	Tagen
„	8½	„	„	9	„

Bei 29° C. und 4° C. unterbleibt die Sporenbildung.

Die Fähigkeit zur Alkoholgährung ist ebenso entwickelt wie bei den vorigen Arten. Im übrigen ruft die Species Obergährungsphänomene hervor.

7. *S. Ludwigii* HANSEN. Von LUDWIG im Schleimfluss lebender Bäume (Eichen) aufgefunden und von E. CHR. HANSEN genauer untersucht. In Bierwürze oder in Hefewasser cultivirt bildet dieser Pilz, je nach den Versuchsverhältnissen, als Bodensatz entweder eine teigichte, ziemlich feste, oder aber eine lockere, käseartige Masse oder auch schimmelähnliche Flocken, die bisweilen in der Flüssigkeit schwimmen.

Die Kahmhautbildung erfolgt in Bierwürze (im Kolben) bei Zimmertemperatur sehr langsam, sodass sie in 1 Monat noch nicht deutlich eingetreten, auch kein deutlicher Hefering entstanden ist. Bei 25° C. geht unter denselben Verhältnissen diese Hautbildung schneller vor sich. Sie besteht aus zusammengewebten Colonieen mit oft sehr langgestreckten Zellen. In älteren Culturen findet man in der Kahmhaut ziemlich stark ausgeprägte Mycelbildung (Fig. 135). Im Uebrigen erscheinen die Zellen dieser Species von ellipsoidischer, wurst- oder flaschenförmiger mitunter auch ellipsoidischer Gestalt.

Der Pilz gehört zu den Alkoholgährungserregern. In einer Lösung von 10§ Traubenzucker in Hefewasser bei 25° C. cultivirt, bildete er in 14 Tagen ca. 6, in 28 Tagen 6,2 Vol§, in einer ähnlichen Cultur mit mehr Traubenzucker nach 1 Monat sogar 10 Vol. § Alkohol. In Maltoselösung sowie in Lactose- und Dextrinlösung in Hefewasser ruft er keine Gährung hervor. Rohrzuckerlösung wurde invertirt; in Stärkewasser erfolgte keine Zuckerbildung. Seine Gährfähigkeit macht er offenbar auch in den zuckerhaltigen Schleimflüssen der Bäume geltend: infolge der Kohlensäureentwickelung lässt sich eine oft auffällige Schaumbildung an solchen Ausflussmassen beobachten.

S. Ludwigii zählt zu denjenigen *Saccharomyces*-Arten, welche mit Leichtigkeit Sporen bilden, sowohl in Gipsblockculturen, als auf Gelatine, ja selbst in Nährflüssigkeiten, wo ihm reichliche Nahrung zu Gebote steht (z. B. in 10§ Rohrzuckerlösung, die einige Zeit bei Zimmertemperatur gehalten wurde, in Hefewasser, in Bierwürze) was bei anderen Saccharomyceten bekanntlich nicht der Fall ist. Auf festem Substrat tritt die Sporenbildung am ausgiebigsten ein bei etwa 25° C. Je nach der Grösse werden in jeder Zelle 1—4, bisweilen auch 6—8 Sporen erzeugt. Uebrigens ist die Neigung zur Bildung der Sporen bei den verschiedenen, aus je nur einer Zelle hervorgegangenen Colonieen verschieden. Wählt man nun Colonieen aus, welche in dieser Beziehung die geringste Fähigkeit zeigen und cultivirt deren einzelne Zellen

[1]) Ueber Alkoholgährung und Schleimfluss lebender Bäume und deren Urheber. Ber. deutsch. bot. Ges. Bd. IV, pag. XVII.

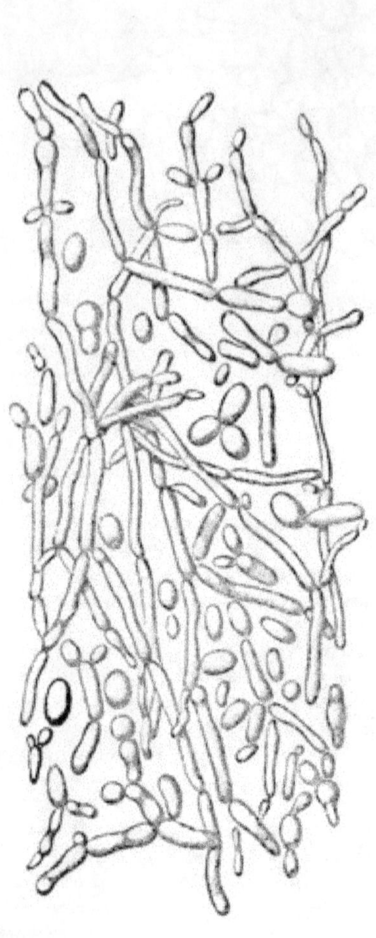

(B. 741.) Fig. 133.

Saccharomyces Pastorianus III HANSEN. Mycelien, Sprossverbände und Einzelzellen aus bei 15 bis 3° C. auf Bierwürze erzogenen Kahmhäuten. Nach HANSEN u. HOLM, 1000-fach.

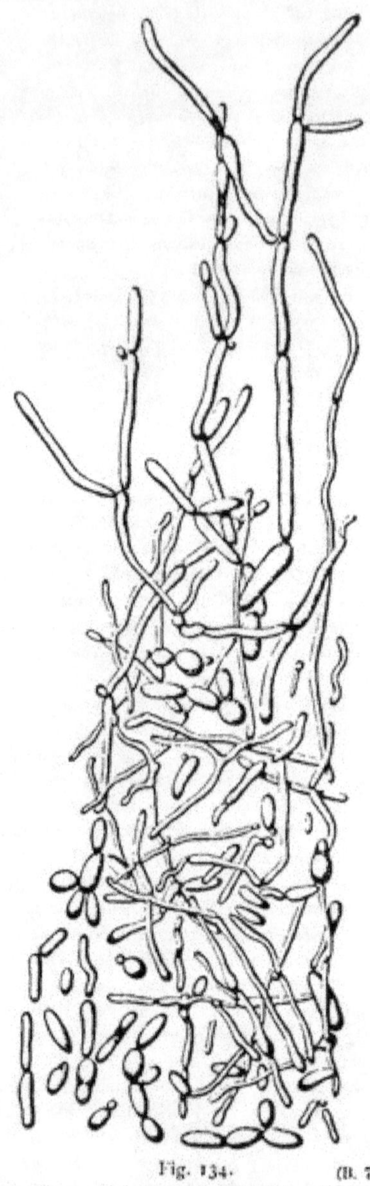

Fig. 134. (B. 742.)

Saccharomyces Pastorianus III HANSEN. Mycelien, Sprossverbände und Einzelzellen aus alten auf Bierwürze erzogenen Kahmhäuten. Nach HANSEN und HOLM, 1000fach.

durch viele Generationen in Bierwürze bei 25° C. oder unter sonst günstigen Bedingungen weiter, so bekommt man Vegetationen, die keine einzige Spore entwickeln! Auf diesem Wege planmässiger Auswahl konnte HANSEN drei verschiedene Vegetationsformen erhalten, 1. solche, welche die Fähigkeit behielten, reichlich Sporen zu bilden; 2. solche, welche diese Fähigkeit fast verloren und 3. solche, welche eine gänzliche Einbusse dieses Vermögens erlitten hatten[1]).

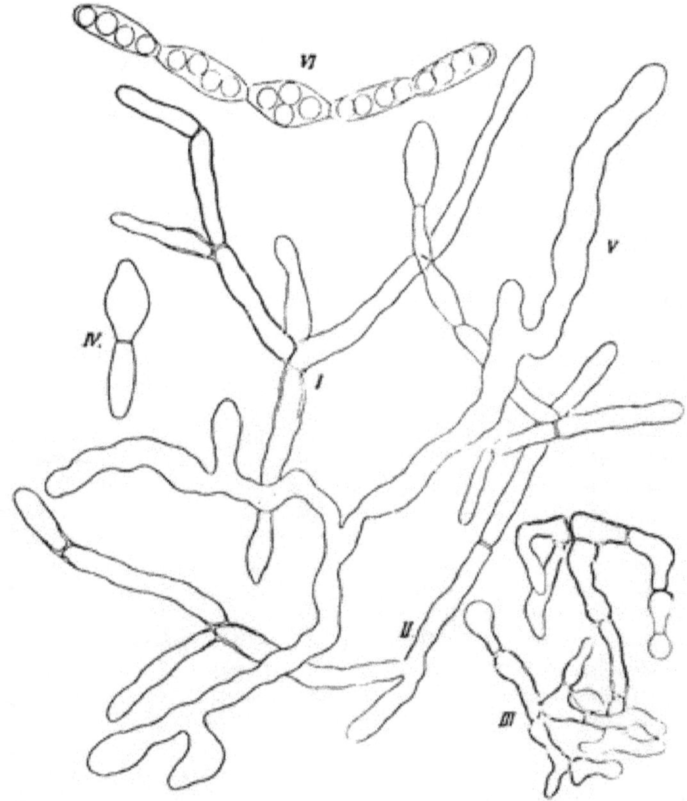

Fig. 135. (B. 743.)

Saccharomyces Ludwigii. Mycel und Sporenbildung aus sehr alten Culturen in Kirschsaft resp. Hefewasser. Vergröss. 1000 fach. Nach HANSEN's Originalzeichnung. I—IV Mycelien resp. Fragmente solcher mit breiten dicken Querwänden (ähnlich wie bei den Exoascus-Mycelien). V. Ein unregelmässig verzweigtes, völlig querwandloses kleines Mycel. VI. Mycelfäden ebenfalls mit breiten Querwänden, in jeder Zelle (Ascus) 4 Sporen.

8. *S. Marxianus* E. CHR. HANSEN. Von MARX auf Weinbeeren gefunden und von HANSEN näher untersucht. In Bierwürze entwickelt er kleine ellipsoidische bis eiförmige Zellen, ähnlich denen von *Sacch. exiguus* und *ellipsoideus.* Dazwischen kommen andere verlängert wurstförmige vor, die oft zu Colonieen vereinigt sind. Lässt man die Culturen einige Zeit in Ruhe, so bilden sich kleine schimmelpilzähnliche Colonieen, welche z. Th. auf der Oberfläche schwimmen, z. T. zu Boden sinken. Sie setzen sich zusammen aus durch einander gewirrten Verbänden vom Ansehen eines Myceliums und von im Wesentlichen derselben Natur, wie man sie in den Kahm-

[1]) Diese Resultate sind jedenfalls auch vom descendenz-theoretischen Standpunkte aus sehr bemerkenswerth.

häuten gewöhnlicher *Saccharomyces* antrifft. Wie diese bestehen sie aus gegen einander eingeschnürten, leicht trennbaren Gliedern. S. M. producirt nicht reichlich Endosporen. Letztere zeigen oft nierenförmige Gestalt, daneben findet man gewöhnlich runde und ellipsoidische Formen. Bei anderen Species ist diese Gestaltverschiedenheit, wenn überhaupt vorhanden, minder ausgesprochen. Nach 2—3 monatlicher Ruhe zeigen die Bierwürze-Culturen in den Ballons nur Spuren von Kahmhäuten, welche gebildet sind aus einer kleinen Anzahl theils kurzer wurstförmiger, theils ellipsoïdischer Zellen. Auf festem Substrat entsteht unter gewissen Bedingungen ein Mycelium. In Bierwürze gab der Pilz nur nach längerer Zeit 1 bis 1, 3 Vol. % Alkohol. Maltose vergährt er nicht, dagegen invertirte er Rohrzuckerlösungen und in einer derselben (15 % Rohrzucker in Hefewasser) gab er nach 18 Tagen bei 25° C. 3·75 Vol. %, nach 38 Tagen 7 Vol. % Alkohol.

In zwei Culturen mit Hefewasser, von denen die eine 10 %, die andere 15 % Traubenzucker enthielt, producirte er unter sonst gleichen Bedingungen nach 14 Tagen in dem ersten Falle 5,1, im zweiten 5,6 % Alkohol; nach einmonatlicher Ruhe in dem ersten Gefäss 6,5, im zweiten 8 Vol. % Alkohol.

9. *S. exignus* (Reess?) Hansen. Von Hansen in Bäckerhefe gefunden. Kahmhautbildung in Bierwürze ausserordentlich schwach, dagegen bildet sich am Rande der Flüssigkeit ein deutlicher Hefering. Die Zellen der Kahmhaut gleichen im Allgemeinen denen der Grundhefe; doch sind in dieser die kurzen und kleinen Formen häufiger. Von *S. Marxianus* unterscheidet er sich dadurch, dass er in Bierwürze keine mycelialen Sprossformen bildet und auf festem Substrat kein Mycelium. In seiner Wirkung auf die Zuckerarten indessen gleicht er dieser Species, doch machte er unter den Bedingungen der Hansen'schen Cultur auffälligere Gährung, sowohl in Rohrzucker als Traubenzuckerlösungen. In Bierwürze gab er auch nach mehreren Monaten nur 1—1,3 Vol. % Alkohol (wie *S. Marxianus*). Maltose kann er nicht vergähren, invertirt aber Rohrzucker und in Lösungen desselben von 10—15 % in Hefenwasser konnte er nach 14 tägiger Cultur bei 25° C. 5,6 Vol. % Alkohol erzeugen. Nach 26 tägigem Stehen fand Hansen im Ballon mit reicher Zuckerlösung 6 Vol. %. In 2 Lösungen von 10—15 % Traubenzucker (in Hefewasser) producirte der Pilz bei 25° C. in 14 Tagen sogar 6,4 bis 8 Vol. % Alkohol.

S. membranaefaciens Hansen. Vor S. exignus ist er dadurch ausgezeichnet, dass er auf Bierwürze sehr schnell eine wohlentwickelte faltige Kahmhaut bildet, die aus wurstförmigen und verlängert ellipsoïdischen, vacuolenreichen, z. Th. in Colonieen vereinigten z. Th. isolirten Zellen bestehen. Zwischen ihnen ist viel Luft. Charakteristisch ist ferner reichliche Sporenbildung auch unter gewöhnlichen Culturverhältnissen. In Bierwürzegelatine vertheilt bilden die Zellen matte graue, mitunter schwach röthliche, gewöhnlich ausgebreitete, rundliche, faltige Colonieen an der Oberfläche des Substrats, im Innern natürlich anders gestaltete. Dabei wird die Gelatine sehr leicht verflüssigt.

Weder in Bierwürze noch in irgend welcher anderen Zuckerlösung ruft der Pilz Alkohol-Gährung hervor. Uebrigens gleicht er in seinem Wachsthum sehr den (bekanntlich endosporenlosen) Mycodermen.

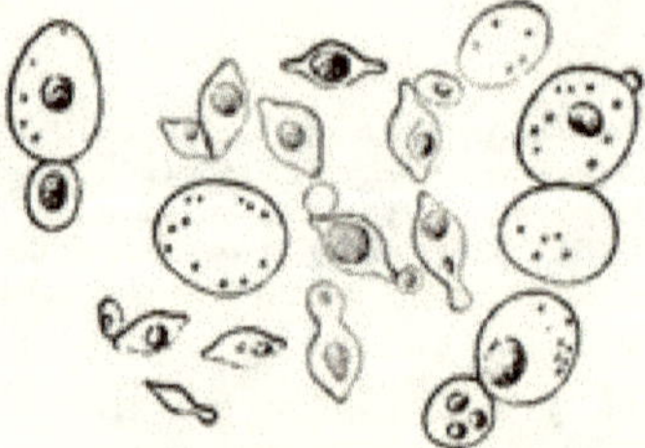

Fig. 136. (B. 744.)

Zellen von *S. cerevisiae* I und von *S. apiculatus* (die citronenförmigen) 950 fach, nach Hansen.

Von zweifelhafter Saccharomyceten-Natur ist: *S. apiculatus* Reess (Fig. 136 u. 137)[1]. In der Natur ausserordentlich häufig, lebt er in der warmen Jahreszeit auf süssen, saftigen Früchten, wie Kirschen, Stachelbeeren, Pflaumen, Weintrauben, während er den

[1]) Reess, M., Botanische Untersuchungen über die Alkohol-Gährungspilze. Leipzig 1870, pag. 26. — Hansen, E. Chr., Recherches sur la physiologie et la Morphologie des ferments alcooliques. I Sur le Saccharomyces apiculatus et sa circulation dans la nature. Meddel. fra Carlsberg Laborat. Bd. I. III. 1881. — Engel, Les ferments alcooliques 1872.

Winter nach Hansen im Boden verbringt, wohin er durch Regen oder mit den abfallenden Früchten gelangt. Sein zähes Leben befähigt ihn, nicht nur mehrmonatliche Austrocknung des Bodens, sondern auch den Wechsel der Temperatur und Schwankungen der Feuchtigkeit zu ertragen. Häufig erscheint er in der Hauptgährung des Weines, bei der Nachgährung desselben zurücktretend, wird aber auch in anderen Selbstgährungen gefunden. In Bierwürze gezüchtet verhält er sich nach H. als eine Unterhefe, giebt aber nur 1 § Alkohol unter Verhältnissen, wo *S. cerevisiae* (Unterhefe) 6 § erzeugt, weil er Maltose nicht vergähren kann; auch Invertinbildung fehlt ihm. In Traubenzuckerlösungen bildet er mehr Alkohol.

Bezüglich seiner Gestaltung unterscheidet er sich, wie schon Reess zeigte, von den ächten Saccharomyceten-Arten darin, dass seine Zellen an beiden Polen apiculirt erscheinen (Fig. 136 u. 137). Diese Form ist aber meist nur im Anfange der Cultur vorwiegend, später, wenn die Ernährungsverhältnisse ungünstiger werden, treten eiförmige oder verlängerte Sprosse in den Vordergrund (Fig. 137, *g*—*m*). Sporenbildung kennt man nicht, daher ist die Stellung des Pilzes noch zweifelhaft.

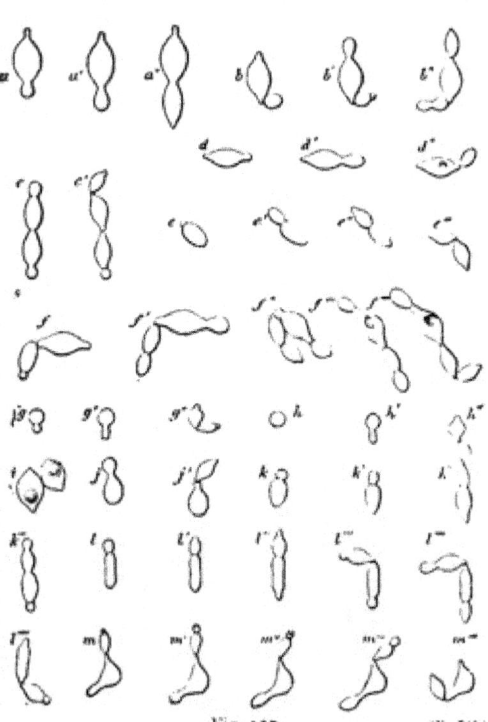

Fig. 137. (B. 745.)

Sprossende Zellen von *Sacch. apiculatus* Reess *a*—*a''* successive Stadien der Sprossung einer Zelle. *b*—*b''* ähnliche Reihe, nur dass die Zelle sowohl unten als oben sprosst. *c* eine Zelle, *c'* dieselbe ¾ Stunden später. *d*—*d'''* Entwickelungsreihe innerhalb 1¼ Stunden, *e*—*e'''* in 2¼ Stunden, *f*—*f'''* in 3 Stunden, *g*—*g''* Entwickelung in Aepfelsaft, *h*—*h''* in Pflaumensaft, *i*—*i'*, *k*—*k'''*, *l*—*l'''''*, *m*—*m''''* in Bierwürze, *g*—*m* abnorme Sprossformen. Die rundlichen Körper der Zellen bei *i* sind Fetttropfen. Alles nach Hansen.

Genus II. *Monospora* Metschnikoff.

M. cuspidata Metschnikoff. Sie wurde von M. in Wasserfloh-artigen Krebsen (Daphniden) entdeckt, die sie zur Erkrankung resp. Abtödtung bringt. Man kennt bisher nur die aus meist verlängerten Zellen bestehenden Sprossmycelien (Fig. 138,1—7). Zur Zeit der Fructification strecken sich dieselben meist sehr bedeutend zu keulenförmigen oder cylindrischen Schläuchen, deren Inhalt zur Bildung einer sehr schmalen und langen Spore verwandt wird (Fig. 138,8—10). Dieselbe keimt in der Weise aus, dass seitlich eine dicke, kurze Ausstülpung entsteht, welche alsbald ein kleines Sprossmycel entwickelt (Fig. 138,11). Die Leibeshöhle der Daphnien enthält in dem ersten Stadium der Krankheit nur vegetative Sprosse, später auch Asci. In todten Thieren sind letztere sehr zahlreich anzutreffen. Sie werden nun von gesunden Individuen verschluckt, und ihre Sporen im Darmkanal durch Auflösung der Schlauchwand in Freiheit gesetzt (Fig. 138,13 *a*). In Folge der peristaltischen Bewegungen des Darmes dringen diese scharf zugespitzten Gebilde durch die Darmwand hindurch und theilweise oder auch ganz in die Leibeshöhle der Thiere ein (13, *bcd*). Dort werden sie von den Blutkörperchen empfangen, die sich an sie festheften (wobei sie bisweilen miteinander verschmelzen und die Spore förmlich einhüllen), um sie schliesslich zu deformiren und abzutödten (Fig. 138, 14. 16). Gelangen aber sehr viele Sporen in die Leibeshöhle und fangen sie hier an zu sprossen, so können die Blutkörperchen, wie auch die isolirten Bindegewebskörper, die gleichfalls die Zellen des Pilzes fressen, die Monospora oft nicht mehr bewältigen. Ihre Sprosse werden durch den Blutstrom in der Leibeshöhle vertheilt und an solchen Stellen abgelagert, wo das Blut am langsamsten circulirt, um hier bald ganze Zellhaufen zu bilden. Zwar werden auch dann noch eine Anzahl der Sprosse durch einzelne oder gelegentlich auch zu kleinen Plasmodien verschmolzene Blutzellen gefressen, allein die grosse Mehrzahl bleibt unangetastet und richtet sowohl durch ihre Menge, als wahrscheinlich auch durch ihre Abscheidung besonderer, auf die Blutzellen wirkender Stoffe das Thier zu Grunde. Je weiter die Krankheit vor-

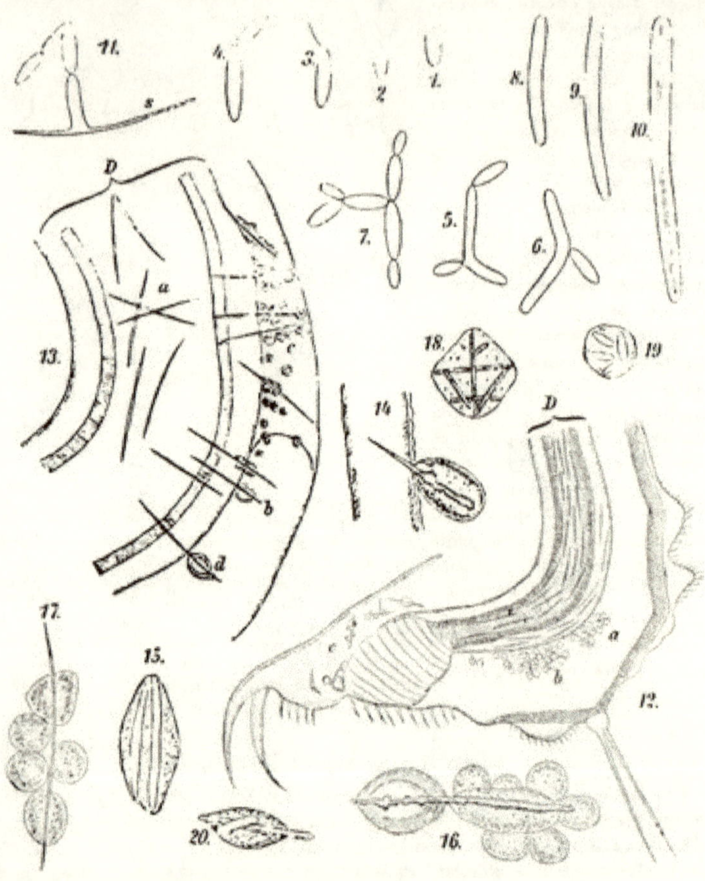

(B. 746.) Fig. 138.

Monospora cuspidata METSCHNIKOFF. 1—7. Vegetative Zustände, in Sprossung begriffen. 8 bis 9. Junge Asci, 10. Reifer Ascus mit seiner nadelförmigen Spore. 11. Spore, seitlich sprossend. 12 Stück vom Hinterleibe eines kleinen Krebses (Daphnia), von dem Pilze befallen; bei *abc* in der Leibeshöhle befindliche Sporen, von Blutkörperchen umgeben; viele Sporen finden sich auch in der Darmwand *D* und im Darmlumen. 13. Stück aus dem Vordertheile eines *Daphnia*-Körpers. *D* Darmwand, bei *bc* und *a* von den nadelförmigen Schlauchsporen durchbohrt, um welche sich zahlreiche Blutkörperchen angesammelt haben, im Darmlumen bei *a* sind gleichfalls Sporen zu sehen. 14. Stückchen der Darmwand, in welcher eine nadelförmige Spore noch zur Hälfte drin steckt, während der hervorragende Theil von einem Phagocyten bereits stark verändert ist. 15 Ein Phagocyt mit 2 Zellen des Pilzes. 16. 17. Sporen von Phagocyten umgeben, die eine stark deformirt. 18—20. Phagocyten (resp. Plasmodien derselben), mehrere vegetative Zellen des Pilzes einschliessend.

schreitet, desto mehr Blutkörperchen werden aufgelöst, sodass zu der Zeit, wo die Daphnia eine bedeutende Anzahl reifer Sporen enthält, sie bereits wenige oder gar keine Blutkörperchen mehr aufweist. Im letzten Stadium der Krankheit nimmt der Krebs eine diffus-milchweisse Färbung an, die Bewegungen bleiben eben so munter, wie bei gesunden Thieren, auch das Herz, obwohl mit Sporen oft überladen, macht anscheinend ganz normale Contractionen. Ebenso erfolgt die Nahrungsaufnahme noch in den letzten Tagen vor dem Tode. Die ganze Krankheit dauert über 14 Tage. Nicht selten sind mit genannten Parasiten auch noch Psorospermien der Pebrinekrankheit vergesellschaftet.

Familie 2. Exoasci Sadebeck.

Ihre Vertreter leben als Parasiten in vielen unserer Laubholzgewächse aus den verschiedensten Familien (Pomaceen: *Crataegus, Pirus*; Amygdalaceen:

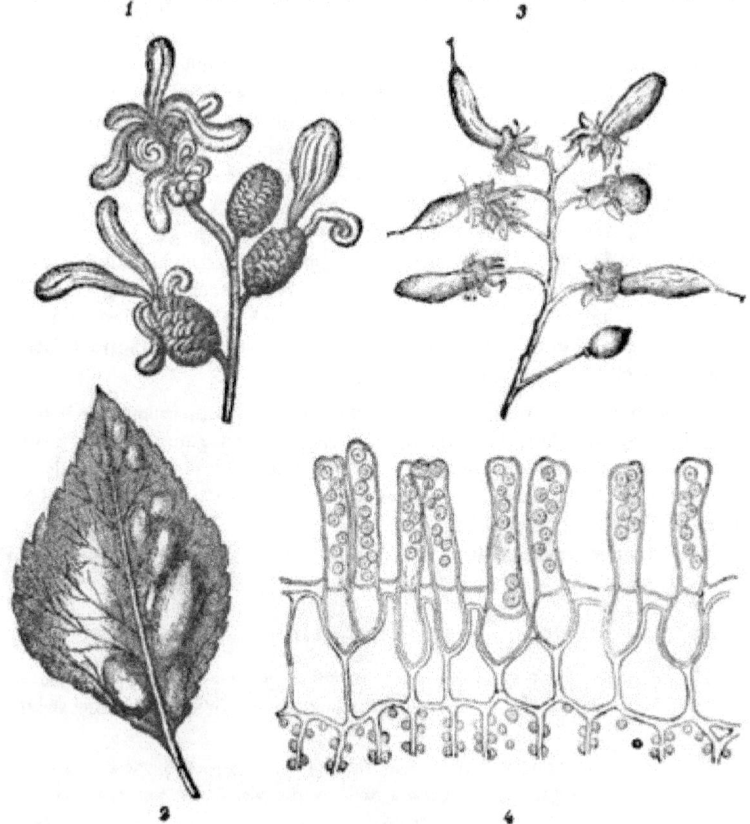

(B. 747.) Fig. 139.

1 Zweigstück von *Alnus glutinosa* mit 4 weiblichen Kätzchen, von denen drei durch Auswüchse verunstaltet sind, die durch *Exoascus Alni incanae* F. Kühn hervorgerufen wurden. 2. *Exoascus aureus* Fr. auf einem Pappelblatte blasige Auftreibungen bewirkend. 3. *Exoascus Pruni* Fuckel, welcher die Früchte von *Prunus Padus* deformirt hat. (Die unterste Frucht ist normal ausgebildet). 4. Querschnittsstück eines *Alnus*-Blattes mit reifen Schläuchen des *Exoascus alnitorquus* Tul. Sie sitzen zwischen Cuticula und Epidermis (erstere durchbrechend) und sind durch eine Querwand gegen den basalen Theil abgegrenzt; 600fach. 1 und 4 nach Hartig, 3 nach Winter, 4 nach Sadebeck.

Prunus, Persica, Amygdalus; Betulaceen: *Betula, Alnus*; Cupuliferen: *Quercus*; Salicaceen: *Populus*; Ulmaceen: *Ulmus*; Aceraceen: *Acer).* Die durch sie hervorgerufenen Krankheiten äussern sich z. B. in Flecken- oder Blasenbildung an den Blättern (Fig. 139,1), in Hypertrophie des Fruchtknotens (Fig. 139,3) u. der Kätzchenschuppen (Fig. 139,1) oder in Bildung von Hexenbesen (an der Birke, Hainbuche). Das Mycel perennirt nach SADEBECK in den Knospen, um im Frühjahr von hier aus in die jungen Triebe hineinzugehen, entweder nur zwischen Epidermis und Cuticula, oder auch intercellular sich ausbreitend. Dabei ist dasselbe gut entwickelt, aber ohne Haustorien. In den alten Trieben wird es vermisst, weil es hier bereits zu Grunde gegangen ist.

Zu Beginn der Fructification gliedert sich das anfangs schmalfädige, langzellige Mycel reicher durch Scheidewände, die Zellen schwellen auf, z. Th. auf Kosten sich entleerender Nachbarglieder und runden sich später mehr oder minder stark gegeneinander ab, oft bis zur völligen Trennung. Jede Zelle treibt nun senkrecht zur Mycelebene eine Aussackung, die das Plasma in sich aufnimmt und sich, bei manchen Arten wenigstens, durch eine Querwand gegen den basalen Theil abgrenzt (Fig. 139,4). Nach dem Gesagten ist begreiflich, dass die Schläuche mehr oder minder dicht palissadenartig neben einander gestellt sein müssen, förmliche Lager bildend von oft beträchtlicher Ausdehnung. Da die Schlauchbildung stets zwischen Epidermis und Cuticula erfolgt, durchbrechen die sich streckenden Schläuche die letztere (Fig. 139,4). In jedem Schlauch entstehen 8 kugelige Sporen, nachdem der relativ grosse Kern nach Bildung einer Kernfigur sich in zwei getheilt und dieser Vorgang sich 2 Mal wiederholt hat. In Freiheit gelangen die Sporen, indem der Ascus sich an der Spitze öffnet und nun dieselben ejaculirt werden.

Doch keimen die Sporen häufig schon im Ascus aus, indem sie hefeartige ellipsoidische Sprosszellen treiben, die schliesslich den ganzen Ascus ausfüllen können, sodass es bei flüchtiger Untersuchung den Anschein gewinnt, als ob er vielsporig sei. Reichlicher noch sprossen die Ascosporen in zuckerhaltigen Nährlösungen, woselbst sie nach SADEBECK schwache Alcoholgährung erregen. Unreife Asci können nach SADEBECK terminal zu Conidien aussprossen. Die einzige Gattung ist:

Exoascus FUCKEL.[1])

1. *E. alnitorquus* (TULASNE) kommt häufig auf *Alnus glutinosa* vor, mit seinem Mycel die jungen Triebe durchziehend, aber hier nur zwischen Epidermis und Cuticula verlaufend und in den

[1]) Literatur: DE BARY, Exoascus Pruni, Beiträge zur Morphol. u. Phys. I. pag. 33. — TULASNE, Super Frisiano Taphrinorum genere. Ann. sc. nat. sér. V. t. V pag. 122. MAGNUS, P., Ueber Taphrina. Sitzungsber. des bot. Vereins der Provinz Brandenb. 1874. pag. 105—109. — Bemerkungen über die Benennung zweier auf Alnus lebender Taphrina-Arten. Hedwigia 1890. Heft 1. Hedwigia 1874. pag. 135 und 1875. pag. 97. — SOROKIN, Quelques mots sur l'Ascomyces polysporus. Ann. sc. nat. sér. 6 t. IV (1876). SADEBECK, Untersuchungen über die Pilzgattung Exoascus. Jahrbuch der wissensch. Anstalten für Hamburg 1883 und Sitzungsber. der botan. Ges. Hamburg 1888. — RATHAY, Ueber die Hexenbesen der Kirschbäume. — R. HARTIG, Lehrbuch der Baumkrankheiten II. Aufl. — WINTER, Pilze in RABENH. Kryptog.-Flora I 2 Abth. pag. 3. — JOHANSON, C. J., Om svampslagtet Taphrina. Sv. Vet. Acad. Oefvers. 1885. No. 1. u. Bi-hang till Sv. Vet. Akad. Handlingar, Bd. 13. 1887. — FISCH, C., Ueber die Pilzgattung Ascomyces. Bot. Zeit. 1885, pag. 29—47.

Blättern fructificirend, wo die Ascenlager grosse, das ganze Blatt überziehende Beulen hervorrufen, (Fig. 139, 2) die später vertrocknen. (Die Auswüchse, welche ein Exoascus auf den Schuppen der weiblichen Kätzchen hervorruft (Fig. 139, 1) gehören nicht zu vorliegender Species, sondern zu *Exoascus Alni incanae* J. KÜHN). Die fertilen Hyphen gehen ganz in Bildung der Asci auf, sodass letztere dicht gedrängt stehen (Fig. 139, 4); ausserdem findet eine Differenzirung in Stielzelle und Schlauch statt. Von SADEBECK l. c. genauer untersucht.

2. *E. Pruni* FKL. Erzeugt die sogenannten Narren oder Taschen der Pflaumen (*Prunus domestica* Fig. 140 und der Ahlkirsche, *Prunus Padus* Fig. 139, 3), indem sie deren Früchte deformirt. Das Mycel verläuft intercalar und geht ganz und gar in der Bildung von dicht gedrängt stehenden, von einer Stielzelle getragenen Ascen auf. Von DE BARY l. c. genauer studirt.

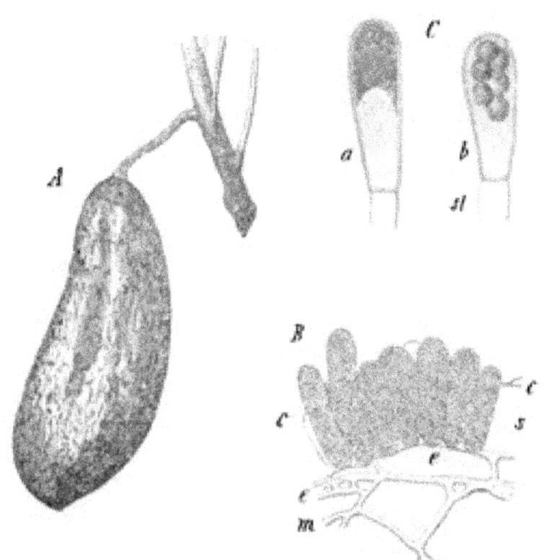

Fig. 140. (B. 718.)

Pilz der Taschen oder Narren der Pflaumenbäume (*Exoascus Pruni* FKL.) *A* Eine Tasche in natürlicher Grösse. *B* Durchschnitt durch den oberflächlichen Theil einer solchen. Die Mycelfäden *m* haben zwischen der Epidermis *e* und der abgehobenen Cuticula *c* eine Anzahl Schläuche *s* gebildet, in denen noch keine Sporenbildung eingetreten. *C* Zwei Sporenschläuche *a b* mit der Stielzelle *st*, stärker vergrossert, bei *a* noch unreif, bei *b* mit 6 Sporen im Innern. Aus FRANK's Handbuch.

Familie 3. Gymnoasci WINTER.

Vor den Saccharomyceten und Exoasci dadurch ausgezeichnet, dass das Mycel als solches in seiner ganzen Ausdehnung bei der Schlauchfructification erhalten bleibt, und ferner darin unterschieden, dass die Asci mit Ausnahme von *Endomyces* REESS, wo sie unmittelbar vom Mycel entspringen und von *Eremascus* EIDAM, wo sie nach Art einer Zygospore entstehen, als Endglieder von reichen Verzweigungen eines Ascogons auftreten. Hefeartige Sprossung, wie sie bei den beiden vorausgehenden Familien zu finden, bisher unbekannt, Conidienbildung nur bei *Ctenomyces* constatirt.

Gattung 1. *Eremascus* EIDAM[1]).

Sehr eigenthümlich durch den Umstand, dass der Ascus-erzeugende Apparat ganz ähnlich einem Zygosporenapparat aussieht, d. h. zwei Suspensoren-artige Zweige zeigt, die spiralig um einander gewunden sind und die an der Spitze fusioniren, um hier einen grossen, 8 sporigen Schlauch zu bilden. Die einzige Species *E. albus* EIDAM ward auf verdorbenem Malzextract beobachtet.

Gattung 2. *Gymnoascus* BARANETZKY[2]).

Der einzige Vertreter *G. Reessii* BAR., der auf Excrementen phytophager Säugethiere nicht selten ist, entwickelt eine Schlauchfructification in Form von

[1]) Zur Kenntniss der Entwickelung der Ascomyceten. COHN's Beitr. z. Biol. III. Heft III (1883).

[2]) Entwickelungsgeschichte des *Gymnoascus Reessii*. Bot. Zeit. 1872.

kleinen, etwa ½—1 Millim. im Durchmesser haltenden, im ausgebildeten Zustande orangegelben Knäuelchen. Sie entstehen dadurch, dass an einem Mycelfaden, rechts und links von einer Querwand oder auch an zwei verschiedenen Fäden Seitenästchen entspringen, von denen das eine das andere spiralig umwindet. Jenes wird zum Ascogon, es treibt, nachdem sein Spitzenwachsthum sistirt ist, reichlich sich verästelnde und zu einem Knäuel verflechtende Seitenzweige, deren Endzellen zu eiförmigen, 8-sporigen Schläuchen werden. Die Ascus-Knäuel werden dann vollständig oder lückenhaft umhüllt von locker sich verflechtenden Hyphen, welche von der Basis des Oogons oder dessen Mycel-Umgebung entspringen und unter Gelbfärbung derbwandig werden.

Gattung 3. *Ctenomyces* EIDAM[1]).

Die hier zu Knäueln vereinigten, im Wesentlichen wie bei *Gymnoascus* entstehenden Asci sind allseitig umhüllt von einem sehr lockeren, rundlichen Gewebe eigenthümlich toruloser Hüllhyphen, welche gewissermaassen eine sehr einfache Fruchthülle (Perithecium) darstellen, wodurch die Gattung zwischen den Gymnoasceen und Perisporiaceen, welche letztere schon eine dicht geschlossene, gewebeartige Hülle bilden, vermittelt. Bei dem einzigen, von E. auf alten Federn gefundenen *Ct. serratus* findet man als erste Anlage der Schlauchfructification einen kurzen, keulenförmigen Mycelast, um welchen sich ein dünnerer Mycelast in Form einer Spirale herumwindet. Diese Spirale theilt sich dann unter Auflockerung und ihre Zelle bildet zahlreiche Aeste, die endlich Ascusknäuel produciren.

Ordnung 2. Perisporiaceen.

Im Vergleich zu den Gymnoasceen nehmen sie entschieden eine höhere Stufe der Entwickelung ein: denn ihre Schlauchfructification schwingt sich bereits zur Bildung einer allseitigen, pseudoparenchymatischen, kugeligen bis ellipsoïdischen, aus ein oder mehreren Zellschichten gebildeten Hülle *(Perithecium)* und damit zur Formation einer typischen »Frucht« auf. Zweifelhafte Fälle ausgenommen erhält dieselbe zum Unterschied von der nächsten Ordnung (Sphaeriaceen) keine Mündung, ist daher cleistocarp (vergl. pag. 66) und öffnet sich dementsprechend nur durch unregelmässige Zerreissung oder durch Zerfall. Im Zusammenhang hiermit werden die Sporen nicht ejaculirt (s. pag. 87), sondern durch Auflösung der Schlauchmembranen frei. Die Schläuche, deren Gesammtheit man früher als Kern (Nucleus) bezeichnete, entstehen bei den bei fast allen genauer untersuchten Arten aus einem Ascogon. Da wo überhaupt nur ein Schlauch erzeugt wird, wandelt sich das Ascogon direct in diesen um, in den übrigen Fällen entstehen die Schläuche als Endglieder von Aussprossungen einer ascogenen Zelle oder einer ascogenen Hyphe, während die Hülle sich aufbaut als Fäden, welche an der Basis des Ascogons oder in der Nachbarschaft desselben am Mycel entspringen und sich später reich verzweigen und dicht verflechten. Soweit unsere jetzigen Kenntnisse reichen, scheint Paraphysenbildung vollständig zu fehlen. Für eine schnelle und ausgiebige Vermehrung ist vielfach durch typische Conidienträger gesorgt, die meist nur auf dem Mycel, selten auch als Aussprossungen der Hülle entstehen. Perisporiaceen und Sphaeriaceen pflegt man auch als Kernpilze oder Pyrenomyceten zusammenzufassen.

---

[1]) Zur Kenntniss der Gymnoasceen. COHN's Beitr. z. Biol. III. Heft II (1880).

Familie 1. Erysipheen. Mehlthaupilze.

Sie stellen sammtlich Parasiten dar, welche namentlich die verschiedensten Dicotylen bewohnen, aber auch gewisse Monocotylen (z. B. Gräser) nicht verschmähen. In Rücksicht auf den Umstand, dass sie in mehlartigen, ausgebreiteten Ueberzügen auftreten, wurden sie von jeher als »Mehlthaupilze« bezeichnet. Die Fäden ihres Mycels breiten sich ausschliesslich auf der Oberhaut aus, heften sich mit einzelnen verbreiterten Stellen (Appressorien, Fig. 9, *Ax*, *Bx*) an dieselbe an und treiben von hier aus eigenthümliche sackförmige Haustorien (Fig. 9, *Bh*) im Innern der Epidermiszellen. Auf den Mycelien entstehen einfache, meist einzellige Conidienträger (Fig. 20, I *T*), an deren Enden relativ grosse, meist tonnenförmige Conidien in basipetaler Folge abgeschnürt werden, kettenbildend (Fig. 20, I). Allgemein kommen in den Conidien die in Fig. 20, II—VI dargestellten, auf pag. 105 characterisirten Fibrosinkörper vor.

Die Schlauchfrüchte, welche dem blossen Auge als dunkle Pünktchen erscheinen, sind von Kugelform. Es lassen sich zwei Entwickelungstypen derselben unterscheiden, einen einfachen, für *Podosphaera* und *Sphaerotheca* characteristischen und einen complicirteren, bei *Erysiphe* anzutreffenden. Bei *Podosphaera* entsteht die Fruchtanlage an der Kreuzungsstelle zweier Mycelfäden. Jeder derselben treibt ein kleines, aufrechtes Aestchen, welches frühzeitig sein Spitzenwachsthum einstellt und sich durch eine Querwand gegen das Mycel abgliedert. Das eine Aestchen wird bauchig und stellt das Ascogon dar, das andere bleibt cylindrisch, schmiegt sich dem Ascogon an und repräsentirt den ersten Hüllzweig (DE BARY fasst das Ascogon als weibliches, den ersten Hüllzweig als männliches Organ [Antheridium] auf). An der Basis des Ascogons entstehen alsbald noch andere Hüllzweige, welche sich dem Ascogon ebenfalls anschmiegen (Fig. 20, VIII). Das Ascogon theilt sich nun (Fig. 20, IX) in eine untere (*b*) und in eine obere Zelle (*a*), welche letztere unmittelbar zum 8-sporigen Schlauche wird (Fig. 20, X*a*). Mittlerweile haben sich die Hüllschläuche gestreckt, durch Querwände gegliedert, verzweigt und zu der einschichtigen Hülle (Fig. 20, IX *h*) allseitig zusammengeschlossen. Von den Zellen der Hülle entspringen nach innen Zweige, welche sich zwischen diese und das Oogon einschieben, die Füllschicht (Fig. 20, IX *i*) bildend. Ebenso entstehen auf der Aussenseite der Hülle haarartige Aussprossungen, welche theils als Rhizoïden dem Substrat zuwachsen, theils sich in die Luft wenden.

Bei *Erysiphe* erfolgt die Anlage der Schlauchfrucht zunächst wie bei *Podosphaera*, nur zeigt das Ascogon die Gestalt einer keulenförmigen Zelle, die schraubig um den ersten Hüllzweig gewunden ist. Es wächst später, während die Hülle sich entwickelt, zu einem gekrümmten, mehrzellig werdenden Faden heran. Die einzelnen Zellen desselben wachsen entweder direct zu Ascen aus oder entwickeln diese am Ende kurzer, einfacher oder doch nur wenig verästelter Seitenzweige. Die übrige Ausbildung der Frucht verläuft wie bei *Podosphaera*. Bei manchen Arten, wie *Erysiphe graminis*, kommen die Sporen erst während der Winterruhe der Frucht zur Ausbildung, wobei das Plasma des Hüllgewebes, wie es scheint, mit aufgebraucht wird. Die schon erwähnten Haarbildungen am Perithecium, soweit sie nicht Rhizoïden sind, nehmen bei manchen Erysipheen höchst charakteristische, bereits auf pag. 67 erwähnte und abgebildete Formen an, welche mit Vortheil zur Unterscheidung der Gattungen benutzt werden, zumal die Conidienbildungen meist gar keine besonderen Merkmale bieten.

Bemerkenswertherweise schmarotzt in den Mycelien, Conidien und Schlauchfrüchten der Erysipheen ein kleiner Pycnidenbildender Mycomycet *(Cicinnobolus Cesatii)*, dessen Früchtchen man früher für Conidienfrüchte der Mehlthaupilze hielt.

Literatur: Léveillé, Organisation et disposition méthodique des espèces qui composent le genre Erysiphe. Ann. sc. nat. sér. III. vol. 15. Tulasne, Selecta fungorum Carpologia I. Derselbe, Nouvelles obs. sur les Erysiphées. Ann. sc. nat. 4 sér. t. I. — de Bary, Ueber die Fruchtentwickelung der Ascomyceten. Leipzig 1863. — Beiträge z. Morphol. u. Physiol. der Pilze III. (Frankfurt) 1870. — R. Wolff, Beitr. z. Kenntniss der Schmarotzerpilze (Erysiphe). Thiel's landw. Jahrbücher 1872. — Derselbe, Keimung der Ascosporen von Erysiphe graminis. Bot. Zeit. 1874. pag. 183. — H. von Mohl, die Traubenkrankheit. Bot. Zeit. 1852. pag. 9. 1853. pag. 588. 1854. pag. 137. — Farlow, W. G., Notes on some Common diseases caused by Fungi Bull. of the Bussey Institution. Juni 1877. Vergl. auch Sorauer, Pflanzenkrankheiten II. Aufl. Bd. II.

Gattung 1. *Sphaerotheca* Léveillé.

Peritheeien nur 1 Ascus enthaltend. Haarartige Anhängsel von der Form einfacher Fäden.

Sph. Castagnei Lev. (Fig. 20, VII—X). Namentlich auf dem Hopfen vorkommend und diesen oft stark schädigend. *Sph. pannosa* (Wallroth), auf den Blättern und Zweigen unserer Gartenrosen häufig.

Gattung 2. *Podosphaera* Kunze.

Peritheeien mit nur 1 Ascus. Haarartige Anhängsel wiederholt dichotom verzweigt, in der Nähe des Scheitels stehend.

P. Oxyacanthae (DC) auf dem Weissdorn häufig (Fig. 20, I—VI).

Gattung 3. *Erysiphe* (Hedwig).

Peritheeien mehr-schläuchig, mit einfach fädigen Haarbilduugen. *E. graminis* DC. (Fig. 49). Gebaute und wildwachsende Gräser bewohnend und oft stark schädigend; *E. Martii* Lev. auf verschiedenen Papilionaceen; *E. communis* (Wallroth). Auf verschiedenen Pflanzen sehr häufig, namentlich auf *Polygonum aviculare* gemein. *E. Tuckeri* (Berk.) den Weinstock oft stark schädigend.

Gattung 4. *Microsphaera* Léveillé.

Peritheeien mehr-schläuchig, mit am Ende dichotom verzweigten Haarbildungen (Fig. 48).

M. Lycii (Lasch). Auf *Lycium barbarum*; *M. Grossulariae* (Wallroth) auf der Stachelbeere *(Ribes Grossularia)*.

Gattung 5. *Uncinula* Léveillé.

Peritheeien mehrschläuchig, Haare mit gabelig verzweigten, stark gekrümmten Enden (Fig. 47).

M. Salicis (*DC*). Auf verschiedenen Weiden häufig. *U. Aceris* (*DC*) auf Ahorn-Arten.

Gattung 6. *Phyllactinia* Léveillé.

Peritheeien mehrschläuchig, mit einfachen, an der Basis zwiebelartig aufgeschwollenen Haaren (Fig. 46).

Ph. suffulta (Rebentisch). Auf *Alnus*, *Corylus*, *Fagus*, *Quercus*.

Familie 2. Aspergilleen. Pinselchimmel.

Gemeinsam ist allen Vertretern eine Conidienfructication, die von jeher als »Schimmel« *par excellence* bezeichnet wurde und die sich dadurch charakterisirt, dass in der oberen Region des meist einfachen, entweder einzeligen (schlauchförmigen) oder mehrzelligen Trägers kleine Zweige entstehen, die entweder einzelzellig oder mehrzellig, bei gewissen Repräsentanten auch verzweigt erscheinen und im ersteren Falle unmittelbar, im letzteren in ihren Endzellen zu kleinen flaschenförmigen Gebilden (Sterigmen) werden, an deren Ende rundliche Conidien in basipetaler Folge, kettenbildend, abgeschnürt werden. Der ganze stattliche Apparat bietet daher das Bild eines zierlichen Pinsels (Fig. 18, *A t, B* und Fig. 29, I). Doch bleibt zu beachten, dass bei mangelhafter Ernährung dieser Apparat stark reducirt werden kann, oft bis auf ein einziges Sterigma (Fig. 29, VIII—X). Was die Schlauchfrucht anbetrifft, so ist sie bei den einzelnen Gattungen besprochen worden.

Gattung 1. *Aspergillus* Micheli.

Von *Penicillium* dadurch verschieden, dass die Conidienträger unter normalen Verhältnissen einzellig erscheinen, ein meist einfaches, relativ dickes, schlauchförmiges Gebilde darstellend, das am Ende kopfförmig aufgeschwollen ist (Fig. 26, III, Fig. 29, I). Auf dieser Anschwellung entstehen bei gewissen Arten (*Aspergillus* i. e. S.) die zahlreichen kleinen, flaschenförmigen Sterigmen unmittelbar und in doldenartiger Anordnung (Fig. 26, III); in der Section *Sterigmatocystis* dagegen finden wir auf dem Köpfchen zunächst viele Basidien (Fig. 29, II *B*, III *B*) und auf diesen (meist) 4 Sterigmen, die, wie ich bereits auf pag. 44 zeigte, in basipetaler Folge entstehen (Fig. 29, II s, III s, IV—VII s. auch Erklärung), sodass der ganze Conidienapparat eine gewisse Complicirtheit zeigt (Fig. 29, I). Die nur für wenige Arten bekannte Schlauchfrucht schreitet entweder von der Anlage aus direct zur Ausbildung, oder aber sie geht zunächst einen Sclerotium-artigen Ruhe-Zustand ein, worauf erst später die Schlaucherzeugung erfolgt. Biologisch sind manche Vertreter dadurch bemerkenswerth, dass sie namentlich für Vögel, aber auch für Säugethiere, z. Th. auch den Menschen pathogen sind (vergl. Krankheiten der Wirbelthiere; Vögel pag. 250 ff; Säugethiere pag. 254 und 258.) Die Temperatur-Optima der meisten Arten liegen ziemlich hoch (s. pag. 202), daher die Thatsache, dass dieselben auch im Warmblüter-Körper gedeihen. Nach Cohn (l. c.) kann *Aspergillus fumigatus* unter gewissen Verhältnissen eine bedeutende Wärmeerhöhung bewirken: Lässt man Gerstenkörner unter bestimmten Bedingungen keimen, so tritt bekanntlich eine Erwärmung des Keimhaufens bis auf etwa 40—45° C. ein, die schliesslich zur Abtödtung der Keimlinge führt. Wenn nun die Gerstenkörner mit *Aspergillus fumigatus* inficirt waren, so kann die Mycelentwickelung und besonders auch die Fructification dieses Pilzes eine Temperaturerhöhung bis auf 60° C. und darüber (das beobachtete Maximum war 64·5° C.) bewirken, vorausgesetzt, dass genügende Sauerstoffzufuhr vorhanden. Von sonstigen physiologischen Eigenschaften sind hervorzuheben: Invertinbildung (s. pag. 178), Diastasebildung (s. pag. 178), Alkoholgährung (pag. 190), Spaltung des Tannins in Gallussäure und Glycose (pag. 194). Widerstandsfähigkeit der Sporen gegen Austrocknung (s. pag. 218).

Literatur: Cramer, C., Ueber eine neue Fadenpilzgattung Sterigmatocystis. Naturf. Ges. Zürich 1859 und 1860. — de Bary, Ueber die Fruchtentwickelung der Ascomyceten. Leipzig 1863. — Eurotium, Erysiphe, Cicinnobolus, Beitr. z. Morphol. u. Physiol. der Pilze III. Frankfurt 1870. — K. Wilhelm, Beitr. zur Kenntniss der Pilzgattung Aspergillus. Diss. Berlin 1877. — Eidam, E., Zur Kenntniss der Entwickelung der Ascomyceten. Beiträge z. Biol. Bd. III Heft III. Leber, Ueber Wachsthumsbedingungen der Schimmelpilze im menschlichen und thierischen Körper. Berl. klin. Wochenschr. 1882. Nr. 11. — Lichtheim, Ueber pathogene Schimmelpilze. Aspergillusmycosen. Berl. klin. Wochenschr. 1882 Nr. 9 u. 10. Siebenmann, die Fadenpilze Aspergillus flavus, niger u. fumigatus, Eurotium repens und ihre Beziehungen zur Otomycosis aspergillina. Wiesbaden 1883. Die übrige Literatur ist auf pag. 250 ff., 255. 259. 202 citirt. Man vergl. auch Baumgartens Jahresbericht. — Van Tieghem, Bullet. de la soc. bot. de France Bd. 24 (1877), pag. 101. — Derselbe, daselbst pag. 206. — Saccardo, Sylloge Bd. IV. Hierselbst 40 Aspergillus- u. 26 Sterigmatocystis-Arten aufgeführt.

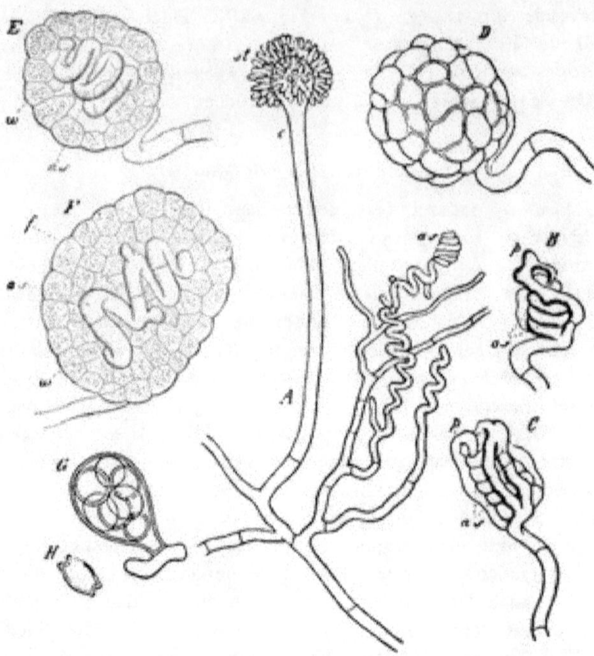

(B. 749.) Fig. 141.

Entwickelung von *Aspergillus repens* (zugleich für *A. glaucus* geltend) nach DE BARY. *A* Mycelast mit Conidienträger *c* und jungen Ascogonen *a s*. *B* Schraubiges Ascogon *a s* mit dem ersten Hüllzweig *p* und einem zweiten. *C* älteres Exemplar, die Zahl der um das Ascogon wachsenden Hüllzweige vermehrt. *D* Junges Perithecium von aussen gesehen. *E* Dasselbe. *F* anderes junges Perithecium im optischen Längsschnitt, in *E* die Bildung des Füllgewebes beginnend, *w* die Aussenwand, *f* die inneren Wand- und Füllzellen, *as* Ascogon. *G* Ascus mit Sporen. *H* Reife Ascospore isolirt, von *A. glaucus A.* 490fach, die übrigen Figuren 600fach.

Zur Untergattung *Eurotium* gehört:

Aspergillus glaucus DE BARY (unter *Eurotium*). Der Entwickelungsgang dieses auf halbfeuchten Pflanzentheilen (süssen Früchten, Herbariumpflanzen, Brod etc.) so überaus häufigen Pilzes verläuft nach DE BARY (l. c.) folgendermassen. Nach dem Auftreten der Conidienträger, (Fig. 141, *A*) die blaugrüne später sich verfärbende Schimmelüberzüge auf den Substraten bilden und auf ihren kurz flaschenförmigen Sterigmen kugelige bis kurz-ellipsoïdische etwa 6—15 mikr. messende, mit Wärzchensculptur versehenen Conidien abschnüren, entstehen die winzige gelbe Kügelchen darstellenden Schlauchfrüchte in folgender Weise: Seitenzweige des Mycels rollen sich, nachdem sie ihr End-Wachsthum frühzeitig eingestellt, am Ende spiralig ein (Fig. 141, *A*). Die anfangs locker, später dichter (Fig. 141, *A a*) gewundene Schraube repräsentirt das Ascogon. An seiner Basis entsteht zunächst ein Seitenast (Fig. 141, *B. p*), der an der Spirale in die Höhe wächst, um, »soweit die Beobachtung eine sichere Aussage gestattet«, mit derselben an der Spitze zu fusioniren. »Nach diesem Verhalten ist derselbe als Antheridienzweig anzusprechen.« BREFELD dagegen fasst ihn als »ersten Hüllschlauch« auf[1]). Meist wachsen gleichzeitig noch ein oder zwei andere Aeste von der Basis des Ascogons aus an diesem in die Höhe, um sich, wie der erste Zweig, zu verästeln und durch Querwände zu theilen. Das Endresultat dieser Vorgänge ist, dass das schraubige Ascogon bald von einer continuirlichen einschichtigen Zellenlage eingeschlossen wird, welche die Wandung der Frucht darstellt. (Fig. 141, *E*.) Von der

[1]) Nach ZUKAL (Mycologische Unters. Denkschr. d. Wiener Akad. Bd. 41. 1885) fehlt er unter gewissen Verhältnissen ganz.

Innenseite derselben sprossen alsbald, ähnlich wie bei Podosphaera, sich verästelnde Kurzzweiglein ins Innere hinein, um sich zwischen die Wandung und das Ascogon einzuschieben, sodass der Raum zwischen diesen beiden schliesslich von einem zarten Gewebe ausgefüllt wird (Fig. 141, *E*.) Die hierdurch mehr oder minder auseinandergedrängten Schraubengänge, die sich mittlerweile durch Querwände gegliedert haben, treiben nun an verschiedenen Stellen Sprossungen (Fig. 141, *F*.) Letztere verzweigen sich und erzeugen an den Enden Schläuche mit 8 ca. 8—10 Mikr. messenden, linsenförmigen, mit Längsrinnen versehenen, farblosen Sporen.

Zur Untergattung *Aspergillus* i. e. S. gehört:

1. *A. flavus* (DE BARY[1]). Ebenfalls mit einfachen Sterigmen auf der kugeligen Endanschwellung der Conidienträger. Sporenmassen schön goldgelb, gelbgrün oder bräunlich. Conidien kugelig, 5—7 Mikr. dick mit feinwarzigem Epispor. Bildet knollenförmige, schwarze, auf der Schnittfläche röthlich-gelbe ca. 0,7 Millim. messende Sclerotien. Auf faulenden Pflanzentheilen nicht gerade häufig.

Zur Untergattung *Sterigmatocystis* gehören:

1. *A. niger* VAN TIEGHEM[2]), Conidienträger bis über 1 Millim. hoch, mit schwarzbraunem Köpfchen und kugeligen, 3,5—4,5 Mikr. messenden, mit warzigem, violettbraunem Epispor versehenen Conidien. Bildet kugelige, knollenförmige bis cylindrische, braungelbe, oder rothbräunliche 0,5—1,5 Mill. messende Sclerotien. Auf faulenden organischen Substanzen hier und da.

2. *A. ochraceus* WILHELM. Conidienträger relativ mächtig, mitunter bis 1 Decim. hoch, mit stark verdickter, warziger, gelblicher Membran. Sporenmassen ochergelb, sich später verfärbend Conidien kugelig bis ellipsoïdisch, 3,5—5 Mikr. dick, mit feinwarzigem, gelblichen oder farblosen Epispor. Sclerotien rundlich, etwa 0,5 Mikr. dick, braungelb. Auf Brod gefunden.

3. *A. nidulans* EIDAM. Von EIDAM, der ihn auf Hummelnestern fand, näher untersucht. Die Conidienträger (Fig. 142,1) sind relativ klein (0,2—0,8 Millim hoch) und schwellen am Ende minder bedeutend auf als bei anderen Arten. Von der Anschwellung entspringen kleine Basidien mit 2—4 Sterigmen, die lange Ketten von etwa 3 Mikr. dicken Sporen abschnüren (Fig. 142,2). In Masse zeigt die Conidienfructification anfangs weisslich graue, dann grüne, später schmutzig-grüne Farbe. Die Fruchtkörper sind nestartig in eine eigenthümliche Hülle eingebettet (Fig. 142, 4), welche zahlreiche, im Vergleich zu den Mycelfäden stark blasig aufgetriebene Enden zeigen, die ihre Wandung mehr und mehr verdicken. Im Wege der Präparation lässt sie sich in vorgeschritteneren Stadien von dem Fruchtkörper abtrennen, der ein kleines, schwarzes Kügelchen von 0,2—0,3 Millim. darstellt. Die blasige Hülle entsteht nach E., indem an zahlreichen Stellen des älteren Mycels durch Sprossung feine Hyphen auftreten, die plasmareich sind, sich vielfach verzweigen und mit dem Mycel und unter einander anastomosiren.

Sie bilden ein dichtes Hyphengeflecht, dessen Endsprosse schliesslich blasenförmig aufschwellen und ihre Membran verdicken.

In jedem solchen blasigen Hyphenknäuel entsteht nun die Anlage des Fruchtkörpers in winziger Kleinheit. Sie besteht aus einem kurz bleibenden keuligen und einem sich schraubig um denselben schmiegenden, am Ende sich lappig aussackenden Mycelast. Letzterer septirt sich, treibt Verzweigungen, welche eine pseudoparenchymatische Rindenschicht bilden, die sich bald gelb färbt und dabei ein- bis zweischichtig bleibt. Die Vorgänge im Innern des so veranlagten jungen Fruchtkörpers sind schwierig zu entziffern. Bei Druck auf einen weiter entwickelten Zustand tritt der farblose Kern aus der gesprengten Rinde in Form eines durchaus gleichartigen zarten Geflechts verzweigter, stellenweis aufgeschwollener Hyphen auf. Es färbt sich eigenthümlicher Weise sammt der Rindenschicht auf Ammoniak- oder Kalizusatz himmelblau; durch darauf folgende Ansäuerung roth. Bei weiterer Ausbildung tritt in der Fruchtwand ein purpurrother Farbstoff auf, den schliesslich auch die Ascosporen zeigen. Augenscheinlich macht der Fruchtkörper einen kurzen Ruhezustand durch und bildet dann erst, während gleichzeitig die blasige Hülle eintrocknet, sein Inneres zu Asken aus. Dasselbe besteht aus Schnitten aus dünneren

---

[1]) Von manchen Medicinern unpassend als *A. flavescens* bezeichnet.

[2]) Ann. sc. nat. V. Sér. Bd. VIII. pag. 240.

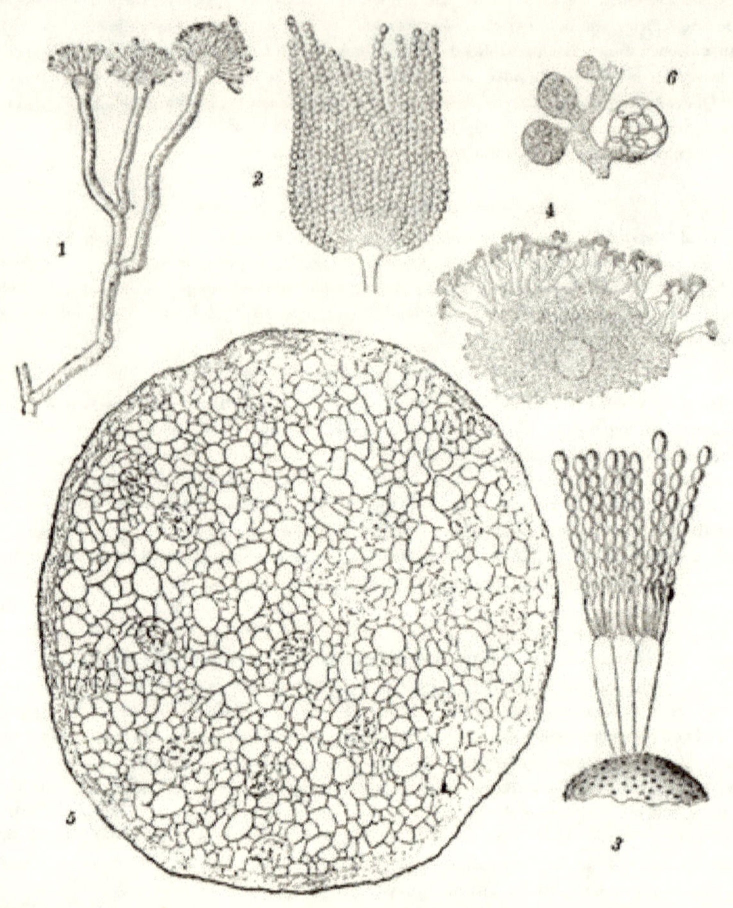

(B. 750.) Fig. 142.

Aspergillus. 1. Conidienträger von *Asp. (Sterigmatocystis nidulans)* EIDAM, ausnahmsweise verzweigt und an dem aufgeschwollenen Ende zahlreiche Basidien mit Sterigmen tragend, die Conidienketten abgefallen; 500fach. 2. Oberes Ende eines Conidienträgers mit den noch ansitzenden langen Conidienketten, 500fach. 3. Fragment des Köpfchens von *A. Sterigmatocystis sulfureus* VAN TIEGH. mit 3 grossen Basidien, die je 4 Sterigmen tragen mit ihren Conidienketten. 540fach. 4 Mycelmasse von *A. nidulans* mit Conidienträgern auf der Oberfläche und mit einem kugeligen Fruchtkörper im Innern; Letztere rings umgeben von der aus blasigen Zellen bestehenden Hüllen, 120fach. 5, Querschnitt durch einen erwachsenen Fruchtkörper, in welchem die Bildung der Sporen in den Asci bereits im Gange ist. Peripherisch die aus 2 Schichten verdickter Zellen bestehende Rinde. Der Innenraum der Frucht ist erfüllt mit dünneren und dickeren Hyphen sowie deren sitzenden Ascen 400fach. 6. Eine der Hyphen mit Schläuchen in verschiedenen Stadien der Ausbildung 750fach. Mit Ausnahme von Fig. 3. Alles nach EIDAM (aus Winter, Pilze).

Hyphen und eckigen oder rundlichen grösseren und kleineren Zellen, daneben sieht man heranreifende Sporenschläuche und endlich reife Asci. (Fig. 142,6). Sie sind fast sitzend, eiförmig und enthalten 8 ovale, 5 Mikr. lange und 4 Mikr. breite Sporen, deren purpurfarbene Membran bei der Keimung in zwei Hälften gesprengt wird. — Physiologisch ist der Pilz dadurch bemerkenswerth, dass sein Temperaturoptimum bei 38—42° C. liegt, also etwa dem des *A. fumigatus* entspricht, und sodann durch seine pathogenen Eigenschaften. Injection grösserer

Sporenmengen in die *vena jugularis* von Kaninchen ruft tödtliche Mycose hervor. SIEBENMANN[1]) fand den Pilz neuerdings auch im menschlichen Ohre.

A. sulfureus FRESENIUS (Beitr. z. Mycol. pag. 83), der auf Weissbrod und Vogelmist bisweilen beobachtet wird, habe ich in Fig. 29 abgebildet. Die Conidien sind kugelig, in Masse schwefelgelb und messen 2—3 Mikr.

Gattung 2. *Penicillium* LINK.

Die Conidienträger stellen hier einen gegliederten Faden dar, der im oberen Theile kurze Zweige bildet. An den Enden des Hauptfadens wie der Seitenäste entstehen flaschenförmige Sterigmen, welche in basipetaler Folge Conidienketten abschnüren. Unterhalb dieser Sterigmen können andere entstehen, welche sich in gleicher Weise verhalten (Fig. 18 *A*, *I B*). So kommt ein Conidienstand von Pinselform zuwege (Fig. 18 *I*). Man kennt zahlreiche Species nur mit Rücksicht auf diese Fruchtträger, die sich übrigens, zumal auf Früchten, häufig bündelartig zusammenlegen und so die früher unter der Gattung *Coremium* angeführten Conidienbündel bilden. Dagegen sind die Schlauchfrüchte nur erst bei sehr wenigen Arten aufgefunden worden. Bei *P. glaucum* LINK scheinen sie immer (?) ein Sclerotiumstadium einzugehen (BREFELD), bei *P. luteum* ZUKAL ist nach Z. dies nicht der Fall.)

P. glaucum LINK. Gemeiner Brotschimmel. Er lebt auf den verschiedensten organischen Substanzen und ist namentlich auf Brod, süssen Früchten und sonstigen Pflanzentheilen überall gemein, woselbst seine Conidienträger anfangs blaugrüne, später sich ins Graugrüne oder selbst Graubräunliche verfärbende Ueberzüge bilden. Die Conidien sind kugelig und halten etwa 2,5—4 Mikr. im Durchmesser. Allein weder an Form und Grösse der Conidien, noch an der Färbung der Conidienmassen ist diese Species mit Sicherheit erkennbar. Vielmehr existiren eine ganze Reihe von Arten, welche hierin mit *P. glaucum* LINK (im Sinne von BREFELD) übereinstimmen. Die Angaben der Physiologen, dass sie bei ihren Experimenten das ächte *P. glaucum* vor sich gehabt haben, sind daher mit Vorsicht aufzunehmen. Das Charakteristische des Pilzes liegt vielmehr in der von BREFELD aufgefundenen und näher studirten Schlauchfructifikation, die in Form von Sclerotien ausgebildet wird, welche nach einer gewissen Ruheperiode Asci erzeugen, deren Sporen im Umriss ellipsoïdisch, aber dabei eckig und mit Ausnahme einer medianen Längslinie verdickt erscheinen, in der Länge 5—6, in der Breite 4—4,5 Mikr. messend. Was die Entstehungs- und Ausbildungsweise der Sclerotien anbetrifft, so weichen die Untersuchungen BREFELDS und ZUKAL's wesentlich von einander ab. Nach BREFELD entsteht das Sclerotium in der Weise, dass sich auf einem Mycelfaden ein schraubiges Ascogon bildet, welches durch adventive Sprosse, die an seiner Basis und von dem Mycel entstehen, und die sich später mit ihren Verzweigungen zu einem dichten Knäuel zusammenschliessen, eingehüllt wird. Während diese Hülle ihre peripherischen Elemente vergrössert und verdickt und sich so zu einem harten Körper ausbildet, vergrössert und verzweigt sich das Ascogon und seine Aeste dringen nach allen Richtungen zwischen das mittlere, aus minder dickwandigen Zellen bestehende Gewebe ein. Werden die ausgereiften Sclerotien auf feuchtes Filtrirpapier gelegt, so entwickeln sich die ascogenen Fäden weiter, indem sie sich gliedern und dicke Seitenzweige treiben, deren Glieder schliesslich zu Ascen werden. Während dieser Vorgänge haben sich

---

[1]) Neue botanische und klinische Beiträge zur Otomycose. Zeitschr. f. Ohrenheilkunde 1889, pag. 25.

[2]) Literatur: LÖW, E., Zur Entwickelungsgesch. von Penicillium. Jahrb. f. wiss. Bot. Bd. VII. BREFELD, O., Die Entwickelungsgeschichte von Penicillium. Schimmelpilze Heft II. (1874). ZUKAL, H., Vorläufige Mittheilung über die Entwickelungsgeschichte des Penicillium crustaceum LINK und einiger Ascobolus-Arten. Sitzungsber. d. Wiener Akad. Bd. 96. I. Abth. Nov.-Heft 1887. — Derselbe: Entwickelungsgeschichtliche Untersuchungen aus dem Gebiete der Ascomyceten. Das. Bd. 98. Abth. I. Mai 1889. — JOENSSON, Entstehung schwefelhaltiger Oelkörper in den Mycelfäden von Penicillium glaucum. Bot. Centralbl. Bd. 37. (1889).

(B. 751.)

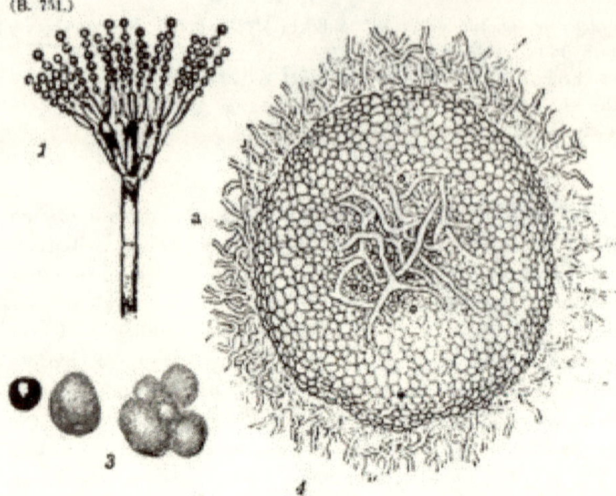

Fig. 143.

Der gemeine Brotschimmel (*Penicillium glaucum*) 1 Stück eines Conidienträgers, 630 fach. 2 Aus 2 schraubig umeinandergewundenen Mycelästen gebildeter Sclerotienanfang, 630-fach. 3 Fertige Sclerotien, 15 fach. 4 Durchschnitt eines jungen Sclerotiums. In der Mitte des sterilen Gewebes die ascogenen Hyphen *a*, *b* Mittelzone der Sclerotiumwandung, *c* Randzone, *d* Hyphengeflecht in der Umgebung des Sclerotiums, 300 fach. 5 Radialer Querschnitt eines 9 Wochen alten Sclerotiums. Aussen die grosszellige, stark verdickte Rinde, in den Höhlungen des mittleren, kleinzelligen Gewebes die ascogenen Hyphen, welche die dunkelgezeichneten Seitensprosse und ausserdem dünne verästelte Seitenzweige getrieben haben; 300 fach. 6 Eine ascogene Hyphe mit mehreren dicken, gekrümmten, später sich in Asken gliedernden Seitensprossen, und den dünnfadigen verzweigten Aesten, 630 fach. 7 Das Ende einer ascogenen Hyphe, mit Ascusbildenden Zweigen, 630 fach. 8 Asken-Ketten in verschiedenen Stadien der Sporenbildung, 630 fach. 9 Reife Ascosporen, 800 fach. Alles nach BREFELD (Aus WINTER, Pilze).

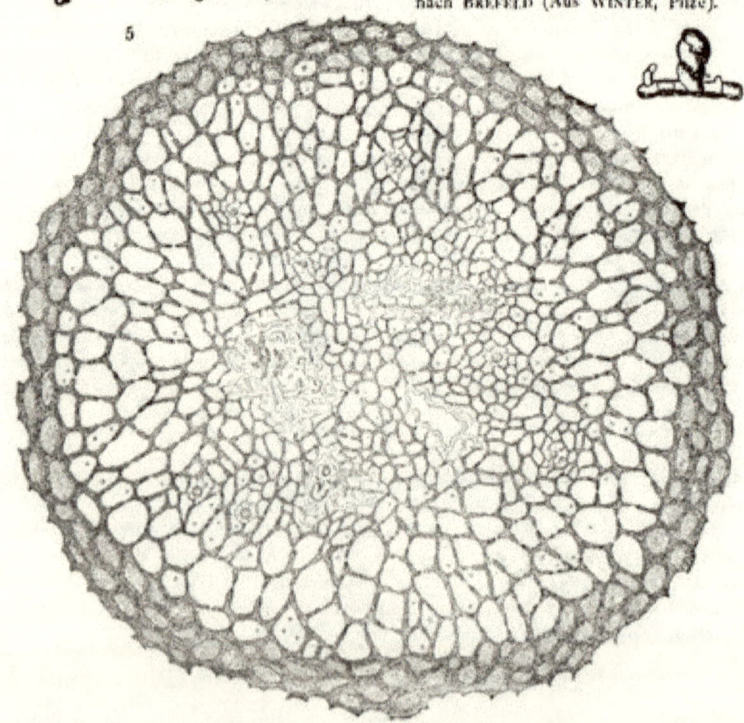

als Seitenzweige der ascogenen Hyphen feine, dünne Fäden entwickelt, die zwischen das sterile Gewebe eindringen und dieses zur Auflösung bringen. Die so gewonnenen Nährstoffe führen die feinen Fäden den ascogenen Hyphen zu. Schliesslich schreitet der erwähnte Auflösungprocess soweit vor, dass nur noch die peripherische Rinde übrig bleibt, während das Innere endlich ganz von den Sporenmassen ausgefüllt erscheint. — Zu wesentlich anderen Resultaten sind die entwickelungsgeschichtlichen Untersuchungen ZUKAL's (Entwickelungsgeschichtliche Untersuchungen l. c.) gekommen, sowohl bezüglich der Entstehung des Sclerotiums, als der ascogenen Fäden, die nach ihm nicht von einem, sondern mehreren Initialorganen aus entstehen,

Nach der physiologischen Seite hin ist *P. glaucum* gleichfalls vielfach Gegenstand der Untersuchung gewesen, und zwar hat man es kennen gelernt als Mannitbildner (s. pag. 125), als Oxalsäurebildner (s. pag. 184), als Erzeuger von Farbstoffen (nach meinen Untersuchungen bildet es einen gelben, wasserlöslichen Farbstoff, ein gelbbraunes Harz und ein gelbes Fett) sowie von Invertin (pag. 178) und von einem andern, peptonisirenden Ferment und durch JÖNSSON's Untersuchungen (l. c.) als Producent schwefelhaltiger Oelkörper im Innern seiner Zellen. Betreffs seines Verhaltens zur Temperatur vergl. pag. 201.

Familie 3. Tuberaceen VITTADINI. Trüffelartige Pilze.

Sie leben fast sämmtlich unterirdisch und stehen dann zu den Wurzeln gewisser Laubhölzer (Eiche, Rosskastanie, Hainbuche, Rothbuche, Haselnuss etc.) oder Nadelhölzer (Kiefer) in näherer, entweder, was noch nicht sicher entschieden, parasitischer oder symbiotischer Beziehung. Ihre derbfleischigen, meist nesterartig zusammengehäuften Früchte sind im Vergleich zu denen der übrigen Perisporiaceen mächtig entwickelt, knollenförmig (Fig. 144), daher gewissen, gleichfalls unterirdisch lebenden Bauchpilzen (*Hymenogaster, Scleroderma* etc.) habituell sehr ähnlich, in der Jugend rings von dem später verschwindenden Mycel eingehüllt und mit ihm zusammenhängend. Die Wandung der Peritheeien stellt ein mächtiges, pseudoparenchymatisches Gewebe dar, das entweder gleichartig oder in 2 bis mehrere Schichten differencirt erscheint, mit glatter, warziger oder runzeliger Oberfläche versehen ist und in den äusseren Lagen verdickte gebräunte bis geschwärzte Membranen aufweist. Bei gewissen Vertretern ist das Fruchtinnere gekammert (Fig. 144), und das Hymenium kleidet die Kammern aus. Bezüglich der Entstehungsweise der Schlauchfrucht fehlen noch Untersuchungen, da man die Schlauchsporen noch nicht zur Keimung bringen konnte. Conidienbildung ist für keinen Vertreter bekannt.

Literatur: VITTADINI, Monographie der Tuberaceen. Mediolani 1831. TULASNE, fungi hypogaei, Paris 1851. — Derselbe, Recherches sur l'organisation des Onygena. Ann. sc. nat. 3. Sér. t. I (1844). — REESS, M., Sitzungsber. d. physik. Societ. Erlangen 1880 (Elaphomyces) — Berichte d. deutsch. bot. Gesch. 1885. — REESS u. FISCH, Untersuchungen über Bau und Lebensgeschichte der Hirschtrüffel, Elaphomyces. Bibl. botan. Heft 7 (1887). — BOUDIER, Du parasitisme probable de quelques espèces du genre Elaphomyces et de la recherche de ces Tuberacées. Bull. soc. bot. de France t. 23 (1876). — HOFMEISTER, Ueber die Entwickelung der Sporen des Tuber aestivum. Jahresb. f. wiss. Bot. II, 378. — DE BARY, Morphol. pag. 206. — CHATIN, La Truffe, Paris 1869. — PLANCHON, La truffe, Paris 1875. — BOSSLEDON, Manuel du trufficulteur. Périgueux 1887. — FERRY DE LA BELLONE, La Truffe, Paris 1888. — MATTIROLO, Sul parasitismo dei tartufi, Malpighia I (1887). — SOLMS-LAUBACH, Penicilliopsis clavariaeformis. Ann. d. jardin bot. d. Buitenzorg VI.

Gattung 1. Tuber MICHELI. Trüffel.

Ihre Schlauchfrüchte bilden grosse, knollenförmige Körper mit dünner oder dicker, einfacher, warziger oder glatter Wandung, von welcher dicke Geweplatten entspringen (Fig. 145 *c*), die in das Innere der Frucht hineinragen und so angeordnet sind, dass viele enge, luftführende, gewundene und verzweigte Kammern entstehen (Fig. 144).

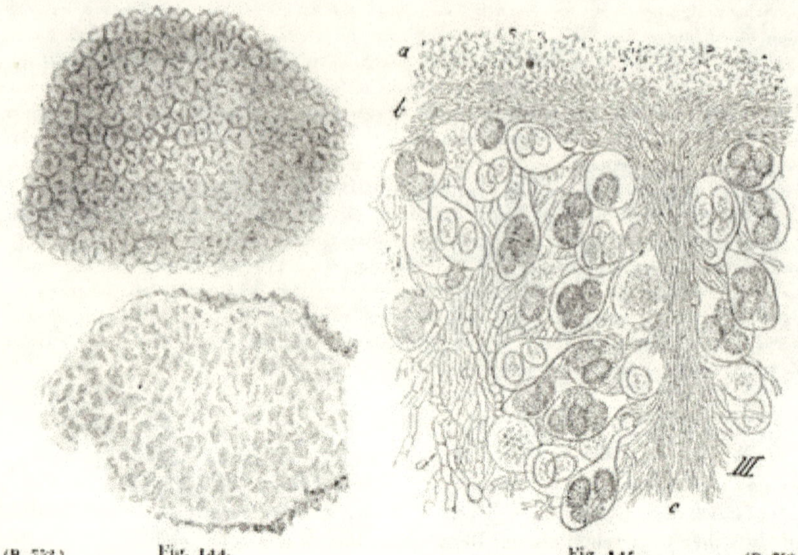

(B. 752.) Fig. 144.

Schlauchfrucht der schwarzen Trüffel *(Tuber melanosporum)* von aussen und im Durchschnitt. Nach Barla.

Fig. 145. (B. 753.)

Stückchen eines Querschnittes durch die Frucht von *Tuber rufum*, stark vergr. nach Tulasne.

Von den Geweplatten aus wachsen aber frühzeitig Hyphen in die Kammern hinein (Fig. 145 *a*), diese ausfüllend und ein dichtes, lufthaltiges, daher makroskopisch weiss erscheinendes Gewebe bildend. Die Wände der Kammern sind von der Schlauchschicht ausgekleidet und da die Kammerwände, die keine Luft zwischen ihren Elementen führen, dem blossen Auge dunkel, das lufthaltige Gewebe aber, wie erwähnt, weiss erscheint, so zeigt das Fruchtinnere auf dem Querschnitt marmorirtes Aussehen. Die Schläuche bieten Ei- oder Kugelformen dar (Fig. 145) und enthalten 2—8 ellipsoïdische oder kugelige, mit stacheligem oder netzförmigen Exospor versehene braune Wandung. Als Speisepilze geschätzt, bilden gewisse Arten wie Tuber *brumale, melanospermum, aestivum, mesentericum* einen wichtigen Handelsartikel. So führt Frankreich allein jährlich über 1 Million Kilo aus.

T. melanosporum Vittadini. Schwarze Trüffel (Fig. 144). Namentlich in Frankreich und Italien häufig, aber auch in manchen Gegenden Deutschlands vorkommend. Die Fruchtwand ist röthlichschwarz, mit schildartigen Warzen besetzt, das Hymenium violett-schwärzlich oder braunroth mit röthlichen Adern. Reift ihre Sporen im Winter. Geschätzte Speisetrüffel.

Gattung 2. *Elaphomyces* Nees, Hirschtrüffel.

Das Mycelium steht zu den Wurzeln der Kiefern in näherer, nach Reess in parasitischer, nach Frank in symbiotischer Beziehung. Zwischen die Zellen der äusseren Gewebslagen eindringend, sendet es nach Reess auch kleine Haustorien ins Zell-Innere. An den Mycelien entstehen schliesslich Schlauchfrüchte von etwa Wallnussgrösse, welche in früheren oder späteren Stadien von eigenthümlichen Verästelungen der Kieferwürzelchen förmlich nestartig umsponnen werden, was jedenfalls eine Folge des Reizes ist, den die Fruchtanlage und umgebende Hyphen auf die Wurzel ausüben. Später stirbt diese Hülle, die für die Ernährung der Frucht offenbar von Bedeutung ist, ab und verwittert. An der reifen Schlauchfrucht lassen sich 3 Theile unterscheiden: die mit Warzen oder Stacheln bedeckte äussere Fruchtwand (Rinde *Vittadinis*), die innere Fruchtwand und der Kern. Letzterer wird von einem spinnwebeartigen Geflecht durchzogen (was an Gastromyceten erinnert und daher auch als Capillitium bezeichnet wurde) und enthält ein- bis achtsporige kugelige oder ellipsoidische Schläuche. Die Sporen sind kugelig, mit dicker, aus Stäbchen bestehender Aussenhaut und dünner Innenhaut versehen. Nach Reess (l. c.), der *E. variegatus* und *E. granulatus* eingehend studirte, entstehen die nesterartig in den Kieferwäldern sich findenden Fruchtkörper durch Verknäuelung von Mycelsprossen, deren allererste Anlage man allerdings noch nicht gesehen. Die kleinen, etwa kugeligen Knäuel sind nach aussen von einer Mycelhülle umgeben. Anfangs locker, wird die Verflechtung der Hyphen mit zunehmender Grösse des Körpers dichter, sodass die luftführenden Intercellularlücken verschwinden. Im Innern der Frucht macht sich nun bald eine Differenzirung in eine centrale hyaline Masse und einen gelblichen, peripherischen Theil bemerklich, welcher Letzere sehr bald parenchymatisch wird, während die Centralmasse als Fadengewirr erkennbar bleibt. Jene äussere Schicht wird zur äusseren Fruchtwand, während der centrale Theil sich differenzirt in die innere Fruchtwand und den Kern. Letzterer verfärbt sich später ins Röthliche bis Röthlich-Violette und diese Färbung geht auch auf die innersten Lagen der inneren Fruchtwand über. Durch Vergrösserung ihrer Elemente folgt die äussere Fruchtwand dem Wachsthum der inneren Fruchtwand und des Kernes, die Zellen der erstgenannten wachsen überdies an zahlreichen Punkten zu kleinen kegelförmigen Zellcomplexen aus, den Warzen der Fruchthülle. In jedem Kegel bildet sich eine langgestreckte Gruppe stark sclerotischer Zellen mit gelbgefärbten Wänden aus, die verholzt sind (s. pag. 101.) Bei *E. granulatus* sind die Warzen flach, bei *E. variegatus* zu ziemlich grossen, stachelartigen Gebilden entwickelt. Dem fortschreitenden Wachsthum der Fruchtwand kann der Kern schliesslich nicht mehr folgen. Es entstehen infolge dessen Lücken in ihm, die sich zu grossen Hohlräumen erweitern. Während dieses Vorganges nehmen die Fäden des Kernes eine mehr und mehr dunkelbraune Farbe an, werden dünner und dünner, schnurren zusammen und bilden schliesslich ein trockenes, fädiges Netzwerk, das obengenannte Capillitium. Nach Reess entstehen nun die Asci an mehr oder minder langen Hyphen, welche von der der inneren Fruchtwand aufliegenden Hyphenschicht ausgehen und schieben sich zwischen die lockere Masse des Inneren hinein. Durch Behandlung mit Jod heben sie sich scharf gegen die Capillitiumfasern ab. An den genannten Fäden entstehen nun kurzgliedrige, dicke Seitenzweige, diese verästeln sich ihrerseits und so kommen Nester von ascogenen Fäden zustande, die als zartfleischrothe Klumpen von Stecknadelkopf- bis Bohnengrösse erscheinen und die Capillitiumfäden zur Seite drängen resp. deren Massen zu Platten oder kammerbildenden Scheidewänden zusammenpressen. An diesen in sich zusammengeknäuelten plasmareichen, ascogenen Fäden entstehen die Asci als Enden oder Seitenzweige und werden eigenthümlicher Weise erst sehr spät gegen dieselben durch Querwände abgegrenzt. Die Zahl der Sporenanlagen wechselt zwischen 8 und 2. Doch abortiren dieselben häufig, sodass nur 1—5 Sporen zur Ausbildung kommen.

Zur Verbreitung der Sporen dient das Wild, welches die Hirschtrüffel im Boden wittert und zu allen Jahreszeiten begierig aufscharrt und verzehrt. Selbst wenn die Sporen durch den Verdauungskanal solcher Thiere gegangen waren, vermochte man sie nicht zur Keimung zu bringen. — Die Hirschtrüffeln fallen auch vielfach pilzlichen Parasiten anheim, welche zu den Cordyceps-Arten (s. Hypocreaceen) gehören.

Ordnung 3. **Sphaeriaceen.** Sphaeria-artige Ascomyceten.

Früher kannte man so wenige Vertreter, dass man sie in einer einzigen Gattung — *Sphaeria* — unterzubringen vermochte. Heutzutage aber ist diese Gattung zu einer hochgegliederten Ordnung herangewachsen, welche in der hier angewandten (der Einfachheit in weitem Sinne genommenen) Begrenzung, nach SACCARDO's Sylloge etwa 5800 Species umfassen würde.

Als Hauptunterschiede gegenüber den Perisporiaceen sind hervorzuheben 1. Ausbildung einer Mündung an der Schlauchfrucht (doch ist dieses Merkmal insofern *cum grano salis* zu nehmen, als bei der Gattung *Chaetomium* eine Species existirt, welche keine Schlauchfrucht-Mündung aufweist) 2. Das wenn auch keineswegs ausschliessliche Vorkommen von Paraphysen. 3. Die Auskleidung der Innenseite der Peritheecienwand mit Periphysen, welche auch den Mündungskanal austapeziren. 4. Vielfach vorkommende Einrichtungen zur Ejaculation der Schlauchsporen (vergl. pag. 87). 5. Vorkommen von Conidienfrüchten.

Was den Ursprung der Schläuche anbetrifft, deren Gesammtheit auch hier als Nucleus (Kern) bezeichnet wird, so entstehen sie, wie namentlich DE BARY's Schüler nachwiesen, bei manchen Vertretern als Endzellen von Aussprossungen eines meist gekrümmten Ascogons, bei andern Repräsentanten ist letztere Bildung bestimmt nicht vorhanden.

Während bei einfacher gebauten Vertretern die Schlauchfrüchte unmittelbar von dem Mycel entspringen, schiebt sich bei zahlreichen Sphaeriaceen zwischen die Schlauchfrüchte und Mycel ein »Stroma« (pag. 49 und 70) ein, das äusserst mannigfaltige Gestalten aufweist, scheiben-, kuchen- oder polsterartige halbkugelige, keulige, hirschgeweihartige etc. Formen (Fig. 34). Bildungen solcher Art sind dann die Schlauchfrüchte entweder aufgesetzt oder eingesenkt, sodass sie nur mit ihrer Mündung mehr oder minder weit hervorragen. Uebrigens kann Stromabildung und Stromamangel innerhalb derselben Gattung vorkommen (z. B. *Sordaria.*)

Ausser den Schlauchfrüchten werden noch Conidienbildungen von allen nur möglichen Formen erzeugt, sowohl die verschiedensten Modificationen des fädigen Conidienträgers (Schimmelformen), bezüglich deren ich auf die Fig. 22, 23, I—IX, 26, II IV, 27, 28, 61, I—VII verweise, als auch Conidienbündel (Fig 31), Conidienlager (Fig. 34, I, IV V,) 35 und Conidienfrüchte (Fig. 38, 39, 40, 42). Conidienlager und Conidienfrüchte entstehen entweder unmittelbar auf dem Mycel oder auf einem Stroma. Bei einigen wenigen Arten, wie *Ascotricha chartarum*, hat man übrigens beobachtet, dass einfache, fädige Conidienträger direct von den peripherischen Zellen der Peritheecienwand ihren Ursprung nehmen können[1]).

Angesichts der riesigen Ausdehnung, den diese Ordnung gewonnen hat, und mit Rücksicht auf den Plan, nur das Allerwichtigste darzubieten, muss ich mich im Folgenden vorzugsweise auf diejenigen Familien und ihre Vertreter beschränken, die in entwickelungsgeschichtlicher und physiologischer Beziehung Gegenstand näherer Untersuchung geworden sind, und in Anbetracht des geringen zu Gebote stehenden Raumes auch unter diesen noch eine Auswahl treffen. Wem es darum zu thun ist, möglichst viele Formen kennen zu lernen, der wird ohnehin die systematischen Handbücher studiren müssen.

---

[1]) Literatur: TULASNE, Selecta fungorum Carpologia ist eines der Hauptwerke über Sphaeriaceen. — In systematischer Beziehung sind die Sphaeriaceen namentlich von WINTER, Die Pilze, Bd. I Abth. II. durchgearbeitet worden. Das gediegene Werk NITSCHKE's, Pyrenomycetes germanici ist leider unvollendet geblieben. Sonstige Literatur weiter unten.

Familie 1. Sphaerieen.

Die Schlauchfrüchte entstehen entweder direct auf dem fädigen Mycel oder auf mehr oder minder entwickelten stromatischen Bildungen, denen sie entweder aufsitzen oder eingesenkt sind. Die Conidienbildungen treten entweder nur in Form fädiger Conidienträger oder in Gestalt von Conidienfrüchten einer oder mehrerer Formen auf, oder es werden sowohl Conidienträger als Conidienfrüchte erzeugt. In Rücksicht auf den Entwickelungsgang, sowie in biologischer und physiologischer Hinsicht wurden nur erst wenige Vertreter einer genaueren Untersuchung unterzogen.

Gattung 1. *Chaetomium.* Haarschopfpilze.

Ihre auf todten Pflanzentheilen häufigen, winzigen Früchtchen (Fig. 146, I) sind ausgezeichnet durch die von der Perithecienwandung entspringenden, in dreierlei Form auftretenden Haarbildungen (Fig. 146, VI). Um den Scheitel gruppirt sind lange, einen förmlichen Schopf bildende Haare, welche je nach Species wellig, spiralig, bischofstabförmig gekrümmt oder eigenthümlich verzweigt erscheinen, übrigens verdickt und mit oxalsaurem Kalk incrustirt sind und offenbar einen wirksamen Schutz für die entleerten Sporenmassen darstellen. Die Flanken des Peritheciums werden von einfacheren und kürzeren Haaren bedeckt, und von der Basis der Frucht gehen endlich reiche Rhizoïdenartige Haarbildungen nach dem Substrat zu, welche in einem Falle selbst wieder in sehr derbe und in zarte Hyphen differenzirt sein können. Bemerkenswertherweise besitzt eine Species dieser Gattung, sonst ein typisches *Chaetomium*, keine Spur von Mündung. Paraphysenbildung fehlt; auch Ejaculationsvorrichtungen werden vermisst, vielmehr gelangen die zu 8 in den Schläuchen gebildeten Sporen dadurch in Freiheit, dass die Schlauchmembran vergallertet und die wahrscheinlich noch durch Vergallertung der Periphysen vermehrte, bei Wasserzutritt stark aufquellende Schleimmasse die Sporen aus der Frucht heraustreibt.

Bezüglich der Entstehungsweise des Schlauchsystems ist für *Ch. Kunzeanum* Z. ermittelt, dass dasselbe von einem gekrümmten Ascogon im Wesentlichen in derselben Weise seinen Ursprung nimmt, wie bei den Erysipheen und Aspergilleen, während die Perithecienwand durch dichte, zur pseudoparenchymatischen Gewebebildung führende Verflechtung von Hyphen entsteht, welche in der Umgebung des Ascogons entspringen.

Ausser den Schlauchfrüchten erzeugen die Chaetomien noch sehr kleine, ein- oder wenigzellige Conidienträger, welche in basipetaler Folge winzige Conidien abschnüren (Fig. 146, II, III). Trotz mannigfacher Versuche hat man dieselben bisher nicht zur Keimung zu bringen vermocht. Von sonstigen Vermehrungsorganen werden noch Gemmen (Fig. 146, IV) erzeugt. Unter günstigen Ernährungsverhältnissen wie Sporen fungirend, produciren sie im anderen Falle direct oder an kümmerlichen Mycelien jene kleinen Conidienträger (Fig. 146, V *c*)[1]).

[1]) Literatur: Van Tieghem, Notes sur le développement du fruit des Chaetomium. Compt. rend. Dec. 1875. — Reinke u. Berthold, Die Zersetzung der Kartoffel durch Pilze. Berlin 1879. — Zopf W., Zur Entwickelungsgeschichte der Ascomyceten. Chaetomium (Monographie dieser Gattung) Nova acta Bd. 42. Nr. 5. 1881. — Eidam, E., Zur Kenntniss der Entwickelung der Ascomyceten. Cohn's Beitr. z. Biol. III. Heft III. 1883. — Oltmanns, Ueber die Entwickelung der Perithecien in der Gattung Chaetomium. Bot. Zeit. 1887. — Zukal, H., Entwickelungsgeschichtliche Untersuchungen aus dem Gebiet der Ascomyceten. Sitzungsber. d. Wiener Akad. Bd. 98, Abth. I. 1889. — Derselbe, Mycologische Untersuchungen. Denkschr. d. Wiener Akad. Bd. 51 (1885).

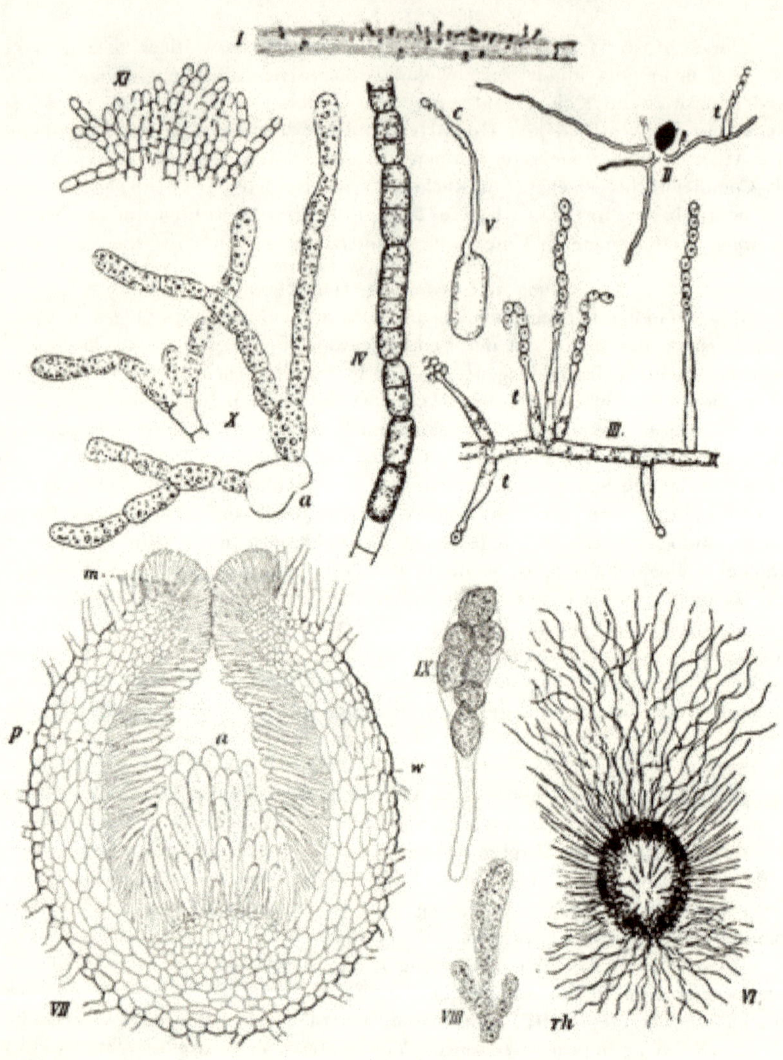

(B. 754.) Fig. 146.

Chaetomium Kunzeanum Zopf. Gemeiner Haarschopfpilz. I Stück eines Strohhalmes, mit Schlauchfrüchtchen. II Eine Ascospore hat in Mistdecoct ein winziges Mycel und den Conidienträger *t* getrieben; 300 fach. III Stück eines Mycelfadens aus einer Masseneultur auf Brod, mit 1- bis 2-zelligen Conidienträgern *t*, welche z. Th. mit langen Conidienketten versehen sind; 540 fach. IV Mycelfaden mit Gemmen, die theilweis septirt erscheinen; 540 fach. V Eine Gemme, welche in Wasser einen kurzen Mycelfaden getrieben, an dessen Ende der Conidienträger *c* entstanden ist; 540 fach. VI Nahezu reifes Perithecium mit scheitelständigen welligen und seitlichen geraden Haarbildungen, denen an der Basis der Frucht Rhizoïden *rh* entsprechen; 45 fach. VII Axiler Längsschnitt durch ein vor der Ascenreife stehendes Früchtchen, die Haarbildungen sind weggeschnitten. *a* Asci. *p* Periphysen des Innern, *m* Periphysen der Mündung, *w* Wandung der Frucht; 250 fach. VIII Junge Schläuche mit einer schlauchbildenden, nur z. Th. gezeichneten Hyphe; 540 fach. IX Schlauch mit seinen 8, nahezu reifen Sporen; 540 fach. X Periphysen vom unteren Theile der Fruchtwand, *a* eine losgerissene Zelle der letzteren; 540 fach. XI Periphysen der Mündung, 540 fach. Alles nach der Natur.

Zu den gemeinsten Arten gehört das namentlich auf moderndem Stroh häufige, in Fig. 146 abgebildete *Chaetomium Kunzeanum* ZOPF, dessen relativ kleine, höchstens 300 Mikr. hohe Perithecien mit sehr langen, einfachen, wellig gebogenen, einen mächtigen Schopf bildenden Scheitelhaaren besetzt ist. Die Schlauchsporen erscheinen von vorn gesehen breit elliptisch 11—13 Mikr. lang, 8—9 Mikr. breit, deutlich apiculirt, von der Seite spindelförmig, 6—7 Mikr. breit.

Gattung 2. *Sordaria* CESATI et DE NOTARIS.

Exquisite und häufige Mistbewohner, die aber in Folge der Unscheinbarkeit des Mycels, das nur bei wenigen Arten stromaartig verdichtet auftritt, sowie wegen der düsteren Färbung der winzigen, vom Substrat sich nur wenig abhebenden Schlauchfrüchtchen leicht übersehen werden. Sie bilden auf ihren Mycelien, namentlich, wenn dieselben durch Schlauchfructification bereits erschöpft oder von vornherein kümmerlich ernährt wurden, dieselbe eigenthümliche Conidienfructification wie *Chaetomium* (Fig. 146, III) mit ebenfalls nicht keimungsfähigen Conidien. Was die flaschenförmigen, heliotropischen Schlauchfrüchte (Fig. 58) anlangt, die von denen der Chaetomien schon durch den Mangel eines terminalen Haarschopfes unterschieden sind, so entstehen sie nach WORONIN und GILKINET in der nämlichen Weise wie bei *Chaetomium* und in diesem Falle nehmen die Asci von einem Ascogon ihren Ursprung. Bei *S. Wiesneri* hat ZUKAL ein solches nicht aufzufinden vermocht. Die Schläuche enthalten 4 (Fig. 58, I), 8 (Fig. 58, II; 60, I), 16, 32, 64 oder noch mehr Sporen, welche durch besondere mechanische Mittel unter sich verkettet sowie am Ascusscheitel verankert werden, um schliesslich durch Ejaculation ins Freie zu gelangen. Ueber diese Einrichtungen und Vorgänge vergl. pag. 87 ff. Meist bleiben die Sporen einzellig, bestehen aber bei gewissen Vertretern stets aus zwei Zellen, von denen die eine durch Abgabe ihres Plasmas an die andere steril wird (Fig. 60, V—VII s. Erklärung). Bei der Untergattung *Hypocopra* vergallertet die äussere Membranschicht der Sporen und quillt bei Wasserzutritt mächtig auf (Fig. 60, I II).[1])

Literatur: WORONIN M. in DE BARY u. W., Beitr. z. Morphol. u. Physiol. der Pilz dritte Reihe II. Sordaria fimiseda; III S. coprophila. — GILKINET, Recherches sur les Pyrenomycètes (Sordaria) Bull. Acad. Belg. 1874. — WINTER, G., die deutschen Sordarien. Abhandl. d. naturf. Ges. Halle Bd. 13. — HANSEN, E. CHR., fungi fimicoli danici. Kjöbenhavn 1876. — ZOPF, W., Zur Kenntniss der anatomischen Anpassung der Schlauchfrüchte an die Function der Sporenentleerung. Halle 1884. — ZUKAL, H., Entwickelungsgesch. Unters. aus dem Gebiete der Ascomyceten. (Sordaria Wiesneri ZK.) Sitzungsber. d. Wiener Ak. Bd. 98. Abth. I. 1889.

S. minuta FUCKEL. (Fig. 58, I; Fig. 60, III). Auf Kaninchen- und Schafkoth häufige Art mit 4 sporigen Schläuchen, an denen sich der Entleerungsvorgang in allen seinen Phasen leicht verfolgen lässt. Die Perithecienwand ist besetzt mit zottenartigen Haarbildungen, die in Figur 58 weggelassen wurden.

Gattung 3. *Fumago* TULASNE, Russthaupilze.

Die hierher gehörigen Arten überziehen mit ihren sich tief braunenden Mycelien, Conidien- und Schlauchfructificationen die Blätter, Zweige und Früchte vieler Laubbäume, Stauden und Kräuter, namentlich auch cultivirter, in Form von schwärzlichen, an Russ erinnernden Ueberzügen (was übrigens auch seitens gewisser, zu anderen Sphaerieen-Gattungen oder auch ganz anderen Gruppen gehöriger Pilze geschieht.) Man kann leicht feststellen, dass die Russthaumassen sich namentlich dann besonders stark entwickeln, wenn die betreffenden Pflanzentheile seitens der Blattläuse und Schildläuse reichlich mit Honigtröpfchen bespritzt werden, was zumeist im Hochsommer geschieht. Die Mycelien dringen zwar keineswegs in die betreffenden Wirthstheile ein, aber trotzdem wird bei üppiger

Entwickelung eine oft erhebliche Schädigung der Wirthspflanzen bewirkt, indem die schwarzen Massen den Licht- und Luftzutritt zu den Blättern behindern und somit die Assimilationsthätigkeit derselben beeinträchtigen. Die so grosse Verbreitungsfähigkeit der Russthaupilze erklärt sich, wie man speciell für *F. salicina*

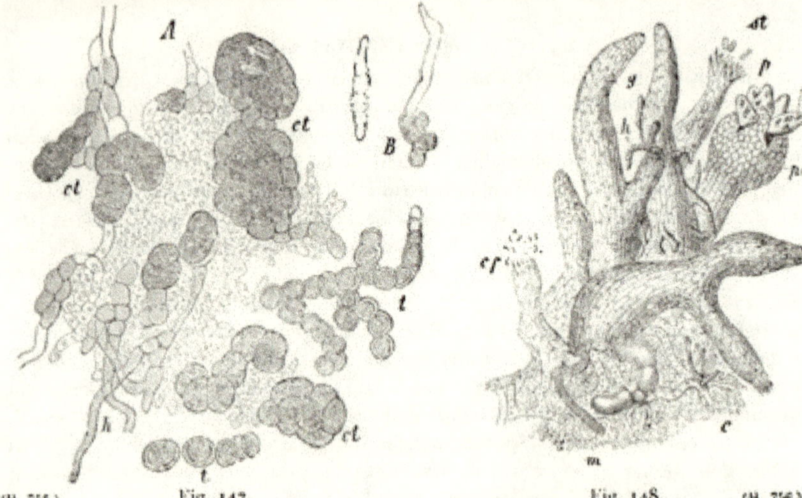

(B. 755.) Fig. 147.

Mycelium des Russthaupilzes (*Fumago salicina* Tulasne) von der Oberfläche eines Eichenblattes. Auf der farblosen Schicht dicht an einander gelagerter Zellen, die in der Zeichnung nur zum Theil ausgeführt ist, sieht man braungefärbte Mycelfäden *h* und Gemmen *t*, sowie Gemmencomplexe *ct*, 300fach. *B* Gemmen, in Zuckerlösung in Auskeimung begriffen, mit farblosen Keimschläuchen. Aus Frank's Handbuch.

Fig. 148. (B. 756.)

Eine Gruppe von Fruchtformen des Russthaupilzes (*Fumago salicina* Tulasne) *st* Conidienfrucht mit grosseren mehrzelligen Conidien; *pc* eine Schlauchfrucht, *s* die durch absichtlichen Druck hervorgetretenen Schläuche. Die übrigen Früchte sind kleinsporige Conidienfrüchte, bei *cf* ihre kleinen Conidien. *m* Mycelium. Nach Tulasne, aus Frank's Handbuch.

Tulasne nachgewiesen hat, durch einen ausserordentlichen Reichthum an Fructificationsformen: Es können gebildet werden: 1. Schlauchfrüchte (Fig. 148, *pc*), 2. Conidienfrüchte mit grossen mehrzelligen Sporen (Fig. 148, *st*), 3. Conidienfrüchte mit sehr kleinen, einzelligen Sporen (Fig. 38, VI—VIII); 4. Bündel und fädige Conidienträger (Fig. 31 u. 23, IX); 5. Gemmen; 6. hefeartige Sprossungen. Ausserdem ist jedes Fragment des Myceels im Stande, ein neues Mycel zu bilden.

F. salicina Tulasne, der Russthau der Weiden, kommt nach bisheriger Annahme auf den allerverschiedensten Pflanzen vor und wird namentlich auf den Blättern und Zweigen der Linde, des Ahorns, der Eiche, der Weidenarten sowie des Hopfens angetroffen, meistens in grosser Ausbreitung, sodass die schwarzen Krusten oft continuirliche Ueberzüge auf den Blättern bilden. Sie bestehen zunächst zumeist aus in Gemmenbildung übergegangenen Myceelien (Fig. 147); später findet man dann Conidienfrüchte in Form von Hyphenfrüchten, welche von länger oder kürzer gestielter Flaschenform erscheinen (Fig 38, VI—VIII), oder in Form von Gewebefrüchten, die birnförmige Gestalt zeigen (Fig. 39, V). (Man vergl. pag. 54—57). In diesen Conidienfrüchten, die Tulasne als Spermogonien beschrieb, werden winzige Conidien gebildet, die in Zuckerlösungen untergetaucht reiche hefeartige Sprossung zeigen, in dünnsten Schichten einer solchen Lösung aber Gemmen produciren mit dick und braun werdender Wandung und fettreichem Inhalt. Seltener findet man (z. B. auf Weiden) Conidienfrüchte mit grossen mauerförmigen Conidien. Die Schlauchfrüchte (Fig. 148 *pc*) reifen erst in der kalten Jahreszeit und erzeugen Ascen mit 8 grossen ebenfalls mauerförmigen Sporen. Die Entwickelung dieser Früchte ist noch nicht näher untersucht[1]). Man pflegt, doch ohne Grund, häufig ein *Cladosporium* als Conidienfructification zu dieser Species zu ziehen.

Familie 2. Hypocreaceen Winter.

Von den Sphaeriaceen, mit denen sie sowohl Mangel als Gegenwart eines Stromas theilen, vornehmlich durch die weissliche oder meistens lebhafte, niemals schwarze Färbung der Perithecien und Stromata sowie durch die fleischige oder fleischig-häutige Consistenz dieser Organe verschieden. Wo die Färbungen mehr oder minder ausgesprochen gelb, gelbroth oder roth bis rothbraun erscheinen liegen ihnen Fettfarbstoffe zu Grunde (z. B. *Nectria*, *Polystigma*); sonst kommen noch blaue, violette und violettbraune Farbtöne vor. Wenn auch Färbungserscheinungen im Allgemeinen nicht als systematische Merkmale von Familien verwandt werden dürfen, so liegt doch hier eine Ausnahme vor. Von Conidienfructificationen kommen meist Conidienlager und Conidienfrüchte, minder häufig fädige Conidienträger (Schimmelform) vor. Die Conidien sind farblos oder in rothen Tönen gefärbt.

Gattung 1. Cordyceps Fries. Keulensphärien.

Sie haben von jeher besondere Aufmerksamkeit auf sich gezogen dadurch, dass sie der Mehrzahl nach als Parasiten in zahlreichen Insekten der verschiedensten Ordnungen auftreten und diese oft in grossem Maassstabe abtödten. (Vergl. die Uebersicht der durch Pilze hervorgerufenen Thierkrankheiten von pag. 242 ab wo die Wirthsspecies der Cordyceps-Arten ziemlich vollständig aufgeführt sind). Nur wenige Vertreter parasitiren in den Früchten grösserer Pilze, speciell der *Elaphomyces*-Arten, einige bewohnen auch todte Pflanzentheile. Während die Tropen das weitaus grösste Contingent an Keulensphärien stellen, sind bei uns nur wenige Vertreter heimisch.

Die Fructification tritt in zweierlei Formen: Schlauchfrüchten und Conidienbildungen auf. Jene sind in das keulenförmige oder kopfförmige Ende gestielter Stromata (Fig. 149, II) eingesenkt und produciren lange cylindrische Schläuche mit 8 fadenförmigen, vielzelligen Sporen (Fig. 149, III), welche bei der Reife leicht in die einzelnen Glieder zerfallen und durch Ejaculation frei werden. Die Conidienfructification kommt entweder in Form von einfach fädigen Conidienträgern (Fig. 150, *ABC*) oder (gewöhnlich) in Form von ziemlich stattlichen Conidienbündeln vor (Fig. 149, I) Die einzelnen Conidienträger weisen wirtelige Verzweigungen auf, an deren Enden winzige Conidien in basipetaler Folge abgeschnürt werden. Früher beschrieb man die Conidienbündel unter dem Namen *Isaria*. Auf ihnen schmarotzt bisweilen eine kleine *Melanospora* (*M. parasitica*, deren Entwickelungsgeschichte neuerdings von Kihlmann[2]) näher untersucht wurde. Ausserdem hat man im Körper der Insekten Abschnürung von cylindrischen Conidien (Fig. 150, B) und hefeartige Sprossung derselben beobachtet (Fig. 150, C).

Literatur: Tulasne, Selecta fungorum Carpologia III. — de Bary, Bot. Zeit. 1867, pag. 1 u. 1869, pag. 590. — derselbe, Morphol., pag. 398 ff.

C. militaris (Linné). Tödtet im Herbst Raupen und Puppen grösserer und kleinerer Schmetterlinge ab, die auf pag. 514–516 aufgeführt sind. Die Species ist besonders durch die

---

[1]) Literatur: Tulasne, Selecta fungorum Carpologia III. — Zopf, W., die Conidienfrüchte von Fumago. Nova acta Bd. 40. No. 7.

[2]) Zur Entwickelungsgeschichte der Ascomyceten. Acta Soc. sc. Fennicae. XIII (1883).

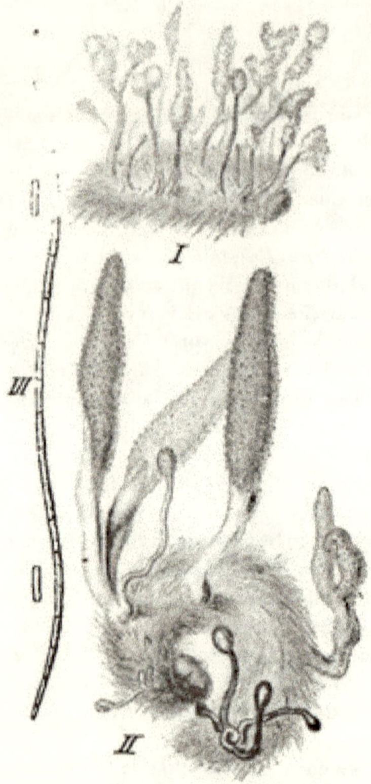

(B. 757.) Fig. 149.
Cordyceps militaris (LINNÉ). Die Keulensphärie der Schmetterlinge. II Eine durch den Pilz getödtete Raupe mit mehreren aus ihr hervorgewachsenen Stromata von der Form gestielter Keulen. Die Schlauchfrüchtchen sitzen in dem oberen Theile der Keule und sind durch die Punkte derselben kenntlich. I Eine durch den Pilz abgetödte Raupe mit der in Form von Conidienbündeln entwickelten Conidienfructification (früher *Isaria farinosa* genannt). III Eine einzelne vielzellige Schlauchspore. Alles nach TULASNE. I und II in natürl. Grösse, III ca. 300fach.

stattlichen, bis 6 Centim. hohen, orangenen bis purpurnen Stromata charakterisirt, in welchen die Schlauchfrüchtchen entstehen (Fig. 149, II). Letztere produciren in den sehr langen cylindrischen Schläuchen lange, fadenförmige Sporen (Fig. 149, III), welche schliesslich in zahlreiche cylindrische Glieder von 3 Mikr. Länge zerfallen. Jede dieser Theilsporen keimt, auf den Körper von Raupen gebracht, zu einem Keimschlauche aus, der in die Chitinhaut eindringt, sich hier verzweigt und schliesslich seine Aeste zwischen Muskelbündel und Theile des Fettkörpers hineinsendet. Hier steht ihr Längenwachsthum still, während alsbald an Haupt und Seitenzweigen cylindrische Conidien entstehen (Fig. 150, *B*). Sie gelangen ins Blut und bilden hier in Menge terminale oder seitliche Sprosszellen, welche auch ins Innere der amöboïden Blutkörperchen hineingezogen werden (Fig. 150, *Cd*). Das Thier wird bald weich und schlaff und stirbt dann ab. Hierauf wachsen die Sprosszellen zu Fäden aus, welche in dichten Massen die inneren Körpertheile des Thieres, den Darm ausgenommen, durchwuchern und grösstentheils aufzehren, sodass der Raupenkörper jetzt im wesentlichen aus einer dichten Pilzmasse besteht, welche entweder direkt Perithecien tragende Stromata erzeugt oder, beim Austrocknen erst in einen Ruhezustand übergeht.

Säet man Ascosporenglieder in Wasser oder Nährlösung, so bilden sich kümmerliche oder auch reicher verzweigte Mycelien mit Conidienträgern, welche an wirtelartigen Aesten kleine rundliche Conidien abschnüren (Fig. 150, *A E*) und auch auf den befallenen Raupenkörpern als Schimmelüberzug beobachtet werden. Meistens bleiben aber die Conidienträger nicht einfach, sondern bilden relativ stattliche Bündel von 1—2 Centim. Höhe, die man früher als *Isaria farinosa* beschrieb. Gewöhnlich treten an Insekten, die diese »Isariaform« bilden, Peritheeien-Stromata nicht auf. Bringt man Conidien der genannten Fructification auf Wolfsmilchraupen, so keimen sie aus, dringen aber nicht direct durch die Chitinhaut in den Körper ein, sondern nehmen ihren Weg durch die Stigmata in die Tracheen um erst nach Durchbohrung der Tracheenwände in das Körperinnere vorzudringen. Hier findet dann ebenfalls Bildung cylindrischer Conidien und reiche Sprossung der Letzteren statt, bis der Tod erfolgt. An den durch Infection mit den oben genannten rundlichen Conidien abgetödteten Thieren konnte DE BARY, der die geschilderten Entwickelungsvorgänge genauer studirte, stets nur wieder Conidienfructification erzielen, nicht aber Schlauchfrüchte.

Ob die naheliegende Annahme, dass *Botrytis Bassiana* DE BARY, welche die Muscardine der Seidenraupen hervorruft (s. die citirte Uebersicht der Insektenkrankheiten) und im Wesentlichen mit der *Cordyceps*-Conidienfructification in Fig. 150, *E* übereinstimmt, eine ächte *Cordyceps*-Art repräsentirt oder nicht, wissen wir nicht. Möglicherweise ist bei ihr völliger Verlust der Schlauchfructification eingetreten.

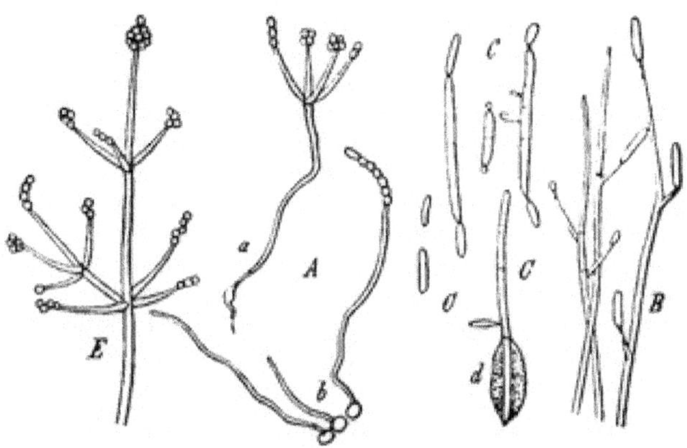

Fig. 150. (B. 758.)

Cordyceps militaris Fr. *A*. In Wasser auf dem Objektträger keimende Ascosporen-Theilzellen. *a* eine einzelne, welche einen unmittelbar zum Conidienträger gewordenen Keimschlauch getrieben. *b* drei Theilsporen, jede mit einem Keimschlauch, von denen der eine ebenfalls mit einer Conidienkette endet. *B*. Enden durch die Chitinhaut eingedrungener Hyphen, Cylinderconidien abschnürend. *C*. Cylinderconidien aus dem Blute einer befallenen Raupe, hefeartigsprossend. Das eine Ende von *d* steckt in einer Blutzelle. *E*. Ende eines fadenförmigen, wirtelig verzweigten Conidienträgers, der aus der Haut einer vom Pilz getödteten und sclerotisirten Wolfsmilchraupe hervorgewachsen. Alles nach de Bary, ca. 400fach.

Gattung 2. *Claviceps* Tulasne. Mutterkornpilz.

Wie die *Cordyceps*-Arten in Insekten, so schmarotzen die Vertreter vorliegender Gattung in den Fruchtknoten einer grossen Anzahl von wilden und cultivirten Gräsern sowie auch in manchen Cyperaceen, die sogenannten Mutterkornkrankheiten hervorrufend. Dieselben äussern sich darin, dass in der Wandung des Fruchtknotens sich ein Mycelgeflecht entwickelt, welches an der Oberfläche zarte weissliche Conidienlager erzeugt (in der älteren Mycologie *Sphacelia* genannt). Bald durchwuchert das Mycel auch den Fruchtknoten im unteren Theile nach allen Richtungen, wird hier reicher, dichter und kurzgliedriger, einen verlängerten, pseudoparenchymatischen Körper bildend und wandelt sich, von der Basis nach der Spitze zu in ein festes, dickwandiges, fettreiches, aussen violettbraun gefärbtes Dauergewebe, Mutterkorn genannt um. Nach mehrmonatlicher Vegetationsruhe (Winterruhe) treibt dieses meist hornförmige Sclerotium langgestielte, köpfchenförmige Stromata, in dessen peripherischem Gewebe zahlreiche Schlauchfrüchtchen entstehen. In den schmal-keulenförmigen Schläuchen werden 8 lange nadelförmige Sporen erzeugt, die durch Ejaculation ins Freie gelangen und, durch die Luft auf junge Gras-Fruchtknoten geführt, Keimschläuche entwickeln, die hierselbst eindringen. In den eben angedeuteten Entwickelungsgang haben namentlich Tulasne's und J. Kühn's Untersuchungen und Experimente Klarheit gebracht. In physiologischer Beziehung sind die Claviceps-Sclerotien namentlich durch den Reichthum an Alcaloïden ausgezeichnet.

Literatur: Tulasne, L. R., Sur l'ergot des Glumacées. Ann. sc. nat. sér. 3. t. 20. — Kühn, J., Ueber die Entstehung, das künstliche Hervorrufen und die Verhütung des Mutterkorns. Halle 1863. Vergl. auch die Handbücher über Pflanzenkrankheiten sowie die zusammenfassende Darstellung von L. Kny, Bot. Wandtafeln V. Abtheil. Erläuterung.

Cl. purpurea Tul. (Fig. 11. 12. 151), die bekannteste und verbreitetste Species, befällt von Culturgräsern namentlich den Roggen, kommt aber auch ab und zu auf Weizen-Arten, Gerste, Hafer, Mais, Hirse und Reis vor. Von wilden Gräsern werden als Wirthe angegeben: *Agrostis vulgaris, Alopecurus agrestris, geniculatus, pratensis, Anthoxanthum odoratum, Arrhenatherum elatius, Avena pratensis, Brachypodium pinnatum, silvaticum, Bromus mollis, secalinus, Dactylis glomerata, Elymus arenarius, Festuca gigantea, Glyceria fluitans, spectabilis, Hordeum murinum, Lolium italicum, perenne, temulentum Nardus stricta, Phalaris arundinacea, canariensis, Phleum pratense, Poa annua, compressa, sudetica, Sesleria coerulea, Triticum repens.* Doch ist es, wie auch Kny hervorhebt, fraglich, ob die auf diesen Species gefundenen Sclerotien wirklich alle zu *Cl. purpurea* gehören.

Die in dem Roggenfruchtknoten entwickelten Sclerotien (Fig. 11) sind gestreckt-spindelförmig, schwach hornartig gekrümmt und stumpf 3kantig. Sie werden 1—2, höchstens 3 Centim. lang und 3—6 Millim. dick. Auf dem Querschnitt bestehen sie aus polyedrischen Zellen, von denen die der Rinde in ihren Membranen einen violetten Farbstoff enthalten, die des Markes farblose verdickte Zellwände und reiche in Form von Fetttropfen vorhandene Reservestoffe führen. Erst auf dem Längsschnitt überzeugt man sich, dass das Sclerotium aus Hyphen gewebt ist, was aus der hier und da angedeuteten reihenartigen Anordnung der Zellen hervorgeht.

Bringt man Mutterkörner bald nach der Reife nicht zu tief in feuchten Boden, sodass sie etwa dieselben Bedingungen haben, wie draussen in der Natur, so keimen sie gegen das Frühjahr zu den die Stromata darstellenden gestielten Köpfchen aus (Fig. 12, *AB*), die sich gewöhnlich aus dem Gelblichen ins Röthliche bis Rothbraune verfärben, während die Stiele, die an der Basis Büschel weisslicher Rhizoïden bilden können, einen violetten Farbstoff erhalten. Je nach der Grösse der Mutterkörner entstehen nur wenige oder aber viele solcher Träger, was natürlich auf Kosten der in den Sclerotien gespeicherten Reservestoffe geschieht. Die kugeligen Köpfchen zeigen Hunderte von warzenförmigen Erhabenheiten, welche den Enden der Perithecien entsprechen. Auf dem medianen Längsschnitt durch ein Köpfchen sieht man, wie die Wandungen der Perithecien allmählich in das Gewebe des Stromas übergehen und keine Periphysen- und Paraphysenbildung besitzen (Fig. 12, *C*). Das Innere wird ausgefüllt von den schmalkeulenförmigen Schläuchen mit ihren 8 nahezu parallel liegenden fadenförmigen Sporen, die aus jenen ejaculirt werden, nachdem dieselben durch Streckung in den Mündungskanal hinein gelangt sind.

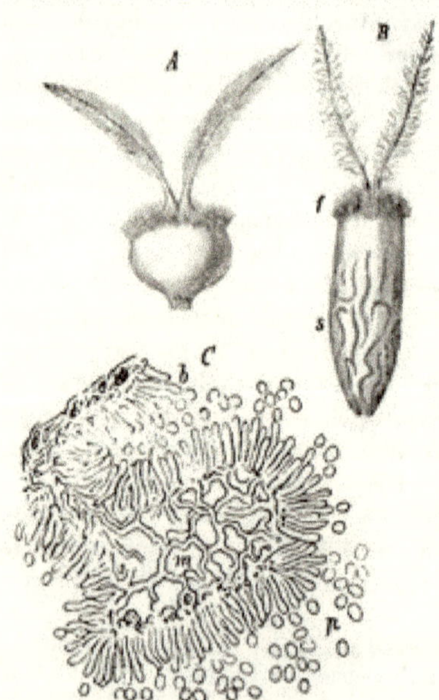

Fig. 151. (B. 730.)

Claviceps purpurea Tulasne in seinem ersten Entwickelungsstadium. *A* gesunder Fruchtknoten der Roggenblüthe. *B* ein vom Pilz veränderter Fruchtknoten, *f* der Griffel mit den beiden Narben, *s* der von der Spacelia-Form eingenommene, faltige Theil. *C* Stück eines Querschnittes durch die Spacelia, *m* die locker verflochtenen Pilzfäden im Innern derselben, *b* das Hymenium an der gefurchten Oberfläche, aus zahlreichen kleinen Conidienträgern gebildet, welche die Conidien *p* abschnüren. *AB* schwach, *C* stark vergr., nach Tulasne aus Frank's Handbuch.

In Wasser gesäet keimen reife Sporen mit meist mehreren Keimschläuchen aus und dies geschieht auch, wenn man junge Fruchtknoten blühender Roggenpflanzen mit Ascosporen besäet. Wie Durieu de Maisonneuve und Kühn zeigten, dringt das seitens der Ascosporen gebildete Mycel in die jungen Fruchtknoten ein und bildet später Conidienlager. Die ersten Entwickelungszustände des Parasiten in Form eines Geflechtes septirter und verzweigter Hyphen findet man in den äusseren, aus zartwandigen, sehr saftreichen Zellen gebildeten Schichten der Fruchtknotenwandung (dem Epi- und Mesocarp). Von unten nach oben hin vorschreitend, zehrt der Pilz dieses Gewebe vollständig auf und setzt sich an dessen Stelle. Die Oberfläche seines Fadengeflechts zeigt deutlich eine unregelmässige Längsfaltung und bedeckt sich sowohl an der Aussenseite der Falten als in der Tiefe der Furchen und in zahlreichen mit ihnen communicirenden inneren Hohlräumen mit einem Lager von Conidienträgern, die sehr klein und einzellig sind und am Ende winzige, ellipsoïdische Zellchen abschnüren. Dieses Lager, früher *Sphacelia segetum* Lév. genannt, sondert eine süsse, klebrige Flüssigkeit von reichem Zuckergehalt und gelblicher bis bräunlicher Farbe ab, welche den »Honigthau« des Roggens darstellt und mit Conidien untermischt zwischen den Spelzen hervordringt. Die Conidien keimen leicht und bilden in zuckerhaltigem Wasser Keimschläuche, die gewöhnlich Sekundärconidien bilden. Wenn beim Wind Sphacelia-behaftete Aehren mit gesunden in Berührung kommen, so können sie letztere offenbar durch die Conidien inficiren, da man nach Kühn's Versuchen durch Uebertragen von Honigthau auf gesunde Blüthen in diesen die Krankheit hervorzurufen vermag.

Bevor die Ausscheidung von Honigthau an der Oberfläche des *Sphacelia*-Fruchtlagers beginnt, werden die Hyphen an dessen Grunde reicher verzweigt, kurzgliedriger und verflechten sich zu einem pseudoparenchymatischen, beträchtlich wachsenden Körper. (Es hat ganz den Anschein, als ob der Pilz die Nahrung, die von Seiten der Pflanze den jungen Fruchtknoten zugeführt wird, für sich verwerthet, was noch näherer Klarlegung bedarf). Bald verdicken sich die Zellwände und im Inhalt wird Fett gespeichert. Auf diese Weise geht das Hyphengeflecht in den sclerotialen Zustand über, der von der Basis nach dem Ende zu vorschreitet. Das am Ende des Ganzen stehen bleibende Mützchen stellt die Ueberreste von Griffel, Narbe und dem durch die Einwirkung des Parasiten verkümmerten Fruchtknoten nebst dem Reste der *Sphacelia* dar.

Das Mutterkorn wirkt auf Menschen und Thiere giftig. Aus Mutterkorn-haltigem Mehl hergestelltes Brod ruft die sogenannte Kriebelkrankheit (Antonius-Feuer) hervor, welche namentlich in früheren Jahrhunderten, wo man den Mutterkornpilz noch nicht zu bekämpfen wusste, oft in grosser, epidemischer Ausdehnung und mit gefährlichen Folgen auftrat, bei dem heutigen rationellen Betriebe des Roggenbaues aber nur noch selten und ganz sporadisch vorkommt. Ueber die im Mutterkorn vorkommenden Farbstoffe, Säuren und Alkaloide siehe pag. 130, 160 u. 165. Extracte des Mutterkorns werden in der Gynaecologie angewandt.

Familie 3. Xylarieen Winter.

Alle Repräsentanten dieser natürlichen Familie bilden Stromata, welche entweder Scheiben-, Krusten- (Fig. 34, I und II), Schüssel-, Halbkugel- (Fig. 34, III), Kugel- oder Faden-, Keulen (Fig. 34, V) oder Hirschgeweihform (Fig. 34, IV, 15:1 a) aufweisen, dabei von korkiger, holziger ja selbst kohliger Consistenz erscheinen. Auf diesen Bildungen entstehen zunächst weissliche Conidienlager, welche die ganze Oberfläche oder doch einen grösseren Theil derselben überziehen

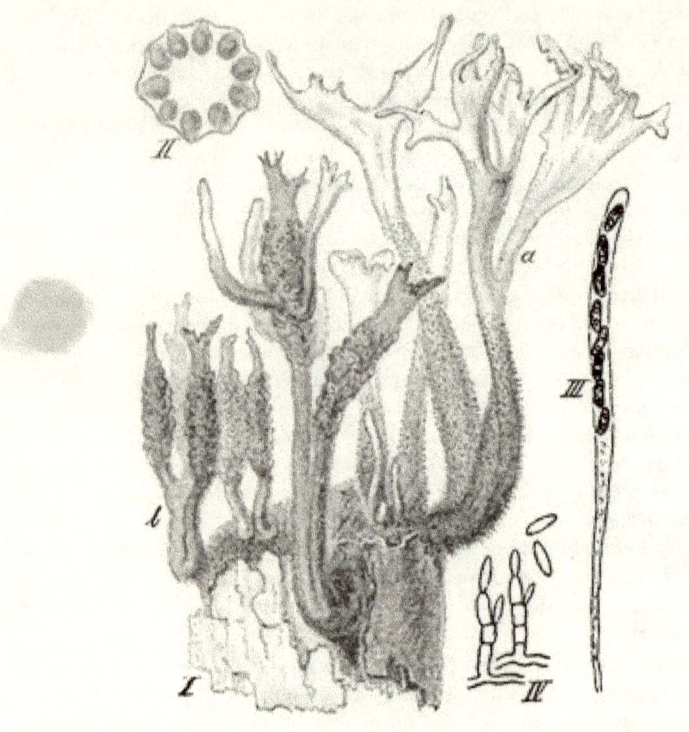

(B. 760.) Fig. 152.

Xylaria Hypoxylon L. I Fragment eines Baumstumpfes mit den hirschgeweih-artig verzweigten Fruchtlagern *a*, welche in dem oberen helleren Theile die Conidien tragen; bei *b* sieht man die die Schlauchfrüchte tragenden, keuligen Stromata. Die Schlauchfrüchte sitzen in dem warzigen Theile der Lager. II Querschnitt durch eine Stroma mit Perithecien, ca. 4 fach. III Schlauch mit seinen 8 Sporen. IV Conidienträger und Conidien von der Region *a*, stark vergr. I III und IV nach TULASNE.

(Fig. 34, I—IV *k*) und später von den Schlauchfrüchten abgelöst werden. Dieselben sind meist dem peripherischen Theil des Stromas eingesenkt, (Fig. 152, II) seltener aufsitzend und bilden Schläuche mit 8 einzelligen, braunen, meist etwas gekrümmten Sporen. Die Xylarieen bewohnen meist todtes Holz oder andere Pflanzentheile, seltener Excremente[1].

Gattung 1. *Xylaria* HILL.

Stroma in seiner äusseren Form lebhaft an manche Clavarien unter den Hymenomyceten erinnernd, cylindrisch keulig, einfach oder verzweigt (Fig. 152). Conidienlager aus einfachen, mehrzelligen, einfache Conidien abschnürenden Trägern bestehend.

X. Hypoxylon (LINNÉ). Rasenweis an Baumstümpfen gemein, mit einfachem oder hirschgeweihartigen Stroma, das im unteren, mit schwarzen Haarbildungen bekleideten Theile steril

[1] Literatur: DE BARY, Morphol. u. Physiol. der Pilze 1866, pag. 97. (Xylaria polymorpha) TULASNE, Selecta fungorum Carpologia II. — NITSCHKE, Pyrenomycetes germanici.

bleibt, im oberen zunächst Conidienlager bildend (Fig. 34, IV *h*) und in diesem Zustande weiss und weich erscheinend, später daselbst eingesenkte Schlauchfrüchte erzeugend. Bezüglich der Phosphorescenz des Mycels vergl. pag. 195.

Gattung 2. *Ustulina* Tulasne.

Ausgebreitete, dicke, kuchenartige Stromata bildend (Fig. 34, I II), die anfangs korkartig und mit dem conidientragenden Hymenium bedeckt erscheinen, später kohlige, brüchige Beschaffenheit und schwarze Färbung annehmen. Durch die Punkte auf der Oberfläche wird der Sitz der eingesenkten Schlauchfrüchtchen angedeutet (Fig. 34, II).

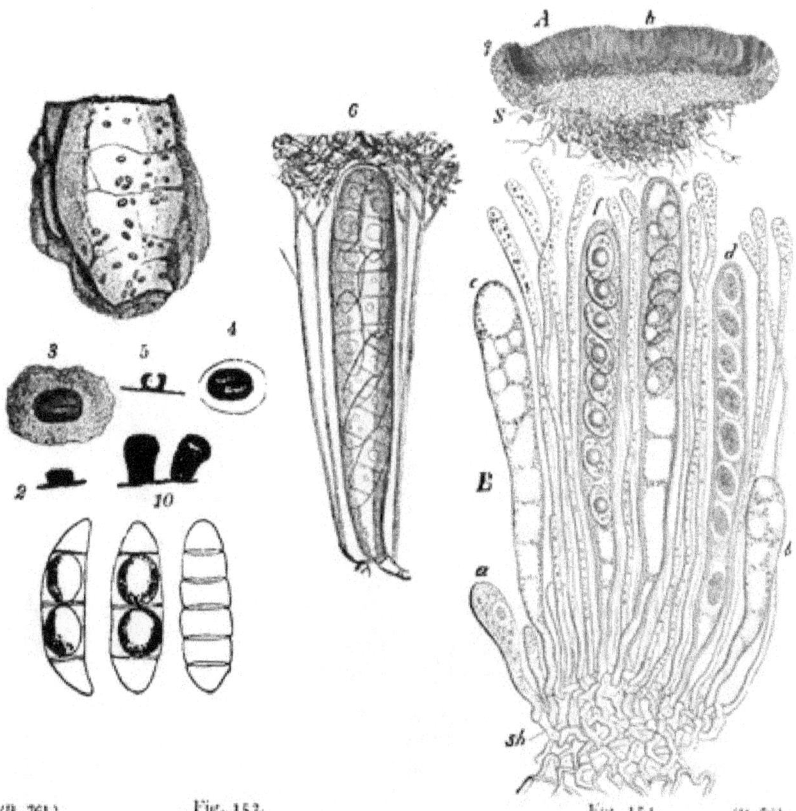

(B. 761.) Fig. 153.

Hysterium pulicare Pers. 1 Ein Stückchen Birkenrinde mit den Schlauchfrüchten in natürlicher Grösse. 2 Ein Schlauchfrüchtchen von der Seite gesehen. 3 und 4 von oben. 5 Querschnitt (2—5 wenig vergrössert). 6 Schlauch mit Paraphysen, die oben verästelt sind. 7—9 Sporen, stark vergr. 10 Gestielte Form der Schlauchfrucht, mässig vergrössert. Alles nach Rehm.

Fig. 154. (B. 762.)

Peziza convexula. *A* Senkrechter Durchschnitt des Apotheciums, ca. 20 fach. *h* Hymenium, *s* Hypothecium oder subhymeniales Gewebe; am Rande, bei *g*, das napfartig das Hymenium umgebende Fruchtwand; an der Basis Rhizoiden, zwischen Erdtheilen hinwachsend. *B* Theil des Hymeniums 550 fach. *sh* subhymeniale Schicht, *a—f* sporenbildende Schläuche, dazwischen Paraphysen. Aus Sachs, Lehrbuch.

U. vulgaris Tulasne. An Baumstümpfen sehr häufig und daselbst oft 1—2 Decim. breite verbogene, am Rande mehr oder minder stark ausgeschweifte Stromata bildend (Fig. 34, I, II).

Familie 4. Hysteriaceen Rehm[1]).

Die perennirenden, unmittelbar auf dem Mycel entspringenden Schlauchfrüchtchen weisen meist muschelförmige Gestalt auf, (Fig. 153, 1. 3. 4) öffnen sich gewöhnlich lippenartig mit einem Längsspalt oder sternförmig und besitzen eine Hülle von häutiger oder kohlenartiger Beschaffenheit und schwarzer Farbe. Zwischen den Schläuchen befinden sich Paraphysen, deren Verästelung bei den meisten Vertretern eine die Schläuche bedeckende, gefärbte Schicht (Epithecium Fig. 153, 6), bildet. Bei einzelnen Vertretern sind Conidienfrüchte, kleinsporige (Spermogonien) oder grosssporige bekannt, einfache fädige Conidienträger fehlen.

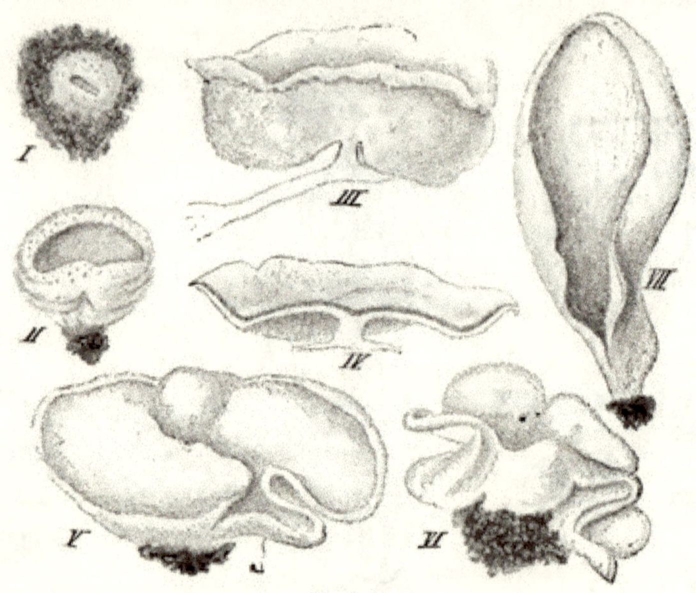

(B. 763.) Fig. 155.

Einige Formen von Apothecien Peziza-artiger Discomyceten in natürlicher Grösse. I und II *Peziza vesiculosa* Bulliard (angiocarp) III *Peziza cerea* Sow., einem breiten Mycelstrange aufsitzend. IV Frucht im Längsschnitt. V und VI *Peziza aurantia* Fr. VII *Peziza anetica* P. I, II, V, VI nach Barla VII nach Weberbauer.

Gattung 1. *Hysterium* Tode.

Schlauchfrüchte sitzend, etwa ellipsoïdisch, mit einem Längsspalt am Scheitel sich öffnend, mit kohliger Hülle. Schläuche keulig mit 8 vier- bis achtzelligen braunen Sporen. Paraphysen zart, oben ästig, ein mehr oder weniger dickes, gefärbtes Epithecium bildend (Fig. 153, 6).

H. pulicare Pers. (Fig. 153). Auf Rinde von Populus, Quercus, Betula etc. kleine schwarze Früchtchen von Grösse und ungefähr der Form eines Flohes bildend, in deren Schläuchen meist 4 zellige Sporen entstehen.

Ordnung 4. **Discomyceten**, Scheibenpilze.

Während bei den beiden vorausgehenden Ordnungen die Schlauchfructificationen stets in Gestalt geschlossener (angiocarper) Früchte ausgebildet werden (und zwar

[1]) Von Rehm in Winter, die Pilze, kritisch durchgearbeitet. Duby, Mém. sur la tribu des Hysterinées. Mem. de la soc. de physique et d'histoire nat. de Genève Bd. 16, (1861).

bei den Perisporiaceen in cleistocarper, bei den Sphaeriaceen in peronocarpischer Form), besitzen die Discomyceten der überwiegenden Mehrzahl nach gymnocarpe Schlauchfrüchte, die man eigentlich als »Schlauchlager« bezeichnen müsste. Nur wenige Gattungen bilden anfänglich völlig geschlossene (angiocarpe) Früchte, die sich aber später weit öffnen (Fig. 155, I II).

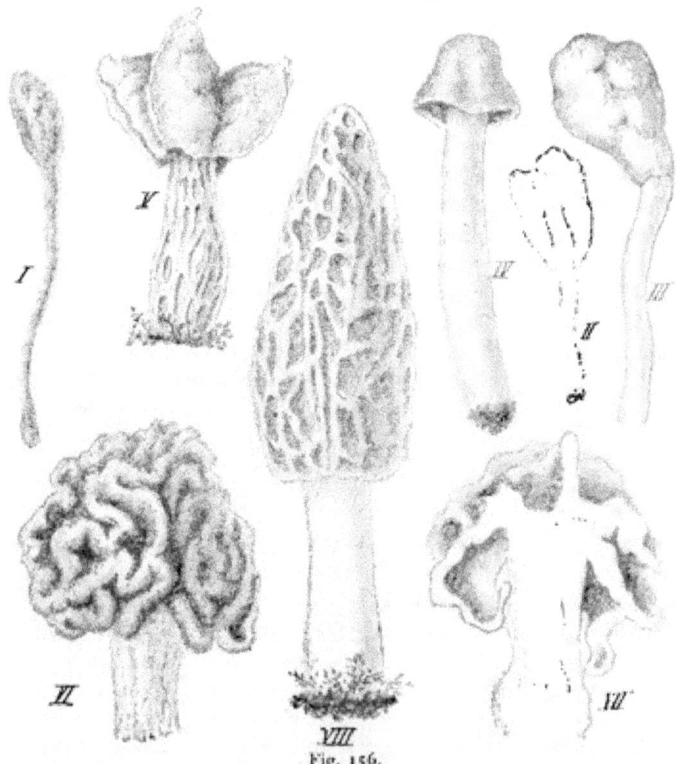

Fig. 156. (B. 764.)

I Keulenförmige Schlauchfrucht von *Geoglossum glabrum*. II Spatelförmige Schlauchfrucht von *Spathulea* III Keule von *Mitrula paludosa*. IV Gestielter Hut von *Verpa digitaliformis*. V *Helvella lacunosa* AFZELIUS mit tief gefaltetem Hut. VI *Helvella esculenta*, essbare Morchel mit gyrös gewundenem Hut, bei VII im Durchschnitt VIII Spitzmorchel (*Morchella conica* Fig. VIII nach BARLA, alles Uebrige nach der Natur.

Die Schlauchfrüchte der angiocarpen Discomyceten erscheinen bei der Reife becherförmig (Fig. 155, II III), die der gymnocarpen sind entweder von der Form gestielter oder ungestielter Scheiben, gestielter oder ungestielter Becher (Fig. 14, I II; Fig. 59, V; Fig. 154, *A*) bisweilen auch von Ohr- oder Muschelform (Fig. 151, V VI VII); oder sie stellen Keulen (einfachen Clavarien täuschend ähnlich) (Fig 156, I—III) oder gestielte Hüte oder Glocken (Fig. 156, IV) dar, oder endlich sie zeigen die Morchelform (Fig. 156 V—VIII). Von den beiden Hauptfamilien, den Pezizeen und Morchellaceen besitzen die ersteren meist Becher- oder Scheiben-, die Letzteren Keulen-, Hut- oder Morchelform. Man pflegt gewöhnlich nur die becherförmigen oder scheibenartigen Schlauchfrüchte als »Apothecien« zu bezeichnen, doch dehnen manche diesen Namen auch auf die anderen Formen aus.

Was den Bau der fertigen Schlauchfrüchte anbetrifft, so unterscheidet man wenigstens bei den becherartigen, das Hymenium, (Fig. 154, *Ah*) auch Discus genannt, das subhymeniale Gewebe (Fig. 154, *AS*) und die Fruchtwand.

Das Hymenium besteht stets aus Schläuchen (Fig. 154, *Ba—f*) und Paraphysen. Erstere enthalten meist 8 Sporen, doch kommen auch 16-, 32-, 64-, 128- und noch mehrsporige Asci vor. In allen Fällen sind die Sporen durch besondere Verkettungsmittel vereinigt (vergl. pag. 91) und werden durch simultane Ejaculation aus dem Ascus frei. Letzterer öffnet sich am Scheitel entweder mittelst eines Deckels oder aber durch Zerreissung. Bei vielen Discomyceten besteht die Schlauchmembran, wenigstens an dem freien Ende aus einer Cellulosemodification, welche sich mit Jod blau färbt (vergl. pag. 100). Ueber den Heliotropismus der Schläuche vergl. pag. 205.

Die Paraphysen stellen mehrzellige, einfache oder verzweigte Fäden mit meist keulig angeschwollenem Ende dar. In ihrem Inhalt führen sie meistens Pigmente, namentlich gelbe und rothe Lipochrome (vergl. pag. 146) aber auch andere Farbstoffe und verleihen damit dem Hymenium sein mehr oder minder intensiv gelbes, rothes, blaues, grünes, braunes Colorit. Für *Peziza benesuada* giebt Tulasne an, dass sich zwischen den Schläuchen anstelle der Paraphysen conidienabschnürende Fäden vorfinden. (Auch bei gewissen anderen kleinen Becherpilzen (*Humaria, Helotium*) habe ich in den letzten Jahren mehrfach in dem Hymenium conidienabschnürende Fäden beobachtet, welche etwa so lang sind wie die Schläuche, aber anderen schmarotzenden Pilzen zugehören). Bei *Cenangium*-Arten nehmen nach Tulasne conidientragende Fäden die Peripherie des Hymeniums ein.

Die dicht unter dem Hymenium liegende Gewebeschicht, die aus kleinzelligen Elementen besteht, pflegt man als subhymeniales Gewebe zu bezeichnen. Bei den einfachsten Discomyceten, speciell *Ascodesmis*, wird es vermisst. An dasselbe schliesst sich die Fruchtwand, die bei den becherartigen Früchten auch das Hymenium seitlich umgiebt, was bei den einfachsten Becherpilzen (*Ascodesmis, Peziza confluens*) nicht der Fall ist. Von der Fruchtwand gehen bei vielen Vertretern haarartige Bildungen von ein- oder mehrzelliger Form aus.

Fast sämmtliche entwickelungsgeschichtliche Untersuchungen haben zu dem übereinstimmenden Resultate geführt, dass die Asci einer- und die Paraphysen andererseits ganz verschiedenen, schon von Anfang an getrennten Hyphensystemen angehören (eine Thatsache, die aber an Schnitten durch reife Früchte nicht mehr sicher constatirt werden kann); die Schläuche entstehen nämlich als Endzellen verzweigter Fäden, die von einem oder mehreren Ascogonen ihren Ursprung nehmen (ähnlich wie bei Perisporiaceen und Sphaeriaceen), während die Paraphysen Endäste von Hyphen darstellen, welche unmittelbar unter dem Ascogon oder dem Letzteren benachbarten Myceltheilen ihren Ursprung nehmen. (Siehe die weiter unten folgende Entwickelungsgeschichte der Schlauchfrucht von *Peziza (Pyronema) confluens*). Der Regel nach geht die Entwickelung der Paraphysenschicht der der Schläuche voraus, welch Letztere erst zwischen die Paraphysen eingeschoben werden.

Die Ascogone stellen entweder, wie bei *Peziza confluens*, eine grosse bauchige Zelle (Fig. 157, III, IV, VI *c*) oder wie bei *Ascobolus*-Arten eine kurze Reihe stark aufgeschwollener Glieder dar, die sehr reich an Plasma werden und gewissermaassen Plasmaspeicher darstellen. Sie sind daher im Stande, ganze Systeme von

Asken-bildenden Hyphen aus sich hervorsprossen zu lassen (Fig. 157, VIII *a*). Bei *Peziza confluens* treibt jedes Ascogon einen Fortsatz (Fig. 157, VI VIII *a*), der mit einer benachbarten, relativ grossen Zelle fusionirt, die aber ihr Plasma in das Ascogon nicht übertreten lässt. DE BARY fasste diese Zelle als Antheridium auf, das Ascogon als weibliches Organ ansprechend, trotzdem er nicht beobachtete, dass jene Zelle Plasma an das Ascogon abgiebt.

Ausser den Schlauchfrüchten kommen bei einer beträchtlichen Anzahl von Discomyceten noch Conidienfructificationen vor, theils in Form fädiger Conidienträger, theils in Gestalt von Conidienfrüchten (Pycniden), und zwar finden sich Letztere, soweit bekannt, nur in der Familie der Pezizaceen (nicht bei den Morchellaceen), speciell bei den *Phacidium*-, *Cenangium*- und *Dermatea*-artigen, entweder in Form grosssporiger oder kleinsporiger Pycniden oder Spermogonien.

Auch Gemmenbildung kommt vor, ist jedoch nur erst bei wenigen Vertretern beobachtet worden, so bei *Ascobolus pulcherrimus* von WORONIN und bei *Ascodesmis nigricans* von ZUKAL. — Sclerotien-artige Ausbildung des Mycels findet bei manchen Pezizaceen ebenfalls statt. — In SACCARDO's Sylloge sind ca. 3500 Species aufgeführt.

Familie 1. Pezizaceen. Peziza-artige.

Durch die systematische Forschung ist die ursprüngliche Gattung *Peziza* zu einer grossen Familie erweitert worden, die selbst wieder in eine ganze Anzahl von Unter-Familien gegliedert zu werden verdient[1]). Die Schlauchfrüchte entstehen bei vielen Vertretern als angiocarpe, bei anderen entschieden als gymnocarpe Bildungen, und sind entweder scheibenförmig, oder becher-, muschel-, ohrartig gestaltet, (vergl. Fig. 154, 155, 59 V), dabei stiellos oder gestielt. (Fig. 14, II, 158 *b*) Conidienfructification kennt man zwar schon jetzt für zahlreiche Repräsentanten, doch dürften speciell hierauf gerichtete Untersuchungen ihre Zahl noch bedeutend vermehren. Andererseits ist nicht zu übersehen, dass ältere Beobachter, wie TULASNE und FUCKEL, zu gewissen Vertretern Pycnidenfructificationen gezogen haben, ohne den Beweis zu liefern, dass sie auch wirklich in den betreffenden Entwickelungsgang hineingehören. Ueberhaupt liegt die Entwickelungsgeschichte der Pezizaceen noch sehr im Argen. Es können daher hier nur wenige Repräsentanten Berücksichtigung finden.

Genus 1. *Ascodesmis* VAN TIEGHEM.

Seine Vertreter gehören zu den einfachst gebauten Discomyceten. Die scheibenförmigen Schlauchfrüchte sind gymnocarp. Die Asci nehmen ihren Ursprung von ascogenen Hyphen, aus deren einzelnen Zellen die Schläuche als seitliche Ausstülpungen unmittelbar hervorgehen. Ausserdem kommt eine Art von Gemmenbidung vor.

A. nigricans VAN TIEGHEM[2]), von ZUKAL[3]) näher studirt. Auf dem Mycel dieses Hunde- und Schafmist bewohnenden Pilzes entstehen die Schlauchfrüchte als kleinere oder grössere Knötchen, von denen die ersteren aus 3—4 kurzen, etwas verdickten, plasmareichen Aestchen

[1]) Siehe REHM's Bearbeitung der Discomyceten in WINTER, die Pilze Deutschlands, und SACCARDO, Sylloge fungorum Band VIII.

[2]) Bull. de la soc. bot. de France. Bd. 23. 1876.

[3]) Mycologische Untersuchungen, Denkschr. der mathem.-naturwissensch. Klasse der Wiener Akad. Bd. 51, 1885.

eines einzigen Hyphenzweiges bestehen, die grösseren dagegen durch Verflechtung mehrerer gleichartiger, stark verdickter Hyphenzweige hervorgehen. Das Resultat des weiteren Wachsthums sowohl der grossen wie der kleinen Knötchen ist ein flaches, rundliches Hyphengewebe, aus dessen oberer Seite zahlreiche kugelige Ausstülpungen hervorwachsen, die sich mit dichtem Plasma füllen und zum grossen Theile zu keuligen Schläuchen heranwachsen, während ein kleiner Theil seine Kugelgestalt beibehält und zu dickwandigen Gemmen wird. Die Paraphysen scheinen auch hier von einem anderen Hyphensystem zu entspringen, als die Asci. Letztere enthalten 8 mit Netzsculptur versehene Sporen.

Gattung 2. *Pyronema* Tulasne.

Die Schlauchfrüchte sind hier ebenfalls noch ziemlich primitiv gebaut, gymnocarp und ohne Hülle um die Schlauchschicht. Die Asci nehmen ihren Ursprung an den Enden von Hyphen, welche von grossen bauchigen Ascogonen entspringen. Conidien resp. Gemmen fehlen.

P. confluens Tulasne[1]), ein kleiner, auf feuchtem Meilerboden der Wälder nicht seltener Pilz mit nur 1—3 Millim. im Durchmesser haltenden rosenrothen, scheiben oder linsenförmigen, meist geselligen und unter einander verwachsenden Schlauchfrüchtchen, ist durch de Bary[2]), Tulasne und Kihlmann[3]) entwickelungsgeschichtlich näher untersucht worden. Die Anlage der Schlauchfrucht entsteht nach K. in folgender Weise: Von dem Mycel erheben sich gewöhnlich zwei benachbarte Aeste, die sich septiren und mit ihren kurzen Verzweigungen vielfach durcheinander schieben, ein kleines Büschelchen (Fig. 157, III, IV) bildend. Eine Anzahl der Endäste bildet sich zu gerundeten steril bleibenden Zellen aus, eine andere wird zu stark bauchigen Carpogonen (Fig. 157, III *c* IV *c*), die übrigen schwellen bloss keulig an (Fig. 157 IV *d*). Haben die Ascogone eine gewisse Grösse erreicht, so treibt ein jedes am Scheitel eine Aussackung (Fig. 157, V *a*, VI *a*), welche mit einer der Keulen fusionirt (ein Vorgang, den de Bary und Kihlmann als sexuellen ansehen und das Ascogon mithin als weibliches Organ, die Keule als Antheridium auffassen). Bevor die Fusion eingetreten, so grenzt sich das Ascogon durch eine Querwand gegen den tragenden Faden ab, das Ascogon schwillt stärker auf und treibt an seiner Oberfläche sich verzweigende und septirende Aussackungen, welche zu ascogenen Hyphen werden. (Fig. 157, VIII *d*). Gleichzeitig oder schon früher beginnt in den unterhalb der Ascogone und Keulen befindlichen Zellen ein Hervorsprossen sich verästelnder Hyphen (Fig. 157, VI *h*), welche die Ascogone und die Keulen einhüllen und weiter durch Verflechtung das Receptaculum, die subhymeniale Region und an ihren Enden die Paraphysen bilden. (Fig. 157, VII). Die an den ascogenen Fäden entspringenden Schläuche schieben sich nun zwischen die Paraphysen ein. Schliesslich gehen die Ascogone und auch die lange plasmareich bleibenden Keulen zu Grunde, sodass die Frucht auf dem Längschnitt wie in Fig. 157, II erscheint.

Gattung 3. *Ascobolus* Persoon.

Die sehr zahlreichen Arten dieser Gattung repräsentiren fast sämmtlich Mistbewohner. Ihre stets ungestielten, im ausgebildeten Zustande becher- oder kreisel-, auch scheibenförmig erscheinenden Schlauchfrüchte (Fig. 59, V) sind anfangs angiocarp. In den an der Spitze sich mit einem Deckel oder durch Zerreissung öffnenden Schlauche kommen 8, 16, 32, 64 oder 128 Sporen zur Ausbildung, die

[1]) Selecta fungorum Carpologia III, pag. 197.

[2]) Ueber die Fruchtentwickelung der Ascomyceten, pag. 11. — Morphologia, pag. 225.

[3]) Zur Entwickelungsgeschichte der Ascomyceten. Acta Soc. Scient. Fenniae t. 13. 1883.

in charakteristischer und mannigfaltiger Weise mit einander verkettet sind und zur Ejaculation kommen. (Vergl. pag. 91 und Fig. 59). Für einige naher unter

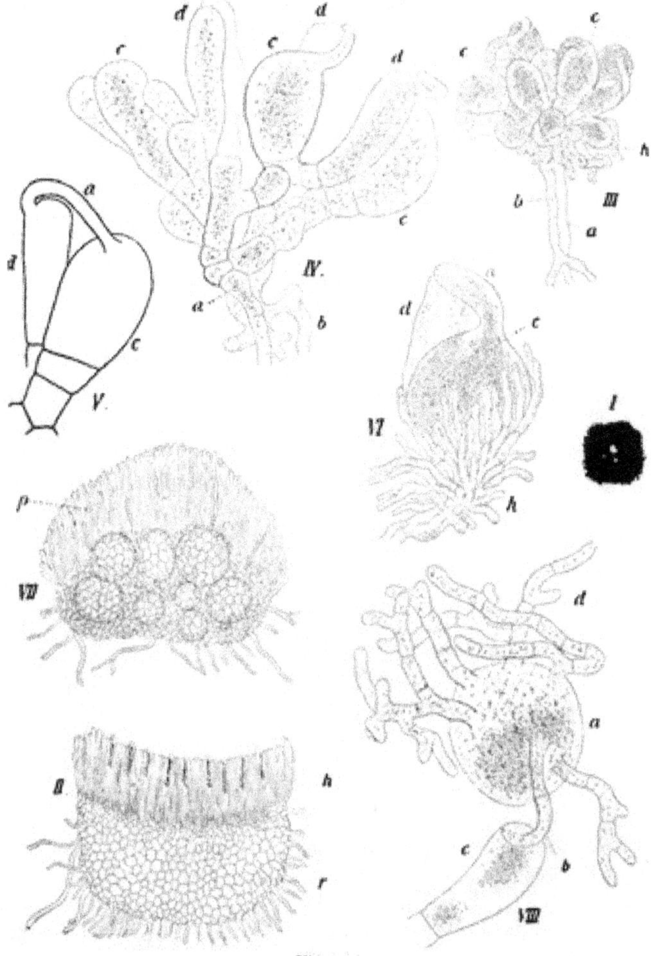

Fig. 157. (B. 765.)

Pyronema confluens PERS. I Fragmentchen angekohlter Walderde mit 4 Becherchen des Pilzes in natürlicher Grösse. II Ein solches Früchtchen im axilen Längsschnitt; *h* Hymenium mit den Schläuchen und Paraphysen, *r* das scheibenartige Receptaculum; Ascogone nicht mehr erkennbar, ca. 45 fach. III Junge Anlage der Frucht. Auf den beiden sich vom Mycel erhebenden Fäden *a* und *b* haben sich an den Endverzweigungen mehrere bauchige Ascogone *c* entwickelt, die mit keuligen Endästen anastomosiren, 190 fach. IV Eine ähnliche Anlage 300 fach; *c* bauchige Ascogone, *d* keulige Endäste. V Ein Ascogon *c*, welches an seiner Spitze einen schlauchartigen Fortsatz *a* getrieben, der mit der keuligen Zelle *d* anastomosirt, ca. 300 fach. VI Ascogon *c*, das mit der keuligen Zelle *d* ebenfalls durch den schlauchartigen Fortsatz *a* anastomosirt. An der Basis des Ascogons sind zahlreiche Hüllfäden *h* hervorgesprosst. VII ca 90 fach. Junge Frucht in Wasser liegend, durchscheinend. Es sind mehrere, als rundliche grosse Blasen erscheinende Ascogone vorhanden, die von Hüllfäden umwachsen und überwachsen sind. Letztere haben nach oben Paraphysen getrieben. VIII ca. 300 fach. Ein Ascogon *a* (isolirt aus einer jungen, etwa der Fig. VII entsprechenden Frucht) mit ascogenen Fäden *d*; *c* die keulige Zelle, *b* der Fortsatz, durch welchen das Ascogon *a* mit der keuligen Zelle anastomosirt hat. Nach KIHLMANN und DE BARY, VI nach TULASNE.

suchte Species ist durch WORONIN und JANCZEWSKI festgestellt worden, dass die Schläuche von einem Systeme ascogener Fäden ihren Ursprung nehmen, welche von einem wurmartig gegliederten, dicken Ascogon ausgehen. Conidienbildung resp. Gemmenerzeugung ward erst in wenigen Fällen constatirt.[1])

A. pulcherrimus CROUAN. Von WORONIN[2]) näher untersucht. Er findet sich besonders häufig auf Pferdemist, und bildet hier 1—2 Millim. grosse paukenförmige Becherchen von orange- bis ziegelrother, auf der Gegenwart eines Fettfarbstoffes beruhender Färbung, die mit borstenartigen, gegliederten Haaren besetzt sind. Die erste Anlage der Frucht entsteht dadurch, dass ein Mycelast aufschwillt und sich durch Querwände in kurze Glieder theilt. Er wird zum Ascogon, das frühzeitig eingehüllt wird von Hyphen, die von dem Mutterfaden des Ascogons oder in der nächsten Umgebung desselben entspringen und sich zu dem jungen Fruchtkörper verknäueln, auch die Paraphysenschicht bilden, zwischen welche später die Ascen eingeschoben werden, die als Endäste der aus dem Ascogon hervorsprossenden ascogenen Hyphen entstehen. In den Schläuchen bilden sich 8 farblose, durch Reste des Periplasmas verbundene Sporen, die aus der mit einem Deckel sich öffnenden Schlauchspitze ausgeworfen werden. Die Paraphysen namentlich deren keulig angeschwollene Endzelle, sowie die Elemente der subhymenialen Region führen einen rothen Fettfarbstoff. An den Mycelien bilden sich relativ grosse bauchige Gemmen als Endglieder gekrümmter kurzer Seitenzweige und sind ebenfalls fettfarbstoffhaltig

Der von JANCZEWSKI[3]) näher studirte *A. furfuraceus* PERSOON stimmt in Bau und Entwickelung im Wesentlichen mit der vorigen Species überein.

Gattung 4. *Peziza* (LINNÉ).

Schlauchfrüchte anfangs angiocarp, später mehr oder minder weit geöffnet, gestielt oder ungestielt, mit 8 sporigen Schläuchen, in Bezug auf ihren Entwickelungsgang noch wenig untersucht. Bei manchen Arten kommen Conidienbildungen in Form kleiner, einzelliger Träger vor, welche winzige, keimungsunfähige Conidien in Ketten abschnüren.

P. cerea SOWERBY. (Fig. 155, III IV) Wachspezize An faulendem Holze nicht gerade häufig. Die becher- oder flach-schüsselförmigen Schlauchfrüchte entspringen von breiten Mycelsträngen oder Mycelhäuten und sind von wachsartiger Consistenz und blassgelblicher Färbung. Die Verkettung der Ascosporen geschieht hier durch einen die Sporen verbindenden Plasmastrang. Conidienbildung unbekannt.

P. cochleata DC (Fig. 152, VII) zeichnet sich durch die ohrförmige Gestalt der Schlauchfrüchte aus.

Gattung 5. *Sclerotinia* FUCKEL.

Die Sclerotinien zeichnen sich zunächst dadurch aus, dass sie an ihren Mycelien mehr oder minder grosse Sclerotien-artige Körper (Fig. 14) erzeugen, aus dem unter geeigneten Bedingungen becherförmige, meist langestielte Schlauchfrüchte hervorwachsen (Fig. 14, I, II, III), die dem gymnocarpen Typus angehören. Soweit die Untersuchungen reichen, bilden sie sämmtlich

---

[1]) Die Morphologie und Systematik der Gattung hat BOUDIER, Memoires sur les Ascobolées, Paris 1872, studirt.

[2]) Zur Entwickelungsgeschichte des *Ascobolus pulcherrimus* in DE BARY und W. Beitr. zur Morph. u. Physiol. der Pilze, II. Reihe V.

[3]) cit. auf pag. 361.

Conidienfructificationen in Form von gewöhnlichen Conidienträgern, nicht aber von Conidienfrüchten. Die Conidienträger sind bei den meisten Arten kleine, flaschenförmige Gebilde, die sehr kleine Conidien in Kettenform und zwar in basipetaler Folge abschnüren, sonst kommen auch stattliche Conidienträger vor, welche grössere Conidien abgliedern (Fig. 52, Fig. 158, *C*). Während Letztere leicht zur Keimung zu bringen sind, haben alle bisherigen Keimungsversuche mit jenen kleinen Conidien ein negatives Resultat ergeben. Ueber die eigenthümlichen Haftorgane der Mycelien siehe pag. 13. In biologischer Beziehung sind die Sclerotinien dadurch bemerkenswerth, dass sie nach vorausgegangener saprophytischer Ernährung parasitische Angriffskraft gewinnen können, durch die sie ihre Wirthspflanzen, oder wenigstens Theile derselben zum Absterben bringen. Einige wie *Scl. sclerotiorum* und *Fuckeliana* produciren ein Cellulose-lösendes Ferment (pag. 179), und wohl alle bilden aus Kohlenhydraten Oxalsäure. — Ueber die Sclerotinien existirt bereits eine ganze Literatur.[1])

Der gemeinste Vertreter ist: *Scl. Fuckeliana* DE BARY. Sie tritt als Parasit auf den Blättern und Beeren des Weines, auf süssen Früchten wie auf den krautigen Theilen der allerverschiedensten Pflanzen auf und ist als Plage in Gewächshäusern, namentlich auch in den Vermehrungshäusern den Gärtnern nur zu wohl bekannt. Im Uebrigen lebt sie saprophytisch auf den verschiedensten pflanzlichen Theilen. Auf dem Mycel entwickelt sie gewöhnlich erst eine Conidienfructification von stattlicher Schimmelform, die früher, wo man ihren Zusammenhang mit vorliegender Pezizacee nicht ahnte, als *Botrytis cinerea* beschrieben ward und daher auch heute noch als Botrytisfructification bezeichnet zu werden pflegt. Die septirten Träger, welche die Länge von 1—2 Millim. erreichen, verzweigen sich oberwärts nach Art einer Traube oder Rispe (Fig. 158, *C*'') die Enden bilden blasige Anschwellungen und treiben zahlreiche feine Sterigmen (Fig. 158, *C*''), welche relativ grosse Conidien abschnüren, sodass an jeder dieser Anschwellungen Köpfchen von Conidien entstehen (Fig. 158, *C*). Mit der Reife der Conidien sterben die sie tragenden Enden resp. die ganzen Seitenzweige ab und nun beginnt in der unter dem vertrocknenden Ende gelegenen Zelle ein neues Wachsthum, das zur Bildung eines neuen Sporenstandes führen kann. Bringt man die Conidien unter schlechte Ernährungsverhältnisse, z. B. in eine sehr feuchte Atmosphäre oder in eine sehr dünne Wasserschicht, so keimen sie in der Weise aus, dass sie auf

---

[1]) Literatur: KÜHN, J. Sclerotienkrankheit des Klees. Hedwigia 1870. — TULASNE, Carpologia Bd. III. — REHM, Entwickelungsgeschichte eines die Kleearten zerstörenden Pilzes. Göttingen 1872. — DE BARY, Schimmel und Hefe, in VIRCHOW und HOLTZENDORFF's Vorträgen. — BREFELD, Peziza tuberosa und Sclerotiorum. Schimmelpilze IV. pag. 112. — FRANK, A. B. Die Krankheiten der Pflanzen, Breslau 1880. — TICHOMIROFF, Peziza Kauffmanniana, eine neue aus Sclerotium stammende, auf Hanf schmarotzende Becherpilz-Species. — Bull. soc. nat. de Moscou. 1868. — SCHRÖTER, J., Weisse Heidelbeeren (Peziza baccarum) Hedwigia 1870. — ERIKSON, Peziza ciborioides, königl. Landsbr. Akad. Handl. 1880. — WAKKER, Onderzoek der Ziekten van Hyacinthen en andere Bol-en Knolgawassen. Allgem. Vereeniging voor Bloembollencultur te Haarlem 1883. 1884. — DE BARY, Ueber einige Sclerotinien und Sclerotinienkrankheiten. Bot. Zeit. 1886. — WORONIN, die Sclerotinienkrankheit der Vaccinium-Beeren. Mém. de l'acad. de St. Petersburg. Sér. 7. t. 36. No. 6. — KLEIN, L., Ueber die Ursachen der ausschliesslich nächtlichen Sporenbildung von Botrytis cinerea. Bot. Zeit. 1885. — Marschall WARD, A lily-disease. Ann. of bot. Vol. II No. VII 1888. — MÜLLER-THURGAU, die Edelfäule der Trauben. Landwirtsch. Jahrb. Bd. 17. 1888, pag. 83—150. (Sclerotinia Fuckeliana). — KISSLING, E., Zur Biologie der Botrytis cinerea. Hedwigia 1889. Bd. 28. Heft 4.

einem sehr kurzen Keimschlauche direkt oder an kleinen schmal flaschenförmigen Trägern, die denen von *Chaetomium* sehr ähnlich sehen, rundliche Conidien abschnüren, welche abweichend von den grossen Conidien der *Botrytis*-Form, in keinem Nährmedium keimen wollen.

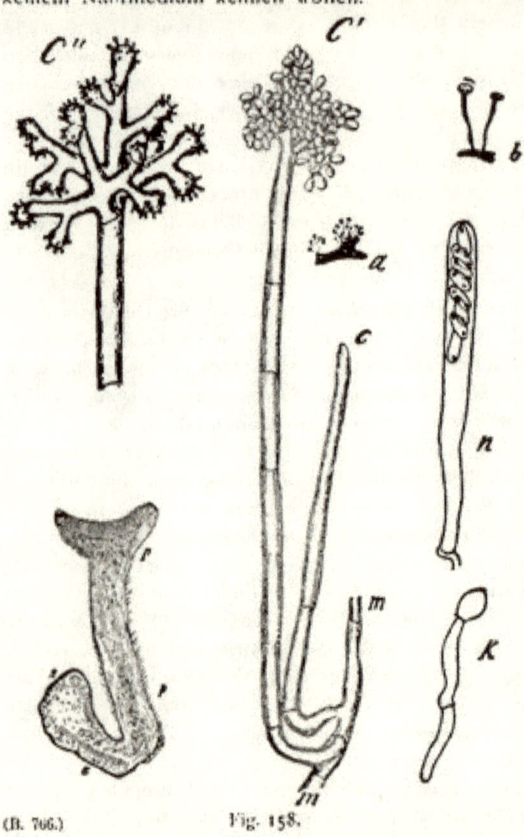

(B. 706.) Fig. 158.

Sclerotinia Fuckeliana DE BARY. *a* Sclerotium, aus welchem die *Botrytis*-Conidienträger hervorgewachsen sind, *b* Sclerotium mit 2 Becherfrüchten. *C'* Conidienträger der Botrytisform, *m* Mycel (ca. 200fach). *C''* Endstück eines solchen Trägers mit seinen Verzweigungen und Sterigmen (300fach.) *K* keimende Conidie (300fach). *s* Sclerotium im Durchschnitt mit einer Schlauchfrucht *f* (schwach vergrössert), *n* ein Ascus mit seinen 8 Sporen (300fach). Nach DE BARY.

Säet man aber die *Botrytis*-Conidien in gute Nährlösung, so produciren sie reiche Mycelien, an denen entweder wieder die grossen Conidienträger auftreten oder unter gewissen Verhältnissen sich Sclerotien bilden, die sich nach dem für *Scl. sclerotiorum* bereits auf pag. 20 angegebenen Modus entwickeln und sich zu schwarzen, meist nur wenige Millim. im Durchmesser haltenden, rundlichen oder unregelmässig gestalteten harten Körpern entwickeln. Ihre einschichtige Rinde umschliesst ein farbloses Mark, das als Speichergewebe dient und zwar enthält es die Reservestoffe vorwiegend in Form stark verdickter gallertiger Membranen. Lässt man dem Sclerotium keine Ruhe, sondern bringt es nach seiner Reife in einen feuchten Raum, so treibt es die besprochene Botrytisform in räschenartiger Form; (Fig. 158, *a*) lässt man es aber einen mindestens einjährigen Ruhezustand durchmachen, so treibt es schmale, dem Mark entspringende Hyphenbündel, welche die Rinde durchbrechen und sich zu lang gestielten Becherfrüchten entwickeln (Fig. 158 *b*). Die Schlauchsporen keimen je nach der Ernährung ihrerseits entweder zu Mycelien mit *Botrytis*-Fructification oder zu solchen mit den kleinen Conidienträgern aus.

Von den Mycelien und Sclerotien wird reichlich Oxalsäure ausgeschieden, wie es nach DE BARY auch bei *Scl. sclerotiorum* geschieht: Wie dieser Pilz so scheidet auch *Scl. Fuckeliana* ein die Zellstoffmembranen der Nährpflanzen lösendes Ferment (Pezizaencym DE BARY's) ab. Nach RINDFLEISCH und KLEIN erfolgt die Conidienbildung (der Botrytisform) nur während der Nachtzeit. Wie MÜLLER-THURGAU zeigte, ruft der Pilz die Edelfäule der Trauben hervor.

Von anderen Arten sind genauer untersucht: *Scl. ciborioides* FR., welche nach REHM und ERIKSONS Untersuchungen den sogenannten Krebs des Klees hervorruft, *Scl. sclerotiorum* LIBERT, (Fig. 14), von BREFELD und von DE BARY näher studirt und *Scl. Vaccinii* WORONIN (Fig. 52), welche die Früchte der Heidelbeeren befällt. Entwickelungsgang und Lebensweise dieser Sclerotinie hat WORONIN genau untersucht.

Gattung 6. *Cenangium* FRIES.

Schlauchfrüchte in das Substrat eingesenkt, meist gesellig, anfangs geschlossen, später etwa krugförmig. Schläuche mit 8 einzelligen Sporen. Ausser den Schlauchfrüchten noch Conidienfructification in Form von kleinsporigen (Spermogonien) oder grosssporigen Pycniden. Parasiten auf Zweigen.

C. Ulmi TULASNE. Auf Aesten von *Ulmus campestris*. Schlauchfrüchtchen zu 2—4 aus der Rinde hervorbrechend, wenige Millim. breit, wachs- oder lederartig, rostbraun. Wird von Spermogonien begleitet, die 3 μ lange cylindrische Spermatien enthalten.

Gattung 7. *Dermatea* FRIES.

Schlauchfrüchte auf einem unter der Rinde sich entwickelnden Stroma entstehend, meist gesellig, anfangs geschlossen, dann becherartig oder schlüsselförmig, durch die Rinde durchbrechend. Mit Pycniden oder Spermogonien. Parasiten auf Baumzweigen.

C. cerasi (PERS.) auf Aesten von *Cerasus avium*. Schlauchfrüchte mit gelbrother oder bräunlicher Scheibe, aussen grüngelb bestäubt, trocken dunkelbraun, etwa 2—4 Millim. breit, fleischig-lederartig. Die grosssporigen Pycniden mit cylindrisch-spindelförmigen, gekrümmten Conidien ausserdem noch Spermogonien.

Familie 2. Helvellaceen. Morchelartige Discomyceten.

Saprophytische, der Mehrzahl nach erdbewohnende Pilze, die durch ihre mehr oder minder ansehnliche, oft stattliche Schlauchfructification (in Fig. 156 sind einige grössere und kleinere Formen dargestellt) von jeher das Auge selbst des Laien auf sich zogen. Diese Schlauchfrüchte sind ihrer Form nach so eigenthümlich, dass die Helvellaceen hierdurch von den Pezizeen auf den ersten Blick unterschieden werden können, wenige Ausnahmen abgerechnet, in denen Uebergangsformen zwischen beiden Familien vorliegen.

Die Schlauchfructification stellt entweder mehr oder minder lang gestielte Keulen (*Geoglossum* Fig. 156, I, *Spathulea* Fig. 156, II, *Mitrula* Fig. 156, III) dar, die z. Th. auffällig an gewisse Keulenpilze (*Clavaria*-Arten) unter den Basidiomyceten erinnern (vergl. Fig. 79, III IV) oder sie haben die Form gestielter Hüte (*Verpa* Fig. 156. IV, *Leotia, Helvella, Morchella* Fig. 156, V—VIII). Das Hymenium bildet immer den Ueberzug des keuligen oder hutformigen Endes, niemals des Stieles und ist entweder glatt (*Verpa* Fig. 156, IV) oder meistens mit Eindrücken versehen, mehr oder minder stark gefaltet oder netzartig verbundene Leisten zeigend (Fig. 156, V—VIII). Letztere eigenthümlichen Configurationen beruhen wahrscheinlich auf einem starken Flächenwachsthum des Hymeniums und der subhymenialen Schicht. In den Schläuchen werden der Regel nach 8 meist einzellige Sporen erzeugt. Bezüglich der Entwickelungsgeschichte hat sich diese Familie einer ziemlichen Vernachlässigung zu beklagen. Sicherlich werden gewisse Vertreter auch Conidienbildungen besitzen. Bei einzelnen Repräsentanten beruht die Färbung z. Th. auf der Gegenwart von Lipochromen.

Genus 1. *Geoglossum* PERS. Erdzunge.

Der Hymenium-tragende Theil entspricht dem oberen keulenförmig angeschwollenen meist mit längsverlaufenden unregelmässigen Eindrücken versehenen Ende des Trägers (Fig. 156, I). Die Schlauchsporen bieten langgestreckte Form dar und sind einzellig.

G. hirsutum PERS. An moorigen Stellen zwischen Torfmoosen nicht selten. Fruchtkörper, pechschwarz, rauhhaarig, etwa 3—10 Centim. hoch. Sporen verlängert spindelig, dunkelbraun, ca. 126 Mikr. lang, 8 Mikr. dick.

Genus 2. *Spathulea* FR.

Das Hymenium bedeckt den spatelförmig verbreiterten Theil des Trägers (Fig. 156, II). Sporen fadenförmig, einzellig.

Sp. flavida PERS. In Nadel- und Laubwäldern zwischen Gras, modernden Nadeln und Laub im Herbst häufig und meist gesellig auftretend. Die blassgelbe bis orangene Färbung des Hymenium tragenden Theiles beruht auf der Gegenwart eines gelben Fettfarbstoffs und eines wasserlöslichen gelben, amorphen Pigments (vergl. pag. 147), von welchem in dem daher blassen Stiele nur wenig producirt wird.

Genus 3. *Verpa* SOW. Fingerhutmorchel.

Hut glockenförmig (Fig. 156, IV) mit freiem Rande und glatter Hymenialfläche, auf dem Stiele wie ein Fingerhut auf dem Finger sitzend. Sporen einzellig, ellipsoidisch. Meist essbare Arten des europäischen Südens.

V. digitaliformis PERS. Fingerhutmorchel. Hut schmutzig dunkelbraun bis 2 Centim. im Durchmesser, auf weisslichem, etwa 6—10 Centim. hohem Stiel. Bei uns in Wäldern selten, in der Schweiz und Oberitalien häufiger.

Genus 4. *Helvella* L. Faltenmorchel.

Das Hymenium überkleidet hier einen zurückgeschlagenen rundlichen, im Gegensatz zu *Verpa* mit mehr oder minder stark ausgeprägter Faltenbildung versehenen Hut (Fig. 156 V—VII). Falten meist unregelmässig, bei den grösseren Formen wulstig aufgetrieben oder stark verbogen. An der Oberfläche des meist gut entwickelten Stieles zeigt sich bei gewissen Vertretern netzförmig-grubige Configuration (Fig. 156. V). Im Gegensatz zu *Geoglossum* und *Spathulea* sind die Ascosporen ellipsoidisch und einfach. Ihre Repräsentanten werden meist gegessen.

H. esculenta PERS., Steinmorchel, Stockmorchel (Fig. 156 VI. VII). Hut rundlich mit dicker, unregelmässiger Faltung oder Lappung, kastanienbraun, 4—10 Centim. breit, mit 2—6 Centim. hohem und 1—2 Centim. dickem blassen Stiel; in Nadelwäldern, an Waldwegen, auf Wiesen etc. vom Frühjahr bis Herbst häufig. Beliebter Speisepilz, der aber die bereits pag. 131 erwähnte giftige Helvellasäure enthält, die man durch Ausziehen mit Wasser, am besten kochendem, entfernt.

Genus 5. *Morchella*. DILL. Netzmorchel.

Im Gegensatz zu den vorhergehenden Gattungen mit einem meist sehr in die Länge entwickelten, durch netzartig anastomosirende Falten oder Rippen ausgezeichneten Hute versehen (Fig. 156, VIII), der entweder mit dem Stiele seiner ganzen Ausdehnung nach verwachsen oder ganz resp. theilweise frei erscheint Schlauchsporen einfach, ellipsoidisch und wie bei voriger Gattung mit 1—2 grossen Oeltropfen versehen. Meist essbare Arten.

M. esculenta. PERS. Auf grasigen, meist sandigen und schattigen Stellen auf Wiesen, in Grasgärten vom April bis Juni nicht selten. Gesuchter Speisepilz von etwa 9—12 Centim. Höhe mit oberwärts glattem, hohlem, weissen Stiel und gelbbraunem, in seiner ganzen Länge am Stiel angewachsenen Hut.

Anhang.

Pilze, die in dem natürlichen System nicht untergebracht werden können.

Hierher gehören eine Unsumme von Pilzformen, von denen man bisher den Entwickelungsgang noch nicht vollständig hat ermitteln können. Ihre Zahl war früher noch viel grösser, aber je weiter die Forschung vorschritt, desto mehr verminderte sie sich, da man erkannte, dass die einen den Ascomyceten, die andern den Basidiomyceten oder anderen Gruppen zugehörten. In dieser Richtung hat ohne Zweifel das Meiste TULASNE geleistet, FUCKEL, DE BARY, BREFELD und Andere haben Vieles hinzugefügt. So wies TULASNE nach, dass die *Sphacelia segetum* in den Entwickelungsgang von *Claviceps purpurea* gehört; DE BARY zeigte, dass die auf grünen Pflanzen parasitirenden Oidien Entwickelungsglieder von Erysipheen sind; BREFELD lehrte, dass eine Schimmelfructification, die man *Penicillium glaucum* nannte, gleichfalls eine blosse Conidienbildung eines Ascomyceten sei. Alljährlich wird immer eine kleine Reihe aus der Rumpelkammer der *Fungi imperfecti*, wie sie FUCKEL nannte, befreit und den Ascomyceten, Basidiomyceten, Ustilagineen, Uredineen oder auch den Phycomyceten zugewiesen. Der Fortschritt in dieser Beziehung ist ein sehr langsamer, weil die Schwierigkeiten der Cultur meist grosse sind und eine grosse Ausdauer erfordern. Dazu kommt, dass es noch sehr zweifelhaft ist, ob manche Formen, die man mit gewissen Ascomyceten combinirt hat, wirklich zu diesen gehören, und namentlich die FUCKEL'schen Combinationen, aber auch manche der TULASNE'schen bedürfen sehr einer strengen Nachprüfung, soweit sie sich nicht auf das entwickelungsgeschichtliche Moment, als das allein maassgebende, stützen.

Aber es giebt auch unter den »*Fungi imperfecti*« sicherlich eine Summe von Pilzen, die thatsächlich nur diejenigen Fruchtformen besitzen, die wir durch genaue Untersuchungen kennen. Wenn wir dieselben bisher im natürlichen System nicht unterbringen konnten, so liegt das eben, wie ich an dieser Stelle andeuten möchte, daran, dass unser System noch mangelhaft ist, keinen Platz für solche Formen gewährt.

Ich erinnere nur daran, dass BREFELD für *Pycnis sclerotivora* trotz eingehendster Culturversuche nur immer Pycniden, E. CHR. HANSEN trotz ebensolcher Versuche für *Saccharomyces apiculatus* nur immer die Conidienfructification erzielt haben, und dass ich selbst bei *Arthrobotrys oligospora* stets nur eine Conidienfructification und eine Dauersporenfructification erhielt, nie Ascusbildungen. Für solche Pilze liegt die höchste Wahrscheinlichkeit nahe, dass sie überhaupt nur die bekannten Fruchtformen erzeugen, aber eine Stelle im natürlichen System können sie nicht finden, weil keine vorhanden ist.

Es bleibt also nichts weiter übrig, als sie vorläufig in der Rumpelkammer der unvollständig bekannten Pilze zu belassen und diese nach der Weise von FRIES, FUCKEL und SACCARDO in künstlichster Art zu gruppiren. Diese Eintheilungen entsprechen etwa denen der *patres* in Bäume, Sträucher und Kräuter bei den Phanerogamen (denn jede Gruppe umfasst wahrscheinlich Repräsentanten aus den verschiedensten Familien oder gar Ordnungen des natürlichen Systems), dürfen also hier beiseite gelassen werden.[1])

[1]) Es sei nur erwähnt, dass man solche Arten, die wie *Monilia, Oidium, Haemodendron*, nur einfache Conidienbildungen in Form fädiger Conidienträger (von Schimmelform) oder höchstens in Gestalt von Bündeln erzeugen, Fadenpilze oder Hyphomyceten, diejenigen welche nur

Es kann hier natürlich nur darauf ankommen, einige wenige Species, welche ein gewisses Interesse beanspruchen, hervorzuheben.

1. *Torula* (Pasteur) Hansen.

Den Saccharomyceten sehr ähnliche, verbreitete Pilze, welche in zuckerhaltigen Nährflüssigkeiten Sprossverbände (Fig. 159, 160) und an der Oberfläche

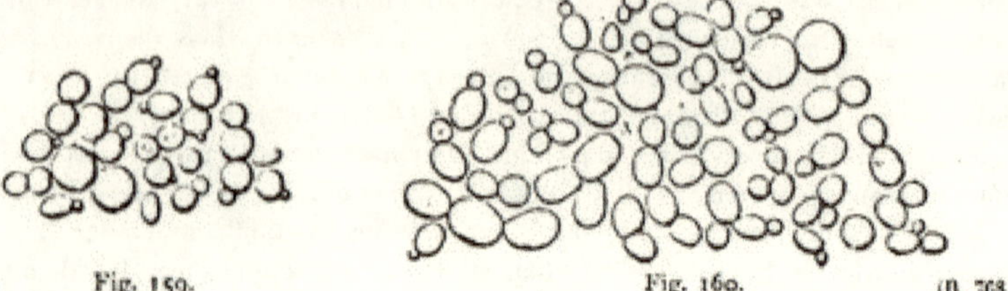

(B. 767.) Fig. 159. Fig. 160. (B. 768.)

derselben aus im Wesentlichen ebensolchen Zuständen (Fig. 161) bestehende Kamhäute bilden. Typische Mycelien fehlen, ebenso (nach den bisherigen Untersuchungen) endogene Sporenbildung. Sie sind zumeist Alkoholgährungserreger, manche sogar ziemlich energische. Zwei von Duclaux und Adametz gefundene Arten vermögen sogar den Milchzucker zu vergähren. Die *Torula*-Species kommen im Staube der Luft, auf Pflanzentheilen, im Boden, in der Milch vor, eine Form ward von Pfeiffer in der Kälberlymphe gefunden[1]).

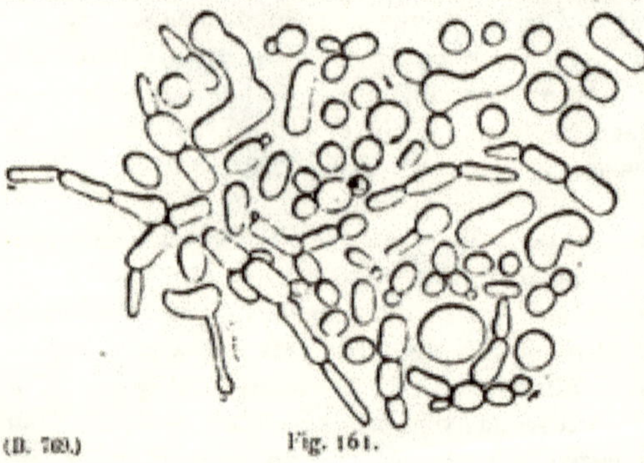

(B. 769.) Fig. 161.

Eine von Hansen aus Erde isolirte Art zeigt in Bierwürze Vegetationen von Form der Fig. 160, während alte Kahmhäute aus in Fig. 161 abgebildeten Elementen bestehen. In Bierwürze giebt diese *Torula* nur 1 Vol% Alcohol und vergährt weder Maltose nach Rohrzucker, den sie auch nicht invertiren kann. In 10% resp. 15% Traubenzuckerlösung in Hefewasser bei 25°C. gezüchtet, gab sie nach 15 Tagen 4,6 resp. 4,5 Vol% Alkohol. Aehnliche Culturen nach viel längerem Stehen lieferten 4,8 resp. 5,3 Vol% Alkohol.

---

in Conidienlagern bekannt sind, Gymnomyceten, solche welche nur in Conidienfrüchten bekannt wurden, als Sphaeropsideen, Cytisporaceen und Phyllosticteen bezeichnete.

Zu den Hyphomyceten rechnete man auch früher den *Actinomyces*, doch haben neuere Untersuchungen ihn zu den Spaltpilzen gebracht, weswegen auf seine Characteristik verzichtet werden soll.

[1]) Pasteur, Etude sur la bière. Paris 1876. — Hansen, Chr., Recherches sur la physiol. et la morphol. des ferments alcooliques. III Sur les Torulas de Pasteur. Résumé du compt. rend. des travaux du laborat. de Carlsberg. II. liv. 2, pag. 47—52. VII. Action des ferments alcooliques sur les diverses espèces de sucre. Daselbst. Lief. 5 (1888) u. Annales de micrographie 1888. — Duclaux, Fermentation alcoolique du sucre de lait. Ann. de l'institut Pasteur. 1887. No. 12. — Adametz, L., Saccharomyces lactis, eine neue Milchzucker vergährende Hefeart. Bacteriol. Centralbl. Bd. 5. 1889. No. 4. — Pfeifer, L., Ueber Sprosspilze in der Kälberlymphe. Correspondenzblatt des allgem. ärztl. Vereins von Thüringen 1883. No. 3.

Sehr verbreitet sind nach Hansen in der Natur die Arten, welche kein Invertin bilden, bei der Cultur in Bierwürze nur 1 Vol.% Alkohol liefern und die Maltose nicht vergähren. Die oben abgebildete kleine Art producirte in Traubenzuckerlösungen bis 8,5 Vol.% Alkohol.

Den *Torula*-Arten verwandtschaftlich sehr nahe stehende Formen sind die sogenannten »rothen Hefer«, die ausserordentlich häufig im Luftstaube und auf allen möglichen Substraten, im Wasser, in Mehlen etc. vorkommen, aber noch wenig genau untersucht wurden.

2. *Mycoderma cerevisiae* Desm. Bier-Kahmpilz (Fig. 3, XI)[1].

Man erhält den Pilz leicht, wenn man Lager-Bier in einem weiten Gefässe mehrere Tage bei Zimmertemperatur in Ruhe stehen lässt. Es bildet sich an der Oberfläche ein feines, weisslich graues Häutchen, was allmählich Falten bildet und gleichzeitig etwas dicker wird. Untersucht man dasselbe in jugendlichen Stadien, so findet man Sprosscolonieen von der Form der Fig. 3, XI, deren Zellen meist gestreckt-ellipsoïdische Gestalt zeigen. In späteren Stadien findet man in ihnen stark lichtbrechende (mit Osmiumsäure sich bräunende) Fetttröpfchen, die man nicht mit Endosporen verwechseln darf. Trotz der entgegengesetzten Behauptung einiger Forscher hat E. Chr. Hansen bei besonders darauf gerichteter Untersuchung keine Fortpflanzungsorgane dieser Art ausfindig machen können und ich selbst konnte an Reinculturen (die im strengen Sinne früher kaum vorgenommen worden sein dürften) dieses Ergebniss nur bestätigen. Da man auch sonst keine weiteren Entwickelungsglieder des Pilzes kennt, so bleibt seine Stellung vorläufig ungewiss.

Von physiologischen Eigenschaften kennt man folgende: Er ist im allgemeinen mittleren Temperaturen angepasst und scheint daher am besten bei 15 bis 25° C. zu gedeihen, wächst aber auch noch bei 5 und 33° C. In nicht vollkommener Reincultur auf Bier erleidet er bei Temperaturen über 20° C. mehr oder minder starke Concurrenz von anderen Pilzen, besonders auch von Essigbacterien. Fähigkeit Invertin zu bilden oder irgend eine Zuckerart zu vergähren geht ihm nach Hansen ab. Ueber seine Zersetzungsproducte ist nichts Sicheres bekannt. Wahrscheinlich ruft er irgend welche Oxydationsgährungen hervor, da er sehr sauerstoffbedürftig ist. — Sehr ähnlich vorliegender Species ist das auf Wein auftretende *Mycoderma vini*.

3. *Monilia candida* Hansen[2]).

Auf frischem Kuhmist und den Rissen süsser Früchte als weisslicher Ueberzug vorkommend. In Bierwürze oder in Rohrzucker-, Traubenzuckerlösungen mit Hefewasser cultivirt, bildet er bei Zimmertemperatur eine reiche Vegetation, die wie Fig. 162 zeigt, Saccharomyces-Vegetationen sehr ähnlich ist. In den

---

[1]) de Seynes, Sur le mycoderma vini Compt. rend. tab. 67. 1868. Ann. sc. nat. 5 sér. tab. X. 1869. — Reess, M. Bot. Unters. über die Alkoholgährungspilze. Leipzig 1870. — Cienkowski, Die Pilze der Kahmhaut. Bull. d. Petersburger Akad. 1873. — Engel, Les ferments alcooliques. Paris 1872. — Winogradsky, Ueber die Wirkung äusserer Einflüsse auf die Entwickelung von Mycoderma vini. Bot. Centralbl. 1884. Bd. 20. — E. Chr. Hansen, Recherches sur la physiol. et la morphol. des ferments alcoolique 3. VII. — Meddel. fra Carlsberg Labor. Bd. II. Heft V. 1888. — Jörgensen, A., Die Mikroorganismen der Gährungsindustrie II. Aufl.

[2]) Recherches sur la physiologie et la morphologie des ferments alcooliques. VII. Action des ferments alcooliques sur les diverses espèces de sucre. Compt. rend. des travaux du laborat. de Carlsberg. Vol. II. 1888. — Annales de micrographie 1888.

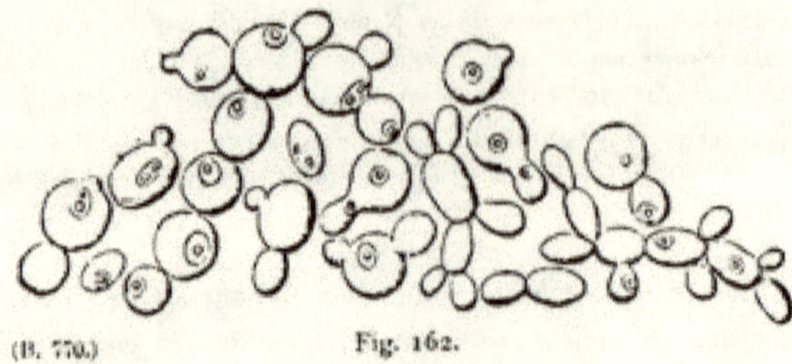

(B. 770.) Fig. 162.

Vacuolen der Zellen liegt ein stark lichtbrechendes tanzendes Körperchen. An der Oberfläche dieser Substrate bildet sich ein mattgraues Kahmhäutchen, das zunächst aus Sprossverbänden und Einzelzellen, später aber aus typischen, mit deutlichem Spitzenwachsthum versehenen Mycelien (Fig. 163, *bc*) besteht, an welchen hefeartige seitliche Conidiensprosse, sowie Oidiumartige Abgliederungen (Fig. 163, *d*) auftreten. Auch auf festen Substraten erhält man solche conidienbildenden Mycelsysteme. In physiologischer Beziehung verdient *M. candida* eine besondere Beachtung. Ist sie doch, wie H. zeigte, im Stande, den Rohrzucker und Malzzucker zu vergähren, ohne dass sie die Fähigkeit hätte, Invertin zu bilden (vergl. auch pag. 178 u. 192); mit anderen Worten, sie kann diese Zuckerarten direct vergähren, was bisher von keinem anderen Organismus constatirt wurde. Doch geht die Gährthätigkeit nur langsam vor sich, wie sich daraus ergiebt, dass der Pilz unter Bedingungen, wo Brauereioberhefe in 16 Tagen 6 Vol.% Alkohol lieferte, nur 1,1% erzeugte, dafür hält sein Gährungsvermögen aber auch länger an, sodass schliesslich unter jenen Bedingungen doch 5 Vol.% Alkohol gewonnen wurden.

Wenn *M. candida* längere Zeit bei hohen Temperaturen, z. B. 40° C., bei welcher Temperatur sie übrigens kräftige Entwickelung zeigt und kräftigere Gährung hervorruft, cultivirt wird, so ist sie sehr geneigt, zumal bei ungenügender Ernährung reichlich Säure zu bilden, die dann noch vorhandenen Rohrzucker in grösserer oder geringerer Menge invertirt, ein Effect, der aber nichts mit Invertinbildung zu thun hat. (Nach Hansen).

4. *Monilia albicans* (Robin), Soorpilz.

(= *Oidium albicans* Robin, *Saccharomyces albicans* Reess).

In biologischer Beziehung dadurch bemerkenswerth, dass er spontan die sogenannten Soor- oder Schwämmchenkrankheit auf der Schleimhaut des Mundes, Rachens und Oesophagus von Säuglingen (Mensch, Katze, Hund) seltener Erwachsener, sowie die Soorkrankheit der Hühner hervorruft (vergl. pag. 251, 255, 259), seltener auch im menschlichen Ohr auftritt. Durch Impfung der betreffenden (verletzten) Organe kann man an genannten Thieren, sowie auch an jungen Tauben diese Krankheit künstlich hervorrufen. Bei Kaninchen lässt sich nach Grawitz durch Einimpfung der Pilzmasse in die vordere Augenkammer oder in den Glaskörper eine Verschimmelung des Letzteren hervorrufen, nach Klemperer durch Einspritzen in die Blutbahn eine Allgemein-Mycose. Vielleicht bringen mehrere ähnliche Pilze die gleichen Krankheitssymptome hervor, wenigstens fand Plaut, dass *M. candida* Bonorden, ebenfalls Sooraffectionen bewirkt, die von den gewöhnlichen Soorformen nicht zu unterscheiden waren.

Bezüglich seiner Morphologie stimmt der Pilz mit *M. candida* Hansen so wesentlich überein, dass auf diese verwiesen werden kann. Nur haben Grawitz

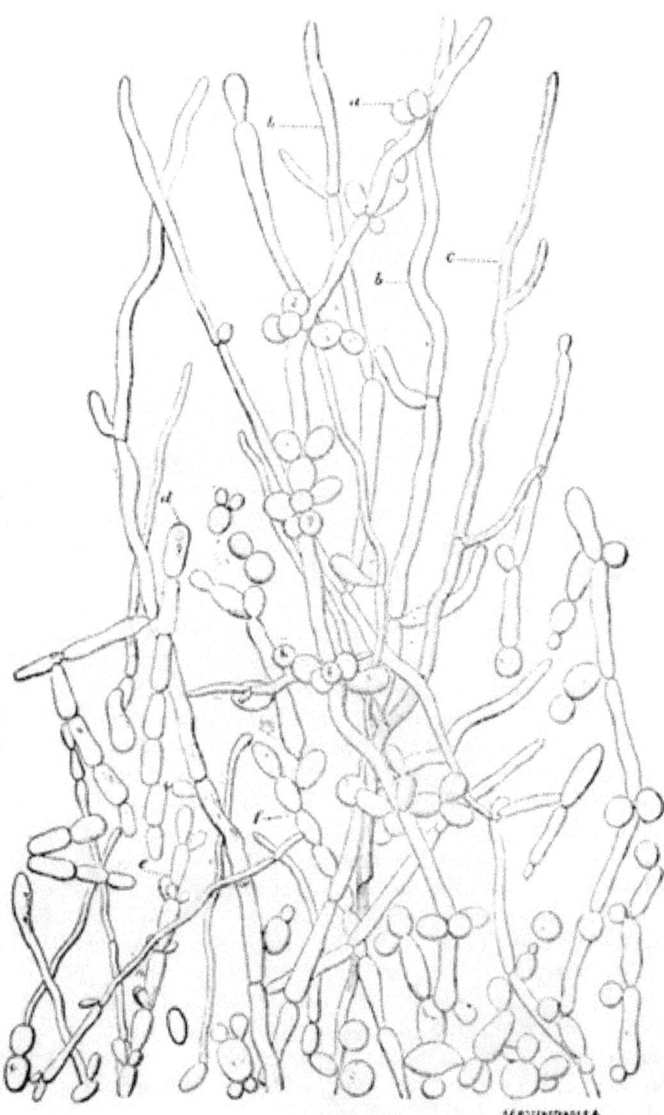

Fig. 163. (B. 771.)

Monilia candida HANSEN. Stück eines auf Bierwürze erzogenen Mycels, das vorwiegend aus sehr gestreckten Zellen mit z. Th. breiten Wänden besteht und z. Th. seitliche hefeartige Conidien abschnürt (bei *a*). Manche Fäden resp. Fragmente sind nach *Oidium*-Art gegliedert (*d*). Bei *e* und *f* sieht man Ketten von birnförmigen oder ellipsoidischen, gegeneinander eingeschnürten Zellen. Nach HANSEN.

und HANSEN noch Bildungen beobachtet, die vielleicht als Gemmen zu deuten sind. Charakteristisch ist die makroskopische Vegetation in Nähr-Gelatine, Agar und Blutserum insofern, als von dem Impfstich aus zarte Fäden resp. Fadenbüschel wagerecht in diese Substrate hineingesandt werden. — In der Natur kommt der Pilz auf todten, pflanzlichen Substraten (z. B. Mist) wahrscheinlich ziemlich häufig vor und ist vielleicht auch in der Milch vorhanden. Untersuchungen haben Reess und namentlich auch Grawitz, Kehrer, Plaut und Klemperer geliefert.

Literatur: Reess, M., Ueber den Soorpilz. Sitzungsber. d. phys. med. Gesellsch. Erlangen Juli 1877 u. Januar 1878. — Grawitz, P., Ueber die Parasiten des Soors, des Favus und Herpes tonsurans, Virch. Arch. Bd. 103. 1886. — Derselbe, Beiträge zur systematischen Botanik der pflanzlichen Parasiten, daselbst Bd. 70. 1875. — Kehrer, Ueber den Soorpilz. Heidelberg 1883. — Stumpf, Untersuchungen über die Natur des Soorpilzes. Münchener med. Wochenschr. 1885. — Klemperer, Ueber die Natur des Soorpilzes. Centralbl. für klin. Med. 1885. — Ueber den Soorpilz. Dissert. Berlin 1886. — Baginsky, Ueber Soorculturen. Deutsch. med. Wochenschrift 1885. — Plaut, Beitrag zur system. Stellung des Soorpilzes. Leipzig 1885. — Derselbe, Neue Beitr. z. system. Stellung des Soorpilzes. Leipzig 1887. — Fischl, Statistischer Beitrag zur Frage der Prophylaxis der Mundkrankheiten der Säuglinge. Prager med. Wochenschr. 1886. — Valentin, Archiv f. Ohrenheilkunde. Bd. 26. 1888.

5. *Dematium pullulans* de Bary (Fig. 30).

Auf lebenden Blättern, süssen Früchten, in der warmen Jahreszeit überall häufig, speciell in den schwarzen, als »Russthau« bezeichneten Pilzüberzügen der Blätter zu finden, aber auch todte Pflanzentheile bewohnend. Auf Bierwürze-Gelatine kultivirt, bildet der Pilz von der einzelnen Spore aus ein stattliches Mycel, an dessen Fäden seitlich an beliebigen Stellen oder auch terminal gestreckt-ellipsoïdische Conidien abgeschnürt werden (Fig. 30, I *d*). Bringt man diese unter ungünstige Nährbedingungen, z. B. in reines Wasser oder verdünnte Zuckerlösungen, so treiben sie nach vorheriger Aufschwellung entweder unmittelbar hefeartige Sprosse (Fig. 30, V *a*) oder ganz kurze Mycelfäden (Fig. 30, III IV *m*), an denen alsbald ebenfalls seitliche und terminale Sprosszellen entstehen, die sich leicht ablösen und nun ihrerseits wieder hefeartig sprossen können. Haben die grossen, in guten Nährsubstraten entwickelten oder die in schlechten entstandenen kümmerlichen Mycelien ein gewisses Alter erreicht und erfreuen sie sich unmittelbaren Luftzutritts, so gliedern sich ihre bis dahin gestreckt cylindrischen, farblosen und ölarmen Zellen in meist sehr kurze und stark bauchig aufschwellende Glieder, deren Membranen Verdickung erfahren und olivengrüne bis dunkelbraune Färbung annehmen, während im Inhalt reichliche Fettmengen zunächst in kleinen, dann in grossen Tröpfchen auftreten (Fig. 30. VII VIII). Mitunter erfahren diese Zellen ausser der Quertheilung auch noch Längstheilung (Fig. 30, VIII) und vergallerten ihre Membran, sodass die Fäden in eine förmliche Hülle eingebettet erscheinen (Fig. 30, VIII). Solche Bildungen stellen Gemmen dar, die offenbar Dauerzustände repräsentiren. So wie ganze Mycelien können auch einzelne Sprosszellen zu grossen sich bräunenden und fettreichen, einzelligen oder getheilten Gemmen werden, was z. B. bei Cultur in dünnster Wasserschicht der Fall ist. (Vergl. die continuirliche Entwickelungsreihe in Fig. 30, VI *a*—*g*). Je nachdem die Gemmen kümmerlich oder gut ernährt werden, treiben sie entweder direkt Sprossungen (Fig. 30, II), oder sie wachsen zu Mycelien aus (Fig. 30, I), die dann wieder seitliche Sprossconidien erzeugen.

Alkoholgährung zu erregen sind die Sprossformen nicht im Stande. Wahrscheinlich sind unter dem, was man gewöhnlich *D. pullulans* nennt, mehrere Species versteckt. Nach Lindner bewirkt eine derselben, dass Bierwürze fadenziehend wird.[1])

[1]) Literatur: de Bary, Morphol. und Physiol. der Pilze 1864. — Löw, E., Dematium pullulans. Pringsh. Jahrb. VI. — Lindner, P. Das Langwerden der Bierwürze durch Dematium pullulans. Wochenschr. f. Brauerei 1888. No. 15.

Hautkrankheiten erzeugende Oidien.

6. *Oidium Schönleinii.* Favuspilz.

= *Achorion Schönleinii* REMAK = *A. Schönleinii* GRAWITZ.
= Favuspilz γ (und β ?) QUINCKE's.

Verursacht den Kopf- oder Wabengrind *(Favus vulgaris)*, der namentlich an der behaarten Kopfhaut (besonders von Kindern) ab und zu aber auch an unbehaarten Stellen des Körpers oder gar in der Nagelsubstanz vorkommt und im letzteren Falle als *Onychomycosis favosa* bezeichnet wird. Die Krankheit ist leicht erkennbar an der Entstehung schwefelgelber, schild-, linsen- oder schüsselförmiger Schildchen *(scutula)* auf der Haut, durch deren Vereinigung sich Borken bilden. In diesen Bildungen findet man Mycelfäden und Conidien des Pilzes in reichlichster Menge. Die Entwickelung der zur Schildchenbildung führenden Mycelien geht von je einem Haar aus, dessen Balg, Schaft und Zwiebel von den Pilzfäden durchwuchert und abgetödtet werden.

Rein gezüchtet und näher untersucht ward das in Rede stehende *Oidium* von GRAWITZ[1]) und H. QUINCKE.[2]) Zur Reingewinnung mischt man von der Unterseite der Scutula mit geglühten Instrumenten entnommene Partikelchen mit Nährgelatine und giesst diese in bekannter Weise auf Objektträger aus. Auf der schrägen Fläche von Peptonagar im Reagirglas bei 30—35° gezüchtet, entwickelt der Pilz zunächst in den oberflächlichen Schichten des Substrats flache weissliche Mycelien, auf denen sich später im Centrum ein weisses zartflaumiges Luftmycel bildet, an welchem die Conidienbildung in Oidium-artiger Weise (vergl. Fig. 81, 81, III IV und pag. 346) erfolgt. Sie wird so reichlich, dass das Centrum staubig erscheint und buckelartig über das Niveau des faltig werdenden Mycels hervorragt. Hin und wieder kommen auch abnorme, stark bauchige Endglieder der Myceläste vor. Auch auf Mistdecoctgelatine, Blutserum, gekochten Kartoffeln u. s. w. wächst der Pilz.

Von physiologischen Eigenschaften sind bekannt: Vermögen die Gelatine zu peptonisiren, Bildung eines Farbstoffs an den Mycelien, die schliesslich schwefelgelb werden, sowie eines alkalisch reagirenden Stoffes in den Substraten, Empfindlichkeit gegen Säure des Substrats, Bevorzugung höherer Temperatur. Gegen Sauerstoffabschluss ist der Pilz minder empfindlich, als die nächste Art.

GRAWITZ hat gelungene Infectionsversuche mit Reinmaterial am Menschen gemacht; doch zeigte sich, dass der Pilz nicht auf der Haut jedes Individuums haftet, woraus sich QUINCKE's negative Versuche erklären. Vergl. noch pag. 257.

7. *Oidium Quinckeanum* ZOPF. Pilz des »*Favus herpeticus*.«

= α — Favuspilz QUINCKE's.

Er ruft nach H. QUINCKE's[3]) eine Krankheit behaarter wie unbehaarter Hautstellen des Menschen hervor, die nach ihren Symptomen sozusagen die Mitte hält zwischen Glatzflechte *(Herpes tonsurans)* und Wabengrind *(Favus vulgaris)*. An den afficirten Stellen entstehen meist von den Haarbälgen ausgehend herpesartige, geröthete und abschappende Stellen von etwa Pfennig- bis Thalergrosse und darüber, die unter Umständen am Rande stärkere Röthung und Schwellung der Cutis, sowie bläschenförmige Abhebung der Epidermis zeigen. Um je einen

[1]) Beiträge zur systemat. Bot. der pflanzlichen Parasiten. VIRCH. Arch. Bd. 70. 1875. Ueber die Parasiten des Soors, *Favus* und *Herpes tonsurans*. Das. Bd. 103. 1886.

[2]) Ueber Favuspilze. Archiv. für exper. Path. und Pharm. Bd. 22. 1887.

[3]) Ueber Favuspilze. Archiv f. exper. Pathol. u. Pharmak. Bd. 22 (1887), pag. 62.

Haarbalg entsteht ein gelbes Schildchen, das reich an den Elementen des Pilzes ist. Letzterer dringt indessen nicht, wie *Oidium Schönleinii*, in die Haarbälge ein, scheint aber von den Mündungen derselben seinen Ausgang zu nehmen.

Die Reingewinnung erfolgt im Wesentlichen wie bei voriger Species. Auf der Oberfläche von Fleischpeptongelatine entwickelt die vorliegende Art ein schneeweisses filzartig-derbes Mycel, welches in der Folge unterseits schwefelgelb bis gelbbraun wird und zu ausgesprochener Faltenbildung neigt. An den 1,5 bis 2 Mikr. im Durchmesser haltenden Mycelfäden werden die Conidien ebenfalls nach der bekannten Oidienweise abgeschnürt. Ausserdem hat Q. noch spindelförmige septirte Gebilde beobachtet, die er als Macroconidien anspricht.

Von physiologischen Eigenschaften sind hervorzuheben: Bildung eines Gelatine peptonisirenden Ferments, sowie eines alkalischen (vielleicht aminartigen) Stoffes in genannten Substraten, Empfindlichkeit gegen Säuerung des Substrats, Luftbedürfniss, Produktion von Oxalsäure, eines gelben bis braunen Farbstoffs im Mycel sowie im Substrat, Glycogengehalt in den Conidien, worauf wenigstens die Rothbraunfärbung mit Jodkalium hindeutet, Bevorzugung höherer Temperatur (Optimum etwa 35° C.)

Infectionsversuche Q.'s mit Reinmaterial an Mensch, Hund und Maus lieferten positive Ergebnisse, die am Menschen das Bild der Originärerkrankung.

8. *Oidium tonsurans.* Pilz der Glatzflechte *(Herpes tonsurans)* = *Trichophyton tonsurans* MALMSTEN.

Ruft an behaarten Theilen, besonders auch der Kopfhaut, die sogenannte Glatz- oder Rasirflechte (*Herpes tonsurans, Area celsi)* hervor, rundliche 1 bis mehrere Centim. im Durchmesser haltende, in Folge des Ausfallens der Haare kahl (wie eine kleine Tonsur) erscheinende, mitunter abschuppende und an der Peripherie geröthete Flecken. Tritt die Affektion an der Barthaut auf, so pflegen sich um die Haarbälge entzündliche, in Borkebildung übergehende Pusteln zu bilden. Durch die Barbierstuben wird die Krankheit leicht verbreitet.

Der Pilz, dessen Reinzucht wie bei den vorgenannten Arten bewerkstelligt wird, ist besonders von GRAWITZ (l. c.) näher untersucht worden. Auf Nährgelatine und Agar wächst er schneller als *Oid. Schönleinii*, verflüssigt auch die Gelatine energischer. Das anfangs weisse, später auf der Unterseite orange bis braungelb werdende Mycel, welches concentrische Faltenbildung annimmt, verdickt sich in der Mitte und beginnt von hier aus zu fructificiren. Am schnellsten und üppigsten entwickelt sich der Pilz auf erstarrtem Blutserum bei 30° C. Hier bildet er an den Fäden lange Ketten rundlicher, semmelartig aufgereihter Conidien von etwa 6,5 Mikr. Durchmesser, während die Conidien von *O. Schönleinii* unter denselben Verhältnissen mehr ellipsoïdisch erscheinen. — Von GRAWITZ angestellte Impfungen mit Reinmaterial auf der Haut beider Oberarme zweier Personen ergaben typischen *Herpes tonsurans.* Ob die ähnliche Krankheit der Hausthiere durch denselben Pilz veranlasst wird, steht noch nicht fest.

Wenn sich die betrachteten 3 Pilze[1]) auch jetzt schon sicher aus einander halten lassen, so wäre es doch wünschenswerth, noch prägnantere Unterschiede aufzufinden. — Bezüglich ihrer systematischen Stellung wäre die Vermutung zu prüfen, dass sie etwa Conidienbildende Entwickelungszustände von Basidiomyceten seien.

---

[1]) Man vergl. über dieselben auch den kürzlich erschienen II. Band von BAUMGARTEN, Lehrbuch der pathologischen Mycologie pag. 905—913.

9. *Hormodendron cladosporioides* (FRESENIUS)[1])

Eine häufige Erscheinung auf allen möglichen todten Pflanzentheilen, namentlich Kräuterstengeln, altem Laub und Stroh, hin und wieder auch auf Brod und faulenden Früchten, öfters in Gesellschaft von *Cladosporium*-Arten, mit denen es nicht verwechselt werden darf. Es bildet übrigens auch nicht selten einen Bestandtheil des Russthaues. Die namentlich von E. LÖW[2]) näher studirte Conidienbildung erfolgt nach Typus II (pag. 32 und Fig. 19 II) und wurde in Fig. 23, I—VIII genauer dargestellt. Indem die Conidien nicht bloss terminal, sondern auch seitlich sprossen, kommen zierlich-strauchförmig verzweigte Conidienstände zur Bildung (Fig. 23, VIII). Grössere Conidien werden oft 2—mehrzellig, die kleineren ellipsoïdischen bis kugeligen bleiben einzellig. Wie alle durch Sprossung entstandenen Conidien treten sie leicht ausser Verband. Auffällig ist der Farbenwechsel, den die Conidienmassen im Laufe der Zeit eingehen, und der vom hell Olivengrünen durchs dunkel Olivengrüne zum Olivenbraun bis Sepiabraun oder Dunkelbraun führt. Wie die Membranen der Conidien verdicken sich auch die der Mycelfäden im Alter und nehmen ebenfalls olivengrüne bis braune Töne an, während im Inhalt reichlich Fetttröpfchen gespeichert werden. Die Mycelzellen gehen hierdurch einen Gemmenzustand ein.

Nach meinen Erfahrungen kommt der Pilz häufig in Hühnereiern vor. Wie zahlreiche Experimente von Dr. DRUTZU an gesunden Eiern mit intakter Schale zeigten, durchbohrt er die Kalkschale und dringt in das Eiweiss ein, um hier ein Mycel zu entwickeln, das oft das ganze Eiweiss aufzehrt, sodass der Dotter von einem mächtigen Mantel der olivengrünen Mycelmasse umgeben erscheint. Offenbar scheidet der Pilz eine Säure ab, welche das Eindringen durch die Kalkschale ermöglicht.

10. *Cladosporium herbarum* LINK.

Unter diesem Namen gehen mehrere Pilze, welche in dem Aufbau des Conidienstandes sich nahe an vorige Species anschliessen. Sie sind bezüglich der Conidienfructification und des Mycels einander so ähnlich, dass sie nur durch physiologische Momente zu trennen sind. Welchen von diesen Pilzen LINK vor sich gehabt, würde hiernach auch dann nicht zu entscheiden sein, wenn dieser Forscher gute mikroskopische Präparate des Pilzes hinterlassen hätte. Da thatsächlich Niemand sagen kann, was *Cl. herbarum* LINK ist, ich selbst auch nicht, so ist auf eine Charakteristik Verzicht zu leisten.

11. *Septosporium bifurcum* FRESENIUS[3]).

Die Vertreter der Gattungen *Septosporium* und *Alternaria* sind durch Produktion eigenthümlicher, sogenannter mauerförmiger Conidien ausgezeichnet. Letztere stellen kleine Zellflächen oder auch Gewebekörper dar, deren Entstehung bereits auf pag. 35 und 114 besprochen und in Fig. 22 I in continuirlicher Entwickelungsreihe dargestellt wurde. Jede Conidie kann durch terminale Sprossung eine neue, diese eine dritte u. s. f. bilden, wodurch eine Kette mit basifugaler Conidienfolge zustande kommt (Fig. 22, I *n*). Doch tritt hin und wieder auch seitliche Sprossung auf. Bei der Keimung ist jede der oft zahlreichen Zellen einer Conidie im Stande, einen Keimschlauch zu teiben.

Die Conidienträger, die mehrzellig erscheinen, bleiben entweder einfach oder sie verzweigen sich, und zwar nach dem sympodialen Typus, entweder nach Art

[1]) Beiträge zur Mycologie.

[2]) Zur Entwickelungsgeschichte von *Penicillium*. PRINGSH. Jahrb. VII 1870.

[3]) Beiträge zur Mycologie.

einer Schraubel (Fig. 22, III *a—c*) oder einer Wickel, mitunter auch in einer Weise, wo Beides combinirt ist. — Die Zellwände der Conidien besitzen olivengrüne bis braune Färbung, die auch der ganzen Conidienmasse des Mycels eigen ist und an *Cladosporium* und *Hormodendron* erinnert. *S. bifurcum*, das namentlich auf altem trocknen Laube und Kräuterstengeln das ganze Jahr hindurch häufig ist, gehört wahrscheinlich einem Ascomyceten an. Wenigstens ist es mir gelungen, an Mycelien, die von der Conidie aus in Pflaumendecoct auf dem Objektträger erzogen waren, winzige braune Sclerotien von etwa Mohnsamengrösse zu erziehen, wenn es mir auch nicht gelang, sie zur Auskeimung zu bewegen[1]). Eigenthümlich ist, dass das Sclerotien treibende Mycel sehr lang wird und von Objektträgern lang herunter wächst. Bezüglich des Entwickelungsganges, der dem Typus I (vergl. pag. 19) angehört, sei auf die Hauptphasen in Fig. 13, I—III verwiesen.

12. *Stachybotrys atra* Corda.

Sehr gemein auf altem feuchten Schreib- und Fliesspapier, sowie an alten Tapeten und Pflanzenstengeln, auf solchen Substraten unscheinbare, schwärzliche Ueberzüge bildend. Charakteristisch sind die in Fig. 27 dargestellten Conidienstände. Es entsteht zunächst ein einfacher, septirter Conidienträger, dessen terminale Zelle zur birnförmigen Basidie wird (Fig. 27, I); unterhalb derselben entsteht eine zweite, noch etwas tiefer eine dritte u. s. w. Basidie (Fig. 27, II—IV, Reihenfolge nach den Buchstaben). Meist drängen sich die Basidien köpfchen- oder doldenähnlich zusammen. Jede von ihnen schnürt mehrere ellipsoïdische braune, mit Oeltropfen und Wärzchensculptur versehene Conidien ab, die sich zu rundlichen Häufchen ansammeln und mit einander förmlich verkleben können (Fig. 27, VII). Gewöhnlich verzweigen sich die Conidienträger mehr oder minder reich und zwar nach dem sympodialen Typus, Schraubel- oder Wickelformen mit häufigen Uebergängen Beider bildend. (Fig. 27, V—VII; 28, IV).

Auf besseren Substraten, z. B. Nähragar, gedeiht der Pilz ungleich üppiger, mächtige häutige bis knorpelige Mycelmassen bildend von tief braunrother, purpurbrauner bis violettbrauner Farbe. Gleichzeitig färbt sich das Substrat von der Oberfläche nach der Tiefe zu in rothen bis rothbraunen Tönen. Nach meinen Untersuchungen enthält die Pilzmasse 3 verschiedene gefärbte Substanzen: eine rothbraune Harzsäure, einen gelben bis gelbbraunen, wasserlöslichen, amorphen Farbstoff und ein gelbliches bis bräunliches Fett. Die Harzsäure sowohl wie der wasserlösliche Farbstoff kommen an den Mycelien zur Ausscheidung und letztere wird von dem Wasser des Substrats aufgenommen.

13. *Arthrobotrys oligospora* Fresenius[2]).

Ueberall gemein auf Excrementen der Pflanzenfresser, feuchter misthaltiger Erde, Schlamm, feuchtem Holze und sonstigen Pflanzentheilen, auch auf Früchten und Kartoffeln hin und wieder beobachtet. Biologisch ist dieser Pilz durch Folgendes merkwürdig: An den Mycelien entstehen eigenthümliche Schlingen- oder Oesenbildungen (Fig. 10, IV V), deren Eigenschaften bereits pag. 17 erörtert wurden. Wächst nun der Saprophyt auf Substraten, in denen Nematoden *(Anguillula)* vorkommen, z. B. auf Pferdemist, so gehen die Thierchen in

[1]) Die kleinen Becherchen, die ich früher auf ihnen erhielt, gehören nicht diesem Pilze, sondern einem Parasiten an.

[2]) Beiträge zur Mycologie. Frankf. 1850—63, pag. 18.

die Schlingen hinein und werden hier gefangen (Fig. 10, V). Hierauf sendet jede Schlinge einen Seitenast durch die Chitinhaut hindurch, welcher mit seinen Verzweigungen das ganze Innere des Thierchens durchzieht (Fig. 10, VI) und aufzehrt. Auf diese Weise werden Mist- und Schlammälchen, vielleicht auch die in feuchter Erde, besonders in der Nähe von Mist vorkommenden in grossem Maasstabe abgetödtet und vernichtet. Die zerstörende Thätigkeit der Pilzhyphen macht sich zunächst darin geltend, dass die Organe fettig degenerirt werden, worauf das Fett von den Pilzfäden aufgezehrt wird[1]).

Auf den Mycelien entstehen die von FRESENIUS und WORONIN[2]) beschriebenen Conidienträger (Fig. 10, I—III). An dem einfachen gegliederten Träger bildet sich zunächst eine terminale Conidie (Fig. 10, II), worauf dicht unterhalb derselben eine zweite (Fig. 10, III), dritte u. s. w. entsteht, sodass ein etwa Köpfchenartiger Conidienstand resultirt (Fig. 10, I). Die Conidien sind birnförmig, zweizellig und wie die Träger farblos. Bisweilen wächst letzterer im obersten Theile weiter, schliesslich ein neues Köpfchen erzeugend.

An den Mycelien, die sich im Innern genannter Thierchen entwickelt hatten, fand ich schliesslich die Bildung mächtiger, dickwandiger und fettreicher gelbbrauner Dauersporen (Fig. 10, VII), die sowohl im Verlaufe der Hauptfäden, als an Seitenästchen (Fig. 10, VIII *abc*) auftreten können. — Wahrscheinlich reiht sich der Pilz den Ustilagineen an.

---

[1]) Zur Kenntniss der Infectionskrankheiten niederer Thiere und Pflanzen. Nova acta. Bd. 52, pag. 9. Ueber einen Nematoden fangenden Schimmelpilz.

[2]) Beitr. z. Morphol. u. Physiol. d. Pilze III, pag. 29. IV. *Arthrobotrys oligospora* FRES.

Druckfehlerverzeichniss.

p. 52. ist hinter *Polyporus*-Arten zu setzen »vor«.
p. 66. Zeile 23 lies: »Repräsentanten«.
p. 107. Zeile 22 lies: *Monilia*.
p. 116. Zeile 27 lies: Verschmelzung.
p. 124. Zeile 9 lies: *Isolichenin*.
p. 126. Zeile 31 lies: ungelöst.
p. 127. Der Absatz: »Wie schon BRACONNOT« bis Cetylalkohol ist auf Seite 127 nach Zeile 13 gehörig.
p. 128. Zeile 18 lies: Erysipheen.
p. 129. Zeile 18 lies: *Polyporus*.
p. 132. Zeile 29 lies: »die« statt »bei«.
p. 134. Zeile 6 lies: *Physcia*.
p. 135. Zeile 10 hinter heissem zu setzen »Wasser«.
p. 138. Zeile 1 lies: »Krustenflechten« statt »Laubflechten«.
p. 154. Zeile 5 von unten statt »*repandum*« zu lesen »*imbricatum*«.
p. 145. Zeile 10 von unten *Dacrymyces deliquescens* statt *D. stillatus*.
p. 160. Zeile 13 und 18 lies Sclerorythrin.
p. 177. ist der Satz: »Von diesen 8 Species« zu streichen.
p. 235. Zeile 24 lies: *Alni incanae*.
p. 247. Zeile 6 liess: *Nebriae* statt *Nebria*.
p. 284 statt »272« zu lesen 2.
p. 295. Zeile 23 liess »centrisch« statt excentrisch.
p. 313. Zeile 5 lies: 73—75 statt 343—345.
p. 314. Zeile 16 lies: 255 statt 525.
p. 315. Zeile 13 lies: 192 statt 462.
p. 315. Zeile 25 lies: 255 statt 525.
p. 315. Zeile 32 lies: 275 statt 545.
p. 319. Zeile 27 lies: 199 statt 469.
p. 320. Zeile 2 von unten lies: 14 statt 284.
p. 322. Zeile 5 lies: 242—248.
p. 322. Zeile 14 lies: 81 statt 351.
p. 323. Zeile 11 lies: 82 statt 352.
p. 324. Zeile 14 lies: 3 statt 273.
p. 324. Zeile 28 lies: 116 statt 386.
p. 332. Zeile 3 lies: 145 statt 415.
p. 334. Zeile 26 lies: 52 statt 322.
p. 340. Zeile 24 lies: 154 statt 424.
p. 346. Zeile 28 lies: 139 statt 409.
p. 346. Zeile 29 lies: 143 statt 413.
p. 346. Zeile 36 lies: 237 statt 507.
p. 349. Zeile 7 von unten lies: 167 statt 437.
p. 350. Zeile 17 von unten lies: 140 statt 410.
p. 353. Zeile 6 lies: p. 120 u. 121.
p. 355. Zeile 34 lies: 52 statt 322.
p. 355. Zeile 43 lies: 116 statt 386 und 22 statt 292.
p. 355. Zeile 44 lies: 18 statt 288.
p. 358. Zeile 8 von unten lies: 20 statt 290.
p. 360. Zeile 15 liess 115 statt 385.
p. 360. Zeile 31 lies 153 statt 423.
p. 361. Zeile 9 lies: 22 statt 292.
p. 362. Zeile 18 lies: 154 statt 424.
p. 362. Zeile 19 lies: 163 statt 433.
p. 362. Zeile 39 lies: 54 statt 324.
p. 371. Zeile 11 von unten lies: 266 statt 536.
p. 372. Das über Lycoperdaceen Gesagte gehort vor Genus 1 *Bovista*.
p. 377. Zeile 8 lies: 179 statt 449.
p. 383. Zeile 17 lies: 125 statt 395.
p. 388. Zeile 17 lies: 117 statt 387.
p. 398. Zeile 2 von unten lies: 11 statt 281.

Verzeichniss der Abbildungen.

Namen- und Sach-Register.

www.ingramcontent.com/pod-product-compliance
Lightning Source LLC
Chambersburg PA
CBHW020856210326
41598CB00018B/1687

9783743331617